DICTIONNAIRE

CLASSIQUE

D'HISTOIRE NATURELLE.

La grande division à laquelle appartient chaque article, est indiquée par l'une des abréviations suivantes, qu'on trouve immédiatement après son titre.

IMPRIMERIE DE J. TASTU, RUE DE VAUGIRARD, N° 36.

DICTIONNAIRE

CLASSIQUE

D'HISTOIRE NATURELLE,

PAR MESSIEURS

AUDOUIN, Isid. BOURDON, Ad. BRONGNIART, DE CANDOLLE, DAUDEBARD DE FÉRUSSAC, DESHAYES, A. DESMOULINS, DRAPIEZ, DUMAS, EDWARDS, FLOURENS, GEOFFROY DE SAINT-HILAIRE, GUÉRIN, GUILLEMIN, A. DE JUSSIEU, KUNTH, G. DE LAFOSSE, LAMOUROUX, LATREILLE, LUCAS, C. PRÉVOST, A. RICHARD, et BORY DE SAINT-VINCENT.

Ouvrage dirigé par ce dernier collaborateur, et dans lequel on a ajouté, pour le porter au niveau de la science, un grand nombre de mots qui n'avaient pu faire partie de la plupart des Dictionnaires antérieurs.

TOME SIXIÈME.

E-FOUQ.

PARIS.

REY ET GRAVIER, LIBRAIRES-ÉDITEURS,
Quai des Augustins, n° 55;

BAUDOUIN FRÈRES, LIBRAIRES-ÉDITEURS,
Rue de Vaugirard, n° 36.

SEPTEMBRE 1824.

DICTIONNAIRE

CLASSIQUE

D'HISTOIRE NATURELLE.

E.

EALE. MAM. Le crédule Pline, dans sa vaste compilation, donne ce nom à un Animal fabuleux qu'il y a une sorte de puérilité à reconnaître dans le Rhinocéros à deux cornes. Il le disait d'Éthiopie, grand comme l'Hippopotame, avec une mâchoire de Sanglier, une queue d'Éléphant et des cornes mobiles qu'il dirigeait à volonté, à droite, à gauche, en avant et en arrière. Des naturalistes, à la renaissance de la science, ont donné, d'après cette extravagante description, une figure de l'Eale combattant contre le Lion. (B.)

EAU. MIN. ZOOL. BOT. Les propriétés particulières, soit physiques soit chimiques, de cette substance, le rôle important qu'elle joue dans l'économie de la nature, les usages multipliés auxquels on l'a soumise, son immense quantité et sa distribution à la surface du globe terrestre; tels sont les différens points de vue sous lesquels il convient ici de la considérer.

L'Eau est le corps dont l'état physique est le plus susceptible de se modifier par l'action du calorique, puisque, à divers degrés de température peu éloignés, elle est solide, ou liquide, ou gazeuse. Sa congélation, opérée naturellement ou artificielle-

ment, est le point de départ des thermomètres les plus usités. Au-dessous de ce terme, l'Eau acquiert une solidité de plus en plus considérable, et présente quelquefois des Cristaux assez nets pour qu'on ait cherché à en déterminer les formes; mais les observations, pour ainsi dire contradictoires, des physiciens à ce sujet, n'ont pas encore donné de résultats satisfaisans sur la forme primitive, à laquelle les Cristaux de glace peuvent être rapportés. D'après les observations de Romé de Lisle, Bosc et Haüy, cette forme primitive est l'octaèdre régulier. Le premier avait fait remarquer que les aiguilles de glace, soit dans l'Eau qui se gèle, soit sur les vitres, se croisent sous les angles de soixante et cent vingt degrés. Des grêlons, tombés près de Paris en juillet 1788, furent étudiés par Bosc : ils présentaient à leur intérieur des sortes de géodes hérissées de petites pyramides à quatre faces, qui faisaient partie d'octaèdres allongés; mais d'un autre côté, Hassenfratz et Cordier ont parlé de Cristaux de glace en prismes hexaèdres réguliers très-nets, et cette forme est incompatible avec l'octaèdre régulier, considéré comme forme primitive. Ce qui démontre encore plus l'incertitude dans laquelle nous flottons à cet égard, c'est la propriété que Malus a reconnue à la glace de présenter la double réfraction. Or, on sait que les corps dont le noyau primitif est le cube ou l'octaèdre régulier, ne jouissent pas de cette propriété. Mais elle existe d'une manière très-prononcée dans les Cristaux de Soufre octaédriques, à triangles scalènes ; et, selon le professeur Alex. Brongniart, il paraîtrait que les Cristaux de glace observés par Bosc ont de grands rapports avec ceux-ci, en sorte que cette observation, si elle se représentait de nouveau et qu'on la répétât avec soin, pourrait jeter quelque jour sur la forme cristalline de l'Eau. Tel est l'état de la question : sa solution ne peut dépendre que d'une observation dont l'occasion se reproduira rarement, car on ne pourra y arriver par le moyen du clivage, puisque la cassure de la glace est toujours vitreuse.

La structure de l'Eau solide est analogue à celle du Quartz : le plus souvent elle est compacte et vitreuse ; mais quelquefois elle est un peu grenue, dans les glaciers par exemple, saccharoïde dans les masses de neige accumulée et endurcie par le froid ou par son propre poids ; enfin les sphéroïdes de grêle ont une structure fibreuse à fibres divergentes.

Un phénomène curieux que présente l'Eau en se solidifiant, c'est la dilatation qu'elle éprouve depuis + 4° jusqu'au terme de la congélation, dilatation que l'on a évaluée à un quatorzième. Pour expliquer cette augmentation de volume, qui est cause que la glace surnage l'Eau, on admet généralement aujourd'hui que l'Eau à + 4° offre une tendance à la cristallisation, et que ses molécules prennent des dispositions régulières et symétriques, d'après lesquelles elles occupent de plus grands espaces dans leur assemblage. La force expansive de l'Eau qui se solidifie est tellement considérable, qu'elle brise les tubes et les sphères métalliques les plus épaisses, dans lesquelles on l'a introduite. C'est

à cette dilatation que l'on attribue la désagrégation et l'éboulement de certaines roches, ainsi que les accidens qui surviennent aux organes des Végétaux lorsqu'un froid vif les surprend, dans le moment de la circulation de la sève.

Après avoir jeté un coup-d'œil sur l'Eau à son état solide, et, par conséquent, après l'avoir considérée plutôt comme une espèce minérale dont les formes sont appréciables et commensurables, mais sans étudier autrement ses propriétés physiques et chimiques ; il nous importe de faire cette étude, en considérant l'Eau telle qu'elle se présente le plus ordinairement à nos sens et dont nous en concevons naturellement l'idée, en un mot d'étudier l'Eau à l'état liquide.

Elle est transparente, incolore, inodore, insipide, élastique, compressible, mais à un degré extrêmement faible, d'une pesanteur spécifique qui a servi de type à celles des autres corps, et que l'on représente par l'unité. La compressibilité de l'Eau fut révoquée en doute après la fameuse expérience des académiciens de Florence, qui ayant diminué la capacité d'une sphère d'or, dont la cavité était remplie d'Eau, virent suinter celle-ci à travers ses pores. D'un autre côté, si on met de l'Eau dans la branche la plus courte du tube de Boyle et Mariotte, et du Mercure dans la plus longue, on ne trouve point de changement appréciable dans le volume de l'Eau. Vers le milieu du siècle dernier, Canton, physicien anglais, non-seulement prouva que ce liquide est légèrement compressible, mais essaya en outre d'évaluer les mesures de cette propriété. C'est ici le lieu d'admirer l'exactitude de ce savant qui, n'ayant pas à sa disposition des moyens et des instrumens parfaits, comme nous les possédons aujourd'hui, a obtenu néanmoins des résultats qui se rapprochent extrêmement de la vérité. Canton évalua la compressibilité de l'Eau à 0,000044, et dans une autre expérience à 0,000049 à + 1° de température par une pression égale à celle d'une atmosphère. Dans ces derniers temps, le professeur OErstedt de Copenhague a mis hors de doute, et mesuré de nouveau cette compressibilité de l'Eau, à l'aide d'un nouvel appareil de compression; il a trouvé que ce fluide est compressible d'un 0,0000045 par un poids équivalent à une atmosphère. D'après les expériences de Parkins, qui a opéré avec des pressions de plusieurs centaines d'atmosphères, la compressibilité serait de 0,000048, mais OErstedt attribue cette légère différence à la compression qu'a dû éprouver dans ses expériences la substance des parois (Ann. de Chimie et de Physique, février 1823).

Depuis long-temps, les physiciens évaluaient les densités des corps relativement à celle de l'Eau. Cette comparaison, d'ailleurs si commode et si naturelle, a reçu une grande sanction de la part des savans français, qui admirent pour unité de poids le *gramme*, c'est-à-dire le poids absolu d'un centimètre cube d'Eau liquide pure au maximum de sa densité ou à + 4° de température. Ce terme de comparaison est placé de manière qu'il existe un nombre presque égal de substances dont les densités sont au-dessus et au-dessous, c'est-à-dire que la densité de l'Eau est à peu près moyenne entre celle de tous les corps naturels. En général, les corps solides sont plus pesans et les fluides plus légers; cependant il y a quelques exceptions : ainsi le Bois, et même quelques Métaux, tels que le Potassium, le Sodium, etc., sont plus légers, tandis que des liquides, certains acides concentrés par exemple, ont une plus grande densité. Les deux extrêmes de l'échelle des densités sont le Platine pour le plus haut degré, et le gaz hydrogène pour le plus inférieur : de sorte que les densités de ces corps, celle de l'Eau étant l'unité intermédiaire, sont représentées par ces nombres :

Platine :	20,98
Eau :	1,00
G. hydrogène :	0,0000937

L'Eau liquide pure conduit imparfaitement le fluide électrique; elle réfracte considérablement la lumière, et c'est cette propriété qui avait fait conjecturer à Newton qu'elle devait contenir un principe inflammable.

De même que tous les liquides, elle est très-mauvais conducteur du calorique. Dans le phénomène de l'ébullition, ce sont les portions en contact immédiat avec le calorique, qui forment un courant ascendant d'Eau chaude, et sont remplacées par les portions supérieures froides, et conséquemment plus pesantes. Selon Rumford, le calorique ne se propage pas chez celles-ci par conductibilité; mais il paraît se répandre dans l'Eau au moyen de la condensation d'une partie de la vapeur. L'Eau bouillante, sous la pression barométrique de soixante-seize centimètres, conserve toujours la même température, c'est-à-dire cent degrés du thermomètre centigrade; tant que cette pression ne varie pas, les vapeurs s'échappent uniformément, et entraînent avec elles la quantité entière de calorique appliquée et employée à les former. Si on augmente cette pression, soit par des poids, soit par la dissolution de certains sels, l'Eau, pour bouillir, a besoin d'une température qui excède 100°; quand au contraire la pression est diminuée, comme cela arrive naturellement lorsqu'on s'élève sur de hautes montagnes, l'Eau entre en ébullition à une température bien inférieure. La vapeur d'Eau occupe un volume seize cent quatre-vingt-dix-huit fois plus considérable que celui de l'Eau liquide, et sa tension est proportionnellement inverse de sa densité. Il y a une si grande quantité de calorique rendue latente et employée à distendre ainsi ses molécules, que si on met un kilogramme de cette vapeur à 100°, en contact avec 5 kil., 66 d'Eau à 0°, la température des 6 kil., 66 résultans du mélange, s'élève aussi à 100°, par le dégagement du calorique contenu dans le seul kilogramme de vapeur.

Aucune substance n'a excité l'intérêt des chimistes et des physiciens, relativement à sa nature, autant que l'Eau ; et il n'en est point dont l'analyse bien démontrée ait eu une aussi grande influence sur les progrès des sciences. Ce simple fait chimique a fait beaucoup plus avancer nos connaissances physiques, que tous les efforts des hommes de génie qui, pendant plusieurs siècles, ont médité sur les phénomènes de la nature. Dès qu'il fut permis de ne point croire aux quatre élémens d'Aristote, l'esprit humain ne fut plus enchaîné dans les liens d'une science étroite et presque toute hypothétique, et la révolution qui s'opéra dans les idées des chimistes, lors de la décomposition de l'Eau, fut aussi l'époque à laquelle les ténèbres qui obscurcissaient toutes les idées scientifiques se dissipèrent. Il est remarquable que la décomposition de l'Eau, de même que la loi de dilatation des Gaz et plusieurs autres grandes découvertes, ait été trouvée presque simultanément par plusieurs savans de nations différentes. Cela tient à ce que les grandes découvertes ne sont pas toujours l'effet d'un hasard heureux, comme on le croit communément, mais bien souvent le fruit de combinaisons de l'esprit excitées par la connaissance approfondie de certains faits contradictoires avec les fausses idées depuis longtemps dominantes. Cependant il est juste d'attribuer à Cavendish le plus grand honneur de la découverte; car bien que Macquer et Sigaud-Lafond eussent, dès 1776, annoncé qu'il se déposait de l'Eau sur les parois des vases, au-dessous desquels on faisait brûler du gaz hydrogène, et qu'au commencement de l'année 1781, Priestley ait vu de l'Eau ruisseler dans l'intérieur du vase où il avait fait détoner un mélange de gaz oxigène et de gaz hydrogène; Cavendish fut le premier qui, dans l'été de la même année 1781, s'étant procuré plusieurs grammes d'Eau en répétant l'expérience de Priestley, osa en tirer cette conséquence : que l'Eau est un composé des deux Gaz précités. En

avril 1784, Lavoisier, Laplace et Meusnier, à Paris, lurent à l'Académie des sciences un Mémoire, dans lequel ils prouvèrent aussi, par deux expériences, la composition de l'Eau. L'une de ces expériences consistait à placer sous une petite cloche à mercure, de l'Eau distillée pure et de la limaille de fer. Celle-ci avait augmenté de poids par l'addition de l'Oxigène, tandis qu'un fluide élastique et inflammable s'était dégagé et occupait la partie supérieure de la cloche. Dans l'autre expérience, ou avait fait passer de l'Eau goutte à goutte, à travers un canon de fusil incandescent ; à mesure qu'elle avait touché le fer rouge, elle lui avait cédé son oxigène ; et l'hydrogène s'était rendu sous forme de gaz dans des cloches placées à l'extrémité du canon. Ces faits si concluans étaient observés et mis hors de doute à peu près dans le même temps par l'illustre Monge, dans le laboratoire de l'Ecole de Mézières.

Cependant, tel fut l'aveugle attachement pour d'antiques erreurs, qu'on vit encore des savans d'un grand mérite écrire en faveur de l'Eau comme élément, nier sa décomposition, et tâcher d'expliquer les nouveaux phénomènes qui la produisent à l'aide de leurs théories surannées ; mais dans ce cas-ci, comme dans tout ce qui a pour base la vérité palpable et mise en évidence par des faits matériels, l'universalité des physiciens se rangea du côté de la nouvelle doctrine. La synthèse de l'Eau fut une réponse victorieuse aux sophismes des partisans du phlogistique. Lefèvre-Gineau d'une part, Fourcroy, Vauquelin et Seguin de l'autre, obtinrent une assez grande quantité d'Eau, en la formant de toutes pièces à l'aide de gazomètres et d'un grand ballon de verre, pour que sa composition pût être regardée comme une des vérités les mieux démontrées. D'après les résultats les plus exacts que les chimistes aient obtenus, l'Eau est formée de 88,94 parties d'Oxigène, et de 11,06 parties d'Hydrogène en poids, ou d'un volume de gaz oxigène et de deux volumes de gaz hydrogène.

L'Eau a une action très-marquée sur plusieurs Gaz; elle en dissout d'autant plus que la température est plus basse et que la pression est plus grande. Ainsi on la sature de gaz acide carbonique, de chlore, de gaz acide hydrochlorique, etc. On sait que toutes les Eaux naturelles sont aérées, et que c'est l'air qu'elles contiennent qui les rend plus sapides et qui sert à la respiration de leurs nombreux habitans pourvus de branchies. Mais ce que cet air offre de remarquable, c'est qu'il est plus riche en oxigène que celui de l'atmosphère, puisqu'on obtient d'autant plus de ce gaz dans celui qu'on retire de l'Eau, que ce dernier a été recueilli plus tard. Cet effet est dû à une affinité plus puissante entre l'Eau et l'Oxigène qu'entre l'Eau et l'Azote. Dans ces dernières années, le professeur Thénard est parvenu, par des moyens très-ingénieux et prenant l'Oxigène à l'état de gaz naissant, à en charger l'Eau de 616 fois son volume, de manière à obtenir un composé nouveau jouissant de propriétés très-singulières, auquel il avait d'abord donné le nom d'*Eau oxigénée*, et qu'il considère maintenant comme un second Oxide d'Hydrogène contenant une quantité d'Oxigène double de celle de l'Eau. La densité du Péroxide d'Hydrogène est de 1,452, ce qui fait qu'il coule comme un sirop et ne se mêle pas d'abord à l'Eau. Comme cette substance est toujours un produit de l'art, nous ne devons pas nous étendre sur l'examen de ses intéressantes propriétés. Nous rappellerons seulement ici, pour montrer combien les découvertes, en apparence les moins immédiatement utiles et qui semblent uniquement destinées à ajouter de nouveaux faits à la science, peuvent néanmoins recevoir des applications importantes ; nous rappellerons, disons-nous, l'utilité de l'Eau oxigénée pour la restauration des tableaux gâtés par l'altération du blanc de Plomb employé dans leurs couleurs. Elle convertit instantanément le sulfure de Plomb en sulfate qui est blanc et ne ternit aucunement les teintes délicates que le noir du sulfure obscurcissait totalement.

L'Eau ne dissout qu'un petit nombre de combustibles simples. Les substances métalliques, à l'exception de quelques Oxides, y sont insolubles. Une série de Métaux en opèrent la décomposition à la température ordinaire; tels sont les Métaux des Alcalis et de certaines Terres qui s'emparent de son Oxigène avec une si grande avidité, qu'ils dégagent une quantité de calorique capable de les rendre incandescens et d'enflammer l'Hydrogène. D'autres substances métalliques ne peuvent décomposer l'Eau qu'à une haute température. C'est sur cette propriété et ses modifications que Thénard a fondé sa classification des corps métalliques.

Enfin l'Eau forme, avec certains Oxides, des combinaisons en proportions déterminées et que Proust a nommées Hydrates. Une foule de Sels s'y dissolvent facilement, tandis que d'autres paraissent n'avoir aucune affinité avec elle. Ces propriétés positives ou négatives des Sels relativement à leur solubilité, sont des caractères saillans et fréquemment employés par les chimistes. Le grand nombre de substances solides que l'Eau dissout et l'immense quantité de ce fluide lui avaient fait donner par les anciens le titre pompeux de *grand dissolvant de la nature*. La solubilité d'un grand nombre de substances dans l'Eau nous amène naturellement à parler de la composition chimique des Eaux minérales. On nomme ainsi celles qui contiennent assez de matières étrangères pour avoir de la saveur et une action très-prononcée sur l'économie animale. Les Eaux dont la température est constamment plus élevée que celle de l'atmosphère (et il en est qui sont presque aussi chaudes que l'Eau bouillante), ont reçu le nom d'Eaux thermales ; tandis qu'on désigne par celui d'Eaux froides celles dont la chaleur est en équilibre avec celle de l'air ambiant. Ce serait outrepasser les bornes que nous nous sommes posées dans cet ouvrage que de vouloir faire connaître les Eaux minérales dont l'analyse a été faite avec soin. Nous renvoyons d'ailleurs au mot SOURCES MINÉRALES où ce sujet sera traité convenablement. Il nous suffira pour le moment de donner une idée générale des substances soit gazeuses, soit solides, qu'on y a rencontrées. Parmi les Gaz, on y trouve : l'Oxigène, l'Azote, l'Acide carbonique, l'Acide hydro-sulfurique et l'Acide sulfureux. Les deux premiers existent dans quelques Eaux dont la température est assez basse ; les Acides carbonique et hydro-sulfurique y sont très-communs à l'état de liberté. Les substances solides dissoutes dans les Eaux minérales sont très-nombreuses. Contentons-nous d'une simple énumération : l'Acide borique existe dans les Eaux de certains lacs en Italie. La Silice, ce corps si peu soluble, a été trouvée en quantité notable dans les sources nommées Geyzer de Rikum en Islande, ainsi que dans quelques Eaux thermales d'Allemagne. Une foule de Sels déterminent les propriétés médicamenteuses des Eaux minérales. Les plus communs sont les sulfates, les hydrochlorates et les carbonates de Soude, de Chaux et de Magnésie. C'est à la faveur d'un excès d'Acide carbonique que les carbonates de Chaux et de Magnésie, ainsi que celui de Fer, y sont tenus en dissolution. On y rencontre plus rarement l'hydrochlorate d'Ammoniaque, les sulfates d'Ammoniaque, de Fer, de Cuivre, d'Alumine et de Potasse, les nitrates de Potasse et de Chaux, et le borate de Soude. Enfin, plus rarement encore, les Eaux tiennent en dissolution le nitrate de Magnésie, l'hydrochlorate de Potasse, le carbonate de Potasse et le carbonate d'Ammoniaque.

Ayant considéré l'Eau d'abord comme substance isolée et ensuite dans ses rapports avec les autres corps de la nature, il nous resterait à parler, d'après le plan que nous nous sommes tracé, des usages de l'Eau dans l'économie de la nature, de l'utilité que l'Homme a su en tirer pour ses besoins, et de sa distribution à la surface de notre globe. Ce dernier point de vue étant entièrement du domaine de la géologie, sera exposé plus bas et séparément. *V*. EAUX. Quant à l'emploi que la nature en fait dans la production et la succession des phénomènes qui constituent la vie organique, il est immense. Loin d'avoir la témérité de vouloir tracer ici le tableau de ses usages divers, à peine oserions-nous en esquisser quelques traits, abandonnant aux personnes qui réfléchiront sur la composition des organes, un sujet si fertile en applications.

Tout être organique est composé de solides et de fluides ; les seconds concourant à la formation des premiers et ensuite à leur entretien, doivent être aussi plus répandus et d'une importance majeure. Nous ne connaissons aucun organe qui primordialement n'ait été plus ou moins mou, et par conséquent plus rapproché de la forme fluide. Eh bien, la base de tout corps liquide organique, le véhicule de toute substance assimilable, c'est l'Eau ; elle peut être extraite et isolée du sang et des humeurs variées des Animaux, aussi bien que de la sève et d'une multitude de sucs des Végétaux. C'est elle qui lubréfie et facilite le jeu de toutes les parties solides ; c'est elle qui, sans cesse pompée et exhalée au moyen des phénomènes continuels de l'absorption et de la transpiration, établit un admirable équilibre entre les proportions de certaines substances inertes existantes dans les êtres organisés, qui en introduit continuellement de nouvelles, et entraîne au-dehors celles que les sécrétions ont élaborées ou que le changement de nature a rendues inutiles et même nuisibles aux organes. C'est elle enfin qui dissout ou charrie toutes les substances alimentaires des êtres organisés, mais avec cette différence que les Animaux, prenant une nourriture intermittente, ont besoin d'alimens plus substantiels et par conséquent plus solides, tandis que les Plantes, puisant continuellement leurs alimens dans les milieux où ils sont irrémissiblement plongés et fixés, n'absorbent à la fois que peu de matières nutritives délayées dans une quantité d'Eau extrêmement considérable; d'ailleurs, la nature, la disposition et la ténuité de leurs vaisseaux nourriciers ne permettraient pas aux Végétaux un autre mode de nutrition. Mais gardons-nous d'exagérer l'importance de l'Eau comme substance alimentaire; ne prétendons pas vainement avec certaines personnes que seule elle soit suffisante pour la nourriture et l'accroissement des Plantes. Les expériences de Th. De Saussure et de Lassaigne ne laissent aucun doute sur sa nullité quant à la nutrition des Végétaux, dans la stricte acception du mot, puisqu'elle n'en augmente point la quantité des parties solides.

L'Eau elle-même, indépendamment de son usage comme menstrue, entre comme élément organique de certains tissus. C'est ainsi que les tendons, la gélatine, l'albumine, ont besoin d'une quantité déterminée d'Eau pour jouir des propriétés et des fonctions qui les caractérisent. Enfin, s'il n'est pas démontré que l'Eau soit une partie constituante d'une foule de corps liquides ou solides, et provenant de substances organiques; du moins existe-t-il un rapport simple entre la quantité des principes qui la composent et celles de ces mêmes principes qui font aussi partie des corps organiques. Ceux-ci, selon Gay-Lussac et Thénard, sont composés d'Oxigène, d'Hydrogène, de Carbone et d'Azote; les deux premiers, tantôt dans les proportions nécessaires pour constituer l'Eau, tantôt avec un excès d'Oxigène, et tantôt avec un excès d'Hydrogène, circonstances qui déterminent l'état chimique de ces corps. On peut

même, selon Gay-Lussac, considérer quelques liquides comme formés par la combinaison de deux ou plusieurs composés binaires au nombre desquels l'Eau doit être comptée. Ainsi, pour nous borner à un seul exemple, l'Alcohol est formé par la combinaison d'un volume de vapeur d'Eau et d'un volume d'Hydrogène percarboné.

Par sa combinaison chimique avec certains Minéraux, l'Eau est réellement solidifiée, mais elle leur donne des apparences variées et qui semblent dépendre de la nature de sa combinaison. Tantôt elle s'unit, en proportions variables, avec telle substance qui ordinairement n'en contient pas du tout, et, sans en altérer la forme, elle change souvent sa texture ou sa cassure, et paraît lui ôter la propriété de cristalliser. L'aspect de ces Minéraux est gélatineux, leur cassure est résineuse et ils ont moins de dureté et de pesanteur que ceux qui ne contiennent pas d'Eau combinée. Tels sont entre autres le Quartz ou Silex résinite, les Opales, les Hydrophanes, etc., dont l'Eau peut être chassée par l'action d'une chaleur assez faible. D'autres fois, l'Eau se combine aux Minéraux dans des proportions constantes, et leur imprime une structure laminaire, une transparence vitreuse et des formes régulières; en un mot, ces Minéraux sont spécifiquement différens de ceux qui ont la même composition, sauf la présence de l'Eau. L'Alumine fluatée, la Chaux sulfatée-hydratée, la Mésotype, l'Analcime, la Stilbite, la Chabasie, le Talc, le Manganèse hydraté, le Fer arséniaté, le Cuivre muriaté, et une foule d'autres Sels, Pierres ou Oxides métalliques, sont dans ce cas. L'Eau, dans ces corps, adhère avec une telle force que la chaleur n'est souvent pas assez énergique pour l'en dégager complétement, et qu'il faut alors avoir recours à une action chimique plus puissante. Sa présence est démontrée par la perte en poids des Minéraux et la manifestation des vapeurs aqueuses lorsqu'on les chauffe. Elle est indiquée par l'aspect résineux , par le boursoufflement pendant la fusion et par la décrépitation au feu. Le premier de ces indices est celui qui soufre le moins d'exceptions.

Lorsque les Sels solubles dans l'Eau cristallisent , ils retiennent une quantité du dissolvant sans pour cela paraître humides. Si l'Eau n'est qu'interposée entre les particules du Sel , elle s'échappe facilement à l'aide de la chaleur, en projetant par son expansion instantanée ces particules dont la transparence n'est point troublée ; mais quand elle se trouve répandue entre toutes les molécules intégrantes du Sel, on lui donne le nom d'Eau de cristallisation. Berzelius a prouvé que l'Eau, dans ce cas, était chimiquement combinée, et qu'elle faisait partie constituante de chaque molécule saline. La constance, en effet, de sa quantité, le rapport simple qui existe entre la quantité de son Oxigène et celle de l'Oxigène que contiennent les principes saligènes, sont des preuves décisives en faveur de cette théorie. L'Eau de cristallisation est tellement privée de sa qualité humide, que le Sel pulvérisé reste parfaitement sec ; mais son adhérence y est extrêmement faible, puisqu'il suffit d'une chaleur modérée pour la faire disparaître. C'est en cela que se distinguent les Sels qui contiennent de l'Eau de cristallisation, de quelques autres dont les caractères extérieurs sont semblables , mais qui cependant ne renferment pas d'Eau qui soit propre à leur état de combinaison. Cette Eau est nécessaire à l'existence d'un de leurs principes constituans, et ne peut être dissipée par la chaleur. Ainsi le nitrate de Potasse et d'autres combinaisons n'ont pas d'Eau de cristallisation ; celle qu'ils contiennent appartient à leurs Acides ou Oxides hydratés.

Nous avons parlé de l'indispensable nécessité de l'Eau comme aliment ou comme véhicule des alimens ; maintenant nous dirons un mot des usages principaux auxquels l'Homme l'a soumise et qui ont puis-

samment contribué aux progrès de son industrie. Il n'est peut-être aucun art qui n'emploie ce liquide , soit comme moyen de lavage , soit comme dissolvant. Dans la purification des Minerais, elle sert surtout à séparer les corps dont la pesanteur spécifique est différente. L'extraction du Nitre , de l'Alun , du sulfate de Fer, du Sel marin ; celle du Sucre , de la Gomme , des couleurs, de la colle forte ; l'art de préparer le bleu de Prusse et une foule de composés chimiques ; celui du blanchîment, etc. , sont fondés sur la propriété dissolvante de l'Eau. Elle est un des moyens de thérapeutique les plus puissans dont la médecine puisse faire usage contre une foule d'affections, et à ce titre, on doit la considérer, sinon comme un médicament très-actif, du moins comme le plus efficace pour la majorité des cas où l'on ne peut réellement voir le mal même et y porter le remède spécifique.

Enfin la plus grande utilité que les peuples civilisés ont su tirer de l'Eau, c'est sans contredit son emploi comme moteur inanimé. Les machines qui ont pour force motrice l'impulsion naturelle et impétueuse des Eaux, étaient connues dès la plus haute antiquité : mais il était réservé à ces derniers temps de connaître la puissance et les avantages de la vapeur. C'est à l'emploi des machines à vapeur que l'Angleterre est redevable de son étonnante prospérité manufacturière ; c'est par l'application de cette force à la navigation et aux arts que le commencement de notre siècle a vu s'effectuer tant de merveilles au profit de notre utilité ou de nos jouissances. (G..N.)

* EAU DE L'AMNIOS. Humeur séreuse sécrétée par la membrane que les anatomistes ont nommée amnios. C'est au milieu de ce liquide, qui est ordinairement limpide ou blanchâtre, que reste plongé le fœtus jusqu'au moment de la naissance. Les fonctions de cette humeur paraissent se borner à amortir les effets des percussions extérieures, à en garantir le fœtus, et à faciliter la sortie de celui-

ci au terme de la délivrance. L'Eau de l'amnios paraît varier de nature et de composition, suivant l'espèce d'Animal qui le produit. Celle de la Femme a donné à Vauquelin de l'Albumine, de la Soude, du chlorure de Sodium, et du phosphate de Chaux. Le même chimiste a reconnu dans celle de la Vache un Acide particulier qu'il a nommé amniotique, une matière extractiforme azotée, du sulfate de Soude, du phosphate de Magnésie et du phosphate de Chaux. Nous avons été à portée de constater la présence de l'Acide amniotique dans l'Eau de l'amnios de la Jument et de la Chienne.

*Eau de cristallisation. *V.* Eau.

* Eau des hydropiques. Liquide sécrété par les membranes séreuses, et qui se rassemble dans l'abdomen. Sa couleur est le jaune citrin; son odeur est légèrement fétide; sa saveur amère; elle contient de l'Albumine, des matières animales muco-extractives, des hydro-chlorate, phosphate et sous-carbonate de Soude dans des proportions très-variables.

Eau des Pierreries. Expression que l'on emploie vulgairement pour donner l'idée de la transparence des pierres fines. On dit qu'elles sont d'une belle Eau, ou que leur Eau est nébuleuse, etc.   (dr..z.)

* EAUBURON. bot. crypt. (*Champignons.*) Syn. vulgaire de Poivrés-Laiteux, famille de Champignons du docteur Paulet, et qui répond aux Agarics dont le suc est caustique. L'*Agaricus lactifluus acris*, L., en est le type.   (b.)

EAUX. géol. Pour peu que l'on examine avec quelqu'attention la structure intime des couches solides dont se compose l'écorce de la terre, et que l'on étudie la forme et la nature des inégalités qui partagent la surface de celle-ci en montagnes, collines, vallées, plaines, etc.; on ne peut se refuser à considérer l'Eau ou les Eaux comme un des agens les plus puissans employés aux différentes époques de la formation de cette écorce terrestre, des changemens lents et subits qu'elle a successivement éprouvés depuis sa formation jusqu'à l'époque actuelle.

Si, sous nos yeux, les Eaux n'exercent plus une action comparable à celle que l'histoire du monde ancien doit leur attribuer, cependant, soit par leur abondance, soit par les déplacemens qu'elles éprouvent, les changemens d'état qu'elles subissent et par les effets qui en résultent, les Eaux considérées dans leur ensemble jouent encore un rôle des plus importans à la surface du globe.

Disséminées dans toutes les parties de l'atmosphère sous forme de *vapeur*, les particules aqueuses se rapprochent lorsque le calorique qui les tenait suspendues vient à leur être enlevé. D'invisibles qu'elles étaient elles deviennent sensibles à nos yeux; elles humectent d'une *rosée* bienfaisante la terre qui les recueille; elles l'environnent d'épais *brouillards* ou bien elles se groupent dans des régions plus ou moins élevées de l'air pour produire des *nuages*.

Ceux-ci, portés par les vents dans des climats plus froids ou condensés par les causes nombreuses qui font varier la température dans l'atmosphère, se résolvent bientôt en *pluie*, en *neige*, en *grêle*, suivant que le refroidissement qu'ils éprouvent est plus ou moins grand et subit. D'autres nuages, attirés par les montagnes, couvrent de *neiges perpétuelles* leurs cimes élevées et remplissent de glaciers immenses les hautes cavités que les cimes laissent entre elles.

Se renouvelant, pour ainsi dire, d'une manière continue par leur surface extérieure, aux dépens des nuages, les neiges et les glaces des hautes montagnes perdent dans le même temps une quantité presque égale de leur volume au point de leur contact avec la terre qu'elles recouvrent; elles se liquéfient, et l'Eau, sous ce nouvel état, s'infiltre en partie dans les fissures du sol, pour donner naissance, après un trajet caché plus ou moins long, à des *sources* qui se font jour dans les montagnes elles-mêmes ou plus rarement dans les pays plats qui en sont peu éloignés.

Les Eaux qui proviennent de la fonte des neiges et des glaces, descendent en *torrens* rapides sur les flancs des montagnes qu'elles sillonnent de ravins profonds. Arrivées à leur pied, leur cours se ralentit, les torrens ne sont plus que des *ruisseaux* tranquilles qui fertilisent et embellissent d'heureux vallons; plusieurs ruisseaux se joignent, ils augmentent de volume en recevant sur leur route les Eaux des sources qu'ils rencontrent et celles retombées sur la terre sous forme de pluie, de neige et de grêle; ils deviennent de larges *rivières* navigables qui parcourent les longues vallées, et serpentent dans les plaines jusqu'à ce qu'elles rencontrent d'autres rivières avec lesquelles, réunies sous le nom de *fleuve*, elles vont verser leurs Eaux dans la *mer*, réceptacle immense qui reçoit ainsi en définitive la plus grande partie des Eaux qui ont été enlevées à l'atmosphère par la série des phénomènes que nous venons d'analyser, et qui est aussi le réservoir principal où cette même atmosphère vient puiser, au moyen de l'évaporation, les vapeurs aqueuses qui lui sont nécessaires pour réparer les pertes qu'elle éprouve.

Admirable circulation! image de la vie qu'elle crée et entretient sur la terre! Sans elle, sans ces transformations successives de l'Eau en vapeur et de celle-ci en Eau, les riches continens, les îles fécondes que couvre une végétation si nombreuse, que peuplent tant d'êtres vivans, ne seraient que d'arides et d'affreux déserts.

En traçant la marche la plus ordinaire des Eaux à la surface de la terre, nous avons omis de parler de quelques circonstances particulières sur lesquelles nous devons revenir : souvent les cours d'Eau que nous avons appelés *sources, torrens, ruisseaux, rivières*, etc., au lieu de retourner directement à la mer, comme nous l'avons supposé, ou se perdent dans des cavernes et sous des sables,

ou bien ils s'arrêtent dans des bassins plus ou moins vastes qui prennent le nom de *lacs*; de ces lacs, les uns n'ont pas d'issue, au moins apparente ; d'autres, au contraire, alimentent des fleuves qui se rendent au réservoir commun. Dans quelques lieux, les Eaux des sources et des pluies séjournent sur des parties basses ou dans des dépressions peu profondes ; elles y forment des *marais* et des *mares* (*V*. tous les mots qui ont été distingués par des italiques).

Telles que nous les considérons, les Eaux ne se rencontrent à peu près pures qu'à l'état gazeux ou solide ; devenues liquides, elles contiennent presque toujours des principes qui leur sont étrangers et qui leur donnent des propriétés particulières ; les Eaux de pluie et celles qui proviennent immédiatement de la fonte des glaces sont les plus pures ; les Eaux courantes, qui pendant un certain temps ont circulé à la surface des terres, non-seulement charrient avec elles des matières insolubles , mais tiennent encore en dissolution différens Sels terreux ou alkalins dont la présence est facilement reconnue par les moyens chimiques lorsqu'elle n'est pas appréciable par nos sens. Très-souvent les Eaux qui ont pénétré plus ou moins profondément dans les fissures ou les intervalles des couches terrestres, n'en sortent que chargées de substances minérales gazeuses et solubles , après avoir acquis quelquefois aussi une température beaucoup plus élevée que celle de l'atmosphère: telles sont les diverses sources *minérales* et *thermales*. Enfin les Eaux qui remplissent les bassins des mers et ceux de presque tous les lacs sans issue sont de véritables dissolutions salines qui ont une densité bien supérieure à celle de l'Eau pure, et dont la saveur est très-prononcée.

Sous le rapport de leur composition ou plutôt de la nature et de la proportion des principes étrangers qu'elles renferment, les Eaux liquides qui existent libres sur le globe peuvent donc être distinguées :

1°. En Eaux douces. Telles sont celles de presque tous les cours d'Eau qui, des parties élevées des continens et des îles, descendent par mille canaux dans les parties les plus basses ; telles sont aussi celles d'un grand nombre de lacs, de marais et de mares ; leur saveur est presque nulle ; leur température est rarement plus élevée que celle de l'air ; elles nourrissent dans leur sein des Végétaux et des Animaux particuliers que l'on désigne par l'épithète de fluviatiles et de lacustres pour indiquer le lieu de leur séjour, mais qui en général diffèrent assez des Plantes et des Animaux marins, pour que les géologues aient été conduits par la connaissance de ce fait et par l'analogie, en étudiant les débris de corps organisés que renferment les couches de la terre, à distinguer d'une manière presque certaine celles de ces couches qui ont été formées dans le sein des Eaux douces, de celles qui ont été déposées sous les Eaux salées. Les Eaux douces sont ou stagnantes, comme dans les lacs, les marais et les mares, ou courantes, comme dans les torrens, les rivières et les fleuves ; c'est principalement à la vitesse de leur marche progressive, à leur volume et aux chutes, cascades et cataractes auxquelles elles donnent lieu, qu'est due l'action qu'exercent ces Eaux à la surface des continens. Cette action se borne à transporter dans les plaines, dans les lacs ou à la mer, les matériaux désagrégés qu'elles rencontrent dans leur route et qu'elles enlèvent à leurs rives. Quelquefois cependant les torrens et les rivières, dans leurs débordemens, creusent et sillonnent le sol sur lequel ils courent ; ils peuvent détacher et rouler des pierres. Mais ces effets sont bien restreints, et loin de creuser leur lit, on peut plus généralement soutenir que les Eaux courantes comblent et élèvent aux dépens des parties ténues qu'elles charrient le sol sur lequel elles coulent. *V.* Terre, Torrens, Rivières.

2°. En Eaux minérales. Nous ne parlerons ici ni de leur composition, ni de leur gissement ; nous renvoyons pour ces détails au mot Sources minérales. Nous dirons seulement que, comparées aux Eaux douces, elles ont une saveur particulière, soit saline, soit acide, soit ferrugineuse, soit d'hydrogène sulfuré, qui les fait reconnaître au goût ; que leur température est souvent plus élevée que celle de l'air, et quelquefois de plus de cent degrés ; qu'elles sortent du sein de la terre avec un volume peu considérable, et qu'elles ne donnent jamais lieu à des cours d'Eaux puissans comme sont les rivières et les fleuves ; que les Plantes et les Animaux ne se rencontrent ordinairement que dans celles qui se rapprochent des Eaux douces par la faible proportion des principes étrangers qu'elles contiennent, et que ces êtres alors ressemblent à ceux des Eaux douces. Les Eaux minérales sont presque toutes courantes, mais l'effet produit par leur mouvement progressif est proportionné à leur peu de volume ; elles exercent quelquefois dans le sein de la terre et à sa surface une action chimique décomposante et reproductive qui est plus sensible ; ainsi celles de ces Eaux qui contiennent un Acide, l'Acide carbonique par exemple, peuvent dissoudre et elles dissolvent en effet une quantité plus ou moins grande des substances minérales solubles dans cet Acide, sur lesquelles elles passent ; si à leur sortie de terre la pression à laquelle elles étaient soumises devient moins forte, si leur température diminue, si elles s'évaporent, les molécules dont elles étaient chargées se déposent, elles forment des couches quelquefois très-puissantes et incrustent les corps qu'elles touchent.

3°. En Eaux salées. La saveur salée, amère et nauséabonde qui les caractérise, ne les distinguerait pas des Eaux minérales, si on ne les considérait que sous le rapport de leur composition ; mais elles en diffèrent sous un assez grand nombre d'autres pour mériter d'être étudiées à part. Leur abondance est extrême, puisqu'elles recouvrent près des trois quarts de la surface du globe ; leur température est à peu près égale à celle de l'air environnant, sauf les différences qui sont dues à la propriété inégale de conductibilité du calorique. Les Eaux salées, qu'il vaudrait mieux appeler Eaux marines, si les Eaux de grands lacs sans issue ne jouissaient pas de toutes les propriétés des Eaux de la mer, sont l'habitation obligée d'un grand nombre d'êtres vivans et de Plantes ; les uns et les autres sont, comme nous l'avons déjà dit, différens de ceux des Eaux douces. L'action qu'exercent les Eaux salées et celle qu'elles ont pu exercer sur les continens tient à leur nature, à leur volume et aux mouvemens généraux et particuliers dont elles sont douées. Nous ne saurions entrer ici dans des détails qui trouveront plus rigoureusement leur place aux mots MER, LACS SALÉS et TERRE. (C. P.)

* EAUX ACIDULES OU AÉRÉES. Nom que l'on donne vulgairement à l'Eau imprégnée naturellement ou artificiellement d'Acide carbonique. Une Eau acidulée est celle que l'on a chargée d'un Acide quelconque, autre que le carbonique.

* EAUX ALCALINES. Eaux qui tiennent naturellement en dissolution un ou plusieurs Alcalis.

* EAUX CRUES. Eaux chargées naturellement de sulfate et de carbonate de Chaux ; elles sont peu favorables au lessivage en ce qu'elles décomposent une grande partie du savon ; elles s'opposent aussi à la facile cuisson des Légumes que d'ailleurs elles rendent croquans et durs, en déposant dans leurs pores des molécules calcaires.

* EAUX FERRUGINEUSES. On donne ce nom aux Eaux qui tiennent naturellement en dissolution un ou plusieurs Sels ferrugineux.

EAUX GAZEUSES. Eaux qui tiennent en dissolution un fluide élastique quelconque, mais qui ordinairement est l'Acide carbonique.

EAUX HÉPATIQUES OU HÉPATISÉES. Même chose qu'Eaux sulfureuses.

EAUX MINÉRALES. On a vu plus haut que l'on distinguait sous la dénomination vulgaire de *minérales*, les Eaux qui tenaient en dissolution ou même en suspension, à l'état de simple mélange, des substances minérales. Sous cette dénomination assez impropre, puisqu'elle peut et doit s'appliquer à la masse entière qui s'offre aux recherches de l'Homme, on n'a cependant voulu comprendre que les Eaux dont l'usage avait paru apporter quelques changemens dans l'économie animale, celles dont la médecine avait su faire une application heureuse au traitement de certaines maladies jugées, pour la plupart, incurables par d'autres moyens. On a cherché à diviser méthodiquement et d'après la nature des principes qui y étaient contenus, les Eaux minérales auxquelles on a jusqu'ici accordé des propriétés médicales ; on les a rangées dans quatre grandes classes susceptibles d'un plus grand nombre de sous-divisions. Ces classes comprennent : 1° les Eaux *sulfureuses*, 2° les Eaux *ferrugineuses*, 3° les Eaux *acidules*, 4° les Eaux *salines*. Les Eaux minérales sulfureuses qu'anciennement l'on nommait aussi *hépatiques*, exhalent une odeur fétide, semblable à celle des œufs pourris ; une lame d'argent que l'on y plonge noircit et perd plus ou moins promptement son éclat métallique. Par leur exposition au contact de l'air, ces Eaux se recouvrent d'une pellicule irisée et laissent déposer un précipité presque entièrement composé du soufre que le gaz hydrogène y tenait en dissolution et qu'il abandonne au moment de sa volatilisation ; elles perdent en peu de temps leurs propriétés principales. Les Eaux minérales ferrugineuses ou *martiales* se reconnaissent assez aisément à leur saveur stiptique plus ou moins prononcée, suivant la quantité de Fer qu'elles contiennent et l'état de combinaison dans lequel il s'y trouve ; elles noircissent promptement l'infusion de noix de galle que l'on y verse ou les copeaux de Chêne, d'Aulne, etc., que l'on y trempe : elles sont, moins que les précédentes, sujettes à s'altérer par leur exposition à l'air ; cependant elles ne tardent point à se décomposer et se recouvrent aussi d'une pellicule irisée. Les Eaux minérales acidules sont généralement portées à cet état par le gaz acide carbonique qui s'en sépare à la moindre élévation de température ; aussi doit-on les conserver dans des vases hermétiquement fermés et dans des lieux abrités de toute chaleur ; elles ont une saveur agréable, fraîche et légèrement piquante. Les Eaux minérales salines sont les moins altérables en ce que les principes qu'elles contiennent sont peu volatils et difficilement décomposables ; leur saveur, en général amère et nauséeuse, est plus ou moins modifiée, selon la nature et la quantité des Sels contenus dans ces Eaux, qui constituent les sources les plus communes et les plus abondamment répandues à la surface du globe. Les propriétés médicamenteuses des Eaux minérales, que l'on a peut-être trop vantées, sont aussi variées que leur nature et leur composition. Les exemples où leur administration a produit les cures les plus extraordinaires dans des genres de maladie tout-à-fait opposés, ne sont point rares, ce qui tendrait à faire croire que le déplacement des malades ou d'autres circonstances analogues entrent pour beaucoup dans le succès de ces moyens curatifs ; du reste, quelles qu'en soient les causes, les effets parlent en faveur du remède ; c'est au médecin habile à saisir l'instant le plus favorable à son application, en attendant que la science nous en ait dévoilé l'action. L'art est parvenu à imiter la nature dans la production des Eaux minérales, et chaque ville un peu populeuse voit maintenant, lorsque le cas l'exige, sourdir des Eaux minérales du sein des laboratoires de pharmacie.

Nous présenterons au mot SOURCES MINÉRALES des tableaux qui indiqueront les résultats bien connus de l'analyse chimique des Eaux minérales les plus importantes.

* EAUX SULFUREUSES. Eaux qui tiennent en dissolution du gaz acide hydrosulfurique.

EAUX THERMALES. *V.* EAUX et SOURCES THERMALES.   (DR..Z.)

ÉBALIE. *Ebalia.* CRUST. Genre de l'ordre des Décapodes, section des Orbiculaires, établi par Leach qui le place dans la famille des *Leucosidea*, et lui assigne pour caractères : tige externe des pieds-mâchoires extérieurs linéaire ; bras des serres un peu anguleux ; mains assez renflées, à doigts un peu inclinés en dedans ; pieds des quatre dernières paires médiocres, diminuant graduellement de longueur depuis la seconde jusqu'à la cinquième ; carapace légèrement avancée en forme de rostre, tuberculeuse à sa surface, entière sur ses bords ; dernier article de l'abdomen des mâles armé d'une petite pointe près de sa base. Leach en décrit plusieurs espèces :

L'ÉBALIE DE PENNANT, *Eb. Pennantii*, Leach (*Zool. Misc.* T. III, p. 19, et *Malac. Brit.*, tab. 25, fig. 1-6). Elle est la même que le *Cancer tuberosus* de Pennant. On la trouve sur les côtes de l'Angleterre.

L'ÉBALIE DE CRANCH, *Eb. Cranchii*, Leach (*Zool. Misc.* T. III, p. 20, et *Malac. Brit.*, tab. 25, fig. 7-11). Elle se trouve à des profondeurs assez considérables sur les côtes occidentales de l'Angleterre.

L'ÉBALIE DE BRYER, *Eb. Bryerii*, Leach (*Zool. Misc.* T. III, p. 20, et *Malac. Brit.*, tab. 25, fig. 12, 13), ou le *Cancer tuberosa* de Montagu. Elle habite les mêmes lieux que l'espèce précédente.   (AUD.)

* EBANOS. BOT. PHAN. (Acosta.) Bois précieux de l'île de Cuba que C. Bauhin regardait comme le même que le bois de Santal. De ce mot ancien est peut-être venu celui d'Ébène qui n'a pas le moindre rapport avec l'Arbre qui produit le bois asiatique cité par l'auteur du Pinax.   (B.)

ÉBÉNACÉES. *Ebenaceæ.* BOT. PHAN. Famille naturelle de Plantes, ainsi nommée parce que le bois d'Ebène est produit par plusieurs des Arbres qui la constituent. Jussieu a substitué le nom d'Ebénacées à celui de Guayacanées par lequel il avait désigné cette famille dans son *Genera*. Mais les Ebénacées, telles que les ont entendues Richard, Brown et Kunth, ne correspondent pas exactement aux Guayacanées de l'illustre auteur du *Genera Plantarum*. Le premier de ces auteurs, dans son Analyse du fruit, a indiqué une famille des Styracées qui se compose des genres *Halesia, Styrax, Symplocos*, etc., qu'il sépare des véritables Ebénacées. Cette division a ensuite été adoptée par Jussieu, Robert Brown et Kunth. Nous allons exposer les caractères de la famille des Ebénacées. Les fleurs sont rarement hermaphrodites ; le plus souvent elles sont unisexuées, tantôt polygames, tantôt dioïques ; leur calice est monosépale, à trois ou six divisions égales et persistantes ; la corolle est monopétale régulière, assez épaisse, fréquemment pubescente en dehors, glabre à sa face interne ; son limbe est à trois ou six lobes imbriqués ; cette corolle est caduque ; Jussieu dit qu'elle est périgyne ; Robert Brown, au contraire, l'a décrite comme hypogyne, ce qui est conforme à ce que nous avons nous-mêmes observé dans plusieurs des genres de cette famille ; les étamines sont en nombre défini, généralement insérées sur la corolle, mais quelquefois immédiatement hypogynes, circonstance qui est fort rare dans les Plantes pourvues d'une corolle monopétale, laquelle porte constamment les étamines ; le nombre des filets est tantôt double, tantôt quadruple de celui des divisions de la corolle ; quelquefois cependant les étamines sont en nombre égal à celui des divisions de la corolle ; dans ce cas elles alternent avec ces dernières ; quand les fleurs sont hermaphrodites, les filets sont simples, tandis qu'ils sont en général bipartis dans les fleurs unisexuées ; la plus intérieure des deux divisions des filets est plus courte, et chacune d'el-

les porte une anthère à son sommet ; les anthères sont lancéolées, fixées par la base à deux loges s'ouvrant par un sillon longitudinal ; l'ovaire est libre, sessile, à plusieurs loges, contenant chacune d'un à deux ovules pendans ; le style est divisé, plus rarement simple ; les stigmates sont simples ou bifides ; le fruit est une baie globuleuse ou ovoïde, s'ouvrant quelquefois d'une manière presque régulière, et contenant un petit nombre de graines par suite d'avortement ; les graines sont recouvertes d'un tégument propre, mince et membraneux ; l'endosperme est blanc et cartilagineux ; l'embryon est droit, moitié plus court que l'endosperme, au centre duquel il est placé quelquefois un peu obliquement ; la radicule est tournée vers le hile.

Cette famille se compose d'Arbres ou d'Arbustes non lactescens, dont le bois est très-dur et souvent d'une teinte noirâtre ; leurs feuilles sont alternes, très-entières, souvent coriaces et luisantes ; les fleurs sont tantôt solitaires, tantôt réunies à l'aisselle des feuilles.

Les Ebénacées forment un groupe assez naturel, voisin à la fois des Olacinées, des Sapotées et des Styracées dont les genres leur étaient autrefois associés. Ce groupe se rapproche surtout des Olacinées par la position et la structure de ses graines, et s'en distingue par ses feuilles alternes, son inflorescence axillaire, ses fleurs généralement diclines, et ayant les étamines en nombre double des divisions de la corolle, tandis qu'elles sont hermaphrodites et en nombre égal aux lobes de la corolle dans les genres de la famille des Olacinées. Les Ebénacées ont aussi beaucoup de rapports avec les Sapotées par leur port, leurs feuilles alternes et entières, leur inflorescence axillaire ; mais dans les Sapotées les fleurs sont hermaphrodites ; les étamines sont toujours en nombre égal aux divisions de la corolle auxquelles elles sont opposées ; le style est simple ; chaque loge de l'ovaire contient un seul ovule dres-

sé. Quant aux Styracées , elles diffèrent principalement des Ebénacées
par leur insertion périgynique, par
leur ovaire quelquefois infère (*Halesia, Symplocos*), par les loges de leur
ovaire contenant ordinairement quatre ovules dont deux sont ascendans
et deux renversés. *V.* Styracées.

Dans son *Genera Plantarum* ,
Jussieu avait divisé en deux sections les genres de la famille des
Plaqueminiers ou Ebénacées : la première comprenait les genres *Diospyros, Royena, Ponteria , Styrax*
et *Halesia*, qui ont les étamines en
nombre défini; la seconde les genres *Alstonia , Symplocos , Ciponi-
ma , Paralea* et *Hopea*, qui ont les
étamines en nombre indéfini. Plus
tard le même botaniste a autrement
défini cette famille et y a rapporté les
genres *Embryopteris* de Gaertner, auquel il pense qu'on doit réunir le *Ca-
vanillea* de Lamarck et le *Paralea*
d'Aublet ; le *Diospyros* dont les genres *Dactylus* de Forskahl et *Ebenoxylum* de Loureiro sont congénères ; le
Visnea de Linné fils, auparavant placé dans la famille des Onagraires , et
qui doit faire partie de celle de Elæocarpées ; le *Maba* de Forster , le *Ponteria* d'Aublet, dont le *Labatia* de
Swartz n'est pas différent, et l'*An-
dreusia* de Ventenat ou *Pogonia* du même auteur. Quant aux genres *Styrax,
Halesia, Symplocos, Alstonia, Cipo-
nima* et *Hopea*, il en fait, à l'exemple
du professeur Richard , un groupe
distinct sous le nom de Styracées.
Robert Brown, dans son Prodrome ,
a adopté cette division, et a ajouté un
genre nouveau qu'il nomme *Cargil-
lia* à la famille des Ebénacées. (A. R.)

ÉBENASTER. bot. phan. Espèce
du genre Plaqueminier, et nom quelquefois employé pour désigner le Cytise des Alpes, vulgairement Faux-
Ebénier ou Ebénier sauvage.   (B.)

* ÉBÈNE. moll. Espèce du genre
Cérithe. *V.* ce mot.   (B.)

ÉBÈNE. bot. phan. On désigne
plus particulièrement par ce nom la
partie centrale et très-noire du tronc
d'un Arbre appartenant au genre
Plaqueminier, dont le bois dur et précieux est fort employé par les ébenis-
tes. On l'a étendu à divers autres bois
tels que ceux d'une Bignone, du Cytise des Alpes, de l'Amérimnon , en
y ajoutant les épithètes de jaune , de
vert, etc. On en a enfin formé la racine du nom du genre Ebénoxyle. *V.*
ce mot et Plaqueminier.   (B.)

ÉBÈNE FOSSILE. min. Syn. de
Jayet et de Lignite. *V.* ces mots. (B.)

ÉBÉNIER. bot. phan. Espèce du
genre Plaqueminier. *V.* ce mot. On a
encore appelé Ebénier sauvage , des
Alpes ou Faux-Ebénier, le *Cytisus
Laburnum;* Ebénier de montagne, le
Bauhinia acuminata; Ebénier d'O-
rient, le *Mimosa Lebbeck* , etc. (B.)

ÉBÉNOXYLE. *Ebenoxylum*. bot.
phan. Genre établi par Loureiro (*Flor.
Cochinchin.*, 2 , p. 751) et placé dans
la Diœcie Triandrie , L. , mais dont
les caractères empruntés à Rumph
n'offrent pas assez de certitude pour
qu'on puisse l'admettre positivement.
L'Arbre que Loureiro décrit sous le
nom d'*Ebenoxylum verum* est élevé ,
à rameaux ascendans. Son écorce est
rude et verdâtre ; l'aubier de son
bois est d'un blanc uniforme, tandis
que le cœur est du plus beau noir et
très-lourd. Ses feuilles sont lancéolées, très-entières , glabres , luisantes , petites , pétiolées et ovales. Ses
fleurs sont nombreuses, terminales,
pédonculées et blanches. La corolle
est composée de trois pétales aigus et
presque étalés. Il n'y a qu'un style
court. Le fruit est une petite baie
d'un rouge jaunâtre, ovée, uniloculaire, à trois graines oblongues et
anguleuses. Cet Arbre habite les vastes forêts de la Cochinchine , où Loureiro l'a observé jusqu'au onzième
degré de latitude boréale. Loureiro
cite comme synonyme de cette Plante
le *Caju Arang* de Rumph (*Herb. Amb.
lib.* 4 , t. 1); il prétend que le bois de
cet Arbre est regardé le vrai bois d'E-
bène tant par les indigènes que par

les Européens, et qu'il n'est pas
fourni par le *Diospyros Ebenus*, L. f.
(Suppl., p. 440), quoique celui-ci ait
quelquefois le cœur noir comme celui
de l'Ebénoxyle. Contre cette assertion,
Jussieu a fait remarquer que l'Ebénoxyle n'est peut-être qu'une espèce
du genre *Diospyros*, et que si les auteurs cités et copiés par Loureiro ont
observé un nombre moindre dans
toutes les parties et une corolle de
plusieurs pièces, c'est qu'ils n'auront
pas tenu compte de l'avortement de
certaines parties et de la division profonde de la corolle. (G..N.)

EBENUS. bot. phan. La Plante
nommée *Ebenus Cretica* par Prosper
Alpin et L'Ecluse, fut le type d'un
genre que Linné constitua sous ce
même nom, mais qui a été réuni à
l'*Anthyllis* par Lamarck et ensuite
par Willdenow. *V*. Anthyllide.
(G..N.)

ÉBONY. bot. phan. *V*. Aldina.

ÉBOURGEONNEUR. ois. L'un
des noms vulgaires du Bouvreuil et
de quelques Gros-Becs. *V*. ces mots.
(DR..Z.)

EBULUS. bot. phan. *V*. Sureau.

* EBURNANGIS. bot. phan. Ce
nom a été proposé par Du Petit-
Thouars dans son Histoire des Orchidées des îles australes d'Afrique
pour remplacer celui d'*Angræcum
eburneum*. Cette Plante figurée (*loc.
cit.*, t. 65) est indigène de Mascareigne. (G..N.)

EBURNE. *Eburna*. moll. Ce genre, institué par Lamarck dans le Système des Animaux sans vertèbres
(1801) pour quelques Coquilles que
les auteurs avant lui rangeaient parmi les Buccins, repose sur des caractères peu tranchés, et qui seront détruits probablement lorsqu'on connaîtra l'Animal de l'Eburne. Cependant Cuvier (Règne Animal) l'admet
comme sous-genre, ce que font également Férussac (Tableaux systém.
des Moll.) et quelques autres auteurs.
Voici sur quels caractères ce genre
repose·coquille ovale ou allongée, à
bord droit très-simple ; ouverture

longitudinale, échancrée à sa base ;
columelle ombiliquée dans la partie
supérieure et canaliculée sous l'ombilic. Animal inconnu. — Ce genre
est encore peu nombreux en espèces.
Lamarck (Anim. sans vert. T. VII,
p. 281) en décrit cinq, mais il y en a
deux de plus dans la belle collection
de Duclos. Quelques-unes sont fort
communes dans les collections ; ce
sont :

L'Eburne allongée, *Eburna gla-
brata*, Lamk., *loc. cit.* T. VII, p. 280,
n. 1 ; *Buccinum glabratum*, L. et Brug.,
figuré dans Lister, Conch., tab. 974,
fig. 29, et dans l'Encyclopédie, pl.
401, fig. 1, A, B. C'est une coquille
lisse, allongée, d'un jaune orangé
clair, dont les sutures sont couvertes,
comme dans les Ancillaires, par la matière que dépose l'Animal à l'angle
postérieur et supérieur de l'ouverture.
Elle vient de l'océan Américain.

Eburne de Ceylan, *Eburna Cey-
lanica*, Lamk., *loc. cit.* T. VII,
p. 281, n. 2 ; *Buccinum Ceylani-
cum*, Brug., Encycl., n. 27, pl. 401,
fig. 5, A, B. Cette espèce est allongée,
ovale, lisse, blanche, tachetée de
fauve brun ; les taches qui sont près
des sutures sont plus grandes et plus
anguleuses ; la suture n'est point cachée comme dans l'espèce précédente ; elle se reconnaît surtout par son
ombilic ouvert, violet, dans l'intérieur duquel se voient des écailles
relevées de la même couleur. Elle a
jusqu'à trois pouces de longueur.
(D..H.)

ÉCAILLAIRE. bot. crypt. (De
Candolle.) *V*. Squamaire.

ÉCAILLÉ. ois. Espèce du genre
Colibri, *Trochilus squamosus*,
Temm., pl. 203, fig. 1. *V*. Colibri
Oiseau-Mouche. (DR..Z.)

ECAILLE. *Squama*, *tegmentum*.
zool. bot. C'est, dans les Animaux, une matière dure, mais cependant flexible, cornée, qui paraît d'une nature analogue à celle
des poils et qui revêt une partie
ou la totalité de leur corps. L'E-
caille est ordinairement disposée en

plaques plus ou moins solides, dont les molécules se groupent en tubercules, en aiguillons, etc., et qui, transparentes ou opaques, présentent une grande similitude avec les ongles, la corne surtout, les piquans du Porc-Épic ou du Hérisson, et les plumes des Oiseaux. La matière qui en constitue les parties est à peu près identique dans tous les Animaux; elle est, selon Vauquelin, formée d'un mucus durci, et d'une substance huileuse à laquelle elle doit sa flexibilité, la propriété de se ramollir, même de se fondre par la chaleur, et de dégager en brûlant une grande flamme. Hatchett la croit composée d'Albumine coagulée, de Phosphate de Chaux, de Phosphate de Soude et d'un peu d'Oxide de Fer. Elle répand, en brûlant, cette odeur si remarquable dans les cornes et dans les cheveux mis au feu.

Parmi les Mammifères, les Phatagins et les Pangolins sont recouverts d'Ecailles disposées à peu près comme celles des involucres des Cinarocéphales; celles des Tatous sont adhérentes à la peau dans toute leur étendue et deviennent osseuses. La queue des Rats, des Capromys, des Castors, des Sarigues et de quelques Singes présente des lames écailleuses.

Dans les Oiseaux, les lames écailleuses dont se recouvrent les pates sont assez semblables à celles que nous venons de mentionner comme existant sur la queue de certains Mammifères. Les petites ailes des Manchots sont également revêtues de sortes d'Ecailles.

Dans les Reptiles, les Batraciens seuls sont entièrement dépourvus d'Ecailles, et la Grenouille, que Schroter croyait en être recouverte, s'est trouvée un Animal altéré, dont l'espèce n'existe pas dans la nature. L'Ecaille des Tortues est célèbre, et la seule dont les arts tirent un grand parti; elle recouvre en général la carapace de ces Animaux, par plaques plus ou moins épaisses, et imbriquées dans le Caret comme le sont les tuiles d'un toit. Plusieurs Tortues en sont cependant privées. Celle qui est répandue dans le commerce et dont on fait divers meubles ou ustensiles de luxe, tels que coffrets, boîtes, tabatières ou éventails, se recueille particulièrement dans les mers d'Afrique; on la tourne, on la ramollit, on la fond même, et par ce moyen on peut en joindre différentes pièces pour en former des plaques assez étendues. Chez les Sauriens et les Ophidiens, les Ecailles sont disposées par lames bien plus petites et souvent comme par tubercules. Elles y sont plus grandes sur la tête où leur forme et leur disposition peuvent fournir d'excellens caractères d'espèces; leur nombre, sous le ventre, ajoute d'excellens moyens de compléter les déterminations génériques. L'extrémité de la queue des Crotales est de la nature des Ecailles. Dans les plaques nuchales et dorsales des Crocodiles, ces écailles deviennent osseuses comme chez les Tatous, imbriquées ou juxtaposées sur le corps; elles se disposent en anneaux circulaires autour de la queue; et le corps des Amphisbènes, parmi les Serpens, est enveloppé d'anneaux pareils. Les Ecailles s'éparpillent d'autres fois comme de petits tubercules distans à la surface de la peau. Les Acrochordes en fournissent un exemple.

Dans les Poissons, les Ecailles sont pour ainsi dire caractéristiques et indispensables. Les espèces qu'on a cru en être entièrement dépourvues ont, mieux examinées, présenté sur leur peau, après le dessèchement de celle-ci, une poussière brillante qui ne paraît être formée que d'une multitude d'Ecailles microscopiques. Dans l'Anguille, la substance squammeuse est même cachée dans l'épaisseur de la peau à laquelle on la voit communiquer son brillant, et quelques Clupes présentent la même particularité. C'est à ces Ecailles que le Poisson doit presque toujours l'éclat de sa parure; tant qu'il est plongé dans le fluide où il habite, elles réfléchissent, comme des miroirs, mille teintes brillantes qui s'altèrent, ou même disparaissent tout-à-fait dès que l'Animal meurt hors de son élément. Selon leur position, les Ecailles des Poissons sont extérieures et imbriquées, contiguës ou éloignées, et occultes ou cachées sous l'épiderme. Elles s'étendent souvent sur les nageoires, d'où le nom de Squammipenne, imposé par Cuvier à l'une des familles de son Système ichthyologique. Selon leur forme, elles sont ovales, arrondies, rhomboïdales, anguleuses, crénelées, dentées, serrées, ciliées, lancéolées, aculéiformes et granulées. D'après leur taille, elles sont grandes, petites, larges, par plaques, insensibles, ou diversifiées par leur étendue sur un même individu. En raison de leur surface, elles sont unies, striées, rudes, carenées, épineuses, veloutées, ou polies et brillantes. D'après leur consistance, elles sont molles, flexibles, coriaces, cornées, osseuses, ou cassantes. Enfin, d'après leur adhérence, elles sont caduques, ou fixes et persistantes. Vues à la loupe, elles peuvent fournir par leurs stries et les accidens qui régnent, soit à leur surface, soit à leur pourtour, d'excellens caractères spécifiques.

Dans les Insectes, les Arachnides, ou autres Invertébrés, on trouve encore des Ecailles; telles sont celles des Lépidoptères et les Lépismes.

ECAILLE est devenu souvent un nom spécifique ; ainsi, on a appelé vulgairement, parmi les Insectes :

ECAILLE BRUNE, le Bombyx aulique.

ECAILLE ROSE, le Bombyx Hébé.

ECAILLE MARTRE OU HÉRISSONNE, le Bombyx Caja, etc.

Duméril avait même imposé ce nom d'ECAILLE au sous-genre de Bombyx qu'il caractérisait par des couleurs vives disposées par taches plus ou moins semblables à celles que présente l'Ecaille des Tortues.

Parmi les Mollusques, on nomme ECAILLE, le *Patella testudinaria*, et généralement la plupart des Patelles. *V*. ce mot.

Parmi les Poissons, ECAILLE GRANDE OU GRANDE ECAILLE, un Chétodon, un Labre, un Pleuronecte et l'Esoce Caïman. (B.)

Dans les Végétaux, on nomme ECAILLES de petites lames foliacées, qui, par leur disposition, ont quelque ressemblance avec les Ecailles des Poissons, et qui se rencontrent sur différentes parties des Végétaux. Les Ecailles ne sont généralement que des feuilles avortées, restées à l'état rudimentaire ; ainsi, dans le bourgeon des Arbres, les Ecailles qui enveloppent la jeune pousse ne sont que les feuilles les plus extérieures qui n'ont pas reçu assez de nourriture pour se développer entièrement. La tige d'un grand nombre de Végétaux porte, au lieu de feuilles, de simples Ecailles qui en sont les rudimens ; c'est ce qu'on observe, par exemple, dans les Orobanches, l'Hypociste, les *Lathræa*, quelques Orchidées, et en général dans un grand nombre de Plantes parasites.

On a aussi donné le nom d'Ecailles à des organes qui ne proviennent pas des feuilles, mais qui ont de l'analogie avec les Ecailles proprement dites. Tels sont certains appendices qui existent dans un grand nombre de fleurs. Dans les Graminées et les Cypéracées, on appelle assez généralement Ecailles florales l'ensemble des folioles qui constituent la lépicène, la glume, etc. *V*. ces différens mots. Des Fougères ou plusieurs des parties de ces Plantes sont couvertes d'Ecailles particulières, très-remarquables dans l'*Acrostichum splendens*. (A. R.)

ECAILLEUX. ZOOL. BOT. Qui est recouvert d'écailles ou qui en est muni. On applique le plus communément ce nom en botanique à divers calices et à des fruits. *V*. ces mots.

Il est devenu spécifique parmi les Poissons pour désigner des espèces des genres Clupe et Squale. *V*. ces mots. (B.)

ÉCAILLEUX VIOLET. INS. (Geoffroy.) Syn. de Mélolonthe farineuse. *V*. HOPLIE. (B.)

*ECAPANI ET UNDIRI. BOT. PHAN. Noms brames cités par Rhéede, de l'*Hydrocotyle asiatica*. (B.)

* ECAPATLIS. BOT. PHAN. (Hernandez.) Espèce de Casse mexicaine voisine du *Cassia occidentalis*, L. (n.)

ECARDONNEUX. ois. Syn. vulgaire du Chardonneret, *Fringilla Carduelis*, L. *V.* Gros-Bec. (dr..z.)

ECARLATE (graines d'). ins. Nom sous lequel on désigne vulgairement, à cause de l'origine qu'on lui a supposée et de ses propriétés, un Insecte précieux dans l'art de la teinture. *V.* Cochenille. (aud.)

* ECARLATE-JAUNE. bot. crypt. Paulet donne ce nom à deux espèces d'Agarics. (b.)

ECASTAPHYLLE. *Ecastaphyllum.* bot. phan. Genre de la famille des Légumineuses, et de la Diadelphie Décandrie, L., établi par Patrick Browne (*Hist. Jamaïc.*), réuni par Linné au genre Ptérocarpe, et rétabli de nouveau par le professeur Richard (*in Pers. Syn.*, pl. 2, p. 277). Ce genre, qui se compose de quatre ou cinq espèces originaires de l'Amérique méridionale, est voisin des Ptérocapes. Voici les caractères qui le distinguent : son calice est monosépale, campanulé, à deux lèvres, la supérieure plus grande et émarginée, l'inférieure tridentée : la corolle est papilionacée ; l'étendard est ordinairement appliqué contre les autres pétales ; il est large, émarginé et obcordiforme : les deux ailes à peu près de la longueur de l'étendard sont étroites et rapprochées ; la carène est courte, obtuse, formée de deux pétales qui adhèrent légèrement entre eux par leur côté interne. Les étamines sont au nombre de dix, et présentent une disposition fort singulière et dont nous ne connaissons aucun autre exemple dans la famille des Légumineuses ; elles sont diadelphes, et les deux faisceaux qu'elles forment sont égaux, c'est-à-dire composés chacun de cinq filets ; l'ovaire est ovoïde, allongé, comprimé, longuement pédicellé, terminé brusquement à son sommet par un style grêle, redressé, surmonté d'un stigmate très-petit et glanduleux ; le fruit est une gousse très-comprimée, ovale, arrondie, monosperme et indéhiscente. Les espèces qui constituent ce genre

sont en général des Arbrisseaux sarmenteux et grimpans, tous originaires du continent de l'Amérique méridionale ou des îles du golfe du Mexique. Leurs feuilles sont alternes, simples, entières, ovales, acuminées ; leurs stipules sont lancéolées, très-caduques ; les fleurs sont réunies en faisceaux à l'aisselle des feuilles.

Le professeur Richard plaçait dans ce genre, sous le nom, 1° d'*Ecastaphyllum Brownii*, le *Pterocarpus Ecastaphyllum* de Linné, ou *Ecastaphyllum frutescens*, Browne, Jam. p, 299, t. 32, f. 1 ; 2° *Ecastaphyllum Monetaria*, le *Dalbergia Monetaria* de Linné fils ; enfin deux espèces nouvelles, *Ecastaphyllum Plumierii* et *Ecastaphyllum Richardi*. (a. r.)

ECATOTOTL. ois. (Hernandez.) Syn. de Harle huppé de Virginie. *V.* Harle. (dr..z.)

ECBALLION. *Ecballium.* bot phan. Genre de la famille des Cucurbitacées, et de la Monœcie Polyadelphie, L., proposé par le professeur Richard pour le *Momordica Elaterium* de Linné, et qui se distingue des autres Momordiques, dont le fruit s'ouvre avec élasticité en plusieurs valves irrégulières, par son fruit qui reste indéhiscent et dont les graines sortent avec rapidité par le trou formé par la base du pédoncule, au moment où il s'en détache. L'*Ecballium Elaterium*, Rich., est une Plante vivace, très-commune dans les lieux incultes, sur le bord des chemins dans les provinces méridionales de la France ; sa tige est charnue, couchée, rameuse, hispide, ainsi que toutes les autres parties de la Plante, longue de trois à quatre pieds, dépourvue de vrilles ; ses feuilles sont alternes, à pétioles redressés, cylindriques ; leur disque est subcordiforme, ondulé sur ses bords : les fleurs forment à l'aisselle des feuilles des épis solitaires, composés d'un petit nombre de fleurs pédonculées, jaunâtres ; le calice est campanulé à quatre ou cinq divisions ; la corolle est également campanulée, très-évasée, divi sée en quatre ou cinq lobes assez profonds ; le fruit est ovoïde, très-allongé, obtus, de la grosseur du pouce, très-hispide. A l'époque de sa maturité, lorsqu'on le détache du pédoncule qui le supporte, ses graines sortent rapidement en formant un jet qui est lancé à une assez grande distance. Dans le midi de la France, cette Plante est connue sous les noms de Concombre d'Ane, Concombre sauvage. (A. R.)

ECBOLIUM. BOT. PHAN. Linné a donné ce nom à une espèce de *Justicia*, indigène de Ceylan, qui n'est pas la même Plante que celle désignée par Rivin sous cette seule dénomination. L'*Ecbolium* de ce dernier auteur est le *Justicia Adhatoda*, L. (G..N.)

* ECCOPTE. *Eccoptus*. INS. Genre de l'ordre des Coléoptères, section des Tétramères, fondé par Dejean (Catal. des Col., p. 86) aux dépens du genre Charanson. Les caractères de ce petit genre sont inédits, et ne nous sont pas encore connus. Il renferme cinq espèces qui sont originaires du Brésil ou de Cayenne. (AUD.)

ECCRÉMOCARPE. *Eccremocarpus*. BOT. PHAN. Genre établi par Ruiz et Pavon, adopté par Humboldt, Bonpland et Kunth, très-rapproché du *Cobæa* et faisant partie de la famille des Bignoniacées. Voici ses caractères distinctifs : son calice est très-grand, lâche, campanulé, persistant, à cinq divisions profondes ; la corolle est monopétale, longuement tubuleuse: son limbe est peu dilaté, à cinq lobes obtus ; les étamines sont au nombre de quatre à peine inégales et didynames avec le rudiment d'une cinquième ; les filets sont longs et grêles, les anthères allongées et à deux loges ; l'ovaire est ovoïde, allongé, à deux loges contenant un grand nombre d'ovules insérés sur la partie moyenne de la cloison ; cet ovaire est accompagné à sa base par un disque hypogyne plus large que lui et à cinq angles saillans ; le style est long et grêle, ter-

miné par un stigmate bilobé ; le fruit est une capsule tétragone, à deux loges et à deux valves, qui emportent chacune avec elles la moitié de la cloison qui leur est opposée ; les graines sont imbriquées, membraneuses et en forme d'ailes sur leurs bords.

Les espèces de ce genre sont des Arbustes sarmenteux et grimpans, portant des feuilles opposées, décomposées en un très-grand nombre de folioles, et dont les pétioles communs se terminent à leur sommet en vrilles rameuses et roulées en spirale ; les pédoncules sont opposés aux feuilles, très-longs, rameux et portant des fleurs très-grandes et pendantes. Ce genre diffère du *Cobæa* par sa longue corolle tubuleuse, par ses quatre étamines, par sa capsule à deux loges et à deux valves.

Dans leur ouvrage intitulé : Plantes équinoxiales, Humboldt et Bonpland ont donné la description et la figure (1, pag. 229, tab. 65) d'une belle espèce de ce genre, à laquelle ils ont donné le nom d'*Eccremocarpus longiflorus*. Elle croît dans les bois au Pérou. Ses feuilles sont tripinnées, composées de folioles ovales, entières, ou quelquefois trifides ; ses corolles sont longues de trois à quatre pouces. (A. R.)

* ECCLISSA. INF. Ocken, en établissant ce genre parmi les Microscopiques, lui attribue pour caractères : deux rangs de fins tentacules en forme de roue, situés à l'ouverture de la petite cloche qu'ils forment. Les *Vorticella viridis* et *nasuta* de Müller sont les espèces qu'il y range ; mais ces deux Animaux qui nous sont parfaitement connus, nous ont paru, même à l'aide des plus forts grossissemens, dépourvus d'organes cirreux, et ne pourraient conséquemment faire partie d'un genre caractérisé par des cirres. Ils font partie de nos Convallarines. *V.* ce mot. Le genre Ecclissa, si l'on en juge par ses caractères, doit rentrer parmi les véritables Vorticelles ou parmi les Synanthérines. *V.* ces mots. (B.)

ECHALOTE. bot. phan. Et non *Echalotte.* Espèce du genre Ail. *V.* ce mot. On appelle quelquefois la Rocambolle, Echalote d'Espagne. (b.)

ÉCHANCRÉ, ÉCHANCRÉE. bot. phan. *V.* Émarginé.

ECHARA. polyp. Ce nom a quelquefois été donné aux Polypiers du genre Eschare. *V.* ce mot. (lam..x.)

ECHARBOT. bot. phan. Et non *Echardon.* L'un des noms vulgaires de la Macre. *V.* ce mot. (b.)

ECHARDE. pois. L'un des noms vulgaires de l'Epinoche. *V.* Gastérostée. (b.)

ECHARDON. bot. phan. Pour *Echarbot. V.* ce mot. (b.)

ECHARPE. pois. Espèce des genres Baliste et Chétodon. *V.* ces mots. (b.)

ECHASSE. *Himantopus.* ois. (Brisson.) Genre de l'ordre des Gralles. Caractères : bec cylindrique, grêle, long, effilé; un sillon de chaque côté des mandibules qui s'étend jusqu'à la moitié de leur longueur; narines linéaires occupant une grande partie du sillon de la mandibule supérieure; pieds grêles; tarses très-allongés; trois doigts en avant; l'intermédiaire réuni à l'extérieur par une membrane assez large, et à l'intérieur par une semblable membrane, mais beaucoup plus étroite; point de doigt postérieur; ongles très-petits et assez plats; ailes longues, la première rémige dépassant toutes les autres.

La conformation particulière qu'offre l'Echasse, dans la hauteur démesurée de son tarse, a excité l'étonnement et piqué la curiosité de presque tous les naturalistes qui se sont occupés de cet Oiseau; en effet, un petit corps que semblent soutenir avec peine des jambes très-longues et très-frêles, était un beau sujet de méditations pour ceux qui cherchent constamment à pénétrer le but et les motifs de la création. Malheureusement, en cette circonstance comme en beaucoup d'autres, le raisonnement, poussé trop loin, n'a fait que rendre les conséquences plus incertaines. Quoi qu'il en soit, ces Oiseaux, dont on ne connaît encore qu'un très-petit nombre d'espèces, sont rares dans tous les pays qu'ils habitent; cela tient peut-être à ce qu'ils ne rencontrent que difficilement les terrains sauvages et bourbeux convenables à leur structure, où ils puissent tranquillement s'enfoncer dans la vase et diminuer ainsi la longueur des jambes, afin que le bec, par un mouvement naturel de bascule du corps, puisse à son tour atteindre cette même vase dans laquelle se trouvent les larves et petits Mollusques dont ces Oiseaux se nourrissent. On pourrait d'autant mieux attribuer la rareté des Echasses à la difficulté de pourvoir à leur subsistance, que l'on sait qu'en général cette difficulté entraîne chez tous les Animaux celle de se reproduire. Ces Oiseaux paraissent avoir l'habitude des voyages, car la seule espèce européenne connue a été retrouvée sur différens points des deux hémisphères. Ils ont le vol très-rapide et ils l'exécutent en reportant en arrière les jambes tendues de manière qu'elles suppléent, pour la direction, à la brièveté de la queue; à terre, la faiblesse de ces organes rend chancelante et incertaine la démarche de l'Echasse; elle l'expose à des culbutes assez fréquentes, ce qui fait qu'elle ne se livre que très-rarement à la course. Il existe peu d'observations relatives à l'incubation des Echasses; on sait seulement qu'elles prennent peu de soins pour la construction du nid qui consiste en menus débris de Végétaux déposés sans art entre quelques mottes élevées. La ponte est de cinq à six œufs jaunâtres, tachetés de roux, et de la grosseur de ceux de Perdrix. Les Echasses sont d'un caractère fort silencieux et défiant; on ne peut les approcher qu'avec beaucoup de précautions.

ECHASSE A MANTEAU NOIR, *Himantopus melanopterus,* Meyer; *Him. citropterus, Him. rufipes* Bechst; *Him. mexicanus,* Briss.; *Charadrius Himantopus,* L.; l'Echasse, Buff., pl.

enlum. 878. Parties supérieures noires, à reflets verdâtres, les inférieures blanches, légèrement lavées de rosé; cou blanc avec l'occiput noirâtre; rectrices cendrées; bec noir; iris et pieds rouges. Taille, dix-neuf pouces. La femelle n'a point de reflets verdâtres; elle a, de même que les jeunes, les teintes noires moins décidées. En Europe et au Sénégal.

Les Echasses a cou blanc et noir, *Himantopus nigricollis*, Vieil.; a queue blanche, *Him. leucurus*, Vieill.; et a queue noire, toutes trois de l'Amérique méridionale, n'offrent que de très-faibles différences avec l'Echasse d'Europe et n'en sont vraisemblablement que des variétés.

L'Echasse décrite et figurée par Wilson, *Americ. Sept. Ornit.*, pl. 58, fig. 2, paraît être une espèce distincte propre aux États-Unis. (DR..Z.)

ECHASSIERS. ois. Vieillot et plusieurs autres ornithologistes ont établi sous ce nom un ordre qui renferme, en une multitude de genres, tous les Oiseaux dont les tarses, fort élevés, rappellent les échasses sur lesquelles ont l'habitude de monter presque tous les pâtres des Landes aquitaniques. La formation de cet ordre a paru vicieuse, en ce qu'elle nécessiterait une réunion incohérente de genres dont les espèces offrent les anomalies les plus frappantes, non-seulement dans les mœurs et les habitudes, mais encore dans les caractères les plus saillans. Les Echassiers de Vieillot se trouvent disséminés parmi nos Rapaces, nos Gallinacés, nos Gralles et nos Pinnatipèdes. *V.* tous ces mots.
(DR..Z.)

ECHEANDIA. bot. phan. Ce genre établi par Ortéga (*Decad.*, pl. 90) a été réuni au *Conanthera*. *V.* conanthère. (G..N.)

*** ECHEBANNA.** bot. phan. (Surin.) Syn. caraïbe de *Besleria melitifolia*, L. D..

***ÉCHELET.** *Climacteris.* ois. (Temminck.) Genre de l'ordre des Anisodactyles. Caractères: bec court, faible,

subulé, très-comprimé dans toute sa longueur, faiblement arqué; les deux mandibules égales; narines placées à la base et de chaque côté du bec, recouvertes par une membrane nue; pieds robustes; quatre doigts en avant, l'extérieur réuni à l'intermédiaire jusqu'à la seconde articulation, et l'intérieur seulement jusqu'à la première; un derrière qui surpasse, ainsi que l'intermédiaire, les autres en longueur; ongles très-grands et très-courbés, sillonnés sur les côtés; ailes médiocres: première rémige courte, la deuxième moins longue que la troisième, qui avec la quatrième surpasse toutes les autres. Ce genre nouveau est composé de deux espèces qui vraisemblablement ne se trouvent encore réunies que dans le Musée royal des Pays-Bas, et dont la connaissance est due à Temminck. Ce naturaliste avait observé l'une d'elles dans le cabinet de Berlin où Illiger l'avait placée parmi les Grimpereaux sous le nom de *Certhia Picumnus*; mais les anomalies de caractères écartant cette espèce du genre Grimpereau, il en a créé un auquel il a appliqué le nom d'Échelet. Il est à regretter que Temminck n'ait pas réfléchi à l'erreur dans laquelle ce nom pouvait entraîner par sa ressemblance avec celui d'Échelette, que l'on donne vulgairement au Tichodrome de muraille, et que Cuvier a même étendu au sous-genre; il en eût choisi un autre qui, en exprimant également des habitudes résultantes de la conformation de l'Oiseau, l'eût isolé davantage d'une espèce déjà connue qui, seule, constitue un genre très-voisin. Les mœurs et les habitudes des Echelets, originaires de l'Océanie, sont encore ignorées; on doit leur soupçonner, d'après la conformation des organes principaux des deux espèces connues, de l'analogie avec tous les Anysodactyles grimpeurs, et penser que, comme eux, ils cherchent leur nourriture sur les troncs des Arbres, et qu'ils déposent dans les chancres poudreux qu'ils y rencontrent l'espoir d'une progéniture qui les perpétue.

ÉCHELET PICUMNE, *Climacteris Picumnus*, Temm., Ois. color., pl. 281, f. 1. Parties supérieures d'un brun cendré; sommet de la tête d'un gris foncé; nuque et cou d'un gris clair; rémiges brunes traversées dans le milieu par une large bande d'un fauve jaunâtre; rectrices noires, brunes à l'origine et à l'extrémité; parties inférieures blanches, finement striées de brun avec la poitrine grise, les joues et la gorge blanches; tectrices caudales inférieures jaunâtres, rayées de brun. Taille, six pouces et demi. De Timor et de la Nouvelle-Hollande.

ÉCHELET GRIMPEUR, *Climacteris scandens*, Temm. Ois. color. pl. 281, f. 2. Parties supérieures d'un brun foncé; plumes de la tête bordées de noir; deux bandes transversales sur les ailes, l'une d'un fauve jaunâtre, l'autre noirâtre; croupion, base et extrémité des rectrices, les deux intermédiaires d'un cendré bleuâtre; une tache rousse de chaque côté de la tête; parties inférieures d'un fauve pâle, avec les flancs rayés et tachetés de brun; gorge et devant du cou blancs. Taille, cinq pouces et demi. De la Nouvelle-Hollande. La femelle n'a point de taches rousses de chaque côté du cou. (DR..Z.)

ECHELETTE. OIS. Ce nom vulgaire, imposé, dans quelques parties de la France, au Grimpereau de muraille, devenu pour Cuvier celui d'un sous-genre, a servi de racine à celui que Temminck vient d'imposer à son *Climacteris*. *V.* ECHELET. (B.)

ÉCHELLE DE JACOB. BOT. PHAN. L'un des noms vulgaires du *Polemonium cœruleum*, L. *V.* POLÉMOINE. (B.)

ECHENAIDE. *Echenaïs*. BOT. PHAN. Famille des Synanthérées, Cinarocéphales de Jussieu, et Syngénésie égale, L. Ce genre, établi par H. Cassini (Bullet. de la société philomat., mars 1818), offre les caractères suivans : calathide sans rayons, composée d'un grand nombre de fleurons égaux et hermaphrodites; corolle divisée en lanières longues et linéaires; filets des étamines hérissés; involucre moins long que les fleurs, formé d'écailles imbriquées coriaces; les extérieures ovales, lancéolées et munies sur leurs bords de longs cils spiniformes; les intermédiaires ayant au sommet un appendice blanc, scarieux, découpé en plusieurs lanières subulées, enfin, les intérieures linéaires, surmontées aussi d'un appendice scarieux, spinescent au sommet et à une seule nervure; réceptacle garni de longues paillettes inégales et filiformes; ovaire glabre, que surmonte une longue aigrette composée de petites écailles disposées sur deux rangs, inégales, filiformes et barbées. Ce genre, que son auteur place dans sa tribu des Carduinées, a pour type le *Carlina Echinus* de Marschall-Bieberstein (*Flor. Taurico-Caucas.*). Il la nomme *Echenais carlinoïdes*. Sa tige est rameuse; ses feuilles sont alternes, sessiles, oblongues et échancrées à la base, sinuées, dentées, épineuses sur les bords, cotonneuses et blanches en dessous; ses capitules sont nombreux, composés de fleurs jaunâtres, et solitaires au sommet de la tige et des rameaux. Elle croît sur les bords des torrens du Caucase, ainsi que dans les forêts de la Géorgie; mais la variété qui habite cette dernière localité est plus rameuse, moins cotonneuse et épineuse. C'est sans doute celle-ci que Cassini a élevée au rang d'espèces, en la nommant *Echenais nutans*; elle est du moins cultivée sous ce nom, au Jardin des Plantes de Paris. (G..N.)

ECHÉNE ou ÉCHÉNÉIDE. *Echeneis*. POIS. *V.* RÉMORA.

ÉCHENILLEUR. *Campephaga*. OIS. *Ceblephyris*, Cuvier. Genre de l'ordre des Insectivores. Caractères : bec gros, court, fort, un peu bombé, élargi à la base, comprimé vers l'extrémité; mandibule supérieure échancrée et courbée à la pointe, avec l'arête peu sensible; l'inférieure droite, presque égale en longueur avec la supérieure ; narines placées à la base et latéralement, presque rondes , ouvertes et en partie cachées sous les petits poils du front : pieds faibles , courts ; quatre doigts inégaux , trois devant réunis à leur base, un derrière ; ailes médiocres ; la première rémige très-courte, les deux suivantes étagées, la quatrième ou la cinquième la plus longue ; queue très-large , étagée ; croupion très-garni de plumes à tiges roides, souvent acérées. La création de ce genre doit être attribuée à Levaillant, dont les voyages à travers les contrées arides et désertes du sud de l'Afrique, nous ont valu la connaissance des trois principales espèces d'Échenilleurs. Avant lui le petit nombre d'espèces connues, appartenant bien à ce genre, se trouvaient disséminées parmi les Corbeaux et les Gobe-Mouches. Cuvier et Vieillot, en adoptant le genre Échenilleur, l'ont à peu près borné aux espèces de Levaillant. Le premier a formé des *C. Papuensis* , *melanops* et *Novæ-Guineæ* , un sous-genre sous le nom de Choucaris ; le second les a placés dans son genre Coracine. Levaillant a donné à ces Oiseaux le nom générique d'Échenilleurs , tiré de l'habitude qu'ils ont de faire leur unique nourriture de Chenilles ; cette observation est fondée sur l'inspection de l'estomac de cent soixante-dix individus des trois genres, qui ont été ouverts par lui ; elle pourra peut-être paraître insuffisante pour avoir déterminé une qualification qui peut devenir commune à un très-grand nombre d'Oiseaux étrangers à ce genre ; mais si l'on réfléchit à la quantité d'épithètes arbitraires introduites dans les nomenclatures , on conviendra qu'il vaut encore mieux avoir saisi ce trait quoiqu'il ne fût pas exclusivement caractéristique, plutôt que de s'être arrêté au hasard sur un mot qui ne présenterait aucune idée , ou en donnerait une fausse. Au reste les mœurs de ces Oiseaux sont encore presque complétement ignorées ; on ne les a jamais surpris sur leur nid, pas même occupés des soins de sa construction. On ne sait s'ils ont un chant d'amour ; la seule expression que l'on ait entendue est un cri plaintif extrêmement faible, qui n'échappe qu'à de longs intervalles. L'Échenilleur recherche de préférence les fourrées les plus épaisses où il se tient à des hauteurs assez grandes ; il chasse sa petite proie aux deux extrémités du jour, et paraît ordinairement accompagné d'un petit groupe que l'on soupçonne être sa jeune famille.

ÉCHENILLEUR CHOUCARI , *Corvus Papuensis*, Lath., Buff., pl. enl. 630. Parties supérieures grises, les inférieures plus pâles, avec le ventre et l'abdomen presque blancs ; base du bec entouré d'une bande noire ; grandes rémiges brunes ; bec noir, narines cachées sous des petites plumes dirigées en avant ; pieds petits et noirs. Longueur, onze pouces. De la terre des Papous.

ÉCHENILLEUR FERRUGINEUX , *Tanagra Capensis*, Gmel. Parties supérieures d'un brun ferrugineux, les inférieures variées de ferrugineux et de blanc ; rectrices noirâtres , les latérales d'un brun rougeâtre ; bec jaunâtre ; pieds noirs. Du Cap.

ÉCHENILLEUR GRIS , *Campephaga cana*, Vieill., Levaill. Ois. d'Afr., pl. 162 et 163. Parties supérieures d'un gris bleu ardoise , plus pâle sur les inférieures ; aréole du bec , joues et front noirs ; premières rémiges brunâtres , finement bordées de blanc à l'extérieur ; bec et pieds noirs. Longueur , huit pouces. La femelle n'a point de noir à la face ; sa rémige latérale est bordée de blanc. D'Afrique. Le Kinkimanou de Madagascar, Buff., pl. enl. 541 , *Muscicapa cana*, Gmel., paraît être une variété de cette espèce ; il a la tête entièrement noire, les rémiges noirâtres , bordées de cendré ; les rectrices , à l'exception des intermédiaires , noires , terminées de gris, etc.

ÉCHENILLEUR JAUNE , *Campephaga flava* , Vieill. , Levaill. , Ois. d'Afr., pl. 164. Parties supérieures d'un gris verdâtre rayées de noirâtre ; sommet de la tête et dessus du cou d'un gris varié d'olivâtre ; scapulaires jaunâtres ; croupion grisâtre ; gorge et parties inférieures brunâtres, tachetées de noir et de jaune ; rectrices intermédiaires d'un vert olive, les trois latérales noirâtres, les autres d'un brun olivâtre et toutes bordées de jaune pâle ; bec, pieds et ongles bruns. Longueur, sept pouces. D'Afrique.

ÉCHENILLEUR KAILORA, *Corvus melanops*, Lath. Parties supérieures d'un cendré bleuâtre, les inférieures d'une teinte plus pâle ; face et gorge noires ; rémiges noires, bordées de gris ; rectrices noirâtres, terminées de blanc, à l'exception des deux intermédiaires ; bec noir ; pieds d'un bleu obscur. Longueur, treize pouces. Levaillant l'a figuré sous le nom de Collier à masque noir, pl. 50 des Oiseaux d'Afrique. La femelle est rayée de brun sur les parties inférieures.

ÉCHENILLEUR NOIR, *Campephaga nigra*, Vieill., Levaill., Ois. d'Afr., pl. 165. Entièrement d'un noir luisant, irisé ; tectrices alaires inférieures verdâtres ; bec et pieds noirs ; iris brun. Longueur, sept pouces.

ÉCHENILLEUR OCHRACÉ, *Campephaga ochracea*, Vieill., *Muscicapa ochracea*, Lath. Parties supérieures d'un brun ferrugineux ; région des oreilles couverte d'une touffe de plumes allongées et étroites ; plumes du cou et de la poitrine également étroites, pointues et d'un cendré brunâtre ; tectrices, rémiges et rectrices blanches en dehors, noires intérieurement et à l'extrémité ; parties inférieures d'un brun jaunâtre ; bec et ongles jaunâtres ; pieds noirs. Longueur, huit pouces.

ÉCHENILLEUR A VENTRE RAYÉ, *Corvus Novæ-Guineæ*, Lath., Buff., pl. enl. 629. Parties supérieures d'un cendré bleuâtre foncé, ainsi que le haut de la poitrine ; un trait noir à l'œil ; ailes et tectrices caudales blanchâtres traversées de noir. Longueur, douze pouces. La femelle a les teintes plus claires ; elle n'a point de trait noir à l'œil ; tout ce qui est noir dans

le mâle est chez elle d'un gris bleuâtre.   (DR..Z.)

*ÉCHETROSIS. BOT. PHAN. (Mentzel.) Syn. de Bryone.   (B.)

*ÉCHIDNA ou ÉCHIS. REPT. OPH. Belon désigne sous ce nom un Serpent de l'île de Lemnos, et Séba un autre Serpent des Antilles. Ces Animaux, qui ne peuvent être identiques, ne sont pas suffisamment connus.   (B.)

ÉCHIDNE. *Echidnis.* MOLL. Montfort, dans sa Conchyliologie systématique (T. I, p. 554), a proposé sous ce nom un genre qui paraît fort incertain. Il le caractérise de la manière suivante : coquille libre, univalve, cloisonnée, droite, conique, fistuleuse ; bouche arrondie, horizontale ; sommet aigu ; cloisons plissées sur les bords seulement ; siphon continu et central. Montfort n'avait jamais vu entier le corps qu'il décrivit sous le nom d'*Echidnis diluvianus* ; des fragmens étaient épars dans une masse de Marbre de la vallée d'Os dans les Pyrénées ; quelques autres exemplaires non moins incomplets furent envoyés d'Angleterre. C'est avec ces matériaux que le genre fut composé, ce qui doit laisser quelques doutes à son égard.   (D..H.)

ÉCHIDNE. MIN. La Pierre précieuse désignée sous ce nom dans l'antiquité, et dont les petites taches étaient comparées à celles d'un Serpent, paraît avoir été une Agathe. *V.* ce mot.   (B.)

ÉCHIDNÉ. POIS. Espèce du grand Murène, Gymnothorax de Bloch, dont on propose de former un genre particulier. *V.* MURÈNE.   (B.)

ÉCHIDNÉS. MAM. ? Genre de Quadrupèdes (nous ne pouvons dire de Mammifères, puisqu'il paraît constant qu'ils n'ont pas de mamelles) formant, avec les Ornithorynques aussi anomaux qu'eux, la tribu des Monotrèmes dans l'ordre des Edentés (T. I, p. 115 du Règne Animal de Cuvier). Malgré les détails publiés par Everard Home sur l'anatomie de ces Animaux, on ne pouvait encore se faire d'idées fixes sur leur organisation. Cuvier vient de remplir une partie de ce vide en publiant, dans la première partie du tome cinquième de son ouvrage sur les Os fossiles, leur description ostéologique complète : « Avec les formes extérieures et le poil des Mammifères, dit-il ; avec leur circulation, leur cerveau, leurs organes des sens, et une grande partie de leurs organes du mouvement ; avec le bassin des Didelphes, les Monotrèmes ressemblent, à beaucoup d'égards, aux Oiseaux et aux Reptiles par leur épaule et par les organes de la génération ; ils manquent de mamelles, et paraissent assez vraisemblablement produire des œufs ou quelque chose d'équivalent, au lieu de mettre au jour des petits vivans. Ils semblent, continue le savant professeur, vouloir échapper à nos classifications par leur ostéologie comme par leurs autres rapports. On ne peut comparer celle de leur tête à celle d'aucun des ordres de Mammifères ; cependant c'est une vraie tête de Mammifère, et non d'Ovipare d'aucune classe.

La tête, qui ressemble à la moitié d'une poire, a le crâne bombé et arrondi de toutes parts. Ce crâne s'amincit en avant pour donner naissance à un museau grêle, pointu ; le dessous est plane ; les arcades zygomatiques et molaires sont rectilignes ; les orbites, à peine marquées sur le crâne, sont bien cernées en arrière par la forme de lame que prend l'apophyse zygomatique dont la voûte recouvre ainsi toute la tempe et ses muscles ; les sutures, comme dans les Oiseaux, disparaissent de très-bonne heure. L'ouverture antérieure des narines est tout entière encadrée par les intermaxillaires qui forment une voûte en arrière jusqu'à la rencontre des os propres du nez, lesquels recouvrent le museau jusqu'entre les orbites ; le jugal forme un très-petit filet entre deux proéminences zygomatiques du maxillaire et du temporal. Le trou optique est séparé, comme à l'ordi-

naire, du trou sphéno-orbitaire ; un peu plus en arrière est le trou ovale pour le nerf maxillaire inférieur. Il n'y a point de sinus frontaux : la selle turcique est peu profonde comme dans les Oiseaux. On sait que le développement de cette fosse osseuse correspond à celui de la glande et de la tige pituitaire dont nous avons fait voir la correspondance avec le sens de l'odorat. Le crible ethmoïdal est très-considérable, et n'est point séparé en deux moitiés par une lame verticale (*crista Galli*).

Au contraire de tous les Mammifères, la face externe de l'omoplate est concave ; au lieu d'être terminé par une seule surface articulaire destinée à l'humérus, le col de l'omoplate se renfle de manière à fournir trois autres surfaces séparées chacune par des arêtes, pour l'articulation de trois pièces osseuses qui forment la partie antérieure de la quille sternale. La première de ces pièces, en forme de T, comparable pour la position à la fourchette des Oiseaux, se compose, dans les jeunes individus, de trois pièces : l'une impaire, elle-même en forme d'Y, les deux autres transversales qui complètent les bronches et vont s'articuler avec une facette articulaire de l'omoplate située sur le milieu de la longueur de son bord externe. Ces deux pièces transverses sont les clavicules, selon Cuvier, et la partie de l'omoplate qui, après avoir concouru à la formation de la fosse humérale, vient s'appuyer sur la quille sternale, serait l'analogue du bec coracoïde ; le manche de l'espèce de T, et deux pièces qui le flanquent en dessus sans correspondre à aucune paire de côtes, et qui prolongent le sternum en avant, sont donc des pièces exclusivement propres à ces Animaux. Toutes ces pièces se retrouvent dans l'épaule des Lézards ; l'épaule des Monotrèmes est donc bien plutôt formée sur le modèle des Lézards que sur celui des Mammifères. L'humérus, aplati dans un sens à sa partie supérieure, et dans un autre sens à l'inférieure, rappelle pour l'ensemble de son mécanisme celui des Taupes, des Chrysochlores et autres Animaux fouisseurs; mais le cubitus n'a pas, à proportion, la même solidité que dans ces Animaux; son articulation avec le radius qui est grêle et renflé aux deux bouts permet quelque rotation : le carpe rappelle celui des Carnassiers; les métacarpiens et les deux premiers rangs de phalanges sont singulièrement courts et gros, en quoi ils diffèrent sensiblement de ceux de l'Ornithorynque et de tous les Mammifères extrêmement allongés, ce qui donne à l'Echidné une main large et arrondie; les ongles très-grands sont déprimés et mousses; ces ongles emboîtent la phalange jusqu'à la tête articulaire, comme dans les Tatous, Pangolins et autres Edentés. Les os marsupiaux, autant et même plus prononcés que dans aucun Didelphe, sont les mêmes que chez ces Animaux : leur base y occupe même plus de largeur; le fémur est concave en avant sur sa longueur. De son grand trochanter descend une crête saillante qui annonce des muscles abducteurs très-puissans, indication qui correspond avec la grande sphéricité de la tête du fémur, et avec une grande apophyse large et comprimée qui dépasse la tête supérieure du péroné, comme le crâne dépasse celle du cubitus; le tarse, composé comme celui des Mammifères, a de plus deux os surnuméraires dont l'un, articulé sur l'astragale, porte dans les mâles l'éperon venimeux dont nous avons, au mot Corne, signalé la structure; l'autre os surnuméraire est articulé entre l'astragale et le scaphoïde. Le mécanisme des doigts est le même qu'aux pieds de devant. Leur nombre est partout de cinq, augmentant en grandeur du petit doigt à l'index; le pouce est de la même grandeur que le petit doigt. La moitié sternale des côtes est ossifiée comme chez les Oiseaux, excepté pour les cinq ou six premières fausses côtes où elle est plus dilatée qu'aux autres. Il y a quinze paires de côtes et trois

vertèbres lombaires, avec sept cervicales plates en dessous, et douze caudales rapidement réduites en cônes; l'hyoïde, semblable en somme à celui des Mammifères, se lie d'une manière particulière avec le thyroïde divisé lui-même en quatre lobes.

Si l'on ajoute à cet aperçu de leur ostéologie que leurs mâchoires n'ont aucune dent, que leur palais est hérissé de petites pointes ou lames cornées, comme chez plusieurs Oiseaux palmipèdes; qu'ils manquent d'oreille externe ; que leur langue est extensible comme celle des Fourmiliers; que leur peau est couverte, soit d'épines seulement, soit d'épines entremêlées de soies, suivant les espèces; que les voies urinaires, digestive et génitale, aboutissent à un cloaque commun ; que leur verge, terminée par quatre tubercules, n'est pas perforée par un canal central, ni même creusée d'un sillon comme chez les Reptiles et les Oiseaux; qu'ils n'ont pas de mamelles, et que par conséquent le mode de leur génération ne peut être déterminé à priori; l'on voit qu'il y a plus de motifs pour séparer ces Animaux en une classe distincte, que pour les réunir soit avec les Mammifères soit avec les Reptiles.

Shaw (Gen. Zool., vol. 1, p. 1) décrivit l'Echidné épineux sous le nom de *Myrmecophaga aculeata*, et Pennant l'a reproduit sous ce nom dans la troisième édition de ses Quadrupèdes. Ces Animaux appartiennent à ces extraordinaires créations de la Nouvelle-Hollande dont nous exposerons les contrastes avec celles des autres continens au mot Géographie zoologique, contrastes dont il a été parlé à l'article Création. Chacune de ces espèces est cantonnée dans des régions différentes; l'une n'a encore été vue que dans la Nouvelle-Galles, et l'autre à la terre de Diémen et dans quelques îles du détroit de Bass ; mais on n'a encore observé ni l'une ni l'autre sur la côte occidentale du continent Australasien. Les Echidnés vivent d'Insectes, et surtout de Fourmis qu'ils engluent comme les Fourmiliers avec une langue visqueuse très-longue ; leur taille est à peu près celle du Hérisson. Ils fouissent avec beaucoup de facilité et de vitesse. On ne sait rien sur leurs mœurs, leur nourriture, leur accouplement, le mode de leur génération.

Echidné épineux, *Echidna Hystrix*, Cuv. ; *Ornithoryncus Hystrix*, Home, *Trans. Phil.* 1802. Tout couvert en dessus de fortes épines coniques d'un pouce et demi de long à peu près, noires à la pointe, et blanchâtres sur leur longueur; celles de la queue seules sont verticales, les autres sont couchées en arrière; ces épines sont entourées à leur base de petits poils roux; des poils courts et roides couvrent aussi la tête et le dessous du corps. Cette espèce est des environs du port Jackson.

Echidné soyeux, *Echidna setosa*, Geoff. ; *alter Ornithoryncus Hystrix*, Home, *ibid.* Un peu plus grande que l'autre ; les ongles un peu moins longs, plus arqués et plus pointus ; tout le corps couvert de poils longs, doux et soyeux, de couleur marron, enveloppant les épines dans leur presque totalité; la tête est couverte de poils jusqu'aux yeux ; le museau est noir et nu ; tout le dessous du corps et les pates n'ont que des poils durs blanchâtres, semblables à des soies de Porc. Cette espèce habite la terre de Van-Diémen et les îles du détroit de Bass.   (A. D..NS.)

ECHIMYS. *Echimys.* MAM. Genre de Rongeurs qui se rapproche des Rats proprement dits par la forme oblongue de sa tête. Ils ont, dit Cuvier (Ossem. Foss. T. v, p. 18), quatre dents partout, à lignes transversales comme les Loirs, et qui sont à peu près égales (pl. 1, fig. 14 et 15, *ibid.*). Les caractères distinctifs de la tête tiennent au grand élargissement du trou sous-orbitaire qui est cependant bien moindre que dans les Gerboises, et à ce que le frontal se dilate de chaque côté en continuation de la crête temporale pour fournir un

plafond à l'orbite. Il n'y a pas de trou au temporal. Une chose très-particulière aux Echimys, c'est que l'occipital, en descendant latéralement vers l'oreille, se bifurque de manière à enclaver la partie montante de la caisse et du rocher, et à former à lui seul les deux tubercules dont le postérieur ou le mastoïde lui appartient seul ordinairement. A la mâchoire supérieure, les molaires sont sensiblement égales et partagées en deux parties égales par un sillon assez large; chacune de ces parties est échancrée jusqu'à son milieu par un sillon de l'émail. La première molaire de la mâchoire inférieure est plus grande que les trois autres ; elle est échancrée profondément sur son bord interne; la seconde a deux échancrures internes et une externe ; la troisième et la quatrième sont séparées en deux parties par un sillon transverse ; la première de ces deux parties est simple ; la seconde a une échancrure à sa face interne. En comparant cette configuration des dents à celles des autres Rongeurs, et en réfléchissant que la dent se forme sur un moule pulpeux qui en représente d'avance tous les creux et tous les reliefs, on voit que ce genre est aussi bien séparé de tous les autres genres de l'ordre des Rongeurs, par les limites de son organisation, qu'il l'est de la plupart de ces mêmes genres par les limites géographiques de son existence. Tous ces Animaux sont de l'Amérique méridionale. Leur corps est allongé comme celui des Rats. La longueur de la queue varie selon les espèces ; elle est toujours ronde, quelquefois écailleuse, et, dans une espèce seulement, couverte de poils très-fins. Il y a aux pates de devant quatre doigts et un moignon de pouce ; cinq à celles de derrière, tous armés d'ongles plus ou moins crochus. Ils vivent de fruits et de racines.

Le nom d'Echimys, imposé par Geoffroy Saint-Hilaire, signifie Rat épineux. En effet, chez la plupart des espèces du genre qui nous occupe, des épines dont le nombre et

la force varient , et qui ne sont autre
chose que des poils très-gros , aplatis
et carénés sur une de leurs faces, tandis qu'ils sont creusés en gouttière
sur l'autre , et terminés par une soie
très-fine, recouvrent le dos et la
croupe. On sait qu'il y a un genre
tout entier de Rongeurs, les Porcs-
Epics, où presque tous les poils sont
transformés en épines. On en retrouve aussi dans quelques espèces de
Rats proprement dits. -

1. ECHIMYS HUPPÉ, *Echimys cristatus*, Geoff. ; le Rat à queue dorée,
Buff., Supp. 7, pl. 72. Voici le précis
de la description qu'Allamand a
donnée de cet Animal : Il ressemble
au Rat pour la taille , la figure et la
forme de la queue; il en diffère par
la couleur du pelage et par la forme
des oreilles ; le corps est de couleur
marron tirant sur le pourpre , plus
foncé aux côtés de la tête et sur le
dos, plus clair sous le ventre. Cette
couleur s'étend sur la queue à une
petite distance de son origine ; les
poils fins et courts qui la couvrent
deviennent tout-à-fait noirs jusqu'à
la moitié de sa longueur où ils sont
plus longs et où ils prennent, sans
aucune nuance intermédiaire, une
couleur orangée qui règne jusqu'à
l'extrémité de la queue; une longue tache de même couleur jaune
orne aussi le front. La tête est fort
grosse à proportion du corps; le museau et le front sont étroits ; les yeux
petits; les oreilles , à large ouverture, ne s'élèvent pas au-dessus de
la tête ; aux deux côtés de la lèvre
supérieure qui est fendue il y a une
touffe de poils d'un brun sombre dont
la longueur surpasse celle de la tête ;
derrière celle-ci, et tout le long du
dos, parmi les poils dont l'Animal est
couvert, il y en a de plats et de la
longueur d'un pouce qui dépassent les
autres , et qui sont plus roides et plus
résistans ; ils semblent sortir de petits étuis transparens ; ils diminuent
de nombre et de grandeur sur les
flancs et manquent sous le ventre ;
ils sont d'abord cylindriques et fort
minces ; ensuite ils deviennent plats

et ont presqu'une demi-ligne de largeur , après quoi ils se terminent en
une pointe très-fine. La femelle a huit
mamelles. Il existe au Muséum d'histoire naturelle un individu un peu
plus grand, de neuf pouces et demi de
long ; les poils épineux sont bruns
en dessus et entremêlés de poils roux;
le ventre est doux et fauve. On conjecture que cet Animal vit sur les Arbres où il se nourrit de fruits.

2. ECHIMYS DACTYLIN , *Echimys
dactylinus*, Geoff. C'est une des plus
grandes espèces du genre. Elle est
longue du museau à l'anus d'un peu
plus de dix pouces , et la queue en a
quatorze et demi ; son poil est sec et
roide , mais non épineux ; les poils du
front se forment en épi , et comme les
postérieurs sont plus longs et fort
roides , ils proéminent sur le cou en
forme de huppe. Les doigts intermédiaires des pates de devant sont beaucoup plus longs que les autres ; les
ongles y sont plats et rappellent ceux
de quelques Sapajous ; les cinq doigts
des pieds de derrière sont armés d'ongles forts et crochus; toute la queue
est nue et écailleuse.

3. ECHIMYS ÉPINEUX , *Echimys
spinosus*; Rat épineux d'Azzara (Qua-
drup. du Parag. T. II, p. 75) , le premier des Animaux qu'il donne sous le
nom de Rat; Angouya-y-Bigoin des
Guaranis. Plus massif que le Rat ordinaire, il est haut de trois pouces
trois quarts en avant, de quatre pouces en arrière, long de dix pouces ; la
queue n'a pas tout-à-fait trois pouces ;
elle est couverte d'un poil épais et
lisse, assez long pour masquer entièrement les écailles ; l'œil, qui n'est
pas saillant, a trois lignes dans sa
plus grande ouverture, et est également distant du museau et de l'o-
reille ; le nez est tronqué verticalement; la plus grande longueur des
moustaches n'excède pas quinze lignes; l'oreille s'élève seulement de
quatre lignes au-dessus du vertex; son
bord se double en avant; sa plus grande longueur horizontale est de neuf
lignes ; elle est très-flexible et pelée :
il a un pouce muni d'ongle au pied de

devant; le doigt extérieur est de la grosseur des autres, mais son ongle se termine où naît celui du doigt suivant; des trois intermédiaires , celui du milieu excède d'une ligne les collatéraux; le plus grand des ongles a quatre lignes. L'Animal est couvert de deux sortes de poils très-mélangés; les uns sont blancs et fins , les autres sont de vraies épines dont les plus longues ont neuf lignes ; elles sont blanchâtres sur les trois quarts de leur longueur, puis obscures , puis rougeâtres à la pointe d'où sortent de petits poils qui empêchent qu'elles ne piquent , et qui tombent à poignée comme le poil de l'Agouti : un pinceau de ces épines ombrage le devant de l'oreille.

Cet Animal se creuse des trous à des niveaux supérieurs aux inondations : ces trous sont ordinairement si rapprochés que l'on ne peut en parcourir le terrain sans précaution ; ils ont huit pouces de profondeur et environ quatre pieds de long. Du Paraguay dans la province de l'Assomption.

4. ECHIMYS A AIGUILLON, *Echimys hispidus*, Geoff. Long de sept pouces au corps et à la queue, de quatorze pouces en tout; d'un brun roux qui est moins foncé en dessous: beaucoup de poils épineux très-roides sur le dos: la queue est nue , écailleuse , annelée. On sait, sans désignation de contrée, qu'il est de l'Amérique méridionale.

5. ECHIMYS DIDELPHOÏDE, *Echimys didelphoïdes* , Geoff. D'environ dix pouces de long en tout, cinq au corps, cinq à la queue ; celle-ci couverte de poils à sa base sur la longueur d'un pouce seulement , et nue d'ailleurs où elle est écailleuse et verticillée comme aux Rats ordinaires ; les poils épineux n'existent qu'au dos et surtout à la croupe ; le ventre est jaunâtre ; les flancs d'un brun plus clair que le dos ; le pouce est à peine visible aux pieds de devant.

6. ECHIMYS DE CAYENNE, *Echimys Cayennensis*, Geoff. Long d'environ six pouces du museau à l'origine de la queue dont la mutilation a laissé la longueur indéterminée dans l'individu que possède le Muséum ; d'un brun roux sur le dos et les flancs ; tout le dessous du corps d'un beau blanc : les poils du dos , aplatis et transformés en piquans , sont bruns à la pointe , gris vers la racine, et entremêlés de poils bruns, annelés de roux et de fauve , et de brun à la pointe ; il n'y a que de ces derniers poils sur la tête. Dans cette espèce comme dans la suivante , les tarses des pieds de derrière sont fort allongés ainsi que les trois doigts intermédiaires égaux entre eux. Cette structure annonce une supériorité de ces espèces pour le saut et la course.

7. ECHIMYS SOYEUX , *Echimys setosus* , Geoff. Long de six pouces environ au corps et de sept à la queue ; il est d'une teinte plus rousse que le précédent , et son poil semble encore plus soyeux et moins mêlé d'épines ; le ventre est d'un blanc moins pur ; les pieds sont blancs au bout. Cette espèce est aussi d'Amérique, sans désignation de contrée.   (A. D..NS.)

ECHINACEA. BOT. PHAN. Mœnch a cru nécessaire de constituer un genre sous ce nouveau nom , avec le *Rudbeckia purpurea*. Voici ses caractères essentiels : demi-fleurons non jaunes, comme dans les autres espèces de Rudbeckies, mais purpurins, longs et réfléchis ; involucre formé de folioles disposés sur trois rangs ; paillettes plus longues que les fleurons ; akènes couronnés d'un rebord membraneux et multifide. De tous ces caractères , le plus réel, selon Jussieu , serait la couleur des demi-fleurons ; mais il n'est d'aucune valeur pour motiver l'établissement d'un genre.   (G..N.)

ECHINAIRE. *Echinaria*. BOT. PHAN. Genre de la famille des Graminées , de la Triandrie Digynie , L., établi par le professeur Desfontaines (*Flor. Atlant.*, 2 , p. 385) pour le *Cenchrus capitatus* de Linné , ou *Echinaria capitata* , petite Plante annuelle qui croît dans les provinces méridionales de la France, en Italie, en Barbarie, etc. Ses tiges sont simples, hautes de quatre à six pouces ; ses feuilles, réunies en touffe à la base de la tige, sont étroites et courtes : ses fleurs forment un épi globuleux qui termine la tige ; ses épillets contiennent de trois à quatre fleurs ; la lépicène se compose de deux valves un peu inégales, carenées et mucronées à leur sommet ; les deux paillettes de la glume sont inégales et dissemblables ; l'externe est plus grande, convexe, et se termine à son sommet par cinq soies roides et inégales ; l'interne est moins longue, plus étroite, et ne porte que deux soies à son sommet ; le fruit ne reste pas enveloppé dans les glumes. (A. R.)

ÉCHINANTHE. *Echinanthus.* ÉCHIN. Genre de l'ordre des Echinodermes pédicellés, proposé d'abord par Breynius, le même que le genre *Scutum* de Klein, adopté par Van-Phelsum, et établi définitivement par Ocken dans son Système général d'histoire naturelle. Lamarck ne l'a point conservé, et en a formé ses genres Clypéastre et Scutelle adoptés par Cuvier et par tous les naturalistes modernes. *V.* CLYPÉASTRE et SCUTELLE. (LAM..X.)

* ECHINANTHUS. BOT. PHAN. (Necker.) Syn. d'Echinops. (B.)

* ECHINANTITES. *Echinantitæ.* ÉCHIN. Ce nom a été donné par des oryctographes et des naturalistes à des Oursins fossiles des genres Cassidule, Spatangue, Clypéastre, etc., de Lamarck, ayant sur la partie supérieure du corps des ambulacres pétaliformes plus ou moins étendus. (LAM..X.)

* ECHINARACHNIUS. ÉCHIN. Genre peu nombreux de l'ordre des Echinodermes pédicellés, établi par Klein. Aucun naturaliste ne l'a adopté ; les espèces dont il est composé appartiennent aux Clypéastres de Lamarck. (LAM..X.)

ECHINARIA. BOT. PHAN. *V.* ECHINAIRE.

ECHINASTRUM. BOT. PHAN. Selon Adanson, les Romains nommaient ainsi les Géranions. Dodœns applique plus particulièrement ce nom au *G. tuberosum.* (B.)

ÉCHINÉENS. MAM. Le savant et modeste Desmarest avait établi sous ce nom, dans la première édition du Dictionnaire de Déterville, une petite famille d'Insectivores plantigrades, composée des genres Hérisson et Tanrec. Ces genres différant essentiellement par la forme, le nombre et la disposition des dents, n'ont pu rester ainsi rapprochés. (D.)

* ECHINELLE. *Echinella.* BOT. CRYPT. Genre de la famille que nous avons établie parmi les Microscopiques sous le nom de Bacillariées, *V.* ce mot, et dont les caractères consistent, ainsi que nous l'avons dit : dans un corps simple, laminaire, aminci par l'une de ses extrémités, conséquemment plus ou moins conique, tronqué et même crénelé du côté élargi, s'associant en faisceaux par le côté aminci. Le nom d'*Echinella* avait été précédemment employé par le savant Lyngbye qui désignait ainsi un genre de l'Algologie danoise, dans lequel étaient confondus un grand nombre d'êtres totalement disparates. Nous l'avons adopté pour celui du genre que nous réformons ici, et dont nous citerons les trois espèces assez communément répandues dans les eaux de l'Europe.

ÉCHINELLE ROIDE, *Echinella* (*stricta*) *sublinearis penè dilatata, ore fimbriato,* N. Cette espèce est représentée, dans la Flore Danoise (tab. 945), recouvrant les filamens d'une Conferve qui n'est que le *Rivularis,* encore que l'on ait pris dans l'ouvrage cité ces Echinelles parasites pour un caractère d'espèce, et qu'on ait appelé *Conferva pennatula* un mélange de deux êtres fort différens. Elle est parfaitement hyaline et presque linéaire, ce qui lui donne un peu l'aspect d'une Bacillaire, et qui l'a fait confondre par Lyngbye avec son *Echinella fascicu-*

lata, qui appartient à un autre genre.

ECHINELLE ÉVENTAIL, *Echinella* (*ventilatoria*) *elongata, dilatata , ore crenulato, maculâ corticali instructa*, N. Cette espèce remarquable se réunit en faisceaux étalés qui présentent la figure d'un éventail plus ou moins ouvert. On la trouve sur diverses Plantes marines, ainsi que sur les Sertulaires et sur les Batrachospermes dont Bonnemaison de Quimper a proposé de faire un genre sous le nom de Dudresnaya. *V.* ce mot.

ECHINELLE EN COIN, *Echinella* (*cuneata*) *conica, ore quadridentato, corpusculis fuscis in centro repleta*, N.; *Echinella cuneata*, Lyngb. , *Tent. Hydr. Dan.*, p. 211, pl. 70, fig. F. Sa largeur, la régularité des quatre dents arrondies de son orifice, sa taille bien plus courte, sa figure parfaitement cunéiforme, et les corpuscules de couleur ferrugineuse qui se voient vers son milieu, distinguent cette espèce de toutes les autres. On la trouve sur les Céramiaires et sur divers Fucus, depuis la baie de Cadix et Ténériffe où nous l'avons découverte, jusques en Norwège où Lyngbye l'a observée.

(B.)

ECHINIDES, *Echinideæ*. ÉCHIN. Section de la division des Radiaires Echinodermes , établie par Lamarck dans son Histoire des Animaux sans vertèbres, et renfermant toutes les espèces réunies par Linné et par un très-grand nombre de naturalistes dans leur seul genre Oursin (*Echinus*), vulgairement Hérissons de mer. Le savant professeur donne à cette section le caractère suivant : « Peau intérieure immobile et solide ; corps subglobuleux ou déprimé , sans lobes rayonnans , non contractile; un anus distinct de la bouche ; les tubercules spinifères sont immobiles comme le test solide de la peau , mais leurs épines peuvent se mouvoir. » Cuvier, dans sa distribution du règne animal, n'a point conservé le nom d'Echinides ; il a préféré celui d Oursin , plus généralement connu et adopté par la très-grande majorité des naturalistes fran-

çais. Nous croyons donc devoir renvoyer au mot OURSIN les généralités de cette famille d'Animaux rayonnans que des caractères tranchés séparent de toutes les autres , malgré quelques rapports qui les rapprochent de plusieurs Mollusques. Les Oursins ou Echinides forment un groupe bien distinct que l'on nommera famille , ordre ou section , etc., suivant la classification zoologique que l'on emploiera. *V.* OURSIN.

(LAM..X.)

ÉCHINIER. BOT. PHAN. *V.* ECHINUS.

ÉCHINITES. ÉCHIN. Genre d'Oursin formé par Van-Phelsum, et dont les caractères consistent dans le corps qui est presque arrondi ou pentagonal avec des ambulacres doubles et larges. Leske l'a adopté , et l'a composé des Conules de Klein. Les espèces peu nombreuses de ce groupe sont disséminées dans plusieurs genres de la première division des Echinides de Lamarck. *V.* GALÉRITE, CLYPÉASTRE, etc.

On a encore appelé Echinites les Oursins fossiles qui se trouvent en si grande abondance dans les terrains secondaires , tertiaires et même d'alluvion. Les uns ont conservé leurs formes primitives, les autres ont été comprimés ou brisés ; presque tous ont perdu les piquans qui leur servent de défenses et d'organes de mouvemens. Ils se trouvent mêlés avec les Ammonites , les Térébratules , les Bélemnites , les Polypiers des terrains les plus anciens, ainsi qu'avec les Coquilles fossiles des dernières formations ; quelquefois ils sont rares ; d'autres fois leur nombre est si considérable , qu'ils forment des collines tout entières; il y en a de changés en une masse de Silex solide ou vide dans son intérieur , ou bien en Pierres calcaires extérieurement, tapissés dans leur intérieur de beaux Cristaux de carbonate de Chaux ou de Silice; souvent le terrain qui les renferme présente le corps et les piquans dont il était couvert; d'autres fois ces piquans ont entièrement disparu ; enfin les Echinites ou les Oursins fossiles varient sous tous les rapports d'états autant que les autres Animaux de l'ancien monde dont les débris remplissent l'écorce solide de notre globe.   (LAM..X.)

* ECHINO - AGARIC. *Echino-Agaricus.* BOT. CRYPT. (Haller.) Syn. d'Hydne. *V.* ce mot.   (B.)

* ECHINOBRISSE. *Echinobrissus.* ÉCHIN. Genre d'Echinodermes pédicellés, proposé par Breynius pour un groupe d'Oursins dont la bouche occupe presque le milieu sur la face inférieure, et dont l'anus, un peu éloigné du sommet, se trouve dans une espèce de sinus opposé obliquement à la bouche. Il est composé des Brisses et des Brissoïdes de Klein, et correspond en grande partie aux genres Spatangue et Nucléolite de Lamarck. *V.* ces deux mots. (LAM..X.)

* ECHINOCARDIE. *Echinocardium.* ÉCHIN. Van-Phelsum a donné ce nom à un groupe d'Echinodermes pédicellés, divisés par Klein en Spatangues et Spatangoïdes ; ils appartiennent aux Spatangues de Leske et de Lamarck. *V.* SPATANGUE.

      (LAM..X.)

ECHINOCHLOA. BOT. PHAN. Ce genre, de la famille des Graminées, proposé par Palisot de Beauvois (Agrost., p. 53, t. 11, f. 2) pour quelques espèces de *Panicum*, tels que les *Panicum Crus Galli*, *setigerum*, etc., n'offre pas de différences assez tranchées pour être adopté. *V.* PANIS.   (A. R.)

ECHINOCONE. *Echinoconus.* ÉCHIN. Ce nom a été donné par Breynius à un groupe d'Oursins appartenant aux genres Conule et Discoïde de Klein, Échinonée et Echinite de Leske ; ils rentrent dans les Echinonées et dans les Galérites de Lamarck. Ils offrent deux ouvertures inférieures ; la bouche placée au centre, et l'anus dans le bord, ou près du bord.   (LAM..X.)

* ECHINOCOQUE. *Echinococcus.* INTEST. Genre de l'ordre des Vésiculaires, ayant pour caractères : une vésicule simple ou double, renfermant dans son intérieur de très-petits Animaux, libres de toute espèce d'adhérence, et dont le corps est obovale, la tête armée d'une couronne de crochets, et munie de suçoirs. Zeder l'avait nommé *Polycephalus.* Les Echinocoques ont les plus grands rapports avec les Acéphalocystes. *V.* ce mot. Ils se rencontrent dans les mêmes organes et avec les mêmes circonstances. La principale différence qui existe entre eux, vient de la présence de petits Animaux, à la vérité à peine ébauchés, mais dont l'organisation ne peut être méconnue, puisqu'ils ont des crochets et des suçoirs.

Zeder a réuni sous le nom de Polycéphales, les Cœnures et les Echinocoques. Cette association n'est nullement naturelle ; en effet, les Animaux des Cœnures font corps avec leur vésicule ; lorsqu'ils sont rétractés à l'intérieur, leurs suçoirs et leur couronne de crochets sont cachés dans leur corps, ce n'est que par leur développement à l'extérieur que ces organes deviennent visibles. Les Echinocoques, au contraire, sont renfermés dans leur vésicule, et ne peuvent en aucune manière faire saillie à l'extérieur ; d'ailleurs, ils sont complétement isolés de cette vésicule et ne font point corps avec elle. Son organisation est analogue à celle des Acéphalocystes, elle contient de même un liquide transparent, légèrement albumineux ; elle est quelquefois formée de deux membranes juxtaposées l'une contre l'autre. Les Echinocoques sont trop rares et trop peu connus, pour que leurs caractères spécifiques puissent être clairement énoncés. Rudolphi en distingue trois espèces :

ECHINOCOQUE DE L'HOMME, *Echinococcus Hominis*, Rudolph., Syn. p. 183, n.° 1. Ce sont des vésicules au moins de la grosseur d'une noix, renfermant des Animaux plus petits que des grains de sable ; elles n'ont été vues qu'une fois par Meckel ; il les avait trouvées dans un cadavre et les avait communiquées à Goëze, sans indiquer dans quel organe ce Ver s'était développé. Zeder a avancé sans preuve que c'était dans le cerveau ; Rudolphi présume que c'était dans le foie.

Echinocoque du Singe, *Echinococcus Simiæ*, Rudolph., Syn., pag. 183, n° 2. Vésicules de grosseur variable, formées d'une seule membrane transparente, et trouvées dans les viscères thoraciques et abdominaux du Magot et du Macaque.

L'Echinocoque commun, *Echinococcus veterinorum*, Rudolph., Syn., pag. 183, n° 3; Encycl. méth., tab. 40, fig. 9-14; regardé comme un Tœnia par Goëze et par Gmelin, comme une Hydatide par Batsch, etc. — On le trouve dans le Bœuf, le Mouton, le Mouflon, le Chameau, le Dromadaire, le Cochon, etc. (LAM..X)

* ECHINOCORYS. *Echinocorys*. ÉCHIN. Ce nom a été donné par Breynius à un genre d'Oursins adopté par Leske, et composant la section des Cassides de Klein, ou ses genres *Galea* et *Galeola*. Ils appartiennent en grande partie aux Ananchites de Lamarck, et se distinguent par la situation de la bouche, entre le bord et le milieu de la surface inférieure, et par l'anus très-éloigné situé dans l'autre bord. *V*. Ananchite.
(LAM..X.)

ECHINOCORYTE. *Echinocorytes*. ÉCHIN. Leske donne ce nom aux Echinocorys de Breynius, genre d'Echinodermes pédicellés, vulgairement Oursins ; il rentre dans les Galérites et les Ananchites de Lamarck, ou dans les Cassidules de Cuvier. — Le genre Echinocoryte n'a pas été adopté. (LAM..X)

ECHINOCYAME. *Echinocyamus*. ÉCHIN. Genre d'Echinodermes pédicellés ou des Oursins, proposé par Van-Phelsum, adopté par Leske, ayant pour caractères : la bouche et l'anus inférieurs et très-voisins l'un de l'autre; les ambulacres sont pétaliformes et bornés. Ces Echinodermes appartiennent au genre Fibulaire de

Lamarck. Cuvier l'a conservé. *V*. Fibulaire. (LAM..X.)

ECHINODACTYLES. ÉCHIN. L'on donne souvent ce nom aux pointes d'Oursins fossiles. (LAM..X.)

ECHINODERMA. MOLL. Cette dénomination a été employée par Poli (Test. des Deux-Siciles) pour désigner la coquille de son genre Echion (*V*. ce mot) qui correspond aux Anomies des auteurs. (D..H.)

ECHINODERMAIRES. ÉCHIN. (Blainville.) *V*. Actinomorphes et Echinodermes. (B.)

ÉCHINODERMES. *Echinodermata*. ZOOL. Première classe des Animaux rayonnés ou Zoophytes, établie par Cuvier dans le Règne Animal distribué d'après son organisation. Les êtres qui la composent ont pour caractères : la peau bien organisée, soutenue souvent par une sorte de squelette, armée de pointes ou d'épines articulées et mobiles avec une cavité intérieure où flottent des viscères. Le système vasculaire ne s'étend pas à tout le corps, mais entretient une communication avec diverses parties de l'intestin et avec les organes de la respiration, en général très-distincts, ainsi que les viscères. Le système nerveux, très-incomplet, et sous forme de filets, ne s'observe même pas dans tous les genres. — Le nom d'Echinoderme a été créé par Klein, en 1734, pour les Animaux connus généralement sous le nom vulgaire d'Oursins ou Hérissons de mer. Bruguière, dans l'Encyclopédie, l'a appliqué à une division zoologique composée uniquement des Oursins et des Astéries; le docteur Leach l'avait appelée Gorgonocéphale. Lamarck, dans son grand ouvrage des Animaux sans vertèbres, en a formé le second ordre de ses Radiaires, sous la dénomination de Radiaires Echinodermes; il a ajouté les Fistulides aux Astéries et aux Oursins de Bruguière qu'il nomme Stellérides et Echinides. Ses Fistulides sont partagées en Tentacu-

lées, Actinie, Holoturie , Fistulaire ,
et en Fistulides nues , Priapule et Siponcle. — Cuvier a adopté le nom
d'Echinodermes pour la première
classe de ses Animaux rayonnés , qu'il
nomme Zoophytes à cause de la disposition rayonnante de leurs organes
qui rappellent les pétales des fleurs
(définition que Blainville applique à
ses Actinomorphes). Il l'a divisée en
deux ordres , sous les noms d'Echinodermes pédicellés et d'Echinodermes
sans pieds. Blainville, dans le Dictionnaire des Sciences naturelles ,
critique avec raison le mot Echinodermes , qui ne peut s'appliquer exactement qu'aux seuls Oursins , et propose de le remplacer par Polycéro-
dermaires qui nous semble avoir le
défaut d'être un peu long, et de rappeler cette ancienne nomenclature où
l'on voulait définir tous les caractères
d'une Plante dans un seul mot tiré du
grec. — Comme les autres naturalistes , il fait une classe des Oursins ,
des Astéries et des Holoturies , qu'il
divise en trois ordres désignés par la
forme de leur corps. Ce sont les Cylindroïdes , les Sphéroïdes et les Stel-
léroïdes. Pour avoir de l'uniformité
dans sa nomenclature , il a changé le
nom d'Echinodermes en celui d'E-
chinodermaires.

Aristote , Pline , et la plupart des
zoologistes, ont considéré les Échinodermes comme des Mollusques testacés. Rondelet les a réunis, le premier, aux Zoophites, et Jonstohn aux
Crustacés. Linné les a placés parmi
les Vers mollusques voisins des Testacés, et le premier, il a rapproché les Astéries des Oursins. Quant
à nous, ayant adopté la classification
de Cuvier, nous ne croyons pas devoir la changer : néanmoins si jamais
l'on divise les Animaux en Symétriques et non Symétriques ou Asimé-
métriques, ainsi que nous l'avons
proposé dans notre Mémoire sur le
Polype du Tubipore Musique, la
classe des Échinodermes , telle que
Cuvier l'a établie, sera placée entre
les Polypes à Polypiers et les Acalèphes ; nous ne pouvons maintenant

nous écarter de cette distribution. —
Les Echinodermes ont des organes
particuliers assez nombreux ; des
muscles très-distincts leur servent à
exécuter des mouvemens compliqués
et souvent très-rapides. Un système
nerveux se distribue dans toutes les
parties du corps ; quoique peu apparent , il n'en existe pas moins ; on
peut l'observer avec facilité dans un
grand nombre d'Echinodermes, sous
forme de quelques ganglions assez
gros et de filets nombreux , très-
divisés, qui semblent se diriger en
rayonnant du centre à la circonférence ; il n'y a point de cerveau. Le
système vasculaire n'offre point la
complication de celui des Animaux
vertébrés ; il est beaucoup plus simple et semble se borner à entretenir
des communications entre le tube digestif et les différentes parties du
corps , principalement avec les organes de la respiration très-distincts
dans plusieurs groupes. Ces Animaux, dans ce cas , n'offrent jamais
les mouvemens isochrones de contraction et de dilatation que l'on observe dans un grand nombre d'Acalèphes et d'autres Zoophytes ; ces
mouvemens semblent être remplacés
par ceux de l'appareil destiné à la
respiration , que l'on observe toujours dans les classes supérieures. —
Les Echinodermes ont-ils des sexes
séparés, sont-ils hermaphrodites, ou
bien encore chacun d'eux possède-
t-il la faculté de se reproduire sans
le concours des deux organes sexuels?
Il est plus facile de répondre à cette
dernière question qu'aux deux premières, car personne n'a encore décrit, du moins à notre connaissance,
l'organe mâle et l'organe femelle des
Echinodermes. Dans ces Animaux,
tous les individus offrent des ovaires
qui se remplissent d'un grand nombre d'œufs ou de corps reproductifs.
Leur figure, leur grosseur, leur couleur varie ainsi que celle de leur enveloppe ; rien n'indique une fécondation quelconque, ni aucun phénomène analogue. — Les Echinodermes ont une grande puissance

de reproduction, et dans plusieurs genres, une seule de leurs parties, isolée du reste du corps, continue à jouir de la vie, et s'environne bientôt de tout ce qui constitue l'Animal parfait. — L'organe digestif est en général fort simple dans ces Animaux; quelquefois c'est un canal intestinal à deux ouvertures, la bouche et l'anus; d'autres fois cet organe est en forme de sac, à une seule ouverture qui sert tout à la fois de bouche et d'anus. Cette sorte d'estomac se prolonge souvent, dans les différentes parties du corps, en cœcums rameux comme les divisions d'un grand Arbre. La longueur de l'intestin varie dans les Échinodermes qui en sont pourvus; en général il s'attache aux parties solides au moyen d'un mésentère bien conformé. — La bouche diffère dans chaque groupe; ordinairement elle est garnie de parties dures et circulaires que l'on pourrait regarder comme des espèces de dents qui se durcissent vers leur racine, à mesure qu'elles s'usent par leur pointe; plusieurs genres manquent de ces parties que rien ne remplace, si ce n'est quelquefois des corps tentaculaires. — Dans ces Animaux, les organes du mouvement sont répandus sur une grande partie de la surface du corps, et comme Cuvier a employé ce caractère pour les désigner, nous croyons ne pouvoir mieux faire que de copier ce grand naturaliste, en traitant de ces organes. « Leur enveloppe, celle des Échinodermes pédicellés, est percée d'un grand nombre de petits trous placés en séries très-régulières, au travers desquels passent des tentacules membraneux, cylindriques, terminés chacun par un petit disque qui fait l'office de ventouse. La partie de ces tentacules qui reste à l'intérieur du corps est vésiculaire; une liqueur est épanchée dans toute leur cavité, et se porte au gré de l'Animal dans la partie cylindrique extérieure qu'elle étend, ou bien elle rentre dans la partie vésiculaire intérieure, et alors la partie extérieure s'affaisse.

C'est en allongeant, ou en raccourcissant ainsi leurs centaines de petits pieds ou de tentacules, et en les fixant par les ventouses qui les terminent, que ces Animaux exécutent leurs mouvemens progressifs. Des vaisseaux partant de ces petits pieds se rendent dans des troncs qui répondent à leurs rangées et qui aboutissent vers la bouche. Ils forment un système distinct de celui des vaisseaux intestinaux qui s'observent dans quelques espèces. » — Tels sont, d'après Cuvier, les caractères des Echinodermes pédicellés ou du premier ordre : il a placé dans le deuxième les Echinodermes sans pieds, ainsi nommés parce qu'ils manquent de pieds vésiculeux; ils ont de grands rapports avec les Holoturies : leur corps est revêtu d'une peau coriace, et leur organisation intérieure est peu connue. Les Echinodermes ne se réunissent jamais pour former des Animaux composés : aucun d'eux ne jouit de facultés phosphorescentes ou lumineuses. Enfin, ils sont répandus dans toutes les mers; en général plus grands, plus variés et plus nombreux en espèces entre les deux tropiques ou dans leur voisinage, que dans les zônes froides et tempérées.

L'on trouve des Echinodermes fossiles dans tous les états et dans tous les terrains, depuis ceux de transition jusque dans les alluvions les plus modernes.

Ier Ordre. — Echinodermes pédicellés. Les genres qui composent cet ordre sont :

Astérie, Encrine, Oursin, Holoturie.

IIe Ordre. — Echinodermes sans pieds. Les genres qui composent cet ordre sont :

Monpadie, Miniade, Priapule, Siponcle, Bonellier. *V.* ces mots.

(LAM. X.)

*ECHINODISQUE. *Echinodiscus.* ÉCHIN. Genre établi par Breynius pour des Oursins comprimés dont la bouche est à peu près au centre de la face inférieure, et l'anus entre le milieu et le bord ou dans le bord. Il correspond aux *Placenta* et aux *Arachnoïdes* de Klein. Il forme le septième genre de Leske. Lamarck en a placé les espèces dans ses Scutelles et dans ses Clypéastres. *V.* ces deux mots. (LAM..X.)

*ECHINOGLYCUS. ÉCHIN. Genre établi par Van-Phelsum pour les Oursins à têt très-comprimé, percé d'oscules ovales d'outre en outre. Ils appartiennent aux genres *Mellita* de Klein, *Echinodiscus* de Breynius et de Leske, aux Scutelles de Lamarck. *V.* SCUTELLE. (LAM..X.)

ECHINOLOENA. BOT. PHAN. Desvaux (Journal de botanique, février 1815) a décrit sous ce nom un nouveau genre de la famille des Graminées très-voisin des *Panicum* et des *Paspalum*, et auquel il donne pour caractères : des fleurs disposées en épis unilatéraux, ayant leur axe plane; les épillets sont alternes et forment deux rangées; ils sont uniflores et constamment dépourvus d'aucun rudiment de seconde fleur, selon Desvaux, caractère qui éloigne ce genre des *Panicum*, et qui le rapproche des *Paspalum*; la lépicène est unipaléacée, lancéolée, aiguë, couverte de petits poils bulbeux à leur base; la glume est herbacée à deux valves aiguës; l'inférieure est velue dans sa partie supérieure; la seconde valve est tout-à-fait glabre; la glumelle se compose de deux paléoles obtuses et coriaces. Tels sont les caractères indiqués par Desvaux. Kunth (*in Humboldt Nov. Gen.*, 1, p. 118) adopte le genre *Echinolœna* de Desvaux, mais les caractères qu'il en donne sont tellement différens de ceux indiqués par le botaniste qui l'a établi, qu'il nous paraît douteux que le genre de Kunth soit le même que celui de Desvaux. En effet Kunth dit que les épillets sont biflores et nus; que la lépicène se compose de deux valves coriaces; que la glume de la fleur hermaphrodite offre deux paillettes coriaces et mutiques; que celles de la fleur mâle sont membraneuses;

d'où il résulte que non-seulement la lépicène est bivalve, mais que chaque fleur offre deux paillettes, caractère qui distigue ce genre du *Panicum*. Pour peu que l'on compare attentivement les caractères donnés par les deux botanistes que nous venons de citer, on reconnaîtra que les deux genres qu'ils ont décrits sont tout-à-fait différens. (A. R.)

ÉCHINOLOBE. *Echinolobium.* BOT. PHAN. Desvaux a proposé d'établir sous ce nom un genre nouveau dans la famille des Légumineuses, qui comprendrait plusieurs espèces du genre Sainfoin. Mais ce genre n'a pas été adopté. *V.* SAINFOIN. (A. R.)

ÉCHINOLYTRE. *Echinolytrum.* BOT. PHAN. Desvaux a établi sous ce nom un genre pour le *Scirpus Dipsacus* de Rottboël, lequel genre n'a pas été adopté. (A. R.)

ECHINOMELOCACTE. *Echinomelocactus.* BOT. PHAN. L'Ecluse ayant donné ce nom, tiré de leur figure, aux Cactes arrondis et épineux, il avait été adopté des botanistes jusqu'à l'époque où Linné réforma la nomenclature. (B.)

ECHINOMÈTRE. *Echinometra.* ÉCHIN. Rumph, Gualtiéri et Séba, ont donné ce nom à des Oursins classés par Lamarck dans ses genres Oursin et Cidarite. Breynius l'avait restreint à ceux dont la bouche est opposée à l'anus. Ils correspondent aux Cidaris de Klein. (LAM..X.)

*ECHINOMITRA. ÉCHIN. Genre établi par Van-Phelsum pour les *Cidaris variolata* et *mammillaris* de Klein, dont la bouche est placée au centre de la surface inférieure, l'anus sur le bord et dirigé en haut, avec des ambulacres étroits et complets. Ce genre diffère du précédent. (LAM..X.)

ÉCHINOMYIE. *Echinomyia.* INS. Genre de l'ordre des Diptères, famille des Athéricères, tribu des Muscides, établi par Duméril, et se composant suivant lui d'espèces qui offrent pour caractères propres : antennes à article intermédiaire plus long que le troisième, à poil latéral simple, cachées dans l'état de repos. Les Echinomyies diffèrent des Mouches et des Cénogastres par la simplicité du poil latéral de leurs antennes ; des Syrphes, des Sagres, des Mulions, etc., par la longueur de l'article intermédiaire des antennes. Elles partagent ce caractère avec les Tétanocères ; mais elles s'en éloignent par les antennes cachées dans une cavité du front. Au reste, les Echinomyies, qui ressemblent pour la forme aux Mouches domestiques, sont remarquables par la grosseur de leur corps qui est hérissé de poils longs, rares, gros et comme articulés à leur base ; leurs ailes sont écartées et leur abdomen est très-large relativement à sa longueur. Les mœurs de plusieurs espèces sont assez bien connues ; l'Insecte parfait vit peu de temps et se rencontre sur les fleurs, principalement sur les Ombellifères. La femelle dépose ses œufs dans les larves et les nymphes des Lépidoptères et de certains Coléoptères ; elles s'y développent et font périr l'Animal aux dépens duquel elles ont vécu. Dans le nombre des espèces, nous citerons :

L'ÉCHINOMYIE GÉANTE, *Echin. gigas* ou la *Musca grossa* de Linné. Elle se trouve en France, et a été décrite et figurée par Degéer (Mém. sur les Ins. T. VI) et par Réaumur (Mém. sur les Ins. T. IV). Ce dernier observateur dit que la larve de cette espèce vit dans les bouses de Vaches.

L'ÉCHINOMYIE DES LARVES, *Echin. larvarum* ou l'*Eriotrix gentilis* de Meigen. Elle a été figurée et décrite par Degéer (*loc. cit.* T. I, pl. XI, fig. 23, et T. VI, pl. I, fig. 7, p. 24). On la trouve aux environs de Paris. La larve vit dans le corps de plusieurs chenilles et nymphes de Bombyces, principalement des *Bombyx dominula*, *Caja*, *Hera*.

On doit ranger dans ce genre le *Tachina fera* de Fabricius.   (AUD.)

ECHINONÉE. *Echinoneus.* ÉCHIN. Genre d'Echinodermes pédicellés,

ayant le corps ovoïde ou orbiculaire, convexe, un peu déprimé ; ambulacres complets formés de dix sillons qui rayonnent du sommet à la base ; bouche presque centrale ; anus inférieur, oblong, situé près de la bouche. Ce genre a été établi par Van-Phelsum pour des Oursins de forme ovoïde ou orbiculaire avec des ambulacres complets formés par deux bandes étroites en forme de stries disposées par paires, ayant la bouche presque centrale et l'anus à côté. Ces caractères ne diffèrent point de ceux que Lamarck a donnés à ce genre. Leske l'avait adopté d'après Van-Phelsum. Les Echinonées, dit Lamarck, constituent évidemment un genre particulier voisin des Fibulaires et des Galérites. On les distingue des premières par leurs ambulacres complets qui rayonnent du sommet à la base, et des Galérites parce qu'elles ont l'anus voisin de la bouche. Le genre Echinonée est peu nombreux en espèces ; Leske en décrit trois. Les deux premières sont citées par Lamarck qui en a ajouté une troisième inédite avant lui ; M. Cuvier, en adoptant ce groupe, le compose de six espèces ; les trois premières d'après Leske, et les trois dernières figurées dans l'Encyclopédie appartiennent aux Galérites de Lamarck.

ECHINONÉE CYCLOSTOME, *Echinoneus Cyclostomus*, Leske, Encycl. méth., pl. 153, f. 19, 20. A corps ovale-oblong, un peu déprimé, couvert d'un grand nombre de petits tubercules égaux ; la bouche est ronde, l'anus ovale. On le croit originaire des mers asiatiques.

L'ECHINONÉE SEMI-LUNAIRE, Encyclopédie méthodique, pl. 153, fig. 21, 22, et l'Echinonée gibbeuse, l'une et l'autre des mers d'Amérique, sont les autres espèces de ce genre décrites par Lamarck.   (LAM..X.)

ECHINOPE. *Echinops.* BOT. PHAN. Genre de la famille des Synanthérées et de la Syngénésie Polygamie séparée, L., formant le type de la tribu des Echinopsidées du professeur Richard. La structure de ce genre étant encore aujourd'hui l'objet de contestations entre plusieurs botanistes, nous croyons devoir l'exposer avec quelques détails. Les capitules sont globuleux et terminent la tige et ses ramifications ; ils sont dépourvus d'involucre commun , ou cet involucre se compose d'écailles avortées et rabattues; le réceptacle est ovoïde ou globuleux, nu, glabre, chargé d'un grand nombre de fleurs ayant chacune leur involucre propre, et pouvant être considérées comme autant de capitules uniflores; l'involucelle ou involucre propre à chaque fleur est comme fusiforme, allongé , composé à sa partie externe et inférieure d'un nombre très-considérable d'écailles subulées , étroitement appliquées les unes contre les autres, et intérieurement d'écailles plus longues rapprochées et soudées entre elles latéralement ; cet involucre qui est légèrement pédicellé à sa base, embrasse étroitement une seule fleur, mais n'a aucune espèce d'adhérence avec la face externe de celle-ci, malgré l'assertion contraire émise par H. Cassini, qui, par suite d'une observation erronée , considère cet involucre comme une aigrette. *V.*, pour plus de détails , le mot ECHINOPSIDÉES. Le calice est cylindracé, velu, adhérent par toute sa face interne avec l'ovaire infère , excepté à son limbe qui est court et tronqué ; la corolle est subinfundibuliforme ; son tube un peu dilaté à sa base est dressé , cylindrique ; il s'évase supérieurement en un limbe divisé profondément en cinq lanières étroites, égales et étalées ; les anthères ont leurs cinq filets libres ; le tube anthérifère est cylindrique, à cinq dents ; chaque anthère est souvent velue à sa base ; l'ovaire a la même forme que le calice avec lequel il est adhérent ; il porte à son sommet un tubercule charnu qui est un véritable disque épigyne confondu dans sa partie inférieure et externe avec la base de la corolle, et terminé à son sommet par une petite excava-

tion d'où naît le style ; celui-ci est filiforme, cylindrique, glabre, légèrement renflé à son sommet qui est couvert de poils. Le stigmate se compose de deux branches recourbées en dehors. Le fruit est cylindracé, velu , couronné par une aigrette marginale, membraneuse et fimbriée.

Ce genre se compose d'environ une dixaine d'espèces qui sont toutes herbacées, annuelles ou vivaces. Parmi ces espèces , nous distinguerons les deux suivantes :

ECHINOPE A TÊTE RONDE , *Echinops sphærocephalus* , L. Sp.; Lamk., Ill., t. 719, f. 1. Ses tiges s'élèvent à une hauteur de trois à quatre pieds; elles sont dressées, rameuses, velues, cannelées , portant des feuilles alternes très-grandes, profondément pinnatifides , à lobes élargis , sinueux et épineux sur les bords; ses fleurs forment au sommet des ramifications de la tige des capitules violacés et globuleux. Cette espèce croît dans les lieux stériles.

ECHINOPE RITRO, *Echinops Ritro* , L. Sp. Cette espèce , qui est très-commune dans les lieux incultes, sur le bords des chemins, dans les provinces méridionales de la France, est toujours moitié plus petite que la précédente ; les lobes de ses feuilles sont plus étroits , plus allongés, glabres en dessus , blanchâtres et cotonneux à leur face inférieure ; les fleurs, d'une couleur bleue tendre, forment des capitules globuleux moitié plus petits que dans l'espèce précédente, et composés d'un bien moins grand nombre de fleurs.   (A. R.)

ECHINOPÉES. *Echinopeæ.* BOT. PHAN. Dans son premier Mémoire sur les Composées (Annales du Muséum, vol. 16, p. 152), le professeur De Candolle a ainsi nommé la première division des Cinarocéphales. Elle était caractérisée par ses fleurons solitaires ou plutôt par ses calathides uniflores réunies en tête dans un involucre. Outre le genre *Echinops*, cette section renfermait encore le *Boopis* . Juss., et le *Rolandra*, Rotth.; mais le

Boopis est le type de la nouvelle famille des Calycérées, et le *Rolandra* appartient, selon Cassini, à une autre division de la famille, de sorte que cette section des Cinarocéphales ne se composerait plus que du genre *Echinops*, et correspondrait à la tribu établie par Cassini sous le nom d'Echinopsées (*V.* ce mot). (G..N.)

ECHINOPHORE. MOLL. On donne vulgairement ce nom au *Buccinum Echinophorum* de Linné, qui correspond au *Cassidaria Echinophora* de Lamarck et des auteurs modernes.
(D..H.)

ECHINOPHORE. *Echinophora.* BOT. PHAN. Famille des Ombellifères, Pentandrie Digynie, L. Ce genre, établi par Tournefort et adopté par Linné, Jussieu, Lamarck et De Candolle qui l'ont placé parmi les Ombellifères anomales, est ainsi caractérisé : ombelle à une collerette générale de trois à quatre folioles, et composée de cinq à quinze rayons ; chaque ombellule munie d'une collerette monophylle turbinée et à six lobes inégaux ; fleurs marginales de chaque ombellule pédicellées, mâles, et ayant un calice à cinq dents et des pétales étalés inégaux ; fleurs centrales sessiles, femelles, avec des pétales échancrés. Dans le fruit un des akènes avorte le plus souvent ; l'autre est couvert par la collerette partielle qui s'est endurcie et par les pédicelles des fleurs mâles qui dégénèrent en épines.

On ne connaît que deux espèces de ce genre ; elles sont indigènes des contrées méridionales de notre hémisphère ; leurs feuilles sont ailées et leurs fleurs blanches. La plus remarquable est l'ECHINOPHORE ÉPINEUSE, *Echinophora spinosa*, L. ; Lamk., Illustrat. tab. 190, fig. 1, Plante dont la tige est épaisse, cannelée, haute de deux décimètres et rameuse supérieurement ; ses feuilles sont presque bipinnées, d'un vert blanchâtre et à découpures étroites, aiguës et spinescentes. Elle croît dans les lieux maritimes de l'Europe méri-

dionale. Indépendamment de sa station sur les côtes de la Méditerranée, on la retrouve en France le long de l'Océan jusqu'à Nantes.

L'autre espèce, *Echinophora tenuifolia*, L. ; Lamk., Illust., t. 190, f. 2, croît sur les bords de la mer, dans le royaume de Naples. Ses feuilles radicales sont très-grandes et trois fois ailées. (G..N.)

* ECHINOPLACOS. ÉCHIN. Van-Phelsum a donné ce nom à un genre d'Echinodermes dans lesquels la bouche est centrale sur la surface inférieure, et dont la circonférence est irrégulière, arrondie ou anguleuse ; les ambulacres sont bornés et pétaliformes. Ce genre correspond aux *Mellita* de Klein et aux Clypéastres de Lamarck. (LAM..X.)

* ECHINOPODA. BOT. PHAN. La Plante mentionnée sous ce nom par l'Ecluse d'après Belli, médecin de l'île de Crète, et déjà citée chez les anciens, pourrait être rapportée, soit à une Asperge épineuse, soit à un Genêt ou à l'*Anthyllis erinacea*. (B.)

ÉCHINOPOGON. *Echinopogon.* BOT. PHAN. L'*Agrostis ovata* de Lahillardière et de R. Brown est devenue pour Palisot de Beauvois (*Agrost.*, p. 42, t. 9, f. 5) le type d'un nouveau genre auquel il attribue les caractères suivans : ses fleurs sont disposées en panicule simple, resserrée en forme de capitule ; la lépicène est subbiflore à deux valves aiguës, plus courtes que les fleurettes ; la fleur inférieure est hermaphrodite fertile, sa paillette inférieure porte une soie qui naît au-dessous de son sommet ; la supérieure est bifide. La fleur neutre est pédicellée, à l'état rudimentaire et velue. Ces caractères suffisent pour distinguer ce genre des Agrostis où on l'avait placé.
(A. R.)

ECHINOPORE. *Echinopora.* POLYP. Genre de l'ordre des Astrairées dans la division des Polypiers entièrement pierreux, à cellules lamelleuses étoilées. Ses caractères sont : Polypier pierreux, aplati et étendu en membrane libre, arrondie, foliiforme, finement striée des deux côtés ; surface supérieure chargée de petites papilles ainsi que d'orbicules rosacés, convexes, très-hérissés de papilles, percés d'un ou de deux trous, recouvrant chacun une étoile lamelleuse ; étoiles éparses, orbiculaires, couvertes ; lames inégales, presque confuses, saillantes des parois et du fond, obstruant en partie la cavité. Lamarck a établi ce genre dans son Histoire des Animaux sans vertèbres pour des Polypiers singuliers rapportés des mers de l'Australasie par Péron et Lesueur. Leurs cellules sont lamellifères et en étoiles, remplies de lames inégales, en partie coalescentes, presque confuses, constituant des étoiles à peine reconnaissables à cause d'une lame pierreuse qui les recouvre, et qui forme sur chacune d'elles une bosselette orbiculaire, convexe, très-hérissée, percée d'un ou de deux petits trous inégaux. Sans la présence de ces étoiles bien déterminées, quoique très-remarquables par leur singularité, les Echinopores auraient été réunies aux Explanaires. Lamarck (Anim. sans vert. II, p. 253, n. 1) n'en connaît qu'une seule espèce qu'il nomme Echinopore à rosettes, *Echinopora rosularia*, à cause de ses expansions ondées et larges ; elles ne paraissent attachées que vers le centre de son disque inférieur. Ce Polypier habite les côtes de la Nouvelle-Hollande.   (LAM..X.)

ECHINOPS. BOT. PHAN. *V*. ECHINOPE.

ECHINOPSÉES. *Echinopseæ.* BOT. PHAN. Henri Cassini appelle ainsi un groupe de Végétaux dans la famille des Synanthérées, que le professeur Richard avait précédemment nommé Echinopsidées, avec cette différence que le premier de ces botanistes fait consister sa tribu des Echinopsées dans le seul genre Echinops, tandis que le second y réunit plusieurs autres genres. *V*. ECHINOPSIDÉES.

(A. R.)

ECHINOPSIDÉES. *Echinopsideæ.* BOT. PHAN. Ce groupe naturel, établi dans la famille des Carduacées, comprend le petit nombre de genres qui ont chacun de leurs fleurons entouré d'un involucelle propre, monophylle ou polyphylle, et tous ces fleurons réunis en forme de capitule, avec ou sans involucre commun. Nous allons énumérer avec détails les caractères fournis par chacun des organes du petit nombre de genres qui constituent les Echinopsidées du professeur Richard : les fleurons forment des capitules globuleux ou ovoïdes, généralement entourés d'un involucre formé de plusieurs écailles inégales ; le réceptacle est plus ou moins globuleux, ordinairement nu, c'est-à-dire dépourvu d'écailles ; chaque fleuron, qui est en général hermaphrodite et fertile, est environné d'un involucelle propre ; cet involucelle est tantôt tubuleux, à cinq divisions plus ou moins régulières (*Lagasca, Gundelia*), tantôt formé d'écailles inégales, imbriquées et soudées. Dans tous les cas, il est entièrement distinct, et n'a aucune espèce de connexion avec la paroi externe du calice, sur laquelle il est simplement appliqué. Dans le genre *Gundelia*, les fleurons sont groupés ensemble par petits fascicules au nombre de quatre à cinq, et leurs involucelles sont soudés et intimement confondus. Le calice est adhérent avec l'ovaire ; il est cylindracé, allongé, surmonté par un limbe tronqué, à bord irrégulièrement denticulé ; la corolle est tubuleuse, infundibuliforme, régulière, à cinq divisions réfléchies ou simplement étalées, égales entre elles ; les cinq étamines ont leurs filets libres ; le tube anthérifère est généralement saillant, terminé à son sommet par une membrane à cinq dents ; le style est cylindrique, grêle, un peu renflé vers son sommet où il est chargé de poils glanduleux ; le stigmate est à deux lanières planes et glanduleuses du côté interne, velues extérieurement et plus ou moins roulées : l'ovaire est immédiatement attaché par sa base ; il est fréquemment surmonté d'un petit disque épigyne, du centre duquel naît le style ; le fruit est un akène ordinairement cylindracé, quelquefois renflé dans sa partie moyenne (*Gundelia*), et se terminant à son sommet par un petit rebord membraneux tronqué, irrégulièrement denticulé, et formant une sorte d'aigrette marginale.

Les genres principaux qui appartiennent à ce groupe sont : *Echinops, Rolandra*, *Lagasca* et *Gundelia.* Leurs caractères communs consistent en des fleurons hermaphrodites réguliers, accompagnés chacun d'un involucelle particulier ayant le style renflé au sommet et velu, et le fruit couronné par une aigrette marginale fimbriée.

Maintenant examinons rapidement le groupe des Echinopsées de H. Cassini. L'auteur commence par prier ses lecteurs de ne pas confondre sa tribu des Echinopsées avec celle des Echinopsidées du professeur Richard. Pour lui cette tribu ne se compose que du seul genre Echinops. Les autres genres qui lui ont été mal à propos associés n'ont aucune affinité avec ce genre, et appartiennent à la tribu des Vernoniées. Certes il deviendra difficile pour ceux qui auront un peu étudié la structure des quatre genres que nous avons dit appartenir aux Echinopsidées, de partager l'opinion de H. Cassini, et nous allons démontrer que cette opinion est tout-à-fait erronée. En effet, l'auteur que nous combattons ici n'admet pas d'involucelle propre dans le genre Echinops, et ce que nous avons décrit comme tel, il le considère comme une aigrette. Une semblable opinion paraîtra fort extraordinaire à ceux qui croient, et nous sommes du nombre, que l'aigrette, dans toutes les Synanthérées, est toujours formée par le limbe du calice. Aussi a-t-il fallu que H. Cassini se fondât sur une erreur matérielle d'observation pour arriver à un pareil résultat. Et voici comment l'auteur dit que sa prétendue aigrette naît de toute la surface externe du calice, en sorte qu'elle en est une dépendance. Ce fait est faux : l'aigrette

de Cassini ou notre involucelle n'a, nous le répétons, aucune espèce d'adhérence avec le calice ; elle est parfaitement libre et distincte, et nous avons peine à concevoir comment un observateur aussi habile, qui s'est exclusivement occupé des Synanthérées, a pu commettre une semblable erreur dans un genre dont les fleurs sont tellement grandes proportionnellement aux autres genres de la même famille, que leur structure peut être facilement étudiée à l'œil nu et sans le secours de loupe. Nous croyons donc que la tribu des Echinopsées de H. Cassini ne doit point être adoptée, et qu'au contraire celle des Echinopsidées, se composant de genres qui ont entre eux tant de caractères communs, forme un groupe très-naturel.   (A. R.)

ECHINOPUS. BOT. PHAN. C'est-à-dire pied de Hérisson (Plutarque). Probablement l'*Anthyllis erinacea*, L. (Tournefort.) Syn. d'Echinope. *V.* ce mot.   (B.)

ECHINORHIN. *Echinorhinus.* POIS. Sous-genre formé par Blainville parmi les Squales. *V.* ce mot.   (B.)

ECHINORHYNQUE. *Echinorhynchus.* INTEST. Genre unique de l'ordre des Acanthocéphales ; les Animaux qui le composent ont un corps un peu allongé et arrondi, utriculaire, élastique avec une trompe rétractile, garnie de crochets cornés, disposés régulièrement sur plusieurs rangs. Les sexes sont séparés sur des individus différens. Ce genre, établi par Zoega, adopté par tous les auteurs, a été nommé *Acanthocephalum* par Kœlreuter, et *Acanthrum* par Achar. — Le docteur Deslongchamps, qui s'occupe constamment de l'étude des Vers intestinaux, a bien voulu nous communiquer l'article suivant, auquel nous avons cru ne devoir rien changer à cause des observations intéressantes qu'il renferme.

Les Echinorhynques se distinguent aisément de tous les autres Vers intestinaux, par un prolongement antérieur, rétractile, garni de crochets, auquel on a donné le nom de trompe; et, si le corps ridé de quelques-uns de ces êtres parasites a pu induire en erreur des naturalistes habiles et les leur faire regarder comme des Tœnias, un examen plus approfondi dissipe bientôt toute espèce de doute. Ces Animaux sont des Vers en général allongés, cylindroïdes, plus ou moins ridés, que l'on trouve adhérens, au moyen de leur trompe, à la membrane muqueuse des intestins. Il n'est pas rare de les rencontrer libres de toute adhérence et, pour ainsi dire, flottans dans le canal intestinal. Mis dans l'eau, ils ne tardent pas à y opérer une absorption qui se manifeste par l'augmentation en longueur et en largeur du corps ; ses rides s'effacent, et la trompe, si elle n'est point développée avant l'immersion, ne tarde pas à se dérouler au-dehors.

Considérés à l'extérieur, les Echinorhynques offrent à l'examen, la trompe, le col et le corps.

La *Trompe*. — Elle termine antérieurement le Ver, lui sert à se fixer à l'intestin, et très-probablement aussi de moyen de progression. Sa forme varie singulièrement suivant les espèces; elle est subglobuleuse, ovale, fusiforme, conique, en massue, ou égale dans toute sa longueur; sa surface est couverte de crochets cornés, aigus, recourbés en arrière, et disposés très-régulièrement en quinconce; ils sont plus ou moins nombreux, plus ou moins forts suivant les espèces. Il est des Echinorhynques dont la trompe n'est armée que de deux ou trois rangs de crochets, et d'autres sur la trompe desquels on en compte soixante ou quatre-vingts rangées. Dans un petit nombre d'espèces, on voit, entre le col et la trompe, une bulle sphéroïde, beaucoup plus volumineuse que la trompe et le col; elle est lisse; son volume n'est pas constant dans tous les individus, elle manque quelquefois entièrement. L'extrémité antérieure de la trompe paraît fermée dans plusieurs espèces; dans d'autres elle est visiblement perforée. Rudolphi a décrit une espèce

(*Ech. tuba*) trouvée dans l'intestin de l'Effraie, dont la trompe présente à son extrémité extérieure une expansion membraneuse plissée, ressemblant au pavillon d'une trompette ; nous avons trouvé en abondance cet Echinorhynque dans le même Oiseau, mais aucun des Vers trouvés par nous n'offre ce caractère; la description donnée par Rudolphi leur convient d'ailleurs parfaitement bien. Nous sommes convaincus que cette expansion membraneuse ne vient que de la protrusion accidentelle du canal musculeux, situé dans l'épaisseur de la trompe, et destiné à faire rentrer cette dernière, en la retournant comme un doigt de gant (*V.* plus bas la description de l'organisation interne des Echinorhynques). L'extrémité postérieure de la trompe est continue avec le col ou avec le corps, lorsque le premier n'existe pas. Il est une espèce d'Echinorhynque dont la trompe diffère entièrement des autres, et qu'on serait tenté de regarder comme devant former un genre particulier, si l'on ne trouvait quelques espèces qui s'en rapprochent, et si l'organisation interne n'était tout-à-fait analogue; nous voulons parler de l'Echinorhynque à col filiforme. — Le col de ce singulier Animalcule est terminé par une bulle ou ampoule sphérique, remplie d'un liquide transparent, et à la place d'une trompe, on n'aperçoit, au sommet de la bulle, qu'un petit disque sur lequel, au lieu de crochets, se voient de petits tubercules cornés, ovalaires, disposés en rayons au nombre de dix-huit ou vingt, et convergens de la circonférence vers le centre où se trouve une petite ouverture. Rudolphi suppose à tort que la trompe de l'Echinorhynque à col filiforme est toujours rétractée et renfermée dans la bulle; il n'y a d'autre trompe que le disque. Ayant disséqué plusieurs fois cet Animal, nous avons mis un soin extrême à nous assurer de l'organisation de la bulle, en la déchirant par petites portions au moyen d'aiguilles, sur le porte-objet du microscope, et en examinant chaque portion avec cet instrument; nous avons étudié cet Animal sur des sujets très-développés et sur d'autres qui l'étaient à peine, nous avons toujours vu une bulle, un disque, et rien autre chose. Nous sommes entrés dans ces développemens, qui paraîtront un peu minutieux et que nous aurions volontiers supprimés, si nous eussions pu omettre de parler d'une discussion qui s'est élevée entre Bremser et Rudolphi. Le premier de ces helminthologistes a prétendu que les Echinorhynques des Oiseaux aquatiques, dont la surface du corps est armée d'aiguillons, deviennent inermes avec l'âge; que leur trompe, garnie d'abord de crochets, se change aussi, avec le temps, en une bulle lisse; en un mot, il regarde tous les Echinorhynques armés et à bulle des Oiseaux aquatiques, comme une seule et même espèce qu'il a nommée *Ech. polymorphus*. Il a même dressé une table où les dégradations d'une forme à l'autre sont nuancées. Rudolphi s'opposa d'abord avec force à ce système; il s'est depuis rangé à l'opinion de son ami, lorsque celui-ci lui a fait voir un Echinorhynque (*Ech. sphærocephalus* trouvé dans une espèce d'Huître et de Goëland du Brésil), dont les jeunes individus sont munis d'une trompe subglobuleuse armée de crochets; les adultes n'ont plus de trompe, mais une bulle armée encore de quelques crochets; enfin les plus gros et les plus vieux ont leur bulle tout-à-fait inerme. Ces faits sont positifs et on ne peut les contester; cependant nous pouvons affirmer qu'il n'en est point ainsi pour l'Echinorhynque à col filiforme. Nous avons observé cet Animal dans tous ses degrés de développement; et, nous le répétons, nous avons toujours vu la bulle et jamais d'autre trompe que le disque qui la termine. Au surplus, ce fait infirme, sans la détruire, la loi de Bremser; il prouve seulement que ce qui est vrai pour une espèce, ne l'est pas toujours pour une autre. La trompe exécute plusieurs mouvemens:

d'abord, elle est susceptible de rentrer dans sa propre cavité et de se développer ensuite en se déroulant absolument comme les tentacules des Limaces; de plus, elle peut rentrer et sortir en masse et toute développée, dans la partie antérieure du corps de l'Animal; ces deux sortes de mouvemens se combinent de diverses manières, et l'on peut dire que la trompe est doublement rétractile.

Col. — On nomme ainsi la partie placée entre l'extrémité postérieure de la trompe et le devant du corps; le col se distingue ordinairement de ces deux parties par une rainure plus ou moins marquée; sa longueur varie suivant les espèces; il est quelquefois tellement court, qu'il se trouve réduit à une simple rainure; dans quelques espèces, il est plus long d'un côté que de l'autre; de sorte que la trompe se trouve, à cause de cela, avoir une direction plus ou moins oblique sur le corps. Le col est toujours inerme, il suit les mouvemens de la trompe, et rentre avec elle dans le corps.

Le *Corps.* — Tout le reste de l'Animal qui vient après le col porte le nom de corps. Presque toujours aplati et ridé quand on vient de rencontrer l'Echinorhynque dans l'intestin d'un Animal, il ne tarde pas à se gonfler; ses rides disparaissent lorsqu'on le laisse séjourner quelques momens dans l'eau. Sa forme est plus ou moins allongée, il est quelquefois tout-à-fait séliforme et très-long. Sa surface, lisse dans la plupart des espèces, est hérissée dans quelques autres, en totalité ou partiellement, d'aiguillons plus ou moins volumineux, plus ou moins serrés. L'extrémité postérieure du corps ne paraît pas distinctement perforée dans les femelles; mais dans les mâles, lorsque la vésicule séminale n'est pas saillante au-dehors, on y voit une ouverture bien manifeste.

Les Echinorhynques présentent intérieurement une cavité assez spacieuse destinée presque uniquement à renfermer les organes génitaux et les muscles qui meuvent la trompe. Les parois de cette cavité sont formées de la peau et de deux plans musculaires. La peau, assez résistante, est percée d'une infinité de pores invisibles même aux instrumens d'optique, mais démontrés par l'absorption rapide de l'eau que présentent ces Animaux; elle est intimement unie au premier plan musculaire dont la direction est transversale. C'est à la face interne de la peau, ou peut-être même dans son épaisseur, que se trouve une infinité de vaisseaux dont les principaux troncs ont une direction longitudinale et qui s'anastomosent entre eux de mille manières. Ces vaisseaux, destinés sans doute à absorber les fluides qui servent à la nourriture de l'Animal, n'ont point d'aboutissant connu; il est probable qu'ils naissent des pores de la peau et qu'ils se terminent dans les tissus. Ils sont très-visibles et colorés en rouge dans l'*Echinorhyncus vasculosus*. Dans les autres ils ne se voient qu'après une légère préparation qui consiste à laisser macérer pendant quelques jours un Echinorhynque dans de l'eau, à le plonger ensuite et le laisser pareillement pendant quelques jours dans de l'esprit-de-vin affaibli; alors la peau se détache facilement du plan musculeux externe; et, en l'étendant sur un morceau de verre et la plaçant entre la lumière et l'œil, on peut voir très-facilement la distribution des vaisseaux. Au-dessous de la peau, un plan musculeux à fibres transversales règne depuis la base du cou jusqu'à l'extrémité postérieure de l'Animal. Il est assez épais; ses fibres paraissent former un anneau complet, mais non un plan continu; c'est plutôt une suite d'anneaux placés les uns derrière les autres et séparés par un léger intervalle. Cette disposition est constante et très-marquée dans toutes les espèces d'Echinorhynques que nous avons pu examiner. A la face interne du premier plan s'en trouve un autre à fibres longitudinales. Celui-ci n'est point aussi épais que le premier, et n'est pas uniformé-

ment réparti partout, ses fibres sont plus nombreuses aux deux côtés de l'Animal, où ils forment deux larges faisceaux entre lesquels se voit une portion du plan transversal. Les fibres longitudinales sont luisantes comme de la soie; elles adhèrent assez intimement aux transversales dans plusieurs points, au lieu d'être parallèles; elles s'écartent, puis se rapprochent en formant des espèces de mailles au travers desquelles se voient les fibres du plan extérieur; elles règnent depuis l'extrémité antérieure du corps.

On vient de voir que les fibres du plan longitudinal sont spécialement accumulées de chaque côté du Ver; de ces deux faisceaux se détachent deux fortes bandelettes qui, libres de toute espèce d'adhérence, viennent se fixer en dedans de la rainure qui sépare le corps d'avec le col. Ces bandelettes se détachent de leurs places à une distance qui varie suivant les espèces, mais toujours assez voisine de l'extrémité antérieure; elles sont destinées à faire rentrer la trompe en masse, en produisant son invagination dans le corps; elles existent dans toutes les espèces. On voit souvent quelques fibres se détacher de ces bandelettes, et venir se fixer à quelques points musculeux. Intérieurement et à la base du col est attachée par son extrémité antérieure une gaîne musculeuse à fibres transversales, plus ou moins forte et longue, suivant le volume de la trompe qu'elle est destinée à loger quand celle-ci est rétractée. Cette gaîne est creuse; sa cavité est parcourue, de même que celle de la trompe, par un tube musculeux, très-mince, à fibres longitudinales, qui s'attache d'une part en dedans de l'extrémité libre ou antérieure de la trompe, et de l'autre à l'extrémité postérieure de la gaîne. C'est ce tube musculeux qui fait rentrer la trompe dans sa propre cavité, en la retournant comme un doigt de gant ou comme le tentacule d'une Limace. L'Echinorhynque à col filiforme, qui n'a point de trompe, mais seulement un disque, n'a point aussi de gaîne musculeuse, tandis que les autres Echinorhynques, qui ont une ampoule et une trompe en même temps, tel que l'Echinorhynque à col cylindrique, ont une gaîne très-manifeste; nous nous sommes assurés plusieurs fois de ces différences. L'extrémité libre ou postérieure de la gaîne, flottant dans la cavité de l'Animal, donne attache, dans la femelle, à une des extrémités de l'ovaire, et dans le mâle, à l'une des extrémités du conduit séminal; dans l'Echinorhynque à col filiforme, qui n'a point de gaîne, l'extrémité de l'ovaire nous a paru se continuer avec un petit canal musculeux qui aboutit à l'ouverture centrale du disque de la bulle. N'ayant point disséqué de mâle de cette espèce, nous ignorons où s'attache l'origine du conduit séminal. A côté de l'insertion de l'ovaire ou de l'organe mâle, adhèrent pareillement deux bandelettes musculeuses très-grêles et très-longues, qui viennent se terminer et se fixer dans le voisinage de l'extrémité postérieure du corps. Dans quelques espèces, au lieu de deux bandelettes, il y en a quatre : deux s'attachent alors un peu plus haut sur le corps de la gaîne et se fixent par l'autre extrémité un peu moins en arrière que les deux premières. Les bandelettes sont flottantes dans la cavité de l'Animal, et retenues seulement en avant par quelques filamens déliés qui se fixent d'autre part à la face interne des parois de la cavité.

Sur les côtés de la gaîne de la trompe, se trouvent deux corps assez volumineux, le plus souvent allongés, cylindriques, légèrement ridés, un peu renflés à leur partie moyenne, quelquefois aplatis; ils sont fixés par une de leurs extrémités à la face interne de la base du col, l'autre est libre et flottante. Dans l'Echinorhynque à col cylindrique (qui se trouve dans quelques Poissons), ils sont très-courts, larges et réniformes. Leurs usages ne sont pas entièrement connus; Cuvier les regarde comme des cœcums et Blainville comme des ovaires ou des glandes salivaires. Les

organes de l'Echinorhynque géant sont très-volumineux selon Rudolphi; nous renverrons à l'ouvrage de ce savant pour de plus amples détails.

Les Echinorhynques ont les deux sexes sur des individus différens ; les mâles sont plus petits et plus rares que les femelles.

L'appareil génital de celles-ci nous a présenté, dans les Echinorhynques à col cylindrique et à col filiforme, un conduit transverse en forme de trompette, grêle à la vérité, qui s'étendait depuis l'extrémité postérieure de l'Animal jusqu'à la gaîne de la trompe, et qui très-probablement traversait cette dernière et venait se terminer à l'ouverture extérieure de la trompe. Ce conduit, renflé vers sa partie postérieure, contenait une assez grande quantité d'œufs. Nous avons pu suivre ce canal en arrière jusqu'à la peau, où il se rétrécit un peu; mais nous n'avons pu voir distinctement s'il s'ouvrait à l'extérieur. Nous serions néanmoins portés à le croire, ayant souvent vu une sorte d'orifice à l'extrémité postérieure du corps. Il paraît, d'après les observations de Goëze, de Zeder et de Rudolphi, que l'Echinorhynque géant ne présente point d'ovaires, mais que ses œufs sont seulement flottans dans l'abdomen. Il est constant que toutes les femelles d'Echinorhynques, quoique munies d'ovaires semblables à ceux que nous avons décrits, ont néanmoins une grande quantité d'œufs dans leur abdomen, et nous présumons que si ces auteurs célèbres n'ont point vu d'ovaire dans l'Echinorhynque géant, c'est qu'il s'était rompu dans la dissection et qu'il avait échappé aux recherches par sa ténuité. Les œufs des Echinorhynques sont très-nombreux, d'une forme elliptique, très-allongée; ceux qui ont acquis leur maturité offrent une tache obscure à leur partie moyenne. On trouve parmi les œufs, dans la cavité abdominale, des corps blanchâtres, arrondis, beaucoup plus gros que des œufs, tantôt libres, tantôt légèrement adhérens aux parois de la cavité. Ces corps sont formés d'une infinité de petits grains agglomérés. Rudolphi les regarde comme des placentas ou cotylédons auxquels les œufs auraient d'abord été attachés. Peut-être aussi sont-ce des œufs non encore développés. Ainsi les femelles des Echinorhynques nous présentent des œufs contenus dans leur abdomen, et qui sont sans doute transmis au-dehors après leur maturité, au moyen d'un ovaire ou plus exactement d'un oviducte ; mais comment entrent-ils dans ce canal ? Nous n'avons pu y apercevoir aucune ouverture, aucun appareil destiné à cette transmission. Par quelle voie l'Animal jette-t-il ses œufs au-dehors ? Nous présumons que c'est par l'extrémité postérieure, d'après l'espèce de renflement ou de réservoir que présente l'ovaire en arrière. Cependant Goëze, Zeder et Rudolphi ont pu faire sortir, en pressant l'Echinorhynque géant, des œufs par sa trompe, et la dissection semble démontrer que l'ovaire se prolonge jusqu'à l'orifice de cette trompe, en passant au travers de sa gaîne.

Les Echinorhynques mâles présentent souvent à l'extrémité postérieure de leur corps une ampoule en général arrondie, distincte de celui-ci par un rétrécissement profond, et accompagnée quelquefois de deux ou d'un plus grand nombre de petits appendices arrondis. Tous les mâles cependant ne présentent point cette ampoule ; il paraît qu'elle ne devient saillante que vers l'époque de la fécondation ; passé ce temps, il est très-difficile de distinguer le mâle d'avec la femelle, à moins qu'on ne le dissèque ou que sa transparence ne permette de voir, dans sa cavité, les testicules et la vésicule séminale. Rudolphi donne (Syn., p. 186), d'après Nitzsch, la description des organes génitaux mâles de l'Echinorhynque géant. Blainville (Dict. des Sc. Nat., art. Echinorhynque) a décrit ceux de l'Echinorhynque de la Baleine (sans doute l'Echinorhynque Porrigène, Rud.), mais en les prenant pour un intestin avec des renflemens. Nous avons dis-

séqué deux mâles de l'Echinorhynque transverse du Merle ; les deux descriptions que nous venons de citer et que nous avons remarquées s'accordent très-bien pour l'ensemble et la disposition des parties. De l'extrémité postérieure de la gaîne de la trompe naît ou s'attache un cordon très-grêle (nous ignorons s'il est creux) qui bientôt s'unit avec deux corps ovalaires (testicules) placés l'un derrière l'autre, et séparés par un étranglement. Ces deux corps communiquent, par un canal étroit et de peu de longueur, avec un autre canal (la vésicule séminale) beaucoup plus large et plus long, qui vient se terminer à l'extrémité postérieure du corps, en s'ouvrant sans doute dans l'ampoule extérieure. Dans la description rapportée par Rudolphi, au lieu d'un seul canal qui communique des testicules avec la vésicule séminale, il y en a plusieurs, et la vésicule présente de chaque côté quatre lobes creux ou *diverticulum*. L'ampoule qui se développe à l'extérieur à l'instant de la fécondation n'était point encore sortie ; renfermée dans la cavité abdominale, elle communiquait avec la vésicule séminale par un canal court et étroit. Toutes ces parties sont maintenues dans la cavité abdominale par des filamens très-minces qui s'attachent à ses parois. On ignore comment s'accomplit la fécondation des Echinorhynques ; il est probable qu'il n'y a point d'accouplement, mais que la liqueur séminale du mâle, répandue parmi les mucosités intestinales où les œufs ont été déposés, les féconde ainsi par un contact immédiat.

On ne sait rien de positif sur le temps que ces Animaux mettent à se développer. Ils sont très-peu vivaces ; leurs mouvemens sont très-lents, au moins dans ceux que nous avons observés ; ils consistent en un raccourcissement et un allongement alternatif du corps, et un mouvement presque continuel de saillie et de rétraction de la trompe. Lorsqu'un Echinorhynque veut se fixer dans un point quelconque de l'intestin, il enfonce sa trompe dans la muqueuse en la déroulant, comme se déroulent les tentacules des Limaces. Par ce moyen, il traverse quelquefois l'épaisseur de l'intestin, et vient tomber dans l'abdomen. Lorsqu'il veut se détacher, il fait rentrer sa trompe dans sa propre cavité; alors les crochets de la trompe, dont la pointe cesse ainsi d'être dirigée en arrière, ne retiennent plus l'Animal. Quand on veut enlever de vive force un Echinorhynque fixé par sa trompe, on ne peut y parvenir qu'en arrachant une portion de la membrane muqueuse, ou en laissant la trompe qui reste implantée.

L'Echinorhynque à col filiforme paraît ne pouvoir se déplacer, il passe sa vie dans le lieu où l'œuf qui le contenait s'est développé. Son col, très-mince, traverse les membranes muqueuses et musculeuses par un conduit très-étroit; sa vésicule, qui remplace la trompe, forme une grosse saillie arrondie sous le péritoine qui recouvre la membrane musculeuse, et le corps de ce parasite est saillant dans le canal intestinal. Il nous semble impossible que la vésicule puisse passer, sans se déchirer, au travers de l'ouverture qui donne passage au col. D'ailleurs, on ne trouve jamais cette espèce libre dans l'intestin.

Les Echinorhynques sont très-nombreux en espèces, la plupart ont des formes très-élégantes; ils habitent les voies digestives, et spécialement l'intestin des Mammifères, des Oiseaux, des Reptiles et des Poissons. On les trouve quelquefois accidentellement dans la cavité abdominale.

Rudolphi a formé deux groupes principaux des Echinorhynques : le premier renferme ceux dont le col et le corps sont inermes; le second, ceux dont le corps ou le col sont armés. Au premier groupe, se rattachent les Echinorhynques dont le col est court ou nul, et les Echinorhynques dont le col est allongé; la première subdivision comprend, 1° les Echinorhynques à trompe subglobuleuse; 2° à trompe ovale; 3° à trompe oblongue renflée dans sa partie

moyenne; 4° à trompe renflée dans la portion antérieure; 5° à trompe renflée à sa base; 6° à trompe cylindrique ou linéaire. Les autres divisions ne sont point subdivisées; enfin les espèces qui ne sont point assez bien connues, sont mentionnées comme douteuses. Ces divisions, peu naturelles à la vérité, sont néanmoins nécessaires pour favoriser la recherche et la connaissance des espèces.

Deslongchamps fait mention de cent cinq espèces d'Echinorhynques, d'après Rudolphi, dont plus de la moitié sont douteuses. Parmi les premières, nous remarquerons les espèces suivantes :

ECHINORHYNQUE GÉANT, *Echinorhynchus gigas*, Goëze, Encycl. méth. pl. 37, fig. 2-7. — Long d'un à cinq décimètres, à corps cylindrique, décroissant postérieurement, de couleur blanche; la trompe courte, presque globuleuse, armée de six rangs de crochets assez forts placés en quinconce. Habite en tout temps les intestins grêles du Cochon domestique et du Sanglier.

ECHINORHYNQUE GLOBULEUX, *Echinorhynchus globulosus*, Rudolphi, Encycl. méth., pl. 38, fig. 16-18. — Long d'un centimètre au plus (deux à quatre lignes); de couleur blanche, à trompe ovale, armée de six à huit rangs de crochets, à corps oblong, atténué en arrière. Habite les intestins de l'Anguille commune et de plusieurs autres Poissons.

ECHINORHYNQUE BACCILLAIRE, *Echinorhynchus baccillaris*, Zeder, Encycl. méth., pl. 38, fig. 2. A-C.— Long de trois à quatre centimètres (environ dix-huit lignes), de couleur blanche, à trompe cylindrique, renflée en avant, armée d'environ trente rangs de crochets très-serrés Habite les intestins du Harle vulgaire.

ECHINORHYNQUE RÉTRÉCI, *Echinorhynchus angustatus*, Rud., Encycl. méth., pl. 38, fig. 3-5. B-C.—Long de deux à trois centimètres, à trompe cylindrique armée de crochets disposés sur plusieurs rangs, dont le nombre varie de huit à vingt; corps cylindrique atténué aux deux extrémités. Habite les intestins de plusieurs Poissons d'eau douce.

ECHINORHYNQUE CYLINDRACÉ, *Echinorhynchus cylindraceus*, Encycl. méth., pl. 37, fig. 8-12. Longueur, trois centimètres (environ un pouce); à trompe linéaire et longue, armée de onze rangs de crochets dentelés sur leurs bords; corps cylindrique courbé aux deux bouts. Habite les intestins du Pic vert et du Pic varié.

ECHINORHYNQUE TROMPETTE, *Echinorhynchus Tuba*, Rud., Müll., *Zool. Dan.* vol. II, p. 39, tab. 69, fig. 7-11. Longueur, cinq à six centimètres (environ deux pouces), sur un millimètre environ de largeur; à trompe linéaire droite, armée de plusieurs rangs de crochets très-petits, munie à son extrémité libre d'un tube membraneux plissé longitudinalement, élargi en avant, et d'une longueur égale à la sienne. Habite les intestins du grand Duc et de quelques autres Oiseaux de nuit.

ECHINORHYNQUE A COL CYLINDRIQUE, *Echinorhynchus tereticollis*, Rudol., Müll., *Zool. Dan.* vol. I, p. 45, tab. 37, fig. 1-5. Longueur, cinq à huit centimètres (six lignes au plus), de couleur blanche, jaune ou orangée; à trompe linéaire, obtuse, armée de seize à vingt rangs serrés de petits crochets. Habite les intestins de plusieurs Poissons de mer et de rivière.

ECHINORHYNQUE STRIÉ, *Echinorhynchus striatus*, Goëze, Encycl. méth., pl. 37, fig. 13-14. Longueur, dix à douze centimètres; trompe courte, cylindrique, un peu élargie en avant, armée de douze rangs de crochets médiocres; corps d'une forme bizarre, couvert de quelques stries longitudinales. Habite l'intestin du Héron commun, du Cygne, du Pygargue, etc.

ECHINORHYNQUE A COULEURS VARIABLES, *Echinorhynchus versicolor*, Rud., Encycl. méth., pl. 38, fig. 1. A-B. Longueur, cinq à sept centimètres (deux à trois lignes); tantôt blanc,

tantôt rouge, ou de ces deux couleurs; à trompe oblongue, linéaire ou ovale, armée de huit à douze rangs de crochets; à corps oblong, souvent partagé en deux parties par un étranglement. Habite les intestins des Canards domestique et sauvage, de l'Oie et de plusieurs autres Animaux aquatiques.

ECHINORHYNQUE SCIE, *Echinorhynchus pristis*, Rudolphi. Longueur, deux à neuf centimètres (trois à six lignes); de couleur de sang; à trompe linéaire, droite, blanche, armée d'environ quarante rangs de forts crochets; corps cylindrique, presque filiforme, d'un millimètre au plus de largeur, armé de crochets à sa partie antérieure, obtus à son extrémité postérieure. Habite les intestins des Maquereaux, de l'Orphie. (LAM..X.)

* ECHINORODUM. ÉCHIN. Genre établi par Van-Phelsum pour des Oursins à surface inférieure concave, avec l'anus près du bord ou même dans le bord, et dont les cinq ambulacres sont pétaliformes et aigus; il correspond au genre *Scutum* de Klein, ou bien aux Scutelles de Lamarck. (LAM..X.)

* ECHINORYS. ÉCHIN. *V.* ECHINOCORYS et ECHINOCORYTES.

* ECHINOSINUS. ÉCHIN. Genre établi par Van-Phelsum pour des Oursins dont le têt, quoiqu'à peu près circulaire, est en quelque sorte irrégulier. Ce sont des *Clypei* de Klein et de Leske, et des Galérites de Lamarck. (LAM..X.)

* ECHINOSPATAGUS. ÉCHIN. Ce nom a été donné par Breynius à un genre de la famille des Oursins, dans lequel la bouche est placée entre le centre et le bord, et dont l'anus est au bord de la partie supérieure, opposée à la bouche un peu obliquement. Bruguière l'a composé des Spatangues et des Spatangoïdes de Klein, que Leske a réunis dans son genre *Spatangus*, adopté par Lamarck qui l'a modifié et augmenté. (LAM..X.)

ECHINOSPERME. *Echinospermum.* BOT. PHAN. Genre de la famille des Borraginées et de la Pentandrie Monogynie, L., proposé en 1794 par Mœnch sous le nom de *Lappula*, et admis sous le nouveau nom d'*Echinospermum* par Lehmann (*Plantæ è famil. Asperifoliarum*, etc.) et par Reichenbach. C'est un démembrement du genre *Myosotis* de Linné, dont il ne diffère essentiellement que par les akènes hérissés, non perforés à la base, et attachés à un réceptacle central ; dans les autres *Myosotis*, au contraire, les akènes sont glabres, perforés et attachés au fond du calice ; d'ailleurs c'est le même port et la même structure dans toutes les autres parties. Il est donc plus naturel de ne considérer le groupe des *Echinospermum* ou *Lappula* que comme une section du genre Myosotis. Cependant R. Brown et Swartz sont d'avis de le distinguer génériquement. Cette distinction admise, le genre *Echinospermum* se composerait d'une quinzaine d'espèces partagées en deux groupes dont le premier a les fruits droits et les grappes accompagnées de bractées. Ici se trouve l'*Echinospermum Lappula*, Lehm., ou *Myosotis Lappula*, L., que l'on rencontre en France et dans presque toute l'Europe, au milieu des décombres et dans les lieux stériles. Le *Myosotis gracilis*, Ruiz et Pavon, Plante qui croît au Chili ; les *Echinospermum Condylophorum*, *E. Redouskii*, Lehm., et le *Myosotis Echinophora* de Pallas, espèces indigènes de l'empire russe, appartiennent encore à cette division. Dans la seconde sous-section caractérisée par ses fruits inclinés et ses grappes presque dépourvues de bractées, se trouvent trois Plantes des climats chauds de l'Orient, savoir : l'*Echinospermum Zeylanicum*, l'*E. Javanicum* et l'*E. Borbonicum*. On y a joint le *Myosotis Virginica*, L., et le *Myosotis deflexa*, Wahlenb. Il est douteux que des Plantes de patries aussi diverses (puisque ces deux dernières habitent l'Amérique septentrionale, la Laponie et la Norwège)

appartiennent au même groupe. Le même genre a été constitué sous le nouveau nom de *Rochelia* par Rœmer et Schultes (*Syst. Veget.* vol. IV, p. 12); mais la publication du genre proposé par Lehmann ayant l'antériorité, celui-ci doit seul subsister. — *V.*, pour plus de renseignemens, le mot MYOSOTIS. (G..N.)

* **ECHINOTES.** BOT. PHAN. (L'Écluse.) Syn. de Bonduc. *V.* GUILLANDINA. (B.)

ECHINUS. MAM. *V.* HÉRISSON.

ECHINUS. ÉCHIN. *V.* OURSIN.

* **ECHINUS.** BOT. PHAN. On trouve décrit sous ce nom, dans la Flore de la Cochinchine, un Arbuste à feuilles éparses, très-entières, ovales ou divisées en trois lobes aigus, et marquées d'un réseau de vaisseaux légèrement saillans. Ses fleurs, portées en petit nombre sur des pédoncules latéraux, sont dioïques ; dans les mâles on observe un calice squamiforme découpé supérieurement en plusieurs parties inégales ; pas de corolle ; environ trente étamines plus courtes que le calice, à filets capillaires, à anthères globuleuses très-petites. Dans les fleurs femelles le calice se partage en cinq ou six divisions inégales ; il n'y a pas non plus de corolle ; deux styles courts et velus partent d'un ovaire bilobé ; la capsule, hérissée de poils subulés et forts, est à deux coques globuleuses et monospermes. Loureiro rapporte avec doute à ce genre l'*Olassium* de Rumph, décrit et figuré dans l'*Hortus Amboinensis* (T. III, pag. 42, tab. 23), grand Arbre à feuilles opposées et disposées par verticilles de quatre, ou dont le fruit pisiforme renferme une graine unique. (A. D. J.)

Le nom d'*Echinus* a encore été donné à une espèce de Statice ; il désigne l'*Allamanda cathartica* dans Barrère, et les Hydnes dans Haller. (B.)

ECHIOCHILON. BOT. PHAN. Genre de la famille des Borraginées et de la Pentandrie Monogynie, L., établi par Desfontaines (*Flor. Atlant.* I, p. 167) qui l'a ainsi caractérisé : corolle tubulée, irrégulière, à deux lèvres, dont la supérieure est à deux lobes, l'inférieure à trois ; tube grêle, un peu arqué ; cinq étamines incluses, insérées au-dessous de l'orifice de la corolle ; un style et un stigmate bilobé ; quatre akènes tuberculeux placés au fond du calice. Ce genre est fort rapproché des Vipérines dont il ne se distingue que par sa corolle divisée en deux lèvres. Plusieurs de nos *Echium*, offrant une modification de cette structure, doivent encore affaiblir beaucoup son caractère. La seule espèce dont il se compose est l'*Echiochilon fruticosum*, Desf., *loc. cit.*, t. 47, Plante dont les tiges sont ligneuses, droites, rameuses et hautes d'environ six décimètres ; ses feuilles sont éparses, linéaires, subulées, alternes et hérissées ; les fleurs sont bleues et jaunâtres à l'entrée du tube de la corolle, sessiles, solitaires et axillaires. Elle a été découverte par Desfontaines aux environs de Kérouan, dans le royaume de Tunis.

(G..N.)

ÉCHIOIDE. *Echioides*. BOT. PHAN. Quelques Plantes de la famille des Borraginées, qui pour la plupart appartenaient au genre *Lycopsis* de Linné, ont été réunies en un genre que le professeur Desfontaines a nommé *Echioides* dans sa Flore Atlantique. Mais l'antériorité étant acquise au nom de *Nonea* proposé par Medicus et Mœnch pour le même genre, la majorité des botanistes, et entre autres le professeur De Candolle dans la Flore Française, ont adopté cette dénomination. Nous conformant aux principes qui doivent régir la nomenclature et sans lesquels elle ne saurait avoir de fixité, nous renvoyons au mot NONEA pour la description de ce genre. (G..N.)

ECHION. MOLL. (Poli.) *V.* ANOMIE.

ECHIQUIER. INS. (Geoffroy.) Syn. de Panisque, espèce de Papillon du genre Hespérie. *V.* ce mot. (B.)

* ECHIS. REPT. OPH. *V.* ECHIDNA.

ECHISACHYS. BOT. PHAN. Necker appelait ainsi le genre *Tragus* de Haller ou le *Lappago* de Schreber. *V.* TRAGUS. (A. R.)

ECHITE. *Echites*. BOT. PHAN. Ce genre fait partie de la famille naturelle des Apocynées, et de la Pentandrie Monogynie, L. ; il se compose d'Arbustes volubiles, ayant des feuilles opposées entières, munies à leur base de poils, simulant des stipules ; les fleurs, qui sont souvent très-grandes et fort éclatantes, d'une couleur blanche, rose, jaune, ou pourpre, offrent différens modes d'inflorescence ; elles sont pédonculées et forment tantôt des sertules ou ombelles simples, tantôt des grappes plus ou moins ramifiées ; leur calice est court, à cinq divisions profondes et étroites ; la corolle est monopétale, régulière, tubuleuse, tantôt infundibuliforme, tantôt hypocratériforme ; son limbe est à cinq lobes inéquilatéraux, étroits et aigus, ou larges et arrondis ; les étamines, au nombre de cinq, sont tantôt incluses, tantôt saillantes hors de la corolle ; les anthères sont sagittées, à deux loges ; l'ovaire est double, surmonté d'un seul style filiforme, que couronne un stigmate discoïde bilobé ; cet ovaire est environné par un disque hypogyne qui se compose de cinq lames glanduleuses, redressées. Le fruit est un double follicule, très-rarement un follicule simple, allongé, très-grêle et quelquefois presque filiforme. Les graines portent une sorte d'aigrette à leur extrémité inférieure.

Les espèces de ce genre sont fort nombreuses. Une grande partie croît en Amérique et dans l'Inde. Robert Brown, dans son travail sur la famille des Apocynées (*Wern. Soc. Trans.* 1), a séparé du genre Echite quelques espèces pour en former un genre particulier avec le nom de *Parsonsia*. L'auteur place dans ce genre toutes les espèces d'*Echites* qui ont la corolle infundibuliforme et les étamines saillantes, ne laissant dans ce dernier genre que celles dont la corolle est hypocratériforme et les éta-

4*

mines incluses. Ces deux genres nous paraissent avoir de trop grands rapports entre eux pour ne pas devoir rester réunis.

Parmi les espèces d'Echites, nous dirons quelques mots des deux suivantes :

Echite a deux fleurs, *Echites biflora*, Jacq. Am., t. 21. C'est un Arbuste sarmenteux, qui croît dans l'Amérique méridionale et les Antilles. Il peut s'élever, en se tordant autour des Arbres voisins, jusqu'à une hauteur de quinze à vingt pieds. Toutes ses parties renferment un suc âcre, laiteux et blanchâtre, que l'on retrouve dans toutes les autres espèces du même genre ; ses feuilles sont opposées, courtement pétiolées, oblongues, aiguës, longues de deux à trois pouces, coriaces, glabres en dessus, glauques à leur face inférieure ; les fleurs sont blanches, très-grandes, réunies au nombre d'une à trois au sommet d'un pédoncule axillaire ; leur corolle est infundibuliforme, à cinq lobes très-larges ; les anthères sont velues à leur sommet ; les fruits sont longs de trois à quatre pouces, dressés et de la grosseur d'une plume.

Echite a corymbes, *Echites corymbosa*, Jacq. Am., t. 30. Cette belle espèce, qui est originaire de Saint-Domingue, est également sarmenteuse et grimpante ; ses feuilles sont ovales, lancéolées ; ses fleurs, rouges, ont leur corolle presque rotacée, à cinq divisions étroites, aiguës et réfléchies ; les cinq étamines sont saillantes au-dessus de la corolle.

Dans le troisième volume des *Nova Genera et Species Amer. Æquin.*, notre collaborateur, le professeur C. Kunth, a décrit dix-sept espèces de ce genre, et qui, presque toutes, sont nouvelles. Il en a figuré une belle espèce sous le nom d'*Echites Bogotensis*, *loc. cit.*, 3, p. 215, t. 243. (A. R.)

ECHITES. Échin. Mercati, dans son *Metallotheca*, p. 233, a donné ce nom à un Oursin fossile du genre Clypéastre. (LAM..X.)

ECHIUM. bot. phan. *V*. Vipérine.

* ECHIURES. *Echiuri*. annel. Famille de l'ordre des Annelides lombricines, établie par Savigny (Syst. des Annel., p. 100) et ayant, suivant lui, pour caractères : branchies nulles ; l'organe de la respiration s'arrête à la surface de sa peau ; bouche non rétractile, tentaculée, ou du moins pourvue extérieurement d'un appendice charnu et extensible, qui paraît constituer un véritable tentacule ; pieds ou appendices latéraux remplacés par des rangs circulaires de soies métalliques distribuées sur certains anneaux du corps : soies complétement rétractiles, la plupart très-simples ; point de soies à crochets ; la présence de soies rétractiles distribuées par rangs circulaires, distingue la famille des Echiures de celle des Lombrics ; leur intestin très-grêle et très-long fait plusieurs replis flottant dans la cavité abdominale ; il est dépourvu de cœcums. Cette famille ne comprend que le genre Thalassème. *V*. ce mot. (AUD.)

ECHMÉE. bot. phan. *V*. Æchmée.

ECHTRUS. bot. phan. Loureiro nomme ainsi une Plante commune dans l'Inde, à tige herbacée qui s'élève en s'étalant et est armée d'épines nombreuses, à feuilles oblongues, grandes, sinuées, découpées en lobes pennés épineuses et demi-embrassantes ; à fleurs jaunes, solitaires et terminales. Elles n'offrent pas de calice, mais seulement une corolle de six pétales arrondis, concaves, étalés ; des étamines en nombre indéfini, à filets capillaires plus courts que la corolle, à anthères oblongues et dressées ; un ovaire libre, allongé, velu, marqué de quatre sillons ; quatre stigmates sessiles, intimement unis entre eux ; une capsule oblongue, épineuse, à quatre lobes et autant de valves, et contenant des graines nombreuses dans une loge unique. Willdenow est porté à croire qu'il existe un calice que Loureiro n'aurait pas aperçu, parce qu'il serait caduc et qu'alors sa Plante rentrerait dans le genre Argemone avec lequel elle a des rapports évidens, et même appartiendrait à l'espèce d'Argemone qu'on a nommée *Mexicana*. En admettant en partie l'opinion de Willdenow, doit-on l'adopter tout entière et regarder comme conspécifiques deux Végétaux venant de localités si différentes ?

(A. D. J.)

ECHYMIS. MAM. *V*. ECHIMYS.

ECIDIE. BOT. CRYPT. *V*. ÆCIDIE.

ECITON. *Æciton*. INS. Genre de l'ordre des Hyménoptères, tribu des Formicaires, établi par Latreille (Hist. natur. des Crust. et des Ins.) qui a réuni (*Gen. Crust. et Ins.*) les espèces qui le composaient au genre *Atta* de Fabricius, et s'est vu obligé ensuite de le supprimer. *V*. OECODOME, PONÈRE et MYRMICE. (AUD.)

ÉCLAIR. MOLL. Les marins donnent ordinairement ce nom à l'*Anomia Ephippium*, vulgairement la Pelure d'Oignon, parce qu'elle est phosphorescente. C'est à La Rochelle surtout que ce nom est en usage. (D..H.)

ECLAIRE. BOT. PHAN. *V*. CHÉLIDOINE.

ECLAIRETTE OU PETITE ECLAIRE. BOT. PHAN. Noms vulgaires du *Ranunculus Ficaria*, L. *V*. FICAIRE. (B.)

ECLATANT. OIS. Nom donné à des espèces des genres Coucou, Colibri, Merle, etc. *V*. ces mots. (B.)

ECLIPTE. *Eclipta*. BOT. PHAN. Genre de la famille des Synanthérées, voisin du *Bellium*, et offrant pour signes distinctifs : un involucre composé de folioles disposées sur deux rangs ; le réceptacle est convexe ou conique, chargé d'écailles sétacées ; les fleurons du centre sont tubuleux et hermaphrodites ; les demi-fleurons de la circonférence sont femelles ; les fruits sont des akènes anguleux, comprimés, couronnés par des dents fort petites.

Huit ou dix espèces composent ce genre. Ce sont des Herbes rameuses, portant généralement des feuilles opposées, entières ; leurs fleurs offrent différens modes d'inflorescence; elles sont terminales ou axillaires. L'une des espèces les plus communes de ce genre, est l'*Eclipta erecta*, L., qui est annuelle et croît en Amérique et dans l'Inde ; sa tige est dressée, rude ; ses feuilles sessiles, oblongues, lancéolées, avec quelques dents sur leurs bords. Le professeur Kunth (*in Humb. Nov. Gen. 4*, p. 264, t. 394) en a décrit et figuré une petite espèce, à laquelle il a donné le nom d'*Eclipta humilis*. Elle est annuelle et croît à la Nouvelle-Espagne. (A. R.)

*ECLIPTICA. BOT. PHAN.(Rumph.) Syn. de Verbésine biflore. (B.)

ÉCLOGITE. MIN. Nom donné par l'illustre Haüy à une roche composée essentiellement de Disthène et de Diallage, et que l'on n'a trouvée que dans une seule localité, dans le Sau-Alpe en Styrie. (A. R.)

ÉCLOPES. BOT. PHAN. Le genre nommé ainsi par Gaertner est le *Relhania* de l'Héritier, qui paraît congénère du Leysera. (A. R.)

ECLUSEAU ET ECLUSETTE. BOT. CRYPT. Syn. de Coulemelle. *V*. ce mot. (B.)

ECOBUSE. BOT. PHAN. L'*Aira cespitosa*, L., porte ce nom dans quelques départemens de l'Ouest où il est employé pour fixer les dunes de sable. (B.)

ECONOME. MAM. Espèce du genre Campagnol. *V*. ce mot. (B.)

ECORCE. MOLL. Ce mot est devenu quelquefois spécifique quand il est accompagné d'épithètes. Ainsi l'on a appelé ECORCE DE CITRON et ECORCE D'ORANGE, deux espèces du genre Cône. *V*. ce mot. (B.)

ECORCE. *Cortex*. BOT. Dans tous les Végétaux dicotylédons, la tige est composée de deux systèmes : un système central formé du canal médullaire et des couches ligneuses, et qui s'accroît à l'extérieur, et un système extérieur s'accroissant par sa face interne, et constituant l'Ecorce; l'Ecorce est formée de plusieurs parties superposées qui ont reçu des noms particuliers. En procédant de l'extérieur vers l'intérieur, l'Ecorce se compose : 1º de l'épiderme, 2º de l'enveloppe herbacée, 3º des couches corticales, 4º du liber.

1º. L'épiderme est, suivant quelques auteurs, une membrane distincte, mince, transparente, résistante, placée sur les parties sousjacentes. D'autres, au contraire, le considèrent comme simplement formé par la paroi externe des cellules du tissu aréolaire, qui constitue l'enveloppe herbacée. L'épiderme présente un grand nombre de petites porosités, surtout quand on l'observe sur les jeunes branches. Ces pores corticaux, dont plusieurs physiologistes ont nié l'existence, servent à l'absorption des fluides répandus dans l'atmosphère et qui doivent servir à l'alimentation de la Plante. *V.* Epiderme.

2º. L'enveloppe herbacée. Mirbel a donné ce nom à une couche de tissu cellulaire immédiatement placée sous l'épiderme et qui l'unit aux couches corticales. Elle paraît analogue à la moelle et porte aussi le nom de médulle externe. Sa couleur est généralement verte, surtout quand on l'observe dans les jeunes pousses. Elle recouvre toutes les parties extérieures de la tige, les branches et leurs ramifications, et remplit les intervalles qui existent entre les nervures des feuilles. Elle paraît de nature glandulaire, et renferme souvent les vaisseaux dans lesquels sont contenus les sucs propres. C'est l'enveloppe herbacée, qui ayant acquis une épaisseur considérable et des qualités particulières, forme, dans le *Quercus suber*, la partie connue sous le nom de Liége. L'enveloppe herbacée est le siége d'un des phénomènes chimiques les plus remarquables que présente la vie végétale; c'est dans son intérieur que s'opère la décomposition de l'Acide carbonique absorbé dans l'air. Quand la Plante est exposée à l'influence de

l'air et de la lumière, le Carbone reste dans l'intérieur du Végétal, et l'Oxigène est rejeté à l'extérieur.

3º. Les couches corticales sont immédiatement situées sous l'enveloppe herbacée. Elles ne se rencontrent pas dans tous les Végétaux, ou sont parfois tellement confondues avec le liber, qu'il est fort difficile de les en distinguer. Aucun Végétal ne les offre plus apparentes que le bois Dentelle ou Lagetto. Elles forment plusieurs couches superposées, qui, lorsqu'elles viennent à être étendues, ressemblent parfaitement à un tissu léger, à une sorte de dentelle.

4º. Entre les couches corticales qui sont à l'extérieur et les couches ligneuses qui sont plus intérieures, se trouve le liber. Cet organe se compose d'un réseau vasculaire, dont les aréoles allongées sont remplies par du tissu cellulaire. Il est rare que, comme l'indique son nom, on puisse séparer le liber en feuillets distincts, que l'on a comparés à ceux d'un livre. Mais en laissant macérer l'Ecorce dans l'eau pendant un certain temps, on parvient presque toujours à ce résultat. De même que les autres parties de l'Ecorce, le liber peut se reproduire lorsqu'il a été enlevé. Cependant, pour que cette régénération ait lieu, il faut que la place d'où on l'a détaché soit garantie du contact de l'air, ainsi que Duhamel l'a prouvé. Cet habile naturaliste enleva une portion d'Ecorce sur un Arbre vigoureux et en pleine végétation, il garantit la plaie du contact de l'air et vit bientôt suinter de la surface externe du corps ligneux et des bords de l'Ecorce un liquide visqueux qui, s'étendant sur toute la plaie, forma une couche d'abord inorganique. Bientôt des traces d'organisation s'y manifestèrent; elle prit de la consistance, devint celluleuse et remplaça bientôt la portion de liber qui avait été enlevée. C'est à cette substance visqueuse que Grew et Duhamel donnèrent le nom de Cambium. *V.* ce mot.

Telles sont les différentes parties

qui forment l'Ecorce dans les Végétaux dicotylédons. Cet organe est essentiel à la vie et au développement du Végétal. Si on l'enlève en totalité, la Plante ne peut vivre, elle ne tarde point à périr, parce que c'est principalement par l'Ecorce qu'a lieu la marche de la sève descendante, c'est-à-dire de celle qui a été élaborée dans les feuilles et a acquis les qualités nécessaires pour servir à la nutrition de la Plante.

Les Végétaux monocotylédons paraissent privés d'Ecorce, ou du moins, si elle existe chez eux, elle est tellement adhérente avec le bois, qu'on ne l'en distingue pas. Cependant le docteur Lestiboudois fils, professeur de botanique à Lille, a émis dans ces derniers temps une opinion ingénieuse sur l'organisation anatomique de la tige ligneuse des Monocotylédons. Remarquant que dans le stipe des Palmiers, il n'existe qu'un seul système d'accroissement, et que cet accroissement se fait à l'intérieur, il en tire cette conséquence que les Monocotylédons ne sont formés que du système cortical, lequel a pour caractère de s'accroître à l'intérieur, tandis que le système central se développe toujours à l'extérieur.   (A. R.)

Les Hydrophytes ou Plantes marines ont-elles une Ecorce ? La réponse à cette question est la même que celle que fera un botaniste à qui l'on demandera : Les Géophytes ou Plantes terrestres ont-elles une Ecorce ? Il dira : Les Acotylédonées et les Monocotylédonées n'en ont point, on ne l'observe que dans les Polycotylédonées. Il en est de même des Hydrophytes, que nous avons divisées en quatre grandes classes, les Ulvacées, les Dictyotées, les Floridées et les Fucacées ; les Plantes des trois premières n'ont jamais d'Ecorce, il n'y en a que dans les dernières, et de même que cet organe n'est bien visible que dans les Polycotylédonées ligneuses et dans quelques Herbacées, et que parmi ces dernières, il en existe beaucoup où l'Ecorce est peu sensible à

cause de son peu d'épaisseur ou de la petitesse des tiges ou des rameaux ; de même il y a beaucoup de Fucacées dans lesquelles l'Ecorce est difficile à bien reconnaître. Cette enveloppe n'offre jamais dans ces Végétaux les caractères particuliers de l'Ecorce des Géophytes ; la différence est en rapport avec le milieu dans lequel ces êtres vivent, et surtout avec leur rang dans l'échelle des êtres. Exiger une ressemblance parfaite entre l'Ecorce des Plantes terrestres et celles de la mer serait aussi ridicule que de dire que la peau des Poissons doit être absolument la même que celle des Quadrupèdes ; les rapports généraux existent, les différences tiennent à l'organisation des êtres, au milieu qu'ils habitent, au but pour lequel Dieu les a créés. Ainsi dans l'Ecorce des Hydrophytes l'on trouve, comme dans les Plantes terrestres, un épiderme et le tissu cellulaire. Ce dernier offre un réseau mince à mailles irrégulières dont les couches forment la masse de l'Ecorce dans les Géophytes. Le tissu cellulaire s'allonge et compose une masse homogène plus dense à la circonférence dans les Hydrophytes ; elle présente de vastes lacunes qui partent de la racine et qui se perdent dans les expansions des tiges ou des rameaux, que nous regardons comme des feuilles. Par la macération, l'épiderme se détache de l'Ecorce, l'Ecorce du corps ligneux, et chacune de ces parties offre une organisation et une couleur différente. Beaucoup de Fucacées, desséchées à l'air, présentent, dans leurs tiges, une Ecorce tellement distincte qu'il est facile de les confondre avec des branches d'Arbres fraîches, jouissant de la plénitude de la vie, ou bien encore remises dans l'eau ; tout se confond, et ce n'est qu'au moyen d'un lame coupée bien mince et soumise à l'examen microscopique, que l'on distingue la différence d'organisation ; elle prouve de la manière la plus évidente l'existence de plusieurs organes. Donc, les Plantes marines, considérées en général, ne diffèrent point des Plantes terrestres, elles ont une Ecorce dont la composition est subordonnée à leur organisation et au milieu qu'elles habitent. L'on observe dans l'Ecorce des unes et des autres les mêmes caractères généraux. Ainsi la puissance créatrice, dans sa toute-puissance, modifie les caractères des êtres, selon des lois immuables imprimées à la matière, et plus la science de la nature fait de progrès, plus l'on est forcé de reconnaître cette grande vérité. *V.* CRÉATION. (LAM..X.)

Un grand nombre d'Ecorces sont employées dans les arts, l'économie domestique et la thérapeutique. Nous allons citer ici celles qui portent des noms particuliers.

ECORCE D'ANGUSTURE. On en connaît deux espèces, la vraie et la fausse. *V.* ANGUSTURE.

ECORCE DE BÉ-LAHÉ ou BELA-AYE. Ecorce astringente, provenant d'un Arbre de Madagascar, qui n'est point encore connu.

ECORCE CARYOCOSTINE. C'est la même que la Cannelle blanche. *V.* ce mot.

ECORCE DE CHINA. *V.* QUINQUINA.

ECORCE ÉLUTÉRIENNE. On appelle ainsi la Cascarille, que l'on a cru être produite par une espèce du genre *Eleuteria. V.* CASCARILLE.

ECORCE DE GIROFLÉE. Nom donné quelquefois à la Cannelle Giroflée. *V.* CANNELLE.

ECORCE DES JÉSUITES. L'un des noms vulgaires du Quinquina.

ECORCE DE JUBABA. C'est, selon Murrai, l'Ecorce d'un Arbre inconnu des Grandes-Indes, qui est amère et efficace contre les maladies nerveuses : elle est inusitée aujourd'hui.

ECORCE DE LAVOLA. Elle a l'odeur et la saveur de l'Anis étoilé, et provient probablement de l'*Illioium anisatum. V.* BADIANE.

ECORCE DE MAGELLAN. C'est l'Ecorce de Winter, découverte par ce voyageur au détroit de Magellan.

ECORCE DE MASSOY. Ecorce venant de la Nouvelle-Guinée, ayant l'odeur aromatique de la Cannelle : elle est inusitée et l'on ignore l'Arbre qui la produit.

ECORCE DU PÉROU. L'un des noms vulgaires du Quinquina.

ECORCE DE POCGÉREBA. Ecorce venant d'Amérique, n'ayant pas de saveur bien marquée, employée contre la diarrhée. On ignore l'Arbre qui la produit.

ECORCE SANS PAREILLE. Nom vulgaire de l'Ecorce de Winter. *V.* DRYMIDE.

ECORCE DE WINTER. Ainsi nommée parce qu'elle a été découverte par le navigateur Winter : elle provient du *Drymis Winteri. V.* DRYMIDE. (A. R.)

ECORCHÉ. MOLL. Nom vulgaire et marchand du *Conus striatus*, l'une des espèces les plus élégantes du genre Cône et qui fournit plusieurs variétés remarquables. (B.)

ECORCHÉE. INS. *V.* TÊTE-ÉCORCHÉE.

ECORCHEUR. OIS. Espèce du genre Pie-Grièche. *V.* ce mot. (DR..Z.)

ECOSSONNEUX. OIS. Syn. vulgaire du Bouvreuil. On donne aussi ce nom au Pic vert. *V.* BOUVREUIL et PIC. (DR..Z.)

ECOUFLE ou ESCOUFLE. OIS. Syn. vulgaire de Milan. *V.* FAUCON. (DR..Z.)

ECOURGEON ou ESCOURGEON. BOT. PHAN. Variété d'Orge. (B.)

ECRECELLE. OIS. Syn. de Cresserelle. *V.* FAUCON. (B.)

ECREVISSE. *Astacus.* CRUST. Genre de l'ordre des Décapodes, famille des Macroures, tribu des Homards, ayant pour caractères, suivant Latreille : quatre antennes insérées presque sur la même ligne; les intermédiaires terminées par deux filets; pédoncule des latérales nu avec des saillies en forme d'écailles ou de dents; les six pieds antérieurs terminés par une pince à deux doigts; pièce extérieure des appendices natatoires du bout de la queue divisée en deux parties. Ce genre, établi par Gronovius, aux dépens des *Cancer* de Linné, embrassait d'abord tous les Crustacés Décapodes Brachyures, à l'exception des Hippes; mais il a subi depuis lors d'importans changemens; d'abord Fabricius le décomposa pour en extraire les genres Pagure, Galathée et Scyllare. Daldorff fit ensuite plusieurs travaux sur les Crustacés; Fabricius en tira parti et restreignit davantage les Ecrevisses en établissant de nouveaux genres sous les noms de Palinure, Palæmon, Alphée, Penée et Crangon. Enfin, dans ces derniers temps, Leach retira encore des Ecrevisses le genre Nephrops. Ainsi réduit le genre que nous décrivons ne comprend plus qu'un très-petit nombre d'espèces, les unes fluviatiles et les autres marines. G. Cuvier a publié (Ann. du Mus. d'Hist. Nat. T. ii, p. 568) une dissertation critique, très-curieuse, sur les espèces d'Ecrevisses connues des anciens, et sur les noms qu'ils leur ont donnés. Parmi elles, on remarque surtout l'Ecrevisse de rivière dont tous les auteurs ont parlé depuis Aristote. C'est aussi cette espèce qui a fourni le sujet de diverses observations qu'on peut, jusqu'à un certain point, rapporter aux caractères du genre, mais qu'il est plus exact de présenter à l'histoire de l'espèce.

L'ECREVISSE DE RIVIÈRE, *Astacus fluviatilis* ou le *Cancer Astacus* de Linné et le *Cancer fluviatilis* de Rondelet, a été décrite avec beaucoup de soin et figurée par Roësel (Ins. T. iii, tab. 54-61). Son corselet est uni, son rostre est denté latéralement avec une double dent à sa base supérieure. Les deux serres antérieures sont inégales, chagrinées, et n'ont au côté interne que des dentelures très-fines; la couleur varie, suivant les localités, du brun verdâtre à un brun clair ou plus ou moins obscur. On la trouve dans un grand nombre de rivières de l'Europe et du nord de l'Asie. Elle se tient ordinairement sous les pierres dans les cavi-

tés des berges, et n'en sort guère que pour chercher sa nourriture qui consiste en Mollusques, en Poissons, en larves d'Insectes et en matières animales corrompues.

Passons en revue les particularités les plus remarquables de l'organisation de l'Ecrevisse. Le corps peut se diviser en tête, corselet ou carapace, et abdomen ou queue. La tête n'est distincte de la carapace que par une rainure transversale tracée en demicercle dont la convexité regarde en arrière. La partie antérieure de la tête est prolongée en une sorte de bec aplati, horizontal, garni sur son milieu d'une série longitudinale de petites épines. On voit de chaque côté deux paires d'antennes; les intermédiaires sont avancées, courtes, formées par deux filets sétacés, divisées en un grand nombre de petits articles, et portées sur un pédoncule commun beaucoup plus gros et cylindrique, divisé en trois pièces et garni de longs poils touffus. Les antennes extérieures consistent en de longs filets très-déliés, égalant en longueur le corps de l'Animal et composés d'une infinité de petits articles placés bout à bout les uns des autres et diminuant graduellement de bas en haut. Chaque filet prend naissance sur une base mobile composée de trois parties grosses et cylindriques, au-dessus et sur le côté desquelles on remarque une grande pièce aplatie, triangulaire, terminée en pointe et garnie au bord interne d'une série de longs poils. Au-dessous de cette pièce mobile, on trouve encore une pièce écailleuse, convexe, et plus bas, enfin, une dernière plaque pourvue d'épines et d'éminences. Les yeux sont aussi placés de chaque côté du rostre; ces deux organes sont portés à l'extrémité d'un pédicule qui, étant très-mobile, peut les diriger dans tous les sens, et les faire sortir ou rentrer à volonté dans la cavité qui les contient. Les parties de la bouche ne diffèrent de celle des autres Crustacés que par quelques particularités de formes et non par l'existence ou l'absence des parties essentielles observées ailleurs. Les mandibules sont dentées, les mâchoires de la seconde paire sont découpées en lanières au nombre de six, et de même que dans les autres Macroures, les pieds-mâchoires extérieurs sont proportionnellement plus longs et plus étroits que chez les Crabes.

La carapace des Ecrevisses laisse très-bien apercevoir, ainsi que nous l'avons exposé à l'article CRUSTACÉS, les régions stomacale, cordiale moyenne, hépatique postérieure et branchiale. Cette pièce se prolonge sur les côtés, protège les flancs et va gagner inférieurement les pates au point de leur insertion avec le sternum. Les parties inférieures du corselet constituent la poitrine proprement dite. Celle-ci consiste en une série de segmens transversaux en même nombre que les paires de pates. La poitrine de l'Ecrevisse est donc formée par cinq segmens; ces segmens se composent chacun d'un sternum et des flancs étant tous unis entre eux et ne laissant apercevoir que des sutures qui indiquent les traces de leur réunion. Les sternums sont très-étroits; ils s'articulent sur les côtés aux cinq paires de pates, et servent de point d'appui aux flancs, qui se perdent sous la carapace; de la soudure des flancs avec le sternum et de chacune de ces pièces entre elles, il naît à l'intérieur du corps des lames crustacées dirigées en plusieurs sens et formant, par les points d'adhérence qu'elles contractent les unes avec les autres, des espèces de cloisons verticales ou obliques qui servent à l'attache des muscles, et protègent en même temps les organes les plus essentiels à la vie : le système nerveux, les vaisseaux, le canal intestinal, etc. Ces lames ne sont autre chose que les analogues très-développés des *apodèmes d'insertion* de l'intérieur du thorax des Insectes. Les pates diffèrent entre elles par leurs formes et leur volume. La plus remarquable, celle qui diffère le plus des autres, est la première paire, autrement dite

la pince ou la serre. Cinq pièces entrent dans sa composition : la première, attachée au corps, est grosse et courte; la seconde est plus longue et comprimée sur les côtés; la troisième présente encore plus de longueur; au contraire, la quatrième est courte, grosse et angulaire; enfin la cinquième, ou la main, est une grande pièce ovale et convexe des deux côtés, munie antérieurement de deux parties coniques désignées sous le nom de doigts; l'un d'eux, extérieur et immobile, peut être considéré comme un prolongement de la main; l'autre, intérieur, constitue une pièce distincte, articulée avec la main et se mouvant sur le prolongement qu'elle fournit. Des muscles très-forts sont contenus dans toute la longueur de ce membre robuste, à l'aide duquel l'Ecrevisse saisit sa proie et se défend. Les pates qui suivent sont longues, menues et formées par six articles. La deuxième et la troisième paires se terminent ainsi que la première par une pince, à cette différence près qu'elle est très-petite, et que c'est le doigt extérieur qui jouit seul de quelque mouvement. Les pates qu'on observe ensuite sont munies d'un ongle simple, pointu et crochu. Le premier article de la base de la dernière paire de pates des mâles est remarquable par une ouverture arrondie qui livre passage à l'extrémité des organes fécondateurs chez la femelle. La troisième paire de pates offre pour les organes de la génération une particularité semblable, c'est-à-dire qu'on y trouve une ouverture ovale, grande, à laquelle aboutissent les oviductes, et qui livre passage aux œufs.

L'abdomen de l'Ecrevisse, qu'on nomme improprement sa queue, est très-développé et formé par six anneaux très-convexes en dessus et légèrement voûtés en dessous. Des muscles nombreux et puissans lui impriment des mouvemens robustes; ces muscles forment deux masses distinctes, l'une supérieure et l'autre inférieure. L'abdomen est pourvu en dessous de parties remarquables qu'on retrouve dans la plupart des Crustacés ; ce sont des filets, sortes de pates rudimentaires qui varient en nombre et en figure dans les deux sexes. Ils sont mobiles à leur base ; l'Ecrevisse les fait flotter dans l'eau en les agitant d'avant en arrière comme des petites nageoires. La femelle en a quatre paires placées sur le second, le troisième, le quatrième et le cinquième anneaux. Ils se ressemblent tous, et sont composés chacun d'une tige aplatie, cartilagineuse, qui jette deux branches dont la postérieure est divisée en deux portions par une articulation mobile ; les deux branches sont également mobiles sur la tige à laquelle elles sont unies, de sorte que ces filets se meuvent avec la plus grande facilité. Ces branches sont garnies de longs poils barbus auxquels l'Ecrevisse attache ses œufs. Le mâle offre aussi des filets abdominaux ; mais ceux du second anneau diffèrent sensiblement des mêmes filets chez la femelle. Les mâles portent encore au-dessous du premier anneau de l'abdomen deux autres parties qu'on ne voit point sur la femelle, et qui mobiles à leur base et présentant là une articulation, s'appliquent, dans l'inaction, sur le sternum entre les pates, et ressemblent à des tiges un peu aplaties, droites, d'un blanc un peu bleuâtre et de substance cartilagineuse ; leur moitié antérieure est courbée et roulée sur elle-même longitudinalement, de manière à former une sorte de tuyau. Ces appendices singuliers, sur l'usage desquels l'observation n'a encore rien appris, pourraient bien être des organes copulateurs. L'abdomen est terminé par cinq pièces plates, minces et ovales en forme de feuilles un peu convexes en dessus et concaves en dessous. La pièce intermédiaire ou impaire n'est autre chose que le dernier anneau abdominal, et les deux prolongemens latéraux sont les appendices de l'anneau qui précède. Ces parties sont un véritable appareil de natation au moyen duquel l'Ecrevisse donne, en les dirigeant vers la tête, des coups réitérés dans l'eau. Il en ré-

sulte naturellement une natation en arrière ou à reculons. L'abdomen est percé postérieurement et à sa face inférieure par l'anus.

L'anatomie interne des Ecrevisses offre quelques traits d'organisation assez curieux et que nous allons parcourir en empruntant à Roësel et à Cuvier les principaux détails. L'estomac, situé en quelque sorte dans la tête, immédiatement au-dessous de la calotte calcaire qui la recouvre, est formé de membranes fortes et assez épaisses ; il est muni intérieurement de trois dents écailleuses, pointues, supportées par un appareil remarquable que Geoffroy Saint-Hilaire a décrit et représenté avec soin dans un travail encore inédit. Ce savant anatomiste retrouve dans l'estomac des pièces analogues à celles qui composent la tête des Animaux vertébrés, et il ramène ainsi à un type connu une organisation aussi anomale en apparence. C'est principalement sur l'Ecrevisse de mer ou le Homard qu'il a fait ses diverses recherches. Le grand intestin part de l'estomac ; il est situé dans l'abdomen et s'ouvre à l'anus. Cuvier, dans un Mémoire sur la nutrition des Insectes (Mém. de la Soc. d'Hist. Nat. de Paris, an 7), donne une description exacte de la structure et des fonctions du foie de l'Ecrevisse ; suivant lui, les vaisseaux biliaires ou le foie sont très-développés et leur fonction n'est point équivoque : on sait qu'en général le foie est plus volumineux dans les Animaux aquatiques à sang rouge que dans les terrestres, et il paraît que la même loi existe pour ceux à sang blanc. Les vaisseaux biliaires des Ecrevisses sont donc très-gros, au nombre de plusieurs centaines et disposés en deux grosses grappes dont les vaisseaux excréteurs communs forment les tiges. Ils s'insèrent tous contre le pylore et y versent une liqueur épaisse, brune et amère. Leurs parois sont colorées d'un jaune foncé, et paraissent d'une texture très-spongieuse. Ce sont eux qui forment la plus grande partie de ce qu'on nomme la farce dans les Etrilles, les Homards et les autres grandes espèces que l'on mange communément, et l'humeur qu'ils produisent communique à cette farce l'amertume plus ou moins forte qu'on y remarque. Cuvier (*loc. cit.*) s'énonce de la manière suivante à propos de la respiration et de la circulation : « Les Ecrevisses et les Monocles n'ont aucune trachée, et ce sont précisément ceux chez lesquels on trouve un cœur ou du moins un organe de structure semblable. Il faut pourtant observer qu'il n'existe peut-être pas entre eux et les autres Insectes une différence aussi grande qu'on le croirait d'abord ; ils ont, à chaque côté du corselet, des paquets de vaisseaux capillaires rangés d'une manière très-régulière sur deux des faces de certains corps en forme de pyramides triangulaires ; toutes ces pyramides sont comprimées et dilatées alternativement par le moyen de quelques feuillets membraneux que l'Ecrevisse meut à volonté.

» Mes essais d'injection, poursuit Cuvier, m'ont bien permis de porter la liqueur de ces branchies vers le cœur ; mais jamais je n'ai pu la diriger en sens contraire ; tandis que du cœur on peut la faire parvenir par tout le corps, au moyen de vaisseaux nombreux et très-visibles dans certaines espèces, notamment dans le Bernard-l'Hermite, où ils sont colorés en un blanc opaque. S'il se trouvait, par des recherches ultérieures, qu'il n'y eût ni second cœur, ni trou commun veineux, qui, devenant artériel, portât le sang aux branchies par une opération à peu près inverse de celle qui a lieu dans les Poissons, alors on pourrait croire que les branchies ne font autre chose qu'absorber une partie du fluide aqueux et le porter au cœur, qui le transmettrait à tout le corps. Ce prétendu cœur et ces vaisseaux ne seraient donc, en dernière analyse, qu'un appareil respiratoire, qui ne différerait de celui des Insectes ordinaires que par cet organe musculaire qu'il aurait reçu de plus. Et on concevrait aisément la raison

de cette différence, attendu que la substance respirée étant sous forme liquide, et ne pouvant se précipiter, comme l'air le fait, dans les trachées par l'effet de son élasticité, il lui fallait un mobile étranger, qui est cet organe qu'on a pris pour un cœur. Quant à la nutrition proprement dite, elle se ferait exactement comme dans les Insectes ordinaires et dans les Zoophytes, c'est-à-dire par une simple imbibition. »

Les organes générateurs mâles de l'Ecrevisse, situés dans le thorax, se composent des testicules divisés en trois parties, deux en avant et une plus grosse en arrière. D'autres vaisseaux blancs, tortueux, très-développés et turgescens à l'époque de l'accouplement, ont été regardés comme les vaisseaux séminifères ; ils remplissent un assez grand espace, occupent les côtés et la partie postérieure du cœur ; l'appareil de la femelle consiste en deux ovaires occupant les côtés du corps et divisés comme le testicule en trois portions. A l'époque de la ponte, ils sont allongés et très-distendus par les œufs. Ils aboutissent au premier article de la troisième paire de pates. L'accouplement des Homards, et, par analogie, celui des Ecrevisses, se fait, à ce qu'il paraît, à la manière de quelques Monocles, c'est-à-dire ventre à ventre. Le mâle attaque la femelle, qui se renverse sur le dos, et le couple amoureux s'enlace alors étroitement à l'aide des pates. La ponte a lieu deux mois après ; elle est assez abondante, et l'on compte quelquefois vingt, trente œufs et même davantage. Ceux-ci sont fixés aux filets mobiles qui garnissent la queue, à l'aide d'un pédicule, sorte de tuyau membraneux, flexible, élargi à sa base et qui paraît être la continuation de l'enveloppe la plus extérieure de l'œuf. Les femelles portent ces espèces de grappes jusqu'à la naissance des petits, qui, d'abord très-mous, trouvent sous le ventre de leur mère un refuge assuré contre les dangers, et n'abandonnent cet abri que lorsque leur têt, plus consistant, peut les protéger. Les Ecrevisses renouvellent leur enveloppe extérieure tous les ans entre le mois de mai et le mois de septembre. Réaumur a décrit avec soin cette espèce de mue. On trouve un extrait de ses observations dans l'Encyclopédie Méthodique, et cet extrait nous a paru assez exact pour mériter d'être cité en grande partie. Quelques jours avant le dépouillement de leur peau, les Ecrevisses cessent de prendre de la nourriture ; alors, si on appuie le doigt sur l'écaille, elle plie, ce qui prouve qu'elle n'est plus soutenue par les chairs. Quelque temps avant l'instant de la mue, l'Ecrevisse frotte ses pates les unes contre les autres, se renverse sur le dos, replie et étend sa queue à différentes fois, agite ses antennes et fait d'autres mouvemens dans le but sans doute de détacher sa peau pour la quitter ; elle gonfle son corps, et il se fait entre le premier anneau de l'abdomen et la carapace qui s'étend depuis elle jusqu'à la tête, une ouverture qui met à découvert le corps de l'Ecrevisse. Il est d'un brun foncé, tandis que la vieille écaille est d'un brun verdâtre. Après cette rupture, l'Animal reste quelque temps en repos ; ensuite il fait différens mouvemens et gonfle les parties qui sont sous la carapace. La partie postérieure de celle-ci est bientôt soulevée, et l'antérieure ne reste attachée qu'à l'endroit de la bouche ; alors il ne faut plus qu'un demi-quart d'heure ou un quart d'heure pour que l'Ecrevisse soit entièrement dépouillée ; elle tire sa tête en arrière, dégage ses yeux, ses antennes, ses bras et successivement toutes ses pates. Les deux premières, ou les serres, paraissent les plus difficiles à dégaîner, parce que la dernière des cinq parties dont elles sont composées est beaucoup plus grosse que l'avant-dernière ; mais on conçoit aisément cette opération, quand on sait que chacun des articles écailleux qui forme chaque partie est divisé en deux pièces longitudinales qui s'écartent l'une de l'autre, dans le temps de la mue, lorsque l'Animal

leur fait violence. Enfin l'Ecrevisse se retire de dessous sa carapace, et aussitôt elle se donne brusquement un mouvement en avant, étend la queue et se dépouille de ses anneaux. C'est ainsi que finit l'opération de la mue, qui est si violente que plusieurs Ecrevisses en meurent, surtout les plus jeunes ; celles qui y résistent sont très-faibles. Après la mue les pates sont molles, et l'Animal n'est recouvert que d'une membrane ; mais en deux ou trois jours, et quelquefois en vingt-quatre heures, cette membrane devient une nouvelle enveloppe aussi dure que l'ancienne. Il est important à l'Ecrevisse que la nouvelle peau se durcisse bientôt, car, si elle était rencontrée par d'autres Ecrevisses, n'étant plus défendue par son écaille, elle ne manquerait pas de devenir leur proie ; c'est pourquoi aussi, lorsqu'elle est prête à muer, elle cherche une retraite dans les trous et d'autres endroits où elle puisse être à l'abri du danger. Dans la suite, le nouveau têt ne devient ni plus dur, ni plus épais, ni plus grand, de sorte que l'Ecrevisse, qui augmente de volume chaque année, étant gênée dans son enveloppe, est contrainte d'en sortir ; aussi Réaumur a-t-il remarqué que chaque partie d'une Ecrevisse qui a mué depuis peu est considérablement plus grande en tous sens que le fourreau qu'elle a quitté ; cette différence cependant ne doit pas être bien considérable, si l'on s'en rapporte à certains pêcheurs qui assurent qu'une Ecrevisse de six à sept ans n'a encore qu'une grosseur médiocre, la vie moyenne de ces Animaux étant, dit-on, de vingt ans. Ce qu'il y a de plus remarquable, c'est qu'à chaque mue il se forme un nouvel estomac dans le corps de l'Animal ; et cet estomac enveloppe l'ancien qui est bientôt détruit par l'autre. L'Ecrevisse renouvelle peut-être bien aussi toutes les autres parties internes.

Dans les Ecrevisses prêtes à muer, on trouve constamment sur les côtés de l'estomac deux corps calcaires connus vulgairement sous le nom d'yeux d'Ecrevisses, à cause de leur figure arrondie. Ces deux pièces disparaissent pendant la mue, et on ne les trouve plus dans les espèces qui ont éprouvé ce changement. L'opinion des auteurs a beaucoup varié sur l'usage de ces parties. Geoffroy a cru qu'elles servaient, ainsi que la membrane du vieil estomac, pour nourrir l'Ecrevisse durant la mue. Mounsey (*Trans. Philosoph.*) présente une observation analogue, et il pense avec Réaumur, qu'étant dissoutes dans l'estomac, elles servent à la formation ou au durcissement de la nouvelle enveloppe. Au contraire Roësel, n'admettant pas l'opinion de Réaumur, croit que l'Ecrevisse se décharge de ces pièces en entier dans le temps qu'elle se dépouille de son test, et qu'elles ne se dissolvent ni ne diminuent dans son corps en aucune manière. Quant à ce dernier fait, il paraît cependant constant, et l'opinion de Réaumur, quoiqu'elle soit susceptible d'objections, est encore plus admissible que celle de Roësel qui pense que les yeux d'Ecrevises pourraient bien être l'assemblage ou le résidu des dépouilles de différentes parties internes de l'Ecrevisse.

Les Ecrevisses présentent un autre fait non moins remarquable que celui de la mue, c'est la faculté qu'ont les pates, les antennes et les mâchoires de repousser après leur amputation, sans qu'on puisse, dans l'état actuel de la science, expliquer convenablement ce phénomène. Réaumur a le premier tenté des expériences sur cet objet. Il nous a appris que si l'on casse, dans la jointure d'une articulation, la pate d'une Ecrevisse, on aperçoit, un ou deux jours après, une espèce de membrane légèrement rouge, qui recouvre les chairs. Cinq jours plus tard, cette membrane fait saillie et paraît renflée, puis elle devient conique, s'allonge de plus en plus, se déchire et laisse voir une jambe molle qui croît en grosseur et en longueur et se recouvre d'une enveloppe solide. Un fait bien digne de fixer l'attention, c'est qu'il ne naît à chaque jambe que ce qu'il faut précisément pour la compléter. Nous le répétons, on n'a encore présenté aucune explication bien satisfaisante de cette reproduction analogue sans doute à celles des pates des Salamandres, de la tête des Limaçons et des Polypes; ce n'est pas ici le lieu de traiter cette grande question.

Tout le monde connaît l'usage alimentaire des Ecrevisses. On employait autrefois en médecine les pièces calcaires connues sous le nom d'yeux d'Ecrevisses; mais la raison a fait justice de ce médicament ridicule. On pêche les Ecrevisses de diverses manières : d'abord avec un filet que l'on suspend le soir au-dessous d'un morceau de chair putréfiée. Les Ecrevisses sont attirées quelquefois en grand nombre par cet appât. On met aussi quelquefois de la viande dans un fagot menu que l'on retire lorsque les Ecrevisses ont pénétré de toutes parts entre les branches du bois. Plusieurs personnes emploient des baguettes fendues; on met dans la fente un appât, et on les place dans les lieux où les Ecrevisses sont abondantes. Celles-ci ne tardent pas à s'attacher à l'appât; on retire ensuite les baguettes avec beaucoup de précaution, et on glisse sous chacune d'elles un panier. A peine sortie de l'eau, l'Ecrevisse abandonne le corps qu'elle dévorait, et tombe dans le panier. On prend aussi les Ecrevisses à la main, dans leurs trous, et on emploie encore quelques autres moyens pour se les procurer.

On trouve souvent sur les branchies de l'Ecrevisse un petit Animal vermiforme, figuré par Roësel, que notre ami Auguste Odier a décrit avec beaucoup de soin; cet Animal forme un genre nouveau dans la classe des Annelides, et appartient à la famille des Hirudinées. *V.* Branchiobdelle.

Le genre Ecrevisse renferme quelques autres espèces, parmi lesquelles on doit distinguer :

L'Ecrevisse Homard, *Astacus marinus*, Fabr., ou le *Cancer macrourus Gammarus* de Linné, et le

Cancer Gammarus de Scopoli. Elle a été figurée par Séba (*Mus.* T. III, tab. 17, fig. 3), par Pennant (*Zool. Brit.* T. IV, tab. 10, fig. 21) et par Herbst (tab. 25). Elle est connue en France sous le nom de *Homard*. Sa taille est souvent gigantesque. La carapace est lisse, munie d'un sillon longitudinal, et d'un autre transversal irrégulier. Le reste est avancé, pointu, avec une double dent à sa base supérieure. Son corps est bleuâtre et taché de blanc. Il rougit au feu. On le trouve communément dans la Méditerranée et dans l'Océan.

L'ÉCREVISSE DE BARTON, *Astacus Bartonii*, Fabr. Sa carapace est unie, son rostre est court et aigu. On en trouve une figure dans l'Histoire des Crustacés, faisant suite à Buffon (édit. de Déterville, pl. 11, fig. 1). Elle est propre aux eaux douces de l'Amérique septentrionale, ressemble beaucoup à l'Écrevisse fluviatile et se mange.

L'ÉCREVISSE NORWÉGIENNE, *Ast. Norwegicus*, Fabr. Elle a la carapace épineuse en avant, les pinces sont prismatiques avec les angles épineux. Les anneaux de la queue sont ciselés. Degéer (Ins. T. VII, pl. 24) l'a décrite et figurée. Herbst (tab. 26, fig. 3) l'a aussi représentée. Leach a cru devoir faire un nouveau genre de cette espèce sous le nom de NEPHROPS.
(AUD.)

ECRITURE ou ECRIVAIN. POIS. Espèce de Perche. *V.* ce mot. (B.)

ECRITURE. MOLL. On donne vulgairement ce nom, ou celui de Coquilles écrites, à un grand nombre de Coquilles de genres différens : ainsi la *Venus scripta*, la *Cytherea castrensis*, l'*Oliva scripta*, etc. , ont reçu ce nom. On nomme Écriture hébraïque le *Conus ebreus*. D'Argenville donne le nom d'Écrite à une des nombreuses variétés de l'Olive hispidule. (D..H.)

ECRIVAIN. POIS. *V.* ECRITURE. POIS.

ECROUELLE. CRUST. L'un des noms vulgaires du *Cancer Pulex*, L. *V.* CREVETTE. (B.)

ECSTOMON. BOT. PHAN. (Dioscoride.) Syn. d'Hellébore. *V.* ce mot.
(B.)

* ECTOCARPE. *Ectocarpus.* BOT. CRYPT. (*Céramiaires.*) Genre établi par Lyngbye (*Hydr. Dan.*, p. 130) et dont les caractères réformés dans le troisième volume de ce Dictionnaire, *V.* CÉRAMIAIRES, sont : capsules subsessiles, solitaires, non revêtues d'une membrane qui les fasse paraître annelées. Voisin des Deliselles, il en diffère en ce que celles-ci ont leurs capsules comme revêtues d'un anneau transparent. La forme allongée des capsules des Capsicarpelles les distingue facilement du genre dont il est question ; la même forme de capsule des Audouinelles et le pédicule qui les supporte sert encore à distinguer ces Plantes des Ectocarpes. Les espèces bien constatées de ce genre habitent la mer, où elles sont parasites des autres Hydrophytes, peu nombreuses, mais d'une certaine élégance ; elles concourent à l'ornement des herbiers où elles s'appliquent assez étroitement au papier sur lequel on les prépare. Les principales sont : *Ectocarpus littoralis*, Lyngbye, *loc. cit.*, tab. 42, dont il faut soigneusement distinguer les variétés α et β du même auteur; la seconde est une Pylayelle. *V.* ce mot. — *Ectocarpus elongatus*, N. ; *Ect. littoralis*, Lyngb., tab. 42, B. — *Ectocarpus densus*, Lyngb., *loc. cit.*, tab. 44, B. (B.)

ECTOPOGONES. BOT. CRYPT. (*Mousses.*) Palisot de Beauvois appelle ainsi la seconde tribu qu'il avait établie dans la famille des Mousses. Elle comprend les genres qui sont privés de péristome interne. *V.* MOUSSES. (A.R.)

* ECTOSPERME. *Ectosperma.* BOT. CRYPT. (*Characées ?*) Genre fort naturel, très-tranché et parfaitement décrit par Vaucher (Hist. des Conf., p. 9). Ce savant lui imposa un nom qui donne une idée exacte de la fructification caractéristique, laquelle consiste dans des capsules extérieures.

En adoptant ce genre, De Candolle (*Flor. Fr.* T. ii, p. 61) crut devoir changer ce nom cependant si expressif et conforme aux règles établies, pour lui imposer celui de *Vaucheria*. Nulles raisons valables n'autorisant cette mutation qu'adoptèrent la plupart des algologues, nous avons cru devoir la regarder comme non avenue, et en faisant droit à l'antériorité, nous réserverons le nom de Vaucherie pour un autre genre, hommage plus digne, dans une famille qu'il a si bien observée, d'être offert au savant Genevois dont l'ouvrage est encore le meilleur sur les Confervées. *V.* Vaucherie. Les Ectospermes consistent dans des filamens simples ou rameux, tubuleux, absolument inarticulés, plus ou moins transparens, remplis, quand l'âge, ou quelque agent extérieur n'altère pas leur organisation, d'une substance verte analogue à celle qui colore les Charagnes et la plupart des Plantes aquatiques; des capsules arrondies, ovales, ou tant soit peu oblongues, extérieures au tube, sessiles ou pédicellées, solitaires, didymes ou réunies en plus ou moins grand nombre, opaques et remplies de corpuscules graniformes, constituent la fructification.

On a jusqu'ici confondu les Ectospermes avec les Conferves, mais ce rapprochement est absolument désavoué par la nature. L'absence totale d'articulations ne saurait le permettre. Nous avions d'abord pensé, avant de connaître leur fructification, que l'on pouvait les rapporter aux Ulvacées tubuleuses, encore que leur tissu ne fût pas le même; mais ayant vérifié les observations de Vaucher, et cherché dans les Végétaux aquatiques quelque capsule dont la conformation se rapproche de celle des Ectospermes, nous nous sommes convaincus que les Charagnes ont d'étroites analogies avec eux. En effet, on a déjà vu (T. iii, p. 477) que les Charagnes sont des Plantes aquatiques croissant dans les mares et les fossés stagnans, qui ne s'élèvent ja-

mais à la surface, demeurent constamment submergées et fructifient sous l'eau. Comme chez les Ectospermes, leurs tiges tubuleuses et inarticulées sont généralement rigides quoiqu'assez flexibles, rameuses, et dont les ramules portent des capsules munies d'autres petites ramules où l'on a vu des bractées avortées, et qui se retrouvent dans la plupart des Ectospermes à capsules pédicellées. Comme dans les Charagnes, on observe ici un tégument dont l'externe est très-mince, membraneux et transparent, contenant un véritable péricarpe où se trouve un fluide rempli de corpuscules qu'on serait tenté de prendre pour des graines, si la germination de ces Plantes, fort bien observée et figurée par Vaucher (pl. 11, fig. 1 et 4, et tab. 11, f. 8), ne prouvait que c'est de l'intégrité du fruit que sort le filament destiné à devenir la tige de l'Ectosperme. Outre la fructification de ces Végétaux, on trouve assez communément à la surface de leurs filamens d'autres corpuscules plus ou moins considérables et transparens, au centre desquels on distingue un point noirâtre qui ne tarde pas à s'agiter sous les yeux de l'observateur. On serait d'abord tenté d'y voir un indice de Zoosperme, mais pour peu qu'il y porte de l'attention, le naturaliste circonspect ne tardera pas à reconnaître que l'objet qui s'agite sous la lentille est un petit Crustacé du genre Cyclope, *Cyclops lupula*, Müll., et provenant d'œufs probablement déposés à la suite d'une piqûre d'où résulte une sorte de galle; celle-ci demeure transparente comme du verre quand le Cyclope en est sorti. Les Ectospermes plus ou moins rudes au toucher, disposés soit en gazons adhérens aux corps inondés, soit en touffes arrondies où les filamens divergent du centre à la circonférence, soit enfin en grandes masses nuageuses au fond des eaux, sont d'un vert généralement assez foncé; ils remplissent les bassins alimentés par des eaux vives. Presque tous furent confondus par les botanistes sous les noms de

Conferva canalicularis, *spongiosa*, et même d'*amphibia*, encore que le véritable *Conferva amphibia* de Linné soit une Céramiaire, fort voisine du *C. glomerata* de ce même auteur. Il est des espèces qui continuent de végéter quand l'eau dans laquelle on les a vues se développer vient à s'évaporer ; celles-ci forment alors sur la vase, contre les parois des fossés sombres ou sur les rochers humides, des couches pressées, d'un vert soyeux, molles et compactes, qui présentent assez bien l'aspect d'une éponge du plus beau vert. Quelquefois les extrémités de leurs filamens se réunissent en faisceaux poignans qui font paraître comme hérissée et rendent assez rude la surface de ces coussinets auparavant soyeux au toucher. C'est vers la fin de l'automne, dans les hivers tempérés et humides ou dans les premiers jours du printemps, que l'on trouve les Ectospermes en fructification. En adoptant ce genre avec le nom que lui imposa Vaucher, on doit encore y former, avec cet auteur, diverses coupes pour distribuer environ dix-huit à vingt espèces. Ces coupes, auxquelles nous en ajouterons de nouvelles, deviendront peut-être susceptibles de former des genres distincts.

† Capsules solitaires, sessiles ou subsessiles, obovales, latérales, épaisses, nues, c'est-à-dire dépourvues de tout appendice qu'on puisse considérer comme des bractées avortées.

Ectosperme dichotome, *Ectosperma dichotoma*, N. ; *Conferva dichotoma*, L. ; *Vaucheria dichotoma*, Lyngb., *loc. cit.*, 75, t. 19, c. On ne conçoit guère comment Roth (*Catal.* III, pag. 119) avait pu comprendre cette Plante essentiellement inarticulée parmi ses *Ceramium*. L'une des plus communes de son genre ; la grosseur de ses filamens dichotomes fit comparer ceux-ci, à cause de leur volume, à des soies de Porc (*Conferva dichotoma setis porcinis similis*, Dill., *Musc.* 17, tab. 3, fig. 19). Elle abonde dans toutes les eaux où elle devient fort grande. Ses extrémités sont très-obtuses.

Ectosperme trichotome, *Ectosperma trichotoma*, N. Bien que nous n'ayons pas observé la fructification de cette espèce, elle présente trop d'analogie avec la précédente pour que nous l'en puissions éloigner ; elle en a la couleur, l'aspect et la consistance ; mais ses rameaux, au lieu de se fourcher, se partagent toujours en trois. Nous présumons qu'elle est originaire des canaux de l'Egypte, du moins l'avons-nous découverte dans de grands pots de terre où l'on cultivait, toujours inondée dans les serres de Bruxelles, le *Nymphæa cœrulea*, provenue de plants en racines qu'un officier belge avait rapportés dans son pays de la glorieuse expédition que firent les Français en Afrique sous le général Bonaparte.

Le véritable *Conferva canalicularis* de Linné appartient encore à cette section, ainsi que l'*Ectosperma littoralis*, N., *Vaucheria dichotoma* b, Lyngb., *loc. cit.*, p. 76, t. 20, A, qu'on trouve dans les fosses saumâtres, le long de certaines côtes. — *Ectosperma sericea*, N. ; *Vaucheria*, Lyngb., t. 21, B, qui est le *Conferva spongiosa* de plusieurs botanistes. — *Ectosperma Dillwynii*, N. ; *Vaucheria*, Lyngb., t. 21, C ; *Ectosperma salinarum*, N. ; *Ectosperma appendiculata*, Vaucher, p. 35, pl. 3, 11, qui croît dans l'eau muriatée des bassins de Lons-le-Saulnier et autres salines du même genre. — *Ectosperma marina*, N. ; *Vaucheria*, Lyngb., pl. 22.

†† Capsules sessiles, rondes, latérales, solitaires ou géminées, accompagnées d'un appendice bractéiforme.

Ectosperme hétéroclite, *Ectosperma heteroclita*, N. ; *Ect. sessilis*, Vauch., *loc. cit.* 31, pl. 2, f. 9, 7 ; *Vaucheria sessilis*, Lyngb., p. 80, pl. 22, O. Cette espèce, qui n'est pas rare dans nos mares, est remarquable en ce que ses capsules solitaires ou géminées sont fixées à la base d'un appendice qui manque parfois, mais qui ressemble à une petite corne lorsqu'il existe.

††† Capsules solitaires, pédicellées. Les espèces de cette section ont

le pédicule qui supporte leur fructification simple, fourchu ou accompagné d'une ou deux de ces ramules
bractéiformes regardées à tort comme
des anthères. Nous citerons comme
les principales : *Ectosperma ovata*,
Vauch., p. 25, pl. 1, fig. 1; *Vaucheria*, Lyngb., *loc. cit.*, p. 76, pl. 20,
B. — *Ectosperma hamata*, Vauch.,
p. 26, pl. 2, fig. 2; *Vaucheria*,
Lyngb., p. 77, pl. 20, c.—*Ectosperma
terrestris*, Vauch., p. 27, pl. 2, fig.
3, qui n'est certainement pas le *Byssus velutina* de Linné, comme le
croit Vaucher; ce prétendu *Byssus*
est une véritable Conferve; le *Vaucheria terrestris* de Lyngb., p. 77, t.
21, A, est bien un Ectosperme, mais
non celui de Vaucher. Il doit être
considéré comme une espèce très-
différente que nous nommerons *repens*.

††† Capsules sessiles, géminées,
opposées vers l'extrémité de l'appendice bractéiforme qui les supporte.
Trois espèces remarquables composent cette section : *Ectosperma gemi-
nata*, Vauch., *loc. cit.*, p. 29, pl. 2,
f. h; *Vaucheria*, Lyngb., *loc. cit.*,
p. 80, t. 25, A. — *Ectosperma cœspi-
tosa*, Vauch., p. 28, pl. 2, fig. 4;
Vaucheria, Lyngb., 81, t. 23, B. —
Ectosperma cruciata, Vauch., p. 30,
pl. 2, fig 6.

†††† Capsules groupées en certain nombre sur les appendices bractéiformes, soit sessiles, soit stipitées.
Les espèces qui composent cette section sont les suivantes : *Ectosperma
racemosa*, Vauch., *loc. cit.*, p. 32, pl.
3, f. 8; *Vaucheria*, Lyngb., *loc. cit.*,
p. 81, t. 23, c. — *Ectosperma multi-
cornis*, Vauch., p. 33, pl. 3, fig. 9
(bona). — *Ectosperma multicapsula-
ris*, *Vaucheria*, Lyngb., p. 82 (abs-
que icone); *Conferva*, Dill., t. 71.

††††† Capsules ovoïdes, terminales, et donnant aux rameaux, à
l'extrémité desquels on les voit, l'aspect d'une petite massue. Nous ne
connaissons qu'une espèce dans cette
section qui pourrait rentrer dans la
troisième, si l'on venait à lui découvrir des capsules latérales. C'est

l'*Ectosperma Clevatela*, Vauch., *loc.
cit.*, p. 34, pl. 3, f. 10; *Vaucheria*,
Lyngb., *loc. cit.*, p. 78, t. 21, D.
C'est à tort qu'on a rapporté à cette
espèce le *Conferva vesicata* de Müller (*Nov. Act. Petr.* III, p. 95, t. 2,
f. 6-9) qui est bien certainement une
Prolifère de Vaucher et de Leclerc,
c'est-à-dire une de nos Vaucheries.
V. ce mot.   (B.)

ECTROSIE. *Ectrosia*. BOT. PHAN.
Genre de la famille des Graminées et
de la Triandrie Digynie, établi par
R. Brown (*Prodr. Flor. Nov.-Holl.*,
p. 185) qui l'a ainsi caractérisé : lépicène multiflore, à deux valves presque égales et mutiques; épillet composé de fleurs distiques, l'inférieure
hermaphrodite, les autres mâles ou
neutres. Chaque fleur hermaphrodite
est munie d'une glume à deux valves, dont l'extérieure est terminée
par une barbe simple; les fleurs mâles et neutres ont des barbes plus
longues. Ce genre est voisin des
Chloris, dont il se distingue surtout
par son inflorescence en panicule : il
se compose de deux espèces, nommées par R. Brown *Ectrosia leporina*
et *Ectr. spadicea*, qui croissent l'une
et l'autre dans la partie de la Nouvelle-Hollande située entre les tropiques.   (G..N.)

* ECU. *Scutum*. INS. Nom qu'on
avait employé assez vaguement
pour désigner certaines parties dures
du corps des Insectes, et que nous
avons appliqué d'une manière rigoureuse et invariable à une pièce
de leur dos; nous avons donné le
nom d'ECU ANTÉRIEUR, *Præscutum*,
à une autre pièce du thorax située
au-devant de l'Ecu. *V.* sa description
au mot THORAX.   (AUD.)

ECU DE BRATTENSBOURG.
MOLL. FOSS. Cranie ainsi nommée à
cause de sa forme et d'un canton de
Laponie où elle se trouve communément.   (B.)

ECUELLE. *Scutella*. POIS. (Gouan.)
Disque formé par la jonction des

ventrales dans les Lépadogastres. *V.* ce mot. (B.)

ECUELLE D'EAU. BOT. PHAN. Syn. vulgaire d'*Hydrocotyle vulgaris*, L. (B.)

ECULA. POIS. Pour Equula. *V.* ce mot. (B.)

ECUME DE MER. ZOOL. et BOT. Les matelots, les habitans des côtes et quelques voyageurs appellent Ecume de mer ce que les vagues jettent sur le rivage; c'est un composé en général de Plantes marines, de Polypiers, ou de leurs débris, ayant souvent un commencement de décomposition. Quelques Hydrophytes capillacées, articulées et très-gélatineuses, sont également nommées Ecume de mer par les marins, pour les distinguer des Plantes marines plus grandes ou plus fortes dans leur tissu. (LAM..X.)

ECUME DE MER. MIN. *Meerschaum* de Werner. On appelle ainsi une Terre magnésienne fort tendre, blanche, dont on fait des pipes très-recherchées. Brongniart l'a nommée Magnésite, nom sous lequel elle sera décrite dans ce Dictionnaire. *V.* MAGNÉSITE. (A. R.)

ECUME PRINTANIÈRE. INS. *V.* CERCOPE.

ECUREUIL. *Sciurus.* MAM. Genre de Rongeurs à clavicules, caractérisé par des incisives inférieures très-comprimées, par une queue longue, garnie de poils longs et presque toujours divergens en dessous comme des barbes de plume. Les Ecureuils ont quatre doigts devant et cinq derrière; quelquefois le pouce de devant est marqué par un tubercule; ils portent partout quatre mâchelières tuberculeuses, et en haut une cinquième très-petite, antérieure, qui tombe de très-bonne heure; leurs ongles sont aigus et recourbés pour pouvoir s'accrocher aux écorces des Arbres en y grimpant.

Ce sont tous des Animaux agiles, propres, animés d'un instinct de grimper qui n'est pas, comme on l'a dit, un simple résultat mécanique de leur conformation, car ils courent aussi légèrement à terre qu'ils grimpent et sautent sur les Arbres. Cette course est une suite de bonds qui tient le milieu entre la course des Lièvres et les sauts des Gerboises. Ni la direction des os des membres, ni la disposition de leurs articulations ne nécessitent chez ces Animaux cette gêne à marcher à terre, qu'on observe chez les Bradypes et les Chauve-Souris, ni l'obligation de grimper comme chez ces mêmes Bradypes et les Orangs. L'habitude de grimper est pour eux l'effet nécessaire d'une influence particulière du système nerveux. De petits Ecureuils auxquels Magendie enlevait les lobes du cerveau et les corps striés, au lieu d'être entraînés irrésistiblement dans une course en avant, comme il arrive en pareil cas aux Lapins et aux autres Mammifères, se mettaient à exécuter les mouvemens de grimper, en fléchissant en dedans, avec une grande agilité, les pieds de devant et ceux de derrière comme ils font quand ils grimpent à une branche d'un plus petit diamètre que leur corps. La prédominance de leurs membres postérieurs sur les antérieurs n'est point non plus, comme on l'a dit aussi, la cause de leurs habitudes grimpantes, car cette longueur est bien supérieure encore dans les Gerboises qui sont précisément des Animaux terriers. L'expérience de Magendie prouve d'une manière directe que les habitudes de ce genre ont uniquement leur cause dans l'organisation particulière du système nerveux. Leur œil, très-grand relativement à leur taille, n'a point de couleur réfléchissante à la choroïde; la pupille, plutôt ovale que ronde, a son grand diamètre horizontal; leurs oreilles sont bien développées et souvent terminées par des bouquets de poils; ils se nourrissent de fruits secs qu'ils portent à la bouche des deux mains à la fois. Dans quelques pays, ils vivent aussi, selon les contrées, de la sève sucrée des Graminées, et Kalm (Voyage, T II, p. 245) dit qu'ils se sont multipliés davantage en Pensylvanie et en Virginie depuis que l'on y cultive le Maïs dont ils font une consommation ruineuse pour le cultivateur. Ils y fourragent par troupes de plusieurs centaines; il paraît même que , dans le Nord , ils se rabattent sur la chair, car Gmelin (Voyag. en Sibérie, T. 11) dit qu'on les prend avec des espèces de trapes faites à peu près comme un quatre de chiffre , dans lesquelles on met pour appât un morceau de Poisson fumé, et qu'on tend ces trapes sur les Arbres. Ils habitent les grandes forêts des deux continens , vivant en société ou solitaires , selon les espèces; mais dans ce dernier cas, ils vivent ordinairement mariés. Leur nid est une sorte de petite cabane sphérique, ouverte par en haut, et construite avec des buchettes sur la cime des Arbres les plus élevés. Quelques espèces font pourtant exception et habitent des terriers sous la souche des Arbres. Les espèces qu'on a examinées ont huit mamelles : six sous le ventre, deux à la poitrine; ils font quatre ou cinq petits. On ne connaît aucune espèce voyageuse dans ce genre.

Buffon croyait à tort que les Ecureuils étaient des Animaux propres aux contrées tempérées et froides des deux continens. Le plus grand nombre des espèces d'Ecureuils appartiennent au contraire aux contrées chaudes , soit continentales , soit insulaires de l'Asie. En outre F. Cuvier (Mamm. lith.) vient de prouver que l'Europe possède au moins deux espèces de ce genre , en publiant l'espèce alpine dont les caractères différentiels, comme on le verra , sont plus prononcés qu'entre des espèces sur la diversité desquelles on ne fait aucun doute.

L'Australasie seule paraît n'avoir pas d'Ecureuils ; l'Amérique du nord , toute l'Asie , l'Europe et l'Afrique sont remplies , soit des nombreuses espèces du genre , soit des populations nombreuses de quelqu'une de ses espèces.

La divergence ou la non divergence des poils de la queue , l'ab-sence ou l'existence d'abajoues , caractères existant ensemble ou séparément , ont fait diviser ce genre en trois sections.

Ecureuils propprement dits : *queue distique ; point d'abajoues.*

1. Ecureuil commun , *Sciurus vulgaris ; Eikhorn* des Germains ; *Ikorn* des Scandinaves ; *Gwiwair* des Celtes ; *Arda* des Espagnols , *Bjelka* des Russes ; *Wewerka* des Illyriens , Slaves et Bohémiens ; *Mo-kus , Evet* des Hongrois ; *Uluk* des Tungouses ; *Ur* des Permiens et des Tcheremisses ; *Orawas* des Finnois ; *Orre* des Lapons ; *Kerma* des Kalmouks; *Line* des Mogols; *Tijin* des Tatares. Cette espèce est répandue dans toutes les zônes tempérées et froides de l'ancien continent. Aussi est-elle susceptible, suivant les climats , et dans chaque climat suivant les saisons, d'une assez grande diversité dans la couleur ou seulement dans la nuance de la fourrure. En France et dans l'Allemagne méridionale , sa couleur est toujours en dessus d'un roux plus ou moins vif ; le ventre d'un beau blanc ; la queue est en dessus de la couleur du dos, mais en dessous ses poils sont annelés sur leur longueur de blanc , de brun, et ne sont roux qu'à la pointe ; ses oreilles sont surmontées d'un pinceau de poils roux; quelques individus sont d'un roux uniforme. Sa taille ordinaire est de sept à huit pouces du museau à l'origine de la queue toujours redressée en panache jusque sur la tête de l'Animal quand il est en action. Sa couleur ne change pas sensiblement ni par les saisons ni par l'âge. En Scandinavie et dans le nord-ouest de l'Asie, l'Ecureuil, en conservant la même taille et les mêmes pinceaux des oreilles que dans nos contrées, prend en hiver un pelage gris d'ardoise piqueté de blanchâtre , chaque poil étant marqué d'anneaux alternativement gris de souris et gris blanchâtres. C'est en cet état qu'on le connaît sous le nom de Petit-Gris dont les fourrures sont si répandues. L'E-

cureuil, à compter des bords de l'Obi jusqu'au Jénisei, acquiert une taille plus considérable, phénomène que nous avons déjà remarqué en parlant des Loups et des Renards de cette région de la Sibérie. Son pelage y devient aussi d'un gris plus argenté ; la fourrure redevient moins épaisse et prend une teinte plus obscure depuis le Jénisei jusqu'à l'Angara.

Suivant Pallas et Gmelin, il y aurait des Ecureuils tout noirs dans la région âpre et montagneuse qui entoure le lac Baïkal : il est douteux que cet Ecureuil noir soit spécifiquement identique avec celui dont nous parlons.

L'Ecureuil ne s'engourdit pas en hiver comme les Loirs et d'autres Rongeurs ; aussi s'approvisionne-t-il pour cette saison de noisettes, de noix, d'amandes, de glands, de fèves, de semences de Pins, etc. ; il fait ses magasins dans des trous d'Arbres au voisinage de son domicile. Il est aussi rusé que prévoyant : en fuyant de branche en branche, et, par les branches, d'Arbre en Arbre, il a toujours l'adresse de mettre les branches entre lui et l'ennemi ou le chasseur qui le poursuit. Quand son élan est d'une certaine longueur, sa queue, étalée au-dessus de son corps, lui sert de parachute. Mais il serait impossible qu'elle lui servît de gouvernail en nageant comme on l'a prétendu : les poils mouillés se coucheraient, et d'ailleurs l'axe de cette queue étant très-grêle serait incapable d'imprimer à l'eau le moindre choc et de réfléchir sur l'Animal la moindre impulsion. Les récits de Linné, de Klein, de Schœffer, de Regnard sont bien plus vraisemblables. Ils ont vu des troupes de Petits-Gris embarqués sur des morceaux d'écorce qui leur servaient de radeaux, les gouverner en travers du courant, et passer des rivières en opposant au vent leur queue étalée comme une voile. Tout le monde connaît les attitudes, la démarche, l'exquise propreté de ce joli Animal ; nous n'en parlerons donc pas. La chair est bonne à

manger. On dit qu'il ne produit jamais en captivité.

2. ECUREUIL DES PYRÉNÉES, *Sciurus alpinus pyrenaicus*, F. Cuvier (Mamm. lithog., 2ᵉ douz.). Les jeunes apportent en naissant, et les adultes conservent toute la vie les caractères que nous allons exposer, et qui le séparent de l'Ecureuil ordinaire auquel on ne l'avait sans doute réuni qu'à cause de l'identité de leurs régions natales. Et en effet lorsque dans d'autres contrées du même continent on trouve tant d'espèces différentes, pourquoi l'Europe n'aurait-elle qu'une espèce unique, lorsque la hauteur et la direction de ses montagnes, son découpement par des mers intérieures, y réalisent toutes les causes qui coïncident ordinairement avec la diversité zoologique ? D'un brun très-foncé, tiqueté de blanc jaunâtre en dessus ; d'un blanc très-pur à toutes les parties inférieures ; face interne des membres grise ; le bord des lèvres blanc ; les quatre pieds d'un fauve assez pur ; une bande de cette même couleur sépare le blanc et le gris des parties inférieures du brun des parties supérieures ; la queue, vue de profil, est toute noire ; vue en dessus elle est brunâtre, parce que, sur leur longueur, les poils sont annelés de noir et de fauve clair, et de noir pur seulement à la pointe ; ces poils divergent comme dans l'Ecureuil ordinaire ; les oreilles ont des pinceaux, et les moustaches sont noires. Pour les proportions et la taille, cette espèce ressemble à l'Ecureuil commun, mais la tête est plus petite. Le mâle et la femelle ont long-temps vécu à la Ménagerie ; ils ont mué plusieurs fois, et leur pelage n'a pas changé. Dans l'été les parties brunes avaient plus de noir que pendant l'hiver, saison pendant laquelle la queue grisonnait. F. Cuvier en a vu de tout semblables venant des Alpes.

3. ECUREUIL GRIS DE LA CAROLINE, *Sciurus cinereus*, L., ou plutôt son *Sciurus Carolinensis*. Mamm. lith. de F. Cuvier, prem. douzaine. C'est le Petit-Gris de Buffon, Quadr. T. x,

pl. 25. Un peu plus grand que l'Ecureuil roux d'Europe , ses couleurs sont très-variables; on en a eu à la Ménagerie du Jardin des Plantes qui étaient tout entiers d'un gris blanchâtre , et d'autres où le fauve se mélangeait à tout le pelage et dominait sur les flancs. Cette espèce offre l'exemple des plus grandes différences de couleur dans une espèce libre et sauvage habitant une même contrée ; les oreilles n'ont pas de pinceaux ; les poils soyeux et laineux sont en égale proportion ; il a de fortes moustaches aux lèvres supérieures , il en a aussi à la face intérieure des jambes de devant. Par sa taille, il est très-probablement d'une autre espèce que le grand Ecureuil gris de Catesby qui habite la même contrée. Cet Animal est d'une pétulance , d'une brusquerie extraordinaire ; cependant il s'apprivoise aisément, mais sans s'attacher à personne. Il ne se couche qu'après avoir construit au fond de sa cage un nid sphérique de paille ou de foin , dans lequel il dort jusqu'au jour. Cette espèce est indigène des Carolines. Bosc l'avait déjà décrit et figuré (Journal d'Hist. Nat. T. ii, p. 96). Catesby (Hist. Natur. de la Caroline. T. ii, p. 74) a fait connaître un Ecureuil aussi grand qu'un jeune Lapin, plus épais, plus trapu que l'Ecureuil ordinaire d'Europe ; sa tête et ses oreilles sont plus courtes ; sa queue lui couvre tout le corps. C'est cette espèce qui est décrite dans le Dictionnaire de Déterville sous le nom d'Ecureuil gris, trois fois plus grand que celui d'Europe. Est-ce le *Sciurus cinereus*, L. ?

4. ÉCUREUIL CAPISTRATE, *Sciurus Capistratus*, Mamm. lith., 5ᵉ douz. Entièrement noir, à l'exception des oreilles , du museau, des doigts et du bout de la queue qui sont blancs. Les poils laineux sont en très-grande proportion ; tous sont noirs à la pointe, gris à l'origine dans les parties noires , et blancs sur toute la longueur dans les parties blanches. Il est de beaucoup plus grand que l'Ecureuil vulgaire. Il a deux pieds du museau

au bout de la queue. Il habite les terrains secs plantés de Pins et d'Erables dont il mange les semences ; il entre en chaleur au mois de janvier ; les petits quittent la bauge vers le mois de mars. Il ne fuit pas le chasseur , mais cherche à se dérober à sa vue en se cachant à plat ventre sur quelque grosse branche d'où il ne bouge plus avec quelque opiniâtreté qu'on le fusille. Les Renards , les Serpens à sonnette et les Oiseaux de proie en détruisent beaucoup.

5. ÉCUREUIL COQUALLIN, *Sciurus variegatus*, L. , Buff. T. XIII, pl. 15; Schreb., pl. 218, *Quauhtecalloll-Quapachtli* des Mexicains. Hernandez , *cap.* 28, le dit presque double de celui d'Europe : c'est une des raisons de Buffon pour n'en point faire un Ecureuil, dont il dit qu'il diffère d'ailleurs par plusieurs caractères extérieurs aussi bien que par le naturel et les mœurs. Cette espèce a le dessus du corps varié de roux, de noir et de brun ; son ventre est d'un roux orangé ; sa queue de la couleur du dessus du corps, légèrement mêlée de blanc vers la pointe et sans pinceaux aux oreilles ; il ne monte pas sur les Arbres, habite, comme l'Ecureuil de terre, dans des trous et sous les racines des Arbres ; il y fait sa bauge et y élève ses petits; il remplit aussi son habitation de grains et de fruits pour l'hiver. On ne le connaît encore qu'au Mexique.

6. ÉCUREUIL A VENTRE ROUX, *Sciurus rufiventer*, Geoff. Il existe dans le Muséum de Paris. De la taille de celui d'Europe , mais sans pinceaux aux oreilles ; son pelage est d'un brun roussâtre piqueté de noir en dessus , couleur qui s'étend sur la tête, les flancs et les pates ; tout le dessous du corps et les faces intérieures des membres sont d'un roux assez pur. Moustaches noires aussi longues que la tête; pates d'un brun foncé sans mélange de fauve; queue touffue, brune à la base, fauve à l'extrémité. De l'Amérique du nord, sans désignation de contrée. Est-ce le même que l'Ecureuil cendré ?

7. Ecureuil a bandes rouges , *Sciurus rubro-lineatus* , Mammal ; Ecureuil rouge de Warden (Descrip. des Etats-Unis, T. v).—Plus petit que l'Ecureuil gris , à pelage grisâtre sur les flancs ; une ligne rouge sur l'échine ; ventre blanc. Il vit de semeu-ces de Pins , d'où lui est venu le nom d'Ecureuil des Pins. Il niche dans des creux de rocher ou dans des trous d'Arbres morts. Rafinesque (*Ann. of natur.*, n° 1, p. 12) donne ce nom d'Ecureuil rouge à un espèce qu'il dit entièrement rouge de brique en des-sus , blanche sous le ventre et sans aucun pinceau aux oreilles. Il diffé-rerait beaucoup de l'espèce à bandes rouges par sa taille de deux pieds du museau au bout de la queue. Il est du Haut-Missouri où on le nomme Ecu-reuil-Renard.

8. Ecureuil noir , *Sciurus niger* , L. , *Quauhtecallotl-Thilllie* des Mexicains , Hernand., Mex., p. 582 ; *the black Squirrel*, Catesby, T. 11, p. 75, et Bartram, T. 11. A peu près semblable pour les couleurs et leur répartition à l'Ecureuil Capistrate , mais presque moitié plus petit , n'é-tant que de la taille de l'Ecureuil vulgaire. Des individus de cette es-pèce , dit Catesby (*loc. cit.*), n'ont que le nez de blanc ; d'autres les pieds , d'autres le bout de la queue , d'autres seulement un collier sur le cou. La queue n'est ni aussi touffue ni aussi longue à proportion qu'à son grand Ecureuil gris (Sup. 3). Selon Desmarest (Dict. d'Hist. nat. de Dé-terville) les oreilles et le bout du nez seraient constamment noirs , com-me le reste de la tête , et ce carac-tère distinguerait cette espèce de la variété noire du Capistrate dans le-quel ces parties seraient constamment blanches. Le pelage est formé d'un feutre brun et serré , traversé par les poils soyeux, seuls apparens au de-hors. Il est des Etats-Unis d'Améri-que et probablement aussi du Mexi-que. Suivant Catesby, sa chair est dé-licate, et il différerait de l'espèce grise du même auteur par ses mœurs socia-les et sa manière d'élever ses petits.

9. Ecureuil du Malabar , *Sciu-rus maximus*, Gmel., Sonnerat, Voy. T. 11, pl. 87 ; Buff. , Supp. vii , pl. 72. Le plus grand de tout le genre et de la taille d'un Chat ; le dessus de la tête , une bande derrière la joue , les oreilles, la nuque, les flancs et le mi-lieu du dos sont d'un roux brun très-vif ; les épaules , la croupe, les cuisses et la queue d'un beau noir ; le ventre, la partie intérieure des jambes de der-rière , presque toutes les jambes de devant, la poitrine , le dessus du cou et le bout du museau d'un assez beau jaune. Suivant Sonnerat, il habite sur les Palmiers , et aime beaucoup le lait des noix de Cocos.

9. Ecureuil de Ceylan , *Sciurus Ceylanensis*, Mammal ; Encycl., pl. 75, f. 4 ; sous le nom d'Ecureuil à longue queue; *Long tailed Squirrel*, Penn., *Indian Zool.*, tab. 1; Schreb., t. 217; *Daudoleana* à Ceylan , *Rakea* au Malabar. —Trois fois plus grand que l'Ecureuil d'Europe , noir sur toutes les parties supérieures , jaune aux parties inférieures ; à queue grise; bout du nez de couleur de chair ; deux petites bandes noires sur cha-que joue ; une tache fauve entre les deux oreilles. On ne sait rien sur ses habitudes. Desmarest propose de le séparer de l'espèce précédente, à la-quelle il a été réuni par Cuvier, uni-quement parce qu'il est de l'île de Ceylan. Mais comme la distance de Ceylan au continent indien est infi-niment petite, et comme la plupart des Animaux de Ceylan lui sont com-muns avec le Décan , par exemple l'Eléphant asiatique et le Chevrotain Mémina (qu'on avait cru essentiel-lement insulaire), on voit que la raison alléguée par Desmarest n'est pas concluante.

10. Ecureuil de Madagascar , *Sciurus Madagascariensis* , Shaw , Buff. , Suppl. vii, pl. 63. D'un noir foncé en dessus ; joues et dessous du cou d'un blanc jaunâtre ; ventre brun jaunâtre ; queue noire ; oreilles sans pinceau. Au moins double en grosseur de l'Ecureuil d'Europe. Il est très-voisin du précédent ; comme

lui , il a la queue plus longue que le corps.

11. ÉCUREUIL DE PRÉVOST, *Sciurus Prevostii*. Grand comme l'Ecureuil d'Europe , à pelage noir en dessus , jaune sur les flancs et marron en dessous; queue brune ; les oreilles sans pinceaux ; la queue presque ronde et médiocrement velue ; le jaune des parties latérales tranche fort nettement avec le noir des parties supérieures et le marron des inférieures. Ses mœurs sont inconnues ; on sait seulement qu'il est de l'Inde , sans désignation de contrée.

12. ÉCUREUIL A TÊTE BLANCHE ou de LESCHENAULT, *Sciurus albiceps*, Geoff. D'environ un pied de long; il a le pelage brun en dessus avec l'extrémité des poils jaunâtre ; la queue , longue d'un pied , est brune en dessus , jaunâtre en dessous , à poils bien divergens ; tête, gorge, ventre, partie antérieure et interne des jambes de devant d'un blanc jaunâtre ; jambes postérieures et partie externe des antérieures brunes, ainsi que les pieds de devant. Il est de Java.

13. ÉCUREUIL BICOLOR , *Sciurus bicolor*, Sparmann , *Act. Soc. Goth.* ; *Sciurus Javanensis*, Schreb , pl. 216. Corps roux; la queue fauve ainsi que le dessous du tronc et de la tête ; tour des yeux noir ; oreilles sans pinceaux.

14. ÉCUREUIL A DEUX RAIES , *Sciurus bilineatus* , Geoff. De sept pouces environ de longueur ; queue un peu plus courte ; dos et flancs d'un brun gris piqueté de jaunâtre ; sur chaque flanc , une bande blanche , étroite , depuis l'épaule jusqu'à la hanche ; dessous du ventre et dedans des quatre pates d'un brun jaunâtre. Il est de Java où Leschenault l'a découvert.

15. ÉCUREUIL BARBARESQUE, *Sciurus Getulus* , Lin., Buff. T. x, pl. 27. D'un tiers plus petit que l'Ecureuil d'Europe ; il a le dessus du corps brun avec quatre lignes longitudinales blanches , dont deux de chaque côté depuis l'épaule jusqu'à la naissance de la queue ; le ventre blanc ; la queue d'un cendré roussâtre varié de

noir ; les oreilles sans pinceaux et très-courtes. Il habite les contrées adjacentes aux chaînes de l'Atlas ; on l'a aussi indiqué en Asie.

16. ÉCUREUIL PALMISTE, *Sciurus Palmarum*, L., ÉCUREUIL A QUEUE EN PINCEAU de Leach, *Mustela africana*, Clusius , *Exotic.* ; Buff. T. x, pl. 26. De cinq pouces de long au corps et six pouces à la queue ; d'ailleurs fort semblable au précédent, ayant, comme lui , deux ou trois bandes blanches de chaque côté du dos et sur les flancs, le dessus du corps brun ou roux mêlé de gris; le ventre d'un blanc jaunâtre ; la queue roussâtre en dessus , blanchâtre et bordée de noir en dessous ; les oreilles sans pinceaux. Du Sénégal et des îles du cap Vert. Il est douteux qu'il se trouve en Asie, où on l'a indiqué comme le précédent.

†† GUERLINGUETS : *point d'abajoues; queue entièrement ronde ou dystique à l'extrémité seulement.*

17. ÉCUREUIL DE LA GUIANE, *Sciurus œstuans* , L. Grand Guerlinguet de Buffon, Suppl. VII, pl. 65; *Myoxus Guerlingeus* , Shaw. A peu près de la même grosseur et de la même forme que l'Écureuil d'Europe ; le dessus du corps d'un brun marron; ventre et poitrine roussâtres · queue de la couleur du corps, annelée de brun et de fauve peu nettement séparés, noire au bout; oreilles sans pinceaux ; moustaches noires , et quelques longues soies de la même couleur à la face interne des avant-bras. Il habite la Guiane , où il se nourrit principalement de fruits de Palmier. Mais il ne vit pas exclusivement sur les Arbres; on le voit souvent à terre.

18. ÉCUREUIL NAIN , *Sciurus pusillus* , Geoff. Petit Guerlinguet, Buff. Suppl. VII, pl. 46. Découvert à la Guiane par Sonnini; il n'a guère plus de trois pouces de long au corps et autant à la queue ; le dessus du corps est brun mêlé de jaunâtre et de cendré ; la poitrine d'un gris de Souris; le ventre fauve ; queue de la couleur du dos; oreilles sans pinceaux , mais garnies en dedans de petits poils du

même fauve foncé que le ventre et la face interne des cuisses ; les moustaches noires. A Cayenne on nomme Rat de bois ce petit Écureuil.

19. ÉCUREUIL A BANDES BLANCHES, *Sciurus albo-vittatus*, Desmarest. Dessus du corps roussâtre, avec une ligne blanche de chaque côté ; queue noire, brune ou roussâtre à sa base et noire à l'extrémité ; oreilles sans pinceaux. Desmarest rapporte à cette espèce, qui est des Indes-Orientales, 1° l'Écureuil de Guigi de Sonnerat, un peu plus grand que celui d'Europe, d'un gris terreux en dessus, gris plus clair en dessous et sur le dedans des membres, avec une bande de blanc sur les flancs et du blanc aussi autour de l'œil ; 2° l'Écureuil fossoyeur, *Sciurus erythopus*, de la Collection du Muséum ; grand à peu près comme le *Sciurus vulgaris*, à dessus du corps et queue mélangés de jaunâtre et de brun ; ventre blanc sale ; oreilles très-courtes et bandes blanches sur les flancs.

20. ÉCUREUIL A QUEUE ANNELÉE, *Sciurus annulatus*, Mammal. (*V.* planches de ce Diction.) Grand comme l'Écureuil palmiste, à pelage d'un gris verdâtre clair en dessus, sans bandes blanches latérales, blanc en dessous ; queue plus longue que le corps, toute ronde, annelée transversalement de blanc et de noir. Ses mœurs et sa patrie sont inconnues.

††† TAMIAS, *avec abajoues et queue dystique.*

21. ÉCUREUIL SUISSE, *Sciurus striatus*, L. *Burunduk* des Russes ; *Ulbuki* des Tungouses ; *Wartha* des Mogols ; *Dsjulalà* des Baskirs ; *Dschyræki* des Mongols ; *Schepek* des Ostiaks ; *Kugerük* des Tatares. Écureuil de terre de Catesby, Hist. de la Carol., p. 15 ; Buff. T. x, pl. 208. On en distingue deux variétés : l'asiatique et l'américaine. La variété américaine, figurée par Catesby, est moitié plus petite que l'Écureuil ordinaire, et de la même couleur, mais il a de plus sur chaque flanc une bande d'un blanc jaunâtre,

bordée elle-même de deux raies noires ; une autre raie noire impaire s'étend le long de l'échine ; les poils de la queue sont beaucoup plus courts que dans les autres Écureuils. — La variété asiatique a environ cinq pouces de long, et sa queue seulement trois ; il a le dessus du corps d'un brun fauve avec les mêmes rayures que la variété américaine : l'intervalle de la raie spinale à la première raie des flancs est d'un gris brun ; les épaules et les pates de devant sont d'un fauve obscur ; la croupe, sur laquelle ne s'étendent pas les rayures longitudinales, le dehors des cuisses, l'extrémité des pates de derrière et la base de la queue d'un roux vif. Cette espèce est indigène depuis la Kama jusqu'à l'autre extrémité de la Sibérie ; en Amérique elle s'étend probablement depuis le détroit de Behring jusqu'à la Caroline où Catesby l'a observé le premier. Cet Écureuil monte rarement sur les Arbres : il se creuse entre leurs racines un terrier à double sortie avec autant de chambrées qu'il lui en faut pour les provisions d'hiver, qui consistent en semences d'Arbres de toute espèce ; il les transporte à la manière des Hamsters et autres Rongeurs, au moyen de ses abajoues.

22. ÉCUREUIL DE LA FÉDÉRATION, *Sciurus tridecemlineatus*, Mitchell, *Medic. Reposit*, janvier 1821, vol. 6, n. 2. Grand comme l'Écureuil Suisse ; à queue longue de trois pouces ; à corps mince ; à museau pointu ; le pelage est châtain foncé en dessus, avec une ligne moyenne blanchâtre, moitié continue et moitié formée de petites taches ; de chaque côté de cette ligne en sont trois non interrompues, alternant avec trois séries de taches blanchâtres ; dessous du corps d'un jaune blanchâtre. Il est de la région des sources du Meschasabé. On ne sait rien sur ses habitudes.

23. ÉCUREUIL DE HUDSON, *Sciurus Hudsonius*, L., *Siksik* des Eskimaux. Pallas, *Nov. Sp. Glir.* Un peu plus petit que l'Écureuil commun ; il est brun roussâtre sur le dos

et sur la tête ; sa queue, plus courte que le corps est d'un brun roussâtre et bordée de noir; les moustaches sont noires et très-longues. Il n'habite que les contrées les plus froides de l'Amérique, et ne s'avance pas autant au sud que l'Écureuil Suisse.

Parmi les espèces dont on n'a pas de figures ni d'originaux, mais qui sont mentionnées, soit par les nomenclateurs, soit même par quelques naturalistes plus exacts que des nomenclateurs, entre autres par Pallas et Guldœnstædt, on doit rappeler :

1. l'ÉCUREUIL DE PERSE, *Sciurus Persicus*, Gmel., *Syst. Nat.* ; de couleur gris obscur en dessus, jaunâtre en dessous; tour des yeux et oreilles noirs; membres postérieurs roux. Il serait des montagnes du Ghilan et du Mazenderan.

2. ÉCUREUIL ANOMAL, *Sciurus anomalus*, Gmel., Encycl. pl. 75, f. 2, et Schreb., tab. 215, c; d'après Guldœnstædt, un peu plus grand que l'Écureuil ordinaire ; le dessus du corps et la face externe des membres et la queue de couleur ferrugineuse, foncée sous le ventre, plus pâle sous la gorge; oreilles petites, effilées à la pointe ; joues fauves ; tour de la bouche blanc. Il est des montagnes de la Géorgie.

3. ÉCUREUIL ROUGE, *Sciurus erythræus*, Gmel. et Pall. *Nov. Sp.* p 377 ; d'un jaune mêlé de brun en dessus, fauve sanguin en dessous ; queue ronde et très-velue, aussi d'un fauve sanguin, avec une ligne noire ; un peu plus grand que l'Écureuil ordinaire. Il est des Indes-Orientales.

4. ÉCUREUIL D'ABYSSINIE, *Sciurus Abyssinicus*, Gmel. ; d'après Thévenot. Noir ferrugineux en dessus, cendré en dessous; queue grise, longue d'un pied et demi; oreilles noires, triples de celles de l'Écureuil vulgaire. C'est à plus juste titre, à cause de la distance de leur patrie, qu'on séparerait cette espèce de l'Écureuil de Ceylan à qui elle a été réunie par Shaw.

5. ÉCUREUIL INDIEN, *Sciurus Indicus*, Gmel., *Sc. Bombayus*, Penn. et Shaw. Long de seize pouces au corps,

de dix-sept à la queue; des pinceaux aux oreilles; tout le dessus du corps et les flancs, ainsi que la queue, d'un pourpre obscur; ventre et dedans des cuisses jaunes; bout de la queue orangé. Des environs de Bombay; il est probablement identique avec l'Écureuil du Malabar, littoral qui ne forme qu'une seule région au bas des Gattes.

6. ÉCUREUIL DES BANANIERS, *Sciurus notatus*, Boddaert, *Elench.* ; *Animal Platane Squirrel*, Penn., Quadr. T. II, p. 151. D'une couleur un peu plus pâle que l'Écureuil commun, avec une ligue jaune sur les flancs. Il est des îles de la Sonde, où il vit sur les Tamarins et les Bananiers. Shaw le regarde comme une variété de l'Écureuil de Guigi de Sonnerat, ou bien est-ce le même que l'Écureuil à deux raies, trouvé à Java par Leschenault?

7. ÉCUREUIL DU MEXIQUE, *Sciurus mexicanus*, Séba, Thes. T. I, p. 76, fig. 2. Long de cinq pouces au corps et un peu plus à la queue; à oreilles grandes et nues; à poils d'un brun cendré avec sept bandes blanchâtres le long du dos des mâles, et cinq sur celui des femelles. Séba a dessiné une queue terminée par quatre embranchemens évidemment factices.

8. ÉCUREUIL JAUNE, *Sciurus flavus*, L. Moitié plus petit que celui d'Europe et sans pinceau aux oreilles. Linné le dit des environs de Carthagène en Colombie, et Pennant du Guzurate dans l'Inde? Ou il s'agit de deux Animaux, ou il n'est que de l'une de ces contrées. Est-ce le même que le *Sc. annulatus?*

(A. D..NS.)

On appelle ÉCUREUILS VOLANS les Polatouches. *V.* ce mot.

ÉCUREUIL. POIS. Nom vulgaire du *Perca formosa*, L., devenu le *Lutjanus Sciurus* de Lacépède et un *Anthias* de Bloch. *V.* ces mots. (B.)

ÉCUREUIL. INS. Nom vulgaire du *Bombix fagi*, L.   (B.)

* ÉCUSSON. OIS. Nom que l'on donne quelquefois aux pièces cornées qui recouvrent les pieds et les

doigts d'un grand nombre d'Oiseaux. *V.* Écaille.   (DR..Z.)

ECUSSON. moll. On doit entendre par ce mot deux choses différentes, selon son application dans les Conchifères. Dans ceux composés de deux parties, et qui sont réguliers, c'est un petit espace pris dans le corselet, et qui en est séparé ordinairement par une ligne enfoncée ou colorée (*V.* Coquille). Dans ceux qui, comme les Pholades, ont plusieurs pièces accessoires, on doit nommer Ecusson celle de ces pièces qui occupe la place de l'Ecusson dans les autres Conchifères réguliers. *V.* Pholade.   (D..H.)

ECUSSON. *Scutellum.* ins. Dénomination employée très-souvent en entomologie pour désigner une partie du thorax des Insectes, qu'on reconnaît plutôt à sa forme triangulaire qu'à tout autre signe. Nous avons montré dans notre travail sur le thorax les nombreuses méprises que cette manière de voir avait fait commettre. L'Ecusson est pour nous une pièce existant chez tous les Insectes, variant beaucoup par sa forme et son volume, mais conservant toujours les mêmes rapports avec les parties voisines. Il est situé entre l'Ecu, *Scutum*, et l'Ecusson postérieur, *Postscutellum*. Cette dernière pièce est aussi très-distincte, et se cache le plus souvent en entier dans la cavité thoracique où elle constitue une sorte de cloison verticale ou oblique. Nous reviendrons sur sa description ainsi que sur celle de l'Ecusson, à l'article Thorax. *V.* ce mot.   (AUD.)

ECUSSON FOSSILE. échin. Les oryctograpes ont ainsi nommé des fragmens d'Echinites ou d'Oursins fossiles, qui appartenaient au test de ces Echinodermes.   (LAM..X.)

*ECUSSONS. pois. Plaques de substance calcaire, retenues dans l'épaisseur de la peau de certains Poissons, et qui, prenant parfois une forme régulière en mosaïque, recouvrent tout le corps et contribuent à former l'appareil défensif de l'Animal qui s'en trouvé muni. Les Coffres et l'Esturgeon présentent des Ecussons très-remarquables.   (B.)

EDDER. ois. Syn. d'Eider. *V.* ce mot et Canard.   (B.)

* EDECHIE. *Edechia.* bot. phan. La Plante ainsi nommée par Lœffling est le *Laugeria odorata* de Jacquin ou *Matthiola parviflora* de Vahl.   (A. R.)

EDEMIAS. bot. phan. (Dioscoride.) Et non Edinias. L'un des synonymes de Conyze.   (B.)

EDENTÉ. pois. Nom spécifique d'un Scombre, d'un Squale, d'une Blennie, d'un Saumon, etc. *V.* ces mots.   (B.)

EDENTÉS. mam. Cinquième ordre des Mammifères, dans le Règne Animal de Cuvier. Ce mot Edenté ne doit pas être pris littéralement; les seules dents constamment absentes dans ces Animaux sont les incisives, car les Paresseux ont réellement des canines et des molaires; ces dernières sont même si nombreuses dans quelques Tatous, qu'il n'y a que quelques Dauphins qui en aient davantage. L'ostéologie des Edentés est la seule partie bien connue de leur organisation depuis les belles monographies récemmment publiées dans le cinquième volume des Ossemens Fossiles. On sait avec quelle singulière fidélité le squelette, essentiellement inerte, représente pourtant par ses formes et par l'amalgame de ses parties les modifications survenues dans les organes actifs des Animaux, c'est-à-dire dans leur système nerveux, sensitif et digestif. Relativement à toutes les actions qui dérivent de ces systèmes, l'ordre des Edentés est celui qui s'écarte le plus des autres Mammifères, et celui dans lequel les genres s'écartent le plus les uns des autres. Ces genres, que plusieurs caractères hétéroclites communs rattachent ensemble, malgré toutes leurs anomalies, et qui semblent l'œuvre d'une conception particulière, n'ont pourtant pas une patrie commune, mais chaque genre est autochtone de quelque grande division du globe. Voici l'esquisse qu'en a donnée Cuvier (*Oss. Foss.*).

1°. La première tribu, celle des Tardigrades à tête courte et ronde, dont la bouche ne manque que d'incisives et auxquels leurs longs bras et les autres singularités de leur structure impriment une lenteur et une gêne de mouvemens qui semblent en faire des êtres disgraciés de la nature. *V*. Bradype.

2°. Les Fouisseurs à tête conique, manquant d'incisives et de canines, mais encore pourvus de molaires, et dont les uns (les Tatous), à langue courte, couverts de cuirasses solides et articulées, vivent de fruits et de la chair des cadavres; les autres (les Oryctéropes) couverts de poils et à langue susceptible d'un grand prolongement, mais à molaires creusées de petits canaux parallèles, vivent déjà de Fourmis. *V*. Tatous et Oryctéropes.

3°. Les Myrmécophages, absolument dépourvus de dents, à bouche prolongée en tube, terminée par une petite ouverture contenant une langue filiforme, et susceptible de plus grand prolongement, ne vivent aussi que de Fourmis et de Termites. Ils comprennent deux genres : les Fourmiliers couverts de poils, et les Pangolins couverts d'écailles imbriquées et tranchantes. *V*. Fourmiliers et Pangolins.

4°. Les Monotrèmes, si extraordinaires par l'absence de mamelles, par leurs organes de la génération, infiniment plus voisins de ceux des Ovipares que de ceux des Mammifères, par un squelette tenant en partie de celui des Reptiles, en partie de celui des Mammifères à bourse. Un des genres de cette tribu, l'Echidné, couvert d'épines, à langue extensible, vit de Fourmis; l'autre genre, le plus hétéroclite de tous les Quadrupèdes, couvert de poils, à langues plates, à museau comparable au bec d'un Canard, à dents vasculeuses comme celles de l'Orycté-

rope, semble offrir l'assemblage de tous les contraires.

5°. Les Edentés fossiles, dont deux espèces gigantesques, le Mégatherium du Paraguay et le Mégalonix des Alleganys, forment certainement un genre dans l'ordre. Les analogies de ce genre le rapprochent de divers genres de la famille des Edentés. Il a la tête et l'épaule d'un Paresseux, et les jambes et les pieds offrent un singulier mélange de caractères propres aux Fourmiliers et aux Tatous. Il paraît même, par quelques débris trouvés dans la province de Monte-Video, que le Mégatherium était, comme les Tatous, revêtu de cuirasses écailleuses. (*V*. Mégalonix et Mégatherium).

Cuvier vient de découvrir (*loc. cit.*, p. 193) une troisième espèce d'Edenté gigantesque qui, d'après les proportions de l'os unguéal, seule pièce qui lui ait servi à la détermination de ce Fossile, aurait eu une longueur totale de vingt-quatre pieds; il se rapporte au genre des Pangolins. *V*. Pangolins.   (A. D..ns.)

ÉDER. ois. Pour Eider. *V*. Canard.   (b.)

EDER. bot. phan. Pour OEdera. *V*. ce mot.   (b.)

EDESSE. *Edessa*. ins. Genre de l'ordre des Hémiptères, section des Hétéroptères, famille des Géocorises, établi par Fabricius et réuni par Latreille (Règn. Anim. de Cuvier) aux Pentatomes dont il ne diffère que par des caractères d'une valeur très-secondaire tirés de la brièveté du troisième article des antennes, relativement au second, et d'une largeur assez notable de la tête. Ce genre ne comprend que des espèces exotiques. *V*. Pentatome.   (aud.)

EDICNÈME. ois. *V*. Ædicnème.

ÉDINIAS. bot. phan. *V*. Édemias.

*EDINITE. min. Nom donné à un Minéral associé à la Prehnite dans les Basaltes d'Édimbourg, et qui a été décrit et analysé par Kennedy. Il contient : Silice, 51,50 : Chaux, 32 ;

Soude, 8,5 ; Alumine, 0,5; Oxide d'Etain, 0,5 ; Acide carbonique avec traces de Magnésie et d'Acide muriatique, 5. On l'a comparé à la Mésotype et à l'Amphibole fibreux ou Trémolite.   (G. DEL.)

* **EDMONDIE.** *Edmondia.* BOT. PHAN. Genre de la famille des Synanthérées et de la Syngénésie égale, L., établi par H. Cassini (Bulletin de la Société Philomat., mai 1818) qui l'a ainsi caractérisé : calathide sans rayons, composée de fleurons nombreux, égaux, réguliers et hermaphrodites ; anthères munies d'appendices basilaires longs et membraneux ; involucre dont les folioles sont imbriquées, appliquées, très-petites, linéaires, surmontées d'un très-grand appendice, lancéolé, scarieux et coloré. Ceux qui terminent les folioles de la rangée la plus intérieure sont très-petits et ordinairement bilobés ; réceptacle plane, couvert de paillettes plus ou moins longues; ovaires grêles, cylindracés, quelquefois comprimés et bordés d'une membrane ; aigrette longue, caduque, composée de poils disposés sur un seul rang, et dont la partie supérieure est légèrement plumeuse. Ce dernier caractère distingue principalement le genre en question de l'*Anaxeton* de Gaertner, près duquel H. Cassini le place dans la tribu des Inulées, section des Gnaphaliées. L'*Edmondia* se compose de trois espèces observées dans l'herbier de Jussieu, et que la plupart des botanistes rapportaient, comme de simples variétés, au *Xeranthemum sesamoïdes* de Linné. Ces trois Plantes sont des Arbustes africains qui ont reçu les nouveaux noms d'*Edmondia splendens*, *E. bicolor*, *E. bracteata*.
                                (G..N.)

EDOLÉO ou EDOLIO. Espèce du genre Coucou. *V.* ce mot.   (B.)

EDOLIUS. OIS. *V.* DRONGO.

EDOUARDE. BOT. PHAN. *V.* EDWARDSIE.

EDREDON. OIS. Nom donné au duvet produit par le Canard Eider, et dont on compose des couvertures de lit fort recherchées.   (DR..Z.)

EDRIOPHTHALMES. *Edriophthalma.* CRUST. Nom sous lequel Leach (*Trans. of the Linn. Societ.* T. XI) désigne la seconde légion de sa sous-classe des Malacostracés, et à laquelle il assigne pour caractères : yeux sessiles, ordinairement composés, mais quelquefois simples, situés sur les côtés de la tête ; des mandibules souvent munies d'un palpe ; tête presque toujours distincte du corps. Cette légion comprend plusieurs sections dont les deux premières correspondent à l'ordre des Amphipodes de Latreille, et elle renferme un grand nombre de genres.
                                (AUD.)

* **EDRITA.** POIS. Les anciens désignaient l'Alose sous ce nom. *V.* CLUPE.   (B.)

EDWARDSIE. *Edwardsia.* BOT. PHAN. Genre de de la famille des Légumineuses caractérisé de la manière suivante : calice oblique présentant une fente supérieurement, et cinq dents rejetées de l'autre côté ; corolle papilionacée dont la carène est formée de deux pièces distinctes et allongées, et dont les pétales, aussi au nombre de cinq, sont connivens; dix étamines dont les filets, insérés au calice au-dessous de la moitié de sa hauteur, se prolongent jusqu'à sa base, de manière que cette base représente une sorte de coupe relevée de côtes, et humectée en général d'un liquide mielleux ; une gousse polysperme, remarquable par une suite de renflemens et d'étranglemens, et dont la surface se prolonge en quatre ailes. Ce genre se compose de quelques Arbustes placés d'abord parmi les *Sophora*. Leurs feuilles pennées sont soyeuses dans les jeunes pousses ; leurs fleurs disposées en grappes ou en épis à l'aisselle de ces feuilles, accompagnées de bractées persistantes. Deux espèces sont originaires de la Nouvelle-Zélande, d'où Banks les a rapportées et introduites en Europe, où elles font maintenant l'ornement de nos orangeries : ce sont l'*Edwardsia grandiflora* ou *Sophora tetraptera* de Lamarck, et l'*E. microphylla*. L'*E. chrysophylla* est une troisième espèce du même genre , à fleurs plus petites, et qui croît aux îles Sandwich. *V.* Lamarck , Illust. tab. 325.

(A.D.J.)

EDWARSIA. bot. phan. Le genre établi sous ce nom dans la famille des Synanthérées par Necker, ne diffère du *Bidens* aux dépens duquel il a été formé, que par la présence de bractées formant un involucre extérieur. Ce caractère est trop léger pour la distinction d'un genre nouveau.

(G..N.)

* **EENI.** bot. phan. (Marsden.) Probablement la même chose que le Henné. *V.* LAWSONIA. (B.)

EFFARVATTE. ois. Syn. de la Sylvie des roseaux, *Sylvia arundinacea*, Meyer. Plusieurs auteurs en avaient fait une espèce distincte, mais l'observation a prouvé que ce n'était pas même une variété. *V.* SYLVIE. (DR..Z.)

EFFERVESCENCE. Dégagement, ordinairement rapide, d'un fluide gazeux, qui, traversant une couche plus ou moins épaisse de liquide, s'y forme une enveloppe de ce même liquide dont il cherche à s'affranchir lorsqu'il est est arrivé au contact de l'atmosphère. (DR..Z.)

EFFLORESCENCE. min. Croûte pulvérulente qui se forme à la surface des matières salines, et qui n'est autre chose que ces mêmes matières auxquelles l'atmosphère a enlevé l'eau de cristallisation. (DR..Z.)

EFFODIENTIA. mam. (Illiger.) *V.* FOUISSEURS.

EFFRAIE. ois. Espèce du genre Chouette. *V.* CHOUETTE. (DR..Z.)

EGAGROPILE. zool. Concrétion qui se forme dans l'estomac et les intestins de divers Mammifères par l'accumulation des poils que ces Animaux avalent en se léchant. Ces poils se feutrent, se pelotonnent, et il en résulte des concrétions suscepti-

bles, par le volume qu'elles acquièrent quelquefois , de causer la mort de l'Animal qui les porte. Lorsque les Egagropiles sont anciennes , leur surface s'use et se polit par le frottement. Elles ressemblent alors à d'énormes calculs enveloppés d'une substance qui présente quelques rapports avec de la bile durcie. (DR..Z.)

EGAGROPILE DE MER. bot. On trouve fort communément sur certains rivages, particulièrement sur ceux de la Méditerranée , des corps globuleux ou aplatis qui ressemblent parfaitement, au premier coup-d'œil, à un feutre formé de poils d'Animaux , et qu'Imperatus soupçonna être d'origine végétale et non animale, comme l'avait fait penser la similitude de ces corps avec les Egagropiles qu'on trouve dans l'estomac des Ruminans. Draparnaud appela de nouveau l'attention des naturalistes sur ce point, dans le Journal d'Histoire naturelle que rédigeaient à Bordeaux, vers la fin du dernier siècle, Capelle et Villers. Il a prouvé que ces prétendus Egagropiles de mer n'étaient que la fibre de la partie inférieure des *Zostères*, feutrée autour de quelque fragment de leurs tiges, à l'aide d'un certain mouvement de la mer. Il croyait ce mécanisme propre à la Méditerranée. La savante dissertation de ce naturaliste donna lieu à une grande controverse où se trouvèrent impliqués des botanistes qui avaient pris le *Conferva amphibia* de certains rocs humides pour le *Conferva Ægagropila* des grands lacs du Nord, et celle-ci pour la même chose que l'Egagropile de mer. Nous avons depuis retrouvé les Egagropiles d'Imperatus sur d'autres rivages , particulièrement ceux du Pas-de-Calais , devant Ambleteuse , et en plusieurs endroits de la baie de Cadix. Partout nous y avons reconnu, comme feu notre savant ami , la base des touffes de Zostère , et dans leur centre des restes de racines de cette Plante. Cependant nous trouvions aussi en assez grande abondance d'autres Egagropiles dépourvues de tout ce qui pouvait indiquer les Zostères. Ceux-ci étaient des Egagropiles véritables qui provenaient sans doute soit de quelques Ruminans noyés, soit de ceux qu'on tue dans plusieurs vaisseaux où l'on prend quelques-uns de ces Animaux pour les besoins des passagers, soit enfin des Bêtes à cornes que l'on tuait alors en grande quantité dans le voisinage de la mer pour le service d'armées nombreuses. De pareils Egagropiles véritables, qui ont pu être trouvés dans des circonstances analogues, justifient en quelque sorte l'obstination avec laquelle quelques personnes, même depuis les observations de Draparnaud, ont prétendu que les Egagropiles de mer étaient d'origine animale.   (B.)

* EGALADE et GANIAUDE. BOT. PHAN. De Candolle cite ces mots dans sa Flore Française comme désignant une fort grosse variété de Châtaignes dans le midi de la France.   (B.)

EGEON. *Egeon.* CRUST. Genre de l'ordre des Décapodes, famille des Macroures, section des Salicoques (Règn. Anim. de Cuv.), fondé par Risso (Hist. Nat. des Crust. des environs de Nice, p. 99) qui lui assigne pour caractères : antennes intérieures terminées par trois filets; corps couvert d'un têt solide, aiguillonné; point de rostre; les pates de la première paire monodactyles. Ce nouveau genre, que Latreille croit avoisiner, dans l'ordre naturel, les Pénées et les Crangons, a beaucoup d'analogie suivant Risso avec certains Palémons, dont il diffère cependant par l'absence de tout rostre, par la forme particulière de la première paire de pates qui est monodactyle; par les plaques de l'extrémité de la queue qui ne sont point réunies; enfin, par les espèces de cuirasses solides qui couvrent le corps. Risso décrit une seule espèce :

L'EGEON CUIRASSÉ, *Eg. loricatus*, Risso, ou le Cancer, tab. 5, fig. 1 d'Olivi (*Zool. Adrial.*). Ce Crustacé, confondu avec plusieurs espèces qui en diffèrent beaucoup, est remarquable, suivant Risso, par les particularités suivantes : son corps est allongé, un peu arqué, recouvert d'un têt fort dur et solide, d'un blanc rougeâtre finement pointillé de pourpre. Le corselet est traversé longitudinalement par sept rangs de piquans, courbés en devant, placés les uns au-dessus des autres, et formant une espèce de cuirasse ; les yeux sont petits, grisâtres, rapprochés, presque sessiles. Les pièces latérales sont triangulaires et ciliées ; les antennes intérieures sont courtes et poilues, les extérieures très-longues ; les palpes sont allongés et garnis de poils ; la première paire de pates est monodactyle, la seconde didactyle, la troisième longue et grêle; les deux dernières sont épaisses, garnies de quelques poils et terminées par des crochets aigus; l'abdomen est composé de six segmens chargés de proéminences raboteuses, et de cavités flexueuses et irrégulières, qui semblent représenter diverses figures sculptées en relief; le dernier segment est recouvert d'épines. Les écailles natatoires sont ovales, oblongues, ciliées, non adhérentes à la plaque intermédiaire qui se termine en pointe. Cet Egéon habite la Méditerranée et l'Adriatique, il se tient à une profondeur de deux à trois cents mètres sur des fonds rocailleux, et ne s'approche ordinairement des côtes que pendant l'été. On le prend difficilement, et sa chair n'est pas aussi estimée que celle des Palémons. La femelle dépose ses œufs, qui sont rougeâtres, pendant le mois de juin; elle choisit, pour s'en débarrasser, les endroits couverts de Plantes marines.   (AUD.)

EGÉONE. *Egeon.* MOLL. Montfort, dans sa Conchyliologie systématique (T. 1, p. 166), donne ce nom à une petite Coquille fossile multiloculaire, lenticuliforme, qui se trouve en très-grande abondance à Claudiopolis en Transylvanie. Elle y est même répandue à un tel point, qu'elle rend stériles de vastes plaines, et que parfois remplie de Fer, elle est en exploitation pour l'oxide de ce Métal. Elle a été figurée sous le nom de *Nautilus lenticularis* par Von-Fichtel (*Testac. microscop.* , pag. 57, tab. 7, fig. H), et Montfort l'a considérée comme type d'un nouveau genre qu'il a caractérisé de la manière suivante : coquille libre, univalve, cloisonnée et cellulée, lenticulaire ; test extérieurement strié et tuberculé ou criblé en rayons, recouvrant la spire intérieure ; bouche inconnue ; dos ou marge carené ; centres bombés et relevés. D'après ces caractère, ce genre rentrerait assez bien dans les Nummulites ou les Rotalites qui en sont voisines, et qui en présentent les traits principaux : aussi ce genre, comme la plupart de ceux de Montfort, n'a point été admis. Il a cité comme espèce servant de type l'Egéone perforé, *Egeon perforatus*, qui est petit, diaphane, criblé de trous et hérissé de côtes opaques. Il n'a que deux lignes de diamètre.

(D..H.)

ÉGERAN. MIN. Nom donné par Werner à un Minéral du pays d'Eger en Bohême, dont il a fait une espèce particulière, mais que les chimistes et les cristallographes s'accordent à regarder comme une variété cylindroïde ou bacillaire d'Idocrase. *V.* ce dernier mot. (G. DEL.)

ÉGÉRIE. *Egeria*. MOLL. Félix de Roissy, dans le Buffon de Sonnini, a proposé ce nom pour la Galathée (*V.* ce mot) que Bruguière avait séparée comme genre dans les planches de l'Encyclopédie, et qui avait été admise par Lamarck et presque tous les autres conchyliologues. Pour opérer ce changement, l'auteur se fondait sur ce qu'un genre de Crustacés portait déjà le même nom, ce qui introduisait une sorte de confusion dans la nomenclature. (D..H.)

ÉGÉRIE. *Egeria*. CRUST. Genre de l'ordre des Décapodes, famille des Brachyures, section des Triangulaires (*Règn. Anim.* de Cuv.), établi par Leach, et ayant pour caractères :

antennes extérieures courtes, insérées sur les côtés du rostre, ayant leur second article beaucoup plus court que le premier ; pieds-mâchoires extérieurs ayant leur troisième article droit sur son bord interne, et terminé par une pointe ; serres minces, linéaires, double du corps en longueur chez les mâles, à peu près égales dans les femelles, beaucoup plus courtes dans les deux sexes que les autres pates qui sont très-grêles, celles de la seconde paire ayant cinq fois la longueur du corps ; carapace triangulaire bosselée et épineuse, terminée par un rostre assez court, bifide, à pointes divergentes ; yeux beaucoup plus gros que leurs pédoncules : orbites ayant une double fissure à leur bord supérieur. Ce genre qui ne paraît pas être fondé sur des caractères d'une grande importance, a été réuni par Latreille à celui des Doclées. *V.* ce mot. Il renferme une espèce :

L'EGERIE DE L'INDE, *Eg. Indica* de Leach (*Zool. Misc.* T. II, tab. 73), a été figurée sous le nom de *Cancer* par Herbst (tab. 16, fig. 93). Elle habite les mers de l'Inde. (AUD.)

ÉGÉRITE. BOT. CRYPT. *V.* ÆGÉRITE.

ÉGIALITE. *Ægialitis*. BOT. PHAN. Genre de la famille des Plumbaginées et de la Pentandrie Pentagynie, L., établi par R. Brown (*Prodr. Flor. Nov.-Holl.* , p. 426) qui l'a ainsi caractérisé : calice marqué de plis saillans, à cinq dents, et coriace ; corolle à cinq pétales dont les onglets sont réunis ; cinq étamines insérées sur les pétales ; cinq styles ; stigmates en tête ; conceptacle anguleux, presque cylindrique, sans valves et coriace ; graine unique, germant sans albumen, à plumule visible. La seule espèce connue est l'*Ægialitis annulata*, Br., *loc. cit.*, Arbrisseau très-glabre, et qui croît parmi les Rhizophores dans la Nouvelle-Hollande. Ses rameaux sont fragiles, marqués d'empreintes annelées, formées par les cicatrices des pétioles. Les feuilles sont alternes, sans stipules, planes, coriaces, ovales , très-entières ; leur pétiole est bordé et forme une gaîne dilatée à la base. Les fleurs, disposées en épis paniculés , sont blanches et accompagnées de trois bractées.   (G..N.)

EGILOPE. BOT. PHAN. *V*. Ægilope.

ÉGINÉTIE. BOT. PHAN. *V*. Æginétie.

ÉGIPPIA. OIS. Syn. d'Outarde, *Otis Tarda*, L. *V*. OUTARDE. (DR..Z.)

ÉGITE. OIS. Syn. de Linotte. *V*. GROS-BEC.   (DR..Z.)

* ÉGLANTIER. POIS. Espèce du genre Raie. *V*. ce mot.   (B.)

ÉGLANTIER. BOT. PHAN. Espèce du genre Rosier , *Rosa Eglanteria*, L. Ce nom est quelquefois, mais à tort, étendu à tous les Rosiers sauvages.   (B.)

ÉGLÉ. *Ægle*. BOT. PHAN. Une Plante que Linné avait placée dans le genre *Cratæva*, et qu'il désignait sous le nom de *Cr. Marmelos*, fut de nouveau examinée par Correa de Serra qui , dans le cinquième volume des Transactions de la Société Linnéenne de Londres , p. 222 , reconnut ses affinités avec les Aurantiacées, et en forma le type d'un nouveau genre. Mais jamais il n'a été nommé *Correa*, comme Poiret l'a dit et répété dans ses ouvrages. Interprétant mal une citation , et n'ayant pu la vérifier, ce botaniste aura sans doute pris le nom de l'auteur cité pour celui du genre ; au reste, une semblable erreur a été commise pour le genre *Doryanthes* établi également par Correa. Le professeur De Candolle (*Prodrom. Regn. Veget.* T. I, p. 538) admet aussi le genre Eglé au nombre des Aurantiacées, en lui donnant pour synonyme le genre *Belou* d'Adanson , et il en exprime les caractères de la manière suivante : fleurs dont toutes les parties sont en nombre ternaire ou quinaire ; calice à trois ou à cinq dents ; trois à cinq pétales ; trente à trente-six étamines libres , ayant de longues anthères linéaires et mucro

nées ; stigmate presque sessile ; fruit bacciforme devenant ligneux par la maturité, conoïde, à plusieurs loges polyspermes ; spermoderme charnu , couvert de mucus ; oreillettes des cotylédons très-courtes. Les espèces de ce genre sont des Arbres épineux, à feuilles trifoliées et denticulées. De Candolle (*loc. cit.*) en mentionne deux , dont la suivante est la plus remarquable :

ÉGLÉ MARMELOS , *Ægle Marmelos*, Corr., *Cratæva Marmelos*, L., figurée dans Roxburgh (Plantes du Coromandel , tab. 143) et dans Rhéede (*Hort. Malab.* 3, t. 37) sous le nom de *Covalam*. Cet Arbre croît dans les Indes-Orientales; il s'élève à une grande hauteur et a un tronc fort épais, garni au sommet de branches nombreuses ; les feuilles sont alternes et ternées ; la foliole du milieu est pétiolée et le fruit est à douze loges ; il contient une pulpe visqueuse très-agréable aux Indiens, tandis que les Européens la rejettent à cause de son odeur trop forte et de sa saveur assez fade. Cependant, après qu'on a fait cuire ces fruits sous la cendre, qu'ils ont été apprêtés avec du sucre, et qu'on en a rejeté les noyaux qui, selon Rumph , sont extrêmement amers, ils forment un mets agréable. La seconde espèce rapportée à ce genre , avec doute, par De Candolle , est nommée *Ægle sepiaria*. Elle se distingue par sa foliole médiane sessile, et son fruit à sept loges. Elle est indigène du Japon. C'est le *Citrus trifoliata* de Linné, et le *Ssi* de Kœmpfer (*Amœnit.* , 801, t. 802).   (G..N.)

ÉGLEDUN. OIS. L'un des synonymes d'Edredon. *V*. ce mot. (DR..Z.)

ÉGLEFIN. POIS. Pour Æglefin. *V*. ce mot.   (B.)

* ÉGLÈTES. *Egletes*. BOT. PHAN. Genre de la famille des Synanthérées, Corymbifères de Jussieu, et de la Syngénésie superflue, L., établi par H. Cassini (Bulletin de la Société Philomatique, oct. 1817) qui l'a ainsi caractérisé : calathide globuleuse et

radiée ; fleurons du centre nombreux, réguliers et hermaphrodites ; anthères dépourvues d'appendices basilaires ; demi-fleurons de la circonférence ligulés et femelles ; la languette de ces demi-fleurons est large et tridentée au sommet ; involucre hémisphérique, composé de folioles imbriquées, lancéolées, foliacées et charnues à leur base ; réceptacle hémisphérique et nu ; akènes courts, anguleux, comprimés, surmontés d'un bourrelet coroniforme, très-épais, oblique, denticulé et presque cartilagineux. Ce genre qui, selon son auteur, a de l'affinité avec les genres *Buphtalmum*, *Ceruana* et *Grangea*, appartient à la tribu des Inulées. Il ne renferme encore qu'une seule espèce, *Egletes Domingensis*, H. Cass. ; Plante herbacée, rameuse, à feuilles alternes, subspatulées et dentées supérieurement ; à fleurs jaunes réunies en capitules solitaires, au sommet de longs pédoncules nus et opposés aux feuilles. Sa patrie est Saint-Domingue où elle a été recueillie par Poiteau. (G..N.)

ÉGOPODE. *Ægopodium*. BOT. PHAN. Vulgairement Podagraire. Genre de la famille des Ombellifères et de la Pentandrie Digynie, établi par Linné, et ainsi caractérisé : calice dont le bord est entier ; pétales entiers, inégaux, fléchis et échancrés au sommet ; fruit ovale-oblong, marqué de trois à cinq côtes longitudinales sur chacun des akènes ; involucre nul ; fleurs blanches et feuilles deux fois ternées. Par son port, ce genre se rapproche des Angéliques ; il a le fruit des Livêches ou plutôt des Boucages près desquels on l'a placé, et dont il se distingue à peine, vu l'absence d'involucre dans les deux genres. Empruntant, pour ainsi dire, ses caractères à plusieurs autres Ombellifères, l'Egopode a été transporté par les botanistes dans divers autres genres, selon qu'ils lui trouvaient avec ceux-ci des affinités plus ou moins prononcées. Ainsi Crantz (*Flor. Austr.*, p. 200) l'a réuni aux *Ligusticum* ; Scopoli (*Flor. Carn.*,

éd. 2, n. 559) en a fait une espèce de *Seseli* ; Lamarck (*Encyclop. Méth.*) l'a joint aux *Pimpinella*, quoique dans la première édition de la Flore Française, adoptant sa distinction générique, il lui eût déjà imposé le nom de *Tragoselinum*. A l'imitation de Haller, Mœnch lui a donné celui de *Podagraria* que Linné n'avait admis que pour désigner l'espèce.

L'EGOPODE DES GOUTTEUX, *Ægopodium Podagraria*, est une Plante que l'on trouve dans les vergers et le long des haies de toute l'Europe. Sa tige droite, glabre, un peu rameuse, est haute de six à neuf décimètres. Ses feuilles inférieures sont composées de trois folioles ovales, pointues et dentées ; les supérieures sont simplement ternées, et leurs folioles sont plus étroites. L'ombelle des fleurs est lâche et composée d'une vingtaine de rayons. Le nom spécifique de cette Plante, par lequel uniquement les anciens la désignaient, indique qu'on lui attribuait autrefois des vertus antiarthritiques, mais qui, de même que celles d'une foule de Plantes si préconisées, sont purement imaginaires.

(G..N.)

ÉGOPOGON. BOT. PHAN. *V.* ÆGOPOGON.

ÉGOU. BOT. PHAN. On donne ce nom à l'Hièble dans quelques parties méridionales de la France, où l'on emploie quelquefois la décoction de cette Plante pour mettre les appartemens en couleur avant de les frotter à la cire. (B.)

ÉGOUEN. MOLL. Nom vulgaire des *Voluta pallida* et *marginata*. *V.* VOLUTE. (B.)

ÉGREFIN. POIS. *V.* ÆGLEFIN.

ÉGRIE. BOT. PHAN. (Dioscoride.) Syn. de Pastel. Quelques-uns ont écrit Egné. (B.)

ÉGRISE ou ÉGRISÉE. MIN. Poussière du Diamant dont on se sert pour polir ce corps et pour la gravure en pierres fines. *V.* DIAMANT. (A. R.)

ÉGUILLE ET ÉGUILLETTE.

ZOOL. et BOT. Pour Aiguille et Aiguillette. *V*. ces mots.   (B.)

EHRÉTIE. *Ehretia*. BOT. PHAN.
Vulgairement Cabrillet. Famille des
Borraginées, Pentandrie Monogynie,
L. Ce genre, établi par Linné, fut
adopté par Jussieu, Lamarck et R.
Brown. Ce dernier en ayant modifié
les caractères dans son Prodrome de
la Flore de la Nouvelle-Hollande, p.
497, nous ne pourrions mieux faire
que de suivre un auteur aussi exact
dans l'exposition des différences génériques. Calice profondément divisé
en cinq découpures : corolle infundibuliforme dont la gorge est nue et le
limbe à cinq lobes ; étamines saillantes : style à moitié bifide ; stigmates
obtus ; baie à deux noyaux et à
osselets biloculaires renfermant deux
graines. Les Ehréties sont des Arbres
ou des Arbrisseaux à feuilles entières
ou dentées en scie, et à fleurs disposées en panicules terminales. Trente
espèces environ ont été décrites par
les auteurs, sans compter celles qui
ont servi à former le genre *Beurreria*.
Elles habitent les contrées équinoxiales du globe. L'Ehrétie à feuilles de
Tin est indigène des Antilles. C'est
un Arbre que l'on cultive dans les
jardins de botanique, mais seulement
comme Plante de curiosité. R. Brown
en a fait connaître trois nouvelles espèces de la Nouvelle-Hollande. Salt
en a rapporté plusieurs de l'Abyssinie, et Roxburgh en a décrit et figuré un certain nombre dans sa belle
Flore du Coromandel. Kunth (*in*
Humboldt et Bonpl. *Nov. Gener. et
Spec. Plant. æquinoct.*, vol. 3, p. 51)
a donné les descriptions très-circons-
tanciées de trois nouvelles espèces.
Deux de ces Plantes, *E. tomentosa*
et *E. tinifolia* (*loc. cit.*, tab. 208 et
209), pourraient ensemble constituer
un nouveau genre dont le caractère
résiderait principalement dans le
style indivis, le stigmate bifide ou
bipartite, les fleurs en corymbes
axillaires, et les feuilles opposées ou
ternées. La troisième espèce (*Ehretia fasciculata*) formerait aussi un
nouveau genre caractérisé par ses

deux styles, ses stigmates en tête,
et ses feuilles réunies en faisceaux.
Kunth ne fait qu'indiquer la formation de ces genres qui se réalisera
peut-être quand la connaissance du
fruit complétera les excellentes descriptions de cet auteur.

Si l'on regarde l'*Ehretia tinifolia*,
L., comme type du genre, on remarque des différences essentielles
dans l'organisation des autres Plantes
qu'on lui a associées. Aussi R. Brown
(*loc. cit.*) fait-il observer que parmi
les anciennes espèces, l'*E. tinifolia* et
une autre des Indes-Orientales sont
les seules qui appartiennent légitime-
ment au genre en question. Dans l'*E.
buxifolia* de Roxburgh l'inflorescence est différente, le style est bipartite ; le noyau du fruit est formé
de deux osselets étroitement réunis
qui le rendent quadriloculaire, outre
huit cellules vides. Vahl réunissait
cette Plante au genre *Cordia*, et Cavanilles en a fait son genre *Carmonea*.
Dans les *Ehretia aspera* et *E. lævis*,
Roxb., ainsi que dans une quatrième
espèce de l'Afrique équinoxiale, la
baie contient quatre osselets dont
chacun est biloculaire ; la plus grande loge vide et ouverte d'un côté ;
l'embryon est inverse, à peine arqué,
et le calice est à cinq parties plus profondément divisées que dans les autres espèces. Le calice de l'*E. Beurreria* est tubuleux, et, selon Gaertner
fils, la baie est à quatre osselets dont
chacun est disperme et l'embryon
droit, mais la situation de cet embryon doit être déterminée par des
observations ultérieures. Les différences que présente cette Plante ont
déterminé Jacquin (*Amer.*, 45, tab.
175) à en constituer le genre *Beurreria* qui a été adopté par Gaertner
fils et par Kunth. Celui-ci (*in* Humboldt et Bonpland *Nov. Gen. et Spec.
Plant. æquinoct.*, vol. 3, p. 58) en a
décrit une nouvelle espèce sous le
nom de *B. revoluta*, voisine du *B.
succulenta*, autre espèce qui complé-
tait le genre de Jacquin.   (G..N.)

EHRHARTE. *Ehrharta*. BOT.

PHAN. Genre de la famille des Graminées et que l'on place dans l'Hexandrie Digynie , L. , quoique plusieurs espèces aient trois et quatre étamines. Les fleurs sont généralement disposées en une panicule tantôt simple , tantôt rameuse et étalée ; la lépicène est triflore, à deux valves minces, carenées, plus courtes que les fleurettes, inégales et terminées en pointe à leur extrémité supérieure ; les deux fleurettes extérieures sont neutres, unipaléacées ; la paillette qui les forme est carenée ou même roulée , munie d'une touffe de poils à sa base , obtuse , émarginée au sommet, qui se termine par une soie courte et roide ; on y remarque dans plusieurs espèces des stries transversales ; le fleuron terminal ou central est hermaphrodite ; sa glume est à deux valves membraneuses , carenées, mutiques ; la glumelle se compose de deux paléoles très-minces et comme frangées : les étamines sont au nombre de trois à six ; l'ovaire est surmonté de deux styles terminés chacun par un stigmate en forme de pinceau.

Les espèces de ce genre sont assez nombreuses. On en doit à Swartz une monographie insérée dans les Transactions de la Société Linnéenne de Londres. Ces espèces croissent toutes au cap de Bonne-Espérance.

On doit réunir à ce genre le *Trochera spicata* de Richard (Journal de Physique, 1779, vol. 13, pag. 213, tab. 3).

Robert Brown , dans son Prodrome , a retiré de ce genre deux espèces originaires de la Nouvelle-Hollande, décrites par Labillardière sous les noms de *Ehrharta stipoïdes* et *Ehrharta distichophylla*. La première forme son genre *Microlœna* , et la seconde son genre *Tetrarrhœna*. L'un et l'autre se distinguent surtout des Ehrhartes par leur lépicène uniflore. Néanmoins cette différence n'est point aussi tranchée qu'elle le paraît au premier abord, lorsque l'on observe que le célèbre auteur du *Prodromus Florœ Nov.-Holland.* décrit chaque

épillet comme muni d'un périanthe double à deux valves chacun. Dans ce cas le périanthe externe de Brown est la même chose que les deux fleurons neutres et univalves de la fleur des Ehrhartes. Nous persistons dans notre manière de voir relativement à ce dernier genre, parce que ces deux valves , que nous décrivons comme des fleurons stériles , sont manifestement écartées l'une de l'autre et placées sur des plans différens , et que , par conséquent , elles appartiennent à des fleurs différentes. *V.* MICROLÈNE et TÉTRARRHÈNE.   (A. R.)

EIDER. OIS. Espèce du genre Canard. *V.* ce mot.   (B.)

EINHORN. MAM. (Martens.) Syn. de Narwhal. *V.* ce mot.   (B.)

EISSPATH. MIN. Nom donné par Werner à un Minéral cristallisé qui accompagne la Méionite et la Néphéline au mont Somma, et qui, présentant tous les caractères pyrognostiques du Feldspath, a été considéré comme n'étant qu'une variété de cette espèce ou comme appartenant à une espèce très-voisine , l'Albite ou le Kieselspath de Hausmann. (G. DEL.)

* ÉJARD. BOT. PHAN. (Desvaux.) Nom vulgaire de l'Erable de Montpellier dans quelques départemens de l'ouest de la France.   (B.)

* ÉJOO. BOT. PHAN. La tige et la base des feuilles de certains Palmiers sont garnies d'une sorte de crins épais dont on ramasse à Sumatra une quantité suffisante pour couvrir des cabanes, et qu'on nomme *Ejoo*. Cette espèce de chaume dure , dit-on , fort long-temps et ne se décompose pas à l'air.   (B.)

EKEBERGIA. BOT. PHAN. Ce genre , réuni par quelques auteurs au *Trichilia*, en est distingué par d'autres. On lui donne pour caractères : un calice quadrifide ; quatre pétales ; dix étamines à filets courts et réunis inférieurement en un anneau dans lequel est un ovaire libre , surmonté d'un style court qui porte un stigmate en tête ; une baie globuleuse renfermant de deux à cinq graines. Dans les fleurs, que nous avons nous-mêmes observées, il y avait cinq divisions au calice et autant de pétales, et l'ovaire présentait trois ou quatre loges dans chacune desquelles se trouvaient deux ovules suspendus à un placentaire central. Il s'ensuivrait que l'*Ekebergia* ne différerait du *Trichilia* que par la structure de son fruit bacciforme et non capsulaire; et si l'on réfléchit combien sont vagues ces mots de baie, de capsule, de *capsula baccata* et de baie sèche qu'on rencontre à chaque instant dans les descriptions, on sera porté sans doute à réunir ces genres, comme l'ont fait plusieurs botanistes. On n'a décrit qu'une seule espèce d'*Ekebergia*; c'est un Arbre du cap de Bonne-Espérance, dont les feuilles sont composées de cinq paires de folioles terminées par une impaire, et les fleurs blanches disposées en panicules axillaires. *V.* Trichilia.   (A.D.J.)

ÉKEBERGITE. min. Berzelius emploie ce nom comme synonyme de Natrolithe de Hesselkulla en Suède.
                                   (G.DEL.)

EKKOPTOGASTER. ins. Nom générique sous lequel Herbst a désigné plusieurs espèces de Scolytes de Geoffroy, et qui correspond au genre Hylésine de Fabricius. *V.* ce mot.
                                   (AUD.)

* **ELABATHU.** bot. phan. (Hermann.) Plante de Ceylan qui paraît être le *Solanum sodomæum*, L. *V.* Morelle.   (B.)

ELA-CALLI. bot. phan.(Rhéede.) Syn. d'*Euphorbia neriifolia*, L. *V.* Euphorbe.   (B.)

* **ELACATÈNE.** pois. Les anciens paraissent avoir désigné quelquefois le Thon sous ce nom qui était plus particulièrement appliqué à une salaison faite avec les entrailles de cet Animal.   (B.)

* **ELÆAGNÉES.** *Elæagneæ.* bot. phan. Telle qu'elle a été présentée par Jussieu dans son *Genera*, cette famille se compose d'un grand nombre de genres qui, mieux étudiés, ont offert des différences assez grandes pour être groupés en plusieurs ordres naturels. Gaertner et le professeur Richard, en observant que dans l'Hippophaë l'ovaire n'était pas infère ainsi qu'on l'avait cru jusqu'alors, ont les premiers indiqué la véritable structure de la famille des Elæagnées. Jussieu (Ann. Mus. v, p. 222) a retiré de ses Elæagnées un certain nombre de genres pour en former une famille nouvelle sous le nom de Mirobalanées. Plus tard R. Brown a fait voir que le genre *Elæagnus* avait également l'ovaire libre, et qu'il constituait, avec l'Hippophaë, les véritables Elæagnées. Quant aux autres genres qui leur avaient été associés, il en forme deux familles qu'il nomme Combrétacées et Santalacées. *V.* ces mots. Enfin, dans un mémoire lu récemment à l'Académie royale des Sciences de l'Institut, et imprimé dans le premier volume des Mémoires de la Société d'Histoire naturelle, nous avons présenté une monographie des quatre genres qui forment aujourd'hui les Elæagnées et des espèces qui leur appartiennent. Ces quatre genres sont *Elæagnus*, L.; *Hippophae*, L.; *Shepherdia*, Nuttal; et *Conuleum*, Richard.

Voici les caractères qui distinguent la famille des Elæagnées, telle qu'elle est circonscrite aujourd'hui :

Les fleurs sont unisexuées et dioïques, hermaphrodites dans le seul genre *Elæagnus*. Dans les hermaphrodites, le calice est infundibuliforme; son limbe est campanulé, à quatre ou cinq lobes. Dans les fleurs mâles, le calice se compose de trois à quatre écailles, se recouvrant latéralement; le nombre des étamines varie de trois à huit; elles sont presque sessiles, introrses et à deux loges, s'ouvrant par un sillon longitudinal; les fleurs femelles ont leur calice monosépale, persistant, tubuleux à la base où il est appliqué contre l'ovaire sans y adhérer; le limbe est régulier, à deux, quatre ou cinq divisions, dressées ou étalées. A la gorge du calice, ou trouve un disque annulaire , simple ou diversement lobé , qui manque dans le seul genre Hippophaë; l'ovaire est libre , immédiatement recouvert par le tube calicinal , à une seule loge contenant un ovule pédicellé et ascendant ; le style est très-court, terminé par un stigmate simple , allongé , épais , linguiforme et glanduleux.

Le fruit se compose du tube du calice qui s'est épaissi et est devenu charnu , et qui recouvre un akène ovoïde-oblong ou obovoïde; son péricarpe est mince, crustacé, indéhiscent, renfermant une seule graine ascendante, qui se compose d'un tégument propre membraneux ou crustacé, d'un endosperme charnu , mince, plus épais vers la partie inférieure , et renfermant un embryon dressé dont la radicule est conique et les cotylédons planes et charnus.

Les Elæagnées sont des Arbrisseaux ou de petits Arbres à rameaux souvent épineux dans les individus sauvages , portant des feuilles simples, alternes ou opposées , entières ou dentées, recouvertes, ainsi que les autres parties de la Plante, de petites écailles blanchâtres , sèches , et comme micacées ; les fleurs sont petites, solitaires ou diversement réunies à l'aisselle des feuilles.

La famille des Elæagnées, qui appartient à la classe des Dicotylédones apétales et périgynes , a des rapports avec plusieurs familles et entre autres avec les Thymelées et les Protéacées ; mais dans les Thymelées, les fleurs sont hermaphrodites et l'ovule est renversé, tandis que les fleurs sont généralement unisexuées, et l'ovule ascendant dans les Elæagnées; le péricarpe est charnu dans la première de ces familles, tandis qu'il est sec dans la seconde, puisque la partie charnue qui le recouvre est formée par le tube du calice épaissi. Quant aux Protéacées, elles offrent aussi des différences tranchées qui les distinguent des Elæagnées. Leurs fleurs hermaphrodites ; leur calice formé généralement de quatre pièces distinctes , portant chacune une étamine ; leur ovaire qui présente fréquemment deux ovules ; leur fruit déhiscent, et enfin leur embryon dépourvu d'endosperme , sont les caractères qui les distinguent des Elæagnées.

Les deux familles des Santalacées et des Combrétacées , établies par R. Brown pour placer les genres autrefois réunis aux Elæagnées , en diffèrent spécialement par leur ovaire qui est constamment infère et contenant toujours plus d'un ovule.   (A. R.)

ELÆAGNOIDES. BOT. PHAN. *V.* ELÆAGNÉES.

ELÆAGNUS. BOT. PHAN. *V.* CHALEF.

* ELÆOCARPE. *Elæocarpus.* BOT. PHAN. Genre de Plantes placé par Jussieu à la suite de la famille des Guttifères , mais que plus tard il a considéré comme le type d'un nouvel ordre naturel , voisin des Tiliacées. Les Elæocarpes sont des Arbres à feuilles alternes , souvent dentées. Leurs fleurs sont hermaphrodites , disposées en corymbes ou en panicules terminales; leur calice est formé de cinq sépales caducs; la corolle de cinq pétales déchiquetés et frangés à leur sommet ; les étamines sont en général en nombre triple ou quadruple des pétales , disposées sur deux rangs , insérées sous l'ovaire, en dedans d'un disque hypogyne, annulaire , saillant et ondulé ; les filets sont courts, les antennes très-allongées , étroites, surmontées d'une pointe assez longue, à deux loges s'ouvrant par leur sommet au moyen d'un petit panneau commun aux deux loges; l'ovaire est surmonté d'un style simple et d'un stigmate très-petit , à peine distinct du sommet du style ; le fruit est une drupe contenant un noyau à cinq loges.

On connaît aujourd'hui environ une dixaine d'espèces de ce genre qui pour la plupart croissent dans l'Inde, à la Cochinchine. Une vient de l'Ile-de-France et une autre de la Nouvelle-Hollande.

Jussieu , dans le onzième volume

des Annales du Muséum, a publié des observations importantes sur le genre Elæocarpe, qu'il considère comme type d'un nouvel ordre naturel. Il y réunit le genre *Adenodus* de Loureiro. Il en distingue le *Ganitrus* de Rumph que De Candolle y a réuni dans le premier volume de son Synopsis. Jussieu sépare encore du genre Elæocarpe le genre *Valeria* de Linné, qui y avait été réuni par Retz, Vahl et Willdenow. Ce genre en effet a un fruit capsulaire qui s'ouvre en trois valves, et, selon Gaertner, sa graine serait sans endosperme, et sa radicule supérieure, caractère qui ne s'observe pas dans les autres Élæocarpées.

L'*Elæocarpus peduncularis* de Labillardière forme le genre *Friesia* de De Candolle, qu'il ne faut pas confondre avec le *Friesia* de Sprengel, qui est le *Crotonopsis* de Richard. *V.* ce mot.   (A. R.)

* ELÆOCARPÉES. *Elæocarpeæ.* BOT. PHAN. Famille naturelle de Plantes très-voisines des Tiliacées, indiquée par l'illustre Jussieu dans ses observations sur le genre Elæocarpe, et adoptée par Kunth (*in Humb. Nov. Gen.*) et par De Candolle (*Prodrom. Syst. univ.* 1). Voici les caractères de ce groupe : les fleurs sont hermaphrodites ; le calice est simple, sans calicule, formé de quatre à cinq sépales, à préfleuraison valvaire ; les pétales sont au nombre de quatre à cinq, sessiles, découpés à leur extrémité supérieure en lanières étroites ; ces pétales sont insérés en dehors d'un disque hypogyne, annulaire et saillant ; les étamines varient de quinze à vingt-cinq ; elles sont en général disposées sur plusieurs rangées, et placées en dedans du disque hypogyne, caractère fort remarquable, et qui, s'il est général dans toute cette famille, la distingue fort nettement ; les filets sont courts et terminés par une anthère étroite, linéaire, tétragone, à deux loges s'ouvrant supérieurement par un petit opercule, souvent terminée par un petit appendice filiforme ; l'ovaire est or-

dinairement ovoïde, ayant de deux à cinq loges contenant deux ou plusieurs ovules attachés à l'axe interne ; le style et le stigmate sont simples ; le fruit est tantôt une drupe charnue dont le noyau offre de deux à cinq loges, tantôt il est capsulaire et s'ouvre en trois ou cinq valves ; les graines contiennent un endosperme charnu, dans lequel est un embryon dressé.

Les Elæocarpées sont ou des Arbustes ou même des Arbres, dont les feuilles sont simples et alternes : les fleurs forment souvent des grappes axillaires.

Les genres qui forment ce groupe sont fort rapprochés des Tiliacées, dont ils diffèrent par leur disque hypogyne, leurs anthères s'ouvrant seulement par le sommet, par leurs pétales lobés au sommet et leur fruit généralement charnu. Les principaux sont : *Elæocarpus*, L., Juss. ; *Aceratium*, D. C. ; *Dicera*, Forst. ; *Friesia*, D. C., non Sprengel; *Vallea*, Mutis ; *Tricuspidaria*, Ruiz et Pavon, et *Decadia*, Lour ?

Jussieu en rapproche les genres *Vatica*, L.; *Sloanea*, Plumier ; *Apeiba*, Aublet ; *Oncoba*, Forskahl, et *Heptaca* de Loureiro. Cette famille demande de nouvelles observations pour être mieux connue, et pour qu'on sache si elle doit être considérée comme un groupe distinct ou simplement comme une section de la famille des Tiliacées.   (A. R.)

ELÆOCOCCA. BOT. PHAN. Commerson appelle ainsi, dans ses manuscrits, un genre de la famille des Euphorbiacées, qui est le même que le *Dryandra* de Thunberg. R. Brown, le regardant comme congénère de l'*Aleurites*, transporta ce nom à un genre de Protéacées ; aussi, en croyant devoir rétablir celui de Thunberg, avons-nous adopté le nom proposé par Commerson. L'*Elæococca* a pour caractères : des fleurs monoïques ou dioïques ; un calice à deux ou trois divisions ; cinq pétales deux fois plus longs ; dans les fleurs mâles, dix ou douze étamines à filets soudés infé-

rieurement, dont cinq extérieurs plus
courts , à anthères adnées au sommet
du filet et dirigées du côté interne ;
dans les femelles, trois à cinq stigmates presque sessiles, simples ou bifides; un ovaire à trois ou cinq loges,
contenant chacune un ovule. Le fruit
possède autant de coques enveloppées d'une chair fibreuse. Ce genre
comprend des Arbres à feuilles alternes , longuement pétiolées , munies
de deux glandes à leur base, entières
ou lobées vers le bas des branches.
Les fleurs, portées sur des pédoncules
articulés , sont disposées en panicules
terminales. De deux espèces, l'une
croît au Japon et aux Indes , l'autre à
la Chine et à la Cochinchine ; celle-ci,
où les stigmates sont, ainsi que les loges , au nombre de trois , forme , dans
la Flore de Loureiro , le genre *Verni-
cia*. La première porte aussi le nom
d'Arbre d'huile et la seconde celui
d'Arbre de vernis, noms dus à l'u-
sage de leurs graines, assez grosses
pour qu'on cherche à tirer parti
de l'huile abondante dont leur périsperme est pénétré. *V.* Thunberg,
tab. 27, et Adr. de Juss., Euph., tab.
11, n° 35.   (A.D.J.)

ELÆODENDRON. *Eleodendrum*. BOT. PHAN. Genre établi par
Jacquin , adopté par Jussieu qui
l'a nommé *Rubentia*, d'après Commerson , et l'a placé dans la seconde section des Rhamnées , celle
où les pétales alternent avec les divisions du calice. Ses caractères sont :
un calice très-petit, quinquéparti;
cinq pétales étalés, à onglet élargi;
cinq étamines , dont les filets courts
portent des anthères arrondies; un
style très-court et un stigmate unique ; une drupe qui présente la forme
d'une Olive, et renferme un noyau
biloculaire et disperme. Mais Gaertner y a observé trois loges , et dans
chacune d'elles deux graines dont
une avorte ordinairement. Les espèces de ce genre sont des Arbres, dont
les feuilles opposées , très-longues et
étroites sur les jeunes rameaux , se
raccourcissent et s'élargissent peu

après, de manière à offrir une forme
différente plus tard ; les pédoncules
portant tantôt une fleur unique , tantôt plusieurs fleurs après s'être régulièrement divisés. L'*Eleodendrum
orientale* , connu vulgairement sous
le nom de Bois rouge et Bois d'O-
live à Mascareigne , croît aussi à
Madagascar. L'*E. Argan*, abondant
en Barbarie, est devenu pour Rœmer
et Schultes le type du genre *Argania*.
L'*E. glaucum*, Arbre de Ceylan et de
l'Inde, a reçu un grand nombre de
noms , puisque c'est le *Schrebera albens* de Ruiz, le *Senacia glauca* de
Lamarck , le *Celastrus glaucus* de
Vahl , le *Mangifera glauca* de Rott-
boell, le *Loureira albens* de Rœusch.
Ventenat, dans le Jardin de Malmai-
son (117) décrit un *Elæodendron australe*, cultivé aussi au Jardin des
Plantes, et dans lequel on observe
quatre divisions du calice , autant de
pétales , d'étamines et de loges. C'est
le *Portenschlagia* de Trattinick , qui
en fait connaître une autre espèce
sous le nom d'*integrifolia*. Enfin
Steudel indique encore deux espèces
d'Elæodendron. Si nous sommes entrés dans ces détails de synonymie ,
que nous aurions pu encore multiplier , c'est seulement pour en conclure l'utilité de revoir avec soin les
espèces de ce genre, ou plutôt les caractères des genres que nous avons eu
occasion de citer. Car une synonymie
confuse n'indique-t-elle pas en général le même défaut dans les caractères génériques?   (A.D.J.)

ÉLÆOLITHE. MIN. *Fettstein* ,
Werner ; Pierre grasse des minéralogistes français ; *Lithrodes* de Karsten.
Ce Minéral paraît se diviser parallèlement aux pans d'un parallélipipède
rectangle. Sa cassure a un éclat gras,
joint à un léger chatoiement ; elle
raye le verre, et étincelle sous le briquet : sa pesanteur spécifique est de
2,6. Sa couleur est d'un gris verdâtre
obscur, ou d'un brun rougeâtre. Sa
texture est sublaminaire ou compacte. Elle se fond au chalumeau en
émail blanc; sa poussière fait gelée

dans les Acides. Elle est composée, suivant Vauquelin, de Silice, 34; Alumine, 44; Potasse et Soude, 16,50; Chaux, 0,12; Oxide de Fer, 4; total 98,62. Une analyse plus récente de Gmelin a fourni les résultats suivans : Silice, 44,190; Alumine, 34,424; Soude, 16,879; Potasse, 4,733; Chaux, 0,519; Magnésie et Oxide de Fer, 1,359. On a regardé cette substance comme n'étant qu'une variété du Wernérite; mais sa place dans la Méthode n'est pas encore rigoureusement fixée. On la trouve engagée dans la Siénite avec le Titanite et le Zircon, à Laurvig et à Friedrichswarn en Norwège.   (G. DEL.)

ELAIAGNON. BOT. PHAN. (Théophraste.) Syn. de *Vitex Agnus-castus*.
(B.)

* ELAINE. ZOOL. L'un des matériaux immédiats de la graisse des Animaux où il se trouve dans des proportions extrêmement variables, et dont on le sépare au moyen de l'Alcohol. L'Elaïne est d'une consistance huileuse. Elle est transparente, incolore, inodore et presqu'insipide; elle est insoluble dans l'Eau, se dissout dans l'Alcohool très-rectifié et bouillant, puis s'en sépare à mesure qu'il se refroidit; elle est entièrement soluble dans l'Ether : elle se coagule par un abaissement de température 4 0; elle se saponifie avec les deux tiers de son poids de Potasse, et se décompose, après cette opération, en Acide oléique et magarique et en principe doux. Ses principes constituans sont : Carbone, 75; Oxigène, 13,5 ; Hydrogène, 11,5.   (DR..Z.)

ELAIS ou ELÆIS. BOT. PHAN. Genre de la famille des Palmiers, établi par Jacquin (*Histor. Stirp. Amer.* p. 281, tab. 172) et adopté par Linné, Lamarck et Jussieu qui l'ont ainsi caractérisé : fleurs monoïques (sur le même spadix ?); spathe monophylle ; calice double ; l'extérieur à six parties, l'intérieur divisé en six lobes plus profonds ; fleurs mâles à six étamines et contenant un ovaire rudimentaire ; fleurs femelles renfer-

mant un ovaire surmonté d'un style épais, terminé par trois stigmates; drupe coriace, fibreuse, presque anguleuse, contenant une noix à trois valves (d'après Jacquin), sans valves, selon Gaertner, uniloculaire et percée de trois trous dont deux ne pénètrent pas dans l'intérieur. Gaertner (*de Fruct.* p. 17, tab. 6) a donné une description très-étendue et une bonne figure du fruit de deux espèces d'Elaïs, mais R. Brown (*Botany of Congo*, p. 37) observe que cet auteur s'est trompé sur la structure de ce fruit, en plaçant les trous à la base, quoiqu'en réalité ils soient situés au sommet. Le savant botaniste anglais critique encore Gaertner sur ce qu'il a décrit ce Palmier comme dioïque, opinion qu'ont adoptée sans examen Schreber, Willdenow et Persoon. L'Elaïs est bien monoïque, ainsi que Jacquin l'a avancé, et rien n'a pu autoriser Gaertner à changer le caractère, puisque les échantillons de la collection de Banks, et qui ont été communiqués à ce célèbre carpologiste, ne portent pas à présumer que l'Arbre en question soit dioïque. Enfin, R. Brown ajoute que l'*Alfonsia oleifera* de Kunth est probablement un Elaïs, et qu'il est même possible que cet Arbre soit la même espèce que l'*Elais Guineensis*. Cette remarque a été combattue par Kunth dans le premier volume du *Synopsis Plantarum orbis novi*, ainsi qu'au mot AL-FONSIA de ce Dictionnaire.

L'ELAÏS DE GUINÉE, *Elais sive Elæis Guineensis*, Jacq. et Linné, est un beau Palmier dont le tronc est hérissé des bases persistantes des pétioles et garni d'épines sur ses bords. Son sommet est couronné de feuilles ailées et composées de deux rangs de folioles ensiformes, rapprochées, longues d'un demi-mètre, et portées sur une côte longue de cinq mètres environ, et bordées inférieurement de dents épineuses. Ce Palmier croît naturellement sur toute la côte équinoxiale et occidentale d'Afrique, où les naturels donnent à son fruit le nom de *Maba*. C'est l'Arbre qui fournit le corps gras que les pharmaciens européens ont nommé *Huile de Palme* ou *Beurre de Galam;* ce beurre est fort adoucissant comme toutes les substances onctueuses, mais il est permis de révoquer en doute l'efficacité qu'on lui a attribuée contre les douleurs rhumatismales.

A la suite de l'Histoire des Plantes de la Guiane, Aublet a imprimé un mémoire sur les Palmiers, où il parle de plusieurs de ces Arbres qu'il nomme, avec les habitans de Cayenne, *Avoira*, sans les rapporter aux genres déjà décrits, mais que Lamarck (Encycl. Méthod.) croit appartenir au genre *Elais.* Il y donne des renseignemens très-étendus sur le fruit de la principale espèce qui serait, selon Lamarck, l'*Elais Guineensis,* ainsi que sur la préparation et les usages de son beurre, nommé par les indigènes *Quioquio* ou *Thio-Thio.* Les autres espèces d'*Avoira* auxquelles Aublet n'a point imposé de noms scientifiques, sont sauvages dans les forêts et les lieux montagneux de la Guiane. S'il était démontré que ces Arbres fussent de véritables *Elais,* devrait-on raisonnablement admettre que l'*Elaïs Guineensis* y ait été importé d'Afrique, comme l'affirment plusieurs auteurs; et pourquoi ce Palmier, qui est si répandu dans ces contrées, n'y serait-il pas aussi-bien spontané que ses congénères?

Deux autres espèces d'*Elaïs* ont été décrites, l'une par Gaertner sous le nom spécifique de *melanococca,* et l'autre par Swartz, sous celui d'*Elais occidentalis.* Les anciens désignaient, sous ce nom d'Elaïs qui leur a été emprunté, l'Olivier commun.

(G..N.)

ELAMPE. *Elampus.* **INS.** Genre de l'ordre des Hyménoptères établi par Maximilien Spinola, et rangé par Latreille (Règn. Anim. de Cuv.) dans la section des Térébrans, famille des Pupivores, tribu des Chrysides, tout près des Hédychres dont il ne diffère que par la languette entière et arrondie à son extrémité. Les Elampes sont encore remarquables par des mandibules, avec deux dents au côté interne, et par un prolongement en forme d'épine, plane en dessus, naissant, selon Latreille, de l'espace supérieur de l'arrière-tronc, situé au-dessous de l'écusson. Les ailes du mésothorax diffèrent de celles des Hédychres, mais très-légèrement. L'espèce qui sert de type à ce petit genre porte le nom d'Elampe de Panzer, *El. Panzeri* ou le *Chrysis Panzeri,* Fabr., figuré par Panzer (*Fauna Ins. Germ., fasc.* 51, t. 11); elle est la même que l'*Hedychrum Spina* de Pelletier de Saint - Fargeau (Monogr. des Chrysis). Cette espèce se trouve rarement aux environs de Paris. Elle est fort petite, bleue, luisante, avec l'abdomen vert. (AUD.)

ELAN. **MAM.** Espèce du genre Cerf. *V.* ce mot. On a étendu ce nom à d'autres Animaux voisins par leurs rapports naturels; ainsi l'on a appelé Elan d'Afrique le Bubale, Elan du Cap et Elan gazellé le Condous et le Canna. *V.* ANTILOPE. (B.)

ELANCEUR. **OIS.** Nom donné à une espèce d'Oiseau africain qui paraît appartenir aux Accipitres, et qui se fait remarquer par sa manière particulière de s'élancer sur sa proie; on assure que son plumage est blanc, tacheté de noir. (DR..Z.)

*** ELANGIS.** **BOT. PHAN.** Dénomination proposée par Du Petit-Thouars (Histoire des Orchidées des îles australes d'Afrique) pour une espèce du genre *Angorchis* ou *Angræcum* des auteurs. Elle est indigène des îles Maurice et Mascareigne. Son caractère est d'avoir les fleurs réunies en panicules, les divisions du périgone découpées et lobées, et le labelle plane. L'*Elangis* ou *Angræcum elatum* est figuré (*loc. cit.,* t. 79). (G..N.)

ELANOIDE ET ELANUS. **OIS.** *V.* COUHIRK.

ELAPHICON. **BOT. PHAN.** (Dioscoride.) Syn. de Panais selon Adanson. (B.)

ELAPHION. **BOT. PHAN.** (Dioscoride.) Syn. d'*Antirrhinum majus*, L. (B.)

* ELAPHIS. REPT. OPH. *V.* ÉLAPS.

* ELAPHIS. OIS. Syn. de Barge à queue noire? *V.* BARGE. (DR..Z.)

ELAPHOBOSCUM. BOT. PHAN. Les uns ont vu dans l'Elaphoboscum de Dioscoride son Elaphicon, *V.* ce mot, et d'autres l'Athamante du Liban, divers Buplèvres, la Livêche et jusqu'à l'*Allium ursinum*, L. (B.)

ELAPHO-CAMELUS. MAM. C'est-à-dire Cerf-Chameau. Ce nom, donné quelquefois par les anciens à la Girafe, avait été étendu par Mathiole au Llama. (B.)

ELAPHOCÉRATITE. POLYP. Mercati (Métall., pag. 524) a donné le nom d'Elaphocératite à un corps organisé fossile qu'il regarde comme une corne de Cerf pétrifiée, et que Bertrand considère comme un Polypier coralloïde branchu. L'auteur italien fait remonter l'histoire de ce Fossile et de ses propriétés à Orphée qui l'a chanté dans ses vers. Aristote en fait également mention. La description un peu vague de Mercati me porte à croire que Bertrand a eu raison de classer cette production de l'ancien monde parmi les Polypiers fossiles. (LAM..X.)

ELAPHOS. MAM. D'où *Elaphis* des Latins. Ce nom grec, qui désignait le Cerf, est devenu chez les naturalistes la racine du nom de divers Animaux plus ou moins voisins du genre Cerf. *V.* ce mot. (B.)

ELAPHRE. *Elaphrus.* INS. Genre de l'ordre des Coléoptères, section des Pentamères, famille des Carnassiers, tribu des Carabiques (Règn. Anim. de Cuv.), établi par Fabricius, et ayant pour caractères, suivant Latreille : élytres entières ou sans troncature; jambes antérieures faiblement échancrées au côté interne; échancrure linéaire et inférieure; languette saillante, membraneuse ou légèrement coriace, à trois divisions dont les latérales plus petites et en forme d'oreillettes ou de dents; le milieu des bords supérieurs de l'intermédiaire pointu; mâchoires peu ou point ciliées extérieurement; antennes grossissant insensiblement vers leur extrémité, composées d'articles courts, en forme de cônes renversés; yeux gros et saillans. Les Elaphres ont le port des Cicindèles, mais ils s'en éloignent par des caractères importans qui les rangent dans la sixième division des Carabiques, et les rapprochent beaucoup des Hydrocanthares. Quant à leurs habitudes, on remarque qu'ils ont toujours la démarche vive, qu'ils vivent aux dépens de petits Insectes, et qu'ils se trouvent sur les bords des mares et des rivières, dans des lieux par conséquent fort humides. On ne sait rien sur leur état de larve et de nymphe. Parmi les espèces propres à la France, nous citerons :

L'ELAPHRE RIVERAIN, *El. riparius*, Fabr., ou la *Cicindela riparia* de Linné. Il est le même que le Bupreste à mamelons de Geoffroy (Histoire des Insectes, T. I, p. 156, n° 30). Schæffer (*Icon. Ins.*, tab. 86, fig. 4) en a donné une mauvaise figure; Duméril (Considér. génér. sur les Ins., pl. 2, fig. 6) l'a beaucoup mieux représenté. Cette espèce est commune en Europe.

L'ELAPHRE ULIGINEUX, *El. uliginosus*, Fabr., qui est la même espèce que l'Elaphre riverain d'Olivier (Hist. des Coléopt. T. I, n° 54, pl. 1, fig. 1, B, D.). Il est moins commun que l'espèce précédente. Quelques Insectes rangés parmi les Elaphres appartiennent aux genres Notiophile et Pélophile. *V.* ces mots. (AUD.)

ELAPHRIE. *Elaphrium.* BOT. PHAN. Ce genre, établi par Jacquin, est caractérisé par un calice quadriparti, caduc, quatre pétales, huit étamines de la longueur du calice, un style court, un stigmate bifide, une capsule presque globuleuse contenant dans une seule loge une graine unique entourée de pulpe. Kunth le regarde comme à peine distinct de l'*Amyris*; plusieurs autres botanistes le réunissent au *Fagara*, et De Candolle l'a placé avec doute dans les Rutacées, et en a décrit quatre espèces. Ce sont des Arbres de l'Amérique, dont les feuilles sont pinnées avec impaire, les fleurs en grappes fasciculées à l'extrémité des rameaux.   (A. D. J.)

ELAPHRIENS. *Elaphrii*. INS. Division établie par Latreille (*Gener. Crust. et Insect.* T. I, p. 181) dans la famille des Carabiques, et qui comprenait les genres Élaphre et Bembidion. Cette division a été supprimée dans les Considérations générales du même auteur. *V*. CARABIQUES.
        (AUD.)

ELAPS. *Elaps*. REPT. OPH. Genre de Serpens à crochets venimeux, établi par Schneider, et rapporté comme sous-genre parmi les Vipères de Cuvier. *V*. VIPÈRE. Ce nom d'Elaps est emprunté des anciens qui appelaient Elaphis un Serpent auquel ils attribuaient la vélocité du Cerf, mais qu'ils disaient ne pas être venimeux.
        (B.)

* **ELASA** ou **ELEA**. Syn. d'Ortolan des Roseaux. *V*. BRUANT. (DR..Z.)

ELASMOTHERIUM. MAM. Parmi les présens faits au cabinet de l'université de Moscou par la princesse Daschkoff, alors présidente de l'Académie des Sciences de Pétersbourg, existait une portion de mâchoire inférieure ressemblant à celle du Rhinocéros fossile. La partie antérieure de cette mâchoire ne porte pas de dents, mais est à proportion moins longue que dans les Rhinocéros; son bord inférieur est tout entier d'une courbe elliptique presque uniforme; l'apophyse coronoïde est aussi moins élevée, ou même manque tout-à-fait, et la branche montante est plus oblique en arrière. La face articulaire du condyle est d'ailleurs transverse et un peu cylindrique.

A l'âge où périt l'Animal, il existait quatre dents molaires augmentant de grandeur depuis la première jusqu'à la quatrième, où l'on voit l'al-

véole d'une cinquième. C'est surtout la figure de ces dents qui détermine le genre de l'Elasmotherium. Elles sont prismatiques, et le bas de leur fût n'est pas encore divisé en racines. La longueur de la couronne est le double de sa largeur. Il paraît que toutes les sections sur la hauteur donneraient des figures pareilles. Ces figures résultent de la coupe d'une lame verticale montant le long de la face extérieure de la dent et donnant trois bandes transverses obliques, lesquelles vont gagner la face interne; une en suivant le bord antérieur de la dent, une en traversant son milieu, et la troisième au bord postérieur. Ces bandes résultent, comme celles des dents d'Eléphans, de doubles lames d'émail, interceptant la substance osseuse, unies entre elles par un cément. Mais ce qui différencie l'Elasmotherium des autres Animaux, c'est, 1° que les lames forment un fût très-élevé qui croît, comme celui du Cheval, en conservant long-temps la forme prismatique, et qu'elles descendent verticalement dans toute la hauteur de ce fût, ne se divisant en racines qu'après un long trajet, tandis qu'ailleurs ces lames s'unissent promptement en un seul corps osseux qui lui-même se divise bientôt en racines; 2° que les lames d'émail sont cannelées sur toute leur hauteur, de sorte que leur coupe a ses bords festonnés comme ceux des bandes transversales des molaires de l'Eléphant indien. Ces deux caractères déterminent l'essentialité du genre, et même fixent un régime plus complétement granivore que celui du Rhinocéros, et plus rapproché des Chevaux. Peut-être leur était-il intermédiaire. Le fragment unique que l'on possède est figuré sous trois faces par Cuvier (Oss. Foss. T. II, pag. 98). On y voit aussi la troisième dent représentée à part sous trois aspects. Son fût est haut de neuf cent.; la couronne est longue d'avant en arrière de six, et en travers de quatre.—On ne sait de quel canton de la Sibérie provient ce fragment.   (A. D..NS.)

ÉLATE. **bot. phan.** Famille des Palmiers, Monœcie Hexandrie, L. Genre constitué par Linné qui l'a ainsi caractérisé : fleurs monoïques ; les mâles et les femelles enveloppées dans une même spathe bivalve ; fleurs mâles munies de trois pétales et de trois étamines ; fleurs femelles ayant aussi trois pétales, un ovaire surmonté d'un style et d'un stigmate ; fruit drupacé, ovoïde, pointu et n'ayant qu'une seule graine munie d'un sillon. Ce genre est, selon Lamarck, très-voisin du Dattier ; il s'en distingue cependant par ses fleurs monoïques. On n'en connaît qu'une seule espèce qui, en raison de sa beauté et de sa fréquente citation dans les ouvrages des botanistes qui ont écrit sur les Plantes indiennes, mérite une courte description.

L'ÉLATE DES FORÊTS, *Elate sylvestris*, L., Indel asiatique, Lamk., Encycl. ; *Katou-Indel*, Rhéede (*Hort. Malab.*, 2, t. 22-25), etc., etc., croît dans l'Inde, sur la côte de Malabar et à Ceylan. Ce Palmier, d'une stature en général peu élevée, émet à son sommet un faisceau de feuilles pinnées, assez grandes et épineuses sur leurs bords ; leurs folioles sont opposées ou disposées par paires, selon Linné, ensiformes et pliées longitudinalement. Les régimes ou spadix sont rameux et saillans hors des spathes qui naissent dans les aisselles des feuilles ou pendent sous leurs faisceaux. Ils se composent d'une grande quantité de petites fleurs verdâtres et sessiles auxquelles succèdent des fruits de la grosseur de ceux du Prunier épineux, d'un rouge brun ou noirâtre à leur maturité. Sous l'écorce de ces fruits, qui est lisse et cassante, on rencontre une chair farineuse et douce, environnant un noyau oblong, sillonné latéralement, et dans l'intérieur duquel se trouve une semence amère et blanchâtre. (G..N.)

ELATER. **ins.** *V.* TAUPIN.

ELATERIDES. **ins.** Tribu de la famille des Serricornes, section des Pentamères, ordre des Coléoptères, ainsi nommée du genre *Elater* de Linné et instituée par Latreille (Règne Anim. de Cuv. T. III, p. 230) qui lui assigne les caractères suivans : le stylet postérieur de l'avant-sternum s'enfonce à la volonté de l'Animal dans une Cavité de la poitrine située immédiatement au-dessus de la naissance de la seconde paire de pieds ; les mandibules sont échancrées ou fendues à leur extrémité, et terminées par deux dents ; le dernier article des palpes est, le plus souvent, en forme de triangle ou de hache ; les pieds sont en partie contractiles. Cette tribu ne comprend que le genre Taupin. *V.* ce mot. (AUD.)

ELATÉRIE. **bot. phan.** Nom donné par le professeur Richard à une espèce de fruit relevé de côtes et qui se compose d'un grand nombre de coques s'ouvrant avec élasticité. Tel est le fruit de la plupart des genres de la famille des Euphorbiacées. (A. R.)

ELATÉRIT. **min.** Syn. de Bitume élastique. *V.* BITUME. (G. DEL.)

ELATERIUM. **bot. phan.** *V.* ECBALLION.

ÉLATINE. *Elatine.* **bot. phan.** Genre de la famille des Caryophyllées et de l'Octandrie Tétragynie, L., composé de quatre espèces qui sont de très-petites Plantes croissant dans les lieux humides et inondés, et offrant pour caractères communs : un calice persistant à quatre ou seulement à trois divisions profondes ; une corolle de quatre ou trois pétales ; des étamines en nombre double des pétales ; un ovaire arrondi surmonté de trois à quatre styles, et pour fruit une capsule globuleuse, déprimée, à quatre loges polyspermes et à quatre valves.

Les quatre espèces qui forment ce genre croissent en Europe. Trois existent aux environs de Paris ; savoir : 1° *Elatine alsinastrum*, L., Vaill., *Bot. par.*, t. 1, f. 6, ou *Elatine verticillata*, Lamk., Flor. Fr. Elle ressemble beaucoup, par son port, à l'*Hippuris vulgaris*, et croît comme elle sur le bord des étangs et des ruisseaux. Sa tige est simple ; ses feuilles linéaires, verticillées: ses fleurs sessiles et placées à l'aisselle des feuilles. — 2° *Elatine hydropiper*, L., D. C., *Icon. Rar. Gall.*, t. 43, f. 2. Petite Plante à tige étalée, rameuse, ayant ses feuilles opposées, obtuses ; ses fleurs pédicellées, solitaires, à l'aisselle des feuilles. Toutes ses parties sont au nombre de quatre; les étamines sont en nombre double.— 3° *Elatine hexandra*, D. C., *Icon. Gall. Rar.*, t. 43, f. 1. Cette espèce, fort voisine de la précédente, s'en distingue par son port; elle est beaucoup plus petite; par ses fleurs roses, ayant leurs parties en nombre ternaire. C'est cette Plante qui a été décrite par Bellardi (Mém. Acad. Tur. 1808) sous le nom de *Birolia paludosa*. (A. R.)

ELATITE. MIN. Pline nommait ainsi une variété d'Hématite à tissu fibreux et élastique. *V.* HÉMATITE. (A. R.)

ELATOSTÊME. *Elatostema.* BOT. PHAN. Genre établi par Forster qui l'a plus tard réuni au *Dorstenia*. *V.* DORSTÉNIE. (A. R.)

ELCAJA. BOT. PHAN. Le genre ainsi nommé par Forskahl est, selon Jussieu, le même que le *Trichilia*. *V.* TRICHILIE. (A. R.)

* **ELCATHORAX.** OIS. (Bechstein.) Syn. latin du Zizi. *V.* BRUANT. (DR..Z.)

ÉLÉAGNÉES. BOT. PHAN. Pour ÉLÆAGNÉES. *V.* ce mot.

ELECTRE. *Electra.* POLYP. Genre de l'ordre des Flustrées, dans la division des Polypiers flexibles et cellulifères, regardé comme une Flustre par la plupart des auteurs, et comme une Sertulaire par Esper. Il offre les caractères suivans : Polypier rameux, dichotome, comprimé ; à cellules campanulées, ciliées en leurs bords et verticillées.

Une seule espèce compose ce genre qui diffère essentiellement des Flustrées par la forme des cellules qui ne

sont plus isolées comme dans ce dernier ordre, mais qui communiquent entre elles, de manière que les Polypes semblent avoir une vie commune; il diffère également par la situation des cellules qui sont verticillées autour d'un axe fistuleux ou adhérentes à quelque Thalassiophyte ordinairement cylindrique. Les verticilles sont en général assez rapprochées pour faire paraître les cellules imbriquées. Ces caractères ne pouvant appartenir aux Flustrées, encore moins aux Sertulariées, qui offrent toujours une tige cornée, fistuleuse, remplie d'une substance molle, irritable, constituent un genre particulier bien distinct de tous les autres. Cet Animal est très-commun dans les mers d'Europe ; sa couleur, lorsque les Polypes jouissent de la vie, est un rouge violet plus ou moins brillant, qui se change en blanc terreux par l'exposition à l'air et à la lumière. On l'a nommé ELECTRE VERTICILLÉE, *Electra verticillata*, Lamx., Genres Polyp., p. 4, t. 4, fig. a, A. Elle ne dépasse jamais deux pouces de hauteur, à moins qu'elle ne soit parasite. Les Electres, par leur forme singulière, embellissent les tableaux que les naturalistes composent avec les Polypiers; c'est encore le seul usage auquel on puisse les employer. (LAM..X.)

* **ELECTRE.** ZOOL.? BOT.? (*Arthrodiées.*) Espèce du genre Tendaridée. *V.* ce mot. (B.)

ÉLECTRICITÉ. Dans les écrits des anciens philosophes de la Grèce, l'observation du Succin ou Ambre jaune, attirant les corps légers après avoir été frotté, se trouve clairement exprimée. Une propriété si singulière dans un corps inerte avait tellement frappé Thalès, que ce philosophe le rangeait parmi les êtres animés. C'est du mot *Electron*, sous lequel on désignait cette substance, qu'est dérivé celui d'Électricité donné aujourd'hui à l'ensemble de certains phénomènes qui se développent passagèrement dans les corps, sans y ajouter aucun principe tangible et pondérable, mais qui cependant y manifestent des forces assez puissantes pour que leur influence mécanique puisse ensuite mettre en mouvement des corps matériels. Bien des siècles s'écoulèrent depuis la première observation que nous venons de citer, sans qu'aucun fait nouveau ne vînt éclairer les physiciens sur la nature de cette propriété nouvelle que le frottement fait acquérir aux corps. Aujourd'hui même que le nombre des substances qui exercent une action semblable à celle du Succin frotté est augmenté considérablement, que plusieurs ordres de phénomènes ont été découverts, que l'on a même mesuré leur intensité et exposé les lois ou conditions suivant lesquelles ils se développent, nous ne sommes pas plus avancés sur la nature du principe qui produit les phénomènes électriques; nous ignorons comment il existe dans les corps et comment son action est développée par le frottement. Réduits ainsi à nous abstenir de toute théorie sur la nature de l'Electricité et à ne donner que l'exposition des faits, nous allons parler des résultats principaux obtenus par les physiciens depuis la renaissance des sciences et des lettres, c'est-à-dire depuis le commencement du dix-septième siècle.

Gilbert de Glocester, dans son Traité *de Magnete*, rassemblant les faits connus de son temps, ou ceux qui lui étaient propres, donna les moyens d'augmenter considérablement, dans les expériences, l'énergie des phénomènes électriques. Il apprit qu'un grand nombre de substances, et principalement le verre et les corps résineux, jouissaient de la même propriété que le Succin. Mais lorsque Boyle et Othon-Guéricke eurent annoncé qu'un tube de verre ou un bâton de cire d'Espagne frottés assez long-temps avec une étoffe de laine, non-seulement attiraient les corps légers, mais ensuite les repoussaient rapidement, les savans portèrent leur attention avec ardeur sur ce sujet et préludèrent aux découvertes intéressantes dont nous allons entretenir nos lecteurs, par une foule de tentatives qu'il serait hors de propos d'énumérer ici.

Si l'on soumet au frottement un cylindre de verre, de soufre ou de cire d'Espagne d'un volume un peu considérable, les corps légers qui l'avoisinent s'élancent avec rapidité sur lui, y adhèrent, ou, après l'avoir touché, en sont vivement repoussés. Il fait alors éprouver aux parties nerveuses des Animaux une sensation très-marquée, et si on le met en contact avec le doigt ou avec une boule métallique, un pétillement se fait entendre et l'on aperçoit une étincelle très-apparente, surtout dans l'obscurité. Nous verrons bientôt quel a été l'appareil imaginé par les physiciens pour augmenter l'intensité de ces phénomènes que produisent toutes les substances vitrées ou résineuses, mais qui sont nuls lorsqu'on tient d'une main un métal quelconque et que de l'autre on le frotte avec une étoffe de laine ou une peau d'Animal garnie de ses poils.

Ces propriétés opposées des corps résineux et vitrés d'une part, et des substances métalliques de l'autre, avaient fait donner aux premiers le nom d'*Idioélectriques*, tandis qu'on nommait les secondes *Anélectriques*. Ces dénominations reposaient sur une erreur, puisqu'on croyait que les substances résineuses et vitrées pouvaient seules être électrisées par frottement. Cependant les métaux peuvent être aussi électrisés par le même moyen; mais ils possèdent une faculté qui les prive à l'instant même de la première, et cette faculté consiste à laisser écouler le principe de l'Electrité, ou, si l'on veut, à perdre promptement les propriétés électriques qui leur sont transmises. On dit alors que ces corps sont *conducteurs* de l'Electricité, et, par opposition, ceux qui conservent facilement les propriétés électriques sont appelés *non-conducteurs*. On nomme encore ceux-ci corps *isolans*, parce que, employés comme supports, ils isolent les corps conducteurs ou interceptent toute communication entre eux et d'autres conducteurs qui pourraient leur enlever l'Electricité. C'est après avoir isolé ainsi les métaux et en les frappant avec une peau de Chat, qu'on leur fait acquérir facilement les propriétés électriques.

Puisqu'un tube de verre ou de résine frotté conserve ses propriétés électriques pendant un temps assez considérable, quoiqu'il soit environné d'air, il s'ensuit que ce dernier fait partie de la classe des non-conducteurs. Indépendamment de cette propriété isolante, l'air ainsi que les gaz secs retiennent par leur pression l'Electricité à la surface des corps. Placez, en effet, sous le récipient de la machine pneumatique un conducteur électrisé ou bien un bâton de cire d'Espagne frotté, et vous verrez que l'Electricité s'en échappera facilement. Il est vrai que la déperdition sera beaucoup plus rapide dans le premier cas que dans le second où, en outre, elle ne sera pas accompagnée d'une lueur bleuâtre. L'eau se comporte, relativement à l'Electricité, d'une manière tout-à-fait opposée à l'air; elle est un si bon conducteur, que sa vapeur répandue dans l'atmoshphère, altère les propriétés isolantes de celle-ci et nuit beaucoup à la réussite des expériences électriques. Quoique les gaz soient, en général, mauvais conducteurs, et que l'eau jouisse d'une propriété contraire, il n'y a pourtant point de relation constante entre l'état des corps et leur faculté conductrice. Ainsi les substances solides nous offrent dans les métaux des conducteurs presque parfaits, et dans les gommes et les résines sèches de mauvais conducteurs. La cire froide et le suif conduisent mal l'Electricité; fondus, ils la transmettent facilement. L'huile liquide ne la conduit que très-imparfaitement. La différence de conductibilité entre certaines huiles a été employée en ces derniers temps par Rousseau, comme un moyen de reconnaître la pureté de l'huile d'Olive. Celle-ci, au contraire des autres huiles, a une faculté conductrice très-développée, que Rousseau a mesurée à l'aide d'un instrument auquel il donne le nom de diagomètre.

Une classe entière de corps naturels offrant de bons conducteurs de l'Electricité, lorsque d'autres ne sont pas conducteurs, on se sert avec avantage, en histoire naturelle, de ces qualités diverses pour caractériser les êtres. Mais il en est de cette distinction comme de beaucoup d'autres que nous établissons pour la commodité de nos études, c'est qu'elle n'est pas absolument tranchée. En effet, les corps isolans ne le sont pas, rigoureusement parlant; ils apportent seulement des difficultés infiniment plus grandes dans la transmission de l'Electricité.

Après avoir attaché deux petites boules d'une substance fort légère et éminemment conductrice, comme par exemple de la moelle de Sureau, aux deux extrémités d'un fil de lin qui transmet librement l'Electricité; si l'on suspend ce fil par son milieu à un autre fil de soie (qui est de la classe des corps isolans), et si l'on touche les boules avec un tube de verre électrisé, elles fuiront d'abord le tube, puis se partageront son Electricité, se fuiront entre elles et présenteront un écartement plus ou moins considérable. En changeant la nature du tube, c'est-à-dire en présentant aux petites boules électrisées par le verre un tube de résine ou de soufre frotté, loin de fuir celui-ci, elles s'élancent au contraire sur lui. Cette expérience indique que l'Electricité n'est pas identique dans les corps de nature diverse, ou qu'elle ne s'y comporte pas de la même manière. On a donc distingué deux sortes d'Electricité, l'une analogue à celle que développe le verre par le frottement, et qui pour cette raison a été nommée *Electricité vitrée*, et l'autre semblable à celle produite par la résine pareillement frottée, et désignée sous le nom d'*Electricité résineuse*. Plusieurs physi-

ciens se servent des dénominations d'E-
lectricité *positive* et d'Electricité *négative* correspondantes aux précédentes,
et qui présentent l'idée assez juste de
fluides jouissant de propriétés opposées
qui se neutralisent par leur combinaison; quoique ceux qui ont les premiers employé ces expressions aient
admis l'existence d'un seul fluide répandu dans tous les corps et constituant par son excès l'Electricité positive, et, par son défaut, l'Electricité
négative. En effet, la neutralisation
s'opère, lorsqu'on fait communiquer
deux cylindres métalliques isolés, recevant, l'un de l'Electricité d'une surface vitrée, l'autre d'une surface résineuse d'une égale énergie; il n'y a,
dans ce cas, aucune manifestation
d'Electricité, tandis qu'elle aurait été
très-sensible si les deux cylindres eussent été mis en contact avec deux plateaux de substance semblable, soit de
verre, soit de résine. Admettant la
distinction des deux sortes d'Electricités et observant l'action mutuelle de
l'une sur l'autre, on est arrivé à cette
loi très-simple : « que les corps chargés
» d'Electricité de même nature ou
» plutôt de même nom se repous-
» sent, et que ceux dont l'Electricité
» est de nature contraire ou de noms
» différens, s'attirent. »

L'air n'est pas le seul des corps
non conducteurs qui permette l'exercice de ces attractions et répulsions; elles se font également sentir
à travers le verre et les résines, ainsi
qu'à travers les corps conducteurs.
La nature de l'Electricité développée
dans un corps, se reconnaît en le mettant en contact avec un pendule électrique chargé d'une Electricité connue; appareil dont la sensibilité doit
être extrême. On se sert, à cet effet,
d'une boule de Sureau du plus petit
diamètre et suspendue à un fil de soie
le plus délié possible.

La nature de l'Electricité développée par le frottement n'a rien d'absolu; elle dépend autant de l'espèce du
corps frottant que de celle du corps
frotté. Ainsi le même corps, le verre
poli par exemple, frotté avec une

étoffe de laine, acquiert l'Electricité
vitrée; frotté avec une peau de Chat,
il prend, au contraire, l'Electricité résineuse. La seule loi générale à laquelle on soit arrivé d'après l'observation
des phénomènes, c'est que « le corps
» frottant et le corps frotté acquièrent
» toujours des Electricités diverses,
» l'une résineuse, l'autre vitrée. »

De toutes les substances employées
à développer l'Electricité, la peau de
Chat est celle qui offre le plus d'avantages. Chacun a vu, par un temps sec
et froid, les poils se hérisser et être
attirés par la main qu'on passait sur
le dos d'un Chat vivant. Les cheveux
fins et souples, lorsqu'ils sont privés
d'enduit graisseux, s'électrisent aussi
avec beaucoup de facilité.

Le frottement des liquides et des
gaz contre les corps solides développe aussi de l'Electricité; mais celle-ci
se produit encore par d'autres moyens,
par la fusion des corps, par l'augmentation de température des substances minérales cristallisées, par la
simple pression (*V.* Electricité des
Minéraux), par le contact de deux
corps hétérogènes, et par la combinaison chimique. Les expériences entre-
prises pour constater le développement
de l'Electricité par ce dernier moyen,
n'ont été exécutées avec toute la rigueur que l'on exige maintenant dans
ces sortes d'opérations, d'autant
que l'on a pu avoir à sa disposition
des appareils aussi délicats que précis.
Becquerel a, dans le cours de ces dernières années, réussi à donner une
grande extension à cette partie des
phénomènes électriques; il a découvert plusieurs faits nouveaux et les a
liés avec beaucoup de sagacité aux
ingénieuses théories d'Ampère. (*V.*
Ann. de chimie et de physique, 1822
et 1823.)

L'accumulation de l'Electricité s'obtient au moyen des appareils connus
sous le nom de *machines électriques*.
Ils sont formés de cylindres métalliques
isolés par des supports en verre et placés près de corps vitrés ou résineux,
dont la surface est très-grande et
qui produisent par le frottement une

Electricité très-énergique. Celle-ci se répand dans les cylindres métalliques auxquels elle adhère plus ou moins, et les quitte aussitôt qu'on les touche ou qu'on les fait communiquer avec le globe terrestre, qui est désigné souvent sous le nom de *réservoir commun de l'Electricité*, parce qu'en raison de ses immenses dimensions relativement à celles des petits corps sur lesquels on expérimente, il leur soutire en apparence toute l'Electricité qu'ils contiennent.

Ayant donné un aperçu rapide des phénomènes d'attractions et de répulsions qu'offrent les substances électrisées, il s'agirait maintenant d'exposer les lois suivant lesquelles ils s'exercent à diverses distances, et celles de la déperdition lente de l'Electricité par le contact de l'air et par les supports qui la retiennent imparfaitement. Les bornes de l'ouvrage que nous publions ne permettent pas de nous étendre sur ce sujet, qui, pour devenir clairement intelligible, demanderait une exposition assez longue d'expériences et de raisonnemens. C'est dans les traités de physique qu'on pourra l'approfondir, et, à cet effet, nous indiquerons celui du professeur Biot, ouvrage qui a été un de nos guides dans la rédaction de cet article, et qui renferme toutes les connaissances acquises sur la mesure des forces électriques. Nous renvoyons aussi aux deux Mémoires de Poisson (Mém. de l'Institut, année 1811), où cet illustre mathématicien a soumis au calcul l'hypothèse des deux fluides électriques, et a obtenu, par rapport à la communication, à la distribution de l'Electricité sur les corps et à sa tension, des résultats qui s'accordent d'une manière très-satisfaisante avec les expériences.

Nous dirons seulement ici que la mesure de l'Electricité s'obtient au moyen d'instrumens nommés *électromètres*, dont le plus parfait est, sans contredit, la *balance électrique* inventée par Coulomb, avec laquelle les plus petites forces peuvent être appréciées, en les comparant à la torsion d'un fil métallique très-délié.

Les autres instrumens sont plutôt destinés à démontrer l'état électrique des corps qu'à mesurer son énergie; ils ne sont réellement que des *electroscopes*. Le plus communément usité est composé de deux longs brins de paille, ou de deux lames minces d'or battu, suspendues parallèlement et très-près l'une de l'autre par de petits fils de métal dont l'extrémité supérieure s'accroche à deux anneaux pratiqués dans une tige commune et pareillement métallique. Le moindre degré d'Electricité communiqué à la tige passe aux fils de métal, et de-là aux pailles et aux lames qui la manifestent aussitôt par leur écartement. Schweigger, profitant de l'influence de l'Electricité sur l'aiguille aimantée découverte par OErstedt, a imaginé aussi un appareil d'un excessive sensibilité, et qu'il a nommé *galvanomètre*. C'est à l'aide de celui-ci que Becquerel a fait ses intéressantes expériences sur le développement de l'Electricité dans les combinaisons chimiques.

Lorsqu'on a voulu examiner la manière dont l'Electricité se distribue entre les diverses parties d'un même corps, l'expérience a rendu très-vraisemblable cette opinion : « que l'E-» lectricité se porte tout entière *à la* » *surface* des corps conducteurs sans » que leurs particules la retiennent en » aucune manière. » On a été ensuite conduit à reconnaître que dans tous les corps conducteurs, les principes des deux Electricités existent naturellement dans un état de combinaison qui les neutralise. C'est ce qu'on a nommé l'*état électrique naturel des corps*; de sorte que le frottement, qui d'abord semblait un moyen de donner naissance à l'une des deux Electricités, sert seulement à les désunir et à rendre l'une sensible en absorbant l'autre. Nous venons de parler des principes des deux Electricités, quoique nous ayons dit plus haut que toute théorie sur la nature de l'Electricité devait être une simple hypothèse. Mais il en est une qui a toute la vraisemblance nécessaire pour lier entre eux et soumettre au calcul les phénomènes, et que, pour cette raison, nous ne saurions passer sous silence ; c'est celle qui fait regarder les principes de l'Electricité comme deux fluides dont les molécules sont douées de facultés attractives et répulsives qui se disposent en équilibre dans les corps, en vertu de toutes les forces intérieures ou extérieures qui agissent sur eux.

Plusieurs physiciens ont admis un système tout différent, qui a été soutenu par Franklin et Æpinus. Ce système explique, il est vrai, la plupart des phénomènes, quand on se borne à leurs circonstances les plus générales ; mais il est insuffisant pour l'équilibre, et il exige une multiplicité d'hypothèses contraires aux analogies les plus vraisemblables. Il consistait dans la supposition d'un seul fluide existant naturellement dans tous les corps, et dont l'excès ou le défaut produit l'Electricité vitrée ou l'Electricité résineuse, d'où résultent deux états des corps que l'on a désignés par les dénominations de *positif* et de *négatif*.

L'observation démontrant que les attractions et répulsions s'affaiblissent à mesure que la distance augmente, on en a tiré la conséquence suivante qui s'accorde avec tous les phénomènes : « Les particules de » chacun des fluides se repoussent » mutuellement et attirent celles de » l'autre fluide avec des forces qui » sont dans le rapport inverse du » carré de la distance. De plus, à » distance égale, le pouvoir attractif » est égal au pouvoir répulsif, » égalité dont on a la preuve par l'expérience et qui est nécessaire pour que dans un corps à l'état naturel, les deux Electricités combinées n'exercent aucune action à distance.

En donnant un simple énoncé des machines électriques, nous avons fait connaître le meilleur moyen imaginé pour accumuler dans les corps conducteurs une dose considérable d'E-

lectricité ; nous devons à présent dire un mot des instrumens qui la rendent plus énergique et plus durable, soit en attirant dans un seul point toute celle d'un système de conducteurs par l'influence d'une Electricité de nature contraire, soit en faisant servir l'influence permanente d'une même quantité d'Electricité à la séparation successive des Electricités combinées de divers conducteurs présentés à distance. Ces appareils sont : le *Condensateur*, l'*Electrophore*, la *Bouteille de Leyde* et les *Batteries électriques*.

L'invention du condensateur est due à Æpinus, mais c'est Volta qui en a, pour ainsi dire, créé l'utilité, en le joignant à l'électroscope pour découvrir et rendre sensibles les doses d'Electricité les plus faibles. Il se compose de deux pièces principales ; l'une est un plateau métallique surmonté d'une tige à crochet pour pouvoir être transporté au moyen d'un tube isolant ; l'autre est un pareil plateau communiquant par un support métallique avec le réservoir commun. Ces deux plateaux sont recouverts, par leurs faces correspondantes, d'une couche de vernis très-mince faisant fonction de lame isolante. Pour se servir de l'instrument, on fait toucher le crochet de la tige du premier plateau aux grands conducteurs d'une machine chargée d'une faible Electricité dont une petite quantité se distribue dans le plateau, et on place celui-ci, qu'on nomme plateau *collecteur*, sur le second. On l'enlève ensuite parallèlement aux deux surfaces, et on renouvelle son contact avec les conducteurs de la machine, jusqu'à ce qu'il soit chargé d'une quantité déterminée de fluide. Il est facile de se rendre raison du phénomène qui se passe dans cette expérience : l'Electricité répandue dans le premier plateau agit sur les Electricités combinées du second, et refoule dans le sol celle de même nature, tandis qu'elle attire celle de nom contraire ; en sorte que l'équilibre est rompu dans le système des conducteurs auquel communique le premier plateau, qu'il se répand sur celui-ci une nouvelle quantité de fluide libre qui s'accumule jusqu'à ce qu'il se trouve en équilibre entre la répulsion qu'il exerce sur lui-même et l'attraction du fluide du second plateau pour le retenir. Avant d'employer le vernis comme lame isolante, on s'est servi de plaques de marbre blanc, de verre, ou d'un morceau de taffetas verni; mais ces moyens offraient tous plus ou moins d'incommodités pour les expériences. Avec la couche de vernis résineux, on peut diminuer à volonté la distance des deux plateaux.

L'électrophore est de même que le condensateur fondé sur l'action électrique exercée à distance. Mais, dans cet appareil, l'accumulation de l'Electricité est déterminée par la présence d'un corps isolé et électrisé, tandis que nous avons vu que dans le condensateur, c'était l'influence d'un corps non isolé qui augmentait la charge d'un corps isolé. A l'aide de l'électrophore, on produit facilement de l'Electricité, lorsqu'on n'a pas besoin qu'elle ait une grande énergie. Pour construire et mettre en action cet appareil électrique, on coule un gâteau de résine dans une enveloppe métallique, et on électrise sa surface en la frappant avec une peau de Chat bien sèche. On prend un plateau métallique dont la face inférieure est très-polie, et auquel est adapté un manche isolant; on le place sur le gâteau électrisé résineusement, et il éprouve l'influence électrique de celui-ci, c'est-à-dire que sa face supérieure acquiert une Electricité de même nature; alors si on touche cette face et qu'on la mette en communication avec le sol, et qu'en prenant le plateau par son manche isolant on l'enlève, il manifestera de l'Electricité positive. Celle-ci pourra être soutirée par la bouteille de Leyde, instrument dont nous allons bientôt parler; et en répétant la même expérience plusieurs fois de suite, on parviendra à charger considérablement la bouteille.

Avant l'invention du condensateur, de l'électrophore et de toute théorie de l'Electricité, une expérience, qui, pour ses auteurs, fut un sujet de surprise et d'épouvante, avait fourni le moyen le plus puissant d'accumuler les forces électriques et de donner naissance à une foule de phénomènes qui exigent cette accumulation. Voici en quoi consiste cette expérience exécutée pour la première fois à Leyde, en 1746, par Cuneus et Muschenbroeck : On tient à la main un vase de verre en partie rempli d'eau, dans laquelle plonge un conducteur métallique communiquant à la machine. Après quelques tours du plateau, si on essaie d'ôter le conducteur d'une main en tenant toujours le vase de l'autre, on reçoit une commotion d'autant plus violente que le vase est plus grand, la machine plus forte, et qu'elle a été plus long-temps en action. Ce phénomène, malgré tout l'effroi que ses dangereuses conséquences inspirèrent d'abord, ne fut pas un fait stérile pour la science. Les physiciens se familiarisèrent avec lui, en méditèrent l'action, et perfectionnèrent l'instrument en substituant à l'eau des substances métalliques réduites en lames minces, collées ou simplement disséminées dans l'intérieur de la bouteille. A l'extérieur de celle-ci, on applique aussi des feuilles métalliques, ou, mieux encore, on l'étame jusqu'à quelque distance du goulot. Une tige métallique, terminée en dehors par une boule, passe dans le bouchon que l'on a soin d'enduire de cire d'Espagne ou de tout autre corps isolant. La substitution des lames métalliques à l'eau de l'intérieur de la bouteille et à la main qui la fixait extérieurement, augmente considérablement le jeu de l'Electricité, parce que la faculté conductrice des premiers est plus parfaite que dans celles-ci. D'ailleurs, la théorie de la bouteille de Leyde est exactement conforme à celle du condensateur, et les mêmes expressions s'y appliquent presque littéralement.

Une série de bouteilles de Leyde

formées avec de grandes jarres de verres que l'on revêt de feuilles métalliques sur leurs deux surfaces, et dont on fait communiquer toutes les tiges à un même conducteur métallique, constitue ce qu'on appelle une *batterie électrique*. Lorsqu'on les touche, ou en produit la décharge simultanée; mais cette circonstance est dangereuse, pour peu que la batterie soit forte; la commotion est capable de tuer de grands Animaux, de fondre des fils métalliques, et de briser ou de réduire en poudre des corps solides.

Les ingénieuses conjectures que la similitude de ces effets avec ceux de la foudre suggérèrent à Franklin et à Nollet en même temps, se changèrent en certitudes, lorsque le premier de ces physiciens eut imaginé un appareil propre à saisir l'Electricité accumulée dans les nuages, et à la soumettre aux mêmes épreuves que celles de nos machines. Ce fut le 10 mai 1752 que l'Homme osa tirer volontairement les premières étincelles de la foudre, et cet honneur est dû à Dalibard, savant français, qui construisit à Marly, près Paris, un appareil presque semblable à celui que Franklin avait indiqué, et qui consistait en une cabane au-dessus de laquelle était fixée une barre de fer de quarante pieds de longueur et isolée dans sa partie inférieure. Cette expérience connue, on voulut la répéter; on crut qu'il n'était pas absolument indispensable de ne point communiquer directement à la barre, quelle que fût l'intensité de l'Electricité des nuages, et Richmann fut victime à Pétersbourg de cette erreur de physique. L'inexactitude de la théorie faillit aussi enlever à la science, à la philosophie et à la liberté, celui dont le génie semblait créer des prodiges, et qui, par une sublime application des connaissances physiques, nous apprit à braver le plus redoutable des phénomènes de la nature; Franklin, en Amérique, imagina de tirer l'Electricité des nuages, au moyen d'un cerf-volant dont il tenait la corde en ses mains. Sa

joie fut extrême, quand, après une légère pluie, cette corde ayant acquis une faculté conductrice, il réussit à en tirer des étincelles; mais le danger eût été imminent, si la corde eût été mouillée davantage et s'il se fût développé une plus forte dose d'Electricité. Romas, en France, exécutant la même expérience, mais en donnant à son appareil toute la perfection que suggère une prudence éclairée, réussit à faire jaillir, pendant des heures entières, des jets de feu de plus de trois mètres de longueur. Sa lettre à Nollet contient les détails d'un spectacle terrible et majestueux dont il fut témoin dans ses expériences.

Dès qu'il fut constaté que la foudre et l'explosion électrique produite par nos machines ne diffèrent que par les dimensions des appareils, que les nuages sont chargés, les uns d'Electricité vitrée et les autres d'Electricité résineuse, on ne douta plus que, dans un nuage orageux, l'Electricité ne pût être considérablement affaiblie par l'action des pointes. Franklin avait démontré le pouvoir des pointes sur les décharges électriques, en faisant voir que les conducteurs pointus dispersent l'Electricité sans bruit et à des distances considérables. Cette observation remarquable fut la source de l'invention des *paratonnerres*, dont l'économie publique est encore redevable au savant Américain. On appelle ainsi des verges métalliques pointues que l'on place sur le sommet des édifices, et dont l'une des extrémités s'élève dans l'atmosphère, tandis que l'autre communique avec le sol. L'effet de ces appareils est de soutirer avec lenteur l'Electricité des nuages et de la conduire sans explosion jusque dans l'intérieur de la terre. Personne ne conteste plus leur utilité, quoique certains accidens, arrivés dans les premiers temps de leur invention, eussent prouvé qu'ils exigeaient des perfectionnemens. C'est ainsi que les plus belles applications des découvertes scientifiques, telles que l'éclairage par le gaz, les machines à vapeur, ont pu, dans l'origine, inspirer des craintes aux personnes timides ou qui ne peuvent apercevoir que d'un mal partiel résulte souvent un bien général. Mais les paratonnerres construits d'après les instructions des physiciens modernes, doivent nous laisser dans une parfaite sécurité relativement aux effets terribles de la foudre.

L'éclair qui accompagne toujours le bruit du tonnerre, et l'étincelle qui se produit dans la décharge électrique ont donné lieu à diverses théories sur leur nature ou sur les causes de leur production. Plusieurs physiciens ont pensé que l'éclair n'est qu'une modification de l'Electricité qui devient lumineuse à un certain degré d'accumulation. D'après l'observation de la lumière qui se dégage de l'air par une forte compression, Biot a cru qu'elle peut de même être simplement l'effet de la compression opérée sur l'air par l'explosion de l'Electricité. Berzelius n'admet pas cette explication, puisque, dit-il, elle devrait être applicable aux phénomènes de lumière et de calorique opérés dans le vide et dans les liquides. Il pense que l'union des Electricités opposées est la cause de l'ignition, soit dans la décharge électrique, soit dans la combinaison chimique. Le feu électrique est en tout semblable à celui que produisent les combinaisons chimiques; il allume l'Hydrogène, l'Ether, et, en général, tous les combustibles. Sa force et son éclat dépendent de l'intensité de l'Electricité et aussi de l'état plus ou moins sec de l'air atmosphérique. L'étincelle prend diverses teintes proportionnelles à l'intensité de la charge; mais, dans les expériences, elle est plus généralement violâtre. Elle répand une odeur analogue à celle de l'Ail ou du Phosphore, et la sensation qu'un corps électrisé fait éprouver à la peau a été comparée à celle que produit le contact d'une toile d'Araignée.

Il nous reste à décrire un ordre de phénomènes dont la découverte est encore très-récente, mais qui a été déjà en quelque sorte épuisée par les nombreuses expériences faites à ce sujet, et par les inductions rigoureuses que les savans en ont tirées. Pour peu que l'on ait parcouru les annales des sciences, on doit s'apercevoir que nous allons parler de l'Electricité développée par le simple contact. Dès 1767, Sultzer, dans un ouvrage intitulé : De la Nature du plaisir, avait appris qu'en plaçant la langue entre deux pièces de Métaux différens et les faisant toucher d'un côté par leurs bords, on éprouvait une saveur astringente analogue à celle du sulfate de Fer, et que pendant cette expérience faite dans l'obscurité, on voyait une sorte de lueur passer devant les yeux. On avait oublié ce fait curieux, ou plutôt il n'avait donné lieu à aucune conséquence, lorsque vers l'année 1789, cette ère de toutes les révolutions dans les idées scientifiques, Galvani, professeur à Bologne, faisant des recherches sur l'excitabilité des organes musculaires par l'Electricité, fut conduit à une découverte extraordinaire. Il vit les parties postérieures de plusieurs Grenouilles entrer d'elles-mêmes en convulsions, quand elles étaient suspendues par un fil de Cuivre attaché à leur colonne dorsale et que ce Cuivre touchait à un autre Métal. Galvani crut que ce phénomène dépendait du développement d'une *Electricité animale* existante naturellement dans les muscles et dans les nerfs.

Aussitôt que les physiciens eurent connaissance d'une annonce aussi importante, ils tentèrent une foule d'essais pour expliquer et multiplier les phénomènes. Le célèbre A. de Humboldt alla même jusqu'à se faire poser des vésicatoires sur les épaules, afin d'appliquer aux plaies un arc excitateur formé d'une substance métallique homogène. De cette manière, il se plaça dans les mêmes circonstances que les Grenouilles de Galvani, et il voulut juger par-là des différences dans les effets produits par le *galvanisme* (c'était ainsi qu'on désignait le nouvel ordre de phénomènes) d'avec ceux qui avaient pour cause l'Electricité. Il ne fut pas pourtant permis d'en conclure absolument qu'il y avait une parfaite identité entre les causes de l'un et de l'autre. Volta fut le premier qui l'affirma, après avoir soutenu contre Galvani une dispute sur la théorie des nouveaux phénomènes, dispute qui se prolongea fort long-temps, et qui, par les expériences nombreuses qu'elle fit entreprendre pour découvrir la vérité, tourna tout entière au profit de la science. Ce physicien, fortement pénétré de l'idée que le contact de deux Métaux différens suffisait pour développer de l'Electricité, tenta de la vérifier par une expérience directe, et il réussit pleinement dans le but de ses recherches. De tous les corps propres à développer l'Electricité par contact, le Zinc et le Cuivre parurent à Volta les meilleurs pour ce genre d'action. Deux plaques de ces deux Métaux, pouvant être isolées par un manche de verre adapté à chacune, et appliquées l'une contre l'autre, manifestaient des Electricités différentes, la vitrée dans le Zinc, et la résineuse dans le Cuivre, Electricités dont on pouvait charger le condensateur, soit qu'on ne voulût y faire entrer que la première en le touchant avec la plaque de Zinc, soit qu'on se proposât d'y accumuler la seconde par le contact de la plaque de Cuivre. Volta imagina de placer un grand nombre de pareilles paires de plaques métalliques à la suite les unes des autres en les séparant par un carton humide ou imbibé d'une dissolution saline qui eut pour effet de conduire lentement l'Electricité. Il forma de cette manière un appareil qu'il nomma *électro-moteur*, mais que l'on connaît plus généralement sous la dénomination de *Pile voltaïque*. Les deux extrémités de cette pile sont appelées *Pôles*; de sorte qu'il y a un pôle *vitré* ou *positif*, qui est l'extrémité formée par la dernière plaque de Zinc, et un pôle *résineux* ou *négatif*, formé à l'autre bout par la dernière plaque de Cuivre. Nous venons de dire que le corps humide interposé entre chaque

paire ou *élément de la pile*, faisait fonction de conducteur; il transmet en effet les Electricités développées par le contact des deux Métaux dans chaque couple, Electricités qui éprouvent une suite de décompositions et de recompositions, jusqu'à ce que chacune, partant du couple du milieu et allant en sens opposé, se trouve accumulée à son pôle respectif. Dans la paire du milieu, la tension de chacune des Electricités peut être considérée comme égale à zéro; elle augmente, en progression régulière, d'un élément à un autre et jusqu'à chaque pôle. La différence constante entre les deux tensions des pièces qui forment un même couple résulte du calcul appliqué par Biot à une simple hypothèse, et elle a été vérifiée au moyen de la balance électrique de Coulomb.

Par la communication des deux pôles de la pile au moyen d'un fil conducteur, on forme le *circuit voltaïque* dans lequel les sommes d'Electricités accumulées se combinent et rechargent la pile. Si l'on ne fait que rapprocher très-près les fils métalliques adaptés aux pôles, et si on les place dans un liquide ou dans tout autre conducteur imparfait, les Electricités exercent leur action mutuelle dans le petit intervalle qui sépare ces fils, et tout ce qui est soumis à leur influence éprouve des effets variables, selon la nature des corps. C'est ainsi que la plupart des substances sont décomposées, et que d'autres sont portées à l'incandescence la plus vive. On a vu les phénomènes d'ignition, produits par la pile, portés à un tel degré que les corps les plus réfractaires, le Platine, par exemple, soumis à son action, et après même qu'on a fait le vide, ont été fondus. Quelques-uns laissent jaillir une lumière dont l'éclat le dispute à celui du soleil. Aussi c'est un spectacle admirable que celui de l'incandescence d'un morceau de Charbon qui ne brûle pas puisqu'il est dans le vide, mais rayonne de toutes parts des gerbes d'une flamme étincelante.

Le circuit électrique dans les Métaux peut être établi sans l'interposition d'aucun liquide ; mais on ne reconnaît son action que par l'influence très-sensible qu'il exerce sur l'aiguille aimantée. C'est à Séebeck, de l'Académie de Berlin, qu'on en doit la découverte ; ce savant compose son appareil de deux arcs de Métaux différens soudés ensemble aux deux bouts, en sorte qu'ils forment un cercle ou un anneau continu d'une figure quelconque. Pour établir le courant, on chauffe l'anneau à l'un des deux endroits où se touchent les deux Métaux. Si le circuit est composé de Cuivre et de Bismuth, l'Electricité positive prendra, dans la partie qui n'est pas échauffée, la direction du Cuivre vers le Bismuth ; mais si le circuit est formé de Cuivre et d'Antimoine, la direction du courant ira de l'Antimoine vers le Cuivre. On voit que, par ce nouveau moyen d'établir le circuit, les courans électriques agissent d'une manière différente qu'elles n'agissent par le circuit qui s'opère à l'aide d'un liquide interposé. Ainsi, dans ces circuits qu'OErstedt a nommés *thermo-électriques*, pour les différencier des autres auxquels il a donné le nom d'*hydro-électriques*, le Bismuth et l'Antimoine forment les deux extrémités de la série des conducteurs, tandis que dans les circuits hydro-électriques, ces Métaux sont placés assez loin des extrémités de la série ; l'Argent, au contraire, qui est à l'extrémité négative de celle-ci, est bien éloigné des limites de la première. Le courant thermo-électrique a été aussi obtenu par Séebeck dans un même Métal, mais dans un Métal d'une texture bien cristalline, de manière que les divers cristaux paraissent jouer alors le rôle de Métaux différens. Deux morceaux d'Acier, l'un doux et l'autre trempé, constituent ensemble un circuit thermo-électrique ; mais quoiqu'il y ait d'autres exemples où la différence de cohésion donne lieu à des courans, on n'a pu établir de loi à cet égard, puisque d'autres Métaux, très-rapprochés par leur cohésion, se trouvent très-éloignés dans la série

des conducteurs, et réciproquement. (*V.* Ann. de physique et de chimie, février 1825.) Enfin, OErstedt et Fourrier, après avoir formé un circuit thermo-électrique par la réunion de plusieurs lames métalliques (alternativement Bismuth et Antimoine), et lui avoir donné la forme d'un polygone régulier, ont beaucoup augmenté l'intensité des phénomènes en chauffant certains angles, tandis que, par des mélanges frigoriques, on refroidissait considérablement les angles qui alternaient avec les premiers.

La chimie a tiré le plus grand parti de la pile voltaïque ; la nature d'une foule de corps qui avaient résisté aux moyens ordinaires de décomposition a été reconnue à l'aide de celui-ci, et, pour nous borner à un seul exemple important, nous signalerons ici la découverte des Métaux des Alcalis, par Humphry Davy.

L'usage de la pile voltaïque en chimie, et la connaissance approfondie de plusieurs phénomènes ont amené divers perfectionnemens dans cet appareil. Thénard et Gay-Lussac (Recherches physico-chimiques), ayant reconnu que l'énergie de la pile augmentait en raison des surfaces des plaques, en ont fait construire une dont l'action est supérieure à celui des anciennes piles ; mais il paraît que, pour augmenter l'intensité des effets d'ignition, il ne faut pas la même construction que pour les décompositions chimiques.

Si, dans le cours de cet article, nous avons tâché d'apporter le plus de concision possible dans l'exposition sommaire des faits principaux de l'Electricité, ainsi que de leur mode d'action ; si, par conséquent, nous n'avons voulu que donner un aperçu de cette belle partie de la physique, on peut juger par-là de l'étendue qu'elle a acquise depuis le milieu du dernier siècle, lorsque tant d'illustres savans de toutes les nations ont, chacun de leur côté, concouru à ses progrès. Nous ne nous occuperons pas en ce moment de l'extension que les phénomènes électriques ont prise en ces derniers temps , par leur liaison avec ceux du magnétisme, depuis que l'action des courans électriques sur l'aiguille aimantée a été découverte par OErstedt de Copenhague. C'est au mot MAGNÉTISME qu'il est plus convenable d'examiner ce nouvel ordre de phénomènes.

Les connaissances acquises sur l'Electricité n'ont pas été stériles dans leur application, et les autres sciences en ont retiré souvent de très-grands avantages. Cependant les faits n'ont pas encore répondu d'une manière pleinement satisfaisante aux conjectures si brillantes qu'il était bien permis de former lorsqu'on réfléchissait à la manière dont l'Electricité agit sur les nerfs par la commotion et même par la simple communication, lorsqu'on examinait la continuité qu'elle imprime à l'écoulement des fluides dans les tuyaux capillaires, etc., etc. De ces circonstances, on pouvait raisonnablement tirer cette induction , que l'électricité joue le plus grand rôle dans les phénomènes de la vie animale et de la végétation (*V*. plus bas les applications de l'Electricité à la physiologie), et que son emploi bien dirigé pouvait accélérer le développement de ces phénomènes ou en rétablir l'ordre quand il serait troublé par les maladies. Il est à regretter néanmoins que la médecine et l'agriculture soient les sciences auxquelles l'Electricité a été le moins utile, et peut-être oserons-nous dire le plus funeste, si nous faisons souvenir que certains expérimentateurs imprudens ont soumis à ses effets des malades dont ils n'ont fait qu'aggraver la position. Ainsi on a fait éprouver de fortes commotions à des paralytiques, lorsqu'on ignorait quel était l'organe malade ou celui qui présidait aux fonctions lésées. N'est-il pas évident que dans ce cas l'irritation d'un système d'organes où ne résidait pas la cause du mal devenait une nouvelle complication de la maladie ?

Mais si l'Electricité est restée un agent inutile entre les mains du médecin, la science de la vie est parvenue par son moyen à trouver la solution de plusieurs problèmes du plus haut intérêt. Prévost et Dumas sont les physiologistes qui se sont occupés avec le plus de succès de ce genre de recherches. Ils en ont consigné les résultats dans l'ouvrage que vient de mettre au jour le docteur W. Edwards (De l'Influence des agens physiques sur la vie , Paris 1824). Nous allons en parler succinctement, renvoyant, pour les développemens , à l'ouvrage précité et aux Mémoires sur le sang que ces savans ont publiés dans la Bibliothèque universelle , ainsi qu'à celui sur les Animalcules spermatiques qui a paru dans les Mémoires de la Société de Physique de Genève, 1re partie.

Les phénomènes électriques, considérés dans leurs rapports avec l'économie animale, peuvent se partager en deux classes , dont l'une comprend les réactions du fluide extérieur sur le corps de l'Animal , et l'autre embrasse les influences électriques que les élémens de ce corps exercent entre eux. Parmi les phénomènes de la première classe, les premiers qui se présentent à examiner sont ceux produits par la tension. On sait qu'un Animal, placé sur un tabouret isolant et mis en communication avec un corps chargé d'Electricité libre, accuse la présence de celle-ci par des signes très-marqués. Quand cette expérience fut faite pour la première fois, ce fut avec la plus grande surprise qu'on vit les poils ou les cheveux de l'individu se hérisser et son corps jaillir des étincelles par l'approche d'un conducteur. Il faut avouer qu'on connaît peu les effets qu'une tension plus ou moins violente serait capable d'amener dans l'état physique de l'individu soumis à l'expérience. Mais si , au lieu d'accumuler l'Electricité dans un corps vivant isolé, on le place de telle sorte qu'il soit le conducteur d'une seule espèce d'Electricité entre la source qui la fournit et le réservoir commun , alors les molécules dont il est composé tendront à se séparer, à cause de l'action répulsive qu'elles acquièrent en se chargeant d'une Electricité de même nature. Que l'influence soit assez énergique pour surmonter la force d'aggrégation qui maintenait les molécules réunies, le corps conducteur pourra même être divisé jusqu'à la pulvérisation. Une étincelle électrique fait prendre aux globules de sang à l'instant même un aspect framboisé qui indique la séparation partielle de leurs globules élémentaires; elle détruit le mouvement spontané dont étaient doués les Animalcules spermatiques et infusoires, et, dans ce cas, la désorganisation semble consister simplement dans l'écartement forcé qu'éprouvent les globules organiques. D'autres effets auront lieu lorsque la commotion électrique sera transmise aux corps composés de tissus hétérogènes. Parmi ces derniers, ceux qui sont les meilleurs conducteurs recevront une action plus forte. Ainsi, dans un Animal vertébré, ce sera le tissu nerveux qui souffrira le plus dans la commotion; les globules qui composent ses fibres tendront à se désunir, toutes ses fonctions seront abolies et la vie se dissipera sans retour. C'est ainsi que la foudre agit sur les Animaux; si l'on n'a pas constaté la nature de la désorganisation de leur encéphale et de ses dépendances après qu'ils ont été foudroyés, on sait du moins que toute irritabilité musculaire a complétement disparu. Or, comme le fluide nerveux et le courant électrique sont les agens connus de l'irritabilité, l'abolition de celle-ci suffit pour prouver que le tissu nerveux, par suite de l'action de la foudre, est devenu incapable de transmettre le fluide; il est donc naturel de supposer que les fibres nerveuses ont perdu cette propriété par la séparation de leurs molécules et par l'introduction accidentelle entre ces mêmes molécules du corps gras qui sert, dans l'état de santé, à isoler les fibres nerveuses les unes des autres. La fluidité permanente du sang, observée dans les

Animaux frappés de la foudre, indique aussi que les globules de ce système circulatoire ont éprouvé une répulsion entre elles par l'action électrique, en admettant que la coagulation du sang résulte d'une attraction moléculaire entre ses globules.

Il est un autre genre d'influence qu'exerce l'Electricité sur l'économie animale, influence digne de toute notre attention, puisque c'est à elle que l'on peut comparer les réactions que le corps d'un Animal est capable d'exercer sur lui-même; nous voulons parler de la contractilité musculaire mise en jeu par le fluide électrique. Les expériences de Haller avaient appris qu'en pinçant, brûlant ou traitant par un agent corrosif chimique le nerf qui va se distribuer dans tel ou tel muscle, on excitait des convulsions chez ce dernier; mais la désorganisation qui accompagnait ces phénomènes suffisait pour leur explication. Galvani fit plus tard l'importante découverte que la contraction musculaire était produite instantanément par l'action d'un arc métallique formé de deux Métaux hétérogènes, et mis en communication d'une part avec les muscles et de l'autre avec les nerfs. On ne put bien se rendre raison de ce phénomène qu'après que Volta eut donné l'explication physique du développement de l'Electricité par le contact de deux Métaux hétérogènes, et il devint évident que le courant électrique détermine la convulsion lorsque c'est le nerf qui sert de conducteur, et la sensation, lorsqu'on fait usage d'un nerf qui va se distribuer dans l'encéphale. Prévost et Dumas, observant au microscope un muscle frais et mince (le *fascia lata* de la Grenouille ou son sterno-pubien) et le soumettant, pendant l'observation, à l'action de la pile, ont vu que les fibres droites et parallèles qui composent le muscle se fléchissent tout-à-coup en zig-zag, que ces flexions ont lieu dans des points déterminés, et ne changent point de position. Ayant donné une grande attention à la route que prennent les ramifications du nerf dans le muscle, ils ont remarqué que plusieurs des filets du tronc nerveux se dirigent perpendiculairement aux fibres musculaires, que tantôt deux troncs nerveux se dirigent parallèlement à celles-ci, mais traversent le muscle en le coupant à angle droit, et que tantôt le tronc nerveux déjà perpendiculaire au muscle fournit des filets dont la direction est la même, mais qui reviennent sur eux-mêmes en forme d'anse. Mais deux conditions ont paru constantes aux physiologistes qui ont découvert le phénomène en question : la première c'est que les extrêmes ramifications nerveuses se dirigent parallèlement entre elles et perpendiculairement aux fibres du muscle ; la seconde, qu'elles retournent dans le tronc qui les a fournies ou qu'elles vont s'anastomoser avec un tronc voisin. Ils observèrent aussi que, dans la contraction, les sommets des angles de flexions correspondent précisément au passage des petits filets nerveux.

Pour apprécier le mode d'action de l'Electricité dans cette observation ingénieuse, il est nécessaire de parler d'un autre ordre de faits découvert récemment par Ampère, et qui ont avec ceux-ci une grande connexion. Dans ses recherches sur l'Electromagnétisme, ce savant physicien est parvenu à établir comme loi générale que deux courans électriques qui vont dans le même sens s'attirent, et se repoussent lorsqu'ils vont en sens contraire. Prévost et Dumas ont fait l'application de cette loi au cas présent de la contraction musculaire, ils ont conclu que les nerfs se rapprochent par suite des courans électriques qui se disposent parallèlement entre eux, lorsqu'ils arrivent dans les extrêmes ramifications nerveuses, et déterminent ainsi la flexion de la fibre et le raccourcissement du muscle. D'après cette opinion, le muscle vivant se trouve être un véritable galvanomètre dont la sensibilité est extrême à cause de la ténuité et de la petite distance qui sépare les branches conductrices. D'un autre côté, Prévost et Dumas s'é-

tant assurés que lorsqu'on brûle, pince ou désorganise un nerf au moyen d'un agent chimique puissant, il y a toujours développement d'Electricité, il s'ensuit que la contraction musculaire observée dans tous ces cas rentre évidemment dans la condition des contractions galvaniques.

Enfin c'est à l'action de la pile voltaïque que les physiologistes ci-dessus mentionnés ont comparé l'action des organes sécréteurs. Parmi les produits sécrétés du sang, les uns, tels que la bile, la salive, sont alcalins ainsi que lui, mais contiennent une quantité de Soude libre plus considérable ; les autres, le lait, le chyme, par exemple, sont au contraire toujours acides. Ces substances diffèrent donc du liquide dont elles sont extraites par leur alcalinité ou leur acidité, et cette différence est constante. Les sécrétions acides ne peuvent se manifester sans qu'il n'en résulte en même temps une sécrétion alcaline correspondante, et les causes qui augmentent ou diminuent les unes doivent aussi produire des effets analogues sur les autres. Si l'on ajoute à ces faits que l'analyse chimique a démontrés d'une manière incontestable, qu'il paraît possible d'imiter artificiellement les conditions principales des sécrétions, et de séparer du sang, au moyen de la pile, un liquide analogue au lait, et des alimens eux-mêmes une matière semblable au chyme, on admettra facilement que l'emploi des forces électriques explique d'une manière satisfaisante les propriétés qui caractérisent les diverses sécrétions.

La Torpille, le Gymnote et d'autres Poissons possèdent de véritables appareils electromoteurs analogues à la pile voltaïque. On a parfaitement constaté l'identité de leur fluide avec celui de l'Electricité ordinaire, en mettant ces Poissons en communication avec la bouteille de Leyde que l'on parvenait à charger comme avec une machine électrique, et en saisissant l'Animal avec des corps isolans qui mettaient à l'abri de toute commotion. *V.*, pour la description de ces organes électromoteurs , les mots GYMNOTE, TORPILLE, RHINOBATE , TÉTRODON , etc.   (G..N.)

ÉLECTRICITÉ DES MINÉRAUX. Les Minéraux manifestent des propriétés électriques lorsqu'on agit sur eux par frottement, ou par pression , ou par la chaleur. De ces propriétés se déduisent des caractères qui sont rarement d'une grande importance pour le naturaliste, à cause des variations qu'ils éprouvent dans la même espèce, sans qu'il soit souvent possible d'en apprécier les causes. Le plus léger changement dans la composition de la substance , dans la texture ou même le simple poli des surfaces suffit pour amener des différences dans les résultats des épreuves relatives à ces caractères. Néanmoins en cherchant à rendre semblables toutes les circonstances des opérations , en ne soumettant à l'expérience que des variétés cristallisées, choisies parmi celles que l'on peut regarder comme les plus pures, on obtient souvent dans les Minéraux que l'on compare des diversités d'effets qui indiquent assez nettement une différence de nature. Ces effets se rapportent : 1° à la nature de l'Electricité acquise à l'aide du frottement; 2° à la faculté isolante ou conductrice des substances ; 3° à leur faculté conservatrice de l'électricité. Les substances pierreuses , transparentes et incolores , qui , par leur texture, se rapprochent de la nature du verre , ont comme lui la faculté isolante , et acquièrent, à l'aide du frottement , l'Électricité vitrée. Les substances inflammables non métalliques, douées d'une couleur propre , telles que le Soufre , les Bitumes , le Succin , le Mellite, partagent les propriétés de la Résine. Les substances opaques et douées de l'éclat métallique sont conductrices; elles acquièrent, lorsqu'elles sont isolées et frottées, les unes l'Electricité vitrée, les autres l'Electricité résineuse. Dans ces sortes d'expériences, on emploie pour frottoir une étoffe de laine ou un morceau de drap , et pour isoloir un bâton de gomme laque ou de cire

d'Espagne. Pour reconnaître l'espèce d'Electricité acquise par ce moyen, on présente successivement le corps à deux petits appareils mobiles dans lesquels on a eu soin de développer d'avance les deux Electricités. Le premier , qu'on nomme électroscope vitré , est formé d'une aiguille de métal mobile sur un pivot, comme les aiguilles magnétiques , et terminée d'un côté par une petite lame de Spath d'Islande ; il suffit de presser cette petite lame entre les doigts pour communiquer à l'appareil l'Electricité vitrée. C'est une des propriétés de cette substance remarquée par Haüy, d'acquérir par la simple pression une forte Electricité vitrée qu'elle conserve ensuite très-long-temps. Le second appareil , qu'on nomme électroscope résineux , semblable au précédent , n'en diffère qu'en ce que l'aiguille est entièrement métallique. On le met à l'état résineux en le touchant avec un morceau de Succin électrisé par frottement, et qui lui communique une portion de son fluide. Les substances minérales diffèrent beaucoup entre elles sous le rapport du temps pendant lequel elles conservent leur vertu électrique. Il en est qui la perdent en un instant, et d'autres qui la gardent pendant des heures et même des journées entières. La Topaze est une de celles qui se distinguent ainsi par leur faculté conservatrice.

C'est dans le nombre des Minéraux isolans qu'on en trouve plusieurs qui ont la singulière propriété de s'électriser par l'action de la chaleur. Cette propriété , bornée jusqu'à présent aux substances minérales et resserrée dans un petit nombre d'espèces, n'en est que plus caractéristique ; cependant elle ne se soutient pas dans l'ensemble des variétés d'une même espèce, comme on aurait pu le désirer. Elle est donc plus intéressante sous le point de vue de la physique, et par l'analogie qu'elle présente avec les phénomènes du magnétisme polaire. Cette propriété est surtout sensible dans les longs prismes de Tourmaline, qui, par la chaleur, semblent se transformer en aimans électriques. En effet, ils acquièrent deux pôles, l'un vitré et l'autre résineux, situés vers les deux sommets. La partie moyenne de la Tourmaline est dans l'état naturel. Lorsqu'on chauffe fortement une Tourmaline de manière à dépasser le point où le corps donne des signes d'Électricité, elle revient bientôt par le refroidissement à la température convenable, pour qu'elle manifeste des pôles ; elle les perd ensuite si le refroidissement continue. Mais ce qui est digne de remarque, c'est qu'au-delà de ce terme la vertu électrique reparaît avec des caractères différens ; les pôles ont des positions renversées. Le point neutre qui fait la séparation des deux phénomènes électriques varie avec la température de l'atmosphère et la nature des substances. Il en est une, l'oxide de Zinc, qui est habituellement dans un état électrique. Haüy a remarqué qu'il existait une corrélation remarquable entre les formes des Cristaux électriques par la chaleur et les forces contraires de leurs pôles. Ces formes en général dérogent à la symétrie ordinaire des Cristaux. Les sommets dans lesquels résident les pôles diffèrent par leur configuration, de manière que le pôle vitré est toujours du côté où se montre le plus grand nombre de facettes. La Tourmaline appartenant au système rhomboédrique n'a qu'un seul axe électrique confondu avec son axe de cristallisation ; mais le Borate de Magnésie qui est pareillement électrique par la chaleur, et dont la forme est un cube, possède quatre axes différens, et par conséquent huit pôles électriques situés aux huit angles du cube. Tous ces faits intéressans sont les résultats des recherches délicates de l'abbé Haüy, et c'est dans les écrits de ce savant qu'il faut en étudier les développemens.   (G. DEL.)

ELECTRUM. MIN. *V.* SUCCIN.

ELEDON. MOLL. Cuvier (Règn. Anim. T. II, p. 363) et Leach ont consacré ce mot à une coupe du genre Poulpe qui, au lieu d'avoir deux rangs de ventouses sur les bras, n'en ont qu'un seul, et ils ont conservé à ce sous-genre les caractères par lesquels Aristote lui-même les distinguait comme espèce. *V.* CÉPHALO-PODES et POULPE.   (D..H.)

ELÉDONE. *Eledona.* INS. Genre de l'ordre des Coléoptères, section des Héteromères, famille des Taxicornes (Régn. Anim. de Cuv.), établi par Latreille aux dépens des Opatres, et ayant suivant lui pour caractères : antennes arquées et terminées par quelques articles plus grands presque triangulaires, formant une massue oblongue et comprimée ; lèvre supérieure petite ; dernier article des palpes cylindrique, allongé. Les Elédones ont beaucoup d'analogie, par leur organisation et par leurs habitudes, avec les Diapères. Ce sont des Insectes petits, offrant des couleurs obscures ; leur corps est ovalaire, convexe et arrondi supérieurement ; la tête est inclinée ; le prothorax est grand et gibbeux ; les élytres sont dures, voûtées, de la longueur de l'abdomen ; les jambes antérieures sont cylindriques et menues. On ne connaît pas les larves, mais on trouve l'Insecte parfait dans les Champignons pourris.

Parmi les espèces propres à ce genre nous citerons :

L'ELÉDONE AGARICICOLE, *El. agaricola*, improprement nommée *Agricola* ou le *Boletophagus agaricicola* d'Illiger et de Fabricius. Il est petit. On le trouve dans les Bolets, aux environs de Paris.

Illiger a désigné le genre Elédone de Latreille sous le nom ds Bolétophage qui a été adopté généralement en Allemagne. L'antériorité appartient à l'entomologiste français.

   (AUD.)

ELEGANTE STRIÉE. MOLL. (Geoffroy.) Syn. de *Cyclostomus striatus. V.* CYCLOSTOME.   (B.)

ÉLÉGIE. *Elegia.* BOT. PHAN. Genre de la famille des Restiacées et de la Diœcie, Triandrie, L., établi par

Thunberg et Linné (*Mantiss. Plant.*, p. 162 et 276), réuni au genre *Restio* par Rottboël (*Descript. et Icon. Plant.*, p. 8) et dans l'Encyclopédie Méthodique, puis rétabli par Willdenow et Persoon, qui l'ont ainsi caractérisé : fleurs dioïques ; les mâles ont un calice glumacé à six divisions inégales renfermant trois étamines ; les femelles, dont les enveloppes florales sont pareilles à celles des mâles, possèdent un ovaire à trois styles qui devient une capsule à six loges ; étamines renfermant une seule graine. Les trois espèces d'Elégies mentionnées par Persoon croissent au cap de Bonne-Espérance. Ce sont des Plantes herbacées remarquables par l'amplitude de leurs spathes ou bractées. Les *Elegia thyrsifera* et *El. racemosa* sont figurées, sous le nom de *Restio*, par Lamarck (Illustr., tab. 804, f. 3 et 4). (G..N.)

ELEITIS. BOT. PHAN. (Dioscoride.) Syn. de Pariétaire ? (B)

* ELELISPHACOS. BOT. PHAN. (Dioscoride.) Syn. de Sauge ? (B.)

ELEMENS. Les anciens philosophes qui paraissent ne s'être pas bien accordés sur la véritable signification de ce mot, en admettaient quatre : la Terre, l'Eau, l'Air et le Feu. Les modernes, en rectifiant le langage de la science, lorsqu'ils le dégagèrent de toute interprétation inexacte, durent admettre autant d'Elémens qu'ils reconnaissaient de substances encore indécomposées ; le nombre des Elémens est beaucoup plus considérable qu'on ne le croyait autrefois et s'accroît même encore à mesure que les travaux des chimistes s'étendent et se complètent. (DR..Z.)

ÉLÉMI (RÉSINE). BOT. PHAN. On distingue dans le commerce deux espèces de Résine Elémi : l'une, qui vient d'Ethiopie, est en masses assez volumineuses, enveloppées de feuilles de Roseau ; elle est sèche, jaunâtre, très-peu répandue aujourd'hui ; on ignore quel est l'Arbre qui la produit. L'autre, qui est abondante dans le commerce, nous arrive de l'Amérique méridionale, et en particulier de la Nouvelle-Espagne. On l'obtient en pratiquant des incisions au tronc de l'*Amyris Elemifera*, Arbre de la famille des Térébinthacées. Elle forme des masses un peu molles et onctueuses, se desséchant par le froid ou par vétusté. Elle est d'un jaune pâle mêlé de points verdâtres, demi-transparente, d'une odeur forte, agréable, semblable à celle du Fenouil, et d'une saveur âcre. Elle donne par la distillation une huile volatile abondante, qui en est la partie active et odorante. Elle est presque complétement soluble, dans l'Alcohol. On l'emploie surtout à l'extérieur. Elle entre dans la composition du baume de Fioraventi, dans les onguens Styrax et d'Arcœus. (A. R.)

ELEMIFERA. BOT. PHAN. Espèce du genre *Amyris*, que l'on croit généralement l'Arbre qui fournit la Résine Elémi. *V.* AMYRIS au Supplément qui terminera ce Dictionnaire. (A. R.)

ELENGI. BOT. PHAN. Espèce du genre Mimusops dont Adanson avait emprunté le nom pour désigner le genre. (B.)

* ELENI. BOT. PHAN. (L'Ecluse.) Le fruit du Cocotier encore vert, à la côte de Malabar. (U.)

* ELENOPHORE. *Elenophorus*. INS. Genre de l'ordre des Coléoptères, section des Hétéromères, famille des Ténébrionites, établi par Megerle aux dépens du genre Akis de Fabricius, mais dont il n'a pas encore fait connaître les caractères, et adopté par Dejean (Catal. des Col., p. 64). La seule espèce qui compose ce genre est l'*Akis collaris* de Fabricius. Cet Insecte se trouve dans le midi de la France. (G.)

ÉLÉOCHARIS. *Eleocharis*. BOT. PHAN. Dans la division qui a été faite par R. Brown (*Prodr. Flor. Nov.-Holl.*) du genre *Scirpus* de Linné en plusieurs autres groupes génériques, il en a établi un sous le nom d'*Eleo-*

charis, dans lequel il range toutes les espèces de Scirpes qui ont leurs épis formés d'écailles imbriquées en tous sens et semblables entre elles ; quelques-unes des plus inférieures sont vides et stériles. L'ovaire est environné de quatre à douze soies hypogynes, denticulées, qui manquent très-rarement. Le style est renflé à sa base, qui est articulée avec le sommet de l'ovaire. Le fruit est généralement lenticulaire, surmonté par la base persistante du style. Toutes les espèces de ce genre sont des Plantes aquatiques, dont les chaumes sont simples, dépourvus de feuilles et seulement embrassés à leur base de quelques gaînes. Les fleurs sont hermaphrodites et forment un épi simple et terminal. A ce genre appartiennent les *Scirpus palustris*, L., *geniculatus*, L., *maculosus*, Vahl, *capitatus*, L., *acicularis*, L., etc., et plusieurs espèces nouvelles recueillies par Brown à la Nouvelle-Hollande. *V.* Scirpe.

(A. R.)

ÉLÉODON. moll. Pour Élédon. *V.* ce mot. (D..H.)

ELEOLITHE. min. *V.* Elæolithe.

ELEOMELI. bot. phan. Baume fort épais, venant d'Arabie et dont on ignore l'origine. (B.)

* **ELEONORE.** ins. (Geoffroy.) Syn. de *Libellula flaveola*. *V.* Libellule. (B.)

ELEOSELINON. bot. phan. Syn. de Céleri. *V.* Ache. (B.)

ELEOTRIS. pois. Ce nom, employé par Athénée pour désigner un Poisson du Nil que l'on ne saurait aujourd'hui reconnaître, fut employé par Gronou pour désigner un genre qu'adopta Cuvier comme sous-genre parmi les Gobies. *V.* ce mot. On trouve dans l'édition de Bloch donnée par Schneider un genre Eleatris qu'il ne faut pas confondre avec celui de Gronou, quoiqu'il soit, comme lui, formé aux dépens des Gobies. Ce dernier, dont les caractères ne sont pas exacts, a été totalement rejeté par le savant auteur de l'Histoire du règne animal. (B.)

ÉLÉPHANT. *Elephas.* mam. Genre de la famille des Proboscidiens, dans l'ordre des Pachydermes, caractérisé par des dents mâchelières, dont le corps se compose d'un nombre déterminé de lames verticales formées chacune de substance osseuse et d'émail, et liées ensemble par une troisième substance appelée *corticale* (*V.* Dent); par cinq doigts bien complets à tous les pieds, mais tellement engagés dans la peau rugueuse et calleuse du pied, qu'ils ne se dessinent au-dehors que par les ongles attachés sur le bord d'une sorte de sabot ; par des incisives coniques, recourbées en haut, et saillantes au-devant de la tête ; enfin par la trompe la plus longue et la plus mobile qui existe chez les Mammifères.

Ce genre, comme l'observe Cuvier, est l'un des plus extraordinaires de tout le règne animal. Sa structure est telle qu'il ne se rapproche complétement d'aucun autre ; et, bien que les naturalistes l'aient classé parmi les Pachydermes, avec les Rhinocéros, les Hippopotames et les Cochons, il diffère beaucoup plus de tous ces Quadrupèdes qu'ils ne diffèrent entre eux. On peut dire même qu'à beaucoup d'égards, ce gigantesque Animal offre des traits frappans de ressemblance avec l'ordre des Rongeurs, de tous les ordres de Mammifères, l'un des plus restreints pour la taille.

Voici d'abord ces ressemblances : 1° la grandeur des alvéoles, des incisives supérieures, ou des défenses, correspondant à la grandeur même de ces dents, ne se retrouve à un degré proportionnel que dans les Rongeurs. A la vérité ce nom d'incisives ne convient pas aux défenses de l'Eléphant, qui ne sont point tranchantes et croissent indéfiniment. Mais leur accroissement indéfini tient à ce que, saillantes hors de la bouche et recourbées en haut, elles ne sont point arrêtées par la rencontre de dents opposées contre lesquelles elles s'useraient, comme dans les Rongeurs. Car on sait que quand ces derniers Animaux perdent une incisive par accident, l'incisive opposée se prolonge autant en proportion que les défenses des Eléphans, mais dans une direction contraire, c'est-à-dire se recourbe en dedans, ce qui entraîne enfin la mort de l'Animal, à cause de l'obstacle que la proéminence de cette dent demi-circulaire met à la rencontre des autres, ce qui par conséquent empêche l'Animal de prendre de la nourriture. Quant au défaut de tranchant de ces défenses, cela ne dépend pas évidemment de ce que leur émail les enveloppe également de toute part, comme le dit Cuvier. Car les incisives de l'Homme, par exemple, sont aussi pourvues d'une enveloppe uniforme d'émail, et cela n'empêche pas qu'elles ne soient tranchantes dès l'origine. La forme conique et la direction courbe de la défense de l'Eléphant tient simplement à la forme conique et à la courbure de son germe; de même que chez le Narvalh, la même forme conique de sa défense rectiligne tient aussi à la figure du germe de cette dent qui, chez ce dernier Animal, est une canine par sa position dans l'os maxillaire.

2°. La structure de leurs mâchelières, toutes semblables à celles des Cabiais, excepté que le cément déborde les arêtes verticales des lames et les enveloppe dans les Eléphans, tandis que chez les Cabiais ces arêtes dépassent le cément sur toute la hauteur de la dent.

3°. Le trou sous-orbitaire par sa grandeur rappelle celui des Rongeurs sans clavicule, chez qui les ongles sont presque aussi peu développés que ceux de l'Eléphant, entre autres les Cabiais, les Porc-Epics où le mufle est si développé. Cette grandeur du trou sous-orbitaire correspond, dans les Rongeurs, au volume du nerf excitateur de la sensibilité de cette partie de la face. Elle répond aussi dans l'Eléphant à l'excès de développement de la branche de la cinquiè-

me paire qui donne à la trompe de l'Eléphant cette finesse de tact qui le caractérise, et peut-être aussi la supériorité de son odorat, comme on peut le conclure des expériences de Magendie. Néanmoins cette grandeur du trou sous-orbitaire et ce volume des nerfs qu'il transmet se retrouvent aussi dans d'autres Mammifères; par exemple dans le Desman, également pourvu d'une trompe.

4°. L'arcade zygomatique est dirigée et formée dans l'Eléphant comme dans les Rongeurs. L'os jugal se trouve dans tous ces Animaux suspendu au milieu de l'arcade; mais cette ressemblance dans les têtes n'en implique pas autant qu'on pourrait le croire dans les autres parties du corps.

Et d'abord, quant à la tête elle-même, voici des différences majeures: 1° l'élévation et la direction presque verticale des alvéoles des défenses et la hauteur qui en résulte pour les os intermaxillaires; 2° l'élévation correspondante des maxillaires; 3° la brièveté des os du nez nécessitée par l'implantation des muscles de la trompe, et 4° l'énorme renflement produit à la partie supérieure, temporale et postérieure du crâne par d'immenses cellules qui écartent les deux tables des os de ces parties, renflement qui augmente avec l'âge. Ces quatre causes donnent à la tête de l'Eléphant plus de hauteur verticale, à proportion de sa longueur horizontale, qu'à aucune autre tête, sans excepter celle de l'Homme. Il en résulte encore que l'aire de la cavité cérébrale n'est guère que le tiers de l'aire totale de la coupe du crâne; que par conséquent le volume du cerveau est au moins neuf fois plus petit que celui du crâne. Et cependant c'est sur le volume et les reliefs de ce crâne que la plupart des naturalistes avaient évalué l'intelligence de l'Eléphant, sans se soucier de vérifier cette évaluation par les faits. L'on peut voir (Oss. Foss., 2ᵉ édit. T. 1, pl. 4 des Eléph., fig. 5) cette disproportion du volume de la tête à celui du cerveau, et combien sont fausses toutes ces prétendues indications de facultés intellectuelles par les reliefs de la surface du crâne. Nous avons déjà réfuté ces prétendues règles au mot CRANE, où nous avons établi quelles sont les vraies mesures proportionnelles des facultés intellectuelles.

A la mâchoire inférieure, la branche montante est presque aussi haute que la branche dentaire est longue. L'apophyse coronoïde est moins élevée que la condyloïdienne dont la tête articulaire est un segment sphérique reçu dans une cavité peu profonde, d'où résulte une facilité de mouvement horizontal en avant et de côté, comme dans les Ruminans. Ce mécanisme des mâchoires dont nous avons déjà parlé au mot DENT, répond merveilleusement à la structure particulière des dents, au mode de leur implantation, au déplacement qu'elles subissent avec le temps d'avant en arrière, et enfin à leur succession et au remplacement qui en résulte. Ce mécanisme de l'appareil masticateur n'existant que dans l'Eléphant et peut-être dans les Phacochœres, mérite d'être exposé ici. En voici la description d'après Cuvier.

La dent, par sa forme rhomboïdale dans le sens vertical et par sa position très-oblique, présente beaucoup plus tôt sa partie antérieure à la mastication que sa partie postérieure. Le plan ou la table produite par la mastication fait donc avec la surface commune des sommets de toutes les lames un angle ouvert en arrière. Il arrive de-là que, lorsque les lames de devant sont entamées profondément et forment des rubans entiers, les lames intermédiaires n'offrent encore que des rangées transversales de cercles ou d'ovales, et que celles de derrière sont tout-à-fait intactes et présentent les sommets de leur dentelure en forme de mamelons arrondis. Les lames antérieures sont même tout-à-fait détruites avant que les postérieures soient entamées fort avant. D'où il suit que la dent diminue de longueur et de hauteur à la fois.

Pendant que la partie extérieure de la dent s'use et diminue, la portion de racine qui lui correspond s'use d'une autre manière plus difficile à concevoir. En examinant ce qui en reste, on la trouve comme rongée. Elle a à sa surface de petites fossettes irrégulières, comme si elle eût été dissoute par un Acide qu'on y aurait jeté par gouttes. C'est une sorte de carie, comme aux dents de l'Homme privées de leur émail. Il en résulte que, dans diverses parties de sa longueur, la dent est diminuée de plusieurs tranches ou segmens qui en occupaient toute la hauteur. Et comme la partie antérieure de la mâchoire doit toujours rester remplie, la dent se meut d'arrière en avant dans le sens horizontal, en même temps qu'elle se porte dans le sens vertical de haut en bas ou de bas en haut, selon qu'elle appartient à la mâchoire supérieure ou inférieure. Voilà comment chaque dent, au moment où elle tombe, se trouve très-petite, quelque grande qu'elle ait pu être auparavant. La détermination de ce fait était fort importante, puisqu'il prouve que le volume marque l'âge des dents elles-mêmes, et non pas l'âge et la grandeur de l'Animal qui les portait ; et l'on verra à l'article de l'ELÉPHANT FOSSILE que cette détermination a préservé Cuvier de l'illusion qu'avaient causée à d'autres zoologistes ces diversités de grandeur, sur la multiplicité apparente des espèces fossiles d'Eléphant.

Ce mouvement de la dent active fait de la place pour celle qui se forme dans l'arrière-mâchoire, et qui doit lui succéder. Voilà pourquoi la partie angulaire de cette mâchoire est si grande, parce que toute la vie elle contient une dent entière. Cette seconde dent aide, par son développement, à pousser la première en avant. Si donc la construction des molaires d'Eléphant ressemble à celle des molaires de quelques Rongeurs, le développement et le mécanisme de ces dents en diffère beaucoup. Car les dents molaires du Cabiai et autres

Rongeurs croissent presque toute la vie, et ne se renouvellent pas. *V.* notre article DENT.

Le nombre des molaires des Eléphans fut long-temps indéterminé; il varie d'une à deux de chaque côté. Pallas montra le premier (*Nov. Comm. Petrop.* T. XIII) que l'Eléphant a d'abord une seule dent de chaque côté; qu'une seconde, en se développant, pousse la première, de façon que pendant un certain temps il y en a deux ; puis la chute de la premiere fait que de nouveau il n'y en a plus qu'une. Corse (Trans. phil., 1799) a vu cette succession d'alternatives se répéter jusqu'à huit fois dans l'Eléphant des Indes. Il y a par conséquent trente-deux dents qui occupent les différentes parties de ses mâchoires. Cuvier l'avait déjà conclu pour avoir observé à la fois constamment trois dents sur huit Eléphans ; savoir : une molaire usée plus ou moins prête à tomber, une molaire entière et en pleine activité, et un germe plus ou moins développé occupant la partie angulaire de la mâchoire. Les premières dents paraissent huit ou dix jours après la naissance, sont bien formées à six semaines et complétement sorties à trois mois. Les secondes sont bien sorties à deux ans, et chassées à six ans par les troisièmes qui sont à leur tour poussées en dehors par les quatrièmes à neuf ans. On juge aisément, à la profondeur de la détrition, de la position qu'avait dans la mâchoire une dent trouvée isolée. Le nombre des lames qui composent chaque dent va en croissant de manière que chacune en a plus que celle qui l'a immédiatement précédée. Suivant Corse (*loc. cit.*), les premières ont quatre lames ; les secondes, huit ou neuf; les troisièmes, douze ou treize, et ainsi de suite jusqu'aux septièmes et huitièmes qui en ont vingt-deux ou vingt-trois. Les lames sont en outre plus minces dans les premières dents que dans les dernières; d'où il suit que le nombre des lames de service est à peu près le mê-

me à tous les âges, c'est-à-dire de dix ou douze. Et comme il faut le même temps pour user le même nombre de lames, les dernières dents, qui en ont beaucoup plus, durent plus que les premières; il en résulte que les intervalles des remplacemens s'allongent avec l'âge.

Les dents des deux mâchoires de l'Eléphant se distinguent par leur forme. A la mâchoire supérieure, les lames sont disposées de manière que leurs sommets sont tous dans une surface convexe; et la table produite par leur détrition est aussi convexe. C'est le contraire aux dents d'en bas. On distingue enfin les dents de droite de celles de gauche, parce qu'elles sont convexes à leur surface interne et un peu concaves à l'externe. Enfin on reconnaît l'arrière d'avec l'avant. La trituration entamant bien plus en avant qu'en arrière, le bout le plus usé est toujours l'antérieur. Nous renvoyons à notre article DENT pour ce qui concerne la structure et la production de ces dents molaires et des défenses.

Les Eléphans ont vingt paires de côtes, trois vertèbres lombaires, quatre sacrées et vingt-quatre ou vingt-cinq coccygiennes. Il n'y avait donc pas lieu, pour des observateurs un peu attentifs, en considérant seulement ces nombres, de tomber dans les illusions qui firent prendre autrefois des squelettes d'Eléphans fossiles pour des squelettes humains. Mais l'imagination s'arrêtait plus aux ressemblances qu'aux différences, et d'ailleurs on fermait les yeux sur ce qu'on ne voulait pas voir. A la vérité, sauf la différence des proportions, la figure des os des membres, depuis les phalanges jusqu'aux épaules et au bassin, peut en imposer à des observateurs superficiels. Ce qui produisait encore une cause d'erreur, c'était la ressemblance beaucoup plus grande des deux premières vertèbres cervicales et de toutes les dorsales avec celles de l'Homme ; ressemblance qui est réellement plus grande dans l'Eléphant que dans aucun autre Quadrupède. Néanmoins il n'est pas une de ces parties osseuses qui ne présente des caractères fixes et différentiels. Ces différences sont bien plus prononcées encore aux os des membres, et il n'est pas un seul d'entre eux qu'un anatomiste un peu exercé pût confondre aujourd'hui avec ceux de l'Homme. Mais il est certain néanmoins que leur ensemble, pour tout anatomiste qui ne connaît que le squelette humain, présente une ressemblance très-apparente avec les formes humaines. On doit donc moins s'étonner que des anatomistes de profession, qui n'avaient pas vu de squelettes d'Éléphans, aient pris quelquefois des os fossiles de ce genre pour des os humains et par conséquent pour des os de géans. C'est sans doute sur la rencontre de squelettes d'Éléphans fossiles, nécessairement plus fréquente au commencement de l'état actuel du globe qu'elle ne l'est aujourd'hui, que dut s'établir l'opinion de l'existence d'une race de géans dans l'âge précédent de la terre, opinion que l'on retrouve en effet dans toutes les théogonies.

La trompe, qui fait le trait principal de sa physionomie, est creusée intérieurement d'un double tuyau revêtu d'une membrane fibro-tendineuse, dont la souplesse et l'humidité sont entretenues par une exhalation abondante que fournissent de petits cryptes ouverts à sa surface. Ces tuyaux, qui ne sont que les prolongemens des narines, remontent jusqu'aux parois osseuses de ces cavités. Mais avant d'y arriver, ils se recourbent deux fois, et leur communication avec elles est formée par une valvule cartilagineuse et élastique, que l'Animal ouvre à volonté, et qui retombe, par son propre ressort, dans le relâchement de ses muscles. L'intervalle des parois de ces tuyaux à la peau qui enveloppe la trompe est rempli par des faisceaux charnus, longitudinaux, se rapportant à quatre grands muscles, confondus dans la longueur de la trompe, mais bien distincts à leur attache supé-

rieure. Les deux antérieurs tiennent à toute la largeur du frontal au-dessus des os du nez; les deux latéraux aux os maxillaires en avant et au-dessous de l'œil. Ces deux premiers faisceaux n'ont donc pas d'analogues pour l'insertion, ni dans le Desman, ni dans les Mammifères à boutoir, ni même dans le Tapir dont la structure osseuse des narines ressemble le plus à celles de l'Eléphant, puisqu'il n'y a chez le Tapir que les deux faisceaux sous-orbitaires. (*V.* Desman, Cochon, Coati, etc.) Chaque paire de faisceaux musculaires est composée de deux sortes de fibres. Les unes, transversales sur une coupe longitudinale, et rayonnantes sur une coupe transversale de la trompe, rapprochent la peau externe de la membrane des tuyaux, et déterminent ainsi l'allongement de cet organe, sans comprimer ses tuyaux, comme l'auraient fait des fibres circulaires à la manière de ce qui existe dans beaucoup de Mollusques et d'Annelides, compression qu'il était bien important d'empêcher dans l'Eléphant, où l'axe de la trompe doit livrer passage à l'air. Les autres fibres sont longitudinales, et forment des faisceaux arqués fixés par leurs extrémités à la membrane des tuyaux, et par leur sommet convexe à la face interne du derme. Il y a de ces faisceaux tout du long et tout autour de la trompe. De sorte que les flexions et les raccourcissemens peuvent se faire partiellement ou en totalité, et dans telle partie qu'il plaît à l'Animal; ce qui n'aurait pu se faire par des faisceaux continus depuis la trompe jusqu'aux os de la face. Deux sortes de nerfs animent cette trompe : l'un est une branche du nerf facial, et lui donne les mouvemens respiratoires et physionomiques; l'autre est une branche de la cinquième paire, et lui donne la sensibilité et les mouvemens purement volontaires.

La projection de l'eau par cette trompe dépourvue de fibres circulaires est assez difficile à expliquer, puisque les tuyaux en sont incompressibles. L'Animal ne pourrait que la pousser en soufflant ; mais comment souffler en avalant, ce qui arriverait à l'Eléphant quand il boit ?

Les Eléphans sont essentiellement herbivores, aussi leur estomac est très-ample quoique simple ; leurs intestins sont très-volumineux, et leur cœcum est énorme. Les mamelles, au nombre de deux seulement, sont situées sous la poitrine ; le petit tète avec sa bouche et non avec sa trompe comme Buffon l'avait imaginé, sans s'inquiéter beaucoup des observations anciennes et de la remarque d'Aristote.

Malgré les observations des anciens sur plusieurs différences morales et physiques, qui distinguent les Eléphans d'Afrique des Eléphans d'Asie, Buffon, Linné et tous les nomenclateurs, n'avaient reconnu dans ce genre comme dans celui de l'Homme qu'une seule espèce. Et cependant quelques-uns des caractères distinctifs allégués par les anciens étaient bien positifs. Ainsi, suivant un Scholiaste de Pindare, cité par Gesner, Amintianus (Traité des Eléphans) avait remarqué que les mâles seuls ont des défenses dans l'espèce des Indes, et que les deux sexes en portent dans celle de Lybie et d'Ethiopie. Et Cosmas Indicopleustes (Montfaucon, *Collect. Nov. Petr.* T. II, p. 359) observe aussi que les Eléphans des Indes n'ont pas de longues défenses ; qu'au contraire ceux d'Ethiopie en ont de fort longues qu'on exporte sur des vaisseaux aux Indes, en Perse, dans le pays des Homérites, et par tout l'Empire romain. Enfin, Camper, sans doute guidé par cette érudition judicieuse à laquelle nous devons le premier bon travail d'antiquités en zoologie, établit la première distinction péremptoire d'espèces parmi les Eléphans, sur la structure intime de leurs dents molaires. Cette différence consiste dans la forme et dans le nombre des lames verticales qui constituent chaque dent, forme qu'on observe dans le germe même qui sert de moule à

tous les reliefs, à tous les détails de configuration que doit offrir la dent achevée ainsi que nous l'avons montré pour toutes les classes de Vertébrés à notre article DENT.

Sur les germes des molaires de l'Eléphant des Indes, les lames ont leurs deux surfaces à peu près parallèles et simplement sillonnées sur leur longueur. Dans l'Eléphant d'Afrique, l'une des surfaces, et souvent toutes les deux, sont relevées par le milieu dans toute leur hauteur par une saillie ou arête anguleuse. Du reste, les sillons sont moins nombreux et moins profonds, d'où il suit que par l'usure, la coupe des lames, dans l'Eléphant Indien, dessine des rubans transversaux, étroits, d'une largeur uniforme, et dont les bords formés par l'émail sont très-festonnés et rectilignes. Et comme à cause de ce renflement au milieu de leur travers, les lames de l'Eléphant d'Afrique sont plus épaisses, il suit qu'il y en a moins pour une dent de même longueur. La différence est du tiers à la moitié. Cuvier n'a pas vu de dent d'Afrique avoir plus de dix lames. Celles des Indes en ont jusqu'à vingt-trois, et les fossiles vingt-quatre à vingt-cinq. En outre, les bords d'émail sont plus minces et moins festonnés dans les dents fossiles que dans les dents indiennes. Dans les dents fossiles, toutes les lames, ou presque toutes les lames étaient en activité à la fois, tandis qu'il n'y en a jamais plus de dix ou douze dans celles de l'Inde ; enfin les dents fossiles sont absolument et proportionnellement plus larges que celles de l'Inde. Ces largeurs sont comme 0^m,08 ou 0^m,09 : à 0^m,06 ou 0^m,07.

Le tissu des défenses n'offre pas de différences sensibles d'une espèce à l'autre, mais leur grandeur et leur direction varient suivant les remarques déjà citées de quelques anciens. Cosmas avait déjà remarqué que c'était l'Afrique qui approvisionnait d'ivoire l'Inde et la Perse. La petitesse des défenses de l'Eléphant d'Asie est une considération d'autant plus importante que tous les auteurs anciens, sans exception, parlent de la supériorité de taille de cette espèce sur celle d'Afrique qui a de grandes défenses dans les deux sexes. La femelle africaine, que possède le Muséum de Paris, en porte de plus grandes que pas un des Eléphans mâles des Indes vus par Cuvier. Suivant Corse (Trans. Philos. 1799), aucune femelle asiatique n'a de longues défenses : elles sont toutes petites et droites en bas, selon la remarque bien exacte d'Aristote (*lib.* II, *cap.* 5, *Hist. Anim.*); et souvent elles sont si courtes qu'on ne peut les apercevoir qu'en soulevant les lèvres, ce qui explique l'expression d'Amintianus. De plus, continue Cuvier, il s'en faut bien que tous les mâles en aient de grandes. Suivant Tavernier (T. II, p. 75) dans l'île de Ceylan, le premier né de chaque femelle en aurait seul. Et sur le continent, on distingue les *Dauntelah* à longues défenses des *Mookna*, qui les ont très-courtes et toujours droites. Wolfs (Voy. à Ceylan) dit même que, dans cette île, beaucoup de mâles n'en ont pas du tout, et se nomment *Majanis*. Les plus grandes défenses asiatiques sont de l'Indochine où sont les plus grands Eléphans de cette espèce. A la côte de Malabar il n'y a pas de défenses de plus de quatre pieds de long, mesure d'Angleterre, suivant Pennant qui assigne dix pieds aux grandes défenses de Mozambique. On ne peut pas conclure le poids, des dimensions, parce que la cavité de la base peut être plus ou moins remplie. On ne peut non plus conclure la grandeur de l'Animal de celle des défenses, dans la même espèce, parce que celles-ci croissent pendant toute la vie Et nous avons vu qu'à égalité de taille, les défenses d'Afrique sont toujours plus grandes que celles d'Asie.

On ne peut savoir s'il y avait entre les sexes de l'Eléphant fossile les mêmes différences de grandeur pour les défenses que dans l'espèce de l'Inde. On ignore aussi leurs limites en petitesse. Leurs limites en grandeur dépassent beaucoup celles des dents

d'Afrique. La plus grande défense trouvée en Sibérie, et conservée dans le cabinet de Pétersbourg, tronquée aux deux bouts, a huit pieds de longueur, six pouces six lignes à un bout, et six pouces quatre lignes. Par cette petite différence de diamètre sur une telle longueur, on peut admettre que la longueur était au moins double; enfin une défense observée à Yakutsk par Adams avait quinze pieds de long et huit pouces huit lignes de diamètre à l'extrémité alvéolaire.

La courbure est constamment plus grande dans les dents d'Afrique que dans celles d'Asie. Quelquefois cette courbure n'est pas régulière; il y en a en spirale, en forme d'S. Dans la plupart des défenses fossiles, la courbure est beaucoup plus forte que dans ceux des Eléphans d'Afrique. Elle approche d'un demi-cercle ou d'une ellipse partagée par son petit axe. Telles sont, par exemple, les quatre défenses fossiles les plus entières que l'on connaisse : celle de Messerschmidt (*Trans. Phil.* T. LX), celle de la cathédrale de Strasbourg, celle de l'église de Halle en Souabe et celle du cabinet de Stuttgard. Enfin, dans le squelette observé par Adams, déposé à Pétersbourg et figuré par Cuvier (*loc. cit.*, pl. 12), la courbure est encore plus forte. Les défenses font presque le cercle ou l'ellipse entière. La pointe revient en arrière et même redescend un peu en se dirigeant en même temps en dehors. Ces excès de courbure forment-ils un caractère spécifique ou dépendent-ils seulement du grand âge des individus? Plusieurs squelettes entiers, conservant des épiphyses malgré la grandeur des courbures, pourraient seuls décider cette question. Il y a aussi des défenses fossiles contournées en spirale.

La longueur des alvéoles des défenses est triple dans un crâne fossile de ce qu'elle serait dans un crâne d'Asie ou d'Afrique, et la face triturante des molaires prolongées, au lieu de rencontrer le bord alvéolaire, couperait le tube de l'alvéole au tiers de sa longueur ; à quoi correspondent les longueurs inverses de la mâchoire inférieure. Dans les Eléphans vivans, elle se prolonge en pointe ; dans le fossile, au contraire, la mâchoire, vu le prolongement des tubes alvéolaires, a dû être tronquée en avant : sans quoi elle n'eût pu se fermer. Ces différences dans les proportions des crânes et de la mâchoire en nécessitaient une correspondante dans la trompe du fossile. Car, dit Cuvier, ou les attaches des muscles de la trompe étaient les mêmes, et alors la base de cet organe était trois fois plus grosse à proportion ; ou ces attaches étaient différentes, et alors à plus forte raison la trompe était encore différente. Une occasion nouvelle d'observer un Animal entier pourrait seule déterminer la forme positive. L'on voit donc que la différence du fossile avec l'Eléphant asiatique était beaucoup plus grande que celle de cette dernière espèce avec l'Eléphant d'Afrique. On verra dans leur description que les différences extérieures n'étaient pas moins prononcées que ne le sont celles des squelettes. Enfin, dans l'Eléphant fossile, les deux condyles du fémur ne sont séparés que par une ligne étroite, au lieu d'un large enfoncement qui se voit dans les deux espèces vivantes.

Il n'est donc pas besoin d'être anatomiste pour reconnaître que les espèces vivantes actuelles ne descendent pas de l'Eléphant fossile, et que ces deux espèces n'ont pu être primitivement une seule et unique espèce. Il est ainsi bien démontré qu'il existe trois espèces dans le genre Eléphant. Leur séparation est aussi bien établie par leurs limites géographiques que par celles de leur organisation. L'Eléphant fossile, comme on va voir, n'habitait que le nord des deux continens. L'Eléphant Indien ne paraît pas avoir jamais existé à l'est du fleuve Indus, et l'Eléphant africain hors de l'Afrique.

1°. ELÉPHANT FOSSILE, *Elephas primigenius*, Blumenb., Mammouth des Russes ; Cuv. (Ossemens Fossiles,

T. v, p. 199, pl. 11). A crâne allongé, à front concave, à très-longues alvéoles des défenses, à mâchoire inférieure obtuse, à mâchelières plus larges, parallèles, et marquées de rubans plus serrés. Cette espèce n'existe qu'à l'état fossile.

Dans tout le nord de l'Asie, les excavations faites par l'Homme, les éboulemens, les érosions causés par le cours et le débordement des eaux, découvrent tant d'ossemens et même de squelettes de cette espèce, que les habitans de la Sibérie, de la Mantchourie et de la Chine ont forgé des fables pour expliquer ce singulier phénomène. Les Sibériens croient que tous ces débris proviennent d'un Animal souterrain qui ne peut voir impunément la lumière du jour, et qu'ils nomment Mammouth, du mot *Mamma* qui signifie Terre. Les Chinois rapportent la même fable de leur prétendu Tien-Schu, et les Mantchous de leur Fin-Schu. Il ne se trouve, disent-ils, que dans les régions froides, aux bords du fleuve Tai-Tunn-Gian, et plus au nord, jusqu'à la mer Boréale : il ressemble à une Souris, mais est aussi grand qu'un Eléphant ; il craint la lumière, et se tient sous terre dans les grottes obscures. Pour que tous ces peuples se soient accordés dans l'invention de cette fable, il faut que les faits qui en ont fourni le sujet soient bien multipliés et aient été connus dès la plus haute antiquité, puisque cette fable se trouve dans un livre chinois du cinquième siècle avant J.-C. (*V.* Klaproth, Mém.) Aussi n'est-il, dit Pallas (*loc. cit.*), dans toute la Russie asiatique, depuis le Don jusqu'à l'extrémité du cap des Tchutchis, aucun fleuve, aucune rivière, surtout de ceux qui coulent dans les plaines, sur les rives ou dans le lit duquel on n'ait trouvé quelques os d'Eléphant. Les contrées élevées, les chaînes primitives et schisteuses en manquent au contraire aussi bien que de pétrifications marines, tandis que les pentes inférieures et les grandes plaines limoneuses et sablonneuses en fournissent par-

tout aux endroits où elles sont ron-
gées par les ruisseaux et les fleuves ;
ce qui implique qu'on n'en trouverait pas moins dans le reste de leur
étendue. Les os sont généralement
dispersés, et ce n'est que dans un petit nombre de lieux qu'on a trouvé
des squelettes complets. Les couches
où ils se trouvent sont remplies de
corps marins, tels que des Coquilles,
des dents de Squales, etc. Mais ce qui
est beaucoup plus frappant, c'est qu'on
a assez fréquemment trouvé des ossemens où tenaient encore des parties
molles, des lambeaux de chair. Is-
brand-Ides (dans Corneille Le Bruyn,
in-folio) parle d'une tête dont la
chair était corrompue, et d'un pied
gelé, et Müller parle d'une défense
dont la cavité était encore remplie de
son germe dans un état semblable à
du sang caillé. Enfin, et ce qui décide
de l'habitation ancienne de cette espèce dans les lieux où on en trouve
les débris, deux Éléphans entiers ont
été trouvés près de la mer Glaciale.
A quoi il faut ajouter que partout où
l'on trouve des ossemens, ils ont conservé parfaitement leurs arêtes, leurs
saillies, les moindres reliefs de leurs
contours, et même leurs épiphyses
pour ceux dont l'ossification n'était
pas terminée, quoique la moindre secousse sur un squelette frais suffise
pour détacher ces epiphyses. Tout cela
nécessite l'enterrement de ces débris
de cadavres ou de squelettes sur le lieu
même où à une très-petite distance du
lieu où mourut l'Animal. Car si les
eaux, comme on l'a supposé (et l'i-
magination n'a su concevoir d'autre
cause de déplacement) avaient en-
traîné ces cadavres, ces squelettes,
ces ossemens d'Eléphans entiers ou
en débris, ils eussent été roulés, usés
par les frottemens qui ont si promptement arrondi les cailloux quartzeux
de nos rivières. A plus forte raison les
cadavres eussent-ils été démembrés
et bientôt putréfiés. Or, l'Eléphant
trouvé glacé à l'embouchure de la
Léna, avait dû être saisi par la glace
au moment même de la mort ou très-
peu après, comme on va le voir par le

récit de la découverte de ce cadavre
entier.

En 1799, un pêcheur tungouse remarqua sur les bords de la mer Glaciale, dans une masse de glace, un
bloc informe. L'année suivante, ce
bloc n'était pas encore assez dégagé
pour qu'il en reconnût la nature.
L'été d'après, le flanc tout entier de
l'Animal et une de ses défenses étaient
à découvert. Enfin, au bout de cinq
ans, le bloc débarrassé par une fonte
des glaces plus rapide que de coutu-
me, vint échouer à la côte. En 1806
seulement, Adams, alors à Yakutsk,
apprit cette découverte, et se rendit
sur les lieux où il trouva l'Animal
déjà fort mutilé. Les Yakoutes du
voisinage en avaient dépécé les chairs
pour nourrir leurs Chiens, et les Bêtes féroces en avaient aussi mangé.
Néanmoins le squelette était encore
entier, à l'exception d'un pied de devant. L'épine du dos, un omoplate,
le bassin et trois membres étaient encore réunis par leurs ligamens et des
portions de peau. La tête était couverte d'une peau sèche. Une des
oreilles, bien conservée, était garnie
d'une touffe de crins. On distinguait
encore la prunelle de l'œil ; le cerveau desséché existait dans le crâne.
Le cou était garni d'une longue cri-
nière ; la peau était couverte de crins
noirs et d'une laine ou bourre rougeâtre ; ce qui en restait était si lourd,
que dix personnes eurent peine à le
transporter. On retira en outre plus
de trente livres pesant de poils et de
crins que les Ours blancs avaient enfoncés dans le sol humide en dévorant
les chairs. Les parties génitales mâles
existaient encore. La tête, sans les défenses, pesait plus de quatre cents livres. Tous ces débris et les dents incisives, achetés à Yakutsk par Adams, ont
été rapportés, et existent au Muséum
de Pétersbourg. Des faits aussi bien
constatés, dit Cuvier, ne permettent plus de douter de témoignages
antérieurs et subséquens sur des restes de parties molles de Mammouth,
ou même sur d'autres cadavres entiers conservés, soit dans la glace,

soit dans la terre gelée. Sur les bords du Vilhoui, un phénomène du même genre a été observé. Près de son confluent dans la Léna, un Rhinocéros également entier a été découvert, en 1771, gelé dans le sable, avec ses chairs, sa peau et son poil. Sur les bords de l'Alaseia qui se jette dans la mer Glaciale, à l'est de l'Indigirska, un autre Eléphant tout entier fut découvert par Sarytschew (Voyage au nord-est de la Sibérie). Il était debout et couvert de sa peau encore pourvue de longs poils. Une érosion du fleuve l'avait dégagé. Enfin on possède au Muséum de Paris un morceau de peau et des mèches de crins avec des flocons de laine d'un troisième Eléphant trouvé entier sur les bords de la mer Glaciale (Tilesius, Mém. de l'Ac. des Scienc. de Pétersbourg, T. v).

L'existence de ces cadavres sur les bords de la mer Glaciale n'est pas le seul témoignage de l'antique habitation de cette espèce sur les plages sibériennes. Quelques îles de cette mer situées vis-à-vis les rivages où gissaient ces cadavres sont si remplies de leurs débris, que le rédacteur du Voyage de Billings, en parlant de l'une d'elles de trente-six lieues de long, s'exprime ainsi : Le sol est un mélange de sable, de glace et d'ossemens de Mammouth, de cornes et de crânes de Buffle (*V.* Bœuf) et de quelques cornes de Rhinocéros.

A peu près sous la même latitude, dans l'entrée découverte par Kotzebue au nord-est du détroit de Bering et par-delà le cercle polaire, il y a une pareille île de glace et de sable également pétrie d'os d'Eléphans. Aussi l'ivoire fossile y est-il commun, et les naturels l'emploient à divers ouvrages aussi bien que les dents de Morse et de Cachalot (Kotzebue, Voyag. T. III, p. 171).

On n'a pas encore trouvé d'os fossiles d'Eléphans en Asie plus au sud que la mer d'Aral et les bords du Jaxartes. En Amérique, sur les bords de la rivière de Cuivre, de l'Ohio, de la Susquehannah, et dans la Caroline,

on a trouvé des défenses, des molaires et des ossemens de cette espèce. Dans le nord-est de l'Amérique, ces débris accompagnent ceux de Mastodonte. Il y en a un immense dépôt entre autres dans le Kentukey, à trente-six milles du confluent de l'Ohio, et à quatre milles du fleuve. Les os s'y trouvent dans la vase et dans les bords du marais au plus à quatre pieds de profondeur. On en a trouvé aussi en Virginie dans des gissemens pareils. On les retrouve avec ceux de Mastodontes jusque sur les bords du golfe du Mexique, et Humboldt a rapporté de Hue-Huetoca, près de Mexico, des lames séparées de molaires très-grandes, entièrement semblables à celles de l'Eléphant de Sibérie. Si l'on ajoute à ces observations que la France et l'Italie en possèdent aussi dans les mêmes terrains d'alluvion où se retrouvent les Buffles, les Hippopotames, etc.; qu'en Angleterre la caverne de Kirkdale, remplie d'ossemens d'Hyènes, d'Hippopotames, de Buffles, renferme aussi des restes d'Eléphans, on verra clairement que cette espèce a peuplé tout le nord du globe, qu'elle y était contemporaine des Hippopotames, des Rhinocéros, des Buffles fossiles, des Hyènes, des Mastodontes, etc. (*V.* ces mots); qu'elle habitait des sites analogues à ceux qu'habitent aujourd'hui les espèces vivantes, c'est-à-dire les forêts unies des plaines et le bord des fleuves, et point les montagnes ni les plateaux élevés; qu'enfin elle était plus nombreuse dans les grandes plaines qui s'inclinent vers la mer Glaciale, et que le climat de ces régions n'était guère différent de ce qu'il est aujourd'hui, puisque cet Eléphant était pourvu d'une fourrure aussi capable de le protéger contre le froid que pas un Animal actuel de ces mêmes contrées; on en conclura qu'une cause subite a éteint sa race par la même grande et universelle révolution qui détruisit toutes les espèces contemporaines.

2°. Eléphant Indien, *Elephas Indicus*, Cuvier, Ossem. Foss. T. 1, p.

198, crâne, pl. 2, fig. 2.—*Phil* en indoustani, en chaldéen, en syrien, en arabe. en persan, en égyptien, d'où *Morphil* dans l'Inde pour désigner l'ivoire, c'est-à-dire dent d'Eléphant; d'*Elphil*, les Grecs d'Egypte firent *Elphinos*, puis *Delphinos; Bosare* dans l'Yémen d'où *Barrus* employé chez les Latins depuis Horace jusqu'à Sidoine Apollinaire. — A crâne allongé, à front concave, à petites oreilles, à mâchelières marquées de rubans ondoyans. Cuvier a le premier, en 1795, signalé les caractères distinctifs des deux espèces vivantes, caractères d'autant plus importans qu'on peut les comparer sur des individus vivans, sans être obligé d'examiner leurs mâchelières. Le sommet de la tête s'élève en une sorte de double pyramide dans l'Eléphant Indien, et est presqu'arrondi dans celui d'Afrique. Ce sommet répond à l'occipital de l'Homme. Son relèvement, si considérable dans les Eléphans, tient à la nécessité de surfaces suffisantes pour l'implantation presque perpendiculaire des muscles cervicaux, lesquels s'insèrent par leur autre extrémité aux apophyses dorsales dont la grande saillie contraste avec la briéveté ou même le défaut de celles des vertèbres cervicales dont le corps est en outre extrêmement mince. De cette minceur du corps des vertèbres cervicales, il suit que leur série forme un levier très-court qui diminue d'autant la pesanteur de la tête. Aux caractères différentiels des espèces que nous avons déjà donnés dans les généralités de cet article, nous ajouterons que la médiocrité des oreilles de l'Eléphant Indien le distingue encore mieux par son contraste avec leur énorme grandeur dans l'Eléphant d'Afrique. C'est à cette ampleur des oreilles que Cuvier a reconnu pour africains presque tous les Eléphans représentés sur les médailles romaines.

Dès la plus haute antiquité, cette espèce a été employée au service domestique et militaire par les peuples du continent indien et de ses îles. Justin et Diodore parlent des corps nombreux de ces Animaux dont Sémiramis redoutait l'impression sur ses troupes dans ses campagnes contre les Indiens. Elle y avait cru pourvoir, comme nous l'avons déjà remarqué (Mémoire sur la patrie du Chameau à une bosse, Mém. du Muséum, T. x) en faisant construire des simulacres d'Eléphans portés sur des Chameaux. Au temps d'Alexandre, leur limite occidentale était au moins à l'est de l'Indus, car Strabon (liv. 15, chap. 2) dit que Seleucus Nicanor en reçut cinq cents du roi Sandrocottus, par convention matrimoniale, en échange d'une province entière située entre les monts Paro Pamise et l'Indus jusqu'à son embouchure. Si Seleucus eût pu s'en procurer dans cette partie la plus orientale de son empire, il n'eût pas cédé une vaste province à si bon marché, lui surtout qui devait être informé de tout ce qui concernait ces Animaux, puisqu'il avait commandé en chef ceux de l'armée d'Alexandre. A l'est elle paraît habiter toute l'Indochine, les îles de la Sonde et des Célèbes. Elle existe aussi à Ceylan. Suivant ces contrées elle offre des variétés qui paraissent assez constantes pour la taille, la grandeur et la courbure des défenses. Selon Corse qui fut long-temps conservateur des Eléphans de la compagnie des Indes anglaises, la hauteur des femelles domestiques est communément de sept à huit pieds anglais, celle des mâles de huit à dix. Sur cent cinquante Eléphans employés dans la guerre contre Tippoo, il n'y en avait pas un de dix pieds anglais. Cependant on a vu des Eléphans Indiens beaucoup plus grands. L'Eléphant du Muséum de Pétersbourg a seize pieds et demi de haut. Il avait été donné à Pierre Ier par le roi de Perse. On a déjà vu plus haut, par la proportion des défenses, que ceux de l'Indochine sont plus grands que ceux de l'Indostan. La peau est ordinairement d'un gris tacheté de brun. Il y en a des individus tout blancs. Ces Albinos sont regardés comme les rois de leur espèce par les Siamois et les Péguans, et honorés en conséquence.

Tout le monde connaît les récits que l'on a faits sur l'intelligence et la moralité de cet Animal. On connaît aussi les diverses manières de le chasser, de l'apprivoiser et de le dresser aux différens exercices. Nous ne parlerons que d'un seul fait relatif à ses mœurs. On avait dit qu'il ne produisait pas et même ne s'accouplait pas en domesticité; et cette opinion, déjà ancienne, sur laquelle on avait fait à cet Animal une réputation de pudeur et de décence presque ou plus qu'humaines, avait surtout été accueillie par Buffon. Cependant, Elien, liv. 2, chap. 11, et Columelle, liv. 3, chap. 8, dans des passages cités par Cuvier, affirment que l'Eléphant reproduisait à Rome de leur temps; et qu'entre autres la plupart de ceux qui parurent dans les jeux de Germanicus, sous Tibère, étaient nés à Rome. Ces faits viennent d'être vérifiés par Corse qui a réussi récemment à faire produire l'Eléphant dans l'Inde.

3°. ELÉPHANT D'AFRIQUE, *Elephas Africanus*, Cuvier, Oss. Foss., p. 198, crâne, pl. 4, f. 10; *Naghe* des Abyssins; *Manzao*, *Manzo* au Congo. — À crâne arrondi, à larges oreilles couvrant toute l'épaule, à mâchelières marquées de losanges sur leur couronne. — Cette espèce habite aujourd'hui l'Afrique, depuis le Cap jusqu'au Niger et au Sénégal. Autrefois, et encore du temps de Pline, il habitait les forêts des plaines adjacentes à l'Atlas. Il en mentionne entre autres, liv. 6, aux environs de la ville et du fleuve de Sala et au sud des Syrtes. Strabon, liv. 17, en place aussi dans la Maurusie. Il était donc bien plus à la portée des Carthaginois de se procurer des Eléphans de leur pays que d'aller chercher des Eléphans indiens, comme quelques personnes l'avaient imaginé par le seul motif que les Nègres ne dressent pas d'Eléphans, comme si l'incapacité des Nègres

dans cet art prouvait celle des Eléphans de leur pays à être instruits. Et cependant on savait déjà, et Cuvier l'a démontré par le rapprochement de plusieurs passages de Polybe, d'Appien, et par l'inscription de Ptolémée-Evergète à Adulis, que les Eléphans dont se servirent les rois d'Egypte dans leurs guerres contre les Séleucides étaient africains, puisqu'ils venaient d'Ethiopie et du pays des Troglodytes. Agatharchides, cité par Photius, dit que Ptolémée-Philadelphe établit des chasses régulières d'Eléphans en Ethiopie. A ces preuves nous ajoutons que saint Jérôme, dans ses Commentaires sur Daniel, fixe à quatre cents le nombre que le troisième Ptolémée en entretenait, et dit que ce fut pour servir d'entrepôt et de quartier-général aux troupes employées à leur chasse qu'il bâtit Ptolémaïs Theron.

A ces résultats de critique historique, déjà établis par l'illustre Cuvier dans son histoire des ossemens fossiles, nous ajouterons qu'avant l'exemple des Ptolémées dont le chef de la dynastie en rapporta l'usage des expéditions d'Alexandre, les Carthaginois paraissent ne s'en être pas servis. Car Polybe, si attentif observateur de tout ce qui concerne les ressources industrielles et militaires des pays dont il fait l'histoire, n'en parle pas dans les guerres qu'ils soutinrent contre Timoléon et Agathocle, tandis qu'il les mentionne dans la première guerre de Sicile contre Hiéron successeur d'Agathocle. Enfin nous pouvons prouver que les Carthaginois dressaient eux-mêmes leurs Eléphans. Par un passage d'Appien (*Bell. punic.*) sur la commission donnée à Asdrubal d'en aller prendre, lorsque Scipion l'Africain était à la veille de descendre en Afrique, et sur la rapidité avec laquelle Asdrubal exécuta cette chasse, Cuvier avait déjà établi que les Eléphans des Carthaginois étaient africains et qu'ils n'allaient pas les chercher si loin que l'Ethiopie. A quoi nous ajoutons que Polybe (liv. 15) et Tite-Live (liv. 30) citent, parmi les articles du traité de paix qui terminna la seconde guerre punique, la condition que les Carthaginois ne dresseraient plus d'Eléphans. Les Carthaginois ne les recevaient donc pas tout dressés.

Suivant Végèce, liv. 3, leur usage dans les armées romaines, où ils furent employés contre les rois de Macédoine et de Syrie, cessa presque entièrement après la guerre de Jugurtha. Polyœnus, liv. 4, dit que les Eléphans des Romains, dans la guerre contre Persée, étaient moitié africains, moitié asiatiques. Les guerres contre les Perses en firent sans doute reprendre l'usage, car au temps de Sévère (Valère-Maxime, liv. 9, chap. 5) les armées impériales en avaient encore trois cents. Il ne paraît pas que leur usage ait continué en Occident après le troisième siècle. Il cessa aussi un peu plus tard en Orient. Sous Justinien, suivant Cosmas Indicopleustes (*loc. cit.*), on ne savait même plus les dresser en Abyssinie. Or, d'après ce que nous a dit Caillaud, il paraît que l'Eléphant d'Afrique avait été dressé, par les Ethiopiens, au service domestique et militaire avant l'époque des Lagides : car il a vu sur les temples et les monumens du Sennaar et de l'Ethiopie, que tout indique antérieurs de beaucoup à cette époque, des représentations de cet Animal, équipé de harnois, monté par des hommes, et chargé de fardeaux.

Nous avons vu plus haut, d'après un passage de Cosmas, que de son temps c'était d'Ethiopie que l'on exportait l'ivoire employé par les arts et le commerce, dans l'Inde, en Perse et dans l'empire romain. Telle était l'abondance de l'ivoire à Jérusalem, au temps du prophète Amos, que les maisons et les meubles des particuliers en étaient décorés (Amos, chap. 3, vers. 15, et chap. 16, vers. 4). Or il n'est pas parlé d'ivoire dans la Bible avant Salomon (*Reg.*, lib. 1, *cap.* 10, *vers.* 28, et *Psalm.*, 45, *vers.* 9). Cette profusion de l'ivoire chez les Juifs après Salomon,

lorsqu'il est bien certain que la plus grande partie de l'ivoire employé dans les arts est toujours venue d'Afrique même aux Indes, est une nouvelle preuve de la position en Afrique, de cet Ophir où Salomon commerçait. D'après le grand nombre d'Eléphans africains représentés sur les médailles romaines, il paraît que la plupart de ceux que Rome employait étaient d'Afrique. Il était en effet plus commode de les tirer d'Afrique, surtout sous les empereurs, vu les difficultés que les guerres avec la Perse auraient mises à ce qu'on en pût tirer de l'Inde. Ce fut avec des Eléphans africains que Suetonius Paulinus avait ramenés de son expédition vers le Sénégal, qu'Aulus Plautius acheva, sous Claude, la conquête de la Bretagne.

On vient de voir l'histoire de l'Eléphant fossile se lier à l'histoire des révolutions de la terre et leur servir de monument, et les Eléphans d'Afrique et d'Asie prendre part aux révolutions des empires. Ces grands traits de leur histoire frappent au moins autant l'imagination que tous ces contes exagérés sur le caractère, les mœurs et l'industrie des Eléphans domestiques ou sauvages. Tout le monde connaît ces contes ou ces exagérations qu'il est au moins inutile de copier ici. Observons seulement que tout ce que Buffon a dit en outre du mode extraordinaire de leur accouplement et du mécanisme plus extraordinaire encore par lequel le petit Eléphant aurait été forcé de teter, n'a pas le moindre fondement ; qu'enfin la prétendue impossibilité de produire en domesticité, admise par le même écrivain, ne porte que sur des essais mal faits, récemment démentis par les succès qu'a obtenus Corse dans l'Inde, et qu'obtinrent autrefois les Romains. (A. D..NS.)

ELEPHANT. POIS. L'un des noms vulgaires du *Centriscus Scolopax*. *V.* CENTRISQUE. (B.)

ELEPHANT DE MER. MAM. Nom impropre et vulgaire donné au Phoque à museau ridé et au Morse. *V.* ces mots. (B.)

* **ELEPHANTIS.** BOT. PHAN. (Daléchamp.) Syn. de Cocotier. (B.)

ELEPHANTOPE. *Elephantopus.* BOT. PHAN. Genre de la famille des Synanthérées, Corymbifères de Jussieu, et de la Syngénésie séparée, établi par Vaillant, et adopté par Linné et par tous les botanistes modernes. H. Cassini en a séparé plusieurs espèces, pour en former le genre *Distreptus* (*V.* ce mot) dont il diffère par l'aigrette et par l'inflorescence. Les caractères qu'il assigne au genre *Elephantopus* sont à peu près les suivans : calathide sans rayons, composée de fleurons égaux au nombre de quatre, réguliers et hermaphrodites ; involucre cylindracé, composé de huit écailles lancéolées, acuminées, appliquées, coriaces, membraneuses, opposées par paires disposées sur quatre rangs ; réceptacle nu ; ovaires oblongs, comprimés, hérissés, marqués de dix côtes, et surmontés d'aigrettes composées de cinq petites écailles filiformes soyeuses, et dont la base est élargie, laminée, ovale et frangée. Dans ce genre, les calathides sont réunies en capitules solitaires à l'extrémité de longs pédoncules ; elles ne s'y développent que successivement, et sont sessiles sur une sorte de réceptacle (Calatiphore de Cassini) hérissé de poils et entouré de trois grandes bractées foliacées et cordiformes. La place que Cassini assigne à ce genre au milieu de la vaste famille des Synanthérées, est la tribu des Vernoniées. Au moyen de la distinction du genre *Distreptus* qui, à la vérité, n'est pas admis par d'autres auteurs, les *Elephantopus* sont réduits à un petit nombre d'espèces. L'*Elep. scaber*, L., est la seule que décrive Cassini. Cette Plante habite les Indes-Orientales où on la nomme *Anoschovadi.* Elle est herbacée, à tige dressée, rameuse, hérissée, et à feuilles sessiles alternes amplexicaules, ovales et oblongues. L'*Elephantopus tomentosus* de Linné n'est regardé par Lamarck que com-

me une variété de la précédente espèce. Willdenow en a décrit une autre espèce sous le nom de *Carolinianus*, que Swartz et Michaux ont confondue avec l'*Eleph. scaber* de Linné. (G..N.)

ELEPHANTUSIA. BOT. PHAN. Nom substitué par Willdenow à celui de *Phytelephas*, créé par Ruiz et Pavon. Les botanistes ayant admis celui qui avait la priorité, nous y renvoyons. *V.* PHYTELEPHAS. (G..N.)

ELEPHAS. MAM. *V.* ELÉPHANT.

ELEPHAS. BOT. PHAN. Le genre que Columna nommait ainsi et que Tournefort avait adopté a été réuni par Linné au *Rhinanthus. V.* RHINANTHE. (A. R.)

ELETTARI. BOT. PHAN. (Rhéede.) Syn. malabare de l'*Amomum grana Paradisi*, L. *V.* AMOME. (G..N.)

ÉLEUSINE. *Eleusine.* BOT. PHAN. Famille des Graminées, section des Chloridées, Triandrie Digynie, L. Genre composé d'un petit nombre d'espèces autrefois placées parmi les *Cynosurus*, et offrant des épis digités et terminaux dont tous les épillets sont unilatéraux. La lépicène est à deux valves inégales, carenées, mutiques, contenant de trois à sept fleurs. La glume se compose de deux paillettes mutiques, l'extérieure plus grande, embrassant la seconde, fortement carenée sur son dos, terminée en pointe mousse à son sommet ; l'intérieure un peu plus étroite, plus mince, offrant souvent une crête longitudinale saillante sur chacun de ses côtés, et roulée autour du pistil et des étamines. La glumelle est formée de deux paléoles oblongues, obtuses, minces et membraneuses. Les étamines, au nombre de trois, ne présentent rien de remarquable. L'ovaire est ovoïde surmonté de deux styles distincts que terminent chacun un stigmate en forme de pinceau. Le fruit est plus ou moins globuleux, enveloppé dans les écailles florales. Ce genre est assez voisin des *Cynosurus* et des *Chloris.* Il se distingue du premier par l'absence de cette réunion de bractées qui accompagne chaque épillet, et du second par ses fleurs toutes hermaphrodites, ses épillets multiflores et mutiques.

L'une des espèces les plus remarquables de ce genre est le CORACAN, *Eleusine Coracana*, Lamk., Ill. t. 48, f. 1, *Cynosurus Coracanus*, L. Cette Graminée est originaire de l'Inde où elle est cultivée. Son chaume s'élève à la hauteur de deux à trois pieds, il est noueux et un peu comprimé. Ses feuilles sont allongées, assez larges, pubescentes à leur face inférieure, assez roides; leur gaîne est comprimée et poilue sur ses bords. Les épis, réunis au nombre de trois à cinq, sont digités au sommet de la tige, leur axe est comprimé, plane. Tous les épillets sont unilatéraux, contenant souvent jusqu'à huit fleurs. Les fruits sont presque globuleux, de la grosseur d'un grain de Millet. Dans l'Inde ils servent de nourriture à la classe indigente et sont d'une très-grande ressource quand la récolte du Riz a manqué. Les autres espèces de ce genre croissent en Amérique, dans l'Inde et à la Nouvelle-Hollande.

(A. R.)

ELEUTHERANTHÈRE. *Eleutheranthera*. BOT. PHAN. Poiteau a établi sous ce nom un nouveau genre de la famille des Corymbifères, auquel il donne pour caractères distinctifs : un involucre simple, composé de cinq folioles; un réceptacle couvert d'écailles minces ciliées au sommet, et portant de quatre à neuf fleurons hermaphrodites dont les anthères sont distinctes, caractère fort extraordinaire dans une Synanthérée. Les fruits sont hérissés de glandes et couronnés. Une seule espèce compose ce genre, c'est l'*Eleutheranthera ovalifolia* qui est originaire de Saint-Domingue. Ce genre est encore fort imparfaitement connu.

(A. R.)

ELEUTHERATES. *Eleutherata*. INS. Fabricius, dont le système entomologique était spécialement basé sur les modifications des parties de la bouche, a appliqué ce nom tiré du grec, et qui signifie *je rends libre*, à une grande division d'Insectes (les Coléoptères) qui ont tous les mâchoires libres en dehors, et n'étant pas recouverte d'une galette comme dans ses Ulonates (Orthoptères des auteurs). Les Eleutherates ont pour caractères : bouche munie de mâchoires et d'antennes; antennules articulées, cornées, souvent au nombre de quatre; les antérieures insérées au dos des mâchoires, et les postérieures à la lèvre; quelquefois six antennules; les deux antérieures plus courtes, appuyées sur la mâchoire; les intermédiaires insérées au dos des mâchoires et les postérieures à la lèvre; chaperon horizontal, corné, arrondi, couvrant supérieurement la bouche; deux mandibules transversales, cornées, mobiles, renfermant supérieurement les côtés de la bouche; deux mâchoires libres, transversales, souvent membraneuses, comprimées, renfermant inférieurement les côtés de la bouche; lèvre inférieure libre, cornée ou membraneuse, renfermant la bouche en dessous; antennes insérées entre les yeux.

Fabricius établit six grandes coupes comprenant cent quatre-vingt-un genres, et qui sont basées sur les modifications suivantes des antennes : 1° en masse lamellée; 2° en masse perfoliée; 3° en masse solide; 4° moniliformes; 5° filiformes; 6° sétacés. *V.* COLÉOPTÈRES. (AUD.)

ELEUTHERIE. *Eleutheria*. BOT. CRYPT. (*Mousses.*) Le genre ainsi nommé par Beauvois est le même que le *Neckera*. *V.* NECKÈRE. (A. R.)

ELEUTHEROPODES. POIS. C'est-à-dire *pied libre*. Famille formée par Duméril dans sa Zoologie analytique, et qui comprend les genres Échénéide, Gobiomoroïde et Gobiomore. *V.* RÉMORA et GOBIE. (B.)

ELEUTHEROPOMES. POIS. C'est-à-dire *opercule libre*. Ordre et famille établis par Duméril dans sa Zoologie analytique, et qui répondent à peu près aux Stritioniens de Cuvier.

Les genres Pégase , Esturgeon et Polyodon viennent conséquemment s'y ranger. *V.* ces mots. (B.)

* ELFE ou ELFT. pois. (La Chesnaye-des-Bois.) Poisson comparé au Hareng, long de deux pieds environ, ayant le dos noirâtre , le ventre blanc tacheté de noir, avec une ligne longitudinale noire. Sa chair est médiocre et remplie d'arêtes ; ses œufs sont fort recherchés. Il se pêche dans la baie de la Table. On ne sait à quel genre il faut le rapporter. (B.)

ELICHRYSE. *Elichrysum.* bot. phan. Pour Hélichryse. *V.* ce mot. (B.)

ELIDE. *Elis.* ins. Genre de l'ordre des Hyménoptères, fondé par Fabricius (*Syst. piezat.*, p. 24), comprenant plusieurs mâles de Myzines et de Scolies. *V.* ces mots. Le corps des individus de ce sexe est très-étroit, ce qui les avait fait regarder par Fabricius comme un genre distinct. L'erreur dans laquelle il est tombé est une nouvelle preuve de l'importance qu'on doit donner à l'étude des mœurs et à celle des sexes. (AUD.)

ELIDE. bot. phan. (Dioscoride.) Syn. de Smilax. *V.* ce mot. (D.)

ELIOCARMOS. bot. phan. (Reneaulme.) Syn. d'Ornitogale ombellé. (B.)

ELIONURE. *Elionurus.* bot. phan. Willdenow, ayant eu en communication une partie des Plantes rapportées de l'Amérique par Humboldt et Bonpland, avait constitué un genre de la famille des Graminées et de la Triandrie Digynie, L., sur une Plante indigène de la province de Caraccas , et à laquelle il avait donné le nom d'*Elyonurus tripsacoïdes*. Réformant la description et l'orthographe du nom de cette Plante, Kunth (*Nov. Gener. et Spec. Plant. æquinoct.* I, p. 192) établit ainsi les caractères du genre *Elionurus* : deux épillets uniflores, dont l'un est hermaphrodite et sessile , l'autre mâle et pédicellé ; l'épillet hermaphrodite a les deux valves extérieures coriaces, les deux paillettes intérieures (*Glumes*, Rich.) membraneuses et mutiques , deux écailles hypogynes, trois étamines, deux styles, des stigmates en forme de peignes. Ce genre, selon Sprengel, est le même que l'*Anatherum* de Beauvois ; ses paillettes mutiques le distinguent de l'*Andropogon* dont il est d'ailleurs très-rapproché. Ses espèces sont au nombre de deux , décrites et figurées avec soin par Kunth (*loc. cit.* tab. 62 et 63) sous le noms d'*Elionurus tripsacoïdes* et *E. ciliaris*. Elles croissent dans la république de Colombie , ci-devant royaume de la Nouvelle-Grenade, près de Mariquita , et dans les forêts qui avoisinent l'Orénoque, près d'Emeralda. Ce sont des Graminées touffues , rameuses , et exhalant une odeur aromatique qui ressemble à celle de la Térébenthine. Leurs feuilles sont linéaires , planes ; leurs épis solitaires au sommet du chaume et articulés. (G..N.)

* ELITIS. bot. *V.* Helzine.

* ELLEBORASTER. bot. *V.* Helleboraster.

ELLÉBORE. bot. phan. Pour Hellébore. *V.* ce mot. (B.)

ELLÉBORINE. bot. phan. *V.* Helléborine. (B.)

* ELLESCUS. ins. Genre de l'ordre des Coléoptères , section des Tétramères, famille des Charansonites, établi par Megerle aux dépens du grand genre Charanson , et dont les caractères ne sont pas encore publiés. Les principales espèces sont le *Curculio scaninus* , Fabr. ; *C. Carpini*, Fabr. ; l'*Ellescus sericeus*, Meg. Les deux premières sont de Suède et la troisième propre à l'Autriche. Le baron Dejean (Catal. des Col.) en mentionne huit espèces, toutes propres à l'Europe. (G.)

* ELLIOTTIA. bot. phan. Genre de la famille des Ericinées et de l'Octandrie Monogynie, L., établi par Muhlenberg et adopté par Nuttal (*Gener. of North Amer. Plants* , 1re vol. addit.) qui l'a ainsi caractérisé :

calice infère, à quatre dents ; corolle à quatre divisions profondes ; stigmates en massue ; capsule quadriloculaire. Ce genre est très-voisin du *Clethra* dont il diffère surtout par le nombre des parties.

La Plante qui le constitue est un Arbrisseau de l'Amérique du nord, dont les branches effilées sont garnies de feuilles alternes et entières. Ses fleurs sont disposées en grappes terminales.   (G..N.)

ELLIPSOLITHE. *Ellipsolithes.* MOLL. Ce genre proposé par Montfort est un démembrement des Ammonites ; il en présente tous les caractères, si ce n'est qu'il s'enroule sur un plan ovale au lieu de le faire sur un plan circulaire. On avait cru d'abord que c'était une véritable Ammonite qui, ayant été pressée dans les couches de la terre, avait pris accidentellement cette forme ; mais comme il y en a plusieurs espèces distinctes, ce que Brongniart a mis hors de doute dans la Géologie des environs de Paris (pl. 7, fig. 1, 2), il est possible de les regarder comme une des anomalies nombreuses qui se remarquent dans la famille des Ammonées, et non comme un accident propre à des espèces indéterminées. Comme ce genre ne repose que sur ce seul caractère de la forme elliptique, nous pensons qu'il n'est point suffisant pour constituer un genre, et que celui-ci devra rentrer parmi les Ammonites dont elles feront une petite section.   (D..H.)

* **ELLIPSOSTOMES.** *Ellipsostomata.* MOLL. Dans le tableau conchyliologique inséré à la suite de l'article CONCHYLIOLOGIE du Dictionnaire des sciences naturelles par Blainville, nous voyons cette expression appliquée à toutes les espèces de Coquilles qui ont une bouche ou ouverture entière ovale dans un sens ou dans l'autre.   (D..H.)

ELLISIE. *Ellisia.* BOT. PHAN. Genre de la famille des Borraginées et de la Pentandrie Monogynie, institué par Linné et adopté par Jussieu, La-

marck et Gaertner fils, qui l'ont ainsi caractérisé : calice à cinq divisions profondes, ovales, aiguës et étalées ; corolle infundibuliforme, presque campanulée, plus petite que le calice, à cinq divisions obtuses ; cinq étamines non saillantes, insérées à la base de la corolle ; stigmate bifide ; fruit capsulaire, enveloppé par le calice qui s'est accru, coriace, rempli d'une pulpe dans laquelle sont logées les graines, uniloculaire et bivalve (d'après Gaertner fils), quadriloculaire avant la maturité, ensuite simplement biloculaire ou même presque uniloculaire par l'effet du desséchement et du retrait d'une partie de ses cloisons (Lamk. Dict. Encycl.). Cette pulpe ou conceptacle séminifère est produite par l'accroissement du réceptacle après la maturité. Les graines sont au nombre de deux dans chaque loge et placées l'une sur l'autre. Gaertner fils (*Carpologia*, p. 33) ajoute qu'il y a une identité presque parfaite entre le fruit de l'*Ellisia* et celui de l'*Hydrophyllum*, autre genre de Borraginées près duquel Jussieu l'avait placé. La Plante qui a servi de type au genre *Ellisia* avait d'abord été placée dans le genre *Polemonium* par Linné qui lui conserva le nom spécifique de *Nyctelea*, quand il l'en eut séparé (*Mantiss.* 536, *Nov. Act. Upsal.* T. 1, p. 97, t. 5). Elle a une tige herbacée, fragile, dichotome, très-rameuse et couchée ; des feuilles alternes, pétiolées, pinnatifides, à découpures aiguës et marquées d'une dent de chaque côté, en un mot presque semblables à celles de l'*Hydrophyllum*. Les fleurs dont la corolle est blanche, tachetée de petits points pourprés, sont penchées et solitaires au sommet de longs pédoncules. Cette Plante est indigène du nord de l'Amérique, et principalement de la Virginie. Nuttal (*Genera of North Amer. Plant.* T. 1, p. 118) en décrit une seconde espèce qui croît sur les bords du Missouri et à laquelle il donne le nom d'*Ellisia ambigua*.

Quant à l'*Ellisia acuta* de Linné (*Amœn. Acad.* 5, f. 400) et de P. Brownc (*Jam.*, 262), elle a été avec raison réunie au genre *Duranta* par Jacquin et Willdenow. *V.* DURANTE. (G..N.)

* ELMINS. INS. *V.* HELMINS.

ELMIS. *Elmis.* INS. Genre de l'ordre des Coléoptères, section des Pentamères, famille des Clavicornes, tribu des Byrrhiens, établi par Latreille, et dont les caractères sont : antennes aussi longues que le corselet, presque de la même grosseur dans toute leur étendue, et se terminant par un article à peine plus grand ; palpes presque filiformes, très-courts, avec le dernier article un peu plus grand, ovale, cylindrique ; les maxillaires un peu plus longs ; pates imparfaitement contractiles, grêles ; tarses presqu'aussi longs qu'elles, point appliqués contre les jambes, avec leur dernier article et ses crochets allongés.

Ces Insectes ont le corps ovalaire, convexe en dessus, plat en dessous ; la tête est petite, enfoncée jusqu'aux yeux dans le corselet, et la bouche se renferme dans une mentonnière formée par le sternum ; le corselet est presque carré et rebordé ; les élytres sont voûtées, embrassent l'abdomen et recouvrent deux ailes ; les pates sont assez grandes, avec les cuisses oblongues et renflées et les jambes allongées, presque cylindriques et sans épines. Ce genre se distingue des Nosodendres en ce que ceux-ci ont les antennes en massue brusque, perfoliée, de trois articles ; et des Dryops, parce qu'ils ont les antennes prolifères, et se logeant dans des cavités sous les yeux.

Illiger, dans le Magasin entomologique (1806) a reproduit ce même genre sous le nom de *Limnius.* Panzer l'avait confondu avec les Dytiques, et Marsham avec les Chrysomèles.

Ces Insectes sont tous de très-petite taille ; ils vivent dans les ruisseaux sous les pierres auxquelles on les trouve attachés par les pates. Carcel, jeune entomologiste très-zélé, nous a dit en avoir trouvé grimpant contre la

tige de Plantes aquatiques. Ce genre n'est pas très-nombreux ; Dejean (Catal. des Col.) en mentionne huit espèces, toutes propres à l'Europe ; les principales sont :

L'ELMIS DE MAUGÉ, *Elmis Maugetii*, Latr., Hist. Nat. des Fourmis, et Mém., p. 396, pl. 12, f. 6 ; Hist. Nat. des Crust. et des Insect. T. IX, p. 229 ; *Limnius æneus?* Müll. (*Ill. Mag.*, 1806, p. 202). Maugé a trouvé cette espèce à Fontainebleau dans un ruisseau.

ELMIS DE DARGELAS, *Elmis Dargelasii*, Latr., *Gen. Crust. et Insect.* T. II, p. 51 ; *Limnius pigmœus*, Müller (*Illig. Mag.*, 1801). Cette espèce se trouve à Paris. (G.)

ELODE. *Elodes.* INS. Genre de l'ordre des Coléoptères, section des Pentamères, famille des Serricornes, tribu des Cébrionites, établi par Latreille, et dont les caractères sont d'avoir les mandibules cachées en grande partie sous le labre ; les palpes maxillaires pointus à leur extrémité, les labiaux fourchus ; le corps presque rond, les pieds postérieurs presque semblables aux autres, et non propres à sauter : et le pénultième article des tarses bilobé. Ces Insectes sont en général de petite taille ; ils sont très-agiles et se tiennent sur les Plantes des bords des étangs et des mares.

Fabricius et ensuite Paykull avaient connu et distingué ces Insectes sous le nom générique de Cyphon, mais Latreille a jugé convenable de changer ce nom en celui d'Elode. Les principales espèces de ce genre sont :

L'ELODE PALE, *E. pallidus*, Latr., *Cyphon pallidus*, Fabr., Payk. Cette espèce est assez commune dans le nord de la France.

L'ELODE GRIS, *E. griseus*, Latr., *Cyphon griseus*, Fabr. Petite espèce très-commune à Paris. Dejean (Catal. de Coléopt. p. 35) en mentionne dix espèces dont neuf se trouvent à Paris et une en Dalmatie. (G.)

ÉLODÉE. *Elodea.* BOT. PHAN. Genre établi par le professeur Richard

(*in Michx. Flor. Bor. Am.*), et faisant
partie de la famille naturelle des Hydrocharidées. Il se compose de trois
espèces américaines dont deux croissent dans l'Amérique méridionale, et
la troisième aux États-Unis. Voici les
caractères qui distinguent le genre
Elodea : ses fleurs sont très-petites et
hermaphrodites, renfermées dans une
spathe tubuleuse, allongée, étroite,
s'ouvrant latéralement. Le calice est
étalé, à six divisions ovales, dont
trois intérieures sont un peu plus
étroites et plus minces. Les étamines,
au nombre de trois, alternent avec
les divisions internes du calice ; leurs
anthères sont terminales, cordiformes,
arrondies. L'ovaire est linéaire, allongé, terminé en une longue pointe à
son sommet ; les trois stigmates sont
oblongs, cunéiformes et bifides. Le
fruit est une péponide allongée, trigone, contenant un petit nombre de
graines dans une cavité unique. Les
graines sont presque cylindriques,
obtuses à leurs deux extrémités. Les
trois espèces qui forment ce genre
sont de petites Plantes herbacées, vivant au milieu des eaux ou sur le
bord des lacs et des ruisseaux. Leur
tige est rameuse ; leurs feuilles verticillées et leurs fleurs solitaires à l'aisselle des feuilles. Une espèce nouvelle
a été parfaitement décrite et figurée
par le professeur Richard, dans son
Mémoire sur la famille des Hydrocharidées (Mém. Inst. des Sciences
phys. 1811). C'est l'*Elodea Guyan-
nensis*, Rich., *loc. cit.* T. I, petite
Herbe annuelle, croissant dans l'eau
comme les Callitriches. Sa tige longue
de quatre à neuf pouces, presque
simple ou peu ramifiée, est cylindrique, filiforme et striée. Les feuilles sont verticillées, et chaque verticille se compose de trois à neuf feuilles sessiles, linéaires, lancéolées,
très-aiguës, planes, diaphanes, marquées de stries longitudinales et bordées de dents d'une extrême ténuité.
Les fleurs sont fort petites, axillaires,
solitaires, éloignées les unes des autres, d'abord sessiles, puis s'élevant
insensiblement lorsqu'elles sont sor-

ties de la spathe qui les renfermait.
Cette Plante a été découverte par le
professeur Richard dans l'eau des
fossés et des ruisseaux du continent
de la Guiane française. Humboldt
et Bonpland en ont trouvé une seconde espèce sur les bords de l'Orénoque ;
c'est l'*Elodea Orinocensis*. Enfin la
troisième espèce, qui croît au Canada
d'où elle a été rapportée par André
Michaux, est nommée *Elodea Cana-
densis*.   (A. R.)

ÉLODÉS. BOT. PHAN. Adanson
appelait ainsi un genre formé aux dépens des Millepertuis, et dont l'*Hy-
pericum Elodes* était le type. Ce genre
n'a pas été adopté. *V.* MILLEPERTUIS.
                                (B.)

ELODIE. MOLL. Nom donné par
quelques auteurs au genre Serpicule.
V. ce mot.   (D..H.)

ELOPE. *Elops.* POIS. Genre formé
par Linné dans l'ordre des Abdominaux, et adopté par tous les naturalistes. Cuvier place les Elopes parmi les
Malacoptérygiens abdominaux dans
la famille des Clupes, et le caractérise
de la manière suivante : leurs mâchoires sont exactement constituées
comme celles des Harengs proprement dits, auxquels ils ressemblent
par la disposition des nageoires ;
mais on leur compte trente rayons
ou plus à la membrane des branchies, et leur ventre n'est point tranchant et dentelé. Ils ont des dents en
velours ; une épine plate arme les
bords supérieur et inférieur de la
caudale. Selon Forskahl ils n'auraient
pas de cœcum, et leur vessie natatoire règnerait tout le long de l'abdomen.

Linné ne mentionna qu'une seule
espèce d'Elope, *Elops Saurus*, pour
laquelle il adopta comme synonyme
le *Saurus maximus* de Sloane (*Jam.*,
II, p. 284, t. 241), dont la figure a
été reproduite dans l'Encyclopédie
(pl. 72, f. 299). Cuvier (Règn. Anim.
T. II, not. 2, p. 177) repousse ce rapprochement, parce que le Poisson de
Sloane est l'*Esox synodus* du même
Linné, et appartient à un tout autre

genre. *V.* Saumon. Il pense que l'*Argentina Carolina* présente de grands rapports avec ce Poisson , et que c'est à tort que Catesby n'a pas marqué de nageoire dorsale dans la figure qu'il en a donnée (*Cor.* II, *tab.* 24) et qu'a encore reproduite Bonnaterre (pl. 72, fig. 5oo). La figure de Catesby nous paraît devoir être assez bonne, et nous ne voyons pas comment on eût pu y omettre un trait aussi caractéristique qu'une dorsale. Quoi qu'il en soit , l'*Argentina machnata* , L. , des mers d'Afrique, qui est le Lak des Nègres de Guinée , et qu'Adanson regardait comme le même Poisson que l'*Elops Saurus*, paraît être une seconde espèce du même genre. On ne connaît rien des mœurs de ces Poissons , entre les figures , les descriptions et la synonymie desquels règne encore quelque obscurité. (D.)

ELOPHILE. *Elophilus* ou *Helophilus.* INS. Genre de l'ordre des Diptères , fondé par Meigen et rangé par Latreille (Règn. Anim. de Cuv.) dans la famille des Athéricères , division des Syrphies , avec ces caractères : antennes sensiblement plus courtes que la tête ; une éminence en forme de tubercule sur le museau ; antennes écartées, ayant leur palette ou dernier article aussi longue ou plus longue que large , avec la soie insérée au-dessus de la jointure de cet article avec le précédent. Ces Insectes ressemblent beaucoup aux Eristales et n'en diffèrent essentiellement que par la palette des antennes et par un corps généralement moins velu. Plusieurs ont le *facies* de l'Abeille domestique et se rapprochent de plusieurs autres Hyménoptères par la disposition des couleurs. Leurs larves , qui ont été appelées *Vers à queue de Rat* par Réaumur (Mém. sur les Ins. T. IV, p. 442), sont remarquables par une queue très-longue et dont les usages sont fort singuliers. En effet , elle est l'organe respiratoire de l'Animal. Celui-ci habite le fond des eaux stagnantes ou corrompues , et il prolonge sa queue jusqu'à la surface. Réaumur ayant placé ces larves dans un vase, et y ayant successivement ajouté de l'eau, s'est assuré que les tuyaux respiratoires ne pouvaient guère s'allonger au-delà de cinq pouces ; passé ce terme , les larves abandonnaient le fond du vase et s'attachaient à ses parois, de manière à tenir toujours l'extrémité de leur queue en contact avec l'air, et par conséquent au niveau de la surface du liquide; la queue est composée de deux tuyaux, dont l'un , comme ceux de nos lunettes , peut rentrer entièrement dans l'autre. Ils sont composés de fibres annulaires , et lorsque ces fibres sont réduites à avoir moins de diamètre, chaque tuyau gagne en longueur ce qu'il a perdu en largeur; aussi quand la queue a été portée à une longueur excessive , elle paraît beaucoup plus déliée que lorsqu'elle était raccourcie, et elle ressemble alors à un gros filet. Le tuyau de la respiration est terminé par un petit mamelon brun dans lequel Réaumur a cru voir deux trous destinés à donner entrée à l'air. Le mamelon qui reçoit celui-ci est élevé au-dessus de la surface de l'eau, et c'est apparemment pour aider à l'y tenir en équilibre , que cinq petits corps terminés en pointe et qui ressemblent à autant de pinceaux de poils, partant de son origine , sont étendus et flottent sur l'eau. L'intérieur du corps des larves contient deux grosses trachées qui se prolongent dans la queue et aboutissent aux deux orifices dont il vient d'être question.

Les larves abandonnent l'eau au moment de leur transformation en nymphe, et s'enfoncent dans la terre ; la queue se raccourcit ; le corps devient plus gros et l'enveloppe ou la coque de cette nymphe présente quatre éminences, sortes de cornes qui ne sont autre chose que des organes respiratoires. Huit ou dix jours après cette métamorphose , on voit paraître l'Insecte parfait.

Latreille place dans le genre Elophile les Eristales *pendulus*, *florens* , *arbustorum* , *glaucus* et *ru-*

ficornis de Fabricius. L'espèce la mieux connue et la plus commune est :

L'Elophile abeilliforme, *Elophilus apiformis*, Latr., ou la *Musca tenax* de Linné; figurée par Réaumur (*loc. cit.* T. iv, pl. 20, fig. 7). On la trouve communément aux environs de Paris. La larve vit dans les eaux bourbeuses, les égoûts et les latrines.

(AUD.)

ELOPHORE. *Elophorus*. INS. Genre de l'ordre de Coléoptères, section des Pentamères, famille des Palpicornes, tribu des Hydrophiliens, établi par Fabricius aux dépens du genre *Silpha* de Linné, et dont les caractères sont : mandibules sans dents à leur extrémité; palpes maxillaires un peu plus courts que les antennes, avec le dernier article plus gros et ovale; massue des antennes ne commençant qu'au sixième article. Ces Insectes diffèrent des Boucliers par les antennes, des Dermestes par les mandibules et les mâchoires, et des Hydrophiles par les mandibules, les mâchoires, les palpes et les tarses. Ce sont de petits Insectes qui vivent dans l'eau et nagent ordinairement à sa surface où ils se tiennent sur la Lentille d'eau, la Conferve, et autres Plantes aquatiques. Selon Schrank, ils se nourrissent des larves d'autres Insectes et des dépouilles des Grenouilles. Quand cet Insecte se trouve dans l'eau, il cache toujours ses antennes au-dessous de sa tête, et ne fait paraître que les palpes qu'il tient dans un mouvement continuel; mais quand il marche sur le sec, il avance les antennes. La larve est entièrement inconnue.

Ce genre est peu nombreux en espèces : Dejean (Catal. des Coléopt., p. 50) en mentionne sept, toutes propres à l'Europe. Les principales sont :

L'Elophore aquatique, *Elophorus aquaticus*, Fabr., Oliv., Latr.— *Silpha aquatica*, Linn., *Syst. Nat.*, ed. 13, T. i, p. 573. — *Faun. Suec.*, ed. 2, n. 461.

Le Dermeste bronzé, Deg., Mém.

sur les Ins., p. 379, pl. 18, f. 5, 6. Il est très-commun dans toute l'Europe, dans les eaux douces et stagnantes.

(G.)

ÉLOPS. POIS. *V*. Élope.

* ÉLORIODE. OIS. Espèce de Bécasseau. *V*. ce mot. (B.)

* ELPHÉGÉE. *Elphegea*. BOT. PHAN. Genre de la famille des Synanthérées, Corymbifères de Jussieu, et de la Syngénésie nécessaire, L., établi par Cassini qui l'a placé dans la tribu des Astérées auprès du *Baccharis* et du nouveau genre *Sarcanthemum*. Voici les caractères qu'il lui a assignés : calathide radiée, formée de plusieurs fleurs mâles et régulières au centre, et d'une seule série de fleurs en languettes femelles à la circonférence; involucre presque hémisphérique composé d'écailles imbriquées, appliquées, ovales, coriaces et bordées d'une membrane; réceptacle nu et plane; ovaires des fleurs de la circonférence oblongs, hérissés, pourvus d'un bourrelet basilaire, surmontés d'aigrettes irrégulières composées de petites écailles filiformes, laminées, un peu soyeuses, inégales et entregreffées à la base; faux ovaires du disque réduits au seul bourrelet basilaire, portant une aigrette semblable à celles des fleurs marginales.

H. Cassini a décrit sept espèces de ce genre, auxquelles il a donné les noms d'*Elphegea crenata, E. latifolia, E. lanceolata, E. quinquenervia, E. dentata, E. minor, E. hirta*. Ces deux dernières avaient déjà été décrites par Lamarck dans l'Encyclopédie, l'une sous le nom de *Baccharis viscosa*, l'autre sous celui de *Conyza lithospermifolia*. Ce sont des Arbrisseaux à feuilles alternes pétiolées et à fleurs jaunes nombreuses, qui habitent tous les îles de France et de Bourbon. (G..N.)

ELPHIDE. *Elphidium*. MOLL. Ce genre, établi par Montfort (Conchyl. Syst. T. i, p. 14) pour un petit corps microscopique que l'on trouve assez souvent dans les sables et les Eponges de la Méditerranée, a été caractérisé ainsi par son auteur : coquille libre, univalve, cloisonnée, en disque, et contournée en spirale aplatie, sans ombilic; le dernier tour renfermant tous les autres; ouverture triangulaire fermée par la dernière cloison, qui est percée à la partie supérieure d'un seul trou qui se répète sur toutes les autres; cloisons simples. Montfort avait rapproché ce petit corps des véritables Nautiles avec lesquels il a des rapports; mais Férussac, dans ses Tableaux Systématiques, l'a placé comme quatrième groupe du genre Lenticuline, les Rondelles, qui renferment les Phonèmes et le genre qui nous occupe. Ce rapprochement nous semble assez juste pour qu'on doive le conserver. Montfort n'a cité qu'une seule espèce dans ce genre, l'ELPHIDE SOUFFLÉ, qui a été figuré sous le nom de *Nautilus macellus* par Fichtel et Moll, pag. 68, tab. 10, fig. h, i, k, dans leur *Testacea Microscopica*.   (D..H.)

ELSHOLTZIE. *Elsholtzia.* BOT. PHAN. Genre de la famille des Labiées et de la Didynamie Gymnospermie, L., établi par Willdenow aux dépens de quelques *Hyssopus* de Lamarck. Il est ainsi caractérisé : calice tubuleux à cinq dents; corolle bilabiée; lèvre supérieure quadridentée, l'inférieure plus longue que celle-ci, indivise et légèrement crénelée; étamines écartées. L'auteur de ce genre n'en a décrit que deux espèces, savoir : 1° *Elsholtzia cristata*, Willd., *Hyssopus cristatus*, Lamk., Encycl., Plante des bords du lac Baïkal en Sibérie, et qui a été décrite par Pallas sous le nom de *Mentha Patrini*; 2° *E. paniculata*, Willd., *Hyssopus paniculatus*, Lamk., Encycl., espèce des Indes-Orientales, figurée dans Rhéede (*Hort. Malab.*, 10, p. 127, t. 65). Persoon (*Enchirid.* T. II, p. 114) y a joint la *Mentha ocymoides* de Lamarck, qui est indigène de Pondichéry. Enfin Poiret (Encycl., second Supplément, p. 665) a prétendu que le genre *Colebrookea* de Smith, ainsi que

le *Barbula* de Loureiro, étaient identiques avec celui qui fait le sujet de cet article. Mais comme cette identité ne pourrait être prouvée qu'en voyant les Plantes elles-mêmes, et que d'ailleurs le *Barbula* n'est autre, selon R. Brown (*Nov.-Holl.*, p. 506), que le *Plectranthus* de l'Héritier, nous ne saurions admettre la fusion de ces genres. Il a existé un autre genre *Elsholtzia* ou *Elzholtzia* formé par Necker, aux dépens des *Lecythis* ou avec le *Couroupita* d'Aublet, mais qui n'a pas été adopté.   (G..N.)

ELSOTA. BOT. PHAN. (Adanson.) Syn. de *Securidaca*, L. *V.* ce mot.   (B.)

ELVASIA. BOT. PHAN. Ce genre, décrit par De Candolle dans son Mémoire sur les Ochnacées (Ann. du Muséum, T. XVII, p. 422), est rapporté par lui avec doute à cette famille. Ses caractères sont : un calice à quatre divisions profondes avec lesquelles alternent quatre pétales; huit étamines à filets assez longs et à anthères ovoïdes, s'ouvrant par deux fentes; un péricarpe à quatre loges. Le fruit n'est pas connu. L'espèce unique de ce genre, *E. calophyllea*, est ainsi nommée, parce que ses feuilles alternes et oblongues ont leurs nervures pennées régulièrement comme dans les Calophyllum (*V. loc. cit.*, tab. 31). C'est un Arbrisseau du Brésil.   (A.D.J.)

ELVÈLE. BOT. CRYPT. (Scopoli.) *V.* NOSTOC.   (B.)

ELVELLE. BOT. CRYPT. Pour Helvelle. *V.* ce mot.   (B.)

ELWANDOU. MAM. (Knox.) D'où probablement Ouanderou. Nom par lequel on désigne à Ceylan le Singe, que certains naturalistes ont ainsi appelé. *V.* MACAQUE.   (B.)

ELYMAGROSTIS. BOT. PHAN. Plusieurs botanistes ont désigné sous ce nom diverses Graminées.   (B.)

ÉLYME. *Elymus.* BOT. PHAN. Genre de Graminées, très-voisin des *Triticum* et des *Hordeum* dont il diffère par les caractères suivans : ses fleurs forment un épi simple, dont les épillets sont sessiles et réunis au nombre de deux à cinq sur chaque dent de l'axe. Chaque épillet contient de trois à neuf fleurs. La lépicène se compose de deux valves presque égales, aiguës, mutiques, qui manquent dans une espèce (*Elymus hystrix*, L.). Ces deux valves appartenant à chaque épillet, forment à chaque dent de l'axe une sorte d'involucre, comme on l'observe dans le genre *Hordeum*. La glume offre deux paillettes, dont l'extérieure est entière et se termine à son sommet par une soie quelquefois très-courte; la supérieure ou interne est émarginée supérieurement et bifide. Les deux paléoles de la glumelle sont ovales, entières et poilues. L'ovaire est surmonté d'un style profondément biparti portant deux stigmates plumeux; le fruit offre un sillon longitudinal, et est enveloppé dans les écailles florales. Ce genre se rapproche de l'Orge par ses épillets réunis plusieurs ensemble à chaque dent de l'axe; mais il s'en distingue par ces mêmes épillets multiflores, tandis qu'ils sont uniflores dans toutes les espèces d'*Hordeum*. Il a aussi beaucoup de ressemblance avec les Fromens, par son port et la structure de ses fleurs. Mais dans les Fromens, les épillets sont solitaires à chaque dent de l'axe, tandis qu'ils sont réunis plusieurs ensemble dans le genre qui nous occupe. On en compte environ une vingtaine d'espèces, qui sont en général des Graminées vivaces, à racine rampante, d'un aspect roide tout particulier. L'*Elymus arenarius*, qui croît en France, est cultivé dans les endroits sablonneux pour fixer les sables mouvans par ses racines longues et rampantes. *V.* Dunes. Du reste, les espèces de ce genre sont peu intéressantes. (A. R.)

ÉLYNE. *Elyna*. bot. phan. Famille des Cypéracées et Triandrie Monogynie, L. Schrader (*Flor. Germanica*, 1, p. 155) a séparé sous ce nom générique le *Carex Bellardi* d'Allioni ou *Kobresia scirpina*, Willd., en lui assignant les caractères suivans : glumes du calice univalves, uniflores et imbriquées le long de l'axe de l'épi. L'enveloppe florale intérieure, que Schrader nomme corolle, est double; l'extérieure, plus grande, appliquée contre le rachis; l'intérieure, plus étroite, latérale et enveloppant les organes sexuels; il y a trois stigmates, et la cariopse n'est pas ornée de soies. Ce genre ne se compose que d'une seule espèce; mais cette espèce a reçu huit noms différens. Placée d'abord parmi les *Carex*, elle a été nommée *C. Bellardi* par Allioni, *C. myosuroides* par Villars, *C. dioica* par Lamarck et *C. hermaphrodita* par Gmelin. Wahlenberg en fit une espèce de Scirpe, sous le nom de *Scirpus Bellardi*. Wulfen a proposé pour elle le nom générique de *Frœlichia*, qui n'a pas été admis; enfin Willdenow l'ayant comprise dans son genre *Kobresia*, la nomma *K. scirpina*, et c'est sous cette dernière dénomination qu'elle est décrite dans la Flore Française. L'*Elyna spicata*, Schrad., est une petite Plante dont les feuilles sont filiformes, l'épi simple, très-grêle, formé de petites fleurs à double écaille. Elle croît dans les Alpes de Laponie, et dans celles de l'Europe tempérée depuis la Styrie et la Bavière jusque sur les frontières de la France. (G..N.)

ÉLYONURE. bot. phan. *V.* Elionure.

ÉLYTRAIRE. *Elytraria*. bot. phan. Genre de la famille des Acanthacées, établi par le professeur Richard (*in Michx. Fl. Bor. Am.*) et adopté par Vahl, Kunth et tous les botanistes modernes. Son calice est à quatre divisions profondes et un peu inégales, dressées; l'antérieure est bidentée à son sommet et un peu plus large que les autres. La corolle est tubuleuse, infundibuliforme; son limbe est à cinq divisions obtuses et un peu inégales. Les étamines sont au nombre de quatre dont deux restent rudimentaires; elles sont incluses ; les anthères sont biloculaires et portées sur des filamens très-courts. L'ovaire est ovoïde-allongé, entouré d'un disque hypogyne, annulaire, marqué de deux sillons longitudinaux, opposés ; le style est allongé, terminé par un stigmate formé de deux lamelles fort inégales, la plus grande est arrondie et recourbée. Le fruit est une capsule ovoïde, recouverte par le calice, à deux loges, contenant chacune un petit nombre de graines sans crochets.

Les espèces de ce genre sont au nombre de six à huit, croissant toutes dans les deux Amériques ou dans l'Inde. Ce sont des Plantes herbacées, généralement sans tiges ou pourvues quelquefois d'une tige simple et feuillée. Les pédoncules naissent du centre des feuilles radicales ; ils sont entièrement recouverts d'écailles, et se terminent par un ou plusieurs épis de fleurs assez souvent bleues, accompagnées chacune de trois bractées inégales, étroitement imbriquées les unes sur les autres et cachant en partie les fleurs.

Michaux en a rapporté une espèce de la Caroline inférieure. Elle est décrite et figurée dans la *Flora Bor. Am.* 1, p. 8, t. 1, sous le nom d'*Elytraria virgata*. C'est le *Tubiflora Caroliniensis* de Gmelin (*Syst.*). Vahl (*Enumer. Plant.* 1, p. 106) en décrit cinq espèces, savoir : celle de Michaux ; deux nouvelles, *Elytraria lyrata* et *Elytr. marginata*, et deux autres qui sont les *Justicia acaulis* et *Just. purpurea*, L. Kunth (*in Humb. Nov. Gen.* 2, p. 254) a fait connaître trois espèces nouvelles de ce genre qu'il nomme *Elytraria frondosa*, *Elytr. fasciculata* et *Elytr. ramosa.* (A. R.)

* **ELYTRES.** *Elytra.* ZOOL. Ce mot est emprunté de celui qui signifie en grec un étui. Savigny (Système des Annelides, pag. 9) l'applique à des appendices remarquables, sorte d'écailles dorsales qu'on observe quelquefois à certaines paires de pieds dans la famille des Aphrodites. Ces Elytres, quand elles existent, sont au nombre de douze paires au moins et de treize au plus, pour les vingt-trois ou vingt-cinq segmens qui paraissent composer essentiellement le corps; elles sont suivies ou non suivies d'une ou plusieurs autres paires d'Elytres surnuméraires : les unes et les autres sont formées de deux membranes susceptibles de s'écarter et de laisser un vide entre elles ; la membrane supérieure est épaisse, quelquefois cornée; l'inférieure est mince, prolongée, sous son côté externe, en un pédicule tubuleux qui s'attache sur la base des rames sans branchies, presque au même point où serait insérée la branchie elle-même. Savigny (*loc. cit.*, p. 27) donne les éclaircissemens qui suivent sur les Elytres : « Il y a, sans aucun doute, analogie entre les écailles dorsales de certaines Annelides et les Elytres ou ailes de certains Insectes, et cela suffit pour justifier la préférence que nous donnons au mot Elytres sur celui d'écailles ; mais il s'en faut qu'il y ait identité parfaite. Il y a analogie dans l'insertion, dans la position dorsale ; dans la substance tantôt cornée, tantôt membraneuse; dans la forme plus ou moins déprimée; dans la structure qui résulte également de l'union de deux membranes; car les Elytres des Annelides sont des espèces d'utricules qui communiquent par leur pédicule tubuleux avec l'intérieur du corps, et qui même, dans la saison de la ponte, se gonflent et se remplissent d'œufs. Mais si elles partagent l'organisation vésiculaire des ailes des Insectes, elles n'en ont ni la transparence ordinaire, ni la sécheresse, ni la fragilité ; elles n'en ont point les nervures ou les vaisseaux aériens. D'ailleurs les ailes des Insectes possèdent bien d'autres caractères qui leur sont exclusivement propres : leur nombre est très-limité; elles sont articulées à leur segment; elles ont de puissans muscles pour les mouvoir; elles ne sont totalement développées que dans l'âge adulte, après la dernière mue. » Ce rapprochement de

Savigny est très-juste en tant que l'on considère ces Elytres comme les appendices de l'arceau supérieur de l'Animal; et dans ce sens, il y a analogie parfaite avec les mêmes parties chez les Insectes. L'organisation, le nombre et les usages ne sont pas des caractères suffisans pour détruire cette analogie remarquable. Nous serons mieux compris en renvoyant aux considérations que nous avons présentées à la fin de notre article AILE.

On désigne sous ce nom d'Elytres, les premières ailes chez les Insectes, lorsqu'elles sont cornées. L'ordre entier des Coléoptères est caractérisé par la présence des Elytres. Dans presque tous, elles sont fort dures et recouvrent la seconde paire d'ailes. Elles abritent aussi la partie supérieure du corps qui, toujours coriace quand elle est à nu, reste plus ou moins molle lorsqu'elle est protégée par cette sorte de bouclier. Les Elytres nommées aussi étuis, *vaginæ alarum*, *alæ vaginantes*, présentent plusieurs parties : la base, fixée au mésothorax à l'aide de diverses petites pièces; l'extrémité ou le sommet opposé à la base, un bord antérieur et un bord postérieur ou interne nommé aussi suture; enfin, deux faces, l'une supérieure et l'autre inférieure. Ces mêmes appendices ont des formes, des proportions, une texture, etc., assez variées, et qui leur ont valu plusieurs dénominations importantes à connaître pour la classification. — Quant à leurs proportions, elles sont allongées, *elongata*, c'est-à-dire plus longues que l'abdomen; moyennement longues, *mediocria*, si elles ont une longueur qui lui est égale; courtes, *abbreviata*, *abdomine breviora*, lorsqu'elles sont plus courtes que lui; très-courtes, *brevissima*, quand elles ne paraissent plus que comme de simples moignons. — Quant à leur consistance, on observe qu'elles sont membraneuses, *membranacea*, ou presque aussi peu consistantes que les ailes; à moitié crustacées, *semicrustacea*, c'est-à-dire en partie coria-

ces et en partie membraneuses, comme chez un grand nombre d'Hémiptères; coriaces, *coriacea*, ou de consistance du parchemin; crustacées, *crustacea*, dures et cornées; flexibles, *flexilia*, cédant à la pression et revenant sur elles-mêmes; molles, *mollia*, cédant à la pression et revenant difficilement sur elles-mêmes. — Quant à la forme, les Elytres sont linéaires, *linearia*, c'est-à-dire étroites et d'égale largeur; croisées, *cruciata*, lorsque l'une passe obliquement sur l'autre en croisant sa direction; en recouvrement, recouvertes, *incumbentes*, lorsque le bord interne de l'une recouvre seulement le bord interne de l'autre; penchées, inclinées, *deflexa*, lorsqu'un des bords, l'interne, est plus élevé que le bord externe; dilatées, *dilatata*, quand elles s'étendent en une sorte d'expansion plus ou moins large; amincies, *attenuata*, lorsqu'elles diminuent en largeur de la base au sommet; bossues, *gibba*, quand elles sont arrondies en une demi-sphère; convexes, *convexa*, lorsqu'elles sont moyennement élevées; planes, *plana*, quand elles sont partout horizontales. — La surface des Elytres présente plusieurs accidens remarquables; elles sont : lisses, *lævia*, ou à surface parfaite, unie; chagrinées, *scabriuscula*, ou parsemées de petits points élevés; pointillées, *punctata*, lorsqu'elles sont parsemées de petits points enfoncés et distincts; tuberculées, *tuberculata*, quand elles ont des élévations distinctes et inégales; raboteuses, *scabra*, quand les élévations sont inégales et distantes; verruqueuses, *verrucosa*, lorsque les élévations sont grandes, cicatrisées, et ressemblent plus ou moins à des verrues; striées, *striata*, si elles ont des lignes longitudinales enfoncées et régulières; striées et pointillées, *stricto-punctata*, lorsque, dans chaque strie, existent des points enfoncés; pointillées en stries, *punctato-striata*, lorsque les stries sont elles-mêmes formées par une suite de points enfoncés; sillonnées, *sulcata*, quand elles ont des enfoncemens profonds et larges ; à côtes , *costata* , lorsqu'au milieu du sillon s'élève une ligne ou des points oblongs ; rugueuses , *rugosa* , si l'on voit des lignes irrégulières et élevées se diviser en tous sens ; réticulées , *reticulata* , lorsque les lignes élevées sont divisées assez régulièrement pour former une sorte de réseau ; crénelées , *crenata* , lorsque les lignes élevées présentent des ondulations ou bien des élévations régulières à la suite les unes des autres ; glabres , *glabra* , lorsqu'elles n'ont ni poils ni graines ; tomenteuses , cotonneuses , *tomentosa* , quand elles sont recouvertes d'un duvet cotonneux : poileuses , *pilosa ;* velues , *villosa ;* hispides , *hispida ;* hérissées , *hirta* , lorsqu'elles sont garnies de poils distincts ou bien serrés et doux au toucher , ou bien roides et épars , ou bien encore serrés , longs et roides ; fasciculées , *fasciculata* , lorsque les poils sont réunis en faisceaux ou en espèce de houppes ; muriquées , *muricata* , quand elles sont couvertes de poils élevés , longs , et presque épineux ; épineuses , *spinosa* , lorsque les poils sont de véritables épines pointues et élevées ; écailleuses , *squammata* , c'est-à-dire couvertes de petites lames écailleuses , imbriquées. — Examinées sur leurs bords , les Elytres sont : rebordées , *marginata* , quand les côtes sont élevées ; sinuées , *sinuata* , lorsqu'elles offrent des échancrures bien marquées ; en scie , *serrata* , lorsqu'on y observe des petites dents rapprochées , rangées en série comme dans une scie ; dentées , *dentata* , quand les petites dents sont pointues et distantes. — Enfin, sous le rapport de leur extrémité ou sommet , les Elytres sont : pointues , *acuta* , ou terminées en pointe ; aiguës , *acuminata* , lorsque la pointe terminale est forte et ronde ; fastigiées , *fastigiata* , lorsqu'elles sont amincies , rapprochées et échancrées ; mucronées , *mucronata* , lorsque le sommet est tronqué et muni au milieu d'un aiguillon ; bidentées , *bidentata* , c'est-à-dire ayant à leur extrémité deux dents plus ou moins aiguës ; obtuses ,

obtusa , quand leur pointe est émoussée. Elles peuvent être encore : arrondies , *rotundata ;* même tronquées , *truncata.*

Les Elytres sont quelquefois soudées intimement entre elles par leur bord postérieur ; elles protègent alors très-efficacement le corps de l'Insecte. Dans ce cas , les ailes postérieures manquent ou n'offrent plus que des rudimens. Lorsqu'elles sont libres , on les voit s'ouvrir quand l'Insecte prend son vol, et elles favorisent la locomotion aérienne. (AUD.)

ELYTRES. *Elytræ.* BOT. PHAN. Quelques auteurs nomment ainsi les conceptacles dans lesquels se développent les sporules de Plantes agames. (A. R.)

ELYTRIGIA. BOT. PHAN. Desvaux avait proposé de séparer du genre Froment (*Triticum* toutes les espèces dont les épillets contiennent de huit à douze fleurs, pour en former un genre distinct sous le nom d'*Elytrigia ;* mais ce genre n'a pas été adopté. *V.* FROMENT. (A. R.)

ELYTROPAPPE. *Elytropappus.* BOT. PHAN. Genre de la famille des Synanthérées, Corymbifères de Jussieu et de la Syngénésie égale, L., établi par H. Cassini (Bull. de la Soc. Philom., décembre 1816) qui l'a caractérisé de la manière suivante: calathide sans rayons , composée de fleurons nombreux, égaux, réguliers et hermaphrodites ; involucre formé d'écailles sur un seul rang, oblongues et aiguës ; réceptacle nu ; divisions de la corolle hérissées de papilles à leur face interne ; anthères munies de longs appendices ; ovaires grêles, pourvus d'un gros bourrelet basilaire ; aigrette double ; l'extérieure courte, membraneuse, en forme de calice campanulé, embrassant l'intérieure qui est longue, composée de filets soyeux, disposés en une seule série et soudés par leur base. La forme de cette aigrette est remarquable, et constitue, selon Cassini, un caractère fort tranché pour le genre

Elytropappus. Il l'a placé dans la tribu des Inulées, section des Gnaphaliées, auprès du genre *Metalasia* de R. Brown. L'*Elytropappus spinellosus*, H. Cass., est un petit Arbuste originaire du cap de Bonne-Espérance. Ses rameaux supérieurs sont couverts de feuilles très-rapprochées, sessiles, linéaires, mucronées, roulées en dessus par les bords, laineuses, épaisses et coriaces. Les fleurs sont rassemblées au sommet de la tige et des branches en capitules formés chacun d'une douzaine de calathides séparées par des feuilles florales. Dans l'Herbier de Jussieu, Vahl a nommé cette Plante *Gnaphalium hispidum*, mais la description de cette espèce par Willdenow assigne des écailles obtuses à son involucre, tandis que dans l'*Elytropappus spinellosus*, ces écailles sont aiguës. (G..N.)

ÉLYTROPHORE. *Elytrophorus.* BOT. PHAN. Palisot de Beauvois appelle ainsi (*Agrost.*, p. 67, t. 14, f. 2) un genre nouveau de la famille des Graminées, ayant des rapports avec les Cynosures, et qui offre des fleurs disposées en épis. Chaque épi se compose d'épillets sessiles réunis en globules éloignés; chaque groupe d'épillets est environné d'un involucre polyphylle, dont les écailles sont linéaires lancéolées. La lépicène est à deux valves aiguës et contient de trois à six fleurs. La glume est à deux paillettes inégales, l'inférieure est renflée, naviculaire, subulée; la supérieure est bifide et porte une petite pointe mucronée entre ses deux dents. Le style est court et biparti. Ce genre, encore fort imparfaitement connu, se compose d'une seule espèce : *Elytrophorus articulatus*, Beauv., *loc. cit.*, Plante originaire des grandes Indes, qui a été figurée par Plucknet (*Alm.*, t. 190, f. 16) sous le nom de *Gramen Alopecuroïdes Maderaspatanum*, etc. (A. R.)

ELZERINE. *Elzerina.* POLYP. Genre de l'ordre des Flustrées dans la division des Polypiers flexibles et celluliféres. Ses caractéres sont : Polypier frondescent, dichotome, cylin

drique, non articulé, à cellules éparses, grandes, très-peu ou point saillantes, avec l'ouverture ovale. Nous avons donné à ce genre le nom d'Elzerine, parce que celle qui le portait, fille de Neas, roi de l'île de Timor où se trouve ce Polypier, est citée honorablement dans le Voyage aux terres australes de Péron et Lesueur. La seule espèce dont ce genre se compose, ressemble à un petit Fucus cylindrique, rameux ou dichotome; elle se place naturellement dans l'ordre des Flustrées par la forme des cellules, leur situation, et par le faciès général de ce petit Polypier. Sa substance est presque membraneuse; sa couleur un peu plus ou moins foncée. Sa grandeur ne dépasse jamais quatre centimètres; le diamètre des rameaux varie d'un à deux millimètres; les supérieurs sont quelquefois en forme de massue. — Il n'existe encore qu'une seule espèce d'Elzerine de connue; nous l'avons dédiée à Blainville, l'un des naturalistes les plus distingués dont la France s'honore, en lui donnant le nom d'*Elzerina Blainvillii*, Lamx., Gen. Polyp., p. 3, tab. 64, fig. 15, 16. Nous l'avons trouvée sur des Hydrophytes de l'île de Timor et de l'Australasie. (LAM..X.)

ELZHOLTZIA. BOT. PHAN. Necker appelait ainsi le genre *Couroupita* d'Aublet. *V.* COUROUPITE. (A. R.)

EMAIL. MIN. Nom que l'on donne aux substances vitreuses, quelle que soit leur couleur, qui ne jouissent point d'une transparence parfaite; quelques-unes de ces substances sont des produits naturels des volcans. *V.* OBSIDIENNE et VOLCANS. (DR..Z.)

EMAIL DES DENTS. ZOOL. *V.* DENTS.

*****EMARGINÉ.** *Emarginatus.* ZOOL. et BOT. Un organe quelconque est dit Emarginé lorsqu'il présente un sinus arrondi, peu profond à son sommet. Cette expression s'applique plus particulièrement en botanique aux feuilles, aux pétales, aux fruits planes, etc. (A. R.)

EMARGINATIROSTRES. ois.
Syn. de Crénirostres. *V*. ce mot. (e.)

EMARGINULE. *Emarginula*.
moll. Ce genre fut établi par Lamarck aux dépens des Patelles de Linné, et ce fut surtout la *Patella fissura* de cet auteur qui servit de type. Ces Coquilles se distinguent en effet d'une manière fort remarquable des autres Patelles, et quoique Lamarck, lorsqu'il le proposa, n'en connût point l'Animal, il le plaça néanmoins dans l'ordre le plus convenable des rapports, et en traça les caractères aussi bien que la connaissance seule de la coquille pouvait le permettre. Depuis que l'on a eu occasion d'observer l'Animal, on a ajouté aux anciens caractères, mais on n'a pu changer la place du genre. L'opinion de Blainville est que l'Animal des Emarginules diffère très-peu de celui des Parmophores d'un côté, et de celui des Fissurelles de l'autre ; il croit que les Parmophores commencent un ordre de choses qui se termine aux Fissurelles en passant par des intermédiaires ; ainsi, dans le Parmophore, on voit une large échancrure presqu'effacée qui indique le passage des ouvertures anales et branchiales ; dans les Emarginules on voit quelques espèces dont la fente est très-courte, et se terminant à un sillon interne ; dans d'autres la fissure remonte davantage, mais aboutit encore au bord inférieur. L'*Emarginula dubia* de Defrance montre cette fente entre le sommet et le bord; et enfin les Fissurelles ont cette ouverture tout-à-fait au sommet. Ainsi ces trois genres se trouvent liés par des rapports intimes parce que les rapports qu'ils présentent sont le résultat des changemens de position d'un seul organe qui s'ouvre une communication extérieure tantôt à la marge, tantôt au milieu, et tantôt au sommet de coquilles patelliformes.

Voici les caractères que l'on donne à ce genre : corps ovale, conique, pourvu d'un large pied, occupant tout l'abdomen, et débordé par le manteau qui a une fente antérieure correspondante à celle de la coquille pour la communication avec la cavité branchiale. Tête pourvue de deux tentacules coniques, oculés à leur base externe ; branchies parfaitement symétriques ; coquille recouvrante, symétrique, conique, à sommet bien distinct et dirigé en arrière ; fendue à son bord antérieur pour la communication avec la cavité branchiale ou n'offrant qu'une légère échancrure à l'extrémité d'un sillon interne. Le nombre des espèces est encore peu considérable. Voici, parmi les vivantes et les fossiles, celles qui sont le plus connues.

Emarginule treillissée, *Emarginula fissura*, Lamk., Anim. sans vert. T. vi, seconde partie, p. 7, n. 1; *Patella fissura*, L., p. 3728, n. 192 ; Lister, Conchyl., tab. 543, fig. 28, Martini, Conchyl. T. 1, tab. 12, f. 109 et 110. Elle est blanche ou jaunâtre, ovale, conique, convexe, élégamment treillissée par des stries longitudinales et transversales ; son sommet est obtus, recourbé ; son bord est crénelé ; la fente est profonde ; elle se trouve dans les mers d'Europe et fossile en Angleterre et à Hauteville. Sowerby (*Mineral Conchyl.*, t. 33) l'a désignée sous le nom d'*Emarginula reticulata*. Nous avons l'une et l'autre sous les yeux, et nous n'apercevons point la moindre différence, ce qui nous porte à regarder ces deux espèces comme identiques. L'espèce vivante se trouve dans la Manche; elle a cinq lignes de long et quatre de large.

Emarginule subémarginée, *Emarginula subemarginata*, Blainville. L'espèce que Blainville désigne sous ce nom est une petite coquille qu'on a généralement confondue avec les Patelles, et que l'on n'a point reconnue parce que la fissure est peu profonde, marginale, et se continue avec un sillon intérieur qui aboutit jusqu'au sommet; elle est ovale, allongée ; son sommet est incliné postérieurement et chargé de neuf à dix grosses côtes rayonnantes entre lesquelles il y en a une ou deux plus petites ; elles sont coupées par des stries longitudinales plus fines qui forment un réseau à mailles assez grossières sur toute la surface. L'individu de notre collection a quatorze millimètres de longueur.

On connaît maintenant cinq espèces d'Émarginules fossiles aux environs de Paris. Nous en avons fait la description dans la seconde livraison de notre ouvrage sur les Coquilles fossiles des environs de Paris que l'on peut consulter à cet égard. Voici pourtant les principales :

EMARGINULE A CÔTES, *Emarginula costata*, Lamk., Ann. du Mus., tab. 1, p. 584, n. 3, et T. VI, pl, 43, fig. 6, A. B. C. D. Lamk., Anim. sans vert., tab. 6, 2ᵉ partie, n. 1. Cette Coquille est obliquement conique, munie de treize à quatorze côtes saillantes et rayonnant du sommet à la base entre les côtes. On y observe des stries longitudinales, relevées, serrées et sublamelleuses ; la fissure est profonde et bordée de chaque côté par une lame en arête qui se prolonge jusqu'au sommet. Cette espèce se trouve surtout à Grignon ; on la rencontre aussi dans les sables de Mouchy. Elle est longue de quatre à cinq millimètres.

EMARGINULE EN BOUCLIER, *Emarginula clypeata*, Lamk., Ann. du Mus., tab. 1, pag. 384, n. 2, et T. VI, pl. 43, fig. 5, A. B. C. D. E. ; *Emarginula clypeata*, Lamk., Anim. sans vert., tab. 6, 2ᵉ partie, n. 2. Il paraît que cette espèce est propre à Grignon, car nous ne savons pas qu'on l'ait jamais trouvée ailleurs, et elle y est fort rare. Cette Coquille est très-mince, très-fragile, déprimée et élégamment treillissée à sa surface ; son bord est frangé ; la fissure antérieure peu profonde, assez large, bordée latéralement par une crête tranchante qui se continue depuis le bord jusqu'au sommet, et forme le long du dos de la Coquille une sorte de rigole. Elle est longue de quinze millimètres et large de dix à onze.

(D..H.)

* EMBAMBI. REPT. OPH. Ce Serpent d'Angole, s'il n'est pas un être fabuleux, et que La Chesnaye-des-Bois prétend donner la mort en piquant de sa queue, paraît être le même Animal que l'Embamma de Dapper. *V*. ce mot. (B.)

* EMBAMMA. REPT. OPH. Enorme Serpent africain qui appartient probablement au genre Python, et que Dapper dit assez grand pour pouvoir avaler un Cerf entier. Merolla ajoute qu'il est muni d'un aiguillon dangereux au bout de la queue, ce qui paraît être peu probable. (B.)

EMBELIA. BOT. PHAN. On trouve décrit et figuré sous le nom d'*Embelia ribes*, dans la Flore des Indes de Burmann, un Arbre à feuilles alternes, et dont les fleurs disposées en panicules axillaires et terminales présentent un petit calice quinquéfide, cinq pétales, cinq étamines et un ovaire simple qui devient une baie. Retzius en rapproche un autre Arbre qu'il nomme *E. grossularioïdes*, différent du premier par le nombre des lobes de son calice et de ses étamines, qui est de quatre, et dans lequel il décrit d'ailleurs un ovaire libre, surmonté d'un stigmate en tête et sessile, des rameaux opposés, des feuilles très-entières, des grappes rameuses. Nous ne chercherons pas à indiquer les affinités de ces Plantes, d'après de pareilles descriptions qui peuvent s'appliquer également bien à des Végétaux d'ailleurs tout-à-fait divers entre eux. Gaertner, il est vrai, pense que le fruit qu'il représente sous le nom de *Pella* pourrait bien appartenir à l'*Embelia* de Retzius ; mais il existe entre eux une différence matérielle, savoir, que la base du *Pella* fait corps avec le calice. Elle renferme des graines petites et nombreuses, nichées sans ordre dans une pulpe, et contenant sous une enveloppe de forme anguleuse et de consistance osseuse, un périsperme globuleux qui entoure un embryon dicotylédoné à peu près de même forme. (A. D. J.)

* EMBELIER. bot. phan. Pour Embelia. *V.* ce mot. (g..n.)

EMBERIZA. ois. *V.* Bruant.

* EMBIRA-PINDAIBA. bot. phan. Pison a cité sous ce nom un Arbre du Brésil, qu'Aublet a rapporté à son *Xylopia frutescens.* Cette opinion a été admise par Dunal, dans sa Monographie des Anonacées, quoique Wildenow l'eût rejetée, en donnant seulement comme synonyme de cette Plante l'*Hira* de Marcgraaff. Jussieu pense que ces auteurs ont écrit sur des Plantes dont l'identité est douteuse. (g..n.)

EMBLIC. *Emblica.* bot. phan. Genre de la famille des Euphorbiacées. Ses caractères sont : des fleurs monoïques ; un calice à six divisions profondes ; dans les mâles, trois filets réunis en un seul, chargé à son sommet de trois anthères et entouré à sa base de six glandes qui alternent avec les divisions du calice et manquent quelquefois ; dans les femelles, trois styles dichotomes, allongés, réfléchis ; un ovaire enveloppé d'un tube membraneux, quinquéfide, inégal ou porté sur un disque charnu. Le fruit, sous une enveloppe charnue, renferme un noyau qui se sépare en trois coques bivalves et dispermes. Ce genre est composé d'Arbres ou d'Arbustes. Leurs feuilles, qu'accompagnent des stipules petites et placées alternativement sur des rameaux articulés avec la branche, simulent tout-à-fait les folioles de feuilles pennées. Les fleurs disposées à leur aisselle en faisceaux où les mâles tantôt se trouvent seuls, tantôt se groupent autour de femelles en moindre nombre, sont accompagnées de bractées persistantes. Deux espèces de ce genre sont originaires des Indes ; leur fruit, long-temps employé en médecine parmi ceux qu'on confondait sous le nom de Myrobolans, est maintenant sans usage. On y avait encore rapporté deux autres espèces : l'*E. grandis* de Gaertner et l'*E. Palasis* d'Hamilton, que leurs coques monospermes doivent cependant en éloigner.

L'*Emblica* a été séparé par Gaertner des *Phyllanthus* de Linné, avec lesquels il a les plus grands rapports. Lequel de ces deux auteurs doit-on suivre ? Nous avons conservé le genre de Gaertner, parce qu'il faudrait, pour être conséquent avec soi-même, si on le réunissait au *Phyllanthus,* y fondre également cinq ou six genres voisins ; fusion qui multiplierait les espèces d'un genre où l'on en compte déjà un très-grand nombre, qui compliquerait les caractères génériques et la synonymie, mais serait peut-être du reste plus d'accord avec les principes de la méthode naturelle. (a. d. j.)

EMBOLE. *Embolus.* bot. crypt. (*Lycoperdacées.*) Batsch et Hoffmann avaient donné ce nom à quelques petites Cryptogames qui rentrent en partie dans le genre *Stemonitis* et en partie dans le genre *Calicium* d'Achar. *V.* ces mots. (ad. b.)

EMBOLINE. bot. phan. La Plante désignée sous ce nom, dans la compilation de Pline, paraît être une Helléborine. *V.* ce mot. (b.)

EMBOTHRION. *Embothrium.* bot. phan. Genre de la famille des Protéacées, établi par Forster (*Gen.* 15, tab. 8), mais dont les caractères ont été singulièrement modifiés par Rob. Brown qui n'y a laissé que deux espèces, et qui fait des autres, plusieurs genres distincts, tels que *Hakea, Grevillea, Oreacallis, Telopea, Lomatia, Stenocarpus,* etc. *V.* ces mots. Voici les caractères du genre *Embothrium* tels qu'ils ont été exposés par R. Brown dans son excellent mémoire sur les Protéacées (*Trans. Soc. Linn.,* vol. x) : le calice est irrégulier, fendu longitudinalement d'un côté, divisé en quatre lobes concaves du côté opposé. Les quatre étamines sont placées en face de chaque lobe du calice et en partie recouvertes par eux. L'ovaire est pédicellé, appliqué sur un disque hypogyne semi-annulaire. Cet ovaire est à une seule loge polysperme, surmonté d'un style persistant, au sommet duquel est un stigmate renflé en forme de massue. Le fruit est allongé et contient des graines qui sont ailées à leur sommet.

Ce genre, ainsi caractérisé, ne contient plus que deux espèces, l'une et l'autre originaires de l'Amérique méridionale. Ce sont des Arbustes ou des Arbrisseaux glabres, ayant leurs rameaux couverts d'écailles provenant des bourgeons. Les feuilles sont éparses et très-entières ; les fleurs rouges, glabres, formant des grappes terminales, sans involucre commun.

L'une est l'*Embothrium coccineum*, Forst., *loc. cit.* Illust., tab. 55, fig. 2, qui croît sur les bords du détroit de Magellan et à la Terre-de-Feu. Ses feuilles ovales, oblongues, sont obtuses et mucronées à leur sommet; leurs deux faces sont discolores, les rameaux sont écailleux. L'autre, *Embothrium lanceolatum*, Fl. Péruv. et Chil., 1, p. 62, tab. 96, croît sur les montagnes du Chili. Ses feuilles sont linéaires, lancéolées; ses rameaux dépourvus d'écailles.   (A. R.)

EMBRICAIRE. BOT. *V.* IMBRICAIRE.

EMBRYON. *Embryo.* ZOOL. L'acception de ce mot n'a pas encore été exactement déterminée. On dit, en parlant de l'Homme, Embryon de trois mois et Embryon de trois semaines. L'Embryon de trois mois est un fœtus, car il y a une continuité de circulation entre lui et sa mère. Dans l'Embryon de trois semaines cette continuité n'existe pas. L'état durant lequel le petit Animal se trouve sans communication de fluides avec sa mère, et aussi sans communication actuelle avec l'atmosphère, est celui d'Embryon. La durée de cet état varie beaucoup chez les différens Vertébrés. Cet état peut n'être pas suivi de l'état fœtal, c'est-à-dire de l'état pendant lequel le petit Animal est en communication de fluides avec sa mère. Tel est le cas des Ovipares. Chez les Vivipares ou Mammifères, excepté la fa-

mille des Marsupiaux où l'Embryon passe immédiatement à l'existence aérienne, l'état d'Embryon est constamment suivi de l'état de fœtus. Tous les Vertébrés ovipares sont donc dans l'œuf à l'état d'Embryons.

Les idées abstraites de la préexistence des germes avaient fait imaginer que l'Embryon était, en infiniment petit, le modèle de l'Animal parfait, et que tous ses changemens n'auraient été qu'un accroissement. Et comme l'Embryon est ce *quelque chose*, ce *germe maternel* fécondé par le mâle; comme les spermes des mâles contiennent des Animalcules microscopiques ayant un corps globuleux ou discoïde parfaitement distinct terminé par une queue, on alla jusqu'à imaginer que l'être primitif était cet Animalcule introduit dans le germe ou ovule de la femelle. Or Bory de Saint-Vincent a bien nettement observé que cette queue est essentiellement inarticulée, et ne peut être l'ébauche de la colonne vertébrale ; à plus forte raison ne peut-elle être l'ébauche de la moelle épinière, puisque, sur un fœtus de trois mois et demi, cette moelle n'est pas plus d'à moitié formée, et qu'à six semaines il n'y a encore aucune couche de matière nerveuse déposée soit dans le renflement céphalique de l'Embryon, soit dans la carène ou prolongement de son corps. Tiedemann dit positivement qu'ayant examiné soigneusement trois Embryons de cet âge (Anat. du cerv., p. 14), il trouva immédiatement au-dessous des tégumens un canal ou tube dont les parois étaient fort dures (c'étaient les rudimens de la colonne vertébrale et du crâne) et contenaient un fluide blanchâtre et presque diaphane. Le système cérébro-spinal n'existe donc pas encore à cet âge : or le cœur est déjà bien formé depuis long-temps. Le système nerveux ne paraît donc pas le premier entre tous les organes, ainsi que l'ont dit la plupart des anatomistes, trompés sans doute par l'opacité du fluide contenu dans le tube membraneux, ébauche de la colonne vertébrale et du crâne.

Quoi qu'il en soit, voici l'état constitutif de tout Embryon : 1° l'amnios, qui n'est autre chose qu'un prolongement de son épiderme ou surpeau, se réfléchit autour de lui ; 2° par le canal du pédicule de cet amnios sort la vésicule ombilicale, continue avec l'intestin que son rétrécissement longitudinal et cylindrique doit former dans les Oiseaux, et y communiquant seulement par des vaisseaux dit omphalo-mésentériques chez les Mammifères ; 3° l'allantoïde, autre poche dont le degré de développement est réciproque et successif à celui de la vésicule ombilicale, et qui n'est autre chose que le prolongement extérieur de ce qui doit être plus tard la vessie urinaire. Enfin l'Embryon est contenu, après les premières phases seulement de son développement chez les Mammifères, dans une enveloppe générale à double repli, qui dans les Oiseaux porte le nom de membrane de la coque, et dans les Mammifères celui de chorion. L'Embryon ne s'entoure de cette enveloppe que dans la matrice qui est déjà tapissée de cette membrane dont l'Embryon s'enfonce comme la tête dans un bonnet de nuit.

Or, les premiers développemens du petit Animal se font avant qu'il ait contracté aucune adhérence vasculaire avec sa mère. Les vaisseaux de la vésicule ombilicale absorbent d'abord dans les fluides de l'oviducte ou de la matrice les premières molécules de son développement. A deux mois de la conception on peut encore observer sur l'Homme la vésicule ombilicale dans le pédicule de l'amnios qui enveloppe le cordon ombilical. Elle est alors de la grosseur d'un petit pois. D'après ce que nous allons dire des Oiseaux, et d'après le défaut d'allantoïde dans la première période du développement, il paraît que les vaisseaux de la vésicule sont les organes et de l'absorption moléculaire et de la respiration. Quand la vésicule ombilicale cesse son action chez les Mammifères, et cette époque varie

suivant les genres, l'allantoïde en remplit les usages respiratoires. Elle est très-développée et libre dans l'œuf des Ruminans et du Cochon ; elle est aussi très-développée, mais adhérente aux surfaces correspondantes du chorion et de l'amnios dans le Cheval et le Chien, ainsi que dans l'Homme où l'adhérence a fait douter de son existence ; et alors ses vaisseaux se confondent avec ceux du chorion. Les matériaux de l'accroissement sont dès-lors absorbés par les villosités de la surface du chorion plongé dans l'humidité de la matrice. Enfin à trois mois, chez l'Homme, ces villosités accumulées sur l'un des points de l'œuf contractent adhérence et communication avec les vaisseaux de la matrice ; le placenta est formé, et l'Embryon étant en communication avec la circulation de la mère, devient un fœtus.

Dans les œufs des Oiseaux, la fonction de la vésicule ombilicale dure presque tout le temps de l'incubation. Dans les quatre premiers jours, la matière qu'elle contient sert à la formation et à l'accroissement de l'Embryon, et ses vaisseaux à sa respiration. Le quatrième jour l'allantoïde par l'effet de cette nutrition se développe ; le huitième jour, elle occupe la moitié de la surface du jaune, et alors elle en recouvre les vaisseaux dont elle remplit les fonctions respiratoires. Ces mêmes vaisseaux, pendant ce temps, absorbent l'albumine du blanc, et entretiennent ainsi la plénitude relative de la membrane du jaune ou de la vésicule ombilicale, qui, en s'allongeant sous forme de cylindre, devient l'intestin. Dans les Oiseaux, les vaisseaux ombilicaux se distribuent uniquement à cette allantoïde. Pendant toute l'incubation, le Poulet se développe donc comme le module ou Embryon du Mammifère avant qu'il se soit mis en communication avec la circulation de la mère par ses vaisseaux ombilicaux. Le petit de l'Oiseau est donc un Embryon pendant tout son séjour dans l'œuf.

La vésicule ombilicale du Mammifère ne rentre pas dans l'abdomen; elle n'était pas continue avec la cavité de l'intestin; elle n'est donc l'analogue de la membrane du jaune qui est l'intestin même, que par l'office qu'elle remplit.

L'Embryon des Mammifères pendant toutes ses phases est donc ouvert à la face abdominale par une fente médiane. Cette fente se rétrécit de plus en plus chez le fœtus. Il paraît que chez les Marsupiaux il n'y a point d'état fœtal. L'Embryon formé et développé par la seule absorption de la vésicule ombilicale, et peut-être de l'allantoïde durant son court séjour dans l'oviducte, vient se coller sur la tetine où il paraît se nourrir par une véritable digestion intestinale et par une respiration pulmonaire. *V.* Fœtus et Œuf.

(A. D..NS.)

EMBRYON. *Embryo*, *Corculum*. bot. phan. L'Embryon est un des organes les plus importans et celui qui fournit les meilleurs caractères dans la classification des genres en familles naturelles et de celles-ci en classes. Aussi son organisation mérite-t-elle d'être étudiée avec le plus grand soin. On peut définir l'Embryon végétal, ce corps organisé, existant dans une graine parfaite et fécondée, et qui est le rudiment d'une nouvelle Plante. C'est la partie essentielle de la graine, puisque c'est lui qui, placé dans des circonstances favorables à son développement, devient, par suite de la germination, un Végétal en tous points semblable à celui dont il tire son origine. Tantôt l'Embryon forme à lui seul toute la masse de l'amande, et est recouvert immédiatement par le tégument propre de la graine ou épisperme, comme dans le Marronnier d'Inde, le Haricot, la Fève, l'Abricotier, etc. On le nomme alors *Embryon épispermique*. Lorsqu'au contraire il est accompagné d'un endosperme, on dit qu'il est *endospermique*, comme on en a des exemples dans le Blé, et toutes les Graminées, les Cypéracées,

les Euphorbiacées, etc. La position de l'Embryon endospermique mérite encore d'être distinguée, suivant qu'il est placé à l'extérieur de l'endosperme, sur un des points de sa surface externe, ou suivant qu'il est renfermé dans l'intérieur même de ce corps; dans le premier cas, c'est un Embryon *extraire*; il est *intraire* au contraire dans le second cas.

La position de l'Embryon relativement à la graine doit être soigneusement examinée, et donne des caractères d'une haute importance pour la formation des familles naturelles. Cette position respective est le résultat de la comparaison entre la base de la graine qui est représentée par son point d'attache que l'on nomme hile, et la base de l'Embryon qui est son extrémité inférieure ou radiculaire. Ainsi l'Embryon peut offrir la même direction que la graine, c'est-à-dire que son extrémité inférieure correspond exactement à la base de la graine. On dit alors qu'il est *homotrope*, comme dans la plupart des Légumineuses, des Rubiacées, des Solanées, etc. Il est au contraire *antitrope* quand sa direction est opposée à celle de la graine, c'est-à-dire que sa base correspond au sommet de celle-ci comme dans le *Melampyrum*, le *Potamogeton*, le *Tradescantia*, etc. Si l'Embryon est placé obliquement ou transversalement par rapport à l'axe de la graine, de manière qu'aucune de ses deux extrémités ne soit tournée vers la base ou le sommet de celle-ci, l'Embryon est alors appelé *hétérotrope*, comme dans la plupart des genres qui forment la famille des Primulacées. Enfin il arrive quelquefois que l'Embryon est plus ou moins recourbé de manière que ses deux extrémités se rapprochent et correspondent au même point de la graine, caractère qui distingue l'Embryon *amphitrope*, que l'on observe dans les Alismacées, beaucoup d'Atriplicées, de Crucifères et de Caryophyllées.

L'Embryon présente deux extrémités, une inférieure ou radiculaire, et une supérieure ou cotylédonaire. Il est composé de quatre parties, savoir : le corps radiculaire, le corps cotylédonaire, la tigelle et la gemmule. Examinons rapidement chacune d'elles.

1°. Le corps radiculaire ou extrémité inférieure de l'Embryon constitue la radicule, c'est-à-dire cette partie qui, par l'effet de la germination, doit devenir la racine de la Plante ou lui donner naissance. Dans l'Embryon à l'état de repos, c'est-à-dire avant la germination, l'extrémité radiculaire est toujours simple et indivise. Lorsqu'elle se développe, elle pousse souvent plusieurs petits mamelons qui constituent autant de filets radiculaires et qui finissent par former la véritable racine. Dans un certain nombre de Végétaux, le corps radiculaire s'allonge et devient la racine, par suite du développement que la germination lui fait éprouver. C'est ce que l'on observe dans toutes les Plantes dicotylédones. Dans ce cas la radicule est extérieure, et les Plantes qui offrent cette organisation sont appelées *Exorhizes*. Dans d'autres, au contraire, la radicule est recouverte et cachée par une enveloppe particulière, une sorte de petit sac qui est un prolongement de la partie externe ou corticale de l'Embryon et qu'on nomme *Coléorhize*. Cette enveloppe s'allonge à l'époque de la germination, puis ne tarde pas à se déchirer pour laisser sortir la radicule qui est intérieure ou *coléorhizée*. On nomme *Endorhizes* les Plantes qui offrent cette particularité, et ce groupe correspond aux Monocotylédonés ; enfin, ce qui est plus rare, la radicule est quelquefois soudée avec l'endosperme, comme dans les Conifères et les Cycadées, ce qui forme le groupe que le professeur Richard a nommé *Synorhizes*.

Avant la germination il est quelquefois difficile de distinguer et de reconnaître dans l'Embryon quelle est l'extrémité radiculaire. En effet certains Embryons sont tout-à-fait cylindriques, et leurs deux extrémités sont parfaitement semblables. La germination fait disparaître tous les doutes. L'extrémité radiculaire est le premier point de l'Embryon qui commence à se développer. Elle tend continuellement à se diriger vers le centre de la terre ; quels que soient les obstacles qu'on cherche à lui opposer, elle les surmonte toujours pour prendre cette direction.

2°. Le corps cotylédonaire est l'extrémité de l'Embryon opposée à la radicule. Il peut être simple et parfaitement indivis ; dans ce cas il est formé par un seul *cotylédon*, et l'Embryon est appelé monocotylédoné, comme dans le Maïs, le Blé, le Lis, l'Asperge, etc. D'autres fois il est formé de deux corps réunis base à base, appliqués généralement l'un contre l'autre par leur face interne et formant deux cotylédons ; l'Embryon est alors *dicotylédoné*, comme dans le Haricot, la Fève, le Hêtre, etc. D'après cette structure du corps cotylédonaire, on a divisé tous les Végétaux phanérogames en deux embranchemens, savoir : les Monocotylédons qui ont l'Embryon à un seul cotylédon, et les Dicotylédons dont l'Embryon présente deux cotylédons ou lobes séminaux. Cependant il est un certain nombre de Plantes phanérogames qui ne peuvent entrer dans aucun de ces deux groupes ; ce sont ceux qui ont plus de deux cotylédons. Néanmoins, on est généralement convenu de les placer parmi les Dicotylédons.. *V.* Cotylédons.

3°. On nomme gemmule ou plumule, un petit bourgeon formé de feuilles diversement groupées, placé entre les deux cotylédons dans les Plantes dicotylédonées, ou dans l'intérieur même du cotylédon unique dans les Végétaux à un seul cotylédon. C'est la gemmule, qui, par son développement, doit donner naissance aux parties de la Plante qui végètent au-dessus du sol.

4°. La tigelle est le rudiment de la tige. C'est l'entre-nœud placé entre la base de la gemmule et le point d'insertion des cotylédons. Elle n'existe pas constamment. Ainsi on ne la trouve pas généralement dans toutes les Plantes monocotylédones.

Après avoir étudié en particulier tous les organes qui composent l'Embryon, présentons ses caractères généraux, suivant qu'il offre deux cotylédons ou seulement un seul.

Dans l'Embryon dicotylédoné, la radicule est cylindrique, plus ou moins conique, saillante, s'allongeant lors de la germination pour devenir la racine; les deux cotylédons, en général attachés à la même hauteur sur la tigelle, ont une épaisseur d'autant plus grande, que l'endosperme est plus mince, ou même qu'il n'existe pas du tout. La gemmule est renfermée entre les deux cotylédons qui la recouvrent et la cachent en grande partie. La tigelle est fréquemment visible. Dans l'Embryon monocotylédoné, au contraire, les diverses parties qui le composent ne sont ni aussi bien dessinées, ni aussi faciles à distinguer. Le corps radiculaire occupe une des extrémités, c'est toujours celle qui est la plus voisine de l'extérieur de l'endosperme, quand l'Embryon est endospermique. Il est plus ou moins arrondi, souvent très-peu saillant, quelquefois très-large et aplati. La radicule est renfermée dans une coléorhize qu'elle allonge et déchire à l'époque de la germination; le corps cotylédonaire est simple et ne présente aucune incision ni fente. Sa forme est très-variable. Le plus souvent il renferme la gemmule et lui forme une sorte d'enveloppe que l'on a nommée *coléoptile*. Cette gemmule se compose de feuilles emboîtées, et enfin la tigelle manque presque constamment. *V.* GERMINATION. (A. R.)

EMBRYOPTÈRE. *Embryopteris.* BOT. PHAN. Roxburgh et Gaertner décrivent sous ce nom un genre que plusieurs auteurs réunissent au Plaqueminier. Nous en parlerons donc dans 'e même article, pour que leurs rapp..ts et leurs différences soient plus facilement aperçues, et qu'on puisse mieux conclure de cette com-

paraison, laquelle on doit préférer de la réunion ou de la distinction de ces deux genres. *V.* PLAQUEMINIER.

(A. D. J.)

ÉMERAUDE. MIN. *Smaragd* et *Beryl*, Wern.; Béril Emeraude et Béril Aigue-Marine, Brongn. Espèce de la famille des doubles Silicates, qui, pendant long-temps, a été partagée en deux groupes, à la réunion desquels ont concouru les résultats de la chimie et ceux de la cristallographie. L'un de ces groupes auquel le nom d'Emeraude s'appliquait alors exclusivement, contenait ces belles variétés d'un vert pur, si vantées par les anciens, et si recherchées dans les arts d'ornement pour le charme de leur couleur. L'autre groupe était formé de ces pierres d'un vert bleuâtre ou jaunâtre, beaucoup moins estimées que les premières, et auxquelles on a donné les noms de Béril et d'Aigue-Marine. Le Béril et l'Emeraude proprement dite doivent leurs qualités distinctives aux principes accidentels qui les colorent. Dans le premier, c'est l'Oxide de Fer qui remplit cette fonction. Dans l'Emeraude, c'est l'Oxide de Chrome. Mais à part cette différence d'aspect due à deux ou trois centièmes de matière étrangère, les deux substances s'accordent parfaitement dans tous les caractères tirés de leur composition et de leur structure; aussi ne forment-elles plus aujourd'hui qu'une seule espèce dans tous les systèmes de minéralogie, où elles sont réunies sous l'un ou l'autre des noms qui servaient à les distinguer. Cette espèce est formée d'un atôme de quadrisilicate de Glucine combiné avec deux atômes de bisilicate d'Alumine, ou en poids de Silice 67,98 d., Alumine 18,50, et Glucine 13,72, d'après les analyses de Vauquelin. Sa forme primitive est, suivant Haüy, un prisme hexaèdre régulier, dont les faces latérales sont des carrés. Les clivages sont ordinairement plus sensibles dans les variétés connues sous le nom de Béril que dans celles que l'on a appelées Emeraudes. La cassure est ondulée et brillante ; les longs prismes d'Aigue-Marine se séparent dans le sens transversal en tronçons terminés d'un côté par une saillie, de l'autre par un enfoncement, comme dans les Basaltes articulés. La dureté est moyenne entre celle du Quartz et de la Topaze. La réfraction est double à un degré médiocre, et ses effets se rapportent à un seul axe parallèle à celui de la forme primitive. La pesanteur spécifique est de 2,7. L'Emeraude est fusible au chalumeau en un verre blanc un peu écumant. — Les formes secondaires de cette substance sont peu variées : elles portent toutes l'empreinte du prisme hexaèdre régulier, lequel se modifie légèrement sur ses arêtes et sur ses angles. La forme primitive existe aussi sans modification, et c'est le cas le plus ordinaire ; on la trouve ainsi dans toutes les localités où le minéral a été observé ; au Pérou, en Sibérie, en France, etc. Cette même forme produit la variété *épointée* d'Haüy, lorsqu'elle est modifiée sur ses angles par des facettes, résultant d'un décroissement par deux rangées ; la variété *bino-annulaire*, lorsqu'un semblable décroissement agit sur les arêtes des bases ; la *péridodécaèdre*, lorsque les bords longitudinaux sont remplacés par une seule face ; l'*unibinaire*, lorsqu'un décroissement simple sur les arêtes des bases se combine avec celui qui a lieu sur les angles dans la première variété ; la *rhombifère*, lorsque les facettes de l'épointée se réunissent avec celles de l'annulaire, etc. Les pans des prismes, d'une couleur verte, sont lisses, tandis que les bases sont hérissées de très-petites aspérités. Les Aigues-Marines, au contraire, ont en général leurs pans chargés de stries longitudinales, et leurs bases sont unies. Ces stries sont dues à une cristallisation accélérée, qui souvent arrondit entièrement le prisme, et le transforme en cette modification qu'on nomme *cylindroïde*. On ne connaît point d'autres variétés de l'Emeraude, qui n'a encore été observée qu'à l'état de cristaux. Ces

cristaux sont transparens ou opaques. La teinte de ceux du Pérou est le vert pur, qu'on appelle *vert d'Emeraude ;* les Bérils de Sibérie sont d'un jaune de miel et d'un bleu verdâtre ; les Bérils de Bavière et de France sont blancs, blancs-jaunâtres ou gris-brunâtres.

L'Emeraude a son gissement dans les roches primitives, telles que les Granites, les Pegmalites et les Micaschistes. Les Bérils de Sibérie sont disséminés ou implantés dans la Pegmalite ou dans les filons qui traversent les terrains formés de cette roche. Suivant Patrin, il en existe trois mines différentes dans la montagne d'O-don-Tchelou, près du fleuve Amour, eu Daourie. Le même auteur cite un second gîte d'Emeraudes dans les monts Altaï, à cinq cents lieues d'O-don-Tchelon, et un troisième dans les monts Ourals. Les Bérils de France, aux environs de Nantes et à Chantelub près de Limoges, ceux des Etats-Unis, sont pareillement engagés dans des roches granitoïdes. Dans ces diverses localités, ils s'associent à des substances pierreuses de différentes natures, telles que le Quartz, la Topaze, le Feldspath, la Tourmaline, etc. L'Emeraude, dite du Pérou, vient de la vallée de Tunca, et de la juridiction de Santa-Fé, entre les montagnes de la Nouvelle-Grenade et celles de Popayan. Humboldt l'a observée dans un filon qui traverse un Schiste amphibolique (*Hornblendt Schiefer*) où elle est accompagnée de Chaux carbonatée et de Fer sulfuré. Les Emeraudes vertes des environs de Salzbourg sont implantées dans un Micaschiste d'un gris foncé. Celles d'Egypte, connues des anciens, ont leur gissement dans une roche parfaitement analogue. Pendant longtemps, on n'a eu aucune donnée sur le lieu précis de ce gissement ; mais Caillaud, voyageur français, est parvenu récemment à retrouver ces anciennes mines d'Emeraude, au mont Zabara, dans la Haute-Egypte, à sept lieues de la mer Rouge. — Les plus gros cristaux d'Emeraude du

Pérou qui soient connus, ont environ six pouces de longueur, sur deux pouces d'épaisseur ; les Bérils présentent souvent des dimensions beaucoup plus considérables. Les anciens ont eu connaissance de l'Emeraude, surtout de la variété verte; mais on voit qu'ils réunissaient sous le nom de *Smaragdus* des pierres très-différentes qui possédaient la même couleur. Au rapport de Pline, les Romains avaient une si haute estime pour cette gemme, qu'il n'était pas permis à leurs graveurs d'y porter le burin. Ceux-ci, pour soulager leurs yeux fatigués pendant leur travail, regardaient à travers une plaque d'Emeraude. On prétend que Néron s'amusait à considérer ainsi les jeux sanglans de l'Arène. Les Romains ont eu moins de respect pour le Béril. Parmi les pierres gravées que l'on admire dans la collection de la Bibliothèque du roi, on voit une Aigue-Marine qui représente en grand relief Julie, fille de l'empereur Titus. C'est l'une des plus belles pierres de cette espèce, et des plus volumineuses que l'on connaisse ; elle est de forme ovale, et a près de deux pouces dans sa plus grande largeur. Elle se distingue encore par sa couleur, sa pureté et le mérite de la gravure. Une des Emeraudes vertes les plus célèbres, est celle qui orne le sommet de la tiare du souverain pontife. Sa forme est celle d'un cylindre court, arrondi à l'une de ses extrémités. Elle a deux pouces de longueur, sur quinze lignes de diamètre.

L'Emeraude est encore de nos jours au premier rang des pierres précieuses, et si elle est inférieure en dureté à la gemme orientale, elle se dédommage souvent de ce qui lui manque à cet égard par le charme de sa couleur pure et comme veloutée. Les belles Emeraudes du Pérou se vendent au carat; mais comme leur perfection est souvent altérée par des glaces, le prix du carat varie depuis cinquante centimes jusqu'à cent francs. Quant aux Bérils et Aigues-Marines, leur valeur n'approche

point de celle de l'Emeraude verte. Ils ont cependant un assez grand prix quand ils sont purs, d'un ton de couleur assez élevé, et d'un beau volume. Ceux que l'on taille le plus communément sont d'un vert bleuâtre ou d'un bleu verdâtre. On imite l'Emeraude dans les manufactures d'émaux et de pierres fausses, avec des verres colorés par l'Oxide de Chrome.

EMERAUDE DE CARTHAGÈNE. *V.* CHAUX FLUATÉE VERTE.

EMERAUDE MORILLON. *V.* CHAUX FLUATÉE VERTE.

EMERAUDE ORIENTALE. *V.* CORINDON-HYALIN VERT.

EMERAUDE DE BOHÈME. *V.* CHAUX FLUATÉE VERTE.

EMERAUDINE (Delamétherie.) *V.* CUIVRE DIOPTASE.

EMERAUDITE (Daubenton.) *V.* DIALLAGE VERTE.   (G. DEL.)

EMERAUDINE. INS. (Geoffroy.) Syn. de Cétoine dorée. *V.* CÉTOINE.
                   (B.)

EMERIL. MIN. Ou Corindon granulaire. *V.* CORINDON.   (B.)

EMERILLON. OIS. Ce nom vulgaire a été donné à deux espèces du genre Faucon en Europe. Il désigne le *Falco Æsalon*, L., en Amérique, et particulièrement à Cayenne et Saint-Domingue; en Caroline, c'est le nom du *Falco Malfini*. *V.* FAUCON.
               (DR..Z.)

EMERITE. *Emerita.* CRUST. Genre de l'ordre des Décapodes, famille des Macroures, fondé par Gronou et comprenant deux espèces; la première appartient au genre Hippe de Fabricius, et la seconde au genre Rémipède de Latreille. *V.* ces mots
               (AUD.)

EMERUS. BOT. PHAN. Sous ce nom Tournefort avait formé un genre particulier que Linné a réuni au *Coronilla*. Müller, adoptant le genre de Tournefort, a décrit les deux variétés du *C. Emerus* de Linné, comme deux espèces distinctes qu'il a nommées *E. major* et *E. minor*. Son *E. herbacea* est le *Sesbania occidentalis* de

Willdenow. *V.* Coronille et Sesba-
nie.   (G..N.)

EMESE. *Emesa.* ins. Genre de
l'ordre des Hémiptères, fondé par
Fabricius et ayant pour caractère essentiel : les antennes filiformes, très-
longues et formées de deux articles
seulement. Ce genre, composé d'espèces exotiques dont une se trouve
décrite et figurée dans l'ouvrage de
Degéer (Mém. sur les Ins. T. III, p.
352, pl. 55), correspond au genre
Ploïère. *V.* ce mot.   (AUD.)

* EMÉTINE. bot. chim. Cette substance alcaline a été découverte dans
l'Ipécacuanha annelé et l'Ipécacuanha strié par Pelletier et Magendie. Pour l'obtenir, on traite la
poudre d'Ipécacuanha par l'Ether
sulfurique pour lui enlever sa matière grasse. On la fait ensuite bouillir dans l'Alcohol ; on filtre et on
évapore jusqu'à siccité. On reprend
le résidu que l'on fait bouillir dans
l'eau pour en séparer la cire. Alors on
filtre la liqueur, on y ajoute de la
Magnésie, et il se forme un précipité
de gallate de Magnésie, d'Emétine et
de matière colorante ; on lave le précipité pour enlever une partie de
cette dernière. On traite de nouveau
par l'Alcohol qui redissout l'Emétine ;
on évapore à siccité ; on dissout l'E-
métine dans de l'eau acidulée ; on dé-
colore la liqueur par le charbon animal purifié, et on précipite l'Emétine
par un Alcali.

Cette substance ainsi purifiée est,
sous forme d'une poudre blanche,
inaltérable à l'air, peu soluble dans
l'eau, très-soluble dans l'Alcohol et
l'Ether, d'une saveur légèrement
amère, se combinant avec les Acides
pour former des Sels acides.

Nous avons, dans notre Dissertation sur les Ipécacuanha du commerce, indiqué un procédé plus
prompt et moins dispendieux. Il consiste à traiter la poudre d'Ipécacuanha
d'abord par l'eau qui s'empare de
l'Emétine et de la gomme, de faire
évaporer, de redissoudre le résidu
dans l'Alcohol qui sépare la gomme

en s'emparant de l'Emétine que l'on
purifie par les procédés indiqués ci-
dessus.   (A. R.)

EMEU. ois. Barrère donnait ce nom
au Touyou ou Thoujou qui est le Ja-
biru. On a, par erreur, renvoyé à cet
article au mot Dromaius. C'est Émou
qu'il faut lire. *V.* Émou et Rhéa. (B.)

EMEX. bot. phan. Genre établi
par Necker et récemment adopté par
Campdera (Monogr. des Rumex, p.
55) qui lui donne pour caractères
essentiels : un embryon périphérique
et un calice triquètre. Il ne se compose que du *Rumex spinosus*, L. *V.*
Rumex.   (G..N.)

EMIAULE (grand). ois. Syn. de
la Mouette aux pieds bleus. *V.* Mauve.   (DR..Z.)

EMIDE. rept. chél. Pour Emyde.
V. ce mot.

* EMIDHO. bot. phan. Nom vulgaire d'*Hibiscus populeus*, L., à Ota-
hiti, où cette Plante est employée
avec des circonstances superstitieuses
dans diverses maladies.   (B.)

EMIDO-SAURIENS. rept. saur.
V. Emydo-Sauriens.

EMIGRATIONS. ois. *V.* Migrations.

*EMILIE. *Emilia.* bot. phan. Genre de la famille des Synanthérées,
Corymbifères de Jussieu, et de la Syngénésie égale, établi aux dépens du
genre *Cacalia* de Linné par H. Cassini
(Bulletin de la Soc. Philom., avril
1817) qui l'a ainsi caractérisé : calathide sans rayons composée de fleurons nombreux, égaux, réguliers et
hermaphrodites ; involucre ovoïde-
cylindracé, formé d'écailles contiguës, égales, linéaires et disposées
sur un seul rang sans addition à la
base d'aucune écaille surnuméraire ;
réceptacle plane et nu ; divisions de
la corolle longues et linéaires ; style à
deux branches surmontées chacune
d'un appendice subulé, hispide,
mais que l'auteur regarde comme indépendant du stigmate ; ovaires ob-

longs à cinq angles saillans , hérissés de papilles , munis d'un bourrelet apicilaire et d'une aigrette dont les poils sont inégaux et soyeux. Si l'on compare cette description avec tous les caractères que présentent les Cacalies , on trouve quelques différences dans les branches du style , dans la forme de l'ovaire, de la corolle, etc. Un port assez singulier sert aussi à distinguer le genre Emilie qui au surplus ne contient qu'une seule espèce, *Emilia flammea* , H. Cassini , ou *Cacalia sagittata* , Willd. Cette Plante herbacée et annuelle est indigène de Java. Sa tige, haute de sept à huit décimètres , est dressée, peu rameuse et pubescente à la base ; ses feuilles sont alternes, demi-amplexicaules , cordiformes - sagittées à la base , glabres , glauques et molles. Mais ce qui rend cette Plante fort remarquable, c'est la belle couleur de feu de ses fleurs portées sur de longs pédoncules, et disposées en une panicule lâche et terminale.   (G..N.)

EMISSOLE. POIS. Espèce de Squale qui forme le type d'un sous-genre établi par Cuvier. *V.* SQUALE. (B.)

*EMMESOSTOMES. *Emmesostomi.* ÉCHIN. Klein, dans son ouvrage sur les Oursins, donne ce nom à ceux dont la bouche est centrale ; il nomme Apomésostomes , *Apomesostomi,* les espèces à bouche non centrale.   (LAM..X.)

EMOI. POIS. Espèce du genre Polymène. *V.* ce mot. (B.)

EMOSSE ET **EMOSSE-BERROY.** BOT. PHAN. (Aublet.) Nom de pays du *Besleria violacea.* (B.)

EMOU. *Dromaius.* OIS. Nom d'un genre établi par Vieillot pour y placer le *Casoarius Novæ-Hollandiæ* de Latham. *V.* RHÉA. (DR..Z.)

EMOUCHET. OIS. Nom vulgaire des Oiseaux de proie de la taille de l'Epervier. *V.* FAUCON. (DR..Z.)

EMPABUNGO. MAM. Buffon, sans citer d'autorité, donne ce nom comme celui que porte le Bubale au Congo.

Quelques voyageurs ont écrit Empacassa. *V.* ANTILOPE. (B.)

EMPAILLAGE. ZOOL. *V.* TAXIDERMIE.

EMPEREUR. OIS. Syn. vulgaire du Roitelet. *V.* SYLVIE. (DR..Z.)

EMPEREUR. REPT. OPH. Syn. de Boa Devin. *V.* BOA. (B.)

EMPEREUR. POIS. Ce nom a été donné à un Holacanthe, ainsi qu'à l'Espadon. *V.* ces mots. (B.)

EMPEREUR. INS. L'un des noms vulgaires du Tabac d'Espagne de Geoffroy, *Papilio Paphia*, L. *V.* ARGYNE. (B.)

EMPEREUR. *Imperator.* MOLL. Montfort a proposé sous ce nom un genre pour une section des Trochus, qui renfermerait tous ceux qui ont le bord frangé ou armé de pointes. La Coquille dont il s'est servi comme de type est très-rare, et magnifique quand elle est bien conservée. Elle est figurée dans le superbe ouvrage de Martyns, pl. 5o, fig. Q. Cette coupe ne peut être admise comme genre , tout au plus même comme section dans ce genre fort douteux lui-même. *V.* TROCHUS. (D..H.)

EMPETRUM. BOT. PHAN. *V.* CAMARINE.

EMPIDES. *Empides.* INS. Famille de l'ordre des Diptères établie par Latreille (*Gener. Crust. et Ins.*) et ayant, suivant lui, pour caractères : antennes de deux ou trois articles, dont le dernier sans divisions ; trompe saillante, en forme de bec, cylindrique ou conique, renfermant un suçoir de plusieurs soies ; corps allongé ; balanciers nus ; ailes couchées sur le corps ; tête arrondie ou presque globuleuse, dont une grande partie est occupée par les yeux; trompe perpendiculaire ou dirigée en arrière. Cette famille correspond à la tribu établie sous le nom d'Empis ou d'Empides. Dans le Règne Animal de Cuvier, elle comprend des Diptères assez petits, à antennes courtes, toujours terminées par une soie, à trompe souvent longue, et qui sont presque tous carnassiers. Latreille la divise de la manière suivante :

† Antennes composées de trois articles distincts ; palpes relevés.

Genre : EMPIS.

†† Antennes de deux articles ; palpes avancés.

Genre : SIQUE (*Tachydromyies*, Meig.) *V*. ces mots. (AUD.)

EMPIS. *Empis*. INS. Genre de l'ordre des Diptères, fondé par Linné et adopté par les entomologistes. Latreille le place (Règn. Anim. de Cuv.) dans la famille des Tanystomes, tribu des Empides, et lui assigne pour caractères : trompe saillante presque cylindrique et perpendiculaire ; suçoir de quatre soies ; antennes de trois pièces principales, dont la dernière conique, subulée, surmontée d'une petite pièce finissant en pointe roide ; tête petite, arrondie, séparée du corselet par un cou mince ; yeux grands occupant une partie de la tête ; point d'yeux lisses ; corselet arrondi, bossu ; ailes ovales, ordinairement plus grandes que l'abdomen, croisées et couchées ; balanciers allongés, terminés par un bouton arrondi ; abdomen cylindrique ou conique ; pates longues ; tarses à deux crochets et à deux pelotes. Les Empis ont le port des Asiles et leur ressemblent par la position des ailes. Ils sont assez petits, carnassiers, se nourrissent de Mouches et d'autres Insectes qu'ils saisissent avec leurs pates. On ne connaît pas leur larve. Parmi une vingtaine d'espèces propres à ce genre, nous distinguerons :

L'EMPIS AUX PIEDS EMPLUMÉS, *E. pennipes*, Fabr., décrite par Scopoli (*Faun. Carn.*, p. 568, n° 994) et représentée par Panzer (*Faun. Ins. Germ. Fasc.* 74, n° 18). Elle varie pour la grandeur.

L'EMPIS BORÉALE, *E. borealis*, L., Fabr. Cette espèce, propre au nord de l'Europe, a été figurée par Meigen qui en avait d'abord fait un genre particulier sous le nom de Platyptère. Elle vole le soir, dans les temps se-

reins, et forme des groupes qui se meuvent en tourbillons.

L'EMPIS LIVIDE, *E. livida*, L., ou l'Asile à ailes réticulées de Geoffroy ; elle a été figurée et décrite par Degéer (Mém. sur les Ins. T. VI, p. 254 et pl. 14, fig. 14).

L'EMPIS MAURE, *E. maura*, ou l'Asile noir à pieds de devant en massue de Geoffroy. On la trouve sur les fleurs et elle voltige sur les eaux stagnantes. (AUD.)

EMPLEVRE. *Emplevrum*. BOT. PHAN. Genre de la famille des Rutacées, remarquable par son défaut de pétales. Le calice présente quatre lobes peu profonds ; quatre étamines à filets étroits, à anthères grosses, attachées par la base de leur face externe et munies d'un point glanduleux à leur sommet, s'insèrent au-dessous de l'ovaire qui avorte assez fréquemment. Cet ovaire est le plus souvent unique, surmonté à l'extérieur d'un appendice oblique, aplati, aussi long que lui, et à l'intérieur d'un style cylindrique et recourbé ; quelquefois on observe un second ovaire accolé au premier et symétrique ; il renferme deux ovules juxtaposés et suspendus vers le haut de la paroi interne, c'est-à-dire au-dessous de l'insertion du style ; le fruit est une capsule léguminiforme, terminée par l'appendice qui n'a pas pris de développement ; s'ouvrant du côté interne, et monosperme par avortement ; l'endocarpe mince et bivalve présente la forme caractéristique dans cette famille ; l'embryon, suivant Gaertner fils (tab. 211), renfermé dans un périsperme charnu, offre une radicule supère et deux cotylédons inégaux dont l'un se contourne autour de l'autre. On n'en connaît qu'une seule espèce réunie autrefois au genre Diosma sous le nom de *D. unicapsularis*. C'est maintenant l'*Emplevrum serrulatum*, petit Arbrisseau du cap de Bonne-Espérance, à feuilles linéaires lancéolées, glabres, et dont toutes les parties sont parsemées de points glanduleux. (A. D. J.)

EMPONDRE. BOT. PHAN. Pour Ampondre. *V.* ce mot. (B.)

EMPRENITES ou TYPOLITHES. *V.* FOSSILES.

EMPUSE. *Empusa.* INS. Genre de l'ordre des Orthoptères, établi par Illiger, et pouvant être caractérisé de la manière suivante : antennes pectinées dans les mâles ; front prolongé dans les deux sexes en forme de pointe ou de corne. Fabricius a décrit comme propres à ce genre, les *Mantis mendica, flabellicornis, pectinicornis, gongyloides, pauperata,* etc., qui toutes sont exotiques, à l'exception d'une espèce qu'il a confondue avec la *Mantis pauperata,* et qu'on trouve en Europe. Les Empuses sont remarquables par leur corselet ordinairement grêle en arrière, par les cuisses des quatre pieds postérieurs terminées inférieurement en un lobe membraneux figurant une sorte de manchette. *V.* MANTE. (AUD.)

EMYDE. *Emys.* REPT. CHÉL. Sousgenre de Tortues. *V.* ce mot. (B.)

EMYDO-SAURIENS. REPT. SAUR. Ordre établi par Blainville, et qui répond exactement à celui des Crocodiliens de Cuvier. *V.* ce mot et SAURIENS. (B.)

***ENALCIDE.** *Enalcida.* BOT. PHAN. Genre de la famille des Synanthérées, Corymbifères de Jussieu, et de la Syngénésie superflue, établi par H. Cassini (Bulletin de la Soc. Philom., février 1819) qui l'a ainsi caractérisé : calathide dont le disque est formé de fleurons nombreux, réguliers, hermaphrodites, et dont les rayons ne composent qu'un seul rang de fleurs anomales et femelles ; involucre oblong, cylindracé, composé de cinq écailles sur un seul rang, soudées par leur base et libres par leur sommet qui forme un lobe triangulaire ; réceptacle un peu conique, alvéolé, à cloisons légèrement frangées ; corolle courte dont le limbe presqu'avorté est cochléariforme ; style divisé en deux branches longues et divergentes ; ovaires très-longs,

grêles, linéaires, anguleux, surmontés d'une aigrette formée de plusieurs paillettes soudées, à l'exception d'une seule située sur le côté extérieur, plus longue, lancéolée et libre. Dans l'aigrette des fleurs marginales ; les petites écailles paléacées sont égales, oblongues, tronquées et soudées entre elles. Le genre *Enalcida* appartient à la tribu des Tagétinées de Cassini ; il est très-voisin du *Diglossus* de cet auteur ainsi que du *Tagetes.* Le *Tagetes fœniculacea,* cultivé dans le Jardin des Plantes de Paris, et le *Tagetes clandestina* de Lagasca (*Genera et Species Plantarum,* Madrid, 1815) semblent identiques, selon Cassini, avec l'*Enalcida* ; cependant la dernière de ces Plantes pourrait bien être le *Diglossus variabilis.* L'*Enalcida fœniculacea,* H. Cass., nommée d'abord *E. pilifera* par le même auteur, est une Plante herbacée, glabre, dont la tige est rameuse, munie de côtes saillantes ; les feuilles sessiles, pinnatifides, linéaires, glanduleuses ; les fleurs jaunes, formant de petits bouquets irréguliers par l'assemblage des calathides au sommet de la tige et des branches. (G..N.)

ENARGEA. BOT. PHAN. Gaertner a établi sous ce nom un genre qui, malgré son embryon dicotylédon observé par cet auteur, paraît n'être, selon Jussieu, qu'une espèce de Callixène. Les détails floraux de ce genre ont été donnés par Banks. (G..N.)

ENARTHROCARPE. *Enarthrocarpus.* BOT. PHAN. Genre de la famille des Crucifères et de la Tétradynamie siliqueuse, établi par Labillardière (*Syr. decad.* 5, p. 4, t. 2) et adopté par De Candolle (*Regn. Veg. Syst. Natur.* T. II, p. 660), qui l'a placé dans sa tribu des Raphanées ou Orthoplocées Lomentacées, en lui assignant les caractères suivans : calice dressé, égal à sa base ; pétales onguiculés dont le limbe est entier ; étamines libres, sans petites dents ; silique à deux articulations, cylindrique ou légèrement comprimée ; l'article inférieur obonique, court, persistant, à une ou trois graines; le supérieur long, étranglé et présentant neuf ou dix renflemens (*isthmes*, D. C.) monospermes et séparés par des lacunes celluleuses; graines ovoïdes, un peu comprimées, dressées dans l'article supérieur; celles de l'article inférieur sont, au contraire, pendantes; cotylédons condoublés. Ce genre, confondu dans l'origine avec le *Raphanus* par Forskabl, Persoon et Delile, s'en distingue par l'organisation du fruit, ou plutôt par la manière dont les graines y sont disposées. Sous ce rapport, il se rapproche du *Cakile* et du *Rapistrum*; mais, dans ces genres, chaque article est monosperme. Le fruit du *Cordylocarpus* a aussi une structure semblable, si ce n'est que dans celui-ci l'article inférieur est monosperme, et le supérieur polysperme ; c'est à peu près le contraire dans le genre qui nous occupe.

Les espèces d'Enarthrocarpe sont des Plantes herbacées, annuelles, dressées, rameuses, légèrement hérissées, et ayant le port des Raphanus. Leurs feuilles inférieures sont pétiolées et lyrées, les supérieures sessiles et grossièrement dentées. Les fleurs sont jaunes ou couleur de chair, marquées de veines et disposées en grappes allongées. Elles sont accompagnées de bractées et portées sur des pédicelles filiformes qui grossissent après l'anthèse.

De Candolle (*loc. cit.*) ne décrit que trois espèces de ce genre, savoir : *Enarthrocarpus arcuatus*, Labill., qui croît en Crète et sur le mont Liban; *E. lyratus*, D. C., *Raphanus lyratus*, Forsk., *R. recurvatus*, Pers. et Delile (*Ill. Fl. Ægypt.* p. 19, *Flor.*, p. 105, t. 56, f. 1), espèce que l'on trouve dans les moissons d'Orge et dans les déserts sablonneux des îles du Nil, près d'Alexandrie; et l'*E. pterocarpus*, D. C., *Raph. pterocarpus*, Pers. et Delile, dont l'Égypte est aussi la patrie. Une belle figure de cette Plante vient d'être publiée récemment par le baron B. Delessert (*Icones Selectæ*, 2e vol., tab. 95).   (G..N.)

* **ENARTHROS.** POLYP. Mercati, dans son *Metallotheca*, a donné ce nom à des articulations de tiges de Crinoïdes à cinq angles ayant sur une face une étoile à cinq rayons ovales.   (LAM..X.)

***ENARTHRUS.** POLYP. Nom donné par Bertrand à des Astraires fossiles.   (LAM..X.)

ENCALYPTE. *Encalypta.* BOT. CRYPT. (*Mousses.*) Ce genre, d'abord fondé par Hedwig sous le nom de *Leersia*, a été ensuite admis sous celui d'*Encalypta*, parce qu'il existe déjà dans la famille des Graminées un genre nommé *Leersia*; il est un des plus naturels de la famille des Mousses, et prouve que la coiffe est un des organes les plus susceptibles de fournir de bons caractères génériques de cette famille ; dans toutes les Plantes de ce genre, la capsule est terminale; le péristome simple a seize dents lancéolées ou filiformes, droites; l'opercule est, en général, très-allongé, et la coiffe très-grande, presque cylindrique, tronquée ou divisée en plusieurs dentelures à la base, enveloppe toute la capsule. Quelques espèces, d'abord rapportées à ce genre, doivent en être éloignées à cause de la forme différente de leur coiffe; tel est l'*Encalypta lanceolata*, qui appartient au genre *Weissia* ; l'*Encalypta cirrhata*, Sw., qui se rapporte également à ce genre. Les Plantes de ce genre viennent, en général, sur les vieux bois pourris ou sur les berges humides. La plus commune est l'*Encalypta vulgaris*, qui est assez fréquente aux environs de Paris ; elle se reconnaît à sa coiffe tronquée, entière à sa base, et à sa capsule striée longitudinalement; les autres espèces, qui ne se trouvent que dans les Alpes ou dans les autres montagnes de l'Europe, ont la coiffe ciliée ou dentelée à la base.   (AD.B.)

* **ENCAPHYLLUM.** BOT. CRYPT. (Lobel.) Syn. d'*Ophioglossum vulgatum* et de *Botrychium Lunaria*. *V.* BOTRYCHIUM et OPHIOGLOSSE.   (B.)

ENCARDITE. MOLL. FOSS. Syn. de

Bucardes fossiles. *V*. BUCARDE. (B.)

* ENCASTE. INS. Genre de l'ordre des Hyménoptères, section des Térébrans, famille des Pupivores, tribu des Chalcidites, établi par Latreille (Règn. Anim. de Cuv. T. III, Suppl., p. 658) qui lui assigne pour caractères : antennes composées de plus de sept articles, élargies, comprimées, tronquées ou très-obtuses à leur extrémité, insérées à une distance notable de la bouche vers l'entredeux des yeux ; tête très-concave postérieurement avec le bord supérieur aigu. Ce genre a été créé aux dépens de celui des Eulophes. *V*. ce mot.

(AUD.)

ENCELADE. *Enceladus*. INS. Genre de l'ordre des Coléoptères, section des Pentamères, famille des Carnassiers, tribu des Carabiques, fondé par Bonelli, dans la deuxième partie de ses Observations entomologiques (Mém. de l'Acad. de Turin). Latreille avait établi, sous le nom de Siagone, *Siagona*, un nouveau genre pour y placer quelques Carabiques différant des autres par l'immobilité du menton qui était soudé par sa base avec le restant de la tête, et qui, dans le type du genre (le *Cucujus rufipes*, Fabr.), ne laissait pas même apercevoir de suture. Bonelli ayant examiné des espèces du même genre et s'étant aperçu que, chez plusieurs, la lèvre, tout en conservant son immobilité, se réunissait et se soudait avec la tête en laissant visibles les sutures, et que ces espèces offraient ensuite quelques autres différences, crut devoir établir pour elles le genre Encelade, que Latreille a réuni (Règn. Anim. de Cuv.) à celui des Siagones. Il a pour caractères essentiels, suivant l'entomologiste italien : palpes labiaux à dernier article tronqué transversalement ; langue proéminente au milieu, et arrondie ; lèvre soudée, se rétrécissant à sa base, et se prolongeant entre les côtés de la gorge jusqu'à l'ouverture postérieure de la tête ; antennes à premier article court, de la longueur du suivant. Bonelli observe

qu'on peut encore ajouter à ces caractères ceux non moins importans de la lèvre supérieure, qui est terminée en deux lobes arrondis ; ceux des palpes maxillaires extérieurs à dernier article tronqué très-obliquement, et ceux des jambes antérieures sans échancrure interne ; celle-ci étant portée tout-à-fait à l'extrémité de la jambe. Bonelli ne connaît qu'une espèce propre à ce nouveau genre : l'ENCELADE GÉANT, *Enc. gigas*. *V*. SIAGONE. (AUD.)

ENCÉLIE. *Encelia*. BOT. PHAN. Genre de la famille des Corymbifères, section des Hélianthées, qui offre pour caractères : un involucre composé d'un grand nombre de folioles imbriquées, un réceptacle conique, chargé de paillettes ; au centre les fleurons sont tubuleux et hermaphrodites, et à la circonférence les demi-fleurons sont neutres. Les fruits sont obovoïdes, comprimés, velus sur leurs bords, émarginés à leur sommet et dépourvus d'aigrette.

On compte deux ou trois espèces de ce genre, qui sont de petits Arbustes rameux, portant des feuilles alternes, entières, à trois nervures, et des capitules terminaux, longuement pédonculés et jaunes. L'une des espèces les plus communes est l'*Encelia canescens*, Cav., *Icon.*, 1, t. 61 ; *Coreopsis Limensis*, Jacq., *Icon.*, 1, t. 594, ou *Pallasia halimifolia*, Willd. Elle croît au Pérou sur les bords de la mer. Ses rameaux sont velus, ainsi que ses feuilles qui sont ovales, obtuses, arrondies à leur base. Ses fleurs sont jaunes et forment des corymbes.

(A. R.)

ENCENS. BOT. Nom que l'on donne vulgairement à toute matière résineuse qui répand une odeur agréable lorsqu'on la brûle. On désigne particulièrement en pharmacie l'Oliban sous le nom d'Encens mâle. *V*. OLIBAN. (DR..Z.)

On appelle vulgairement ENCENS ou ENCENSIER le Romarin officinal, et ENCENS D'EAU le *Selinum palustre*.

(B.)

ENCÉPHALE. Mot employé jusqu'ici en anatomie pour désigner les parties du système cérébro-spinal contenues dans la cavité du crâne. Mais comme les fibres de la plupart des parties de cet Encéphale sont continues avec le prolongement postérieur du système, on voit que cette dénomination est vicieuse, puisqu'elle porte sur une fausse détermination. D'ailleurs les deux ou trois premières vertèbres cervicales contribuent quelquefois à la cavité du crâne, et alors les segmens correspondans du système cérébro-spinal deviennent parties intégrantes de l'Encéphale. Autant valait donc conserver le mot cerveau, qui n'était pas plus inexact. *V.* Cérébro-Spinal.   (A. D..NS.)

* **ENCÉPHALIUM.** BOT. CRYPT. (*Champignons.*) Ce genre a été établi à la même époque par Fries, sous le nom de Nœmatelia. *V.* ce mot. (AD. B.)

ENCÉPHALOIDES. POLYP. Nom donné par les anciens oryctographes aux Polypiers fossiles, appartenant aux Méandrines de Lamarck, aux Madrépores de Linné. Ce nom n'est plus employé par les naturalistes modernes.   (LAM..X.)

ENCHELIDE. *Enchelis.* INF. Genre fort naturel de la classe des Microscopiques et de l'ordre où nul appendice, cirres ou organes n'altèrent la simplicité du corps. Il a été formé par Müller, adopté par Bruguière et par Lamarck. Ses caractères sont : la plus grande simplicité et une figure à peu près pyriforme et cylindracée. Les Enchelides diffèrent donc des Cyclides, qui sont également pyriformes, mais qui sont aplaties et comme membraneuses. Les Cyclides, d'ailleurs, ordinairement beaucoup plus petites et d'une contexture encore moins compliquée, paraissent homogènes et aussi transparentes que du cristal, tandis que les Enchelides, même celles qui sont le moins colorées, sont toujours composées de molécules distinctes, agglomérées, et auxquelles se mêlent des corpuscules hyalins, tels qu'on en voit dans les filamens des Conferves. Müller décrivit vingt-sept espèces d'Enchelides; mais ce savant ayant trop souvent intercalé dans ses genres des êtres qui n'en avaient pas les caractères, nous avons renvoyé plusieurs de ses Enchelides à leur véritable place, et en joignant quelques espèces nouvelles à celles que nous conservons, nous restreignons le genre à dix-sept, dont nous avons constaté l'existence par nos propres observations. Il est probable que plusieurs des Animalcules pyriformes représentés par nos prédécesseurs, et particulièrement par Gleichen, sont des Enchelides; mais, pour le décider, il faudrait les avoir vus et pouvoir juger s'ils sont cylindriques ou aplatis. Les Animaux du genre qui nous occupe vivent dans les eaux pures, dans la mer, ou dans les infusions; c'est parmi eux que nous avons reconnu les premiers Zoocarpes, c'est-à-dire ces propagules de Conferves véritablement vivans, semences animées destinées à reproduire un Végétal, et qui effacent à jamais toute limite positive entre deux règnes qu'on ne peut plus désormais adopter que pour des divisions purement artificielles.

† *Espèces ovoïdes, très-obtuses aux deux extrémités et obscures dans toutes les parties de leur étendue.*

ENCHELIDE TARDIVE, Encycl. Vers. Ill., p. 6, pl. 2, f. 6, Lamk., Anim. sans vert. T. 1, p. 418, n° 6; *Enchelis serotina,* Müll., Inf., p. 26, pl. 4, f. 7. Animalcule ovale, cylindracé, peu rétréci à son extrémité antérieure, noirâtre, rempli de molécules grises. On trouve cette espèce dans l'eau croupissante des marais. Müller prétend l'avoir obtenue d'une infusion de Mouches.

ENCHELIDE NÉBULEUSE, Encyclop. Vers. Ill., p. 6, pl. 2, fig 7, Lamk., Anim. sans vert. T. 1, p. 418, n° 7; *Enchelis nebulosa,* Müll., Inf., p. 27, t. 24, f. 8, Gleichen, tab. 16, A. 11, 17, D. 11, C. 20, E. 11. (*V.* planches de ce Dictionnaire, MICROSCOPIQUES.) Cette espèce, un peu moins ronde que la précédente, est aussi plus grosse et remplie de molécules qui paraissent s'agiter dans son obscure épaisseur. Elle nage en élevant sa partie antérieure, comme si elle s'en servait pour tâter les objets. On la trouve assez fréquemment dans les eaux croupies et dans diverses infusions de Céréales.

†† *Espèces vertes s'allongeant un peu en poires.*

Nous n'hésitons pas à regarder toutes les Enchelides de cette division comme de véritables Zoocarpes. L'une d'elles même, le Tirésias, nous a présenté ses singulières métamorphoses, et nous avons pu la suivre dans tous ses états. Quant aux autres, qui nous sont fort bien connues, nous en jugeons par analogie, parce que leur organisation, leur forme et leur couleur, présentent les plus grands rapports.

ENCHELIDE MONADINE, *Enchelis Monadina*, N., *Monas Pulvisculus*, Müll., Inf., p. 7, tab. 1, f. 56; Monade Poussière, Encycl. Vers. Ill., p. 2, pl. 1, fig. 9, Lamk., Anim. sans vert. T. I, p. 412, n° 8; *Monas Ovulum*, Goëze, *Annot Wittemb. Magas.* 2, p. 2, 1783. On pourrait, au premier coup-d'œil, confondre cette espèce avec les Monades, mais sa couleur verdâtre la fait d'abord distinguer, et, en l'observant avec soin, on voit qu'elle prend un peu d'allongement dans la natation. La plus petite de toutes, elle est presque ronde et ne paraît pas, à la lentille d'une demi-ligne de foyer, plus grosse qu'un grain de Tabac. Transparente, sa teinte est plus sensible au pourtour. On distingue au centre un point agité qui indique un rudiment d'organisation. Elle affecte trois sortes de mouvemens, celui de gyration sur elle-même, celui de progression, soit en avant, soit en arrière, et celui que Müller rend par le mot vacillatoire. Ce savant Danois a observé cet Animal, principalement au mois de mars, par myriades dans une goutte d'eau de marais; nous l'avons vu durant tout l'été, non-seulement dans les marais, mais

dans les vases où nous élevions des Conferves; il y formait, comme l'*E. amœna*, par son mélange avec cette dernière, des lisérés verts aux bords de l'eau. Se pressant par milliards, les individus dont la réuniou formait ces lisérés semblaient se disputer à qui, atteignant les premiers les limites du petit océan qui les contenait, mourraient les premiers par l'effet de l'évaporation. Müller a observé que l'espèce dont il est question se groupait par paquet de deux à sept individus, à la manière de nos Ulvelles; cette disposition n'est qu'accidentelle, ainsi que les lignes vertes qu'il a distinguées sur la surface et qu'il regarde comme l'indication des sections par le moyen desquelles l'Animal se divise pour se multiplier.

ENCHELIDE POUSSIER, *Enchelis Pulvisculus*, Müll., Inf., p. 32, tab. 4, fig. 18, 19; Encycl. Vers. Ill., p. 7, pl. 2, f. 14. Cette espèce ressemble beaucoup à la précédente, mais elle est du double plus grosse, plus foncée et sensiblement plus ovoïde. Elle se trouve fréquemment dans l'eau des marais, surtout dans ceux où croît la Lenticule. On la voit aussi s'accumuler au bord des vases où l'on élève des Conferves, ou former à la surface de l'eau de petites pellicules d'un vert tendre qui ont certainement été souvent prises pour le *Byssus flos aquæ* de Linné par plusieurs botanistes qui ont mentionné cette production dans diverses Flores, sans l'avoir jamais bien connue. En mourant, elle s'allonge, devient pellucide, et ne conserve de vert qu'une tache centrale.

ENCHELIDE INERTE, *Enchelis (inerta) virescens, subovata*, N. Deux, trois et quatre fois plus grosse que la précédente, et plus allongée en forme ovoïde; elle est d'un vert pâle, et contient deux ou trois et jusqu'à quatre globules hyalins internes. Ses mouvemens sont très-lents. La différence de taille assez considérable entre les individus tient-elle à divers degrés de développement? Nous l'avons trouvée assez fréquemment dans les eaux stagnantes, où elle se tient éparse.

ENCHELIDE AIMABLE , *Enchelis amœna*, N. (*V*. planches de ce Dict., MICROSCOPIQUES.) Cette jolie espèce est du vert le plus gai, et paraît beaucoup plus diaphane que les espèces suivantes ; on la dirait composée de molécules de matière verte où se confondent ces points hyalins dont les tubes des Conferves sont tous remplis. C'est absolument la même organisation que celle de ces Plantes. Elle s'allonge un peu en nageant, et se dirige dans le sens de la pointe ; son allure est grave ; elle contourne légèrement la partie antérieure amincie, mais non pointue, comme pour tâter les objets. On en voit des individus s'appliquer l'un contre l'autre et former alors un corps parfaitement sphérique qui ressemble entièrement à un Volvoce. Quand l'Enchelide aimable se dessèche sur le porte-objet par l'évaporation, elle conserve sa forme en fruit de Coing, ou devient ovale en s'aplatissant ; sa couleur est alors d'un vert homogène par la disparution des corpuscules hyalins que, dans notre travail sur la matière, nous avons considérés comme gazeux ; mais il se développe souvent au centre un point blond parfaitement transparent. Nous avons souvent observé cette espèce dans des vases où nous élevions des Conferves ou plutôt des Arthrodiées ; au bout d'un ou deux jours, elle formait, sur le bord du liquide, un cercle du plus beau vert, qui avait une odeur sensible de marécage, par la réunion de millions d'individus pressés.

ENCHELIDE TIRÉSIAS, *Enchelis Tirésias*, N. (*V*. planches de ce Dictionnaire, ARTHRODIÉES, f. 15, *d, e, f, g*.) C'est sur cette espèce que nous fîmes, pour la première fois, la découverte qui nous a conduits à la théorie des Zoocarpes. Nous l'avons vue se former dans les articles d'une véritable Conferve, les briser, s'essayer d'abord à la vie par un mouvement de gyration que lui permettait sa forme globuleuse ; bientôt produisant antérieurement un prolongement trans-

lucide, et commençant à nager dans le sens de ce nouvel organe, elle s'allongea sous nos yeux, ainsi que son espèce de bec, et acquit la forme de l'Enchelide paresseuse. Mais, comme la précédente, elle nageait en tenant la partie amincie en avant, tandis que les suivantes se dirigent dans le sens de la partie obtuse. Nous renvoyons au mot ZOOCARPES pour de plus amples détails sur l'Animal dont il est question, Animal extraordinaire qui n'est certainement que la graine vivante d'un Végétal. Depuis que nous l'avons signalé, le fait a été vérifié par les observateurs les plus soigneux, entre lesquels nous nous énorgueillissons de compter notre confrère Dutrochet.

ENCHELIDE PUNCTIFÈRE, *Enchelis punctifera*, N.; *Ench. punctata*, Müll., Inf., p. 24, pl. 25; Ench. ponctuée, Encycl. Vers. Ill., p. 4, pl. 2, fig. 2; Lamk., Anim. sans vert. T. 1, p. 418, n. 2. Sa forme est celle d'une Poire un peu allongée ; sa partie antérieure, celle dans le sens de laquelle on la voit nager, est la plus épaisse ; elle est très-obtuse, et lorsque l'Animal est en repos, on y remarque un espace arrondi transparent, sur le milieu duquel se distinguent deux très-petits points noirs, disparaissant pendant le mouvement de l'Animal, qui alors semble être opaque et entièrement d'un vert foncé, si ce n'est à la pointe de la partie postérieure, où se distingue toujours une certaine transparence. On trouve assez fréquemment cette Enchelide dans l'eau des marais, nageant isolée, mais souvent en assez grand nombre dans chaque goutte d'eau qu'on observe, ce qui fait qu'on la rencontre assez communément dans les vases où l'on élève des Conferves ramassées à la campagne dès que l'on veut étudier ces Plantes au microscope.

ENCHELIDE PARESSEUSE, *Enchelis deses*, Müll., Inf., p. 25, pl. 4, fig. 4. 5; Enchelide paresseuse, Encycl. Vers. Ill., p. 5, pl. 2, fig. 4. Cette espèce est, comme la précédente, d'une couleur vert obscur, surtout

par le milieu où elle est entièrement opaque, moins épaisse; elle est
beaucoup plus allongée, mais nage
aussi le côté le plus obtus toujours en avant. Celui-ci paraît comme
tronqué dans certains aspects, et en
examinant attentivement cette sorte
de troncature, on la reconnaît formée par un cercle en forme de disque
moins foncé que le reste de l'Animal.
La pointe postérieure est parfaitement
hyaline. Dans la pensée où nous
sommes que les Enchelides vertes ne
sont que des Zoocarpes, ou propagules animés de quelques genres
d'Arthrodiées, nous croyons que le
disque obscurément transparent de
la partie antérieure, n'est que la
marque du point sur lequel doit se
développer l'article par lequel doit
s'allonger en filament confervoïde,
le Zoocarpe, lorsque, arrivé au terme
de sa carrière animale, il doit se fixer
et prendre racine par le point hyalin
de la partie postérieure. L'Enchelide
paresseuse a été observée par Müller
dans l'eau où il avait conservé des
Lenticules; nous l'avons aussi trouvée, dans la même saison, plus fréquemment que lui, dans des vases
où nous avions auparavant trouvé
l'espèce précédente, et qui renfer-
maient le *Conferva rivularis*, L.

††† *Espèces pyriformes, grisâtres,
avec une extrémité transparente.*

ENCHELIDE SÉMINULE, *Enchelis
Seminula*, Müll., Inf., p. 27, tab.
4, fig. 13, 14; Enchelide semence,
Encycl. Vers. Ill., p. 6, pl. 2, fig.
8, Lamk., Anim. sans vert. T. 1, p.
418, n. 8. La forme ovoïde, un peu
allongée, un peu amincie par la partie antérieure de cette espèce, est intermédiaire entre celle du *deses* et
du *punctifera*, d'un gris brunâtre
obscur par sa partie postérieure la
plus obtuse; elle est plus transparente et quelquefois totalement translucide à son extrémité antérieure; à
la couleur près, on dirait alors la *Ti-
resias*, quand celle-ci commence à
s'allonger. On la trouve dans toutes
les eaux gardées quelques jours, mê-

me quand ces eaux ne sont pas exposées à la lumière, et pour peu que des
queues de bouquet y plongent; elle
nage en allant, venant, montant et
descendant, avec assez d'agilité.

ENCHELIDE POUPÉE, *Enchelis Pu-
pa*, Müll., Inf., p. 42, tab. 25, fig.
25, 26; Enchelide Poupée, Encycl.
Vers. Ill., p. 9, pl. 2, fig. 31. Cette
espèce, la plus grosse de toutes, surpasse les précédentes de huit ou dix
fois en longueur et en épaisseur; sa
forme est cependant à peu près la
même; il n'y a guère de différence
que dans la couleur grisâtre et les
proportions. On la trouve fréquemment dans l'eau des marais où elle
nage avec lenteur et comme avec une
certaine timidité, vaguement, d'un
lieu à un autre. Elle est composée de
molécules grisâtres à travers lesquelles on distingue quelques corpuscules hyalins, épars et généralement
immobiles.

ENCHELIDE LAGÉNULE, *Enchelis
Lagenula*, N.; *Enchelis Pirum*, Müll.,
Inf., p. 30, pl. 4, fig. 12; Gmel.,
Syst. Nat., 12, T. 1, part. 6, p.
590 ; Enchelide Poire, Encycl. Vers.
Ill., p. 6, pl. 2, fig. 11; Lamk.,
Anim. sans vert. T. 1, p. 418, n. 9.
Cette petite espèce, extrêmement
agile, s'observe fréquemment, parmi
les Lenticules, dans l'eau des marais.
Elle nage avec une vivacité surpre-
nante et un air d'inquiétude particulier, la partie la plus épaisse en avant.
Celle-ci est formée de corpuscules
grisâtres, tandis que l'extrémité postérieure amincie est absolument transparente et comme vide. Sa forme est
absolument celle du fruit du *Cucurbita Lagenaria*.

ENCHELIDE PYRIFORME, *Enchelis
pyriformis*, N.; *Kolpoda Pirum*, Müll.,
Inf., p. 108, tab. 16, fig. 1, 5; Kolpode Poire, Encycl. Vers. Ill., p.
21; pl. 7, fig. 23-27; Gleichen, p.
210, pl. 27, fig. 18, 19, 20. Cette espèce se trouve dans l'eau des marais,
et Gleichen l'observa dans de l'eau
de neige qui s'était fondue au milieu
d'un appartement chauffé. Ce fait
mérite une attention particulière.

Nous avons aussi trouvé des Microscopiques plusieurs fois dans l'eau de neige et dans des gouttes d'eau de pluie, parce qu'il en est d'assez petits pour vivre dans les globules d'eau dissoute dans l'atmosphère. Quoi qu'il en soit, l'Enchelide pyriforme s'étend plus que les précédentes, et sa forme variable est, dans tout le développement possible, celle de cette variété de Poire vulgairement appelée Verte-Longue. Sa partie postérieure est toujours arrondie et un peu plus obscure que l'antérieure, qui, en s'amincissant, devient un peu membraneuse, et munie d'une macule plus transparente vers l'extrémité.

††† *Espèces presque entièrement transparentes ou qui le sont totalement.*

Celles-ci, quand même elles seraient un peu colorées du côté le plus renflé, ne présentent point, du côté aminci, une sorte de bec diaphane. Elles sont aussi un peu moins épaisses et s'aplatissent légèrement par le côté inférieur pendant la natation, lorsqu'elles passent comme en rampant sur les corps solides.

Enchelide Cyclioïde, N., *Enchelis Cyclioides*, N.; *Kolpoda Nucleus*, Inf., p. 98, tab. 13, fig. 18; Kolpode Noyau, Encycl. Vers. Ill., p. 19, pl. 6, fig. 16; Lamk., Anim. sans vert. Cette espèce, particulièrement un peu moins épaisse que ses congénères, et que Müller avait à tort cru membraneuse, avait d'abord été confondue, par ce grand observateur, avec le *Kolpoda Cuculio*. Plus tard, il reconnut son erreur, mais ne la laissa pas moins dans un genre auquel sa convexité ne saurait convenir. Elle est formée ou comme remplie de molécules hyalines, lente dans ses mouvemens, et nage avec une sorte de prudence dans les infusions de Chanvre. C'est l'Animalcule mentionné par Spallanzani, p. 128, tab. 1, fig. 1.

Enchelide Ovule, *Enchelis Ovulum*, Müll., Inf., p. 29, tab. 4, fig. 9-11; Gmel., *Syst. Nat.*, xii, T. 1,

part. 6, p. 3094, n. 5; Enchelide Ovule, Encycl. Vers. Ill. p. 5, pl. 2, fig. 3; Lamk., Anim. sans vert. T. 1, p. 418, n. 5; Larme, Joblot, part. 2, p. 77, pl. 10, fig. 15. Ce dernier synonyme est mal à propos rapporté, par Müller, à son *Kolpoda Pirum* qui est pour nous un Enchelis, et qui, conséquemment, n'est pas cylindrique et épais comme l'Animal dont il est ici question, et que nous avons été souvent à portée d'observer. Cette espèce ovoïde, mais légèrement contournée sur un côté, fort obtuse même du côté aminci, est d'une grande transparence. Quand elle est très-grossie à la lentille, d'un quart de ligne, on distingue, dans toute sa longueur, de petites lignes ou stries longitudinales et parallèles avec quelques globules intérieurs et vaguement répartis dans la partie la plus épaisse de l'Animal. Ils sont encore plus transparens que le reste du corps. On trouve communément l'Enchelide Ovule dans l'Eau des fumiers, confondue avec d'innombrables Monades. Nous l'avons aussi rencontrée dans diverses infusions d'écorces et dans celle des Lenticules.

Enchelide Gallinule, *Enchelis Gallinula*, N.; *Kolpoda Gallinula*, Müll., Inf., p. 94, tab. 12, fig. 6; Kolpode Poulette, Encycl. Vers. Ill. pl. 6, fig. 4; Lamk., Anim. sans vert. T. 1, p. 429, n. 2. (*V.* planches de ce Dictionnaire, INFUSOIRES.) Cette espèce, beaucoup plus allongée que les précédentes, est une sorte de cylindre un peu aminci et légèrement déjeté en bec vers la droite à son extrémité antérieure, où elle est en outre aplatie, presque membraneuse, et d'une grande translucidité; on distingue, à travers cette partie, les moindres objets; sur la partie postérieure renflée et légèrement colorée, on distingue, comme dans la précédente, quelques traces de stries longitudinales, à l'aide du plus fort grossissement, et des corpuscules hyalins répandus dans la masse du corps. On trouve cette espèce dans l'eau de mer devenue très-fétide.

ENCHÉLIDE RAPHANELLE, *Enchelis Raphanella*, N. Ver trouvé dans l'eau d'Huître , Jobl., part. 2, p. 26, pl. 4, M. N. O. Nous avons observé, dans la même eau que Joblot, cette espèce qui présente, dans sa grande transparence, la figure d'une petite Rave, et qui se contracte ou s'allonge, de manière à présenter diverses figures. Elle est l'une des plus grandes espèces du genre, et l'on voit souvent deux individus se joignant par leur extrémité la plus épaisse , se confondre en un seul individu aigu aux deux extrémités.

L'Animal figuré par Joblot, sous le nom de Massue, et trouvé par lui dans une infusion d'écorce de Chêne (part. 2, p. 74, pl. 10, fig. 6), pourrait bien être une Enchélide.   (B.)

ENCHELYOPE. POIS. Ce nom, que Gronou avait imposé à la Bleunie vivipare, devint, pour Schneider, celui d'un genre que n'a point adopté Cuvier, et qui doit être réparti parmi les Gades, aux dépens desquelles il fut établi.   (B.)

* ENCHICOULEHUE. BOT. PHAN. (Surian.) Syn. caraïbe de *Zanthoxylum ternatum*, Swartz.   (B.)

ENCHYLÈNE. *Enchylœna*. BOT. PHAN. Genre de la famille des Chénopodées et de la Pentandrie Digynie , établi par R. Brown (*Prodr. Flor. Nov.-Holland.* , p. 407) qui l'a ainsi caractérisé: périanthe divisé en cinq découpures qui atteignent le milieu du tube, persistant après la floraison , formant l'enveloppe du fruit qui est bacciforme ; cinq étamines insérées au fond du périanthe; deux à trois stigmates filiformes; semence déprimée, pourvue d'un tégument simple , d'un albumen central et d'un embryon circulaire. Ce genre se compose de sous-Arbrisseaux très-rameux et couchés; leurs feuilles sont alternes et charnues ; leurs fleurs axillaires, sans bractées, solitaires et sessiles. L'*Enchylœna tomentosa*, type du genre, a été trouvé au port Jackson de la Nouvelle-Hollande par R. Brown. Ce savant botaniste a ajouté une seconde espèce trouvée par Joseph Banks dans les contrées intertropicales de la Nouvelle-Hollande , et lui a donné le nom d'*Enchylœna paradoxa*. Elle est remarquable par ses fruits utriculaires laineux à leur base. (G..N.)

ENCHYLIUM. BOT. CRYPT. *V.* COLLEMA.

ENCOUBERT. MAM. *V.* TATOU.

ENCRASICOLŪS. POIS. Nom scientifique de l'Anchois proprement dit. *V.* CLUPE.   (B.)

* ENCRE DE LA CHINE. MOLL. Tout porte à croire que cette préparation précieuse pour le dessin au lavis, qui nous est apportée de la Chine, n'est autre chose que la matière évaporée fournie par la Sèche et mise en pâte à l'aide du mucilage de la colle de Poisson.   (DR..Z.)

ENCRIERS. BOT. CRYPT. Nom vulgaire de l'Agaric atramentaire , que Paulet n'a pas laissé échapper pour désigner, avec des épithètes bizarrement assorties , les Champignons déliquescens qu'il nomme Encriers à pleurs, à bourse, farineux, à fleurs , secs, solitaires, en famille, etc.   (B.)

ENCRINE. *Encrinus*. POLYP. Müller , dans son bel ouvrage sur ces Animaux, a proposé la dénomination de Crinoïde pour remplacer celle d'Encrine qu'Ellis avait employée le premier pour désigner des Zoophytes très-communs dans la nature à l'état fossile et que l'on n'a encore trouvés que deux ou trois fois à l'état vivant. — Ayant adopté le nom de Crinoïde, c'est là que nous renverrons le lecteur   (LAM..X.)

ENCRINITES. POLYP. FOSS. Nom donné par quelques naturalistes aux Encrines ou Crinoïdes. *V.* ce mot.   (LAM..X.)

* ENCRINOS. ZOOPH. Nom donné par Mercati , dans son *Metallotheca* , p. 230, à des articulations fossiles de tiges de Crinoïdes ou Encrines.   (LAM..X.)

ENCYRTE. *Encyrtus.* ins. Genre
de l'ordre des Hyménoptères, section
des Térébrans, famille des Pupivores,
tribu des Chalcidites, établi par Latreille qui lui assigne pour caractères : antennes coudées, composées de
neuf à dix articles serrés, et dont les
derniers comprimés, plus larges, celui du bout très-obtus; tête très-concave à son point d'insertion, bord supérieur aigu; mandibules sans dentelures au côté interne; écusson grand;
abdomen très-court, triangulaire. Latreille rapporte à ce nouveau genre
l'*Ichneumon infidus* de Rossi, que
Schellenberg paraît avoir pris pour
un Diptère et qu'il a figuré (pl. 14)
sous le nom de *Mira mucora*. Cet Insecte est peu connu; Latreille nous
apprend que Brebisson, naturaliste
distingué de Falaise, a découvert
quelques autres espèces du même
genre. (aud.)

ENDACINUS. bot. crypt. (*Lycoperdacées.*) Ce genre, établi par
Rafinesque, est décrit si incomplètement par cet auteur, qu'on ne peut
être certain s'il est réellement nouveau ou s'il rentre, comme Desvaux
le présume, dans le *Polysaccum*
de De Candolle ou *Pisocarpium* de
Kunth. La seule espèce connue croît
en Sicile et a été figurée par Boccone,
Pl. Sic., t. 12, et dans Cupani, Panph.
Sic., t. 43. C'est un Champignon arrondi, brun, assez semblable aux
Scleroderma, tuberculeux, rempli
d'une pulpe bleuâtre et de gongyles
jaunes. Ces gongyles sont-ils des
amas de sporules ou des péridioles,
comme dens le *Pisocarpium.* C'est ce
qu'on ne peut établir d'après la description de Rafinesque. (ad. b.)

* ENDÉELOO. bot. phan. (Marsden.) Arbrisseau indéterminé dont
l'écorce produit un fil fort employé
par les habitans de Sumatra. (b.)

*ENDELLIONE. min. (Bournon,
Cat. minéral., p. 409.) Nom sous lequel ce savant a décrit le triple Sulfure d'Antimoine, de Plomb et de
Cuivre, aujourd'hui désigné sous celui de Bournonite. *V.* Antimoine
sulfuré. (g. del.)

ENDIANDRE. *Endiandra.* bot.
phan. Genre de la famille des Lauri-
nées, et de la Triandrie Monogynie,
établi par R. Brown (*Prodrom. Flor.
Nov.-Holland.*, p. 402) qui l'a ainsi
caractérisé : fleurs hermaphrodites;
périanthe à six divisions égales; l'entrée du tube munie de glandes placées en dehors des étamines; trois
étamines à anthères biloculaires et
extrorses. Ce genre est, selon son
auteur, extrêmement rapproché de
celui qu'il a nommé *Cryptocarya* (*V.*
ce mot) et du *Cinnamomum*, formé
aux dépens des *Laurus* de Linné. Il
diffère du premier par ses étamines
fertiles au nombre de trois seulement, et par son fruit non entièrement recouvert; sa différence d'avec
le *Cinnamomum* consiste principalement dans ses glandes réunies ou distinctes qui ne sont autre chose que
les six étamines extérieures transformées, et dans ses étamines intérieures biloculaires.

L'*Endiandra glauca*, seule espèce
du genre, a été trouvée par J. Banks,
dans la partie de la Nouvelle-Hollande située entre les tropiques. C'est
un Arbre à feuilles alternes elliptiques, oblongues, glabres et glauques en dessous, à fleurs en panicules axillaires. R. Brown pense que le
Laurus triandra de Swartz (*Flor.
Ind.-Occid.*) lui paraît congénère, et
qu'il ne diffère de l'*E. glauca* que par
les glandes du périanthe distinctes
presque jusqu'à leur base, et par
ses étamines presqu'adhérentes entre
elles. (g..n.)

ENDIVE. *Endivia.* bot. phan. Espèce du genre Chicorée. *V.* ce mot.
(b.)

* ENDIVE MARINE. bot. crypt.
(*Hydrophytes.*) Marsilli, dans son
Histoire physique de la mer, a donné
ce nom à une Plante marine du genre
Ulva qui nous paraît devoir être
l'*Ulva lactiuca* des auteurs.
(lam..x.)

ENDOBRANCHES. annel. Famil-

le établic par Duméril (Zool. anal.),
et comprenant les Annelides qui n'offrent pas de branchies à l'extérieur
du corps ; tels sont les genres NAYA-
DE, LOMBRIC, THALASSÈME, DRA-
GONNEAU, SANGSUE et PLANAIRE. *V.*
ces mots et ANNELIDES.   (AUD.)

ENDOCARPE. *Endocarpium*. BOT.
PHAN. On nomme ainsi la membrane
pariétale qui revêt la paroi interne du
fruit. Cette membrane est quelquefois d'une extrême ténuité ; d'autres
fois elle est dure, résistante et assez
semblable à du parchemin ; enfin elle
peut être tout-à-fait osseuse, comme
dans les fruits à noyau. Mais il est
important de remarquer que, dans ce
cas, la partie osseuse est formée à la
fois par l'Endocarpe et par la partie
voisine du sarcocarpe qui s'est endurcie. Généralement l'Endocarpe reste
uni, même à l'époque de la maturité,
avec les autres parties du fruit. Néanmoins dans quelques fruits à noyaux,
dans ceux du Noyer par exemple,
l'Endocarpe se détache du sarcocarpe
et s'ouvre naturellement en deux ou
trois valves. *V.* FRUIT et PÉRICARPE.
                              (A. R.)

ENDOCARPON. BOT. CRYPT. (*Lichens.*) Genre de Cryptogames dont
les expansions foliacées sont cartilagineuses et attachées par le centre ; les
réceptacles enchâssés dans la substance même du *thallus* proéminent
à la surface supérieure, sous forme de
protubérances terminées par un orifice peu distinct. Ce mode de fructification est très-ressemblant à celui de
certaines Sphéries et Pezizes ; d'un
autre côté, le genre *Endocarpon* a
des rapports avec le *Riccia*, qui appartient à la famille des Hépatiques ;
et comme les protubérances noires de
son thallus se retrouvent aussi dans
plusieurs genres de Lichens, tels que
le *Cladonia*, le *Lobaria*, le *Scypho-
phorus*, etc., il s'ensuit que les En-
docarpons se trouvent avoir des rapports avec des Végétaux de trois familles différentes. Cependant leur
place à la fin des Lichens parait la
plus naturelle. L'expansion foliacée

de ces Lichens a été regardée par
Achar comme un réceptacle universel contenant de petits conceptacles globuleux, membraneux et diaphanes. Les protubérances noires de
certains Lichens, auxquelles on a
comparé celles des *Endocarpon*, existent indépendamment d'autres conceptacles particuliers ; d'où l'on a
conclu qu'elles sont dues, soit à une
maladie organique, soit à une Sphé-
rie parasite. Villars, qui a embrassé
cette dernière opinion, a décrit ces
taches sous le nom de *Sphænia Li-
chenum* (Dauphin. T. IV, p. 1059).

Plus de vingt espèces ont été décrites par les cryptogamistes. Quelques-
unes ont été trouvées sur les rochers
au cap de Bonne-Espérance, en Amérique et en Asie. Les autres croissent
en Europe sur les pierres, comme les
Lichens, ou sur la terre humide et
même submergée, à la manière des
Riccia ; il y en a aussi de parasites
sur les Mousses. Leur couleur est tantôt grisâtre, tantôt verdâtre, brune
ou jaunâtre en dessus, noire ou rousse en dessous. On a détaché plusieurs espèces de *Lobaria*, *Platis-
ma* et *Umbilicaria* d'Hoffmann, pour
les réunir au genre dont il s'agit ici.
Les *Endocarpon* qui croissent en
France sont : 1° l'*Endocarpon Hed-
wigii*, type du genre ; commune,
mais difficile à apercevoir parmi les
Mousses, sur la terre, les rochers et
les vieilles murailles ; 2° *E. miniatum*,
sur les rochers à Fontainebleau, dans
les Alpes et les Pyrénées ; 3° *E. com-
plicatum*, croissant sur les rochers,
surtout ceux de la mer. De même que
la précédente espèce, elle ne change
pas de couleur lorsqu'on l'humecte ;
4° *E. fluviatile*, attachée aux pierres
submergées des rivières et ruisseaux
dans les départemens de l'Ouest.

                              (G..N.)

* ENDOCHROME. BOT. CRYPT.
(*Hydrophytes.*) Sous ce nom est désignée, par Gaillon de Dieppe, la partie de tissu continu ou homogène qui
forme, dans un grand nombre de
Confervées et de Céramiaires, les intervalles colorés ou hyalins que l'on

aperçoit entre les lignes transversales de séparation de ces Plantes. L'Endochrome est cette partie du tissu des Hydrophytes que l'on appelait article, dénomination impropre par la nature même de la chose, et que l'on confondait avec articulation. Bonnemaison avait proposé le mot Locule, mais cette expression, employée dans la langue française comme synonyme de bourse et de coffre, manque ici de justesse. Le nom de segment que le même naturaliste emploie concurremment avec le précédent est encore moins approprié, puisqu'il le détourne du sens qu'on lui donne en géométrie. Les Endochromes sont l'*Utriculis matricatus* et le *Sporangium* de Roth. Les lignes transversales opaques ou transparentes qui limitent de distance en distance les Endochromes sont les Endophragmes de Gaillon (*V*. ce mot). Les Endochromes sont simples ou multiples. Dans le premier cas, vues au microscope, elles forment une série linéaire de cases tubulaires, comme chez les *Ceramium Linum*, *rupestre* et *penicillatum* de De Candolle ; dans le second cas, chaque Endochrome présente des cases tubulaires ou elliptiques réunies et comme soudées et groupées autour d'un axe ; ces cases ont été appelées stries par divers auteurs : elles renferment, comme les précédentes, une matière pulvérulente colorée ; elles sont tantôt allongées comme dans les *Ceramium fucoides* et *bissoides* de De Candolle, tantôt déprimées, comme dans le *Ceramium polymorphum*; d'autres fois ces cases tubulaires revètent extérieurement un tissu cellulaire ténu et dense, comme les Endochromes des *Ceramium incurvum* et *elongatum*. Les cellules de ce tissu dans d'autres Endochromes sont dilatées, arrondies, très-visibles vers les Endophragmes ; les Endochromes sont alors simples et dilatées au centre, comme dans le *Conferva rubra*, Dill., et dans les *Ceram. axillare* et *diaphanum* de De Candolle. C'est d'après ces diverses modifications des Endochromes combinées avec les aspects

de la fructification, que Gaillon établit sa division systématique des Hydrophytes diaphysistées. Il a retiré de ces dernières des productions qu'il croit avoir prouvé être des agrégations d'Animalcules en filamens phytoïdes muqueux. De ce nombre sont le *Conf. comoides*, Dillw., et le *Rivularia fœtida*, De Cand. Il appelle ces productions Némazoones (*V*. ce mot). Il en fait une classe dans laquelle il place en entier le genre *Vaucheria* de De Candolle, et les Arthrodiées de Bory de Saint-Vincent. Cette classe est déjà indiquée depuis long-temps par ce dernier, sous le nom de Psychodiées. *V*. ce mot.   (LAM..X.)

* **ENDOGÈNES**. BOT. PHAN. Dans les Dicotylédons, l'accroissement de la tige en épaisseur se fait à l'extérieur par l'addition successive de nouvelles couches de bois ; dans les Monocotylédons, au contraire, cet accroissement a lieu à l'intérieur, par le centre même de la tige. Le professeur De Candolle a proposé de substituer aux noms de Dicotylédons et de Monocotylédons, tirés de la structure de l'embryon, ceux d'Exogènes et d'Endogènes, tirés de leur mode d'accroissement.   (A. R.)

ENDOGONE. BOT. CRYPT. (*Lycoperdacées*.) Link a établi sous ce nom un genre très-voisin des Truffes dont il ne diffère que par sa surface externe tomenteuse et par l'absence des veines qui parcourent l'intérieur du péridium des Truffes ; l'intérieur de celui de l'Endogone est simplement grumeleux et parsemé de vésicules ou péridioles remplies de sporules. On ne connaît qu'une espèce de ce genre. Elle croît sur les racines des Mousses sur lesquelles elle forme de petits tubercules jaunâtres de la grosseur d'un pois.   (AD. B.)

* **ENDOLEUQUE**. *Endoleuca*. BOT. PHAN. Genre de la famille des Synanthérées, Corymbifères de Jussieu, et de la Syngénésie séparée, L., établi par H. Cassini (Bulletin de la Soc. Philom., mars 1819) qui l'a ainsi caractérisé : calathide composée de

cinq fleurons égaux, réguliers et hermaphrodites ; anthères pourvues d'appendices basilaires , subulés et barbus ; involucre cylindracé formé de deux rangs d'écailles dont les extérieures , au nombre de cinq, sont plus courtes, persistantes , égales , appliquées , oblongues , laineuses en dehors, et surmontées d'une arête spinescente et recourbée ; les écailles du rang intérieur sont plus longues , caduques , appliquées et surmontées d'un appendice étalé , lancéolé , pétaloïde et très-blanc ; réceptacle nu et planiuscule ; ovaires glabres , oblongs , terminés par une aigrette longue , composée de fils soyeux , égaux , libres , blancs et disposés en une seule série. Ce genre , dont les calathides sont réunies en capitules dépourvus de bractées , a été formé aux dépens de certains *Gnaphalium* de Lamarck. Cassini le placé dans sa tribu des Inulées , section des Gnaphaliées , à côté de son genre *Petalolepis*, dont il diffère par l'involucre et l'aigrette, et du *Metalasia* de R. Brown , avec lequel il a surtout de si grands rapports que nous ne voyons guère quelle peut être leur différence, car le caractère tiré de l'involucre, et qui a été employé par Cassini pour les différencier, est en vérité d'une trop faible valeur. Les deux espèces que cet auteur fait entrer dans le genre *Endoleuca* sont : l'*Endoleuca pulchella* et l'*E. sphærocephala*, décrits par Lamarck dans l'Encyclopédie, sous le nom de *Gnaphalium capitatum*, et qu'il ne considérait que comme de simples variétés l'une de l'autre. Ce sont de petits Arbustes ayant le port des Bruyères , et originaires du cap de Bonne-Espérance. La seconde espèce n'ayant que trois fleurons à chaque calathide, et les écailles extérieures de son involucre étant absolument conformes aux intérieures, doivent faire modifier les caractères génériques énoncés plus haut.   (G..N.)

ENDOMYQUE. *Endomycus.* INS. Genre de l'ordre des Coléoptères , section des Trimères , famille des Fungicoles , établi par Paykull, et adopté par tous les entomologistes. Ses caractères sont : palpes maxillaires plus gros vers leur extrémité ; troisième article des antennes de la longueur du suivant ou simplement un peu plus long. Le corps est de forme ovalaire; la bouche est avancée ; les yeux sont un peu allongés; les antennes sont de la longueur de la moitié du corps , et composées d'articles pour la plupart courts et cylindriques ; le corselet est presque carré , plane et plus étroit que l'abdomen , qui est de forme arrondie et recouvert par des élytres durs qui le dépassent à son extrémité. Cette espèce est l'Endomyque écarlate, *E. Coccineus*, Payk., Fabr. Elle est d'un rouge sanguin, avec une tache noire sur le corselet, et deux autres de la même couleur sur chaque élytre. On la trouve sur le Bouleau, le Coudrier , etc.   (G.)

* **ENDOPHORE.** BOT. PHAN. Nom proposé par De Candolle pour la membrane pariétale interne du tégument propre de la graine. *V.* ÉPISPERME.   (A.-R.)

* **ENDOPHRAGME.** BOT. CRYPT. (*Hydrophytes.*) Sorte de cloison et de renforcement transversal , cellulaire ou membraneux , qui se trouve intérieurement de distance en distance dans certaines Thalassiophytes et Hydrophytes filamenteuses. Ce nom a été substitué par Benjamin Gaillon à celui d'articulation qui avait été appliqué à ces sortes de lignes transversales , tantôt opaques , tantôt transparentes, que présentent plusieurs Confervées et Céramiaires quand on les place entre l'œil et la lumière. Les Endophragmes que Bory de Saint-Vincent considère avec raison comme de simples valvules , limitent de distance en distance les intervalles colorés , tubuliformes , simples ou multiples, appelés par Gaillon Endochromes. *V.* ce mot. Les Endophragmes et les Endochromes sont les parties constituantes des Hydrophytes diaphysistées se-

lon le naturaliste de Dieppe. (LAM..X.)

* ENDORHIZES. BOT. PHAN. Dans un grand nombre de Végétaux, l'extrémité inférieure ou radiculaire de l'embryon est recouverte par un petit étui sacciforme, que la radicule ou germe de la racine est obligée de percer pour pouvoir se développer à l'extérieur; dans ce cas, la radicule est intérieure. Le professeur Richard, observant que dans tous les Végétaux phanérogames la radicule est ainsi intérieure ou renfermée, ou bien extérieure ou nue, les a divisés en deux grandes sections : les Endorhizes et les Exorhizes. Les premières correspondent aux Plantes monocotylédonées et les secondes comprennent les dicotylédonées.   (A. R.)

ENDORMEUR. OIS. Nom vulgaire de la Cresserelle. *V.* FAUCON. On l'a aussi appliqué à quelques Poissons électriques, et particulièrement à la Torpille.   (DR..Z.)

*ENDOSPERME. *Endospermium.* BOT. PHAN. L'embryon est quelquefois accompagné d'un corps de nature diverse, souvent charnu ou farineux, quelquefois corné ou presqu'osseux, qui, loin de prendre comme lui du développement à l'époque de la germination, diminue de volume, et paraît fournir au jeune embryon les premiers matériaux de son accroissement. Ce corps est l'Endosperme que Jussieu nomme Périsperme et Gaertner *Albumen.* La position de l'embryon, relativement à l'Endosperme, mérite d'être soigneusement étudiée. Ainsi, il peut être placé sur un des points de sa surface externe ou être renfermé dans son intérieur. *V.* EMBRYON. Il en est de même de la nature de l'Endosperme, qui peut être charnu, comme dans les Euphorbiacées; farineux, comme dans les Graminées; corné, comme dans un grand nombre de Palmiers, etc. Ces différences présentent souvent des caractères de familles. *V.* GRAINE.   (A. R.)

* ENDOSPERME. *Endospermum.* BOT. CRYPT. (*Hydrophytes.*) Genre de l'ordre des Ulvacées, ayant les caractères suivans d'après Rafinesque qui l'a établi : corps de forme régulière et simple, solitaire ou agglomérée, de substance charnue ou gélatineuse et homogène, recouvert par une tunique libre, charnue ou membraneuse; séminules éparses dans l'intérieur de la substance, mais libres, molles, solitaires, enveloppées par une membrane.

Rafinesque en décrit deux espèces, l'Endosperme globuleux, solitaire, verdâtre, etc., et l'Endosperme agrégé, ainsi nommé parce qu'il est toujours formé de plusieurs individus réunis ensemble. Ces deux Plantes s'attachent sur les corps marins des côtes de Sicile. Suivant Rafinesque, elles appartiennent à la section des Nostocs, composée de beaucoup de genres, soit marins, soit d'eau douce, et dont ceux qui n'appartiennent pas à la famille des Chaodinées devraient être rangés, pour la plupart, dans le règne animal plutôt que dans le règne végétal.   (LAM..X.)

*ENDOTRICHÉES. *Endotrichæ.* BOT. PHAN. C'est le nom de la troisième section que Frœlich (*de Gentianâ Dissertatio*, p. 86) a établie dans le genre Gentiane. Elle se compose des espèces qui ont la corolle à quatre ou le plus souvent à cinq lobes, et la gorge de cette corolle garnie d'écailles filiformes et très-nombreuses. Les *Gentiana amarella*, L.; *G. pratensis*, Frœl.; *G. auriculata*, Pallas; *G. campestris*, L.; *G. tenella*, OEder.; *G. glacialis*, Villars; *G. dichotoma*, Pall.; *G. nana*, Wulf., sont les Plantes que Frœlich a fait entrer dans cette section. Il y a aussi rapporté, mais selon nous à tort, les *Swertia Carinthiaca*, Jacq., et *Sw. rotata*, L., que, d'après la structure florale, nous croyons ne pouvoir être éloignées du genre *Swertia*. *V.* SWERTIE et GENTIANE.   (G..N.)

ENDRACH. *Endrachium.* BOT. PHAN. Un Arbre de Madagascar décrit et figuré par Flacourt (*Hist. Mad.*, p. 137, f. 100), et qui y est connu sous la dénomination vulgaire d'Arbre immortel, forme ce genre qui paraît appartenir à la famille des Convolvulacées et à la Pentandrie Monogynie. Ce grand Arbre, *Endrachium Madagascariense*, Lamk., Ill., t. 108, a son bois très-dur et odorant. Ses rameaux sont ornés de feuilles presque sessiles, fasciculées, ovales, oblongues, obtuses et même un peu émarginées à leur sommet. Ces feuilles sont glabres et entières. Les fleurs sont assez grandes, pédonculées, placées à l'aisselle des feuilles, d'abord dressées, puis recourbées, munies chacune de deux petites bractées qui naissent du milieu de leur pédoncule. Le calice est persistant, à cinq divisions profondes et obtuses. La corolle est monopétale, régulière, un peu renflée et campanulée, à cinq lobes arrondis, obtus, peu profonds, soyeuse en dehors. Les étamines au nombre de cinq, insérées à la face interne de la corolle, sont très-saillantes et un peu déclinées. L'ovaire est libre, hérissé de poils; il se termine par un très-long style recourbé, au sommet duquel est un stigmate échrancré. Le fruit est une capsule ovoïde, presque ligneuse, environnée à sa base par le calice, à deux loges contenant chacune deux graines et s'ouvrant incomplètement en deux valves. (A. R.)

*ENDURE. *Endurus*. POLYP. Genre établi par Rafinesque, offrant, d'après ce naturaliste, les caractères suivans: corps nageant, gélatineux; bouche nue, située à une pointe anguleuse et suivie d'un viscère interne coloré, en forme de queue (J. de Ph. 1819, t. 89, p. 153). A quelle division, à quelle famille doit-on rapporter ce genre composé d'une seule espèce dont l'auteur n'indique point l'habitation? Il lui donne l'épithète de trigone et les caractères suivans: hyalin; viscère bleu; bouche et partie antérieure trigone; forme conique, obtuse. Comme presque tout ce que décrivit ou mentionna Rafinesque, l'Endure doit être examinée de nouveau. (LAM..X.)

* ENÉE. INS. Espèce de Papillon

de la division des Chevaliers Troyens de Linné.   (B.)

ENEMION. BOT. PHAN. (Dioscoride.) Syn. d'Anémone. *V*. ce mot.   (B.)

ENFANT. MAM. *V*. HOMME.

ENFANT DU DIABLE. MAM. L'Animal ainsi nommé par Charlevoix paraît être le Chinche. *V*. ce mot. (B.)

ENFANT AU MAILLOT. MOLL. *V*. MAILLOT.

ENFERMÉS. MOLL. Cuvier (Règn. Anim. T. II, p. 287) a formé sous ce nom une nombreuse famille parmi les Acéphales testacés, dans laquelle il a réuni tous les Coquillages de cette classe qui ont l'habitude de s'enfoncer dans le sable, le bois ou les pierres, ou de s'envelopper d'un tube. Ce groupe renferme un grand nombre de genres avec lesquels Lamarck a formé plusieurs familles. Telles sont celles des Tubicolées, des Pholadaires, des Solénacées et des Myaires. *V*. ces mots et MOLLUSQUES.   (D..H.)

ENFLÉ. *Inflatus*. BOT. PHAN. Ce mot s'emploie pour les calices et les corolles qui sont manifestement dilatés et resserrés à leur sommet. Tels sont les calices de beaucoup de Cucubales, de l'Alkekenge, la corolle d'un grand nombre de Bruyères, etc.   (A. R.)

ENFLE-BOEUF. INS. Nom sous lequel on désigne vulgairement, dans quelques contrées de la France, le Carabe doré, à cause de la propriété qu'on lui suppose de faire enfler les Bestiaux qui en ont avalé. Les anciens nommaient Bupreste, c'est-à-dire Enfle-Bœuf, un Insecte auquel ils attribuaient des effets analogues, et que Latreille croit être un Méloë.   (AUD.)

ENFUMÉ. REPT. OPH. Espèce d'Amphisbène. *V*. ce mot.   (B.)

ENFUMÉ. POIS. L'un des noms vulgaires du *Chœtodon Faber*. *V*. CHOETODON.   (B.)

* ENGAINANT. *Vaginans*. BOT. PHAN. Les feuilles d'un grand nom-

bre de Plantes , des Graminées, des Cypéracées , par exemple, sont Engaînantes à leur base, c'est-à-dire qu'elles forment une sorte de tube ou de gaîne qui embrasse la tige dans une étendue plus ou moins considérable. Tantôt cette gaîne, que l'on pourrait considérer comme une sorte de pétiole dilaté et tubuleux, est entière; tantôt elle est fendue dans toute sa longueur. Ainsi dans les Graminées, la gaîne est généralement fendue longitudinalement; elle est, au contraire, entière dans les Cypéracées, et ce seul caractère peut suffire, à très-peu d'exceptions près , pour distinguer les Plantes de ces deux familles.   (A. R.)

ENGIANTHE. BOT. PHAN. Pour *Angianthus*. *V.* ce mot.   (A. R.)

ENGIS. *Engis.* INS. Genre de l'ordre des Coléoptères , section des Pentamères , famille des Nécrophages , établi par Paykull dans la Faune de Suède , adopté par Fabricius, et auquel Latreille , dans ses Considérations générales sur l'ordre naturel des Crustacés et des Insectes , a donné le nom de Dacne. *V.* ce mot. (G.)

ENGOULEVENT. *Caprimulgus.* OIS. Genre de l'ordre des Chélidons. Caractères : bec court, déprimé , flexible , légèrement courbé; angles des mandibules s'étendant au-delà des yeux ; extrémité de la mandibule supérieure échancrée et crochue ; sa base garnie de soies roides, dirigées en avant; narines larges , placées à la base du bec, fermées par une membrane que recouvrent en grande partie les plumes du front. Trois doigts devant et un derrière, grêle et susceptible de se porter en avant; tarse court, en partie garni de plumes ; ailes longues, la première rémige assez courte , la deuxième la plus allongée. L'Engoulevent est un de ces Oiseaux dont l'ignorante crédulité s'est emparée pour en faire le sujet des narrations les plus ridicules. Tantôt on a voulu le faire passer pour le type d'une race issue d'un Reptile, et dont le corps se serait insensiblement couvert de plumes : de-là le nom de

Crapaud volant, sous lequel on a souvent désigné ces Oiseaux : d'autres fois on a prétendu qu'ayant été jadis nourris par une Chèvre, ils avaient conservé l'habitude de disputer au Chevreau sa première nourriture : en conséquence on les a qualifiés de l'épithète de Tête-Chèvres, que l'on trouve jointe à leur vrai nom dans la plupart des ouvrages d'ornithologie. Il est assez probable que toutes ces absurdités proviennent de ce que les diverses espèces d'Engoulevens, assez peu-répandues sur les deux continens et ne s'y montrant qu'aux deux extrémités du jour , ont offert beaucoup de difficultés à quiconque a voulu entreprendre leur histoire, et qu'insensiblement on se sera laissé entraîner vers le merveilleux qui tend toujours à se glisser partout. L'Engoulevent est donc un Oiseau crépusculaire; une grande sensibilité dans l'organe de la vue le force au repos pendant le jour qu'il évite , soit dans les retraites caverneuses , soit au plus sombre de la forêt, tapi et presque couché contre la pierre ou sur une branche épaisse. Son vol est rapide, soutenu et accompagné d'un léger bourdonnement. Il se nourrit d'Insectes qu'il chasse en volant et qui viennent s'engouffrer contre les parois visqueuses de son énorme bouche qu'à dessein il tient constamment ouverte. Il vit isolé et ne recherche sa femelle qu'à l'époque des amours, qui est pour lui de très-courte durée, car à peine a-t-il satisfait à ce besoin périodique, qu'il retourne à ses habitudes solitaires, sans prendre la moindre part aux douceurs de l'incubation , et comme si les soins qui occupent les époux dans la construction de leur nid étaient proportionnés à leur tendresse réciproque, la femelle se contente, pour y déposer ses deux ou trois œufs, d'un trou de rocher très-obscur où elle arrange sans art quelques brins de mousse. Cependant elle les couve avec une tendresse à laquelle on pourrait ne pas s'attendre, et soigne ses petits jusqu'à ce qu'ils puissent pourvoir eux-mêmes à leur nourriture. Ceux-ci restent unis dans leur jeunesse ; le goût de la solitude semble ne se développer chez eux qu'avec l'âge. Les diverses espèces qui composent ce genre ont une grande analogie dans le plumage ; aussi les a-t-ou souvent confondues, et même ne pourrait-on encore répondre qu'il n'y ait aucune des espèces distinctes dans ce que l'on regarde encore comme de simples variétés. Vieillot a établi aux dépens des Engoulevens le genre *Ibisan*, qui se compose du *Caprimulgus grandis;* Cuvier en a aussi séparé plusieurs autres espèces qu'il a réunies sous le nom de Podarges : nous avons adopté ce dernier genre.

ENGOULEVENT ACUTIPENNE , *Caprimulgus acutus* , L. , Buff. , pl. enl. 752. Parties supérieures grises rayées de noir, les inférieures rousses rayées aussi de noir ; sommet de la tête et cou rayés transversalement de roux , de brun et de noir ; queue plus courte que les ailes, rousse, traversée de raies brunes et terminée de blanc et de noir ; les rémiges terminées en pointe ; bec et pieds noirs. Taille, sept pouces six lignes. De la Guiane.

ENGOULEVENT A BANDES NOIRES , *Caprimulgus vittatus*, Lath. Parties supérieures d'un bleu obscur tacheté de noirâtre ; les inférieures rousses , rayées en zig-zags et pointillées de noir ; tête d'une couleur de chair avec le sommet noir qui forme une espèce de croissant divisé en deux branches, dont l'une s'avance vers les yeux et l'autre descend sur le côté du cou ; rémiges noires, tachetées de roux ; bec noir, pieds rougeâtres. Taille, dix pouces. De la Nouvelle-Hollande.

ENGOULEVENT AUX AILES JAUNES, *Caprimulgus icteropterus*, Vieill. Parties supérieures grises , tachetées de roussâtre et rayées longitudinalement de noir ; les inférieures plus pâles et rayées transversalement ; rémiges noirâtres, marquées de taches circulaires jaunes qui impriment sur l'aile pliée des raies alternatives jaunes et noires. Taille, onze pouces. De la Chine.

ENGOULEVENT AUX AILES ET QUEUE BLANCHES , *Caprimulgus Cayanus*, Lath., *C. leucurus* , Vieill., Buff., pl. enl. 760. Parties supérieures noirâtres , rayées de roux ; les inférieures roussâtres , rayées de noir, avec quelques taches blanches ; tête et cou d'un gris roussâtre , finement rayés de noir ; côtés de la tête roux avec cinq bandes parallèles noires ; tectrices alaires variées de noir et de roux , terminées de blanc qui forme une bande transversale sur l'aile ; rémiges noires ; gorge et devant du cou blancs ; rectrices d'un gris noirâtre , traversées de raies noires, les latérales bordées de blanc ; bec noir ; pieds rougeâtres. Taille , huit pouces. De Cayenne.

ENGOULEVENT BIR-REAGEL , *Caprimulgus strigoides* , Lath. Parties supérieures d'un brun ferrugineux, marquées de taches plus foncées , les inférieures plus pâles ; tête brune rayée de noirâtre ; tectrices alaires brunes avec trois bandes obliques plus pâles ; rémiges noirâtres , tachetées extérieurement de roussâtre ; queue légèrement fourchue , ferrugineuse , variée de brun ; bec et pieds jaunâtres. Taille , dix à onze pouces. De la Nouvelle-Hollande.

ENGOULEVENT DE BOMBAY , *Caprimulgus Asiaticus* , Lath., *C. pectoralis* , Cuv., Levaill., Ois. d'Afr., pl. 49. Parties supérieures variées de cendré , de brun et de ferrugineux ; sommet de la tête plus pâle avec de grandes taches noires ; tectrices alaires en grande partie noires, et terminées par une tache blanchâtre ; rémiges d'un brun noirâtre avec une grande tache blanche sur le milieu des quatre premières ; queue brune en partie traversée par des raies ferrugineuses ; les deux latérales terminées par une grande tache blanche ; gorge blanche ; abdomen fauve , rayé transversalement de noirâtre ; bec noirâtre ; pieds jaunes. Taille , neuf pouces. De l'Afrique et de l'Inde.

ENGOULEVENT DE LA CAROLINE , *Caprimulgus Carolinensis* , Gmel. , Ois. de l'Amér. sept. , pl. 24. Parties supérieures d'un brun noirâtre , tachetées de blanc et de roussâtre ; les inférieures de la même teinte , mais plus pâles et rayées transversalement de noirâtre ; rémiges noires avec une grande tache blanche sur les troisième, quatrième et cinquième ; queue fourchue ; rectrices latérales noires, rayées de roussâtre ; bec noir ; pieds bruns. Taille, neuf à dix pouces. Vieillot croit que cette espèce et l'Engoulevent Popetué ne font qu'un.

ENGOULEVENT CENDRÉ, RAYÉ DE NOIR, *Caprimulgus Indicus*, Lath., *C. cinerascens*, Vieill. Parties supérieures noirâtres finement rayées de noir ; des taches ferrugineuses sur les tectrices alaires, la poitrine et les côtés de la tête ; rémiges noires ; rectrices cendrées, traversées de quelques bandes noires ; les extérieures variées de ferrugineux ; bec noirâtre ; pieds jaunâtres. Taille, dix à onze pouces. De l'Inde.

ENGOULEVENT A COLLIER. *V.* ENGOULEVENT DE BOMBAY.

ENGOULEVENT A COU BLANC, *Caprimulgus albicollis*, Lath. Parties supérieures roussâtres variées de noirâtre ; tête brune avec quelques plumes noires, bordées de roux sur le sommet, et les côtés roux ; tectrices alaires variées de brun et de roussâtre, rayées de noirâtre extérieurement et terminées de roux ; rémiges noirâtres rayées de roussâtre avec une bande blanche sur les extérieures ; rectrices intermédiaires rousses pointillées de noirâtre, l'extérieure presque noire, la seconde blanche bordée de noir, la troisième toute blanche ; gorge blanche ; parties inférieures rousses rayées transversalement de noirâtre ; queue cunéiforme ; bec et pieds bruns. Taille, douze à treize pouces. De l'Amérique méridionale.

ENGOULEVENT A CRÊTE, *Caprimulgus Novæ-Hollandiæ*, Lath. Parties supérieures brunes, variées de bandes blanches ; devant du cou et poitrine brunâtres, rayés transversalement de noirâtre ; rémiges brunes avec une tache blanchâtre sur la partie inférieure des quatre ou cinq premières ; queue arrondie, brune, marquée de douze raies blanchâtres ; bec noir ; ongles jaunes, garnis de soies

qui se relèvent en une espèce de crête ; pieds jaunes ; doigt postérieur long et faible ; ongle intermédiaire non denté. Taille, neuf pouces.

ENGOULEVENT CRIARD , *Caprimulgus Virginianus*, Lath., *C. clamator*, Vieill., Ois. de l'Am. sept., pl. 23. Parties supérieures d'un gris noirâtre mélangé de taches noires , les inférieures variées de noirâtre, de gris, de blanchâtre et de roux ; tête d'un fauve grisâtre, mêlé de noir et de blanc sur le sommet ; gorge blanche ou variée de raies blanches et noires ; rémiges brunes, les cinq premières parsemées de grandes taches noires ; rectrices de même avec les extérieures blanches dans le tiers de leur longueur ; bec noirâtre ; pieds jaunes. Taille, neuf pouces.

ENGOULEVENT ENICURE, *Caprimulgus Enicurus*, Vieill. Parties supérieures brunes avec quelques taches noires ; sommet de la tête blanchâtre, tiqueté de noir ; une moustache brune tachetée de noir ; un hausse-col blanc ; rémiges brunes, rayées de roux ; parties inférieures d'un roux clair, striées transversalement de noirâtre ; rectrices inégales, la troisième dépassant la première de quatre lignes , et de dix les quatrième et cinquième, brunes, rayées de noirâtre et de blanc ; bec et ongles noirs ; tarse presque entièrement emplumé. Taille, huit pouces. De l'Amérique méridionale.

ENGOULEVENT D'EUROPE , *Caprimulgus Europæus*, L., Buff., pl. enl. 193. Tout le plumage agréablement varié de lignes en zig-zags alternativement noires et blanchâtres ; joues et gorge rayées de lignes plus étroites et d'une teinte roussâtre ; une bande blanche qui s'étend depuis l'angle du bec jusqu'à l'occiput ; rémiges d'un brun noirâtre, variées sur les deux côtés de taches roussâtres ; une tache blanche au côté intérieur des trois premières ; rectrices extérieures terminées de blanc , les intermédiaires traversées de bandes noirâtres ; bec et ongles noirâtres ; iris orangé ; tarse presque entièrement emplumé. Taille, dix pouces six lignes.

ENGOULEVENT GRAND, *Caprimul-gus grandis*, L., Buff., pl. enl. 325. Plumage varié de brun, de noir, de fauve et de blanc; des raies transversales et étroites sur la tête et les parties inférieures; rémiges noirâtres, rayées obliquement de fauve, excédant la longueur de la queue; rectrices un peu étagées, brunes, variées de roussâtre; ouverture du bec extrêmement large, environnée par les soies de la mandibule supérieure; ongles crochus, creux inférieurement en gouttière. Taille, vingt-un pouces. De l'Amérique méridionale.

ENGOULEVENT GRIS, *Caprimulgus griseus*, L. Le plumage presque entièrement gris; rémiges rayées, d'une teinte plus claire; rectrices rayées de brun, un peu plus longues que les rémiges lorsque les ailes sont pliées; bec brun en dessus, jaune en dessous. Taille, treize pouces. De Cayenne. Espèce douteuse.

ENGOULEVENT GUIRA-QUERCA, *Caprimulgus torquatus*, Lath. Plumage d'un brun cendré, varié de jaune et de blanchâtre autour du cou; un collier d'un jaune doré; les deux rectrices intermédiaires dépassant les autres; bec et pieds noirâtres, la base du premier entourée de longs poils noirs hérissés. Taille, sept à huit pouces. Du Brésil.

ENGOULEVENT DE LA JAMAÏQUE, *Caprimulgus Jamaïcensis*, Lath. Le plumage varié de stries alternativement rousses et noires; rémiges d'un brun noirâtre avec des taches blanches sur leur bord extérieur; rectrices cendrées, traversées de bandes noirâtres; bec et ongles noirs; tarse couvert de plumes jaunes. Taille, dix pouces.

ENGOULEVENT JASPÉ, *Caprimulgus variegatus*, Vieill. Parties supérieures noirâtres, variées de blanc et de roux, les inférieures rayées transversalement de blanc et de noir; sommet de la tête noir, tacheté de roux et de blanc; les côtés variés de roux et de brun; les trois premières rémiges brunes, les autres noirâtres, veinées

de blanc, une grande tache blanche sur les cinq extérieures; les trois rectrices latérales brunes, rayées et terminées de blanc; gorge blanche; le devant du cou noirâtre, tacheté de roussâtre; bec et pieds noirs. Taille, huit pouces. De l'Amérique méridionale.

ENGOULEVENT LATICAUDE, *Caprimulgus laticaudus*. Parties supérieures d'un gris cendré, finement striées de brun avec quelques traits longitudinaux noirâtres, bordés de fauve, et plus larges sur le sommet de la tête; joues d'un roux vif nuancé de fauve; tectrices alaires variées de cendré, de brun et de roux, avec de grandes taches noires, encadrées de fauve; rémiges noires avec une grande tache blanche vers les deux tiers de la longueur des cinq premières; rectrices intermédiaires, mélangées de brun, de cendré et de roux, avec des bandes noirâtres, l'extérieure plus courte, noire, en partie bordée de blanc en dedans; la seconde blanche, bordée de noirâtre en dehors; la troisième également blanche, mais lisérée de fauve; gorge rousse, maculée de noirâtre; un large hausse-col blanc; poitrine cendrée, striée de brun et de noirâtre; parties inférieures fauves avec des raies transversales ou stries noires; queue dépassant les ailes de trois pouces et demi; bec et pieds bruns. Taille, douze pouces. Du Brésil.

ENGOULEVENT LONGICAUDE, *Caprimulgus longicaudus*. Parties supérieures cendrées, variées de brun, de fauve et de noirâtre; de larges taches noires, rangées en deux lignes sur la tête; tectrices alaires terminées de fauve; rémiges brunes; une tache blanche vers le milieu interne de la première, les quatre suivantes également tachées, mais sur les deux côtés des barbes et avec une nuance roussâtre; rectrices intermédiaires très-longues et d'un cendré plus clair que les suivantes qui sont étagées, les latérales les plus courtes bordées et marquées de lignes transversales, très-rapprochées, d'un blanc fauve;

ligne oculaire obscure; joues d'un roux fauve, striées de brun de même que la gorge et la poitrine; un hausse-col blanc; parties inférieures fauves, transversalement striées de brun; bec et pieds bruns. Taille, douze pouces; grosseur très-mediocre. Du Sénégal.

ENGOULEVENT A LONGUES PENNES, *Caprimulgus longipennis*, Shaw; *C. macrodipterus*, Lath. Plumage varié de gris, de brun et de noir; un filet deux fois long comme le corps et terminé par une plume en forme de palette, s'échappe, de chaque côté, du fouet de l'aile; rectrices rayées transversalement de noir et de gris marbré. Taille, onze pouces. D'Afrique.

ENGOULEVENT A LUNETTES, *Caprimulgus Americanus*, Lath. Plumage varié de gris, de noir et de brun, avec les teintes plus claires sur les ailes et la queue; narines saillantes, dessinant des espèces de lunettes sur le bec. Taille, sept pouces. De la Guiane.

ENGOULEVENT MANURE, *Caprimulgus Manurus*, Vieill. Plumage d'un gris brillant avec quelques taches noires; des points blancs sur les ailes; première rectrice latérale dépassant de cinq pouces les deux intermédiaires qui sont elles-mêmes plus longues que les autres dont les troisième et quatrième sont très-courtes, blanche vers l'extrémité d'une de ses faces, et noire dans le reste. Grosseur de l'Alouette, avec une taille de treize pouces. Du Brésil.

ENGOULEVENT MÉGACÉPHALE, *Caprimulgus megacephalus*, Lath. Plumage d'un brun noirâtre varié de jaunâtre et de blanchâtre; rémiges et rectrices traversées par des bandes et des taches noires et blanches; bec fauve, couvert à sa base de plumes assez longues qui s'élèvent en crête; iris orangé; pieds jaunâtres. Taille, vingt-huit pouces. De la Nouvelle-Galles du sud.

ENGOULEVENT MONT-VOYAU, *Caprimulgus Guianensis*, L., Buff., pl. enlum. 753. Plumage fauve, varié de gris, et régulièrement strié de roux;

rémiges noirâtres avec une tache blanche sur les cinq ou six premières; une bande blanche s'étendant depuis l'angle du bec jusque sous la gorge; bec et pieds noirâtres; tarse nu. Taille, neuf pouces. De l'Amérique méridionale.

ENGOULEVENT MUSICIEN. *V.* ENGOULEVENT DE BOMBAY.

ENGOULEVENT NACUNDA, *Caprimulgus Nacunda*, Vieill. Parties supérieures brunes, tiquetées de roux et de noir, les inférieures blanches avec quelques points roux et bruns sur le cou et la poitrine; partie des rémiges noire avec une bande blanche au milieu des sept premières; moyennes tectrices alaires blanches, les autres lignées de brun et de blanchâtre; rectrices brunes avec des bandes transversales plus foncées; un hausse-col blanc allant d'un angle à l'autre de la bouche. Taille, dix pouces six lignes. De l'Amérique méridionale.

ENGOULEVENT NATTERER, *Caprimulgus Nattererii*, Temm., pl. color. 107. Parties supérieures d'un brun foncé, variées de taches en fer à cheval, ou arrondies d'un brun ferrugineux, les inférieures de la même nuance, mais ornées de stries transversales; moyennes tectrices alaires bordées de blanc à l'extérieur; rémiges brunes, rayées en dehors de brun fauve; rectrices intermédiaires variées de bandes nébuleuses roussâtres sur un fond brun, les latérales rayées de brun; un large hausse-col blanc; les ailes dépassant de beaucoup la queue; bec noirâtre; tarse brun emplumé; doigts jaunes. Taille, sept pouces. Du Brésil.

ENGOULEVENT NOITIBO, *Caprimulgus Brasilianus*, Lath. Parties supérieures noirâtres, tachetées de blanc et de jaune, les inférieures blanches, striées transversalement de noir; bec et ongles noirâtres; tarse blanchâtre. Taille, sept pouces. Du Brésil.

ENGOULEVENT PODARGE. *V.* PODARGE.

ENGOULEVENT POO-BOOK, *Caprimulgus gracilis*, Lath. Parties supérieures variées de cendré, de brun et de blanc; les inférieures blanchâtres, tachetées et rayées de jaune ferrugineux; queue allongée; bec robuste, brun; pieds jaunes. Taille, vingt-quatre à vingt-six pouces. De la Nouvelle-Galles du sud.

ENGOULEVENT POPETUÉ, *Caprimulgus Popetue*, Vieill. Ois. de l'Amérique septentrionale, pl. 24. Parties supérieures d'un brun noirâtre, tacheté de blanc et de roussâtre; rémiges noires avec une grande tache blanche sur le milieu des troisième, quatrième et cinquième; rectrices rayées de noir et de blanc roussâtre; les extérieures plus longues, ce qui rend la queue fourchue; parties inférieures roussâtres, rayées transversalement de brun; bec et pieds bruns. Taille, huit à neuf pouces.

ENGOULEVENT A QUEUE BLANCHE. *V*. ENGOULEVENT AUX AILES ET QUEUE BLANCHES.

ENGOULEVENT A QUEUE EN CISEAUX, *Caprimulgus furcifer*, Vieill.; *Cap. psalurus*, Azzara, Temm., pl. color. 157 et 158. Parties supérieures cendrées, mouchetées de brun et de noir; les inférieures d'un cendré obscur, striées transversalement de noir; côté de la tête et sourcils blanchâtres, nuancés de gris; gorge et poitrine d'un blanc roussâtre, rayées de roux et de noirâtre; une large bande d'un jaune foncé au bas de la nuque; tectrices alaires brunes avec des taches élégantes cendrées, noires et d'un roux clair; bord antérieur de la première rémige roux, celui des autres est gris et s'étend plus ou moins; rectrices intermédiaires grisâtres, variolées de noir avec des bandes de cette couleur, plus longues que les suivantes qui sont étagées, et rendent la queue fourchue; rectrices latérales dépassant toutes les autres en longueur, de quelques pouces, et souvent beaucoup plus, d'un gris blanchâtre, avec le milieu noir; bec brun, avec sa base entourée de longues soies dirigées en avant; tarse à demi-emplumé. Taille, quatorze à seize pouces. La femelle à toutes les

nuances beaucoup moins vives, et les longues rectrices ne dépassent ordinairement les autres que de cinq à six lignes; les couleurs de ces dernières sont aussi beaucoup plus variées. Du Brésil.

ENGOULEVENT A QUEUE ÉTAGÉE, *Caprimulgus Sphœnurus*, Vieill. Plumage varié de noir, de brun, de roux et de blanc, avec le milieu des plumes de la tête et du dos d'un noir velouté; celles de la nuque tiquetées de blanc et de roussâtre; rectrices brunes, rayées de noirâtre, l'extérieure un peu plus courte que la suivante, et ainsi de suite, ce qui rend la queue légèrement étagée; gorge d'un blanc roussâtre, ponctué de noir; bec et pieds noirâtres. Taille, huit pouces. De l'Amérique méridionale.

ENGOULEVENT A QUEUE FOURCHUE, *Caprimulgus furcatus*, Lath., Levail., Ois. d'Afrique, pl. 47 et 48. Un mélange de noir, de brun, de blanc et de roux forme toutes les couleurs du plumage; gorge roussâtre, traversée par des lignes noires; rémiges de la longueur des rectrices dont l'extérieure est la plus longue, et les intermédiaires plus courtes de près de moitié; bec noirâtre; pieds jaunes. Taille, vingt-six pouces.

ENGOULEVENT A QUEUE SINGULIÈRE. *V*. ENGOULEVENT ENICURE.

ENGOULEVENT ROUX, *Caprimulgus rufus*, L., Buff. pl. enlum. 735. Fond du plumage roux avec des taches noires, brunes et blanches, disposées d'une manière assez régulière, surtout sur les ailes où elles forment une sorte d'échiquier; rectrices intermédiaires égales ou presque égales en longueur avec les latérales dont la nuance est un peu plus claire; bec et pieds bruns. Taille, dix à onze pouces. Des deux Amériques.

ENGOULEVENT DE SIERRA-LEONA, *Caprimulgus macrodipterus*, Lath. *V*. ENGOULEVENT A LONGUES PENNES.

ENGOULEVENT TACHETÉ, *Caprimulgus semi-torquatus*, Lath., Buff., pl. enlum. 734. Plumage noirâtre tacheté de roux, de gris et de brun, un peu plus foncé aux parties inférieures;

une espèce de collier blanc sur la partie antérieure du cou ; bec et pieds bruns. Taille, huit pouces. De Cayenne.

ENGOULEVENT VRUTAU. *Caprimulgus cornutus*, Vieill. Parties supérieures brunes, variées de roux, les inférieures d'une teinte un peu plus claire, surtout vers l'abdomen qui devient même blanchâtre ; rémiges et rectrices brunes, rayées de blanchâtre ; gorge, devant du cou, poitrine et flancs roussâtres ; les plumes de ces dernières parties sont terminées de noir ; tarse court, non écailleux et rougeâtre ; ongle intermédiaire simple ; des petites plumes courtes et roides au-dessus de l'œil, formant une espèce de petite aigrette. Taille, quatorze pouces. De l'Amérique méridionale.

ENGOULEVENT VARIÉ. *V.* ENGOULEVENT A QUEUE BLANCHE. (DR..Z.)

*ENGOURDISSEMENT. ZOOL. *V.* ANIMAUX HIBERNANS.

ENGRAULIS. POIS. Traduit dans le Dictionnaire de Levrault par Engraule, nom scientifique des Anchois. *V.* CLUPE. (B.)

ENGRI ou ENGOI. MAM. Le Léopard au Congo. Dapper attribue à cet Animal des qualités fabuleuses. (B.)

* ENGUI. BOT. PHAN. (Rochon.) L'Indigo à Madagascar. (B.)

ENGULO. MAM. Le Sanglier au Congo, selon divers voyageurs. (B.)

ENHALE. *Enhalus.* BOT. PHAN. Dans son Mémoire sur la famille des Hydrocharidées (Mém. Inst. Sc. phys. 1811), le professeur Richard a proposé de former un genre nouveau qu'il nomme *Enhalus* pour le *Stratiotes acoroides* de Linné fils. Cette Plante qui croît dans la mer auprès de Ceylan, a des feuilles étroites, linéaires et engaînantes à leur base. Ses fleurs sont dioïques. On ne connaît pas encore les mâles. Les fleurs femelles sont renfermées dans une spathe pédonculée, à deux folioles linéaires oblongues ; les divisions intérieures de son calice sont longues

et linéaires. Les étamines sont au nombre de douze sous forme de filamens allongés. Le fruit est drupacé, ovoïde, comprimé et polysperme.

Ce genre est encore très-imparfaitement connu. Néanmoins ce que l'on en sait le différencie très-bien du genre *Stratiotes*. (A. R.)

ENHYDRE. REPT. Le genre établi sous ce nom par Daudin pour l'*Anguis Xiphara* de Hermann, rentre dans les Hydres de Schneider, que Latreille avait également appelées Enhydres dans le Buffon de Sonnini. *V.* HYDRE. (B.)

ENHYDRE. MIN. Nom donné à certaines Géodes quartzeuses, translucides, et contenant de l'eau dans leur intérieur. On voit celles-ci aller et revenir lorsqu'on fait mouvoir la pierre entre l'œil et la lumière. Ces Géodes sont en général très-petites ; elles ont des fissures par lesquelles l'eau finit toujours par s'échapper. On les trouve principalement dans une colline du Vicentin appelée le Maïn. (G. DEL.)

ENHYDRÉ. BOT. PHAN. Pour Enydre. *V.* ce mot. (G..N.)

* ENICURE. *Enicurus.* OIS. (Temminck.) Genre de l'ordre des Insectivores. Caractères : bec allongé, assez robuste, presque droit ; mandibule supérieure triangulaire, à vive-arête, dilatée à sa base, légèrement échancrée à sa pointe qui est inclinée ; l'inférieure droite, renflée vers le milieu, retroussée à la pointe ; la base du bec entourée de poils roides, plus courts vers les angles ; narines ovoïdes, placées sur les côtés et assez loin de la base du bec, ouvertes et garnies à leur partie supérieure d'un rebord proéminent ; fosse nasale grande, couverte d'une peau à moitié garnie de plumes, mais nue vers les orifices ; quatre doigts, trois en avant et un en arrière ; l'intermédiaire plus court que le tarse, et uni à l'externe jusqu'à la première articulation ; l'ongle postérieur le plus fort ; les quatre premières rémiges très-étagées ; les

cinquième et sixième les plus longues ; queue longue et très-fourchue ; les deux rectrices intermédiaires très-courtes.

Les mœurs et les habitudes des Oiseaux qui composent ce genre dont la création est due à Temminck, sont encore très-peu connues ; on sait seulement qu'elles se rapprochent beaucoup de celles des Bergeronnettes, parmi lesquelles Horsfield avait placé l'Enicure couronné qu'il publia, le premier, sous le nom de *Motacilla speciosa*. De même que les Bergeronnettes, les Enicures fréquentent les bords des ruisseaux, des sources rocailleuses qui descendent par torrens des montagnes ; ils y vivent solitaires, et paraissent constamment occupés de la poursuite des petites proies dont ils font leur nourriture ; ils les chassent souvent à la surface des eaux ou dans le gravier qu'elles baignent, en sautillant pour ainsi dire de pierre en pierre, et en élevant et abaissant successivement la queue à chaque pose. Ils sont susceptibles d'un vol plus soutenu, mais néanmoins toujours irrégulier. On ne sait encore rien des soins qu'ils apportent à leur reproduction. Les deux seules espèces que, jusqu'à ce jour, l'on puisse compter parmi les Enicures, n'ont encore été observées que dans l'île de Java.

Enicure couronné, *Enicurus coronatus*, Temm., pl. color. 113 ; *Motacilla speciosa*, Horsfield, *Zool. Rechearch.*, n. 1. Sommet de la tête, parties supérieures et inférieures, petites tectrices alaires, ainsi que l'extrémité des grandes d'un blanc assez pur ; gorge, dessus et dessous du cou, poitrine et rémiges noirs, rectrices noires, terminées de blanc ; les extérieures bordées de blanc ; bec cendré ; iris et pieds jaunes. Taille, neuf à dix pouces. De Java.

Enicure voilé, *Enicurus velatus*, Temm., pl. color. 160. Tête, cou, gorge et partie supérieure du dos d'un noir ardoisé ; un bandeau blanc sur le front, entre les yeux ; poitrine, croupion et parties inférieures d'un

blanc teinté d'ardoisé vers les flancs ; rémiges noires, ainsi que les grandes tectrices alaires dont la base seule est blanche ; tectrices inférieures d'un blanc pur ; rectrices noires à l'exception de leur base, des deux latérales, et de l'extrémité des deux intermédiaires, qui sont blanches ; bec noir ; pieds jaunes. Taille, six pouces. De Java. La femelle n'a point de bandeau blanc ; elle a la tête brune et les couleurs en général moins vives et d'une teinte plus sale.

Une espèce du genre Engoulevent, *V*. ce mot, porte aussi le nom d'Enicure.   (DR..z.)

ENKIANTHE. *Enkianthus*. BOT. PHAN. Dans la Flore de la Cochinchine, p. 339, Loureiro a décrit, sous ce nouveau nom générique, deux Plantes de la Chine auxquelles il a donné des caractères si anomaux et si éloignés de ceux des Plantes que nous connaissons, qu'il est très-difficile de les classer. Ces caractères consistent dans un calice commun à six folioles presque rondes, concaves, acuminées et colorées, et dans ce que Loureiro appelle une corolle commune composée de huit parties oblongues, planes et étalées, contenant cinq fleurons pédonculés. Chacun de ces fleurons a un calice à cinq sépales aigus, colorés, petits et persistans ; une corolle monopétale campanulée, dont le tube est grand, le limbe court, à cinq lobes arrondis ; dix étamines dont les filets sont insérés au fond de la corolle, et plus courts que le limbe de celle-ci ; le pistil se compose d'un ovaire à cinq angles, supère, surmonté d'un style épais et d'un stigmate simple et coloré ; il lui succède une baie oblongue à cinq loges et polysperme. D'après cette description le genre *Enkianthus*, placé par Loureiro dans la Décandrie Monogynie, offrait beaucoup d'incertitudes quant à la place qu'il devait occuper parmi les ordres naturels. Les organes appendiculaires des fleurs, auxquels Loureiro appliquait les dénominations de calice commun et de corolle commune, ne sont que des bractées en forme d'involucre et disposées sur deux rangs. On a rapproché ce genre de celui des *Kalmia*, et on l'a par conséquent placé dans la famille des Rhodoracées. Les deux espèces décrites par Loureiro portent les noms d'*Enkianthus quinqueflora* et *E. biflora*. Ce sont des Arbrisseaux cultivés dans les environs de Canton comme Plantes d'ornement. La première a été figurée dans Curtis (*Botanical Magaz.* t. 1649).   (G..N.)

* **ENNÉACANTHE**. POIS. (Lacépède d'après Commerson.) Espèce de Labre. *V*. ce mot.   (B.)

* **ENNÉADACTYLE**. POIS. (Lacépède.) Espèce du genre Pomacentre.   (B.)

ENNEADYNAMIS. BOT. PHAN. (Gesner.) Syn. de *Parnassia palustris*. *V*. PARNASSIE.   (B.)

ENNEANDRE. BOT. PHAN. On dit d'une fleur ou d'une Plante qu'elle est Ennéandre, quand elle offre constamment neuf étamines : telles sont les fleurs des Lauriers, du *Butomus*, etc.   (A.R.)

ENNÉANDRIE. *Enneandria*. BOT. PHAN. Neuvième classe du système sexuel de Linné, contenant toutes les Plantes qui offrent neuf étamines. Les genres qu'elle renferme sont très-peu nombreux. Néanmoins on les a divisés en trois ordres, savoir : 1° Enn. Monogynie, où l'on place les genres *Laurus, Cassytha, Anacardium* ; 2° Enn. Trigynie, qui comprend le genre *Rheum* ; et 3° Enn. Hexagynie, où se place le genre *Butomus*.   (A.R.)

ENNÉAPHYLLON. BOT. PHAN. (Pline.) Syn. de *Dentaria Enneaphylla*, L. *V*. DENTAIRE. D'autres y voient l'Hellébore fétide, et jusqu'à l'Ophioglosse vulgaire.   (B.)

ENNÉAPOGON. *Enneapogon*. BOT. PHAN. Desvaux a séparé du genre Pappophore quatre espèces origi-

naires de la Nouvelle-Hollande, décrites par Robert Brown, et en a formé un nouveau genre sous le nom d'Ennéapogon. Ce genre diffère des autres Pappophores par sa valve inférieure qui est entière, terminée par neuf soies barbues, tandis que, dans le genre *Pappophorum*, cette valve offre de quatre à six échancrures garnies de soies glabres et inégales. Dans le premier de ces deux genres la valve supérieure est entière et mutique, tandis qu'elle est terminée par une soie dans le second. A ce genre, qui a été adopté par Palisot-Beauvois, Agrost., t. 16, fig. 11, se rapportent les *Pappophorum gracile, nigricans, pallidum* et *purpurascens* de Robert Brown. *V*. PAPPOPHORE.   (A.R.)

* **ENNEAPTERYGIENS**. POIS. Troisième classe de la Méthode ichthyologique de Schneider, caractérisée par le nombre des nageoires ; le genre Scombre, étant le seul qui en ait neuf, rentre dans cette division. (D.)

* **ENNEAX**. POIS. Élien rapporte que ce Poisson des Indes que nous ne pouvons reconnaître, s'égare dans les campagnes durant les débordemens des fleuves, et que les naturels le prennent ensuite aisément.   (B.)

* **ENNIR**. BOT. PHAN. La Plante ainsi nommée à Malte, selon Burchard, et que Parmentier appelait un Indigo européen, doit être l'*Isatis tinctoria*. *V*. ISATIS.   (B.)

ENODRON ou **ENOTRON**. BOT. PHAN. (Dioscoride.) Syn. de *Datura fastuosa*.   (B.)

ENOPLIE. *Enoplium*. INS. Genre de l'ordre des Coléoptères, section des Pentamères, famille des Clavicornes, tribu des Clairones, établi par Latreille et dont les caractères sont : palpes maxillaires très-avancés, aussi longs que la tête ; les labiaux aussi longs ou plus saillans que les précédens, terminés par un article beaucoup plus grand que les inférieurs et tronqué ; les trois derniers articles des antennes forment une massue en scie dont le dernier article est allongé et ovale; tarses vus en dessous, n'ayant que quatre articles apparens ; tête et corselet plus étroits que l'abdomen.

Ces Insectes diffèrent des Tilles par les antennes qui n'ont que trois articles en scie , tandis que ces derniers les ont presque entièrement dentés , et par les tarses qui , vus des deux faces , ont cinq articles apparens. Ils diffèrent des Clairons par les antennes qui , dans ceux-ci, forment une massue presque triangulaire. La principale espèce qui sert de type à ce genre est l'Enoplie serraticorne, *E. serraticornis*, Lat.; *Tillus serraticornis* , Oliv., Col. T. II , n° 22, pl. 1, fig. 1. Il se trouve en été sur les fleurs et sur les bois au midi de la France et en Italie. Latreille rapporte au même genre les *Tillus Weberi* , *damicornis*, le *Corynetes sanguinicollis* de Fabricius, et le *Tillus dermestoides* (Schœff., Élém. Entom. 138).   (G.)

ENOPLOSE. POIS. Le genre établi sous ce nom par Lacépède n'a été conservé par Cuvier que comme sousgenre parmi les Perches. *V.* ce mot.
         (B.)

* **ENOPS.** *Enops.* INTEST. Nom générique donné par Oken à quelques espèces de Lernées, dont Lamarck a fait depuis son genre Entomode. *V.* ce mot et LERNÉE. (AUD.)

ENOUROU. *Enourea.* BOT. PHAN. Genre de la famille des Sapindacées et de la Polyandrie Trigynie, établi par Aublet (Pl. Guian. 587 , t. 235) pour un Arbrisseau sarmenteux , qu'il nomme *Enourea Guianensis.* Sa tige est haute de trois à quatre pieds, contenant un suc laiteux ; elle se divise en un grand nombre de rameaux sarmenteux qui portent des feuilles alternes composées de cinq folioles ovales acuminées, entières , roussâtres à leur face inférieure. Les arilles sont roulées en spirales. Les fleurs sont blanches , et constituent à l'aisselle des feuilles des épis solitaires d'environ six pouces de lon-

gueur : leur calice est à quatre divisions profondes et inégales dont deux opposées sont plus grandes ; la corolle se compose de quatre pétales onguiculés et dont deux sont plus grands ; sur chaque onglet on aperçoit une petite écaille concave et velue, et à la base des deux plus grands pétales deux grosses glandes ; les étamines sont au nombre de treize , inégales entre elles , attachées sous le disque hypogyne , et les plus petites du côté des pétales ; l'ovaire est arrondi , surmonté de trois stigmates sessiles; le fruit est une capsule uniloculaire, trivalve et monosperme ; la graine est dressée et enveloppée d'une pulpe farineuse.

Ce genre est encore très-imparfaitement connu.   (A. R.)

ENSETE. BOT. PHAN. (Bruce.) Végétal des environs de Gondar , en Abyssinie, qui sur le peu qu'on en a dit paraît être un Bananier. *V.* ce mot.   (B.)

* **ENSIFORMES** (FEUILLES.) BOT. PHAN. Les feuilles de l'Iris de Florence, de l'Iris d'Allemagne, etc., sont allongées, comprimées latéralement , de manière que les bords deviennent les faces, et qu'elles ont quelque ressemblance de forme avec une épée. De-là le nom d'Ensiformes qui leur a été donné.   (A. R.)

ENSIS. BOT. PHAN. (Dodœns.) Le Glayeul commun.   (B.)

* **ENSLENIE.** *Enslenia.* BOT. PHAN. Genre de la famille des Asclépiadées et de la Pentandrie Digynie, établi par Nuttall (*Gen. of North. Amer. Plant.*, prem. vol., p. 164) qui l'a ainsi caractérisé : calice court, à cinq parties persistantes; corolle divisée en cinq segmens dressés et connivens; *lépanthe* (couronne staminale de R. Brown, nectaire pétaloïde de Linné) simple, pétaloïde, divisé jusqu'à la base en cinq segmens tronqués , terminés chacun par deux filets centraux ; étamines comme dans le genre *Asclepias* ; masses polliniques presque cylindriques et stipitées latérale-

ment ; style nul ; stigmate conique à deux lames ; follicules au nombre de deux et courtes ? Ce genre est voisin du *Cynanchum* et de l'*Asclepias*. Nuttall ne parle que d'une seule espèce qu'il nomme *Enslenia albida*, et qui croît aux environs de Shepherdstown en Virginie. Elle croît aussi abondamment sur les bords de la rivière Scioto et sur ceux de l'Ohio ; mais elle ne dépasse pas les monts Alleghanys, car le revers occidental de ces montagnes en forme les limites. Elle a une tige herbacée, des feuilles opposées, des fleurs jaunâtres axillaires et disposées en corymbes. (G..N.)

* ENS MARTIS. MIN. Syn. ancien du Fer. *V.* ce mot.   (DR..Z.)

* ENS VENERIS. MIN. Syn. ancien du Cuivre. *V.* ce mot. (DR..Z.)

ENTAILLE. MOLL. Syn. vulgaire d'Emarginule. *V.* ce mot.   (B.)

ENTADA. BOT. PHAN. Espèce de *Mimosa. V.* MIMEUSE.   (A. R.)

ENTALE. *Entalium.* MOLL. ? ANNÉL. ? Les anciens, sous cette dénomination générale, rangeaient tous les corps tubuleux, réguliers ou peu arqués, que depuis on a désignés sous le nom de Dentale. (*V.* ce mot.) On n'a conservé le nom d'Entale qu'à un corps fort singulier, que l'on n'a encore rencontré que fossile, et surtout dans la formation crayeuse de la montagne Saint-Pierre, près Maëstricht. Defrance, dans le Dictionnaire des Sciences Naturelles, l'a caractérisé de la manière suivante : tube testacé, conique, droit, ouvert aux deux bouts, chargé de rides circulaires, à base un peu rétrécie, portant dans son intérieur un second tuyau un peu arqué et ouvert aux deux bouts, et moins long que celui dans lequel il est contenu. On ne connaît encore qu'une seule espèce de ce genre, qu'il est d'autant plus difficile d'expliquer, que les deux tubes sont constans, et qu'on ne peut guère se figurer de quelle manière l'Animal y était contenu. Cette espèce a été nommée par Defrance ENTALE RIDÉE, *Entalium*

rugosum, à laquelle s'appliquent les caractères que nous venons d'énoncer. Ce corps est figuré dans l'ouvrage de Knorr sur les Fossiles, Supplément, pl. 5 a, fig. 3.   (D..H.)

ENTALITE. FOSS. *V.* DENTALE.

* ENTALOPHORE. *Entalophora.* POLYP. Genre de l'ordre des Sertariées dans la division des Polypiers flexibles et cellulifères. Il offre pour caractères : Polypier fossile, peu rameux, cylindrique, non articulé, couvert, dans toute son étendue, d'appendices très-longs, épars, tronqués, semblables, par leur forme et leur légère courbure, à la coquille du Dentale Entale. Ce genre est très-singulier par les caractères qu'il présente, et qui le placent, quoique fossile, dans la division des Polypiers flexibles de la famille des Sertariées ; les appendices nombreux qui le couvrent ne peuvent être regardés que comme un prolongement des tiges, et, vu leur forme, on doit les considérer comme de véritables cellules polypeuses. Leurs directions, extrêmement variées, ne peuvent être que le résultat d'une extrême flexibilité ; enfin ces appendices paraissent fistuleux lorsqu'on les observe avec une forte loupe ; ainsi tout porte à croire que des Polypiers très-voisins des Sertulaires ont été pétrifiés comme des Coquilles, des Madrépores, etc. ; et pourquoi se refuserait-on à cette hypothèse, puisque les Fossiles marins sont très-souvent encroûtés de Flustrées, d'Eponges et d'Alcyons ?

Les Entalophores, par leurs caractères, se placent naturellement entre les genres Clytia et Idia. Il n'existe encore qu'une seule espèce d'Entalophore ; nous l'avons nommée Cellarioïde, à cause de sa ressemblance avec les Cellaires (*Entalop. cellarioïdes*, Lamx. (*Gen. Polyp.*, p. 81, tab. 80, f. 9, 10, 11). Le seul individu que l'on ait trouvé jusqu'à ce moment a été découvert, par notre ami Deslongchamps, dans un fragment très-dur du Calcaire à Polypiers des environs de Paris.   (LAM..X.)

* **ENTELEA.** *Entelea.* BOT. PHAN. Sous le nom d'*Entelea arborescens*, R Brown a décrit, dans le *Botanical Magazine*, n° 447 (2480), une Plante formant un nouveau genre qui présente les caractères suivans : calice à quatre ou cinq sépales; corolle divisée en un même nombre de pétales ; étamines en nombre indéfini, uniformes, à anthères arrondies et incombantes; stigmate denticulé ; capsule sphéroïde, hérissée, polysperme, à six loges, à six valves dont les sutures ne se continuent pas jusqu'à la base. Ce genre appartient à la Polyandrie Monogynie, et occupe une place parmi les Tiliacées tout à côté du *Sparmannia* avec lequel il a les plus grands rapports ; mais il en diffère par ses filets qui sont tous fertiles, à peine marqués de petites papilles; par ses capsules indivises à la base, et ne s'ouvrant pas longitudinalement; par ses loges polyspermes, tandis qu'elles sont dispermes dans le *Sparmannia*, selon Thunberg (mais ce caractère est infirmé par l'observation des loges de son ovaire, lesquelles sont certainement polyspermes); enfin par les sépales aristés et non mutiques. L'*Entelea arborescens* est un Arbre de médiocre grandeur, découvert en 1769, dans la Nouvelle-Zélande, par Banks et Solander. Cultivé en Angleterre, il a fleuri pour la première fois dans le mois de mai 1823. Ses feuilles sont cordiformes, anguleuses, crénelées, à cinq nervures, et munies de stipules persistantes et foliacées. Les fleurs sont blanches, disposées en ombelles simples, terminales et pédonculées.   (G..N.)

ENTELLE. MAM. Espèce de Guenon. *V.* ce mot.   (B.)

* **ENTERION.** *Enterion.* ANNEL. Genre de l'ordre des Annélides lombricines, famille des Lombrics, établi par Savigny (Syst. des Annelides, p. 100, 103) qui lui assigne pour caractères distinctifs : bouche à deux lèvres rétractiles; la lèvre supérieure avancée; soies disposées sur huit rangs rapprochés de chaque côté par paires. Ce genre correspond exactement à celui de Lombric des auteurs, et ne diffère des Hypogæons que par le nombre des rangs sur lesquels ces soies sont disposées. La bouche est petite, un peu renflée, munie de deux lèvres; la lèvre supérieure est avancée en trompe, obtusément lancéolée et fendue en dessous; la lèvre inférieure est très-courte. Les soies sont âpres, courtes, comme onguiculées; on en compte huit à tous les segmens, c'est-à-dire quatre de chaque côté, réunies par paires, formant par leur distribution sur le corps huit rangs longitudinaux, savoir : quatre latéraux et quatre inférieurs. La paire de soies supérieure correspond évidemment dans ce genre, suivant Savigny, à la rame dorsale des Néréides, et la paire inférieure à leur rame ventrale. Le corps des Enterions est cylindrique, obtus à son bout postérieur, allongé, composé de segmens courts et nombreux, plus distincts vers la bouche que vers l'anus; six à neuf des segmens compris entre le vingt-sixième et le trente-septième sont renflés, et forment à la partie antérieure et supérieure du corps une sorte de ceinture; ce dernier segment est pourvu d'un anus longitudinal. Savigny en décrit une espèce :

L'ENTERION TERRESTRE, *Ent. terrestre*, ou le Lombric terrestre, *Lumbricus terrestris* de tous les auteurs. Cette espèce ayant été étudiée avec soin par Savigny depuis la publication de son ouvrage, ce savant zoologiste a reconnu que, sous le nom de *Lumbricus terrestris*, les naturalistes confondaient des espèces dont l'organisation était fort différente, et dont le nombre était tellement considérable, qu'en se bornant à celles des environs de Paris, on pouvait en compter jusqu'à vingt-deux. Plusieurs auteurs ont aussi décrit sous le nom générique de Lombrics des Animaux qui s'en éloignent sous plusieurs rapports. Le *Lumbricus arenarius* d'Othon Fabricius (*Faun. Groënl.* n°

264), son *Lumbricus minutus* (*loc. cit.* n° 265, fig. 4) n'ont que deux rangs de soies. Savigny a pensé que ce caractère devait suffire pour les faire distinguer génériquement sous le nom de *Clitellio*. Il leur adjoint provisoirement, quoiqu'ils manquent de ceinture, le *Lumbricus vermicularis* d'Othon Fabricius (*loc. cit.* n° 259). La plupart des autres espèces sont prises pour des Lombrics par cet auteur ou par Müller, comme le *Lumbricus armiger*, le *Lumbricus cirratus* dont Lamark (Hist. des Anim. sans vert. T. v, p. 300) fait un genre sous le nom de *Cirratulus*. Les Lombrics *fragilis*, *squamatus*, etc., paraissent bien être des Annelides, mais elles sont étrangères à l'ordre des Lombricines. (AUD.)

* ENTEROIDES. BOT. CRYPT. (Vaillant.) Syn. d'*Ulva intestinalis*. *V.* ULVE. (B.)

ENTHYSCUS. OIS. Nom ancien d'un Hibou que l'on présume être le Grand-Duc. *V.* CHOUETTE. (DR..Z.)

ENTIENGIE ET EMBIS. MAM.? OIS.? INS.? Dapper, d'après quelques voyageurs, mentionne, comme existant au Congo sous le nom d'Entiengie, un petit Animal brillant des plus belles couleurs, se tenant sur les Arbres, environné d'autres Animaux plus petits appelés Embis et bourdonnant par troupes comme sous les ordres d'un chef autour des fleurs. Les uns ont cru y voir une sorte d'Oiseau analogue aux Colibris, d'autres quelque petite espèce d'Écureuil ou même quelques grosses espèces de Sphinx. (B.)

* ENTIME. *Entimus*. INS. Genre de l'ordre des Coléoptères, section des Tétramères, famille des Charansonites, établi par Germar et adopté par Dejean (Catal. des Coléopt., p. 92). Ce genre, dont les caractères ne sont pas publiés, comprend les *Curculio splendidus*, *imperialis* et *sumptuosus* de Fabr., et le *Curculio nobilis* d'Olivier. (G.)

ENTOBELLE. ANNEL. (Blainville.) Syn. de Phylline. *V.* ce mot. (B.)

ENTOGANUM. BOT. PHAN. L'*Entoganum lævigatum* de Banks, dont le nom a été adopté et le fruit figuré par Gaertner (1, 551, tab. 68), est le Mélicope de Forster. *V.* MELICOPE. (A. D. J.)

* ENTOMES. *Entoma*. Nom que Latreille (Nouv. Diction. d'Hist. Nat. 2e édit. T. X, p. 275) propose d'appliquer à la grande division des Insectes de Linné, comprenant les Crustacés, les Arachnides et les Insectes proprement dits. *V.* ces mots et ENTOMOLOGIE. (AUD.)

ENTOMODE. *Entomoda*. INTEST. Genre établi par Lamarck (Hist. des Anim. sans vert. T. III, p. 232) aux dépens du grand genre Lernée de Linné, et ayant suivant lui pour caractères : corps mou ou un peu dur, oblong, susdéprimé, ayant latéralement des bras symétriques, inarticulés ; bouche en suçoir, située sous le sommet de l'extrémité antérieure ; point de tentacules ; quelquefois deux cornes anticales ; deux sacs externes, pendans à l'extrémité postérieure ; anus terminal. Ce genre, que l'auteur avoue être très-voisin des Lernées proprement dites, avait déjà été distingué par Oken, sous le nom générique d'*Enops*. Il comprend les Lernées *Salmonea* de Linné, et *cornuta*, *Gobina*, *radiata* de Müller. Blainville ne distingue pas ce nouveau genre de celui des Lernées. *V.* ce mot. (AUD.)

ENTOMOLITHE. *Entomolithus*. CRUST. Nom sous lequel Linné avait désigné un genre dans lequel étaient réunis et confondus un grand nombre d'Animaux fossiles assez différens. *V.* TRILOBITE et PARADOXIDE. (AUD.)

ENTOMOLOGIE. ZOOL. On désigne sous ce nom la science qui traite plus particulièrement des Insectes ; mais il est mieux de lui accorder un sens plus étendu et de l'appliquer à l'embranchement des Animaux articulés. L'Entomologie serait alors une vaste science, qui aurait pour objet la connaissance exacte des Annelides, des Crustacés, des Arachnides et des Insectes. Les dénominations proposées par quelques auteurs, telles que celle de Gammarologie pour les Crustacés, d'Arachnologie pour les Arachnides, d'Insectologie (nom composé contre les règles et généralement abandonné) pour les Insectes, pourraient ensuite être appliquées d'une manière plus spéciale à l'étude de chacune de ces classes, mais seulement comme autant de divisions de l'Entomologie. L'histoire complète de cette dernière devrait tracer un tableau bien coordonné de tout ce que l'on sait de général sur l'organisation, les fonctions et les mœurs des Animaux articulés, en même temps qu'elle offrirait la série de tous ces êtres établie sur les rapports qui existent entre eux, ce qui constitue la classification. C'était aussi la tâche que nous nous serions imposée, si l'état actuel de l'Entomologie nous eût permis d'entrevoir la possibilité de la remplir. Malheureusement les diverses branches que nous devrions passer en revue sont, à l'exception d'une seule, très-loin du but qu'elles doivent atteindre. La physiologie des Animaux articulés ne présente encore qu'un très-petit nombre de faits. L'anatomie est plus riche en observations, et les mœurs sont, dans quelques espèces, assez bien connues; mais on ne peut encore tirer de tout cela qu'un petit nombre de règles générales. Cet état arriéré de l'Entomologie est dû à plusieurs causes : et d'abord les anatomistes n'ont pas envisagé, à beaucoup près, tout ce qui constitue le domaine de leur science. L'anatomie des Animaux articulés devait être en même temps comparative et spéciale. La première considère les organes d'une manière abstraite et dans ce qu'ils ont de commun; elle les réunit dans un même cadre, les embrasse par la même pensée, saisit leurs points de contact, observe les liens qui les unissent et détermine les lois qui président à leur arrangement et à leurs fonctions. La seconde, qu'on pourrait aussi appeler anatomie individuelle, comprend aussi tous les organes; mais elle les offre

dans une série de cadres particuliers, où chaque objet, représenté avec les caractères qui lui sont propres, est envisagé sous toutes ses faces et considéré quelquefois dans ses moindres détails. Chacun de ces genres d'étude présente, sous deux aspects très-différens, l'organisation des êtres ; l'un est le complément nécessaire de l'autre, et leur liaison est si intime qu'il est presque toujours dangereux de les isoler. Cependant c'est vers cette anatomie individuelle et de détails que la plupart des observateurs ont dirigé presque exclusivement leur attention.

L'étude des mœurs n'a pas été plus féconde en résultats généraux, et on le comprendra aisément, si on réfléchit qu'il n'existe qu'un bien petit nombre d'espèces dont l'histoire ne laisse rien à désirer, et que la plupart des observations sont restées incomplètes faute de circonstances favorables. Tel Insecte bien connu à l'état parfait, n'a jamais été étudié à celui de larve; telle larve, au contraire, dont les habitudes ont été observées dans les moindres détails, n'a pu être vue à l'état de nymphe ; enfin, telle nymphe, exactement décrite, provient on ne sait de quelle larve, et produira on ne sait quel Insecte.

La classification, pour laquelle il ne faut qu'un examen attentif des caractères extérieurs et qui n'a pas contre elle les difficultés des recherches anatomiques ou les chances hasardeuses de l'étude des mœurs, a dû faire et a fait réellement de rapides progrès. A peine a-t-on senti la nécessité d'assigner une place à chaque espèce afin de la retrouver au besoin, qu'on a vu s'élever des systèmes qui embrassaient tous les êtres et qui les présentaient dans un ordre basé sur certains caractères conventionnels. Les systèmes ont été remplacés par les méthodes, c'est-à-dire par un arrangement dans lequel la place de chaque espèce se trouve uniquement fixée par le plus grand nombre de rapports ou de points de contact qu'elle a dans toutes les parties de son organisation avec une ou plusieurs espèces voisines. Quand on jette un coup-d'œil sur l'ensemble offert par ces dernières, quand on examine la composition de chacun des cadres et leur liaison entre eux, et lorsque l'on compare ensuite ce vaste tableau aux connaissances éparses et incomplètes que l'on possède sur l'anatomie, la physiologie ou les mœurs des Animaux articulés, on ne peut méconnaître que l'Entomologie ne consiste encore tout entière dans la classification. Nous ne saurions par conséquent nous occuper d'autre chose, dans cet article essentiellement général, que de la classification. Tout ce qui intéresse l'organisation ou les habitudes, et que l'on peut rapporter à quelques règles générales, trouvera sa place aux mots ANNELIDES, CRUSTACÉS, ARACHNIDES et INSECTES. Nous renverrons aussi au mot ARTICULÉS de ce Dictionnaire, dans lequel Latreille a présenté d'une manière claire et concise tout ce que l'on sait de général sur l'organisation de ces Animaux.

Les distributions méthodiques d'Aristote et des anciens naturalistes jusqu'à Swammerdam, étaient fort simples. Ils divisaient les Animaux articulés d'après les milieux qu'ils habitaient, la présence ou l'absence des ailes et des pates, leur consistance et leur nombre. Ainsi, ils étaient aquatiques ou terrestres; et ces derniers étaient divisés en deux classes selon qu'ils étaient pourvus ou dépourvus d'ailes. L'ouvrage de Swammerdam, publié en 1757 et 1738 à Leyde, sous le titre de *Biblia naturæ, sive Historia Insectorum in classes certas redacta, etc.; accedit præfatio, in quá vitam auctoris descripsit Herm. Boërrhaave, latinam versionem adscripsit Hier. David Gaubius*, créa une nouvelle époque dans la science. Cet auteur illustre, dont les premiers travaux datent de l'année 1669, ayant dévoilé les phénomènes admirables des métamorphoses, tira parti de cette découverte pour la classification; il rangea les Animaux ar-

ticulés dans quatre ordres : le premier comprend tous les Insectes qui sortent de leur œuf parfaitement formés et pourvus de tous leurs membres; qui croissent ensuite par degrés et qui deviennent nymphes en arrivant à leur dernier degré d'accroissement; dans cet état, ils n'ont plus aucune transformation à subir, mais seulement un simple changement de peau. Il place ici les Araignées, les Poux, les Tiques, les Cloportes, les Entomostracés, les Scorpions, les Vers terrestres, les Sangsues, etc.

Le second ordre se compose des Insectes sortant de leurs œufs, munis de six pieds, et arrivant à l'état de nymphe lorsque les ailes ont pris tout leur accroissement dans les gaînes où elles sont renfermées. Ce sont les Demoiselles, les Nèpes, les Ephémères, ou les Insectes nommés depuis Névroptères, Orthoptères et Hémiptères.

Au troisième ordre appartiennent les Hyménoptères, les Coléoptères et les Lépidoptères, c'est-à-dire les Insectes qui sortent de l'œuf, ayant six pieds ou plus, ou n'en ayant point du tout, et qui, lorsque les membres ont pris tout leur accroisssement sous la peau qui les cache, se dépouillent de cette peau et paraissent sous forme de chrysalide ou de nymphe.

Enfin le quatrième ordre comprend les Insectes qui sortent aussi de leur œuf sous la forme de Vers sans pieds ou pourvus de six pieds ou plus, dont les membres croissent de même cachés sous la peau de la larve, mais qui passent à l'état de nymphe sous cette même peau : tel est l'ordre des Diptères.

Nous ne dirons rien de la méthode de John Rai publiée en 1705 (*Methodus Insectorum, seu Insecta in methodum aliqualem digesta*). Elle n'est autre chose qu'une extension de la classification adoptée par Swammerdam. Nous ne parlerons pas non plus de quelques autres entomologistes de la même époque, qui n'ont produit aucune révolution sensible dans l'Entomologie ; nous passerions même sous silence l'immortel ouvrage de

Réaumur, dans lequel l'arrangement méthodique a été complétement négligé, s'il n'était juste d'observer qu'il a beaucoup contribué au perfectionnement de la classification, en présentant sur ce sujet des vues très-remarquables, et en fournissant surtout de curieux détails sur les mœurs et sur l'organisation des Insectes. Nous arrivons enfin à la méthode de Linné établie sur la présence ou l'absence des ailes, leur nombre, leur consistance, leur situation respective dans le repos, la nature de leur surface et la présence ou l'absence d'un aiguillon. Cette classification a servi de base à toutes celles qu'on a établies depuis, et son illustre auteur l'a modifiée dans les diverses éditions qu'il a données de ses ouvrages. En dernier lieu, il divise les Insectes en sept ordres : les cinq premiers comprennent les Insectes à quatre ailes : dans les uns, les ailes supérieures sont crustacées ou demi-crustacées ; tels sont, 1° les Coléoptères, ayant les ailes crustacées à suture droite ; 2° les Hémiptères, à ailes demi-crustacées et couchées l'une sur l'autre ; 3° les Lépidoptères, qui ont les quatre ailes couvertes d'écailles ; dans les autres, les ailes sont de même consistance ; tels sont les Névroptères, à ailes membraneuses, sans aiguillon à l'anus, et les Hyménoptères, dont les ailes sont également membraneuses, mais qui ont un aiguillon à l'anus. Le sixième ordre est constitué par les Diptères, ayant deux ailes seulement et pourvus de balanciers à la place des inférieures. Le septième et dernier ordre, les Aptères ou les Insectes privés d'ailes, se divise en Aptères à six pieds avec la tête distincte du thorax : les genres *Lepisma*, *Podura*, *Termes*, *Pediculus*, *Pulex* ; en Aptères qui ont huit à quatorze pieds avec la tête et le thorax confondus : les genres *Acarus*, *Hydrachna*, *Aranea*, *Phalangium*, *Scorpio*, *Cancer*, *Monoculus*, *Oniscus* ; et en Aptères à pieds nombreux et à tête distincte du thorax : les genres *Scolopendra* et *Julus*.

Dans la méthode de Linné, les Annelides appartiennent à la classe des Vers.

En 1764, un entomologiste français, Geoffroy, publia, sous le titre d'Histoire abrégée des Insectes (2 vol. in-4° avec fig.), une description des espèces propres aux environs de Paris, et il donna, dans cet ouvrage, une méthode analogue à celle de Linné, mais dans laquelle il existe des modifications assez importantes ; parmi elles, on remarque la division des Coléoptères en cinq sections basées sur le nombre des articles des tarses, qui tantôt sont au nombre de cinq à toutes les pates, tantôt au nombre de quatre ; d'autres fois au nombre de trois, et qui, dans certains cas, en offre cinq aux deux premières paires et quatre seulement à la dernière. Plusieurs années après, Degéer, l'émule de Réaumur, et qui avait commencé en 1752 la publication de ses Mémoires sur les Insectes, donna, dans le septième volume de ses œuvres, imprimé à Stockholm en 1778, un arrangement méthodique des Insectes. Cette méthode, comme on va le voir, n'est qu'un perfectionnement de celle de Linné. Les Insectes y sont divisés en ceux qui ont des ailes et en ceux qui n'en ont point. Les premiers comprennent trois ordres et les seconds deux seulement. Ces cinq ordres sont eux-mêmes divisés en quatorze classes. Le premier ordre, ou les Insectes à quatre ailes découvertes, comprend cinq classes : 1° Ailes farineuses ; une trompe roulée en spirale (Lépidoptères). 2° Ailes nues ; bouche sans trompe ni dents (les Névroptères sans mandibules, ou les Agnathes de Cuvier). 3° Ailes nues, de la même grandeur, réticulées ; bouche à dents (les autres Névroptères). 4° Ailes nues, les inférieures plus courtes, la plupart des nervures longitudinales ; bouche à dents ; un aiguillon ou une tarière dans les femelles (les Hyménoptères). 5° Ailes nues ; une trompe recourbée sous la poitrine (les Hémiptères Homoptères de Latreille, à l'exception des Gallinsectes). Le second ordre, ou les Insectes à deux ailes couvertes par deux étuis coriaces ou écailleux, se compose de trois classes : 1° Etuis moitié coriaces et moitié membraneux ; une trompe recourbée sous la poitrine (les Hémiptères Hétéroptères de Latreille). 2° Etuis coriaces ou demi-écailleux ; bouche à dents (les Dermaptères ou les Orthoptères d'Olivier). 3° Etuis durs et écailleux ; bouche à dents (les Coléoptères). Le troisième ordre, ou les Insectes à deux ailes découvertes, comprend deux classes : 1° des balanciers sous les ailes ; une trompe sans dents (les Diptères). 2° Point de balanciers ; mâles ayant seuls des ailes et dépourvus de trompe et de dents (les Gallinsectes de Latreille). Vient ensuite la division des Insectes sans ailes, composée de deux ordres : le premier embrasse les Insectes aptères à métamorphoses, et contient une seule classe : six pates ; bouche à trompe, sans dents (les Suceurs de Latreille). Le second renferme les Insectes aptères sans métamorphoses, et il se partage en trois classes : 1° six pates ; tête séparée du corselet par un étranglement (ordre des Parasites et des Thysanoures de Latreille). 2° Huit ou dix pates ; tête confondue avec le corselet (les Arachnides et les Crustacés Décapodes et Branchiopodes de Latreille). 3° Quatorze pates ou plus ; tête distincte du corselet (les autres Crustacés de Latreille et les Insectes myriapodes.) Ces quatorze familles sont elles-mêmes divisées en cent genres auxquels sont rapportées quatorze cent quarante-six espèces que Degéer a décrites. Retzius a donné en un petit volume (*Genera et Species Insectorum*, etc., Leipsick 1783), un extrait de la méthode de Degéer, sur laquelle nous nous sommes étendus, parce qu'elle est fondée sur de très-bonnes bases, et qu'on y trouve établi des distinctions qui ont été adoptées depuis. Vers la même époque (en 1777), Scopoli, professeur à Pavie, fit paraître, sous le titre d'*Introductio ad Historiam naturalem*, un système assez neuf et dans lequel il prit

en considération les organes de la bouche, pour la classe des Hyménoptères et pour celle des Diptères. Nous verrons bientôt quel parti on sut tirer ensuite de ce genre d'observations. Cet auteur partage la classe des Insectes de Linné en cinq grandes divisions, qu'il considère comme autant de tribus. La première, ou les Luciluges (Aptères de Linné), comprend les Crustacés et les Pédiculaires. La seconde, les Gymnoptères à ailes membraneuses et nues, renferme, 1° les Porte-Balanciers (*Halterata*), ou les Diptères ; 2° les Porte-Aiguillons (*Aculeata*), ou les Hyménoptères ; 3° les Porte-Queues (*Caudata*), ou les Névroptères. La troisième tribu se compose des Lépidoptères, divisés en plusieurs grandes coupes, les Sphinx, les Phalènes et les Papillons. La quatrième tribu, les Proboscidés ou les Hémiptères, se partage en terrestres et en aquatiques. Enfin la cinquième tribu, ou les Coléoptères, se divise aussi en terrestres et en aquatiques, et elle est terminée par les Orthoptères.

Quand on examine les détails de ces diverses classifications, on voit qu'elles s'étaient déjà singulièrement perfectionnées depuis Linné, et que plusieurs hommes distingués en avaient fait l'objet principal de leurs études ; mais personne ne s'en était occupé avec autant de suite que Fabricius, auteur d'un système célèbre en entomologie, basé entièrement sur le nombre, les proportions, la forme et la situation des pièces constituant la bouche. Il établit, en 1775, les fondemens de ce nouveau système dans un ouvrage ayant pour titre : *Systema Entomologiæ sistens Insectorum classes, ordines, genera et species*, un vol. in-8°. Quelque temps après, en 1776, il publia un autre volume sur les genres des Insectes (*Genera Insectorum*), et deux ans plus tard, il fit paraître sa *Philosophia entomologica*. En 1781, parut son *Species Insectorum*, auquel il ajouta, comme une sorte de supplément, son *Mantissa Insectorum sistens eorum species nu-*

per detectas; son *Entomologia systematica* in-8°, dont un volume de supplément parut de 1792 à 1798 ; et depuis 1801 jusqu'en 1806, il publia successivement ses divers systèmes sous les noms de *Syst. Eleutheratorum*, *Rhyngotorum*, *Piezatorum*, *Antliatorum*, et, en dernier lieu, son *Systema Glossatorum*. Un si grand nombre d'ouvrages entrepris dans le but de perfectionner toujours ses précédens travaux, prouvent, dans leur auteur, une constance à toute épreuve et un grand amour pour l'avancement de la science. Cet amour alla même trop loin ; car il le porta souvent à remplacer la distinction des choses par la distinction des mots, et à signaler des différences là où il n'en existait aucune, ou de fort légères. Les inconvéniens de la classification de Fabricius, connus des entomologistes, sont les mêmes que ceux qui découlent nécessairement de toute espèce de système, et ils paraissent encore plus sensibles par la petitesse des objets sur lesquels les caractères sont fondés, et par la difficulté de leur emploi. Voici une exposition abrégée de ce système : les Insectes ont ou n'ont point de mâchoires, ce qui constitue deux grandes divisions. Parmi les Insectes à mâchoires, les uns n'en ont que deux, et les autres en ont davantage ; de-là deux sections. La première comprend, 1° les Eleuthérates, *Eleutherata* (Coléoptères) : mâchoires nues, libres, palpigères ; 2° les Ulonates, *Ulonata* (Orthoptères) : mâchoires simples, découvertes, palpigères, surmontées d'une galette : 3° les Synistates, *Synistata* (la plupart des Névroptères) : mâchoires coudées, découvertes, mais réunies par leur base à la lèvre inférieure ; 4° les Piezates, *Piezata* (Hyménoptères) : mâchoires comprimées, allongées, engaînant une gaîne palpigère ; 5° les Odonates, *Odonata* (Névroptères renfermant seulement la famille des Libellules) ; mâchoires cachées, simples ; lèvres sans palpes ; 6° les Mitosates, *Mitosata* (Myriapodes ou mille pieds) :

deux mandibules composées, deux mâchoires et deux palpes distincts soudés ou réunis avec la lèvre ; 7° les Unogates, *Unogata* (plusieurs Arachnides) : deux mandibules en pinces sans lèvre supérieure ; 8° les Polygonates, *Polygonata* (les Crustacés Isopodes Ptérygibranches) : 9° les Kleistagnathes, *Kleistagnatha* (les Crustacés décapodes, Brachyures de Latreille) : plusieurs mâchoires hors du labre, fermant la bouche : 10° les Exochnates, *Exochnata* (les Crustacés décapodes, Macroures de Latreille) : plusieurs mâchoires hors du labre, recouvertes par les palpes. La seconde section des Insectes ou ceux qui n'ont que deux mâchoires comprend les dernières familles : 11° les Glossates, *Glossata* (les Lépidoptères) : langue en spirale ; 12° les Rhyngotes, *Rhyngota* (les Hémiptères) : un bec articulé ; 13° les Antliates, *Antliata* (les Diptères) : une trompe ou suçoir.

Moins systématique que Fabricius, et préoccupé de l'idée qu'on pourrait un jour arriver à une méthode naturelle, Olivier fit paraître, dans le premier volume de l'Encyclopédie Méthodique, une distribution des Insectes dans laquelle on aperçoit quelques perfectionnemens aux méthodes combinées de Linné, Geoffroy, Degéer et Schæffer. Il tire les principaux caractères de ses classes du nombre, de la consistance des ailes et des élytres ; puis il se sert des ailes, des parties de la bouche et des tarses pour subdiviser les classes un peu nombreuses. Il adopte et range de la manière suivante les ordres désignés sous les noms de Lépidoptères, Névroptères, Hyménoptères, Hémiptères, Orthoptères (dénomination qu'il substitue à celle de Dermaptère de Degéer), Coléoptères, Diptères et Aptères ; chacun d'eux est partagé en plusieurs sections. La dernière comprend les Insectes dont la bouche est variable, mais qui n'ont point d'ailes dans les deux sexes. Les uns ont six pates (les Poux), les autres en ont huit (les Araignées), et un grand nombre en présentent dix ou davantage (les Crabes et les Jules).

Le premier ouvrage de Latreille date de l'an v (1796). Il fut publié à Brives sous ce titre : Précis des caractères génériques des Insectes disposés dans un ordre naturel. Cet auteur, auquel la classification doit ses principales améliorations, divise les Insectes de Linné en quatorze classes. Les sept premières comprennent ceux qui sont ailés, rangés dans l'ordre suivant : les Coléoptères, les Orthoptères, les Hémiptères, les Hyménoptères, les Lépidoptères et les Diptères. Les autres Insectes sont aptères, et les changemens qu'il a introduits dans leur arrangement nous paraissent déjà d'une haute importance. Il les divise en sept autres classes dont nous exposerons les caractères : 1ᵉ les Suceurs, *Suctoria* (Rhyngotes, Fabr.) : tête distincte, antennifère ; trompe articulée, renfermant un suçoir de deux soies ; deux écailles à la base ; six pates ; 2ᵉ les Thysanoures, *Thysanoura* (Synistates, Fabr.) : tête distincte, antennifère ; bouche munie de mandibules, de deux mâchoires, de deux lèvres et d'antennules sensibles ; six pates : les Lépismes, les Forbicines, les Podures ; 3° les Parasites, *Parasiti* (Antliates, Fabr.) : tête distincte, antennifère, un tube très-court, renfermant un suçoir ; légère apparence de mandibules ou de mâchoires dans d'autres ; six pates : les Ricins et les Poux ; 4ᵉ les Acéphales, *Acephala* (Unogates et Antliates, Fabr.) : organes de la bouche ou quelques-uns tenant lieu de tête ; point d'antennes ; six à huit pates (la classe distinguée depuis sous le nom d'Arachnides) ; 5ᵉ les Entomostracés, *Entomostraca*, Müll. (Synistates et Agonates, Fabr.) : tête confondue avec le corps renfermé sous un têt d'une ou deux pièces ; antennes souvent rameuses ; mandibules sans antennules ; deux rangs au plus de feuillets maxillaires ; lèvre inférieure nulle, six à huit pates plus communément : les Monocles,

les Cypris, les Cythérées, les Daphnies, les Argules, les Limules, etc. ; 6ᵉ les Crustacés, *Crustacea* (Agonates, Fabr.) : tête confondue avec le corps renfermé ordinairement sous une carapace ; quatre antennes : plusieurs rangs de feuillets maxillaires dont deux insérées et couchées sur les mandibules ; point de lèvres, dix pates communément ; 7ᵉ les Myriapodes, *Myriapoda* (Synistates, Mitosates, Unogates, Fabr.) : tête distinguée du corps, antennifère ; mandibules ayant un avancement conique à leur base ; des dents écailleuses implantées sur le contour de l'extrémité ; deux rangs de mâchoires au plus ; une lèvre inférieure, quatorze pates et plus : les Aselles, les Cyames, les Cloportes, les Jules, les Scolopendres. Latreille ne comprend pas dans cet ouvrage la classe établie sous le nom d'Annelides.

Un an après la publication de la classification de Latreille, Cuvier fit connaître (Tableau élémentaire de l'Histoire naturelle des Animaux, an vi) une méthode qu'il déclare être une combinaison des systèmes de Swammerdam, de Linné et de Fabricius, mais dans laquelle on trouve d'heureux perfectionnemens. L'auteur établit divers ordres qu'il partage en familles naturelles, lesquelles comprennent plusieurs coupes ou grands genres qui sont ensuite subdivisés en petits genres. Les Crustacés et les Arachnides sont encore placés avec les Insectes, mais ils occupent la tête de la série et constituent le premier ordre en comprenant quatre familles : 1° les Crustacés qui ont plusieurs paires de mâchoires. Il y rapporte les grands genres Monocle, Écrevisse, Cloporte ; 2° les Millepieds qui ont le corps composé de beaucoup de segmens, portant des pieds, mais qui n'ont pas plusieurs mâchoires : les Jules, les Scolopendres ; 3° les Aranéides : une seule pièce pour la tête et le corselet portant huit pieds ; l'abdomen sans pieds : les Scorpions, les Araignées, les Faucheurs ; 4ᵉ les Phtyréides, à tête distincte, corselet portant six pieds ; abdomen sans pieds · les Podures, les Forbicines, les Ricins. Le second ordre est celui des Névroptères divisé en trois familles : 1° les Libelles, à quatre grandes ailes non ployées ; à mâchoires pourvues d'un palpe non articulé ; à lèvre enveloppant toute la bouche, sans palpes : le grand genre des Demoiselles, *Libellula* ; 2° les Perles à ailes, se rejetant sur le dos dans l'état de repos ; à mâchoires et lèvres pourvues de palpes articulés ; à bouche pourvue de mandibules : les Termites, les Hémérobes, les Panorpes, les Raphidies ; 3° les Agnathes, à mâchoires et lèvres pourvues de palpes articulés, sans aucune mandibule : les Friganes et les Ephémères. Le troisième ordre, celui des Hyménoptères, est partagé simplement en grands genres : les Abeilles, les Guêpes, les Sphex, les Chrysides, les Ichneumons, les Urocères, les Cynips, les Fourmis et les Mutilles. Le quatrième ordre, celui des Coléoptères, est divisé en plusieurs coupes auxquelles appartiennent des grands genres servant de type : 1° Coléoptères dont les antennes sont terminées par une massue feuilletée, c'est-à-dire composée de feuillets attachés par un bout et libres de l'autre ; cinq articles à tous les tarses. Tels sont les Lucanes, les Scarabées ; 2° Coléoptères dont les antennes sont portées sur un bec qui n'est qu'un prolongement de la tête, et au bout duquel est la bouche ; quatre articles à tous les doigts : les Charansons et les Bruches ; 3° Coléoptères dont les antennes sont en forme de massue, et qui n'ont que trois articles aux doigts : les Coccinelles ; 4° Coléoptères dont les antennes sont terminées en forme de massue, et qui ont cinq articles à tous les doigts ; les Sylphes, les Hydrophiles, les Sphéridies, les Scaphidies, les Escarbots, les Byrrhes, les Dermestes ; 5° Coléoptères dont les antennes sont terminées en forme de massue et qui ont quatre articles à tous les doigts : les Bostriches ; 6° Coléoptères à quatre palpes, dont les antennes sont en forme de fils et qui ont cinq articles à tous les doigts, et les élytres durs : les Ptines, les Taupins, les Richards, les Lampyres, les Cantharides, les Meloés ; 7° Coléoptères à quatre palpes, à antennes en forme de fil ou de chapelet, qui ont cinq articles aux quatre doigts de devant, et quatre seulement à ceux de derrière, et des élytres durs : les Ténébrions, les Mordelles ; 8° Coléoptères à quatre palpes dont les antennes sont en forme de fil ou de chapelet, se renflant quelquefois au bout, et qui ont quatre articles à tous les doigts : les Cassides, les Chrysomèles, les Hispes ; 9° Coléoptères dont les antennes sont en forme de soie, composées le plus souvent d'articles allongés, et qui ont quatre palpes à la bouche, et quatre articles à tous les doigts : les Capricornes, les Leptures, les Nécydales ; 10° Coléoptères dont les antennes sont en forme de fils ou de soies, et qui ont six palpes à la bouche et cinq articles à tous les doigts : les Dytiques, les Gyrins, les Carabes, les Cicindèles ; 11° Coléoptères dont les élytres sont beaucoup plus courts que l'abdomen, et recouvrent néanmoins entièrement les ailes lorsqu'elles sont repliées : les Staphylins. Le cinquième ordre, les Orthoptères, est divisé en quatre grands genres : les Perce-Oreilles, les Blattes, les Mantes et les Sauterelles ; le sixième ordre, les Hémiptères, comprend huit divisions : les Punaises, les Nèpes, les Notonectes, les Cigales, les Thrips, les Pucerons, les Psylles et les Gallinsectes. Le septième ordre, celui des Lépidoptères, renferme les genres Papillon, Sphinx et Phalène. Le huitième ordre, les Diptères, se partage aussi en plusieurs grands genres : les Tipules, les Cousins, les Mouches, les Taons, les Empis, les Bombyces, les Conops, les Asiles, les Hyppobosques et les OEstres : enfin, le neuvième et dernier ordre contient les Puces, les Poux et les Mites. A l'exemple de ses prédécesseurs, Cuvier n'a pas distingué les Annelides d'avec les Vers ; mais il les a séparés distinctement des Vers intestinaux. Plus tard il en a formé la classe des Vers à sang rouge, que Lamarck a désignée le premier sous le nom d'Annelides. *V.* ce mot. Nous avons présenté avec détails le plan de la méthode adoptée par Cuvier parce qu'elle constitue une date essentielle dans l'histoire de la science. On ne peut en dire autant d'un assez grand nombre d'ouvrages qui ont paru plus tard, ou vers la même époque, et dans lesquels on voit se reproduire des classifications analogues à celles de Linné, de Latreille et de Cuvier. On peut ranger dans ce nombre l'ouvrage de Clairville (Entomologie helvétique, 2 vol. in-8°, 1798 et 1806), remarquable sous plusieurs autres rapports, mais dans lequel l'auteur s'est attaché à changer tous les noms d'ordre et à les remplacer par des dénominations souvent barbares. Il divise les Insectes en Ailés ou Ptérophores, et en Aptères. Les Insectes de la première division sont mandibulés ou haustellés ; les mandibulés se divisent en quatre sections : 1° les Élytroptères : ailes crustacées ; 2° les Dératoptères : ailes coriacées ; 3° les Dictyoptères : ailes reticulées ; 4° les Phléboptères : ailes veinées. Les Insectes haustellés, c'est-à-dire munis du suçoir, comprennent trois autres sections : 5° les Haltériptères : ailes avec balanciers ; 6° les Lépidioptères : ailes pulvérulentes ; 7° les Hémiméroptères : ailes mixtes.

Les Insectes de la seconde section ou les Aptères se divisent également en haustellés et en mandibulés : les premiers embrassent une section : 8° les Rophoptères qui piquent en suçant, et les seconds se composent également d'une seule section : 9° les Pododunères, qui sont coureurs.

Cuvier ne s'en tint pas à ses premiers essais qui avaient été si heureux, il fit paraître en l'an VIII (1799), dans son premier volume de l'Anatomie comparée, une division des Animaux articulés. La classe des Vers est parfaitement bien caractérisée ; il ne lui

manque que le nom d'Annelides. Elle comprend deux grandes divisions ; la première renferme ceux qui ont des organes extérieurs pour la respiration et des soies aux côtés du corps, tels sont les genres *Aphrodita, Terebella, Nereis, Serpula, Penicillus, Siliquaria, Amphitrite, Dentalium.* La seconde division se compose des Vers qui n'ont point d'organes extérieurs pour la respiration, et elle se partage en ceux qui ont des soies aux côtés du corps, tels sont les genres *Nais, Lumbricus, Thalassema,* et en ceux qui n'ont point de soies aux côtés du corps, comme les genres *Hirudo, Fasciola, Planaria* et *Gordius.* Dans le même ouvrage, Cuvier distingue les Crustacés comme une classe nouvelle ; déjà il en avait établi les fondemens dans son Tableau élémentaire des Animaux articulés. Il les divise en Monocles ; ce sont les Limules, les Caliges, les Apus, les Cyclopes, les Polyphèmes ; et en Ecrevisses, tels que les Crabes, les Inachus, les Pagures, les Ecrevisses proprement dites, les Langoustes, les Scyllares, les Squilles. Le tableau qu'il donne des Insectes présente l'établissement d'un assez grand nombre de familles, que Duméril, associé alors aux travaux de de l'auteur, a presque toutes conservées. *V.* la Zoologie analytique de ce savant.

Lamarck, qui, par des circonstances particulières, s'était vu enlevé à la botanique et transporté sur le champ encore neuf de la zoologie, fit connaître en 1801 (Système des Animaux sans vertèbres) un nouvel arrangement des Animaux articulés. Les Annelides ne constituent pas encore une classe à part ; ils sont rangés parmi les Vers ; mais ils appartiennent à une grande section, désignée sous le nom de Vers externes. Les Insectes de Linné sont partagés en trois classes : les Crustacés, les Arachnides et les Insectes. Les Crustacés se composent de deux ordres : les Pédiocles ou ceux pourvus d'yeux distincts élevés sur des pédicules mobiles, et les Sessiliocles ou ceux qui ont deux yeux distincts ou réunis en un seul, mais constamment fixes et sessiles. Chacun de ces ordres se partage en deux sections, de la manière suivante :

CRUSTACÉS PÉDIOCLES. † Corps court, ayant une queue nue, sans feuillets, sans appendices latéraux, et appliquée sous l'abdomen. Genres : Crabe, Calappe, Ocypode, Grapse, Doripe, Portune, Podophtalme, Matute, Porcellane, Leucosie, Maja, Arctopsis. †† Corps oblong, ayant une queue allongée, garnie d'appendices ou de feuillets, ou de crochets. Genres : Albunée, Hippe, Ranine, Scyllare, Ecrevisse, Pagure, Galathée, Palinure, Crangon, Palémon, Squille, Branchiopode.

CRUSTACÉS SESSILIOCLES. † Corps couvert de pièces crustacées nombreuses. Genres : Crevette, Aselle, Chevrolle, Cyame, Ligie, Cloporte, Forbicine, Cyclope. †† Corps couvert par un bouclier crustacé d'une seule ou de deux pièces. Genres : Polyphème, Limule, Daphnie, Amymone, Céphalocle.

Les Arachnides sont, pour la première fois, séparées des autres Aptères pour former une classe nouvelle. Lamarck y établit deux ordres : les Arachnides palpistes et les Arachnides antennistes. Ils sont caractérisés et se divisent de la manière suivante :

ARACHNIDES PALPISTES. Point d'antennes, mais seulement des palpes ou antennules ; tête confondue avec le corselet ; corps muni de huit pates. † Bouche munie de mandibules et de mâchoires. Genres : Scorpion, Araignée, Phryne, Galéode, Faucheur, Pince, Elaïs, Trombidion. †† Bouche munie d'une trompe ou d'un suçoir. Genres : Hydracne, Bdelle, Mitte, Pycnogonon, Nymphon.

ARACHNIDES ANTENNISTES. Deux antennes et tête distinctes ; vingt pates ou davantage dans les unes ; constamment six pates dans les autres. † Vingt pates ou davantage. Genres : Scolopendre, Scutigère, Jule. †† Six pates. Genres : Pou, Ricin, Podure.

Les Insectes sont broyeurs ou suceurs ; les uns ont des mandibules, des mâchoires et d'autres organes manducateurs. Les autres ont une bouche plus ou moins tubulaire ou en forme de suçoir. La première division se compose des ordres suivans : Coléoptères, Orthoptères, Névroptères et Hyménoptères. La seconde est formée par les Lépidoptères, les Hémiptères, les Diptères et les Aptères. Lamarck (Histoire naturelle des Animaux sans vertèbres, 1815-1822) ne change rien au plan général de sa méthode, seulement il établit la série en sens inverse, c'est-à-dire en allant des êtres les plus simples aux plus composés, et il consacre le nom d'Annelides aux Animaux qu'il avait précédemment rangés dans la section des Vers externes.

Ces divers travaux, qui contribuèrent d'une manière si efficace aux progrès de la science en même temps qu'ils en répandaient le goût, firent sentir de plus en plus la nécessité d'amener à la perfection un édifice dont les bases étaient déjà établies. L'on vit paraître successivement et en fort peu de temps, un grand nombre de travaux destinés à perfectionner l'œuvre des prédécesseurs. La plupart des ouvrages que nous citerons nous paraissent avoir marché vers ce but.

Duméril a publié en 1804, sous le titre de Traité d'Histoire naturelle, des tableaux dans lesquels il présente les diverses classes d'Animaux, depuis les plus composés jusqu'aux plus simples. Les Animaux articulés y sont traités avec soin, et on voit, par diverses publications antérieures de l'auteur, qu'il avait depuis longtemps médité le plan ingénieux qu'il présente et qui se trouve parfaitement bien développé dans sa Zoologie analytique publiée en 1805, ainsi que dans ses Considérations générales sur la classe des Insectes. Le but de l'auteur a été d'appliquer à l'étude des Insectes la méthode analytique qui, suivant ses propres expressions, est une sorte de système appliqué à un mode d'arrangement tel que les espèces sont autant rapprochées qu'il est possible par leur analogie, afin de pouvoir plus facilement généraliser ce qui les concerne et les comparer entre elles. Cette marche, ne laissant de choix qu'entre deux propositions, facilite et abrège considérablement les recherches. Duméril s'est occupé principalement de la classe des Insectes. Il y établit huit ordres : les Coléoptères, les Orthoptères, les Névroptères, les Hyménoptères, les Hémiptères, les Lépidoptères, les Diptères et les Aptères. Ce dernier ordre comprend six familles : 1° les Parasites ou Rhinoptères ; les genres Puce, Pou, Smaride, Tique, Lepte et Sarcopte. 2° Les Ricins ou Ornithomozyus ; le genre Ricin. 3° Les Séticaudes ou Nématoures ; les genres Forbicine, Machile et Podure. 4° Les Aranéides ou Acères ; genres Araignée, Mygale, Pince, Galéode, Faucheur, Trombidie. 5° Les Mille-pieds ou Myriapodes ; genres Scolopendre, Lithobie, Scutigère, Polyxène, Polydesme, Jule, Gloméride. 6° Les Quadricornes ou Polygnathes ; genres Armadille, Cloporte, Physode. On voit, par l'exposé de ce dernier ordre, que Duméril comprend dans ses Aptères plusieurs Animaux qui constituent ailleurs des ordres et même des classes distinctes. Les Arachnides sont dans ce dernier cas. Il admet cependant la classe des Crustacés. Les Annelides sont rangées par lui (Zool. analyt.) dans la classe des Vers, et nous ne croyons pas qu'il ait depuis étendu les recherches sur ce groupe intéressant.

La treille a développé en 1806, avec tout le talent qui caractérise ce grand naturaliste, sa méthode naturelle, dans un ouvrage ayant pour titre *Genera Crustacearum et Insectorum* (4 vol. in-8°, 1806-1809). Et plus tard il a fait paraître, sous le titre de Considérations générales sur l'ordre naturel des Animaux composant les classes des Crustacés, des Arachnides et des Insectes (1 vol. in-8°, Paris, 1810), un ouvrage qui change fort

peu de chose au premier, mais dont les coupes sont moins nombreuses et fondées sur des caractères souvent plus rigoureux. Les Annelides ne font pas partie de ce travail, mais les Insectes de Linné y sont divisés en trois classes : les Crustacés, les Arachnides et les Insectes. Ces classes sont elles-mêmes subdivisées en ordres, les ordres en familles et celles-ci en genres. Nous donnerons ici une idée sommaire des principales coupes jusqu'aux familles, en renvoyant à chacune d'elles toute espèce de détails.

Les Crustacés se partagent en deux ordres : les Entomostracés et les Malacostracés. Le premier embrasse trois familles : les Clypéacés, les Ostracodes, les Gymnotes. Le second ordre, les Malacostracés, comprend sept familles : Cancérides, Oxyrinques, Paguriens, Langoustines, Homardiens, Squillares, Crevettines.

La classe des Arachnides est divisée en six ordres : 1° les Tétracères, deux familles : Asellotes et Cloportides ; 2° les Myriapodes, deux familles : Chilognathes et Syngnathes ; 3° les Thysanoures, deux familles : Lépismènes et Podurelles ; 4° les Parasites, deux genres : Pou et Ricin ; 5° les Pycnogonides, trois genres : Nymphon, Phoxichile et Pycnogonon ; 6° les Acères, huit familles : Scorpionides, Pédipalpes, Aranéides, Phalangites, Acaridies, Tiques, Hydrachnelles, Microphthires.

La classe des Insectes a été partagée en huit ordres : les Coléoptères, les Orthoptères, les Hémiptères, les Névroptères, les Hyménoptères, les Lépidoptères, les Diptères et les Suceurs.

1°. Les Coléoptères sont divisés en cinq sections : les Pentamères, les Hétéromères, les Tétramères, les Trimères et les Dimères. — Les Coléoptères Pentamères comprennent dix neuf familles : Cicindelètes, Carabiques, Hydrocanthares, Tourniquets, Sternoxes, Malacodermes, Clairones, Nécrophages, Staphyliniens, Palpeurs, Dermestins, Byrrhiens, Hydrophiliens, Sphéridiotes,

Coprophages, Géotropins, Scarabéides et Lucanides. — Les Coléoptères Hétéromères embrassent six familles : Piméliaires, Ténébrionites, Pyrochroïdes, Mordellones, Cantharidies et OEdémérites. — Les Coléoptères Tétramères se composent de dix familles : Bruchèles, Charansonites, Bostrichins, Paussiles, Xylophages, Cucujipes, Cérambycins, Criocérides, Chrysomélines, Erotylènes. — Les Coléoptères Trimères comprennent une seule famille : les Coccinellides. — Il en est de même de la dernière section, des Coléoptères Dimères, qui sont constitués par la famille des Psélaphiens.

2°. Les Orthoptères renferment six familles : Forficulaires, Blattaires, Mantides, Gryllones, Locustaires et Acridiens.

3°. Les Hémiptères sont groupés en deux sections : les Hétéroptères et les Homoptères. Dans les Hétéroptères on compte trois familles : Corisies, Cimicides et Hydrocorises. Il en existe quatre dans la section des Homoptères : Cicadaires, Psyllides, Aphidiens, Gallinsectes.

4°. Les Névroptères ont été partagés en deux sections : les Subulicornes et les Silicornes. La première se compose de deux familles : Libellulines et Ephémérides. La seconde en offre neuf : Panorpates, Fourmilions, Hémérobiens, Mégaloptères, Raphidiens, Termitines, Psoquilles, Perlaires, Friganites.

5°. Les Hyménoptères sont classés dans deux sections : les Porte-Tarières et les Porte-Aiguillons. Les Porte-Tarières comprennent huit familles : Tenthredines, Urocérates, Evaniales, Ichneumonides, Diplolépaires, Cynipsères, Proctotrupiens et Chrysidides. Les Porte-Aiguillons en renferment treize : Formicaires, Mutillaires, Scolietes, Sapygites, Pompiliens, Sphégimes, Bembecides, Larrates, Crabronites, Guèpiaires, Masarides, Andrenètes et Apiaires.

6°. Les Lépidoptères se divisent en Diurnes, en Crépusculaires et en Nocturnes. La section des Diurnes contient deux familles : Papillonides et Hespérides. Celle des Crépusculaires en renferme deux autres : Sphingides et Zygenides. La section des Nocturnes se compose de huit familles : Bombycites, Noctuo-Bombycites, Tinéites, Noctuélites, Phalénites, Crambites et Ptérophorites.

7°. Les Diptères sont coupés en trois sections : les Proboscidés, les Eproboscidés et les Phthiromyies. La première présente quatorze familles : Tipulaires, Stratiomydes, Taoniens, Rhagionides, Dolichopodes, Mydasiens, Asiliques, Empides, Anthraciens, Bombyliens, Vésiculeux, Syrphies et Muscides. La seconde section se compose d'une seule famille · Coriaces. Et la dernière section n'offre qu'un genre, celui des Nyctéribies.

8°. Les Suceurs sont formés par le seul genre Puce.

Enfin Blainville a publié, en 1816, dans le Bulletin de la Société philomatique, des tableaux méthodiques sur l'arrangement de tous les Animaux ; il vient de les reproduire dans un ouvrage ayant pour titre : de l'Organisation des Animaux ou principes d'Anatomie comparée (T. 1er, Paris, 1822). Il désigne dans son dernier travail, sous le nom d'Entomozoaires, les Insectes et les Vers de Linné ou la classe des Animaux articulés, et basant sa classification sur la présence ou l'absence des appendices du corps, sur leur nombre et sur les modifications qu'ils présentent, il établit que les Entomozoaires ont le corps pourvu ou non d'appendices : les premiers qui nous occuperont d'abord ont les appendices articulés ou non articulés. De ces deux grandes coupes, la première se partage en six classes : 1° les Hexapodes (pieds au nombre de six) se subdivisent en Tétraptères, en Diptères et en Aptères ; les Tétraptères eux-mêmes comprennent six ordres : les Coléoptères, les Orthoptères, les Hémiptères, les Lépidoptères, les Névroptères et les Hyménoptères ; 2° les Octopodes (huit pieds) ou les Arachnides de Latreille ; 3° les Décapodes (dix pieds) qui sont

Acères ou Tétracères. Les Acères se composent des Limuliens, et les Tétracères sont subdivisés en Thoraciques et en Athoraciques ; les premiers embrassent plusieurs groupes ou familles désignés sous les noms de Cancroïdes, Cancrustacoïdes et Astacoïdes ; 4° les Hétéropodes (pieds en nombre variable) se partagent en deux classes, les Normaux qui sont formés par les Squillacés, les Branchioptères, les Entomostracés, et les Anomaux, renfermant les Épizoaires ; 5° les Tétradécapodes (quatorze pieds) divisés en Gammariens, Aselliens et Onisciens ; 6' les Myriapodes (pieds en nombre égal à celui des articulations du corps), tels sont les Jules et les Scolopendres.—La seconde coupe des Entomozoaires à appendices, se compose de ceux chez lesquels ils ne sont plus articulés, et elle comprend une seule classe ; 7° les Chétopodes divisés eux-mêmes en Chétopodes à anneaux du corps dissemblables, ou les Anhomomères (les Serpulides, les Amphytridés) à anneaux du corps subsemblables ou les Subhomomères (les Arénicolés) ; enfin à anneaux du corps semblables ou les Homomères (les Néréidés et les Lombriciues.)

La seconde grande division des Entomozoaires, ceux qui n'ont plus d'appendices au corps, constitue une classe : les Apodes divisés en Sanguisugaires, Paruncinaires, Ascaridaires. Blainville a su mettre à profit les travaux de ses prédécesseurs en les adaptant à son idée ingénieuse de classification. On regrettera peut-être qu'il se soit presque constamment éloigné d'eux dans la partie technologique de son travail.

Un an après (1817) cette publication de Blainville, parut le Règne Animal de Cuvier, ouvrage fondamental et dans lequel les Animaux articulés qui forment la troisième grande division du Règne Animal sont partagés en quatre classes : les Annelides, les Crustacés, les Arachnides et les Insectes. Nous ne développerons pas la méthode suivie par Latreille dans le troisième volume de cet ouvrage, puisqu'elle est adoptée dans ce Dictionnaire, et que nous offrons ici un tableau de la distribution de chacune des classes.

Nous n'avons encore parlé que des auteurs qui ont embrassé dans leurs méthodes la série tout entière des Animaux articulés, ou pour le moins quelques-unes des classes dont elle se compose ; toutefois on connaît un grand nombre de travaux, tant sur les espèces que sur les genres, les familles et les ordres. Il en existe même sur certaines classes en particulier, et on rencontre tel auteur qui s'est attaché exclusivement aux Annelides, tel autre aux Crustacés, un troisième aux Arachnides : nous signalerons à l'attention des entomologistes quelques-uns des travaux de ce genre. Les Annelides ont été étudiées avec beaucoup de soin par Savigny ; nous avons adopté sa méthode, et nous en offrons ici le tableau : elle diffère essentiellement de celle présentée par Cuvier qui (Règn. Anim. T. II, p. 515) établit dans cette classe trois ordres : les Tubicoles, les Dorsibranches, les Abranches, subdivisés en plusieurs grands genres ; 1° les Tubicoles, vulgairement Pinceaux de mer, ou bien Céphalobranches de Latreille, ont pour caractères : branchies en forme de panaches ou d'arbuscules, attachées à la tête ou sur la partie antérieure du corps ; habitant presque tous dans les tuyaux. Genres : Serpule, Sabelle, Terebelle, Amphitrite, Arrosoir, Dentale ; 2° les Dorsibranches sont caractérisés ainsi : branchies en forme d'Arbres ou de lames sur la partie moyenne du corps ou tout le long de ses côtés ; la plupart vivant dans la vase ou nageant librement dans la mer ; un très-petit nombre pourvu de tuyaux. Genres : Néréide, Spio, Aphrodite, Amphinome, Arénicole ; 3° les Abranches offrent les caractères suivans : aucune branchie apparente ; fonction respiratoire ayant lieu soit par la peau, soit par quelque cavité intérieure ; la plupart vivant librement dans l'eau ou dans la vase ; quelques-uns seule-

ANIMAUX ARTICULÉS

DIVISÉS EN

Iʳᵉ Classe. — ANNELIDES.	IIᵉ Classe. — CRUSTACÉS.	IIIᵉ Classe. — ARACHNIDES.	IVᵉ Classe.
(Méthode de M. Savigny, *Système des Annelides.*) (1).	(Méthode de Latreille, *Règne animal de Cuvier*, T. III.) (1).	(Méthode de Latreille, *Règne animal de Cuvier*, T. III. 1817.) (1).	INSECTES.

Iʳᵉ Classe. — ANNELIDES.

Des soies pour la locomotion.

ORDRE Iᵉʳ. NÉRÉIDÉES.
Des pieds pourvus de soies rétractiles, subulées ; une tête distincte munie d'yeux et d'antennes.

Familles :
- Branchies en forme de petites crêtes ; des acicules : APHRODITES. — NÉRÉIDES. — EUNICES.
- Branchies en forme de feuilles très-compliquées ; point d'aciicules : AMPHINOMES.

ORDRE IIᵉ. SERPULÉES.
Des pieds pourvus de soies rétractiles, subulées ; point de tête.
- Branchies nulles ou peu nombreuses ; pieds de plusieurs sortes : AMPHITRITES. — MALDANIES.
- Branchies nombreuses ; pieds d'une seule sorte : TÉLÉTHUSES.

ORDRE IIIᵉ. LOMBRICINES.
Point de pieds saillans.
- . . . . ECHIURES.
- . . . . LOMBRICS.

ORDRE IVᵉ. HIRUDINÉES. . . . . SANGSUES.
Point de soies pour la locomotion.
Une cavité préhensile à chacune des extrémités.
Des yeux.

(1) Voyez les divisions secondaires au nom de chaque famille.

IIᵉ Classe. — CRUSTACÉS.

Familles. — Grands genres.

ORDRE Iᵉʳ. DÉCAPODES.
Branchies situées à la base des pieds qui sont au nombre de dix.
- BRACHIURES. — Crabes. (Queue plus courte que le tronc.)
- MACROURES. — Ecrevisses. (Queue aussi longue ou moins longue que le tronc.)

ORDRE IIᵉ. STOMAPODES. . . . . . . Squilles.
Branchies situées sous la queue ; plus de dix pattes.

ORDRE IIIᵉ. AMPHIPODES. . . . . . Chevrettes. (Gammarus.)
Branchies situées à la base des pates ; tête distincte du tronc ; pattes au nombre de quatorze.

ORDRE IVᵉ (2). ISOPODES. . . . . . Cloportes.
Branchies situées sous l'abdomen ; pattes en nombre variable (1-7) ; paires propres à la locomotion.

ORDRE Vᵉ (3). BRANCHIOPODES. . . . . . . Monocles.
Branchies garnissant les pattes ; celles-ci plus ou moins nombreuses et propres à la natation.

(1) Ayant suivi scrupuleusement, et pour de bons motifs, la méthode de Latreille, dans cet ouvrage, nous n'avons pas cru utile de détailler davantage ce tableau, et nous nous sommes arrêtés aux divisions des familles. On trouvera des développemens sur chacune d'elles, aux mots qui en traitent en particulier.

(2) Latreille a fondé récemment un nouvel ordre qu'il place entre les Amphipodes et les Isopodes ; il le nomme LÆMODIPODES. (V. ce mot.) Il a divisé depuis l'ordre des Isopodes en deux familles, les *Phytibranches* et les *Pterygibranches*. (V. ces mots.)

(3) L'ordre des Branchiopodes est divisé (Règn. an. de Cuv.) en trois sections, les Pœcilopes, les Phyllopes et les Lophyropes ; elles ont été depuis converties en familles. (V. ces mots et Branchiopodes.) Strauss a dernièrement observé plusieurs Crustacés de cet ordre, et il a trouvé des palpes aux mandibules.

IIIᵉ Classe. — ARACHNIDES.

Familles. — Grands genres.

ORDRE Iᵉʳ. PULMONAIRES.
Organes de la respiration consistant en des sacs pulmonaires.
- FILEUSES OU ARANÉIDES. . . . . . Araignées. (Palpes en forme de petits pieds, sans pince ni griffe au bout.) — Tarentules.
- PEDIPALPES. (Palpes très-grands en forme de bras avancés terminés en pince ou en griffe.) — Scorpions. — Galéodes.
- FAUX-SCORPIONS. (Tronc partagé supérieurement en trois segmens.) — Pinces. (Cheliser... Geof.)

ORDRE IIᵉ. TRACHÉENNES.
Organes de la respiration consistant en des trachées rayonnées ou ramifiées.
- PYCNOGONIDES. (Tronc composé de quatre segmens.) — Pycnogonons. — Phoxichiles. — Nymphons.
- HOLETRES. (Tronc et abdomen réunis en une masse.) — Phalangiens. . . Faucheurs. — Acarides. Mites.

(1) Voyez, pour les divisions secondaires, le nom de chaque famille.

IVᵉ Classe.

INSECTES.

(Voy. le Tableau à la page suivante.)

ment dans la terre humide. Genres : Lombric, Thalassème, Naïade, Sangsue, Dragonneau.

La classe des Crustacés a spécialement été étudiée par Leach dans plusieurs ouvrages. Voici le tableau méthodique pris dans l'Encyclopédie d'Édimbourg (T. VII, année 1813 et 1814) : la classe des Crustacés se divise en trois ordres : *Entomostraca*, *Malacostraca* et *Myriapoda*. Chacun se divise en plusieurs tribus qui renferment plusieurs familles, lesquelles se subdivisent en un grand nombre de genres. Nous ferons observer que cet arrangement se rapproche, sous plusieurs rapports, de celui proposé par Latreille (*Gener. Crust. et Ins.*), mais qu'il renferme les Insectes Myriapodes et que des noms différens sont imposés aux tribus et aux familles. Quant aux genres, ils sont plus nombreux ; nous les avons relevés à leur ordre alphabétique.

La classe des Arachnides, ou plutôt une portion de cette classe, les Arachnides pulmonaires, fileuses, ou le grand genre Araignée, a fourni le sujet d'un travail très-remarquable de Walckenaer, qui a publié en 1805 (Tableau des Aranéides) une méthode de classification qu'on a depuis généralement adoptée. Ce savant auteur divise les Aranéides en deux tribus : les Théraphoses et les Araignées. La première tribu embrasse trois sous-genres : 1° les Egorgeuses, genre Mygale ; 2° les Tueuses, genre Olètre ; et 3° les Ravageuses, genre Missulène. La seconde tribu, ou les Araignées, comprend vingt-quatre sections renfermant chacune un genre et rangées dans l'ordre suivant : les Chasseuses, genre Lycose : les Coureuses, genre Dolomède; les Marcheuses, genre Clène ; les Arpenteuses, genre Sphase ; les Chercheuses, genre Erèse ; les Voyageuses, genre Atte ; les Latébricoles, genre Thomise; les Grotticoles, genre Sparasse ; les Caméricoles, genre Clubione ; les Cellulicoles, genre Drasse; les Claustralicoles, genre Dysdère ; les Tubicoles, genre Ségestrie; les Tapitèles, genre Tégénéraire ; les

Labyrinthitèles, genre Agelène ; les Lintéolitèles, genre Nysse; les Orbitèles, genre Épière ; les Spiralitèles, genre Tétragnathe ; les Napitèles, genre Linyphie ; les Rétitèles, genre Théridion ; les Réticulitèles, genre Scytode ; les Filitèles, genre Pholcus ; les Noditèles, genre Latrodecte ; le genre Storène (il n'est précédé d'aucun nom de section); les Naïades, genre Argyronète. Chacun de ces genres est lui-même partagé en plusieurs petites coupes basées ordinairement sur la forme extérieure du corps, et dans lesquelles sont rangées les espèces.

Nous avons adopté, dans ce Dictionnaire, la méthode des Annelides de Savigny, et la méthode de Latreille (Règn. Anim.de Cuv.) pour les Crustacés, les Arachnides et les Insectes. *V.* les tableaux ci-joints et les divers noms de familles ou de genres cités dans cet article. (AUD.)

ENTOMON. *Entomon.* CRUST. Nom proposé par Klein (Remarques sur les Crustacés) pour un genre de Crustacés qui comprenait les Scorpions, la Squille-Mante, les Aselles et les Pagures. Latreille avait d'abord adopté ce genre (Précis des Caractères génér. des Ins., p. 197), en lui assignant des caractères précis et en le circonscrivant dans des limites plus étroites. Depuis, il n'a pas jugé utile de le conserver. (AUD.)

ENTOMOPHAGES. OIS. *V.* INSECTIVORES.

ENTOMOPHAGES. INS. Latreille, dans son *Genera Crustacearum et Insectorum*, a donné ce nom à une division de Coléoptères Pentamères, qui répond à celle des Coléoptères carnassiers de Cuvier. (B.)

ENTOMOSTRACÉS. *Entomostraca.* CRUST. Dénomination appliquée par Otho-Frédéric Müller à un groupe de Crustacés dont Linné n'avait formé qu'un genre sous le nom de *Monoculus*. Latreille (*Gener. Crust. et Ins.*) a considéré les Entomostracés comme un ordre de la classe des Crustacés ; et, plus tard, il a remplacé ce nom par celui de Branchiopodes. Leach (Dict. des Sc. Nat. T. xiv, p. 524) accorde à la dénomination d'Entomostracés un sens très-étendu, et il les divise (*loc. cit.*, p. 528) en plusieurs ordres et familles, de la manière suivante :

Iᵉʳ ordre, les Pœcilopes ; ils comprennent trois familles : les Argulidées, les Caligidées et les Limulidées.

IIᵉ ordre, les Phyllopodes ; il renferme les genres Binocle et Lépidure.

IIIᵉ ordre, les Lophyropes, contenant deux familles : les Cyclopidées et les Cypridées.

IVᵉ ordre, les Branchiopodes, composés des genres Branchipe et Artemie. *V.* ces mots et Branchiopodes.   (aud.)

* ENTOMOSTRACITES. *Entomostracites.* crust. Wahlenberg a donné ce nom général à plusieurs espèces de Trilobites appartenant, suivant Brongniart, à des genres différens. Les *Entomostracites caudatus, crassicauda, expansus, laticauda,* sont des espèces du genre Asaphe. Les *Entomostracites gibbosus, laciniatus, paradoxissimus, scaraboides* et *spinulosus* font partie du genre Paradoxide. L'*Entomostracites pisiformis* est un Agnoste, et l'*Entomostracites tuberculatus* un Calymène. Quelques autres Entomostracites ne sont pas assez reconnaissables pour qu'on puisse assigner leur place avec certitude.   (aud.)

ENTOMOTILLES ou INSECTIRODES. ins. Famille de l'ordre des Hyménoptères, section des Térébrans, établie par Duméril qui lui assigne pour caractères : abdomen pédiculé, non concave en dessous ; lèvre inférieure de la longueur des mandibules ; antennes non brisées, de dix-sept à trente articles. Elle comprend les genres Ichneumon, Fœne, Évanie, Ophion, Banche, et peut être rapportée à la famille des Pupivores de Latreille et à la tribu des Ichneumonides (Règn. Anim. de Cuv.) *V.* Pupivores.   (aud.)

ENTOMOZOAIRES. *Entomozoaria.* zool. Nom proposé par Blainville, dans son Prodrome d'une nouvelle classification du règne animal (Bullet. des Sc. par la Soc. Philomat., 1814), pour désigner la classe des Insectes de Linné et celle des Vers réunies. Il assigne pour caractères à cette grande division, d'avoir le système nerveux de la locomotion au-dessous du canal intestinal ; la fibre musculaire contractile, soutenue par une peau plus ou moins endurcie, et par suite, le corps et les appendices, quand il y en a, fracturés et articulés d'une manière visible à l'extérieur. Blainville fonde ses divisions sur la présence ou l'absence des appendices, leur nature, leurs usages et leur nombre. Il arrive ainsi à l'établissement de huit classes : les Hexapodes, les Octopodes, les Décapodes, les Hétéropodes, les Tétradécapodes, les Myriapodes, les Chétopodes et les Apodes. *V.* Articulés.   (aud.)

ENTOMOZOOLOGIE. *Entomozoologia.* zool. Blainville substitue ce nom à celui d'Entomologie, aussi bon sans doute et beaucoup plus ancien.   (aud.)

ENTONNOIR. *Infundibulum.* moll. Montfort (Conchyl. Syst. T. ii, p. 166) a proposé sous ce nom un genre composé, d'après notre manière de penser, d'élémens hétérogènes. En effet il y réunit des Calyptrées avec de véritable Trochus. Il est pourtant bien facile à la première inspection de distinguer ces deux genres, quelle que soit d'ailleurs la forme de la lame intérieure qui s'y remarque. Si quelques Calyptrées ont une lame décurrente, spirale, complète, correspondant à des tours de spire plus ou moins sensibles, on y est amené par les rudimens de ces lames que l'on retrouve dans d'autres avoisinantes et qui prennent peu à peu cette forme. Mais ce qui caractérisera toujours les Calyptrées, et ce qui les séparera, jusqu'à ce qu'on en connaisse l'Animal, de toute espèce de Trochus, c'est l'irrégularité de la coquille qui, comme nous l'avons déjà fait remarquer (*V.* Calyptraciens et Crépidule), indique d'une manière certaine que les Calyptrées, comme tous les Mollusques des Calyptraciens, vivent fixées sur les corps sous-marins ; les Trochus, au contraire, sont libres et présentent constamment, quel que soit d'ailleurs le plus ou moins de concavité inférieure de leur coquille, une régularité, une épaisseur et une nacre qui sont propres à cette famille ; et ils sont pourvus de deux couches testacées dont l'extérieure est colorée, ce qui ne se trouve jamais dans les Calyptrées. Tous ces motifs nous portent à penser, même contre l'opinion de Lamarck, que les Calyptrées, qu'il avait placées dans le genre Trochus dans la dernière édition des Animaux sans vertèbres, devront se replacer où elles étaient d'abord, et l'Entonnoir Type, *Infundibulum Typus* de Montfort, restera dans le genre Trochus où il est à sa véritable place.

Les marchands donnent le nom d'Entonnoir au *Trochus concavus*, Lamk., ainsi qu'au *Patella fusca*, L.

(D..H.)

ENTONNOIR. BOT. CRYPT. Nom imposé par Paulet à divers Champignons entre lesquels on remarque l'Entonnoir pied de Chèvre ??? et les Entonnoirs mous ? (B.)

ENTOPHYTES. BOT. CRYPT. Nom donné par Link aux Champignons qui se développent dans le tissu même des Végétaux et particulièrement des plantes vivantes, telles que les *Uredo*, *Œcidium*, *Stilbospora*, etc. Ces genres forment la famille désignée sous le nom d'Urédinées. *V.* ce mot et CHAMPIGNONS. (AD.B.)

ENTOPOGONES. BOT. CRYPT. (*Mousses.*) Section dans laquelle Palisot-Beauvois rangeait toutes les Mousses ne possédant qu'un seul péristome, qui lui paraissait analogue au péristome interne des Mousses à péristome double. Les genres qu'il rapportait à cette section, étaient : *Tortula*, *Barbula*, *Cinclidotus* et *Hymœnopogum* ou *Diphylium* des autres auteurs. (AD.B.)

* **ENTOTHORAX.** *Entothorax.*

INS. Nous avons désigné sous ce nom, dans nos Recherches sur le thorax (Ann. des Sc. Nat. T. 1, p. 124) une pièce du squelette des Animaux articulés, remarquable par l'importance de ses usages et quelquefois par son volume. Elle occupe la ligne moyenne du corps, et est située au-dessus du sternum et à sa face interne, c'est-à-dire au-dedans du corps de l'Animal. Elle naît ordinairement de l'extrémité postérieure du sternum, affecte des formes secondaires assez variées et paraît généralement divisée en deux branches. Cuvier l'appelle la pièce en forme d'Y, parce qu'il l'a observée dans un cas où elle figurait cette lettre. L'Entothorax se rencontre constamment dans chaque segment du thorax, et semble être en quelque sorte une dépendance du sternum. Ses usages sont extrêmement importans ; il protège, en l'emboîtant plus ou moins, le système nerveux et il l'isole de l'appareil digestif du vaisseau dorsal, etc. En ce sens, il a de grands rapports avec les vertèbres des Animaux supérieurs. L'Entothorax n'existe pas seulement dans le thorax, on le retrouve dans la tête. Il pourrait, dans ce cas, porter le nom d'Entocéphale. On l'observe enfin dans le premier anneau de l'abdomen de la Cigale, et la pièce nommée par Réaumur Triangle écailleux est sans aucun doute son analogue. Nous proposons de l'appeler alors Entogastre. *V.* THORAX. (AUD.)

ENTOZOAIRES. *Entozoa.* Nom substitué par Rudolphi à la dénomination de Vers intestinaux, *Vermes intestinales*, et comprenant tous les êtres qui vivent dans une partie quelconque du corps d'un Animal. Cette division correspond à la deuxième classe des Zoophytes de Cuvier (Règn. Anim.), les Intestinaux. *V.* ce mot et VERS. (AUD.)

* **ENTRENOEUD.** *Internodium.* BOT. PHAN. On nomme ainsi l'intervalle situé entre deux nœuds, c'est-à-dire entre les parties du Végétal où les fibres s'entrecroisent et où le tis-

su cellulaire se tuméfie. Les tiges des Graminées, celles des OEillets et de plusieurs autres Caryophyllées, étant noueuses et articulées, possèdent conséquemment des Entrenœuds. Dans les Plantes à feuilles opposées, mais qui n'ont pas de véritables nœuds ni d'articulations, on a, par extension, donné quelquefois le nom d'Entrenœud à l'espace compris entre les deux paires ou les deux verticilles de feuilles. (G..N.)

ENTROCHITES ou **ENTROQUES.** POLYP. FOSS. Les oryctographes ont donné ce nom à des portions de Crinoïdes. *V*. ce mot.
(LAM..X.)

ENUCLEATOR. OIS. Syn. de Dur-Bec. *V*. ce mot et BOUVREUIL. (B.)

ENULA-CAMPANA. BOT. PHAN. Syn. d'Aunée, espèce d'Inule. *V*. ce mot. (B.)

* **ENVELOPPES.** ZOOL.. BOT. On donne généralement ce nom à des membranes qui recouvrent et protègent certains organes. Ainsi on appelle enveloppes cérébrales les meninges qui recouvrent le cerveau et ses dépendances ; enveloppes fétales, celles qui constituent l'œuf à l'extérieur dans les Mammifères, etc. En botanique, ce mot est aussi employé dans le même sens ; ainsi l'*Enveloppe herbacée* de la tige est cette couche de tissu cellulaire vert, placé immédiatement au-dessous de l'épiderme, recouvrant les tiges et ses ramifications et pénétrant dans les feuilles où elle remplit les intervalles que laissent entre elles les ramifications et les anastomoses successives des vaisseaux. C'est dans l'enveloppe herbacée qu'a lieu la décomposition de l'Acide carbonique absorbé dans l'air. *V*. ECORCE.

ENVELOPPES FLORALES. On donne souvent ce nom au calice et à la corolle.

ENVELOPPES SÉMINALES. On les distingue en enveloppes séminales propres et enveloppes séminales accessoires. Les premières sont constituées uniquement par l'épisperme.

V. ce mot. Les autres sont toutes les parties placées en dehors de l'épisperme, tels que l'arille, les caroncules, et quelquefois l'endocarpe que l'on a considéré comme un arille et une dépendance de la graine. *V*. ARILLE, CARONCULE et ENDOCARPE.
(A.R.)

ENVERGURE. OIS. Se dit de la distance qu'il y a de l'extrémité d'une aile à l'extrémité de l'aile opposée, lorsque toutes deux sont étendues.
(DR..Z.)

ENYDRE. *Enydra* ou *Enhydra* BOT. PHAN Dans la Flore de Cochinchine, Loureiro a décrit une Syngénèse formant un nouveau genre, auquel il a donné le nom d'*Enydra*. Les caractères tracés par ce botaniste, se sont trouvés parfaitement concordans avec ceux observés par Cassini sur une Plante que Willdenow rapportait au genre *Cæsulia*, et dont Palisot de Beauvois avait fait d'un autre côté son *Cryphiospermum*. R. Brown, auquel on devait l'indication de ce rapprochement, avait aussi avancé que les genres *Meyera* de Schreber, *Sobreyra* de Ruiz et Pavon, et *Hingstha* de Roxburgh, n'en forment qu'un seul identique avec celui dont nous parlons ici ; de sorte qu'en admettant cette opinion, qui d'ailleurs a été vérifiée et adoptée par Cassini et Kunth, le nom à préférer devrait être le plus aucien, c'est-à-dire le *Meyera* créé en 1789 ; c'est, en effet, ce que R. Brown et Kunth ont décidé. Mais si l'on considère avec Cassini, que le genre *Enydra* n'est postérieur au *Meyera* que d'une année, et que la description de Loureiro est parfaitement exacte, tandis que celle de Schreber est très-fautive ; peut-être sera-t-on excusable de déroger, en cette occasion, aux règles de la nomenclature. Nous donnerons ici l'abrégé des caractères assignés à l'*Enhydra* par Cassini (Bulletin de la Société philomatique, décembre 1817) : calathide discoïde, dont le disque est formé d'un grand nombre de fleurs régulières hermaphrodites ou mâles ; fleurons de la circonférence femelles et tubuleux; involucre composé de deux, trois, ou quatre écailles disposées sur un seul rang, à peu près égales, foliacées, membraneuses et appliquées; réceptacle conique, garni de paillettes coriaces, parsemées de glandes, et hérissées supérieurement de poils articulés; akènes allongés, arqués en dedans, glabres, dépourvus d'aigrettes, ou quelquefois munis d'une paillette très-grande, regardée par Cassini comme une monstruosité.

Ce genre fait partie de la famille des Synanthérées, Corymbifères de Jussieu, et de la Syngénésie superflue, L. Il appartient en outre à la tribu des Héliantbées de Cassini. L'espèce la plus remarquable est l'*Enydra Cœsulioides*, Cass.; *Cœsulia radicans*, Willd.; *Cryphiospermum repens*, Beauv., Flor. d'Owar. C'est une Plante herbacée, dont la tige est rampante et sarmenteuse, à feuilles opposées, longues, sessiles, lancéolées, aiguës et entières. Elle croît sur la côte orientale et intratropicale d'Afrique. Palisot de Beauvois, qui l'a recueillie sur les bords du fleuve Formose, dit que les indigènes l'emploient à la guérison des plaies.

Parmi les auteurs qui ont admis le genre Enydre, sous le nom de *Meyera*, Kunth est celui qui en a fait connaître une nouvelle espèce à laquelle il a donné le nom de *Meyera maritima*. Cette Plante a été trouvée par Humboldt et Bonpland sur les bords de la mer Pacifique, près de Callao dans le Pérou.

Le genre *Cæsulia*, dont le *Cæsulia axillaris*, Roxb., est le type, ne diffère, selon Kunth (*Synopsis Plantar. rbis novi*, 2, p. 499), du *Meyera* ou le l'*Enydra*, que par l'absence des rayons.   (G..N.)

ENYDRIS. MAM. Ce nom désignait la Loutre dans l'antiquité. (B.)

* ENZAUDA. BOT. PHAN. On rouve mentionné sous ce nom dans es anciens recueils de voyages un figuier du Congo, dont la seconde écorce fournit les matériaux d'une toile qui, après avoir été battue et lavée, est très-propre à faire des vêtemens. Cet Arbre précieux et encore mal déterminé se multiplie, comme le Figuier des Pagodes, par des filets qui, partant des rameaux, se dirigent vers la terre.   (B.)

EOLIDE. *Eolis*. MOLL. Cuvier sépara, sous le nom d'*Eolidia*, des Doris institués par ses prédécesseurs, quelques espèces qui présentaient des caractères différens, pour en former le genre qui nous occupe, dans lequel il a fallu confondre les Cavolines de Bruguière. Ce genre, que Cuvier a placé parmi les Nudibranches et Blainville parmi les Polybranches, fait partie des Gastéropodes des auteurs modernes, et quoiqu'il n'ait point été mentionné par Lamarck, dans ses premiers travaux, ce dernier l'a adopté dans son Histoire des Animaux sans vertèbres, en l'appelant *Eolis*. Blainville et Férussac l'ont également admis; le premier pense même que non-seulement on pourrait conserver le genre de Cuvier, mais encore rétablir, en y changeant quelque chose, le genre Cavoline de Bruguière. Lamarck, sans présenter des changemens aussi positifs, dit que la forme des branchies pourra servir plus tard à former deux genres avec les Eolides. Effectivement, les Eolides présentent des différences notables entre les espèces quant aux organes de la respiration, et les opinions que nous venons de rapporter nous semblent d'autant plus justes, que c'est sur de pareils motifs que le genre qui nous occupe a été séparé des Doris. Quoi qu'il en soit, voici sur quels caractères ce genre repose : corps oblong, rampant, terminé en pointe postérieurement, un peu convexe en dessus, plane ou canaliculé en dessous; à manteau nul; tête courte, ayant quatre ou six tentacules; branchies saillantes, en lames écailleuses; papilles ou cirres disposées sur le dos par rangées; orifices de la génération et de l'anus sur le côté droit.

Les Eolides se distinguent particulièrement des Glauques, en ce qu'elles sont dépourvues de manteau et par la singulière disposition des branchies. On ne peut les confondre avec les Doris, par cette même disposition et par la situation de l'anus et de l'orifice pour la génération. On sait que dans les Doris, l'une de ces ouvertures, l'anus, est placée à la partie postérieure du dos, et qu'elle est environnée par les branchies; l'organe de la génération en est séparé, il est du côté droit; ici, au contraire, les deux orifices sont du même côté; ce qui les distingue encore des autres genres, c'est le nombre et la disposition des tentacules; d'ailleurs les branchies en forme d'écailles ou de papilles et de cirres les caractérisent parfaitement. Blainville (Diction. des Scienc. natur.) a proposé de conserver le nom d'Eolide à toutes les espèces dont les branchies sont en écailles ou en papilles, et de former le genre Cavoline avec celles qui ont ces organes cirreux. Férussac (Tableaux syst. des Anim. moll.) sépare le genre Eolide en deux groupes : les Cavolines et les Eolides. Sans être obligés de multiplier les genres, nous croyons que la manière de penser de Férussac est la meilleure; c'est celle que nous avons adoptée. Nous diviserons donc les espèces en deux sections.

1°. Eolides à branchies squammiformes.

Eolide de Cuvier, *Eolis Cuvierii*, Lamk.; Eolide, Cuv., Ann. du Mus. T. VI, p. 433, pl. 61, fig. 12, 13; *Limax papillosus*, L., *Syst. Nat.*, pag. 1082; *Doris papillosa*, Gmel., pag. 3104; *Doris*, Brug., Encycl., pl. 82, fig. 12. Cette espèce se reconnaît à sa forme ovale, allongée, à ses six tentacules et surtout à la disposition des lamelles ou des écailles qui sont en séries sur le dos, se recouvrant comme des tuiles. Elle habite dans nos mers.

Eolide grisatre, *Eolis minima*, *Limax minima*, Forsk., Descr. anal., p. 100, et Icon., tab. 26, fig. H; *Do-*

ris, Brug., Encycl., pl. 82, fig. 10, 11. Celle-ci est de couleur cendrée pâle; elle est petite et n'a que quatre rangées de papilles dorsales; elle n'a que quatre tentacules, et vit dans la Méditerranée.

2°. Eolides à branchies cirriformes.

Eolide pélerine, *Eolis peregrina*, *Doris peregrina*, Gmel., p. 3105, n° 16. *Cavolina*, Brug., Encycl., pl. 85, fig. 4. Au premier aspect, on reconnaît cette espèce par sa couleur blanche, par ses dix séries de cirres dorsales d'un fauve rougeâtre. Elle vit dans la Méditerranée.

Eolide pourprée, *Eolis affinis*, *Doris affinis*, Gmel., p. 3106, n° 17. *Cavolina*, Brug., Encycl., p. 85, fig. 5. Rien n'est plus facile que de distinguer l'espèce qui nous occupe; outre qu'elle est d'une couleur pourprée, elle a sept rangées de cirres qui sont comme fasciculés, partant de trois tubercules principaux pour chaque série, et de chaque côté du corps : il y a six tentacules. On trouve cette espèce avec la précédente dans la Méditerranée.

(D..H.)

EOLIDES. *Eolides*. MOLL. Une petite Coquille multiloculaire figurée par Soldani (*Testaceographia microscopica*, tab. 167, W.) a servi à Montfort comme type d'un nouveau genre qu'il caractérisa de la manière suivante : coquille libre, univalve, cloisonnée, à spire relevée et à base aplatie; bouche ronde, placée au centre de la base; dos ou marge caréné et armé; cloisons unies. Cette Coquille, qui a la forme d'une très-petite Haliotide ou d'un Sigaret, pourrait bien, d'après l'opinion de Blainville, rentrer dans l'un de ces genres, parce qu'il ne croit qu'avec doute qu'elle soit cloisonnée, cependant la figure de Soldani ne laisse aucun doute à cet égard, et la description que Montfort en fait paraît assez exacte pour que l'on ne doive pas balancer à mettre ce corps parmi les Polythalames. Depuis Montfort, on n'avait point placé ce genre dans les méthodes; Férussac, dans ses Tableaux systématiques, en a formé un des sous-genres des Rotalies ; mais il ne l'y a placé qu'avec doute, et après s'être demandé si ce corps n'était point fixé. Il faut donc attendre, pour décider la place et le genre de l'Éolide écaillée, que l'on ait de nouvelles observations à ajouter aux premières.   (D..H.)

EOROO. BOT. PHAN. (Parkinson.) Le fruit à pain à Otaïti.   (B.)

* EPACRIDÉES. *Epacrideæ.* BOT. PHAN. Famille naturelle de Plantes dicotylédones, monopétales, à étamines hypogynes, composée d'un grand nombre de genres, tous originaires de la Nouvelle-Hollande ou des îles de l'océan Pacifique austral. Le genre *Epacris*, qui en forme le type, avait été placé par Jussieu dans la famille des Bruyères, et avec beaucoup de raison ; car si l'on en excepte le port, et surtout les anthères simples et à une seule loge, les Epacridées, érigées en famille par R. Brown, deviendront une simple section de la famille des Bruyères. Voici les caractères que présente ce groupe : ce sont des Arbustes ou des Arbrisseaux d'un aspect agréable et élégant, conservant en tous temps leurs feuilles, qui sont généralement roides, entières, petites, alternes ou opposées, quelquefois très-rapprochées et comme imbriquées. Les fleurs, qui sont quelquefois peintes des plus vives couleurs, offrent une inflorescence très-variée, elles sont tantôt solitaires et axillaires, tantôt diversement groupées, et forment des épis ou des grappes terminales. Chaque fleur, qui est accompagnée de plusieurs écailles imbriquées, offre un calice à cinq, très-rarement à quatre divisions profondes et persistantes. La corolle est monopétale, régulière et hypogyne. Dans un petit nombre de genres, elle paraît formée de cinq pétales distincts, rapprochés latéralement par leur base. Le limbe est à quatre ou plus souvent à cinq divisions égales, quelquefois rapprochées entre elles, de manière à fermer supérieurement la corolle qui s'ouvre en travers. La préfleuraison est valvaire ou imbriquée. Les étamines sont en même nombre que les lobes de la corolle, avec lesquels elles alternent. Les filamens sont attachés sur la corolle ou immédiatement placés sous l'ovaire, ce qui arrive surtout quand la corolle est polypétale. Les anthères sont simples, introrses, à une seule loge, s'ouvrant par un sillon longitudinal. L'ovaire est globuleux, sessile, environné d'un disque hypogyne qui se compose de cinq écailles redressées, quelquefois soudées entre elles. Cet ovaire est ordinairement à plusieurs loges, rarement à une seule, contenant un ou plusieurs ovules attachés à l'angle interne. Le style est simple, terminé par un stigmate simple ou diversement denté. Le fruit est tantôt une baie, tantôt une drupe ou enfin une capsule. Le nombre des loges qu'il présente dans ces trois états varie d'une à cinq. Il en est de même du nombre des graines que contient chaque loge. Ces graines renferment dans un endosperme charnu, un embryon cylindrique, dressé, axillaire, moitié plus court que l'endosperme.

R. Brown, auteur de cette famille, et à qui nous en avons emprunté les caractères, en dispose les genres en deux sections. Dans la première, il range ceux qui ont les loges de leur ovaire monosperme ; leur péricarpe indéhiscent, rarement sec et capsulaire. A cette première section, il rapporte les genres suivans :

Styphelia, Smith ; *Astroloma*, R. Brown ; *Stenanthera*, R. Brown ; *Melichrus*, R. Brown ; *Cyathodes*, Labillardière ; *Lissanthe*, R. Brown ; *Leucopogon*, R. Brown ; *Monotoca*, R. Brown ; *Acrotriche*, R. Brown ; *Trochocarpa*, R. Brown ; *Decaspora*, R. Brown ; *Pentachondra*, R. Brown ; *Needhamia*, R. Brown ; *Oligarrhena*, R. Brown.

La seconde section renferme les genres dont le fruit a ses loges polyspermes et son péricarpe capsulaire ; tels sont :

Epacris, Smith ; *Lysinema*, R.

Brown ; *Prionotes*, R. Brown ; *Cosmelia*, R. Brown ; *Andersonia*, R. Brown ; *Ponceletia*, R. Brown ; *Sprengelia*, Smith ; *Cissanthe*, R. Brown ; *Richea*, R. Brown ; *Dracophyllum*, Labillardière. (A. R.)

EPACRIS. *Epacris*. BOT. PHAN. Type de la famille des Epacridées, ce genre, tel qu'il a été limité par Smith, Labillardière et R. Brown, offre les caractères suivans : son calice est à cinq divisions très-profondes, colorées, accompagnées extérieurement d'un grand nombre de bractées imbriquées. Sa corolle est tubuleuse, hypogynique; le limbe est à cinq divisions égales et étalées, dépourvues de poils à leur face interne. Les cinq étamines sont incluses et épipétales. Les anthères sont uniloculaires, attachées par le milieu de leur face interne. Le disque se compose de cinq écailles glanduleuses, appliquées contre les parois de l'ovaire. Celui-ci est à cinq loges et à cinq côtes. Il devient une capsule à cinq loges, dont les graines sont attachées à l'axe central.

On connaît environ une vingtaine d'espèces de ce genre, qui toutes sont originaires des côtes de la Nouvelle-Hollande. Ce sont de petits Arbustes d'un port élégant, très-rameux, généralement glabres, ayant les feuilles éparses, quelquefois très-rapprochées et comme imbriquées. Les fleurs sont blanches ou rougeâtres, placées à l'aisselle des feuilles, et forment ainsi des espèces d'épis.

Un grand nombre de ces espèces sont cultivées dans les jardins; parmi elles, nous citerons les suivantes :

EPACRIS ROUGEATRE, *Epacris purpurascens*, Brown, *Prod.* 1, p. 550; *Epac. pungens*, Sims, Bot. Mag., 844. Cette jolie espèce est un Arbrisseau à rameaux effilés, un peu pubescens, ayant les feuilles roides, entières, cordiformes, terminées par une longue pointe, très-aiguës, en forme de gouttière, rapprochées les unes des autres. Les fleurs sont rougeâtres,

solitaires à l'aisselle des feuilles supérieures et formant une sorte d'épi foliacé par leur réunion. Les folioles de son calice sont acuminées, à peu près de la longueur du tube de la corolle ; il en est de même des écailles qui accompagnent le calice. On la cultive assez fréquemment dans les jardins.

EPACRIS A GRANDES FLEURS, *Epacris grandiflora*, Smith, *Exot. Bot.* 75, tab. 39; *Epac. longiflora*, Cavan., Ic. 4, p. 25, tab. 344. C'est un Arbuste rameux, légèrement tomenteux, ayant ses feuilles ovales, planes, légèrement cordiformes à leur base, terminées à leur sommet par une longue pointe. Les fleurs sont d'un rouge pourpre, très-grandes, légèrement pédonculées et pendantes à l'aisselle des feuilles. Leur corolle est tubuleuse, cylindrique, quatre fois plus longue que le calice. Elle croît au port Jackson.

EPACRIS ÉLÉGANTE, *Epacris pulchella*, Cavan., Ic. 4, p. 26, t. 345; Sims, Bot. Mag., 1170. Arbuste rameux, de quatre pieds d'élévation, portant des feuilles sessiles, cordiformes, terminées par une longue pointe, légèrement concaves. Fleurs d'une odeur agréable, d'un blanc nuancé de rouge, placées à l'aisselle des feuilles. Les folioles du calice sont acuminées, de la longueur du tube de la corolle. Cette espèce a également été recueillie aux environs du port Jackson. Un grand nombre d'autres espèces mériteraient également d'être mentionnées ici, telles sont : l'*Epacris impressa*, Labill., *Nov.-Holl.*, 1, p. 43, tab. 58; l'*Epacris obtusifolia*, Smith, *Exot. Bot.*, 77, tab. 40; l'*Epacris heteronema*, Labill., *loc. cit.*, tab. 56; l'*Epacris lanuginosa*, Labill., *loc. cit.*, tab. 57; l'*Epacris myrtifolia*, Labill., tab. 55, etc.

Toutes ces espèces sont faciles à cultiver. On doit les placer dans des pots remplis de terre de bruyère, et les abriter dans une serre chaude ou simplement dans la serre tempérée pendant l'hiver. On les multiplie de marcottes et de boutures. (A. R.)

EPAGNEUL. MAM. Race de Chiens. *V*. ce mot. (B.)

* **ÉPALANCO.** MAM. L'Animal du pays de Siam, que certains voyageurs disent avoir une figure humaine, et n'errer que de nuit en jetant des cris effrayans, paraît devoir être quelque Singe analogue à l'Aote. *V*. SAPAJOU. (B.)

* **EPALTÈS.** *Epaltes.* BOT. PHAN. Genre de la famille des Synanthérées, Corymbifères de Jussieu, et de la Syngénésie nécessaire, établi par Cassini (Bullet. de la Soc. Philom., septembre 1818) qui l'a ainsi caractérisé : calathide globuleuse, composée d'un disque de fleurons nombreux, réguliers, mâles, et d'une couronne de fleurs femelles, nombreuses, disposées sur plusieurs rangs, et dont les corolles ont le tube filiforme et le limbe denticulé au sommet; involucre égal aux fleurs, formé d'écailles imbriquées, ovales, aiguës, scarieuses sur les bords ; réceptacle plane et nu ; akènes dépourvus d'aigrettes. L'auteur de ce genre le fait entrer dans sa tribu des Vernoniées. Il l'a établi sur une espèce que Linné rapportait à son genre *Ethulia,* mais qui n'offre pas les caractères génériques de l'*Ethulia conyzoides,* véritable type du genre, et qui s'en éloigne surtout par sa calathide couronnée. *V*. ETHULIE. Gaertner, ne connaissant pas sans doute cette dernière espèce, avait regardé l'*Ethulia divaricata,* L., dont Cassini a formé l'Epaltès, comme une vraie Ethulie. Les affinités de cette Plante avec le *Grangea,* avaient été observées et indiquées par Jussieu qui était tenté d'en constituer une espèce de ce dernier genre; mais Cassini le regarde comme suffisamment distinct, et signale en outre son analogie avec le *Sphæranthus.*

L'EPALTÈS DIVERGENT, *Epaltes divaricata,* Cass.; *Ethulia divaricata,* L., est une petite Plante annuelle, haute d'un à deux décimètres, à tiges très-rameuses, ailées; et à rameaux divergens. Ses feuilles sont alternes,

linéaires, lancéolées, dentées et décurrentes. Les calathides sont solitaires au sommet des pédoncules terminaux et latéraux. On la trouve dans les champs, sur les côtes de Malabar et du Coromandel. (G..N.)

ÉPANOUISSEMENT. BOT. PHAN. Ensemble des phénomènes accompagnant le développement des diverses parties de la fleur qui forment le bouton. *V*. ANTHÈSE. (A.R.)

ÉPARETTE ou **ESPARCETTE.** BOT. PHAN. Syn. vulgaires de Sainfoin. *V*. ce mot. (B.)

ÉPARGNE. BOT. PHAN. Variété de Poires. (B.)

* **ÉPARSES** (FEUILLES). *Folia sparsa.* BOT. PHAN. Ce sont des feuilles très-rapprochées les unes des autres, et qui n'offrent pas une disposition régulière. Telles sont celles du Lis blanc, par exemple. On dit, dans le même sens, des rameaux épars. (A.R.)

ÉPATORION. BOT. PHAN. (Dioscoride.) Syn. d'*Eupatorium,* L., d'où quelques botanistes français ont écrit Epatoire. *V*. EUPATOIRE. (B.)

ÉPAULARD ET **ÉPAULARD VENTRU.** MAM. *V*. DAUPHIN.

ÉPAULE ARMÉE. REPT. BATR. Espèce du genre Crapaud. *V*. ce mot.

ÉPAULÉE. MOLL. Nom vulgaire et marchand du *Tellina angulata,* L. (D..H.)

ÉPAUTRE. BOT. PHAN. *Triticum spelta,* L., espèce de Blé. *V*. FROMENT. (B.)

ÉPAVES DE MER. ZOOL. BOT. CRYPT. Les auteurs anciens ont quelquefois donné ce nom à des Polypiers, à des Hydrophytes et autres productions marines que la mer rejette sur ses bords. (LAM..X.)

* **ÉPAZOTL.** BOT. PHAN. (Hernandez.) La Plante balsamique dès longtemps cultivée sous ce nom dans quelques jardins au Mexique, paraît être le *Chenopodium Ambrosioides.* *V*. CHÉNOPODE. (B.)

ÉPEC. ois. Syn. vulgaire du Pic varié ou Epêche. *V.* Pic.   (DR..Z.)

ÉPÈCHE, EPEICHE ou EPEIS-CHE. ois. Espèce du genre Pic, *Picus major*, L. Plusieurs Oiseaux exotiques du même genre, tels que les *Picus varius* et *Picus carolinus*, ont reçu le même nom. *V.* Pic.   (DR..Z.)

ÉPÉE DE MER. mam. (Anderson.) *V.* Dauphin gladiateur.

ÉPÉE DE MER. pois. Nom vulgaire donné indifféremment par les marins à l'Espadon, *Xiphias Gladius*, et à la Scie, *Squalus Pristis*, L. *V.* Espadon et Squale.   (B.)

* EPEICHETTE. ois. Espèce du genre Pic, *Picus minor*, L. *V.* Pic.
(DR..Z.)

EPEIRE. *Epeira.* arachn. Genre établi par Walckenaer et rangé par Latreille (Règn. Anim. de Cuv.) dans l'ordre des Pulmonaires, famille des Fileuses et section des Orbitèles ou Araignées tendeuses. Ses caractères sont : crochets des mandibules repliés le long de leur côté interne ; filières extérieures presque coniques, peu saillantes, disposées en rosette ; la première paire de pieds, et ensuite la seconde les plus longues de toutes, la troisième la plus courte ; huit yeux dont quatre intermédiaires, formant un carré, et les autres rapprochés par paires, une de chaque côté ; mâchoires droites, dilatées dès leur base, en forme de palette ovale ou arrondie ; lèvre presque demi-circulaire ou triangulaire.

Les Epeïres sont des Araignées sédentaires qui forment une toile à réseaux réguliers, composée de spirales ou de cercles concentriques croisés par des rayons droits qui partent d'un centre où l'Araignée se tient ordinairement immobile, le corps renversé ou la tête en bas. Les toiles de quelques espèces exotiques sont composées de fils si forts qu'elles arrêtent de petits Oiseaux, celles de notre pays n'arrêtent que des Insectes petits et légers ; à cet effet, elles sont suspendues verticalement entre les branches

d'Arbres, ou dans les encoignures des murailles, plusieurs ont une position oblique, il en est même qui sont horizontales. Quelques espèces construisent auprès de leur toile une demeure cintrée de toute part ou en forme de tuyau soyeux, ou bien ouverte par le haut et figurant un nid d'Oiseau. Des feuilles réunies entre elles par des fils, constituent les parois de ces habitations. Elles filent un cocon le plus souvent globuleux et rempli d'une bourre de soie plus épaisse et qui contient un très-grand nombre d'œufs agglutinés entre eux. La ponte a lieu vers la fin de l'été ou au commencement de l'automne. Walckenaer (*loc. cit.*) a distribué le grand genre Epeïre en dix familles, dont plusieurs sont divisées en races. Latreille range toutes les espèces dans plusieurs sections, de la manière suivante :

I. Corselet bombé et peu rétréci à son extrémité antérieure, plutôt carré ou en ovale tronqué qu'en forme de cœur.

† Derme de l'abdomen coriace ou corné, épineux.

A cette division appartiennent les Epeïres épineuses, telles que les Araignées *militaris, taurus, cancriformis, tetracantha, hexacantha*, etc., de Fabricius, l'*Epeira gracilis* de Walckenaer (Hist. des Aranéides, fasc. 3, tab. 5) dont la toile est très-gluante, et que Bosc a rapportée de la Caroline. Ici vient aussi se ranger l'Epeïre a queues courbes, *E. curvicauda*, décrite par Vauthier (Ann. des Sc. Nat., mars 1824, T. i, p. 261 et pl. 18), et figurée dans la cinquième livraison de ce Dictionnaire. En voici la description : corps de forme à peu près triangulaire, long de quinze lignes, du crochet terminal des mandibules à l'extrémité des cornes caudales ; tête munie de deux mandibules cornées, noires, lisses, terminées par un crochet écailleux, de couleur brune claire, sinué en dehors auprès de son articulation ; chaque mandibule armée d'une double rangée de dents inégales, au nombre de quatre, dont la dernière est la plus grande. L'intervalle que laissent les dents entre elles est garni de poils noirs, roides, comparables à des cils assez longs, dépassant le contour intérieur des mandibules, et se confondant à leur base, près le bord supérieur du corselet; deux palpes velus d'un brun foncé, s'attachant sur les côtés des mâchoires, composés de cinq articles, dont le premier court, le second le double plus long, le troisième recourbé, plus court que le premier, les deux suivans à peu près égaux en longueur, le dernier terminé par un petit ongle noir; mâchoires brunes, beaucoup plus courtes que les mandibules, arrondies antérieurement; lèvre brune, courte, arrondie à son bord antérieur; le corselet est noir, très-bombé, le double plus large que long, de forme à peu près trapézoïdale, ayant son bord antérieur sinué, légèrement arrondi sur les côtés, et hérissé entièrement de poils blancs assez roides; au milieu et vers le bord antérieur, sur un tubercule noir, saillant et dépourvu de poils, sont placés quatre yeux lisses, très-brillans, dont les deux antérieurs plus petits et plus rapprochés entre eux. De chaque côté, à la même hauteur, sont deux tubercules de même couleur, encore plus élevés, à l'extrémité desquels se trouve un œil double. Les pates sont velues, de couleur testacée, au nombre de huit, composées chacune de cinq articles, dont le dernier brun, terminé par un crochet bifide, de même couleur, si petit qu'il est presque confondu avec les poils qui l'entourent. La première paire est la plus longue, ensuite la seconde; la troisième beaucoup plus courte, la quatrième de la longueur de la seconde; l'abdomen est d'un jaune rougeâtre, de forme triangulaire; son angle antérieur tronqué est légèrement sinué et donne attache au corselet; les côtés sont sinués et portent, à la partie postérieure, un petite épine noire, près de laquelle s'attache une grande corne rugueuse, garnie de

poils noirâtres, recourbée en dedans, de couleur rouge brique à sa base, noirâtre à son extrémité; le bord postérieur est légèrement courbé en dehors; au-dessus de ce bord se trouve un fort pli aux extrémités duquel sont placées, dans un enfoncement, deux taches noires tuberculeuses; sur deux éminences de ce même pli, sont attachées deux épines brunes, plus longues que celles des parties latérales, et dépassant le rebord. L'abdomen est en outre rebordé généralement, concave, ayant au milieu une éminence arrondie; il porte à sa surface vingt-trois taches noires, luisantes, de forme à peu près ovale, dont le bord est saillant, et ayant au centre un petit tubercule élevé. Ces taches sont ainsi disposées : quatre à la partie antérieure, trois sur chacun des côtés, neuf sur le bord postérieur, et quatre sur l'éminence du milieu. Vauthier suppose qu'elles pourraient bien être les stigmates. Le dessous de l'abdomen est nuancé de brun, de rouge et de jaune, plissé, et ayant l'anus noir et saillant. La figure première (*V.* cinquième livraison de l'Atlas) représente l'Epeïre grossie du double. — Fig. 2 : parties de la bouche vues en dessous; *aa*, mandibules; *bb*, mâchoires (l'auteur a omis l'insertion des palpes); *c*, lèvre.—Fig. 3: l'une des queues très-grossie. — Fig. 4 : mandibules, palpes, corselet, pates et portion antérieure de l'abdomen très-grossis, vus en dessus; *aa*, mandibules; *bb*, palpes; *cc*, tubercules portant les yeux extérieurs; *ddd*, pates; *e*, taches noires de l'abdomen. — Fig. 5 : partie postérieure de l'abdomen très-grossie vue en dessous, montrant le pli qui porte les deux épines et les deux taches noires qui sont dans son enfoncement; *a*, anus. — Fig. 6 : l'un des tubercules latéraux du corselet très-grossi, portant le double œil.

†† Abdomen mou et sans épines.

1. Palpes et pieds moins comprimés; extrémité antérieure du corselet non couronnée de tubercules ou de

pointes; abdomen allongé , cylindrique.

Les Epeïres de cette division sont encore exotiques; elles font des toiles d'un fil très-fort. Leur corps est très-allongé ; elles ont le thorax ordinairement garni en dessus d'un duvet soyeux doré ou argenté, et sa partie moyenne offre dans plusieurs espèces , deux éminences assez petites que quelques auteurs ont prises à tort pour des yeux. Telles sont les Araignées *esuriens* et *clavipes* de Fabricius. La première est commune à l'Ile-de-France; la seconde a été observée par Sloane qui assure que sa toile est formée par une scie jaune tellement forte et visqueuse, qu'elle arrête les Oiseaux et embarrasse même l'Homme lorsqu'il s'y trouve engagé. Labillardière (Voyage à la recherche de La Peyrouse) a décrit, sous le nom spécifique d'*Edulis*, une Epeïre de la Nouvelle-Calédonie , qu. est un mets recherché par les habitans de cette contrée. On la mange après l'avoir fait griller. Elle habite les bois, et sa toile est très-forte.

2. Palpes et pates comprimés ; extrémité antérieure du corselet couronnée de tubercules aigus.

Cette section comprend la dixième famille du genre Epeïre de Walckenaer et ne renferme qu'une espèce , l'Epeïre impériale , Walck., *Ep. sexcuspidata* de Fabricius. On la trouve au cap de Bonne-Espérance.

II. Corselet peu ou point élevé à son extrémité antérieure et presque en forme de cœur tronqué à sa pointe.

† Yeux latéraux plus éloignés des intermédiaires que ceux-ci ne le sont entre eux ; corselet fortement tronqué à son extrémité antérieure.

1. Abdomen n'ayant point à sa base de saillie angulaire ni d'élévations charnues en forme de tubercules.

Cette section comprend plusieurs espèces propres à notre pays : l'Epeïre a cicatrices , *E. cicatricosa*, *Aranea cicatricosa*, Deg., Oliv. , ou *Aranea umbratica* de Villers et de Walc-

kenaer, qui est la même que l'*Aranea impressa* de Fabricius. Elle est nocturne ; elle file sa toile contre les murailles et se cache dans un nid de soie blanche placé près de sa toile : elle est principalement friande de Phalènes et autres Papillons nocturnes. Clerck et Lister l'ont observée ; c'est une des plus grandes espèces de la France.

L'Epeïre quadrille , *E. quadrata* , Walck. , décrite et figurée par Degéer (Mém. sur les Ins. T. vii, p. 223, n° 3, pl. 12 , fig. 16) et représentée aussi par Panzer, suivant Walckenaer (*Faun. Ins. Germ.* , fasc. 40 , tab. 21), se trouve dans les bois humides et file aux mois d'août et de septembre une grande toile verticale qu'elle place à l'extrémité des buissous , des Arbustes et des jeunes Pins. Elle se pratique un nid entre des feuilles et le fait communiquer avec sa toile au moyen d'un simple fil qui lui sert de route pour y arriver. Cette espèce se nourrit de divers Insectes; Léon Dufour en a donné une bonne description et une excellente figure (Ann. des Sc. Nat. 1re année, T. ii). Il la croit différente de l'*Aranea regalis* de Panzer.

L'Epeïre apoclise , *E. apoclisa* , Walck. (Hist. des Aran., fasc. 5, t. 1, fig. 1 mâle, fig. 2, femelle). était connue de Geoffroy qui l'a décrite sous le n° 9. Elle est presque aussi grosse que l'Araignée Diadème et habite les mêmes lieux que la précédente. Son nid , formé par une sorte de soie blanche, n'offre qu'une petite ouverture. L'Animal y passe ordinairement l'hiver en le consolidant avec des parcelles de Végétaux. Lister a reconnu que la femelle faisait trois ou quatre pontes dans l'espace de deux à trois mois.

L'Epeïre cucurbitine , *E. cucurbitina*, Walck. (Hist. des Aran., fasc. 2, pl. 3),ou l'*Aranea cucurbitina* , L. , et l'*Aranea senoculata* , Fabr. , a été décrite et figurée par Degéer (*loc. cit.* T. vii, p. 233 , n° 8, pl. 14, fig. 12). Elle est remarquable par la position horizontale qu'elle donne le plus souvent à son réseau. Celui-ci est filé entre les tiges et les feuilles de plusieurs Herbes ; l'Animal nous paraît préférer le Saule et l'Aune. La cavité d'une feuille suffit quelquefois à la construction de la toile ; il se tient au centre. La ponte a lieu dans le courant de l'été ; les œufs sont réunis en une masse de la grosseur d'un pois ; la femelle les tient fixés à l'aide de plusieurs fils sur la feuille dont elle relève les bords.

2. Abdomen ayant de chaque côté, près de sa base , une saillie angulaire ou une élévation charnue en forme de tubercule.

L'Epeïre Diadème , *E. Diadema*, Walck., ou l'*Aranea Diadema* de Linné, peut être considérée comme le type du genre Epeïre. Elle est très-commune, en automne, dans les jardins, sur les murs et contre les fenêtres. Elle construit une grande toile , et se tient au centre ; l'accouplement a lieu à la fin de l'été. Les œufs sont nombreux et contenus dans une bourre renfermée dans un cocon arrondi, déprimé, d'un tissu soyeux et très-serré. Tréviranus a donné (Mélanges d'Anatomie, T. 1, 1er mém.) des détails assez circonstanciés sur l'anatomie de cette espèce. Le cœur présente un caractère qu'on ne retrouve pas dans celui des autres espèces. On remarque inférieurement et à la partie antérieure deux muscles qui, se fixant vers ce point et d'abord peu distincts , s'écartent bientôt l'un de l'autre et gagnent, en divergeant, la partie postérieure de l'abdomen. Le cœur offre plusieurs branches ; les deux antérieures vont se rendre aux branchies qui, suivant l'auteur, ont pour fonction d'absorber l'humidité de l'atmosphère pour la conduire dans le système de la circulation. Les véritables organes respiratoires se retrouveraient dans des espèces de stigmates situés sur le corselet et l'abdomen. Ces stigmates, il est vrai, ne sont pas percés ; mais on voit des vaisseaux se répandre sur leurs bords. Tréviranus a reconnu le foie ; mais il le considère comme une masse graisseuse ; il lui donne même ce nom , et

pense qu'il est destiné à préparer le fluide nourricier. Dans des essais qu'il a tentés sur la liqueur qu'il fournit , il l'a trouvée alcaline , et il y a reconnu la présence d'une grande quantité d'Albumine. Cet organe diminue quand la femelle est sur le point de pondre. Celle-ci est pourvue d'ovaires à plusieurs compartimens , c'est-à-dire renfermés dans des espèces de chambres séparées par des cloisons ; il a vu une de ces chambres pleine d'œufs. Les organes sécréteurs de la soie consistent en six grands canaux et en un grand nombre de petites vésicules ayant le même usage. Enfin les côtés du ventre sont recouverts intérieurement d'une membrane formée de fibres rayonnées , sortes de lanières ou de franges qui naissent d'une plaque cartilagineuse occupant la partie inférieure du corps.

A cette division appartiennent encore l'Epeïre anguleuse, *E. angulata*, Walck. (Hist. des Aran., fasc. 4, tab. 6, fem.), très-bien décrite par Degéer (*loc. cit.* T. vii, p. 221, n° 2, pl. 12, fig. 1-12), et l'Epeïre cornue , *E. cornuta*, Walck. (Hist des Aran., fasc. 4, tab. 7), qui diffère de l'*Ar. cornuta* de Clerck, et qui est une des plus grandes espèces d'Europe. On la trouve en Piémont.

†† Intervalle compris entre les yeux ou ceux qui forment un quadrilatère, égal ou presque égal à celui qui les sépare des yeux latéraux ; troncature antérieure du corselet très-courte ou de la longueur au plus du tiers du plus grand diamètre de ce corselet.

1. Abdomen des unes chargé d'éminences charnues en forme de tubercules ; celui des autres terminé en pointe en forme de corne avec une saillie anale.

Ici se placent : l'Epeïre tuberculée , *E. tuberculata*, Deg , remarquable par son cocon figurant un petit sac ovoïde , porté sur un pédicule allongé qui s'épanouit en forme d'entonnoir à son point d'attache. On le trouve suspendu aux poutres des greniers à foin.

L'Epeïre oculée, *E. oculata*, Walck. (Hist. des Aran., fasc. 1, tab. 7), rare aux environs de Paris.

L'Epeïre conique, *E. conica*, Walck. (Hist. des Aran., fasc. 5, tab. 3), décrite et figurée par Degéer (*loc. cit.* T. VII, p. 231, n° 7, pl 13, fig. 16). Elle construit une toile entre les branches d'Arbres dans les lieux ombragés, et elle se tient au centre. Si on l'inquiète, elle ne prend pas la fuite; mais elle se laisse tomber à terre en restant accrochée avec un fil à l'aide duquel elle remonte sur sa toile. Elle se nourrit particulièrement de Teignes, et attache tous les Insectes qu'elle pend aux mailles de la toile, en les rangeant sur une ligne droite.

2. Abdomen sans éminences charnues ni saillie postérieure.

a. Corselet très-plat, couvert en dessus d'un duvet soyeux argenté.

On peut ranger ici l'Epeïre soyeuse, *E. sericea* de Walckenaer (Hist. des Aran., fasc. 3, tab. 2), ou l'*Aranea sericea* d'Olivier. Elle est originaire du midi de la France, et habite aussi, à ce qu'il paraît, le Sénégal.

L'Epeïre australe, *E. australis*, Walck. (Tableau des Aran., p. 56), ou l'*Aranea lobata* de Fabricius et de Pallas, suivant Latreille. Elle a été rapportée par Péron et Lesueur de l'Ile-de-France et du cap de Bonne-Espérance.

L'Epeïre fasciée, *E. fasciata*, Walck. (Hist. des Aran., fasc. 3, tab. 1, fem., ou l'*Aranea fasciata*, Fabr., et l'*Aranea speciosa* de Pallas (Voyage trad. par de La Peyronie, T. 11, p. 543). Elle est commune dans le midi de la France et très-rare aux environs de Paris. Son cocon ressemble à un ballon; son extrémité supérieure est tronquée et fermée par un couvercle aplati. Sa couleur générale est le gris pâle avec des lignes noires longitudinales. On le trouve sur les Joncs. L'Animal habite le bord des ruisseaux, et construit entre les Plantes des toiles verticales.

L'Epeïre Latreillène, *E. Latreil-*
lana, Walck. (Hist. des Aran., fasc. 2, tab. 4), originaire de l'Ile-de-France.

b. Corselet convexe, du moins à son extrémité antérieure qui n'est point couverte de duvet argenté.

L'Epeïre calophylle, *E. calophylla*, Walck., représentée par Schæffer (pl. 42, fig. 13) et par Lister (p. 47, lit. 10, fig. 10). On la trouve très-communément dans les maisons.

Plusieurs autres espèces appartiennent à cette division et au genre Epeïre; il serait trop long de les énumérer. Nous renvoyons au Tableau des Aranéides de Walckenaer, ouvrage classique et qui a produit de grands et utiles changemens dans la science. Parmi les auteurs qui ont décrit, dans ces derniers temps, des Epeïres, nous citerons Léon Dufour, qui les a publiées et représentées, dans les Annales des Sciences physiques de Bruxelles et dans les Annales des Sciences naturelles de Paris.

(AUD.)

ÉPÉOLE. *Epeolus.* ins. Genre de l'ordre des Hyménoptères, section des Porte-Aiguillons, établi par Latreille qui le place (Règn. Anim. de Cuv.) dans la famille des Mellifères, tribu des Apiaires. Ce genre, très-voisin des Nomades dont il a été distrait, ne s'en distingue que par les palpes maxillaires d'un ou de deux articles au plus, presque obsolètes, par les mandibules unidentées et par la forme des cellules des ailes. Il existe une seule cellule radiale, ovale, arrondie; et on compte trois cellules cubitales; la deuxième, petite, resserrée antérieurement, reçoit la première nervure récurrente; la troisième, petite, presque carrée et fort éloignée du bout de l'aile, reçoit la seconde nervure. Du reste la forme du corps est exactement la même dans les deux genres. Les espèces décrites ne sont encore qu'au nombre de deux.

L'Épéole bigarré, *E. variegatus*, Fabr. et Latr., ou la *Nomada crucigera* de Panzer, représentée par Jurine (Class. des Hyménoptères, pl. 14 suppl.). On la trouve dans les endroits sablonneux exposés au soleil.

L'Epéole acheté, *E. mercatus*, Fabr. Bosc l'a recueillie à la Caroline.

On doit rapporter au genre Philerème (*V*. ce mot) l'Epéole Kirbyen du Dictionnaire d'Histoire Naturelle de Déterville (1re édit.).   (AUD.)

EPERLAN. *Osmerus*. POIS. Sousgenre formé par Cuvier parmi les Salmones, *V*. ce mot, et dont le *Salmo Eperlanus*, L., espèce fort connue, est le type.   (B.)

EPERMOLOGOS. OIS. Pour Spermologos. *V*. ce mot.   (B.)

EPERON. ZOOL. Protubérance osseuse et cornée, ordinairement allongée et pointue, que l'on observe sur le tarse et au fouet de l'aile de quelques espèces d'Oiseaux, et principalement chez les mâles; il en est où l'Eperon est double.   (DR..Z.)

Le mot Eperon est quelquefois devenu nom propre, et comme tel il a été donné à un Scombre. *V*. ce mot.   (B.)

EPERON. *Calcar*. MOLL. Montfort, dans sa Conchyliologie systématique, a proposé, sous ce nom, un nouveau genre pris dans les Trochus. Tous ceux qui ont une carène armée doivent y rentrer, mais ce caractère a trop peu de valeur pour qu'il puisse servir à établir un genre. Il serait à peine suffisant pour en faire une section. *V*. TROCHUS et TURBO. (D..H.)

EPERON. *Calcar*. BOT. PHAN. Sorte d'appendice creux qui fait tantôt partie du calice, tantôt de la corolle. Ainsi dans la Capucine (*Tropœolum majus*, L.) le calice se prolonge à sa base en un long Eperon. Dans le genre Orchis, le labelle se termine également par un Eperon. Dans le genre *Satyrium*, l'Eperon est double. Dans les *Delphinium*, le sépale supérieur et les deux pétales qui lui correspondent sont éperonnés à leur base. Dans les Valérianes l'Eperon naît de la base du tube de la corolle, etc. (A.R.)

On appelle vulgairement EPERON DE CHEVALIER ou DE LA VIERGE, les Dauphinelles.   (B.)

EPERONNÉ. POIS. Syn. de Porte-Epine, espèce du genre Spare. *V*. ce mot.   (B.)

* EPERONNÉ. *Calcaratus*. BOT. PHAN. Se dit d'un organe muni d'un éperon.   (A. R.)

EPERONELLE. BOT. PHAN. Ce nom vulgaire s'applique, selon les provinces où il est en usage, au *Valantia cruciata*, L., aux Dauphinelles et aux Lampourdes. *V*. ces mots. (B.)

EPERONNIER. *Polyplectron*. OIS. Genre de l'ordre des Gallinacés. Caractères : bec médiocre, grêle, droit, comprimé, couvert de plumes à sa base; mandibule supérieure courbée vers la pointe; narines latérales placées vers le milieu du bec, ouvertes en devant et à moitié couvertes par une membrane nue; pieds longs, grêles, armés de plusieurs éperons; trois doigts en avant, unis à leur base par une petite membrane, un en arrière ne portant point à terre; ongles petits, surtout celui du pouce; queue longue, arrondie; ailes courtes, les quatre premières rémiges étagées, les cinquième et sixième les plus longues.

Séduits par l'éclat et la beauté du plumage, les ornithologistes avaient placé parmi les Paons la seule espèce qui constitue le genre Eperonnier; divers caractères, tirés principalement de la disposition des tectrices caudales, joints au nombre des éperons, qui surpasse assez souvent deux, ont décidé Temminck à isoler cette espèce et à en faire le type d'un genre qui, par la suite, pourra peutêtre devenir plus nombreux. L'Eperonnier est originaire de la Chine d'où il paraît s'être répandu dans l'Inde et les contrées circonvoisines; ses mœurs n'ont rien de sauvage, et il s'habituerait à la domesticité, de même qu'ont fait le Paon, le Faisan, la Pintade, etc., etc., si l'on voulait se donner la peine d'en acclimater la race dans nos volières. L'on n'a encore aucune notion bien exacte sur les soins qu'apporte l'Eperonnier pour se reproduire. Plusieurs auteurs ont fait deux espèces de l'Eperonnier et du Chinquis; on ne sait trop à quoi attribuer cette erreur ou ce double emploi.

EPERONNIER CHINQUIS, *Polyplectron Chinquis*, Temm.; *Pavo bicalcaratus*, L. Parties supérieures d'un brun jaunâtre, variées sur le dos de petites bandes brunes, et parsemées de taches oculaires d'un vert irisé et doré entouré de noir, qui termine chaque plume, dont en outre l'extrémité est d'un blanc jaunâtre; parties inférieures d'un brun terne, traversées de bandes ondulées noirâtres; rémiges brunes, tachetées de gris; rectrices brunes, tachetées de jaune ferrugineux; tectrices caudales supérieures terminées par un double œil que sépare la tige de la plume; mandibule supérieure rougeâtre avec la pointe noire, l'inférieure jaune à la base et brune à l'extrémité; pieds noirs; ongles gris. Taille, vingt-deux pouces. La femelle diffère du mâle par des couleurs moins vives et l'absence des ergots. Les jeunes ont le plumage d'un gris sale, tacheté et strié de brun; la vivacité des teintes se produit graduellement, elle n'est complète qu'après la deuxième année. De l'Inde. (DR..Z.)

EPERONNIÈRE. BOT. PHAN. Les Dauphinelles, les Ancolies et les Linaires, reçoivent indifféremment ce nom vulgaire. (B.)

EPERU. *Eperua.* BOT. PHAN. Genre établi par Aublet (Guian. 1, p. 369, tab. 142) et qui fait partie de la famille des Légumineuses, section des Césalpinées, et de la Décandrie Monogynie. Ce genre est voisin du *Parivoa*; il se compose d'une seule espèce, *Eperua falcata*, Aublet (*loc. cit.*). C'est un grand Arbre qui croît dans les forêts de la Guiane, sur le bord des rivières. Son tronc peut s'élever jusqu'à une hauteur de soixante pieds. Ses feuilles sont alternes et paripinnées, composées en général de deux à trois paires de folioles coriaces, luisantes, glabres, obovales, allongées, acuminées, très-entières, longues de trois à cinq pouces et larges d'un pouce et demi à deux pouces. Les fleurs sont grandes et violettes, formant une sorte d'épi porté sur un pédoncule axillaire ou terminal, long quelquefois de trois à quatre pieds, nu dans presque toute sa longueur, excepté vers son sommet où il porte un assez grand nombre de fleurs rapprochées et pédicellées. Le calice est monosépale, tubuleux et turbiné à sa base, profondément partagé en quatre lobes obtus, arrondis, se recouvrant latéralement entre eux. Toute la face externe du calice, ainsi que les pédicelles, sont recouverts d'un duvet très-court et comme ferrugineux. La corolle se compose d'un seul pétale, très-grand, onduleux, recouvrant les étamines. Celles-ci, au nombre de dix, sont diadelphes par leur base, où leurs filets sont très-velus; elles sont saillantes au-dessus de la corolle. Le fruit est une gousse roussâtre, sèche, ligneuse, falciforme, s'ouvrant avec élasticité en deux valves, et contenant d'une à quatre graines aplaties et de forme irrégulière. Cet Arbre est nommé *Vouapa-Tabaca* par les Galibis, et *Pois-Sabre* ou *Pois-Serpe* par les Créoles. (A. R.)

EPERVIER. OIS. Espèce du genre Faucon. Vieillot en a fait, sous le nom scientifique de *Sparvius*, le type d'un genre dans lequel il a placé, comme espèces, tous les Oiseaux auxquels, en divers pays, on a donné le nom d'Epervier. De ce nombre est la Cresserelle qu'on nomme quelquefois Epervier des Alouettes. *V.* FAUCON. (DR..Z.)

EPERVIÈRE. OIS. Syn. vulgaire de la Sylvie rayée. *V.* SYLVIE et CHOUETTE. (DR..Z.)

EPERVIÈRE. *Hieracium.* BOT. PHAN. Famille des Synanthérées, tribu des Chicoracées, Syngénésie égale, L. Ce genre a pour caractères essentiels: un involucre formé de folioles imbriquées, appliquées et souvent hérissées de poils noirs ; un réceptacle remarqué d'alvéoles dont les bords sont légèrement membraneux , et quelquefois dégénèrent en lanières soyeuses plus courtes que les akènes. Ceux-ci sont couronnés d'une aigrette sessile composée de poils peu nombreux , souvent d'un brun foncé ou roussâtres , simples ou légèrement plumeux.

Tournefort avait compris sous la commune dénomination d'*Hieracium* plusieurs genres que l'on a séparés depuis. Ainsi , les *Drepania* , *Helminthia* , *Urospermum* , *Hypochœris* , et une portion des *Crepis* , étaient des *Hieracium* pour Tournefort qui , d'un autre côté , avait distrait du groupe dont nous nous occupons quelques espèces avec lesquelles il avait formé son genre *Dens leonis*. En créant le *Leontodon* qui correspond à ce dernier, Linné s'était aussi mépris sur la distinction de certains *Hieracium* dont le facies est bien celui des *Leontodon* , mais qui en diffèrent essentiellement par les caractères. Depuis ces illustres fondateurs de la botanique , quelques auteurs ont voulu établir de nouveaux genres aux dépens des *Hieracium* , mais ces innovations ont été généralement rejetées. Nous ne citerons donc ici que pour mémoire les *Catonia* et *Hieracioides* , formés par Mœnch avec l'*Hieracium amplexicaule* et l'*H. sabaudum* , L. ; le *Pilosella* de Hoppe, et le *Lepicaune* de La Peyrouse. Plusieurs espèces d'Epervières ont aussi été transportées dans les genres voisins ; c'est surtout avec les *Crepis*, les *Andryala* et les *Picris* qu'on les a confondus. Les caractères de ces genres , quoique faibles , étant néanmoins assez bien définis , ne laissent guère de doute à ce sujet.

En ce qui concerne la classification et la détermination des espèces de ce genre , les botanistes ont été et sont encore en dissidence continuelle. Les variations que certaines espèces voisines et même certains individus de la même espèce subissent dans la forme de leurs feuilles, de leurs tiges, dans la superficie plus ou moins velue de ces organes ; ces variations , disons-nous, laissent tellement d'ambiguités, que la distinction des Epervières , spécifiquement parlant , est un des points les plus difficiles de la botanique européenne. Souvent la même Plante a été désignée sous un grand nombre de noms différens. Plusieurs espèces , essentiellement distinctes , ont reçu et conservent encore la même dénomination ; de sorte qu'il reste encore beaucoup à faire pour débrouiller la synonymie de la plupart des espèces.

A l'exception de l'*Hieracium Canadense* , Michx. , et de quelques autres , qui croissent dans l'Amérique septentrionale, les Epervières dont le nombre excède cent cinquante, sont pour la plupart indigènes de l'Europe ; on les rencontre dans presque toutes les stations et localités , sur les montagnes, dans les plaines boisées et jusque dans les endroits marécageux ; mais le plus grand nombre habite les contrées montueuses qu'elles embellissent par leurs fleurs jaunes, en général grandes et nombreuses. Parmi les espèces de la Flore Française, nous citerons comme les plus remarquables celles qui suivent, rangées selon l'ordre adopté par le professeur De Candolle :

1°. Epervières analogues aux Lion-Dents , remarquables par leurs feuilles radicales peu ou point velues, et leurs hampes le plus souvent nues et uniflores. Exemples : *Hieracium aureum* , Villars, Lamk. et D. C. ; *H. aurantiacum*, L. ; et *H. prœmorsum*. Les deux premières sont de très-jolies Plantes dont les fleurs ont des couleurs vives, jaunes ou orangées, et qui croissent en abondance dans les prairies fertiles des Hautes-Alpes. La beauté du *Hieracium aurantiacum* lui a mérité d'être cultivé dans quelques jardins d'agrément. Quant à la dernière espèce, elle habite les prairies des Alpes , du Piémont, du Jura , et quelques sites de la France méridionale. Le rang extérieur des folioles de son involucre beaucoup plus court que l'intérieur est un caractère qui rapproche cette Plante des *Prenanthes.*

2°. Epervières fausses Andryales; espèces couvertes de longs poils blancs et mous qui, vus à la loupe, paraissent plumeux. Nous citerons dans ce groupe, les *Hieracium villosum, Hier. lanatum, Hier. andryaloides,* Plantes des Alpes, ornées de fleurs jaunes très-élégantes, et couvertes d'un duvet blanc dont la plus ou moins grande abondance, ainsi que les formes plus ou moins allongées des feuilles, déterminent les nombreuses variétés. C'est à cette section qu'appartient encore le *Hieracium eriophorum* , St.-Amans, Bull. Philom. n. 52, p. 26, t. 2, fig. 1, découverte par Bory de Saint-Vincent, et dont toutes les parties sont si abondamment couvertes de poils blancs et laineux, qu'elle rappelle le port des Végétaux africains. Cette espèce, la plus belle du genre, croît dans les dunes de sable mobile près la tête de Buch.

5°. Epervières Piloselles; caractérisées par leur couleur un peu glauque, leur consistance ferme, et leur superficie quelquefois glabre ou simplement hérissée surtout vers le bord des feuilles, de poils longs, blancs et roides. Tels sont, entre autres, les *Hieracium Pilosella,* L.; *Hier. auricula,* L.; *Hier. staticefolium,* Villars; et *Hier. glaucum,* L. Les deux premières sont communes sur les pelouses, les murs, et dans les terrains secs. La troisième est remarquable en ce que ses fleurs verdissent par la dessiccation, caractère qui la distingue facilement des autres Epervières, ses voisines. La quatrième, sujette à beaucoup de variations, partage, avec beaucoup d'autres espèces très-rapprochées d'elle, la couleur glauque d'où elle a tiré son nom.

4°. Epervières vraies ou fausses Pulmonaires; Plantes vertes, à tiges feuillées, et dont les involucres sont souvent hérissés de poils noirs. Dans cette section, sont placés les *Hier.*

umbellatum et *sylvaticum* communs dans les bois des environs de Paris; les *Hier. amplexicaule* , *Hier. grandiflorum* et *Hier. blattarioides* , qui couvrent les rochers des Alpes ou des pays montueux de la France méridionale; et l'*Hier. paludosum* que l'on trouve dans les prés marécageux des contrées élevées des départemens de l'est et du sud de la France. (G..N.)

EPERVIERS. INS. Ce nom a été donné à plusieurs Lépidoptères qui appartenaient au genre Sphinx et qui font aujourd'hui partie des Sésies. *V.* ce mot.   (B.)

EPETIT. BOT. PHAN. Bosc rapporte dans le Dictionnaire de Déterville que cette Plante, encore indéterminée et de Cayenne, passe dans le pays pour provoquer l'amour de toutes les femmes quand on en porte sur soi. On en frotte le nez des Chiens de chasse afin de rendre leur odorat plus fin. (B.)

EPHEDRA. *Ephedra.* **BOT. PHAN.** (Rich. , Conif. tab. 4 et tab. 29.) Genre de Plantes dicotylédones de la famille des Conifères , composé d'Arbustes ayant un port tout particulier, qui leur donne quelque ressemblance avec les *Equisetum* ou Prêles, c'est-à-dire que leurs tiges sont grêles, divisées en un très-grand nombre de ramifications cylindriques, noueuses, articulées, ayant pour feuilles de petites écailles formant des gaînes très-courtes qui naissent de chaque articulation. Les fleurs sont dioïques; les mâles constituent des espèces de capitules ou chatons écailleux très-petits, ordinairement réunis et groupés un grand nombre ensemble. Chacun de ces petits capitules se compose de six à dix écailles opposées en croix, connées par leur base, obtuses et imbriquées sur quatre rangs. De l'aisselle de chaque écaille naît un involucre propre , un peu plus long qu'elle, comprimé, obtus, fendu et entr'ouvert par sa partie supérieure pour laisser sortir les étamines. Cet involucre paraît formé de deux écailles réunies et semblables à celles décrites précédemment. Du fond de cet involucre s'élève un filament linéaire, comprimé, terminé par un groupe d'anthères uniloculaires, réunies deux à deux, quelquefois isolées les unes des autres, et groupées au nombre de quatre. Ces anthères sont ordinairement arrondies ou cunéiformes, plus renflées dans leur partie supérieure, où elles s'ouvrent au moyen d'une fente transversale. On peut aussi considérer ce groupe d'anthères comme plusieurs étamines monadelphes, constituant une même fleur. Les fleurs femelles sont également placées dans un involucre renfermant une ou deux fleurs, composé ordinairement de six écailles, absolument semblables à celles de l'involucre des fleurs mâles, c'est-à-dire qu'elles sont opposées en croix et connées par leur base, de manière à former trois paires imbriquées, dont la plus intérieure est la plus longue et semble former un involucre particulier dans lequel on trouve une ou deux fleurs munies chacune d'un involucelle qui leur est propre. Cet involucelle est ovoïde, oblong, percé dans sa partie supérieure d'un trou, par lequel passe le tube qui termine le calice à son sommet. Le calice est étroitement renfermé dans cet involucelle dont il remplit en totalité la cavité. Il se termine brusquement à son sommet par un tube presque capillaire saillant au-dessus de l'involucelle. L'ovaire est renfermé dans le calice qu'il remplit exactement. Il adhère avec lui soit par sa moitié inférieure, soit seulement par une petite partie. Il porte à son sommet un tubercule très-court que l'on peut considérer comme le stigmate. Les écailles qui environnent l'involucelle prennent un très-grand accroissement, deviennent épaisses, charnues, succulentes, comme l'involucre de l'If, dont elles offrent en général la couleur rouge et la saveur visqueuse et sucrée, de manière que les fruits des *Ephedra* ressemblent à des baies. Les involucelles conservent à peu près la même forme qu'ils offraient dans la fleur; ils recouvrent le véritable fruit qui se

composé du calice formant le péricarpe, qui est fort mince. La graine présente un tégument propre qui est très-fin, un endosperme blanchâtre, charnu, renfermant un embryon axillaire, cylindrique, renversé, ayant sa radicule supérieure et soudée intimement avec l'endosperme, ses cotylédons, au nombre de deux, obtus et épais.

Les espèces de ce genre sont peu nombreuses. On en compte environ six dont une croît en France, *Ephedra distachya*, L.; une en Sibérie et en Hongrie, *Eph. monostochya*, L.; deux en Barbarie, *Eph. altissima* et *Eph. fragilis*, Desf.; une en Arabie, *Eph. aphylla*, Forsk.; et enfin une dans l'Amérique méridionale, *Eph. americana*, Kunth in Humb.

L'*Ephedra distachya*, L., est connu sous le nom vulgaire de *Raisin de mer*, à cause de ses fruits qui sont rougeâtres et charnus. Par son port, il ressemble beaucoup à une Prêle rameuse. C'est un Arbuste d'environ trois à quatre pieds de hauteur, portant des rameaux nombreux, grêles et cylindriques, articulés, opposés ou verticillés. A chaque articulation on trouve une gaîne membraneuse, bidentée. C'est de l'aisselle de ces gaînes que sortent les fleurs qui sont très-petites, dioïques et jaunâtres. Cette espèce, ainsi que les autres du même genre, croît dans les lieux sablonneux et maritimes. On la trouve dans la France méridionale, sur les bords de la Méditerranée et en Espagne.   (A. R.)

ÉPHÉMÈRE. *Ephemera*. ins. Genre de l'ordre des Névroptères, fondé par Linné, et rangé par Latreille (Règn. Anim. de Cuv.) dans la famille des Subulicornes, avec ces caractères : antennes très-courtes, terminées par une soie; lèvre supérieure couvrant la bouche; mandibules nulles ou très-petites; palpes fort courts, peu distincts; tarses à cinq articles. Les Ephémères, nommés ainsi à cause de la durée très-courte de leur existence, sont des Insectes assez petits, dont le corps est allongé et d'une consistance molle. La tête est assez large, mais plus étroite que le corselet : elle supporte des yeux à réseaux saillans et arrondis ; plusieurs yeux lisses, ordinairement au nombre de trois et souvent très-gros ; enfin des antennes sétacées insérées un peu au-dessous des yeux, et une bouche très-petite dans laquelle on n'a pas découvert de mandibules, mais qui se compose d'une lèvre supérieure, de mâchoires très-petites, courtes, obtuses, à peine distinctes, supportant chacune un palpe de quatre articles, et d'une lèvre inférieure petite, courte, membraneuse, arrondie, entière, fort petite et munie aussi d'une paire de palpes de trois articles. Le corselet est très-distinct. Les ailes, au nombre de quatre, sont triangulaires, réticulées et portées horizontalement ; les antérieures sont grandes, et les postérieures quelquefois si petites, qu'il devient difficile de les apercevoir ; les pates sont assez longues, surtout la première paire qui paraît dirigée en avant comme le seraient de véritables antennes ; l'abdomen est long, cylindroïde, et terminé chez les femelles par de longs filets. — Les habitudes des Éphémères, étudiées par Swammerdam, Réaumur, Degéer, et quelques autres observateurs, présentent des faits dignes de remarque, soit à l'état parfait, soit à l'état de larve et de nymphe. A l'état parfait, ces Insectes ne vivent ordinairement que quelques heures, et n'ont d'autres fonctions à remplir que de perpétuer leur espèce. A peine sont-ils sortis de l'enveloppe de la nymphe, qu'ils se mettent à voltiger et forment des rassemblemens composés d'un grand nombre d'individus, qui tous appartiennent au sexe mâle. On ne rencontre dans ces groupes aucune femelle ; dès qu'il s'en présente une, tous les mâles fondent sur elle, et un seul d'entre eux parvient à s'en rendre maître ; alors le couple amoureux va se fixer sur un Arbre ou contre une muraille,

afin d'achever tranquillement l'œuvre de la génération. Tel est le fait énoncé par Degéer, contradictoirement à l'opinion de Swammerdam qui pensait que les Éphémères ne s'accouplaient pas, et que leurs œufs étaient fécondés à la manière des Poissons, c'est-à-dire après avoir été pondus. Quoi qu'il en soit, tous les observateurs s'accordent à dire que la femelle, pressée de pondre, vole à la surface de l'eau, redresse l'extrémité de son corps, et fait sortir, par deux ouvertures situées au-dessous de la jonction du sixième anneau, deux grappes d'œufs agglutinés entre eux, qu'elle laisse ensuite tomber dans l'eau en prenant un point d'appui sur le liquide à l'aide des filets dont son abdomen est muni. De ces œufs naissent des larves qui se métamorphosent en nymphe, et ces deux états sont plus longs que dans beaucoup d'autres Insectes. Swammerdam prétend que certaines espèces vivent trois ans sous l'eau avant de prendre la forme d'Insecte parfait, et Réaumur a vu d'autres espèces y demeurer deux années ou seulement un an.

La larve des Éphémères est très-allongée et assez étroite ; on lui remarque une tête triangulaire un peu déprimée, supportant deux yeux au-devant desquels sont deux antennes très-déliées, moniliformes, et une bouche munie de mandibules. Le thorax, divisé en deux ou trois segmens, supporte six pates écailleuses, garnies de poils sur leurs bords. L'abdomen présente dix anneaux diminuant graduellement de diamètre jusqu'au dernier qui donne insertion à trois filets remarquables. Les larves des différentes espèces d'Éphémères varient dans leurs habitudes. Les unes passent leur vie, suivant Réaumur, dans des habitations fixes ; chacune a la sienne, qui consiste en un trou creusé au-dessous de la surface de l'eau, dans la terre qui forme le bassin d'une rivière ou d'une autre eau moins courante : elles quittent bien rarement leur demeure pour nager ; et ne le font guère que lorsqu'il s'agit de se creuser un nouveau logement. Les autres larves sont pour ainsi dire errantes ; tantôt elles nagent, tantôt elles marchent sur les corps placés au fond de l'eau , d'autres fois elles se cachent sous les pierres ou sous des morceaux de bois , ou bien elles restent tranquilles sur ces mêmes corps. L'organisation de la première espèce de larves, de celles qui restent immobiles, est fort curieuse. Chaque anneau de leur corps est muni d'appendices, de filets déliés, quelquefois composés, qui se meuvent avec une grande vitesse, et qui paraissent être de véritables branchies. On aperçoit dans leur intérieur des trachées rameuses aboutissant quelquefois à deux vaisseaux aériens qui communiquent au système respiratoire de l'intérieur du corps de l'Animal. Ces larves, avons-nous dit , ont chacune leur demeure. Réaumur a décrit avec soin l'habitation d'une espèce très-commune dans la Marne et dans la Seine, à l'est de Paris. Lorsque ces rivières ne sont pas hautes, on voit depuis le niveau de l'eau jusqu'à deux ou trois pieds, les berges criblées de trous , dont les ouvertures ont environ deux ou trois lignes de diamètre; chacun d'eux a contenu une larve d'Ephémère , qui l'a quitté lorsque les eaux ont baissé, et est descendu plus bas , afin de se creuser un nouveau logement. Si on enlève des mottes de la terre baignée par l'eau , on les trouve percées d'une infinité de trous dans lesquels l'Insecte est contenu. En examinant toutes ces ouvertures , on ne tarde pas à remarquer qu'elles sont placées deux à deux sur une même ligne horizontale, qu'il y en a toujours deux très-proches l'une de l'autre ; qu'enfin elles appartiennent à une seule et même demeure , de manière que cette habitation n'est pas un simple tube horizontal , mais bien un conduit coudé et recourbé parallèlement à lui-même. L'usage de cette double porte se devine ; elle sert d'entrée et de sortie à l'Animal sans qu'il soit contraint d'aller à recu-

lons , ou de se retourner bout pour bout, ainsi que le font en pareil cas plusieurs Insectes. Les trous sont pratiqués dans une terre compacte et argileuse, et leur étendue est toujours proportionnée à la grandeur de l'individu qui l'habite. Les jeunes larves en ont de très-petits, et ceux des nymphes sont les plus grands. Les larves d'Ephémères se trouvent ainsi en sûreté contre la voracité des Poissons, qui en sont très-friands. De plus, elles sont entourées d'eau, doublement nécessaire, en ce qu'elle baigne tout leur corps, principalement leurs branchies , et parce qu'elle leur apporte une nourriture qui paraît consister en molécules terreuses imprégnées de matières végétales ou animales. Ces mêmes larves sont transparentes et très-molles. Leur tête est munie d'une bouche qui présente antérieurement deux crochets ou mandibules destinés à creuser la terre. Leurs jambes antérieures ont aussi cet usage , et sont, à cause de cela , très-courtes et robustes. Réaumur pense qu'elles passent sous l'eau deux années avant de se métamorphoser en nymphes ; celles-ci sont en tout semblables, sous le rapport de l'organisation et des mœurs, avec les larves , à cette seule différence près , qu'elles présentent des rudimens d'ailes. On doit rapporter à la nymphe du mâle, et non à l'Insecte parfait, l'anatomie que Swammerdam a donnée d'un Ephémère de la Hollande : les muscles du ventre ayant été enlevés, il trouva une membrane déliée qui leur est adhérente, et qu'il compare au péritoine ; autour et au-dessous de cette membrane sont répandues de petites vésicules qui contiennent une graisse fluide comme de l'huile , et qui ont toutes la même grosseur. Plus l'Insecte est jeune , et mieux on distingue ces vésicules graisseuses, car elles sont alors dispersées , au lieu qu'elles se rassemblent et se réunissent dans les Vers plus âgés. En continuant cette dissection, on trouve le canal intestinal. L'œsophage est comme un fil fin qui vient de la bouche ; il descend le long du dos et du corselet, puis il diminue de diamètre à l'entrée de l'estomac; celui-ci (jabot), renflé et ovoïde, est composé de diverses parties, et ne paraît, toutefois, avoir qu'une seule membrane molle et déliée, remplie intérieurement de rugosités disposées en forme de réseau, la surface extérieurement lisse ; le reste du conduit intestinal qui suit l'estomac est composé de trois sortes d'intestins, savoir : l'intestin grêle (estomac proprement dit), le colon (cœcum) et le rectum. Dans la cavité de l'intestin grêle, ajoute Swammerdam, on voit quelques rugosités en forme de croissant, assez semblables aux valvules annulaires des intestins grêles de l'Homme. Un peu plus bas, à la naissance du colon, paraissent dans la cavité de cet intestin, des stries semblables à de longues fibres musculaires qui lui donnent quelque analogie avec cette partie de l'estomac des Ruminans qu'on nomme la panse. Enfin le rectum a des cannelures transversales presque jusqu'à son extrémité qui est terminée par un orifice extérieur assez ample, lequel donne issue aux excrémens. L'estomac est placé dans les quatrième et cinquième anneaux du corps. Ce viscère et l'intestin grêle occupent toute la région intérieure du ventre, savoir : les sixième, septième, huitième, neuvième, dixième et onzième anneaux du corps; les trois derniers anneaux, c'est-à-dire les douzième, treizième et quatorzième, renferment le colon et le rectum. Les diverses parties du canal alimentaire sont parsemées de trachées. On trouve en tout temps de l'Argile dans l'estomac et dans les intestins de cette larve, on la voit même à travers tout le corps, et principalement à travers le dos. Quand elle est prête à se transformer, on ne trouve plus d'Argile dans ses intestins, ils deviennent transparens comme le cristal. Deux trachées considérables parcourent de chaque côté le corps dans toute sa longueur;

elles paraissent communiquer avec les stigmates du thorax, et elles se prolongent manifestement dans les appendices membraneux qui sont fixés à chaque anneau du corps. Le vaisseau dorsal n'offre rien de particulier; il est alternativement étranglé ou renflé. La moelle épinière présente onze ganglions de forme ovale, éloignés à peu près à même distance les uns des autres. Le premier nœud qui tient lieu de cerveau donne naissance aux nerfs optiques, lesquels sont fort distincts. Les dix autres ganglions fournissent les différens nerfs du corps; mais les antérieurs en donnent davantage que ceux qui suivent. Chacun de ces ganglions est uni au suivant par deux gros nerfs longitudinaux, distincts comme cela a lieu dans tous les Insectes. Les organes de la génération du Ver mâle, lorsqu'il est à la veille de sa transformation, sont aussi apparens, selon Swammerdam, que dans l'Ephémère mâle déjà transformée. Les réservoirs spermatiques règnent de chaque côté de l'estomac et des intestins, ils paraissent fort semblables à la laite des Poissons; cependant ils ont des sinuosités et sont faits en forme de tuyaux. Leur forme est allongée et ils s'étendent tout le long du ventre. La liqueur séminale qu'ils contiennent est blanche et semblable à du lait ; ces vaisseaux sont aussi très-blancs et composés d'un tissu membraneux, mince et parsemé de trachées au-dedans et au-dehors. Swammerdam dit que l'on trouve encore dans les derniers anneaux de l'abdomen des parties qui semblent être des dépendances des réservoirs spermatiques, et avoir une issue commune avec ces réservoirs et ces intestins; mais il ne les a pas vues clairement. L'ovaire de la femelle est double et placé comme celui des Poissons; il renferme des œufs d'une extrême petitesse et de forme oblongue et plano-convexe.

Ce n'est que vers le milieu du mois d'août qu'on voit paraître aux environs de Paris et près de la rivière des nuées d'Ephémères, tellement abondantes que la terre et le pavé sont quelquefois jonchés de leurs corps. Les particularités de cette dernière métamorphose ne sont pas dénuées d'intérêt ; elle a lieu le soir à une époque très-fixe du jour, à huit heures un quart. Le changement de température, la pluie ou le beau temps ne sauraient accélérer ou retarder cette apparition. Voici la manière dont Réaumur décrit le changement de l'état de nymphe en celui d'Insecte parfait : « Aucun des Insectes que je connais n'exécute une opération si grande, qui semble devoir être si laborieuse et qui l'est réellement pour la plupart d'eux, avec tant d'aisance et de célérité. Le baquet dont j'ai parlé et d'autres que j'ai de même tenus pleins de mottes de terre bien peuplées de nymphes, m'ont mis à portée d'observer ce que je n'eusse pas pu voir dans la rivière. Nous ne tirons guère nos bras plus vite d'un habit que l'Ephémère ne tire son corps, ses ailes, ses jambes, les longs filets qui lui font une queue, du vêtement très-composé qui fournit un fourreau à chaque partie, et un fourreau dans lequel elle est plissée ou au moins très-gênée. Les Ephémères qui voulaient se transformer étaient souvent sur des mottes de terre que l'eau ne couvrait pas, et quelquefois à la surface de l'eau même. Dès qu'il s'était fait une fente au corselet, dès qu'une portion du corselet avait commencé à paraître par cette fente, le reste était achevé presque dans un instant. On ne s'attendrait pas qu'une Mouche qui, quand elle peut faire le plus d'usage de ses ailes, est faible et délicate, eût toute la force qu'a celle-ci pour finir une pareille opération : j'ai souvent tâché d'en arrêter les progrès pour mieux voir comment chaque partie était logée dans l'étui d'où elle était prête à sortir ; j'ai saisi une Mouche qui ne commençait qu'à dégager sa tête ; j'ai pressé la tête dans l'instant même où elle venait de se montrer ; j'ai poussé la cruauté quelquefois jusqu'à l'aplatir et l'écraser entre mes doigts : la métamorphose que je voulais suspendre s'accomplissait malgré moi. J'ai jeté dans de l'esprit-de-vin des Ephémères qui ne s'étaient tirées qu'en partie de leur fourreau : elles ont achevé de se dépouiller dans cette liqueur si redoutable et y ont péri sur-le-champ. Trois filets ou deux au moins qu'elles portent au derrière, plus longs que le corps, le corselet et la tête pris ensemble, et plus longs que les étuis dans lesquels ils étaient logés, sont ce qu'il y a de plus difficile à dégager. Lorsque l'Ephémère veut les retirer trop brusquement de leurs étuis, elle les casse quelquefois ; plus souvent l'Ephémère qui a fait sortir les parties antérieures de leurs fourreaux particuliers, et dont les ailes se sont développées dans l'instant, est impatiente de faire usage de celles-ci : avant que de s'être défaite de sa dépouille, elle s'élève dans les airs et s'y transporte. Le plus souvent alors la dépouille ne tient qu'aux filets de la queue ; l'Ephémère qui la traîne après elle paraît alors du double plus grande qu'elle n'est réellement. Dans le premier quart d'heure où elles commencent à paraître, on en voit beaucoup aux filets desquels la dépouille est pendue ; mais dans la suite il n'en paraît plus ou presque plus à qui elle soit restée : il est apparemment plus ordinaire à celles qui naissent les premières de l'emporter ; elles s'en défont pendant qu'elles volent. »

On sait qu'après être sortis de l'enveloppe de la nymphe, les Insectes n'ont plus d'autre changement à subir. Il n'en est pas ainsi des Ephémères. Arrivées à l'état parfait, elles volent à une petite distance, se fixent au premier corps solide qu'elles rencontrent et changent une dernière fois de peau sans changer de forme. Swammerdam, qui parle de cette sorte de mue, pense que les mâles seuls y sont soumis.

On connaît un grand nombre d'espèces propres au genre dont il s'agit ; mais elles n'ont pas encore été convenablement distinguées entre elles. Nous citerons :

L'Ephémère commune, *E. vulgata*, L., Fabr., ou l'Ephémère à trois filets et à ailes tachetées de Geoffroy (Hist. des Ins. T. ii, p. 238), décrite par Réaumur (Hist. des Ins. T. vi, p. 466) et par Degéer (Mém. sur l'Hist. des Ins. T. ii, p. 621, n° 1, pl. 16, fig. 1). On la trouve abondamment en Europe, sur le bord des lacs et des rivières.

L'Ephémère marginée, *E. marginata*, Fabr., ou l'Ephémère à trois filets, à ailes brunes, de Geoffroy (*loc. cit.*, p. 239, n° 3), figurée par Roësel (*Ins.* T. ii, *Aquat.* cl. ii, tab. 12, fig. 1, 2). Elle est plus petite que l'espèce précédente et se trouve dans les mêmes lieux.

L'Ephémère diptère, *E. diptera*. Linné prétend que les ailes postérieures sont très-petites ; mais Degéer assure qu'elles manquent.　　(AUD.)

ÉPHÉMÈRE. bot. phan. Nom vulgaire du genre de Plantes dédié à Tradescant, et dont quelques botanistes français ont composé le mot Ephémérine qu'ils substituaient à celui que nous croyons devoir maintenir. *V.* TRADESCANTIE. La Plante que Dioscoride appelait *Ephemerum* est le Colchique selon quelques-uns, un Iris selon d'autres, et une petite Lysimachie selon Linné　　(B.)

ÉPHÉMÈRES (FLEURS). bot. phan. Les fleurs de certains Végétaux ne durant que l'espace d'un jour ont reçu le nom de fleurs éphémères. Telles sont celles des Cistes, qui s'épanouissent au lever du soleil et qui, suivant cet astre dans sa course, s'effeuillent avec la fin du jour. Dans quelques Plantes même les fleurs ne durent qu'un petit nombre d'heures ; ainsi le *Cactus grandiflorus* commence à épanouir ses fleurs vers la chute du jour, et, cinq ou six heures après, ces fleurs se referment pour ne plus se rouvrir.　　(A. R.)

EPHIELIS. bot. phan. Schreber a changé en ce nom, et Necker en celui d'*Ernstringia*, le nom de *Matayba* qu'Aublet avait donné à une Plante rapportée avec doute à la famille des Sapindacées. Adopté par Jussieu, rétabli par De Candolle, le mot d'Aublet doit être conservé, et c'est à lui que nous renvoyons.　　(A. D. J.)

EPHIPPIE. *Ephippium*. ins. Genre de l'ordre des Diptères, fondé par Latreille et correspondant au genre *Clitellaria* de Meigen. Il appartient à la famille de Notacanthes (Règn. Anim. de Cuv.), et a pour caractères : antennes à peine plus longues que la tête, de trois articles, dont le dernier presque conique, allongé, à six anneaux et terminé par un long stylet ; ailes couchées sur le corps ; deux épines à l'écusson et une dent de chaque côté du corselet. Ce genre ne comprend qu'une espèce : l'Ephippie thoracique, *E. thoracicum*; Latr., ou le *Statyomis Ephippium* de Fabricius, figuré par Panzer (*Faun. Ins. Germ. fasc.* 8, tab. 25, le mâle). Elle a six lignes en longueur, son corps est noir et ses ailes de même couleur ; son thorax est recouvert d'un duvet rouge brillant, et présente de chaque côté une dent très-aiguë ; l'écusson est terminé par deux épines. On le trouve en France, dans les bois, sur le tronc des vieux Arbres et sur les charmilles.　　(AUD.)

* EPHIPPIUM. moll. Espèce d'Anomie. *V.* ce mot.　　(B.)

* EPHIPPUS. pois. (Cuvier.) Sous-genre de Chœtodons. *V.* ce mot. (B.)

EPHONSKICA. ois. Quelques-uns écrivent *Ephonskika*. Syn. de Courlis criard dans les Florides. *V.* Courlis.　　(B.)

EPHYDATIE. *Ephydatia*. polyp. Genre de l'ordre des Spongiées, dans la division des Polypiers flexibles et corticifères. On lui donne pour caractères : Polypier fluviatile, spongiforme, verdâtre, en masse allongée, lobée ou glomérulée. Les Eponges d'eau douce que nous avons nommées Ephydaties, confondues avec les Eponges marines par les auteurs anciens et modernes, en ont été séparées pour la première fois par Lamarck qui les regardait comme le produit et l'habitation de certains Polypes décrits et figurés par Roësel (Insect. vol. iii, p. 91), et que Cuvier avait appelés Cristatelles. *V.* ce mot. Lamarck avait adopté cette opinion, d'après le célèbre naturaliste danois, Vahl. Les observations de Bosc, et celles que nous avons eu occasion de faire sur ces productions singulières, prouvent que les Polypes, nommés Cristatelles, se retirent indifféremment dans les Lentilles d'eau, et au milieu des filamens des Conferves. L'on voit souvent les Ephydaties sans les Polypes, et les Polypes sans les Ephydaties. Lamarck, après avoir appelé ce genre *Cristatelle*, lui a donné le nom de *Spongille* dans ses derniers ouvrages. Linné regardait les Eponges d'eau douce comme des Plantes, et dans sa Flore de Suède, il dit qu'en automne, l'on voit des semences dans l'Eponge fluviatile. Kalm semble avoir copié le naturaliste suédois. Beaucoup d'auteurs ont suivi leur opinion. Les Ephydaties doivent-elles être classées parmi les productions animales ou bien parmi les Végétaux? D'après les observations nouvelles que nous avons faites depuis la publication de notre histoire générale des Polypiers flexibles, nous sommes plus portés que jamais à les regarder comme des Plantes analogues aux Charagnes. Bory de Saint-Vincent, qui a distinctement retrouvé en elles les corps que Linné appelait semences, paraît les considérer comme des Chaodinées, mais n'a encore rien imprimé à cet égard. L'odeur, la couleur qui varie selon l'action de l'air, de la chaleur, de l'humidité et de la lumière, l'absence totale d'encroûtement gélatineux et fugace, analogue à celui des Eponges, mais seulement la présence d'une substance onctueuse semblable à celle qui recouvre les Plantes qui vivent dans l'eau; enfin l'existence de grains opaques à certaines époques de l'année, et dont la nature est encore

inconnue : tous ces caractères réunis éloignent les Ephydaties de la nombreuse famille des Eponges marines, mais les rapprochent beaucoup des Ectospermes et conséquemment des Charagnes. *V.* ces mots. Quoi qu'il en soit, nous avons placé provisoirement les Ephydaties dans le même ordre que les Eponges marines, parce que leur nature, étant encore douteuse, nous avons dû suivre l'opinion du célèbre professeur du Jardin des Plantes, Lamarck, adoptée par de savans zoologistes. — Les Ephydaties répandent une odeur extrêmement fétide, en se décomposant ou lorsqu'on les brûle, et l'on retire de leurs cendres une quantité de Chaux dont le poids dépasse quelquefois la moitié de celui du Polypier sec. Ces deux caractères les rapprochent du règne animal. — Ces êtres singuliers sont encore peu connus ; les collections n'en renferment point d'exotiques. Nous croyons cependant que les fontaines, les ruisseaux et les rivières des autres parties du monde en contiennent comme les eaux de la France, d'Angleterre, d'Allemagne, de Russie, etc., mais ils ne sont pas assez remarquables pour avoir fixé l'attention des voyageurs occupés d'objets plus importans et dont les regards étaient attirés par des formes plus élégantes ou des couleurs plus brillantes. Les Ephydaties offrent rarement des formes constantes ; leur couleur est un vert plus ou moins foncé qui semble varier suivant la nature du corps auquel elles adhèrent. Bory de Saint-Vincent pense que cette couleur est due à l'introduction de la matière verte, parce qu'elle n'est pas constante, et que tous les individus sont d'un gris jaunâtre ou brun partout où la matière verte ne s'est pas développée, et surtout du côté opposé à la lumière. — Elles habitent les eaux douces, fraîches et limpides, couvrent quelquefois les pierres, les racines, et presque tous les corps qui se trouvent à leur portée : elles acquièrent souvent une grandeur très-considérable et alors elles se ramifieut. Elles deviennent grises et très-friables per la dessiccation.

On n'en fait usage ni en médecine, ni dans les arts. Jusqu'à ce moment l'on en connaît quatre espèces nommées : Ephydatie fluviatile, Eph. des lacs, Eph. friable, Eph. des canaux. La première est bien figurée dans Esper sous le nom de *Spongia lacustris*, tab. 23, et tab. 23 A. — La troisième est bien caractérisée; la dernière est douteuse même d'après Gmelin. Elles se trouvent dans différentes parties de l'Europe. (LAM..X.)

ÉPHYRE. *Ephyra*. ACAL. Genre de l'ordre des Acalèphes libres dans la classe des Acalèphes, vulgairement Orties de mer de Cuvier, ayant pour caractères : un corps orbiculaire, transparent, sans pédoncule, sans bras, sans tentacules; quatre bouches ou davantage au disque inférieur. Péron et Lesueur ont proposé ce genre dans leur beau Mémoire sur les Méduses; Lamarck l'a conservé en y ajoutant le genre Euryale. Cuvier ne le cite point dans son grand ouvrage sur le règne animal. Les Éphyres sont peu nombreuses en espèces; en général, leur volume est considérable ; elles ont quelques rapports de forme avec les Eudores, et sont pareillement dépourvues de pédoncules, de bras et de tentacules. Elles ont plusieurs bouches et l'estomac plus composé. Les unes sont aplaties comme des pièces de monnaie; les autres sont plus ou moins convexes, à peu près comme les Phorignies. On les trouve dans des lieux très-éloignés les uns des autres, ce qui porte à croire qu'il doit en exister dans la nature un grand nombre d'espèces que l'on découvrira par la suite; maintenant il y en a peu de connues. — Ce sont : l'EPHYRE SIMPLE (*Borl. Hist. of Cornw.*, p. 257, tab. 25, fig. 13, 14), à ombrelle suborbiculaire, discoïde, légèrement convexe, sans tubercules et à rebord nu. Elle se trouve sur les côtes de Cornouailles. — L'EPHYRE

TUBERCULÉE, de la terre de Witt dans l'Australasie, rapportée et décrite par Péron et Lesueur. — Et l'EURYALE ANTARCTIQUE des mêmes auteurs, nommée Ephyre par Lamarck, trouvée près des îles Furneaux. (LAM..X.)

ÉPI. *Spica*. BOT. PHAN. Mode particulier d'inflorescence dans lequel des fleurs sessiles ou pédonculées sont portées sur un axe commun, simple et non ramifié, dressé ou penché. Les diverses espèces de Blé, de Seigle, d'Orge, le Groseillier rouge, noir, des Alpes, etc., offrent une inflorescence en Epis. (A. R.)

Ce mot d'Epi, accompagné de quelque épithète, est devenu le nom vulgaire et spécifique de quelques Plantes; ainsi l'on a appelé :

EPI D'EAU, les Potamots.

EPI FLEURI, les Stachides et le *Melanthium sibiricum*, L.

EPI DE LAIT OU DE LA VIERGE, l'Ornithogalle pyramidal.

EPI DU VENT, diverses Graminées à panicules plus ou moins développées, et particulièrement l'*Agrostis Spica venti*, L.

EPI-NARD, le Nard, divers Andropogons et même des Valérianes.

EPI SAUVAGE, l'*Asarum Europæum*, on ne sait trop pourquoi. (B.)

*ÉPI DE BLÉ. POLYP. FOSS. Defrance, dans le Dictionnaire des Sciences Naturelles, donne ce nom à une production fossile figurée dans Scheuchzer (*Herb. Diluvianum*, p. 8, tab. 1, fig. 1). Il dit qu'elle se rapporte à un épi de Graminée, ou bien à une tête d'Encrine à panache, d'après les nombreuses articulations dont chacune des barbes paraît formée. (LAM..X.)

ÉPIAIRE. BOT. PHAN. Quelques auteurs français ont proposé ce nom pour remplacer celui de Stachide. *V.* ce mot. (B.)

EPIBATERIE. *Epibaterium*. BOT. PHAN. Forster avait établi ce genre (tab. 54), dont il décrivait une seule espèce, à tige grimpante, originaire d'une des îles de la mer du Sud. Persoon en ajouta avec doute une seconde du Pérou. De Candolle, qui les fait rentrer toutes deux dans son genre *Cocculus*, ne paraît néanmoins pas éloigné de croire que la première, dont les fleurs sont monoïques, doive former un genre distinct, avec le *Nephroia* de Loureiro qui présente la même particularité. *V*. Cocculus.

(A. D. J.)

EPIBLÈME. *Epiblema*. BOT. PHAN. Genre de la famille des Orchidées et de la Gynandrie Monogynie, établi par R. Brown (*Prodrom. Flor. Nov.-Holland.* p. 315) qui l'a ainsi caractérisé : périanthe à cinq folioles égales et étalées ; labelle onguiculé, ayant son limbe (*lamina*) entier, muni à la base de processus filiformes fasciculés ; appendice de la base de la colonne (*gynostème*, Rich.) adné au bas de l'onglet du labelle ; anthère parallèle au stigmate, portée de chaque côté par un lobe pétaloïde. L'*Epiblema grandiflorum*, unique espèce du genre, est une Plante du sud de la Nouvelle-Hollande, qui a le port des *Thelymitra* dont elle est d'ailleurs très-rapprochée par son organisation. Ses fleurs sont élégantes et d'une belle couleur bleue. (G:.N.)

EPIBULUS. POIS. *V*. Labre du sous-genre Filou. (B.)

ÉPICARPE. *Epicarpium*. BOT. PHAN. On nomme ainsi la membrane externe du péricarpe. Elle est, en général, formée par l'épiderme qui recouvre les autres parties de la Plante ; mais toutes les fois que l'ovaire est infère, l'Epicarpe est formé par le calice lui-même. *V*. Fruit. (A. R.)

EPICEA OU **EPICIA**. BOT. PHAN. Espèce de Sapin. *V*. ce mot. (B.)

EPICEROS. BOT. PHAN. (Hippocrate.) Syn. de Fenu-grec. (B.)

ÉPICES OU **ÉPICERIES**. BOT. PHAN. On comprend, en général, sous ce nom les parties les plus aromatiques de certains Végétaux exotiques, qui, desséchées et préparées convenablement, sont employées dans l'art culinaire et l'office pour relever le goût des mets ou de quelques liqueurs. L'écorce des Cannelliers, le calice des Girofliers, la graine de plusieurs Poivriers et celle du Muscadier, avec l'enveloppe qui lui est propre et qu'on appelle Macis, sont les Epiceries les plus usitées. On emploie quelquefois sous le nom de GRAINE DES QUATRE ÉPICES, la superficie du Ravensara, qui est le fruit d'un Arbre de Madagascar. *V*. AGATOPHYLLUM.

L'usage des Epiceries est fort tombé, quoiqu'on en emploie des quantités considérables et que leur commerce soit toujours un objet fort important et l'une des bases de la prospérité des nations marchandes. On en fit long-temps une sorte d'abus, et la Muscade qu'on mêlait à toute sauce mérita même que le judicieux régulateur du Parnasse français la signalât dans l'une de ses satires. Les Epiceries n'avaient d'abord été qu'imparfaitement connues en Europe, et les premiers peuples de cette partie du monde qui avaient peu de rapports avec l'Inde, en employaient à peine ; le Genièvre, le Cumin, l'Ail et le Thym en tenaient lieu. Les Romains en adoptèrent les premiers l'usage, et le commerce du Levant le répandait peu à peu, quand le retour des croisés et l'industrie vénitienne généralisèrent un goût long-temps concentré parmi les riches seuls. Les Epiceries étaient d'abord fort précieuses, et tellement recherchées, que les juges et gens de loi, incorruptibles, dit-on, par l'appât de toute autre séduction, en acceptaient sans difficulté, et finirent par en regarder l'offrande comme un de leurs droits, et de-là le nom d'Epices que portent certains frais de procédure. Le commerce des Epices procurait des bénéfices énormes à la république de Venise, quand les Portugais, en doublant le cap de Bonne-Espérance, leur ravirent cette source de grandeur ; les Hollandais, à leur tour, ôtèrent aux Portugais ce qu'ils n'avaient su que conquérir et qu'ils ne pouvaient conserver sous le déplorable régime qui les gouvernait. Le génie de la liberté et de l'égalité enfantait, chez les Bataves, tous les élémens de grandeur; ils tentèrent de concentrer un monopole immense dans leurs mains, et prirent des précautions inouies pour en cacher l'origine au reste de l'Europe. Il faut lire dans Raynal l'histoire de la compagnie indienne de la république marchande, et l'on se fera une idée des efforts de la Hollande pour s'approprier exclusivement une branche de commerce à l'aide de laquelle une petite république put lutter contre Louis XIV, et humilier même ce superbe dominateur des autres rois. Enfin Poivre naquit, et, devenu intendant des colonies françaises à l'ouest du cap de Bonne-Espérance, il forma le projet de rendre les sources de la richesse hollandaise communes à sa patrie. Il y réussit; c'est à ses nobles efforts que nos colonies doivent la Cannelle, la Muscade et le Girofle. On peut consulter, pour les détails de cette entreprise et du succès qui la couronna, notre Voyage aux quatre îles d'Afrique, T. II, pl. 46 et suivantes. (B.)

ÉPICHARIS. *Epicharis*. INS. Genre de l'ordre des Hyménoptères, section des Porte-Aiguillons, famille des Mellifères, tribu des Apiaires, établi par Klüg aux dépens des *Centris* de Fabricius, et ayant pour caractères suivant Latreille : premier article des tarses postérieurs des femelles, en palette, dilaté à l'angle extérieur et très-velu; mandibules tridentées; palpes labiaux en forme de soies et terminés en pointe aiguë; les maxillaires très-petits et composés d'un seul article. Fabricius avait confondu les Epicharis avec les Centris auxquels ils ressemblent par leurs antennes et par leurs ailes; les antennes sont courtes, filiformes, coudées avec le troisième article aminci à sa base, beaucoup plus long que les suivans. Les ailes supérieures ont une cellule radiale allongée, et trois cellules cubitales; la première est cou-

pée par une petite nervure descendant du point de l'aile; la seconde est plus grande que la troisième, et celle-ci offre une forme presque triangulaire. Ces deux cellules reçoivent chacune une nervure récurrente. Les Epicharis diffèrent encore des Centris par leur labre en carré long et arrondi au bout, par l'article unique des palpes maxillaires et par les petits yeux lisses situés sur une ligne transversale. Ils ont beaucoup d'analogie avec les Euglosses et les Brèmes; mais ils s'en éloignent par leurs pieds postérieurs. On ne connaît encore qu'une espèce propre à ce genre,

L'EPICHARIS DASYPE, *E. Dasypus*, Klüg, ou l'*Apis rustica* d'Olivier (Enc. Méthod.) et le *Centris hirtipes* de Fabricius. Son corps est noir; ses ailes sont d'un bleu foncé; la face externe des jambes et le premier article des tarses des pates postérieures sont garnis de poils jaunes, nombreux et très-serrés. Il partage ce caractère avec le plus grand nombre des autres Apiaires solitaires, et principalement avec les Lasies de Jurine. Cette espèce est longue de neuf lignes et originaire du Brésil et de Cayenne. Latreille avait d'abord réuni aux Epicharis les Acanthopes de Klüg; mais il s'est depuis convaincu qu'ils formaient réellement un genre nouveau qu'on pouvait caractériser ainsi : point de palpes maxillaires distincts; mandibules (des mâles) sans dentelure au côté interne et terminées simplement en pointe; labre petit et presque triangulaire; troisième cellule cubitale recevant les deux nervures récurrentes; jambes intermédiaires terminées par une épine très-forte, fourchue et dont une des branches est plus grande et dentelée; premier article des tarses postérieurs fort long, très-comprimé et très-cilié. Les Acanthopes se distinguent donc des Epicharis par de certaines particularités assez importantes. On ne connaît encore qu'une espèce : l'ACANTHOPE SPLENDIDE, *A. splendidus*, Klüg, ou le *Xilocopa splendida* de Fabricius. Elle a été figurée par Ant. Coquebert (*Illust. Icon Ins. Dec.* 1 , tab. 6 , fig. 6, le mâle). Il se trouve à Cayenne et au Brésil. (AUD.)

*EPICHYSIUM BOT.CRYPT.(*Champignons.*) Tode appelle ainsi un petit Champignon, voisin des *Myriothecium*, qui ne paraît pas distinct des Nidulaires. *V*. ce mot. (A. R.)

EPICIA. BOT. PHAN. *V*. EPICEA.

* ÉPICILICODE. POLYP. Donati, dans son Histoire naturelle de la mer Adriatique, a donné ce nom à des productions marines qu'il regarde comme des Plantes ayant plusieurs capsules à bord épineux et dont une capsule est attachée au bord de l'autre; nous croyons que ce sont des Polypiers flexibles de l'ordre des Sertulariées, mais de quel genre?(LAM..X.)

* EPICLINE (NECTAIRE). BOT. PHAN. Mirbel dit que le disque qu'il nomme nectaire est Epicline quand il est placé sur le réceptacle. Cette expression correspond à celle de disque hypogyne. *V*. DISQUE. (A. R.)

* EPICOCCUM. BOT. CRYPT. (*Champignons.*) Ce genre, établi par Link, tient le milieu entre les *Dermosporium* et les *Tubercularia*. Il se compose d'une seule espèce, *Epicoccum nigrum*, Link, *Berol. Mag.* p. 52, t. 5. Il forme des taches noires sur la tige des Plantes sèches. (A. R.)

EPICORALLUM. POLYP. Nom générique donné par Petiver à des Gorgoniées. Pallas le cite parmi les synonymes des *Gorgonia Flabellum*, *anceps* et *muricata*. *V*. ces mots.
(LAM..X.)

EPICURE. OIS. Nom donné au lieu d'Enicure par Vieillot comme synonyme de l'Engoulevent à queue singulière, *Caprimulgus Enicurus*. *V*. ENGOULEVENT. (DR..Z.)

* EPIDÈMES, INS. Nous avons imposé ce nom, dans nos Recherches anatomiques sur le thorax (Ann. des Sc. Nat. T. I, p. 132), à des pièces mobiles du squelette des Animaux articulés, qui se remarquent très-sou-

vent dans l'intérieur de leur thorax. Ce sont quelquefois des lamelles aplaties, comprimées et tranchantes; évasées à une de leurs extrémités, pédiculées à l'autre, et ressemblant assez bien au chapeau de certains Champignons; de cette nature, par exemple, sont les deux pièces que Réaumur a reconnues dans le premier segment de l'abdomen de la Cigale, et qu'il nomme ou plutôt qu'il définit *les plaques cartilagineuses*; plusieurs autres observateurs les ont signalées à l'intérieur du thorax. Tantôt les Epidèmes donnent attache aux muscles, nous les nommons alors *Epidèmes d'insertion*; tantôt elles servent à l'articulation de l'aile et constituent autant d'osselets à chacun desquels on donnera plus tard un nom; on pourrait les désigner collectivement sous le nom d'*Epidèmes articulaires* ou d'*articulation. V*. THORAX. (AUD.)

EPIDENDRE. *Epidendrum*. BOT. PHAN. Linné a donné ce nom à un genre d'Orchidées très-nombreux en espèces, appelé précédemment Helléborine par Tournefort, et qui se composait de cette foule d'espèces exotiques qui vivent en parasites sur le tronc des grands Arbres. Plumier avait déjà séparé la Vanille comme un genre distinct, mais Linné crut devoir le réunir à ses Epidendres. L'illustre auteur du *Genera*, Ant. Laur. de Jussieu, adopta le genre Epidendre de Linné dont il sépara néanmoins le genre *Vanilla* de Plumier. Mais ce genre Epidendre renfermait des Plantes dont l'organisation était trop différente pour devoir rester dans un même genre. Swartz, soit dans sa Flore des Indes-Occidentales, soit dans son excellent travail sur la famille des Orchidées, a porté le premier le flambeau de l'observation dans cette intéressante famille, et divisé les espèces d'Epidendre en plusieurs genres fort distincts les uns des autres. De-là les genres *Cymbidium, Oncidium, Aerides, Vanilla, Dendrobium*, etc. *V*. ces différens mots. De toutes les nombreuses espèces d'abord rapportées au genre qui nous occupe, il n'y a laissé que celles qui, étant parasites, ont leur labelle dépourvu d'éperon et soudé avec toute la face antérieure du style ou gynostème, de telle sorte que le labelle semble naître du sommet du gynostème. Ce caractère a depuis été adopté par tous les botanistes, malgré les travaux et les changemens multipliés dont la famille des Orchidées a été le sujet depuis quelque temps. On peut donc caractériser de la manière suivante le genre Epidendre : les trois divisions externes du calice et les deux internes et supérieures sont étalées, égales entre elles. Le labelle est dépourvu d'éperon, offrant à sa base un long onglet qui est soudé, et forme un tube avec la face antérieure du gynostème. L'anthère est terminale, s'ouvrant par un opercule, et contenant quatre masses polliniques solides.

Les espèces de ce genre ainsi limité sont encore assez nombreuses ; elles croissent dans les différentes contrées de l'Amérique méridionale et aux grandes Indes. Le plus souvent ce sont des Plantes parasites, croissant sur le tronc des autres Végétaux ; quelques-unes cependant sont terrestres ; leur tige est simple ou quelquefois rameuse ; dans quelques espèces, elle se renfle à la base et devient bulbiforme ; les feuilles sont simples et entières, terminées inférieurement par une gaîne plus ou moins longue. Quelques espèces se cultivent dans les serres. Nous citerons les suivantes :

Epidendre allongé, *Epidendrum elongatum*, Jacq. Cette espèce est originaire d'Amérique. Sa tige est cylindrique, simple, effilée, longue de trois à quatre pieds ; ses feuilles sont alternes, épaisses, coriaces, très-glabres, elliptiques, aiguës, terminées à leur base par une gaîne courte et entière. La partie supérieure de la tige en est dépourvue, et porte en place de petites écailles allongées ; les fleurs sont d'une teinte purpurine très-agréable, pédonculées, et disposées au sommet de la tige en un épi corym-

biforme ; les cinq divisions du calice sont étalées, obovales, aiguës ; le labelle est à trois lobes obtus, et frangés sur les bords.

Epidendre en coquille, *Epidendrum cochleatum*, L. Sa tige est renflée, bulbiforme à sa base ; ses feuilles longues de huit à dix pouces, et naissant du sommet de la partie renflée, sont ovales, lancéolées, aiguës ; elles sont généralement au nombre de deux : la tige est cylindrique, haute d'environ deux pieds, écailleuse, terminée supérieurement par huit ou dix fleurs pédonculées, d'un brun rougeâtre. Les divisions extérieures et internes du calice sont linéaires, étroites, aiguës, rabattues, un peu tordues sur elles-mêmes. Le labelle est dressé, cordiforme, extrêmement concave et terminé en pointe à son sommet. Cette espèce est également originaire de l'Amérique méridionale. (A. R.)

ÉPIDERME. zool. et bot. Nom de la couche la plus superficielle de la peau des Animaux. — Comme toutes les membranes, le derme est le siége d'une exhalation dont le produit se dépose à la surface, et dont la production est d'autant plus abondante, en général, que les frottemens, les chocs, les contacts y sont plus multipliés ou plus considérables. Le produit de cette exhalation solidifié sous forme membraneuse est l'Epiderme. L'humeur de cette exhalation est très-semblable au mucus. Cependant, loin que sa composition soit constamment identique avec celle du mucus, il est très-probable que sa composition chimique n'est pas uniforme dans tous les Animaux. Car, sous les mêmes influences, cette humeur se comporte très-différemment. Ainsi, par exemple, dans le même milieu d'existence, les Batraciens et les Lamproies à peau presque nue et essentiellement muqueuse, susceptible d'une imbibition et d'une exhalation presque continuelle, offrent un contraste bien remarquable avec les Poissons écailleux, et surtout avec les Raies, les Squales, où l'Epiderme, endurci et très-probablement pénétré de plusieurs sels terreux, paraît former à l'Animal une couche parfaitement isolante. D'un autre côté, quoique les Batraciens terrestres aient la peau réellement moins muqueuse et gluante que les Aquatiques, quel contraste n'offrent pas encore les Batraciens terrestres avec les Reptiles écailleux, les Serpens, les Lézards, ou bien encore avec les Pangolins à grandes et fortes écailles imbriquées et avec les Talous aux boucliers si épais! Tous ces Animaux sont entourés d'une enveloppe également imperméable, et pour les liquides contenus dans l'Animal, et pour ceux où il peut se trouver plongé. L'épaisseur ou la minceur et presque l'absence de l'Epiderme ne dépendent donc pas de l'action desséchante de l'air, ni de l'action dissolvante et ramollissante des eaux pour les différens Animaux qui habitent ces milieux. Il y a donc une autre cause de ces états inverses de la peau que l'action physique des milieux ambians, comme nous l'avons déjà fait observer aux mots ANATOMIE et CARTILAGES. Il y a une réciprocité d'endurcissement et de flaccidité humide et de mollesse entre certains tissus. Le jeu réciproque des humeurs et des solides, le mécanisme de la vie en général, engendre une certaine quantité de résidus qui doivent être expulsés de l'organisation. Ou ils sont immédiatement rejetés, ou ils sont provisoirement déposés dans certains tissus d'où ils sont finalement rejetés. Les reins, le système osseux et la peau paraissent les principaux siéges de cette dépuration de l'économie animale, qui s'opère suivant les classes, et même dans chaque genre suivant les classes, par l'un ou par l'autre de ces émonctoires. Les formes variées qu'elles prennent à la peau se diversifient à l'infini depuis l'Epiderme nu et mince de l'Homme et des Reptiles jusqu'à l'Epiderme nu aussi, mais épais, rugueux, gercé et presque cortical des grands Pachydermes, entre autres les Eléphans et

les Rhinocéros.—En général, chez les Mammifères comme chez les Oiseaux, l'épaisseur de l'Epiderme est en raison inverse de la quantité des poils et des plumes. Les Mammifères très-velus ont un Epiderme mince, et les Eléphans, déjà cités, ont un Epiderme qui est presque une écorce. Partout, sans exception, et ces Epidermes nus, et ces poils, et ces plumes, et ces enveloppes d'écailles, se renouvellent soit à des périodes marquées, soit par des remplacemens non interrompus. Quand les périodes sont bien prononcées, la rupture d'équilibre qui en résulte dans les humeurs de l'Animal altère sa santé. Telle est la mue de tous les Oiseaux, Reptiles et Mammifères, Crustacés et Insectes. A cette époque, privés de leur enveloppe isolante, les Animaux sont plus susceptibles d'être affectés par les influences environnantes. Et si cette mue arrivait brusquement, sans qu'une seconde enveloppe fût déjà prête à suppléer, au moins en partie, celle qui vient de tomber, l'Animal mourrait épuisé d'humeurs par une véritable évaporation. C'est là ce qui rend mortels ces accidens malheureusement trop fréquens, où, par l'action d'une trop forte chaleur, appliquée, soit immédiatement, soit par l'eau, la totalité ou une grande étendue de l'Epiderme se détache sur le corps de l'Homme. Un bain d'huile permanent serait peut-être la seule ressource contre cette inévitable évaporation.

L'action isolante, quant aux fluides extérieurs au corps et qui tendent à s'y introduire, n'est pas moins manifestée par la susceptibilité inverse du gland à se laisser pénétrer par le virus vénérien, suivant qu'il est ou non pourvu d'Epiderme. Cette imperméabilité de l'Epiderme ne lui est pourtant pas une propriété essentielle. Elle tient presque exclusivement à un enduit gras et huileux qui transsude de la peau, ou qui, suivant les Animaux, a des sources et des réservoirs particuliers. Tels sont, dans les Poissons écailleux, les cryptes muqueuses rangées le long des flancs sur deux lignes parallèles appelées latérales ; dans les Squales et les Raies, les canaux sécréteurs et excréteurs de la mucosité : deux rangées analogues de cryptes à la queue écailleuse et en forme de rame du Desman moscovite, etc.

L'Epiderme est transparent, à moins d'une grande épaisseur, et laisse apercevoir les couleurs de la peau. C'est son épaisseur qui le rend un peu opaque à la paume des mains et à la plante des pieds chez les nègres, et qui empêche d'apercevoir le noir tout aussi intense dans cette partie qu'ailleurs, ainsi qu'on peut s'en assurer dans la main d'une petite maîtresse noire.

Les plumes, les poils, les ongles, les écailles saillans en dehors du corps, entraînent devant eux une gaîne d'Epiderme ; il est probable aussi que c'est plutôt par sa porosité et non par de véritables ouvertures que la sueur, la graisse, etc., transsudent à la peau. Au moins la mue des Serpens montre que l'Epiderme forme à tout le corps une enveloppe continue, ouverte seulement à la bouche et à la fente anogénitale. Nous avons, par la macération, dans le mois d'octobre, enlevé jusqu'à trois de ces enveloppes sur des Vipères ordinaires. *V.* Cornes, Armes, Ecailles, Ongles, Poils, Plumes, etc.   (A. D..NS.)

La couche mince ·brunâtre et de substance comme cornée, qui revêt la plupart des Coquilles, au sortir de la mer, se nomme improprement Epiderme. Cette couche est produite d'une manière toute différente de l'Epiderme des autres Animaux et ne peut nullement se comparer avec lui. Lamarck a parfaitement senti cette différence, et a substitué le mot d'Epiphlose à celui d'Epiderme. *V.* Mollusque. (D..H.)

Les Végétaux sont, comme les Animaux, recouverts d'Epiderme. Cette membrane paraît chez eux formée par les parois des cellules les plus extérieures de l'enveloppe herbacée ou du tissu cellulaire sous-jacent. *V.* Ecorce.   (A. R.)

Dans les Hydrophytes, l'Epiderme est d'autant plus sensible que l'organisation de ces Végétaux est plus compliquée ; par la macération on peut l'isoler. Lorsque cette séparation devient impossible par la ténuité de la Plante, l'existence de cet Epiderme est prouvée au moyen du microscope. Il varie moins dans ces êtres que dans les Géophytes, à cause, sans doute, de la nature du milieu dont les élémens agissent avec moins d'énergie, et dont les variations sont moins grandes et moins subites. *V.* Hydrophytes.   (LAM..X.)

* **EPIDIDYME.** zool. Canal plusieurs fois contourné et pelotonné sur lui-même, étendu entre la partie supérieure et postérieure du testicule et le canal déférent qui en est la continuation. C'est dans cet organe que paraissent se développer les Zoospermes. *V.* ce mot et Génération.

    (A. D..NS.)

* **EPIDORCHIS.** bot. phan. Nom proposé par Du Petit-Thouars (Histoire des Orchidées des îles australes d'Afrique) pour désigner un groupe de la section des Epidendres, caractérisé principalement par son labelle en cornet. Il paraît correspondre au genre *Epidendrum* de Swartz, car en composant le nouveau mot, Du Petit-Thouars a voulu rappeler, par les deux premières syllabes, le nom du genre admis par les auteurs, et au moyen des dernières, le nom de la famille. Les espèces qu'il a figurées (*loc. cit.*) habitent Madagascar, les îles de France et de Mascareigne, et ont reçu les nouvelles dénominations de *Volucrepis*, *Polystepis*, *Macrostepis* et *Brachistepis*. *V.* chacun de ces mots, à l'exception du dernier qui n'a pu être traité dans ce Dictionnaire, puisque l'ouvrage de Du Petit-Thouars n'avait pas vu le jour à cette époque. Il suffira d'indiquer ici la figure du *Brachistepis* ou *Epidendrum Brachistachion.* Elle est figurée dans l'ouvrage de Du Petit-Thouars, tab. 83.   (G..N.)

ÉPIDOTE. min. *Pistazit* et *Zoïsit*,

Werner ; *Thallit*, Karst. , Schorl vert des anciens minéralogistes. Double Silicate à base de Chaux et d'Alumine , formé , suivant Berzelius et d'après les analyses de Klaproth , de Silice, 43,20 ; Alumine , 31,02 ; Chaux, 25,78 sur 100. Dans quelques variétés , le Silicate de Chaux est remplacé par un autre principe isomorphe, savoir , le Silicate d'oxidule de Fer. La forme primitive , commune à toutes les variétés , est un prisme droit irrégulier, ou mieux un prisme rectangulaire à base oblique , dans lequel cette base s'incline sur l'un des pans de 114° 37' suivant Haüy , et de 115° 24' suivant Haidinger et d'après les mesures prises avec le goniomètre à réflection. Les trois arêtes du prisme sont entre elles à peu près dans le rapport des nombres 9, 8 et 6. Ce prisme se sous-divise dans le sens de la petite diagonale de sa base. L'Epidote est fusible au chalumeau avec bouillonnement en une scorie noirâtre. Sa pesanteur spécifique est 3,45. Il raye le verre, étincelle par le choc du briquet, a une cassure transversale raboteuse et un peu éclatante ; sa poussière est d'un jaune verdâtre dans les cristaux de Norwège ; elle est blanchâtre dans ceux du Valais, de la Carinthie , etc. Les formes secondaires de ce Minéral se présentent sous l'aspect de prismes à six , huit et douze pans, terminés par des sommets dièdres ou pyramidaux à faces obliques et diversement situées. L'une des plus remarquables est celle qu'Haüy a nommée Dodécanome , parce qu'elle est le résultat de douze lois différentes de décroissement , toutes extrêmement simples ; elle appartient à la variété verte , désignée plus particulièrement sous le nom d'Akanticone. L'ensemble des variétés d'Epidote peut se partager en trois groupes , d'après les différences qu'elles offrent dans leurs caractères extérieurs , et même dans leurs principes composans.

1°. Epidote d'un gris éclatant ou d'un brun jaunâtre ; Zoïsite, ainsi nommé en l'honneur du baron de Zoïs. Cristaux lamelleux , ordinairement incomplets à leurs extrémités. Ils sont composés de Silicate de Chaux et de Silicate d'Alumine. On les trouve implantés dans les cavités des terrains primordiaux, tels que le Granite , le Diorite ou Diabase , l'Eclogite, etc. , et principalement dans le Valais , la Carinthie, le Tyrol, le pays de Salzbourg , etc.

2°. Epidote vert , dit Pistazit, et Thallit ; Arendalite et Akanticonite. Cristaux d'un vert obscur ou d'un vert noirâtre, dont les faces ont un éclat assez vif, et quelquefois ont subi une altération qui leur donne une sorte d'aspect métallique. Le Silicate de Fer y remplace le Silicate de Chaux.

α. Aciculaire. En prismes ordinairement minces et allongés , striés longitudinalement et disposés par faisceaux. On les trouve dans le département de l'Isère , engagés dans l'Asbeste flexible qui recouvre le Diorite, ou dans le Schiste chloriteux.

β. En Cristaux d'un volume assez considérable, implantés sur les parois des filons en Norwège , à Arendal, dans les mines de Fer, et à Konsberg, dans celles d'Argent natif. On en trouve également à Longbanshyttan en Suède. Ce sont ces cristaux que d'Andrada a décrits sous le nom d'Akanticone, c'est-à-dire *Pierre d'un vert de Serin.*

γ. Granulaire. Delphinite grenue de Saussure (Voyage dans les Alpes , n° 1225), en masse d'un jaune verdâtre , à cassures raboteuses , sur lesquelles on observe souvent des aiguilles d'Epidote qui font continuité avec elles.

δ. Arénacé, vulgairement *Scorza* , en grains peu brillans, d'un jaune verdâtre , recueillis sur les bords de l'Aranios, en Transylvanie.

3°. Epidote violet, manganésifère, contenant , d'après les expériences de Cordier , douze parties sur cent d'Oxide de Manganèse. On le trouve dans la vallée d'Aoste , en Piémont , où il adhère souvent au Manganèse oxidé noir.   (G. DEL.)

* EPIDROMUS. MOLL. Le genre établi sous ce nom par Klein (*Tent.*, p. 53, sp. 7), d'après Rumph, paraît ne pas devoir être conservé et se répartir entre les Buccins et les Cérites. *V.* ces mots. (B.)

ÉPIETTE. BOT. PHAN. Nom proposé par quelques botanistes français pour désigner le genre *Stipa*. *V.* ce mot. (B.)

* EPIFAGUS. BOT. PHAN. Genre de la Didynamie Angiospermie, établi par Nuttall (*Genera of North American Plants*, vol. 2, p. 60) aux dépens des Orobanches de Linné, et ainsi caractérisé : Plante polygame; calice court, à cinq dents; corolle des fleurs neutre, en gueule, comprimée, à quatre lobes; la lèvre inférieure plane; corolle des fleurs fertile, petite, à quatre dents, et caduque; capsule tronquée, oblique, uniloculaire, à deux valves imparfaites, s'ouvrant d'un seul côté. Ce genre est tellement voisin de l'Orobanche qu'il n'a pas été généralement adopté, et ne se compose que d'une seule espèce, l'*Epifagus americanus*, Nut.; *Orobanche Virginiana*, L. Cette Plante est herbacée, charnue et sans verdure, comme les Orobanches. On la trouve parasite sur les racines de quelques Hêtres (*Fagus sylvatica* et *ferruginea*) dans toutes les contrées de l'Amérique du Nord. (G..N.)

* ÉPIGASTRE. ZOOL. Partie supérieure et moyenne de l'abdomen. *V.* ce mot. (A. R.)

ÉPIGÉE. *Epigœa*. BOT. PHAN. Genre de la famille des Ericinées et de la Décandrie Monogynie, L., offrant un calice à cinq divisions très-profondes, accompagné extérieurement de trois bractées; une corolle monopétale, tubuleuse, hypocratériforme, dont le limbe est plane et à cinq divisions. Les étamines, au nombre de dix, sont incluses; les anthères sont dépourvues d'appendices en forme de corne. L'ovaire est appliqué sur un disque hypogyne à dix lobes; il est à cinq loges polyspermes. Le fruit est une capsule à cinq côtes et à cinq lo-

ges s'ouvrant en un égal nombre de valves.

Une seule espèce, *Epigœa repens*, L., Michx., Flor. Bor. Am. 1, compose ce genre. C'est un petit Arbuste rampant, toujours vert, ayant des feuilles pétiolées, alternes, entières, ovales, échancrées en cœur à leur base. Les fleurs sont odorantes, roses, et forment de petites grappes à l'aisselle des feuilles. Cette Plante, qui aime l'ombre et l'humidité, croît dans l'Amérique septentrionale.

Swartz a voulu réunir à ce genre, sous le nom d'*Epigœa cordifolia*, le *Gualtheria sphagnicola* de Richard (*Act. Soc. Nat. Paris*. T. 1, p. 109); mais à tort selon nous. Cette Plante appartient évidemment au genre *Gualtheria*, par son calice charnu, bacciforme et recouvrant la capsule. *V.* GUALTHERIE et l'Atlas du Dictionnaire où nous avons fait figurer cette jolie Plante. (A. R.)

* ÉPIGÉS (COTYLÉDONS). BOT. PHAN. A l'époque de la germination, tantôt les deux cotylédons restent placés sous terre, comme dans le Marronnier d'Inde par exemple : on les appelle alors cotylédons hypogés; tantôt ils sont élevés au-dessus de la surface du sol, par suite de l'élongation de la tigelle, et on dit alors qu'ils sont Epigés, comme dans le Haricot et le plus grand nombre des Plantes dicotylédones. (A. R.)

ÉPIGLOTTIDE. *Epiglottis*. BOT. PHAN. Espèce du genre Astragale. (B.)

ÉPIGYNE ou ÉPIGYNIQUE. BOT. PHAN. Un organe est dit Epigyne toutes les fois qu'il naît sur l'ovaire ou au-dessus de l'ovaire, ce qui doit nécessairement arriver quand ce dernier est infère. C'est dans ce sens que l'on dit : insertion, disque, étamines, corolle, etc., Epigynes. (A. R.)

* ÉPILAIS. OIS. (Aristote.) Syn. ancien que l'on présume devoir être appliqué à une Fauvette. (DR..Z.)

ÉPILESTE. BOT. PHAN. Syn. d'*Arum maculatum*. *V.* GOUET. (B.)

ÉPILLET. *Spicula.* BOT. PHAN. On donne généralement ce nom aux subdivisions d'un épi composé. Dans la famille des Graminées, ce mot a une acception plus précise ; il désigne chacun des petits groupes de fleurs réunies dans une même lépicène. L'Epillet peut être uniflore, biflore ou multiflore, etc. *V.* GRAMINÉES.

(A. R.)

EPILOBE. *Epilobium.* BOT. PHAN. Genre de la famille des Onagraires et de l'Octandrie Monogynie, L. Le calice oblong et cylindrique se divise supérieurement en quatre parties caduques avec lesquelles alternent quatre pétales ; les filets, au nombre de huit et insérés au même point, portent des anthères allongées et incombantes ; le stigmate se partage en quatre lobes, quelquefois réunis entre eux ; la capsule, qui fait corps avec le calice, est grêle, à quatre angles, et à autant de loges et de valves qui portent les cloisons sur leur milieu. Les graines, très-nombreuses et couronnées par une aigrette, s'attachent à un placenta central, libre après la déhiscence. Les Epilobes sont des Plantes herbacées à feuilles opposées ou alternes. Leurs fleurs sont solitaires aux aisselles de ces feuilles ou disposées en épis terminaux, dans lesquels chacune est accompagnée d'une bractée. Leur couleur est le pourpre ou le rose plus ou moins foncé. On en a décrit plus de trente espèces, dont le tiers environ fait partie de la Flore Française. Nous citerons parmi ces dernières : l'*E. spicatum*, connu vulgairement sous le nom de Laurier de Saint-Antoine, et cultivé comme Plante d'ornement ; et l'*E. rosmarinifolium*, qui croît dans les lieux humides. Ces deux espèces, dont les feuilles sont lancéolées dans la première et linéaires dans la seconde, présentent l'une et l'autre des fleurs légèrement irrégulières où les étamines ainsi que le pistil sont inclinés. Cette disposition n'a pas lieu dans les autres, par exemple dans l'*E. montanum*, caractérisé par ses tiges cylindriques et les lobes assez profonds de son stigmate ;

l'*E. tetragonum*, dont la tige est tétragone, le stigmate entier en forme de massue ; l'*E. molle* et l'*E. hirsutum*, communs tous deux dans nos marais et nos ruisseaux, dont le premier se distingue au premier aspect de l'autre par la couleur moins foncée et les dimensions beaucoup moindres de ses fleurs. Leurs siliques sont cotonneuses ; elles sont glabres dans l'*E. alpinum* dont la tige est rampante et atteint à peine quatre pouces de hauteur, et dans l'*E. origanifolium*, également petit, mais dont les feuilles sont dentées au lieu d'être entières, et dont la tige est ascendante.

(A. D. J.)

ÉPILOBIENNES. BOT. PHAN. Syn. d'Onagraires. *V.* ce mot.   (B.)

EPIMAQUE. *Epimachus.* OIS. Sous ce nom, que les Grecs appliquaient à un très-bel Oiseau des Indes qu'on ne saurait reconnaître, Cuvier a désigné un sous-genre de ses Huppes, formé aux dépens des Promerops. *V.* HUPPE.   (B.)

EPIMÈDE. *Epimedium.* BOT. PHAN. Ce genre, de la famille des Berbéridées et de la Tétrandrie Monogynie, ne se compose que d'une seule espèce, *Epimedium alpinum*, L., Lamk., Illust., t. 83, vulgairement connue sous le nom de Chapeau d'Evêque, à cause de la forme de ses appendices pétaloïdes. C'est une petite Plante vivace, dont les tiges, hautes de huit à dix pouces, sont simples, glabres, cylindriques, offrant un nœud vers le milieu de leur hauteur, au-dessus duquel naît le pétiole unique qui termine chacune d'elles. Ce pétiole est d'abord simple ; il se trifurque trois fois successivement, et chacune de ses dernières divisions porte une foliole cordiforme, acuminée, dentée, d'un vert clair. A la base du pétiole commun, on trouve deux stipules courtes et obtuses. Les fleurs forment une sorte de petite grappe pauciflore, pédonculée, naissant du nœud terminal de la tige, dont il semble être la continuation.

TOME VI.

Ces fleurs sont jaunes, pédonculées. Le calice est formé de quatre sépales étalés, ovales, obtus, concaves. La corolle se compose d'un égal nombre de pétales étalés, plus longs et plus larges que les sépales, sur lesquels ils sont couchés. En dedans des pétales, on trouve quatre appendices creux ayant la forme d'un capuchon ou d'une sorte de mitre. Ces appendices sont placés en face des pétales hypogynes. Les étamines, au nombre de quatre, sont dressées au centre de la fleur et placées en face des pétales. Leur filet est court; l'anthère est cordiforme, allongé, s'ouvrant par toute la face interne de chaque loge, qui s'enlève en se roulant de la base vers le sommet. L'ovaire est ovoïde, allongé, un peu comprimé, articulé sur le sommet d'un disque hypogyne. Il offre une seule loge contenant cinq à six ovules globuleux attachés sur une seule rangée à l'un des côtés de la loge. Le style est latéral, un peu recourbé, se terminant à son sommet par un stigmate concave, ayant un orifice étroit et arrondi. Le fruit est une capsule ovoïde, comprimée, à une seule loge contenant un petit nombre de graines et s'ouvrant en deux valves.   (A. R.)

EPIMELIS. BOT. PHAN. (Dioscoride.) Syn. de *Mespilus Cotoneaster.* (B.)

ÉPIMÉNIDION. BOT. PHAN. (Théophraste.) Syn. de Scille selon Adanson.   (B.)

*EPIMÈRE. ZOOL. Nous avons désigné sous ce nom, dans nos Recherches sur le thorax (Ann. des Sc. Nat. T. I, p. 122), une pièce du squelette des Animaux articulés qui entre dans la composition des flancs. Elle est soudée antérieurement avec l'épisternum, et elle appuie, dans certains cas, sur le sternum pour remonter à la partie supérieure, et servir de point d'attache aux ailes. Elle a en outre des rapports avec les hanches du segment auquel elle appartient, en s'articulant constamment avec elles et en concourant

quelquefois à former la circonférence du trou qui les contient. *V.* THORAX.   (AUD.)

ÉPIMEREDI. BOT. PHAN. Adanson nommait ainsi un genre de la famille des Labiées, dont le *Stachys Indica* était le type. *V.* STACHIDE.   (A. R.)

* ÉPIMÈTRE. MIN. Haüy avait d'abord proposé ce nom pour la Chabasie. *V.* ce mot.   (A. R.)

EPINARD. *Spinacia.* BOT. PHAN. Genre de la famille des Chénopodées et de la Diœcie Pentandrie, L., établi par Tournefort et adopté par Linné, avec les caractères suivans : fleurs dioïques; les mâles ont le périgone à cinq parties; dans les femelles, il est à deux, à trois ou quatre; celles-ci présentent quatre styles, et, après la maturité, renferment une graine solitaire recouverte par le périgone qui persiste et continue de s'accroître. A l'exemple de Miller et de Mœnch, De Candolle (Fl. Franç.) a séparé en deux espèces distinctes le *Spinacia oleracea* de Linné. La première est l'EPINARD CORNU, *Spinacia spinosa*, dont les tiges sont droites, rameuses, glabres, cannelées et hautes de trois à cinq décimètres. Ses feuilles sont sagittées et incisées vers la base ; leur consistance est molle et leur aspect d'un beau vert. Elles portent des fleurs d'un vert pâle et formant des paquets sessiles aux aisselles des feuilles. Le périgone de ces fleurs se prolonge en deux, trois ou quatre cornes aiguës ou divergentes. L'EPINARD SANS CORNES, *Spinacia inermis*, Mœnch, diffère de l'espèce précédente par ses feuilles plus grandes et un peu plus ovales, mais surtout par ses fruits ovoïdes constamment dépourvus de cornes. C'était la variété β de Linné, et on la connaît dans les jardins potagers sous le nom d'Epinard de Hollande. La patrie de ces deux Plantes est fort douteuse ; Olivier a cependant rencontré en Perse l'Epinard à l'état sauvage, et il en infère que cette Plante est originaire de l'Asie-Mineure. L'Epinard est cultivé comme

Plante alimentaire ; on mange ses feuilles en France après les avoir fait cuire et les avoir apprêtées de diverses manières. On sème leurs graines depuis le milieu d'août jusqu'au commencement de février ; il leur faut une terre fraîche, bien labourée et surtout bien fumée. L'Epinard de Hollande demande plus de soins dans sa culture. D'abord il lève moins rapidement, ensuite il a besoin d'être arrosé plus fréquemment. La culture de l'Epinard étant un objet d'importance majeure, vu la grande consommation qu'on en fait pour la cuisine, a été bien perfectionnée par les jardiniers. C'est dans les livres d'horticulture potagère qu'il faut chercher des renseignemens plus détaillés et qu'il ne convient pas de donner ici.— Une autre espèce a été décrite par Linné et par Gmelin (*Flor. Sibir.*, 3, p. 86, t. 16) sous le nom de *Spinacia fera* ; elle croît en Sibérie.   (G..N.)

On a étendu le nom de l'Epinard à diverses Plantes qu'en rapproche une ressemblance plus ou moins directe ; ainsi l'on a nommé :

Epinard d'Amérique ou d'Inde, le *Basella rubra*.

Epinard de Cayenne, divers *Phytolacca*, particulièrement l'*octandra*.

Epinard de la Chine, ce qu'on appelle aussi Brèdes. *V.* ce mot.

Epinard fraise, les espèces du genre *Blitum*, *V.* Blette, et non l'*Atriplex rosea*.

Epinard de muraille, la Pariétaire.

Epinard sauvage, le *Chenopodium Bonus-Henricus*.

Epi-Nard, *Spica-Nard*, ou Epi celtique, tient à une autre étymologie, et désignait dans quelques vieilles pharmacies la *Valeriana celtica* et l'*Andropogon Nardus*.   (B.)

ÉPINARDE. pois. L'un des synonymes vulgaires de Gastérostée, qui répond à Epinoche. *V.* ce mot. (B.)

ÉPINE. *Spina.* zool. et bot. Plusieurs Animaux, principalement parmi les Poissons et les larves des Lépidoptères diurnes, présentent des piquans de natures fort diverses et qu'on nomme quelquefois Epines. Les rayons des nageoires, les côtés de la queue dans les Acanthures, la totalité de la peau dans les Diodons, et les dentelures des opercules s'arment communément de la sorte et deviennent ainsi des moyens d'attaque et de défense. Quelques espèces des ordres inférieurs en sont également munies, et de telles particularités ont souvent déterminé l'imposition de noms spécifiques vulgaires ; ainsi l'on a appelé :

Epine de Judas, la Vive.

Epine double, un Syngnathe.

Epine croche, le *Diodon Attinga*.

Epine de la Vierge, l'Epinoche ou Gastérostée commun.

Epine noire ou de velours, la Chenille de l'Ortie, etc.   (B.)

En botanique, le mot Epine s'applique à tous les appendices piquans et roides qui tirent leur origine de la partie ligneuse de la tige, tandis qu'on donne le nom d'aiguillons aux piquans qui naissent seulement de l'épiderme. En général, les Epines ne sont que des rameaux dont le bourgeon terminal ne s'est point développé.   (A. R.)

On a souvent employé en botanique comme en zoologie le mot Epine comme nom propre, en l'accompagnant de diverses epithètes ; ainsi l'on a appelé :

Epine aigue, *Spina acuta*, le *Mespilus Pyracantha*.

Epine aigre ou aigrette, *Spina acida*, le Vinetier commun.

Epine de Bourgogne, selon Daléchamp, le *Phyllirea latifolia*.

Epine de Cerf, *Cervi Spina*, le *Rhamnus catharticus*.

Epine ardente, le *Mespilus Pyracantha* et un *Celastrus*.

Epine amère. *V.* Epine jaune.

Epine blanche, *Spina alba*, l'Aubépine, le Néflier sauvage et jusqu'à l'*Onopordum Acanthium*.

Epine de Boeuf, les Ononides et quelquefois la Bardanne.

Epine croisée, le *Gleditschia Tria-canthos.*

Epine de Bouc dont *Tragacan-tha* est la traduction grecque, un Astragale.

Epine a cerise, le Jujubier.

Epine du Christ, plusieurs Arbustes épineux, particulièrement un *Cratægus*, le *Rhamnus catharticus* et le *Paliurus.*

Epine d'Afrique ou a cornets, le *Lycium Afrum.*

Epine fleurie, l'Aubépine et le Prunellier.

Epine a Scorpion et non de *Scorpion*, les Panicauts indigènes dans quelques cantons de l'Amérique méridionale, où l'on croit que le suc de ces Plantes est un remède contre la piqûre des Scorpions. Cette idée paraît être venue d'Espagne, où l'on dit la même chose de l'*Eryngium vulgare.*

Epine d'été et d'hiver, deux variétés de Poire.

Epine double, une espèce de Groscillier et l'Aubépin à fleurs doubles.

Epine jaune, le *Scolymus Hispanicus* et l'*Hippophae Rhamnoides.* On a traduit, pour cette dernière Plante, le nom espagnol *Espina amarilla* par Epine amère ; *amarilla* ne signifie point amer, mais jaune. On applique encore ce nom au *Rhamnus Paliurus.*

Epine luisante, le *Panicum Crus-Galli.*

Epine Marante, l'*Hippophae Rhamnoides.*

Epine noire, *Spina nigra*, le Prunellier et quelquefois le *Rhamnus lycioides.*

Epine puante, le *Rhamnus saxatilis.*

Epine rose, l'Aubépine à fleurs colorées, soit simples, soit doubles, et une variété de Poire.

Epine verte ou toujours verte, le Houx et le Fragon ordinaire.

Epine-vinette, le Vinetier commun.   (b.)

EPINELÈPHE. pois. Genre formé par Bloch pour un Poisson dont Lacépède a fait un Holocentre, et que Cuvier comprend parmi les Serrans. *V.* ce mot.   (b.)

EPINETTE. bot. phan. Nom vulgaire des diverses espèces de Sapins, au Canada. Ce mot est passé dans le langage de la marine pour y désigner divers bois de mâture.   (b.)

*ÉPINEUX. *Spinosus.* zool. et bot. Se dit des êtres ou des organes armés d'épines.   (a. r.)

EPINEUX. mam. *V.* Aculeata.

EPINEUX. pois. Espèce du genre Cycloptère. *V.* ce mot.   (b.)

EPINEUX. bot. crypt. Paulet appelle Epineux girolé ou tournant, et Epineux à Lavande, deux espèces du genre Hydne. *V.* ce mot.   (b./

EPINIER. ois. Syn. vulgaire du Tarin, *Fringilla Spinus*, L. *V.* Gros-Bec.   (dr..z.)

EPINIÈRE. bot. phan. L'un des noms vulgaires de l'Aubépine. (b.)

EPINOCHE ou EPINOCLE. pois. *Gasterosteus aculeatus*, L. Espèce du genre Gastérostée. *V.* ce mot. (b.)

*EPINOCHETTE. pois. *Gasterosteus pungilius.* Petite espèce du genre Gastérostée. *V.* ce mot.   (b.)

EPIODON. mam. Le genre de Cétacés, établi sous ce nom par Rafinesque, est caractérisé par plusieurs dents à la mâchoire supérieure, tandis que l'inférieure en manquerait absolument ; par des évens réunis sur sa tête, et par l'absence de dorsale. Une seule espèce, l'*Epiodon urganantus*, le compose : elle a son corps oblong, postérieurement atténué ; son museau arrondi avec la mâchoire supérieure plus large que l'inférieure. L'individu qui a fourni cette description superficielle fut pêché sur les côtes de Sicile. Pour être adopté, le genre dont il est question nécessite un nouvel examen ; il ne fut peut-être établi que d'après une espèce de Dauphin imparfaitement examinée, et pourrait bien n'être qu'un Hétérodon de Blainville.   (b.)

EPIPACTIDE. *Epipactis.* bot. phan. Genre de la famille des Orchidées offrant un calice dont les trois folioles extérieures sont étalées ou un peu dressées, égales entre elles; les deux divisions intérieures sont également étalées; le labelle est dépourvu d'éperon, concave surtout à sa moitié inférieure qui est séparée de la supérieure par un étranglement; le stigmate est large, placé à la partie supérieure et antérieure du gynostème qui est court; l'anthère est terminale, mobile, couchée sur le sommet du gynostème, s'ouvrant par un opercule, à deux loges séparées chacune par une petite cloison longitudinale et renfermant une masse de pollen pulvérulent non recourbée à sa base.

Ce genre renferme un certain nombre d'espèces terrestres qui croissent en Europe. Leur racine est fibreuse; leur tige simple porte des feuilles alternes, embrassantes, et souvent engaînantes à leur base. Les fleurs, qui sont généralement assez grandes, forment un épi au sommet de la tige. Parmi les espèces qui croissent en France, nous citerons :

L'Epipactide a larges feuilles, *Epipactis latifolia*, Willd., Rich. Orchid. d'Eur. Elle est assez commune dans les bois sombres et un peu humides; sa tige est haute d'un pied à un pied et demi, dressée, cylindrique, légèrement pulvérulente; ses feuilles sont alternes, sessiles, amplexicaules, ovales, aiguës, presque cordiformes, marquées de neuf à onze nervures longitudinales et parallèles; les fleurs, qui sont d'un vert mélangé de pourpre, forment un très-long épi à la partie supérieure de la tige; chacune d'elles est courtement pédonculée et accompagnée d'une bractée plus longue que l'ovaire.

L'Epipactide des marais, *Epipactis palustris*, Willd., Rich., *loc. cit.* Elle croît dans les prés humides. Sa tige est dressée, cylindrique, haute d'un pied. Ses feuilles sont alternes, ovales, allongées, aiguës; ses fleurs blanches, pédonculées, pendantes, et formant un épi lâche à la partie supérieure de la tige. Les brac-

tées sont plus courtes que l'ovaire.
(A. R.)

* **EPIPÉTALE.** bot. phan. Ce terme s'emploie pour désigner tous les organes qui naissent sur la corolle ou les pétales, telles que les étamines, les glandes, etc. (A. R.)

EPIPETRON. bot. phan. (Pline.) Syn. de *Clinopodium vulgare*, L., selon les uns, et d'*Epimedium* selon d'autres. (B.)

* **EPIPETRUM.** polyp. Ocken, dans son Système Général de Zoologie, a donné ce nom aux Alcyonidiées, principalement à l'Alcyonidie gélatineuse, qu'il regardait comme le type d'un genre particulier, dont la véritable nature lui était inconnue. Blainville, en citant ce genre d'Ocken, dit avoir observé souvent cette production marine sur les côtes de la Manche, sans pouvoir se faire une idée suffisante de sa nature. C'est maintenant l'*Alcyonidium gelatinosum* de l'ordre des Alcyonées dans la division des Polypiers sarcoïdes. Il est bien figuré avec ses Polypes diaphanes à douze tentacules, dans la *Zoologia Danica* de Müller. Nous avons souvent observé ces Animaux, ainsi que d'autres naturalistes, principalement B. Gaillon de Dieppe, qui les a étudiés avec soin.
(LAM..X.)

EPIPHLOSE. moll. Ce nom, qui désigna quelquefois l'épiderme de certains Arbres, a été transporté par Lamarck dans une autre branche de l'histoire naturelle. Ce savant appelle ainsi cette pellicule cornée qui recouvre quelques Coquilles, et que les préparateurs confondent souvent avec le Drap marin. (B.)

EPIPHRAGME. moll. La plupart des Mollusques terrestres ferment pendant l'hiver leur coquille, au moyen d'une couche de matière calcaire sécrétée par le pied. Cette matière, qui acquiert plus ou moins d'épaisseur selon les espèces, a été nommée Epiphragme par Draparnaud, et cette expression a été généralement admise. (D..H.)

EPIPHRAGME. BOT. CRYPT. (*Mousses.*) Dans certains genres de Mousses, l orifice interne de l'urne est fermé par une membrane à laquelle on a donné le nom d'Epiphragme. Le genre Polytric en fournit des exemples. (A. R.)

EPIPHYLLANTHUS. BOT. PHAN. (Pluckenet.) Syn. de Xylophylle. *V.* ce mot. (B.)

*** EPIPHYLLE.** *Epiphyllum.* BOT. PHAN. Sous ce nom, Haworth (*Synops. Succul. Plant.* p. 197) a rétabli un genre anciennement formé par Hermann et Dillen, mais que Linné avait réuni aux Cactus. Voici les caractères tirés des organes floraux, d'après la description de Dillen : corolle supère, pétaloïde, rosacée, ayant un tube très-long, flexueux, et formé d'un petit nombre de pétales; étamines fixées à l'entrée du tube, ou réunies elles-mêmes en tube; style très-long; dix à onze stigmates. Dans son supplément, Haworth ajoute les caractères suivans pris dans les organes de la végétation : rameaux articulés, prolifères, comprimés et ayant la forme de feuilles, crénelés, et portant souvent dans leurs crénelures des faisceaux d'épines sétacées ou des poils lanugineux. Quatre espèces ont été rapportées à ce genre, savoir : 1ª l'*Epiphyllum Phyllanthus*, Haw., ou *Cactus Phyllanthus*, L.; 2° l'*Epiph. alatum*, Haw., ou *Cactus alatus*, Willd.; 3° *Epiph. speciosum*, ou *Cactus speciosus* du *Botanical Register*, tab. 104. Ce Cierge est le plus beau de tous; on le connaît depuis peu d'années, et il est maintenant assez commun dans les serres. C'est le *Cactus speciosissimus* des jardiniers; 4° *Epiph. truncatum*, Haw., espèce nouvelle, indigène du Brésil, facile à distinguer par ses articles tronqués. (G..N.)

EPIPHYLLE. *Epiphylla.* BOT. CRYPT. (*Hydrophytes.*) Genre établi par Stackhouse pour le *Fucus rubens* de Linné. Il n'a pas été adopté par les naturalistes, et appartient à notre genre Délesserie. *V.* ce mot. (LAM..X.)

EPIPHYTES. *Epiphytæ.* BOT. CRYPT. Nom donné d'abord par Link à la tribu des Champignons, qu'il a ensuite nommée *Entophytes* et qui correspond à la famille des Urédinées. *V.* ce mot. (AD. B.)

EPIPLOON. *Omentum.* ZOOL. Portion libre du péritoine, étendue sur les viscères abdominaux. *V.* PÉRITOINE. (A. R.)

*** EPIPODE.** BOT. PHAN. *V.* DISQUE.

EPIPOGE. *Epipogum.* BOT. PHAN. Gmelin, dans sa Flore de Sibérie (1, p. 11, t. 2, fig. 2), a décrit et figuré sous ce nom une espèce d'Orchidée, que Linné a réunie ensuite au genre *Satyrium* sous le nom de *Satyrium epipogium*. La même Plante a été de nouveau figurée par Jacquin (*Austr.* tab. 84) sous le même nom. Swartz, dans son travail sur les Orchidées, en a fait une espèce du genre *Limodorum*. Il a été suivi en cela par Willdenow (*Species Plant.*) et par De Candolle (Fl. Franç.) Mais le professeur Richard, dans son Mémoire sur les Orchidées d'Europe, a rétabli l'*Epipogum* de Gmelin comme genre distinct, en le caractérisant de la manière suivante : son ovaire est pédicellé, non contourné; son calice étalé; son labelle supérieur, terminé à sa base par un éperon renflé. Le gynostème est oblong, tronqué à son sommet qui est creusé, pour recevoir l'anthère; celle-ci est terminale, operculée, à deux loges contenant chacune une masse de pollen sectile, élastique, terminée par une caudicule sans rétinacle.

Ce genre diffère surtout des *Limodorum* par son labelle supérieur, par son pollen sectile et non pulvérulent, et par la petite queue qui termine chacune de ses masses polliniques. Il se compose d'une seule espèce, *Epipogum Gmelini*, Rich., Orch., Plante très-glabre, ayant sa racine charnue, renflée, rameuse, à peu près comme dans le Corallorhiza. Sa hampe est nue et entièrement dépourvue de feuilles, de six à neuf pouces de hauteur, cylindrique, tendre et très-fragile. Elle se termine par un petit nombre de fleurs, d'une couleur terne, accompagnées chacune d'une bractée. Elle croît dans les bois ombragés et humides, sur les feuilles mortes, dans les Alpes.   (A. R.)

EPIPONE. *Epipona.* INS. Genre de l'ordre des Hyménoptères, établi par Latreille aux dépens des Polistes et réuni ensuite à ce dernier genre. Il comprend les Polistes *Nidulans* et *Morio*, qui tous deux sont des Guêpes cartonnières. *V.* GUÊPE et POLISTE.
(AUD.)

* EPIPTÉRÉ. BOT. PHAN. Organe terminé par une aile. Tel est le légume du *Securidaca volabilis*, le fruit du Frêne, etc. Ce mot devient inutile dès-lors que sa définition est aussi brève que lui-même.   (G..N.)

EPIPTERON. BOT. PHAN. (Dioscoride.) Syn. de Lenticule. *V.* ce mot.
(B.)

ÉPISINE. *Episinus.* ARACHN. Genre de l'ordre des Pulmonaires et de la famille des Aranéides, établi par Walckenaer et décrit par Latreille (*Gener. Crust. et Ins. Suppl.* T. IV, p. 371) qui lui assigne pour caractères : huit yeux presque égaux, rapprochés sur une élévation commune et formant presque un segment de cercle transversal; corselet allongé. On ne connaît encore qu'une seule espèce de ce genre.

L'EPISINE TRONQUÉ, *E. truncatus*, Walck. et Latr. Il offre plusieurs points de ressemblance avec les Thomises; mais, par la masse de ses caractères, il se rapproche davantage des Araignées fileuses, inéquitèles, et appartient (Règn. Anim. de Cuv.) à cette section. Il est très-voisin des Theridions par la longueur respective des pieds et des parties de la bouche. La forme de son corps le rapproche aussi de ce genre, seulement elle est plus allongée ; sa longueur n'excède guère deux lignes. On l'a trouvé d'abord aux environs de Turin ; mais Latreille

a recueilli un individu à Saint-Cloud près Paris. Ses habitudes sont inconnues.   (AUD.)

EPISPASTIQUES ou VESICANS. *Vesicatorii.* INS. Famille de l'ordre des Coléoptères, section des Hétéromères, fondée par Duméril, et qui tire son nom de la propriété qu'a le corps du plus grand nombre de produire sur la peau une sorte de cloche ou de vessie. Cette famille correspond en partie à celle des Trachélides de Latreille et elle renferme les genres Dasyte, Lagrie, Notoxe, Anthice, Meloë, Cantharide, Cerocome, Mylabre, Apale et Zonite. *V.* ces mots. (AUD.)

EPISPERMA. BOT. CRYPT. (*Characées?*) Le genre institué sous ce nom par Rafinesque, et que ce savant caractérise par des filamens inarticulés que terminent des gongyles solitaires, nous paraît rentrer exactement parmi les Éclospermes, seule espèce mentionnée. L'*Episperma crania* est fort rameuse, et croît dans les mers de Sicile. Cette Plante ne pourra être réputée connue qu'après un nouvel examen.   (B.)

* EPISPERME. BOT. PHAN. On appelle ainsi en botanique le tégument propre de la graine. Généralement c'est une membrane mince et formée d'un seul feuillet. Néanmoins quelquefois cette membrane se sépare en deux lames, l'une extérieure nommée *Testa*, et l'autre intérieure appelée *Tegmen* par Gaertner. La graine étant attachée à la paroi interne du péricarpe, et recevant de lui sa nourriture, l'Episperme offre toujours une petite cicatrice à laquelle les botanistes ont donné le nom de hile ou d'ombilic ; vers la partie centrale du hile ou quelquefois sur un de ses côtés, on voit une ouverture fort petite, à laquelle Turpin a donné le nom d'omphalode, et qui livre passage au faisceau de vaisseaux nourriciers qui, du trophosperme, s'introduisent dans l'Episperme. Quand ce faisceau se continue quelque temps dans le tégument propre de la graine

avant de se ramifier, il forme une ligne saillante à laquelle on a donné le nom de *raphe* ou *vasiducte*. Le vasiducte se termine intérieurement par un point que l'on nomme chalaze ou ombilic interne. *V.* ces différens mots. Outre ces diverses parties on trouve sur l'épisperme d'un grand nombre de graines, assez fréquemment au voisinage du hile, un organe perforé, toujours dirigé du coté du stigmate, et que l'on désigne sous le nom de *micropyle*. Plusieurs auteurs pensent que c'est par cette ouverture, à laquelle aboutissent les cordons pistillaires, que le fluide fécondant est apporté au jeune embryon.

L'Episperme n'offre jamais de loges ni de cloisons, mais il peut renfermer accidentellement plusieurs embryons. En général il est libre et simplement appliqué sur l'amande. Dans quelques cas, il contracte une adhérence plus ou moins intime avec l'amande ou même avec la face interne du péricarpe dont il n'est plus distinct. C'est ce que l'on remarque par exemple dans le fruit des Graminées.   (A. R.)

* EPISTEPHIUM. BOT. PHAN. Genre de la famille des Orchidées et de la Gynandrie Monogynie, L., établi par Kunth (*Synopsis Plant. Orbis Novi*, 1, p. 340) qui le caractérise ainsi : calice ou périanthe ceint d'un calicule urcéolé et denté ; les cinq divisions libres ; le labelle sans éperon, barbu intérieurement, adné au gynostème ; anthère terminale, operculée ; masses polliniques au nombre de quatre ? granuleuses. L'*Epistephium elatum*, seule espèce du genre, a une tige herbacée, droite, simple et garnie de feuilles sessiles, coriaces et nerveuses. Ses fleurs sont très-belles, munies de bractées, disposées en épis, et sessiles au sommet de la tige. Elle fleurit en juillet, près de Santana, dans la Nouvelle-Grenade, et à une hauteur de huit cents mètres au-dessus de la mer.   (G..N.)

* EPISTERNUM. ZOOL. Nous avons donné ce nom, dans nos Recherches anatomiques sur le thorax (Ann. des Sc. Nat. T. 1er, p. 121), à une pièce du squelette des Animaux articulés qui s'appuie inférieurement sur le sternum, et qui, dans les Insectes, remonte jusqu'au dos, pour s'articuler avec les ailes. *V.* THORAX.   (AUD.)

EPISTOME. *Epistoma*. ZOOL. Nom proposé par Latreille, pour remplacer celui de chaperon, qui s'applique à une partie de la tête que nous considérons comme une pièce distincte intermédiaire au front et à la lèvre supérieure, s'articulant avec cette dernière, et variant pour son étendue et pour sa forme.   (AUD.)

EPISTYLE. *Epistylium*. BOT. PHAN. Genre de la famille des Euphorbiacées, établi par Swartz qui l'avait d'abord réuni à l'*Omphalea* et qui l'en a ensuite séparé avec raison. Ses fleurs sont monoïques. On observe dans les mâles un calice à quatre divisions, dont deux intérieures plus grandes, quatre glandes alternant avec elles, un filet unique épaissi à son sommet qui porte deux anthères divariquées ; dans les femelles, un calice à cinq parties avec lesquelles alternent cinq petites glandes, un style court ou nul, trois stigmates légèrement bilobés, un ovaire charnu, à trois loges dont chacune renferme deux ovules. Le fruit est une capsule oblongue, relevée de trois angles obtus, s'ouvrant par trois valves et présentant trois loges dans lesquelles on trouve une ou deux graines. Deux espèces de ce genre habitent les montagnes de la Jamaïque. Ce sont des Arbres ou des Arbrisseaux, dont les feuilles sont alternes, très-entières, glabres, luisantes, veinées et accompagnées de deux stipules. Les fleurs sont ramassées en faisceaux disposés en manière de grappes sur un axe commun, et dans chacun desquels on observe un petit nombre de femelles entourées d'un plus grand nombre de mâles.   (A. D. J.)

ÉPITHYM. *Epithymum*. BOT.

phan. Nom tiré du grec, adopté par quelques botanistes français pour désigner l'espèce de Cuscute à laquelle Linné l'avait imposé, et qui signifie que cette Plante croît sur le Thym. On l'a aussi appelé Epilavande, Epimarrube, Epijacée, Epiluzerne, Épigenêt, Epiortie, selon les Végétaux auxquels elle s'était accrochée. Nous l'avons quelquefois vue dans le midi de la France couvrir des grappes de raisin.   (b.)

*EPITOMIUM. foss. On a quelquefois, notamment dans le Catalogue de J. Banks, donné ce nom aux Astérites ou pierres étoilées, et à des Entroques.   (b.)

EPITRAGE. *Epitragus.* ins. Genre de l'ordre des Coléoptères, section des Hétéromères, famille des Taxicornes, établi par Latreille, et dont les caractères sont : antennes insérées sur les bords latéraux de la tête, un peu plus courtes que le corselet, plus grosses ou presque en massue vers leur extrémité, et terminées par des articles imitant, par leur forme et leur avancement, des dents en scie; dernier article des palpes maxillaires plus grand, obtrigone; menton très-grand, recouvrant par sa longueur la base des mâchoires. Ce genre se distingue de tous les autres de la même famille par son menton qui recouvre la base des mâchoires; il ne se compose jusqu'à présent que d'une seule espèce, qui a été rapportée pour la première fois de Cayenne par le professeur Richard; le port de cet Insecte se rapproche un peu de celui des Erotyles; le corps est presque elliptique, arqué et rétréci aux deux bouts; la tête est plus étroite que le corselet, triangulaire, avec des yeux assez grands et recourbés en dessous; la bouche a de grands rapports avec celle des Helops, mais le menton est beaucoup plus grand; le corselet est légèrement rebordé, en forme de trapèze avec le bord postérieur plus large et un peu sinué; l'écusson est petit, les élytres sont dures et recouvrent des ailes assez grandes; les jambes sont grêles et presque cylindriques, et les articles des tarses sont entiers et garnis d'un duvet soyeux en dessous. Cette espèce, que Latreille nomme Epitrage brun, *E. fuscus*, est longue d'environ six lignes, d'un brun luisant, mais comme parsemé de petites écailles jaunâtres, plus abondantes sur la tête et le corselet; les élytres ont de très-petits points enfoncés et disposés en lignes longitudinales.   (g.)

*EPIXYLA. bot. crypt. (*Champignons.*) Rafinesque avait d'abord donné ce nom à son genre *Xylissus.* *V.* ce mot.   (a. r.)

*EPIXYLONES (plantes). bot. On nomme ainsi toutes les Plantes parasites, c'est-à-dire celles qui vivent sur d'autres Végétaux; tels sont le Gui, certaines Orchidées, et un grand nombre de Mousses, Champignons, etc.   (a. r.)

EPIZOAIRES. *Epizoariæ.* Coupe établie par Lamarck dans la classe des Vers, et qu'il caractérise (Hist. Natur. des Anim. sans vert. T. iii, p. 225) de la manière suivante : Animaux à corps mou ou subcrustacé, diversiforme; à tête indécise, comme ébauchée; à forme symétrique, commençante; et ayant souvent des appendices divers, inarticulés, tenant lieu de pates; bouche en suçoir, souvent armée de crochets ou accompagnée de tentacules; système nerveux, organes respiratoires et sexes inconnus. Cette division comprend les genres Chondracanthe et Lernée. Blainville (Prodrome de classification des Animaux) applique la même dénomination à un groupe anomal qui embrasse non-seulement les Lernées, mais encore les genres Calyge, Chevrolle, etc.   (aud.)

EPOCHNIUM. bot. crypt. (*Mucédinées.*) Link a proposé d'établir sous ce nom un genre nouveau pour le *Mucor fructigena* de Persoon. *V.* Mucor et Mucédinées.   (a. r.)

* EPODES. pois. Les espèces de Poissons larges qu'Ovide désigne sous

ce nom et qu'il dit vivre dans les fonds herbeux ou arénacés, ne peuvent être maintenant reconnues. (B.)

EPOLLICATI. ois. C'est-à-dire *sans pouce*. Illiger a établi sous ce nom caractéristique une famille parmi les Gallinacées, pour y ranger ses genres Ortygis et Syrrhapter. *V.* ces mots.   (B.)

*EPOMIS. *Epomis.* ins. Genre de l'ordre des Coléoptères, section des Pentamères, famille des Carabiques, établi par Bonelli, et dont les caractères sont : antennes formées d'articles presque cylindriques ou presque coniques; mâles n'ayant que les second et troisième articles des premiers tarses dilatés en forme de palette carrée, avec le dessous garni de papilles en forme de grains ou de poils nombreux et serrés; dernier article des palpes extérieurs dilaté, comprimé, en forme de triangle renversé, celui des labiaux surtout.

Ces Insectes ont des ailes, et se trouvent sur les bords des eaux et dans les lieux humides. L'espèce qui sert de type à ce genre est :

L'Epomis ceint, *Epomis cinctus*, *Carabus cinctus*, Ross. (*Faun. Etrusc.* 1, n. 9), *C. cræsus?* Fabr., *C. circumscriptus*, Duf. Cet Insecte se trouve dans le midi de la France et en Italie. Le baron Dejean en a rencontré aux environs de Toulon, sur le bord d'une petite rivière.   (G.)

EPONGE. *Spongia.* polyp. Genre de l'ordre des Spongiées, dans la division des Polypiers flexibles ou non entièrement pierreux et corticifères, adopté par tous les naturalistes, et ainsi caractérisé : Polypier de forme très-variable, osculé, lacuneux ou perforé, plane, lobé, ramifié, turbiné ou tubuleux; formé de fibres, très-rarement solides, en général cornées, plus ou moins élastiques, toujours d'une extrême ténuité, entrelacées et anastomosées ou agglutinées entre elles, s'imbibant d'eau avec facilité dans l'état sec, et enduites dans l'état vivant d'une substance gélatineuse,

irritable, ordinairement très-fugace. Ces productions singulières, nommées par les Grecs *Spoggia* ou *Spoggas*, d'où les Latins ont fait *Spongia* et les Français Eponge, répandues dans presque toutes les mers, en usage dès la plus haute antiquité, ont attiré dans tous les temps l'attention des voyageurs et des naturalistes. Malgré les recherches nombreuses dont elles ont été l'objet, elles sont encore peu connues, et sans le Mémoire de Lamarck, inséré dans les Annales du Muséum d'Histoire Naturelle, plus de la moitié de celles que renferment les collections seraient encore à décrire. Long-temps on a douté de leur véritable nature. Parmi les anciens, les uns les regardaient comme des Animaux, les autres comme des Plantes ou comme des êtres mixtes servant d'habitation à des Animalcules qui entraient dans leurs nombreuses cellules et qui en sortaient à volonté. Pline, Dioscoride, et leurs commentateurs Mathiole, Belon, Barbarus, etc., les ont divisées en Eponges mâles et en Epouges femelles. Ils leur attribuaient presque un sentiment volontaire en disant qu'elles fuyaient la main qui voulait les saisir, et qu'elles adhéraient aux rochers en raison de la force que l'on employait pour les détacher. Erasme, critiquant Pline qui a copié Aristote et Elian, dit : « qu'il faut passer l'Eponge sur une partie de l'Histoire des Eponges de ces auteurs. » Wormius, Mercati, Pallas, etc., tout en les plaçant à la suite des Zoophytes, ne se sont pas prononcés sur la nature de ces êtres. Jean Cyprien, en 1712, a publié une liste des auteurs qui regardaient les Eponges comme appartenant au règne végétal. On peut y ajouter les noms célèbres de Rondelet, des deux Baubin, de Rai, de Tournefort, de Boerhaave, de Séba, de Vaillant, de Marsigli, etc. Linné lui-même, dans les premières éditions de ses ouvrages, les classe parmi les Plantes. Forskalh, un de ses élèves les plus distingués, persévère dans cette hypothèse, malgré le changement survenu dans l'opinion de son maître, dû aux belles découvertes de Peysonnel et de Trembley. Peysonnel, de 1750 à 1756, reproduisit l'hypothèse de l'animalité des Eponges que Nieremberg avait soutenue en 1635 contre les philosophes de son siècle. Il la changea en vérité presque démontrée par de nombreuses observations, et bientôt après Linné, Guettard, Donati, Ellis, et la presque universalité des zoologistes, adoptèrent l'opinion que Nieremberg avait proposée d'après ses observations et les écrits des anciens. Cependant il existe encore des hommes, tels que Targioni Tozetti et Rafinesque, qui persistent à regarder les Eponges comme appartenant au règne végétal. Spallanzani, ayant observé dans quelques Eponges un mouvement de contraction et de dilatation, considère ces espèces seulement comme appartenant au règne animal, et place toutes les autres parmi les Végétaux.

Donati, en 1750, est le premier qui ait proposé de diviser les Eponges en plusieurs groupes; il en a fait quatre genres qu'il nomme *Dactylospongio*, *Anevrospongio*, *Spongiodendron* et *Spongio*. Turgot, en 1751, a donné des figures médiocres de plusieurs Eponges sans nomenclature et sans description; de sorte que son ouvrage est peu utile, si ce n'est pour consulter les figures que Lamarck et d'autres auteurs ont eu soin de citer.

Guettard, dans la collection de ses OEuvres, a publié deux Mémoires sur les Eponges. Le premier renferme une excellente analyse de tout ce qu'ont dit les auteurs qui l'ont précédé, ainsi que des généralités sur l'organisation et les principaux phénomènes que présentent ces êtres singuliers. Le second Mémoire traite de leur classification en genres; il en propose sept qu'il distingue par les noms d'*Eponge*, *Mané*, *Trage*, *Pinceau*, *Agaric*, *Tongue* et *Linze*. Ni les genres, ni leurs noms n'ont été adoptés, quoique plusieurs méritas-

sent de l'être. Ces deux Mémoires renferment un grand nombre de figures, en général très-fidèles et qu'il est impossible de ne pas consulter lorsque l'on étudie les Eponges. Olivi, dans sa Zoologie Adriatique, publiée en 1792, nous a donné des observations du plus grand intérêt sur l'organisation des Eponges; il est le premier, à ce que l'on croit, qui se soit le plus rapproché de la vérité, et ses idées, sur ces Animaux, diffèrent peu de celles des naturalistes modernes. Il a placé, à la fin de son ouvrage, deux lettres, la première, de l'ambassadeur d'Angleterre, J. Strange, au président de la Société Royale de Londres; la deuxième du père Vio, et non Vico (comme on l'imprime quelquefois) à J. Strange. L'une et l'autre sont relatives aux Eponges; elles renferment les détails de ce que les zoologistes avaient vu, en observant des Eponges vivantes, leur organisation et les fonctions de leurs organes. L'ouvrage d'Olivi, les lettres de Strange et du père Vio, mériteraient d'être plus connus des naturalistes. Il nous paraît certain que ce dernier a confondu des Alcyons avec des Eponges, et que son erreur en a fait naître beaucoup d'autres parmi les hommes qui préfèrent tout croire, plutôt que de lire avec réflexion les écrits des anciens. Les naturalistes anglais de nos jours se sont distingués par leurs travaux sur les Eponges, principalement Montagu, Jameson, Sowerby; ils ont décrit plusieurs espèces nouvelles de ces Polypiers, trouvées sur les côtes des îles Britanniques, dans les ouvrages que publient les Sociétés savantes de l'Angleterre. Donavan, riche des découvertes de ses prédécesseurs, a donné, en 1812, dans le tome second des Mémoires de la Société Wernérienne, une excellente monographie des Eponges de la Grande-Bretagne, rendue encore plus intéressante par de très-bonnes figures. Il s'est également occupé de la physiologie de ces êtres. Ses observations se rapportent à celles que nous avons faites sur les mêmes productions qui n'appartiennent pas toujours au genre qui nous occupe. Rafinesque, dans différens Mémoires, a décrit plusieurs Eponges nouvelles. Il ne sait trop s'il doit les regarder comme des Animaux ou bien comme des Plantes, parce qu'il n'a jamais vu les mouvemens de contraction et de dilatation dont parlent les auteurs dans les espèces des mers d'Europe et d'Amérique, qu'il a observées. Blainville, en 1809, dans le Dictionnaire des Sciences Naturelles, a présenté un tableau complet des principales hypothèses que les naturalistes ont émises sur les Eponges. Il les a analysées avec cette sagacité, cette justesse de jugement qui le caractérise. Comparant leurs observations avec celles qu'il a faites lui-même sur différens points des côtes de France, il adopte l'hypothèse la plus probable et la plus généralement reçue sur ces êtres singuliers qu'il nomme *Hétéromorphes*. Il termine l'article de chaque auteur dont il fait mention par un Synopsis des espèces connues ou nouvelles qu'il a publiées, de sorte que le travail de Blainville, très-intéressant pour les généralités, le devient moins pour les espèces. Le docteur Schweigger dans son Manuel des Animaux sans vertèbres, publié en 1820, a formé une famille des Eponges qu'il divise en plusieurs genres, sous les noms de *Spongilla*, *Achilleum*, *Manon*, *Tragos*, *Seyphia*, *Tethya* et *Geodia*. Le genre *Spongilla* est le même que celui de Lamarck et que nous avons nommé *Ephydatia*. Les genres *Achilleum* et *Manon* de Schweigger, ainsi que le genre *Seyphia* d'Ocken, ne renferment que des Eponges. Le genre *Tragos* ne doit pas être conservé; l'auteur l'a fait d'après des figures ou des individus de quelques Alcyons encroûtans, si faciles à confondre avec les Eponges lorsqu'ils sont desséchés.

D'après les nombreuses observations des naturalistes que nous venons de citer, l'animalité des Eponges peut-elle être considérée comme une vérité démontrée? Nous le pen-

sons, mais de quelle nature sont les Animaux qui les produisent? quelle est leur forme? quels sont leurs organes? C'est ce que l'on ignore, et que l'on n'apprendra que lorsqu'un bon observateur étudiera ces êtres dans les pays chauds où les Eponges sont plus grandes et plus nombreuses que dans les pays froids. En attendant, nous croyons nécessaire de faire connaître les principaux phénomènes qui ont servi de base à l'hypothèse reçue que ces Polypiers appartiennent au règne animal. Aristote et ses commentateurs ont attribué aux Eponges un mouvement particulier de contraction et de dilatation; on l'a regardé comme une preuve de l'animalité de ces êtres. Impérati en parle dans ses ouvrages, et distingue deux sortes de mouvemens; l'un produit par l'Eponge elle-même, et l'autre dépendant de la nature de sa substance. Ellis n'en dit rien dans son Essai sur les Corallines, ni dans son Histoire des Zoophytes, publiée par Solander, d'après ses manuscrits; il en fait mention dans son Mémoire sur la nature des Eponges, inséré dans les Transactions philosophiques, année 1765, T. LV. — Péron, Lesueur et Bosc ont étudié dans leurs voyages, ou pendant leur séjour au bord des mers, une grande quantité d'Eponges : aucune ne leur a offert la moindre trace d'un mouvement quelconque. Donavan, sur les Eponges de l'Angleterre, Rafinesque, sur celles de la Méditerranée et de l'Amérique, n'ont pu voir aucune sorte de mouvemens. Cependant Marsigli prétend l'avoir observée. Il en est de même de Jussieu et de Blainville. Nous avons étudié avec la plus scrupuleuse attention toutes les Eponges que la côte du Calvados nourrit sur ses rochers. Jamais nous n'avons vu de contraction dans la masse du Polypier. Celles qui sont pourvues d'oscules nous ont offert quelquefois, mais bien rarement, un mouvement presque imperceptible de systole et de diastole, à l'orifice de ces sortes d'ouvertures, jamais ailleurs. Le tissu de ces Eponges était élastique, et ce mouvement très-irrégulier dans sa durée pouvait n'être que mécanique. D'après un examen impartial de ce qu'ont dit les auteurs sur ce phénomène, nous pensons que beaucoup d'entre eux ont confondu des Alcyonées avec des Eponges, et qu'ils ont fait leurs observations non sur de véritables Eponges, mais bien sur des Polypiers sarcoïdes qui offrent en effet des mouvemens bien marqués dans leur masse entière, à plus forte raison dans les oscules dont beaucoup d'espèces sont pourvues. Nous osons aller plus loin, et malgré les opinions des zoologistes qui disent avoir vu des mouvemens de contraction et de dilatation dans les Eponges, nous osons poser en principe que les véritables Eponges ne peuvent jamais en avoir, vu leur organisation. Ces Polypiers appartiennent à la grande division des Corticifères dans lesquels l'axe ou le tissu fibreux ne sert qu'à soutenir les parties molles. Dans beaucoup d'espèces ce tissu est roide et très-fragile, dans d'autres il est presque pierreux, il n'offre aucune élasticité : donc il ne peut y avoir de mouvement là où il n'y a point de flexibilité. Si les Eponges appartiennent aux Polypiers corticifères, pourquoi le Corail, les Isis, les Gorgones, les Antipathes n'offrent-ils point un mouvement analogue à celui que l'on attribue aux Eponges. Si elles possédaient ces mouvemens seraient-elles des ruches marines composées d'Animaux distincts, ayant une vie particulière, indépendante de celle de la masse commune? Dans ce cas les Eponges appartiendraient aux Polypiers sarcoïdes dont aucune espèce n'offre, dans l'état de vie, des parties solides, propres à soutenir les parties molles. Ainsi, comme nous l'avons déjà dit, aucune véritable Eponge ne possède des mouvemens organiques de systole ou de diastole, soit dans leur masse, soit dans leurs oscules, et les Polypiers dans lesquels on a observé ces mouvemens doivent être classés parmi les Sarcoïdes nom-

més Alcyons par les auteurs anciens. Lamarck regarde l'Animal des Eponges comme ayant les plus grands rapports avec les Polypes des Alcyons; il base son hypothèse uniquement sur la ressemblance qui existe entre ces Polypiers et les Eponges conservées dans les cabinets d'histoire naturelle. En effet, ces objets desséchés, privés de leurs nombreux habitans, offrent souvent peu de différence : mais que cette différence est grande dans ceux que l'on retire du sein des eaux ! Les derniers présentent une masse fibreuse couverte d'une substance gélatineuse qui coule et s'échappe comme le blanc d'œuf; c'est une véritable écorce animée analogue à celle des Antipathes. L'on n'y découvre point de traces d'organisation, ou plutôt l'on n'y en a point encore découvert. S'ensuit-il qu'il ne doive pas y en exister ? Les Polypes des Antipathes n'ont été vus que par deux ou trois naturalistes, encore varient-ils dans la description qu'ils en donnent. Cependant personne ne doute de leur existence ni des rapports qui lient les Antipathes aux Gorgones. Les premiers se rapprochent autant des Eponges que des derniers. Les uns et les autres s'éloignent des Alcyons à masse entièrement animée, couverte de nombreux Polypes; ils n'ont point de fibres solides ni cornées, point d'axe à couches concentriques; en un mot, ils n'ont jamais, dans l'état de vie, deux substances distinctes comme les Polypiers corticifères. Au reste, comme nous nous sommes assurés que dans les collections les plus classiques, il existe des Eponges sous le nom d'Alcyons, et réciproquement, l'hypothèse de Lamarck, quoique admissible, ne prouve pas moins les grandes connaissances de notre savant professeur dans cette partie intéressante de l'histoire naturelle.

Le père Vio a fait, d'une manière détaillée, l'anatomie d'une production marine qu'il nomme *Spongia anhelans* : sa description appartient depuis le commencement jusqu'à la fin à une véritable Alcyonée; ce qu'il avance sur le tissu fibreux le prouve de la manière la plus évidente. Il dit que chaque fibre est tubuleuse, remplie de matière colorée, d'une sorte de moelle qui doit jouer un rôle important dans l'économie de ces êtres. Nous ne doutons nullement de l'exactitude du père Vio; mais que l'on nous cite un seul Polypier corticifère dont l'axe soit tubuleux et rempli de substance molle, gélatineuse, et de suite nous regardons l'Animal observé par le père Vio comme une véritable Eponge. Un semblable phénomène serait aussi extraordinaire que celui qui nous montrerait un appareil musculaire, ou même un simple dépôt de tissu cellulaire ou médullaire entre deux lames du test d'un Mollusque testacé. La coquille est interne ou externe, mais jamais aucun organe n'est situé dans son épaisseur. Ces agens des fonctions vitales s'attachent à la surface des parties solides, y adhèrent avec force, mais ne pénètrent point dans leur intérieur. C'est en observant les grandes lois phénoméniques de la nature, leur uniformité dans les principales classes des êtres, que l'on reconnaît les erreurs de ceux qui nous ont précédés dans la classification des Animaux, que l'on évite ces erreurs, et que l'on parvient à la vérité. Olivi, tout en rendant justice à l'exactitude des observations du père Vio, est loin d'en adopter les résultats ou l'application; il reconnaît trois substances dans l'organisation des Eponges; la première est le tissu fibreux, la deuxième la substance mucoso-gélatineuse qui enveloppe la première, la troisième une matière terreuse mêlée avec la précédente; elle existe en effet dans beaucoup d'Eponges dont la substance gélatineuse encroûtante persiste sur les fibres après la mort des Polypes. Cette matière subcrétacée, analogue à l'enveloppe des Corticifères, est alors insoluble, et, dans cet état, elle se rapproche singulièrement de l'écorce de quelques Gorgoniées. Il semble que la nature s'essaie dans ces êtres à

leur fournir cette enveloppe crétacée si brillante et si variée que nous présentent les Gorgones. C'est ce qui nous a engagé à placer les Eponges à la tête des Polypiers corticifères. Aucun zoologiste, aucun voyageur, n'a vu jusqu'à présent les Polypes des Eponges, leur existence est encore un problème : ne serait-il pas possible que ces Animalcules fussent de la plus grande simplicité dans leur organisation, et que ce ne fût qu'un seul point pourvu des organes les plus indispensables à la vie, à peine sensible dans l'encroûtement gélatineux et animé qui recouvre les fibres des Eponges? Cette hypothèse est fondée sur les caractères que nous présentent les Polypiers corticifères. Quel nombreux appareil d'organes dans les Polypes du Corail, des Isis et des Gorgones! ils deviennent plus simples dans les Antipathes, n'ayant quelquefois que deux tentacules, d'autres fois en étant même dépourvus à ce que l'on prétend. Dans les premiers le Polype habite une cellule creusée dans une couche épaisse de matière crétacée; dans les seconds l'axe ou le squelette est semblable à celui des premiers; mais quelle différence dans la consistance de l'écorce! Cette dernière ne diffère point de celle des Eponges dont l'axe ne semble qu'ébauché, et dans lesquelles les fibres isolées peuvent, par leur entrelacement, donner à la masse une forme régulière et constante, mais non se réunir en tiges et en rameaux. Ces différences essentielles doivent se retrouver dans l'organisation des Polypes, et présenter à l'observateur une dégradation analogue à celle des autres parties. De tout ce qui précède sur l'organisation des Eponges, on peut en déduire trois hypothèses principales. La première considère la substance gélatineuse de l'Eponge comme l'Animal lui-même dont la forme est subordonnée à celle de la masse fibreuse qui lui sert de squelette. La deuxième diffère de la première par la présence de Polypes dans la substance gélatineuse; peu importe la simplicité de leur organisation. La dernière consiste à regarder les Eponges comme une masse entièrement animée que l'on ne peut diviser sans détruire le principe vital répandu dans toute son étendue, dans laquelle il n'existe point d'organes apparens, et qui vivent uniquement d'Animalcules ou bien des élémens de l'eau qui se décompose par un phénomène difficile à concevoir. En adoptant l'une ou l'autre des deux premières hypothèses, les Eponges sont évidemment Polypiers corticifères; la troisième les place parmi les Sarcoïdes, ou loin de ces Polypiers et parmi les êtres les plus simples. Cette dernière nous semble inadmissible, d'autant que les êtres très-simples dans leur organisation sont toujours mollasses complétement et en entier. Il faut un appareil d'organes plus considérable pour produire des parties solides destinées à soutenir les tissus cellulaires, fibreux ou vasculaires indispensables aux fonctions vitales et distinctes du squelette, nom impropre sans doute, mais qui donne une idée exacte de l'axe des Polypiers. Il faut donc revenir aux deux premières hypothèses, et nous croyons que par la suite les observateurs qui habitent constamment les bords des mers équatoriales si fertiles en Eponges, les changeront en vérités.

Quelques zoologistes ont classé les Eponges parmi les Animaux, uniquement à cause de l'odeur qu'elles répandent fraîches et au sortir de la mer, ou bien pendant qu'on les brûle. Ce caractère ne peut servir, un grand nombre de Plantes marines donnent par l'incinération des odeurs et des produits analogues à ceux des Animaux. Les Eponges ont-elles des sexes distincts, sont-elles hermaphrodites, ont-elles des ovaires ou des œufs, enfin est-ce des êtres susceptibles seulement de se multiplier par des bourgeons? Les deux dernières hypothèses nous semblent les plus probables, et nous croyons que dans ces êtres la reproduction doit s'opérer, tantôt par des corpuscules reproductifs analogues aux œufs de plusieurs Zoophytes, ou bien par une sorte de scission, de pullulation de la matière gélatineuse : ce sont des espèces de bourgeons qui se détachent de la surface du corps lorsqu'ils ont acquis un certain accroissement. Il paraît qu'il en est de même du Corail et de plusieurs autres Polypiers corticifères. Ce phénomène n'est peut-être qu'apparent; les *œufs* ont pu se déposer dans l'écorce ou sur sa surface, s'y développer et avoir formé cette reproduction pseudo - gemmipare. Bory de Saint - Vincent, qui a aussi examiné soigneusement diverses espèces d'Eponges, n'hésite pas à les placer dans le règne mixte qu'il se propose d'établir sous le nom de Psychodiaires, dans lequel elles deviendraient l'analogue de ses Chaodinées, qui sont de véritables Végétaux. La nourriture des Eponges a donné lieu à plusieurs hypothèses. Les uns prétendent qu'elles s'alimentent uniquement d'oxigène qu'elles retirent de la décomposition de l'air contenu dans les eaux de la mer, peut-être de la décomposition des eaux elles-mêmes ; sous ce rapport aucun être ne mérite autant que celui-ci le nom de Poumon-de-mer. Les autres croient qu'elles s'emparent des molécules qui flottent dans le milieu dont elles sont environnées sans leur faire éprouver le phénomène de la digestion : ces molécules sont toutes préparées; l'Animal les absorbe, et de suite elles sont assimilées à sa substance. Ces hypothèses sont insoutenables lorsque l'on considère les matières qui entrent dans la composition des Eponges et leur nature si variée; elles nécessitent une élaboration, un travail digestif particulier et des sécrétions de plusieurs sortes.

Les Eponges offrent les formes les plus singulières et les plus variées. On peut en prendre une idée en compulsant les catalogues des anciennes collections, où elles se trouvent désignées sous les noms divers de gants de Neptune, de trompettes de mer, de marilles, de manchons, de mitres, de cierges, de gobelets, de cornes de daim, d'éventails, etc. Malgré cette variété, il est très-difficile de définir les caractères qui constituent les espèces; la forme seule ne suffit pas, il faut toujours y joindre quelques détails sur la nature des fibres, leur quantité, leur consistance, leur arrangement, leur couleur, etc. Dans les unes, les fibres peuvent se comparer à des filamens de soie ou de coton par leur ténuité et leur mollesse; elle est telle qu'elles sont presque sans élasticité; d'autres possèdent cette propriété au plus haut point. Quelques Eponges ont des fibres aussi roides, aussi fragiles et presque aussi dures que celles de la Pierre ponce : ces dernières pourraient servir à expliquer l'état fossile dans lequel on trouve un grand nombre d'Eponges, s'il était prouvé que des Polypiers mous ne pussent se pétrifier. Dans plusieurs Eponges, le réseau que forment les fibres offre des mailles tellement lâches ou écartées, qu'il est facile de les confondre avec des Antipathes, tandis que d'autres, au contraire, ont ce réseau si serré qu'on serait tenté de le considérer comme une masse homogène. Qu'il doit exister d'intermédiaires entre ces extrêmes! La nature nous les offre tous, et sa fécondité fatigue le naturaliste qui voudrait trouver des caractères tranchés pour distinguer des êtres qui se lient entre eux par des nuances insensibles; les espèces s'effacent, il ne voit que des groupes.

Les Eponges offrent, dans leur contexture, des trous plus ou moins larges, plus ou moins profonds, situés régulièrement ou irrégulièrement, et dont la destination est peu connue : l'on présume que ces trous, que nous avons nommés oscules d'après Lamarck, servent à l'introduction de l'eau dans les parties centrales du Polypier, afin que les Polypes de l'intérieur puissent prendre la nourriture qui leur est nécessaire. Cela peut être ; cependant nous regarderons cette destination des oscules comme hypothétique jusqu'à ce qu'elle nous soit démontrée. Beaucoup d'Eponges sont privées de ces trous ; ainsi la présence ou l'abscence de ceux-ci, leur grandeur, leur forme, leur situation peuvent fournir d'assez bons caractères pour faire des sections ou définir des espèces ; plusieurs auteurs en ont fait usage sous l'un et l'autre rapport.

Les naturalistes qui ont observé des Eponges vivantes, prétendent que les couleurs qu'elles présentent sont quelquefois aussi brillantes que variées : nous en avons vu sur les côtes du Calvados qui, au sortir de la mer, étaient d'un beau rouge, d'autres fauves, blanchâtres, ou d'un jaune citron très-vif. Dans les collections, elles offrent toutes les nuances depuis un blanc sale jusqu'au noir le plus foncé en passant par le fauve et tous ses intermédiaires ; mais jamais elles ne conservent de teintes rouges, orangées ou jaunes. Les couleurs paraissent constantes dans chaque espèce et peuvent servir souvent à les caractériser. La grandeur des Eponges varie depuis un millimètre ou demi-ligne jusqu'à quinze décimètres et au-delà (environ cinq pieds); et leur diamètre depuis celui d'un fil ordinaire jusqu'à celui de plusieurs décimètres. Leur croissance ne paraît pas aussi rapide que celle des Polypiers solides et pierreux ; elle semble stationnaire une partie de l'année dans les pays où les hivers sont rigoureux.

Les Eponges sont très-communes entre les Tropiques ; elles le deviennent moins dans les régions tempérées : leur nombre, leur grandeur diminue en se rapprochant des pays froids ; elles disparaissent presque entièrement dans le voisinage des cercles polaires ; bien différentes en cela des Plantes marines, qui tapissent en si grande quantité le fond des mers glacées des deux pôles. Ainsi leur habitation est la même que celle des autres Polypiers, et se trouve soumise à l'influence des mêmes causes. On doit encore observer que les Eponges à rameaux cylindriques, à tissu dense et feutré, sont plus communes que les autres dans les pays froids, où les espèces très-volumineuses, ou en tubes allongés, à tissu roide et lâche, n'existent point ou sont très-rares. C'est presque toujours sur les rochers, et dans les lieux les moins exposés à l'action des vagues ou des courans, que se trouvent les Eponges : on les pêche à toutes les profondeurs. On les voit rarement sur les plages que les marées couvrent et découvrent; cependant elles y existent, elles y croissent, elles s'y développent; l'Animal qui les produit peut donc, dans quelques espèces, résister à l'action de l'air, ou avoir assez de consistance pour se soutenir à l'aide des fibres qui constituent le Polypier; nous les avons examinées sur nos plages, au moment où les marées les abandonnaient, au moment où le flot commençait à les couvrir, sans rien observer qui ressemblât à un Polype. On ne sait pas encore si ces êtres s'attachent indifféremment sur tous les corps comme le Corail rouge; tout porte à le croire, les Polypiers n'ayant besoin que d'un point solide pour se fixer et non d'une substance particulière qui aide au développement du germe, ou qui doive fournir une partie de la nourriture comme dans les Plantes; quelques-unes sont parasites, ces dernières sont très-rares et en général très-petites.

La vie des Eponges paraît varier, dans sa durée, autant que celle des autres Polypiers, et si l'on en juge par le volume auquel parviennent quelques espèces, il y en a qui semblent résister à l'influence du temps, tandis que d'autres vivent, croissent, meurent et disparaissent dans le court espace de quelques jours. Ces productions ont été regardées par les anciens médecins comme propres à la guérison de beaucoup de maladies; on les employait alors de toutes les manières : pendant long-temps les charlatans et les pharmaciens ven-

daient à l'envi des préparations faites avec l'Eponge calcinée pour guérir les maladies scrophuleuses, les goîtres, etc. On attribuait à ces remèdes des propriétés héroïques. Les auteurs des ouvrages modernes sur la matière médicale, tels qu'Alibert, Schwilgué, etc., gardent le silence sur les propriétés médicinales de l'Eponge : il est bon néanmoins d'observer que les Eponges produisent, par l'incinération, une certaine quantité d'Iode, qui doit s'y trouver comme dans les Hydrophytes à l'état d'hydriodate de Potasse. Cette substance, regardée comme un remède souverain contre les goîtres, pourrait expliquer, par sa présence dans les Eponges, l'action énergique des cendres de ces Polypiers sur cette terrible maladie. D'après le docteur Coindet (Bibliothèque universelle, juillet 1820, p. 190), Amand de Villeneuve est un des premiers qui ait prouvé que les Eponges calcinées étaient un excellent remède contre les goîtres. Maintenant les Eponges sont employées pour remédier à certaines affections de la matrice, pour nettoyer les ulcères, pour le pansement des plaies, pour modérer et arrêter les hémorragies, et surtout pour la toilette. Aucun cosmétique connu ne pourrait remplacer cette production douce et élastique, susceptible de s'imboire d'eau et de la rendre sans l'altérer et sans perdre de ses propriétés. D'après Forskaël, les femmes du port de Suez emploient quelques espèces d'Eponges à faire du fard; nous ne doutons point que sur les côtes où ces êtres se trouvent en abondance, on ne s'en serve à plusieurs usages qui peut-être nous seront long-temps inconnus. Les Animaux de la mer ne peuvent s'en nourrir, et bien peu d'espèces peuvent servir à ceux-ci d'abri contre la voracité de leurs ennemis, ou contre les mouvemens des vagues agitées par la tempête. Nous ne répéterons point ce que l'on a dit de la manière dont on les prépare, ou dont on les pêche, sur les dangers de cette pêche, etc; nous nous bornerons à citer

deux faits mentionnés dans les auteurs, qui prouveront combien cette
pêche est estimée dans les pays où
elle se fait, à cause des difficultés
qu'elle présente ; difficultés qui n'empêchent pas cependant les deux sexes
de se livrer à ce travail peu lucratif.
Pomet prétend que les garçons de l'île
de Nicaria ne peuvent se marier que
lorsqu'ils ont fait preuve d'adresse
dans la manière de pêcher les Eponges. La chevalier Morandi rapporte
le même fait. Le compilateur Bomare attribue cette histoire à Tournefort qui n'en parle point dans ses
ouvrages : beaucoup d'auteurs ont
copié cette erreur. Hasselquitz, élève de Linné, dans son Voyage au
Levant, prétend que dans une petite
île, presque inconnue, nommée Hi-
mia, située près de Rhodes, une jeune
fille ne peut se marier qu'elle n'ait
pêché une certaine quantité d'Eponges, et montré son agilité en plongeant à une profondeur qu'on a soin
de déterminer. Si ce fait est vrai, il
vient à l'appui du premier que beaucoup d'auteurs ont considéré comme
une fable inventée à plaisir.

L'on connaît maintenant plus de
deux cent cinquante espèces d'Eponges ; le nombre de celles qui ont
échappé aux recherches des voyageurs doit être plus considérable, si
l'on considère la quantité croissante
de ces Polypiers des pôles vers les
tropiques.

Les Eponges fossiles ne sont pas
très-communes dans la nature ; plusieurs zoologistes doutent même de
leur existence, mais à tort ; les environs de Caen nous paraissent jusqu'à
présent la plus riche de toutes les localités en ce genre de productions ;
celles que l'on a trouvées sont en général d'un petit volume. Nous possédons les analogues vivans de quelques-unes ; et plusieurs ont été figurées dans notre exposition méthodique des genres de Polypiers.

Donavan a divisé les Eponges en
cinq sections, les branchues, les digitées, les tubuleuses, les compactes, les orbiculaires : cette classification nous semble trop imparfaite pour
être adoptée. Ne pourrait-on pas les
diviser en trois grandes sections, les
tubuleuses, les osculées, les non
osculées? Chacune de ces sections serait partagée en deux sous-sections,
les simples et les rameuses ; les unes
et les autres en deux groupes ; l'un
renfermant les espèces à tissu dense,
et l'autre les espèces à tissu lâche :
cette distribution ne diffère presque
point de celle que Péron nous avait
communiquée. En attendant une
bonne monographie du genre Eponge, nous croyons devoir conserver la
classification établie par Lamarck ;
elle nous semble la plus naturelle
de toutes celles que nous connaissons ; il fait sept divisions dans le
genre *Spongia*.

I. Masses sessiles, simples ou lobées, soit recouvrantes, soit envelop-
pantes. — L'Eponge commune ; l'E-
ponge pluchée, qui remplace souvent
la première dans les usages domestiques ; l'Eponge licheniforme ; l'Eponge barbe, semblable au Lichen *bar-
batus* de Linné ; l'Eponge charbou-
neuse, ainsi nommée à cause de sa
couleur noire ; l'Eponge maisonnette,
dont la nature est encore douteuse ;
l'Eponge brûlante, sont les espèces
les plus remarquables de cette division.

II. Masses subpédiculées ou rétrécies à leur base, simples ou lobées.
— Presque toutes les espèces de cette
section appartiennent aux mers Australes, et proviennent du voyage de
Péron et Lesueur dans cette partie du
globe ; les autres ont été trouvées dans
la mer Rouge et en Amérique ; une
ou deux existent dans les mers d'Europe, et encore sont-elles douteuses.

III. Masses pédiculées, aplaties,
flabelliformes, simples ou lobées. —
Les Eponges palette, flabelliforme,
plume, drapée, et plusieurs autres espèces, dont l'habitation est inconnue,
appartiennent à cette section.

IV. Masses concaves, évasées, cra-
tériformes ou infundibuliformes. —
Les Eponges de ce groupe sont remarquables par leur forme en enton-

noir; le nombre en est considérable; parmi elles se trouvent : l'Eponge usuelle, qui offre tant de variétés; les Eponges cloche, turbinée, creuset, brassicaire, cyathine, cuvette, gobelet, corbeille, bursaire, calice, etc., ainsi nommées à cause de leur forme.

V. Masses tubuleuses ou fistuleuses, non évasées.—Des formes cylindriques, d'un diamètre égal dans presque toute leur longueur, caractérisent les espèces de cette section qui nous présente les Eponges en trompe, fistulaire, vaginale, digitale, siphonoïde, quenouille, tubuleuse, intestinale, etc.

VI. Masses foliacées ou divisées en lobes aplatis, foliiformes.—Les formes les plus singulières s'observent dans ce groupe, principalement dans l'Eponge perfoliée dont les lobes ressemblent aux feuilles d'une Crassule; dans les Eponges cactiforme, lamellaire, endive, polyphylle, queue de paon, scarule, junipérine, laciniée, frondifère, etc.

VII. Masses rameuses phytoïdes ou dendroïdes. — Ces Eponges s'éloignent de toutes les autres par leur forme; le nombre en est considérable. Nous nous bornerons à citer les suivantes : les Eponges arborescente, asperge, dichotome, hérissonnée, porte-épic, amarantine, sapinette, sélagine, serpentine, oculée, amantifère, alcicorne, caudigère, etc. Toutes les espèces, dont nous avons fait mention dans cet article, sont décrites dans les ouvrages de Lamarck et dans notre Histoire des Polypiers coralligènes flexibles.

(LAM..X.)

ÉPONGE D'ÉGLANTIER. BOT. PHAN. On a quelquefois donné ce nom à cette galle des Rosiers sylvestres, vulgairement appelée Bédéguar. *V*. ce mot et CYNIPS. (B.)

ÉPONGE PYROTECHNIQUE. BOT. CRYPT. Même chose que Bolet Amadouvier. (B.)

ÉPONIDE. *Eponides.* MOLL. *V*. PULVINULE et ROTALIE.

ÉPONTES. MIN. On appelle ainsi les parois supérieures ou inférieures d'un filon. (A. B.)

ÉPOPS. OIS. *V*. HUPPE.

ÉPOPSIDES. OIS. Vieillot a donné ce nom à une famille d'Oiseaux sylvains qui comprend ses genres Polochion, Fournier, Puput et Promerops. *V*. ces mots. (DR..Z.)

ÉPOUVANTAIL. OIS. Espèce du genre *Sterna*. *V*. HIRONDELLE-DE-MER. (DR..Z.)

ÉPRAULT. BOT. PHAN. L'un des noms vulgaires du Céleri. *V*. ACHE. (B.)

* EPROBOSCIDÉS. *Eproboscidea.* INS. Section deuxième de l'ordre des Diptères, établie par Latreille (*Gener. Crust. et Ins*. T. IV, p. 360), et comprenant les Insectes dont la tête est distincte du corselet, du moins par une suture, et qui ont deux valvules servant de gaîne au suçoir. Cette section ne comprend que la famille des Coriaces. *V*. ce mot et PUPIPARES. (AUD.)

EPROT. POIS. *V*. CLUPE, à l'article FEINTE. (B.)

* EPSONITE. MIN. (De la Métherie.) Syn. de Magnésie sulfatée. *V*, ce mot. (B.)

* EPTACITRETE, EPTATREME, ou EPTATRETE. POIS. (Duméril.) *V*. MYXINE.

EPURGE (GRANDE ET PETITE). BOT. PHAN. Espèces du genre Euphorbe. *V*. ce mot. (B.)

EQUAPIUM. BOT. PHAN. (Gaza.) C'est-à-dire Persil de Cheval. Syn. de *Smyrnium Olusastrum*. (B.)

* EQUEREPANAR. BOT. PHAN. (Lœfling.) Nom de pays du *Cissampelos Pareira*. (B.)

EQUERRE. MOLL. Nom marchand de l'*Ostrea Isogonum*, L. *V*. PERNE. (B.)

ÉQUERRET. OIS. (Bougainville.) Syn. vulgaire de plusieurs espèces du genre Mauve. *V*. ce mot. (DR..Z.)

EQUES. POIS. *V*. CHEVALIER.

* **ÉQUILLE.** *Ammodytes.* POIS. Genre de l'ordre des Malacoptérygiens apodes, le dernier, selon Cuvier (Règn. Anim., II, p. 240), de la famille des Anguiformes, qui seule compose cet ordre très-naturel. Tous les naturalistes l'ont rapproché des Murènes avec lesquelles il présente de grands rapports ; ses caractères consistent dans un corps grêle et allongé; dans trois nageoires distinctes, dont une dorsale, fort longue, munie de rayons articulés mais simples ; une caudale fourchue et une anale ; dans la compression de la tête, qui est plus étroite que le corps, avec la lèvre supérieure double et la mâchoire inférieure étroite, pointue, plus longue que l'autre; l'estomac est pointu et charnu, il n'y a ni cœcum ni vessie natatoire. Ce genre contient une seule espèce :

L'APPAT DE VASE, *Ammodytes Tobianus*, L., Gmel., *Syst. Nat.* XIII, T. I, *pars.* 3, p, 144; Bloch, pl. 75, fig, 2, Encycl. Pois., pl. 26, fig. 88. Parfaitement figuré dans l'atlas du Dictionnaire de Levrault, ce Poisson, qui rappelle un peu l'Anguille par sa forme, n'atteint guère que de huit à quinze pouces de long; sa couleur est d'un bleu verdâtre sur le dos, et argentée sur les flancs ou sur le ventre. Avide de Vermisseaux marins, il en fait sa nourriture, mais à son tour il est poursuivi par diverses espèces de Scombres qui en font leurs repas habituels. Il tâche d'échapper en s'enfonçant dans le sable du rivage, sous lequel il pénètre très-profondément et avec une grande facilité à l'aide de son museau pointu. On a observé que lorsque le temps est serein, il aime à se tenir contracté en cercle avec la tête en dedans et à demi-ensevelie dans le sable, tout prêt à s'y enfoncer. Il dépose ses œufs au mois de mai. Sa chair est agréable, mais les pêcheurs le recherchent surtout pour attirer aux lignes ou dans leurs filets des espèces plus considérables. B. 5. 7, D. 50. 60, V. 0. A. 26. 32, C. 14. 16

(B.)

* **EQUISELIS.** POIS. *V*. CORYPHOENE.

* **EQUISELIS.** BOT. CRYPT. *V*. EQUITIUM.

EQUISÉTACÉS. BOT. CRYPT. Cette famille ne renfermant que le seul genre Prêle, son caractère est le même que celui de ce genre où il en sera traité. *V*. PRÊLE.   (AD. B.)

EQUISETUM. BOT. CRYPT. *V*. PRÊLE.

ÉQUITES. INS. Linné a établi sous ce nom une grande division dans son genre *Papilio. V*. CHEVALIER. (AUD.)

* **EQUITIRIS.** BOT. PHAN. Du Petit-Thouars (Histoire des Orchidées des îles Australes d'Afrique) nomme ainsi une Plante qui correspond au *Cymbidium equitans* de Swartz. Elle forme toute seule la subdivision des Epidendres, nommée *Iridorchis. V*. ce mot. Cette Orchidée croît dans les îles de Madagascar, de France et de Mascareigne. Ses feuilles sont rapprochées, comme imbriquées, ovales et aiguës, et elle possède de très-petites fleurs vertes. Elle est figurée (*loc. cit.*, tab. 91.)   (G..N.)

* **EQUITIUM** BOT. CRYPT. Les anciens désignaient quelquefois sous ce nom, ainsi que sous celui d'*Equiselis*, les Prêles des modernes.   (B.)

EQUORÉE. *Equorea.* ACAL. Genre de l'ordre des Acalèphes libres, établi par Péron et Lesueur dans la classe des Acalèphes de Cuvier, vulgairement Orties de mer, ayant pour caractères : le corps libre, orbiculaire, transparent, sans pédoncules ni bras, mais garni de tentacules ; bouche unique, inférieure et centrale. Ce genre est dû à Péron et Lesueur, qui les premiers l'ont établi dans leur grand travail sur les Méduses. Lamarck l'a adopté en y réunissant les Cuviéries, les Berenix et les Fovéolies de ces naturalistes. Cuvier n'a suivi qu'en partie l'opinion de Lamarck : son genre Equorée est le même que celui de Péron et Lesueur, augmenté de ses Pégasies et de ses Mélitées. Aucun de ces deux derniers groupes n'est conservé dans les ouvrages des deux professeurs du Jardin des Plantes.

Péron et Lesueur ont divisé le genre Equorée en trois sections que nous croyons devoir adopter, quoique Lamarck n'en fasse point mention. Les caractères qui les distinguent pourront servir dans la suite à former des genres particuliers dans ce groupe dont les espèces inconnues doivent être beaucoup plus nombreuses que celles qui sont décrites. Les faisceaux de lames qui distinguent les espèces de la deuxième section peuvent être ou réunis par paires ou distincts, et ces derniers sont composés ou de deux ou de plusieurs feuillets. De ces différences de composition dérivent quelques caractères secondaires aussi simples que rigoureux dans leur application. Péron et Lesueur ont donné, dans le tome XV des annales du Muséum, des détails physiologiques sur les Equorées; ces considérations générales pouvant s'appliquer à toutes les Méduses, nous les ferons connaître dans l'article que nous consacrerons à la famille des Médusaires.

Les Equorées varient beaucoup dans leur grandeur ainsi que dans leur habitation. On les trouve dans toutes les mers.

Lamarck a décrit dix-huit espèces d'Equorées auxquelles il faut ajouter les trois incertaines de Péron et Lesueur.

Dans la première section qui renferme les Equorées à lignes simples, on remarquera : l'Equorée sphéroïdale, *Equorea sphœroidalis*, Lamk. (Anim. sans vert., II, p. 500, n. 16): à ombelle tronquée à sa partie inférieure, cerclée de trente-deux lignes simples, à rebord marqué de trente-deux échancrures et pourvu de trente-deux tentacules; elle habite l'Australasie. Les Equorées à faisceaux de lames composent la deuxième section : Equorée Mésonème, *E. Mesonema*, Péron et Lesueur; Encycl. méth., pl. 95, fig. 4; Lamk. (Anim. sans vert., II, p. 498, n. 5) : son ombrelle est dé-

primée, discoïde, d'une couleur bleu de ciel, renfermant un estomac très-étroit; dix-huit tentacules très-courts sont distribués sur une ligne circulaire; on croit qu'elle habite la Méditerranée. — Equorée Forskalhienne, *Medusa Equorea*, Gmel., *Syst. Nat.* p. 3153, n. 4; Encycl. méth., pl. 95, fig. 3. Elle se trouve dans la Méditerranée comme la précédente, et se distingue à son ombrelle presque plane, très-grande, hyaline, à lames brunes, avec des tentacules très-nombreux et très-longs.

Troisième section : Equorées à organes cylindroïdes. — Equorée allantophore, *Æquorea allantophora*, Pér. et Les., Lamk. (Anim. sans vert., II, p. 499, n. 13 : ombrelle subsphérique, tronquée à sa partie inférieure; le cercle est formé par un grand nombre de corps cylindroïdes, bosselés et prolongés jusqu'au rebord de l'ombrelle. Habite les côtes de la Manche. — Equorée Mollicine, *Æquorea Mollicina*, Lamk., Anim. sans vert., II, p. 3498, n. 4; Encycl. méth. pl. 65, fig. 1, 2; *Medusa Mollicina*, Gmel., *Syst. Nat.*, p. 3153, n. 35 : ombrelle orbiculaire, aplatie à son sommet, avec seize bandelettes au pourtour de l'estomac; à rebord garni de douze tentacules très-courts; couleur hyaline. Habite la Méditerranée.

(LAM..X.)

ÉQUULA. POIS. *V*. ZÉE, sous-genre POULAIN.

EQUUS. MAM. *V*. CHEVAL.

ERABLE. *Acer*. BOT. PHAN. Grand genre de Plantes dicotylédones, formant le type de la famille des Acérinées, et placé par Linné dans la Polygamie Monœcie. Ce genre se compose d'environ trente à trente-six espèces, dont un tiers est originaire de l'Amérique septentrionale, six d'Europe, et le reste d'Orient et des diverses contrées de l'Asie. Les Erables sont en général des Arbres d'une haute stature et d'un port élégant; quelquefois ce sont de simples Arbrisseaux; leurs feuilles sont portées sur de longs pétioles, opposées, en général lobées et comme palmées, d'autres fois pinnées. Leurs fleurs sont fréquemment verdâtres, le plus souvent incomplétement unisexuées, mélangées de fleurs hermaphrodites, disposées en grappes, en corymbes, ou groupées irrégulièrement à l'aisselle des feuilles. Leur calice est en général à cinq divisions très-profondes, quelquefois son bord est tronqué et sinueux. La corolle, qui manque entièrement dans quelques espèces, se compose d'un nombre de pétales très-variable, insérés en dehors d'un disque périgyne qui garnit le centre de la fleur : ces pétales alternent avec les divisions du calice. Le nombre des étamines varie de quatre à huit; elles sont insérées sur la face supérieure du disque périgyne. L'ovaire est toujours comprimé, lenticulaire, à deux loges, contenant chacune deux ovules opposés et attachés à la cloison. Cet ovaire est surmonté de deux stigmates filiformes, velus et glanduleux. Le disque qui tapisse le fond du calice forme un bourrelet saillant et circulaire qui recouvre en grande partie l'ovaire avant son développement. Le fruit est une samare, c'est-à-dire un fruit mince, sec, indéhiscent, à deux loges, prolongé sur chacun de ses côtés en une aile membraneuse plus ou moins allongée.

Nous ne mentionnerons ici que les espèces d'Erables qui croissent spontanément dans nos forêts ou qu'on cultive dans les parcs et les jardins.

Erable champêtre, *Acer campestre*, L. Arbre de médiocre grandeur, commun dans les forêts, très-rameux, et présentant une écorce rude et profondément crevassée. Ses feuilles sont opposées, pétiolées, divisées en trois ou cinq lobes obtus. Ses fleurs sont petites, verdâtres, formant des espèces de grappes paniculées. Elles sont généralement hermaphrodites. Ses fruits sont pubescens, munis de deux ailes étalées et divergentes. Son bois est dur et propre aux différens ouvrages de tour. Cet Arbre réussit à peu près dans toutes les espèces de terrain, mais sa croissance est lente.

Erable de Montpellier, *Acer Monspessulanum*, L. Cette espèce ressemble beaucoup par son port à l'Erable commun ou champêtre. Comme lui c'est un Arbre peu élevé dont les feuilles pétiolées et opposées sont petites, partagées en trois lobes aigus, entiers, ou quelquefois légèrement dentés, d'un vert foncé à la face supérieure et d'une consistance coriace. Les fleurs, qui sont petites, forment des espèces de cimes peu garnies. Il leur succède des fruits glabres dont les ailes sont presque parallèles, dressées et rougeâtres. Cet Arbre croît dans les lieux secs et pierreux des provinces méridionales de la France.

Erable sycomore, *Acer pseudoplatanus*, L., Duham., Arb. 1, tab. 9. On connaît cette espèce sous le nom de *Sycomore* ou *faux Platane*. Elle s'élève beaucoup plus que les deux précédentes. Son bois est blanc et léger, son écorce roussâtre. Ses feuilles, opposées et pétiolées, sont larges et longues de cinq à six pouces, divisées en cinq ou sept lobes palmés, peu profonds, aigus et dentés, séparés par des sinus aigus. La face supérieure est d'un vert foncé, l'inférieure est glauque et blanchâtre. Les fleurs sont vertes, disposées en longues grappes pendantes. Cette belle espèce croît naturellement dans les lieux montueux, en France, en Allemagne, etc. On la cultive fréquemment dans les parcs et pour orner les promenades. Son bois est blanc et léger, mais très-flexible. On l'emploie aux ouvrages de tour, et pour faire des planches.

Erable plane, *Acer Platanoides*, L. Pour le port, cette espèce ressemble absolument au Sycomore; elle en diffère par ses feuilles dont les sinus sont généralement obtus, souvent d'une teinte rougeâtre, et par ses fleurs qui forment des corymbes terminaux. Il croît dans les Alpes, les Cévennes, l'Auvergne, etc. On en cultive une variété dans laquelle les feuilles sont profondément laciniées et comme crépues.

Erable jaspé, *Acer Pensylvani-*

cum, L.; *Acer striatum*, Lamk. Cette espèce est l'une des plus belles que l'on cultive dans les jardins. Il croît spontanément dans l'Amérique septentrionale. Son tronc est verdâtre, parsemé d'un grand nombre de lignes irrégulières, longitudinales, blanches dans les individus cultivés, mais que l'on dit noires dans ceux qui sont sauvages. Il s'élève à une hauteur de dix à quinze pieds. Ses feuilles sont très-grandes, d'un vert clair sur leurs deux faces, ovales, arrondies inférieurement, découpées dans leur partie supérieure en trois lobes aigus et fiuement dentés. Les fleurs sont verdâtres et forment de longues grappes pendantes. On le multiplie en le greffant sur le Sycomore. Il forme un très-bel effet dans les jardins d'agrément.

ERABLE NEGUNDO, *Acer Negundo*, L. On le connaît aussi sous le nom d'Erable à feuilles de Frêne. C'est un Arbre assez élevé dont les feuilles sont composées de trois à cinq folioles pétiolées, ovales, acuminées, d'un vert très-clair et glauque. Ses fleurs sont dioïques, très-petites, naissant par fascicules avant le parfait développement des feuilles. On cultive cette espèce dans les jardins d'agrément.

ERABLE A SUCRE, *Acer saccharinum*, L. C'est un grand et bel Arbre originaire des forêts de l'Amérique septentrionale où son tronc acquiert quelquefois une hauteur de soixante-dix à quatre-vingts pieds. Ses feuilles, longuement pétiolées, glabres, d'un vert tendre en dessus, blanchâtres et glauques inférieurement, sont découpées en cinq lobes aigus et dentés. Les fleurs sont petites, jaunâtres, disposées en corymbes peu fournis. C'est avec la sève de cet Arbre, recueillie dans les mois de février ou de mars, que l'on fabrique, dans différentes parties de l'Amérique septentrionale, le sucre d'Erable, qui est d'une si grande ressource pour les habitans des contrées où cet Arbre abonde. (A. R.)

ERABLES. BOT. PHAN. Jussieu nommait ainsi la famille plus généralement désignée sous le nom d'Acérinées. *V*. ce mot. (A. R.)

*ERABUDU. BOT. PHAN. (Rhéede.) Nom de pays de l'*Erythrina Indica*. (B.)

ERACLISSA. BOT. PHAN. (Forskahl.) Syn. de l'*Andrachne telephioides*. (A. D. J.)

ERAGROSTIS. BOT. PHAN. Genre de la famille des Graminées et de la Triandrie Digynie, L., établi par Palisot-Beauvois (Agrostogr., p. 70) qui l'a ainsi caractérisé : fleurs disposées en panicules composées, plus ou moins lâches ; lépicène (glumes, Palisot-Beauvois) renfermant de quatre à dix fleurs imbriquées et plus longues que la lépicène; glume supérieure (paillette, Pal. – Beauv.) réfléchie, entière, ciliée, persistante et à bords repliés ; ovaire échancré : style divisé en deux branches; stigmates en goupillon ; caryopse libre, non sillonnée. Ce genre est composé de Plantes qui appartenaient au genre *Poa* de Linné. Son nom dérive de l'espèce la plus remarquable ou du *Poa Eragrostis*. Palisot-Beauvois y a en outre compris les *Poa ferruginea*, *interrupta*, *pilosa*, etc. Il en a séparé, sous le nom de *Megastachya*, plusieurs autres espèces qui nous semblent devoir rester réunies aux Eragrostis. Le genre Eragrostis, qui n'est admis que comme division du genre Poa par Kunth (*in Humboldt et Bonpl. Nova Genera et Spec. Amer.* T. I, p. 156), forme le passage des *Poa* aux *Briza* dans lesquels on avait placé indifféremment ses espèces.

(G..N.)

ÉRAILLÉS. BOT. CRYPT. Paulet, dans sa bizarre nomenclature des Champignons, désigne, sous le nom d'Eraillé mousseux, longue tige, large tige et Perroquet, des Bolets et des Agarics. (n.)

*ERANDO. BOT. PHAN. (Rhéede.) L'un des noms indous du Ricin commun. (B.)

ERANGELIA. BOT. PHAN. (Reneaulme.) Syn. de *Galanthus nivalis*, L. (B.)

* ERANGO. POIS. L'un des noms vulgaires de la Pastenague. *V.* RAIE.

ÉRANTHE. BOT. Pour Eranthis. *V.* ce mot. (B.)

ERANTHÈME. *Eranthemum.* BOT. PHAN. Sous le nom d'*Eranthemum*, Linné établit un genre de la Diandrie Monogynie, dans lequel il plaça plusieurs Plantes qui appartenaient à d'autres genres et même à des familles diverses. Ses affinités n'étant pas démontrées, Jussieu le relégua à la suite des Verbénacées tout à côté du *Selago* et de l'*Hebenstreitia*. Après avoir examiné les espèces décrites par Linné, Vahl reconnut que l'une d'elles (*Eranthemum Capense*) était une *Justicia*, et que les autres devaient être réunies aux *Selago*. Il ne laissa même subsister comme véritable Eranthème que l'*Erant. salsoloides*, L. fils, *Suppl.* 82. Cette Plante a des fleurs terminales, disposées en grappes axillaires et pubescentes, les pédicelles réfléchis et chacun d'eux accompagné de trois bractées subulées. Le calice est découpé en cinq segmens pointus et pubescens; le tube de la corolle, courbé vers son milieu, est plus long que le calice; le limbe a cinq divisions ovales, acuminées. L'*Erant. salsoloides*, Arbrisseau qui croît près de Sainte-Croix dans l'île de Ténériffe, ne peut, jusqu'à présent, être placé avec certitude, soit parmi les Verbénacées, soit avec les Acanthacées. Ce genre paraît néanmoins voisin de cette dernière famille; car Choisy, qui a fait une étude spéciale de ces Plantes, nous apprend, dans la Monographie des Sélaginées qu'il vient de mettre au jour (Mém. de la Sociét. de Phys. et d'Hist. Natur. de Genève, 1823), que les Sélaginées ont des rapports avec les Acanthacées, au moyen de l'*Eranthemum*.

Il est fort douteux que l'*Eranthemum spinosum* de Loureiro (Flor. Cochinch. 1, p. 19) soit congénère de l'*Eranth. salsoloides.* Ventenat a réuni aux Ruellies l'*Erant. pulchellum* d'Andrews (*Bot. Rep.* tab. 88) et de Roxburgh (*Coromand.* tab. 177). Quelques anciens botanistes, Dodoens en particulier, donnaient le nom d'*Eranthemum* à l'*Adonis autumnalis*, L.

R. Brown (*Prodrom. Flor. Nov.-Holland.* p. 476) ne prend point pour type du genre l'*Erant. salsoloides*, Plante totalement différente, dit-il, de celle que Linné eut en vue en constituant le genre Eranthème. Celui-ci doit donc se composer, selon l'auteur anglais, des Plantes analogues à l'*Erant. Capense*, c'est-à-dire des *Justicia* à corolles dont les parties sont presque égales, excepté la *Justicia infundibuliformis* qui est une espèce de *Crossandra*, *V.* ce mot, et la *S. serpyllifolia*. Il en décrit une nouvelle espèce qu'il nomme *Eranth. variabile.* Quoique les observations de R. Brown soient du plus grand poids en pareille matière, et que le genre établi sur l'*Erant. salsoloides* se trouve fort douteux, nous ne pouvons donner ici les caractères du nouveau genre, de peur d'augmenter la confusion déjà trop grande des noms de genres; car que deviendrait alors l'*Erant. salsoloides?* Ce sera donc au genre *Justicia*, dont le groupe, formé par R. Brown, est une section naturelle, que nous exposerons ses différences caractéristiques.

Les espèces d'Eranthèmes réunies aux Selago par Vahl, forment maintenant un nouveau genre que Choisy (*loc. cit.*) a constitué sous le nom d'*Agathelpis.* Les caractères de ce genre seront exposés à l'article SELAGO. *V.* ce mot et SÉLAGINÉES.

(G..N.)

ERANTHUS. BOT. PHAN. Genre de la famille des Renonculacées et de la Polyandrie Polygynie, L., établi par Salisbury (*Transact. of Linn. Societ.* 1807, vol. VIII, p. 303) et adopté par De Candolle (*Syst. Veget. natur.* 1, p. 314) qui lui assigne les caractères suivans : involucre situé immédiatement au-dessous de la fleur et partagé en plusieurs segmens profonds ; fleur sessile dont le calice est formé de cinq à huit sépales colorés, pétaloïdes, oblongs et caducs ; six à huit pétales tubulés et dont le limbe est à deux lèvres très-courtes ; vingt à trente étamines ; cinq à six ovaires qui deviennent des capsules pédicellées ; semences globuleuses disposées en une simple série. Ce genre avait déjà été indiqué par Boërrhaave et Adanson sous le nom impropre d'*Helleboroïdes* ; ceux de *Koellea* et de *Robertia*, proposés postérieurement par Biria et Mérat, n'ont pas reçu la sanction des botanistes. L'*Helleborus hyemalis*, jolie petite Plante indigène des montagnes de la France, de la Suisse, de l'Italie et de l'Autriche, est le type de ce genre. Comme elle est très-printanière, et que ses fleurs jaunes et nombreuses ont un aspect agréable, on la cultive assez communément. Le professeur De Candolle en a décrit (*loc. cit.*) une seconde espèce originaire de Sibérie, et qui diffère de la précédente par les sépales de son calice qui sont au nombre de cinq et plus ovales que dans l'autre ; il l'a nommée *Eranth. Sibirica*. (G..N.)

* ÉRATO. INS. Espèce du Papillon du genre Héliconie. *V.* ce mot. (B.)

* ERAVAY. BOT. PHAN. (L'Ecluse.) Le Ricin en Guinée. (B.)

ERBIN. BOT. PHAN. L'un des synonymes vulgaires d'*Aira*. *V.* CANCHE. (B.)

ERBUE ou HERBUE. MIN. Nom donné par les métallurgistes à la terre argileuse que l'on ajoute comme fondant au Minerai de Fer. (A.R.)

ERCINITE. MIN. (Napione.) Syn. d'Harmotome. *V.* ce mot. (B.)

ERÈBE. *Erebus*. INS. Genre de l'ordre des Lépidoptères, famille des Nocturnes, tribu des Noctuélites, établi par Latreille (Considér. Génér. p. 365) avec ces caractères : dernier article des palpes presque aussi long ou plus long que le précédent, nu. Ce genre réuni maintenant (Règn. Anim. de Cuv.) aux Noctuelles, ne renfermait qu'un petit nombre d'espè-

ces, la plupart étrangères et désignées sous les noms de *Strix Bubo*, *odora* et *crepuscularis*. *V.* NOCTUELLE. (AUD.)

EREBINTHUS. BOT. (Mitchell.) Syn. de *Galega Virginica*, L. Ce nom est renouvelé d'Hippocrate qui l'employait pour désigner le *Cicer arietinum*. (B.)

ERECTA. MAM. (Illiger.) Syn. de Bimane. *V.* ce mot. (B.)

* ERECTILE (TISSU). ZOOL. Plusieurs organes chez différentes classes d'Animaux se dilatent activement, se durcissent, se meuvent en conséquence de ces dilatations et de ces durcissemens sans coopération de la moindre fibre musculaire. Tels sont, par exemple, la verge des Mammifères mâles et le clitoris de leurs femelles, les barbillons des Poissons, les crêtes et les caroncules charnues des Oiseaux, etc. En outre ils sont le siége d'une vive sensibilité ; c'est en eux que réside le sens de la volupté, et celui du toucher chez les Poissons, et même dans tout organe ordinaire du toucher le développement du calibre des vaisseaux et la ramification du plus grand nombre de filets nerveux reproduit encore du tissu Erectile.

L'observation la plus minutieuse n'y découvre autre chose qu'un entrelacement plus ou moins fin de petits vaisseaux, dont les parois résultent seulement du prolongement de la membrane interne des artères et des veines avec lesquelles le système Erectile est en communication. Quelquefois aussi sur leur trajet ces vaisseaux à simple paroi se dilatent en cellules dans lesquelles le sang paraît stagner ou du moins subir des ralentissemens et des accumulations. Dans les organes génitaux des Mammifères, dans les gibbosités des Cynocéphales, où l'on observe ces pelotonnemens de vaisseaux, ils sont en général maintenus et limités dans leurs dilatations par des enveloppes fibreuses particulières ou par des brides même du derme, dans l'intervalle desquelles leur système est développé.

La verge des mâles, le clitoris des femelles et les barbillons des Poissons, ont surtout leur tissu Erectile enveloppé dans un fourreau fibreux dont l'élasticité cède à leur dilatation jusqu'au degré nécessaire, et contribue ensuite par son effort de restitution au rétablissement de la circulation générale du sang accumulé dans leur cavité durant l'érection. Ces enveloppes émettent en outre, de tout leur pourtour, des cloisons fibreuses qui traversent en différens sens les pelotonnemens vasculaires. Quelquefois même, dans les cellules qu'elles circonscrivent, elles sont en contact immédiat avec le sang; ou bien la membrane vasculaire qui les recouvre serait invisible à cause de sa ténuité. C'est ce qui arrive par exemple au tissu Erectile du bourrelet buccal de la Lamproie, d'ailleurs semblable à celui de la verge et du gland dans les Animaux qui en sont pourvus. Toujours dans ce cas, des nerfs volumineux se ramifient, non pas dans le tissu Erectile même, mais dans la surface de son enveloppe fibreuse, et surtout dans la peau qui la double extérieurement. Nous en avons découvert de fort gros aux barbillons des Poissons et au bourrelet des Lamproies. Ceux des caroncules et des crêtes des Oiseaux ne sont pas beaucoup plus considérables que ceux des parties nues de la peau. Qu'on juge par la perfection du tissu Erectile que nous venons d'indiquer dans le bourrelet circulaire de la bouche des Lamproies, comparativement à la structure du gland des mâles et du clitoris des femelles chez les Mammifères, de la vivacité des sensations tactiles dont ces Poissons doivent être affectés.

Enfin nous avons découvert dans l'œil d'un grand nombre de Poissons, qu'un organe qu'on y avait nommé glande choroïdienne a réellement une structure Erectile. Cette structure ressemble aussi beaucoup à celle de la rate, qu'on sait d'ailleurs être susceptible de variations rapides dans son volume et sa densité. Les nerfs qui animent la prétendue glande choroïdienne lui viennent de la cinquième paire. Les inductions anatomiques sur les fonctions de cet organe auraient besoin d'être appuyées sur des expériences directes dont personne ne s'est encore occupé et dont nous espérons pouvoir donner ailleurs quelques résultats positifs.

Ce tissu, peu développé dans les jeunes Animaux, acquiert toute sa perfection avec l'âge adulte, et se flétrit dans la vieillesse. Il a aussi des périodes de plus grande activité chez les Animaux dont le rut est temporaire.

La répartition du tissu Erectile, entre les divers appareils d'organes, est très-variable d'une classe et même d'un genre à l'autre. Dans l'Homme il n'existe qu'aux surfaces génitales et aux lèvres, où il est le siége de deux genres de sensations particulières. Dans les Mammifères pourvus de mufles, de trompes, de boutoirs, les surfaces nues et muqueuses de ces organes, d'un toucher si délicat, recouvrent un tissu Erectile dont le développement égale au moins celui du même tissu chez l'Homme. Dans les Poissons, où l'accouplement et ses préludes sont nuls en général, il n'y a plus de tissu Erectile aux orifices de la génération. Ce tissu, quand il existe chez ces Animaux, ne se trouve qu'aux barbillons, dans l'œil et au palais dans quelques genres. Or, c'est dans les Poissons où le sens de l'amour n'existe pas, où la reproduction de l'espèce s'opère sans volupté présumable pour les sexes, que les produits sont multipliés au point qu'une seule femelle pond plusieurs millions d'œufs. A mesure, au contraire, que les produits de la génération sont moins nombreux, que les organes essentiellement reproducteurs perdent de prépondérance, à mesure le tissu Erectile domine dans l'appareil génital. C'est dans l'Homme et chez plusieurs genres de Singes, où les produits de la génération sont ordinairement uniques et ne sont que rarement annuels (*V.* Cynocéphales et nos Elém. d'anat. et de physiol. des syst.

nerv.), que les organes de la volupté prédominent davantage. Ils l'emportent tellement sur ceux de la sécrétion spermatique, qu'ils agissent très-souvent isolément, et que dans le concours de leurs actions combinées, les chances de fécondation sont infiniment plus rares qu'on ne se l'imagine.   (A. D..NS.)

ÉRECHTITES. BOT. PHAN. (Dioscoride.) Syn. de Seneçon.   (B.)

ÉRÊME. BOT. PHAN. Le professeur Mirbel nomme ainsi chacune des quatre parties du fruit dans les Labiées, les Borraginées, etc., dont l'ensemble constitue pour lui un *Cenobion*. Mais, dans ces deux familles, l'ovaire est simple, gynobasique, profondément partagé en deux ou en quatre lobes, mais formant toujours un fruit simple. *V.* GYNOBASE et GYNOBASIQUE.   (A. R.)

EREMOPHILE. *Eremophilus.* POIS. Genre de l'ordre des Malacoptérygiens apodes qui doit être ajouté à la famille des Anguiformes de Cuvier, et constitué par Humboldt dans le recueil des observations zoologiques faites pendant le cours du voyage où Bonpland fut associé à ses travaux ; il paraît avoir quelques rapports avec l'Equille. Ses caractères consistent dans l'allongement de son corps; dans la disproportion de la mâchoire supérieure qui dépasse beaucoup l'inférieure et qui supporte quatre barbillons, outre deux autres demi-tubuleux situés sur les narines. Il y a cinq nageoires distinctes : une dorsale, une caudale arrondie, une anale et deux pectorales ; la langue est courte et très-charnue; l'ouverture branchiale est étroite; le bord de l'opercule est dentelé; il n'y a point de vessie natatoire. On ne connaît qu'une seule espèce d'Erémophile qui atteint jusqu'à un pied de longueur, dont la couleur est celle du plomb, avec de petites taches vertes, et qui est un mets excellent, fort recherché surtout au temps de carême par les habitans de Santa-Fé de Bogota, qui le nomment Capitaine. Il habite dans la petite rivière d'où résulte la belle cataracte de Tequendama ; vers treize cents toises et plus au-dessus du niveau de l'Océan. Humboldt lui a imposé le nom de Mutis, célèbre naturaliste du pays où se trouve l'Erémophile. D. 8, P. 6, C. 12.   (B.)

EREMOPHILE. *Eremophila.* BOT. PHAN. Genre de la Didynamie Gymnospermie, L., établi par R. Brown (*Prodr. Flor. Nov.-Holland.* p. 518) qui l'a placé dans sa nouvelle famille des Myoporinées, voisine des Verbénacées, et lui a assigné les caractères suivans : calice à cinq divisions profondes, affectant une dégénérescence scarieuse, et enveloppant le fruit après la maturité ; corolle inconnue ; quatre étamines didynames ; stigmate indivis ; drupe sèche, à quatre loges et à quatre graines. Ce genre ne contient que deux Plantes indigènes des côtes méridionales de la Nouvelle-Hollande. Ce sont des Arbrisseaux à tiges flexibles, à feuilles demi-cylindriques, et à fleurs solitaires et pédonculées. L'une d'elles (*Er. oppositifolia*, R. Brown, *loc. cit.*) a le calice dépourvu de glandes, et les divisions de celui-ci sont rétrécies en onglets à la base. Elle a le port des *Pholidia*, genre également établi par R. Brown. L'autre espèce (*Er. alternifolia*, R. Brown, *loc. cit.*) a les feuilles éparses et les calices non onguiculés, mais glanduleux comme dans les *Myoporum*.   (G..N.)

* **ERERIA.** BOT. PHAN. (Anguillara.) Syn. de *Poterium spinosum*. (B.)

ERÈSE. *Eresus.* ARACHN. Genre de l'ordre des Pulmonaires, famille des Aranéides, tribu des Saltigrades, établi par Walckenaer, et présentant pour caractères, suivant Latreille : quatre yeux rapprochés en un petit trapèze près du milieu de l'extrémité antérieure du corselet, et quatre autres situés sur ses côtés, formant aussi un quadrilatère, mais beaucoup plus grand. Les Erèses diffèrent essentiellement des autres Aranéides par la position des yeux; leur bouche présente une lèvre allongée, triangulaire, terminée en pointe arrondie, et des mâchoires droites plus hautes que larges, arrondies et dilatées à leur extrémité. Leur tronc est plus élevé que dans les Saltiques. Son bord antérieur est sinué, et plus ou moins avancé sur la ligne moyenne ; il supporte des pates grosses, courtes, propres au saut, presque égales en longueur ; la quatrième est la plus longue ; la première ensuite, et la troisième est la plus courte. Ces Arachnides se rencontrent sur les troncs d'Arbres et sur les Plantes. Walckenaer dit qu'elles épient leur proie et sautent dessus. Elles se renferment dans un sac de soie fine et blanche, entre des feuilles qu'elles rapprochent.

Walckenaer (Tableau des Aranéides, p. 21) n'a décrit que deux espèces propres à ce genre. Latreille en admet deux autres : l'une d'elles lui a été envoyée par Léon Dufour, et il établit pour les classer la division suivante :

† Yeux latéraux de la première ligne portés sur un tubercule très-saillant ; les deux intermédiaires de la même ligne plus grands que les quatre latéraux ; abdomen notablement plus volumineux que le tronc (ovalaire) et convexe.

L'Erèse rayée , *Er. lineatus*, Latr. Elle se rapproche plus que les espèces suivantes des Araignées Loups. Léon Dufour l'a trouvée en Espagne.

†† Yeux latéraux de la première ligne sessiles ou point portés sur un tubercule bien distinct ; les deux intermédiaires de la première ligne plus petits ou de la grandeur au plus des quatre latéraux ; abdomen petit ou moyen (se rapprochant souvent de la forme carrée) et déprimé.

L'Erèse frontale, *Er. frontalis*, Latr. Elle est originaire d'Espagne où l'aide-naturaliste Lalande l'a recueillie. On la trouve aussi à Montpellier.

L'Erèse cinnabre , *Er.* cinnabe-

rinus, Walck., ou l'*Aranea cinnaberina* d'Olivier. Elle a été figurée par Walckenaer (Hist. des Aran., fasc. 2, tab. 10, fem.); par Rossi (*Faun. Etrusca*, T. 11, p. 155, pl. 1, fig. 8 et fig. 9) sous le nom d'*Aranea guttata ;* par Villers (Entomol. T. iv, p. 128, n. 119, pl. 11, fig. 8) qui la nomme *Aranea molinigera;* par Coquebert (*Illustr. Iconogr. Ins. decad.* 3, p. 122 , tab. 27, fig. 12) et par Schæffer (*Icon. Ins.* pl. 52, fig. 20). On trouve cette espèce en Italie et dans le midi de la France ; elle a été rencontrée quelquefois aux environs de Paris. Il en existe plusieurs variétés parmi lesquelles Latreille range l'Erèse noire, *Er. ater*, Walck., ou l'*Aranea ater*, de Petagna (*Specimen Ins. Calabriæ*, p. 34, n. 176). (AUD.)

ERESIA. bot. phan. (Plumier.) Syn. de Théophrastée. *V.* ce mot. (b.)

ÉREUNÈTES. ois. Dénomination grecque d'un genre établi par Illiger pour placer une espèce nouvelle envoyée de Bahia (Brésil), et qui a beaucoup de ressemblance avec la Guignette, *Tringa hypoleucos*, L. La description de cette espèce , non plus que l'espèce elle-même, ne nous sont point encore parvenues. (DR..Z.)

* ERGALICUM. bot. phan. (De Candolle.) *V.* Droséra.

ERGATILE. ois. Syn. vulgaire de l'Hirondelle de rivage, *Hirundo riparia*, L. *V.* Hirondelle. (DR..Z.)

ERGEN. bot. phan. Nom employé par C. Bauhin pour désigner un Arbre des Indes-Orientales, que Sloane a cru être un Palmier, et pour le fruit duquel il a donné une figure. Mais cette indication est plus que douteuse ; la description du feuillage donnée par Bauhin ne convient nullement à un Palmier, surtout à l'Elaïs qui semblait avoir été l'objet de la gravure de Sloane. (G..N.)

ERGOT. bot. On appelle ainsi une excroissance allongée qui, dans certaines Plantes de la famille des Graminées , se développe dans l'intérieur des écailles florales. Un grand nombre de Céréales sont sujettes à cette excroissance ; mais on l'observe plus spécialement dans le Seigle ; de-là le nom de Seigle ergoté. L'Ergot se développe plus spécialement et en plus grande abondance dans les années pluvieuses , dans les terrains bas et humides. Il y a certaines provinces de la France , la Sologne , par exemple, où il est extrêmement commun. On a émis deux opinions sur la nature de l'Ergot : les uns, et c'est l'opinion la plus générale et la plus ancienne , considèrent cette excroissance comme le grain lui-même dénaturé par une maladie qui en change la forme , la couleur et les propriétés. Les autres, avec le professeur De Candolle , la regardent comme une espèce de Champignon parasite du genre *Sclerotium* , qu'il nomme *Sclerotium clavus*. Quoi qu'il en soit de ces opinions, l'Ergot, et spécialement celui du Seigle , se présente sous la forme d'une excroissance allongée, marquée d'un sillon longitudinal sur un de ses côtés, beaucoup plus longue que les enveloppes florales , d'une couleur grise ardoisée et quelquefois noirâtre ; sa saveur est désagréable et âcre. Analysé par le célèbre Vauquelin , le Seigle ergoté a donné les résultats suivans : 1° une matière colorante jaune fauve, soluble dans l'Alcohol ; 2° une matière huileuse , blanche , d'une saveur douce, très-abondante ; 3° un principe colorant violet ; 4° un acide libre ; 5° une matière végéto-animale très-abondante, facilement putrescible ; 6° une petite quantité d'Ammoniaque libre.

Le Seigle ergoté, mélangé dans la farine, peut occasioner des accidens extrêmement graves , tels que des vertiges , des congestions sanguines et même la gangrène sèche. Cependant quelques auteurs, et entre autres Parmentier , Paulet , etc. , ont nié cette action délétère du Seigle ergoté. Néanmoins son âcreté, la facilité avec laquelle il passe à la fermentation putride, doivent le faire considérer comme nuisible. Dans ces derniers temps , on a cherché à introduire le Seigle ergoté dans la thérapeutique. On l'a donné comme exerçant une action stimulante spéciale sur l'utérus et favorisant le travail de l'accouchement quand la lenteur de cette fonction dépend du peu de contraction de l'utérus. Mais quelques essais tentés par le professeur Chaussier ont démontré le peu de fondement de cette assertion.

(A. R.)

ERGOTS. OIS. *V.* EPERONS.

*ERGYNE. *Ergyne.* CRUST. Genre de l'ordre des Isopodes, fondé par Risso (Hist. nat. des Crust. des environs de Nice, p. 150) qui le caractérise ainsi : corps ovale aplati ; quatre antennes longues, ramifiées et plumeuses. Ce genre se rapproche sous plusieurs rapports des Aselles , des Idotées et des Cymothoës ; il est voisin des Bopyres ; mais ses antennes singulières au nombre de quatre , ramifiées et plumeuses, et dont les deux intermédiaires sont aussi longues que le corps, le distinguent de tous les genres connus. Risso ne décrit qu'une espèce.

L'ERGYNE CORNE DE CERF, *E. Cervicornis* , de Risso. Il la figure au trait (*loc. cit.*, pl. 3, fig. 12.) Son corps, formé de cinq segmens , est ovale, aplati , lisse , d'un beau rouge au milieu, et bordé de blanc ; les yeux sont peu apparens ; les pates, au nombre de six de chaque côté, sont composées d'articles courts , et terminées par des aiguillons très-crochus. Les mœurs se rapprochent beaucoup de celles des Bopyres. Cette espèce vit parasite sur les Crustacés ; elle est lente, et s'attache principalement sur les branchies du Portune Rondelet. Le corps de la femelle est recouvert par des plaques superposées analogues à celles qu'on voit dans les Cymothoës et les Idotées ; à une certaine époque ces plaques se dilatent pour laisser sortir vingt à trente petits vivans. Le mâle reste toujours attaché à la queue de la femelle. Il est très-petit.   (AUD.)

ERIACHNE. BOT. PHAN. Genre de la famille des Graminées et de la

Triandrie Digynie, L., constitué par R. Brown (*Prodr. Flor. Nov.-Holland.* p. 185) qui a fixé ses caractères de la manière suivante : lépicène (glume de R. Brown) biflore, à deux valves égales ; périanthe sessile, hermaphrodite, à deux valves, dont l'extérieure est, dans quelques espèces, terminée par une arête simple ; deux petites écailles hypogynes ; trois étamines ; deux styles terminés par des stigmates plumeux. Les Plantes qui composent ce genre sont des Graminées particulières aux climats situés sous les tropiques, le plus souvent pubescentes, à feuilles étroites et à fleurs disposées en panicules. Quoique les caractères exposés plus haut aient beaucoup de rapports avec ceux qu'on assigne aux *Aira*, R. Brown pense néanmoins que bien peu d'espèces, placées dans ce dernier genre, correspondent aux Eriachnes par les caractères. Il ajoute que le genre *Aira* est d'ailleurs fort artificiel, et que ses espèces doivent être distribuées en trois ou quatre genres distincts.

Les dix espèces d'Eriachnes indigènes de la Nouvelle-Hollande, et décrites par R. Brown, forment deux sections, d'après la valve intérieure du périanthe, aristée ou mutique. La première section comprend six espèces qui ont reçu les noms d'*Eriachne rara*, *Er. squarrosa*, *Er. glauca*, *Er. avenacea*, *Er. ciliata* et *Er. pallescens*. La seconde section, dont Palisot-Beauvois a fait son genre *Achneria*, renferme les *Er. mucronata*, *Er. brevifolia*, *Er. obtusa* et *Er. capillaris*. (G..N.)

ERIANTHE. *Erianthus*. BOT. PHAN. Genre de la famille des Graminées et de la Triandrie Digynie, établi par Richard (*in Michx. Flor. Bor. Amer.*), et caractérisé par Palisot-Beauvois (Agrostographie, p. 14) de la manière suivante : fleurs disposées en panicule composée dont les divisions sont fasciculées ; épillets géminés ; valves de la lépicène (glumes, Palis.-Beauv.) herbacées, plus longues que les glumes (paillettes, Palis.-Beauv.) ; l'in-

férieure de celles-ci portant une soie très-longue ; écailles ovales-lancéolées ; une à trois étamines ; style à deux branches ; stigmates presque aspergilliformes. Ce genre est très-voisin du *Saccharum*, et s'en distingue surtout par la longue arête ou soie de la valve inférieure de la glume. Les deux espèces rapportées par Michaux de l'Amérique septentrionale sont : l'*Erianthus saccharoides* ou *Anthoxanthum giganteum* de Walter et l'*E. brevibarbis ;* la première croît dans les lieux humides, depuis la Caroline jusqu'à la Floride, et la seconde sur les collines de Tennassée et de Caroline. Palisot-Beauvois y a réuni les *Saccharum Ravennæ*, *japonicum* et *repens*, L., ainsi que les *Andropogon striatus* et *aureus*, Willd. L'*Erianthus* ou *Saccharum Ravennæ* est une des plus belles et des plus hautes Graminées européennes ; elle croît abondamment sur les côtes de la Méditerranée et principalement aux bouches du Rhône, dans l'île de la Camargue. Les *Erianthus striatus* et *aureus* sont deux belles Plantes dont le port et les caractères s'éloignent un peu de ceux du genre ; si, comme il conste de leur description, une de leurs fleurettes est pédicellée et stérile ou mâle, il conviendrait mieux de les replacer parmi les *Andropogon*, ainsi que l'avait fait Willdenow. La seconde de ces espèces a été découverte à Mascareigne par notre ardent collaborateur Bory de Saint-Vincent, et se trouve décrite et figurée dans son Voyage, T. 1, p. 367, t. 21, sous le nom d'*Andropogon aureum*. (G..N.)

ÉRIBLES. BOT. PHAN. Syn. d'Atriplex. *V*. ce mot. (B.)

ERICA. BOT. PHAN. *V*. BRUYÈRE.

ERICA MARINA. ZOOL. et BOT. Trois Polypiers portent ce nom dans Rumph : ce sont les *Antipathes pennacea*, *Ant. myriophylla* et *Ant. flabellum* de Pallas. Il a encore été imposé à diverses espèces par les anciens botanistes qui voyaient des Plantes dans beaucoup de productions animales de la mer ; des Fucus l'ont aussi porté.   (LAM..X.)

ERICALE. BOT. PHAN. Pour Ericoila. *V*. ce mot.

ÉRICHELYOPE. POIS. Du Dictionnaire de Déterville. Pour Enchelyope. *V*. ce mot.   (B.)

ERICHTE. *Erichtus*. CRUST. Genre de l'ordre des Stomapodes établi par Latreille (Règn. Anim. de Cuv.) aux dépens des Squilles dont il diffère par les caractères suivans : grandeur de la plaque du test se prolongeant en arrière jusqu'à l'extrémité postérieure du tronc, et recouvrant les anneaux qni portent les dernières paires de pieds. Leach a désigné plus tard ce petit genre sous le nom de *Smerdis*. Les Érichtes sont de petits Crustacés semblables aux Squilles, par la place qu'occupent les yeux et par la composition de sa bouche ; la carapace est, comme nous l'avons dit, très-prolongée en arrière. L'abdomen est formé par huit anneaux fort larges, qui, en se recourbant en dessous et en avant, forment avec la carapace, une enveloppe dure, crustacée, qui protège de toutes parts l'Animal. Ces anneaux de l'abdomen supportent cinq paires de pates natatoires, lesquelles sont privées de branchies à leur base. Les appendices ou les pieds qui environnent la bouche sont analogues à ceux qu'on retrouve à la même place dans les Squilles. Leur usage paraît être de servir à la respiration. — On connaît deux espèces propres à ce genre :

L'ERICHTE VITRÉE, *Er. vitreus*, Latr., ou le *Squilla vitrea* de Fabricius et *Smerdis vulgaris* de Leach (Journ. de Phys. T. LXXXVI, p. 305, fig. 5). Elle vit dans l'océan Atlantique. On la rencontre depuis les derniers jours d'avril jusqu'au commencement de juin.

L'ERICHTE ARMÉE, *Er. armata*, Latr. (Encycl. Méthod. pl. 354, fig. 6) ou la *Smerdis armata* de Leach (*loc. cit.* T. LXXXVI, p. 305, fig. 6). Trouvée au mois d'avril et de mai dans l'océan Atlantique.   (AUD.)

ERICIBE. BOT. PHAN. Pour Erycibe. *V*. ce mot.   (B.)

ÉRICINÉES. *Ericineæ*. BOT. PHAN. Famille naturelle de Plantes dicotylédones monopétales, à étamines hypogynes, qui se compose d'Arbrisseaux et d'Arbustes d'un port élégant, ayant en général les feuilles alternes, rarement opposées ou verticillées, persistantes, simples, dépourvues de stipules. L'inflorescence est extrêmement variable, et présente presque tous les modes possibles. Le calice est généralement monosépale, tantôt libre, tantôt adhérent, à cinq divisions, quelquefois tellement profondes que ce calice paraît formé de cinq sépales distincts. La corolle est monopétale régulière, à quatre ou cinq lobes imbriqués, ou, dans quelques genres, à cinq pétales légèrement soudés entre eux par leur partie inférieure. Cette corolle est fréquemment marcescente. Les étamines sont généralement en nombre double des divisions de la corolle; leurs filets sont libres, rarement réunis entre eux par leur base. Les anthères sont introrses, à deux loges, souvent terminées au sommet ou à la base par un appendice en forme de corne et s'ouvrant soit par un trou, soit par une fente. Ces étamines sont, en général, immédiatement insérées autour de la base de l'ovaire et non sur la corolle, particularité très-digne d'être notée dans une famille de Plantes à corolle monopétale. Dans quelques genres néanmoins ces étamines sont attachées à la base de la corolle. Quand elles ne sont pas insérées sur la corolle, elles paraissent être certainement hypogynes, et non périgynes, ainsi qu'on l'a dit généralement. L'ovaire est libre ou adhérent en partie ou en totalité avec le calice. Il est accompagné à sa base par un disque formé de plusieurs tubercules glanduleux. Il offre de trois à cinq loges contenant chacune un assez grand nombre d'ovules attachés à un trophosperme axillaire. Le style est simple, terminé par un stigmate qui offre autant de lobes gé néralement fort petits qu'il y a de loges à l'ovaire. Le fruit est une capsule ou une baie. Dans le premier cas, le péricarpe s'ouvre en autant de valves qu'il y a de loges : tantôt chacune de ces valves entraîne avec elle une des cloisons sur le milieu de sa face externe (déhiscence loculicide), tantôt la déhiscence a lieu en face de chaque cloison (déhiscence septicide). Quand le fruit est charnu, c'est tantôt une baie ou un nuculaine. Les graines se composent d'un endosperme charnu, au milieu duquel est un embryon axillaire, cylindrique, dont la radicule est tournée vers le hile.

A l'exemple de Desvaux, doit-on séparer de la famille des Ericinées les genres à ovaire infère, pour en former un groupe à part sous le nom de *Vacciniées*? L'ovaire infère est un caractère assez important, et si l'on ajoute à cela la différence d'insertion qui est périgyne ou même épigyne dans les Vacciniées, tandis qu'elle est hypogyne dans les vraies Ericinées, peut-être cette séparation ne paraîtra-t-elle pas tout-à-fait inutile, ou du moins considérera-t-on les Vacciniées comme une section bien tranchée.

Le genre *Epacris*, placé d'abord parmi les Ericinées, est devenu pour R. Brown le type d'une nouvelle famille composée aujourd'hui d'un très-grand nombre de genres tous originaires de la Nouvelle-Hollande.

Quant à la famille des Rhodoracées, elle nous paraît devoir être réunie aux Ericinées. En effet, la seule différence signalée entre ces deux ordres naturels consiste uniquement dans la déhiscence, qui est généralement *loculicide* dans le premier et *septicide* dans le second. Or ces deux modes de déhiscence se remarquent dans la famille des Ericinées de Jussieu et souvent dans les espèces d'un même genre, ainsi que le prouvent les genres *Erica*, *Andromeda*, etc. Ce caractère ne peut donc pas servir à distinguer ces deux groupes, puisqu'il existe dans l'un et dans l'autre. On a encore donné comme signe dis-

tinctif entre ces deux familles les appendices en forme de cornes dont sont pourvues les anthères des Ericinées ; mais ces appendices manquent dans plusieurs espèces et même dans des genres tout entiers. Ainsi plusieurs espèces de Bruyère, entre autres l'*Erica ventricosa*, Willd., l'*Erica tubiflora*, *E. curviflora*, etc., les espèces du genre *Clethra*, en sont dépourvues. Il nous paraît donc nécessaire de réunir ces deux groupes en un seul.

On peut établir dans la famille des Ericinées trois groupes. Le premier, sous le nom de Vacciniées, comprend tous les genres qui ont l'ovaire infère. Le second, ou les Ericinées, réunit ceux qui ont l'ovaire libre et les fleurs hermaphrodites ; il comprend également les genres placés d'abord dans la famille des Rosages. Enfin on peut former un troisième groupe sous le nom d'Empétracées, qui se composera des genres *Empetrum*, *Ceratiola*, etc., qui ont les fleurs unisexuées et la corolle polypétale.

Nous allons énumérer les genres qui appartiennent à chacune de ces sections.

Ire section : VACCINIÉES.

Vaccinium, L., auquel on doit réunir l'*Acosta* de Loureiro ; *Thibaudia*, Pav., qui comprend le *Cavinium* de Du Petit-Thouars ; *Argophyllum*, *Escallonia*, dans lequel viennent se réunir le *Stereoxylum* de Ruiz et Pavon, le *Jungia* de Gaertner, le *Mollia* de Gmelin et l'*Imbricaria* de Smith ; *Gay-Lussacia* de Kunth ; *Mœsa*, qui comprend le *Siburatia* de Du Petit-Thouars.

IIe section : ERICINÉES.

§ 1. Fruit capsulaire. *Cyrilla*, L. ; *Blæria*, L. ; *Diapensia*, L. ; *Pyxidanthera*, Rich., *in Michx.* ; *Erica*, L. ; *Salaxis* et *Calluna*, Salisbury ; *Andromeda*, L. ; *Befaria*, Mutis, dont l'*Acunna* de Ruiz et Pavon fait partie ; *Clethra*, L., qui comprend le *Cuellaria* de Ruiz et Pavon ; *Epigœa*, L. ; *Cliftonia* de Banks ; *Pyrola*, L. ;

Erythrorhiza, Rich. *in Michx.*, ou *Solenandria*, Pal.-Beauv.; et *Gaultheria*, L., qui comprend le *Brossæa* de Swartz.

§ II. Fruit charnu. *Arbutus*, L.; *Arctostaphylos*, Adans.

IIIe section : EMPÉTRACÉES.

Empetrum, L., *Ceratiola*, Rich., *in Michx.* (A. R.)

ERICOILA. BOT. PHAN. (Reneaulme.) Syn. de Gentiane printanière. Borkhausen a rétabli ce mot pour former un genre aux dépens des Gentianes. *V.* GENTIANE. (B.)

ÉRICU. BOT. PHAN. (Rhéede.) Syn. d'*Asclepias gigantea*, L., à la côte de Malabar. (B.)

ERIGENIE. *Erigenia*. BOT. PHAN. Genre de la famille des Ombellifères et de la Pentandrie Digynie, L., établi par Nuttall (*Genera of North Amer. Plants*, p. 187) qui l'a ainsi caractérisé : involucre nul ; calice court, entier ; cinq pétales égaux, étalés, entiers et obovales ; cinq étamines ; deux styles très-longs, subulés, persistans ; fruit ovale légèrement comprimé latéralement, composé de deux akènes bossus et marqués de trois stries. Le genre *Eriginia* a été établi sur le *Sison bulbosum* de Michaux ou l'*Hydrocotyle composita* de Pursh, Plante qui croît dans les lieux inondés de l'Amérique septentrionale. Cette espèce a des tiges ascendantes très-petites portées sur un bulbe écailleux à son sommet et accompagnées d'une feuille radicale ternée, dont les divisions sont rhomboïdales, et le lobe terminal trifide et obtus; une feuille à peu près semblable à la radicale se trouve sur le sommet des tiges ; l'ombelle est imparfaite, à trois ou quatre fleurs blanches presque sessiles. Au genre *Eriginia* Nuttall pense qu'on doit encore rapporter l'*Hydrocotyle ambigua* de Pursh ou l'*H. bipinnata* de Muhlenberg. Cette petite Ombellifère est indigène de la Louisiane. (G..N.)

ERIGERON ou ERIGERE. *Erige-*

ron. BOT. PHAN. Vulgairement Vergerette. Ce genre, de la famille des Synanthérées, Corymbifères de Jussieu, et de la Syngénésie superflue de Linné, fut établi par cet illustre naturaliste, et caractérisé ainsi : involucre oblong, presque cylindrique, formé d'écailles imbriquées, linéaires et inégales ; réceptacle plane, nu et marqué d'alvéoles ; fleurons du disque nombreux, tubuleux, hermaphrodites et de couleur jaune ; ceux de la circonférence femelles, nombreux, en languette courte et linéaire, de couleur bleue, rose ou blanche ; akènes portant des aigrettes à poils simples ou légèrement soyeux. Ces caractères sont absolument ceux des Asters, à l'exception des fleurons de la circonférence qui, dans les Erigerons, ont la languette courte et linéaire. Cependant la distinction de ces deux genres est généralement admise ; dans les grandes familles, il suffit, en effet, que certains groupes, comme ceux dont il s'agit, soient assez nombreux en espèces et que celles-ci présentent un ensemble de formes qu'il est plus aisé de sentir que de définir, pour que leurs affinités naturelles soient bien déterminées. Le professeur De Candolle a, dans la Flore Française, exclu des Erigerons et renvoyé aux *Inula* et aux *Solidago*, toutes les espèces à rayons jaunes. Cassini n'est pas de cet avis, mais il avoue qu'alors il est difficile de distinguer bien nettement le genre *Solidago* du genre *Erigeron*. Un grand nombre de Plantes rapportées à ce dernier genre, en ont été séparées par Cassini, qui a formé ainsi des genres nouveaux, soit en groupant seulement ces espèces entre elles, soit en les réunissant à des Plantes de genres voisins. Ces réformes ont donc amené la création des genres *Diplopappus*, *Podocoma*, *Trimorpha*, *Myriadenus*, *Tubilium* et *Dimorphanthes*. *V.* chacun de ces mots. Si l'on admettait tous ces genres, le nombre des espèces d'Erigeron, si considérable dans les auteurs, puisqu'il s'élève à plus de cinquante, se trouverait considérablement diminué.

Les Erigerons sont des Plantes disséminées sur tous les lieux des pays tempérés. On en trouve dans les forêts, dans les champs, sur les montagnes, au fond des plaines, etc. Parmi les espèces les plus remarquables, nous nous contenterons de citer : l'*Erigeron acre*, L., type du genre *Trimorpha* de Cassini, Plante assez commune dans les lieux secs, arides et pierreux de toute la France, où elle fleurit pendant l'automne ; les *Erigeron alpinum* et *Villarsii*, belles espèces qui contribuent à l'ornement des Alpes et des hautes montagnes de l'Europe. Enfin l'ERIGERON DU CANADA, *Eriger. Canadense*, L., est une Plante dont la tige s'élève jusqu'à six ou neuf décimètres, et se termine par une panicule allongée, composée d'un grand nombre de petites fleurs portées sur des pédicelles rameux. Ses feuilles sont étroites, pointues, éparses, ciliées et d'un vert blanchâtre. On prétend que cette Plante est originaire du Canada. Cependant il n'est peut-être aucune Herbe plus répandue en Europe que celle-ci ; elle se retrouve en abondance jusque dans les vallées les plus éloignées et les plus séparées des grandes plaines, d'où certainement elle n'a pas été transportée par l'Homme. On explique cette étonnante dispersion par la considération de ses akènes aigrettés qui servent au transport des graines, et par la facilité dont elle s'accommode de toutes sortes de terrains. Une note insérée dans le Journal de Botanique de juillet 1813, contient les expériences chimiques de Dubuc, pharmacien à Rouen, desquelles il résulte que cinquante kilogrammes d'*Erigeron Canadense* fournissent par l'incinération trois kilogrammes de résidu, dont on peut extraire environ un demi-kilogramme de Potasse carbonatée assez pure, en sorte que la culture d'ailleurs si facile de cette Plante présenterait quelque avantage dans les terrains ingrats et stériles.

(G..N.)

*ERIMATALIA. BOT. PHAN. Rhéede (*Hort. Malab.* T. VII, p. 73, tab. 59)

a décrit et figuré une Plante sous le nom d'*Erima-Taly*, que Schultes (*Syst. Veget.* T. V, p. 17) a latinisé, et pour laquelle il a constitué un nouveau genre dont les caractères sont : calice à cinq divisions ovales, aiguës et caduques ; cinq pétales bilobés, tronqués, dentés et frangés à leur sommet ; cinq écailles intérieures, ovales, aiguës, plus courtes que les pétales auxquelles elles sont opposées ; cinq étamines ; ovaire supérieur surmonté de cinq styles : baie petite, ovée et monosperme. Ce genre, que Lamarck (Encycl. Méth., 2, p. 584) regardait avec raison comme trop peu connu pour qu'on pût déterminer ses rapports, a été placé par Schultes dans la Pentandrie Monogynie du système sexuel, quoique, d'après la description, l'ovaire présentât cinq styles. L'unique espèce dont il se compose a reçu le nom d'*Erimatalia Rheedi*. C'est une Plante dont la racine est rampante, les tiges herbacées, tortueuses, et les feuilles alternes, pétiolées, ovales, pointues, épaisses et entières. Ses fleurs, ouvertes en rose ou en étoile, sont disposées par grappes très-allongées qui naissent dans les aisselles des feuilles. Elle croît aux environs de Cranganoor et de Mangatti, dans les Indes-Orientales.

(G..N.)

ERINACE. *Erinaceus*. BOT. CRYPT. Syn. d'Hydne. *V.* ce mot. (B.)

* ERINACÉE. *Erinacea*. BOT. (*Hydrophytes*.) Genre que nous avons établi aux dépens des Délesseries. Son caractère principal est d'avoir des fructifications tuberculeuses situées sur des appendices spiniformes, assez longs, épars sur la surface des feuilles. Ces dernières sont toujours planes et sans nervures. Les Erinacées sont peu nombreuses en espèces ; elles se trouvent presque toutes dans les pays chauds. Quoique ce sous-genre se distingue facilement des autres Délesseries, considéré sous les rapports naturels, il ne devrait former qu'une simple section de ce genre. Le *Fucus erinaceus*, tab. 26 de Turner, peut être

regardé comme le type principal du groupe des Erinacées. (LAM..X.)

Le nom d'ERINACEA était employé par l'Ecluse pour désigner une Anthyllide à laquelle Linné l'a conservé comme spécifique. (B.)

ERINACEUS. MAM. *V.* HÉRISSON.

*** ERINAS** ou **ERINOS. BOT. PHAN.** Syn. de Figuier sauvage chez les anciens Grecs qui nommaient son fruit *Erinon.* (B.)

ERINE. *Erinus.* BOT. PHAN. Genre de la famille des Scrophularinées et de la Didynamie Angiospermie, L., établi par Tournefort sous le nom d'*Ageratum*, et adopté par Linné qui a transporté ce dernier nom à un genre de la famille des Synanthérées (*V.* AGERATE). Ses caractères sont : un calice à cinq parties; une corolle tubuleuse, ayant un limbe à cinq lobes presque égaux et échancrés en cœur; une capsule ovoïde à deux valves qui, à la maturité du fruit, sont fendues en deux jusqu'à leur partie moyenne. Ces caractères ont été tracés d'après l'analyse de l'*Erinus alpinus*, Plante indigène de l'Europe, à laquelle Thunberg a associé une dixaine d'espèces particulières au cap de Bonne-Espérance. Ce sont des Plantes dont la tige est ligneuse dans quelques espèces, pourvues de fleurs axillaires ou en épis terminaux.

L'ÉRINE DES ALPES, *Erinus Alpinus*, L., est caractérisée par ses tiges hautes de quinze à dix-huit centimètres, ses feuilles oblongues, spathulées et dentées vers leur sommet, alternes sur la tige, nombreuses et étalées en rosette à la base. Ses fleurs, d'une couleur purpurine et d'une odeur fort agréable, font un effet charmant sur les roches des Alpes occidentales, du Jura, des Cévennes et de la chaîne Pyrénaïque, où Bory de Saint-Vincent l'a observée ainsi que dans les Asturies; elle y croissait jusque sur les parapets et les murs des vieux bâtimens. D'après cette indication, le professeur De Kin l'ayant semée sur des restes d'antiques fortifications à Bruxelles, elle n'a pas tardé à les couvrir, et s'y est naturalisée de manière à ne l'y pouvoir plus détruire. Cette espèce est assez rare en Italie et généralement au-delà des Alpes. La Plante à laquelle Dioscoride donnait le nom d'Erinus paraît être l'*Hieracium sabaudum*. (G..N.)

ERINEUM. BOT. CRYPT. (*Mucédinées.***)** Genre de Cryptogames qui naissent par groupes sur les feuilles des Plantes, y forment des taches de couleurs diverses, et dont la structure, examinée au microscope, présente des amas de filets roides ou petits tubes, tantôt cylindriques, quelquefois en toupie, tronqués au sommet et enfoncés dans la substance des feuilles. Les auteurs ne se sont d'abord pas accordés sur la place que ces petits Végétaux doivent occuper. Palisot-Beauvois les plaçait dans les Algues. Link, qui avait d'abord embrassé cette opinion, l'a vivement combattue ensuite, en prouvant que dans ce genre il n'y avait aucun vestige de sporidies, et conséquemment qu'il ne pouvait être rangé dans les Algues. Ce qui a pu induire en erreur Palisot-Beauvois, c'est qu'il aura pris pour des *Erineum* quelques espèces d'un genre appartenant véritablement aux Algues, des *Helicomyces*, par exemple. Mais, en séparant les *Erineum* des *Rubigo*, Link ne comprend que ceux dont les filets ou tubes, examinés au microscope, paraissent cloisonnés. Fries, distinguant aussi les *Erineum* des *Rubigo*, donne le nouveau nom de *Phyllerium* au genre *Erineum* de Link et nomme *Erineum* le *Rubigo* du même auteur, attendu que la plupart des *Erineum* des auteurs rentrent dans ce *Rubigo*. Selon Fries, les *Erineum* doivent donc se composer des espèces à filets non cloisonnés et réunis en forme de cupules stipitées. Il en a aussi distrait les *E. aureum*, Pers., et *E. asclepiadeum*, Funch, pour en former ses nouveaux genres *Taphria* et *Cronartium* (*V.* ces mots). Les *Erineum* ont beaucoup de rapports avec les genres *Mucor*, *Byssus* et *Dematium* de Persoon. Plusieurs ont même été décrits comme appartenant à ces genres. On en connaît une trentaine d'espèces (en n'admettant pas les retranchemens opérés par Fries), qui ont reçu pour noms spécifiques ceux des Plantes sur lesquelles elles sont parasites. L'organisation de ces petits Végétaux n'est pas encore bien connue; ce que les auteurs en ont dit ne satisfait pas la curiosité du naturaliste, qui désirerait qu'un observateur attentif et judicieux ne laissât plus de doutes sur la nature de ces êtres. L'*Erineum* de la Vigne, par exemple, a des taches qui sont indiquées avec doute par De Candolle comme des loges d'Insectes. Cette opinion a-t-elle été vérifiée, et en serait-il de même pour beaucoup d'autres Pseudo-Cryptogames? (G..N.)

*ERIOCALIA. BOT. PHAN. Le genre établi sous ce nom par Smith (*Bot. Exot.*, 78 et 79) est le même que l'*Actinotus* de Labillardière, qui lui est antérieur. *V.* ACTINOTE. Outre l'*Eriocalia major*, Smith, ou l'*Actinotus Helianthi*, Labill., on trouve, dans l'*Exotic Botany*, la description d'une seconde espèce nommée par Smith *E. minor*, et qui croît au port Jackson. (G..N.)

ERIOCAULON. *Eriocaulon.* BOT. PHAN. Ce genre, que l'on désigne aussi en français sous le nom de Joncinelle, fait partie de la famille des Restiacées et de la Monœcie Hexandrie, L. Ses fleurs, très-petites et unisexuées, forment des capitules plus ou moins globuleux. Le réceptacle est convexe, garni d'un grand nombre d'écailles uniflores, très-serrées les unes contre les autres et dont les plus extérieures sont privées de fleurs et forment une sorte d'involucre. Les fleurs mâles et femelles sont quelquefois mélangées sans ordre ; d'autres fois les mâles sont au centre et les femelles à la circonférence. Les mâles ont leur calice double; l'extérieur formé de deux ou trois folioles libres, dressées généralement, velues dans leur partie supérieure; l'intérieur composé de deux ou trois folio-

les semblables aux précédentes, mais généralement soudées entre elles, de manière à former un calice tubuleux et infundibuliforme. Le nombre des étamines varie de trois à six. Les anthères sont biloculaires et introrses. Presque toujours on rencontre au centre de chaque fleur mâle un tubercule qui occupe la place du pistil. Le calice est le même dans les fleurs femelles. L'ovaire est libre, globuleux, à deux ou trois loges formant autant de côtes très-saillantes et contenant chacune un seul ovule renversé. Le style est simple, quelquefois bi ou trifide dans sa partie supérieure où il se termine par deux ou trois stigmates linéaires, velus et glanduleux. Le fruit se compose de deux ou trois petites coques monospermes, s'ouvrant longitudinalement par leur angle extérieur. La graine renferme sous son tégument propre un endosperme charnu très-volumineux et un petit embryon appliqué sur l'endosperme dans le point opposé au hile.

Les espèces de ce genre sont assez nombreuses. On en compte environ une trentaine, qui croissent dans l'Amérique méridionale, les Etats-Unis, la Nouvelle-Hollande, ainsi qu'aux îles de France et de Bourbon. Ce sont des Plantes herbacées se plaisant dans les lieux humides et sur le bord des ruisseaux, ayant un port analogue dans presque toutes les espèces, qui se rapproche beaucoup du *Statice armeria*. Leurs feuilles sont linéaires, étroites, réunies en faisceau et toutes radicales. Du centre de cet assemblage de feuilles, qui sont quelquefois fistuleuses, naissent une ou plusieurs hampes simples, nues, terminées par un capitule globuleux de fleurs. Aucune de ces espèces n'est cultivée dans les jardins. Une seule croît en Europe ; c'est l'*Eriocaulon septangulare*, Hooker, *Fl. Scotica*, pag. 179, qui a été trouvée dans le nord de l'Ecosse. Sa tige est striée, plus longue que les feuilles, lesquelles sont comprimées et ensiformes. Le capitule est petit, globuleux et glabre. (A. R.)

ERIOCÉPHALE. *Eriocephalus.*
BOT. PHAN. Genre de la famille des
Synanthérées, Corymbifères de Jussieu et de la Syngénésie nécessaire,
L., établi par Dillen (*Hort. Eltham.*,
132, t. 110) et adopté par Linné et
Jussieu avec les caractères suivans :
capitules radiés, fleurons du centre
en petit nombre, mâles; ceux de la
circonférence au nombre de cinq environ, femelles, en languette courte,
obovale et trifide; écailles de l'involucre disposées sur deux rangs, l'extérieur et l'intérieur également de
cinq entre lesquels est une laine épaisse : akènes laineux non aigrettés ;
paillettes du réceptacle ciliées, lanu-
gineuses. Les caractères assignés à ce
genre par Cassini, qui l'a placé dans
sa tribu des Anthémidées, ne s'accordent pas en tous points avec ceux-ci.
Selon cet auteur, les fleurs du disque
sont nombreuses; les écailles externes
de l'involucre ne sont qu'au nombre
de trois; et il n'y a que trois fleurs à
la circonférence.

L'ERIOCÉPHALE D'AFRIQUE, *Eriocephalus Africanus*, L., est un Arbrisseau
originaire du cap de Bonne-Espérance,
et cultivé en Europe dans les jardins
de botanique, où il exige l'orangerie
pendant l'hiver. Il est rameux, touffu,
à tiges et branches droites et fermes ;
ses feuilles sont nombreuses, étroites et découpées en trois ou cinq petits segmens linéaires et obtus; ses
fleurs blanchâtres ou légèrement purpurines, sont disposées en corymbes.
Planté dans une terre substantielle,
il se multiplie facilement par boutures faites dans le cours de l'été sur
une couche ombragée.

Deux autres espèces, également indigènes du Cap, ont été décrites par
Thunberg (*Prodr.*, p. 168) sous les
nomps d'*Eriocephalus glaber* et *E. ra-
cemosus*.   (G..N.)

ERIOCHILE. *Eriochilus.* BOT. PHAN.
Genre de la famille des Orchidées
et de la Gynandrie Diandrie, établi
par R. Brown (*Prodrom. Flor. Nov.-
Holl.*, p. 325) qui l'a ainsi caractérisé : périanthe bilabié, dont les seg-

mens latéraux extérieurs sont onguiculés et appuyés sur le labelle, les
intérieurs plus petits et dressés; labelle onguiculé, sans appendices ;
disque pubescent non glanduleux ;
gynostème demi-cylindrique, simple au sommet; anthère terminale,
persistante, mutique, à loges rapprochées; masses polliniques au nombre de quatre dans chaque loge. Ce
genre est très-voisin du *Caladenia*
du même auteur. L'espèce sur laquelle il a été constitué croît à la
Nouvelle-Hollande, et a été décrite
et figurée par Labillardière (*Nov.-
Holl.*, 2, p. 61, t. 211) sous le nom
d'*Epipactis cucullata*. R. Brown l'appelle *Eriochilus autumnalis*. C'est une
Plante herbacée bulbeuse, n'ayant
qu'une feuille radicale presque obovale, quelquefois roulée en cornet,
enveloppée à sa base par une gaîne
scarieuse. Sa hampe porte une à trois
fleurs blanches ou légèrement purpurines, dont l'ovaire et le périanthe sont
couverts d'un duvet glanduleux.

(G..N.)

ERIOCHLOA. *Eriochloa.* BOT.
PHAN. Kunth (*in Humb. Nov. Gen.*,
1, p. 95) appelle ainsi un genre nouveau de la famille de Graminées formé aux dépens du genre *Piptatherum*
de Beauvois, et auquel il assigne pour
caractères : des épillets uniflores en-
vironnés à leur base d'un involucre
formé de poils roides et persistans. La
lépicène se compose de deux valves,
dont l'inférieure est allongée et terminée à son sommet par une pointe
roide. La glume est formée de deux
paléoles plus courtes que la lépicène.
La glumelle n'existe pas. Les étamines sont au nombre de trois. L'ovaire
est surmonté de deux styles que terminent deux stigmates en forme de
pinceau. Le fruit est enveloppé dans
les écailles florales.

Ce genre se compose de deux espèces
américaines qui ont leurs épis non
articulés, solitaires ou diversement
groupés, composés d'épillets unilatéraux.   (A. R.)

* **ERIOCHRYSIS.** BOT. PHAN. Gen-

re de la famille des Graminées et de la Triandrie Digynie, L., établi par Palisot-Beauvois (Agrostographie , p. 8) qui l'a ainsi caractérisé : fleurs disposées en panicule resserrée; épillets géminés ou ternés ; valves de la lépicène velues, légèrement obtuses, coriaces, plus longues que les valves des glumes qui sont membraneuses; écailles à trois dents irrégulières ; ovaire globuleux ayant un bec simple et filiforme ; style à deux branches ; stigmates plumeux, aspergilliformes. Ce genre a été fondé sur une Plante assez répandue dans les herbiers de Paris, et que Beauvois a nommée *Eriochrysis Cayanensis*. Cependant elle n'avait été nullement décrite, ni comme genre distinct, ni même comme espèce des genres *Saccharum* et *Andropogon*, dans lesquels Palisot-Beauvois espérait la trouver. En adoptant ce genre, Kunth (*in Humb. et Bonpl. Nov.- Gener. et Spec. Amer.* 1, p. 183) en a modifié les caractères de la manière suivante : les épillets sont ternés et hermaphrodites , celui du milieu sessile, les latéraux pédicellés; les valves des glumes (*paillettes*, Kunth) sont mutiques; les stigmates pénicilliformes ; la caryopse arrondie , aiguë , glabre et libre. L'*Erianthus Cayanensis* a été aussi rencontré près des ruisseaux de l'agréable vallée de Caripe dans la Nouvelle-Andalousie. Ses chaumes y forment des gazons épais; leurs feuilles sont planes et linéaires, et leurs enveloppes florales sont couvertes de poils dorés, d'où le nom générique a tiré son étymologie. (G..N.)

* **ERIOCLINE.** BOT. PHAN. Genre de la famille des Synanthérées, Corymbifères de Jussieu, et de la Syngénésie nécessaire, L., établi par H. Cassini (Bull. de la Soc. Phil., septembre 1818) qui l'a placé dans la tribu des Calendulées, et lui a assigné des caractères que nous exposerons de la manière suivante : calathide radiée; fleurs du disque nombreuses, régulières et mâles ; fleurs de la circonférence sur un seul rang en languette elliptique, et femelles ; involucre for-

mé d'écailles irrégulièrement imbriquées , appliquées, coriaces et foliacées , les intérieures surmontées souvent d'un appendice ; réceptacle convexe , hérissé de poils laineux et capillaires ; ovaires des fleurs marginales réguliers, arrondis et dépourvus d'aigrettes ; ceux du disque extrêmement courts et aussi sans aigrettes. Ce genre , de l'aveu même de son auteur, ne diffère de l'*Osteospermum* , que par la présence des poils laineux au réceptacle. Une si légère différence suffit-elle pour autoriser la distinction de ces genres ? On serait tenté de le nier, si l'on considère que la Plante sur laquelle l'Eriocline a été établi, est, comme tous les Ostéospermes, originaire du cap de Bonne-Espérance, et que les paillettes qui naissent sur le réceptacle ne sont en réalité que des bractéoles qui soustendraient chaque fleur partielle si l'ensemble des fleurs pouvait se développer en corymbe ; leur production est souvent accidentelle ou déterminée par des causes variables, comme, par exemple, la culture. C'est ainsi qu'on avait déplacé le *Chrysanthemum Indicum*, L., parce que les individus cultivés présentaient des réceptacles paléacés, circonstance qui, ne s'étant pas retrouvée dans les individus à fleurs non monstrueuses qu'on a obtenus dans quelques jardins, a fait reconnaître l'erreur. Au reste, l'*Eriocline obovata*, H. Cassini, est un Arbuste cultivé au Jardin des Plantes de Paris, sous le nom d'*Osteospermum spinosum*. Cette Plante est peut-être celle ainsi nommée par Willdenow, mais, selon Cassini, ce n'est pas l'espèce que Linné, Lamarck et d'autres botanistes ont décrite, puisque celle-ci a le réceptacle nu et l'involucre simple. (G..N.)

* **ERIOCOME.** *Eriocoma.* BOT. PHAN. Deux genres très-différens ont été établis sous cette même dénomination par Nuttall et par Kunth. L'un d'eux est décrit dans un ouvrage imprimé à Philadelphie en 1818, l'autre dans le quatrième vo-

lume de la partie botanique du Voyage de Humboldt et Bonpland, qui a paru un peu plus tard. Les botanistes classificateurs décideront quel sera celui qui devra conserver le nom d'*Eriocoma*, et si le genre de Nuttall, qui a l'antériorité, est réellement assez distinct des *Stipa* dont il est un démembrement, pour mériter d'être conservé. Il nous semble, en effet, que si le genre proposé par le botaniste américain n'a pas une grande valeur, il vaut mieux l'effacer de la liste que de changer le nom d'un genre pour lequel on possède une bonne description et une très-belle figure. En attendant, notre devoir se borne à faire connaître ce qui a été proposé dans la science; nous allons donc décrire les deux genres en question l'un à la suite de l'autre.

L'*Eriocoma* de Nuttall (*Genera of North Amer. Plants.* T. i, p. 46) appartient à la famille des Graminées et à la Triandrie Monogynie de Linné. Voici ses caractères essentiels : lépicène uniflore, à deux valves bossues inférieurement et resserrées supérieurement, à trois nervures, et terminées par trois pointes, plus longues que les valves de la glume; celles-ci sont arrondies, coriaces, couvertes d'un duvet soyeux; la valve extérieure terminée par une arête subulée, courte, trigone, caduque; anthères velues; un seul style; deux stigmates velus; caryopse presque sphérique. Nuttall ne mentionne qu'une seule espèce dans ce nouveau genre; c'est le *Stipa membranacea* de Pursh (*Flor. Amer. Sept.*, 2, p. 728), Plante qui croît sur les bords du Missouri. Cette Graminée a des tiges qui atteignent la longueur d'un mètre; ses feuilles sont glabres, allongées et filiformes; ses fleurs sont disposées en une panicule lâche, dichotome et étalée.

Le genre proposé par Kunth (*Nova Genera et Spec. Plant. æquin.* T. iv, in-8°, p. 267), sous le nom d'*Eriocoma*, appartient à la famille des Synanthérées et à la Syngénésie frustranée de Linné. Son auteur l'a placé

dans la tribu des Hélianthées. Il offre pour caractères essentiels : un involucre presque hémisphérique, formé d'environ huit écailles imbriquées; réceptacle planiuscule, garni de paillettes acuminées, ovales, laineuses et enveloppant les fleurons hermaphrodites; fleurons du disque au nombre de quinze environ, tubuleux et hermaphrodites; ceux de la circonférence au nombre de cinq, ligulés et neutres; akènes comprimés, quadrangulaires, lisses, dépourvus d'aigrettes, enveloppés par les paillettes laineuses du réceptacle. Dans les fleurs hermaphrodites, les corolles ont le tube grêle, le limbe à cinq dents ovales, aiguës, ciliées et hérissées de poils épais. Ce genre n'a de rapport qu'avec le *Sclerocarpus*, le *Meyera* ou *Enydra*, et peut-être l'*Espeletia*. L'unique espèce qu'il renferme a été nommée *Eriocoma floribunda*, par Kunth (*loc. cit.*, p. 268 et tab. 396). Elle fleurit en juillet, non loin de la ville de Mexico, dans les lieux arides, élevés de deux mille quatre cents mètres au-dessus de la mer. C'est une Plante herbacée, dont les rameaux très-nombreux sont opposés, anguleux et pubescens; les feuilles opposées, entières, pétiolées, ovales-aiguës et à trois nervures; les fleurs blanches, disposées en corymbes terminaux, très-divisés et garnis de feuilles.   (G..N.)

* **ERIOCYLAX.** bot. phan. Les espèces d'*Aspalathus* qui, en raison de leurs feuilles composées, offrent un port différent des autres, ont été constituées en un genre distinct par Necker (*Elem. Bot.*, vol. 5, 25) qui a en outre signalé des différences dans la forme et la situation de l'étendard des ailes et de la carène, ainsi que dans les autres parties de la fructification.   (G..N.)

ERIODON. *Eriodon.* arachn. Genre de l'ordre des Pulmonaires, famille des Aranéides, tribu des Térritèles, établi par Latreille (Dictionn. d'Hist. Nat., 1re édit. T. xxiv) qui lui assigne pour caractères : palpes insérés à la base latérale et extérieure des mâchoires ; lèvres s'avançant entre elles, en forme de languette conique et tronquée, et présentant un peu au-dessous du milieu de sa hauteur une ligne transverse. Les Eriodons s'éloignent des Mygales par l'insertion des palpes, et avoisinent, sous ce rapport, le genre Atype dont ils diffèrent essentiellement par la forme et la saillie de la languette. Il existe encore quelque différence dans la composition des yeux, qui ne sont pas groupés sur une élévation commune, mais disséminés sur le devant du thorax. Walckenaer (Tableau des Aranéides, p. 8) a établi ce genre sous le nom de Missulène. Il le range parmi les Aranéides Théraphoses, et ne mentionne qu'une espèce désignée par Latreille sous ce nom :

Eriodon herseur, *E. occatorium*, Latr., ou la *Missulena occatoria* de Walckenaer. Son corps, long d'environ un pouce, est noir ; l'extrémité interne de la première pièce des mandibules est munie de trois rangs de pointes qui forment une espèce de herse représentée par Walckenaer (*loc. cit.*, pl. 2, fig. 14). Elle est originaire de la Nouvelle-Hollande d'où l'ont rapportée Péron et Lesueur. (AUD.)

ERIOGONE. *Eriogonum.* BOT. PHAN. Famille naturelle des Polygonées, Ennéandrie Trigynie, T. Genre établi par le professeur Richard (*in Michx. Flor. Bor. Am.*, 1. p. 246), qui lui assigne les caractères suivans : calice subcampanulé, à six divisions profondes, ovales, obtuses, dont trois intérieures sont un peu plus grandes ; neuf étamines à filets capillaires plus longs que le calice, terminés chacun par une anthère ovoïde et courte. Ovaire triangulaire, surmonté par un style très-court, que terminent trois stigmates filiformes et glanduleux. Le fruit est un akène à trois angles aigus, non membraneux, recouvert par le calice.

Michaux n'a décrit qu'une seule espèce de ce genre, *Eriogonum tomen-* *tosum*, Michx. (*loc. cit.* T. XXIV), qui croît dans les bois de Pins et les lieux arides en Caroline et en Géorgie, où elle est désignée sous le nom de Rhubarbe sauvage. Depuis cette époque, Fraser (*Catal.* 1813) en a indiqué une nouvelle qu'il nomme *Eriogonum flavum*, qui est l'*E. sericeum* de Pursh ; ce dernier en a fait connaître une autre, *E. pauciflorum* ou *E. parviflorum* de Nuttall qui, dans ses genres de l'Amérique septentrionale, en mentionne deux autres espèces nouvelles sous les noms d'*Eriogonum parvifolium* et *E. latifolium*.

Ces cinq espèces sont originaires de l'Amérique septentrionale ; ce sont des Plantes herbacées ou sous-frutescentes à leur base, généralement touffues, ayant leurs feuilles alternes, très-tomenteuses, dépourvues de gaînes, caractère fort remarquable dans une Plante de la famille des Polygonées. Les fleurs sortent plusieurs ensemble d'un même involucre qui est comme campanulé. Chaque fleur est articulée avec le pédoncule qui la supporte. (A. R.)

* **ERIOLÈNE.** *Eriolæna.* BOT. PHAN. Le professeur De Candolle, dans son Mémoire sur les Buttnériacées (Mém. Mus. 10, p. 97) vient de publier, sous ce nom, un genre nouveau qu'il place dans cette famille, et auquel il attribue les caractères suivans : son involucre ou calice extérieur se compose de cinq folioles extrêmement tomenteuses et laciniées sur leurs bords, dont trois intérieures sont plus grandes ; calice de cinq sépales allongés, acuminés, tomenteux des deux côtés, présentant deux glandes sur leur face interne et soudés entre eux par leur base ; les pétales sont onguiculés, plus courts que le calice ; les étamines, au nombre de vingt-cinq, sont monadelphes et forment un long tube recouvert depuis la base jusque vers le sommet d'anthères biloculaires ; l'ovaire est globuleux à plusieurs loges, surmonté par un style cylindrique et par plusieurs stigmates

rapprochés les uns contre les autres.

Ce genre, dont on ne connaît pas encore le fruit, se compose d'une seule espèce, *Eriolæna Wallichii*, D. C., *loc. cit.*, t. 5. Elle est originaire de l'Inde. C'est un Arbuste dont les feuilles sont arrondies, échancrées en cœur à leur base qui est munie de sept nervures rayonnantes, terminées en pointe, dentées sur les bords, cotonneuses et réticulées en dessous, pubescentes et d'un vert plus foncé à leur face supérieure, larges de quatre pouces sur cinq de longueur; les fleurs sont portées sur des pédicelles axillaires, longs d'environ trois pouces, droits, hérissés, terminés par une seule fleur assez grande.

(A. R.)

ERIOLITHIS. BOT. PHAN. Un fruit que Gaertner avait reçu sous les noms d'*Aldemonie Totakke* et d'*Almandras de Peru* ne pouvait être rapporté aux fruits connus sous de semblables dénominations. Cet illustre carpologiste crut donc nécessaire de fonder un nouveau genre qu'il nomma *Eriolithis*, et dont il donna pour le fruit les caractères essentiels suivans : noix très-dure, pierreuse (*lapidea*), couverte de poils fort denses, biloculaire et indéhiscente, ou à peine divisible en deux valves; cloison osseuse, mince et contraire aux valves; graines solitaires dans chaque loge, très-grandes, oblongues, planes d'un côté, convexes et en carène de l'autre, offrant dans leur intérieur deux loges séparées par une lame membraneuse. Gaertner n'y mentionne point d'embryon ni d'albumen. Cette description est trop incomplète pour qu'on puisse adopter définitivement le genre proposé par Gaertner. En effet, une graine biloculaire, sans embryon ni albumen, est une anomalie qui exige de plus amples informations. En raison de cette singulière structure, l'auteur (*de Fruct.* T. II, p. 277, t. 140) a nommé le fruit *Eriolithis mirabilis*. (G..N.)

ERIOPHORE. *Eriophorum*. BOT. PHAN. Genre de Plantes monocotylédonées, de la famille naturelle des Cypéracées, offrant les caractères suivans : épillets multiflores, composés d'écailles imbriquées en tous sens; fleurs hermaphrodites, formées de trois étamines, plus rarement de deux ou d'une seule; ovaire comprimé; style simple surmonté de trois, rarement de deux stigmates filiformes et glanduleux, environné d'un très-grand nombre de soies hypogynes, d'abord plus courtes que les écailles, mais s'accroissant rapidement et finissant par dépasser de beaucoup celles-ci, au-dessus desquelles elles pendent en formant une houppe soyeuse; le fruit est un akène comprimé et légèrement triangulaire.

Ce genre est extrêmement facile à reconnaître, à cause de la longueur de ses soies hypogynes. Il se compose d'un assez grand nombre d'espèces qui sont des Plantes herbacées, vivaces, croissant dans les lieux marécageux, en Europe et dans l'Amérique septentrionale. On en a séparé, pour en former un genre particulier sous le nom de *Trichophorum*, les espèces dans lesquelles on n'observe que six soies autour de l'ovaire; telles sont les *Eriophorum Alpinum, Hudsonianum, Scirpus Eriophorum*, etc.

On peut diviser les espèces du genre Eriophore en deux sections; la première comprend celles qui ont les épillets en grand nombre diversement groupés; tels sont : *Eriophorum polystachion*, L.; *E. Vaillantii*, Poit.; *E. gracile*, L.; *E. angustifolium*, L., etc. A la seconde section, qui réunit les espèces portant un seul épillet terminal, appartiennent les *Eriophorum capitatum*, *E. vaginatum*, etc. Ces diverses espèces croissent en France.

(A. R.)

* ERIOPHYLLE. *Eriophyllum*. BOT. PHAN. Genre de la famille des Synanthérées, Corymbifères de Jussieu, et de la Syngénésie superflue, L., établi par Lagasca (*Gen. et Spec. Plant.*, Madrid, 1816) qui l'a ainsi caractérisé : involucre formé de huit à onze écailles disposées sur un seul rang; calathide radiée dont le

disque contient des fleurs hermaphrodites, nombreuses et régulières, et dont
la couronne se compose d'un seul rang
de fleurs femelles et ligulées ; réceptacle nu ; ovaires oblongs, tétragones,
amincis à la base, surmontés d'une
aigrette formée de quatre à cinq paillettes. Quoique Lagasca ait placé le
genre *Eriophyllum* entre le *Pectis* et
le *Tagetes*, la place qu'il doit occuper
dans l'ordre naturel n'est pas bien déterminée aux yeux de Cassini ; il aurait
fallu à ce savant synanthérologiste
une description plus détaillée des organes floraux. Si, comme il le présume, ce genre ne différait que très-
peu de l'*Actinea* de Jussieu, on devrait le placer parmi les Hélianthées,
section des Héléniées. Les deux espèces décrites par Lagasca sont l'*Eriophyllum trollifolium* et l'*E. stœchadi-
folium*, Plantes herbacées qui croissent dans la Nouvelle Espagne.

(G..N.)

ÉRIOPTÈRE. *Erioptera.* INS. Genre de l'ordre des Diptères établi par
Meigen et distingué par ces caractères : tête allongée en avant en forme
de bec ; antennes sétiformes de seize
articles : le premier cylindrique, le
second en cône renversé et les suivans
ovales. Point d'yeux lisses ; palpes recourbés, cylindriques, de quatre articles égaux entre eux ; pates intermédiaires plus courtes que les deux
autres paires ; ailes parallèles à nervures poilues. Les Erioptères ressemblent, sous plusieurs rapports, aux
genres Tipule, Némocère et Aniso-
mène. Ils avoisinent les Cténophores
et les Limnobies ; mais ils s'en distinguent essentiellement par les nervures de leurs ailes poilues et par quelques autres caractères. Meigen (Descr.
syst. des Diptères d'Europe, T. 1, p.
108) décrit seize espèces, parmi lesquelles nous citerons : l'*Erioptera flavescens*, Fabr., ou la Tipule jaune
aux yeux noirs de Geoffroy (Hist. des
Ins. T. II, p. 557, n° 7) qui en donne
la description suivante : tout son
corps est jaune, à l'exception des yeux
qui sont noirs. Les ailes ont aussi une
petite teinte de jaune et n'ont pas de

point marginal, du moins bien marqué, mais seulement un endroit un
peu plus jaune proche leur bord extérieur. Ses pates sont fort longues.
Elle varie un peu pour la grandeur.

L'*Erioptera atra*, Meig., a été décrite par Fabricius (*Syst. Antl.*, p. 35),
sous le nom de *Tipula Erioptera*. Latreille en fait une Limonie. *V*. ce
mot. (AUD.)

ERIOSPERME. *Eriospermum.*
BOT. PHAN. Genre de la famille des
Asphodélées et de l'Hexandrie Monogynie, L., établi par Jacquin (*Icon.
rar.* T. II, et *Collect. suppl.*, 73), qui
l'a ainsi caractérisé : périgone à six
divisions, campanulé, persistant : filets des étamines dilatés à la base ; un
style ; une capsule triloculaire ; semences enveloppées d'un duvet lanugineux. Linné, en confondant ce
genre avec l'*Ornithogalum*, avait
nommé une de ses espèces *O. Capense*.
Les autres Plantes ont été décrites et
figurées par Jacquin, sous les noms
d'*E. lanuginosum* (*Hort. Schœnbr.*,
3, tab. 264) ; *E. pubescens* (*loc. cit.*,
tab. 265) ; *E. parvifolium* (*Icon. rar.*,
2, tab. 421) ; *E. lanceolatum* (*loc. cit.*,
2, tab. 821) ; enfin l'*Ornithogalum
Capense*, L., a reçu le nouveau nom
d'*Eriospermum latifolium*, Jacq. (*Icon.
rar.*, 2, tab. 420). Toutes ces Plantes
sont originaires du cap de Bonne-
Espérance. (G..N.)

ERIOSTÈME. *Eriostemon.* BOT.
PHAN. Genre la famille des Rutacées.
Son calice présente cinq divisions profondes, avec lesquelles alternent autant
de pétales beaucoup plus longs. Les
étamines, au nombre de dix, ont des
filets élargis et aplatis, ciliés sur leurs
bords et terminés supérieurement par
un léger renflement, d'où part un appendice grêle auquel est suspendue
par son dos l'anthère, surmontée elle-
même d'une petite languette. L'ovaire, soutenu sur un disque assez court,
présente cinq loges réunies entre elles
par leurs bases, libres du reste, et
entre lesquelles s'enfonce le style
droit et terminé par un stigmate quin-

quélobé à peine sensible. Chacune de ces loges devient une capsule dont la structure est celle qu'on observe dans la plupart des genres de cette famille, le Diosma, par exemple; elle contient deux ovules, dont un avorte quelquefois. Ce genre renferme plusieurs espèces, les unes déjà décrites, les autres inédites encore. Toutes sont originaires de la Nouvelle-Hollande. Ce sont des Arbres ou des Arbrisseaux à feuilles alternes et simples ; à fleurs portées sur des pédoncules axillaires que garnissent des bractées imbriquées. Les diverses parties sont ordinairement parsemées de points glanduleux et de poils étoilés.   (A. D. J.)

ERIOSTOMUM. BOT. PHAN. Dans leur Flore du Portugal, Hoffmanseg et Link ont séparé des *Stachys* les *S. Germanica* et *S. Lusitanica*, pour en constituer le nouveau genre qu'ils ont nommé *Eriostomum*, et qui n'a pas été adopté, vu l'insuffisance des caractères et la grande affinité de port de ces Plantes avec les autres *Stachys*. *V.* STACHIDE.   (G..N.)

ERIOTHRIX. INS. Genre établi par Meigen dans ses premiers ouvrages, et qui correspond au genre Échynomye. *V.* ce mot.   (AUD.)

ERIOTRIX. BOT. PHAN. Genre de la famille des Synanthérées, Corymbifères de Jussieu, et de la Syngénésie égale, L., établi par Cassini (Bull. de la Soc. Philom., février 1817) aux dépens des *Conyza* de Lamarck, et qu'il a ainsi caractérisé : involucre subhémisphérique et formé d'écailles nombreuses, appliquées, coriaces, spinescentes et entourées d'une sorte de bourre laineuse ; calathide globuleuse, sans rayons, composée de fleurons nombreux, égaux et hermaphrodites ; réceptacle nu ; ovaires cylindracés, cannelés, surmontés d'aigrettes plus longues que la corolle et formées de fils soyeux, flexueux et contournés. Cassini ajoute que les étamines des fleurs marginales avortent souvent et que les deux bourrelets stigmatiques sont confondus en une seule masse sur les branches du style.

Une seule espèce compose ce genre ; c'est l'*Eriotrix juniperifolia*, Cass., *Conyza lycopodioides*, Lamk., *Baccharis lycopodioides*, Pers., Plante qui croît à Mascareigne où Bory de Saint-Vincent n'a commencé à la rencontrer qu'à la Plaine des Caffres, c'est-à-dire vers six cents toises d'élévation. C'est un très-petit Arbuste, à tige droite, très-ramifiée, et couverte de feuilles imbriquées, appliquées, sessiles, coriaces et luisantes. Ses fleurs sont jaunes et solitaires à l'extrémité des rameaux. Le port de cette Plante est analogue à celui du *Lycopodium Selago*; d'où le nom spécifique que lui a imposé Lamarck.   (G..N.)

ERIOX. POIS. Espèce du genre Saumon. *V.* ce mot.   (B)

ERIPHIE. *Eriphia*. CRUST. Genre de l'ordre des Décapodes, famille des Brachyures, tribu des Quadrilatères (Règn. Anim. de Cuv.), établi par Latreille qui lui donne pour caractères : test presque en forme de cœur tronqué postérieurement ; yeux écartés ; pieds-mâchoires extérieurs fermant la bouche, sans vide entre eux ; antennes extérieures assez longues, distantes de l'origine des pédicules oculaires, et insérées près du bord antérieur du test ; les intermédiaires entièrement découvertes.

Les Eriphies ressemblent aux Potamophiles par la forme de leur carapace et de leurs pieds-mâchoires extérieurs ; mais ils en diffèrent essentiellement par le rapprochement de ces mêmes pieds-mâchoires et par l'insertion des antennes. Ces Crustacés ont un front moins incliné que dans les autres genres de la tribu des Quadrilatères ; leurs serres sont grosses et inégales ; leurs pates médiocrement fortes, légèrement comprimées, hérissées de poils roides et terminées par des ongles striés, presque droits ; enfin leurs yeux sont portés sur des pédoncules courts logés dans une fossette.

On peut considérer comme type du genre l'ERIPHIE FRONT ÉPINEUX,

E. spinifrons ou le *Cancer spinifrons* de Fabricius et le Crustacé *Pagure* d'Aldrovande (p. 189), figuré par Herbst (Crust., tab. 11, fig. 65). La carapace est lisse, sa partie antérieure et ses côtés sont hérissés de pointes, ainsi que les serres qui sont inégales, grosses avec les doigts noirs. Il se trouve sur les côtes de France.

Une espèce originaire du Brésil et assez semblable à celle de notre pays, a été rapportée des mers du Brésil par l'aide-naturaliste Delalande.

Latreille place dans le genre Eriphie, d'après l'inspection des figures, le *Cancer rufo-punctatus*, le *C. Cymodoce* et le *C. tridens* de Herbst. (AUD.)

ERIPHIE. *Eriphia.* BOT. PHAN. Dans l'Histoire des Plantes de la Jamaïque, Patrick Browne a ainsi nommé un genre dont Jussieu n'a pas fixé la place dans l'ordre naturel quoiqu'il ait indiqué ses affinités avec la famille des Scrophularinées, et en particulier avec l'*Achimenes.* Il appartient d'ailleurs à la Didynamie Angiospermie, L., et ses caractères sont : calice ventru, à cinq dents; corolle tubuleuse, élargie vers son entrée, et dont le limbe est petit et à cinq lobes; quatre étamines insérées sur les pétales, à filets connivens, arqués, et à anthères agglutinées; une cinquième étamine rudimentaire; ovaire unique, supère; un seul style et un stigmate bifide; baie couverte et couronnée par le calice, globuleuse, marquée d'une ligne de chaque côté, uniloculaire, polysperme; graines très-petites, fixées à un placenta central.

La Plante sur laquelle ce genre a été établi, est herbacée, à feuilles opposées, et à fleurs axillaires et groupées. (G..N.)

*ERIPHION. BOT. PHAN. (Apulée.) Syn. de *Corydalis bulbosa.* *V.* CORYDALIDE. (B.)

ERISIMUM. BOT. PHAN. Pour *Erysimum.* *V.* ce mot.

ERISITHALES. BOT. PHAN. Ce nom par lequel Daléchamp désignait

une Plante du genre *Cnicus* de Linné, a été adopté comme spécifique par ce dernier pour le même Végétal qui est maintenant un Cirse. (B.)

* ERISMA. BOT. PHAN. Sous ce nom, E. Rudge (*Plant. rar. Guianæ Icon. et Descrip.*, p. 7, tab. 1) a établi un genre nouveau de la Monandrie Monogynie, pour lequel il a donné une description très-détaillée. Rœmer et Schultes d'un côté, Sprengel de l'autre, en l'adoptant de confiance, ont changé son nom, les premiers en celui de *Debræa*, et le dernier en celui de *Dittmaria*. La botanique s'est donc vue surchargée de deux nouveaux noms d'autant plus inutiles que le genre de Rudge n'était pas du tout nouveau. Il suffisait de comparer les descriptions et la figure données par cet auteur avec celles du *Qualea* d'Aublet (Plant. de la Guiane, p. 5 et 7, t. 1 et 2) pour se convaincre de leur parfaite identité. Rudge signale, il est vrai, comme infère l'ovaire de son *Erisma*, mais il est facile de voir, par la figure elle-même, que cette erreur provient de ce qu'il n'a pas assez bien observé les organes floraux, ou que les échantillons de sa Plante recueillis par notre compatriote Martin, et capturés par les Anglais, n'avaient que des fleurs trop peu développées. *V.* QUALEA. (G..N.)

ERISTALE. *Eristalis.* INS. Genre de l'ordre des Diptères, établi par Fabricius aux dépens des Syrphes et rangé par Latreille (Règn. Anim. de Cuv.) dans la famille des Athéricères, tribu des Syrphies. Ses caractères sont : une petite éminence sur le museau; ailes écartées; antennes presque contiguës à leur base, plus courtes que la tête, avec le troisième article de la palette aussi large et même plus large que long, et dont la soie, ordinairement simple, est insérée au-dessus de la jointure de cet article. Ces Insectes ont le corps très-velu et ressemblent souvent aux Bourdons avec lesquels il est aisé de les confondre au premier aspect. Les poils sont nombreux, serrés et diversement colorés. On ne connaît encore qu'un petit nombre d'espèces ; celles que Fabricius a décrites n'appartiennent pas toutes à ce genre.

L'Eristale du Narcisse, *E. Narcissi*, Fabr., peut être considéré comme le type du genre; il a été figuré par Panzer (*Faun. Ins. Germ. fasc.* 59, tab. 13, fem.). Réaumur (*Mém.* T. iv, p. 499 et pl. 34) a décrit et figuré la larve de cette espèce. Elle habite l'intérieur des oignons de Narcisse, et ceux qui en sont atteints sont aisés à reconnaître : d'abord ils sont mous, parce que l'intérieur en est comme pourri, et ils présentent en outre un trou rond par lequel la larve, encore très-petite, a pénétré dans son intérieur. Le corps de celle-ci est mou, et lorsqu'on l'examine à la loupe, il paraît recouvert en certains endroits de poils clair-semés, et les rides des anneaux paraissent chagrinées. La bouche, située à l'extrémité antérieure, se compose de deux crochets écailleux terminés en une pointe fine tournée du côté du ventre, et parallèles l'un à l'autre; leur usage n'est pas seulement de détacher la substance de l'oignon ; la larve s'en sert aussi à se tirer en avant. Au-dessus de chaque crochet est un appendice charnu dont le bout est fendu ; ce bout ressemble à deux mamelons susceptibles de s'écarter plus ou moins l'un de l'autre ; un peu plus loin et un peu plus bas que ces sortes de cornes, il y a de chaque côté une petite tache noire et luisante sur la nature de laquelle Réaumur est incertain, mais qu'il suppose être deux stigmates antérieurs. Les stigmates postérieurs sont situés à l'extrémité d'une sorte de tubercule brun ou presque noir que la larve tient souvent caché entre les plis de ses anneaux comme dans une espèce de bourse ; ce tubercule que Réaumur compare à un barillet, présente deux petites cavités dont le contour est circulaire et au centre de chacune desquelles est un petit grain noir ; c'est là que sont réunis les stigmates. On

voit au-dessus du tubercule deux appendices charnus ou deux mamelons entre lesquels est situé l'anus. La peau de la larve se durcit lorsqu'elle doit se métamorphoser en nymphe, et elle offre une particularité remarquable qui n'est pas sans exemple : la partie supérieure présente deux cornes. Réaumur, ayant retiré des nymphes de leur enveloppe, a vu que chaque corne avait à son origine une petite vessie posée sur le corselet, et qui communiquait sans doute à des stigmates afin de leur fournir de l'air. La larve se transforme dans l'intérieur ou hors des oignons. L'Insecte parfait éclot après avoir passé l'hiver, et seulement au commencement et à la fin d'avril. On le trouve aux environs de Paris.

L'Eristale Bourdon, *E. fuciformis*, Fabr., a été figuré par Antoine Coquebert (*Illustr. Icon. Insect. dec.* 3, tab. 25, fig. 14, fem.). Il se rencontre aussi aux environs de Paris sur les troncs d'Arbres. *V.*, pour les autres espèces, Latreille (*Gen. Crust. et Ins.* T. iv, p. 323). (AUD.)

* **ERISTALE.** min. La Pierre désignée par Pline sous ce nom, et que ce compilateur dit être blanche ou rougeâtre selon l'inclinaison qu'on lui donne, pourrait être le Girasol. *V.* ce mot. (B.)

ERITHACUS. ois. Nom scientifique du Rouge-Queue, emprunté par Linné du grec *Erithakos*, qui désignait le Rouge-Gorge. (B.)

ÉRITHALE. bot. phan. Pour Erithalide. *V.* ce mot.

ÉRITHALIDE. *Erithalis.* bot. phan. Genre de la famille des Rubiacées et de la Pentandrie Monogynie, L., établi par P. Browne (Histoire des Plantes de la Jamaïque), adopté et modifié par Jacquin, Swartz et Jussieu, qui l'ont ainsi caractérisé : calice très-petit, à cinq dents (urcéolé et à dix dents, selon Swartz); corolle dont le tube est court, et le limbe à cinq divisions recourbées ; cinq étamines (cinq à dix, d'après Swartz) saillantes ; stigmate aigu ; baie pisiforme , couronnée par le calice , marquée de dix stries , à dix loges dont chacune est monosperme, selon Gaertner, mais , ce qui est plus vraisemblable, polyspermes, d'après Swartz. Ce genre offre des variations dans le nombre de ses parties : ainsi , Jacquin assure que plusieurs fleurs sont hexandres et ont la corolle à six divisions. L'*Erithalis*, eu égard à cette circonstance, se rapproche beaucoup du *Psathura* , auquel il ressemble extrêmement par le port. L'espèce qui a servi de type, et dont Plumier a le premier donné une figure (*Icones*, tab. 249, f. 2), habite les bois des Antilles, principalement à la Jamaïque et à la Martinique. On la connaît dans ces îles sous le nom vulgaire de *Bois de Chandelle*, et Linné l'a nommée *E. fruticosa*. C'est un Arbrisseau rameux, de quatre à cinq mètres de hauteur, à feuilles ovales, mucronées, luisantes, et à fleurs disposées en corymbes terminaux et axillaires. Schultes (*System. Veget.* T. **v**) a élevé au rang d'espèces les deux variétés décrites par Jacquin, et leur a imposé les noms spécifiques d'*E. odorifera* et d'*E. inodora*. Quant aux autres espèces d'*Erithalis* mentionnées par les auteurs, il est fort douteux qu'elles appartiennent au même genre. Ainsi , l'*E. cymosa* , Forst., ou *E. polygama* , Willd. , est une Plante qui a des fleurs mâles mêlées à des hermaphrodites et dont celles-ci sont exactement semblables , selon Sprengel, à celles d'un *Lonicera*. Cet auteur a distingué de celle-ci une Plante que d'autres botanistes ne regardaient que comme une simple variété, et il lui a donné le nom d'*E. Timon*. Dans le Supplément de l'Encyclopédie, Poiret en avait déjà fait son *E. angustifolia*. Ainsi que la précédente, elle croît à Amboine et dans les îles de la mer du Sud.   (G..N.)

ERITHRÉE. BOT. PHAN. Pour Erythrée. *V.* ce mot.   (B.)

ERIX. *Erix.* REPT. OPH. Et non *Eryx.* Genre établi par Daudin,

adopté comme un simple sous-genre de Boa par Cuvier, qui l'a par conséquent placé dans la famille des vrais Serpens, de la division de ceux qui ne sont point armés de crochets venimeux ; appartenant à la famille des Constricteurs d'Oppel , et rangé par Duméril dans celle des Hétérodermes. Ses caractères sont : queue très-courte, obtuse, garnie d'un simple rang de plaques et sans grelots , avec des plaques étroites sous le corps ; langue courte, épaisse et échancrée ; lèvres simples ; mâchoires dilatables ; anus sans ergots. Les Erix sont de petits Serpens qui ont non-seulement l'aspect, mais encore les habitudes des Orvets ; aussi n'était-il pas naturel , ainsi que nous l'avons fait observer à l'article BOA , de les laisser confondus parmi les plus puissans des Ophidiens. Ils ont les dents si petites que plusieurs espèces paraissent en manquer. Ils vivent d'Insectes et se tiennent communément sous l'herbe ou dans le sable. On en connaît plusieurs espèces dont les principales sont :

Le JAVELOT, *Erix Jaculus*, Daud., *Anguis Jaculus* , L. , Gmel. , *Syst. Nat.*, XIII , *pars* 3 , p. 1120 ; le Trait, Encycl. Serp. p. 63 (sans figure). C'est en Égypte que Hasselquitz a découvert cette espèce, qui n'est pas plus grosse que le petit doigt et qui ne dépasse pas quatorze pouces de longueur. Sa couleur est noirâtre en dessus avec de petites taches nombreuses, irrégulières et blanches , ainsi que le dessous du corps. S. 182, E. 23.

Le TURC, *Erix Turcicus*, Daud., Boa Turc, Oliv., Voy., pl. 16. Ce Serpent, découvert par Olivier dans une île de l'Archipel , serait le même que le précédent , selon Duméril. Cependant la description qui nous en est donnée présente de grandes différences. Le Turc atteint jusqu'à quinze pouces de longueur ; sa teinte générale est d'un gris jaunâtre nuagé de brun.

Le MILIAIRE , *Erix Miliaris*, Daud. , *Anguis Miliaris*, L. , Gmel., *Syst. Nat.*, XII, 1, *pars* 3 , p. 1120. Ce

Serpent a été découvert par Pallas sur les bords de la mer Caspienne. Il n'a guère que quatorze pouces de longueur totale. Ses couleurs sont tristes, mélangées de gris, de blanc et de brunâtre. On ne sait trop pourquoi quelques auteurs l'ont regardé comme une variété de l'*Anguis Meleagris*, L., qui est un Acontias. *V*. ce mot. S. 170, E. 32.

Le B RAMINE, *Erix Braminus*, Daud. Cet Erix est sans doute le plus petit de tous, son corps n'excédant pas la grosseur d'une plume de Cygne, et sa longueur six pouces. Sa couleur, qui peut-être se dénature dans l'esprit-de-vin, est, sur l'individu décrit, du blanc le plus pur parsemé de milliers de très-petits points noirs. On ne sait trop à quelle raison attribuer la crainte qu'inspire dans l'Inde où on le trouve le Bramine innocent et si faible.

Daudin rapporte encore au genre Erix les *Anguis Gronovianus* et *melanosticus* de Schneider, ainsi que les *Anguis colubrinus*, *striatus*, *Clivicus* et *Cerastes* de Linné. Le *Clivicus*, qu'on dit se trouver à Clèves, est un double emploi de l'Orvet commun, ce dont nous nous sommes convaincus sur les lieux, ainsi qu'à Aix-la-Chapelle. Le *Cerastes* n'est pas une espèce plus réelle; Hasselquitz fit connaître sous ce nom probablement un *Erix Jaculus* auquel on avait implanté dans la tête des ongles d'Oiseaux, comme cela se pratique assez fréquemment en Orient, où ces sortes de greffes réussissent ainsi que celles qui s'opèrent sur la tête incisée des Coqs, quand on y introduit leurs ergots dans la grande jeunesse de l'Animal. (B.)

* ERLE. ois. Syn. de Bergeronnette. *V*. ce mot. (DR..Z.)

ERMELLINUS. BOT. PHAN. (Césalpin.) Syn. de *Diospyros Lotus*. *V*. PLAQUEMINIER. (B.)

ERMINE ou HERMINE. MAM. Espèce du genre Marte. *V*. ce mot. (B.)

ERMION. BOT. PHAN. (Dioscoride.) Syn. d'*Eryngium*. *V*. PANICAUT. (B.)

* ERNDÉLIE. *Erndelia*. BOT. PHAN. Sous ce nom, Necker (*Elem. Botan*., 2, p. 235) a séparé du genre *Passiflora* de Linné des espèces dont la couronne intérieure n'est pas composée de plusieurs segmens linéaires. Ce genre n'a pas été adopté. (G..N.)

*ERNITRINGIA. BOT. PHAN. *V*. EPHIELIS.

ERNODÉE. *Ernodea*. BOT. PHAN. Genre de la famille des Rubiacées et de la Tétrandrie Monogynie, L., établi par Swartz (*Flor. Ind. occid*. T. I, p. 225) qui l'a ainsi caractérisé : calice dont le limbe est à quatre divisions; corolle tubuleuse profondément quadrifide, à segmens étroits; quatre étamines insérées vers la base du tube, à anthères sagittées; stigmate émarginé; baie pisiforme, biloculaire, couronnée par le limbe calicinal; une graine hémisphérique dans chaque loge. Les Plantes de ce genre sont des sous-Arbrisseaux étalés sur la terre ou rampans sur les rochers; leurs feuilles sont opposées, marquées de nervures, ramassées en paquets vers le sommet de la tige; les fleurs, axillaires à l'extrémité des ramuscules, sont sessiles ou pédonculées; plusieurs sont mâles par suite d'avortement. Swartz assure que le *Knoxia* de Browne (*Jamaïc*., p. 140) est congénère de l'*Ernodea*. La Plante, type de ce genre, est l'*Ernodea littoralis* de Swartz (*loc. cit*., t. 41) et de Gaertner fils (*Carpolog*., t. 196). Sloane l'a figurée sous le nom de *Thymelæa humilior*, etc. Elle croît à la Jamaïque, à Porto-Ricco et probablement dans une grande partie de l'Amérique équinoxiale. L'*Ernodea montana*, décrite dans la *Flora Græca* de Sibthorp, est l'*Asperula Calabrica*, L. et l'Hérit. (*Stirp. nov*., t. 32) ou bien la *Sherardia fœtidissima* de Cyrillo (*Charact*., p. 69, t. 3, f. 7). Cette Plante croît dans les îles de la Grèce et en Barbarie où elle a été observée par le professeur Desfontaines. La différence de patrie de cette espèce indique assez qu'elle n'appartient point au genre *Ernodea*.   (G..N.)

ERNOTE ou **JARNOTE**. BOT. PHAN. Noms vulgaires du *Bunium Bulbocastanum. V.* BUNIUM.   (B.)

* **EROBATOS**. BOT. PHAN. Troisième section établie par De Candolle (*Prodr.* T. I, p. 49) dans le genre Nielle. *V.* ce mot. Elle contient les *Nigella Damascena* et *coarctata*.   (B.)

ERODENDRUM. BOT. PHAN. Dans le *Paradisus Londinensis*, Salisbury a constitué, aux dépens des *Protea* de Linné, un nouveau genre qu'il a nommé *Erodendrum*, et auquel il a assigné les caractères essentiels suivans : périgone (*corolle*, Salisbury) à deux lèvres dont l'une est plus étroite que l'autre ; péricarpe fusiforme, couvert de poils sur toute sa superficie ; stigmate cylindracé, obtus. L'espèce que Salisbury a figurée sous le nom d'*Erodendrum ample.ricaule* (*loc. cit.*, nº 67), avec tous les détails de l'analyse florale, est un Arbrisseau originaire des montagnes du pays des Hottentots, très-remarquable par la beauté et la vivacité des couleurs de ses fleurs, lesquelles sont très-nombreuses et rassemblées en capitules.

Le genre *Erodendrum* n'est pas admis par R. Brown qui, dans un travail postérieur à celui de Salisbury (*Transact. of Linn. Societ.* T. **x**, p. 95), l'a réuni aux *Protea* de Linné. Cet auteur a néanmoins formé, dans la famille des Protéacées, un grand nombre de groupes semblables ou presque semblables à ceux indiqués par Salisbury ; en sorte que si le genre proposé par celui-ci eût paru distinct des *Protea* aux yeux de Robert Brown, il n'eût pas hésité de l'en séparer. *V.* PROTÉACÉES et PROTEA.

                    (G..N.)

ERODIE. *Erodius*. INS. Genre de l'ordre des Coléoptères, section des Hétéromères, famille des Mélasomes, établi par Fabricius, et dont les caractères sont : palpes maxillaires filiformes, ou à peine plus gros vers leur extrémité et terminés par un article presque cylindrique. Dixième article des antennes renflé en forme de bouton et recevant le dernier qui est très-court ; menton large et recouvrant la base des mâchoires ; jambes antérieures dentées au côté extérieur.

On avait confondu avec les Erodies des Insectes ayant la même forme, mais dont les antennes grossissent insensiblement, et ont le dernier article très-distinct, plus grand que le précédent et ovoïde : leurs jambes antérieures n'ont point de dentelures ; ce sont les *Zophoses* de Latreille. *V.* ce mot.

Les Erodies ont le corps presque rond, ou en ovale court : ils n'ont point d'ailes, et leurs étuis sont soudés l'un avec l'autre et incapables de s'ouvrir. Tous les Insectes rapportés jusqu'ici à ce genre sont étrangers à la France et n'habitent que les pays extrêmement chauds où ils courent sur le sable brûlant. On ignore leur métamorphose, mais il est très-probable qu'ils se développent comme les Pimélies. L'espèce d'Europe est l'ERODIE BOSSU, *É. gibbus* (Fabr., Oliv., Col. T. III, n. 63, pl. 1, fig 3). Il se trouve en Espagne, aux environs de Madrid, où il est commun. Dejean (Catal. des Coléopt., p. 53) en mentionne cinq espèces.   (G.)

ERODIER. *Erodium*. BOT. PHAN. L'Héritier, divisant en trois genres principaux, le genre *Geranium*, si nombreux en espèces, a réuni sous le nom d'*Erodium*, toutes celles qui ont les fleurs régulières, dix étamines monadelphes par leur base, mais dont cinq seulement sont munies d'anthères. Le fruit se compose de cinq coques monospermes, surmontées chacune d'une arête barbue sur sa face interne. Ce genre, ainsi limité, se compose encore d'environ une soixantaine d'espèces presque toutes herbacées et en grande partie originaires de l'Europe méridionale et de l'Orient. Parmi les espèces indigènes de la France, on compte les *Erodium cicutarium, E. malachoides, E. moschatum, E. pœtreum, E. cico-*

nium, *E. romanum*, etc. *V.* Géra-
nion.   (A. R.)

ERODONE. *Erodona*. MOLL. Genre
établi par Daudin pour deux Coquilles que Favanne possédait dans sa
collection. Ne connaissant ces Coquilles que par la description et les
figures de Bosc et du Buffon de Sonnini, il est assez difficile de les juger;
cependant comme Roissy a admis ce
genre, et que ce savant n'en a décrit
que de certains, il est bien à présumer qu'il le connaissait assez pour le
placer dans la série. Lamarck, néanmoins, ainsi que Cuvier, n'en firent
point mention. Férussac (Tableaux
systématiques des Mollusques) repla-
ça ce genre avec les Myes dont il ne
diffère réellement point d'une manière très-sensible ; seulement il paraît,
comme l'indique son nom, que la
dent cardinale est comme rongée, et
que les valves sont inégales, ce qui
les rapprocherait des Corbulées. *V.*
Myaires et Myes.   (D..H.)

* ERODORE. *Erodorus*. INS. Dénomination assignée à un genre de
l'ordre des Hyménoptères, section
des Térébrans, par Walckenaer
(Faun. Paris. T. II, p. 47), et correspondant au genre Proctotrupe de Latreille. *V.* ce mot.   (AUD.)

EROLIE. OIS. *V.* Falcinelle.

* EROORO. OIS. Espèce du genre
Martin-Pêcheur. *V.* Martin-Pêcheur.   (DR. Z.)

* EROPHILE. *Erophila*. BOT. PHAN.
Genre de la famille des Crucifères et
de la Tétradynamie siliculeuse, L.,
établi nouvellement par De Candolle
(*Syst. Veget. nat.* 2, p. 356) qui l'a
ainsi caractérisé : calice dont les divisions sont égales et un peu étalées;
pétales bipartis ; étamines libres,
non dentées ; silicule ovale ou oblongue, à cloison membraneuse, à valves planiuscules, et portant un stigmate sessile ; graines petites, non
bordées, nombreuses, formant deux
rangs dans chaque loge; cotylédons
planes, accombans. Ce genre a été
formé aux dépens des *Draba* de Linné, dont il ne diffère que par ses pé-

tales, qui, au lieu d'être entiers,
sont, au contraire, fendus jusqu'au-
dessous de leur milieu. Cette distinction générique, si faible en apparence, est suffisante dans une famille aussi naturelle que celle des
Crucifères, car d'autres genres établis
par De Candolle ont des notes essentielles semblables ou d'égale valeur ;
tel est le *Berteroa*. Dillen avait formé
de celui-ci réuni à l'*Erophila*, son
genre Draba ; mais les *Berteroa* ont
trop de rapports avec les *Alyssum*,
pour être placés parmi les *Draba*, et
réciproquement les *Erophila* sont si
peu différens de ceux-ci, qu'il ne
convient aucunement de les en distraire pour les joindre à un groupe
si voisin des *Alyssum*.

Les Erophiles sont de petites Plantes annuelles, printanières, à feuilles
ovales ou oblongues, et formant des
rosettes vers le collet. Leurs fleurs
sont exiguës, blanches, portées au
sommet de hampes droites, et sur
des pédicelles sans bractées. Les poils
de leurs feuilles sont en petit nombre, simples ou rameux. Parmi les
cinq espèces décrites par l'auteur du
genre, nous citerons l'*Erophila vulgaris*, D. C., ou *Draba verna*,
L., petite Plante qui naît au premier
printemps sur les murs et dans les
pâturages arides de toute l'Europe.
Elle est quelquefois si abondante en
certains lieux, que les masses de
ses petites fleurs blanches simulent
de légères couches de neige. Elle varie considérablement quant aux dimensions, et ses feuilles présentent
aussi de grandes différences de formes ; elles sont entières ou tridentées,
oblongues ou lancéolées.   (G..N.)

EROTEE. *Eroteum*. BOT. PHAN.
Le genre ainsi nommé par Swartz est
le même que celui qu'il a appelé plus
tard *Freziera*, nom généralement
adopté aujourd'hui. *V.* Fréziérie.

                             (A. R.)

EROTYLE. *Erotylus*. INS. Genre
de l'ordre des Coléoptères, section
des Tétramères, famille des Clavipalpes, établi par Fabricius, et adopté
par tous les entomologistes. Ses

caractères sont : antennes terminées par une massue oblongue et perfoliée, et ayant les articles intermédiaires presque cylindriques ; dernier article des palpes maxillaires transversal, presque en forme de hache ; division intérieure et cornée de leurs mâchoires terminée par deux dents ; pénultième article des tarses bilobé. Ces Insectes ont le corps ovale ou hémisphérique, bombé, et ressemblent aux Chrysomèles et aux Coccinelles avec lesquelles on les avait confondus, mais ils diffèrent des premières par leurs antennes terminées en massue et leurs mâchoires munies au côté interne d'une ou de deux dents cornées, et des dernières par le nombre des articles des tarses. Les Erotyles sont propres à l'Amérique méridionale et se trouvent sur les fleurs et sur les feuilles. Latreille pense que leurs larves doivent avoir de la conformité avec celles des Triplax et des Tritomes ; mais comme peu de voyageurs se sont occupés de l'entomologie en vrais naturalistes, c'est-à-dire en cherchant à connaître les mœurs et les métamorphoses des Insectes qu'ils recueillaient, l'histoire des Erotyles, comme celle de beaucoup d'autres Insectes des mêmes contrées, est réduite à la connaissance des individus dans leur dernier état.

Fabricius a formé, aux dépens des Erotyles, un petit genre qu'il nomme Ægithe, *Ægithus*. Ce genre n'ayant pour caractères que la forme plus ronde et presque hémisphérique du corps de quelques espèces, n'a pas été adopté.

Dejean (Catal. des Col., p. 126) mentionne vingt-sept espèces d'Erotyles. Les principales sont :

L'EROTYLE GÉANT, *E. giganteus* (Fabr., Oliv., Col. T. v, n° 89, pl. 1, f. 5), qui vient du même pays que le suivant.

Et l'EROTYLE SURINAMOIS, *E. Surinamensis*, Oliv., *ibid.*, pl. 1, fig. 9 ; *Ægithus Surinamensis*, Fabr., dont le corps est hémisphérique, noir, avec les étuis et l'abdomen rouge. Ces deux espèces se trouvent à Cayenne et à Surinam. (G.)

EROTYLÈNES. *Erotylenæ.* INS. Famille d'Insectes Coléoptères de la section des Tétramères, comprenant les genres EROTYLE, TRIPLAX, LANGURIE et PHALACRE, *V.* ces mots, et correspondant à la famille des Clavipalpes du Règne Animal par Cuvier. (G.)

† EROTYLOS. POLYP. Mercati (p. 314) a donné ce nom à une Méandrine. (LAM..X.)

ERPÉTOLOGIE. *Erpetologia.* ZOOL. Et non *Herpétologie.* Branche de l'histoire naturelle dont l'étude des Reptiles est le but, et qui donne les moyens de reconnaître ceux-ci à l'aide des méthodes ou des systèmes qui ont été imaginés jusqu'à ce jour. L'exposé de tels systèmes doit seul former le sujet de cet article ; nous renverrons au mot REPTILE pour ce qui concerne l'organisation et les mœurs des Animaux dont s'occupe l'erpétologiste. — Long-temps confondue avec le reste de la zoologie, lorsqu'on ne voyait dans la connaissance de la nature qu'une seule science, l'Erpétologie n'avait même pas de nom ; mais à mesure que les espèces, qui sont des faits dans l'histoire de la création, se sont multipliées, il a fallu multiplier les divisions pour ranger, s'il est permis de s'exprimer ainsi, chacune de ces espèces dans des cases où la mémoire les pût retrouver afin de les soumettre à la comparaison ; alors chaque grande division est devenue comme une science à part. Dans cet ensemble que le génie des Aristote, des Gesner et des Linné même, ne saisirait plus aujourd'hui, chacun, obligé de se borner à l'une des sciences partielles dont cet ensemble se compose, est erpétologiste, ornithologiste, entomologiste, etc. Les savans dont les connaissances sont les plus générales ne peuvent guère aspirer maintenant au titre complet de zoologiste, et l'on ne saurait plus citer d'hommes pareils à ceux qui, embrassant les trois règnes, y indiquèrent ces grandes coupes devenues pour nous comme les provinces du vaste empire d'Alexandre, des royaumes encore considérables et dans la possession de squels, après la mort du héros, ses lieutenans acquirent encore quelque gloire.

La manière très-savante dont Hippolyte Cloquet a traité le mot Erpétologie dans le Dictionnaire de Levrault, nous réduirait au simple rôle de copiste, si le cadre d'un dictionnaire tel que le nôtre ne nous forçait à nous renfermer dans le seul énoncé des choses devenues classiques parce, qu'elles méritaient d'être adoptées. Qu'importe en effet qu'Aristote, le premier, ait distingué les Reptiles en Quadrupèdes ovipares et en Serpens. Personne n'ayant écrit avant ce grand homme sur les Animaux, il n'est pas clair que cette ébauche de classification ne fût antérieure et déjà le résultat d'observations vulgaires. Qu'importe que Pline, en recueillant avec une si minutieuse exactitude toutes les erreurs et les vieilles histoires de l'époque superstitieuse où il vivait, n'ait pas confondu les Serpens et les Lézards ? Le dernier des esclaves romains ne les confondait probablement pas plus que lui? Qu'importe enfin que, par un esprit de dénigrement, Klein, qui donna l'exemple d'attaquer Linné en toutes choses, ait compris, dans son essai erpétologique, des Intestinaux et des Annelides, quand il en éloignait les Lézards?—Conrad Gesner, restaurateur ou plutôt créateur de l'histoire naturelle dans le seizième siècle, fut celui qui jeta, le premier, quelque jour sur l'histoire des Reptiles ; il leur consacra deux livres dans ses importans écrits, en adoptant les deux grandes classes distinguées de temps immémorial par le vulgaire, et dont on prétend attribuer la distinction au précepteur du fils de Philippe. La désignation de Quadrupèdes ovipares et de Serpens était tellement consacrée par son antiquité, que de nos jours on n'y put facilement renoncer. Aristote avait inspiré à vingt siècles consécutifs ainsi qu'au comte de Buffon un tel respect pour le nombre des pieds, que le digne continuateur de l'His-

toire générale et particulière des Animaux, le comte de Lacépède, débuta dans la carrière des sciences par une Histoire des Quadrupèdes ovipares, encore que ce savant fût obligé de classer parmi ces prétendus Quadrupèdes des êtres qui n'ont que deux membres ; et qu'on sache aujourd'hui qu'il est d'autres êtres que leur organisation intime devrait attacher à l'ordre des Sauriens (les Orvets) et des Batraciens (les Cœcilies), quoiqu'ils n'aient même pas de pates. Rien de méthodique n'avait été écrit sur les Reptiles avant Linné ; Séba seulement en avait réuni et fait figurer un nombre prodigieux, ainsi que Catesby. Linné, législateur dans toutes les parties; Linné, que les Bruguière, les Lamarck, les Cuvier, en un mot les vrais naturalistes reconnaissent et proclamèrent en toute circonstance comme un modèle à suivre; Linné, attachant, malgré l'opinion vulgaire, peu d'importance à la présence ou à l'absence de membres purement accessoires, forma enfin, sous le nom commun d'Amphibies, une grande classe dans laquelle furent renfermés les Vertébrés qui ne sont point des Mammifères, des Oiseaux ou des Poissons ; classe polymorphe et singulière, où le cœur était supposé n'avoir qu'une oreillette et un ventricule, où le sang est froid et rouge, dans laquelle on trouve presque constamment deux pénis, où ne se rencontrent ni poils, ni plumes, enfin que particularisent surtout des poumons qui ne sont en quelque sorte soumis à d'autre empire que celui de la volonté (*pulmonibus arbitrariis*). De tels caractères n'étaient pas rigoureusement exacts, puisque les Batraciens, vrais Amphibies, ont au cœur l'oreillette double, et qu'ils réunissaient des êtres d'apparence fort disparate, surtout quand on examine séparément quelques-uns des anneaux ou les extrémités de la chaîne établie dans le *Systema Naturæ* du législateur suédois ; mais dans la disposition qu'avait adoptée ce grand homme, les passages sont si naturels, que plusieurs genres de ses

Amphibies flottent encore comme incertains entre les classes et les ordres maintenant adoptés.

Les Amphibies formaient la troisième classe du règne animal chez Linné, qui les plaçait entre les Oiseaux et les Poissons. Ils étaient divisés en quatre ordres de la manière suivante, dans la douzième édition du *Systema Naturæ*.

I. AMPHIBIES REPTILES, *Amphibia Reptilia*. Respirant par la bouche et rampant sur le ventre, quoique pourvus de pates. Cet ordre renfermait les genres : Tortue *Testudo*, Dragon *Draco*, Lézard *Lacerta*, et Grenouille *Rana*.

II. AMPHIBIES SERPENS, *Amphibia Serpentes*. Apodes ; respirant par la bouche, et distingués des Poissons par leurs poumons. Cet ordre se composait des genres : Crotale *Crotalus*, Boa *Boa*, Couleuvre *Coluber*, Orvet *Anguis*, Amphisbène *Amphisbæna*, et Cœcilie *Cæcilia*.

III. AMPHIBIES AQUATIQUES, *Amphibia Meantes*. Ayant à la fois des poumons et des branchies. Le seul genre Sirène *Sirena*, constituait cet ordre.

IV. AMPHIBIES NAGEURS, *Amphibia Natantes*. Ayant des nageoires au lieu de pates, et respirant par des évens latéraux. Les genres Lamproie *Petromyzon*, Raie *Raja*, Squale *Squalus*, Chimère *Chimera*, Lophie *Lophius*, et Esturgeon *Acipenser*, sont ceux de cet ordre, également connu sous le nom de Chondroptérygiens ou Cartilagineux, et qui, depuis, a été transféré dans la classe des Poissons. Vicq-d'Azir démontra que les prétendus Amphibies nageurs ne pouvaient demeurer confondus avec les Amphibies, étant uniquement pourvus de branchies. C'est sur de telles observations que Gmelin sépara les *Amphibia Natantes* des Reptiles, pour les transporter en entier après les Branchiostèges, et conservant du reste la disposition établie par son maître, il se borna à supprimer l'ordre troi-

sième ou *Amphibia Meantes*, pour transporter parmi les Murènes le genre Sirène, ce qui est une erreur très-grave.

Vers le milieu du siècle dernier (en 1768), Laurenti publia à Vienne, sous le titre de *Synopsis Reptilium emendata*, etc., une amélioration de la méthode de Linné qui devait demeurer la base de tout ce qui pouvait se faire en ce genre. On a prétendu que cet ouvrage n'était pas de l'auteur qui l'avait donné sous son nom. Quoi qu'il en soit, il ne mérita pas moins toute l'estime des savans. Les Reptiles n'y portent plus la désignation vague d'Amphibies, qui peut également convenir à d'autres êtres fort différens ; ils sont définis des Animaux à sang froid sans poils ni mamelles, munis d'un poumon sans diaphragme, et presque sans côtes ; ayant un gosier qui peut alternativement avaler l'air, et, en se contractant, pousser cet air dans le poumon ; qui passent l'hiver dans l'engourdissement ; qui engloutissent leur nourriture sans la mâcher, et qui digèrent lentement ; qui supportent une longue abstinence ; demeurent assez long-temps accouplés ; changent quelquefois de peau quand ils ne sont pas sujets à des métamorphoses, et dont les habitudes doivent être suspectes aux Hommes, aux Mammifères, ainsi qu'aux Oiseaux. Trois ordres composent la méthode de Laurenti.

I. REPTILES SAUTEURS, *Reptilia Salientia* : pieds postérieurs propres au saut ; corps dépourvu d'écailles et muqueux ; tympan couvert d'une membrane ; dents et ongles nuls (le Pipa excepté) ; organes sexuels ne paraissant pas à l'extérieur. Les Reptiles de cet ordre sont sujets à des métamorphoses, et ont, dans leur premier état, une queue qui tombe avec l'âge. Les genres qu'ils forment sont : Pipa *Pipa*, Crapaud *Bufo*, Grenouille *Rana*, Rainette *Hyla*, et Protée *Proteus*. Ce dernier genre, tel que l'établit Laurenti, est faux, puisque c'est une larve de Grenouille (*Rana paradoxa*) qui lui avait servi de type, et que le vrai Protée est voisin des Tritons.

II. Reptiles Marcheurs, *Reptilia Gradientia:* quatre pieds disposés pour la marche ; corps élevé au-dessus du sol pendant la progression ; cou et queue distincts. Cet ordre comprend les genres Triton *Triton*, Salamandre *Salamandra*, Fouette-Queue *Caudiverbera*, Gecko *Gecko*, Caméléon *Cameleo*, Iguane *Iguana*, Basilic *Basilicus*, Dragon *Draco*, Cordyle *Cordylus*, Crocodile *Crocodilus*, Scinque *Scincus*, Stellion *Stellio*, et Seps *Seps*. Ce dernier genre renferme, dans l'ouvrage de Laurenti, les Lézards proprement dits.

III. Reptiles Serpentans, *Reptilia Serpentia* : corps cylindrique ; membres nuls ; cou, tronc et queue continus sans aucun étranglement qui les distingue ; mâchoires dilatables ainsi que l'œsophage ; les parties sexuelles placées en dedans de l'anus. Les genres suivans sont renfermés dans cet ordre : Chalcide *Chalcis*, Cœcilie *Cœcilia*, Amphisbène *Amphisbœna*, Orvet *Anguis*, Natrix *Natrix*, Cérastes *Cerastes*, Coronelle *Coronella*, Boa *Boa*, Dipsade *Dipsas*, Naja *Naja*, Crotale *Caudisona*, Couleuvre *Coluber*, Vipère *Vipera*, Cobra *Cobra*, Aspic *Aspis*, Constricteur *Constrictor*, Large-Queue *Laticauda*.

Laurenti, dans son *Synopsis*, avait donc oublié les Tortues, omission importante, et délayé en trente-cinq genres, dix genres de Linné. Scopoli, qui écrivit après cet erpétologiste (en 1777), adoptant la classe des Amphibies telle que l'avait fondée Linné, la divisa en deux grandes familles, les Légitimes, *Legitima*, qui sont les vrais Reptiles, et les Bâtards, *Spuria*, qui sont les Poissons cartilagineux. Le travail de Scopoli n'était donc point à la hauteur de la science ; aussi le néglige-t-on entièrement aujourd'hui.

Lacépède, en prenant pour base la classification linnéenne, quoique son éloquent prédécesseur l'eût comme anathématisée dans sa prose poétique, y porta de notables changemens, et disposa de la manière suivante les dix-sept genres qu'il adopta ou établit.

I. Quadrupèdes ovipares qui ont une queue ; les genres Tortue *Testudo*, et Lézard *Lacerta*, sont renfermés dans cette division.

II. Quadrupèdes ovipares qui n'ont pas de queue ; ce sont les Grenouilles *Rana*, les Raines *Hyla*, et les Crapauds *Bufo*.

III. Bipèdes ovipares ; le seul genre *Bipes* forme cet ordre que l'auteur appelle classe.

IV. Serpens, sans pieds ni nageoires. Les genres de Serpens sont : Couleuvre *Coluber*, Boa *Boa*, Serpent à sonnettes *Crotalus*, Anguis *Anguis*, Amphisbène *Amphisbœna*, Ibiare *Ibiara*, Langaha *Langaha*, et Acrochorde *Acrochorda*.

Depuis la publication de son ouvrage, Lacépède, dans les Mémoires du Muséum, ajouta à ces genres les quatre suivans : Erpéton, Léioselame, Distère et Trimésure.

Plusieurs savans se sont postérieurement occupés en Allemagne de Reptiles, tels sont Mayer et Schneider ; mais aucun n'a donné de nouvelle méthode erpétologique. Le dernier a formé les genres Calamita, Hydrus, Chamœsaura, Pseudo-Boa et Elaps, dont la plupart ne sont pas adoptés, même comme sous-genres, par les naturalistes français. Cependant L'illustre Brongniart, qui a porté de vives lumières dans toutes les parties de la science dont il s'est occupé, jeta les yeux sur la branche de l'histoire naturelle à laquelle cet article est consacré ; il publia, dans le Bulletin de la Société Philomathique (n. 35 et 36) une Esquisse méthodique, dont les divisions furent enfin établies sur des caractères plus solides que ceux qu'on avait jusqu'alors empruntés simplement des formes extérieures. Notre confrère a, dans l'établissement de ses ordres, pris, pour motifs de division, les différences qu'offrent les organes de la circulation, de la respiration et de la génération. Il a employé, en seconde ligne, les particularités que présentent ceux du toucher, de la digestion ou du mouvement. Il est résulté, de la comparaison de ces parties, les quatre ordres suivans :

I. CHÉLONIENS, où l'on ne trouve point de dents enchâssées, et dans lesquels le corps est couvert d'une carapace. Ce sont les Tortues des naturalistes antérieurs, lesquelles sont divisées en deux genres, *Chelonia* et *Testudo.*

II. SAURIENS, qui ont des pates, des dents enchâssées, et le corps couvert d'écailles. Ce sont les Lézards de Linné moins les Salamandres qui sont rapportées dans l'ordre quatrième. Les genres de Sauriens sont : Crocodile *Crocodilus,* Iguane *Iguana,* Dragon *Draco,* Stellion *Stellio,* Gecko *Gecko,* Caméléon *Cameleo,* Lézard *Lacerta,* Scinque *Scincus,* et Chalcide *Chalcides.*

III. OPHIDIENS. Point de pates ; corps allongé, cylindrique. Presque tous ont la peau recouverte d'écailles ; leurs os sont moins solides que dans les deux ordres précédens, et presque de la nature des arêtes du Poisson. Les genres d'Ophidiens sont : Orvet *Anguis,* Cœcilie *Cœcilia,* Amphisbène *Amphisbœna,* Crotale *Crotalus,* Vipère *Vipera,* Couleuvre *Coluber,* Devin *Boa,* Langaha *Langaha,* et Acrochorde *Acrochorda.*

IV. BATRACIENS, qui ont des pates et la peau nue, c'est-à-dire dépourvue d'écailles ou de carapace. Les os de ces Animaux sont déjà d'une consistance cartilagineuse ; ils forment un passage très-naturel à la classe des Poissons et pourraient même dans leur jeunesse, avant leur entier développement, être considérés comme des ébauches de tels Animaux. Tous vivent, du moins pendant la première partie de leur existence, dans les eaux ou dans les lieux humides. Les genres de Batraciens sont : Grenouille *Rana,* Crapaud *Bufo,* Rainette *Hyla,* et Salamandre *Salamandra.*

Ces noms de Chéloniens, de Sauriens, d'Ophidiens et de Batraciens sont tellement significatifs et appropriés, qu'ils ont été généralement reçus, et que nous nous empressons de les adopter, dans le tableau analytique joint à cet article, comme ce qu'on peut imaginer de plus parfait.

Le savant Latreille, le premier des entomologistes et l'un de nos plus habiles géographes, s'est aussi occupé de l'histoire des Reptiles. Chargé de leur histoire dans l'édition de Buffon dite de Déterville, il a, dans cet important ouvrage, encore perfectionné le travail de Brongniart. Accordant peut-être plus d'importance qu'ils n'en méritent aux organes de la locomotion, notre collaborateur a tacitement rétabli les grandes divisions de Quadrupèdes ovipares et de Serpens. Il a conséquemment adopté les deux sous-classes suivantes auxquelles il en ajoute une troisième qui répond aux *Meantes* de Linné.

I. QUADRUPÈDES OVIPARES.

α Doigts onguiculés, corps couvert d'écailles. Tortue, Crocodile, Lézard, Iguane, Dragon, Caméléon, Stellion, Gecko, Scinque, Chalcide, Bipède, Skeltopusik.

β Doigts dépourvus d'ongles ; peau sans écailles : Crapaud, Grenouille, Raine, Salamandre.

II. SERPENS. Dépourvus de pates : Boa, Scytale, Crotale, Vipère, Hétérodon, Couleuvre, Plature, Langaha, Erpéton, Hydrophis, Enhydre, Anguis, Acrochorde, Amphisbène et Cœcilie.

III. PNEUMOBRANCHES, qui ont des poumons et des branchies à la fois. Ce sont les Protée, Sirène et Ichthyosaure. Ce dernier genre ne saurait être adopté non plus que le Protée de Laurenti, puisqu'il a été fondé sur une larve de Salamandre aquatique, ce que Daudin a fort bien remarqué. Le nom d'Ichthyosaure étant donc demeuré disponible, nous verrons que Cuvier l'a convenablement adapté à un genre antédiluvien de Sauriens aquatiques que nous avons cru devoir intercaler dans le tableau qui complète cet article.

Duméril, perfectionnant encore la

méthode erpétologique et adoptant la division des Reptiles en quatre ordres, CHÉLONIENS, SAURIENS, OPHIDIENS et BATRACIENS, coupe le second en deux familles dont les noms désignent le caractère, celle des PLANICAUDES, qui comprend les genres Crocodile, Dragonne, Lophyre, Basilic, Tupinambis et Uroplate ; celle des TÉRÉTICAUDES où sont réunis les genres Caméléon, Stellion, Iguane, Lézard, Agame, Dragon, Anolis, Gecko, Scinque et Chalcide. Les Ophidiens sont également divisés en deux familles, celle des HOMODERMES, qui ont la peau nue ou couverte d'écailles semblables sur toutes les parties du corps, et celle des HÉTÉRODERMES, qui n'ont d'écailles qu'en dessus avec des plaques en dessous. Les Homodermes sont les genres Cœcilie, Amphisbène, Acrochorde, Ophisaure, Orvet et Hydrophide. Les Hétérodermes sont les genres Crotale, Scytale, Boa, Erpéton, Erix, Vipère, Couleuvre et Plature. Enfin Duméril fut le premier qui établit dans l'ordre dernier les deux familles des Anoures et des Urodèles. *V.* ces mots et BATRACIENS.

Daudin avait précédemment établi, dans l'édition de Buffon connue sous le nom de Sonnini, la plupart des genres adoptés par Duméril ; mais son travail, utile quoique imparfait, était comme perdu dans un ouvrage que le judicieux Cuvier a si bien, quoique indirectement, caractérisé dans le prospectus d'un dictionnaire d'histoire naturelle (*V.* notre préface, p. vij et viij).

Oppel, naturaliste bavarois, publia à son tour, dans les Annales du Muséum d'Histoire Naturelle de Paris, une méthode erpétologique qui ne s'éloigne guère de celle des savans français. Il y appelle les Serpens, ECAILLEUX *Squamata*, et les divise en sept familles où sont répartis quatorze genres, savoir :

1°. ANGUIFORMES : Amphisbène, Typhlops et Tortrix.

2°. CONSTRICTEURS : Erix et Boa.

3°. HYDRES : Hydrophis.

4°. VARJANS ou FAUSSES VIPÈRES : Acrochorde, Erpéton.

5°. CROTALINS : Crotale et Trigonocéphale.

6°. VIPÉRINS : Vipère et Pseudo-Boa.

7°. COLUBRINS : Bongare et Couleuvre.

Oppel, séparant le genre Cœcilie du reste des Serpens, le transporte parmi les Batraciens, pour en former une famille des Apodes à la suite de laquelle se rangent assez naturellement les Urodèles de Duméril.

Cuvier, dans son Histoire du Règne Animal, coordonnant tous les travaux de ses prédécesseurs et contrôlant leur mérite dans la plus riche collection connue, au centre de toutes les ressources que procurent d'immenses relations ainsi qu'une vaste bibliothèque, put établir la meilleure méthode qu'on doive suivre pour étudier la plus singulière classe des Vertébrés ; nous disons la plus singulière, parce qu'elle ne présente, en quelque sorte, pas un seul caractère commun à toutes les espèces dont elle est formée, encore qu'une foule de convenances rapprochent ces espèces si disparates au premier coup-d'œil. En adoptant la méthode de Cuvier, dans laquelle plusieurs genres fondés par d'autres erpétologistes nous paraissent devoir être admis, nous en avons composé un tableau analytique, à l'aide duquel on pourrra recourir aux articles de notre Dictionnaire où sont traités chaque genre en particulier. On voit que le nombre de ces genres qui n'était que de dix au temps de Linné, s'est considérablement accru, puisque nous le portons à cinquante-trois, dont plusieurs sont encore divisés en sous-genres peut-être susceptibles d'être définitivement séparés un jour de leurs genres respectifs.

Blainville à son tour proposa une classification nouvelle. Ce savant divise les Reptiles en deux grandes sous-classes, et pense que ceux dont se compose la première sont formés sur le modèle des Oiseaux, tandis que ceux de la seconde le sont sur celui des Poissons. Chacune de ces sous-classes, selon le même auteur, pourrait être élevée à la dignité de classe sous les noms de Squammi-fère et de Nudipellifère. En effet, les Batraciens nous paraissent, par leurs singulières métamorphoses, totalement isolés entre les Vertébrés, ainsi que les Insectes le sont, par des phénomènes semblables, entre l'immense série des Animaux sans vertèbres. Les Squammifères ou Ornithoïdes ont le corps écailleux. Les Nudipellifères ou Ichthyoïdes l'ont lisse et dépourvu de toute écaille. Blainville, attachant une plus grande importance aux organes de la génération qu'à ceux de la locomotion, trouve dans la forme des parties mâles un motif pour réunir les Sauriens aux Ophidiens sous le nom commun de Bipéniens, dont il détache les Crocodiles pour en former un ordre qu'il appelle Emydo-Sauriens, placé à la suite des Chéloniens ou Tortues. « En effet, dit-il, d'après l'anatomie détaillée de la plupart des genres de ces ordres (les Bipeniens), je suis convaincu qu'il est impossible de séparer les Sauriens des Ophidiens, puisqu'il y a de véritables Serpens qui ont des pates, comme le Bimane (Chirotes), et de vrais Lézards qui n'en ont pas, comme les Orvets. Ainsi je n'en fais plus qu'un seul ordre désigné par un nom qui indique la singulière disposition de l'organe excitateur mâle, dont les deux parties ne sont pas réunies. » Heureux dans ses rapprochemens, Blainville, ainsi qu'Oppel, distrait les Cœcilies des Ophidiens pour les rapprocher des Batraciens, qu'il sépare en quatre ordres : les Batraciens proprement dits, divisés en Dorsipares (Pipa) et Aquipares (Grenouilles, Raines et Crapauds), Pseudo-Sauriens (Salamandres), Amphibiens (Tritons? Protées et Sirènes) et Pseudophidiens, qui sont les Cœcilies. D'après des considérations anatomiques, l'auteur place le genre Chirotes en tête des Ophidiens, sous le nom de Dipodes,

tandis que sous la même désignation de Dipodes et sous celle d'Apodes, il rapporte les Hystéropes et les Orvets dans la famille des Lacertoïdes, qui, pour les espèces à quatre pieds, répond à peu près au genre Lézard des auteurs modernes.

B. Merrem, après tous les naturalistes dont il vient d'être question, a publié en 1820, à Magdebourg, un nouveau système des Reptiles auxquels il restitue le nom d'Amphibies. Ce travail est des plus complets. Nous avons vu que Brongniart avait établi quatre ordres dans la classe dont traite l'Erpétologie. On avait généralement adopté cette méthode ; Merrem, réunissant les Sauriens et les Ophidiens, et groupant ensemble tous les Reptiles écailleux, n'admet que deux grandes divisions : la première, sous le nom de Pholidota, comprend les trois premiers ordres de Brongniart. La seconde ne renferme que ceux des Reptiles qui ont le corps nu, lisse, ou simplement verruqueux ; il lui conserve le nom de Batrachia. — Merrem divise ces deux classes en ordres, tribus et familles. Il admet trois ordres parmi ses Pholidotes : le premier correspond aux Chéloniens ; il l'appelle Testudinata : le second, celui des Loricata, n'est autre que les Crocodiliens de Cuvier : le troisième, ou les Squamata, comprend tous les autres Sauriens et les Ophidiens, le genre Cœcilie excepté. — Les soixante-une espèces de *Testudinata*, décrites par Merrem, sont réparties en quatre genres : 1° *Caretta* au nombre de sept espèces, ce sont les Chélonées, Brong.; 2° *Sphargis* (Dermochelys, Blainv.); 3° *Trionyx*, sept espèces ; et 4° quarante-quatre espèces de *Testudo* qu'il divise en quatre sous-genres : 1° Matama (Chelys, Dumér.), deux espèces ; 2° Emys, vingt espèces ; 3° Terrapène (les Tortues à boîte) ; 4° Chersine (les Tortues, Dumér. et Oppel). — L'ordre des *Loricata* répond, comme nous l'avons dit, à la famille des Crocodiliens de Cuvier. Merrem n'a rien ajouté aux travaux de ce savant naturaliste. — Le troisième ordre (*Squamata*) est divisé en cinq tribus : 1° les *Gradientia* qui comprennent les Lacertiens, Iguaniens, Geckotiens et Scincoïdiens de Cuvier ; 2° les *Repentia*, ou la première famille des Ophidiens de Cuvier ; 3° les *Serpentia* ou tous les autres Ophidieus ; 4° les *Incedentia*, qui ne comprennent que le seul genre Chirotes, Lacép. ; 5° les *Prendentia* ou les Caméléoniens.

La première tribu, celle des *Gradientia*, est divisée en trois familles :

† Ascalabotæ. Les genres qui s'y rapportent sont : 1° *Geckos*, Daud., vingt espèces ; 2° *Anolis*, Daud. et Cuv., onze espèces ; 3° *Basilicus*, deux espèces ; 4° *Draco*, trois espèces ; 5° *Iguana*, quatre espèces ; 6° *Polychrus*, une espèce ; 7° *Pneustes* (*Agama prehensilis*, Daud.) ; 8° *Lyriocephalus* (*Agama scutata*, Daud., ou la Tête fourchue, Lac.) ; 9° *Calotes*, divisées en trois sous-genres : α *Agama* (les Changeans et les Agames vrais, Cuv.), trente-trois espèces ; β *Uromastyx* (Stellions ordinaires et Fouette-Queue, Cuv.), sept espèces ; γ *Zonurus* (*Lacerta Cordylus*, L.).

†† Sauræ, divisés en : 1° *Varanus* (*Monitors* proprement dits, Cuv.), onze espèces ; 2° *Teius* (les Dragons et les Améiva), sept espèces ; 3° *Lacerta*, vingt-sept espèces ; 4° *Tachydromus*, trois espèces.

††† Chalcidici, dont les genres sont : 1° *Scincus*, vingt-deux espèces ; 2° *Gymnophtalmus* (*Scincus quadrilineatus*, Daud.) ; 3° *Seps* ; 4° *Tetradactylus* ; 5° *Chalcis* ; 6° *Colobus* (*Chalcis tridactylus*, Daud.) ; 7° *Monodactylus* (*Chalcis monodactylus*) ; 8° *Bipes*, Lacép. ; 9° *Pygodactylus* (*Seps Gronovii*) ; 10° *Pygopus* (*Bipes lepidopus*, Lacép.) ; 11° *Pseudopus* (le *Skeltopusick* ou *Lacerta Apus*, Pall.).

La seconde tribu, celle des *Repentia*, ne comprend qu'une seule famille et trois genres : 1° *Hyalinus* (*Ophisaurus ventralis*, Lac.) ; 2° *Anguis*, deux espèces ; 3° *Acontias*, trois espèces.

La troisième tribu, ou les *Serpentia*, est divisée en deux familles :

† Gulones, qui sont subdivisés en *Gulones innocui* et en *Gulones venenati*. Les genres que Merrem rapporte à ses *Gulones innocui* sont : 1° *Acrochordus*, une espèce ; 2° *Rhinopirus* (*Erpeton tentaculatus*, Lac.) ; 3° *Tortrix*, onze espèces ; 4° *Erix*, deux espèces ; 5° *Boa*, quatorze espèces ; 6° *Python*, onze espèces ; 7° *Scytale*, quatre espèces (différent des Scytales de Latreille) ; 8° *Coluber*, subdivisé en : 1° *Hurria*, six espèces ; 2° *Natrix*, cent quatre-vingt-dix espèces ; 3° *Dryinus* (*Coluber nycterizans* et *Col. nasutus*). Les *Gulones venenati* sont partagés en *Venenati, telis et dentibus solidis in maxillâ superiore*, et en *Venenati, telis nec dentibus solidis in maxillâ superiore*. Les genres de la première subdivision sont : 1° *Bungarus*, deux espèces ; 2° *Trimeresurus*, une espèce ; 3° *Hydrus*, dix-sept espèces, subdivisé en trois sous-genres : α *Chershydrus*, Cuv. ; β *Pelamis*, Cuv. ; γ *Enhydris*, qui comprend les *Hydrophis*, Cuv., les Disteires et les Aspysures, Lac.—Les genres de la seconde subdivision sont : 1° *Platurus*, une espèce ; 2° *Elaps*, dix-sept espèces ; 3° *Sepedon* (la Vipère hœmachate, Lac.) ; 4° *Ophyrus* (*Acanthophis*, Lac.) ; 5° *Naïa*, deux espèces ; 6° *Pelias* (*Coluber prester*, Lac.) ; 7° *Vipera*, subdivisé en deux sous-genres : α Echis (les Scytales de Latr.), deux espèces ; β Echidna (*Vipera*, Laur.), vingt-une espèces ; 8° Cophias (les Trigonocéphales, Lac.), sept espèces ; 9° *Crotalus*, cinq espèces ; 10° *Langaha*, un espèce.

†† Typhlini. Cette famille comprend les deux genres : 1° *Typhlops*, neuf espèces, et 2° *Amphisbœna*, trois espèces.

La quatrième tribu, les Incedentia, se compose du seul genre Chirotes, la Bimane cannelée de Lacépède.

La cinquième tribu, les Prendentia, n'est formée que du genre singulier des Caméléons. L'auteur en décrit six espèces.

Merrem a divisé la seconde classe des Reptiles, les Batrachia, en trois tribus : † Batrachia Apoda ne renferme que le seul genre Cœcilie dont l'auteur connaît cinq espèces. —✝✝ BATRACHIA SALIENTIA, dont les genres sont : 1° *Calamita* (*Hyla*, Daud.), vingt-cinq espèces ; 2° *Rana*, vingt-une espèces ; 3° *Breviceps* (*Rana gibbosa*, L.) ; 4° *Bombinator* (*Bufo horridus*, Daud.), sept espèces ; 5° *Pipa*, trois espèces ; 6° *Bufo*, quatorze espèces. — ✝✝✝ BATRACHIA GRADIENTIA qui sont partagés en deux familles, a celle des *Mutabilia*, à laquelle l'auteur rapporte deux genres : 1° *Salamandra*, trois espèces ; 2° *Molge* (*Triton*, Laur.), onze espèces. La seconde famille est β celle des *Amphypneusta*, qui comprend deux genres : 1° Hypochthon (*Proteus anguinus*, Laur.) ; 2° Siren. — Telle est l'analyse du système de Merrem qui renferme la description de six cent cinquante-six espèces. Nous n'avons pu encore en vérifier la synonymie que nous croyons devoir regarder comme très-exacte, d'après le talent connu de son auteur. Le seul reproche que l'on pourrait adresser à Merrem est l'emploi du grand nombre de nouveaux noms qu'il a cru devoir substituer à ceux qui étaient comme consacrés par les travaux de la plupart de ses prédécesseurs.

Kuhl, naturaliste hollandais, qui voyage en ce moment dans l'île de Java, prétend avoir augmenté considérablement le nombre de Reptiles connus. Il propose les genres *Tropinatus*, *Brachiura*, *Amphycephalus*, *Craspedocephalus* et *Homalopsis* parmi les Ophidiens, *Ptychosoon* parmi les Sauriens, enfin *Megophrys* et *Occidozyga* parmi les Batraciens. Ces genres ne nous sont pas encore suffisamment connus, pour que nous ayons pu les comprendre dans le tableau ci-joint.   (B.)

ERPÉTON. *Erpeton*. REPT. OPH. Genre établi par Lacépède (Ann. du Mus. T. II, pl. 5o), adopté comme simple sous-genre de Boa par Cuvier, et placé conséquemment par ce naturaliste dans la famille des vrais Serpens, de la section de ceux qui ne possèdent point de crochets venimeux ; rangé par Oppel entre ses Varians ou fausses Vipères, et par Duméril parmi ses Hétérodermes. Ses caractères sont : une rangée de lames étroites sous le corps, avec des écailles analogues à celles du dos sous la queue ; deux proéminences tentaculiformes molles et couvertes d'écailles au bout du museau. La langue est épaisse, courte, adhérente, et paraît consister en un cylindre creux. Les dents sont petites et aiguës. On ne connaît qu'une espèce de ce genre, et l'on en ignore la patrie ; c'est l'Erpéton tentaculé, *Erpeton tentaculatus*, dont la figure a été élégamment reproduite dans l'atlas du Dictionnaire de Levrault. Sa taille est d'environ deux pieds ; la queue forme environ le tiers de la longueur du corps. On ignore quel peut être l'usage des espèces de tentacules que porte ce Serpent. Il a cent vingt plaques sous le ventre et quatre-vingt-dix-neuf rangées transversales sous la queue, d'écailles pareilles à celles du dos.   (B.)

*** ERPOBDELLE**. *Erpobdella*. ANNEL. Blainville a désigné sous ce nom un genre établi par Oken sous celui d'*Helluo*. Lamarck (Hist. des Animaux sans vertèbres, T. V, p. 296) adopte la dénomination du naturaliste français, en donnant pour caractères génériques : corps rampant, aplati, terminé postérieurement par un disque préhensile ; bouche dépourvue de dents ou mâchoires ; des points oculaires. Il décrit trois espèces, qui sont de la famille des Sangsues. L'une d'elles appartient, dans la Méthode de Savigny, au genre Néphélis ; et les deux autres à celui des Clepsines. *V*. ces mots.   (AUD.)

ERPORCHIS. BOT. PHAN. Dénomination proposée par Du Petit-Thouars (Histoire des Orchidées des îles Australes d'Afrique) pour le troisième groupe qu'il forme dans sa section des Helléborines. Ce groupe, caractérisé par le labelle remontant, adné à la base du style, correspond au genre *Neottia* de Swartz ou *Goo-*

diera de R. Brown. Les deux espèces d'Erporchis décrites et figurées par Du Petit-Thouars (*loc. cit.*) portent les noms collectifs de *Crypterpis* et de *Gymnerpis. V.* ces mots.   (G..N.)

ERPYXE. BOT. PHAN. La Plante désignée sous ce nom par Dioscoride est un Panais suivant Adanson. (B.)

ERP-ANGIBAR. BOT. PHAN. (Delile.) Syn. arabe de *Statice Limonium*, L. *V.* STATICE.   (B.)

* ERRATIQUES. OIS. Quelques auteurs ont donné ce nom aux Oiseaux qui, non contraints par le besoin de pourvoir à leur nourriture, paraissent n'être voyageurs que par caprice et ne s'arrêter dans une contrée que pour s'y occuper des soins de la propagation.   (DR..Z.)

ERS. *Ervum.* BOT. PHAN. Ce nom, qui sert à désigner un genre de Légumineuses, dont une des espèces est la Lentille, doit être préféré à celui-ci employé à tort par quelques auteurs comme générique. L'*Ervum* a pour caractères : un calice divisé en lanières étroites, pointues, profondes, presque égales à la corolle ; une corolle papilionacée, où l'étendard dépasse les ailes courtes et la carène plus courte encore ; dix étamines diadelphes ; un style simple ; un stigmate glabre ; une gousse oblongue, renfermant de deux à quatre graines.

Les espèces de ce genre sont des Herbes à tiges grêles et faibles, à feuilles pennées, à fleurs petites, portées sur des pédoncules axillaires. Les auteurs en ont décrit quinze environ ; il nous suffira d'en citer quelques-unes qui croissent dans nos environs, comme l'*E. hirsutum*, à gousses velues et dispermes ; l'*E. tetraspermum*, à gousses glabres ; et l'*E. Lens* ou Lentille, qui croît naturellement dans les champs, parmi les Blés, mais se rencontre plus communément cultivée. Tournefort en faisait son genre *Lens* distinct par sa gousse plutôt ovale qu'allongée, et par ses graines non globuleuses, mais orbiculaires, convexes sur leurs deux

faces et types, en un mot, de la forme qu'on appelle vulgairement lenticulaire.   (A.D.J.)

ERTELA. BOT. PHAN. (Adanson.) Syn. de Monniérie. *V.* ce mot. (B.)

ERUCA. BOT. PHAN. *V.* ROQUETTE.

ERUCAGO. BOT PHAN. Plusieurs auteurs modernes, parmi lesquels nous citerons Mœnch, Hornemann et Desvaux, ont, d'après Tournefort et Adanson, séparé sous ce nom générique, une Plante que Linné avait réunie à son genre *Bunias*. Le professeur De Candolle (*Syst. Nat. Veget.* vol. 2, p. 670) adopte le sentiment de Linné, mais il forme avec l'Erucago une section du genre Bunias, à laquelle il assigne pour caractères essentiels : des silicules quadriloculaires, tétragones et ailées sur leurs angles. Outre le *Bunias Erucago*, L., cette section renferme encore le *Bun. aspera* de Retz. (G..N.)

ERUCAIRE. *Erucaria.* BOT. PHAN. Genre de la famille des Crucifères et de la Tétradynamie siliqueuse, L., établi par Gaertner (*de Fruct.*, 2, p. 298, t. 143) et adopté par Ventenat, Delile, Brown et De Candolle, qui lui ont assigné les caractères suivans : calice dressé, égal à sa base ; pétales longuement onguiculés, à limbe obovale ; étamines plus longues que le calice, sans dentelures ; silique cylindrique, à deux articulations, l'article inférieur bivalve, à deux loges séparées par une cloison membraneuse ; le supérieur univalve, ensiforme, oligosperme ; graines de l'article inférieur pendantes, celles du supérieur dressées ; cotylédons incombans, oblongs, linéaires et repliés.

Par la structure de l'embryon, ce genre forme le passage des Crucifères à cotylédons spiraux aux Crucifères à cotylédons offrant deux plicatures ; dans l'*Erucaria*, en effet, les cotylédons ne sont pas tout-à-fait spiraux, et ne sont pas non plus deux fois pliés sur eux-mêmes. Il se compose de Plantes herbacées, glabres, droites et rameuses. Leurs tiges cylindriques, blanchâtres et très-dures vers leur partie inférieure, sont munies de feuilles pinnatifides ou rarement incisées, quelquefois un peu charnues. Leurs fleurs sont portées sur des pédicelles courts, sans bractées, et disposées en grappes opposées aux feuilles ou devenant terminales et fort allongées. Elles ont une couleur blanche ou légèrement pourpre. Enfin les Erucaires, par leur port, rappellent les Cakiles.

De Candolle (*Syst. Veget. nat.* T. II, p. 674) en a décrit cinq espèces divisées en deux sections caractérisées, l'une par la désinence en style filiforme de l'article supérieur, et l'autre par l'absence de ce style ou par son stigmate sessile. La première renferme l'*Erucaria Alepica*, Gaertn., et Venten., Jardin de Cels, tab. 64; Plante qui, sans remonter aux auteurs anciens, était un *Bunias* pour Linné, un *Corylocarpus* pour Willdenow et Persoon, un *Cakile* pour Poiret, et un *Didesmus* pour Desvaux. Cette synonymie confuse démontre le peu de fixité des caractères de certains genres de Crucifères avant que le professeur De Candolle les eût éclaircis. Elle croît dans les îles de la Grèce, dans l'Asie-Mineure et en Egypte. Les *Erucaria latifolia* et *E. tenuifolia*, D. C., espèces indigènes des mêmes contrées, ainsi que de l'Espagne, appartiennent aussi à la première section. Dans la seconde, on trouve l'*Erucaria crassifolia*, Delile, Flore d'Egypte, pl. bot. t. 54; elle est fréquente autour des Pyramides de Saqqârah. Lorsqu'on écrase cette Plante, elle donne un suc dont l'odeur est exactement celle du Cresson, qualité qui dénote des propriétés stimulantes et anti-scorbutiques semblables à celles de cette Crucifère. La deuxième espèce est nouvelle; c'est l'*E. Hyrcanica*, Plante envoyée du nord de la Perse par Stéven. (G..N.)

* **ERUCARIÉES.** *Erucariæ.* BOT. PHAN. Tribu établie par le professeur De Candolle (*Syst. Veget. nat.* T. II, p. 573) dans la famille des Crucifères, et caractérisée de la manière suivante: silique articulée; l'article inférieur cylindracé, biloculaire, le supérieur uniloculaire, ensiforme; graines un peu comprimées: cotylédons repliés et légèrement roulés en crosse à leur sommet. Cette tribu, que son auteur désigne encore par le double nom de *Spirolobées-Lomentacées* (*Spirolobeæ-Lomentaceæ*), forme le passage des Spirolobées aux Diplécolobées. Si l'on examine le péricarpe des Plantes qu'elle renferme, on reconnaît ses affinités avec les Cakilinées, les Anchoniées et les Raphanées. (G..N.)

* **ERUCASTRUM.** BOT. PHAN. Espèce du genre Chou. Le même nom a désigné plusieurs autres Crucifères chez les anciens botanistes. (B.)

* **ERUMEI-NAKU.** POIS. Nom de pays du Pleuronecte, auquel Schneider en a conservé la première moitié comme nom scientifique. *V.* PLEURONECTE. (B.)

ERUPTION. GÉOL. Ce n'est point, ainsi que l'a dit Patrin, « le moment où les volcans, après avoir occasioné des secousses et des tremblemens de terre, après avoir vomi des torrens de fumée et de cendre, font sortir de leur sein des fleuves embrasés d'une lave liquide qui renverse et détruit tout ce qui s'oppose à son passage jusqu'à ce qu'enfin elle soit arrêtée par la mer,» etc. Il existe presque autant d'erreurs que de mots dans ce passage; une Eruption n'est point un instant; nous affirmons que la plupart des Eruptions ne sont pas nécessairement accompagnées de secousses et de tremblemens de terre; il est des Eruptions où ne sont vomies aucunes cendres; les laves liquides ne renversent pas toujours ce qui se trouve sur leur route, puisque nous en avons vues respecter de simples buissons ou du moins ne les pas abattre; enfin les courans qui en sont formés ne vont se jeter à la mer que lorsque la pente du terrain les y porte; tous ceux qui s'échappent des flancs septentrionaux et occidentaux des volcans d'Hécla, d'Etna et de Mascareigne, des pentes orientales des volcans des Andes, et des revers méridionaux du pic de Ténériffe, ne purent certainement jamais se jeter dans la mer. Il n'est pas nécessaire d'exagérer les effets d'une Eruption pour en rendre le tableau imposant et terrible ; et depuis vingt ans nous avons signalé la tendance qu'ont les personnes les plus raisonnables à mêler toujours dans ce qu'elles écrivent sur les volcans des choses tout-à-fait indépendantes ou étrangères, et qui n'ayant pas lieu simultanément dans la nature sont cependant reproduites sans cesse dans les livres où l'on cherche à produire de l'effet. Une Eruption est l'opération par laquelle les volcans brûlans émettent les produits d'un embrasement intérieur ; la nature de ces produits varie singulièrement ; c'est au mot LAVE qu'il en sera traité. — Il est des Eruptions de plusieurs sortes, quant à la consistance de leurs produits ; dans les unes ne sont lancées que des cendres, des *lapillo*, ou simplement des fumées plus épaisses que celles qu'ordinairement on observe sortant des cratères assoupis ; dans d'autres sont vomies des scories, des coulées fort compactes, des torrens d'eau bouillante ou des substances triturées comme en boue. Quelques Eruptions se manifestent uniquement par les cratères ; d'autres se font jour sur les pentes des monts ignivores seulement ; le plus communément les cratères et les flancs du volcan s'y trouvent intéressés à la fois ; et nous en dirons tout à l'heure la raison.

C'est une opinion qui eut ses partisans, et qui en a peut-être encore, que le foyer des volcans est situé au sommet des montagnes volcaniques. Buffon, qui n'avait jamais vu de volcans, même éteints, était de cet avis, et chercha à l'étayer de diverses preuves, toutes tirées de sa brillante imagination. Il citait à ce sujet des affaissemens arrivés au faîte des montagnes ardentes dont une grande quantité de laves avaient été re-

jetées. Cependant l'opinion de Buffon est inadmissible ; cet écrivain demande pourquoi la pression des feux intérieurs exerçant sa puissance en tout sens, les volcans ont toujours leurs bouches à leurs sommets ? Il prétend que si le foyer était profond, il n'y aurait pas de cratère dominant, mais que les volcans se fendraient pour donner passage aux coulées ; c'est précisément ce qui arrive ; les fentes latérales des volcans donnent seules passage aux coulées, et les cratères ne rejettent que très-rarement des fleuves de fonte. Sur trente-une Eruptions de l'Etna, que comptent Spallanzani et Gioenni, dix seulement, selon ce dernier, ont produit des laves par le cratère ; les Eruptions du volcan de Mascareigne, depuis qu'on l'observe, n'ont produit par la cheminée supérieure que de faibles coulées de scories vitreuses ou de ce verre en filet dont nous avons saisi et décrit autrefois la formation ; les coulées se sont toujours échappées de ses pentes ou de ses racines. La même chose a eu lieu à Ténériffe dans l'Eruption qui ruina Garachico, et dans celle de Calahorra ; il en a presque toujours été de même au Vésuve, en un mot partout. Les cratères ne sont que les cheminées de vastes laboratoires profondément enfoncés dans la croûte du globe, dont peut-être la plupart atteignent à la partie centrale encore ignée selon Dolomieu ; lorsque le laboratoire est en travail, la cheminée fume, et peut, par le même mécanisme qui a quelquefois lieu dans nos fourneaux encombrés et trop ardemment chauffés, produire des flammes et des lancemens ; ainsi s'annonce d'ordinaire une Eruption. Des substances diverses, fortement dilatées par le feu, peuvent dans ce cas s'élever jusqu'aux bords du cratère, par-dessus lesquels déborderont les plus légères qui forment d'ordinaire le trop plein scorieux ; de-là l'élévation des mamelons qu'on voit à la cime de beaucoup de volcans ; mais les substances plus pesantes, plus épaisses , et néanmoins fortement chauffées, dilatées dans les profondeurs , y demeurent retenues par leur poids. Circulant en ramollissant de proche en proche les substances fusibles et analogues qu'elles peuvent s'assimiler, elles finissent par se faire jour à travers les parois ou bien aux pieds du volcan, et s'en échappent comme les fusées de ces grands dépôts par l'effet desquels l'économie animale est souvent altérée dans le corps humain. C'est alors que les matières incandescentes, long-temps captives, s'abandonnent à plus ou moins d'impétuosité selon la déclivité du lieu qui leur a donné le jour, ou la liquidité dont elles ont été douées. Aussitôt on voit diminuer la quantité des laves qui bouillonnaient dans le cratère, et bientôt celles-ci, s'abaissant en raison de l'écoulement, ne tardent pas, en se figeant, à paver confusément le fond du précipice. Autant de fois que les canaux intérieurs s'engorgent, autant de fois le cratère paraît en travail ; mais ordinairement, après une Eruption qui présente les phases que nous venons de décrire, le volcan se repose.

La pression peut être telle dans l'intérieur du volcan en travail, que les laves à leur sortie, par le déchirement qui leur donne issue, sont contraintes à s'élever d'abord en un monticule plus ou moins considérable, dont les côtés ne tardant pas à se figer et à opérer une pression à leur tour ; un petit cratère se forme alors à la cime du soupirail nouveau, et des coulées qu'alimente le grand volcan s'échappent de la base du nouveau volcan en diminutif. C'est ce qui a lieu au Monte–Novo sur le Vésuve et au Piton–Faujas sur le volcan de Mascareigne. — Quelquefois des fragmens de rochers chauffés, mais non fondus dans les cavités de la montagne, lancés et relancés, brisés les uns contre les autres par l'effet de la brusque dilatation des gaz, sont, comme premiers symptômes d'Eruption, émis violemment par des crevasses d'où ne

sortent point de coulées liquéfiées ; retombant sur eux-mêmes presque réduits en poussière, ils forment autour de leurs soupiraux des monticules de gravois tels que nous en avons décrits plusieurs dans notre Voyage en quatre îles d'Afrique, et que leur figure fit nommer Formicaléos par les Créoles, qui reconnurent une certaine ressemblance entre ces cônes de consistance presqu'arénacée et les piéges que tendent les larves de Myrméléons aux Insectes dont elles se nourrissent. Nous verrons au mot TREMBLEMENT DE TERRE que les grandes secousses du globe, qui peuvent bien avoir de temps en temps leur cause dans les embrasemens souterrains, accompagnent fort rarement les Eruptions ordinaires. A Mascareigne où les Eruptions sont presque annuelles, les tremblemens de terre sont inconnus, quoi qu'en ait dit Moreau de Jonnès induit en erreur par des renseignemens inexacts. (B.)

* ERVAGIA. BOT. PHAN. (Gaza.) Syn. de *Convolvulus arvensis*. V. LISERON. Le même commentateur donne le nom d'Ervanga à un Orobanche.   (B.)

ERVILIA. BOT. PHAN. Espèce du genre Ers. V. ce mot.   (A. R.)

ERVUM. BOT. PHAN. V. ERS.

ERYCIBE. *Erycibe*. BOT. PHAN. Roxburgh, dans sa Flore du Coromandel , T. II , tab. 159, a décrit et figuré un Arbrisseau formant un nouveau genre qui appartient à la Pentandrie Monogynie, L. , et que l'on a placé dans la famille des Convolvulacées. Comme ce Végétal est seul dans son genre, nous allons en donner une description abrégée, d'où l'on pourra facilement déduire les caractères génériques.

L'ERYCIBE PANICULÉE, *Erycibe paniculata* , a des tiges grimpantes dont les rameaux sont alternes et garnis de feuilles alternes portées sur de courts pétioles, oblongues, lancéolées , pointues , entières , glabres et un peu rétrécies à leur base. Ses fleurs sont disposées en une panicule longue et terminale. Elles se composent :

d'un calice divisé en cinq découpures courtes et persistantes ; d'une corolle monopétale dont le limbe est partagé en cinq segmens bilobés ; de cinq étamines insérées sur le tube, alternes avec les divisions de la corolle, ayant leurs filets très-courts et leurs anthères sagittées, non saillantes ; d'un ovaire ovale terminé par un stigmate sessile et à cinq lobes. A l'ovaire succède un fruit bacciforme, ovale, uniloculaire et monosperme. Cet Arbrisseau a été découvert sur les hautes montagnes du Coromandel. (C..N.)

ERYCINE. *Erycina.* INS. Genre de l'ordre des Lépidoptères, famille des Diurnes, établi par Fabricius (*Syst. Gloss.*) et caractérisé par Latreille de la manière suivante : les deux pates antérieures plus petites et repliées en palatine, du moins dans l'un des sexes. Les Erycines diffèrent par-là des Polyommates dont elles sont d'ailleurs très-voisines par le dernier article des palpes ou le troisième presque nu, et par les crochets des tarses fort petits, à peine saillans ; elles sont toutes originaires de l'Amérique méridionale. Tels sont les Papillons *Lysippus*, *Melibœus*, *Orsilochus* des anciens auteurs, auxquels Latreille réunit d'autres espèces désignées sous les noms de *Myrina*, *Helicopis*, *Nymphidium*, *Emesis* et *Danis*. L'entomologiste français a décrit avec beaucoup de soin et a représenté quatre espèces nouvelles (Recueil d'observations de zoologie, par Al. de Humboldt, T. 1er, p. 237, pl. 24); leur description complétera les caractères du genre mentionnés jusqu'à présent d'une manière assez incertaine.

L'ERYCINE OPPEL, *Er. Oppelii*, Latreille (*loc. cit.* pl. 24, fig. 1, 2). Antennes en massue obconique, et dont l'extrémité est arrondie ; palpes avancés ; ailes très-entières, très-noires en dessus, avec une bande d'un vert doré, transverse sur le milieu des supérieures ; une ligne bleuâtre près du bord postérieur des inférieures ; dessous des premières noir ; leur base,

leur extrémité et tout le dessous des secondes d'un jaune d'une pâle ; chacune de celles-ci traversée par deux raies noires et parallèles. Elle se trouve sur les bords de la rivière des Amazones.

L'ERYCINE EUCLIDE, *Er. Euclides*, Latr. (*loc. cit.* pl. 24, fig. 3, 4). Antennes en massue obconique et dont l'extrémité est arrondie ; palpes avancés ; ailes très-entières, très-noires en dessus, avec une bande bleue et à reflets d'un vert doré sur chacune ; dessous des supérieures d'un carmin rose vers leur base, noir au milieu, d'un gris luisant, avec une raie noire à l'extrémité supérieure ; dessous des inférieures d'un gris luisant avec la côte supérieure carmin ; des lignes noirâtres formant deux grands cercles presque concentriques, et deux ovales au milieu sur chaque ; un point dans l'ovale supérieur, deux dans l'inférieur ; points noirs. Cette espèce, voisine du Papillon *Eurota*, figuré par Cramer, a été prise dans les mêmes lieux que la précédente.

L'ERYCINE ARISTOTE, *Er. Aristoteles*, Latr. (*loc. cit.* pl. 24, fig. 5 et 6). Antennes en massue obovoïde et allongée ; palpes très-courts ; les quatre ailes triangulaires, les supérieures entières, les inférieures allongées, un peu sinuées, obtuses ou comme tronquées à leur extrémité ; les surfaces de toutes, noires et traversées par deux bandes droites, l'une au milieu d'un fauve orangé et continu, l'autre vers le limbe postérieur, très-divisée par les nervures, peu apparente, et d'un noirâtre clair en dessus, blanchâtre en dessous ; ailes inférieures ayant, tant en dessus qu'en dessous, des taches blanches le long du bord postérieur, et une tache d'un fauve orangé, transverse et échancrée au-dessus de l'angle anal. Elle se trouve sur les bords de la rivière de la Madelaine.

L'ERYCINE PALLAS, *Er. Pallas*, Latr. (*loc. cit.* pl. 24, fig. 7 et 8). Antennes en massue, obovoïde et allongée ; palpes très-courts ; les quatre ailes triangulaires, les supérieures entières, le**s** inférieures prolongées, un peu sin**ués**, obtuses ou comme tronquées à leur extrémité, les surfaces de toutes noirâtres et traversées par deux bandes droites; l'une au milieu blanche, et pointue aux deux extrémités, l'autre vers le limbe postérieur, très-divisée par ses nervures, moins apparente, et d'un noirâtre clair en dessus, blanchâtre en dessous; ailes inférieures ayant, tant en dessus qu'en dessous, des taches blanches le long du bord postérieur, et une tache d'un fauve orangé, partagée en deux, transverse, au-dessus de l'angle anal. Cette espèce est très-voisine de la précédente, et se rencontre dans les mêmes lieux. (AUD.)

ERYCINE. *Erycina*. MOLL. Genre établi par Lamarck pour une Coquille vivante et quelques Fossiles qui se rangent naturellement à côté des Amphidesmes, dans la famille des Mactracées. Ce genre, dans lequel on avait placé plusieurs Coquilles douteuses que l'on ne savait à quel genre attribuer, était nécessairement difficile à bien caractériser, et Lamarck devait être le premier à le sentir, l'ayant fondé uniquement sur les caractères tirés de la charnière. Cette difficulté devait s'augmenter pour la personne qui, n'ayant pas sous les yeux les types des espèces établies par Lamarck, cherchait à y rapporter des Coquilles dont il ne pouvait reconnaître facilement les spécialités. Cette difficulté, nous l'avons sentie, et nous aurions éprouvé le plus grand embarras si nous n'avions pu voir dans la collection de Defrance les types qui ont servi aux descriptions et aux figures de Lamarck (Ann. du Mus. T. VI). C'est alors que nous avons porté quelques réformes dans ce genre, puisque nous y avons trouvé une Corbule, une Telline et une Cyrène. Nous avons fait voir, dans notre Description des Coquilles fossiles des environs de Paris (T. 1, 3ᵉ livraison), qu'il était nécessaire aussi de modifier un peu les caractères donnés par Lamarck pour les espèces

même qu'il y a fait entrer et pour pouvoir y placer quelques Coquilles douteuses dans d'autres genres. Voici les caractères que nous pensons pouvoir lui convenir : coquille transverse, subinéquilatérale, équivalve, rarement bâillante; deux dents cardinales inégales, divergentes, ayant une fossette interposée ou à côté; deux dents latérales, oblongues, comprimées, courtes, intrantes, quelquefois obsolètes ou nulles; ligament intérieur fixé dans les fossettes; impression du manteau échancrée en avant. Malgré ces changemens proposés dans le genre Erycine, nous croyons qu'il pourra encore en éprouver quelques-uns, surtout lorsqu'on l'aura comparé en y mettant tout le soin nécessaire avec le genre Amphidesme dans lequel il est probable que rentreront quelques-unes des espèces; mais le très-petit nombre d'individus de la même espèce que l'on peut recueillir, ainsi que leur petitesse, a été l'obstacle qui nous a empêché de pousser plus loin la réforme et qui s'opposera sans doute encore longtemps à d'autres changemens que nous regardons pourtant comme très-probables. Les espèces de ce genre sont peu nombreuses; une seule vivante et dix fossiles parmi lesquelles il en reste encore quelques douteuses.

ERYCINE CARDIOÏDE, *Erycina cardioides*, Lamk., Anim. sans vert. T. v, p. 486, n° 1, De Blainville, Dict. des Sc. Nat., 26ᵉ livrais. de planches, pl. 15, fig. 7. Petite Coquille ovale, orbiculaire, couverte de stries élégantes qui se croisent et forment un réseau sur la surface; les stries transversales sont moins nombreuses et plus écartées que les longitudinales, qui sont plus fines et plus rapprochées. Cette Coquille a été trouvée sur le sable au port du Roi-Georges à la Nouvelle-Hollande. Elle n'a que neuf à dix millimètres de large.

ERYCINE ELLIPTIQUE, *Erycina elliptica*, Lamk., Ann. du Mus. T. VI, p. 414, n° 6, et T. IX, pl. 31, fig. 6, a, b; Def., Dict. des Sc. Nat.; *Nobis*, Description des Coquilles fossiles des

environs de Paris, T. 1, p. 41, 3ᵉ livr.,
pl. 6, fig. 16, 17, 18. Cette Coquille,
que l'on trouve fossile principalement
dans les grès marins inférieurs et
quelquefois dans les supérieurs, se
reconnaît à sa forme ovale, déprimée,
à ses stries très-fines, quelquefois
irrégulières et le plus souvent un peu
lamelliformes; sa charnière est bien
caractérisée par ses deux dents cardinales très-prononcées, ainsi que par
ses dents latérales bien exprimées.
Elle est large de dix-neuf millimètres.

ERYCINE ÉLÉGANTE, *Erycina elegans*, N., Descript. des Coquilles
fossiles des environs de Paris, *loc.
cit.*, nᵒ 5, pl. 6, fig. 13, 14, 15. Très-
jolie Coquille trouvée à Valmondois.
Elle est ovale-oblongue, élégamm-
ment striée sur toute sa surface; les
stries sont arrondies, et décroissent
régulièrement depuis le bord inférieur jusqu'au crochet. Sa charnière
ne présente que des dents cardinales
et la fossette pour l'insertion du ligament; ses dents latérales manquent.
Elle est large de dix millimètres.

ERYCINE RAYONNÉE, *Erycina ra-
diolata*, Lamk., Ann. du Mus., *loc.
cit.*, nᵒ 11, et T. ix, pl. 31, fig. 8, a,
b; Def., Dict. des Sc. Nat., *loc. cit.*;
Descript. des Coq. foss. des environs
de Paris, *loc. cit.*, nᵒ 2, pl. 5, fig. 1,
2, 3. Coquille ovale, comprimée,
subréniforme, dont les crochets sont
très-petits; elle est élégamment ornée
de stries qui se croisent sur toute
sa surface; les longitudinales sont
rayonnantes. La charnière a deux
dents latérales rudimentaires. Elle
est large de neuf millimètres. On la
trouve fossile à Grignon et à Mouchy.

Parmi les espèces décrites par Lamarck, nous avons éloigné du genre
l'*Erycina lœvis*, qui est une Cyrène;
l'*Erycina trigona*, qui est une Corbule; l'*Erycina fragilis* reste douteuse par le peu d'individus que
l'on peut observer; l'*Erycina undulata* est d'un genre incertain;
il en est de même de l'*Erycina
obscura*, et l'*Erycina inæquilatera*
pourrait bien n'être qu'une Telline.

Nous avons placé dans ce genre la
Tellina pusilla de Lamarck, et nous
l'avons décrite sous le nom d'*Erycina tellinoides*.   (D..H.)

ERYNGIUM. BOT. PHAN. *V.* PA-
NICAUT.

ERYON. *Eryon*. CRUST. Genre de
l'ordre des Décapodes, famille des
Macroures, établi par Desmarest
(Hist. Nat. des Crust. foss., p. 129)
sur une espèce fossile, et ayant,
suivant lui, pour caractères: carapace plane, large, ovale, fortement découpée sur les bords antérieurs, droite sur les bords latéraux: antennes
mitoyennes très-courtes, bifides,
multiarticulées, avec leur division interne à peu près égale à l'externe; antennes extérieures courtes, ayant leur
pédoncule allongé et recouvert par
une écaille assez large, ovoïde et fortement échancrée du côté interne;
ouverture buccale allongée et assez
étroite; queue assez courte, terminée
par cinq écailles natatoires, dont les
deux latérales sont assez larges et un
peu arrondies au côté interne, et dont
les trois moyennes sont triangulaires;
pieds de la première paire à peu près
aussi longs que le corps, grêles et terminés en pinces, à doigts minces et
peu arqués; les suivans plus petits,
et étant (au moins ceux des deux premières paires) également terminés par
une pince. Le genre Eryon se rapproche des Scyllares par sa carapace déprimée et la forme peu allongée de
son abdomen; il en diffère toutefois
par ses antennes intérieures à pédoncule court, par ses antennes extérieures
sétacées, et par ses longues pinces. Le
caractère des antennes le distingue
suffisamment des Langoustes; il ne
peut être confondu, à cause de la forme de sa carapace, avec le genre Ecrevisse auquel il ressemble sous plusieurs autres rapports; enfin il avoisine les Callianasses, les Thalassines et
les Axies. On ne connaît encore qu'u-
ne espèce, l'ERYON DE CUVIER, *E.
Cuvierii*, Desm. (*loc. cit.*, pl. 10,
fig. 4). On le trouve dans le Calcaire fossile ou pierre lithographique

de Pappenheim et d'Aichstedt, dans le margraviat d'Anspach. Plusieurs anciens auteurs l'avaient déjà mentionné dans leurs ouvrages. Bajer (*Oryctogr. Norica, Suppl.*, p. 13, tab. 8, fig. 1, 2) le nomme *Locusta marina seu Carabus*. Richter (*Museum Richterianum*, tab. 13 M. n° 32) le définit : *Astacus fluviatilis lapideus in tabulá Pappenheimensi, cujus chelæ rufo colore tinctæ*. Walch et Knorr (Rec. des Monumens des Catast. du globe, T. 1, p. 136 et 137, pl. 141, 141 A, 141 B, 15, 2, 4) le caractérisent par cette phrase : *Brachyurus thorace lateribus inciso*. Enfin Schlotheim lui donne le nom de *Cancer arcticus*. Cette espèce est longue de quatre à cinq pouces. Sa carapace est finement granulée en dessus et marquée de deux échancrures profondes et droites sur les deux bords latéraux antérieurs; les bords latéraux postérieurs ne sont que finement crénelés. (**AUD.**)

ERYSIBE. BOT. CRYPT. (*Lycoperdacées.*) Ce mot est employé par Nées d'Esenbeck (*System.*, 2, p. 38) pour désigner le genre déjà nommé Erysiphe. *V.* ce mot. (**G..N.**)

ERYSIMUM. BOT. PHAN. *V.* VÉLAR.

ERYSIPHÉ. BOT. CRYPT. (*Lycoperdacées.*) Genre établi par R.-A. Hedwig (*Fung. ined.*), et publié par De Candolle (Flore Française, 2ᵉ édit., 2ᵉ vol., p. 272) qui l'a ainsi caractérisé : réceptacle charnu, renfermant plusieurs péricarpes ovoïdes aigus dont chacun contient deux séminules, entouré d'une pulpe blanchâtre qui se prolonge en plusieurs rayons articulés simples ou rameux. Ce réceptacle change successivement de couleur; d'abord jaune, il devient roux, puis noir, mais les prolongemens de sa base restent toujours blancs, et s'étendent sur les feuilles sous forme de poussière ou de réseau membraneux. Cette structure ne peut s'apercevoir qu'avec le secours d'une forte loupe; les caractères ci-dessus mentionnés seront probablement modifiés quand on aura observé avec

beaucoup d'attention un grand nombre d'espèces. Link n'a pu les reconnaître sur celle qu'il a étudiée, mais il confesse qu'elle pourrait bien ne pas être identique avec l'Erysiphé observé par Hedwig, ou que ce fût un individu d'un âge différent.

Les Erysiphés forment des taches grises ou blanchâtres sur les feuilles des Arbres ou sur les Plantes herbacées vivantes. Elles sont très-nombreuses, et ont reçu pour noms spécifiques ceux des Plantes aux dépens desquelles on les voit croître. Persoon (Traité des Champign. com.) et Fries (*Observ. Mycol.*, 1, p. 106 et 2, p. 366), en adoptant le genre Erysiphé, ont augmenté le nombre de ses espèces. Parmi celles qu'on rencontre le plus communément, nous citerons l'Erysiphé du Frêne que Linné avait confondue avec les espèces de son genre *Mucor*, et qu'il avait nommée *M. Erysiphe*; et l'Erysiphé du Coudrier, qui, de même que la précédente, avait été réunie par Persoon (*Synops. Fung.*, 124) au genre *Sclerotium*. Le genre *Alphitomorpha* de Wallroth (*Verh. Gesellsch. naturs z. Berlin.* T. 1, *fasc.* 1, 1819) est identique avec l'Erysiphé. On a remarqué que les Erysiphés n'attaquent les Plantes qu'après leur entier développement, mais elles y pullulent alors si extraordinairement qu'elles les font périr. La maladie occasionée par ces Champignons est appelée *blanc* par les jardiniers et les agriculteurs. Il est probable que les taches ou les poussières farineuses et filamenteuses observées sur les feuilles des Rosiers, des Pommiers, etc., ne sont pas des cas simplement pathologiques ou des dégénérescences de tissus, mais des espèces d'Erysiphés qui se développent dans les parties des Plantes. Au reste, les Végétaux qui ont le plus à souffrir de ces parasites sont ceux que l'on cultive en touffes serrées, dans des lieux humides et peu aérés. Le *Delphinium Ajacis* y est un des plus sujets. On ne trouve pas d'autre moyen d'en garantir les parterres que d'arracher les individus infectés de pointillures noires. Les Plantes sauvages, moins susceptibles d'être attaquées par les Erysiphés que les Plantes cultivées et fréquemment arrosées, le sont néanmoins en raison des lieux plus ou moins ombragés et humides où elles croissent, de la température et de l'état de l'atmosphère.

(G..N.)

ERYSISCEPTRON. BOT. PHAN. Les uns regardent la Plante mentionnée par Dioscoride sous ce nom, comme l'Echinops, d'autres comme celle qui fournit le bois de Rhodes. (B.)

ERYTHRA. OIS. (Aldrovande.) Nom donné à la jeune Poule d'eau ordinaire, *Gallinula Chloropus*, dont un grand nombre d'auteurs, faute de l'avoir bien observée, ont fait une espèce distincte. *V.* GALLINULE.

(DR..Z.)

ERYTHRÆA. MOLL. Vieux synonyme de Porcelaines. *V.* ce mot. (B.)

ERYTHRÉ. *Erythræus.* ARACHN. Genre de l'ordre des Trachéennes, famille des Holètres, tribu des Acarides, fondé par Latreille qui lui donne pour caractères distinctifs : yeux sessiles ou n'étant pas portés chacun sur un pédicule; corps sans divisions. Ces deux particularités importantes servent à distinguer les Erythrés des Trombidions auxquels ils ressemblent par leurs mandibules en forme de griffes et par leurs palpes saillans terminés en pointe, avec un appendice mobile ou une espèce de doigt. Ces Acarides sont petits et vagabonds; on les rencontre courant sur les écorces d'Arbres ou sur le sol. Ils sont carnassiers, et se nourrissent sans doute de fort petits Insectes. Leur corps est mou et généralement rouge. On doit considérer comme type du genre :

L'ERYTHRÉ FAUCHEUR, *Erythræus phalangioides*, Latr.; Mite faucheuse, Degéer (Mémoire sur les Insectes, T. VII, p. 134, pl. 8, fig. 7-11); Phalangioïde, *Trombidium phalangioides*, Hermann (Mém. aptérologique, p. 33, pl. 1, fig. 10). Ses yeux sont rouges, son abdomen est de même couleur. On remarque une bande longitudinale et plus pâle au milieu du dos; les pieds de la quatrième paire sont très-longs. Cette espèce se trouve au printemps près des Chênes et sur les feuilles de cet Arbre.

On doit encore placer dans ce genre, suivant Latreille :

L'ERYTHRÉ ORDURICOLE, *Erythræus quisquilliarum*, *Trombidium quisquilliarum*, Hermann, *loc. cit.*, p. 32, pl. 1, fig. 9. Son abdomen est déprimé, rouge, avec les poils du corps blancs et très-courts. Il a été trouvé dans des décombres amassés par des inondations.

L'ERYTHRÉ DES PAROIS, *E. parietinum*, *Trombidium parietinum* d'Hermann, *loc. cit.*, p. 37, pl. 1, fig. 12. Son corps est presque ovale et de couleur vermillon; les palpes ont un seul onglet fourchu en dessous. Les pieds sont d'une seule couleur. On trouve cette espèce dans les Mousses. On la rencontre aussi dans l'intérieur des appartemens; elle court dans nos papiers et sur les pages des livres, mais ne leur fait aucun dommage et se nourrit sans doute d'Insectes plus petits qu'elle. Hermann ne met pas en doute que la petite Araignée rouge qui court très-vite, dont Roësel fait mention à l'explication de la planche vingt-quatre de son ouvrage (T. III, § 1er) et dont il fait son cinquième genre, n'appartienne à cette espèce. Latreille rapporte encore au genre Erythré les Trombidions *pusillum*, Herm. (pl. 2, fig. 4) et *murorum*, du même auteur (pl. 2, fig. 5). (AUD.)

ERYTHRÉE. *Erythræa.* BOT. PHAN. Genre de la famille des Gentianées et de la Pentandrie Digynie, L. Le nom d'*Erythræa* avait été anciennement donné par Reneaume (*Specim.*, p. 77, t. 76) à la jolie Plante de nos bois connue vulgairement sous le nom de *petite Centaurée*. Tournefort en fit le type de son *Centaurium minus*, en lui associant le *Chlora*, l'*Exacum*, etc. Elle cessa de constituer un genre particulier à l'époque où écrivit Linné; cet illustre naturaliste la fondit dans son grand genre

Gentiana, et tous les botanistes qui adoptèrent le système sexuel se crurent pendant long-temps obligés de suivre en cela leur législateur, quoiqu'il y eût dans la petite Centaurée une différence frappante de port et des caractères bien suffisans pour constituer un genre particulier. Dans les Archives de la Botanique, publiées à Leipsick en 1796 par Rœmer, on trouve deux dissertations sur les Gentianes, l'une de F. W. Schmidt, et l'autre de Borckhausen, dans lesquelles plusieurs genres sont construits avec les matériaux du *Gentiana*. Ce n'est pas à ces auteurs qu'on doit adresser le reproche d'avoir marché servilement sur les traces de Linné. Loin de grouper, comme celui-ci, presqu'en une seule masse toutes les Gentianées européennes, ils les ont divisées (le second surtout) en une multitude de genres qui ne sont pas avoués par la nature. L'*Erythræa* a été rétabli par Borckhausen, mais sans être suffisamment caractérisé; d'ailleurs cet auteur avait transporté dans d'autres genres la plupart des Plantes qui doivent y entrer. La même erreur avait été commise par Schmidt, qui avait répandu les espèces d'Erythrée dans son genre *Hippion* et dans le *Chironia*. En adoptant le genre *Chironia* de Schmidt, dans lequel l'*Erythræa* se trouve impliqué, Willdenow et De Candolle y réunirent avec raison les *G. maritima* et *spicata*, L., mais le premier y joignit les *Chironia* du Cap, qui forment un genre très-distinct. Nous ne dirons pas non plus que Necker soit l'auteur du genre *Erythræa*; quoiqu'il l'ait vaguement indiqué dans ses *Elementa Botanica*. Enfin, Richard père, dans l'*Enchiridium* de Persoon, définit parfaitement le genre en question, limita le nombre de ses espèces, et fixa ses caractères de la manière suivante : calice cylindracé, appliqué, à cinq angles et à cinq dents ; corolle infundibuliforme, à tube très-long, resserré vers la gorge, à limbe réfléchi ; anthères roulées en spirale, après l'anthèse ; deux stigmates rapprochés, rarement assez

confluens pour n'en former qu'un seul ; capsule très-allongée, presque linéaire, réellement uniloculaire, mais paraissant biloculaire à cause de l'extrême introflexion des valves ; graines non bordées, attachées à deux placentas suturaux très-développés. Ce genre comprend une trentaine d'espèces qui sont, moins que les autres Gentianées, particulières à tel sol ou à tel climat. Les unes croissent dans les bois ombragés, les autres dans les lieux secs, arides ; celles-ci près des bords de la mer, celles-là dans les montagnes, etc. La plupart sont indigènes du bassin de la Méditerranée ; cependant on en rencontre dans les contrées équatoriales des deux continens. Kunth, par exemple, en a décrit trois nouvelles espèces sous les noms d'*E. jorullensis* du Mexique, *E. quitensis* du Pérou et *E. Plumieri* de l'île de Cuba. R. Brown en a aussi fait connaître, sous le nom d'*E. australis*, une nouvelle espèce de la Nouvelle-Hollande. Ce sont des Plantes herbacées, droites, rameuses, à rameaux le plus souvent dichotomes, à feuilles très-entières, opposées et étroites ; à fleurs axillaires et terminales, solitaires au sommet des pédoncules ou disposées en épis le plus souvent roses ou blanchâtres, quelquefois jaunes.

Dans le nombre des Erythrées, il en est une qui mérite notre attention en raison de la célébrité dont elle a joui autrefois comme Plante médicinale, et de la profusion avec laquelle la nature en a décoré les forêts de toute l'Europe. Nous voulons parler de l'ERYTHRÉE PETITE CENTAURÉE, *Erythræa Centaurium*, Rich., *in Pers.*; *Gentiana Centaurium*, L.; *Chironia Centaurium*, Willd. et D. C., Fl. Fr. Cette Plante s'élève à la hauteur de trois à quatre décimètres ; ses tiges ne sont pas divisées inférieurement, elles portent des feuilles oblongues, réunies en rosettes à la base ; les fleurs en fascicules paniculés, ont les divisions de la corolle larges, concaves, le plus souvent roses, mais quelquefois blanches. Swartz et De

Candolle ont , avec raison , distingué de cette espèce l'*E. pulchella* , dont la tige est très-ramifiée, et les divisions de la corolle fort étroites. L'amertume de ces Plantes , plus franche et plus dégagée de principes étrangers que celle des racines des autres Gentianées, les a fait employer avec succès , sous forme d'infusion, comme toniques et stimulantes. Si maintenant elles ne jouissent pas d'une aussi grande réputation , c'est que le mode de traitement a changé dans les maladies où on les administrait. Elles possèdent réellement des qualités très-prononcées , et conséquemment doivent jouir de propriétés médicales assez énergiques. (G..N.)

ERYTHRIN. OIS. Espèce du genre Gros-Bec. *V.* GROS-BEC. (DR..Z.)

ERYTHRIN ou ERYTHRINE. *Erythrinus*. POIS. Ce nom qui , tiré du grec, signifie *rouge* , a été imposé comme spécifique et pour indiquer leur couleur, à des Poissons de divers genres : un Spare dans Linné, un Squale et un Saumon dans Schneider, s'appelaient Erythrins. Gronou l'employa pour désigner un genre que le législateur suédois ne conserva point, et qu'il fit rentrer parmi les Esoces. Lacépède ayant rétabli le genre de Gronou , lui donna la désignation de Synode qu'adoptèrent la plupart des ichthyologistes ; mais Cuvier qui conserve également ce genre , ayant judicieusement pensé qu'on n'avait point eu le droit de changer les noms imposés par les fondateurs, Cuvier a , dans son Histoire du règne animal, rétabli le nom imposé par Gronou. Le genre Erythrin appartient donc à la famille des Clupes dans l'ordre des Malacoptérygiens abdominaux ; ses caractères consistent : dans les os intermaxillaires petits, faisant, avec les maxillaires , une grande partie des côtés de la mâchoire supérieure ; une rangée de dents coniques sur les bords de chaque mâchoire ; parmi celles de devant , quelques-unes sont plus grandes que les autres ; dents en velours sur les palatins ; cinq rayons larges

aux branchies ; tête ronde , mousse , garnie d'os durs et sans écailles ; sousorbitaires couvrant toute la joue ; corps oblong , peu comprimé , revêtu de larges écailles ; la dorsale répond aux ventrales. L'estomac est un large sac où s'ouvrent beaucoup de petits cœcums ; la vessie natatoire est très-grande. Les Erythrins habitent les eaux douces des pays chauds , où leur chair, fort agréable , est recherchée. L'*Esox Malabaricus* de Bloch (pl. 392) sert de type au genre dont il est question , et dans lequel rentrent les *Synodus Erythrinus* , *Tareira* et *palustris* de Schneider, avec l'*Esox gymnocephalus* de Linné. (B.)

ERYTHRINE. *Erythrina*. BOT. PHAN On appelle ainsi un genre de la famille des Légumineuses et de la Diadelphie Décandrie, L., composé d'environ une vingtaine d'espèces, qui sont des Arbustes sarmenteux et grimpans, pour la plupart originaires des deux Indes , et dont les fleurs, ordinairement grandes et d'un rouge éclatant, forment des grappes d'un effet admirable. Ses feuilles sont alternes , composées de trois folioles entières. Elles sont généralement persistantes. Le calice est campanulé, tronqué, à deux lobes obtus et peu marqués ; la corolle est papilionacée , l'étendard très-long, appliqué contre les ailes , ayant ses bords rabattus ; les ailes sont courtes ; la carène se compose de deux pétales distincts , à peu près de la longueur des ailes. Les étamines sont diadelphes. L'ovaire est pédicellé. Le fruit est une gousse uniloculaire, allongée, contenant plusieurs graines et s'ouvrant en deux valves.

Nous citerons entre autres espèces fort remarquables les suivantes :

ERYTHRINE CORAIL , *Erythrina corallodendron*, L., Lamk. Ill., t. 608 , f. 1. Cette espèce, que l'on connaît sous le nom vulgaire de *Bois immortel*, est originaire des Antilles. C'est un petit Arbre d'un aspect agréable quoiqu'un peu nu et dépouillé, s'élevant à une hauteur de douze à vingt pieds et dont le tronc est assez poli, jaunâtre et assez généralement hérissé de gros aiguillons peu piquans. Ses feuilles sont alternes, longuement pétiolées, composées de trois folioles rhomboïdales, acuminées, entières, glabres, celle du milieu étant pétiolée. Les fleurs, qui s'épanouissent avant que les feuilles se soient développées, sont grandes, d'un beau rouge de corail, et forment un épi pyramidal de six à huit pouces de longueur à la partie supérieure des ramifications de la tige. A ces fleurs, qui sont en général pendantes et fort difficiles à conserver dans l'herbier, succèdent des gousses allongées un peu toruleuses, longues de cinq à six pouces, s'ouvrant en deux valves et renfermant un certain nombre de graines réniformes, luisantes, d'un rouge très-vif avec une grande tache noire. Ces graines, de même que celles de l'*Abrus præcatorius*, servent à faire des colliers, des brasselets et d'autres ornemens. Dans les deux Indes, on cultive assez fréquemment cette espèce avec laquelle on fait de fort bonnes haies. Bory de Saint-Vincent nous apprend, dans ses Voyages, que c'est sur cet Arbre que le Poivre se plaît le mieux à ramper. Le même savant l'a retrouvé croissant en pleine terre avec le *Parkinsonia aculeata* dans plusieurs jardins de l'Andalousie.

ERYTHRINE CRÊTE DE COQ, *Erythrina crista galli*, L.; Smith, *Exot. Bot.*, t. 95. Cette belle espèce, qui croît aux environs de Rio-Janeiro, y forme un Arbre très-élevé, généralement dépourvu d'aiguillons. Ses feuilles se composent de trois folioles ovales-lancéolées, entières, légèrement pétiolées et portant chacune deux glandes à la base de leur pétiolule. Les fleurs, grandes et d'un rouge éclatant, sont axillaires, réunies au nombre de trois à quatre sur un pédoncule commun, d'environ un pouce de longueur.

Lamarck a réuni au genre Erythrine, sous le nom d'*Erythrina monosperma*, le *Butea frondosa*, décrit et figuré par Roxburgh (*Pl. Corom.*, 1, t. 21). *V*. BUTEA.

L'*Erythrina planisiliqua*, L., qui croît dans les bois à Saint-Domingue, est devenu pour Willdenow le type d'un genre nouveau qu'il a nommé *Rudolphia*. *V*. ce mot. (A. R.)

*ERYTHROCHITON. BOT. PHAN. Genre établi par Nées et Martius dans les nouveaux Mémoires de l'Académie de Bonn (1, 165, tab. 18, fig. c) et qui doit faire partie de la famille des Rutacées, tribu des Cuspariées. Il est caractérisé par un calice très-grand, coloré, présentant un tube relevé de cinq angles et un limbe fendu en deux lèvres; cinq pétales soudés entre eux par leur base, de manière à simuler une corolle hypocratériforme, découpée à son sommet en cinq divisions ouvertes et inégales; cinq étamines toutes fertiles, dont les filets courts et pyramidaux se soudent à leur base en un tube court et charnu porté sur la corolle vers la hauteur à laquelle elle se divise; cinq styles réunis en un seul, terminé par un stigmate légèrement renflé et marqué de cinq sillons; un ovaire renfermé dans un tube glanduleux à cinq coques dont une ou deux avortent quelquefois. Celles qui viennent à maturité offrent chacune la forme, si commune dans cette famille, d'une capsule rugueuse, bivalve et disperme.

L'*Erythrochiton Brasiliensis* (*loc. cit.* tab. 22) est un petit Arbre qui croît à l'ombre des forêts; sa tige, simple, ne porte que vers son sommet des feuilles éparses, lancéolées, dépourvues de stipules. Ses fleurs, remarquables par leurs dimensions et leurs couleurs où le rouge du calice contraste avec la blancheur des corolles, sont disposées en grappes courtes à l'extrémité de longs pédoncules, et accompagnées de bractées. (A. D. J.)

ERYTHROCOCCIS. BOT. PHAN. (Pline.) Syn. de Grenade. (B.)

*ERYTHROCYNIS. BOT. PHAN. Dans son Histoire des Orchidées des îles Australes d'Afrique, Du Petit-Thouars nomme ainsi une espèce de son genre *Cynosorchis*. Elle paraît rentrer dans le genre *Orchis*, et en ce cas, son nom scientifique est *Orc. purpurea*. Cette Plante (*loc. cit.* tab. 15, sub *Purpurocynis*) croît dans les îles de France et de Mascareigne, où elle fleurit au mois d'août. Ses fleurs sont grandes, purpurines, et ses feuilles ovales et aiguës. (G..N.)

ERYTHRODANUM. BOT. PHAN. Nom de la Garance dans Dioscoride et Théophraste. Dans sa Flore de l'île Tristan d'Acugna, Du Petit-Thouars a appelé ainsi un genre de Rubiacées qui est absolument le même que le *Nerteria* de Gaertner. *V.* NERTERIE. (B.)

*****ERYTHRODRYS.** BOT. PHAN. Nom donné par Du Petit-Thouars (Histoire des Orchidées des îles Australes d'Afrique) à une espèce du groupe qu'il a nommé *Dryorchis*. Cette Plante, figurée (*loc. cit.* tab. 2), est indigène de l'Ile-de-France où elle fleurit au mois de septembre. Elle a des feuilles ovales, aiguës, et des fleurs grandes et jaunâtres. (G..N.)

***** ERYTHROGASTER.** OIS. (Cuvier.) Syn. de Brève à ventre rouge ou du Malabar. *V.* BRÈVE. (DR..Z.)

***** ERYTHROLEPTIS.** BOT. PHAN. Nom proposé par Du Petit-Thouars (Histoire des Orchidées des îles Australes d'Afrique) pour une espèce de son genre *Leptorchis*. Ce genre correspondant au *Malaxis* de Swartz, le nom scientifique de l'espèce en question doit être *Mal. purpurascens*. Cette Plante figurée (*loc. cit.* tab. 26) croît aux îles de France et de Mascareigne, où elle fleurit au mois de février. Elle possède de petites fleurs pourprées et des feuilles ovales et aiguës. (G..N.)

ERYTHRON. BOT. PHAN. (Dioscoride.) Syn. de *Rhus Coriaria*. *V.* SUMAC. (B.)

ERYTHRONE. MIN. Nom donné par Delrio à un nouveau Métal découvert par ce minéralogiste mexicain, dans le minerai de plomb brun de Zimapan. Ses propriétés caracté-ristiques sont de former des sels qui rougissent au feu et dans les acides. Du reste, cette substance est encore fort peu connue. (A. B.)

ERYTHRONE. *Erythronium.* BOT. PHAN. Ce genre de l'Hexandrie Monogynie, L., avait été placé par Jussieu dans la famille des Liliacées, à côté des Tulipes. Dans la Flore Française, De Candolle l'a réuni aux Colchicacées, et a ainsi fixé ses caractères : périgone campanulé, très-ouvert, à six divisions profondes, pétaloïdes, disposées alternativement sur deux rangs ; les trois intérieures munies chacune de deux callosités à leur base interne ; ovaire portant un style allongé, divisé en trois stigmates ; capsule globuleuse, rétrécie à sa base ; graines arrondies. Parmi les espèces peu nombreuses d'*Erythronium*, nous citerons comme la plus remarquable l'ERYTHRONE DENT DE CHIEN, *E. dens Canis*, L. Cette Plante a une hampe haute d'un à deux décimètres, pourvue à sa base de deux feuilles ovales-lancéolées, mouchetées et panachées de vert et de rouge obscur. La fleur solitaire au sommet de la hampe est pendante et d'une belle couleur purpurine ; son bulbe radical a une forme qui rappelle les dents canines des Mammifères, d'où le nom spécifique. Cette jolie Plante couvre au premier printemps les lieux couverts et montueux de certaines localités. Elle est très-commune près de Genève, de Montpellier, de Turin, dans les montagnes du Bugey et dans les Pyrénées. On cultive dans les jardins l'*E. flavescens*, Delaun. (Herb. Amat., tab. 51), Plante originaire de l'Amérique septentrionale, qui diffère des précédentes par la couleur jaune de ses fleurs, et surtout parce que les trois divisions extérieures du périgone sont échancrées à chaque côté de leur base. (G..N.)

***** ERYTHROPHTALME.** POIS. C'est-à-dire *yeux rouges*. Nom scientifique de la Sarve, espèce d'Able. *V.* ce mot. (B.)

ERYTHROPTÈRE. POIS. Espèce

de Labre du sous-genre Crénilabre.
V. LABRE. (B.)

ERYTHRORHIZE. *Erythrorhiza.*
BOT. PHAN. Michaux (*Flor. Bor.-Amer.*
2, p. 35) a nommé ainsi un genre de la
famille des Ericinées et de la Monadelphie Pentandrie, L., que Palisot-Beauvois avait fait connaître antérieurement dans un Mémoire lu à l'Institut
en l'an VII de la république, et qu'il
avait désigné sous le nom de *Solenandria*. Ce mot ayant été préféré à celui
d'*Erythrorhiza* par Ventenat et par
d'autres auteurs qui, soit dit en passant, se sont plus à en estropier l'orthographe, nous y renvoyons pour la
description. *V*. SOLÉNANDRIE. (G..N.)

ERYTHROSPERME. *Erythrospermum.* BOT. PHAN. Genre établi par
Lamarck et faisant partie de la
nouvelle famille des Flacourtianées,
où il forme une section particulière à laquelle le professeur De Candolle donne le nom d'*Erythrospermées*. Ce genre offre les caractères
suivans : le calice est formé de quatre
sépales généralement concaves et dont
les deux plus extérieurs recouvrent
les autres. La corolle se compose généralement de sept pétales obtus et
imbriqués latéralement. Les étamines
en même nombre que les pétales sont
hypogynes ; leurs filets sont très-
courts ; les anthères allongées, introrses, et à deux loges. L'ovaire est
globuleux, surmonté d'un style très-
court que termine un stigmate à trois
ou cinq lobes peu profonds. Coupé en
travers, l'ovaire présente une seule
loge et trois ou cinq trophospermes
pariétaux et longitudinaux, donnant
attache à un très-grand nombre d'o-
vules extrêmement petits. Le fruit est
une baie uniloculaire et monosperme.

Ce genre se compose de six espèces
toutes originaires des îles de France
et de Mascareigne. Ce sont des Arbrisseaux ou de petits Arbres à feuilles
entières, simples, éparses, ternées
dans une seule espèce (*Erith. verticillatum*, Lamk.) Deux ont été figurées
par Lamarck, Illustr., savoir : *Erith.
pyrifolium* (*loc. cit.* tab. 274, fig. 1,

et *Erith. verticillatum*, tab. 274, fig. 2.)
Les graines, dans ce genre, sont
presque toujours rouges et luisantes ;
de-là le nom générique qui lui a été
donné par Lamarck. On en fait des
colliers et d'autres ornemens. (A. R.)

*****ERYTHROSPERMÉES.** *Erythro-
spermeæ.* BOT. PHAN. Quatrième tribu
établie par le professeur De Candolle
(*Synopsis*, 1, p. 257) dans la famille
des Flacourtianées, et qui se compose du seul genre Erythrosperme.
V. ce mot. (A. R.)

***** **ERYTHROXYLE.** *Erythroxylum.* BOT. PHAN. Genre de Plantes
placé d'abord dans la famille des Malpighiacées, mais dont C. Kunth
vient de former le type d'un nouvel
ordre naturel adopté par le professeur
De Candolle dans le premier volume
de son *Prodromus*. Ce genre se compose d'environ vingt-quatre espèces,
dont les trois quarts sont originaires
des diverses contrées de l'Amérique
méridionale, tandis que les six autres ont été trouvées aux îles de
France, de Mascareigne et de Madagascar. Ce sont en général des Arbrisseaux ou même des Arbres dont les
jeunes rameaux sont comprimés et
recouverts de stipules imbriquées.
Les feuilles sont alternes, quelquefois opposées, munies de stipules.
Les fleurs sont axillaires ou terminales, solitaires, géminées ou en
faisceaux. Leur calice est à cinq divisions profondes et à cinq angles. La
corolle se compose de cinq pétales
hypogynes sessiles, munis d'une petite écaille sur leur face interne. Les
étamines, au nombre de cinq, ont
leurs filets soudés à leur base en un
urcéole. L'ovaire présente d'une à
trois loges ; dans ce dernier cas, deux
des loges sont vides, la troisième
contient un seul ovule pendant. Du
sommet de l'ovaire naissent trois
styles terminés chacun par un stigmate capitulé. Le fruit est une drupe
oblongue, anguleuse, monosperme.
L'embryon est placé au centre d'un
endosperme corné. Sa radicule est
tournée vers le hile.

L'une des espèces les plus remarquables de ce genre est :

L'ERYTHROXYLE DU PÉROU, *Erythroxylon Coca*, Lamk., Dict. 2, p. 393. C'est un Arbuste fort rameux, ne s'élevant qu'à une hauteur de trois à quatre pieds, orné de feuilles alternes, ovales, aiguës, entières, glabres, membraneuses, marquées généralement de trois nervures longitudinales, et longues d'environ un pouce et demi sur un pouce de largeur. Les fleurs sont petites et groupées sur de petits tubercules qu'on remarque sur les rameaux. Le Coca, selon l'observation de Joseph Jussieu, croît abondamment dans la province de Los Yungas, au Pérou. Ses feuilles, qui ont une saveur piquante, sont recueillies avec soin et distribuées dans toutes les mines du pays aux Indiens, qui en font l'exploitation. Ces Indiens ne résistent aux travaux pénibles de cette exploitation, qu'en mâchant continuellement ces feuilles avec les cendres du *Quinoa*, espèce du genre *Chenopodium* qui croît et que l'on cultive dans le pays. (A. R.)

*ERYTHROXYLÉES *Erythroxyleæ*. BOT. PHAN. Dans le cinquième volume des *Nova Genera*, le professeur Kunth a proposé de séparer le genre Erythroxylon de la famille des Malpighiacées, et d'en faire le type d'un ordre nouveau qu'il a nommé Erythroxylées. Ce changement a ensuite été adopté par De Candolle (*Prodrom.*, pl. 1, p. 573). Voici les caractères assignés à cette nouvelle famille qui ne se compose encore que des genres *Erythroxylum* et *Sethia* qui n'en est qu'un démembrement. Le calice est persistant, à cinq divisions profondes ou simplement à cinq lobes. La corolle est formée de cinq pétales sessiles, munis d'une petite écaille sur leur face interne. Ces pétales sont imbriqués latéralement avant leur épanouissement. Les étamines, au nombre de dix, ont leurs filamens monadelphes, leurs anthères biloculaires, s'ouvrant par un sillon longitudinal. L'ovaire est libre et supère, à une seule loge,

contenant un ovule pendant, quelquefois à trois loges, dont deux sont constamment vides. On compte, en général, trois styles et trois stigmates sur le sommet de l'ovaire; plus rarement, le style est simple, terminé par un stigmate trifide. Il n'y a pas de disque sous l'ovaire. Le fruit est une drupe monosperme. La graine se compose d'un endosperme corné, au centre duquel est un embryon dressé et cylindrique.

Cette famille, qui est très-voisine des Malpighiacées, en diffère surtout par ses pétales munis intérieurement d'un petit appendice écailleux, par la présence d'un endosperme et par son fruit uniloculaire et monosperme.

(A. R.)

* ERYTHRURE. POIS. Espèce de Spare du sous-genre des Picarels. *V*. SPARE. (B.)

ERYX. REPT. OPH. Pour Erix. *V*. ce mot.

ESCA. BOT. CRYPT. Ce nom espagnol de l'Amadou désigne la même substance résultant du *Boletus Igniarius* dans Cœsalpin. En Espagne cependant, Esca ne signifie pas seulement cet Amadou ordinaire, mais toute substance végétale qui s'enflamme par l'étincelle des briquets. On en fait avec des vieux linges, et surtout avec les fibres desséchées et bien battues des tiges de divers Chardons.

(B.)

* ESCALANDRE. OIS. (Salerne.) Vieux nom du Cujelier et du Rossignol de muraille. *V*. PIPIT et SYLVIE. (DR..Z.)

ESCALIER. MOLL. Même chose que Cadran. *V*. SOLARIUM. Les marchands de Coquilles ont aussi désigné quelquefois les Scalaires par le même nom. (B.)

ESCALLONIE. *Escallonia*. BOT. PHAN. Ce genre, de la famille des Ericinées et de la Pentandrie Monogynie, L., a été établi par Linné fils. Dans leur Flore du Pérou et du Chili, Ruiz et Pavon constituèrent le même genre sous le nouveau nom de *Ste-*

reoxylon , qui n'a pas dû subsister;
de même le *Jungia* de Gaertner
paraît être encore un double emploi de l'*Escallonia*. En décrivant
plusieurs espèces nouvelles de ce
genre, Kunth (*in Humb. et Bonp.*
Nova Genera et Spec. Plant. Amer.
T. III, p. 294) expose ainsi ses caractères génériques : calice demi-globu-
leux, adhérent à l'ovaire; limbe libre,
étalé, à cinq dents ou à cinq segmens;
cinq pétales et cinq étamines insérés
sur le calice; anthères oblongues,
mutiques; style dressé; stigmate dé-
primé-capité, échancré-bilobé; fruit
bacciforme, revêtu par le calice persistant et couronné seulement par le
style, presque biloculaire, s'ouvrant
à la base irrégulièrement par des pores; cloison ouverte supérieurement,
et portant dans cette partie les placentas, qui sont au nombre de deux
dans chaque loge et auxquels un grand
nombre de graines sont attachées.
Les Escallonies sont des Arbres ou
des Arbrisseaux pour la plupart indigènes du Pérou et du Chili. Leurs
feuilles sont éparses et entières; leurs
fleurs, terminales, solitaires, paniculées ou en grappes, sont blanches ou
roses et accompagnées de bractées.
L'*Escallonia myrtilloides*, sur laquelle Linné fils a établi le genre, possède
un bois très-dur qui sert à des usages
économiques; ses feuilles ont une saveur amère et sont employées comme médicament par les habitans du
Pérou et de la république de Colombie où il croît naturellement. C'est le
Stercoxylon patens de Ruiz et Pavon.
Ces auteurs ont décrit plusieurs autres espèces d'*Escallonia* sous le nom
de *Stereoxylon*, auxquelles Kunth en
a ajouté cinq nouvelles parmi lesquelles nous citerons l'*Escallonia*
Tubar, Mutis, qui est la même que
l'*E. discolor* de Ventenat (Choix
de Plantes, p. et t. 54). Poiret a
réuni à ce genre l'*Imbricaria cre-*
nulata de Smith , espèce connue
sous plusieurs autres dénominations.
Gaertner (*de Fruct.*, t. 25) et Lamarck
(Illustr., t. 143) l'ont nommée *Jungia*
Imbricaria; Gmelin en a fait un gen-

re nouveau qu'il a nommé *Mollia*;
enfin c'était une espèce de *Philadel-*
phus pour Solander. Ce conflit de
dénominations prouve assez que la
Plante en question , dont on ignore
d'ailleurs la patrie, n'est pas assez
connue pour que sa place dans le
genre *Escallonia* soit bien assurée.

(G..N.)

ESCARBEAU. ois. L'un des vieux
noms du Corbeau, *Corvus Corax* , L.
V. CORBEAU. (DR..Z.)

ESCARBOT. *Hister.* INS. Genre
de l'ordre des Coléoptères, section
des Pentamères , famille des Clavicornes , établi par Linné et dont les
caractères sont : palpes maxillaires
beaucoup plus courts que la tête et
notablement plus longs que les labiaux , ces derniers n'étant pas terminés par un article en hache, ni en
cône allongé. Antennes logées dans
des rainures pectorales, très-coudées,
d'environ sept articles , dont le premier très-long et les trois derniers en
masse ovale presque solide. Mandibules très-saillantes et plus ou moins
grandes ; bouche couverte par un
avancement de l'avant-sternum ; mâchoires terminées par un lobe court
ou médiocrement allongé. Les Escarbots ont le corps plus ou moins carré,
quelquefois presque globuleux, avec
les mandibules avancées; la tête reçue
dans une échancrure du corselet, les
étuis tronqués, l'anus découvert, les
pieds contractiles et les jambes larges
et épineuses. Ils diffèrent des genres
Lucane, Scarabée, Bousier, Trox,
Hanneton et Cétoine par les antennes,
quoiqu'ils aient quelques rapports
avec ces Insectes sous d'autres points
de vue , et des Dermestes, Anthrènes,
Sphéridies et Byrrhes par leur tête
rétractile, leurs antennes coudées,
leurs mâchoires qui sont simples, et
enfin par leurs jambes antérieures
qui sont dentées. On trouve ces Insectes dans les bouses , les fientes ,
les charognes, et dans les tueries, sur
le sang qui y est resté desséché; quelques espèces vivent sous l'écorce des
Arbres morts ou cariés. On les ren-

contre pendant une grande partie de l'année courant quelquefois par terre et dans les chemins. Lorsqu'on les touche, ils contrefont les morts en collant leurs pates et leurs antennes contre le corps et suspendant tout mouvement.

Latreille a observé la larve de l'Escarbot des cadavres, *H. cadaverinus*; il l'a trouvée, en août 1811, sous des excrémens humains desséchés. Les plus grands individus ont neuf à dix lignes de long sur un peu plus d'une ligne de large; le corps est d'un blanc jaunâtre, cylindrique, presque linéaire, mais déprimé, d'un tiers environ plus large que haut et très-glissant. Il est composé, en n'y comprenant pas la tête, de douze anneaux presque tous égaux et ayant une forme à peu près carrée. La tête est plate tant en dessus qu'en dessous, moins large que le premier segment; elle est armée de deux fortes mandibules arquées, unidentées au côté interne et croisées à leur pointe; au-dessus de la base de chaque mandibule est insérée une antenne cylindro-conique, presque de la longueur de la tête, de trois articles. Les mâchoires paraissent être composées d'une pièce cylindrique, concave au côté interne et terminée par un palpe de quatre articles cylindriques, diminuant de grosseur vers l'extrémité. La lèvre inférieure est petite, presque carrée; à chacun de ses angles supérieurs est inséré un petit palpe. Le premier anneau est un peu plus grand et recouvert d'une plaque écailleuse d'un brun rougeâtre assez vif. Les autres segmens sont très-mous; ils sont demi-transparens et les trois premiers portent chacun une paire de pates très-petites, écailleuses et composées de quatre articles, non compris le mamelon charnu qui leur sert de base. Le dernier segment est un peu plus étroit et arrondi au bout; il a en dessous un mamelon court, assez gros, où l'anus est placé; chaque côté de l'extrémité postérieure de cet anneau est dilaté et sert de base à un appendice écailleux, com-

posé de deux articles cylindriques de la même longueur, et ayant chacun à leur extrémité deux poils assez longs. Ces appendices forment une espèce de double queue divergente et un peu relevée. Tous les anneaux, à l'exception du premier, du troisième et du dernier, ont de chaque côté un petit stigmate en forme de point brun, qui, vu à la loupe, paraît presque carré et divisé en deux par une ligne longitudinale ou l'ouverture. Cette larve rampe ou se traîne plutôt qu'elle ne marche; elle peut aller à reculons, et sa peau est si glissante qu'elle s'échappe des doigts.

Paykul (Monographie des Histéroïdes, Upsal 1811) a divisé ce genre en plusieurs coupes que nous croyons utile de faire connaître.

† Corselet strié longitudinalement.

I. Corselet ayant deux stries sur les côtés.

α. Bord des élytres ayant une strie. — Les *H. gigas*, Ol.: *inœqualis*, F.; *major*, L.; *Afer*, Payk.; *Senegalensis*, Payk.; *4-maculatus*, L.; etc.

β. Bord des élytres n'ayant point de stries. — Les *H. bipunctatus*, Payk.; *quadri-notatus*, Ill.; *sinuatus*, Payk.; *Javanicus*, Payk.; etc.

II. Corselet n'ayant qu'une strie sur les côtés.

α. Bord des élytres n'ayant point de stries — Les *H. bipustulatus*, F.; *bimaculatus*, L.; *connectens*, Payk., etc.

β. Bord des élytres ayant une strie. — Les *H. purpurascens*, F.; *carbonarius*, F.; *stercorarius*, Sch.; *fimetarius*, Herbst., etc.

†† Corselet sans stries longitudinales.

I. Corps de forme ovoïde.

α. Elytres ayant cinq stries dorsales. — Les *H. frontalis*, Payk.; *Carolinus*, Payk.; *fulvicornis*, F.; *Troglodytes*, Payk.; et *Italicus*, Rossi.

β. Elytres ayant quatre stries dorsales au moins.

*Strie de la suture séparée de la strie dorsale la plus voisine. — Les *H. cruciatus*, Fabr.; *interruptus*, Payk.; *quadriguttatus*, F.; *splendens*, Payk., etc.

** Strie de la suture réunie avec celle de la base. — Les *H. rugifer*, Payk.; *Pensylvanicus*, Payk.; *assimilis*, Payk.; *bicolor*, Fabr.

*** Point de strie à la suture. — Les *H. punctatus*, Fabr.; *Capensis*, Payk.; *pygmœus*, L.; et *piceus*, Payk.

γ. Elytres sans aucune strie dorsale. — Les *H. scaber*, F.; *exilis*, Payk.; *lœvigatus*, Payk.; *globulus*, Creutz., etc.

II. Corps oblong.

α. Elytres sans stries. — Les *H. proboscideus*, F., et *picipes*, F.

β. Elytres striées. — Les *H. flavicornis*, Herbst.; *cylindricus*, Payk.; *angustatus*, Gyl.; et *oblongus*, F.

††† Corselet sillonné.

I. Corselet n'ayant qu'un seul sillon longitudinal de chaque côté. — Les *H. cœsius*, F.; *vulneratus*, Panz.; *pusillus*, Rossi, et *quadratus*, Ill.

II. Corselet ayant plusieurs sillons longitudinaux de chaque côté. — Les *H. hispidus*, Payk.; *sulcatus*, Fabr., et *striatus*, Fab.

Paykul (*loc. cit.*) décrit quatre-vingt-quatre espèces du genre Escarbot. Il en a séparé plusieurs auxquelles il a trouvé des caractères suffisans pour former son genre Hololepte. *V.* ce mot.   (G.)

ESCARBOUCLE. ois. *V.* Colibri Oiseau-Mouche.

ESCARBOUCLE. *Carbunculus.* min. La pierre précieuse ainsi nommée par les anciens, a été reconnue dans le Rubis Spinelle par les uns, et dans les Grenats par les autres. Elle était caractérisée par l'éclat qu'elle jetait et que l'on comparait à celui d'un charbon ardent.   (B.)

ESCARGOT. moll. Ce nom vulgaire par lequel on désigne, en général, les Limaçons communs, s'applique plus particulièrement à l'*Helix pomatia. V.* Hélice.   (B.)

ESCARGOULE. bot. crypt. Du latin *esca gulœ.* Vieux nom français donné à divers Champignons mangeables, et qui est encore employé en diverses provinces pour désigner l'*Agaricus procerus*, le *Boletus esculentus* et le *Merulius Cantharellus.* Ce dernier a aussi été quelquefois appelé Escaville ou Escarville.   (B.)

ESCARLANDE. ois. Syn. vulgaire du Cujelier. *V.* Pipit.   (DR..Z.)

ESCAROLE ou **SCAROLE.** bot. phan. *V.* Laitue.

ESCAT. pois. (De La Roche.) Le *Squalus Squatina*, L., dans l'île d'Ivice. *V.* Squatine.   (B.)

" **ESCAVILLE** ou **ESCARVILLE.** bot. crypt. *V.* Escargoule.

" **ESCAYOLE.** bot. phan. (Desfontaines.) Nom vulgaire sous lequel on désigne, dans le commerce et sur la côte barbaresque, les graines d'Alpistes. *V.* Phalaris.   (B.)

ESCHARBOT. bot. phan. L'un des noms vulgaires du *Trapa natans. V.* Macre.   (B.)

ESCHARE. *Eschara.* polyp. Genre de l'ordre des Escharées, dans la division des Polypiers entièrement pierreux et non flexibles, à cellules foraminées, ayant les caractères suivans : Polypier presque pierreux, non flexible, à expansions comprimées ou aplaties, lamelliformes, fragiles, simples, rameuses, clathrées ou en réseau, couvertes sur toutes les faces de cellules à parois communes, disposées en quinconce, et dont l'ouverture est en général plus petite que le corps. Les anciens naturalistes ont donné le nom d'*Eschara* ou *Escara* à beaucoup de productions marines, principalement à des Polypiers. Linné ne l'adopta point dans son *Systema Naturœ*, et plaça la plupart des Escharres des auteurs qui l'avaient précédé dans son genre Flustre. Pallas, peu partisan des noms nouveaux, crut devoir conserver celui d'*Eschara* pour un genre dans lequel il réunit des Flustres, des Cellépores, des Eschares et des Millépores. Le baron de Moll adopta en partie le genre *Eschara* de Pallas. Solander, dans Ellis, le rejeta; et Gmelin le rétablit tel que Linné l'avait proposé. Cavolini, ayant observé les polypes de quelques Eschares de Lamarck, les considère comme des Millépores. En 1810, nous avons divisé les Flustres de Linné en plusieurs groupes; en 1816, Lamarck en a définitivement séparé les Eschares. En 1820, non-seulement nous avons adopté le genre *Eschara* de Lamarck, mais encore nous en avons fait le type d'un ordre, celui des Escharées; maintenant les Eschares forment donc un genre particulier adopté par Cuvier et par les naturalistes modernes. Les caractères que nous lui avons attribués ne diffèrent presque point de ceux de Lamarck.

Les Eschares se distinguent des genres qui composent l'ordre des Escharées par leur forme, ainsi que par celle des cellules polypeuses qui les couvrent dans tous les sens. La tige presque articulée dans les Adéones, la forme en entonnoir des Rétépores, celle des Discopores, les cellules distantes des Diestopores, la longueur de celles des Obélies et des Celléporaires, fournissent des caractères nombreux pour ne pas confondre ces genres avec les Eschares. Ces Polypiers offrent toujours des lames plus ou moins comprimées, celluleuses; les cellules, régulièrement disposées en quinconces sur toutes les faces, sont accolées, à parois communes et séparées par une cloison parallèle aux lames; leur ouverture est presque toujours moins grande que leur intérieur; elle n'est jamais operculée comme dans les Flustres; les ovaires particuliers aux Polypiers cellulifères n'ont pas encore été observés dans les Eschares; enfin, ces Polypiers ont une consistance beaucoup plus solide que les flexibles, ce·

pendant ils n'ont jamais la dureté des Millépores, ni celle des autres Polypiers entièrement pierreux. Ils semblent se lier avec ces derniers par les Ocellaires et les Krusensternes; les Cellépores, si voisins des Celléporaires, les rapprochent des Polypiers flexibles. Ce genre n'offre-t-il point des affinités encore plus naturelles? Ne serait-il pas plus simple, plus méthodique et plus exact de ne faire qu'un seul ordre des Escharées et des Flustrées, et de lui donner pour caractères : Polypiers à cellules accolées dans toute leur longueur ou dans une partie seulement, en général avec des parois communes, etc., pour les distinguer d'abord des Milléporées dont les cellules sont creusées, foraminées dans la substance même du Polypier, ensuite des Celléporées à cellules distinctes, isolées dans la plus grande partie de leur longueur et s'élevant en nombre plus ou moins considérable d'une base commune, sans conserver entre elles aucune régularité dans leur situation? Alors l'ordre des Escharées n'existerait plus, et beaucoup d'espèces, regardées comme des Eschares, seraient classées les unes parmi les Millépores, les autres parmi les Flustres, et bien peu resteraient pour le genre *Eschara*, si même il en existait. Ce n'est qu'une hypothèse que l'observation seule des Polypiers avec les Animaux vivans peut confirmer ou détruire; en attendant, nous conservons l'ordre des Escharées et le genre *Eschara*, tel que nous l'avons établi dans le tableau de notre Exposition méthodique des genres des Polypiers, en grande partie d'après Lamarck.

Les Eschares se trouvent dans toutes les mers, en plus grand nombre dans les zónes chaudes ou tempérées; leur grandeur n'est jamais très-considérable. Lamarck en a décrit un grand nombre d'espèces nouvelles; appartiennent-elles toutes à ce genre? Dans le doute, nous croyons devoir les citer textuellement, en attendant que l'on puisse les étudier sur la nature elle-même. Nous avons ajouté aux

onze espèces de Lamarck une douzième dans notre Exposition méthodique des genres des Polypiers. En voici les principales que nous citerons
comme type :

Eschare foliacé, *Eschara foliacea*, Lamk. ; *Millepora foliacea*,
Gmel., *Syst. Nat.*, p. 3786, n. 15 ;
Ellis, *Corall.*, tab. 30, fig. a, A, B, C.
Cet Eschare est gigantesque eu égard
aux autres espèces ; il acquiert quelquefois jusqu'à un mètre (trois pieds)
de grandeur en tous sens. Il est formé de lames roides, fragiles, minces,
fléchies et réunies dans toutes les directions. Il est commun sur les côtes
de France, et ne peut vivre qu'à
une profondeur de quatre brasses au
moins.

Eschare a bandelettes, *Eschara
fascialis*, Pall., Eleuth., p. 42, n. 9,
var. A; Ellis, *Corall.*, p. 87, t. 30, fig.
6. Il forme des touffes larges, élégantes, très-divisées et subcancellées.
Les bandelettes sont comprimées,
larges d'un centimètre environ. Il habite la Méditerranée.

Eschare lobé, *Eschara lobata*,
Lamx., Gen. Polyp., p. 40, tab. 72,
fig. 9-12. Eschare formant des expansions lamelliformes, simples, à bords
ondulés ou lobés, couvertes de cellules subpyriformes, en séries presque rayonnantes. Couleur terreuse
par la dessiccation, d'un rouge vif et
tendre dans l'état de vie. Habite sur
des Hydrophytes qui couvrent des rochers sous-marins à quelques degrés
de longitude orientale du banc de
Terre-Neuve.　　　　(LAM..X.)

* ESCHARÉES. *Eschareæ*. POLYP.
Ordre de la division des Polypiers
entièrement pierreux et non flexibles,
à cellules perforées ou foraminées ;
ayant pour caractères : Polypiers la-
pidescens, polymorphes, sans com-
pacité intérieure ; à cellules petites,
courtes ou peu profondes, tantôt sériales, tantôt infuses. Tels sont les caractères que nous avons donnés à
l'ordre des Escharées ou Polypiers à
réseau, dans notre Exposition métho-

dique des genres de la classe des Polypiers ; on les trouvera un peu vagues, il était impossible d'en donner
de plus précis pour un groupe que
nous regardons comme tellement systématique que l'on est tenté à chaque
instant d'y faire des modifications et
même de l'effacer du tableau pour
placer les genres et les espèces qui le
composent, les uns parmi les Flustrées, les autres avec les Milléporées.
Dans l'état actuel de nos connaissances, l'on peut indiquer ces changemens et attendre pour les effectuer
de nouvelles observations faites sur
les Animaux vivans et non sur leur
squelette ou le Polypier. Les Escharées renferment une partie seulement
des Polypiers à réseau de Lamarck,
les autres appartiennent aux Cellulifères. Nous avons réuni aux Mil(é)po-
rées, les Rétéporites, les Ovulites,
les Lunites et les Orbulites que plusieurs naturalistes ont regardés comme des Mollusques, principalement
Denys de Montfort. Ce dernier a décrit dans sa Conchyliologie Systématique des êtres dont l'organisation
n'est pas encore bien démontrée; tels
sont les genres Tiniporus, Sidéroli-
tes, Numulithes, Lycophris, Rota-
lires, Egeon, Borelis, Miliolites,
Clausulus et Discolites ; la plupart
appartiennent aux genres déjà cités ;
les autres s'en rapprochent beaucoup.

Dans notre Exposition méthodique,
l'ordre des Escharées était composé
des genres Adéone, Eschare, Rétépore, Discopore, Diastopore, Celléporaire, Krusensterne, Hornère et
Tilésie. Dans le tableau des genres,
les trois derniers sont classés dans le
groupe des Milléporées, parce que
leurs cellules ont la forme de trous
creusés dans un corps solide, sans
parois distincts, et que ces cellules
ne sont pas uniformément répandues
sur toute la surface du Polypier. Ainsi
l'ordre des Escharées est formé maintenant des genres Adéone, Eschare,
Rétépore, Discopore, Diastopore,
Obélie et Celléporaire. *V.* ces mots.
　　　　　　　　(LAM..X.)

ESCHASMÈNE. bot. phan. (Dioscoride.) Syn. d'*Hedysarum Onobry-chis*. *V*. SAINFOIN.   (B.)

ESCHEL. BOT. PHAN. (Forskalh.) Le Cornouiller sanguin chez les Arabes.   (B.)

ESCHELETTE. OIS. *V*. ECHELETTE.

ESCHENBACHIA. BOT. PHAN. Les fleurons marginaux de l'*Erigeron œgypticum* offrent une telle modification de leur structure habituelle dans les autres Erigerons, que Mœnch n'a pas hésité d'en séparer cette Plante, et de constituer le nouveau genre *Eschenbachia*; il lui donnait pour caractère principal, d'avoir les fleurs marginales sans corolle; mais cette absence n'est qu'apparente, puisque H. Cassini, qui a établi le même genre sous le nouveau nom de *Dimorphantes*, décrit ces fleurs comme ayant des corolles tubuleuses, tridentées et tronquées au sommet. *V*. ERIGERON et DIMORPHANTES.   (G..N.)

ESCLAVE. OIS. Espèce du genre Troupiale. On a aussi donné le nom d'Esclave à un Tangara également de Saint-Domingue, dont Vieillot a fait le type de son genre Esclave. L'*Oriolus Dominicensis* a reçu le nom vulgaire d'Esclave doré. *V*. TROUPIALE et TANGARA.   (DR..Z.)

ESCLAVE. *Terapon*. POIS. Sous-genre établi par Cuvier entre les Perches. *V*. ce mot.   (D.)

ESCLAVON. OIS. Suivant Latham, ce n'est qu'une variété de la Buse pattue. *V*. FAUCON. C'est aussi le nom d'une espèce de Grèbe d'Europe. *V*. GRÈBE.   (DR..Z.)

ESCOBÉDIE. *Escobedia*. BOT. PHAN. Genre de la famille des Scrophularinées de Brown ou Pédiculaires de Jussieu, et de la Didynamie Angiospermie, L., établi par Ruiz et Pavon, et adopté par Kunth (*Nov. Genera et Spec. Plant. œquin.* T. II p. 371) qui en a ainsi exposé les caractères: calice tubuleux, pentagone et à cinq dents; corolle ayant un tube beaucoup plus long que le calice, et un limbe plane à deux lèvres, dont la supérieure offre deux, et l'inférieure trois divisions presque égales; quatre étamines didynames incluses, à anthères linéaires, sagittées et aristées à la base; stigmate en languette ridée et ondulée; capsule couverte par le calice, biloculaire et bivalve. On ne connait encore qu'une seule espèce de ce genre, *Escobedia scabrifolia*, Ruiz et Pavon (*Syst. Veg. Flor. Per.*, p. 159), et Kunth (*loc. cit.*, t. 174); Plante herbacée à feuilles opposées et entières; à fleurs blanches, très-belles, accompagnées de deux bractées, et solitaires au sommet de pédoncules axillaires. Elle croît sur les rochers de la république de Colombie, près de la ville de Mariquita. Les habitans lui donnent le nom d'*Asafran*.   (G..N.)

ESCOMEL. BOT. CRYPT. Même chose que Coulemelle. *V*. ce mot. (B.)

ESCOMPENO. POIS. Le *Scorpœna Porcus* sur les côtes de Provence, et particulièrement dans les marchés de Marseille.   (B.)

ESCOUBARDE ou OREILLÈRE. BOT. CRYPT. (Dubois.) Syn. vulgaire d'*Agaricus auriculata* dans l'Orléanais où l'on mange sans inconvénient ce Champignon ailleurs réputé suspect.   (B.)

ESCOUELLE. OIS. Syn. vulgaire du Milan. *V*. FAUCON.   (DR..Z.)

ESCOURGEON. BOT. PHAN. *V*. ECOURGEON.

* ESCOBA. BOT. PHAN. Ce mot signifie en espagnol un balai, et de-là le nom d'Escoba donné, chez nos voisins, à diverses Plantes employées à cet usage, telles que le *Centaurea samantica*, diverses Graminées, l'*Euphrasia odontites*, et même le *Chamarops humilis* plus communément appelé *Palmito*. Ce nom d'Escoba, avec divers adjectifs, désigne encore au Nouveau-Monde plusieurs autres Végétaux, et on le retrouve dans les relations des voyageurs.

Ainsi ESCOVA-EMARGA est le nom vulgaire du *Parthenium Hysterophorus*, L., chez les habitans des environs de Caraccas et des rives de l'Orénoque. (B.)

ESCOVILLA. bot. phan. Diminutif d'Escova : il s'applique plus particulièrement à l'Euphraise et aux Aira les plus élégans.

Les montagnards de la partie du Mexique située près de Xalappa, appellent *Escovilla* le *Baccharis xalapensis* de Kunth. En ajoutant à ce mot l'épithète d'*amarga*, ceux qui habitent près du volcan de Jorullo, désignent le *Scoparia dulcis*, L. *V.* Baccharis et Scoparia. (B.)

ESCUDARDES. bot. crypt. Ce nom, qui paraît être une corruption d'Escoubarde, *V.* ce mot, est employé par Paulet pour désigner l'une de ses familles de Champignons, parce que, dit-il, les espèces qui la composent ont un chapeau plus ou moins semblable à un écu qu'on dirait posé ou dardé sur son pédicule. Les Éscudardes sont divisées en Savatelles ou de France, Bistres ou d'Allemagne, et Couleuvres. Les noms donnés aux espèces de cette famille ne sont pas moins extraordinaires : c'est l'Épine, le Cuir, la Terre d'Ombre, etc. (B.)

ESCUDES et ESCUDETS. bot. phan. Vieux noms de l'*Hydrocotyle vulgaris*, empruntés de la forme des feuilles de cette Plante, et encore employés pour la désigner dans quelques cantons méridionaux de la France. (B.)

ESCULAPE. rept. oph. Espèce du genre Couleuvre. *V.* ce mot. (B.)

ESCULUS. bot. phan. (Pline.) Espèce du genre Chêne. *V.* ce mot. Il ne faut pas confondre *Esculus* avec *Æsculus*, qui désigne, dans Linné, l'Hyppocastane. (B.)

ESCUMEL. bot. crypt. Même chose que Coulemelle. *V.* ce mot. (B.)

ESERA. bot. phan. (Necker.) Syn. de *Drosera cistiflora. V.* Drosère. (B.)

ESOCE. *Esox.* pois. Genre de la famille à laquelle il a donné son nom comme type, dans l'ordre des Malacoptérygiens abdominaux, placé par Duméril parmi ses Siagonotes di-

vision des Abdominaux. Ses caractères sont : une dorsale unique située vis-à-vis de l'anale ; la tête planiuscule supérieurement, comme terminée par un bec, avec les mandibules inégales munies de fortes dents ; la langue libre ; l'ouverture des ouïes fort grande ; leurs opercules en partie écailleux, composés ordinairement de deux pièces inégales, de cinq à douze rayons à la membrane branchiostège. Ce genre, assez nombreux en espèces agiles et voraces, a été divisé, par les ichthyologistes modernes, en plusieurs genres divers. Le *Synodus* sous le nom d'Erythrin, *V.* ce mot ; le *Sphyræna* et le *Lepidosteus*, *V.* Sphyrène et Lépidostée, ont été seuls adoptés par Cuvier ; les autres sont devenus, dans la Méthode de ce savant, de simples divisions, au nombre de huit.

† Brochets, *Esox.* Les caractères particuliers de ce sous-genre consistent, selon l'illustre auteur de l'Histoire du règne animal, en de très-petits intermaxillaires au milieu de la mâchoire supérieure, hérissés aussi bien que le vomer, les palatins, la langue, les pharyngiens et les arceaux des branchies, de dents en cardes. Sur le côtés de la mâchoire inférieure est en outre une série de longues dents pointues, mais les maxillaires n'ont pas de dents ; le bec ou plutôt le museau est oblong, obtus, large et déprimé. L'estomac, ample et plissé, se continue avec un intestin mince et sans cœcum qui se replie deux fois ; la vessie est très-grande. Deux espèces seulement paraissent former ce sous-genre.

Le Brochet commun, *Esox Lucius*, L., Gmel., *Syst. Nat.* xiii, 1, *pars.* iii, p. 1391 ; Bloch, pl. 32, Encycl. Pois. pl. 174, fig. 292. Trop connu pour que nous en donnions une description détaillée ou la figure, ce Poisson n'en mérite pas moins que nous présentions une esquisse de son histoire : Requin des eaux douces, dit Lacépède, il y règne en tyran dévastateur ; comme le Squale formidable au milieu des mers, insatiable sans appétit, il ravage, avec une promptitude effrayante, les viviers et les étangs; féroce sans discernement, il n'épargne pas même son espèce, et dévore ses propres petits; goulu sans choix, il déchire, il avale, avec une sorte de fureur, jusqu'aux restes des cadavres putréfiés. Il est peu de Poissons sur lesquels on ait autant écrit, et sur lesquels on ait réuni plus d'observations, dit Bosc. Nous n'omettrons pas de citer le nom de ce savant, ainsi qu'on l'a fait ailleurs, en transcrivant les faits suivans. On sait que la première année le Brochet parvient à la longueur de huit à dix pouces, la seconde à celle de douze ou quatorze, la troisième à celle de dix-huit ou vingt. On en a vu de huit pieds, et ceux de cinq ne sont pas rares dans les grands lacs du nord de l'Europe et dans les grandes rivières du nord de l'Asie, telles que le Volga. Ce ne sont point ici des exagérations, des opinions établies sur des renseignemens vagues. Willugby parle d'un Brochet qui pesait quarante-trois livres. Le docteur Brand en prit un dans ses terres, près de Berlin, qui avait sept pieds. Bloch a vu le squelette d'une tête qui avait dix pouces de large, ce qui donnerait au corps une longueur de huit pieds. Mais de tous les faits de cette nature, le plus remarquable et le mieux constaté est le suivant : en 1497, on prit à Kaiserslautern, dans le Palatinat, un Brochet qui avait dix-neuf pieds de long, et qui pesait trois cent cinquante livres. On l'a représenté dans un tableau qui se conserve au château de Lautern, et l'on a vu long-temps son squelette à Manheim. Il n'est pas constaté, selon nous, que ce Brochet, auquel les anciens n'eussent pas manqué de donner le nom de Cétacé, eût été le premier Poisson jeté dans l'étang où il fut pris, par l'empereur Frédéric Barberousse lui-même, le 5 octobre 1262. L'histoire d'un anneau d'or ou doré qui pouvait s'élargir, où était gravé une sorte d'acte de naissance, et dont on avait orné l'Animal, afin qu'il pût instruire l'avenir de sa noble origine, nous paraît difficile à croire. Quoi qu'il en soit, il semble que c'est en raison de l'étendue des eaux qu'ils habitent, et conséquemment de la nourriture plus ou moins abondante qu'ils y peuvent trouver, que les Brochets acquièrent des dimensions plus ou moins fortes. Les lagunes des Landes aquitaniques où abondent diverses espèces d'innocens Cyprins, sont aussi remplies de nombreux Brochets, et les gros y dévorent les petits de leur espèce, ainsi que nous l'avons souvent observé. Nous avons même vu un individu de trois pieds de long dans l'estomac duquel on trouva un autre Brochet de dix pouces, et celui-ci contenait une petite Grenouille avec deux Ables. Cet Animal fut pêché dans l'étang de la Huco, situé dans la baronie de Saint-Magne, qui appartenait à notre famille avant la révolution. Jonston cite un fait à peu près semblable, mais le Brochet avalé contenait un Rat d'eau au lieu d'Ables et de Grenouille. On rapporte avoir trouvé jusqu'à des Canards entiers dans de gros Brochets, et La Chesnaye-des-Bois y rencontra le fruit armé de fortes épines de la Macre. Quand la proie du Poisson vorace est d'une taille proportionnée à la grandeur de sa vaste gueule, il l'engloutit, ne se servant de ses dents que pour la saisir et la tuer afin de la pouvoir ensuite avaler sans résistance. Il use de cette précaution, parce que plusieurs de ses victimes, les Perches particulièrement, pourraient le blesser et même lui donner la mort en déchirant de leurs aiguillons les parois de son estomac. C'est ce qui arrive quelquefois aux jeunes Brochets inexpérimentés, lorsqu'ils avalent des Gastérostées, dont les épines se redressant déchirent des parties essentielles à l'existence. — Sans arguer du Brochet de Kaiserslautern, qui aurait vécu au moins deux cent soixante-sept ans, pour établir la longévité de l'Ésoce dont il est question, il est certain que cet Animal acquiert un grand âge lorsque rien ne s'y oppose. — Quand la proie saisie par le Requin des étangs est plus grosse que lui, il n'en avale d'abord que la partie la plus mince, et pendant qu'il en digère l'extrémité parvenue dans son corps, il attend patiemment que la putréfaction lui facilite la déglutition du reste. Cette manière de se nourrir est la même que celle des Boas auxquels on eût pu comparer le Brochet aussi bien qu'au plus cruel des Sélaciens. Comme l'un et l'autre, courageux et puissant, le Brochet paraît peu susceptible de crainte; attentif à observer les mouvemens des Poissons qu'il cherche à dévorer, à peine paraît-il connaître le danger en méditant le meurtre, et souvent le pêcheur peut aisément saisir, avec la fouène ou avec la main, le ravisseur guettant ses victimes. Caché dans l'ombre, vivant indifféremment dans les eaux pures ou bourbeuses, il affecte une complète immobilité : on dirait que par le moindre mouvement il craint de se trahir en lançant les reflets d'argent et d'or que projettent les écailles brillantes de son ventre et de ses flancs. Cependant son œil, étincelant comme une pierre précieuse, le fait souvent apercevoir, quand les nuances sombres ou verdâtres de son dos lui permettraient de demeurer obscurément confondu parmi le feuillage aquatique ou gissant sur le limon gras. La voracité du Brochet est telle, et cet Animal se jette avec une si grande violence sur l'objet qu'il prétend saisir, que souvent, après l'avoir mordu, il ne saurait plus lâcher prise. Rondelet raconte qu'une Mule buvant dans le Rhône vis-à-vis un Brochet qui, sans doute, était en observation, celui-ci s'attacha si fortement à sa bouche par une morsure profonde, qu'il n'abandonna la partie mordue qu'assez loin dans les terres où la Mule en l'emportant s'échappa aussitôt. Le même auteur nous apprend que les Brochets du Rhône descendent souvent dans la mer par l'embouchure de ce fleuve, et qu'on en trouve jusque dans l'eau

salée des étangs de la côte méditerranéenne. C'est par erreur qu'on a prétendu que l'Espagne n'en possédait pas. Nous en avons vu jusque dans le cuivreux Rio-Tinto en Andalousie; ceux du Guadalquivir nous ont même paru être assez estimés dans le pays. En général le Brochet se trouve dans toute l'Europe; il se rencontrerait même dans le Nil, suivant Belon. Bosc l'a retrouvé dans l'Amérique septentrionale, et assure qu'il n'y présente pas la moindre différence qui puisse autoriser à l'y regarder même comme une simple variété du nôtre. — On ne doit guère plus ajouter foi aux Brochets du poids de mille livres dont parle sérieusement le crédule Pline, qu'aux propriétés merveilleuses qu'on attribua long-temps aux cendres de ses mâchoires ou à sa graisse et à son fiel. Quoique ses œufs passent pour être un purgatif assez violent, on ne fait usage en médecine d'aucune de ses parties. On se borne à permettre l'usage de sa chair aux malades, parce qu'elle est savoureuse, fondante sans être huileuse, et ferme, sans être dure ni indigeste. On l'estime beaucoup et on le sert sur les tables les plus somptueuses. Le foie passe surtout pour délicieux. — On a compté jusqu'à cent quarante-huit mille œufs dans une seule femelle ; le frai commence avec le printemps par la ponte des plus jeunes, fécondes seulement à l'âge de trois ans, et dure toute la saison pour finir par la ponte des plus âgées qu'on appelle communément Grenouillées ou Grenouillettes, parce qu'elles pondent, dit-on, à peu près en même temps que les Grenouilles. Les œufs, pour éclore, doivent recevoir, à peu de profondeur sous l'eau, l'influence du soleil. On prétend que les Oiseaux, et particulièrement les Hérons, quand ils en avalent, sont bientôt purgés, et que rendant, sans avoir eu le temps de les digérer, une partie d'entre eux, c'est ainsi que la progéniture carnassière peut être répandue dans certaines eaux qui n'ont nulle communication entre elles. — On ne sait quelle peut être la source de la ridicule opinion de certains pêcheurs, qui prétendent trouver l'origine des Anguilles dans le frai du Brochet, ou qui assurent que les œufs parviennent dans les ouies d'autres Poissons, et qu'arrivé à l'âge où ses forces développées permettraient au Brocheton de dévorer celui qui lui prêta la protection de ses organes respiratoires, le jeune nourrisson lui conserve une reconnaissance éternelle et ne lui fait jamais de mal. Il est étonnant qu'une tradition aussi absurde ait échappé à ce diffus compilateur romain, dont, sur la foi du comte de Buffon et de commentateurs ignorans dans les sciences physiques, on voulut, à tout prix, faire un profond naturaliste.— Le Brochet passe pour avoir le sens de l'ouie très-développé. Sa chair ne se consomme pas seulement fraîche sur nos tables. Il est des contrées, particulièrement sur les bords du Jaïk et du Volga, où on la fume en la séchant après l'avoir marinée dans une saumure. Pallas rapporte que dans ces contrées, on en pêche une si grande quantité, que les réunissant en tas énormes, où la gelée qui les durcit les garantit de la putréfaction, on vend les onze livres à raison d'un sou. — Répandu dans toutes les eaux douces des zônes tempérées et froides de l'Ancien-Monde, c'est une erreur de croire que le Brochet n'existait pas en Angleterre avant le règne de Henri VIII qui passe pour l'y avoir introduit; dans ce pays, on le soumet assez habituellement à la castration pour rendre sa chair plus savoureuse. Cet Animal peut endurer de grandes blessures sans mourir. On le transporte aisément et long-temps en vie quand on a soin de le tenir immergé. Sa chair devient phosphorique en se décomposant. Les pêcheurs et les marchands de Poissons nomment vulgairement Lancerons ou Lançons les jeunes Brochets, Poignards les moyens Brochets, Carreaux ou Loups les vieux, Pansars les grosses femelles dont les œufs font saillir le ventre, et Lévriers les mâles les

plus allongés. En vieillissant, le dos de ces Poissons devient totalement vert, et la couleur, pénétrant dans les chairs, s'étend quelquefois jusqu'à la colonne vertébrale. On en trouve des individus qui brillent quelquefois des plus belles teintes jaunes, et dont le corps est parsemé de taches ou de marbrures noires souvent fort tranchées; on appelle communément ceux-ci rois des Brochets, mais ils ne constituent même pas une variété dans l'espèce. B. 15, D. 18, 21, P. 11, 15, V. 9, 11, A. 15, 17, C. 19, 20.

Esoce Américaine, *Esox Americanus*, Lac., Pois., V, 294 et 307. *Lucius β Americanus*, L., Gmel., *loc. cit.* Cette espèce est très-rapprochée de la précédente par ses formes et sa couleur; mais elle est caractérisée par sa mâchoire supérieure proportionnellement beaucoup plus courte que l'inférieure, par l'ensemble de son museau qui est très-aplati, et par l'élévation de cette partie de la tête qui est située entre les yeux et la nuque, laquelle est fort plate chez le Brochet commun. Bosc, qui nous dit avoir trouvé l'une et l'autre espèce dans les rivières aux Etats-Unis, et qui a pu conséquemment les comparer, mentionne l'Esoce Américaine comme distincte et non comme une variété. B. 12, D. 15. 16, P. 13, V. 8, A. 14? C. 20?

†† **Galaxie**, *Galaxias*. Corps sans écailles apparentes; bouche peu fendue; dents pointues et médiocres aux palatins, ainsi qu'aux deux mâchoires, dont la supérieure a presque tout son bord formé par l'intermaxillaire; quelques forts crochets sont disposés sur la langue; les côtes de la tête offrent des pores; la dorsale répond à l'anale; et ces Poissons ont leurs intestins disposés comme ils le sont dans les espèces du sous-genre précédent. Cuvier, qui nous a fait connaître les Galaxies (Règn. Anim. T. II, pag. 183), n'en mentionne qu'une espèce sous le nom de *Galaxias truttaceus*, dont l'*Esox argenteus* de Forster (*It. circ. orb.*, p. 159) est, selon lui, synonyme.

††† **Microstome**, *Microstoma*.

Son museau est très - court ; la mâchoire inférieure est fort avancée ,
garnie ainsi que les petits intermaxillaires de dents très-fines ; trois rayons
larges et plats aux ouies ; l'œil grand,
le corps allongé, la ligne latérale garnie d'une rangée de fortes écailles ;
une seule dorsale peu en arrière des
ventrales. La seule espèce de Microstome que l'on connaisse est un Poisson de la Méditerranée que Risso
(p. 357) avait décrit comme une
Serpe.

††† Stomie , *Stomias*. C'est encore à Risso, qui l'a fait figurer (pl.
x , fig. 34), que l'on doit la connaissance de la seule espèce dont se compose ce sous-genre , et que le naturaliste des côtes méditerranéennes avait
appelée *Esox Boa*. Le museau de ce
Poisson est extrêmement court ;
sa gueule fendue jusque près des
ouies ; ces dernières sont réduites à de
petits feuillets membraneux , et les
maxillaires fixées à la joue ; les intermaxillaires , les palatins et les mandibules sont armés d'un petit nombre de dents longues et crochues ; de
petites dents semblables hérissent la
langue ; le corps est allongé ; la dorsale opposée à l'anale sur l'extrémité
postérieure ; les ventrales sont striées
tout-à-fait en arrière.

††††† Chauliode, *Chauliodus*. Le
genre que Schneider avait établi sous
ce nom, indiquant la manière dont les
dents y sortent de la bouche, rentre
parmi les Esox ; un genre d'Insectes
portant ce même nom , il n'eût d'ailleurs pu être conservé. Deux dents
fort longues à chaque mâchoire , et
faisant saillie de manière à se croiser
quand la gueule est fermée ; la dorsale correspondant à l'espace qui règne inférieurement entre les pectorales et les ventrales qui sont moins
reculées que dans les Stomies ; et le
premier rayon de cette dorsale s'allongeant en filament , caractérisent
les Chauliodes. On n'en connaît qu'u-
ne seule espèce.

La Sloanienne, *Chauliodus Sloani*,
Sch., p. 430, figurée (pl. 85) sous le
nom de *Setinotus*, *Esox Stomias* de

Shaw (*pars* 1 , pl. 3), et qui paraît
être le Poisson figuré par Catesby sous
le nom de *Vipera marina*. Ce Poisson
a le corps allongé , plus étroit que la
tête sur le sommet de laquelle les yeux
sont situés, et les teintes du plus beau
vert foncé décorent son dos et ses
flancs. Sa taille est de quinze pouces selon les auteurs , et deux individus seulement existent dans les collections
d'Angleterre. Cependant la Chauliode
n'est pas fort rare dans le détroit de
Gibraltar. Nous en avions vu pêcher
plusieurs qui atteignaient jusqu'à
deux pieds de long à Chipiona près
de San-Lucar de Barraméda , ainsi
qu'entre Velès - Malaga et Malaga ,
parmi les Anchois que poursuivaient
ces Esoces voraces comme leurs congénères. Privés des secours de notre
bibliothèque, nous avions regardé
alors ce Poisson, que les pêcheurs
nommaient *Espada* (épée), comme
tout-à-fait nouveau. Ce n'est que très-
récemment que nous avons reconnu
notre erreur.

†††††† Salanx , *Salanx*. C'est
encore Cuvier qui a fait connaître ce
nouveau sous-genre, en le constituant (Règn. Anim. T. II, p. 185);
il lui attribue une tête déprimée ; des
opercules se reployant en dessous ;
quatre rayons plats aux ouies ; des
mâchoires pointues, garnies chacune
d'une rangée de dents crochues , la
supérieure formée presqu'en entier
par des intermaxillaires sans pédicule ; l'inférieure un peu plus allongée par la symphyse qui forme un
petit appendice portant des dents ; le
palais et le fond de la bouche sont
entièrement lisses ; on n'y voit même
point de saillie linguale. Cuvier, qui
emprunte le nom de Salanx de celui
d'un Poisson mentionné par les Grecs,
et qui n'est plus connu, ne dit pas
quelles mers habite l'espèce dont il
est question.

††††††† Orphie , *Belone*. Intermaxillaires formant tout le bord de la
mâchoire supérieure qui se prolonge ,
ainsi que l'inférieure, en un long
museau ; les deux mâchoires garnies
de petites dents fort aiguës ; le palais

muni d'autres dents en pavé. Le corps est fort allongé et revêtu d'écailles à peine visibles, excepté vers le bord inférieur où l'on en trouve de chaque côté une rangée longitudinale carenée.

L'AIGUILLE, *Esox Belone*, L., Gmel., *Syst. nat.* XIII, *pars* III, p. 1391; Bloch., pl. 33; Encycl. Pois.,pl. 72, fig. 297. Ce Poisson, très-commun dans les mers d'Europe, y est généralement connu sous les noms vulgaires d'Orphie et de Belone devenus scientifiques; on l'y appelle encore Aiguillette et Arphye; c'est l'un des Poissons appelés par les Arabes Charam ou Choram, l'*Acus* des anciens. Nous avons autrefois soigneusement observé ses mœurs sur les côtes aquitaniques, où il est fort commun, particulièrement à l'entrée du bassin d'Arcachon. Il s'y montre par bandes assez considérables, dont les individus ont ordinairement de dix-huit pouces à deux pieds, et même deux pieds et demi de longueur. Voraces, ils poursuivent les petits Poissons ; nous avons trouvé jusqu'à des Astéries et des Méduses dans leur estomac avec quelques débris de Fucus. Se jouant à la surface des eaux, ils en font jaillir les plus brillans reflets d'argent, d'azur et d'émeraude. On dirait des Saphyrs vivans quand le soleil les frappe entre deux eaux de ses rayons. Tantôt immobiles, tantôt s'élançant ensemble tout-à-coup, ils font scintiller de mille feux les flots amers en les frappant de leur queue. On en prend un grand nombre dans les filets, et, transportés à Bordeaux, ils s'y vendent sur le marché, où la table des riches les dédaigne parce que la couleur verte de leurs arêtes inspire un certain dégoût On pense généralement, mais à tort, que cette singulière teinte qui se communique dans les vieux individus aux chairs environnantes décèle quelque qualité malfaisante, et de-là sans doute l'idée que la morsure de l'Orphie-Aiguille est venimeuse. Nous avons été blessés par ce Poisson sans en avoir éprouvé plus de douleur que de toute autre pi-

qûre. Cependant l'Orphie est un mets délicat, et peu d'habitans de la mer sont d'un goût plus fin et plus agréable. On assure qu'il s'en trouve aux Antilles, particulièrement à la Martinique, qui ont jusqu'à huit pieds. Ces Orphies de huit pieds sont-elles bien les nôtres ? B. 14, D. 16. 20. 6. 13, V. 7, A. 20. 23, C. 23.

L'ESOCE VERTE, *Esox viridis*, L., Gmel., *loc. cit.* p. 1389; *Acus maxima, squamosa, viridis*, Catesby, *Car.* 2, *tab.* 30 ; l'Aiguille écailleuse, Encycl. Pois., p. 174, pl. 72, fig. 293. Cette espèce, d'une figure toute particulière et dont la caudale est arrondie, tandis qu'elle est fourchue dans la précédente, habite les fleuves de la Caroline. Sa brillante couleur lui a mérité le nom de Verdet que lui donne Daubenton dans le Dictionnaire de l'Encyclopédie Méthodique. La figure citée de Catesby, la seule que l'on connaisse de ce Poisson, ne saurait être exacte, puisqu'elle n'indique pas plus de longueur dans la mâchoire inférieure que dans la supérieure, et qu'elle exprime de grandes écailles en carrelures, qui, toutes distinctes qu'elles soient à la surface de l'Esoce, ne doivent point affecter une telle disposition. D. 11, P. 11, V. 6, A. 17, C. 16.

Lesueur (*Journ. of the Acad. of Nat. Sc. of Philad.* T. 11, n° 4, oct. 1821) ajoute cinq espèces à ce sousgenre, savoir :

Belone Argalus; mâchoires inégales; caudale fourchue, avec le lobe inférieur plus large; anale commençant plus en avant que la dorsale et plus longue qu'elle; tête déprimée avec un rebord latéral saillant au-dessus des lames operculaires. Ce Poisson habite les côtes de la Guadeloupe. B. 16, A. 19, P. 16, V. 6, C. 26.

Belone truncata; mâchoires inégales; caudale tronquée obliquement; anale et dorsale de même longueur et situées précisément en face l'une de l'autre; tête élevée sans rebords latéraux. Ce Poisson a été pêché entre Philadelphie et New-Yorck. D. 16, A. 19, P. 16, V. 6, C. 20.

Belone Caribœa; mâchoires égales; queue fourchue à lobes arrondis; l'inférieur deux fois plus long que le supérieur; dorsale plus prolongée en arrière. Dans les mers de la Guadeloupe. D. 24, A. 22, P. 13, V. C. 50.

Belone Crocodilia; mâchoires droites, fortes, égales, armées de dents coniques, droites et robustes entre lesquelles en sont de plus petites; caudale bifurquée avec le lobe inférieur plus grand; dorsale et anale falciformes très-élevées antérieurement et placées exactement l'une en face de l'autre. Nous avions autrefois observé cette espèce à l'Ile-de-France avec le naturaliste qui l'a fait aujourd'hui connaître. D. 22, A. 21, P. 14, V. 6, c. 88.

Belone Indica; mâchoires égales, plus épaisses et plus obtuses à leur extrémité que dans le *Caribœa* avec laquelle celle-ci offre une certaine ressemblance; queue obliquement tronquée, légèrement contournée en lobes arrondis dont l'inférieur est plus long. Cette Esoce est de l'océan Indien. D. 19, P. 14, V. 5, c. 14.

Le *Timucu* de Marcgraaff (*Brasil*, 158) que l'on a rapporté à l'Aiguille, *Esox Belone*, type de ce sous-genre, sera probablement encore une espèce nouvelle quand elle aura été plus scrupuleusement examinée.

†††††††† SCOMBRÉSOCES, *Scombresox*. Lacépède forma sous ce nom un genre qui rentre naturellement parmi les Esoces comme simple division. Même physionomie que dans les Orphies quant au port, à la forme du museau ou bec, et à la contexture des écailles avec la rangée carenée qu'on observe sous le ventre; mais les derniers rayons de l'anale et de la dorsale sont détachés en fausse nageoire comme pour former un passage aux Scombres et à notre Acinacée. *V.* ce mot.

Le CAMPEREIN de Lacépède, Pois. v, pl. 6, fig. 3; *Esox Saurus*, Schneider, tab. 68, fig. 2, auquel le continuateur de Buffon rapporte comme synonymique la Bécasse de Rondelet (*lib. 8, cap.* v). Il habite la Méditerranée et l'O-

céan. Le Poisson appelé Choram par les Arabes selon Forskalh et qu'on a cru se rapporter aux Scombrésocées, est une variété de l'*Esox marginatus* ou Gambarur dont il sera question dans le sous-genre suivant.

Lesueur (*Journ. of the Ac. Nat. Soc. of Phil.* vol. II, n. 4, oct. 1821) ajoute les deux espèces suivantes à ce sous-genre.

Scombresox æquirostrum dont les deux mâchoires sont également prolongées et flexibles, et dont la queue porte et en dessus cinq fausses nageoires. D. 11, A. 14, P. 14, V. 6, c. 20.

Scombresox scutellatum dont la mâchoire supérieure est de moitié plus courte que l'inférieure, et dont les fausses nageoires sont au nombre de six en dessus et sept en dessous. L'un et l'autre Poisson se trouvent sur les côtes des États-Unis. D. 11, A. 12, P. 12, V. 6, c. 15.

†††††††† HÉMIRAMPHES ou DEMI-BECS, *Hemiramphus*. Ces Esoces ont leurs intermaxillaires formant le bord de la mâchoire supérieure, qui, ainsi que le bord inférieur, est garni de petites dents, mais la symphyse de celle-ci se prolonge en une longue pointe ou demi-bec sans dents. On en trouve dans les mers des pays chauds des deux hémisphères, et leur chair est un fort bon manger. Les deux espèces jusqu'ici connues dans ce sous-genre étaient les suivantes :

LE PETIT ESPADON, *Esox Brasiliensis*, L., Gmel., *loc. cit.* p. 1393; Bloch, pl. 391; Encycl. Pois, p. 175, pl. 72, fig. 298; *Esox Gladius*, Lacép., Pois. v, p. 313. Ce Poisson, qui n'a pas un pied de longueur, est remarquable par la structure singulière de ses mâchoires, la supérieure est très-courte, l'inférieure dix fois plus longue est aplatie comme une épée; et de-là le nom que lui imposèrent les marins. Il multiplie prodigieusement. Comme l'Orphie, il suit, durant la nuit, la lueur des flambeaux, ce qui facilite sa pêche, car avec des torches de paille on en attire des bandes au milieu des filets. Sa teinte générale est argentée; la tête, la mâchoire inférieure, le dos et la ligne latérale sont d'un beau vert, les nageoires bleuâtres. On a encore rapporté à cette espèce le Timucu de Marcgraaff. P. 3, 14, D. 12, 13, P. 10, V. 6, A. 10, 17, C. 15, 16.

Le GAMBARUR, Lacép., Pois., v, p. 315, pl. 7, fig. 2; *Esox marginatus*, L., Gmel., *loc. cit.*, p. 1393. Cette Hémiramphe de la mer Rouge, où Forskalh en mentionne deux variétés, sous les noms arabes de Far, est fort petite. Sa mâchoire inférieure, proportionnellement beaucoup plus courte que dans l'espèce précédente, est seulement six fois plus longue que la supérieure et trois fois plus courte que le corps selon Lesueur (*loc. cit.*) qui a retrouvé cette espèce à la Guadeloupe et à la Martinique. Commerson, qui l'a également observée dans les mers du Brésil, l'a mal à propos regardée comme le Piquitingue de Marcgraaff, d'où résulte l'erreur de Lacépède qui confond avec le Gambarur, l'Hespet, *Esox Hespetia* de Linné, lequel est le vrai Poisson de Marcgraaff, le *Mœnidia* de Brown, enfin un Anchois dont il a déjà été question sous le nom de Melet ou Melette à l'article CLUPE. *V.* ce mot.

Lesueur (*Jour. of the Acad.of Nat. Soc. Phil.* vol. 11, n. 4, oct. 1821) ajoute les espèces suivantes à celles dont il vient d'être question.

Hemiramphus Balao du golfe du Mexique. Son corps a quatre fois la longueur de la mâchoire inférieure ; l'anale est de moitié moins longue que la dorsale ; les pectorales sont d'un tiers plus courtes que la mâchoire inférieure. D. 16, A. 18, P. 13, V. 6, C. 21.

Hemiramphus Erythrorhynchus. Ce Poisson, des mers de l'île de France et de Timor, a son corps et sa mâchoire inférieure d'une longueur égale ; sa dorsale et l'anale de dimensions absolument pareilles ; la mâchoire supérieure n'a pas plus de longueur que le diamètre des yeux. Une bande bleue longitudinale se voit sur chaque flanc. D. 15, A. 15, P. 11, V. 6, C. 20.

Le genre *Esox*, tel que l'avaient formé les auteurs, ayant subi, comme on vient de le voir, des changemens notables, les *Esox osseus* et *Chilensis* de Linné sont devenus des Lépidostées, l'*E. spyrena*, le type du genre Sphyrène, le *Vulpes* un Erythrin, et le Chirocentre de Lacépède, le type d'un genre de la famille des Clupées. *V.* tous ces mots.   (B.)

ESOCES. Esoces. POIS. Troisième famille de l'ordre des Malacoptérygiens abdominaux dans la Méthode de Cuvier, caractérisée par le défaut d'adipeuse dorsale, ce qui, réduisant les Esoces à une dorsale unique, les sépare des Salmones qui font partie du même ordre. La contexture de l'intestin qui manque de cœcums les distingue aussi des Clupées, qui, au contraire, en ont ordinairement un grand nombre et à la suite desquelles elles se rangent. La mâchoire supérieure a son bord formé par l'inter-maxillaire, ou du moins, quand il ne le forme pas tout-à-fait, le maxillaire est sans dents et caché dans l'intérieur des lèvres. La plupart de ces Poissons vivent dans la mer, et quoique le Brochet, qui semble être le vrai type du genre qui donna son nom à la famille, se trouve toujours dans les eaux douces, on ne doit en tirer aucune conséquence contre la règle générale, puisque ce Poisson peut vivre dans l'eau amère, et recherche même quelquefois cette eau, comme l'affirme Rondelet qui l'a observé dans la Méditerranée, à l'embouchure du Rhône, ainsi que dans les lacs salés du rivage. Quant aux Mormyres, qui sont des Poissons du Nil, Cuvier ne les place à la suite de la famille des Esoces que provisoirement et comme s'en rapprochant seulement un peu plus que des autres Poissons. Ils en diffèrent selon nous essentiellement, puisqu'ils ont deux cœcums. La famille dont il est question se compose naturellement des genres Esoce divisé en neuf sous-genres, et Exocet. *V.* ces mots.

Risso (Mém. de l'Ac. de Turin, vol.

v, p. 270) vient d'y ajouter sous le nom d'Apocéphale un genre nouveau qui pourrait bien n'être qu'un sous-genre d'*Esox* dont la place serait entre les Microtomes et les Stomies. Ses caractères sont : museau avancé, arrondi ; gueule ample ; mâchoires et palatins garnis de dents très-fines et aiguës ; langue lisse ; yeux très-grands ; ouies bien fendues ; corps oblong, aplati ; une seule dorsale opposée à l'anale située près de la queue ; la caudale presqu'en demi-lune. L'*Alepocephalus rostratus*, seule espèce connue de ce genre ou sous-genre, est un Poisson des mers de Nice dont il habite les profondeurs ; il n'y a encore été pêché que dans les mois de juin et de novembre. Ses écailles sont grandes, d'un bleu violâtre et lisérées de noir ; la tête est nue et d'un noir luisant. B. 8, D. 14, A. 15, P. 11, V. 8, C. 30. (B.)

*ESOO. BOT. On trouve dans Marsden que ce nom désigne une sorte de crin végétal produit par un Palmier, et dont la solidité est telle qu'on en fait des couvertures de maison en guise de chaume. Gaudichaud nous a montré une espèce d'Esoo beaucoup plus fin que celui dont parle Marsden, puisqu'il a toute la beauté de la soie, ou du byssus de la Pinne marine. C'est une Fougère en arbre qui le donne, et cette Fougère, l'une des plus élégantes de la famille, formera, sous le nom de *Pinonia*, un genre dédié à l'intéressante compagne de notre ancien camarade le capitaine de vaisseau Freycinet. (B.)

ESOPON. BOT. PHAN. (Dioscoride.) Syn. de Chicorée. *V.* ce mot. (B.)

ESOX. POIS. *V.* ESOCE.

ESPADON. POIS. Nom vulgaire adopté par la plupart des ichthyologistes français pour désigner le genre Xiphias, et appliqué également à une espèce du sous-genre Hémiramphe, parmi les Esoces. *V.* ESOCE et XIPHIAS. (B.)

ESPALE. POIS. Syn. de Cépole. *V.* RUBAN. (B.)

* ESPARAY. POIS. (De Laroche.) Le *Sparus annularis*, L, à Ivice. (B.)

ESPARCETTE. BOT. PHAN. *V.* ASPERCETTE et EPARETTE. Quelques botanistes ont voulu faire de ce mot le nom français du genre Onobrychis. *V.* ce mot. (B.)

*ESPARGOULE. BOT. PHAN. (Garidel.) La Pariétaire en Provence. (B.)

ESPARGOUTTE. BOT. PHAN. Syn. vulgaire de Spergule. *V.* ce mot. (B.)

ESPÈCES. *V.* CRÉATION, MATIÈRE, MÉTHODE et MINÉRALOGIE.

ESPELETIE. *Espeletia.* BOT. PHAN. Genre de la famille des Synanthérées, Corymbifères de Jussieu, et de la Syngénésie nécessaire, L., établi par Humboldt et Bonpland (Plantes équinoxiales, v. 2, p. 11), et caractérisé ainsi : involucre hémisphérique, composé de plusieurs écailles inégales, imbriquées, les intérieures oblongues et les extérieures ovales ; réceptacle muni de paillettes ; calathide composée de fleurons nombreux ; ceux du disque tubuleux et mâles ; ceux de la circonférence en languette femelles, et disposés sur un seul rang ; akènes un peu convexes du côté extérieur, anguleux de l'autre, dépourvus d'aigrette. Tout en plaçant ce genre dans la grande section des Hélianthées, entre l'*Unxia* et le *Polymnia*, Kunth a néanmoins reconnu (*Synops. Plant. orb. nov.*, vol. 2, p. 504) que, vu son affinité avec le genre *Sylphium*, la place qu'il lui a assignée ne devait pas être regardée comme définitive, et que la série naturelle en était en quelque sorte interrompue. C'était aussi l'opinion de Cassini, qui range l'*Espeletia* dans la tribu des Hélianthées, section des Coréopsidées.

Ce genre se compose de trois espèces décrites et figurées par Humboldt et Bonpland, sous les noms d'*Espeletia grandiflora* (*loc. cit.*, tab. 70), *E. corymbosa* (*loc. cit.*, tab. 72), et *E. argentea* (*loc. cit.*, t. 71). Ces espèces croissent dans les Andes et sur les montagnes froides de la république de

Colombie. La première est connue à Santa-Fé de Bogota, sous le nom vulgaire de *Fraylejon*. Ce sont des Plantes herbacées, résineuses, couvertes d'un duvet laineux, ainsi que les feuilles qui sont opposées et entières; elles portent des fleurs jaunes, terminales et en corymbes.   (G..N.)

ESPÈRE. *Espera*. BOT. PHAN. Genre de la Polyandrie Monogynie, L., établi par Willdenow (*Act. Soc. Nat. curios. Berol.* 3, p. 449), et placé par De Candolle (*Prodr. Syst. regn. veget.* 1, p. 517) à la suite de la famille des Tiliacées, avec les caractères suivans : calice à quatre divisions étalées; six pétales trois fois plus longs, persistans; étamines en nombre indéfini, à filets capillaires, à anthères arrondies; un seul style et un seul stigmate; capsule oblongue à quatre ou six ailes, à quatre ou six loges, chacune monosperme; graines rondes hérissées. D'après une note manuscrite de Jussieu, ce genre doit avoir des rapports avec l'*Humiria* et le *Sloanea*. Il ne renferme qu'une seule espèce, l'*Espera cordifolia*, Arbrisseau à feuilles alternes, pétiolées, cordées et entières, à fleurs en panicules terminales. Son origine est inconnue.   (G..N.)

* ESPÉRIE. *Esperia*. BOT. CRYPT. (*Hydrophytes*.) Genre de Plantes marines de l'ordre des Floridées, que nous avions proposé dans le temps, et que nous avons divisé depuis en plusieurs groupes. Les Dumonties en faisaient partie; nous avons conservé ce dernier genre, quoique Lyngbye et Agardh ne l'aient point adopté. *V.* DUMONTIE.   (LAM..X.)

ESPERLIN. POIS. (Risso.) Nom de pays du *Sparus Haffara*, du sousgenre Sargue. *V.* SPARE.   (B.)

* ESPET. POIS. (De Laroche.) L'*Esox Sphyrena*, L., à Ivice. *V.* SPHYRÈNE.   (B.)

* ESPIDET. BOT. PHAN. (Gouan.) D'Aspic, Spic et Espic, synonymes de Lavande dans le midi de la Fran-

ce, particulièrement en Languedoc.   (B.)

ESPION ou ESPIONNEUR. OIS. Espèce du genre Merle. *V.* ce mot. (B.)

ESPLANDIAN. MOLL. L'une des plus belles espèces du beau genre Cône. *V.* ce mot.   (B.)

* ESPRIT-DE-VIN. CHIM. *V.* ALCOHOL.

ESPROT. POIS. Cuvier pense que les petites Clupes désignées sous ce nom, ainsi que sous celui de Blanchets par les pêcheurs de la Manche, et qui n'ont pas encore été soigneusement examinées par les naturalistes, pourraient bien fournir quelques espèces distinctes.   (B.)

ESQUILLAT. POIS. Vieux nom de l'Aiguillat. *V.* ce mot et SQUALE.   (B.)

* ESQUILLE. POIS. Vieille orthographe d'Aiguille (Orphie). Les deux Poissons, figurés et mentionnés sous ce nom par Flaccourt dans sa Relation de Madagascar, demeurent indéterminés, mais ne sauraient être des Esoces, malgré leur forme allongée.   (B.)

ESSAIM. *Examen*. INS. On donne ce nom, qui paraît dériver de la contraction du mot latin, aux volées de jeunes Abeilles qui se séparent des vieilles pour aller ailleurs; c'est du moins la définition qu'en donne l'Académie; celle d'Olivier (Dictionnaire de Déterville) nous paraît plus exacte : il qualifie l'Essaim de réunion d'Insectes émigrans. Nous avons indiqué dans ce Dictionnaire (T. Iᵉʳ, p. ı9) les causes de ces émigrations : nous y reviendrons au mot RUCHE en parlant de la manière de recueillir les Essaims et de gouverner les Abeilles.   (AUD.)

ESSAN. MOLL. (Adanson.) Syn. de *Mytilus Hirundo*, L., dans le jeune âge. *V.* HIRONDE.   (B.)

ESSENCE D'ORIENT. POIS. Préparation de la substance argentée qui brillante les écailles et certaines parties intérieures du corps de l'Ablette,

Cyprinus Alburnus, L. , et dont on
se sert pour la fabrication des perles
fausses. *V*. Ables et Perles.　　(b.)

ESSES. bot. phan D'*Esca* ou
d'*Ervum*. Les Lentilles portent ce
nom dans plusieurs cantons de la
France méridionale, où elles font en
grande partie la base de la nourriture
des campagnards.　　(b.)

* ESSONITE. min. *Kaneelstein*,
W.; *Cinnamon-Stone*, Jameson. Nom
donné par Haüy à un Minéral vitreux
d'un rouge hyacinthe, dont il a fait
une espèce particulière, en lui assignant pour forme primitive un prisme droit, rhomboïdal, de 102 degrés
et demi. Mais l'observation du caractère cristallographique n'ayant pu
être faite avec toute la précision dési-
rable, et les autres propriétés du Minéral tendant à le rapprocher du
Grenat, avec lequel beaucoup de
minéralogistes le confondent, nous
renvoyons son histoire à l'article de
cette dernière substance. *V*. Grenat.
　　(g. del.)

ESSORILLÉS. *Inauriti*. mam.
(Vicq-d'Azir.) Petite famille de Ron-
geurs qui répond aux Rats-Taupes.
V. Aspalax.　　(b.)

* ESTIVATION. *Æstivatio*. bot.
phan. Quelques auteurs appellent
ainsi la disposition respective des diverses parties de la fleur avant leur
épanouissement. Nous en parlerons
au mot Préfleuraison, plus généralement usité. *V*. Préfleuraison.
　　(a. r.)

ESTOMAC. zool. Première dilatation de l'intestin, où les alimens sont
déposés pour recevoir la préparation
initiale de la digestion proprement
dite. Comme les formes et la situation
relative de cette cavité sur la longueur de l'intestin sont variables, et
comme ces variations dépendent elles-
mêmes de la figure et de la grandeur
du reste de l'intestin, ou du moins
sont avec l'état général de ce canal dans des relations constantes;
comme enfin l'ensemble des formes
et de la grandeur de tout le canal
intestinal, est lui-même en rela-

tion avec les formes des mâchoires et
avec la figure des dents qui les garnissent, nous renvoyons au mot Intestin pour donner plus de précision
et de liaison à l'exposition de la structure et des fonctions de cet important
appareil. *V*. Intestin.　　(a. d..ns.)

* ESTORAQUE. bot. phan. *V*.
Astarach.

ESTRAGON. bot. phan. Espèce
du genre Armoise. *V*. ce mot. On a
quelquefois appelé Estragon du Cap
l'Eriocéphale. *V*. ce mot.　　(b.)

ESTROPIÉS. ins. On désigne sous
ce nom plusieurs Lépidoptères diurnes du genre Hespérie; cette division
correspond aux Papillons urbicoles
de Linné.　　(aud.)

ESTURGEON. *Acipenser*. pois.
Genre de l'ordre des Chondroptérygiens de Linné, et que ce savant plaçait conséquemment dans la classe
des Amphibies où il était le dernier,
et comme un passage à celle des Poissons, dans laquelle les naturalistes,
d'un consentement unanime, le rangent actuellement. Cuvier, qui a divisé les Chondroptérygiens en deux
grandes sections, ainsi que nous l'a-
vons déjà dit, comprend les Esturgeons dans la seconde; elle renferme
ceux dont les branchies sont libres.
Cette division ne contient qu'une
famille nommée des Sturioniens. *V*.
ce mot. « Ces Poissons, dit l'illustre
auteur de l'Histoire du Règne Animal, dont la forme générale est la
même que celle des Squales, mais
dont le corps est plus ou moins garni
d'écussons osseux, implantés sur la
peau, et rangés longitudinalement,
ont leur tête très-cuirassée à l'extérieur, avec la bouche placée sous le
museau, petite et dénuée de dents;
l'os palatin, soudé aux maxillaires,
forme la mâchoire supérieure, et l'on
trouve les intermaxillaires en vestiges
dans l'épaisseur des lèvres. Portée
sur un pédicule à trois articulations,
cette bouche est plus protactile que
celle des Squales; les yeux et les narines sont au côté de la tête. Sous le
museau pendent des barbillons; le

labyrinthe est tout entier dans l'os du crâne ; mais il n'y a point de vestige d'oreille externe ; la dorsale est en arrière des ventrales et de l'anale , sous celle-ci; la caudale est comme dans les Squales. A l'intérieur , on trouve encore la valvule spirale de l'intestin et le pancréas uni en masse des Sélaciens ; mais il y a de plus une très-grande vessie natatoire, communiquant par un large trou avec l'œsophage. » —Les Esturgeons sont tous des Poissons de taille au moins moyenne, et qui atteignent les plus grandes proportions. Leur force , souvent énorme, ne suffit pas pour en faire des Animaux dangereux; ils vivent de Vers ou de Poissons peu considérables. La situation incommode de leur bouche, qui est placée en dessous du museau, et le défaut de dents, c'est-à-dire de moyens suffisans de nuire aux autres espèces, est la cause de leur douceur et de leurs mœurs timides. Ils habitent indifféremment les fleuves, les rivières même, et les rivages de la mer. On n'en a jamais pêché dans les hauts parages de l'Océan. Ils sont prodigieusement féconds, et méritent non-seulement par l'excellence de leur chair, mais encore par divers produits qu'on en retire, les encouragemens accordés à leur pêche dans plusieurs provinces de la Russie. Communs aux deux mondes, on n'en connaît encore que dans l'hémisphère boréal en-deçà du tropique du Cancer, où les points les plus méridionaux sur lesquels on en rencontrerait, seraient les Canaries, si l'on s'en rapporte au voyageur Dampierre (*V*. T. III, p. 8), qui dit l'Esturgeon vulgaire assez répandu dans ces archipels. La Chesnaye-des-Bois prétend cependant qu'on en trouve communément à Tabago; mais on connaît l'inexactitude de cet auteur, dont aucun autre ne confirme à ce sujet le témoignage. Il ne paraît pas qu'on en ait mentionné au-dessus du 60ᵉ degré Nord. Ces Animaux ont la vie dure, et ne meurent que long-temps après être sortis de l'eau, par la faculté

qu'ils ont de fermer exactement leurs ouies. Au temps d'Artedi et de Linné , on n'en connaissait que quatre espèces, portées aujourd'hui à onze.

† *A lèvres fendues.*

L'Esturgeon commun, *Acipenser Sturio* , L., Gmel., *Syst. Nat.* , XIII, T. 1 , *pars* 3 , p. 1483 ; Bloch, pl. 88 , Encycl. pl. 29, fig. 9 ; *Acipenser*, Rond. Pisc., lib. 14, *cap.* 8 ; *Sturio sive Silurus*, Salv., *Aquat.* 113. C'est le *Sturione* des Italiens, et le *Stor* ou *Store* des habitans du Nord. Cette espèce, dont la chair est si fréquemment servie sur nos tables, se trouve la plus répandue dans l'Ancien-Monde : «Elle habite non-seulement dans l'Océan, dit Lacépède (Pois. T. 1, p. 147), mais encore dans la Méditerranée, dans la mer Rouge, dans le Pont-Euxin, dans la mer Caspienne. Mais au lieu de passer toute sa vie au milieu des eaux salées, comme les Raies, les Squales, les Lophies et les Chimères, ce Poisson recherche les eaux douces, de même que le Pétromyson Lamproie. Lorsque le printemps arrive , qu'une chaleur nouvelle se fait sentir jusqu'au milieu des ondes, y ranime le sentiment le plus actif, et que le besoin de pondre ou de féconder ses œufs le presse et l'aiguillonne, il s'engage alors dans presque tous les grands fleuves; il remonte particulièrement dans le Volga , le Tanaïs , le Danube, le Pô, la Garonne , la Loire, le Rhin, l'Elbe et l'Oder.» —On le trouve fréquemment dans la Garonne , où il est fort recherché sous le nom de *Créac*. Il s'engage même dans certaines rivières; car le jour où l'armée française entra en 1810 à Ecija, ville d'Andalousie, un seigneur du pays en vint offrir un de plus de sept pieds de long au maréchal Soult, et qui venait d'être pêché le matin même , égaré sans doute dans le Génil, l'un des affluens du Guadalquivir. Il est inutile de décrire un Poisson aussi connu; il suffit de faire remarquer que le nombre des plaques qui se voient sur son corps, disposées en cinq rangées, varie souvent dans les indivi-

dus, et ne pourrait servir de caractère pour établir même des variétés
dans l'espèce. Si l'Esturgeon n'emploie point la force physique dont
jouissent les grands individus pour
attaquer les autres puissans habitans
des eaux, il la déploie en bravant le
courant rapide, et, selon que les eaux
qu'il remonte sont étendues, il acquiert de plus vastes dimensions ;
c'est dans les grands fleuves qu'il
atteint des proportions gigantesques, quand il y rencontre la tran-
quillité et des alimens convenables ;
et, cette fois, Pline n'a point rapporté un conte populaire, quand
il a dit qu'on en avait pêché dans le
Pô, qui étaient du poids de mille
livres. On en a vu de plus de vingt-
cinq pieds, et ceux de quinze à dix-
huit ne sont pas rares. Celui qu'on
prit dans la Loire, et qui fut présenté
à François Ier, était de cette longueur.
L'Esturgeon se sert de son museau
pour fouir la vase, comme le Porc
emploie son grouin pour retourner le
sol. On pense qu'il emploie dans certains cas les quatre barbillons qui règnent sur une rangée en avant de sa
bouche, si incommodément placée,
soit comme appât pour attirer sa proie
dans l'orifice destiné à l'engloutir,
soit comme organe plus exercé du
tact, qui supplée quelquefois à la vue.
La fécondité des femelles est si considérable, qu'on a compté près de
quinze cent mille œufs (1,467,856)
dans l'ovaire de l'une d'elles, qui pesait deux cent soixante dix-huit livres,
où cet organe entrait pour soixante-
dix-huit. On prétend qu'il y a des
femelles qui portent deux cents pesant
d'œufs. Ces œufs sont d'un goût fort
délicat; aussi ne les dédaigne-t-on
pas : ils sont la base d'un mets nommé Caviar. *V.* ce mot. La laite des
mâles, estimée comme un morceau
très-friand, pèse quelquefois jusqu'à
un demi-quintal. Malgré cette prodigieuse fécondité, on ne parvient guère
à prendre de petits Esturgeons dans les
pêches qu'on en fait, et qui n'ont guère
lieu en grand que dans les eaux douces.
Il paraît qu'aussitôt après leur nais-

sance ces Poissons descendent à la mer,
et ne remontent les fleuves que lorsque, devenus adultes, ils y sont appelés par les plaisirs de l'amour et par les
soins que nécessite leur ponte. C'est
alors qu'on leur livre une guerre
acharnée. Aimant sans doute à se
nourrir du frai et des petits Saumons,
dont le volume est proportionné à celui de leur bouche, on les voit surtout
arriver avec ces Poissons : cette observation est constante; et de-là les noms
de conducteur ou de roi des Saumons
qu'on leur donne en certains cantons. Ils suivent ceux-ci dans les
rivières ou les précèdent même très-
loin. On en a pêché, selon Sonnini, jusque près de Nancy. Ils fréquentent moins la Seine, où cependant on en prit un à Neuilly en 1800.
Il avait près de huit pieds de long,
sur trois et demi de circonférence, et
fut durant quelque temps nourri dans
l'un des bassins de la maison où l'é-
pouse du premier consul se plaisait à
réunir avec un rare discernement les
raretés de tout genre en histoire naturelle. On en cite encore plusieurs
d'une assez grande taille, pêchés à
diverses époques aux environs de
Paris. Les lieux les plus septentrionaux où l'on en a rencontré, sont le
Frich-Haf et le Kurisch-Haf, que
chacun sait être des lacs latéraux de
la Baltique. Pallas assure que leur
nombre est prodigieux dans le Jaïck,
au point d'y avoir une fois endom-
magé une digue, et qu'il a été nécessaire de leur tirer du canon pour les
disperser. Ils sont plus rares dans le
Jenisey, fleuve de Sibérie, où le fond
est hérissé de rochers. Les rivages du
Kur, qui coule en Perse et se jette
dans la Caspienne, sont enrichis par
la pêche d'une énorme quantité de
ces Animaux. Enfin les anses, les
lacs et les fleuves de l'Amérique septentrionale en produisent tant, que
les Sauvages, selon Mackensie, peuvent facilement les prendre en les
perçant de leurs lances. Il faut se dé-
fier du Poisson étendu sur le sol après
qu'il a été pêché; il peut, pour peu
qu'il soit grand, non-seulement ren-

verser, mais même tuer un homme
d'un coup de sa queue, qui est la
seule partie par laquelle il soit à
craindre. On prétend que la chair du
mâle est préférable à celle de la femelle. Sa consistance est à peu près
celle du Veau : non-seulement on la
recherche fraîche sur nos tables les
plus somptueuses, mais elle devient encore un objet important de commerce,
quand elle est préparée, soit salée,
soit marinée. L'épine du dos est fort
molle, grasse, et se prépare à la fumée d'une façon particulière ; sous le
nom de *Chinolia* ou *Spinachia*, on
en fait grand cas en Italie ; les Ottia-
ques la préfèrent toute crue. C'est
avec des espèces de lanières de la
chair, que les Norwégiens préparent
ce qu'ils nomment *Ranckel*. Il existe
encore deux variétés de ce Poisson,
celle que les anciens appelaient *At-
tilus*, d'où *Adella* ou *Adano* des modernes, et celle que mentionne Rondelet sous le nom de *Rhodius*. D.
38, P. 3o, V. 25, A. 24, C. 24.

Le Schype, Encycl. Pois., p. 16
(sans figure), *Acipenser Schypa*,
Gmel., *loc. cit.*, p. 1484. C'est Guldenstedt qui a fait connaître cette espèce dans les Mémoires de Pétersbourg (T. xvi, p. 522). Pallas l'adopte
comme véritable, mais Lacépède (T.
I, p. 421) n'y voit qu'une variété de
l'espèce précédente, encore que ce
qu'en dit Lepechin, qui lui conserve
le nom de *Kostera*, sous lequel le
connaissent les pêcheurs (It. 1, p.
54), paraisse confirmer l'opinion si
puissante de Pallas. Cet Esturgeon,
qui atteint rarement cinq pieds de
longueur, et dont la chair est exquise,
n'a encore été trouvé que dans la
Caspienne et dans le lac Oka en Sibérie. On n'a pas mentionné le nombre
des rayons de ses nageoires.

†† *A lèvres non fendues.*

L'Ichthyocolle ou grand Esturgeon, *Acipenser Huso*, L., Gmel.,
loc. cit., p. 1487 ; Bloch, pl. 129 ;
Encycl. Pois., pl. 10, f. 31 ; l'*Husen*
des Allemands, le *Copse* ou *Colpesce*
des Italiens, le *Belluge* ou *Bellouga*

de la plupart des peuples du Nord.
Cette espèce, moins répandue que la
précédente, paraît limitée dans les
versans de la Caspienne et de la
mer Noire, quoiqu'on en ait pêché quelques individus dans le Pô.
Le Volga, le Don et le Danube en
produisent le plus et de plus grands
individus. Atteignant le poids de
deux mille huit cents livres et de
vingt-quatre à vingt-huit pieds de
longueur, sa forme est à peu près celle
d'un monstrueux Brochet ; le museau
est court et très-obtus ; le dos d'un
bleu presque noir ; le ventre d'un
jaune clair. Les boucliers tombent
avec l'âge, ce qui a fait croire à quelques ichthyologistes, particulièrement à Artedi, que l'Ichthyocolle en
était privé. Les mœurs de ce Poisson
sont à peu près les mêmes que celles
de l'Esturgeon commun, et la pêche
dont il est l'objet n'est pas d'une
moins grande importance : on prétend qu'elle rapporte un produit de
plus de dix-sept cent mille roubles
à la Russie. La plus grande partie du
Caviar du commerce en provient, outre la presque totalité de cette colle de
Poisson qui se consomme en Europe,
et que les Russes nomment *usbat*.
L'usbat est le résultat de la préparation de la vessie natatoire du Poisson. Les autres Esturgeons en fournissent aussi. La graisse de l'Ichthyocolle n'est pas moins utile que
sa vessie aérienne ; elle est de très-
bon goût ; on l'emploie à la place
de beurre, et les Russes savent la
conserver. La chair forme le fond de
la nourriture des pays où on en fait
de grandes pêches ; enfin on découpe
la peau de manière à pouvoir la substituer au cuir de plusieurs Animaux,
et celle des jeunes, dit Lacépède, bien
sèche et bien débarrassée de toutes
les matières qui pourraient en augmenter l'épaisseur et en altérer la
transparence, tient lieu de vitres dans
une partie de la Russie et de la Tartarie. La chair, les œufs, la vessie à
air, la peau, l'épine cartilagineuse et
dorsale qu'on mange dans les pays du
Nord, tout est donc utile à l'Homme

dans cette féconde espèce, ajoute l'é-
loquent continuateur de Buffon. La fécondité de l'Ichthyocolle est encore
plus considérable que celle de l'Esturgeon vulgaire. On prétend que les
œufs de la femelle équivalent à peu
près au tiers de son poids, et l'on cite
un individu de ce sexe pesant deux
mille huit cents livres, dont huit cents
livres se composaient des ovaires. Ce
Poisson passe, dit-on, les hivers très-
rigoureux en troupes dans des profondeurs inaccessibles, où les individus sont pressés les uns contre les
autres; dans les hivers moins durs,
s'éloignant moins de la surface, on
les prend en grande quantité en pratiquant des trous dans la glace par où on
enfonce des crochets pour les harpon-
ner; des filets et diverses machines
sont encore employés pour leur faire
une guerre active; on en prend d'é-
normes quantités, et cependant l'espèce ne paraît point éprouver la moindre diminution. — L'Ichthyocolle fit
long-temps, et lorsque les confins de
l'Europe et de l'Asie étaient moins
connus, l'une des célébrités du Danube : Marsigli donne des détails sur
la pêche de ce gigantesque habitant
du grand fleuve, qu'on voit habituellement sur le marché de Vienne pendant les mois d'octobre et de novembre. D. 46, P. 33, V. 50, A. 25, C. 40.

Le STRELET, *Acipenser Ruthenus*,
L., Gmel., *loc. cit.*, p. 1485; Bloch,
pl. 89 ; Encycl. Pois., pl. 10, f. 30.
Cette espèce a son ventre blanc tacheté de rose, le dos noirâtre avec ses
boucliers jaunes, et ses nageoires
inférieures rouges, tandis que les supérieures, la caudale et le dos sont
d'un gris fort agréable. C'est donc
l'Esturgeon dont la livrée semble être
la plus brillante; elle avait attiré
l'attention du voyageur Corneille-
Lebrun qui avait dessiné une figure
du Strelet en 1703 (Voy. T. I, pl. 53,
p. 93), et qui dit que ce Poisson est le
plus délicieux qu'on puisse manger.
Ses boucliers sont disposés seulement
sur trois rangs. Il dépasse rarement
quatre pieds de longueur et trente-
cinq ou quarante livres de poids.

Un individu de huit pieds est une
grande rareté et se vend fort cher à
Saint-Pétersbourg, où l'on en élève
beaucoup dans des caisses flottant au
cours de la rivière, pour la consommation des marchés. Le caviar en est
tellement délicat qu'on le réserve
pour la cour. Il habite la Caspienne,
le Volga et l'Oural. On dit l'avoir
quelquefois pêché dans la Baltique.
Le Grand-Frédéric le fit transporter
dans plusieurs des étangs et rivières
de ses États. Il avait été également
introduit par un roi de Suède du
même nom dans le lac Mœler où l'on
assure qu'il s'est naturalisé. D. 39, P.
20, V. 25, A. 22, C. 76.

L'ETOILÉ, *Acipenser stellatus*, L.,
Gmel., *loc. cit.*, p. 1486. Cette espèce,
dont on doit la connaissance à Guldenstedt, dans les Mémoires de Saint-
Pétersbourg (T. XVI, p. 533), habite
les fleuves qui se déchargent dans la
mer Noire et la Caspienne, le Volga
et le Danube particulièrement. Elle
est de la taille du Strelet, mais ses
couleurs sont le brunâtre sur le dos,
des teintes lavées sur les flancs et le
blanc sous le ventre. On trouve à sa
surface des rudimens d'écailles éparses et comme étoilées. La fécondité
des femelles est non moins grande
que dans les espèces précédentes; on
a compté trois cent mille œufs dans
l'une d'elles. Les rayons des nageoires paraissent n'avoir pas été comp-
tés. Gmelin rapporte à cette espèce,
comme variété, l'*Acipenser Koster* du
voyageur Gmelin; il ne faut conséquemment pas confondre ce Koster
avec le Kostera de Lepechin, que
nous avons déjà mentionné comme
une variété du Schype.

Le SEURUGA, *Acipenser Seuruga*,
Encycl. Pois., p. 17 (sans figure).
Cette espèce n'est connue que par la
mention très-légère qu'en fait Guldenstedt, qui, sans compter les rayons
de ses nageoires ni s'occuper de ses
couleurs, lui attribue un museau en
spatule, un peu courbé, six fois plus
long que le diamètre transversal de
la bouche, et les barbillons fort près

de celle-ci. Sa longueur ordinaire est de quatre pieds. Il se trouve dans la mer Caspienne.

L'Esturgeon de Lichtenstein, *Acipenser Lichtenstenii*, Schneid. pl. 69, a son bec allongé, recourbé et caréné en dessous. On voit deux épines aux nageoires anale et dorsale. Ce Poisson a été pris à Hambourg et paraît se trouver dans les rivières de l'Allemagne septentrionale.

Aux espèces de l'Ancien-Monde qui viennent d'être décrites, Lesueur en a récemment ajouté trois nouvelles, découvertes dans les eaux de l'Amérique du nord où le docteur Mitchill en a trouvé une quatrième. Ces espèces sont :

Acipenser rubicundus, Lesueur, *Ann. of the Amer. Philos. Soc.* T. 1, dont la taille est d'environ quatre pieds. Il habite les lacs Erié, Ontario, Huron et Michigan, c'est-à-dire dans le cours du Saint-Laurent. Selon le savant Nuttall, les sauvages pêchent ce Poisson avec des harpons; sa chair est fort bonne, mais peu recherchée sur les tables des Américains, qui ne paraissent pas faire autant de cas de la chair des Esturgeons qu'on en fait en Europe.

Acipenser brevirostrum, Lesueur, *loc. cit.* Cette espèce a été formée sur un individu femelle long de deux pieds neuf pouces. Elle habite la Delaware, et se vend au printemps sur les marchés de Philadelphie où le peuple seul s'en nourrit.

Acipenser maculosus, Lesueur, *loc. cit.* Cette petite espèce, dont la peau rude, recouverte de petites épines réunies en groupe, est toute bariolée de taches noires sur un fond rouge olivâtre, habite l'Ohio, et n'y atteint guère plus d'un pied de longueur.

Acipenser Oxyrinchus, Mitch., *Trans. of the New-Yorck*, etc. Cette espèce a été depuis retrouvée, à ce qu'il paraît, par l'infatigable Lesueur dans la rivière Delaware. (B.)

ESTURGEONS. pois. (Blainville.) *V.* Esturgeon et Sturioniens.

ESULE. *Esula.* bot. phan. Ce nom spécifique d'une Euphorbe, a été employé comme générique par plusieurs auteurs, et notamment par Haworth, qui ont tenté de diviser les espèces si nombreuses de ce genre, mais jusqu'ici la majorité des botanistes n'a pas adopté ce changement. Les *Esula major* et *minor* des boutiques sont aussi des espèces du même genre, savoir : l'*Euphorbia palustris* et l'*Euph. Cyparissias* qui croissent toutes deux dans les environs de Paris. (A. D. J.)

ETAGNE. mam. La femelle du Bouquetin dans quelques cantons de montagnes. (D.)

ÉTAIN. *Stannum*, Pl. *Zinn*, W. min. Substance métallique qui existe dans la nature en combinaison avec l'Oxigène et le Soufre, mais qui n'y a point encore été trouvée à l'état vierge. L'Étain, tel qu'on l'obtient par les procédés métallurgiques, est solide, d'un blanc d'Argent, très-fusible, plus ductile et plus dur que le Plomb. Plié en différens sens, il fait entendre un petit craquement que l'on a nommé le *cri de l'Etain*. Sa pesanteur spécifique est de 7,29. L'Etain fondu est susceptible de prendre des formes cristallines par le refroidissement; ces formes semblent se rapporter au parallélipipède rectangle. Quelques minéralogistes ont admis l'existence de l'Etain natif, d'après des échantillons qui ont été trouvés en Cornouailles et à Epieux près Cherbourg; mais on s'accorde généralement à regarder cet Etain comme un produit de l'art enfoui depuis long-temps dans la terre. C'est de l'oxide d'Etain que se retire tout le Métal de ce nom répandu dans le commerce. On purifie l'oxide et on le traite par le charbon, qui a la propriété de le réduire avec une grande facilité. Les usages de l'Etain sont très-multipliés. Il est employé à la fabrication de divers vases et instrumens. Allié au Cuivre dans certaines proportions, il forme le Bronze et la matière des canons et des cloches. Uni avec le double de son poids de

Plomb, il constitue la soudure des plombiers. Réduit en feuilles très-minces et amalgamé avec le Mercure, il sert pour l'étamage des glaces. L'étamage ordinaire consiste dans une légère couche de ce Métal appliqué sur le Cuivre ; en recouvrant la tôle de la même manière, on a le Fer blanc. Il fait partie de la potée d'Etain, de l'Or mussif et de diverses dissolutions employées dans la teinture.

ETAIN OXIDÉ, *Zinnstein*, W.; *Zinnerz*, Léonh. Combinaison d'un atome d'Etain et de quatre atomes d'Oxigène, Berzelius. En poids il est formé de 78, 67 d'Etain et de 21, 33 d'Oxigène, conformément à une analyse de Klaproth. Il est souvent mélangé d'une certaine quantité de Fer. Sa forme primitive est, d'après Haüy, un octaèdre symétrique composé de deux pyramides dont la hauteur est à l'arête de la base commune dans le rapport de 7 à 3. Les faces adjacentes sur une même pyramide font entre elles un angle de 133° 36'. Les clivages parallèles aux faces de cet octaèdre sont très-sensibles à une vive lumière. La pesanteur spécifique de l'Etain oxidé est de 6, 9. Sa cassure est raboteuse ; sa dureté moyenne entre celles du Feldspath et du Quartz. Les couleurs varient du blanc jaunâtre ou grisâtre au brun rougeâtre et au noir. Il est quelquefois translucide, plus ordinairement opaque ; infusible, mais réductible au chalumeau par un feu vif et soutenu. Il présente une assez grande variété de formes secondaires, parmi lesquelles nous citerons comme les plus simples : la dodécaèdre, ou la forme primitive dont les deux pyramides sont séparées par un prisme rectangulaire ; la quadrioctonale, qui présente le même prisme terminé par deux nouveaux sommets à quatre faces, reposant sur les arêtes des bases ; la dioctaèdre, qui n'est autre chose que la précédente émarginée longitudinalement, etc. Les cristaux d'Etain oxidé offrent fréquemment cette espèce de groupement particulier auquel on a donné le nom d'*hémitropie*. Cet accident se montre surtout dans la variété quadrioctonale : on obtient aisément la forme composée qui en résulte en supposant cette variété coupée en deux moitiés par un plan parallèle à l'une des diagonales du prisme, et l'une des moitiés faisant une demi-révolution sur elle-même. L'hémitropie se reconnaît à l'angle rentrant que les cristaux présentent d'un côté, mais cet angle est plus ou moins sensible suivant la hauteur du prisme, et quelquefois il disparaît entièrement. On remarque assez souvent que l'hémitropie se répète à plusieurs endroits du même groupe. L'Etain oxidé se trouve aussi dans la nature, mais beaucoup plus rarement, à l'état de concrétion. Il constitue ce qu'on appelle vulgairement *Etain de bois*, parce que les masses mamelonnées dont il se compose sont formées de couches de diverses teintes, que l'on a assimilées aux couches ligneuses qui se montrent sur la coupe des Arbres. C'est le Wood Tin des minéralogistes anglais. Enfin, l'Etain oxidé se rencontre sous forme de grains arrondis, dans les terrains d'alluvion où ces grains ont été charriés par les eaux. L'Etain oxidé appartient aux terrains des époques les plus anciennes. Il forme des filons et des amas assez considérables dans le Granite, et surtout dans le Micaschiste et le Greisen. Les mines où il est le plus abondant sont celles de Zinnwald en Bohême, d'Altenberg en Saxe, et du comté de Cornouailles en Angleterre. Une grande partie de l'Etain du commerce provient des mines de Banca et Malaca dans les Indes-Orientales. En France, on a trouvé l'Etain dans plusieurs localités, aux environs de Nantes, dans le Granite, et à Vaulry près de Limoges, dans le Greisen. Les Métaux qui l'accompagnent le plus ordinairement sont le Schéelin ferruginé et le Schéelin calcaire, le Fer arsénical, le Cuivre pyriteux, etc. C'est la nature du sol jointe à la présence de ces matières accidentelles, signes avant-coureurs de l'Etain, qui a conduit De Cressac à la découverte de ce Métal en France. On a entrepris des fouilles aux environs de Limoges; mais elles n'ont point encore produit de résultats avantageux.

Etain sulfuré, *Zinnkies*, W., Etain pyriteux, ou combinaison d'un atome de bisulfure d'Etain avec deux atomes de sulfure de Cuivre, Berz. Couleur d'un gris d'Acier, quelquefois d'un jaune de Bronze; poussière noire; fragile, facile à entamer et à pulvériser. Cassure inégale et offrant l'éclat métallique. Pesanteur spécifique, 4,35. Fusible au chalumeau, en répandant d'abord une odeur sensible d'Acide sulfureux, et donnant ensuite une scorie irréductible. Sa poussière est soluble en partie dans l'Acide nitrique, en donnant lieu à une vive effervescence due à un dégagement de Gaz nitreux. Il est composé, d'après une analyse de Klaproth, de 34 d'Etain, 36 de Cuivre, 25 de Soufre et 2 de Fer, sur 100 parties. On ne l'a encore trouvé qu'à l'état sublaminaire ou massif à Wheal-Rock, en Cornouailles, dans un filon de Cuivre pyriteux. Ce Minerai est sans aucun usage. Ce qu'on appelle dans les arts *Or mussif* est une combinaison artificielle de Soufre et d'Etain, qui sert à colorer le Bronze, et à enduire les coussins des machines électriques, dont elle rend les effets plus énergiques.   (G. DEL.)

ETAIRION. BOT. PHAN. Mirbel appelle ainsi un fruit composé, provenant d'une même fleur et consistant en plusieurs capsules uniloculaires s'ouvrant par une suture longitudinale; tel est celui des Aconits, des Pivoines, etc.   (A. R.)

ETAIRIONNAIRES (FRUITS). BOT. PHAN. (Mirbel.) Ordre de fruits composés de deux genres, l'Etairion et la Follicule. *V.* ces mots.   (A. R.)

* ÉTALÉ, ÉE. *Patulus*, *Patula*, *Patens*. BOT. Cet adjectif s'emploie pour exprimer la disposition des différens organes qui forment un angle presque droit avec les autres parties dont ils tirent leur origine. C'est dans ce sens qu'on dit des feuilles, des rameaux, des étamines, etc., Etalés ou Etalées.   (A. R.)

ETALON. MAM. Le Cheval mâle, destiné dans les haras à la propagation de l'espèce.   (B.)

ETAMINES. *Stamina.* BOT. PHAN. C'est ainsi qu'on appelle, en botanique, les organes sexuels mâles dans les Végétaux. Généralement, ces organes sont réunis dans une même fleur avec les pistils ou organes sexuels femelles, ce qui constitue l'hermaphroditisme, aussi commun dans les Plantes, qu'il est rare dans les Animaux. Quelquefois cependant les Etamines existent seules dans une fleur qui est alors mâle. L'Etamine est, en général, composée de deux parties, savoir : 1° l'ANTHÈRE ou partie supérieure formée d'une sorte de petit sac membraneux, généralement partagé en deux cavités ou loges dans lesquelles se trouve renfermé le pollen ou matière fécondante; 2° le FILET, sorte de support filamenteux qui élève l'anthère. Cette dernière partie n'est pas tellement essentielle qu'elle ne manque quelquefois; dans ce cas, l'anthère est *sessile*, c'est-à-dire immédiatement appliquée sur le calice ou la corolle. L'anthère est donc la seule partie essentielle de l'Etamine. Mais une condition indispensable, pour que cet organe remplisse parfaitement les fonctions que la nature lui a confiées, c'est qu'il faut que l'anthère contienne du pollen et que cette anthère s'ouvre, afin que le pollen soit mis en contact avec l'air atmosphérique pour opérer la fécondation. Sans cette circonstance, la fécondation n'aurait pas lieu, et la Plante demeurerait inféconde.

Le nombre des Etamines contenues dans une même fleur varie singulièrement. C'est même d'après cette considération que Linné a établi les premières classes du système sexuel. Ainsi il y a des fleurs qui ne renferment jamais qu'une étamine, comme la Valériane rouge, les Blites, etc.; on les appelle fleurs *monandres;* d'autres en offrent deux, fleurs *diandres;* on appelle fleurs *triandres* celles dans lesquelles on en observe trois, comme dans le plus grand nombre des Graminées et des Cypéracées. Enfin on dit des fleurs qu'elles sont *tétrandres, pentandres, hexandres, heptandres, octandres, ennéandres, décandres,* suivant qu'elles offrent quatre, cinq, six, sept, huit, neuf ou dix Etamines. Au-delà du nombre dix, les Etamines ne sont plus renfermées dans des limites fixes et précises. Ainsi il n'y a pas de Plantes qui présentent constamment onze, treize, quatorze, etc., Etamines. On a nommé fleurs *dodécandres* celles qui contiennent plus de dix et moins de vingt Etamines; et fleurs *polyandres* celles qui en offrent plus de vingt insérées sous l'ovaire. Les premières classes du système sexuel de Linné reposent sur ces différences dans le nombre des Etamines.

Toutes les Etamines d'une même fleur sont généralement égales et semblables entre elles. Cependant elles sont quelquefois *inégales,* c'est-à-dire que quelques-unes sont plus petites ou plus grandes que les autres. Tantôt cette disproportion se fait sans symétrie, tantôt, au contraire, elle a lieu symétriquement. Ainsi, dans un grand nombre de *Geranium,* d'*Oxalis,* etc., il y a dix Etamines dont cinq sont plus courtes et alternent avec les autres. Lorsqu'une fleur présente quatre étamines et que deux sont constamment plus longues que les deux autres, elles sont dites *didynames;* telles sont des Labiées, des Antirrhinées, des Verbénacées, etc. S'il y a six Etamines, dont quatre plus grandes, disposées par paires, et deux plus petites, ces Etamines, ainsi que la fleur qui les renferme, sont appelées *tétradynames.* Toutes les Plantes Crucifères, comme la Giroflée, le Chou, le Radis, sont dans ce cas. Linné a établi, d'après cette disproportion, deux classes, la quatorzième et la quinzième de son système: savoir: la *Didynamie* et la *Tétradynamie.* Mais cette disproportion des Etami-

nes n'a d'importance que dans le cas où il existe quatre ou six Etamines dans une même fleur.

Lorsque les Etamines sont en nombre déterminé, leur situation, relativement aux divisions de la corolle et du calice, mérite d'être soigneusement étudiée, et fournit souvent d'excellens caractères de famille. Dans le plus grand nombre des cas, les Etamines alternent avec les pétales ou avec les lobes de la corolle monopétale. Mais dans quelques familles, elles leur sont opposées. Ainsi, dans tous les genres qui forment la famille des Primulacées, les Etamines correspondent au milieu de chacun des lobes de la corolle; dans la Vigne et les genres voisins, les Etamines sont aussi opposées aux pétales, etc.

Dans le plus grand nombre des cas, les Etamines réunies dans une même fleur sont libres et distinctes les unes des autres. Quelquefois cependant elles sont soudées entre elles, soit par les filets, soit par les anthères: 1° par les filets; la connexion des Etamines peut se faire de trois manières différentes. Tantôt toutes les Etamines sont soudées par les filets en un seul corps qu'on nomme Androphore, et constituent une sorte de tube ou de colonne centrale couronnée par les anthères. Dans ce cas, les Etamines sont dites *monadelphes,* comme dans la Mauve et les autres Malvacées, etc.; tantôt les Etamines forment deux faisceaux composés chacun de la soudure d'un nombre égal ou inégal de filamens, comme dans la plupart des Légumineuses, les Polygalées, les Fumariacées, etc.: les Etamines sont alors appelées *diadelphes.* Enfin les filets peuvent former, en se soudant, trois ou un plus grand nombre de faisceaux: les Etamines sont alors *polyadelphes,* comme dans les *Geranium,* l'Oranger, etc. Linné a, d'après cette soudure des Etamines par les filets, établi trois des classes de son système, savoir: la Monadelphie, la Diadelphie et la Polyadelphie. 2°. La soudure des Etamines entre elles

peut également se faire par les anthères qui sont toutes unies ensemble ,
de manière à former un tube à travers
lequel passent le style et le stigmate.
Cette disposition se remarque dans
toutes les Plantes à fleurs composées ,
que pour cette raison on a nommées
Synanthérées, et qui constituent la
dix-neuvième classe du système de
Linné.

3°. Enfin les Etamines peuvent être
soudées intimement avec le pistil, et
former avec lui un même corps,
comme dans les Orchidées, les Aris-
tolochiées, etc., qui appartiennent à
la vingtième classe du système sexuel,
c'est-à-dire à la Gynandrie.

La direction des Etamines peut
aussi offrir quelques variations. Ainsi
elles peuvent être dressées, étalées,
infléchies vers le centre de la fleur,
réfléchies en dehors, ascendantes,
c'est-à-dire dressées d'un seul côté
de la fleur, déclinées ou toutes pendantes d'un même côté, etc. La face
des anthères peut être tournée vers le
centre de la fleur, elle peut être tournée vers l'extérieur. Dans le premier
cas, les Etamines sont *introrses*,
tandis qu'elles sont *extrorses* dans le
second.

Les Etamines peuvent éprouver
différentes transformations. Il arrive
quelquefois qu'elles se changent en pétales. Ce phénomène est très-fréquent
et se passe en quelque sorte sous nos
yeux dans les fleurs qui doublent.
On voit graduellement les Etamines
les plus extérieures dont les filets s'é-
largissent à mesure que l'anthère se
détruit, et revêtent la forme et l'orgá-
nisation propres aux pétales. On voit
quelquefois les Etamines se changer
en ovaires ou en loges de l'ovaire.
Ainsi le professeur Richard a fait
connaître une variété de l'*Erica tetra-
lix* qu'il nomme *Anandra* et dans laquelle les huit Etamines se sont
changées en huit loges qui se sont
ajoutées aux quatre de l'ovaire, qui
en présente alors douze. Notre collaborateur Guillemin a observé un fait
de la même nature dans l'*Euphorbia*

Esula. (*V*. **Mém.** de la Soc. d'Hist.
Nat. T. 1er).

Chacune des parties constituantes
de l'Etamine, c'est-à-dire le filet,
l'anthère et le pollen, offrent des particularités qui leur sont propres, et
que nous ferons connaître à chacun
de ces mots. *V*. ANTHÈRE, FILET,
POLLEN.   (A. R.)

ETANG. *Stagnum*. GÉOL. et ZOOL.
V. LAC et POISSONS.

ÉTEIGNOIRS. BOT. CRYPT. Dans
les campagnes où la forme originale
des calyptres du *Bryum extinctorium*,
L. (*Encalypta*, Hedw.), fut remarquée
même par le vulgaire, on appela Étei-
gnoir cette petite mousse. Paulet n'a
pas manqué de recueillir ce nom des il-
lettrés pour l'appliquer à l'une de ses
familles de Champignons parmi lesquelles il signale les Eteignoirs à l'encre, les têtes de Carpes, les Dorés, les
Blanc de lait et Blanc de neige, même
des Tricolores, etc. La famille des Eteignoirs, assez nombreuse, ne saurait,
malgré l'autorité du docteur Paulet,
être adoptée par les vrais savans,
quelle que fût la couleur des individus qu'il pût comprendre sous cette
désignation.   (n.)

ÉTENDARD. *Vexillum*. BOT.
PHAN. C'est le pétale supérieur dans
les corolles papilionacées, qui, en général, plus grand que les autres, les
recouvre extérieurement avant leur
épanouissement. *V*. COROLLE et LÉ-
GUMINEUSES.   (A. R.)

*ETEOCLE. *Eteocles*. INS. Espèce
de Papillon de la division des Chevaliers grecs de Linné.   (B.)

*ETEONE. *Eteone*. ANNEL. Savigny
(Syst. des Annelides, p. 46) établit avec
doute ce nouveau genre dans la famille des Néréides. Il comprend le
Nereis flava d'Othon Fabricius (*Faun.
Groenl.*, n° 282), qui paraît avoir
une trompe simple dépourvue de mâchoires. Il présente en outre quatre
antennes courtes; quatre cirres ou
plutôt deux paires de cirres tentaculaires également courts; une rame
pour chaque pied; les cirres supérieurs comprimés en lame oblongue

et obstuse ; les cirres inférieurs très-courts ; deux styles ; point de branchies distinctes des cirres. Ce genre prend place dans le voisinage des Castalies et des Eulalies. On doit y rapporter peut-être la *Nereis longa* d'Othon Fabricius (*loc. cit.*), qui ne se distingue essentiellement de l'espèce précédente que par la forme des cirres supérieurs, qui sont coniques et terminés en mamelons. Il paraît que les rames sont bifides.　(AUD.)

ETERNELLE. BOT. PHAN. Nom vulgaire de l'Hélychryse orientale.(B.)

ETERNUE. BOT. PHAN. Le compilateur Bomare appelait ainsi quelques Graminées du genre Agrostide. Les herboristes donnent ce nom à l'*Achillea Ptarmica*, L.　　　(B.)

ETHER. Liquide extrêmement volatil que l'on obtient par la distillation de l'Alcohol très-rectifié avec un acide quelconque, et dont les propriétés changent en raison de l'espèce d'acide employé à sa production. Le nom donné à ce corps fait allusion au principe éthéré des anciens qui, selon eux, occupait les plus hautes régions de l'atmosphère, et influait sur l'apparition des météores.

(DR..Z.)

ETHÉRIE. *Etheria*. MOLL. Genre établi par Lamarck dans la famille des Camacées et généralement adopté, quoique Blainville ne le mentionne pas dans le Dictionnaire des Sciences Naturelles, et que Cuvier n'en ait point parlé dans le Règne Animal. Ce genre repose pourtant sur de bons caractères, et devient d'autant plus nécessaire à conserver, qu'on l'observe avec plus de soin; aussi, Férussac (Tableaux syst. des Anim. Mollusques) l'a-t-il admis ainsi que Schweiger et Ocken. Il est évident que ce genre appartient aux Camacées, dont il présente tous les traits principaux : les deux impressions musculaires, celle du manteau, la fixité de la valve intérieure, etc., sont les traits principaux de ressemblance ; ainsi, comme celui des Cames, l'habitant de l'Ethérie doit avoir le man-

teau ouvert seulement dans deux endroits ; l'une de ces ouvertures est destinée au passage du pied, et l'autre au passage des syphons, ou au moins il se distingue des autres genres de la même famille par les caractères suivans : coquille irrégulière, inéquivalve, adhérente, à crochets courts, comme enfoncés dans la base des valves ; charnière sans dent, ondée, subsinuée, inégale ; deux impressions musculaires distantes, latérales, oblongues ; impression du manteau simple, non échancrée ; ligament extérieur enfoncé dans un petit espace triangulaire, divisant en deux parties le talon de la valve inférieure, et se prolongeant dans toute sa longueur. Outre ces caractères, les Ethéries se reconnaissent encore au brillant de leur nacre et aux singulières boursouflures qui se voient à l'intérieur des valves. On a ignoré pendant fort long-temps l'existence de ces coquillages ; leur fixité à de grandes profondeurs dans la mer, dit Lamarck, en a été la cause principale ; mais est-il bien certain que les Ethéries soient marines, ou au moins que toutes le soient? D'après les intéressans et nouveaux renseignemens que Férussac a donnés suivant Cailliaud, sur ce genre, il n'est point douteux que plusieurs espèces trouvées dans le Nil, très-loin de son embouchure, ne soient fluviatiles ; et les espèces trouvées dans ce fleuve se rapportent indubitablement à celles que possédait Faujas, et qui ont passé depuis dans la collection du Muséum ; mais Lamarck, dans le tome VI des Animaux sans vertèbres (1re part., pag. 100), mentionne d'après son premier travail sur ce genre, inséré dans le tome X des Annales du Muséum, deux espèces qu'il regarde comme marines, et dont il donne même l'*habitat*. Ces Ethéries marines se distinguent aussi des fluviatiles par le défaut de callosité insérée dans la base de la coquille: il paraît donc hors de doute que dans ce genre on trouve des espèces fluviatiles et d'autres marines, ce qui, au reste, n'est point sans exemple, puisque cela se voit dans le genre Corbule et dans le genre Moule. Ainsi que l'a proposé Lamarck , nous séparerons les espèces de la manière suivante :

† *Une callosité oblongue dans la base de la coquille.*

ETHÉRIE ELLIPTIQUE, *Etheria elliptica*, Lamk., Ann. du Mus. T. x, pag. 4o1, pl. ₂9 et 3₁, fig. ₁; *id.*, Anim. sans vert. T. vi, 1ʳᵉ part., pag. 99, n° ₁. Elle est grande, elliptique, aplatie, fort dilatée vers les crochets qui, eux-mêmes, sont peu éloignés; son test est épais, feuilleté, et d'une nacre très-brillante. Lamarck indique avec doute la mer des Indes comme le lieu de son habitation; mais il est plus probable qu'elle vient du Nil où Cailliaud l'a retrouvée.

ETHÉRIE TRIGONULE, *Etheria Trigonula*, Lamk., Ann. du Mus. (*loc. cit.*, pl. 3o et 3₁, fig. ₂); *id.*, Anim. sans vert., *loc. cit.*, n° ₂. Celle-ci, comme l'indique son nom, est subtrigone, bossue, rétrécie supérieurement et vers sa base; son crochet inférieur est fort grand et très-écarté de celui de la valve supérieure.

†† *Point de callosité incrustée dans la base de la coquille.*

ETHÉRIE SEMILUNAIRE, *Etheria semilunata*, Lamk., Ann. du Mus. T. x, pag. 4o4, tab. 3₂, fig. ₁-₂; *id.*, Anim. sans vert. T. vi, page ₁oo, n° 3. Coquille oblique, ovale, demi-circulaire, bossue, ayant son côté postérieur droit ou presque droit; les crochets sont presque égaux; sa nacre est verdâtre. Elle a été trouvée sur les côtes de l'île de Madagascar.

ETHÉRIE TRANSVERSE , *Etheria transversa*, Lamk., Ann. du Mus., *loc. cit.*, tab. 3₂, fig. 3-4. Coquille ovale, transverse, oblique, subgibbeuse, à crochets inégaux; sa nacre est également verdâtre, mais sa forme générale et celle des crochets en particulier, la distinguent des autres espèces. Elle est moins grande, et a été trouvée avec la précédente sur les

côtes maritimes de l'île de Madagascar.   (D..H.)

ETHIOPIENNE. ZOOL. Espèce du genre Homme. *V*. ce mot. C'est aussi le nom vulgaire marchand du *Murex Morio*, L. *V*. ROCHER.   (B.)

* ETHIOPIS. BOT. PHAN. Ou plutôt Æthiopis. Espèce du genre Sauge. *V*. ce mot.   (B.)

*ETHIOPS. CHIM. MIN. Nom donné par les anciens chimistes à plusieurs préparations de couleur noire : l'Ethiops martial est un deutoxide de Fer; l'Ethiops minéral est un hydro-sulfureux de Mercure imparfait ; l'Ethiops *Per se* est du Mercure extrêmement divisé.   (DB..Z.)

ETHULIE, *Ethulia*. BOT. PHAN. Genre de la famille des Synanthérées, Corymbifères de Jussieu, et de la Syngénésie égale, L., présentant les caractères suivans : calathides sans rayons, composées de fleurons égaux, nombreux, réguliers et hermaphrodites; involucre formé de plusieurs écailles oblongues, foliacées, égales et disposées sur un seul rang, selon Jussieu, inégales et en deux rangées d'après Cassini; réceptacle hémisphérique et nu; ovaires en pyramide, renversés, pentagones, glanduleux, munis au sommet d'un bourrelet, et dépourvus d'aigrettes. Ces caractères ont été observés sur l'*Ethulia conyzoides*, type du genre fondé par Linné. On a réuni à cette Plante plusieurs espèces qui en sont distinctes, même génériquement. Ainsi l'*Ethulia divaricata*, dont Jussieu avait indiqué l'affinité avec le *Grangea*, a été constitué en un genre particulier nommé *Epaltes* par Cassini , et l'*Ethulia sparganophora* est redevenu, d'après Gaertner, le genre *Sparganophorus*, anciennement établi par Vaillant. *V*. EPALTÈS et SPARGANOPHORE.

L'ETHULIE CONYZOÏDE , *Ethulia conyzoides*, L. , est une Plante herbacée à tige rameuse et pubescente, à feuilles alternes, ovales-lancéolées, pointues et légèrement dentées. Ses capitules sont hémisphériques, petits, à corolles purpurines, et disposés en corymbes au sommet des rameaux. Les glandes qui recouvrent ses ovaires laissent exhaler une forte odeur, analogue à celle de la Rue (*Ruta graveolens*). En décrivant cette Plante, Forskalh lui avait donné le nom de *Kahiria*. Elle croît en Egypte, sur les bords du Nil, ainsi que dans les Indes-Orientales et à Madagascar. (G..N.)

* ETHULIÉES. BOT. PHAN. Nom d'une section de la tribu des Vernoniées de Cassini, caractérisée par la forme des ovaires qui ressemblent à une pyramide renversée, à cinq faces et à cinq arêtes, dont une ou deux sont quelquefois oblitérées. L'auteur de cette section y place les genres *Ethulia*, L.; *Sparganophorus*, Vaill.; *Stockesia*, l'Hérit.; *Oliganthes*, *Piptocoma* et *Isonema*, Cass., etc. (G..N.)

ETHUSE. BOT. PHAN. Pour Æthuse. *V.* ce mot.

* ETIOLEMENT. ZOOL. BOT. On appelle ainsi une altération particulière que subissent les Animaux et les Plantes lorsqu'ils sont soustraits à l'action de la lumière. Dans les Végétaux, les phénomènes qui accompagnent cet état maladif sont les suivans : les tiges s'allongent, deviennent grêles, aqueuses, les feuilles blanchissent, les fluides aqueux se développent, en un mot toutes les parties de la Plante sont plus tendres, moins sapides et moins odorantes. On produit assez souvent cette altération dans un grand nombre de Végétaux cultivés dans nos jardins potagers pour servir d'alimens. C'est ainsi que les jardiniers, en faisant croître dans des tonnes ou dans des caves la variété de Chicorée connue sous le nom vulgaire de Barbe de Capucin, en liant les feuilles de la Laitue, de la Romaine, des Choux, etc., en recouvrant de feuilles sèches les pieds de Céleri, de Cardon, etc., les étiolent, les blanchissent, les rendent plus tendres et d'une saveur plus douce. La cause de ces différens phénomènes est sans contredit la pri-

vation de la lumière. Les expériences de Duhamel, de Bonnet, de Mèse, mettent ce fait dans toute son évidence. Plusieurs Plantes des pays extraéquatoriaux, cultivées dans nos serres, où elles fleurissent fort bien, n'y portent point de fruits ou de graines par l'effet d'une sorte d'Etiolement provenant de la privation d'une durée suffisante de jour, précisément à l'époque où l'anthèse a lieu. Il en a été question en traitant de ce dernier mot. Bory de Saint-Vincent (Ann. Génér. des Sc. Phys.) avait proposé un moyen pour obvier à cet inconvénient ; nous y reviendrons au mot SERRE.

L'Etiolement se remarque chez l'Homme comme chez les autres Animaux. On a vu l'habitation long-temps prolongée dans des prisons obscures, des cachots, des caves, etc., amener la décoloration de la peau, de l'iris, une bouffissure et un relâchement général des tissus, analogue à celui qu'on observe dans les Végétaux étiolés. Cet état s'observe également chez les ouvriers qui travaillent aux mines ; en un mot, chez tous ceux qui demeurent long-temps soustraits à l'action stimulante de la lumière. Dans l'un et l'autre cas la cause est toujours la même. La plupart des Oiseaux nocturnes dont le plumage est blanc ou blanchâtre, doivent cette nuance à une espèce d'Etiolement. (A. R.)

ETITE. MIN. Pour Ælite. *V.* ce mot.

* ETMOPTÈRE. *Etmopterus.* POIS. (Rafinesque.) *V.* SQUALES. (B.)

ETOILE. ZOOL. BOT. Ce nom, emprunté de l'astronomie, a été donné à plusieurs productions des règnes animal et végétal, dans lesquelles ou partie desquelles on a trouvé quelque rapport avec la figure adoptée pour représenter les corps célestes. Ainsi l'on a appelé parmi les Animaux :

ETOILE, un Oiseau de la Côte-d'Or en Afrique, que l'on compare au Merle, mais qui est encore indéterminé.

Etoile de mer , la plupart des Astéries.

Etoiles pétrifiées , des Astroïtes, des articulations d'Encrines, certaines Coquilles et des Astéries fossiles.

Parmi les Plantes :

Etoile du berger , l'*Alisma Damasonium*, L.

Etoile de Bethléem , l'*Ornitogalum pyramidale*.

Etoile blanche , l'*Ornitogalum umbellatum*.

Etoile d'eau , les *Callitriche*.

Etoile des bois , la plupart des Stellaires , mais surtout l'*Holosteum*.

Etoile jaune , l'*Ornitogalum luteum*.

Etoile du matin , divers Liserons qui fleurissent peu après le lever de l'aurore.

Etoile plante , l'*Ipomea coccinea*.

Paulet n'a pas négligé les Etoiles dans sa bizarre nomenclature. Il a fait des Etoiles grises , polaires , bombées , etc. , de divers Agarics et Lycoperdons. Mais ces mots , tout au plus tolérables dans le langage grossier des campagnes , doivent être proscrits de tout vocabulaire scientifique.   (b.)

*ÉTOILÉ, ÉTOILÉE. *Stellatus*, *Stellata*. zool. bot. En forme d'Etoile , ou marqué de quelque signe qui ressemble à une Etoile.

Buffon , dans sa nomenclature non moins bizarre que celle du fungologiste de Fontainebleau , désigna aussi sous le nom d'Etoilé un Héron , et Levaillant un Gobe-Mouche. On appelle Etoilés, parmi les Poissons, une espèce du genre Baliste, un Ostracion, un Esturgeon et une variété de la Raie Miraillet. Geoffroy appelait ainsi le *Bombyx antiqua*.   (b.)

On dit d'une corolle qu'elle est Etoilée (*Corolla stellata*) lorsqu'elle est rotacée , mais très-petite et à divisions très-aiguës; telle est celle des Gaillets, des Aspérules, etc. (a. r.)

ETOILES TOMBANTES. géol. *V*. Météores et Fer météorique où l'on a renvoyé d'Aérolithes pour l'histoire des corps solides qui tombent des régions célestes.   (b.)

ETOUFFEUR. rept. oph. Quelques voyageurs ont désigné les grands Serpens sous ce nom et particulièrement ceux du genre Boa.   (b.)

ÉTOURNEAU. *Sturnus* , L. ois. Genre de l'ordre des Omnivores. Caractères : bec droit , entier , conique , déprimé, faiblement obtus ; base de la mandibule s'avançant en carène anguleuse sur le front ; narines placées près de la base du bec et sur les côtés, ovalaires, à demi-fermées par une membrane épaisse et voûtée ; quatre doigts , trois en avant, l'extérieur soudé à sa base avec l'intermédiaire , un en arrière dont l'ongle est le plus fort de tous ; longueur du tarse médiocre ; ailes longues; la première rémige presque nulle, les deux suivantes les plus longues. Les Etourneaux, dont on ne trouve en Europe que deux espèces, présentent sous tous les climats une grande similitude de caractères ; partout ils sont entre eux bavards, turbulens et même querelleurs ; ce que l'on attribue à la vie sociale qu'ils ont adoptée et qui les tient presque continuellement réunis en troupes plus ou moins nombreuses. Une fois établis dans un canton , ils s'y propagent et s'y perpétuent en quelque sorte, car rarement ils se décident à l'abandonner de leur seule volonté. On les y voit tournoyer au-dessus des tours et des clochers, près des colombiers, des Arbres élevés, prendre inopinément la volée vers la campagne et s'abattre ensuite, serrés les uns contre les autres et toujours en tournoyant, au milieu d'une broussaille où d'ordinaire, et surtout dans la saison des amours, ils se livrent de bruyans combats. Ils entreprennent quelquefois des voyages assez longs , mais ils ne quittent pas pour toujours les lieux qu'ils affectionnent; le printemps suivant les ramène et avec eux l'attente de nouvelles familles. Ils sont peu soigneux dans la construction de leurs nids qu'ils placent de préférence dans le voisinage des colombiers et souvent dans les colombiers mêmes, sous des toitures inhabitées, dans des trous caverneux ou des creux d'Arbres ; quelques brins de paille négligemment enlacés, entourant un peu de duvet, forment le berceau d'une génération qui doit éclore de quatre à six œufs de médiocre grosseur et ordinairement colorés. Les Étourneaux prennent indifféremment pour nourriture des larves, des Insectes, des Limaces, des graines et même de jeunes pousses d'herbe. L'Etourneau vulgaire, plus connu sous le nom de *Sansonnet*, est susceptible d'éducation ; il apprend à siffler et retient assez facilement des mots qu'il redit assez distinctement. Cette éducation, qui ne peut réussir que dans un âge extrêmement tendre, exige beaucoup de soins et de patience.

Le genre Etourneau, que divers auteurs avaient rendu très-nombreux en espèces, aux dépens des Stournes, des Merles, des Loriots et même des Martins-Pêcheurs, est aujourd'hui très-resserré ; il le serait encore davantage si l'on donnait au genre Troupiale une espèce assez incertaine pour qui celui-ci semble réclamer avec autant de droit que le genre Etourneau.

Etourneau aux ailes rouges, Catesby. *V.* Troupiale commandeur.

Etourneau Atthis. *V.* Martin-Pêcheur, Alcyon.

Etourneau blanche raie. *V.* Etourneau des terres magellaniques.

Etourneau Bicolor, *Amblyramphus bicolor*, Leach, *Miscell.*, pl. 36. Tête, cou, gorge, poitrine et cuisses d'un rouge orangé ; le reste du plumage noir ; bec et pieds noirâtres. Taille, sept pouces. De l'Amérique méridionale.

Etourneau du cap de Bonne-Espérance, *Sturnus Capensis*, Lath. Parties supérieures noirâtres, les inférieures blanches ; tête, gorge et cou d'un noir brillant, légèrement irisé en violet ; une grande tache ronde, d'un blanc roussâtre sur les joues ; une petite bande de la même couleur se dirigeant vers l'occiput ; une petite tache rousse entre la narine et l'œil ; bec jaune à la base, rouge à l'extrémité ; pieds jaunes ; ongles noirâtres. Taille, huit pouces. Du Bengale.

Etourneau caronculé, *Sturnus carunculatus*, Lath., *Creadion pharoides*, Vieill. Parties supérieures d'un noir ferrugineux ; le reste du plumage d'un noir pur ; une petite caroncule orangée de trois lignes environ, pendante à chaque angle de la bouche ; base du bec bleue, l'extrémité et les pieds noirs. La femelle est entièrement d'un beau noirâtre. Taille, neuf pouces et demi. De l'Australasie.

Etourneau de la Chine. *V.* Martin huppé de la Chine.

Etourneau Choucador. *V.* Merle Choucador.

Etourneau à collier. *V.* Etourneau de la Louisiane.

Etourneau a cravatte frisée. *V.* Philedon a cravatte frisée.

Etourneau Curcu, *Sturnus Curdus*, Daudin. Espèce douteuse.

Etourneau de la Daourie, *Sturnus Dauricus*, Lath.; *Gracula sturnina*, Pallas. Parties supérieures d'un noir violet, les inférieures d'un blanc cendré ; les rémiges bordées de blanc ; la queue un peu fourchue ; une strie blanche de chaque côté de la tête ; bec et pieds d'un noir plombé. La femelle a la tête et le dos bruns, les ailes et la queue noires, le reste du plumage cendré. Taille, six pouces. De Sibérie.

Etourneau éclatant. *V.* Merle éclatant.

Etourneau d'Egypte. Variété de l'Etourneau vulgaire. Ses ailes ont un reflet bleu assez vif.

Etourneau a fer a cheval. *V.* Etourneau de la Louisiane.

Etourneau-Geoffroy. *V.* Pie-Grièche-Geoffroy.

Etourneau-Hablitz. Même chose que Pégot.

Etourneau jaune. *V.* Loriot a tête noire.

Etourneau de la Louisiane, *Sturnus Lovidicianus*, Lath., *Alauda*

magna, Gmel. , *Sturnella collaris* ,
Vieill., Buff., pl. enl. 269. Parties supérieures variées de brun , de gris , de
roux et de noir ; une bande longitudinale blanchâtre sur la nuque; une
semblable bande, mais un peu plus
courte , de chaque côté , à partir de
l'œil ; joues grisâtres ; tectrices alaires
noirâtres, marquées de taches transversales brunes et frangées de gris ;
rectrices latérales cendrées avec le
bord cendré et dentelé ; sourcils et
gorge jaunes ; un large hausse-col
noir ou noirâtre sur la poitrine ; parties inférieures jaunes avec quelques
mouchetures noirâtres , plus abondantes vers la poitrine ; tectrices alaires inférieures jaunes ; flancs et tectrices caudales inférieures roussâtres ,
variés de lignes longitudinales cendrées et brunes ; bec brun , cendré en
dessous ; pieds grisâtres. Taille , neuf
à dix pouces. De l'Amérique septentrionale.

ETOURNEAU-LOYCA , Molina. C'est
vraisemblablement un variété de l'E-
TOURNEAU DES TERRES MAGELLANI-
QUES.

ETOURNEAU MORE. Même chose
que Pégot.

ETOURNEAU NOIR ET BLANC DES
INDES, Edwards. *V.* ETOURNEAU DU
CAP DE BONNE-ESPÉRANCE.

ETOURNEAU DE LA NOUVELLE-ES-
PAGNE. *V.* TROUPIALE DES PATURA-
GES.

ETOURNEAU OLIVATRE , *Sturnus
olivaceus* , Lath. Parties supérieures
d'un brun olivâtre , les inférieures
d'un brun jaunâtre ; bec et pieds rougeâtres ; queue longue. De la Chine.
Espèce douteuse.

ETOURNEAU-PIE. *V.* ETOURNEAU
DU CAP DE BONNE-ESPÉRANCE.

ETOURNEAU A PLUMES SOYEUSES.
V. MARTIN A PLUMES SOYEUSES.

ETOURNEAU ROUGE-AILE, Albin.
V. TROUPIALE COMMANDEUR.

ETOURNEAU DES TERRES MAGELLA-
NIQUES, *Sturnus militaris*, Lath. ,
Sturnella militaris, Vieill., Buff., pl.
enl. 113. Parties supérieures brunes
avec les plumes bordées de fauve ;
parties inférieures d'un rouge cra-

moisi , moucheté de noir vers les
flancs ; une raie blanche de chaque
côté du cou , depuis l'angle du bec
jusqu'à la nuque ; épaules rouges ;
rémiges et rectrices noires ; queue
fourchue ; bec et pieds bruns. Taille,
huit pouces et demi. La femelle a les
couleurs très-pâles ; il en est de même des jeunes , chez lesquels le brun
est souvent cendré.

ETOURNEAU UNICOLOR , *Sturnus
unicolor*, Marmora , Temm., pl. col.
111. Tout le plumage d'un noir pur ,
irisé par quelques reflets d'un bleu
pourpré sur la gorge , le cou et les
tectrices alaires ; bec jaune avec la base noirâtre ; pieds brunâtres. Taille,
huit pouces. De l'île de Sardaigne.

ETOURNEAU VERT , *Sturnus viridis*,
Lath. Parties supérieures vertes , les
inférieures d'un bleu pâle ; rémiges
et rectrices frangées de blanc, avec
la tige également blanche ; une petite
huppe formée de plumes noires et
blanches sur le front ; bec et pieds
rougeâtres. De la Chine. Espèce douteuse.

ETOURNEAU VULGAIRE , *Sturnus
vulgaris*, L. , Buff., pl. enl. 75. Tout
le plumage noir , irisé de vert et de
pourpre avec une petite tache triangulaire d'un gris brunâtre à l'extrémité de chaque plume des parties supérieures ; rémiges et rectrices noirâtres bordées de cendré ; tectrices
caudales inférieures largement bordées de blanchâtre ; bec jaune, noirâtre à la base ; pieds d'un brun-
rougeâtre clair. Taille, huit pouces
et demi. Les femelles et les jeunes ont
les parties inférieures parsemées de
taches blanchâtres ; les taches supérieures sont aussi beaucoup plus larges que chez les mâles adultes ; le bec
est totalement noirâtre. D'Europe.

(DR..Z.)

ETRANGLE-CHIEN. BOT. PHAN.
Nom vulgaire de l'*Asperula Cynan-
chica* , L. (B.)

ETRANGLE-LOUP. BOT. PHAN.
Nom vulgaire de l'*Aconitum Lycoc-
tonum* , L. (B.)

* ETRILLES. BOT. CRYPT. Nom

vulgaire des Bolets devenus le genre *Dædalea*, et des grandes espèces d'Hydnes.   (B.)

ETTALACH ou **ETTELACH**. BOT. PHAN. L'Arbre résineux d'Afrique, désigné sous ce nom par d'anciens botanistes et commentateurs, paraît être le *Juniperus Oxycedrus*.   (B.)

ETTOW. BOT. PHAN. Nom de pays de l'espèce de *Cassine* qui croît au cap de Bonne-Espérance.   (B.)

ETUI ou **FOURREAU**. INS. Syn. d'Elytres. *V*. ce mot.   (AUD.)

ETUI MÉDULLAIRE. BOT. PHAN. C'est le canal dans lequel la moelle est renfermée. *V*. CANAL MÉDULLAIRE.   (A. R.)

* **EUBASIS**. BOT. PHAN. (Salisbury.) Syn. d'*Aucuba*. *V*. ce mot. (B.)

* **EUBRIE**. *Eubria*. INS. Genre de l'ordre des Coléoptères, section des Pentamères, famille des Serricornes, établi par Ziegler et adopté par Dejean (Catal. des Coléopt, p. 35). Nous ne savons rien sur les caractères de ce nouveau genre qui prendrait place dans la section des Cébrionites de Latreille (Règn. Anim. de Cuv.) à côté des Scirtes. Dejean ne mentionne qu'une espèce, l'*Eubria palustris*, Ziegl. Elle a été trouvée dans l'ouest de la France.   (AUD.)

EUBULOS. BOT. PHAN. De ce mot, qui chez les Grecs désignait l'Hièble, sont venus le nom français de cette Plante, l'*Ebulus* des Latins, et autres dérivés qui s'appliquent au même Végétal dans presque toutes les langues. *V*. SUREAU.   (B.)

EUCÆLIUM. POLYP. Pour Eucèle. *V*. ce mot.   (B.)

EUCALYPTE. *Eucalyptus*. BOT. PHAN. Genre de la famille des Myrtinées et de l'Icosandrie Monogynie, composé d'un grand nombre d'espèces qui sont, pour la plupart, de grands et beaux Arbres, formant quelquefois de vastes forêts sur les côtes de la Nouvelle-Hollande. Leurs feuilles sont alternes, très-entières, parsemées de points translucides, co-

riaces et persistantes, généralement d'un vert clair ou glauque. Les fleurs sont hermaphrodites, d'un jaune pâle, solitaires, ou diversement groupées à l'aisselle des feuilles où elles forment assez souvent des espèces de cimes ou de grappes. Leur calice est adhérent par sa base avec l'ovaire infère; son limbe est conique et tombe en une seule pièce qui se détache comme une sorte d'opercule. La corolle manque en totalité. Les étamines, fort nombreuses, sont attachées au haut du tube du calice. L'ovaire est infère, à quatre loges polyspermes, surmonté d'un style et d'un stigmate simple et devenant une capsule épaisse, souvent déprimée, à quatre loges et s'ouvrant en quatre valves.

Ce genre, qui a été établi par l'Héritier, est très-voisin du *Calyptranthes* par la forme de son calice; mais, il en diffère beaucoup par son fruit capsulaire, à quatre loges polyspermes, s'ouvrant en quatre valves, tandis que, dans ce dernier, le fruit est charnu, à une seule loge, contenant un petit nombre de graines. Les espèces d'*Eucalyptus*, au nombre d'environ une trentaine, sont presque toutes originaires de la Nouvelle-Hollande. Leur bois est résineux et souvent très-dur. Elles ne sont pas très-sensibles au froid, et plusieurs pourraient facilement être acclimatées dans le midi de la France. En 1818, nous en avons vu de très-beaux individus, au jardin botanique de Toulon, ayant déjà une trentaine de pieds de hauteur, et placés en pleine terre, sans qu'on fût obligé de les abriter pendant l'hiver. Un grand nombre d'espèces sont cultivées dans les jardins ; telles sont les suivantes :

EUCALYPTE ROBUSTE, *Eucalyptus robusta*, Smith. C'est un Arbre d'une taille gigantesque, pouvant s'élever à une hauteur de cent cinquante à cent quatre-vingts pieds sur un diamètre de dix pieds. Son bois est dur, rougeâtre, agréablement veiné, et assez semblable à l'Acajou ; de-là le nom de Mahagoni de la Nouvelle-

Hollande, qui lui a été donné par les Anglais. Ses feuilles sont ovales, oblongues ; aiguës, entières, coriaces , glabres, d'un vert très-clair, persistantes. Ses fleurs sont petites, jaunâtres , formant des espèces de cimes latérales.

EUCALYPTE OBLIQUE, *Eucalyptus obliqua*, l'Hérit., *Sert. Angl.*, tab. 18. Il forme un Arbre également très-élevé , dont les feuilles sont coriaces, glabres, persistantes, lancéolées, aiguës, inéquilatérales et obliques à leur base. Les fleurs sont petites et forment des grappes composées de petites ombelles simples réunies. Il croît à la Nouvelle-Hollande.

Plusieurs autres espèces sont encore cultivées dans les jardins. Telles sont : *Eucalyptus viminalis*, Labill., *Nov.-Holl.*, 2, tab. 151 ; *Eucalyptus Saligna*, Smith ; *Eucalyptus perfoliata*, Noisette. Cette dernière est une superbe espèce récemment introduite dans les jardins , et dont les feuilles larges, sessiles, embrassantes, sont glauques. Tous ces Arbres ne demandent , sous le climat de Paris, que la serre tempérée pendant l'hiver.

(A. R.)

EUCÈLE. *Eucœlium*. POLYP. Genre établi par Savigny dans la famille des Ascidies agrégées , extrêmement voisin des Diostomes , et que Lamarck caractérise de la manière suivante : Animaux agrégés biforés, vivant dans une masse commune étendue en croûte fongueuse ou gélatineuse , parsemée de mamelons à la surface , et ne formant qu'un seul système ; une seule ouverture apparente à l'extérieur ; vessie gemmifère, unique et latérale. Lamarck réunit à ce genre le Didemne de Savigny. *V*. ce mot.

(A. R.)

EUCÈRE. *Eucera*. INS. Genre de l'ordre des Hyménoptères , section des Porte-Aiguillons, fondé par Scopoli et adopté par Latreille qui le place (Règn. Anim. de Cuv.) dans la famille des Mellifères , tribu des Apiaires, en lui assignant pour caractères : premier article des tarses postérieurs des femelles en palette dilatée extérieurement ; labre presque demi-circulaire ; mandibules étroites , arquées, pointues, avec une seule dent au côté interne ; palpes maxillaires de six articles ; le troisième des labiaux inséré sur le côté extérieur du précédent, près de sa pointe, et formant avec le quatrième et dernier une petite tige oblique ; paraglosses ou divisions latérales de la languette en forme de soie, aussi longues au moins que les palpes labiaux ; antennes filiformes fort longues dans les mâles. Ce genre est beaucoup mieux caractérisé ainsi , que par Scopoli et Fabricius qui le fondaient sur la présence des pieds qui accompagnent la langue , et non sur la forme ou le développement de ces parties. Les Eucères avoisinent les Macrocères et ne s'en éloignent guère que par le nombre des articles des palpes maxillaires. Elles diffèrent des Antophores par le développement des divisions latérales de la languette ; mais elles s'en rapprochent beaucoup par la forme générale de leur corps qui est court et velu. Leur tête généralement colorée de jaune ou de blanc à son extrémité antérieure supporte trois petits yeux lisses disposés, non pas en triangle , mais sur une ligne presque droite. Les antennes , peu développées dans les femelles , le sont considérablement chez les mâles, où elles dépassent quelquefois la longueur du corps. Le thorax est plus élevé que la tête, tronqué postérieurement et très-obtus. Il supporte des ailes qui ont deux ou trois nervures cubitales. Jurine a donné une grande valeur à cette différence, et il a placé dans les genres Trachuse et Lasie les espèces suivant qu'elles présentent telle ou telle autre de ces particularités. Les pates offrent le premier article de leurs tarses très-velu et couvert de houppes chez les femelles ; les pates postérieures sont grandes. Le vol des Eucères est rapide et bruyant ; elles s'arrêtent très-peu sur les fleurs. Les femelles creusent ordinairement dans la terre des nids cylindroïdes de la profondeur de quelques pouces. Elles en lissent soigneusement les parois, et après y avoir déposé de la pâtée formée en grande partie de pollen, elles y déposent un œuf. Le trou est ensuite bouché, et de nouveaux nids sont pratiqués pour exécuter de nouvelles pontes.

Les espèces du genre Eucère peuvent être rangées dans les deux sections suivantes :

† Deux cellules cubitales aux ailes supérieures.

L'EUCÈRE LONGICORNE, *Euc. longicornis*, Fabr., ou *Apis longicornis* de Linné. Elle a été figurée par Panzer (*Faun. Insect. Germ. fasc.* 64, fig. 21, le mâle; *fasc.* 64, fig. 26, et *fasc.* 78, fig. 19, la femelle). On la trouve assez communément au printemps. La femelle est assez différente du mâle. Fabricius en avait d'abord fait une espèce distincte sous le nom d'*Apis tuberculata*.

Les Eucères *grisea*, *atricornis* et *linguaria*, appartiennent à cette division.

†† Trois cellules cubitales aux ailes supérieures.

L'EUCÈRE ANTENNÉE, *Euc. antennata*, Fabr., figurée par Panzer (*loc. cit. fasc.* 99, fig. 18, le mâle). Elle est rare pendant l'automne. On trouve la femelle sur les fleurs des Malvacées. Latreille a observé sur cette espèce les habitudes dont il a été parlé aux caractères du genre.   (AUD.)

EUCHARIS. *Eucharis*. INS. Genre de l'ordre des Hyménoptères, section des Térébrans, famille des Pupivores, tribu des Gallicoles, établi par Latreille qui lui assigne pour caractères : antennes droites, filiformes, un peu amincies vers le bout et composées de onze à douze articles grenus, assez épais, dont le premier et le troisième plus longs; bouche formée essentiellement par des mandibules crochues sans dentelures; pates posté-

rieures sans cuisse renflée; abdomen porté sur un long pédicule. Les Eucharis paraissent établir le passage des Gallicoles aux Chalcides. Jurine (Classif. des Hyménopt., p. 312), en les réunissant à ce dernier genre, paraît se fonder principalement sur l'analogie des ailes. Le cubitus, dit-il, subit l'inflexion qui caractérise les Chalcis, et quoiqu'elle soit un peu moindre que dans l'aile de plusieurs autres, elle suffit néanmoins pour lui assigner sa place. On n'a encore décrit qu'un petit nombre d'espèces; la plus anciennement connue et qui sert de type au genre porte le nom d'EUCHARIS RELEVÉ, *E. ascendens*, Latr. (Hist. Nat. des Crust. et des Ins. T. XIII, p. 210), figuré par Panzer (*Faun. Ins. Germ. fasc.* 88, fig. 10). On le trouve en Allemagne et dans le midi de l'Europe. L'*Eucharis furcata* de Fabricius est originaire de l'Amérique méridionale, et présente deux épines à l'écusson. L'*Ichneumon cyniformis* de Rossi (*Faun. Etrusca, Mant.*, 2, t. 6, fig. 6) s'en rapproche beaucoup et doit être considéré comme un Eucharis. Quant à l'*Eucharis flabellata* de Fabricius, qui se trouve dans l'Amérique méridionale, il doit être exclu du genre à cause de ses antennes.   (AUD.)

* EUCHEM. OIS. L'un des noms hébreux du Coucou commun, *Cuculus Canorus*, L.   (B.)

EUCHILE. BOT. PHAN. Pour Euchyle. *V.* ce mot.

EUCHRÉE. *Euchræus*. INS. Genre de l'ordre des Hyménoptères, section des Térébrans, famille des Pupivores, tribu des Chrysides (Règn. Anim. de Cuv.), établi par Latreille qui le caractérise ainsi : bouche non avancée en forme de museau, et composée de parties presque d'égale longueur; lèvres bifides; mandibules pourvues d'une seule dent au côté interne; écusson non prolongé en forme de pointe; trois anneaux visibles à l'abdomen, le dernier traversé par un bourrelet ou cordon relevé. Les Euchrées ressemblent aux Chrysis quant au nombre des anneaux extérieurs de l'abdomen et quant à la composition des palpes, dont les maxillaires ont cinq articles et les labiaux trois seulement. Ils en diffèrent par la longueur relative des parties de la bouche et par la présence du bourrelet abdominal. Ils ont aussi beaucoup d'analogie avec le genre Stilbe de Max. Spinola, qui s'en éloigne par une bouche prolongée en museau et par des mandibules sans dents au côté interne. Les espèces de ce genre sont peu nombreuses : on en connaît deux aux environs de Paris. Elles y sont très-rares, et se rencontrent vers le mois d'août sur les fleurs, principalement sur celles de l'*Eryngium campestre*. Ce sont : L'EUCHRÉE POURPRÉE, *E. purpuratus*, Latr., ou la *Chrysis purpurata* de Fabricius, et l'EUCHRÉE A SIX DENTS, *E. sexdentatus* ou la *Chrysis sexdentata* de Panzer (*Faun. Ins. Germ.*, *fasc.* 51, tab. 12).   (AUD.)

* EUCHROME. *Euchroma*. BOT. PHAN. Genre de la famille des Scrophularinées de Brown, tribu des Rhinanthacées, et de la Didynamie Angiospermie, L., établi par Nuttall (*Gener. of north Amer. Plants*, vol. 3, p. 54) qui l'a ainsi caractérisé : calice spathiforme, échancré, bifide, à quatre divisions subulées; corolle à deux lèvres, dont la supérieure très-longue et linéaire renferme le style et les étamines, l'inférieure plus courte, trifide et dépourvue de glandes; anthères linéaires, rapprochées, et formant un disque allongé; capsule ovée, à deux valves et à deux loges séparées par une cloison; graines petites, nombreuses, enveloppées par une vésicule membraneuse. Le *Bartsia coccinea*, L., et le *Castilleia sessiliflora*, Pursh, sont les types de ce genre auquel Nuttall a ajouté une nouvelle espèce qu'il nomme *Euchroma grandiflora*, Plante vivace, abondante dans les prairies et sur les bords du Missouri.   (G..N.)

EUCHYLE. BOT. PHAN. R. Brown décrit sous ce nom une Plante de la famille des Légumineuses, originaire de la Nouvelle-Hollande et cultivée dans le jardin de Kew. Les caractères qu'il donne à ce genre nouveau sont : un calice accompagné d'une double bractée à sa base, divisé assez profondément en cinq parties qui forment deux lèvres dont la supérieure est très-grande; une corolle papilionacée, dont la carène égale les ailes en longueur; dix étamines; un ovaire pédicellé, renfermant deux graines et surmonté d'un style ascendant et subulé, que termine un stigmate simple; une gousse comprimée; des graines munies de caroncules entières.   (A.D. J.)

EUCLASE. *Euklas*. MIN. Substance minérale, remarquable par sa rareté, que l'on n'a trouvée jusqu'à présent qu'à l'état cristallin vitreux, et qui est d'une fragilité extrême, ou plutôt se sépare en lames par la plus légère percussion. Sa forme primitive est, d'après Haüy, un prisme rectangulaire à base oblique, et l'inclinaison de cette base sur le pan antérieur est de 130° 8'. Les divisions perpendiculaires à ce pan sont les plus nettes et les plus faciles à obtenir ; la plupart des cristaux que renferment les collections, présentent dans ce sens une cassure plane, très-brillante. L'Euclase est formée, d'après Berzelius, d'un atome de silicate de Glucine combiné avec deux atomes de silicate d'Alumine, ou en poids, de 44,33 de Silice, 31,83 d'Alumine et 23,84 de Glucine. L'Euclase jouit de la réfraction double à un très-haut degré ; elle a deux axes de réfraction contenus dans un plan parallèle au clivage le plus net, et tellement situés que la ligne moyenne est elle-même parallèle à la base. Elle est très-électrique par la simple pression; sa dureté est intermédiaire entre celles du Quartz et de la Topaze. Sa pesanteur spécifique est de 3,06. Sa couleur est un vert bleuâtre ordinairement peu intense. Au chalumeau, l'Euclase perd d'abord sa transparence, et fond ensuite en émail blanc. Ses variétés de formes sont très-peu nombreuses, mais surchargées de facettes. Haüy n'en a décrit que deux, la tétraeptaèdre et la surcomposée (*V.* Traité de Minéralogie, T. ɪɪ, p. 531, 2ᵉ édit.). Elles suffisent pour déterminer, par leur aspect et leur symétrie, le système de cristallisation auquel elles appartiennent, et par conséquent l'espèce de forme primitive dont elles dérivent. L'Euclase a été rapportée pour la première fois de l'Amérique du sud, par Dombey, mais sans aucune indication de gissement ni de localité. On l'a retrouvée depuis au Brésil, dans les mines de Villarica. Cette substance est sans aucun usage; sa grande fragilité s'oppose à ce qu'elle puisse être travaillée comme objet d'ornement. (ɢ. ᴅᴇʟ.)

EUCLEA. ʙᴏᴛ. ᴘʜᴀɴ. Ce genre, dont la place était restée long-temps incertaine dans les familles naturelles, paraît, d'après un examen plus exact, devoir se placer près du Maba dans la famille des Ebénacées. Il présente un calice petit, terminé par quatre ou cinq dents; une corolle divisée profondément, suivant Linné, en autant de pétales distincts; quinze étamines environ insérées à la base de la corolle, à filets courts, à anthères dressées, oblongues, s'ouvrant de haut en bas par deux fentes latérales, et munies de quelques poils roides vers leur sommet; les plus intérieures avortent fréquemment ainsi que le pistil qui présente alors un ovaire court, hispide, et un style fendu presque dans toute sa longueur. Dans les fleurs fertiles, on n'observe ordinairement pas d'étamines; le style est biparti et les deux stigmates sont bilobés; l'ovaire est à deux loges dont chacune renferme deux graines suspendues vers son sommet. Les auteurs décrivent le fruit comme une capsule charnue à trois loges monospermes. L'espèce la mieux connue de ce genre, celle dont l'analyse nous a servi pour tracer ses caractères, est l'*Euclea racemosa*, Arbrisseau

du cap de Bonne-Espérance, toujours vert, à feuilles alternes et entières, à fleurs disposées en grappes courtes, dans lesquelles chacune est accompagnée d'une bractée particulière, outre plusieurs bractées qui environnent la base en manière d'involucre. Thunberg en a indiqué deux autres espèces originaires du cap de Bonne-Espérance, et Loureiro deux dans sa Flore de la Cochinchine. (ᴀ. ᴅ. ᴊ.)

* **EUCLIDE.** ɪɴs. Espèce du genre Erycine. *V.* ce mot. (ʙ.)

EUCLIDIE. *Euclidium.* ʙᴏᴛ. ᴘʜᴀɴ. Adanson fut le premier qui constitua un genre particulier avec l'*Anastatica Syriaca* de Linné. Il lui donna le nom de *Soria*, mot dérivé par corruption de *Syria*, patrie de la Plante, adopté par Desvaux, mais rejeté par tous les botanistes modernes. Medikus (*in Uster. Ann.*, ɪ, p. 40) établit le même genre, et l'appela *Hierochontis*. Cette dénomination, qui faisait trop allusion au nom spécifique de l'*Anastatica Hiérochuntina*, vulgairement Rose de Jéricho, n'a pas été reçue. Enfin, R. Brown (*in Hort. Kew.*, éd. 2. T. ɪv, p. 74) imposa le nom d'*Euclidium* à ce genre qui a été adopté par De Candolle (*Syst. Veget. nat.* 2, p. 421), et ainsi caractérisé : calice un peu dressé; pétales obovales; étamines non denticulées; silicule drupacée, ventrue, ovale ou obovale, biloculaire, indéhiscente, mais présentant des sutures très-manifestes, terminées par le style subulé, oblique, persistant, ou ne tombant que fort tard; semences ovées, comprimées, solitaires et pendantes dans chaque loge; cotylédons planes, accombans. Ce genre, de la famille des Crucifères, est le type de la tribu des Euclidiées de De Candolle (*V.* ce mot); il ne diffère de l'*Ochtodium* que par les sutures manifestes de ses valves et par son calice légèrement dressé. Ses valves non revêtues d'appendices en forme d'oreillettes et ses loges monospermes le distinguent de l'*Anastatica*. Les Plantes qui le composent sont des Herbes annuelles, dressées, dont la racine est grêle, la tige cylindrique, rameuse, les feuilles radicales, pétiolées, pinnatilobées, les caulinaires oblongues ou linéaires, entières ou dentées. Leurs fleurs sont petites, blanches, dépourvues de bractées, et disposées en grappes dressées et opposées aux feuilles. De Candolle (*loc. cit.*) n'en décrit que deux espèces, savoir : l'*Euclidium Syriacum* et l'*E. Tataricum*. Rien ne prouve davantage combien ces Plantes étaient mal connues que leur monstrueuse synonymie. La première, décrite par Linné sous le nom d'*Anastatica Syriaca*, a été successivement placée dans les genres *Thlaspi*, *Cochlearia*, *Myagrum* et *Bunias*, sans compter les mutations qu'on a fait subir à son nom spécifique. Cette espèce croît dans l'Orient et s'avance en Europe par la Podolie, la Moldavie et la Transylvanie, jusque près de Vienne en Autriche. L'*Euclidium Tataricum*, D. C., Plante des déserts de la Sibérie et du gouvernement d'Astracan, était le *Bunias Tatarica*, Willd., et le *Myagrum Tataricum* de Poiret (Suppl. de l'Encyclopédie). (G..N.)

* **EUCLIDIÉES.** *Euclidieæ.* BOT. PHAN. Nom de la quatrième tribu établie par De Candolle (*Syst. Veget. nat.*, 2, p. 420) dans la famille des Crucifères, caractérisée par sa silicule ou sa silique très-courte, le plus souvent indéhiscente, à valves non distinctes ou se séparant très-tard, ses semences ovées, ses cotylédons planes, accombans. La nature du péricarpe et la disposition des parties de l'embryon ont fait encore désigner cette tribu par De Candolle (*loc. cit.*) sous le double nom de Pleurorhizées-Nucamentacées. Elle ne renferme qu'un petit nombre de genres, et, de l'aveu même de son auteur, elle n'est peut-être pas assez naturelle. (G..N.)

* **EUCNEMIS.** *Eucnemis.* INS. Genre de l'ordre des Coléoptères, section des Pentamères, famille des Serricornes, établi par Ahrens aux dépens des Taupins, et qui vient d'être étudié par le baron Mannerheim auquel on en doit une monographie enrichie de jolies figures. Cet auteur décrit et représente onze espèces : l'*Eucnemis gigas*, Mann.; — l'*E. cruentatus* ou l'*Elater cruentatus* de Schoenherr; — l'*E. alni* ou l'*Elater alni* de Schoenherr, qui est le même que les Taupins *corticalis* de Paykull et *testaceus* de Herbst.; — l'*E. sericatus*, Mann.; — l'*E. capucinus* ou l'*Eucnemis deflexicollis* de Dejean (Catal. des Col., p. 34); — l'*E. monilicornis*, Mann.; — l'*E. Sahlbergi*, Mann.; — l'*E. pygmæus* ou l'*Elater pygmæus* des auteurs; — l'*E. procerulus*, Mann., ou l'*Elater pygmæus* (femelle) de Gyllenhal; — l'*E. filum* ou l'*Elater filum* de Schoenherr; — l'*E. nigriceps*, Mann. — Latreille, qui a tout récemment examiné les caractères génériques des Eucnemis, considère comme type du genre l'*Eucnemis capucinus*. Le baron Mannerheim a établi plusieurs coupes très-bonnes pour faciliter la dénomination des espèces. Nous renvoyons à cet intéressant travail (*Eucnemis insectorum genus monographice tractatum Icon. illustr. Petropoli*, 1823, in-8°). (AUD.)

EUCOELIUM. POLYP. *V.* EUCÈLE.

* **EUCOBUM.** BOT. PHAN. Salisbury a ainsi nommé un genre qui paraît être identique avec le *Gloxinia* de l'Héritier. *V.* GLOXINIE. (G..N.)

* **EUCOMEA.** BOT. PHAN. Le genre *Eucomis* de l'Héritier ou *Basilæa* de Jussieu a reçu ce nouveau nom de Salisbury. *V.* EUCOMIDE. (G..N.)

EUCOMIDE. *Eucomis.* BOT. PHAN. Ce genre, de la famille des Asphodélées, avait été établi par Jussieu pour la *Fritillaria regia*, sous le nom de *Basilæa*. Mais ce nom a ensuite été changé par l'Héritier en celui d'*Eucomis*, et ce changement a généralement prévalu. Voici le caractère générique des Eucomides : calice campanulé, persistant, à six divisions profondes et égales entre elles; six étamines insérées à la base des divisions du calice; ovaire triangulaire à trois loges

contenant chacune plusieurs ovules
attachés à leur angle interne ; style
simple terminé par un stigmate profondément trilobé ; capsule globuleuse à trois angles obtus , à trois loges,
environnée à sa base par le calice
persistant.

Les espèces de ce genre, au nombre de six , sont toutes originaires du
cap de Bonne-Espérance. Leur racine est bulbifère ; leurs feuilles allongées , charnues ; la hampe porte un
épi de fleurs verdâtres surmonté d'une
couronne de feuilles , caractère qui
appartient à toutes les espèces. La
plus remarquable est l'Eucomide
royale , *Eucomis regia*, l'Hérit.,
que l'on voit assez souvent dans les
jardins. Sa racine est surmontée d'un
bulbe ovoïde, d'où naissent des feuilles allongées , étalées sur la terre , et
une hampe d'un pied à un pied et
demi d'élévation. Les fleurs sont verdâtres. La couronne de feuilles terminales est moins longue que les feuilles qui naissent du bulbe. Cette Plante doit être cultivée dans la serre
chaude. Elle fleurit en général dans
l'automne.   (A. R.)

EUCRATÉE. *Eucratea.* POLYP.
Genre de l'ordre des Cellariées, dans
la division des Polypiers flexibles et cellulifères. Ses caractères sont : Polypier
phytoïde articulé ; chaque articulation
composée d'une seule cellule simple et
arquée avec un appendice sétacé ; ouverture oblique. Ce genre a été confondu avec les Cellulaires par Pallas
et Bruguière, avec les Cellaires par
Solander, dans Ellis, et par Lamarck,
avec les Sertulaires par Gmelin. Savigny l'a nommé *Catenaria*, dans le
grand ouvrage sur l'expédition d'E-
gypte. Cependant nous l'avions proposé dès 1810, et il fut publié dans le
Bulletin de la Société Philomathique
en 1812. Les Eucratées diffèrent de
toutes les Cellariées par la situation et
la forme des cellules ; elles ont si peu
de rapport avec les Polypiers de cet
ordre, qu'on serait tenté de les placer
dans celui des Sertulariées , si les différences avec ces dernières n'étaient

encore plus grandes. Les cellules des
Eucratées, toujours simples, isolées,
articulées les unes à la suite des autres, ont une forme plus ou moins arquée ; les courbures qu'elles présentent, soit concaves, soit convexes,
sont toujours du même côté dans
chaque rameau. L'ouverture est oblique et placée dans la partie supérieure de la concavité des cellules, qui sont
toutes pourvues d'un appendice filiforme plus ou moins long , dont la situation varie souvent sur le même individu. On voit par cette description combien est grande la différence qui existe
entre les Eucratées et les autres Cellariées. Le savant A. Bertoloni, professeur à Gênes , a réuni aux Cellaires
le *Vorticella polypina* de Müller , de
Gmelin et de Bruguière, sous le nom
de *Cellaria pyriformis*. Peut-être que
si l'on examine ce Polype desséché,
il offre quelques traits de ressemblance à une Cellariée du genre *Eucratea;* mais si l'on considère la description qu'en ont donnée les auteurs
célèbres que nous avons cités , ainsi
que celle d'Ellis , qui l'a observé vivant, il n'y a plus aucune analogie
entre ce Polype et les Cellariées.
Bory de Saint-Vincent, qui l'a beaucoup étudiée dans tous ses états , la
conserve dans le genre Vorticelle,
beaucoup plus restreint que ne l'a-
vait fait Müller , et qui fait partie
de la classe des Psychodiaires. *V.* ce
mot. La forme générale des Eucratées est assez élégante ; c'est à la
courbure des rameaux, se divisant
par dichotomies peu nombreuses ,
que ces Polypiers doivent le port
gracieux qui les distingue. Leur substance peu flexible est plutôt calcaire
que membraneuse ; ce caractère , joint
à la ténuité de la partie inférieure de
la cellule, les rend très-fragiles. Leur
couleur, dans l'état de dessiccation ,
est un blanc pur , quelquefois nacré.
Leur grandeur ne dépasse jamais trois
centimètres : il est même très-rare
qu'elles présentent une taille aussi
élevée. On les trouve sur les Hydrophytes et les autres productions marines, les unes sur les côtes d'Europe,

l'autre sur le banc de Terre-Neuve ; nouvelle preuve de l'influence des latitudes égales sur la situation géographique des genres. Il n'existe encore que trois espèces d'Eucratées de décrites dans les auteurs : la première, Eucratée cornue, *Sertularia cornuta*, Gmel., *Syst. Nat.*, p. 3861, n. 40 ; et la seconde, Eucratée Cornet, *Cellularia chelata*, Pall., *Eleuth.*, p. 77, n. 35, sont connues depuis long-temps. Nous avons nommé la troisième Eucratée appendiculée, *Eucratea appendiculata*, Gen., p. 8, tab. 65, fig. 11. Elle diffère des précédentes par la forme des cellules. Dans celle-ci, elles sont en forme de cornet à bouquin avec un cil ou appendice qui part de la base de la cellule, y adhère dans toute sa longueur et le dépasse de beaucoup. Cette espèce a été rapportée du banc de Terre-Neuve par le capitaine Laporte.

(LAM..X.)

EUCRYPHIA. BOT. PHAN. Genre établi par Cavanilles, d'après un Arbre originaire du Chili et de l'île de Chiloë, rapporté à la famille des Hypéricinées. Son calice est petit et quinquéparti ; ses pétales, au nombre de cinq, quelquefois de six, sont dans le bouton enveloppé d'une sorte de coiffe colonneuse, qui, au moment de la floraison, tombe en se fendant de la base au sommet en quatre segmens ; les filets nombreux sont soudés entre eux vers leur base ; les styles, au nombre de douze à quinze, divergent entre eux, et l'ovaire est marqué d'autant de stries. Le fruit est revêtu d'un sarcocarpe dur et noirâtre à l'extérieur. L'endocarpe, en se réfléchissant vers le centre, forme autant de loges que l'on compte de styles ; et chacune de ces loges, après la déhiscence, restant suspendue à un filet du réceptacle central, semble une sorte de capsule indépendante, en forme de nacelle, contenant plusieurs petites graines ailées à leur base et fixées à la suture interne sur une ligne verticale.

L'*Eucryphia cordifolia* est un bel Arbre de trente à cinquante pieds, à feuilles opposées, crénelées sur leurs

bords, coriaces et revêtues sur leur face inférieure d'un duvet ferrugineux. Les fleurs axillaires et solitaires sont portées sur des pédoncules allongés, que plusieurs bractées squamiformes et imbriquées enveloppent à leur base. *V*. Cavan., *Icon.* 4, 49, tab. 372.   (A. D. J.)

* EUDÉE. *Eudea* POLYP. Genre de l'ordre des Milléporées, dans la division des Polypiers pierreux à cellules perforées ou foraminées, ayant pour caractères : Polypier fossile pierreux ; extrémité percée d'un oscule profond à bords très-entiers ; surface criblée de pores à peine visibles, situés dans des lacunes ou des trous irréguliers, peu profonds, plus petits, plus nombreux et moins sensibles à mesure que l'on approche du sommet. Ce genre est un des plus singuliers de tous ceux que l'on a trouvés dans le calcaire à Polypiers des environs de Caen, et quoique composé seulement d'une seule espèce, elle est tellement caractérisée, qu'il est impossible de la réunir à aucun des groupes de la nombreuse famille des Milléporées. Il est facile de se faire une idée de ce Fossile en se figurant un Millépore osculé au sommet, recouvert d'une membrane criblée de trous au travers desquels l'on aperçoit les pores ou cellules polypeuses des Polypiers foraminés. Il semble que ces trous ont été faits dans une enveloppe mince fortement tendue sur toute la surface de cette production remarquable de l'ancien monde. Il n'existe aucun rapport entre les Eudées et le Dactylopore cylindracé de Lamarck (*Reteporites digitalia*, N.), dans lequel il suppose un double réseau, l'un intérieur et l'autre extérieur. Ce genre se place naturellement avant les Alvéolites et près des Mélobésies. Nous avons dédié ce genre à Eudes Deslongchamps, docteur en chirurgie, auteur de l'histoire des Vers intestinaux dans l'Encyclopédie Méthodique, et qui a enrichi cette partie de beaucoup d'observations nouvelles et d'un grand nombre d'espèces inédites qui avaient

échappé au célèbre Rudolphi. Ce genre n'est encore composé que d'une seule espèce, l'EUDÉE EN MASSUE, *Eudea clavata*, N., Gen. Polyp., p. 46, tab. 74, fig. 1, 4. Elle s'élève à dix-huit lignes tout au plus et se trouve dans le terrain à Polypiers des environs de Caen ; elle y est rare. (LAM..X.)

* EUDÈME. *Eudema*. BOT. PHAN. Genre de la famille des Crucifères, et de la Tétradynamie siliculeuse, L., établi par Humboldt et Bonpland (Plantes équinoxiales, 2, p. 133), et adopté par De Candolle (*Syst. Veget. nat.* 2, p. 518) qui l'a placé dans sa tribu des Camélinées, et a ainsi tracé ses caractères : calice égal à sa base ; pétales entiers ; filets des étamines non denticulés ; style filiforme ; silicule ovée, à valves concaves, séparées par une cloison membraneuse et perforée au sommet ; les deux loges renfermant un grand nombre de graines ovées à cotylédons incombans.. Ce dernier caractère, qui différencie principalement le genre *Eudema* et qui l'a fait placer par De Candolle dans les Notorhizées-Latiseptées, ne semble pas assez constaté (puisqu'il n'est établi que d'après une figure), pour qu'on puisse assurer que l'*Eudema* soit bien réellement distinct, soit du Draba auquel Desvaux (Journal de botanique, 3, p. 171) l'avait réuni, soit du *Cochlearia*, avec lequel le professeur De Candolle lui trouve de grands rapports. Cet auteur fait observer, à l'appui de l'opinion de Desvaux, que les notes caractéristiques de l'*Eudema*, telles que le style filiforme, la concavité des valves de la silicule, la perforation de la partie supérieure de la cloison, etc., se retrouvent dans les différentes espèces de Draba.

. Les deux espèces qui constituent ce genre douteux, ont été décrites et figurées par Bonpland (*loc. cit.*, t. 123 et 124), sous les noms d'*Eudema rupestris* et *E. nubigena*. Elles croissent l'une et l'autre sur les rochers élevés des Andes près de Quito. Ce sont de petites herbes vivaces, formant des gazons, dont les feuilles sont ciliées, sessiles, obtuses et ramassées, les fleurs axillaires, pédicellées, blanches et solitaires.

(G..N.)

EUDESMIA. BOT. PHAN. Genre de la famille des Myrtées, et de l'Icosandrie Monogynie, L., voisin des Eucalyptus, décrit par R. Brown dans ses *General Remarks on the Botany of terra australis*, p. 67, t. 3. Son calice adhérent à l'ovaire est terminé par quatre dents ; ses pétales sont intimement soudés en un opercule caduc, marqué de quatre stries. Ses étamines nombreuses et polyadelphes sont disposées en quatre faisceaux qui alternent avec les dents du calice. Le style unique et cylindrique se termine par un stigmate obtus. Le fruit, renfermé dans le calice qui se soude avec lui et prend de l'accroissement, est une capsule à quatre loges polyspermes qui s'ouvre au sommet en autant de parties. L'*Eudesmia tetragona*, seule espèce de ce genre, est un Arbrisseau de la Nouvelle-Hollande, qui s'élève de trois à cinq pieds et dont les rameaux étalés sont marqués de quatre angles saillans. Ses feuilles sont opposées, quelquefois presque alternes, lancéolées ou oblongues, entières, glauques et parsemées de points résineux. Les pédoncules comprimés et axillaires se ramifient en ombelles composées d'un petit nombre de fleurs. (A. D. J.)

* EUDIALYTE. MIN. Substance lamelleuse d'un violet rougeâtre, associée à la Sodalite du Groenland, et ayant comme elle pour forme primitive le dodécaèdre à plans rhombes. Sa pesanteur spécifique est de 2,9. Elle raye la Chaux phosphatée. D'après une analyse qu'en a faite Stromeyer, elle paraîtrait n'être qu'une Sodalite zirconifère. Monteiro a remarqué qu'elle était accompagnée de petits cristaux de Zircons. (G. DEL.)

* EUDIOSMA. BOT. PHAN. Cinquième section établie par le professeur De Candolle dans le genre *Diosma. V.* ce mot. (A. R.)

EUDORE. *Eudora*. ACAL. Genre

de l'ordre des Acalèphes libres, dans la classe des Acalèphes de Cuvier, ayant pour caractères : corps libre, orbiculaire, discoïde, sans pédoncule, sans bras et sans tentacules ; bouche unique, inférieure et centrale. Ce genre, proposé par Péron et Lesueur dans leur Mémoire sur les Méduses, a été adopté par Cuvier et Lamarck, tel que les premiers l'ont établi. Les Eudores, dit Lamarck, se rapprochent en quelque sorte des Porpites par leur forme générale; mais, outre qu'elles ne sont point cartilagineuses intérieurement, leur organisation est différente. Elles sont principalement distinguées des Ephyres en ce qu'elles n'ont qu'une bouche. Ce sont des corps gélatineux, transparens, éminemment veineux ou vasculeux, et aplatis comme des pièces de monnaie. On n'en connaît encore qu'une seule espèce, l'EUDORE ONDULEUSE, *Eudora undulosa*, Anim. sans vert. T. II, p. 493, n. 1. Elle a tout au plus trois pouces de diamètre et se trouve près de la terre de Witt dans l'Australasie.   (LAM..X.)

* EUDORE. *Eudorus*. BOT. PHAN. Genre de la famille des Synanthérées, Corymbifères de Jussieu, et de la Syngénésie superflue, L., établi par H. Cassini (Bullet. de la Soc. Philom., novembre 1818) qui lui a donné pour principaux caractères : calathide oblongue, composée d'un disque de fleurons nombreux, réguliers, hermaphrodites, et d'une couronne de fleurons femelles, contenant des rudimens d'étamines avortées ; ces derniers fleurons sont au nombre de cinq ou six; le limbe de leur corolle est palmé ou fendu du côté intérieur jusqu'à la base, et à trois ou quatre lobes profonds et très-arqués du côté extérieur; involucre cylindroïde, formé d'écailles égales, disposées sur un seul rang, appliquées, linéaires, aiguës, un peu noirâtres au sommet ; quelques écailles plus petites et inégales, sont placées à la base de l'involucre; réceptacle plane, alvéolé, à cloisons incomplètes, charnues et

dentées; ovaires cylindroïdes, anguleux, hérissés de papilles, et surmontés d'aigrettes formées de filets nombreux et légèrement plumeux.

L'auteur de ce genre le place dans la tribu des Sénécionées, auprès du *Jacobœa*, qui n'en diffère que par la forme des corolles de la circonférence. Il n'en indique qu'une seule espèce, l'*Eudorus senecioides*, Cass., plante cultivée au Jardin de Paris, sous le nom de *Cacalia senecioides*. Elle atteint jusqu'à près de deux mètres de hauteur; ses tiges simples, dressées, anguleuses et striées, portent des feuilles alternes, dont les inférieures sont longues de cinq décimètres, et les supérieures, progressivement plus courtes, sessiles, ovales, lancéolées et presque charnues. Les fleurs sont jaunes et disposées en panicule terminale.   (G..N.)

* EUDRAXA. BOT. PHAN. (Rhéede.) Nom indou du Nyctage commun.   (B.)

EUDYPTES. OIS. (Vieillot.) *V.* SPHÉNISQUE et MANCHOT.

EUDYTES. OIS. (Illiger.) *V.* PLONGEON.

EUFORBE. BOT. PHAN. Pour Euphorbe. *V.* ce mot.

EUFRAISE. BOT. PHAN. Pour Euphraise. *V.* ce mot.   (B.)

EUGALACTON. BOT. PHAN. (Dioscoride.) Syn. de Glauce. *V.* ce mot.   (B.)

EUGENIA. BOT. PHAN. Ce genre, établi par Micheli, adopté par Linné et la plupart des botanistes, était placé près du Myrte, dont on le distinguait soit par le nombre des parties de la fleur quaternaire et non quinaire, soit par celui des loges et des graines indiquées comme uniques, soit enfin par la nature du fruit et la conformation de l'embryon, qui avait servi pour séparer encore du *Myrtus* plusieurs autres genres. Swartz réunit le Myrte et l'Eugenia, mais sans exposer les raisons de cette association. Kunth a adopté la réunion proposée par Swartz et l'a justifiée par de nombreuses observations; il a prouvé que tous les caractères indiqués plus haut comme génériques sont loin d'avoir ce degré de valeur ; qu'au lieu d'être constans, ils se rencontrent non-seulement dans des espèces évidemment voisines , mais sur les différentes fleurs d'une même espèce ; qu'on les voit passer de l'une à l'autre par des nuances insensibles ; enfin que, loin de pouvoir servir à caractériser des genres, ils ne pourraient pas même être employés à distinguer des sections d'un genre unique. Nous renvoyons, pour les preuves nombreuses de cette opinion, au Mémoire où elle est développée (Mém. de la Soc. d'Hist. Nat. de Paris, I, p. 322), et nous pensons qu'elles démontrent la nécessité de réunir les genres *Eugenia* et *Myrtus*. *V*. MYRTE. (A. D. J.)

* EUGENIACRINITE. *Eugeniacrinites*. ÉCHIN. Genre de l'ordre des Echinodermes pédicellés de Cuvier et de la famille des Crinoïdes ou Encrines de Miller qui lui donne pour caractères : articulation supérieure de la colonne s'élargissant en cône renversé , à base presque pentangulaire ; les cinq écailles du réceptacle sont adhérentes et comme ankylosées. Ce genre a été établi par Miller , dans son bel ouvrage sur les Crinoïdes ou Encrines ; seul il forme sa quatrième division , celle des *Crinoidea coadunata*. Il n'est encore composé que d'une seule espèce dont on ne connaît même qu'une partie ; comme elle est bien caractérisée , il est facile de la distinguer des autres genres de cette famille singulière. Ill'a nommée Eugeniacrinite à cinq angles, *Eugeniacrinites quinquangularis*, Miller , *Hist. Crinoïd.*, p. 111, tab. 47. Elle a été trouvée dans le Switzerland ainsi que dans les cantons de Zurich et de Schaffhouse. (LAM..X.)

EUGENIOIDES. BOT. PHAN. La Plante désignée sous ce nom par Linné (Fl. Zeyl.), est la même que celle qui a été depuis nommée *Myrtus laurinus* par Retz, ou *Eugenia laurina* par Willdenow. (A. R.)

EUGLOSSE. *Euglossa*. INS. Genre de l'ordre des Hyménoptères , section des Porte-Aiguillons , famille des Mellifères, tribu des Apiaires (Règn. Anim. de Cuv.), établi par Latreille, et offrant pour caractères : labre grand et carré , tombant perpendiculairement pour fermer la partie supérieure de la bouche ; trompe aussi longue ou plus longue que le corps ; palpes labiaux terminés en une pointe formée par les deux derniers articles. Les Euglosses ont beaucoup d'analogie avec les Bourdons ; elles leur ressemblent par leurs mandibules fortes et munies au côté interne de trois dents presque égales ; par leurs palpes maxillaires très-petits et composés d'un seul article ; enfin , par leurs ailes supérieures qui présentent une cellule radiale, ovale-allongée , et trois cellules cubitales , dont la dernière n'est ni linéaire ni oblique; leurs pates postérieures, terminées par deux épines, offrent encore un point de ressemblance dans la corbeille qu'on remarque sur la face externe des jambes. Les Euglosses diffèrent toutefois des Bourdons par les caractères génériques qui ont été mentionnés plus haut. On peut ajouter à ces caractères distincts qu'elles ont des yeux lisses , placés en triangle ; que l'écusson est prolongé en une pièce arrondie postérieurement ; que l'angle extérieur de l'extrémité des jambes du métathorax est fortement dilaté en manière d'oreillette ; enfin que l'abdomen est court et conique. On ne sait rien sur les habitudes des espèces propres à ce genre ; elles sont originaires de l'Amérique méridionale. Latreille suppose que les Euglosses *dentata* et *cordata* font un miel vert très-recherché aux Antilles.

L'EUGLOSSE DENTÉE , *E. dentata* , Latr., ou l'*Apis dentata* de Linné , peut être considérée comme le type du genre. Elle est très-grande, d'un vert doré avec les ailes noires.

Nous citerons aussi :

L'EUGLOSSE EN COEUR , *E. cordata*, Latr., ou l'*Apis cordata* de Linné.

L'EUGLOSSE ENTRECOUPÉE , *E. in-*

tersecta, Latr., espèce nouvelle trouvée à Cayenne ; elle est assez grande ; sa tête et son abdomen sont d'un beau vert doré ; le thorax et les pates sont d'un belle couleur pourpre foncé et brillant.

L'EUGLOSSE SURINAMOISE, *E. Surinamensis*, Fabr. Les couleurs de son corps et le duvet dont il est couvert, rapprochent beaucoup cette espèce des Bourdons.

Latreille rapporte au genre Euglosse les Centris *dimidiata*, *cingulata* et *Surinamensis* de Fabricius. Il range avec les Crocises l'Euglosse épineuse du même auteur, et il place dans le genre Trigone son *Euglossa pallens*.   (AUD.)

* EUGONA. BOT. PHAN. Salisbury a surchargé la nomenclature botanique de ce nouveau nom, en l'appliquant au genre nommé improprement *Gloriosa* par Linné. Dans son *Genera Plantarum*, Jussieu avait antérieurement rétabli le nom de *Methonica*, que les Malabares donnaient à la Plante qui fait le type du genre. *V.* METHONICA.   (G..N.)

EUGONANE-PASTRE. OIS. Syn. vulgaire de la Lavandière. *V.* BERGERONNETTE.   (DR..Z.)

* EUKAIRITE. MIN. Nom donné par Berzelius à une substance d'un gris métallique plombé, assez tendre, trouvée à Skrickerum en Smolande, dans la Chaux carbonatée spathique, et qu'il considère comme une Séléniure double de Cuivre et d'Argent.
         (G. DEL.)

EULABES. OIS. (Cuvier.) Syn. de Mainates. *V.* ce mot.   (DR..Z.)

* EULAIA. INS. Nom sous lequel Aristote a désigné certaines larves qui vivent dans les chairs putréfiées et dans les ulcères ; elles appartiennent à l'ordre des Diptères. (AUD.)

* EULALIA. BOT. PHAN. On trouve dans quelques livres que ce nom est donné en Espagne à l'*Ulex Europeus*, et L'Ecluse l'applique au *Spartium Scorpius*. C'est *Ollassa* que se nomment en Espagne, non-seulement l'Ulex et le *Spartium Scorpius*, mais généralement tous les Végétaux ligneux, qui, dans les cantons où le bois est rare, servent à chauffer le four, et à faire cuire le pot-au-feu appelé *Olla*.   (B.)

* EULALIE. *Eulalia*. ANNEL. Savigny (Syst. des Annel. p. 45) propose d'établir sous ce nom un nouveau genre dans la famille des Néréides, comprenant les *Nereis viridis* et *maculata* de Müller (*Wurm.* p. 156 et 162, tab. 10 et 11) et d'Othon Fabricius (*Faun. Groenl.* n. 279 et 281). Ce sont des Néréides dépourvues de mâchoires et qui paraissent avoir une longue trompe couronnée de tentacules ; quatre antennes courtes, égales ; huit cirres tentaculaires ; une rame pour chaque pied ; les cirres supérieurs ovales ou lancéolés et comprimés en forme de feuilles ; les cirres inférieurs très-courts ; deux cirres stylaires ; enfin point de branchies distinctes. Savigny ne connaît l'organisation de ces Animaux que par les figures des auteurs, et il ne fonde ce nouveau genre qu'avec doute.   (AUD.)

EULIMÈNE. *Eulimene*. CRUST. Genre de l'ordre des Branchiopodes, section des Phyllopes (Règn. Anim. de Cuv.), établi par Latreille, et très-voisin des Branchipes, dont il ne diffère essentiellement que par l'absence d'une queue. On ne connaît encore qu'une seule espèce, l'EULIMÈNE BLANCHATRE, *E. albida*, Latr., ou l'*Artemia Eulimene* de Leach (Dict. des Sc. Nat. T. XIV, p. 543). Elle est très-voisine du *Cancer salinus* de Linné, qui est une Artémie de Leach, et on peut la caractériser de la manière suivante : corps blanchâtre, ovale, oblong, linéaire ; tête transverse avec les yeux noirs, latéraux, portés chacun sur un pédicule assez grand et cylindrique ; antennes au nombre de deux, insérées entre les pédicules oculifères, presque filiformes, un peu plus menues au bout, simples, un peu plus longues que la tête ; deux petits corps filiformes, semblables à des palpes, au-dessous de l'extrémité antérieure de la tête; premier anneau du corps en forme de nœud, élargi sur les côtés et joignant la tête au tronc; pates au nombre de vingt-deux, onze à droite et onze à gauche, occupant toute la largeur des côtés du tronc et formées par quatre ou cinq articles membraneux, ou en lames, dont les trois premiers et le dernier plus petits, celui-ci allant en pointe et aucun d'eux n'étant double; une pièce arrondie et globuleuse vers le milieu de la longueur de la plupart des pates, et sur un de leurs côtés (les deux ou trois premières paires et la dernière exceptées); dernière paire de pates plus petite, et paraissant avoir une pinnule.

Tous ces appendices qui servent au mouvement, se dirigent d'abord perpendiculairement au tronc et se courbent ensuite en arrière; enfin le corps est terminé par une pièce renflée, presque demi-globuleuse, et remplie d'une matière noirâtre. Latreille dit qu'il en sort un filet semblable à un boyau allongé, pareillement noirâtre, qu'il suppose être l'oviducte. Ce Crustacé remarquable a été trouvé dans la mer de Nice.   (AUD.)

EULIMÈNE. *Eulimenes*. ACAL. Péron et Lesueur ont donné ce nom qui ne peut être admis ici, puisqu'il est consacré parmi les Crustacés à un genre de Méduses composé de deux espèces que Lamarck a réunies aux Phorcynies des mêmes auteurs. *V.* PHORCYNIE.   (LAM..X.)

EULOPHE. *Eulophus*. INS. Genre de l'ordre des Hyménoptères, section des Térébrans, famille des Pupivores, tribu des Chalcidites, établi par Geoffroy (Hist. des Ins. T. II, p. 312) qui lui assignait pour caractères : antennes branchues; ailes inférieures plus courtes; bouche armée de mâchoires; aiguillon conique; ventre presque ovale, attaché au corselet par un pédicule court; trois petits yeux lisses. Ce genre était caractérisé par-là d'une manière peu précise; la particularité qu'offrent les antennes étant propre au mâle de l'espèce observée. Ce genre

a subi quelques changemens de la part des auteurs. Fabricius l'a réuni à ses Diplolèpes, et Jurine l'a rangé dans les Chalcis de cet auteur. Enfin Latreille a trouvé plus convenable d'adopter le genre Eulophe de Geoffroy et d'en préciser mieux les caractères. Il établit donc sous ce nom (Règn. Anim. de Cuv. T. III, p. 475, et Suppl., p. 657) une coupe ou petite famille assez étendue qui comprend les Diplolèpes de Fabricius, et il la subdivise en un certain nombre de genres que l'on trouvera sans doute utile d'adopter. La grande division des Eulophes se distingue des Chalcides proprement dits et des Leucopsis par les pieds postérieurs sans cuisses, à la fois très-renflées et lenticulaires et sans jambes très-arquées. Elle est partagée ensuite en plusieurs genres de la manière suivante :

Les uns ont les antennes composées de plus de sept articles; tantôt elles sont insérées à une distance notable de la bouche vers l'entre-deux des yeux. Ici se rangent le genre EURYTOME d'Illiger, où la plupart des articles des antennes forment des espèces de nœuds garnis de poils verticillés, du moins dans les mâles; le genre PÉRILAMPE de Latreille remarquable par une tête ayant une excavation profonde s'étendant jusqu'aux yeux lisses, par des antennes fort courtes que termine une massue grosse, en fuseau, et par des mandibules fortement dentées; le genre ENCASTE du même, dont la tête est très-concave postérieurement avec le bord supérieur aigu, et dont les antennes sont élargies, comprimées, tronquées ou très-obtuses à leur extrémité; le genre PTEROMALE de Swederus auquel on peut réunir les Cynips et les Cléonymes de Latreille; il n'offre pas les caractères qui viennent d'être indiqués. Tantôt les antennes sont insérées tout près de la bouche, comme dans le genre SPALANGIE de Latreille.

Les autres Eulophes n'ont au plus que sept articles aux antennes dont quelques-uns jettent des rameaux dans certains mâles ; tel est le genre Eulophe proprement dit ; il a pour type :

L'Eulophe ramicorne, *E. ramicornis*, Latr., ou le *Diplolepis ramicornis* de Fabricius. Cette espèce a été étudiée par Degéer (Mém. sur les Ins. T. ii, p. 31 , fig. 14-17), et surtout par Geoffroy (*loc. cit.* , p. 312, pl. 15, fig. 3) auquel elle a servi à établir les caractères du genre. Son corps est petit et d'une belle couleur verte dorée ; les antennes du mâle sont d'un jaune foncé , de sept articles dont le troisième , le quatrième et le cinquième fournissent un appendice velu. La femelle a des antennes simples formées par six articles et de couleur noirâtre ; les pates sont d'un jaune pâle. Degéer a fait connaître les habitudes de la larve ; elle paraît se nourrir aux dépens de la chenille du *Bombyx Anachoreta* ; la nymphe avait été connue de Geoffroy qui en a donné une figure (*loc. cit.* , fig. 3, r et pp) et qui en a trouvé plusieurs attachées aux feuilles de Tilleul par leur extrémité anale.

On doit rapporter encore aux Eulophes proprement dits :

L'Eulophe des larves, *E. larvarum* , Latr., ou l'*Ichneumon larvarum* de Linné , qui est le même que le *Clepes larvarum* de Fabricius et le *Diplolepis larvarum* de Max. Spinola. Les larves de cette espèce vivent aussi aux dépens des Chenilles. Leur corps est ovale , gros , moins volumineux en avant qu'en arrière, de couleur blanche, et paraît enduit d'une substance gluante, sorte de vernis. La larve, lorsqu'elle doit se changer en nymphe, perce la peau de la Chenille, se fixe par le dos à quelque feuille et se métamorphose en une nymphe ayant la forme d'un triangle, et de laquelle naît, huit jours après, l'Insecte parfait.   (Aud.)

* EUMECE. min. La pierre ainsi nommée par Pline, qui la dit venir de Bactriane et pareille au Silex , n'est plus connue.   (B.)

EUMEKES. bot. phan. (Dioscoride.) Syn. d'Amyris. *V.* ce mot au Supplément.   (B.)

EUMÈNE. *Eumenes.* ins. Genre de l'ordre des Hyménoptères, section des Porte-Aiguillons, famille des Diploptères (Règn. Anim. de Cuv.), établi par Latreille aux dépens des Guêpes de Linné. Ses caractères sont : chaperon longitudinal prolongé antérieurement en une pointe ; mandibules étroites , rapprochées et formant une espèce de bec ; languette ayant quatre points glanduleux à son extrémité, partagée en trois pièces , dont celle du milieu plus grande, évasée , et fortement échancrée à son extrémité ; palpes maxillaires de six articles aussi longs au moins que les labiaux ; premier segment de l'abdomen composant un pédicule pisiforme ; le second , plus large, en forme de cloche.

Les Eumènes avoisinent , sous plusieurs rapports, les genres Zèthe et Discœlie, que Latreille (*loc. cit.*) leur a réunis ; mais elles en diffèrent par la longueur du chaperon et par le prolongement des mandibules ; ce sont des Insectes de moyenne taille, vivant isolément et ne présentant, à cause de cela, que deux sortes d'individus, le mâle et la femelle ; on en connaît un assez grand nombre d'espèces.

L'Eumène rétrécie, *E. coarctata*, Latr., Fabr., ou la Guêpe à premier anneau du ventre en poire et le second en cloche, de Geoffroy (Hist. des Ins. T. ii, p. 377, n° 10 ; et pl. 16 , fig. 2), peut être considérée comme le type du genre. Elle construit, dit Geoffroy, sur les tiges des Plantes et surtout des Bruyères , de petits nids sphériques qu'elle fabrique avec une terre fine. Lorsque ce nid est fait, elle y laisse supérieurement une ouverture par laquelle elle le remplit de miel ; puis elle y dépose un œuf et ferme cette ouverture. Chaque nid ne contient qu'un œuf ; celui-ci donne bientôt naissance à une petite larve qui se nourrit de miel , subit ses métamorphoses , devient en-

suite Insecte parfait, et sort de sa
demeure en pratiquant un trou sur
les parties latérales de ses parois. Elle
se trouve communément en France.
D'autres espèces plus grandes sont
originaires de l'Inde et des départemens méridionaux de la France. Nous
remarquerons parmi celles-ci :

L'EUMÈNE INFUNDIBULIFORME, *E.
infundibuliformis*, ou la Guêpe infundibuliforme d'Olivier, qui est la
même que la *Vespa coangustata* de
Rossi (*Faun. Etrusca*, T. 1, tab. 4,
fig. 10, fem.). On la rencontre sur
les fleurs d'Oignons. Jurine (Classif.
des Hyménoptères) ne distingue pas
les Eumènes du genre Guêpe. (AUD.)

*EUMERODES ou GRIMPEURS.
REPT. SAUR. Duméril a formé sous ce
nom qui indique des membres bien
conformés, et parmi les Sauriens, une
famille dont les caractères généraux
consistent dans une queue arrondie,
quatre pates et un cou très-distincts.
Elle comprend les genres Caméléon,
Stellion, Iguane, Lézard, Agame,
Dragon, Anolis et Gecko. On voit
qu'excepté les Crocodiliens et les
Scincoïdiens, elle équivaut au reste
des Sauriens de Cuvier, et comprend
trois familles de ce savant : les Lacertiens, les Iguaniens et les Geckotiens.
V. tous ces mots et ERPÉTOLOGIE. (B.)

* EUMITHRE. MIN. Pline désigne
sous ce nom une gemme verte qui
était fort estimée des Assyriens sous
le nom de Pierre de Bélus, et qui n'est
plus connue.   (B.)

EUMOLPE. *Eumolpus.* INS. Genre
de l'ordre des Coléoptères, section
des Tétramères, famille des Cycliques, établi par Kugellan dans son Histoire des Coléoptères de Suède, adopté
par Fabricius et par tous les entomologistes. Les caractères de ce genre sont:
antennes insérées près de l'extrémité
antérieure et interne des yeux, très-
écartées, aussi longues au moins que
la moitié du corps; les cinq à six derniers articles plus grands, comprimés; mandibules brusquement rétrécies, arquées et fortement bidentées
à leur extrémité; dernier article

des palpes maxillaires ovalaire ou presque globuleux. Linné avait placé plusieurs des espèces dont se compose ce
genre, dans ses Chrysomèles; d'autres en avaient fait des Gribouris, dont
ce genre diffère par les antennes. Le
corps des Eumolpes est ovale ou
oblong avec la tête verticale, et le
corselet plus étroit, dans toute sa
longueur, que les élytres, convexe et
un peu cylindrique. Les yeux sont
allongés, et les élytres, convexes et
arrondies sur le dos, embrassent
l'abdomen. Dejean (Catal. des Coléoptères, p. 125) en mentionne vingt-
six espèces presque toutes exotiques.
Parmi celles d'Europe, nous citerons :

L'EUMOLPE DE LA VIGNE, *Eum.
vitis*, Fabr., Oliv., Col. tab. 5, suite
du n. 96, pl. 1, fig. 1, qui est fort
remarquable par les dégâts qu'il com-
met. D'après Geoffroy, sa larve vit
sur la Vigne et cause souvent de
grands dommages en attaquant les
boutons à grappes qu'elle fait couler
ou dessécher. On l'appelle *Coupe-
Bourgeon*, *Bêche*, *Pique-Brot* ou
Lisette dans les pays vignobles. Geoffroy a décrit ses mœurs dans son premier volume, p. 232, n. 2. L'Insecte
parfait se nourrit de feuilles et ne fait
plus beaucoup de mal à la Plante. (G.)

EUMOLPE. *Eumolpus.* ANNEL.
Genre de l'ordre des Néréidées, famille des Aphrodites, établi par
Oken (Système Général d'Histoire
naturelle, Zool. Syst. T. 1, p. 374)
dans le genre Aphrodite des auteurs.
Ses caractères sont : corps aplati,
oniscoïde ; dos entièrement couvert par des écailles; tête distincte des yeux ; des tentacules, environ
quatre paires, charnus ; des filamens
noueux aux pieds ainsi qu'à la queue.
Oken donne pour type du genre
l'*Aphrodita squammata*, Pallas ; il y
rapporte aussi les Aphrodites désignées
sous les noms d'*imbricata, scabra, cir-
rata*. Cette coupe correspond au genre
Lépidonote de Leach, et elle nous
paraît devoir être comprise dans le
genre Polynoë de Savigny. *V.* LÉPI-
DONOTE et POLYNOE.   (AUD.)

EUMORPHE. *Eumorphus.* INS. Genre de l'ordre des Coléoptères, section des Trimères, établi par Weber (Observ. entomol., p. 51), et rangé par Latreille (Règn. Anim. de Cuv.) dans la famille des Fungicoles. Ses caractères essentiels sont : antennes de onze articles, le troisième fort allongé, les neuvième, dixième et dernier formant une massue très-comprimée et presque triangulaire ; palpes maxillaires filiformes, avec le dernier article presque cylindrique ; palpes labiaux terminés en une massue triangulaire composée des deux derniers articles réunis ; pénultième article des tarses bilobé. Les Eumorphes se rapprochent sous plusieurs rapports des Endomyques ; mais ils en diffèrent par la longueur relative des articles des antennes, et par la forme de la dernière pièce des palpes maxillaires. Ce sont des Insectes à corps ovale, plus étroit en devant, et à corselet presque carré et aplati ; leur tête est petite et donne insertion à des antennes un peu moins longues que ce corps. Ils sont tous exotiques et habitent les Indes-Orientales, le Brésil et les îles de la mer du Sud. Olivier en décrit plusieurs espèces, parmi lesquelles nous citerons :

L'EUMORPHE MARGINÉ, *E. marginatus*, Fabr. et Olivier (Hist. des Coléopt. T. V, n° 99, pl. 1, fig. 1. A-B). Labillardière l'a rapporté de son voyage aux Terres-Australes.

L'EUMORPHE IMMARGINÉ, *E. immarginatus*, Fabr. et Oliv. (*loc. cit.*, pl. 1, fig. 2), qui est le même que l'*Eumorphus Sumatræ* de Weber (*loc. cit.*, p. 59), et l'*E.* 4-*guttatus* d'Illiger, (Wiedem. Arch. 1. II, p. 124, 18, tab. 1, fig. 4). Il a été trouvé à Sumatra.

L'EUMORPHE DE KIRBY, *E. Kirbyanus* d'Olivier (*loc. cit.*, pl. 1, fig. 3), originaire des Indes-Orientales, et figuré par Latreille (*Gener. Crust. et Insect.* T. III, p. 72, 1, tab. 11, fig. 12). Dejean (Catal. des Coléopt. p. 132) mentionne sept espèces propres à ce genre.   (AUD.)

*EUNÉOS. ÉCHIN. La pierre blan-che en forme de noyau d'Olive, désignée par Pline sous ce nom, a dû être une pointe d'Oursin.   (B.)

EUNICE. *Eunice.* ANNEL. Le Genre établi par Cuvier sous ce nom, rentre dans les Eunices de Savigny. *V.* ce mot et LÉODICE.   (AUD.)

EUNICÉE. *Eunicea.* POLYP. Genre de l'ordre des Gorgoniées, dans la division des Polypiers flexibles et corticifères. Caractères génériques : Polypier dendroïde, rameux ; axe presque toujours comprimé, principalement à l'aisselle des rameaux, recouvert d'une écorce cylindrique, épaisse, parsemée de mamelons saillans, toujours épars et polypeux. Les Eunicées, de même que les Plexaures, faisaient partie du genre Gorgonia des auteurs. Nous avons cru devoir les en distraire à cause des caractères que l'on trouve à ce groupe de Polypiers. Dans ces êtres, les Polypes sont constamment situés dans des mamelons souvent de plusieurs millimètres de longueur et de largeur, quelquefois un peu moins volumineux et toujours bien remarquables par leur forme. Ce caractère est exclusif et ne se trouve point dans les autres Gorgoniées. Quelques Gorgones, telles que les *Gorg. verticillaris*, *Pluma*, *elongata*, offrent également des mamelons polypeux, saillans, mais ils sont réfléchis vers la tige ou les rameaux, et souvent les branches inférieures ne présentent que de simples tubercules, ou bien ont une surface parfaitement unie ; tandis que dans les Eunicées les mamelons sont toujours droits et de la même longueur dans toute l'étendue du Polypier ; enfin, la substance et le facies diffèrent tellement, qu'il est impossible de confondre les Gorgones avec les Eunicées. L'écorce de ces Polypiers paraît organisée comme celles des Plexaures, et lui ressemble par l'épaisseur, la consistance, l'existence d'une membrane intermédiaire, très-apparente entre l'axe et l'enveloppe charnue, ainsi que par la couleur. Les Polypes présentent quelque différence, autant qu'il est possible d'en juger sur des êtres privés de la vie, depuis long-temps desséchés et souvent dégradés. Ils semblent moins rétractiles ou avoir des tentacules plus allongés que ceux des Gorgones. Si le sac membraneux qui enveloppe immédiatement le corps de l'Animal existe, il doit être très-court et peu extensible ; les parties inférieures du Polype doivent être d'un volume assez considérable pour remplir la cavité que l'on a toujours regardée avec raison comme une cellule. Aucune Gorgoniée n'en offre d'aussi étendue. Les tentacules des Polypes des Eunicées, d'une forme cylindracée et aiguë dans l'état de dessiccation, paraissent nombreux et se recouvrent les uns les autres sans ordre déterminé ; ils ne peuvent pas rentrer entièrement dans l'intérieur de la cellule. Tous ces caractères, faciles à observer avec une loupe ordinaire, prouvent que l'organisation de ces êtres a été inconnue jusqu'à ce moment, et qu'ils forment un groupe bien distinct. Les Eunicées varient peu dans leur forme ; en général elles sont branchues, avec des rameaux épars et cylindriques. Les mamelons varient davantage; il en existe de courts, d'autres sont en forme de pyramide écrasée, ou très-allongés avec le sommet arrondi; en général leur surface est unie. Leur couleur est la même que celle des Plexaures, c'est-à-dire un fauve brun rougeâtre plus ou moins foncé; cette couleur varie moins que celle des Gorgones ; elle ne devient jamais blanche par l'exposition à l'air et à la lumière. Ces Polypiers habitent la partie de l'Océan située entre les deux tropiques et s'étendent peu dans les mers tempérées. Ils ne sont pas rares et se trouvent dans toutes les collections des naturalistes.

Il n'existe encore que dix espèces d'Eunicées décrites dans les auteurs; les suivantes sont les plus remarquables.

EUNICÉE ANTIPATE, Lamx., *Gorgonia Antipates auctor.* Elle est ci

tée dans beaucoup d'auteurs comme originaire de la mer des Indes. Poiret, dans son Voyage en Barbarie, dit que les Polypes sont très-visibles, approchant de ceux que l'on nomme *Orties de mer.* Ils sont de couleur de cire, et y ressemblent tellement, qu'au premier coup-d'œil l'on serait tenté de croire que les branches ont été enduites de cette substance. — Le Polypier observé par Poiret dans la Méditerranée, est-il bien le même que celui des autres naturalistes ?

EUNICÉE EN FORME DE LIME, *Eunicea limiformis*, N., Gen. Polyp. p. 36, tab. 18, fig. 1; Tournefort, *Act. Gall.* 1700, p. 34, tab. 1. Elle est rameuse, dichotome, couverte de petits mamelons coniques, nombreux et épars sur une écorce noirâtre ou brun rougeâtre. Cette espèce, originaire de l'Amérique, est souvent confondue avec la Muricée épineuse (*V.* ce mot) qui en diffère par une foule de caractères. Les *Eunicea limiformis*, *mollis* et *succinea*, nous paraissent très-rapprochées et ne sont peut-être que de simples variétés de la même espèce.

EUNICÉE A GROS MAMELONS, *Eunicea mammosa*, N., Gen. Polyp., p. 36, tab. 70, fig. 3. — Cette espèce n'est pas rare dans la mer des Antilles ; elle est couverte de gros mamelons cylindriques très-rapprochés, un peu en massue, et longs d'une à trois lignes.

L'EUNICÉE CALICIFÈRE et l'EUNICÉE SCIRPE, *Gorgonia calyculata* et *Scirpea* de Gmelin, ne sont placées, dans ce genre qu'avec doute, parce que nous n'avons jamais eu occasion de les étudier et qu'aucun auteur ne les a figurées.

EUNICÉE CLAVAIRE, *Eunicea Clavaria*, N., Gen. Polyp. p. 36, tab. 18, fig. 2. — Solander, dans Ellis, a figuré cette espèce sans la décrire. Nous l'avons observée dans le cabinet du célèbre Richard, père de notre collaborateur, et l'un des plus grands botanistes de l'Europe. Il l'avait rapportée des Antilles. Ses rameaux sont peu nombreux , cylindriques , subclaviformes , entièrement couverts de gros mamelons épars à large ouverture.   (LAM..X.)

* EUNICES. *Eunicœ.* ANNEL. Troisième famille de l'ordre des Néréidées, établie par Savigny (Syst. des Annelides , p. 13) avec le genre Eunice de Cuvier, qui lui-même a été remplacé par celui de Léodice. Les caractères de la famille sont : branchies en forme de petites crêtes, ou de petites lames simples, ou de languettes, ou de filets pectinés tout au plus d'un côté, quelquefois ne faisant point saillie et pouvant passer pour absolument nulles ; des acicules. Les Eunices se distinguent par-là des Amphinomes et avoisinent les Néréides et les Aphrodites dont elles s'éloignent d'ailleurs par les particularités suivantes : branchies , lorsqu'elles sont distinctes , et cirres supérieurs existant à tous les pieds sans interruption; mâchoires nombreuses , celles du côté droit moins que celles du côté gauche ; pieds du premier segment nuls, ceux du second nuls ou changés en deux cirres tentaculaires.

Les Eunices ont une bouche composée d'une trompe et de mâchoires nombreuses. La trompe est très-courte , fendue longitudinalement, très-ouverte, sans plis saillans ni tentacules à son orifice. Quand elle est retirée, sa cavité intérieure se trouve entièrement occupée par l'appareil masticatoire. Les mâchoires, de consistance calcaire ou cornée , sont articulées les unes au-dessus des autres, et ne sont pas semblables entre elles, ni en nombre égal des deux côtés ; elles croissent et se rapprochent par degrés depuis les antérieures jusqu'aux postérieures ou inférieures , qui s'articulent toutes deux à une double tige longitudinale. Une lèvre inférieure , également cornée ou calcaire , complète la bouche et paraît formée de deux autres pièces longitudinales et parallèles réunies. Les yeux , au nombre de deux, sont très-visibles ou peu distincts. Les antennes, tantôt grandes et en nombre complet, tantôt petites et en nombre incomplet, par la suppression des antennes extérieures, ou bien enfin comme nulles, sont insérées lorsqu'elles paraissent très-près du premier segment du corps qui est toujours plus long que le suivant. Les pieds sont pourvus de rames réunies et confondues en une seule qui est munie de deux ou trois faisceaux de soies et armée d'acicules. Les cirres ont une grandeur variable , les inférieurs sont toujours plus courts. Les pieds du premier segment sont constamment nuls ; ceux du second également nuls ou réduits à deux cirres tentaculaires rapprochés sur le cou et dirigés en avant. L'anatomie a fait voir que l'orifice extérieur de la bouche n'occupe que le devant ou le dessous du premier segment , et que l'intestin , dépourvu de cœcums et allant droit de la trompe au rectum , est divisé par de profonds étranglemens en autant de cavités circulaires que le corps a d'anneaux. Ces cavités n'alternent pas avec ceux-ci , mais leur correspondent. Savigny a partagé cette famille en quatre genres désignés sous les noms de LÉODICE, LYSIDICE, AGLAURE et ÆNONE. *V.* ces mots. L'*Eunice gigantea* de Cuvier appartient au genre Léodice.   (AUD.)

EUNOCHIAS. BOT. PHAN. (Théophraste.) Le Rotang suivant Adanson qui pense aussi que les Grecs appliquaient le même nom à la Laitue. (B.)

* EUNOMIE. *Eunomia.* POLYP. Genre de l'ordre des Tubiporées dans la division des Polypiers entièrement pierreux, composés de tubes distincts et parallèles, à parois internes non lamelleuses. Nous l'avons ainsi caractérisé : Polypier fossile en masse informe, composé de tubes rayonnans du centre à la circonférence, sillonnés longitudinalement, annelés transversalement; anneaux saillans à des distances égales les unes des autres ; parois des tubes un peu épaisses et solides. Ce genre a quelques rapports avec les Caténipores , encore

plus avec les Favosites, principalement avec celle de l'île de Gothland ; la phrase descriptive de cette dernière, donnée par Lamarck, pourrait presque lui être appliquée ; mais si l'on rapproche ces deux Polypiers, les différences sont telles, que le naturaliste le moins exercé ne les confondra jamais ensemble, quoique le *Favosites Gothlandica* ressemble davantage aux Eunomies qu'à la Favosite alvéolée. Dans l'ordre naturel, nous pensons que les Eunomies doivent se placer avant les Tubipores et à la suite des Favosites. L'on n'en connaît encore qu'une seule espèce : l'EUNOMIE RAYONNANTE , *Eunomia radiata*, Lamx., Gen. Polyp., p. 83, tab. 81, fig. 10, 11. Ce Polypier se trouve dans le Calcaire à Polypiers des environs de Caen, en masses dont la grosseur varie de trois à douze pouces. Quelquefois les tubes sont vides, d'autres fois ils sont remplis de Chaux carbonatée cristallisée, dont l'éclat et la blancheur tranchent avec la couleur jaunâtre des parois. Souvent l'intérieur de ces tubes est légèrement encroûté de terre ochracée. (LAM..X.)

* EUNOMIE. *Eunomia*. BOT. PHAN. Genre de la famille des Crucifères et de la Tétradynamie siliculeuse, L. , nouvellement établi par le professeur De Candolle (*Syst. Veget. nat.* T. II, p. 555) qui l'a placé dans sa tribu des Lépidinées ou Notorhizées-Angustiseptées, et qui l'a ainsi caractérisé : calice égal ; pétales égaux, à limbe oblong et entier ; étamines non denticulées ; silicule ovale , légèrement échancrée, déhiscente, plane-déprimée, à cloison oblongue, à valves carenées, obtuses, non ailées sur le dos et terminées par un style court ; graines pendantes du sommet de la loge, au nombre de deux ou quelquefois solitaires par avortement, oblongues, triquètres, soutenues par des cordons ombilicaux réunis en un seul par la base ; cotylédons oblongs, incombans. Les Plantes de ce genre sont des Herbes suffrutescentes, glabres , rameuses ou formant des ga-

zons à feuilles opposées , les supérieures seulement alternes , sessiles, amplexicaules, orbiculaires ou cordées , entières et un peu épaisses. Les fleurs sont blanchâtres , disposées en grappes courtes et terminales. Ce genre, très-reconnaissable à ses feuilles opposées , offre certains points de ressemblance avec les genres *Hutchinsia*, *Thlaspi*, *Lepidium* et *Æthionema*. Les trois espèces dont il se compose et que De Candolle a fait connaître sous les noms d'*Eunomia oppositifolia*, E. *chloræfolia* et E. *cordata*, étaient en effet confondues par les auteurs dans les genres *Lepidium*, *Thlaspi*, *Iberis* et *Myagrum*. Elles sont toutes indigènes de l'Orient, principalement de la Syrie et de l'Asie-Mineure. (G..N.)

EUOMPHALUS. MOLL. Sowerby a décrit sous ce nom un genre de Coquilles fossiles, voisin des *Turbo* , et auquel il attribue les caractères suivans : coquille univalve, à spire comprimée à sa partie supérieure , convexe en dessous ; bouche anguleuse ; ombilic fort large. Il en décrit et figure cinq espèces qui ont été trouvées en Angleterre et en Irlande. (A. R.)

EUOSMA. BOT. PHAN. Andrews (*Reposit.* 340) a constitué sous ce nom un genre qui correspond au *Logania* de R. Brown. Celui-ci n'a pas cru devoir adopter le premier nom , malgré son antériorité, parce qu'étant significatif, il exprime des qualités qui n'appartiennent seulement qu'à une ou deux espèces. *V.* LOGANIE. (G..N.)

* EUOSMIE. *Euosmia*. BOT. PHAN. Genre de la famille des Rubiacées et de la Tétrandrie Monogynie, L. , constitué par Humboldt et Bonpland (Plantes équinoxiales, T. II , p. 165) qui l'ont ainsi caractérisé : calice supère à quatre dents ; corolle presque rotacée à quatre divisions profondes ; quatre étamines insérées sur la gorge de la corolle, et saillantes ; style droit ; stigmate épais ; fruit à quatre loges polyspermes. D'après ces caractères

tracés par Bonpland sur une Plante que Kunth n'a pas eue en sa possession, celui-ci pense que le genre *Euosmia* est voisin du *Bertiera*, et qu'il pourrait bien être le même que l'*Ohigginsia* de Ruiz et Pavon.

L'Euosmie de Caripe, *Euosmia Caripensis*, Humb. et Bonpl. (*loc. cit.*, t. 134), est un petit Arbuste ayant le port des *Hamelia*, à feuilles opposées, très-entières, membraneuses, accompagnées de stipules pétiolaires. Ses fleurs sont disposées en grappes géminées ou ternées dans les aisselles des feuilles. Elle croît dans les lieux humides et ombragés de la province de Cumana.   (G..N.)

EUPARÉE. *Euparea*. BOT. PHAN. Genre de la famille des Primulacées et de la Pentandrie Monogynie, L., établi par Gaertner (*de Fruct.* T. 1, p. 230), d'après les manuscrits de Solander conservés dans les collections de Banks, et offrant les caractères suivans : calice divisé en cinq parties; corolle composée de cinq à douze pétales probablement soudés inférieurement selon Jussieu; ces pétales oblongs, étroits, plus grands que le calice et étalés; baie sèche, supère, uniloculaire, renfermant un placenta central auquel sont attachées plusieurs graines qui ont leur ombilic situé près de l'embryon. En indiquant les affinités de la Plante sur laquelle le genre est constitué, avec le *Trientalis* et le *Lysimachia*, Gaertner avait mis sur la voie de sa classification dans les ordres naturels. Le professeur A.-L. de Jussieu (Ann. du Mus. d'Hist. nat. T. v, p. 247) réunit, en effet, ce genre à la famille des Primulacées, en faisant observer que la corolle désignée comme polypétale par Gaertner n'est peut-être que profondément divisée.

L'Euparée élégante, *Euparea amœna*, Gaertn., est une petite Plante couchée, ayant le port de la Nummulaire, mais quatre fois plus petite; ses fleurs présentent la couleur de celles de l'*Anagallis phœnicea*; elles renferment une capsule qui ne s'ou-

vre pas régulièrement. Elle habite la Nouvelle-Hollande.   (G..N.)

EUPATOIRE. *Eupatorium*. BOT. PHAN. Genre de la famille des Synanthérées, et de la Syngénésie égale, L., devenu le type d'une tribu particulière fondée par notre collaborateur Kunth sous le nom d'Eupatorées, et offrant les caractères suivans : involucre allongé, composé d'écailles imbriquées; réceptacle plane et nu; fleurons tubuleux, réguliers, tous hermaphrodites et fertiles; anthères incluses; style simple, terminé par un stigmate saillant à deux divisions grêles, très-longues et divariquées; fruit allongé, à cinq angles, couronné par une aigrette sessile et poilue.

Ce genre est excessivement nombreux en espèces; on en compte à peu près cent cinquante, dont le tiers environ a été observé dans l'Amérique équinoxiale par Humboldt et Bonpland, et a été décrit par Kunth (*Nova Genera et Spec.* T. IV). Ce sont tantôt des Plantes herbacées, mais plus souvent des Arbustes ou des Arbrisseaux à feuilles entières ou plus ou moins profondément lobées, généralement opposées, ainsi que les rameaux; les capitules sont petits, disposés en corymbes ou en panicules, rarement isolés les uns des autres et solitaires. Les fleurs sont violacées ou blanches.

Tournefort est le premier qui ait bien caractérisé le genre Eupatoire. Linné lui a attribué, on ne sait pourquoi, une aigrette plumeuse, caractère qui n'existe dans aucune des véritables espèces de ce genre. Plusieurs genres ont été établis aux dépens des Eupatoires. Ainsi Willdenow a formé le genre *Mikania* des espèces dont les capitules contiennent de quatre à six fleurs et dont l'involucre est unisérié. Le genre *Kunhia* de Linné ne diffère des Eupatoires que par son aigrette plumeuse. Cassini a également retiré de ce genre plusieurs espèces dont il a formé ses genres *Petalolepis*, *Gypsis*, etc. *V.* ces mots.

Parmi les espèces de ce genre,

qui presque toutes sont originaires d'Amérique, une seule croît en Europe, c'est l'Eupatoire a feuilles de Chanvre, *Eupatorium cannabinum*, L., Plante vivace, herbacée, qui vient dans les lieux humides, sur le bord des ruisseaux et dans les bois. Sa tige est haute de trois à quatre pieds; elle est simple inférieurement, pubescente, portant des feuilles opposées, sessiles, divisées en trois folioles lancéolées, aiguës, dentées; les fleurs sont d'une couleur violette pâle et forment un corymbe terminal. Cette Plante, qui était jadis employée en médecine, porte le nom d'Eupatoire d'Avicenne.

C'est aussi à ce genre que l'on doit rapporter une Plante qui a joui d'une assez grande réputation et qui est encore connue sous le nom d'*Aya-Pana*. *V.* ce mot. Ventenat lui a donné le nom d'*Eupatorium Aya-Pana*; elle paraît être la même que l'*Eup. triplinerve* de Vahl. Cette Plante, qui est originaire du Brésil, a joui pendant quelque temps d'une de ces réputations d'autant plus brillantes qu'elles sont moins méritées. Son introduction en Europe ne date guère que du commencement de ce siècle, lors du retour des naturalistes confiés si malheureusement à la conduite du capitaine Baudin. On raconte que le frère de ce marin ayant entendu parler de cette Plante, pendant un voyage qu'il fit au Brésil, comme d'un Végétal extrêmement précieux par ses propriétés médicales, en obtint un pied du docteur Camera; mais cet individu mourut, en sorte qu'à son départ le frère de Baudin se vit privé d'une chose dont il avouait franchement avoir voulu faire une spéculation de commerce, croyant sincèrement posséder une panacée universelle. Comme la Plante était fort rare, un seul particulier en possédait encore un pied qu'il conservait précieusement dans une caisse sur sa croisée; le capitaine offrit tout pour l'obtenir, mais ce fut en vain. Il résolut alors de s'en emparer par la ruse, n'ayant pu se le

procurer autrement. La nuit qui précéda son départ, il se rendit à la maison du particulier, et au moyen d'agrès qu'il avait apportés avec lui, il fit tomber la caisse, se saisit de la Plante, et au point du jour quitta le Brésil. Au moyen de ce que les gazettes de l'Ilede-France appelèrent le plus heureux larcin, le nouveau Jason, ravisseur d'une nouvelle toison d'or, répandit la connaissance et les usages de cette Plante dans l'ancien monde. Arrivé à l'Ile-de-France, il la fit planter et soigner, et bientôt elle se propagea facilement et se répandit dans toute l'île où chaque habitant s'empressa de la cultiver et de la multiplier.

Ce sont particulièrement les feuilles de cette Plante qui ont été employées. Lorsqu'elles sont sèches, elles répandent une odeur aromatique et agréable qui a la plus grande analogie avec celle de la Fève de Toncka. L'Aya-Pana, tant qu'il a été rare et qu'on se l'est procuré difficilement, a été vanté comme un remède propre à guérir tous les maux; mais les essais que l'on a tentés avec ce médicament ont prouvé son peu d'action. Notre collaborateur Bory de Saint-Vincent qui a fait, dans son Voyage aux quatre îles d'Afrique, justice du charlatanisme du frère de Baudin, raconte en avoir mangé en salade avec son collègue Délice sans en avoir éprouvé ni bien ni mal. C'est une substance légèrement aromatique, dont l'infusion est agréable et pourrait en quelque sorte remplacer celle du Thé. Comme médicament, ses usages sont aujourd'hui absolument nuls.

La Plante dont il est fait mention dans Avicenne, sous le nom d'Eupatoire, paraît être l'*Eupatorium cannabinum*, L. De-là le nom vulgaire d'Eupatoire d'Avicenne qui lui est donné dans les anciennes pharmacopées.

On a aussi nommé Eupatoire de Mésué l'*Achillea Ageratum*. *V.* Millefeuille.   (A. R.)

EUPATORÉES ou EUPATORIÉES. bot. phan. Tribu de la fa

mille des Synanthérées , dont Ch. Kunth a le premier indiqué la formation, et qui a ensuite été adoptée par H. Cassini qui en a légèrement changé les caractères, et y a rapporté les genres suivans : *Adenostemma*, Forster; *Ageratum*, L.; *Alomia*, Kunth; *Batschia*, Mœnch; *Cœlestina*, Cass.; *Coleosanthus, id.* ; *Eupatorium*, Tournef. ; *Gyptis* , Cass.; *Kunhia*, L., *Suppl.*; *Liatris*, Schreb. y *Mikania*, Willd. ; *Piqueria*, Cav.; *Sclerolepis*, Cass.; *Stevia*, Cav. ; *Trilisa*, Cass. *V.* chacun de ces mots. (A. R.)

EUPATORIOIDES. BOT. PHAN. Ce nom, dans quelques auteurs anciens, était donné à plusieurs Plantes, telles que le *Gnaphalium muricatum*, L. , le *Seriphium fuscum*, etc. (A. R.)

EUPATORIOPHALACRON. BOT. PHAN. Vaillant, Dillen et Burmann nommaient ainsi les *Eclipta erecta* et *prostrata*, le *Lavenia erecta*, etc. (A. R.)

EUPATORIUM. BOT. PHAN. *V.* EUPATOIRE. ·

EUPÉTALES. MIN. La pierre de quatre couleurs désignée par Pline sous ce nom, était une Jaspe selon les uns et une Opale selon d'autres. (B.)

EUPETALON. BOT. PHAN. (Dioscoride.) Syn. de *Daphne Laureola.* (B.)

*****EUPHÉE.** *Eupheus.* CRUST. Genre de l'ordre des Isopodes établi par Risso qui lui assigne pour caractères : antennes terminées par des filets ; queue munie d'appendices ; corps cylindrique, terminé par de longs filets; pates de la première paire didactyles. L'auteur ne cite qu'une espèce, que Latreille range ainsi que ce nouveau genre avec les Apseudes. *V.* ce mot. (AUD.)

EUPHONES. OIS. Nom donné par Desmarest à la seconde division qu'il a établie dans le genre Tangara. (DR..Z.)

EUPHORBE. *Euphorbia.* BOT. PHAN. Ce genre a donné son nom au groupe nombreux des Euphorbiacées. On a cependant remarqué avec raison que sa structure ne fait pas concevoir une idée nette de celle de la plupart des autres genres de cette famille ; et que c'est au contraire l'examen de ceux-ci qui a conduit par analogie à considérer la structure de l'Euphorbe comme entièrement différente de ce qu'elle semble au premier coup-d'œil. Si l'on examine en effet une fleur d'Euphorbe, on observe une enveloppe terminée supérieurement par quatre ou cinq lanières, avec lesquelles alternent souvent des corps glanduleux placés un peu plus extérieurement. Au dedans de cette enveloppe, on trouve plusieurs étamines dont les filets, articulés vers le milieu, sont accompagnés à leur base de filamens ou de squamules. Au centre, est un pistil supporté par un pédicelle qui le fait saillir au-dessus de la fleur. Il était naturel de considérer cet ensemble comme une fleur hermaphrodite, et c'est ce que firent tous les botanistes anciens et Linné lui-même. Ils varièrent seulement au sujet de la nature des enveloppes florales ; ainsi, Linné appelait pétales ces corps glanduleux dont nous avons parlé ; Adanson donnait ce nom aux filamens situés à la base des étamines. Cependant on observa que toutes les anthères ne se développaient pas simultanément, comme cela a ordinairement lieu dans les fleurs hermaphrodites; on rencontre dans quelques espèces un petit calice au-dessous du pistil ; dans deux genres extrêmement voisins par leur organisation de l'Euphorbe, on trouve aussi un petit calice au-dessous de l'articulation supérieure de chaque filet ; et l'anomalie que formait le genre Euphorbe dans une famille où le diclinisme est général , disparut devant ces observations réunies. En effet, on en tirait cette conséquence naturelle, que ce qui avait été pris jusqu'alors pour une fleur unique , était un assemblage de fleurs, dans lequel la femelle occupait le centre, environnée par un grand nombre de mâles, le tout enfermé dans une enveloppe commune. Cette manière de voir a été généralement adoptée; et c'est d'après elle que nous allons tracer les caractères du genre qui nous occupe : fleurs monoïques renfermées dans un involucre commun ; une femelle unique occupant le centre ; plusieurs mâles disséminés autour ; involucre commun, régulier, ou plus souvent légèrement irrégulier et présentant une fente latérale, campanulé ou turbiné, terminé par quatre ou cinq divisions entières, ou frangées, ou multiparties, dressées ou infléchies ; entre ces divisions et un peu extérieurement, on trouve des appendices en nombre tantôt égal, tantôt moindre, charnus, glanduleux ou pétaloïdes, entiers ou surmontés de deux ou plus rarement de plusieurs pointes, étalés ou réfléchis. Chaque fleur mâle consiste en une étamine unique, dont l'anthère est fréquemment didyme, et dont le filet s'articule avec un pédicelle qu'accompagne souvent à sa base une bractée paléacée ou squamiforme. Du milieu de ces pédicelles, s'élève la fleur femelle soutenue sur un pédoncule plus épais. Le pistil est souvent nu inférieurement ; d'autres fois accompagné d'un petit calice, soit entier, soit trifide. Les styles, au nombre de trois, sont bifides à leur sommet, ou plus rarement ils se soudent en un seul, supérieurement trifide. On compte six stigmates, ou plus rarement seulement trois bilobés ; l'ovaire est à trois loges, dont chacune contient un seul ovule. Le fruit qui fait saillie hors de l'involucre élevé sur le pédoncule, souvent fléchi du côté de la fente de cet involucre, est une capsule à surface lisse ou verruqueuse, glabre ou velue, à trois coques qui s'ouvrent élastiquement en deux valves, et tombent en laissant persister l'axe central.

Les auteurs ont décrit à peu près trois cents espèces d'Euphorbes. Le port de ces espèces varie extrêmement avec les climats qui les

voient naître. Dans les pays qui s'approchent des tropiques, on en rencontre dont la tige charnue, dépourvue de feuilles, mais garnie d'aiguillons ou de tubercules, est entièrement semblable à celui des Cierges ; ce sont celles dont Isnard formait son genre *Euphorbium*, celles qui, le plus abondantes en suc laiteux et âcre, fournissent cette matière employée autrefois en médecine sous le nom de Gomme-Résine d'Euphorbe, mais que la trop grande énergie de ses propriétés a fait abandonner depuis avec raison. C'est de l'*Euphorbia officinarum*, de l'*E. antiquorum*, de l'*E. Canariensis*, de l'*E. cereiformis*, qu'elle paraît extraite. Les Euphorbes d'Europe, dont les diverses parties sont aussi remplies d'un suc laiteux, mais un peu moins âcre et moins abondant, ont un port entièrement différent. Le plus fréquemment, leurs tiges herbacées ou frutescentes, garnies de feuilles nombreuses, se terminent par des ombelles ceintes de bractées en nombre égal à celui des rayons ; et ces ombelles se subdivisent souvent elles-mêmes en ombellules qu'environnent à la base des collerettes semblables. Les involucres, que l'on continue à nommer fleurs en décrivant l'inflorescence, sont portés à l'extrémité de ces rayons. Plus rarement, ces involucres sont disposés en têtes serrées.

Divers auteurs ont essayé de diviser le genre Euphorbe ; mais jusqu'ici les coupes proposées ne paraissent pas naturelles et n'ont pas été adoptées. Nous n'exposerons pas ici tous ces genres dont la description nous entraînerait trop loin, et dont chacun sera indiqué à son article. Nous n'entrerons pas non plus dans le détail des espèces trop nombreuses, et trop semblables entre elles par leurs caractères et leurs propriétés, pour qu'il soit aisé d'exposer en peu de mots leurs différences. Il nous suffira de dire qu'on les a divisées d'après leur port, leur mode d'inflorescence, le nombre des rayons de leur ombelle, la surface glabre, verruqueuse ou velue de leurs capsules.

Le nom de Tithymale est souvent employé pour désigner ce genre, notamment dans la Flore Française de Lamarck. Quant à celui d'Euphorbe, qui appartient à un médecin célèbre de l'antiquité, nous remarquons qu'il paraît être le premier nom d'homme qui ait été donné à un Végétal : hommage imité fréquemment depuis, et prodigué peut-être dans les temps modernes.   (A. D. J.)

Le suc laiteux des Euphorbes, et particulièrement de l'espèce africaine, connue sous le nom d'*Euphorbia officinarum*, L., produit, lorsqu'il est desséché, une substance gommo-résineuse, dont l'effet, sur l'économie animale, les membranes muqueuses surtout, est des plus violens. Quelques grains de cette substance sont capables de causer des vomissemens, des évacuations qu'il est quelquefois difficile d'arrêter; aussi la médecine humaine interne l'a-t-elle bannie de ses formules; son usage est borné aux topiques irritans et vésicans de l'hippiatrique. L'Euphorbe, lorsqu'il a été recueilli sur la tige même où il s'est desséché, est sous forme granuleuse, d'un blanc jaunâtre, demi-transparent; il offre des masses brunes quand il est le résultat de l'évaporation forcée ou spontanée du suc que l'on a obtenu par expression. Sa saveur est extraordinairement âcre et brûlante. (DR..Z.)

EUPHORBIACÉES. *Euphorbiaceæ*. BOT. PHAN. Famille naturelle de Plantes, vulgairement désignée sous le nom de Tithymales, et sur laquelle notre ami et collaborateur Ad. Jussieu vient de publier un travail d'une haute importance (*de Euphorbiacearum generibus medicisque earum viribus Tentamen, in-4° cum tab. 18 œneis; Parisiis*, 1824), imprimé par extrait dans le tome 1er des Annales des Sciences naturelles, et auquel nous renvoyons ceux qui voudraient acquérir des notions détaillées sur les genres nombreux qui composent cette famille dont voici

les caractères généraux : les fleurs sont unisexuées, monoïques ou dioïques. Le calice est monosépale, à trois, quatre, cinq ou six divisions profondes, munies intérieurement d'appendices écailleux ou glanduleux, dont la forme et la structure varient beaucoup. La corolle manque dans le plus grand nombre des genres; elle se compose d'appendices de formes très-variées, généralement en même nombre que les lobes du calice avec lesquels ils alternent, quelquefois réunis entre eux, et semblant former une corolle monopétale. Ces pétales, dans un grand nombre de genres, ne paraissent être que des étamines transformées. Dans les fleurs mâles, on compte en général un assez grand nombre d'étamines; quelquefois ce nombre est limité; dans un plus petit nombre de genres, chaque étamine peut être considérée comme une fleur mâle. Ces étamines sont tantôt libres et distinctes les unes des autres, tantôt soudées ensemble et monadelphes; les anthères sont terminales, à deux loges, assez souvent écartées l'une de l'autre et s'ouvrant par un sillon longitudinal. Les fleurs femelles se composent d'un ovaire libre, sessile ou porté sur un long pédoncule quelquefois appliqué sur un disque hypogyne plus large que sa base, et dont on retrouve des traces jusqu'au centre des fleurs mâles. Il est généralement à trois loges, quelquefois à deux seulement ou à un plus grand nombre. Chaque loge contient un ou deux ovules suspendus. Du sommet de l'ovaire naissent autant de styles ou de stigmates sessiles qu'il y a de loges. Ces stigmates sont ordinairement allongés et étroits, tantôt simples, tantôt plus ou moins profondément laciniés. Le fruit se compose d'autant de coques uniloculaires contenant une ou deux graines, qu'il y avait de loges à l'ovaire; ces coques qui sont dures, crustacées ou même quelquefois osseuses, sont recouvertes extérieurement d'un sarcocarpe légèrement charnu qui se sépare en général de l'endocarpe à l'époque de la parfaite maturité. Chacune de ces coques s'ouvre par une suture longitudinale et se sépare avec élasticité de celles qui l'avoisinent. Elles appuient toutes et sont réunies au centre sur un axe ou columelle qui persiste après leur chute. Les graines renfermées dans chaque loge sont en général suspendues et présentent vers leur point d'attache une crête ou un arille peu étendu et sous forme de caroncule. Le tégument propre de la graine se sépare souvent en deux feuillets dont l'un extérieur est épais et crustacé, et l'autre interne, mince et pellucide. L'embryon qui suit la même direction que la graine, c'est-à-dire dont la radicule correspond au hile, est placé au centre d'un endosperme charnu et souvent huileux. Les cotylédons sont larges, planes et minces. Les Euphorbiacées sont tantôt des Arbres, des Arbrisseaux ou des Arbustes, tantôt des Plantes herbacées, annuelles ou vivaces. Quelques-unes, surtout parmi celles qui croissent en Afrique, sont épaisses, charnues, dépourvues de feuilles, et ressemblent absolument par leur port aux Cierges ou *Cactus*. Leurs feuilles sont généralement alternes, rarement opposées, accompagnées de stipules qui manquent dans plusieurs genres. Ces feuilles sont ordinairement simples ; elles sont composées dans quelques genres. Les fleurs, qui sont presque toujours petites et peu apparentes, offrent une inflorescence extrêmement variée. Elles sont tantôt axillaires, tantôt terminales.

On compte aujourd'hui environ quatre-vingt-six genres dans la famille des Euphorbiacées, en y comprenant les genres nouveaux établis par de Jussieu fils dans sa dissertation. A ces genres sont rapportées environ mille quarante espèces qui sont à peu près réparties de la manière suivante dans les différentes parties du globe :

Europe et littoral de la Méditerranée 130
Canaries 10
Congo et Sénégal 20
Cap de Bonne-Espérance . . . 50
Iles de France, Bourb., Madag. 50
Arabie et Perse 15
Indes-Orientales. 140
Chine, Cochinchine, Japon. . 42
Nouvelle-Hollande 100
Iles de la mer du Sud . . . 14
Amérique tempérée 40
Amérique méridionale. . . 350

On voit, d'après ce tableau emprunté à la dissertation d'Adr. Jussieu, que le nombre des Euphorbiacées augmente à mesure qu'on s'approche de l'équateur.

Presque toutes les Euphorbiacées contiennent un suc laiteux blanc, gommo-résineux, d'une extrême âcreté, qui les rend des Plantes irritantes et dangereuses. Quelques-unes même sont des poisons violens. D'autres fournissent des médicamens qui agissent surtout comme émétiques et purgatifs.

Adr. Jussieu a divisé les genres de cette famille en six sections, auxquelles il rapporte les genres suivans :

Ire SECTION. — Loges contenant deux ovules ; étamines en nombre déterminé, insérées sous le rudiment du pistil.

Drypetes, Vahl, Poit. ; *Thecacoris*, Adr. Jussieu ; *Pachysandra*, Rich. *in Michx.* ; *Buxus*, L. ; *Securinega*, Juss. ; *Savia*, Willd. ; *Amanoa*, Aublet ; *Richeria*, Vahl ; *Fluggea*, Willd.

IIe SECTION. — Loges à deux ovules ; étamines en nombre déterminé insérées au centre de la fleur ; fleurs rassemblées en tête, en faisceau ou solitaires.

Epistylon, Swartz ; *Gynoon*, Adr. Juss. ; *Glochidion*, Forst. ; *Anisonema*, Adr. Juss. ; *Leptonema*, Adr. Juss. ; *Cicca*, L. ; *Emblica*, Gaertn. ; *Kirganellia*, Juss. ; *Phyllanthus*, L. ; *Xylophylla*, L. ; *Menarda*, Comm. ; *Micranthea*, Desf. ; *Agyneia*, L. ; *Andrachne*, L. ; *Cluytia*, Aiton ; *Briedelia*, Willd.

IIIe SECTION. — Loges à un seul ovule ; fleurs ordinairement munies d'une corolle, disposées en fascicules, en épis, en grappes ou en panicules; étamines définies ou indéfinies.

Argytamnia, Browne; *Ditaxis*, Vahl; *Crozophora*, Necker; *Croton*, L.; *Crotonopsis*, Rich. *in Michx.*; *Acidoton*, Swartz; *Adelia*, L.; *Rottlera*, Roxb:; *Codiœum*, Rumph; *Gelonium*, Roxb.; *Hisingera*, Willd.; *Mozinna*, Ortega; *Amperea*, Adr. Juss.; *Ricinocarpus*, Desf.; *Ricinus*, L.; *Janipha*, Kunth; *Jatropha*, Kunth; *Elæococca*, Comm.; *Aleurites*, Forst.; *Anda*, Pison; *Siphonia*, Rich.; *Mabœa*, Aubl.; *Hyœnanche*, Lamb.; *Garcia*, Rohr.

IVe Section. — Loges à un seul ovule; fleurs apétales, en épis, ou quelquefois en grappes; étamines définies ou indéfinies.

Alchornea, Swartz; *Conceveibum*, Rich.; *Clauxylon*, Adr. Juss.; *Macaranga*, Du Petit-Thouars; *Mappa*, Adr. Juss.; *Caturus*, L.; *Acalypha*, L., *Mercurialis*, L.; *Anabœna*, Adr. Juss.; *Plucknetia*, Plum.; *Tragia*, Plum.

Ve Section. — Loges à un seul ovule; fleurs apétales, à étamines définies, accompaguées de bractées très-grandes disposées en épis ou en chatons.

Microstachys, Adr. Juss.; *Sapium*, Jacq.; *Stillingia*, Garden; *Triadica*, Lour.; *Omalanthus*, Adr. Juss.; *Hippomane*, L.; *Hura*, L.; *Sebastiania*, Spreng.; *Excœcaria*, L.; *Commia*, Lour.; *Styloceras*, Adr. Juss.; *Maprounea*, Aubl.; *Omphalea*, L.

VIe Section. — Loges à un seul ovule; fleurs apétales, monoïques, réunies dans un même involucre.

Dalechampia, Plum.; *Anthostemma*, Adr. Juss.; *Euphorbia*, L.; *Pedilanthus*, Necker.

Enfin, on rejette à la suite de ces genres les suivans, dont l'organisation est moins bien connue :

Margaritaria, L. Suppl.; *Suregada*, Roxb.; *Hexadica*, Lour.; *Homonoia*, Lour.; *Cladodes*, Lour.;

Echinus, Lour.; *Colliguaya*, Molina; *Lascadium*, Rafinesque; *Synzyganthera*, Ruiz et Pavon.

La place que doivent occuper les Euphorbiacées dans la série des ordres naturels, n'est pas très-facile à déterminer. Ant.-Laur. Jussieu les range dans sa classe des Diclines, auprès des Urticées, avec lesquelles cette famille offre en effet plus d'un rapport marqué. D'un autre côté elle présente quelque affinité avec plusieurs familles de Plantes polypétales, et entre autres avec les Rhamnées et quelques Térébinthacées, en sorte qu'il est difficile d'indiquer d'une manière bien précise la place qui doit être assignée à cette famille.   (A. R.)

EUPHORIA. bot. phan. Genre de la famille des Sapindacées et de l'Octandrie Monogynie, L. Il présente un calice petit, à cinq divisions peu profondes; cinq pétales, quelquefois caducs, réfléchis et garnis de poils sur le milieu de leur face interne; quatre, six ou huit étamines; un ovaire didyme; un style bifide à son sommet; deux stigmates; des deux loges de l'ovaire, l'une avorte le plus ordinairement, l'autre prend de l'accroissement; son péricarpe est épais, tantôt lisse, tantôt et plus souvent tuberculeux à sa surface. Il renferme une graine unique, attachée sur une assez grande étendue à sa base, couverte d'un tégument coriace, et enveloppée, en tout ou en partie, d'un arille ordinairement pulpeux et bon à manger. L'embryon offre deux gros cotylédons, souvent intimement soudés ensemble, et une radicule très-petite tournée vers le hile, c'est-à-dire inférieurement. Ce genre renferme des Arbres originaires de l'Asie, dont les feuilles sont composées de plusieurs paires de folioles, les fleurs petites, disposées en grappes ou en panicules axillaires ou terminales, souvent mâles ou stériles par avortement.

Les espèces qu'on y rapporte sont au nombre de quatre : l'une est fameuse sous le nom de *Litchi* à la

Chine, où son fruit passe pour un des plus délicieux que l'on y cultive : elle a été introduite à l'Ile-de-France, d'où elle est passée ensuite dans nos colonies d'Amérique. Il en est de même du *Longane* (*Euphoria Longana*), dont les fruits sont cependant plus petits et un peu inférieurs en qualité ; il vient de fructifier récemment dans les belles serres de Fulchiron, amateur éclairé de botanique. Les baies dans ces deux espèces sont solitaires, tuberculeuses dans la première, lisses dans la seconde. Elles sont au contraire ordinairement géminées dans deux autres espèces, dont la pulpe a un goût plus ou moins acerbe ; savoir dans l'*E. informis*, originaire de la Cochinchine, dont le fruit est tuberculeux, et dans l'*E. Nephelium*, connu sous le nom de *Rampostan*, qui habite les Indes-Orientales, et dont le fruit se hérissé de crins plus allongés.

L'*Euphoria*, nom imposé par Commerson, a de nombreux synonymes. C'est le *Dimocarpus* de Loureiro, le *Scytalia* de Gaertner, le *Nephelium* de Linné, le *Litchi* de Sonnerat, et un *Sapindus* pour Aiton. *V.* Lamk. (Illustr., t. 306 et 764), et De Cand. (*Prodrom.* 1, p. 611).   (A. D. J.)

EUPHOTIDE. MIN. Nom donné par Haüy à une roche diallagique, composée de Feldspath compacte ou imparfaitement cristallisé (Jade de Saussure), et de diallage tantôt verte et tantôt métalloïde. Cette roche est très-tenace et difficile à travailler ; elle est très-abondante dans les Alpes et dans le pays de Gênes ; elle forme en Corse des terrains assez étendus, d'où l'on tire la matière connue sous le nom de *Verde di Corsica*. Les Minéraux qu'on y rencontre accidentellement, sont le Talc et le Feldspath vitreux. Cette roche appartient exclusivement aux terrains primordiaux.   (G. DEL.)

EUPHRAISE. *Euphrasia.* BOT. PHAN. Genre de la famille des Scrophularinées de Brown, tribu des Rhinanthées, et de la Didynamie Angio-

spermie, établi par Linné et adopté par tous les auteurs modernes, avec les caractères suivans : calice à quatre lobes ; corolle à deux lèvres, dont l'inférieure à trois lobes égaux, les deux plus courtes anthères portant à leur base un petit appendice acéré, spiniforme ou piloux ; ovaire surmonté d'un style aussi long que les étamines, et terminé par un stigmate globuleux ; capsule ovoïde comprimée, à deux loges polyspermes. Haller a divisé ce genre en deux, à l'un desquels il a donné le nom d'*Odontites* ; mais les espèces de ces groupes se nuancent trop entre elles, pour admettre leur séparation. Sans les séparer complétement des Euphraises, Persoon (*Enchirid.* 2, p. 150) en a fait une section à laquelle il a donné des caractères très-peu différens de ceux reconnus dans l'autre groupe des *Euphrasia*. L'Europe méridionale est la patrie de plus de la moitié des espèces de ce genre. Plusieurs ont été confondues avec les *Bartsia*, genre qui en est très-rapproché. Ce sont des Plantes herbacées, souvent annuelles, à tiges rameuses, couvertes de feuilles tantôt larges et dentées, tantôt linéaires et entières, à fleurs nombreuses, blanches, légèrement roses ou d'un jaune intense, le plus souvent disposées en épis terminaux. Parmi celles qui croissent en France, nous citerons seulement les plus vulgaires.

L'EUPHRAISE OFFICINALE, *Euphrasia officinalis*, L., Lamk., Illust. tab. 518, f. 1, a la tige haute de douze à quinze centimètres, velue, ordinairement branchue ; ses feuilles sont petites, ovales, obtusément dentées, opposées inférieurement et alternes dans la partie supérieure de la tige. Les fleurs d'une couleur blanche, variée quelquefois de jaune, de violet, ou de pourpre, naissent dans les aisselles supérieures des feuilles. Cette jolie petite Plante est très-abondante dans les prés et les pelouses humides et ombragées. Une saveur légèrement amère est la seule qualité qu'elle possède ; aussi convient-on maintenant qu'elle ne jouit d'aucune propriété active. Les anciens néanmoins avaient une confiance aveugle et sans bornes dans cette espèce; c'était pour eux non-seulement le remède anti-ophtalmique par excellence, mais encore la Plante qui rendait la vue aux vieillards; et ils lui avaient décerné le nom trop significatif de Casse-Lunette. On voit encore quelques vieux praticiens ordonner dans les collyres l'eau distillée d'Euphraise, et fonder sur elle une grande espérance de succès, comme si la nullité absolue de ses qualités physiques n'entraînait pas sa nullité d'action médicamenteuse. C'est une des Plantes que le docteur Lejeune, de Vervier, et Bory de Saint-Vincent ont observé se plaire de préférence parmi les terrains calaminaires où elle prend un facies particulier.

L'Euphraise dentée, *Euphrasia Odontites*, est une Plante du double plus élevée que la précédente. Sa tige droite, très rameuse, à quatre angles mousses, porte des feuilles sessiles, opposées, lancéolées, dentées et un peu velues; les fleurs accompagnées de bractées, disposées en épis terminaux, sont ordinairement tournées du même côté (*flores secundi*); leur corolle est plus grande que dans les autres espèces et légèrement rose. Elle croît dans les lieux stériles et incultes de toute la France.

On trouve encore dans certaines localités de l'Europe moyenne et méridionale, les *Euphrasia lutea* et *linifolia*, remarquables par leurs étamines saillantes et l'élégance de leurs fleurs jaunes.

Les espèces exotiques appartiennent principalement à la Nouvelle-Hollande, d'où R. Brown en a rapporté huit qu'il a décrites dans son *Prodromus Flor. Nov.-Holland.*, I, p. 456.

(O..N.)

*EUPHROSYNE. *Euphrosyna.* ANNEL. Genre de l'ordre des Néréidées, famille des Amphinomes, établi par Savigny (Syst. des Annelides, p. 14 et 63) qui lui assigne pour caractères distinctifs : trompe sans palais saillant ni stries dentelées; antennes extérieures et mitoyennes nulles, l'impaire subulée; branchies subdivisées en sept arbuscules rameux situés derrière les pieds, et s'étendant d'une rame à l'autre; un cirre surnuméraire à toutes les rames supérieures. Ce genre est voisin des Pléiones et des Chloés par ses branchies en forme de feuilles très-compliquées, ou de houppes, ou d'arbuscules très-rameux, toujours grandes et très-apparentes, existant sans interruption, ainsi que par ses cirres supérieurs à tous les pieds; il leur ressemble encore par l'absence des acicules et des mâchoires; mais il en diffère essentiellement par les diverses particularités de la trompe, des branchies et du cirre surnuméraire.

Les Euphrosynes ont le corps oblong ou ovale-oblong, composé de segmens assez peu nombreux; la tête est très-étroite et très-rejetée en arrière, fendue par-dessous en deux lobes saillans sous les pieds antérieurs, et garnie par-dessus d'une caroncule déprimée qui se prolonge jusqu'au quatrième ou cinquième segment; la bouche se compose d'une trompe à lèvres simples, sans palais saillant ni plis dentelés; les yeux sont distincts et au nombre de deux, séparés par le devant de la caroncule. On voit des antennes incomplètes, c'est-à-dire que les mitoyennes, ainsi que les extérieures, sont nulles, et qu'il n'existe que l'impaire qui est subulée; les pieds offrent des rames peu saillantes, pourvues l'une et l'autre de soies très-aiguës, avec une petite dent près de la pointe; les cirres sont à peu près égaux. Il existe un cirre surnuméraire égal aux autres, inséré à l'extrémité supérieure de toutes les rames dorsales; la dernière paire de pieds est réduite à deux petits cirres globuleux; les branchies se trouvent situées exactement derrière les pieds; elles s'étendent de la base des rames dorsales à celle des rames ventrales, et consistent chacune en sept arbuscules séparés, alignés transversalement. L'anatomie des Euphrosynes a

fait voir un intestin se contournant,
immédiatement après la trompe, en
deux boucles un peu charnues ; la
dernière de ces boucles aboutit par un
petit canal à l'estomac qui est grand
et membraneux ; la totalité du canal
intestinal peut avoir le double de la
longueur du corps. Ce nouveau genre
ne comprend encore que deux espèces nouvelles, décrites très-exacte-
ment par Savigny.

L'EUPHROSYNE LAURIFÈRE, *E. lau-
reata*, Sav. (*loc. cit.*, pl. 2, fig. 1) :
corps long de deux pouces et plus,
sur dix lignes de largeur, un peu
ovale, déprimé, formé de quarante-
un segmens, à peau ridée ou réticulée comme dans les Pléiones ; caroncule ovale, lisse, relevée sur son milieu d'une petite crête longitudinale ;
pieds à faisceaux ou rangs de soies
d'un jaune ferrugineux, tachetés de
brun, inégaux, le rang inférieur un
peu moins étendu ; soies des deux
faisceaux parfaitement semblables,
nombreuses, déliées, roides, aiguës,
réfléchies à la pointe avec une petite
dent au-dessous ; cirres grands, égaux ;
branchies très-développées, plus longues que les soies, et ressemblant à
des Arbustes délicats, à rameaux grêles, peu touffus, garnis de petites
feuilles ovales ; elles existent à tous
les segmens sans exception. Couleur
gris rougeâtre tirant sur le violet,
avec des reflets légers ; les branchies
sont d'un très-beau rouge. Elle vit
parmi les Fucus.

L'EUPHROSYNE MYRTIFÈRE, *E.
myrtosa*, Sav. (*loc. cit.*, pl. 2, fig 2) :
corps long de dix à douze lignes,
plus étroit et moins déprimé que
dans l'espèce précédente, obtus aux
deux bouts, formé de trente-six segmens ; caroncule elliptique, carenée,
avec un double sillon ; pieds à rangs
de soies jaunâtres, très-inégaux, le
rang supérieur deux à trois fois plus
étendu ; soies semblables à celles de la
première espèce ; cirres inégaux, l'inférieur plus court ; branchies peu développées, plus courtes que les soies,
à rameaux peu déliés, terminés par des

sommités ou folioles ovales ; sa couleur est le violet foncé avec quelques
reflets. Des côtes de la mer Rouge. L'individu représenté par Savigny, a été recueilli dans le golfe de Suez. (AUD.)

EUPHROSINON. BOT. PHAN. (Pline.) Syn. de Bourrache selon Daléchamp. (B.)

EUPLOCAMPE. *Euplocampus.*
INS. Genre de l'ordre des Lépidoptères, famille des Nocturnes, tribu des
Tinéites (Règn. Anim. de Cuv.), extrait par Latreille du genre Teigne, et
ayant, suivant lui, pour caractères :
palpes inférieurs grands, avancés,
avec un faisceau d'écailles au second
article, et le suivant nu, relevé ; langue très-courte ; antennes des mâles
pectinées. Ce petit genre ressemble
aux Phycides quant à la forme des
parties de la bouche et quant au port ;
mais il en diffère par ses antennes.
On doit considérer comme type du
genre :

.L'EUPLOCAMPE MOUCHETÉ, *E. guttatus*, Latr., ou la *Tinea guttata* de
Fabricius. Il est originaire d'Allemagne. (AUD.)

EUPODES. *Eupoda.* INS. Cinquième famille de la section des Tétramères, ordre des Coléoptères, établie
par Latreille (Règn. Anim. de Cuv.).
Ses caractères essentiels sont : corselet presque cylindrique carré ; pieds
et surtout les tarses courts. La famille des Eupodes est intermédiaire à
celle des Longicornes et à celle des
Cycliques. Elle avoisine la première
par la conformité des tarses et des
antennes, par l'allongement du corps
et par la division extérieure des mâchoires. Mais elle commence déjà à
s'en éloigner sous le rapport de la figure de la languette qui, dans les derniers genres, est presque carrée ou
arrondie et non évasée en forme de
cœur, ainsi qu'on l'observe au contraire dans les premiers. Les Eupodes diffèrent des Cycliques par la division extérieure des mâchoires qui
ne présente ni la forme ni la couleur
d'un palpe. La plupart de ces Insec-

tes ont les cuisses postérieures très-grandes. Les espèces dont nous connaissons les mœurs se trouvent fixées et tranquilles sur diverses Plantes à l'état de larve ; plusieurs se couvrent de leurs excrémens et s'en forment une espèce de fourreau.

Les genres de cette famille ont été placés dans deux sections de la manière suivante :

† Languette profondément échancrée ; extrémité des mandibules entière ou sans échancrure.

Genres : MÉGALOPE, ORSODACNE, SAGRE.

†† Languette entière ou peu échancrée ; extrémité des mandibules bifide ou terminée par deux dents.

Genres : DONACIE, CRIOCÈRE. *V.* ces mots.   (AUD.)

EUPOMATIE. *Eupomatia.* BOT. PHAN. Genre établi par R. Brown (*Botany of terra australis*, p. 65), et ainsi caractérisé : enveloppes florales à peu près nulles, excepté un opercule supère très-entier et caduc ; étamines nombreuses, les extérieures anthérifères, les intérieures stériles, pétaloïdes, imbriquées ; ovaire multiloculaire, à loges polyspermes, indéfinies (quant au nombre et à la position) ; stigmates formés d'aréoles en nombre égal à celui des loges et placés au sommet plane de l'ovaire ; fruit en baie. Ce genre appartient à l'Icosandrie Polygynie ou à la Monadelphie Polyandrie, et a été placé par son auteur dans la famille des Annonacées. Cependant Dunal ni De Candolle ne font aucune mention de ce genre dans les travaux qu'ils ont publiés sur cette famille ; la simplicité du fruit a sans doute été la raison qui aura fait éloigner par ces botanistes l'*Eupomatia* des Annonacées.

C'est surtout, d'après la structure de la graine, dont la description est exposée avec beaucoup de détails par R. Brown, que cet auteur établit l'affinité du genre. Il n'en a décrit qu'une seule espèce, l'*Eupomatia Laurina* (*loc. cit.*, tab. 2), Arbre indigène du

port Jackson, où il fleurit en décembre et janvier.   (G..N.)

*EUPTERON. BOT. CRYPT. Syn. de *Ceterach officinarum.*   (B.)

* EURHINE. *Eurhinus.* INS. Genre de l'ordre des Coléoptères, section des Tétramères, famille des Rhinchophores (Règn. Anim. de Cuv.), établi par Kirby (*Trans of the Linn. Soc.* T. XII, p. 428) qui lui donne pour caractères : labre à peine distinct, lèvre inférieure presque en cœur ; mandibules tridentées au sommet, avec les dents égales et aiguës ; mâchoires ouvertes ; palpes très-courts et coniques ; menton cordiforme ; antennes entières presque moniliformes à leur base et en massue à leur sommet, cette massue trifide perfoliée avec le dernier article très-long et cylindrique dans les mâles ; corps presque cunéiforme, thorax arrondi et un peu allongé. Ce genre est assez voisin des Rhines. L'auteur mentionne trois espèces, l'*Eurhinus lœvior*, Kirby (*loc. cit.*, pl. 22, fig. 8), l'*E. scabrior*, Kirby, et l'*E. muricatus*, Kirby (*loc. cit.*, p. 468), originaires de la Nouvelle-Hollande.

                          (AUD.)

EURHOTIA. BOT. PHAN. (Necker.) Syn. de *Carapicea* d'Aublet, ou *Cephaelis* de Swartz.   (G..N.)

EURIA. BOT. PHAN. Pour Eurya. *V.* ce mot.

EURIALE. ACAL. ÉCHIN. et BOT. PHAN. Pour Euryale. *V.* ce mot.

EURIANDRE. BOT. PHAN. Pour Euryandre. *V.* ce mot.

EURICEROS. MAM. (Oppien.) C'est-à-dire *larges cornes.* Syn. de Daim. *V.* CERF.   (B.)

EURIDICE. BOT. PHAN. Pour Eurydice. *V.* ce mot.   (B.)

EURISPERME. BOT. PHAN. Pour Eurysperme. *V.* ce mot.

* EURITE. MIN. Nom donné par d'Aubuisson de Voisins à la pâte pétrosiliceuse du Porphyre, qu'il re-

garde comme une roche composée, mais d'apparence homogène, dans laquelle le Feldspath est le principe dominant, et dont les divers principes sont comme fondus les uns dans les autres. L'Eurite est dure, à cassure mate et compacte, fusible en émail blanc ou peu coloré, et non effervescente dans les Acides. L'Eurite est la base du Porphyre antique et du Porphyre ordinaire qui constitue les terrains de la Silésie, de la Saxe, des Vosges, etc. *V.* PORPHYRE et ROCHES PÉTROSILICEUSES. (G. DEL.)

EUROES ou **EUREOS.** MIN. On croit que les Pierres désignées par Pline sous ce nom n'étaient que des pointes d'Oursins fossiles, quoique ce crédule compilateur ait signalé son Eureos par une vertu diurétique que n'ont pas les pointes d'Oursins. (B.)

EUROPOME. INS. (Esper.) Espèce de Papillon du genre Coliade. (B.)

EUROTIA. BOT. PHAN. Genre de la famille des Atriplicées et de la Monœcie Tétrandrie, ainsi nommé par Adanson qui le premier (Familles des Plantes, T. II, p. 260) l'établit aux dépens des Axyris de Linné. Il reçut plus tard de nouvelles dénominations toutes plus ou moins difficiles à prononcer, ou qui servaient déjà à désigner d'autres genres. Ainsi le *Kraschennikowia* de Guldenstedt, le *Guldenstedia* de Necker, le *Ceratospermum* de Persoon et le *Diotis* de Schreber et Willdenow, se rapportent au genre en question, qui a été ainsi caractérisé : fleurs monoïques ; les mâles ont un périgone à quatre divisions; celui des femelles est monophylle et bicorne; style bipartite; graine velue à la base, couverte par le calice qui se prolonge en deux cornes. La Plante qui a servi de type à ce genre est l'*Axyris ceratoides*, L., ou *Ceratospermum popposum* de Persoon. Elle croît en Moravie, en Tartarie et en Arabie. (G..N.)

EUROTIUM. BOT. CRYPT. (*Lycoperdacées*.) Genre établi par Link

(*Observ.* 1, p. 31) et caractérisé ainsi : séminules réunies dans des réceptacles membraneux, très-minces, entourées d'un tissu floconneux composé de filamens cloisonnés. Le *Mucor herbariorum* de Persoon ou *Monilia nidulans* de Roth, petit Champignon globuleux, est la seule espèce du genre. (G..N.)

EURYA. BOT. PHAN. Genre de la Décandrie Monogynie, L., et de la famille des Ternstrœmiacées, qui présente pour caractères : des fleurs polygames; un calice quinquéparti; cinq pétales légèrement soudés à la base; douze ou quinze étamines disposées sur une seule rangée; un style; trois stigmates; un ovaire qui se change, suivant Brown, en une baie, ou, suivant Thunberg, en une capsule à trois ou cinq loges polyspermes; des graines réticulées. On rencontre des fleurs où manquent les étamines; d'autres, où il n'y a point de pistil. Ce genre renferme des Arbrisseaux à feuilles alternes, à fleurs axillaires. Thunberg, qui l'a établi le premier, en a décrit une espèce du Japon. Robert Brown, qui a donné plus de développement à son caractère et qui a reconnu ses affinités naturelles, en a fait connaître une seconde de la Chine (*Charact. of three Plants found in China.* 7, tab. 3). Enfin, De Candolle, dans son *Prodromus*, en a ajouté deux, originaires l'une et l'autre du Napaul. (A. D. J.)

*****EURYALE.** *Euryale.* ACAL. Genre de l'ordre des Acalèphes libres, de la classe des Acalèphes de Cuvier, proposé par Péron et Lesueur pour une espèce de Méduse qu'ils ont nommée *Euryale antarctica.* Lamarck n'a point adopté ce genre; il l'a réuni aux Ephyres des mêmes auteurs, le nom d'Euryale étant d'ailleurs consacré en botanique. *V.* EPHYRE. (LAM..X.)

*****EURYALE.** *Euryale.* ÉCHIN. Genre de l'ordre de Echinodermes pédicellés, dans la classe des Echinodermes de Cuvier, de la famille des Astéries, ayant pour caractères : corps régulier, très-déprimé, pourvu dans sa circonférence de rayons ou membres articulés, planes en dessous, convexes en dessus, subdivisés d'une manière dichotomique en se terminant par des espèces de cirrhes : la bouche inférieure au centre de cinq rayons en forme de trous, n'allant pas jusqu'à la circonférence du corps, et bordés de ventouses papilliformes. Les Euryales forment un genre bien distinct de la famille des Astéries. Link l'avait désigné le premier sous le nom d'Astrophyton, qui indique bien son caractère, dans son Traité sur les Etoiles de mer. Le docteur Leach l'avait appelé Gorgonocéphale; nous croyons que l'un de ces deux noms aurait dû être choisi par Lamarck, plutôt que d'en proposer un nouveau déjà employé pour un genre de Plantes adopté par les botanistes. Mais nous étant fait une loi de suivre autant que possible la nomenclature de Lamarck, nous conservons le genre Euryale tel qu'il l'a établi. Il l'a placé dans ses Stellérides formant la première section de ses Radiaires Echinodermes. Les naturalistes n'ont encore étudié les Euryales que dans les collections. Leur manière de vivre, leur organisation nous sont inconnues; et cependant on les trouve dans toutes les parties du monde, depuis la baie de Baffin, au-delà du cercle polaire boréal, jusque sur les côtes de la Nouvelle-Hollande; elles ont toujours attiré l'attention des voyageurs par leur forme singulière autant que par leurs mouvemens qu'ils comparent à ceux d'un Serpent, d'une Hydre à mille queues entortillées et mêlées entre elles. Les rayons des Euryales partent d'un corps ou d'un disque en général très-petit, toujours au nombre de cinq à leur origine; ils se ramifient par dichotomies nombreuses, et se terminent par des filamens semblables à ceux que l'on nomme cirrhes dans les Végétaux. Ces rayons ne peuvent se recourber qu'en dessous dans le voisinage du corps, leurs mouvemens deviennent plus variés à mesure qu'ils s'en éloignent. Leur surface supé-

rieure est convexe, et l'inférieure plane; ils sont presque cylindriques aux extrémités, bien saillans sur les côtés, et n'offrent jamais les tentacules, les papilles, etc., des Comatules, des Ophiures, etc.; très-souvent ces organes manquent ou sont cachés sous le rayon. Lamarck dit que sur la surface du disque des Euryales, on voit dix ouvertures oblongues, deux entre chaque rayon, distantes entre elles et de la bouche, et situées assez près du bord. C'est, nous croyons, une erreur pour la majeure partie des espèces; Blainville l'a signalée. En effet, il n'y a que cinq ouvertures analogues aux sillons que l'on trouve dans les Astéries ordinaires. Ces ouvertures donnent passage à des organes rétractiles, probablement tentaculaires. Les Euryales diffèrent essentiellement des autres Astéries par la manière dont leurs rayons se divisent. Cette division offre quelquefois des dichotomies ou bifurcations tellement multipliées, que l'on a compté jusqu'à huit mille branches sur le même individu. Cette ramification singulière, les articulations de ces rameaux, rapprochent ces Animaux des Crinoïdes ou Encrines. Cuvier a indiqué ces rapports un des premiers; le docteur Miller les a développés dans son bel ouvrage sur les Crinoïdes, qu'il regarde comme très-voisins des Euryales et surtout des Comatules, rapprochement singulier qui lie des Animaux libres dans leurs mouvemens, à d'autres Animaux forcés de vivre dans le lieu où ils ont pris naissance, mais dont le corps, porté sur une longue tige flexible, peut parcourir un espace considérable. Quelques naturalistes, pour rendre plus intimes les rapports qui existent entre les Astéries et les Crinoïdes, prétendent que ces derniers, quoique pourvus d'une tige avec une extrémité fibreuse et radiciforme, sont libres dans les eaux des mers comme les Pennatules. Est-ce une hypothèse, est-ce une vérité? Le temps nous l'apprendra. Quoique très-répandues sur la surface du globe, les

Euryales sont peu nombreuses sous tous les rapports.

Lamarck fait connaître six espèces d'Euryales dans son Histoire des Animaux sans vertèbres; le docteur Leach a donné la description d'une septième, rapportée dans le Journal de physique, T. LXXXVIII, p. 467. Elle a été trouvée dans la baie de Baffin, par le capitaine J. Ross. — Parmi les premières, on doit remarquer les suivantes :

EURYALE VERRUQUEUSE, *Euryale verrucosum* de Lamarck. Sous ce nom, se trouvent réunies les *Aster. Euryale et caput Medusæ* de Gmelin; cette espèce, originaire de la mer des Indes, se distingue par la largeur de son disque, ainsi que par les verrues graniformes qui la recouvrent.

EURYALE A CÔTES LISSES, *Euryale costosum* de Lamk., Encycl. méth., pl. 130, fig. 1-2; à disque moins large, sans verrues graniformes, ni sur les côtes dorsales, ni sur le dos des rayons. Habite les mers d'Amérique.

EURYALE MURIQUÉE, *Euryale muricatum* de Lamk., Encycl. méth., pl. 128 et 29. Disque convexe en dessus, garni de dix côtes, à rayons aiguillonnés, allongés, inégaux, dichotomes, très-divisés et glabres sur le dos. L'on ignore son habitation.

EURYALE PALMIFÈRE, *Euryale palmiferum* de Lamk., Encycl. méth., pl. 126, n. 1 et 2. C'est la plus singulière de toutes les Euryales connues. Disque petit et orbiculaire, d'où partent cinq rayons simples dans les trois quarts de leur longueur, ensuite dichotomes et comme palmés à leur sommet; surface du disque garnie de dix côtes rayonnantes avec des tubercules graniformes entre leurs extrémités. Habitation inconnue.

(LAM..X.)

EURYALE. BOT. PHAN. Genre de la famille des Nymphæacées et de la Polyandrie Monogynie, L., établi par Salisbury (*Ann. Bot.*, 2, p. 73) et adopté par De Candolle (*Syst. Veget. nat.*, 2, p. 48) qui l'a placé dans la seconde tribu de la famille, c'est-à-

dire dans les Nymphæées (*Nymphæœ*), en lui donnant pour principaux caractères : sépales, pétales et étamines adnés par une grande partie de leur longueur avec le torus qui recouvre les carpelles; ce qui produit l'inférité apparente du fruit que l'on dit être une baie.

L'EURYALE FÉROCE, *Euryale ferox*, Salisb., *Anneslea spinosa*, Andrews (*Bot. Reposit.*, tab. 618), est une Plante herbacée, aquatique, armée de toutes parts d'aiguillons roides et acérés; les calices et les pétioles en sont surtout recouverts; ses feuilles, très-grandes, scutiformes, d'un vert foncé, rougeâtres et réticulées en dessous, s'étalent à la surface des eaux comme les Nénuphars. Les graines ont la grosseur d'un pois. Elle croît dans les Indes-Orientales, d'où Roxburgh, vers l'année 1809, en a fait parvenir en Angleterre.   (G..N.)

EURYANDRE. BOT. PHAN. Genre établi par Forster, adopté par Lamarck, mais que Vahl a réuni au *Tetracera. V.* TÉTRACÈRE.   (A. R.)

* EURYBIE. *Eurybia*. BOT. PHAN. Famille des Synanthérées, Corymbifères de Jussieu, et Syngénésie superflue, L. Le nombre considérable des espèces d'*Aster* a déterminé Cassini à adopter les divisions proposées par Mœnch et Lagasca, et à créer, en outre, plusieurs genres particuliers qu'il a publiés dans le Bulletin de la Société Philomathique, novembre et décembre 1818. Après ces réformes, le genre Aster a été encore partagé en trois groupes : *Aster*, *Eurybia* et *Galathea*. Au second de ces groupes ou sous-genres Cassini assigne les caractères suivans : calathide radiée, dont les fleurons du disque sont nombreux, réguliers, hermaphrodites, et ceux de la circonférence sur un seul rang, en languette et femelles; involucre formé d'écailles imbriquées, appliquées, oblongues, coriaces-foliacées; réceptacle plane, marqué de légères alvéoles qui sont séparées par des cloisons charnues et dentées; ovaires oblongs, plus ou moins com-

primés, hispidules, surmontés d'une aigrette composée de poils plumeux. Le sous-genre *Eurybia* a*, de même que la première division du genre *Aster* et qui conserve ce dernier nom, les fleurs marginales femelles. Il s'en distingue par les écailles appliquées de son involucre, caractère qu'il partage, il est vrai, avec le troisième sous-genre ou le *Galathea*; mais les fleurs marginales neutres de celui-ci suffisent pour le différencier. L'auteur de l'*Eurybia* ajoute qu'on distingue celui-ci du *Solidago* par les fleurons de sa couronne qui ne sont jamais jaunes.

Les espèces d'Asters rapportées à l'*Eurybia* par Cassini sont presque toutes indigènes des terres australes. Ce savant botaniste a décrit, dans son style particulier, les espèces suivantes : 1º *Eurybia quercifolia*, Cass., *Aster phlogopappus*, Labill., bel Arbrisseau à feuilles oblongues, obtusément dentées comme celles des Chênes, et à fleurs ornées d'aigrettes rouges. 2º *E. fulvida*, Cass., *Aster stellulatus*, Labill., Arbrisseau à feuilles lancéolées, dentées en scie, et dont les aigrettes des fleurs ne sont pas colorées. 3º *E. viscosa*, Cass., *Ast. viscosus*, Labill., Arbrisseau dont les feuilles sont visqueuses en dessus; 4º *E. microphylla*, *Aster microphyllus*, Labill. Cet Arbriseau est, ainsi que le précédent, beaucoup plus petit que les autres espèces. Ses feuilles, rassemblées en faisceaux, sont à peine longues d'une demi-ligne, elliptiques et à bords réfléchis. Toutes les Plantes que nous venons d'indiquer ont été découvertes par Labillardière au cap Van-Diémen, dans la Nouvelle-Hollande. (G..N.)

EURYCHORE. *Eurychora*. INS. Genre de l'ordre des Coléoptères, section des Hétéromères, famille des Piméliaires, établi par Thunberg et adopté par tous les entomologistes; ses caractères sont : menton large, recouvrant l'origine des mâchoires, plus ou moins cordiforme; corselet transversal, plus large pos-

térieurement, très-échancré en devant; troisième article des antennes très long, le onzième très-peu apparent; palpes maxillaires presque filiformes; contour de l'abdomen formant presque un triangle curviligne ou un ovale largement tronqué. Ce genre est très-voisin de celui des Akis, mais il en diffère, parce que ces derniers ont les onze articles de leurs antennes très-apparens; le corselet est plus long, ou au moins aussi long que large et rétréci postérieurement; il diffère des Hégètres par le corselet qui est parfaitement carré dans ceux-ci. Les métamorphoses et les habitudes de ces Insectes nous sont encore inconnues; Thunberg dit seulement que l'Eurychore ciliée vit en société sous les pierres, couverte par une toile mince blanchâtre.

La seule espèce que Fabricius ait mentionnée est l'EURYCHORE ciliée, *E. ciliata*, figurée par Olivier (Col. T. III, nº 59, pl. 2, fig. 17). Son corps est long d'environ neuf lignes, noir, mais quelquefois recouvert d'une matière laineuse, grisâtre, avec les côtés du corselet et des élytres garnis de cils bruns. On trouve cette espèce au cap de Bonne-Espérance. Latreille en a reçu une espèce du Sénégal qui est beaucoup plus petite et plus oblongue; elle habite aussi l'Egypte.
(O.)

* EURYDICE. INS. Papillon de la division des Dianes festives de Linné.
(B.)

EURYDICE. *Eurydica*. CRUST. Genre de l'ordre des Isopodes, section des Ptérygibranches, établi par Leach (*Trans. of the Linn. Societ.* T. XI), qui le place dans sa troisième race de sa famille des Cymothoadées à côté des Nélocires et des Cérolanes. Dans ces trois genres, la petite lame ventrale postérieure externe est plus grande et plus large que l'intérieure; celle-ci est obliquement tronquée à son extrémité interne, tandis que l'extérieure est plus ou moins pointue. Les antennes inférieures sont plus longues que la moitié du corps. Du reste, les Eurydices diffèrent essentiellement des deux autres genres qui viennent d'être cités, par un abdomen composé de cinq anneaux et par des yeux lisses et non granulés. Leach (*Dict. des Sc. Nat.* T. xii, p. 347) mentionne une espèce, l'Eurydice belle, *E. pulchra*, Leach ; sa couleur est cendrée et variée de noir ; son corps est lisse, et le dernier article de l'abdomen taillé en demi-ovale. Elle habite les plages méridionales et sablonneuses du Devonshire en Angleterre.

Latreille (*Règn. Anim. de Cuv.*) réunit ce genre à celui des Cymothoës *V*. ce mot.   (AUD.)

EURYDICE. BOT. PHAN. Persoon (*Enchirid.* T. i, p. 48) a ainsi nommé une section du genre *Ixia*, caractérisée par les filets de ses étamines réunis en colonne par leur base. Il y a compris l'*Ixia columnaris* avec ses variétés et l'*I. grandiflora* d'Andrews. *V*. Ixie.   (G..N.)

EURYNOME. *Eurynome.* CRUST. Genre de l'orde des Décapodes, établi par Leach et réuni par Latreille aux Parthénopes, dans la famille des Brachyures, section des Triangulaires. Ses caractères distinctifs sont : antennes terminées par une tige allongée, très-menue, en forme de soie beaucoup plus longue que leurs pédoncules ; ceux-ci insérés près de l'origine des pédicules oculaires ; serres des mâles trois fois plus longues que celles des femelles, ou le double de la longueur du corps environ ; carapace triangulaire, très-inégale et terminée antérieurement par un rostre fourchu ; abdomen de sept anneaux ou tablettes, ovale dans les femelles, allongé, étroit et un peu resserré au milieu dans les mâles. Ce genre est très-voisin des Parthénopes et ne s'en éloigne essentiellement que par la longueur des antennes et par leur insertion qui a lieu près de l'origine des pédicules oculaires et non pas au milieu du bord inférieur de leurs orbites, comme cela se voit dans le dernier genre. On trouve encore quelques différences dans la forme de la carapace. Ce genre, qui se rapproche beaucoup des Lambres, a pour type l'Eurynome rugueuse, *E. aspera*, Leach (*Malac. Brit. fasc.* 5, t. 17), ou le *Cancer asper* de Pennant (*Brit. Zool.* T. iv). Le test et les pates sont couverts d'aspérités tuberculeuses. Il en existe huit principales sur la carapace, et Desmarest a reconnu qu'elles correspondaient aux diverses régions qu'il a établies. Ainsi deux tubercules répondent à la région stomacale, un à la région génitale, deux à la région cordiale et trois aux régions branchiale et hépathique postérieure. Les côtes présentent quatre saillies en forme de grosses dents. Cette espèce, la seule que l'on ait encore mentionnée, habite les côtes d'Angleterre.   (AUD.)

EURYNOTE. *Eurynotus.* INS. Genre de l'ordre des Coléoptères, section des Hétéromères, famille des Mélasomes (*Règn. Anim. de Cuv.*), fondé par Kirby (*Trans. of the Linn. Societ.* T. xii, p. 418), et ayant pour caractères : labre transversal, émarginé ; lèvre inférieure fendue, très-courte, presque membraneuse ; mandibules fortes, conniventes, bidentées à leur sommet ; mâchoires ouvertes à leur base ; palpes avec le dernier article plus grand et en forme de hache ; menton quadrangulaire, arrondi sur les côtés, légèrement caréné ; antennes grossissant insensiblement avec le dernier article orbiculaire ; corps oblong, sans ailes membraneuses ; les quatre tarses antérieurs dilatés et pourvus d'une pelotte. Ce genre est très-voisin des Ténébrions, et en particulier des Pédines de Latreille ; mais son labre est beaucoup plus large et plus visible que dans ce dernier genre ; le chaperon est échancré et non fendu ; les quatre tarses antérieurs des mâles, et non pas seulement la première paire, sont dilatés ; le thorax est aussi plus large en arrière, tandis que dans les Pédines, il est plus large au milieu.

Kirby décrit et représente une seule espèce, l'*Eurinotus muricatus*,

Kirb.(*loc. cit.*, pl. 22, fig. 1); son *habitat* n'est pas connu. (AUD.)

* EURYOPS. BOT. PHAN. Genre de la famille des Synanthérées et de la Syngénésie superflue, L., établi par Cassini (Bullet. de la Soc. Philom., sept. 1818), et ainsi caractérisé : calathide radiée; fleurons du disque nombreux, réguliers, hermaphrodites; ceux de la circonférence en languette et femelles; involucre formé d'écailles disposées sur un seul rang, soudées inférieurement, appliquées, égales, oblongues et légèrement coriaces; réceptacle convexe et nu; branches du style non terminées par un appendice conique, comme dans le genre *Othonna* dont l'Euryops est un démembrement; ovaires de la circonférence glabres et striés, surmontés d'une aigrette caduque formée de poils longs, inégaux et plumeux, les extérieurs rabattus sur l'ovaire. De légères différences séparent ce genre des vrais *Othonna*; nous en avons signalé une dans le cours de la description; il s'en distingue encore par les fleurons de son disque hermaphrodites, par ses ovaires glabres et ses aigrettes longuement plumeuses. Son auteur a lui-même reconnu la faible valeur de ces caractères en indiquant qu'on devait considérer l'Euryops plutôt comme un sous-genre que comme un genre particulier. Au surplus, il l'a placé dans la tribu des Sénécionées, et il a cité (Dict. des Sc. Nat.) comme synonyme le *Werneria* de Kunth. Le nom de ce dernier genre doit céder, selon Cassini, à celui qu'il a proposé, parce qu'il est d'une quinzaine de jours au moins postérieur à la publication du sien. C'est, en effet, le 26 octobre 1818, que Kunth a déposé à l'Académie des Sciences l'ouvrage où son genre se trouve établi. Mais, sans examiner si les dates doivent être constatées avec autant de rigueur dans les sciences que dans les actes judiciaires, et s'il est nécessaire de changer le nom d'un genre établi dans un grand ouvrage, parce qu'on aura pu insérer avec plus de promptitude une note sur le même sujet dans un recueil périodique, nous ferons observer que les Plantes comprises dans l'*Euryops* de Cassini étant toutes originaires du cap de Bonne-Espérance, tandis que les *Werneria* de Kunth sont indigènes des hautes montagnes de l'Amérique méridionale, cette diversité de patries semblerait indiquer qu'il n'y a pas une parfaite identité entre les deux genres. *V*. WERNÉRIE.

Les Euryops sont des Arbustes munis de feuilles sessiles, rapprochées, alternes, charnues dans quelques espèces; ils sont ornés de belles fleurs jaunes, pour la plupart solitaires et pédonculées au sommet des rameaux. Cassini en a décrit six espèces que nous nous contenterons de mentionner, savoir : *Euryops pectinatus*, Cass., *Othonna pectinata*, L.; *E. flabelliformis*, Cass, *Oth. virginea*, L. fils; *E. carnosus*, Cass., *Oth. tenuissima*, L. et Jacq.; *E. longifolius*, Cass.; *E. trifurcatus*, *Oth. trifurcata*, L. fils, et *E. comosus*, Cass. (G..N.)

* EURYPE. *Eurypus*. INS. Genre de l'ordre des Coléoptères, section des Pentamères, famille des Clavicornes (Règn. Anim. de Cuv.), fondé par Kirby (*Trans. of the Linn. Societ.* T. XII, p. 389), et ayant, suivant lui, pour caractères : labre transversal entier; lèvre inférieure bifide; tous les palpes ayant le dernier article plus grand que les autres et en forme de hache, les maxillaires de quatre articles et les labiaux de deux seulement; antennes en scie; thorax presque carré, corps déprimé. Le genre Eurype ressemble beaucoup aux Tilles de Latreille, et il avoisine les genres Axine et Priocère de Kirby.

Kirby cite, décrit et représente une seule espèce, l'*Eurypus rubens*, K. (*loc. cit.*, tab. 21, fig. 5). Elle est originaire du Brésil. (AUD.)

EURYPYGA. OIS. (Illiger.) Syn. du Caurale. *V*. ce mot. (DR..Z.)

* EURYPYLE. INS. Papillon de la division des Chevaliers grecs de Linné. (B.)

EURYSPERME. *Euryspermum.*
BOT. PHAN. Genre de la famille des
Protéacées et de la Triandrie Monogynie , L. , établi par Salisbury (*Paradis. Londinensis*, n° 75) aux dépens
du genre Protea de Linné , mais dont
les caractères ne paraissent pas suffisamment distincts de ceux des *Leucadendron* , pour qu'on puisse admettre leur séparation. L'*Euryspermum*
n'est indiqué que comme une sous-
division de ce dernier genre par R.
Brown dans son Mémoire sur les Protéacées (*Transact. of the Linn. Societ.*
T. x, p. 44). *V.* LEUCADENDRON. (G..N.)

EURYSTOMUS. OIS. Syn. de
Rolle. *V.* ce mot.　　　　　(B.)

EURYTHALIA. BOT. PHAN. (Reneaulme.) Syn. de *Gentiana campestris*, L.　　　　　　　　　(B.)

* EURYTOME. *Eurytomus.* INS.
Genre de l'ordre des Hyménoptères,
section dés Térébrans, famille des
Pupivores , tribu des Chalcidites,
établi par Illiger et rapporté par Latreille à son genre Eulophe. *V.* ce
mot.　　　　　　　　　　(AUD.)

EUSINE. BOT. PHAN. (Dioscoride.)
Syn. de Pariétaire.　　　　　(B.)

* EUSOMATE. *Eusomatus.* INS.
Genre de l'ordre des Coléoptères, section des Tétramères , famille des Charansonites, établi par Germar, et dont
Megerle a fait son genre *Chrysoloma.*
Dejean (Cat. des Col., p. 94) en mentionne une espèce qui paraît nouvelle;
mais comme les caractères de ce genre ne sont point publiés , nous nous
abstiendrons d'en parler.　　　(G.)

EUSTACHYS. BOT. PHAN. Desvaux
a proposé de retirer du genre *Chloris*
l'espèce décrite par Swartz sous le
nom de *Chloris petræa*, et d'en faire
un genre à part sous le nom d'*Eustachys.* Mais ce genre ne diffère pas
des véritables Chloris et doit y rester
uni. *V.* CHLORIS.　　　　　(A. R.)

EUSTEGIE. *Eustegia.* BOT. PHAN.
Genre établi par Brown (*Mem. Wern.
Soc.*, I, p. 51) pour l'*Apocynum hasta-
tum*, L., et l'*Ap. filiforme*, Thunb., qui

différent du genre Apocyn par les caractéres suivans : leur corolle est rotacée ; les masses polliniques sont pendantes , amincies à leur sommet par
lequel elles sont attachées. Leur stigmate est glabre. Ces deux espèces sont
originaires du cap de Bonne-Espérance.　　　　　　　　　　(A. R.)

EUSTEPHIE. *Eustephia.* BOT. PHAN.
Genre de la famille des Narcissées et
de l'Hexandrie Monogynie , L. , établi par Cavanilles (*Icon. rarior.* 3, p.
20 , tab. 258) , et ne renfermant qu'u-
ne seule espèce décrite par ce botaniste de la manière suivante : l'EUS-
TEPHIE A FLEURS ÉCARLATES , *Eustephia coccinea*, a un périgone tubulé
marqué de six fossettes dans son intérieur, divisé en six segmens profonds, linéaires, obtus et un peu
écartés au sommet ; les filets des étamines insérés au fond de la corolle ,
aplatis , terminés au sommet par
trois pointes dont l'une plus longue
porte l'authère ; un ovaire turbiné
trigone, surmonté d'un seul style filiforme , et d'un stigmate épais ; une
capsule à trois loges. Cette Plante a des
racines bulbeuses ; une tige haute de
trois à quatre décimètres, très-glabres,
et deux ou trois feuilles radicales, linéaires , obtuses , et quelquefois légèrement falciformes. Ses fleurs terminales et disposées en ombelles sont
entourées à leur base d'une sorte de
spathe à quatre découpures purpurines. Le genre *Eustephia* offre de
l'affinité avec le *Cyrthanthus* de Jacquin.　　　　　　　　　(G..N.)

EUSTERALIS. BOT. PHAN. (Dioscoride.) Syn. de Menthe.　　(B.)

*EUSTOME. *Eustoma.* BOT. PHAN.
Genre de la famille des Gentianées
et de la Pentandrie Digynie, L., constitué par Salisbury (*Paradisus Londin.*,
n° 34) qui l'a ainsi caractérisé : calice
à cinq divisions profondes portant sur
leur dos une aile plus ou moins grande ; corolle dont le tube est resserré
vers la gorge, le limbe à cinq segmens
marqués de stries diversement colorées ; filets des étamines insérés sur

le milieu du tube de la corolle, courts et dressés; anthères peu sagittées; style court, dressé; stigmate développé, profondément bilobé; péricarpe oblong, uniloculaire, succulent, muni de placentas légèrement saillans; graines nombreuses marquées de fossettes. La Plante sur laquelle ce genre a été fondé fut autrefois placée par Jacquin (*Collect.* T. 1, p. 64) parmi les *Lisianthus;* mais Salisbury observe que ceux-ci renferment des Plantes qui appartiennent à trois genres distincts, au nombre desquels on doit compter l'*Eustoma.* La valeur de ces groupes sera examinée au mot *Lisianthus;* nous exprimerons seulement ici notre opinion relativement à la Plante de Salisbury. Elle ne saurait être réunie aux *Lisianthus*, comme on l'a proposé de nouveau, mais il n'y a aucune différence générique importante entre elle et les Gentianes. Salisbury l'assimile pour le port aux Pneumonanthes; d'après notre opinion personnelle, elle fait partie, sans aucun doute, de la division des Gentianes américaines si bien décrites par Kunth (*in Humb. et Bonpl. Nov. Gener. et Spec. Plant. æquin.*). L'*Eustoma silenifolium*, Salisb., a des feuilles glauques, ovales, lancéolées, et des fleurs bleues longuement pédonculées. Cette Plante croît dans l'île de la Providence.   (G..N.)

EUSTRÈPHE. *Eustrephus.* BOT. PHAN. Genre de la famille des Asphodélées et de l'Hexandrie Monogynie, L., établi par R. Brown (*Prodr.* 1, p. 281), et qui comprend deux petits Arbustes originaires de la Nouvelle-Hollande et qui ont le port du *Medeola Asparagoides.* Leur tige est volubile, ornée de feuilles dont les nervures sont très-prononcées. Les fleurs sont purpurines, portées sur des pédoncules axillaires ou terminaux, rapprochés plusieurs ensemble et articulés dans leur partie moyenne. Le calice est à six divisions profondes, étalées, dont les trois intérieures sont fimbriées. Les étamines, au nombre de

six, sont hypogynes; leurs filets sont très-courts, planes, et quelquefois monadelphes par leur base; les anthères sont dressées; l'ovaire est à trois loges polyspermes surmonté d'un style simple, au sommet duquel est un stigmate trigone. Le fruit est une capsule légèrement charnue en dehors à trois loges et à trois valves portant une des cloisons sur le milieu de leur face interne.

Ce genre est très-rapproché du *Luzuriaga* décrit et figuré par Ruiz et Pavon dans leur Flore du Chili et du Pérou, 3, p. 68, tab. 298. Les deux espèces qui le composent sont appelées *Eustrephus latifolius* et *Eustr. angustifolius.*   (A. R.)

EUSTROPHE. *Eustrophus.* INS. Genre de l'ordre des Coléoptères, section des Hétéromères, famille des Taxicornes, établi par Illiger et dont les caractères sont : antennes insérées à nu, grossissant insensiblement, n'étant point terminées par des articles imitant des dents de scie, et dont aucun des articles, à partir du troisième, n'est lenticulaire : corselet grand, presque demi-circulaire, incliné sur les côtés; tête très-penchée; corps ovale.

Les Eustrophes ont des rapports généraux de forme avec les Dermestes et les Tétramères; mais leurs tarses postérieurs qui n'ont que quatre articles les distinguent des premiers, et ils s'éloignent des seconds par leurs antennes qui grossissent insensiblement vers leur extrémité. Fabricius avait placé la seule espèce connue de ce genre avec les Mycétophages. Dejean (Catal. des Coléopt. p. 68) en mentionne deux espèces, la première, qui est le type du genre, est l'EUSTROPHE DERMESTOÏDE, *Eustr. Dermestoides; Mycetophagus Dermestoides*, Fabr. On la trouve aux environs de Paris et en Allemagne dans les Bolets. La seconde est le *Mycetophagus bicolor* de Fabricius. Elle habite la Caroline.   (G.)

EUTASSA. BOT. PHAN. Salisbury appelle *Eutassa heterophylla* l'Arbre décrit par Forster sous le nom de *Cupressus columnaris* et qui paraît être une espèce du genre *Araucaria*. *V.* ce mot.   (A. R.)

EUTAXIE. *Eutaxia*. BOT. PHAN. Genre de la famille des Légumineuses, Diadelphie Décandrie, L., établi par Robert Brown dans l'*Hortus Kewensis*. Il présente un calice bilabié ; une corolle papilionacée, dans laquelle le limbe de l'étendard est un peu plus large que long ; dix étamines ; un ovaire disperme ; un style recourbé en crochet; un stigmate en tête; une gousse modérément renflée; des graines munies vers l'ombilic d'une caroncule bifide. L'*Eutaxia myrtifolia* du jardin de Kew, est un Arbrisseau qui ne s'élève pas au-dessus de la hauteur de deux mètres, à feuilles opposées, lancéolées-obovales, de l'aisselle desquelles naissent les pédoncules uniflores et géminés. Originaire de la Nouvelle-Hollande, il y a été observé par Labillardière, et se trouve décrit et figuré dans son ouvrage, sous le nom de *Dillwynia obovata*. *V.* Labillardière, *Nov.-Holl. Plant. Spec.* 1, page 110, tab. 140.   (A. D. J.)

* EUTERPE. INS. Espèce de Papillon de la division des Héliconiens.   (B.)

EUTERPE. *Euterpe*. BOT. PHAN. Gaertner (*de Fruct.* 1, p. 24, t. 9, fig. 3, 4) appelle ainsi un genre de la famille des Palmiers auquel il attribue les caractères suivans : les fleurs sont monoïques dans le même régime. Le fruit est un baie monosperme dont l'embryon est latéral. Ce genre ne diffère des *Areca* que par la position de l'embryon qui est basilaire et non latéral dans ce dernier genre.

Gaertner en figure deux espèces qu'il nomme *Euterpe globosa*, tab. 9, fig. 3, et *Eut. pisifera*. Ces deux espèces, dont les fruits offrent la grosseur d'une Aveline, sont originaires de l'Inde.   (A. R.)

EUTHALE. *Euthales*. BOT. PHAN. Genre de la famille des Goodéno-

viées de **R.** Brown, établi par ce savant botaniste qui l'a ainsi caractérisé (*Prodrom. Flor. Nov.-Holland.* p. 579) : calice infère, tubuleux, à cinq divisions inégales ; corolle adhérente par son tube à la partie inférieure de l'ovaire, et dont le limbe est bilabié ; anthères distinctes; style indivis : membrane qui revêt le stigmate (*indusium stigmatis*) bilabiée ; capsule à quatre valves, biloculaire à sa base ; graines comprimées et se recouvrant mutuellement. L'auteur de ce genre dit qu'il forme le passage des *Goodenia* au *Velleia*, mais qu'il se rapproche davantage de celui-ci, par son port, son stigmate et la structure de sa capsule : son calice tubuleux est la seule différence, mais qui a paru assez importante à Brown, pour établir la séparation de l'Euthale. Au reste, ce genre ne se compose que d'une seule espèce, l'*Euth. trinervis*, Brown ; *Velleia trinervis*, Labill. (*Nov.-Holl.* 54, tab. 77); *Goodenia tenella*, Andrews (*Reposit.* tab. 466), Herbe acaule de la Nouvelle-Hollande, et qui a le port et l'inflorescence des *Velleia*.

Un autre genre *Euthales* a été proposé par Dietrich, mais il se rapporte au *Beauharnoisia* de Ruiz et Pavon ou au *Tovomita* d'Aublet. *V.* ces mots.   (G..N.)

* EUTRIANA. BOT. PHAN. Dans son Agrostographie, p. 161, Trinius propose de réunir en un seul les genres *Polyodon* et *Triœna* de Kunth, *in Humboldt Nov. Gen.* ; *Triathera*, Desv ; *Bouteloua*, Lagasca, et plusieurs espèces de *Dinebra*, entre autres *D. curtipendula* et *D. bromoides*. Mais cette réunion ne saurait être adoptée. *V.* chacun de ces genres où les caractères en seront donnés. (A. R.)

EUZOMON. BOT. PHAN. (Dioscoride.) Syn. de *Brassica Eruca*, L. *V.* ROQUETTE.   (B.)

EVÆSTHÈTE. *Evæstetus*. INS. Genre de l'ordre des Coléoptères, section des Pentamères, établi par Gravenhorst et rangé par Latreille (Règn. Anim. de Cuv.) dans la famille des Brachélytres, section des Longipalpes, entre les genres Pédère et Stène, dont il diffère essentiellement par ces caractères : antennes insérées devant les yeux et terminées par une massue de deux articles. Ce petit genre de Staphylins se compose d'une seule espèce : l'Evæsthète raboteux, *E. scaber*, Grav. Il n'a pas une ligne de longueur; son corps est d'un couleur noirâtre et très-luisant, avec les antennes, les mandibules et les palpes moins foncés; la tête est fauve; les pates sont d'un roux obscur. On le rencontre aux environs de Brunswick.   (AUD.)

EVAGORE. *Evagora*. ACAL. Genre d'Acalèphes libres établi par Péron et Lesueur, dans la famille des Méduses. Lamarck ne l'a point adopté et l'a réuni aux Orythies des mêmes naturalistes. *V.* ORYTHIE. (LAM. X.)

* EVALLARIA. BOT. PHAN. Genre formé par Necker (*Elem. Bot.* T. III, n. 1551) aux dépens des *Convallaria* de Linné et dont le *C. Polygonatum*, L., peut être considéré comme le type. Ce genre, assez mal défini par son auteur, puisqu'il y réunit le *C. bifolia*, n'a pas été adopté. *V.* CONVALLAIRE, MAYANTHÈME et POLYGONATUM.   (G..N.)

EVANDRA. BOT. PHAN. R. Brown (*Prodr. Nov.-Holl.*, 239) appelle ainsi un genre nouveau de la famille des Cypéracées, qui a quelques rapports avec les Chrysitrix, et offre pour caractères : des épillets uniflores, dont les écailles sont imbriquées en tous sens, et dont plusieurs sont vides. L'ovaire manque de soies hypogynes; les étamines sont au nombre de douze ou plus nombreuses. Le fruit est un akène crustacé et cylindrique.

Ce genre se compose de deux espèces originaires des côtes de la Nouvelle-Hollande; l'une porte le nom d'*Evandra aristata*, à cause de la pointe qui termine les écailles de ses épillets, lesquels forment des espèces de panicules axillaires ou terminales; l'autre, celui d'*Evandra pauciflora*, a

ses épillets solitaires ou géminés et ses écailles dépourvues d'arêtes. Ce sont deux Plantes élevées, croissant dans les lieux marécageux, ayant leurs épillets turbinés et leurs écailles noirâtres.   (A. R.)

EVANIALES. *Evaniales*. INS. Famille de l'ordre des Hyménoptères, section des Porte-Tarières, établie par Latreille (*Gener. Crust. et Ins.*) qui lui assigne pour caractères : abdomen implanté sur le métathorax par une portion de son diamètre transversal; ailes inférieures ayant des nervures très-distinctes; antennes de treize à quatorze articles. Les Evaniales constituent (Règn. Anim. de Cuv.) une division dans la famille des Pupivores dont les caractères distinctifs sont d'avoir treize ou quatorze articles aux antennes. Ces Insectes ont la tête verticale comprimée transversalement ou bien ronde; le thorax arrondi; les ailes courtes; l'abdomen entier ainsi que nous l'avons dit. Les pates postérieures sont longues, quelquefois les jambes sont renflées avec de très-petites épines. Tels sont les genres PÉLÉCINE, ÉVANIE, FOENE, AULAQUE, PAXYLOMME. *V.* ces mots et PUPIVORES.   (AUD.)

EVANIE. *Evania*. INS. Genre de l'ordre des Hyménoptères, section des Térébrans, établi par Fabricius et rangé par Latreille (Règn. Anim. de Cuv.) dans la famille des Pupivores, tribu des Ichneumonides, section des Evaniales. Il a pour caractères : antennes filiformes, brisées, de douze et treize aticles; mandibules dentées au côté interne; palpes maxillaires fort longs, de six articles inégaux; les labiaux de quatre; lèvre inférieure à trois divisions, dont celle du milieu fortement échancrée; sa gaîne large et dilatée sur les côtés; tête un peu aplatie, moins large que le corselet; yeux ovales; corselet grand, convexe, presque cubique; ailes supérieures ayant une cellule radiale et le plus souvent deux cellules cubitales, dont la première presque carrée, recevant une nervure récurrente; seconde nervure récurrente nulle ; abdomen très-petit, triangulaire ou ovale, comprimé, joint au corselet par un pédicule long, mince, arqué, inséré à la partie supérieure du corselet.

Les Evanies sont de petits Hyménoptères très-remarquables par la brièveté de leur abdomen. On croirait, au premier abord, que leur corps ne consiste qu'en un thorax, tant est grande la proportion relative de celui-ci avec le ventre qu'elle supporte. La larve de ces Insectes n'est pas connue. Parmi le petit nombre d'espèces décrites, nous citerons : l'Evanie appendigastre, *E. appendigaster*, Fabr., ou le *Sphex appendigaster* de Linné, très-bien figurée par Jurine (Classif. des Hymén., pl. 7). Elle peut être considérée comme le type du genre. On la trouve dans les départemens méridionaux de la France, en Italie, en Espagne et en Afrique.

L'Evanie naine, *E. minuta*, Fabr., représentée par Aut. Coquebert (*Illustr. Iconogr.*, déc. 1'e, pl. 4, fig. 9), habite les environs de Paris.

(AUD.)

* **EVANTIANA**. BOT. PHAN. Andrews a établi sous ce nom un genre dont le type serait le *Begonia discolor*.
(B.)

* **EVAPORATION**. Dispersion dans l'athmosphère des molécules d'un corps ordinairement liquide, auquel on a appliqué assez de calorique pour détruire l'affinité d'agrégation. L'Evaporation amène ordinairement la concentration, le dépôt et la cristallisation. *V.* ces mots.
(DR..Z.)

EVAX. BOT. PHAN. Le *Filago pygmea*, que Linné a placé en tête du genre et sur lequel il a probablement établi ses caractères, a été séparé des autres *Filago* par Gaertner qui lui a donné le nom générique d'*Evax*. Ce dernier auteur a ensuite réuni le reste des *Filago* avec les *Gnaphalium*, et il en a constitué son genre *Filago*, réservant le nom de *Gnaphalium* pour la Plante qui a été nommée *Diotis* par Desfontaines et De Candolle. Des réformes qui tendent à je-

ter tant de confusion dans la nomenclature ne doivent pas être adoptées. C'est l'opinion de H. Cassini qui a retenu, au lieu de l'Evax, l'ancien nom imposé par Linné.
(G..N.)

EVÉ. *Evea*. BOT. PHAN. Genre de la famille des Rubiacées et de la Tétrandrie Monogynie, établi par Aublet pour un petit Arbuste originaire de la Guiane, et qu'il nomme *Evea Guianensis*, *loc. cit.*, T. I, p. 100, t. 39. Sa tige s'élève à une hauteur de deux pieds environ ; elle est simple inférieurement, rameuse dans sa partie supérieure, où elle porte des feuilles opposées, brièvement pétiolées, oblongues, aiguës, acuminées, entières, glabres et luisantes ; les stipules simples, opposées et persistantes. Les fleurs sont blanches, rassemblées en un petit capitule globuleux, environné de grandes bractées foliacées, tantôt au nombre de quatre ; ces capitules, qui se composent d'une dixaine de fleurs environ, sont légèrement pédonculées et solitaires à l'aisselle des feuilles supérieures de la tige. Ces fleurs sont blanches et assez petites. Leur calice, adhérent avec l'ovaire infère, se termine par un limbe évasé à bord entier, marqué seulement de quatre dents à peine saillantes. La corolle est monopétale, régulière, infundibuliforme, à tube grêle et un peu arqué ; son limbe est à quatre divisions aiguës presque dressées ; les quatre étamines sont incluses ; les filets fort courts ; les anthères très-allongées et introrses ; l'ovaire est infère, surmonté d'un disque bilobé, à deux loges contenant chacune un seul ovule ; le style est court, terminé par un stigmate à deux divisions allongées et rapprochées. Le fruit, dont aucun auteur n'a encore donné la description, est un nuculaine ovoïde contenant un, rarement deux nucules monospermes et cartilagineux. Cette espèce croît dans les forêts ombragées de la Guiane. La description abrégée que nous venons d'en tracer a été faite d'après des échantillons recueillis par notre père

dans les forêts voisines du fleuve
Kourou. Elle était en fleur au mois de
novembre. Ainsi que Willdenow l'a
très-bien remarqué, ce genre a la
plus grande affinité avec le genre *Ce-
phælis*, dont il diffère seulement par
le nombre quaternaire de ses parties
et la forme du limbe de son calice. Il
ne faut pas confondre ce genre *Evea*
d'Aublet faisant partie de la famille
des Rubiacées avec le genre *Hevea* du
même auteur qui appartient à la famille des Euphorbiacées.   (A. R.)

EVENT. zool. Dans tous les
Animaux vertébrés aériens, les narines sont la route principale et
même souvent unique par laquelle
l'air parvient à la glotte et de-là
aux poumons ; c'est aussi la route
de l'air expiré. Pour que ce double mécanisme subsistât dans les Cétacés, Animaux condamnés à ne jamais sortir des eaux (ce que peuvent
faire encore les Morses et les Phoques),
il fallait que la construction des narines y reçût plusieurs modifications
importantes à observer. La première
de ces modifications, c'est le relèvement de l'axe de ces conduits dirigé
vers le point le plus culminant de la
tête. Par-là, sans déranger sa ligne de
direction en poursuivant la proie ou
en fuyant l'ennemi, l'Animal peut
respirer aussi souvent qu'il est nécessaire, ses narines s'élevant au-dessus
de la surface des eaux, et sa bouche
restant dans la profondeur pour avaler ou se défendre. Mais en s'ouvrant et
se fermant sous l'eau, la bouche reste
remplie, ou à peu près, d'un grand
volume de ce liquide qui ne pourrait
sans inconvénient parvenir dans l'estomac. Il fallait donc que cette eau fût
expulsée, comme il arrive, par la fente
de l'opercule chez les Poissons, à
l'eau qu'ils ont avalée, soit en man-
geant, soit en respirant. Et comme
il n'y a pas, chez les Cétacés, d'ouverture correspondante à celle de l'opercule des Poissons, les narines, qui
font communiquer l'arrière-bouche
au dehors, pouvaient donc servir à cet
effet, moyennant des modifications

convenables. Voici la modification qui
les y a rendues propres. « *Si*, dit Cuvier, l'on suit l'œsophage en remontant, on trouve qu'arrivé à la hauteur
du larynx, il semble se partager en
deux conduits dont l'un se continue
dans la bouche et l'autre remonte dans
le nez. Ce dernier est entouré de glandes et de fibres charnues, formant plusieurs muscles. Les uns longitudinaux,
insérés au pourtour de l'orifice postérieur des narines, descendent jusqu'au pharynx ; les autres annulaires
semblent une continuation du muscle
propre du pharynx. Comme le larynx
s'élève dans ce conduit en obélisque
ou en pyramide, il peut être serré
par les contractions de ces fibres annulaires. Toute cette partie est pourvue de follicules muqueux versant
leur fluide par des trous bien visibles.
Une fois arrivée au voiner, la membrane interne du conduit qui devient
celle des narines osseuses, prend un
tissu uni et sec. Les deux narines
osseuses à leur orifice supérieur sont
fermées d'une valvule charnue en forme de deux demi-cercles, attachée au
bord antérieur de cet orifice qu'elle
ferme au moyen d'un muscle très-
fort, couché sur les os intermaxillaires. Pour l'ouvrir, il faut un effort
pressant de bas en haut. L'abaissement de la valvule intercepte toute
communication entre les narines et
les cavités placées au-dessus. Ces cavités sont deux grandes poches membraneuses formées d'une peau noirâtre et muqueuse, très-ridées quand
elles sont vides, et ovales quand elles
sont distendues. Elles sont situées
entre la peau et la surface osseuse
circonscrivant l'orifice antérieur des
narines osseuses. Toutes deux donnent dans une cavité intermédiaire
placée immédiatement sur les narines et communiquant au-dehors par
une fente étroite en forme d'arc. Des
fibres charnues très-fortes forment
une expansion au-dessus de tout cet
appareil ; elles convergent de tout le
pourtour du crâne sur les deux bour-
ses qu'elles peuvent comprimer fortement. »

Voici maintenant le mécanisme de ces parties : la bouche étant remplie d'eau, la langue et les mâchoires se meuvent comme pour la déglutition. Mais le pharynx, en se fermant, fait réfléchir l'eau par le conduit œsophagien inférieur au larynx. Ce mouvement réfléchi est accéléré par les fibres annulaires au point de soulever la valvule, et l'eau parvient dans les deux poches supérieures. Là, elle peut séjourner jusqu'à ce que l'Animal veuille la projeter. Alors, fixant la valvule pour empêcher l'eau de redescendre, il comprime les poches latérales au moyen de l'expansion musculaire susjacente. Cette compression fait sortir l'eau par la fente extérieure avec une vitesse et une hauteur proportionnées à son intensité.

Tel est le mécanisme propre à tous les Cétacés. Mais ce mécanisme y est adapté à deux constructions différentes des conduits osseux des narines. Jugeant des Baleines par les Dauphins, on avait dit qu'il n'y a aucun sinus dans les os environnans, ni aucune lame saillante dans l'intérieur des Evens ; que l'os ethmoïde n'est même percé d'aucun trou, et n'a pas besoin de l'être, puisque le nerf olfactif n'existe point. Or nous avons découvert dans la grande Baleine australe, rapportée du cap de Bonne-Espérance par Delalande, que le canal de l'Event ne forme pas un seul conduit, comme dans les Dauphins ; que ce canal est divisé sur sa longueur en deux étages par une large plaque osseuse commençant presque vers le trou occipital, étendue jusqu'au tiers antérieur de l'Event, et contiguë au vomer par son bord interne libre ; que le canal supérieur, voûté par le frontal, débouche dans les sinus ethmoïdaux formés par trois cornets, dont le postérieur n'a pas moins de trois pouces de haut ; que, dans le sinus postérieur, s'ouvre le trou ou canal ethmoïdal, large d'un pouce de diamètre à son extrémité cérébrale et divisé vers les sinus ethmoïdaux en deux branches, dont l'une à cinq ou six lignes de diamè-

tre. Par la corrélation constante des trous ethmoïdaux avec le nerf olfactif, on peut juger ici du volume de ce nerf qu'en vertu d'un mysticisme scientifique fondé sur des analogies tiraillées et mal entendues, Serres dans son Anatomie du cerveau (T. 1, p. 289 à 296) continue de supprimer chez tous les Cétacés, malgré les faits positifs que nous avons publiés il y a deux ans. C'est avec la même logique que, chez les Baleines, on place le sens de l'odorat dans des cavités ptérigo-palatines, dont il n'y a pas même de traces chez ces Animaux, parce qu'on s'est imaginé qu'elles devaient y exister nécessairement, vu qu'elles existent en effet très-développées chez les Dauphins.

Il résulte donc de ce qui précède que, chez les Baleines, il y a deux canaux sur la longueur de chaque Event. Le supérieur, pour le passage de l'air seul, est terminé en arrière par un organe d'odorat en tout semblable à celui de l'Homme et de la plupart des Mammifères ; l'autre, inférieur, est uniquement destiné au passage de l'eau. Celui-là seul existe dans tous les Dauphins, Cachalots, Hypéroodons, Narvalhs, etc. (*V.* BALEINE et notre Anatomie des systèmes nerveux.)

La direction des Evens, par rapport à l'axe de la tête, varie d'un genre à l'autre dans les Cétacés. Leur étendue et leur direction ne diffèrent guère, dans les Dugongs et les Lamantins, de celles des narines dans la plupart des Mammifères. Dans les Dauphins, cette direction est à peu près perpendiculaire à l'axe de la tête. Dans les Baleines, les canaux osseux des Evens sont d'abord obliques à l'axe de la tête et se relèvent d'environ quarante degrés à la hauteur des valvules pour déboucher après au devant du tiers postérieur du chanfrein. Enfin, dans les Cachalots, l'Event vertical ou même oblique en arrière dans sa portion osseuse, toute sa partie membraneuse presque parallèle à l'axe de la tête jusqu'aux valvules situées presqu'à l'extrémité du cylindre tronqué que représente la tête de ces Animaux ; de sorte que la corde de la courbe générale de l'Event n'est élevée que de moins de vingt degrés sur l'axe de la tête. Enfin, dans les Narvahls, la direction suit une courbe qui se termine derrière le sommet de la tête.

On conçoit que la direction des Evens n'influe pas sur la hauteur des jets d'eau, puisque l'impulsion ne commence qu'au-dessus de la soupape et que les poches compressibles qui la recouvrent sont situées le plus près possible de l'orifice de l'Event. La courbure ou l'obliquité du canal de l'Event ne seraient un obstacle à la vitesse et à la hauteur des jets qu'autant que l'eau serait projetée par l'effort de l'air expiré. Or, c'est la compression des poches ou réservoirs à eau, par l'expansion musculaire circonscrite, qui détermine cette projection.

Il existe aussi des Evens chez les Raies et plusieurs Squales, mais leur mécanisme est très-différent de celui de l'Event des Cétacés. Ils semblent relatifs seulement à l'introduction de l'eau et non point à son expulsion. C'est justement le contraire des Cétacés. Ils entrent en action quand la gueule de l'Animal est remplie par une proie trop volumineuse. Leur bord antérieur est garni d'une sorte de paupière mobile dont la courbure est maintenue par un petit cartilage. Cette sorte de paupière est revêtue d'une membrane qui reçoit beaucoup de vaisseaux et de filets nerveux, et qui paraît douée en conséquence d'une grande sensibilité. Cet orifice est en effet une sorte de glotte pour l'Animal. (*V.* notre Anat. des syst. nerv.)   (A. D..NS.)

EVENTAIL. POIS. Espèce de Coryphœne du sous-genre Oligopode. *V.* CORYPHOENE.   (B.)

EVENTAIL DES DAMES. BOT. CRYPT. Paulet n'a pas manqué d'emprunter à Sterbeck ce nom ridicule pour désigner une variété accidentelle de l'Agaric comestible. (B.)

EVENTAIL DES MENNONITES.

MOLL. Nom vulgaire et marchand de *Venus pennata*.   (B.)

EVENTAIL DE MER. POLYP. Nom vulgaire de plusieurs Gorgonides, principalement des *Gorgonia Flabellum* et *Antipathes Flabellum*, de plusieurs Isidées, et même de quelques Eponges. *V.* ces mots. (LAM..X.)

EVÊQUE. OIS. Espèce du genre Tangara. *V.* ce mot. (DR..Z.)

EVÊQUE (PIERRE D'). MIN. L'un des noms vulgaires de l'Améthyste. *V.* ce mot.   (B.)

EVERNIE. *Evernia.* BOT. CRYPT. (*Lichens.*) Genre établi par Acharius (*Synops. Lich.*, p. 244) qui lui a donné les caractères suivans : expansion crustacée, rameuse et laciniée, anguleuse ou légèrement comprimée, semblable intérieurement à du coton ; scutelles sessiles ; membrane proligère, formant le disque, très-fine, concave, colorée, repliée, mais proéminente sur le thallus. Ces caractères ne paraissent pas suffisans pour distinguer l'*Evernia* des genres aux dépens desquels il a été constitué. Ses espèces sont les *Lichen divaricatus*, *L. prunastri* et *L. vulpinus* de Linné, placées d'abord par Acharius lui-même parmi les *Physcia* et les *Usnea*, puis réunies au *Parmelia*. Ces Lichens, dont les deux premiers sont très-communs en France et le dernier habite les Alpes du Piémont, ont été placés par De Candolle (Flor. Franç.) dans les trois genres *Cornicularia*, *Usnea* et *Physcia*. *V.* ces mots. (G..N.)

* EVET. MAM. *V.* ECUREUIL COMMUN.

EVI. *Evia.* BOT. PHAN. Et non *Evie*. Commerson avait établi sous ce nom de pays un genre qui rentre parmi les Spondias. *V.* ce mot. (B.)

EVODIE. *Evodius.* INS. Genre de l'ordre des Hyménoptères, section des Porte-Aiguillons, établi par Panzer (*Faun. Insect. Germ.*) et qui peut être rapporté au genre Collète. *V.* ce mot.   (AUD.)

EVODIE. *Evodia.* BOT. PHAN. Genre de la famille des Rutacées, établi par Forster, mais dont les caractères ont été reformés depuis par l'examen plus attentif des espèces déjà connues et par celui d'espèces nouvelles. Le calice se divise plus ou moins profondément en quatre ou cinq parties, avec lesquelles alternent autant de pétales plus longs qu'elles. Les étamines en même nombre sont opposées aux divisions du calice. Le pistil est entouré d'un disque mince, crénelé dans son contour ; il se compose de quatre ou cinq ovaires, tantôt presque indépendans, tantôt soudés à leur base ; de chacun d'eux part vers leur sommet un style qui ne tarde pas à rencontrer ceux des autres ovaires, à se réunir à eux, et à en former ainsi un unique que termine un stigmate obtus marqué de quatre ou cinq stries rayonnantes. Chaque ovaire contient deux ovules suspendus à son angle interne, et devient une coque bivalve dans laquelle on trouve une ou deux graines. Ce genre renferme des Arbres ou des Arbrisseaux, à feuilles opposées, trifoliées, marquées de points glanduleux, à fleurs disposées en corymbes axillaires ou en panicules terminales. L'espèce de ce genre observée par Forster dans les îles des Amis et les nouvelles Hébrides est l'*Evodia hortensis*, qui doit lui servir de type. Auguste de Saint-Hilaire en a recueilli au Brésil une qu'il a nommée *febrifuga*, à cause de ses propriétés médicinales (Aug. S.-Hil., Plant. us. du Brésil, tab. 4). On y ajoute trois espèces originaires de l'Ile-de-France et des Philippines, entre autres l'*Ampacus* de Rumph qui paraît se rapprocher plutôt des Zanthoxylum. (A. D. J.)

EVOLVULUS. BOT. PHAN. *V.* LISEROLLE.

* **EVOMPHALE.** *Evomphalus.* MOLL. Sowerby, dans son *Mineral Conchology* (T. 1er, p. 97), a proposé sous ce nom une coupe générique qui présente peu de caractères essentiels : ils consistent en effet en une coquille dont la spire est déprimée, la bouche anguleuse, et la base occupée par un large ombilic. Ce genre, comme on le voit, qui est très-voisin des Turbos, mais plus encore des Cadrans, rentrera sans doute dans ce dernier genre comme une section particulière qui se distinguera par l'ombilic non marginé, car un certain nombre de Cadrans ont la bouche anguleuse, l'ombilic large mais granuleux, et la spire aplatie. Sowerby a décrit six espèces de ce genre qui ont toutes été trouvées en Angleterre : la première est l'*Evomphalus pentagulatus* de Dublin, pl. 45, fig. 2 ; la seconde l'*Evomph. catillus* du Derbyshire, pl. 45, fig. 3 ; la troisième l'*Evomph. nodosus*, pl. 46, également du Derbyshire ; la quatrième l'*Evomph. discors* de Colebrooke, pl. 52, fig. 1 ; la cinquième l'*Evomph. rugosus*, pl. 52, fig. 2 ; et la sixième l'*Evomph. angulosus*, pl. 52, fig. 3. (D..H.)

EVONYMOIDES. BOT. PHAN. (Isnard.) Syn. de *Celastrus scandens.* (Solander.) Syn. d'Alectrion. *V.* ces mots. (B.)

EVONYMUS. BOT. PHAN. *V.* FUSAIN.

* **EVOPIS.** BOT. PHAN. Genre de la famille des Synanthérées, Corymbifères de Jussieu, et de la Syngénésie frustranée, L., établi par Cassini (Bullet. de la Sociét. Philom., février 1818) qui lui assigne les caractères suivans : calathide dont les fleurons du centre sont nombreux, réguliers, hermaphrodites, et ceux de la circonférence disposés sur un seul rang, en languette, et stériles ; involucre formé d'écailles sans appendices, mais seulement régulièrement imbriquées, appliquées, libres, ovales, lancéolées, coriaces, spinescentes au sommet ; réceptacle charnu, marqué d'alvéoles séparées par des cloisons membraneuses engaînant les ovaires ; ceux-ci couverts de longs poils bifurqués, surmontés d'une aigrette courte composée de petites écailles paléiformes, coriaces et soyeuses sur les bords. Ce genre est très-voisin de l'*Agriphyllum* dont il

diffère principalement par son involucre dont les écailles sont libres et sans appendices, tandis que dans ce dernier genre elles sont soudées entre elles et longuement appendiculées, et par une légère différence dans ses aigrettes. Cassini n'en a indiqué qu'une seule espèce, l'*Evopis hetero-phylla* dont les synonymes sont : *Gorteria herbacea*, L. fils; *Rohria cynaroides*, Vahl; et *Berckeya cynaroides*, Willd. Cette Plante a une tige herbacée, haute de plus de trois décimètres, striée, glabre, droite et cylindrique; ses feuilles radicales sont très-grandes, entières, lancéolées, obtuses et cotonneuses en dessous; celles de la tige sont alternes, sessiles, oblongues ou ovales, glabres, spinescentes au sommet et ciliées sur les bords. Elle porte des capitules de fleurs jaunes, très-grandes, solitaires, terminales et axillaires. Sa patrie est le cap de Bonne-Espérance d'où Sonnerat en a rapporté un échantillon conservé dans l'herbier de Jussieu.   (G..N.)

EVOSMA. BOT. PHAN. Pour *Euosma*. *V*. ce mot.

EVOSMIA. BOT. PHAN. Pour *Euosmia*. *V*. ce mot.

EVRARDIA. BOT. PHAN. (Adanson.) Syn. de Bursera. *V*. GOMART.   (B.)

EXACUM. BOT. PHAN. Vulgairement Gentianelle. Ce genre de la famille des Gentianées et de la Tétrandrie Monogynie, fut établi par Linné qui en décrivit quelques espèces originaires des Indes-Orientales. Adopté par Linné fils, Vahl, Willdenow et De Candolle, il fut grossi de plusieurs Plantes, dont quelques-unes ont été reconnues pour appartenir à d'autres genres, soit anciens, soit nouveaux. Avant de faire connaître le démembrement de ce genre opéré avec raison par R. Brown, nous exposerons les caractères du genre *Exacum*, tel qu'il a été donné par Linné et par les botanistes qui ont suivi son système : calice tétraphylle; corolle sub-campanulée, quadrifide, dont le tube

est globuleux; anthères droites, non spirales après la fécondation; stigmate capité; capsule comprimée, marquée de deux sillons, biloculaire, polysperme, déhiscente par le sommet. Les auteurs qui ont ainsi caractérisé ce genre, y ont compris des Plantes dont la structure est assez hétérogène. Nous regardons en effet comme devant en être séparées, les *Exacum filiforme*, *E. pusillum*, *E. Candollii*, Plantes indigènes d'Europe, qui forment un genre distinct déjà nommé *Cicendia* par Adanson, et *Microcale* par Hoffmanseg et Link. Les seules espèces linnéennes resteront dans ce genre, à l'exception de celles qui y ont été réunies par Linné fils, telles que les *E. albens, aureum, cordatum*, et autres Plantes de l'Afrique australe. R. Brown en a constitué, d'après les manuscrits de Solander, son genre *Sebœa*. *V*. ce mot. D'après cet habile observateur, l'*Exacum diffusum* de Vahl est une espèce de *Canscora*, et l'*E. erectum* de Roth est devenu le type du nouveau genre nommé *Orthostemum* par R. Brown. *V*. ce mot.

Les espèces d'*Exacum* sont peu nombreuses; les principales sont : *E. pedunculatum*, L.; *E. sessile*, L. ; et peut-être *E. punctatum*, L., *Suppl*. Elles croissent dans les Indes-Orientales.   (G..N.)

EXARRHENA. BOT. PHAN. Le genre décrit sous ce nom par Rob. Brown (*Prodr. Nov.-Holland*. 495) doit être réuni au Myosotis dont il diffère seulement, ainsi qu'il l'indique lui-même, par ses étamines saillantes au-dessus de la corolle. *V*. MYOSOTIS.   (A. R.)

EXCÆCARIA. BOT. PHAN. Genre de la famille des Euphorbiacées. Ses fleurs sont monoïques ou dioïques. Les mâles consistent en un filet simple à la base, puis bientôt triparti et muni au point où il se partage ainsi d'une écaille sessile, simple, quelquefois glanduleuse. Chacune des divisions du filet est accompagnée d'une squammule simple ou double, et tantôt porte à son sommet une anthère unique, tantôt se divise en deux ou trois branches terminées chacune par une anthère. Ses fleurs femelles présentent un petit calice squammiforme, trifide, qui manque quelquefois ; le style épais, court, triparti, est surmonté de trois stigmates réfléchis ; l'ovaire est à trois loges contenant chacune un seul ovule. Le fruit est une capsule globuleuse à trois coques. (*V.* Ad. Jussieu, Euph. tab. 16, n. 55). Les espèces de ce genre sont des Arbres ou des Arbustes. Leurs feuilles sont alternes, dépourvues de stipules, crénelées ou dentées sur leurs bords, ou plus rarement entières, glabres sur leurs faces. Les fleurs mâles disposées en assez grand nombre sur un axe commun, simulent ainsi des chatons qui sont axillaires, tantôt simples, tantôt fasciculés. Les fleurs femelles se rencontrent quelquefois à la base du chaton mâle, en petit nombre, sessiles ou pédoncutées ; d'autres fois elles sont sur des pieds d'Arbres différens, disposées en épis lâches ou en grappes axillaires ou terminales, solitaires ou fasciculées, accompagnées de bractées squammiformes. On en a décrit huit espèces, trois originaires des Antilles, deux brésiliennes, et trois de l'Asie. Les herbiers en renferment en outre quelques-unes inédites du Brésil et de Buenos-Ayres. Les tiges et les branches de plusieurs de ces Arbres sont parcourues par un fluide laiteux, âcre, comme on en rencontre si fréquemment dans les Végétaux de cette famille. Tel est notamment l'Agalloche, *Excœcaria Agallocha*, qui croît dans les îles des Indes. Rumph rapporte que les matelots européens envoyés dans les forêts pour couper du bois, et qui avaient frappé à coups de hache des pieds de ces Arbres, recevant dans leur visage le lait qui en jaillissait, ne tardaient pas à ressentir des douleurs atroces qui leur causaient une sorte de fureur, et que quelques-uns même perdirent la vue. C'est là l'origine du nom d'*Excœcaria*, c'est-à-dire Arbre qui aveugle.

De l'*Exc. Camettia* découle un fluide semblable. Mais d'autres espèces, celles d'Amérique, en paraissent dépourvues. Le genre *Gymnanthes* de Swartz a été réuni à l'*Excœcaria* par cet auteur lui-même qui a reconnu leur identité.   (A. D. J.)

* **EXCETRA**. REPT. OPH. Petit Serpent aquatique du cap de Bonne-Espérance, figuré par Séba, mais qui n'a pas été examiné depuis.   (B.)

EXCRÉMENS. ZOOL. Tous les Animaux, pour entretenir leur existence, sont assujettis à l'usage continuel d'une nourriture appropriée à leurs organes. Les substances nutritives, introduites dans l'estomac et les intestins, après s'y être dépouillées de certains principes qui restent absorbés, après avoir rempli, en un mot, leurs fonctions alimentaires, sont expulsées du corps par différens canaux, sous formes solide, liquide et gazeuze ; ce sont ces produits inutiles de la digestion auxquels on a donné le nom d'Excrémens. Leur composition varie non-seulement en raison de l'organe par où ils ont été sécrétés, mais encore selon l'espèce, l'âge, l'état de santé, etc., de l'Animal qui les a rendus.   (DR..Z.)

* **EXCROISSANCE**. ZOOL. BOT. On donne ce nom à des productions de nature diverse qui se développent sur les Végétaux et les Animaux par suite de quelque cause accidentelle. Les Excroissances doivent donc toujours être considérées comme le résultat d'une maladie. Ainsi les verrues qui se forment sur la peau des mains et d'autres parties du corps dans les Animaux ; les galles, qui se développent chez les Végétaux, sont des Excroissances.   (A. R.)

*·**EXEBENUS**. MIN. Delaunay a pensé que la Pierre blanche désignée par Pline, sous le nom d'*Exebenus*, pouvait être une Calcédoine.   (B.)

EXOACANTHE. *Exoacantha*. BOT. PHAN. Genre de la famille des Ombellifères et de la Pentandrie Digynie

L. , établi par Labillardière (*Icon. Plant. Syriæ rarior.* , *Decad.* 1 , p. 10) qui lui a donné pour caractères essentiels : un involucre général composé de rayons caualiculés recourbés en crochets à leur sommet; involucres partiels de moitié moins grands , formés de rayons inégaux; toutes les fleurs hermaphrodites, à pétales égaux, infléchis, cordiformes; fruit composé de deux akènes ovés, striés, planes d'un côté. Labillardière avait indiqué l'affinité de ce genre avec l'*Echinophora*, et c'est près de ce genre, parmi les Ombellifères anomales, que Sprengel l'a placé, en publiant son travail sur les Ombellifères (*in Schultes Syst. Vegetab.* T. VI, p. 30). L'*Exoacantha heterophylla*, décrite et très-bien figurée par Labillardière (*loc. cit.*) croît près de Nazareth en Palestine. Elle a une tige haute de six à huit décimètres, portant des feuilles pinnées, glabres; les radicales ovales, dentées; les caulinaires lancéolées, aiguës, le plus souvent entières. Ses fleurs ont des pétales blancs et des anthères jaunâtres.

(G..N.)

EXOCARPE. *Exocarpos.* BOT. PHAN. Dans son Voyage à la recherche de La Peyrouse, Labillardière a nommé ainsi un genre de Plantes dicotylédones qu'il a ensuite reproduit dans sa Flore de la Nouvelle-Hollande, et que R. Brown a adopté (*Prodr. Nov.-Holl.*, p. 356). Voici les caractères de ce genre : les fleurs sont en général unisexuées ou incomplétement hermaphrodites. Le calice est monosépale, à cinq, rarement à quatre divisions profondes; dans les fleurs mâles, les étamines en même nombre que les lobes du calice, sont insérées à leur base, en dehors d'un disque saillant au centre de la fleur, et qui semble n'être que le pistil avorté; les étamines ont le filet très-court et l'anthère à deux loges introrses, s'ouvrant par un sillon longitudinal; dans les fleurs femelles, on trouve les cinq étamines, mais plus ou moins déformées; l'ovaire est libre, porté sur un disque hypogyne peu saillant; il est à une

seule loge, contenant un ovule pendant; le style est très-court, terminé par un stigmate simple. Le fruit est une sorte de petite drupe sèche, contenant une petite noix monosperme, et porté sur le pédoncule qui, vers l'époque de la maturité, s'épaissit, devient charnu et quelquefois plus gros que le fruit lui-même. La graine se compose d'un embryon excessivement petit, renversé comme elle, placé vers la partie supérieure d'un endosperme charnu.

Ce genre se compose de six espèces toutes originaires des diverses parties de la Nouvelle-Hollande. Ce sont des Arbrisseaux ou de simples Arbustes dont les rameaux sont en général articulés, quelquefois dilatés et planes; leurs feuilles sont éparses, très-petites, écailleuses. Les fleurs forment des espèces d'épis ou de grappes axillaires; elles sont fort petites et accompagnées de bractées caduques.

Ce genre a été placé par R. Brown à la suite de sa famille des Santalacées dont il diffère surtout par son ovaire supérieur, mais dont il se rapproche par son port et la structure de sa graine. Il a une grande affinité avec le genre *Leptomeria*. Labillardière le rapproche du genre Anacarde; comme dans ce dernier, les pédoncules qui supportent les fleurs femelles deviennent épais, charnus, et prennent un volume assez considérable, au point même de devenir plus gros que le fruit qu'ils supportent. Mais c'est l'unique ressemblance qui existe entre ces deux genres.

(A. R.)

EXOCET. *Exocetus.* POIS. Genre de la famille des Esoces et de l'ordre des Malacoptérygiens abdominaux, reconnaissable à l'excessive grandeur de pectorales assez étendues pour faciliter une sorte de vol qui, de tout temps, provoqua l'attention des hommes étonnés de voir une habitant des mers tenter une sorte de rivalité avec les Oiseaux. Les Exocets ont leur tête et leur corps écailleux; une rangée longitudinale d'écailles carénées leur forme une ligne saillante au bas de chaque flanc, comme aux Ophies et aux Hémiramphes. Leur tête est aplatie en dessus et par les côtés ; leur dorsale est située au-dessus de l'anale ; les yeux sont grands, leurs inter-maxillaires sans pédicule et faisant seuls le bord de la mâchoire supérieure. Les deux mâchoires sont garnies de dents pointues et leurs os pharyngiens de dents en pavés. On compte dix rayons aux ouies ; la vessie natatoire est fort grande, et l'intestin droit dépourvu de cœcum ; le lobe supérieur de la caudale est plus court que l'intérieur. Tels sont les caractères assignés par l'illustre Cuvier aux Exocets qui habitent exclusivement les mers, sans qu'on en ait jamais vu dans les eaux douces ; dont la chair est savoureuse et délicate ; qui atteignent tout au plus un pied de longueur ; dont la forme, assez voisine de celle du Hareng, est élégamment effilée ; qui tous ont le dos bleuâtre, avec les flancs et le ventre argentés ; et qui, se nourrissant de très-petites proies, ne sont pas, comme les autres Esoces, d'un naturel audacieux et glouton ; au contraire, « jetés sans défense au milieu des voraces habitans des mers, disions-nous autrefois (Voy. aux quatre îles d'Afrique, T. I, p. 83), voyageant par troupes nombreuses que des reflets brillans et argentés font distinguer au loin, les Poissons volans eussent sans doute disparu d'entre les êtres vivans, si la nature ne leur eût donné, dans leurs nageoires pectorales, des moyens propres à s'échapper du sein des vagues et à voler à la surface même de ces eaux où de nombreux ennemis les poursuivent sans cesse. Je n'ai pas vu les Exocets s'élever très-haut ; mais j'ai souvent observé qu'ils ne se replongeaient dans la mer qu'à une bonne portée de fusil au moins du point d'où ils étaient partis. Selon l'occasion, ils changent la direction de leur vol, et s'abaissent ou s'élèvent parallèlement aux flots agités ; ils ont enfin la faculté de voler d'une manière bien plus parfaite qu'on ne

la leur suppose généralement. » C'est à tort conséquemment que l'on a regardé comme réduits à la simple faculté de s'élancer, des Poissons qui jouissent de priviléges plus étendus ; mais c'est plus mal à propos encore qu'on a vu dernièrement annoncer comme une grande découverte que les Exocets volaient à merveille et changeaient de direction dans leur course aérienne. Nous avions imprimé tout cela depuis vingt ans, ainsi qu'on vient de le voir. « Quoi qu'il en soit, on rencontre souvent en pleine mer, poursuivions-nous, des bancs de plusieurs centaines d'Exocets de toute taille, poursuivis par des Dorades ; dans ce cas, les Exocets demeurent le moins de temps possible dans l'eau, et seulement celui qui leur est nécessaire pour rafraîchir leurs ailes ; ils ne font en quelque sorte que remiser, comme des Perdrix poursuivies, gagnant néanmoins du chemin à la nage. Par leur vol et leur immersion promptement successifs, ils rappellent ces galets que les enfans dans leurs jeux lancent à la surface d'un lac, et qui en effleurent la superficie par des ricochets multipliés. » Ces pauvres petites bêtes, dit Leguat dans son Voyage en îles désertes (T. I, p. 2), qu'on pourrait bien prendre pour le symbole d'une perpétuelle frayeur, sont continuellement en fuite ; et en s'élevant pour se sauver, ils venaient assez souvent dans nos voiles ; ils volent aussi long-temps qu'il reste de l'humidité dans leurs ailes, qui, dès qu'elles sont sèches, deviennent aussitôt nageoires. Comme nous étions sur des navires plus élevés que celui où se trouvait Leguat, nous ne vîmes pas de Poissons volans se jeter dans nos voiles ; quelques-uns de ceux qui, comme Icare, s'élevaient trop au-dessus de la surface des flots, se heurtaient entre les flancs des corvettes, ou entraient par les sabords ; mais, comme au voyageur que nous venons de citer, les Poissons volans nous ont inspiré une sorte de compassion. Les airs ne sont pas pour ces êtres perpétuellement fugitifs un asile beaucoup plus assuré que les eaux : lorsque les Poissons qui les poursuivent ne peuvent avec eux s'élancer hors de leur élément pour les saisir, des Oiseaux avides qui leur donnent la chasse les enlèvent à l'instant où ils déploient leurs nageoires. Ainsi, également menacés, soit qu'ils nagent, soit qu'ils volent, ils n'ont, en fuyant, dans la perspective d'être dévorés, que la faculté de choisir un sépulcre dans l'estomac de leur meurtrier. Il est peu de relations de voyage sur mer où il ne soit question de Poissons volans; c'est le nom vulgaire sous lequel les Exocets sont communément et génériquement désignés. Duquesne, en 1690, disait aussi (Voy. aux Indes-Orient. T. 1, p. 256) : « Ces petits Animaux n'ont nul repos, ni dans l'eau, ni dans l'air; dans l'eau, à cause des Bonites; dans l'air, à cause des Oiseaux qui fondent sur eux avec plus de rapidité que le Faucon ne fond sur la Perdrix. » Bosc a aussi joui du spectacle de leur petites manœuvres qui à peu près seules jettent un peu de variété sur la monotonie des longues navigations. C'était quelquefois, dit-il, cinq ou six Exocets qui sortaient de l'eau à la fois autour du navire; mais souvent c'était des centaines, c'était des milliers qui s'élançaient dans les airs au même moment et dans toutes les directions possibles. Le même savant qui avait fort bien remarqué le bruit assez singulier que ces Animaux produisent en volant, put s'en rendre compte en examinant l'espèce de tambour dont ils sont munis, et qui consiste dans une membrane tendue au fond de la gorge et contre laquelle l'air, sortant du corps de l'Animal, vient heurter et retentir. Ce bruit continue d'avoir lieu jusqu'à la mort du Poisson, quand il est exondé, encore qu'il n'agite plus ses ailes. Bosc nie que l'Exocet cesse de prolonger son vol, parce que ses nageoires lui refuseraient leur secours en se desséchant, et cite à l'appui de sa remarque ces nageoires restées humides et très-propres à soutenir l'Animal

dans l'atmosphère plus d'une demi-heure après qu'il est pêché. Nul doute en effet que, dans l'état de repos et de contraction, elles puissent demeurer assez long-temps flexibles; mais qu'on remarque qu'il n'en est pas de même lorsqu'elles sont agitées par le mouvement de vibration que le vol détermine dans leur membrane, mécanisme dont les ailes des Locustes et des Criquets donnent une idée parfaitement exacte. Au reste, c'est une erreur de croire que les Poissons volans ne se puissent diriger que dans une seule et même course; nous le répétons, nous les avons vus s'élever et s'abaisser sensiblement tour à tour et changer de direction plusieurs fois à droite et à gauche entre deux immersions. Nous avions pensé que plusieurs espèces étaient confondues sous les mêmes noms par les naturalistes, nous sommes toujours de la même opinion; en nous fiant sur l'abondance de ces Animaux, nous avions remis à d'autres temps leur examen, quand nous commençâmes à les rencontrer; nous éprouvons aujourd'hui d'autant plus de regrets de ne point nous être livrés à cette étude, que nous persistons à déclarer qu'il n'existe pas une seule bonne figure des espèces les plus vulgaires. — C'est Linné qui établit ce genre si mal à propos confondu par son ami Artedi avec les Blennies. On n'en mentionna long-temps qu'une à trois espèces; le nombre peut aujourd'hui être porté à dix que nous répartirons dans deux sections, selon qu'ils auront ou n'auront pas de barbillons à la mâchoire inférieure.

† *Mâchoire inférieure nue ou dépourvue de barbillons.*

L'Exocet commun, *Exocetus volitans*, L., Gmel, *Syst. Nat.*, xiii, pars 3, p. 1399; Bloch, pl. 398; Encycl. Pois., pl. 73, fig. 506. C'est l'espèce que nous avons eu le plus souvent occasion d'observer particulièrement dans les mers de l'hémisphère boréal, depuis Ténériffe jusqu'à la ligne; on le retrouve, dit-on, dans la Méditerranée, et l'on assure l'avoir rencontré jusque dans la Manche. Ses gros yeux lui donnent un air de stupidité. La position mitoyenne de ses ventrales fort petites, et sa taille de six pouces à un pied, des plus grandes entre ses congénères, servent, ainsi que la forme de sa bouche un peu tubuleuse, à le bien distinguer de la suivante. Ses écailles sont grandes, et tombent aisément. Gmelin regarde comme une variété de cette espèce l'*Exocetus non volitans* que Forskahl (*Faun. Arab.*, p. 16, n. 40) dit se trouver dans la mer Rouge. D. 14, p. 15, 17, V. 6, 7, A. 13, C. 15.

Le PIRABE, *Exocetus evolans*, L., Gmel., *loc. cit.*, p. 1400; Encycl. Pois., pl. 100, fig. 409. L'inspection de la figure donnée par Lacépède (T. v, pl. 12) sous le nom d'Exocet volant, nous porte à croire que c'est le Pirabe que l'écrivain avait sous les yeux lorsqu'en traitant de l'histoire des Exocets, il réunit le *volitans* et l'*evolans* comme un même être. Nous avons eu plus d'une occasion d'observer l'*evolans* sur les côtes d'Espagne; il est fréquent dans la Méditerranée, et nous pouvons affirmer qu'il est fort distinct de l'espéce précédente. Le caractère, comme l'avait fort bien soupçonné Cuvier, ne doit pas être pris de l'absence des écailles carénées, mais de la forme de la tète qui a bien plus l'aspect de celle d'une Sardine que de celle de l'Exocet commun; sa mâchoire n'a pas cet air tubuleux si remarquable dans le précédent; ses yeux n'ont pas ce volume et cet air hébété que nous avons signalé plus haut. Le Pirabe atteint d'ailleurs rarement cinq pouces de longueur. Sa chair est exquise. Nous avons trouvé le nombre suivant de rayons aux nageoires. D. 13, 14, P. 13, V. 6, A. 11, 13, C. 15.

Le SAUTEUR, *Exocetus exiliens*, L., Gmel., *loc. cit.*, p. 1400; Bloch, pl 497; Lac., Pois., v, p. 402, pl. 12, fig. 5. Cet Exocet est, à ce qu'il paraît, celui qui acquiert les plus fortes dimensions, puisqu'on dit qu'il atteint quinze pouces de longueur. Son front très-relevé, et la longueur de sa ventrale terminée en pointe et plus rapprochée de la queue que dans les précédentes, l'en distinguent. L'anale, située précisément sous la dorsale et peut-être un peu plus prolongée en avant, fournit un excellent caractère pour le distinguer du *Mesogaster*, dont Cuvier serait tenté de la rapprocher, mais où ces nageoires sont falciformes. Selon les uns, le Sauteur habite les mers de Caroline; selon d'autres, la mer Rouge et la Méditerranée. Commerson l'a trouvé dans les parages du Brésil. D. 10, P. 15, V. 6, A. 11, C. 10.

Le MÉTÉORIEN, *Exocetus Mesogaster*, Bloch, pl. 396; Lac., Pois. v, p. 408. La disposition falciforme des nageoires dorsale et anale de ce Poisson ne permet de le confondre avec aucun de ses congénères. On le pêche dans les mers des Antilles. v. 6, c. 20.

Le MITCHELLIEN, *Exocetus Mitchelli*, N. Cette espèce est mentionnée par Mitchell, dans ses Poissons de New-York (p. 448, pl. 5, f. 3) sous le nom de *New-York-Flyngfish*, et il la rapporte à l'*Exiliens*. Il est cependant facile, en jetant un coup-d'œil sur l'excellente figure que le docteur américain donne de ce Poisson, qu'il n'a nul rapport avec l'espèce précédente. La dorsale et l'anale n'y sont nullement falciformes, mais au contraire parfaitement parallèles au corps dans toute leur longueur. Cette espèce diffère du *volitans* et de l'*evolans* par la longueur de ses ventrales et par l'aspect de sa tête qui est celle d'une Clupée; de l'*exiliens* par l'anale qui, loin d'être égale en dimensions à la dorsale, est de moitié plus courte et commençant beaucoup plus en arrière au lieu de commencer un peu plus en avant, et par ses ventrales qui, loin de se terminer en pointe, s'élargissent un peu en s'éloignant de l'insertion. On trouve cette espèce dans les mers des Etats-Unis d'Amérique.

L'EXOCET DE NUTTAL, *Exocetus*

Nuttalii, Lesueur, *Journ. of the Acad. of Nat. Soc. of Phil.* T. II, n° 1, janv. 1821. Les pectorales de ce Poisson sont brunes vers leur base avec deux fascies transversales dans le milieu, dont la première est bifurquée vers le bord externe. Les ventrales ont trois taches brunes dans leur milieu et une bande brunâtre, transverse, parallèle à leur bord postérieur. Ce Poisson habite le golfe du Mexique. D. 15, A. 8, P. 10, C. 17.

Le COMMERSONIEN, *Exocetus Commersonii*, Lac., Pois. v, p. 409. Ce Poisson a l'entre-deux des yeux, le dessus de l'orbite et la mâchoire supérieure comme dans le Sauteur; l'occiput déprimé et la dorsale marquée du côté de la nageoire de la queue d'une grande tache d'un noir bleuâtre. Lacépède, qui a décrit cette espèce d'après un dessin de Commerson, ne dit pas dans quelle mer il fut pêché. v, 6, c. 15.

†† *Des barbillons pendans de l'extrémité de la mâchoire inférieure.*

Ces espèces, récemment ajoutées au catalogue des Poissons connus, sont toutes américaines.

Exocetus comatus, Mitch., *Fish. of New-York in Trans.* T. I, p. 448, pl. 5, f. 1. Cette espèce a tout-à-fait la figure de ces étuis de carton en forme de Poisson que l'on vend comme des joujoux d'enfans. Les ventrales sont assez longues et aiguës, situées un peu en arrière; l'anale est de moitié moins étendue que la dorsale. Un barbillon très-long, égal à la distance qui existe à l'extrémité du museau et l'insertion de l'anale, pend de la mâchoire inférieure; la bouche est fort petite. Cet Exocet se trouve sur les côtes des Etats-Unis. r. 12, v. 6, c. 11, A. 6.

Exocetus furcatus, Mitch., *loc. cit.*, p. 449, fig. 2. La forme de ce Poisson est à peu près celle du précédent, mais tant soit peu plus épaisse. La tête est aussi plus obtuse, et les yeux plus grands rappellent, pour le volume et l'expression, ceux des *volitans*. Les ventrales, fort pointues,

marquées de deux taches, sont situées vers le milieu du Poisson; des deux côtés de sa bouche pendent deux barbillons simples et filiformes aussi longs que l'intervalle régnant entre l'extrémité de la mâchoire inférieure et l'insertion des pectorales. Le nombre des rayons n'a pas été compté.

Exocetus fasciatus, Lesueur, *loc. cit.* A deux grands barbillons qui descendent de la lèvre inférieure, lesquels barbillons ont leur extrémité divisée en trois pointes dont l'intermédiaire est la plus longue; ses pectorales ou ailes sont marquées de bandes transversales brunes. Cette espèce a été trouvée dans les parages de l'île de Sainte-Croix. D. 12, A. 10, P. 18, v. 16, c. 20.　　　　　(D.)

EXOCHNATES. *Exochnata.* CRUST. Nom sous lequel Fabricius a désigné le dixième ordre de la classe des Insectes dont les caractères étaient d'avoir plusieurs mâchoires en dehors de la lèvre et couvertes par des palpes. Il correspond aux divisions établies par Latreille (Règn. Anim. de Cuv.) sous les dénominations de Décapodes macroures, Stomapodes et Amphipodes. *V.* ces mots. (AUD.)

* **EXOCOITOS.** POIS. Le Poisson désigné sous ce nom par les anciens, qui le disaient venir se reposer sur les rivages, était probablement une Blennie. *V.* ce mot.　　　　(B.)

* **EXOGÈNES.** BOT. PHAN. Nom donné par le professeur De Candolle aux Végétaux dicotylédons, parce que leur accroissement en diamètre se fait à l'extérieur.　　(A. R.)

* **EXOLÈTE.** *Exoletus.* ZOOL. Ce nom est donné comme spécifique à des Animaux de divers genres et de classes différentes, tels qu'un Labre, une Porcelaine, une Vénus, etc. (B.)

* **EXOS.** POIS. Syn. d'*Acipenser Huso. V.* ESTURGEON.　　(B.)

EXOSPORE. *Exosporium.* BOT. CRYPT. (*Urédinées.*) Genre fondé par Link (*Observ.* 1, p. 9) aux dépens des *Conoplea* de Persoon, mais ensuite réuni à ce dernier genre par Link lui-même (*Observ.* 2, p. 52) et par Persoon (*Mycol. Europ.* p. 11). *V.* Conoplée. (G..N.)

EXOSTEMME. *Exostemma.* BOT. PHAN. Genre établi par Bonpland dans la famille des Rubiacées, et qui comprend toutes les espèces de *Cinchona* qui ont les étamines saillantes au-dessus du tube de la corolle, et cette corolle entièrement glabre : voici du reste les autres caractères de ce genre : le calice est adhérent , son limbe est à cinq dents très-courtes ; la corolle est monopétale, longue-ment tubuleuse ; son limbe, qui est légèrement oblique , offre cinq divi-sions très-profondes , étroites et rélfé-chies ; les cinq étamines sont dressées et saillantes au-dessus du tube de la corolle ; leurs anthères sont linéaires ; le style , qui est de la longueur des étamines , est grêle , et se termine par un stigmate bifide. Le fruit est une capsule ovoïde, ombiliquée à son som-met , à deux loges contenant cha-cune plusieurs graines planes et mem-braneuses sur les bords , et s'ouvrant en deux valves par la séparation de la cloison en deux feuillets.

Les espèces de ce genre, au nom-bre d'environ une douzaine , sont des Arbrisseaux ou de petits Arbres por-tant des feuilles opposées , entières, avec des stipules intermédiaires , et des fleurs généralement blanches , assez grandes, placées à l'aisselle des feuilles. Toutes ces espèces sont ori-ginaires de l'Amérique méridionale. Parmi ces espèces, nous citerons ici les deux suivantes :

Exostemme des Antilles, *Exos-temma Carybæa*, Pers.; *Cinchona Carybæa*, Jacq. C'est un Arbuste de quatre à huit pieds d'élévation , touf-fu , portant des feuilles opposées , ovales, allongées , amincies en poin-tes aux deux extrémités , entières , recourbées, un peu onduleuses sur les bords , glabres ; les deux stipules sont courtes et aiguës. Les fleurs sont grandes , blanches, pédonculées , so-litaires à l'aisselle des feuilles supé-

rieures ; les cinq étamines sont très-saillantes , et ont les anthères jaunes. La capsule est ovoïde , tronquée à son sommet, à deux loges et à deux valves. Cette espèce est commune dans les Antilles.

Exostemme multiflore, *Exos-temma floribunda*, Pers.; *Cinchona floribunda*, Swartz. Cette espèce a le même port que la précédente , dont elle diffère par ses feuilles un peu plus larges et non sinueuses, et par ses fleurs qui forment une panicule terminale. Elle est également très-commune dans les Antilles. L'écorce de cet Arbrisseau est connue sous les noms de *Quinquina Piton*, *Quin-quina de Sainte-Lucie* ou *de Saint-Domingue*. Cette écorce, qui a une saveur amère et un peu astrin-gente , a , pendant quelque temps , été considérée comme un succédané du Quinquina du Pérou ; pourtant elle est loin d'en avoir les propriétés. Elle est tonique , il est vrai , mais agit en mê-me temps comme purgative , propriété qui se remarque dans toutes les au-tres espèces du genre *Exostemma. V.* Quinquina. (A. R.)

EXOSTOSES. ZOOL. BOT. Dans les Animaux, les os sont quelquefois le siége d'une maladie particulière dans laquelle on les voit se goufler et se dé-velopper dans quelque point de leur surface. On nomme ces tumeurs os-seuses des Exostoses. En botanique, on a appliqué ce nom à des tumeurs irrégulières qui se forment sur la tige de quelques Végétaux ligneux, tel que l'Orme, par exemple. Les Exos-toses sont formées de fibres entre-croisées en tous sens et très-serrées les unes contre les autres. Comme elles forment un très-grand nombre de veines, on les emploie aux ouvra-ges d'ébénisterie. (A. R.)

EXOTIQUES. ZOOL. et BOT. Ce mot se dit des Animaux et des Végé-taux étrangers aux climats qu'on ha-bite. Tels sont pour la France le Fai-san doré de la Chine, le Bananier, etc. Une Coquille du genre Trucar-

de a reçu ce nom comme spécifique.
(B.)

* **EXPANGIS**. BOT. PHAN. Nom
proposé par Du Petit-Thouars (Hist.
des Orchidées des îles Australes d'A-
frique) pour une Plante de la section qu'il a nommée *Angorchis* et
qui correspond au genre *Angræcum*
des auteurs. D'après la nomenclature linnéenne, le nom de la Plante
figurée par Du Petit-Thouars (*loc.
cit*. tab. 57) est *Angræcum expansum*.
Elle croît aux îles Maurice et Mascareigne.   (G..N.)

EXPLANAIRE. *Explanaria*.
POLYP. Genre de l'ordre des Astraires dans la division des Polypiers
entièrement pierreux et lamellifères,
ayant pour caractères : Polypier pierreux, développé en membrane libre,
foliacée, contournée ou onduleuse,
sublobée, à une seule face stellifère ;
étoiles éparses, sessiles, plus ou moins
séparées. Ce genre a été établi par
Lamarck dans son Histoire générale
des Animaux sans vertèbres pour un
groupe de Polypiers qui offrent à
toutes les époques de leur vie des expansions foliacées, libres dans la plus
grande partie de leur surface inférieure, développées en membranes
pierreuses, fixées inférieurement par
une base courte, en général peu élargie. Ces expansions sont entières ou
sublobées, ordinairement contournées ou onduleuses, stellifères sur
leur face supérieure ; l'inférieure est
unie ou simplement striée ; les stries
partent du point d'attache et rayonnent jusqu'au bord de l'expansion.
Les Explanaires ne seront jamais confondues avec les Agaricies ; on les en
distinguera toujours par leurs étoiles
circonscrites, non-immergées dans
des rides ou des sillons. Elles ont beaucoup plus de rapports avec les Astrées,
dont elles diffèrent par la forme des
étoiles, et surtout par celle du Polypier.
Les Astrées offrent des masses encroû-
tantes, plus ou moins épaisses, plus ou
moins étendues, ou bien des masses
hémisphériques ou irrégulièrement
globuleuses, très-rarement cylindri-

ques et rameuses. Quelle que soit
leur forme, elles ne laissent voir leur
surface inférieure que dans les très-
jeunes individus et comme une chose
accidentelle. Il n'en est pas de même
des Explanaires dont la face inférieure est toujours visible, unie ou légèrement striée, sans cellules ni lames.
L'on ne connaît encore qu'un petit
nombre d'Explanaires ; elles sont rares dans les collections, peut-être
par la difficulté de les transporter, vu
la fragilité de leurs brillantes expansions. Lamarck a décrit six espèces
d'Explanaires parmi lesquelles on remarque les suivantes :

EXPLANAIRE MÉSENTÉRINE, *Explanaria Mesenterina*, Lamk. (*Madrepora cinerascens*, Sol. et Ellis, Zoophytes, p. 157, tab. 43). C'est une
grande et belle espèce avec des expansions ondées, diversement contournées, couvertes d'étoiles saillantes, à bords arrondis. Elle habite la
mer des Indes.

EXPLANAIRE ENTONNOIR, *Explanaria Infundibulum*, Lamk. (Esper,
Zooph., tab. 74 et tab. 86, fig. 1);
Madrepora Crater, Pallas. Polypier
creusé en forme d'entonnoir, à bord
mince et souvent ondulé. La surface
extérieure est finement poreuse suivant Lamarck, et finement striée
suivant Pallas. Esper le figure avec
ce dernier caractère. Habite la mer
des Indes.

EXPLANAIRE A CRÊTE, *Explanaria
cristata*, Lamk., Anim. sans vert. 2,
p. 257, n. 6. Ce Polypier forme des
expansions en partie appliquées sur
les rochers, en partie relevées et repliées en crêtes saillantes, couvertes
de petites étoiles éparses. Habite les
côtes de la Nouvelle-Hollande.
             (LAM..X.)

EXQUIMA. MAM. (Marcgraaff.)
Syn. de *Simia Diana*, L. *V*. GUENON.
             (B.)

* **EXTRA-AMIRAL**. MOLL. L'un
des noms marchands d'une variété
du *Cedo-nulli*, espèce du genre Cône.
V. ce mot.   (B.)

EXTRACTIF. BOT. Nom donné par

différens chimistes à une substance
particulière amère , brune , fragile , soluble dans l'eau et dans
l'alcohol , oxidable, etc., contenue
abondamment dans tous les extraits
des Végétaux.   (DR..z.)

EXTRAIT. BOT. Résultat de l'évaporation des sucs des Végétaux ou des
infusions et décoctions aqueuses ou
alcoholiques de diverses parties des
Végétaux.   (DR..z.)

EXUPERA. BOT. PHAN. Syn. ancien de Verveine.   (B.)

* EYDYSANTHEMA. BOT. PHAN.
Genre formé par Necker (*Elem. Bot.*
T. III, n. 1475) aux dépens des *Epidendrum* de Linné , et qu'il a caractérisé par son labelle (*Productum*,
Neck.) tubuleux, et dont la partie
inférieure est grande , acuminée, cordiforme, embrassant la base du gynostème ou colonne des organes
sexuels soudés par leurs supports.
                         (G..N.)

* EYLAIDES. *Eylaides.* ARACHN.
Famille établie par Leach (*Trans.
Lin. Societ.* T. XI) dans sa classe
des Arachnides , et dans son ordre
des Monomerosomates; elle est caractérisée par des pieds natatoires et par
une bouche pourvue de mandibules;
les pieds, servant à la natation , rapprochent cette famille de celle des
Hydrachnides ; mais elle s'en éloigne
par la présence des mandibules. Les
Eylaïdes ne renferment que le genre
Eylaïs. *V.* ce mot.   (AUD.)

* EYLAIS. *Eylais.* ARACHN. Genre de l'ordre des Trachéennes ,
famille des Holètres , tribu des Acarides (Règn. Anim. de Cuv.), établi
par Latreille qui lui assigne pour
caractères : huit pates servant à la
natation ; mandibules en griffes, ou
terminées par un onglet mobile, et
reçues dans une lèvre sternale; corps
presque globuleux. Ces Arachnides ,
qui sont des Hydrachnes pour Müller,
vivent dans les eaux ; elles nagent avec
agilité , et se tiennent cachées sous
les feuilles des Végétaux aquatiques.

On peut considérer comme type du
genre :

L'EYLAÏS ÉTENDU , *E. extendens*,
Latr., ou l'*Atax extendens* de Fabricius ; il est la même espèce que
l'*Hydrachna extendens* de Müller ,
qui en a donné une très-bonne description et une excellente figure (*Hy-
drachnæ*, page 62, tab. 9, fig. 4).
Elle se trouve en Danemarck , en
France et dans les fossés remplis
d'eau. Son corps est d'un rouge obscur , convexe , luisant, glabre, arrondi, plus large cependant en arrière qu'en avant; les yeux sont de
couleur rouge , au nombre de quatre,
rapprochés entre eux et placés sur la
ligne moyenne du corps, ce qui est
un caractère distinctif très-important.
Les palpes sont petits et formés par
trois articles ; les pates sont rouges ,
garnies de poils et composées de cinq
articles égaux entre eux ; la dernière
paire ou la quatrième est plus longue
que les autres et entièrement glabre ;
elle offre ceci de particulier , que l'A-
nimal ne s'en sert pas pour nager , et
qu'il la tient droite et immobile.
                         (AUD.)

* EYMARA-ENOUROU. BOT. PHAN.
Nom de pays de l'Enourea d'Aublet.
V. ce mot.   (B.)

EYRA. MAM. Azzara désigne sous
ce nom une espèce de Chat du Paraguay.   (B.)

* EYRYTHALIA. BOT. PHAN. Reneaulme donnait anciennement ce
nom à quelques Gentianes, et Borckhausen l'a appliqué à un genre qu'il
a formé aux dépens du genre *Gentiana*, mais sur des caractères trop faibles
pour être adoptés. *V.* GENTIANE.
                         (G..N.)

* EYSELIA. BOT. PHAN. (Necker.)
Syn de Valantia. *V.* ce mot. (B.)

* EYSENHARDTIE. *Eysenhardtia.* BOT. PHAN. Genre de la famille
des Légumineuses et de la Diadelphie
Décandrie , L. , tout récemment établi par Ch. Kunth (*Nov. Gener. et
Spec. Plant. Æquinoct.* T. VI, p. 489)
qui lui a donné pour caractères essentiels : calice tubuleux, campanu-

lé, à cinq dents aiguës dont les deux supérieures sont très-éloignées entre elles, l'inférieure plus développée que les latérales ; corolle papilionacée, à cinq pétales, le supérieur réfléchi, oblong, ayant sa base onguiculée et cunéiforme, les autres pétales un peu plus courts, oblongs, spathulés, libres ; étamines diadelphes ; ovaire supporté par un court pédicelle, renfermant deux ovules ; style terminé en crochets ; stigmate obtus et papillaire ; fruit inconnu. Ce genre a de très-grands rapports avec l'*Amorpha*, mais dans celui-ci la corolle est réduite à un seul pétale (l'étendard), tandis que le nombre des pétales de l'*Eysenhardtia* est complet, c'est-à-dire de cinq. L'auteur n'en décrit qu'une seule espèce sous le nom d'*Eysenhardtia amorphoides* (*loc. cit.* tab. 592). C'est un Arbre inerme, très-rameux, à feuilles alternes, composées de petites folioles opposées, rarement alternes, nombreuses, marquées de points transparens, et dont les pétioles sont munis de petites stipules subulées et géminées. Les fleurs sont blanches, à calice glanduleux, disposées en grappes terminales et solitaires au sommet des petites branches. (G..N.)

EYSTATHES. BOT. PHAN. Loureiro nomme ainsi un grand Arbre qui habite les montagnes de la Cochinchine. Ses feuilles sont alternes, ovales-oblongues, très-entières et glabres ; les fleurs blanches sont disposées vers l'extrémité des rameaux en grappes allongées ; elles présentent un calice de cinq sépales ; cinq pétales ovales, étalés, égaux aux divisions du calice; huit étamines ; un ovaire libre, arrondi, velu ; un style filiforme, terminé par un stigmate obtus et échancré ; le fruit est une baie sphérique qui renferme quatre graines, dont la forme est celle d'un ovoïde comprimé sur ses faces. Ce genre, que Raeusch, d'après les indications de Willdenow, a réuni au Valentinia, paraît se rapprocher de la famille des Sapindacées. (A.D.J.)

* **EZARI** ET **LIZARI.** BOT. PHAN. Même chose que Chioc-Roya. *V.* ce mot. (B.)

F.

FAADH. MAM. Mot donné par plusieurs voyageurs, comme synonyme de Panthère chez les Arabes. *V.* CHAT. (B.)

* **FAALIME.** BOT. PHAN. Thevet mentionne, sous ce nom de pays, une Plante tubéreuse dont les feuilles sont semblables à celles de la grande Inule, et que les habitans du pays de Monbaze emploient dans la morsure des Serpens, comme un remède efficace. Nous engageons les voyageurs à rechercher quel peut être ce Végétal précieux. (B.)

FABA. BOT. PHAN. *V.* FÈVE.

FABACIA. BOT. PHAN. (Pline.) C'était, chez les Romains, le pain fait avec la farine de Fèves. *V.* ce mot. (B.)

FABAGELLE. *Zygophyllum.* BOT. PHAN. Genre qui a servi de type à la nouvelle famille des Zygophyllées, autrefois placé parmi les Rutacées, et qui se distingue par les caractères suivans : calice à quatre ou cinq divisions profondes ; corolle de quatre à cinq pétales, tantôt dressés, tantôt étalés ; étamines en nombre double des pétales, ayant les filets munis, sur leur face interne, d'un appendice foliacé et frangé ; anthères introrses ; insertion des étamines et des pétales sur le pourtour d'un disque hypogyne; ovaire ovoïde allongé, à quatre ou cinq loges, quelquefois relevé d'autant d'angles qu'il y a de loges. Chacune de ces loges contient environ une vingtaine d'ovules attachés à l'angle rentrant sur deux rangées longitudinales. Ces ovules sont insérés par le milieu de leur face interne, c'est-à-dire qu'ils sont péritropes. Le style est subulé, oblique, terminé par un stigmate simple. Le fruit est une capsule ovoïde, quelquefois à quatre ou à cinq côtes plus ou moins saillantes, à un égal nombre de loges contenant chacune plusieurs graines qui, suivant Gaertner , sont dépourvues d'endosperme. Dix-huit espèces connues forment aujourd'hui ce genre. Ce sont des Plantes herbacées ou de petits Arbustes qui croissent pour la plupart en Orient et au cap de Bonne-Espérance , et dont deux sont originaires de l'Amérique méridionale. Leurs feuilles sont articulées, tantôt simples, tantôt unijuguées, opposées , accompagnées à leur base d'une ou de deux stipules. Les fleurs sont axillaires et pédonculées.

La FABAGELLE ORDINAIRE, *Zygophyllum Fabago*, L., *Sp.* 551 ; Lamk., Ill., 345, f. 1 , est une Plante herbacée , très-glabre, ayant sa tige rameuse, dichotome, haute d'environ un pied et demi. Ses feuilles sont opposées, pétiolées, composées de deux folioles obovales, obtuses, entières, charnues, glabres, d'un vert tendre. Ses fleurs sont blanchâtres, pédonculées, axillaires, dressées; sa corolle est presque globuleuse, plus courte que les étamines. Cette espèce croît en Syrie, en Tauride, en Barbarie et dans l'Espagne méridionale, selon Bory de Saint-Vincent.

Delile (Flore d'Égypte, t. 27, f. 3) a figuré une autre jolie espèce qu'il a nommée *Zygophyllum decumbens.*

Ce genre est très-voisin du *Fagonia;* il s'en distingue surtout par ses étamines appendiculées et ses loges polyspermes. (A. R.)

FABAGO. BOT. PHAN. Espèce de Fabagelle. Ce nom avait été étendu par la plupart des premiers botanistes au genre entier. *V.* FABAGELLE. (B.)

* **FABER**. POIS. *V.* ZÉE.

FABIANE. *Fabiana.* BOT. PHAN. Genre de la famille des Solanées et de la Pentandrie Monogynie, L. , établi par Ruiz et Pavon (*Flor. Peruv.*, 2, p. 12) qui l'ont ainsi caractérisé : calice pentagone et quinquédenté ; corolle infundibuliforme dont le tube est très-long et le limbe court et réfléchi : cinq étamines, dont les filets sont inégaux et les anthères échancrées à la base ; un style surmonté d'un stigmate échancré ; capsule à deux valves et à deux loges polyspermes. La seule espèce connue est le *Fabiana imbricata*, R. et Pav. (*loc. cit.*, tab. 122), Arbrisseau résineux ayant le port d'un Tamarin, et qui croît dans les champs et les endroits sablonneux du Chili. Il a des fleurs solitaires, terminales, et ses feuilles sont petites , glabres, ovales et imbriquées en forme d'écailles.

Ayant vérifié le caractère énoncé plus haut sur un échantillon envoyé par Ruiz et Pavon, nous avons reconnu son exactitude ; nous ajouterons cependant que la capsule est déhiscente par le sommet, et que ses valves sont bifides ou se fendent en deux dans une partie de leur longueur. Ce genre nous paraît voisin, et par le port et par les caractères, de l'*Aragoa* de Kunth, qui a placé celui-ci dans les Bignoniacées. (G..N.)

* **FABIUS**. INS. Espèce de Papillon de la division des Chevaliers grecs. (B.)

FABRECOULIER. BOT. PHAN. Ce nom désigne le *Celtis australis* dans le Midi de la France, où cet Arbre devient fort rare, parce que , recherché pour la solidité de son bois, il croît avec une excessive lenteur. (B.)

FABRICIE. *Fabricia.* BOT. PHAN. Ce genre, de la famille des Myrtinées et de l'Icosandrie Monogynie, a été créé par Gaertner (*de Fruct.* T. I, p. 175, tab. 35) et adopté par Smith qui, dans un examen des caractères génériques de quelques Plantes de l'ordre naturel des Myrtes (*Trans. of Linn. Societ.* T. III, p. 265), a tracé ainsi ses caractères essentiels : calice quinquéfide, demi-adhérent ; cinq pétales sans onglets ; stigmate capité; capsule multiloculaire ; graines bordées par une aile. Ces caractères ont été tirés de l'examen des organes d'une seconde espèce indiquée seulement par Gaertner sous le nom de *Fabricia lævigata* ; ils s'accordent parfaitement avec ceux qu'a donnés ce savant carpologiste, d'après l'analyse du *Fabricia myrtifolia*. Smith n'a emprunté à la description de Gaertner que le caractère de pétales sans onglets. Il ajoute que le genre en question est très-voisin du *Leptospermum*, mais qu'il en diffère suffisamment par le nombre considérable des loges du fruit (huit à dix) et surtout par ses semences bordées.

Les espèces de Fabricies publiées jusqu'à ce jour se réduisent à trois, savoir : les *Fabricia myrtifolia*, Gaertn. ; *F. lævigata*, Smith; et le *F. sericea* de Noisette. Ces Plantes sont des Arbrisseaux indigènes de la Nouvelle-Hollande. La première se distingue de la seconde, d'abord par ses feuilles opposées, ensuite par les dents de son calice qui sont orbiculaires. La *Fabricia lævigata* est d'ailleurs deux fois plus grande que l'autre dans toutes ses parties.

Thunberg a établi sous le nom de *Fabricia* un genre de Monocotylédones, postérieur à celui de Gaertner, et qui d'ailleurs n'a pas été adopté, parce que ses espèces se rapportent aux genres *Gethyllis* et *Hypoxis*. *V.* ces mots.   (G..N.)

FABRONIE. *Fabronia*. BOT. CRYPT. (*Mousses*.) Genre établi par Raddi (*Act. Acad. Florent.*, 1808, T. IX, p. 250), adopté par Bridel (*Meth.*, 124) et par Schwægrichen (*Musc. Suppl.* 2, p. 337) qui lui donnent pour caractère essentiel : un péristome simple, orné de huit paires de dents repliées dans l'urne. Ce genre ne diffère des *Pterigynandrum*, dont ses espèces ont d'ailleurs le port, que par le nombre des dents du péristome, qui, au lieu d'être de seize paires, n'est ici que de huit.

Bachelot-Lapilaye a néanmoins décrit et figuré (Journ. de Bot. T. IV, p. 77, t. 34, f. 1) comme appartenant au genre *Fabronia*, une Plante à laquelle il attribue un péristome à seize paires de dents; mais ce caractère contradictoire porte à croire que la Mousse de Bachelot-Lapilaye n'est pas une Fabronie. Le genre *Pilaisœa* décrit par cet auteur offre tous les caractères du *Fabronia* de Raddi, et ne diffère pas, quant au port, de la Fabronie qu'il a figurée. Outre la FABRONIE EXIGUE, *Fabronia pusilla*, petite espèce qui croît par touffes sur les rochers de l'Italie septentrionale, Schwægrichen en a décrit deux autres, savoir : *Fabronia octoblepharis*, que l'on a trouvée sur les rochers de l'Helvétie, et dont on a fait un *Pterigynandrum* ou un *Hypnum*; et la *F. Persoonii*, indigène de l'île de Bourbon. Hooker (*Musci Exot.* T. III) et Kunth (*Synopsis Plant. Orb.-Novi*, T. I, p. 49) ont ajouté à ces espèces une quatrième sous le nom de *F. polycarpa* qui a été trouvée par Humboldt et Bonpland sur les racines du *Quercus granatensis*, dans les lieux ombragés de la montagne de Quindiu au Pérou. Ce sont de petites Plantes touffues, divisées en plusieurs ramuscules éparses ainsi que les feuilles qui sont ciliées sur leurs bords. Leurs urnes sont portées sur des pédicelles très-grêles, latéraux et plus longs que les ramuscules qui les avoisinent. (G..N.)

* FABRONIEN ou FABRONIENNE. POIS. Espèce de Raie du sous-genre Céphaloptère. *V.* RAIE. (B.)

* FABULAIRE. POLYP.? Defrance a figuré sous ce nom des productions marines fossiles que Lamarck regardait comme des Polypiers, et qui, suivant le premier de ces naturalistes, appartiennent à des Mollusques; Il en compose un genre dans lequel il renferme deux espèces : la Fabulaire discolithe et la Fabulaire sphéroïde. (LAM..X.)

FACE. ZOOL. Cette partie de la tête où s'ouvrent la bouche, les narines, les yeux, les oreilles, et quelquefois encore d'autres organes sensitifs, tels par exemple que celui que nous avons fait connaître dans les Serpens à sonnettes et les Trigonocéphales. (*V.* Journ. de Phys. Expérim. T. IV, et notre Anat. des syst. nerv.) C'est dans la Face que siége la physionomie des Animaux. Cette physionomie est d'autant plus expressive que la Face est plus mobile. Or la Face n'est mobile que dans les Mammifères, où l'on sait que cette mobilité varie beaucoup. Il y a bien dans plusieurs Poissons osseux des mouvemens très-prononcés à la Face. Depuis les Labres jusqu'aux Batracoïdes et jusqu'aux Zeus, il y a une singulière protractilité des os intermaxillaires. Dans plusieurs genres, chez les Callyonimes, les Epibulus, les Zeus, telle est cette protractilité qu'accompagne toujours celle de la mâchoire inférieure, que la bouche tout entière s'allonge comme un tuyau presque aussi long, et même, dans le *Sparus Insidiator*, plus long que la tête. Mais il ne résulte de cette protraction aucun effet physionomique, c'est-à-dire aucune expression des passions de l'Animal.

Des nerfs provenant de la cinquième paire donnent à la Face sa sensibilité chez tous les Vertébrés. Dans les Mammifères, tous les mouvemens physionomiques sont excités par le nerf facial de la septième paire, nerf qui est très-peu sensible, et dont il n'existe plus de vestiges hors de cette classe que chez quelques Oiseaux à oreilles externes mobiles. Tous les sens de la Face sont animés par les branches de la cinquième paire, la plus sensible de toutes. C'est à Magendie que l'on doit la connaissance de tous ces phénomènes pour le détail desquels nous renvoyons à sa Physiologie et à notre Anatomie. Pour la structure osseuse de la Face et ses relations avec le reste de la tête, *V.* CRANE, où nous avons réuni tout ce qui concerne ces deux parties de la tête. (A. D..NS.)

* **FACE DE LOUP.** BOT. PHAN.

Nom vulgaire du *Lycopsis arvensis.* *V.* LYCOPSIDE. (B.)

* **FACÉLIDE.** *Facelis.* BOT. PHAN. Genre de la famille des Synanthérées, Corymbifères de Jussieu, et de la Syngénésie superflue, L., établi aux dépens des *Gnaphalium* de Lamarck, par H. Cassini (Bulletin de la Société philomathique, juin 1819) qui lui a donné les caractères suivans : calathide oblongue dont le disque est composé de cinq fleurons tubuleux, hermaphrodites, et la circonférence formée de fleurons nombreux, tubuleux et femelles ; involucre oblong dont les écailles sont imbriquées, appliquées, arrondies au sommet, scarieuses et légèrement coriaces dans leur partie moyenne inférieure ; réceptacle nu et plane ; ovaires obovés, hérissés de poils droits, surmontés d'une aigrette persistante, devenant très-longue par la maturation, et formée de poils nombreux, égaux, un peu soudés à leur base, hérissés, surtout dans leur partie moyenne, de longs cils excessivement ténus. L'auteur de ce genre le place dans la tribu des Inulées, section des Gnaphaliées, et lui assigne des rapports très-marqués avec le *Lucilia.* La Plante qui lui a servi de type est le *Gnaphalium retusum*, Lamk., Encycl., ou *Facelis apiculata*, Cass. Cette espèce a été recueillie par Commerson aux environs de Buenos-Ayres et de Montévidéo. Elle est herbacée ; sa racine pivotante et tortueuse porte plusieurs tiges ascendantes couvertes de feuilles laineuses en dessous, alternes, sessiles, comme spathulées, et surmontées au milieu d'un petit prolongement subulé. Les fleurs, disposées en une sorte de sertule au sommet de chaque tige et de chaque rameau, sont rougeâtres dans leur milieu. (G..N.)

* **FACIES.** ZOOL. BOT. Linné, en adoptant ce mot latin, pour désigner l'aspect, le port, la physionomie des corps naturels, l'a tellement consacré, qu'il est passé dans notre langue pour peindre l'ensemble des

formes et des caractères extérieurs qui frappent au premier coup-d'œil. Le Facies peut rarement se décrire : ses différences ou ses rapports ne suffisent pas toujours pour établir des classes , des ordres , des genres et des espèces, mais n'en doivent pas moins être soigneusement observés. L'art de les saisir indique le véritable naturaliste.   (B.)

* FAEL. BOT. PHAN. L'Arbre désigné sous ce nom par les médecins arabes, Sérapion, Avicène et Rhasès, était, selon Gaspard Bauhin, celui que les botanistes nomment aujourd'hui *Pistachia Narbonensis. V.* PISTACHIER.   (B.)

FÆTIDIA. BOT. PHAN. *V.* FÉTIDIER.

FAGAN. MOLL. Adanson a ainsi nommé une Coquille bivalve qu'il a placée dans le genre Pétoncle où il réunissait aussi des Bucardes et des Arches. Le Fagan fait partie du genre Arche de Linné et des autres auteurs. C'est l'*Arca senilis.*   (D..H.)

FAGARIER. *Fagara.* BOT. PHAN. Ce genre établi par Patrick Browne, adopté par Linné , vient d'être réuni par Kunth (*in Humb. Nov. Gen.*, VI, p. 1) au genre *Zanthoxylum. V.* ce mot. Son nom est emprunté du voyageur Linschot qui l'employa le premier d'après les médecins arabes.
        (A. R.)

FAGELIA. BOT. PHAN. Nom donné par Schwenck (Actes de Rotterdam , 1774, p. 473, t. 13) au *Calceolaria pinnata. V.* CALCÉOLAIRE. Necker (*Elem. botanica*, T. III, p. 41) l'a appliqué à un genre de Légumineuses formé aux dépens des Glycines de Linné , caractérisé par son calice non labié, les ailes de sa corolle en lunules , et ses étamines réunies en une seule gaîne fendue sur la partie dorsale. Ce genre intermédiaire , selon Necker, entre le *Borbonia* et le *Crotalaria* , se compose d'une espèce arborescente et à feuilles simples.
        (G..N.)

* FAGIANE. *Fagianus.* POIS. (Rafinesque.) Espèce du genre Trigle. *V.* ce mot.   (B.)

FAGONIE. *Fagonia.* BOT. PHAN. Genre de la famille des Zygophyllées et de la Décandrie Monogynie, L., établi par Tournefort, et adopté par tous les botanistes. Il se compose aujourd'hui de dix espèces croissant en Espagne, en Orient, dans l'Afrique septentrionale ou l'Asie. Ce sont en général des Plantes herbacées vivaces, quelquefois légèrement sousfrutescentes à leur base , ayant les feuilles opposées , munies de deux stipules quelquefois épineuses. Ces feuilles sont généralement composées de trois folioles , dont les deux latérales avortent dans quelques espèces. Les fleurs sont axillaires, solitaires et pédonculées ; leur calice est formé de cinq sépales caducs ; la corolle est régulière , à cinq pétales onguiculés à la base ; les étamines, au nombre de dix , ont les anthères introrses, les filets simples insérés au pourtour d'un disque hypogyne peu saillant ; l'ovaire est ovoïde, à cinq côtes séparées par autant de sillons profonds , et à cinq loges contenant chacune deux ovules opposés, attachés vers la partie inférieure de l'angle rentrant au moyen d'un podosperme horizontal et recourbé ; le style est subulé , à cinq côtes ; il se termine par un stigmate très-petit, simple et tronqué ; le fruit est une capsule à cinq angles et à cinq loges généralement monospermes , se séparant les unes des autres par la maturité, et s'ouvrant chacune en deux valves. Les graines contiennent un embryon droit au milieu d'un endosperme charnu.

L'espèce la plus commune de ce genre est la *Fagonia Cretica*, L., *Sp.* 553, Lamk., Ill., t. 346; Gaertn., II , p. 153, t. 113. C'est une Plante vivace qui croît dans les lieux sablonneux en Crète, en Barbarie, et jusque dans le midi de l'Espagne. Sa tige est tantôt droite et tantôt couchée , longue d'environ un pied, rameuse, dichotome, anguleuse; les feuilles sont opposées , portées sur de courts pétioles,

planes , composées de trois folioles
sessiles, lancéolées, roides , très-aiguës , entières ; les deux latérales un
peu obliques ; les fleurs sont purpurines, solitaires à l'aisselle des feuilles ; la capsule est à cinq côtes saillantes , hérissées de pointes.

Dans le magnifique ouvrage sur
l'Egypte, le professeur Delile a décrit
et figuré trois espèces nouvelles du
genre qui nous occupe, savoir : *Fagonia mollis*, t. 27, fig. 2 ; *Fagonia
glutinosa*, t. 28, fig. 2 ; *Fagonia latifolia* , t. 28 , fig. 3.

Le professeur De Candolle (*Prodr.*
1, p. 704) divise les espèces de *Fagonia* en deux sections : la première
comprend celles qui ont les feuilles
trifoliolées ; la seconde celles dont les
feuilles sont simples. Parmi ces espèces , il en décrit trois nouvelles ,
savoir : *Fagonia Persica*, à laquelle il
réunit la *Fagonia Indica* de Burmann,
Fagonia Oliverii et *Fagonia Bru-
guierii*. Ces trois espèces, ainsi que
la *Fagonia Mysorensis* de Roth, qui
forment la seconde section , sont originaires d'Asie.   (A. R.)

FAGOPYRUM. BOT. PHAN. Tournefort établit sous cette dénomination un genre principalement caractérisé par ses fruits triangulaires. Il
fut réuni par Linné au genre *Polygonum*, et rapporté à l'Octandrie Trigynie. Dans la Flore Française, De
Candolle en a formé une section du
genre *Polygonum*, à laquelle il a donné les caractères suivans : fleurs en
corymbes ou en panicules ; huit étamines ; trois styles ; fruits triangulaires ; embryon central ; cotylédons
plissés. Enfin Campdera (Monographie des Rumex et Notes sur la famille des Polygonées, Montpellier ,
1819) a élevé de nouveau le Fagopyrum au rang de genre. Parmi les
espèces dont il se compose , nous citerons : le BLÉ SARRAZIN , appelé
aussi vulgairement BLÉ NOIR et CA-
RABIN. C'est le *Polygonum Fagopyrum* , L. Cette Plante est trop répandue et trop connue pour que
nous nous arrêtions à sa description.

Sa culture est fort avantageuse en
certaines contrées de l'Europe , particulièrement en Bretagne , où le Sarrazin fait le fond de la nourriture des
paysans, parce qu'on sème la Plante
après la moisson dans les terres mai-
gres et sèches qui lui conviennent, et
qu'elle produit ainsi une seconde récolte ; sa graine est aussi employée
pour nourrir la volaille. Dans plusieurs cantons du département de
l'Ain , on fait avec sa farine, comme
en Bretagne , des galettes ou une
sorte de pain qui devient presque une
nourriture exclusive.

Nous croyons devoir rappeler , au
sujet du Blé Sarrazin, le passage suivant de la préface dont notre collaborateur Bory de Saint - Vincent
enrichit les Annales générales des
Sciences physiques (T. 1, pag. 25).
Ce savant , énumérant les services
rendus par les Belges à la botanique
et à l'agriculture , dit : « Le nombre
des Végétaux utiles , introduits en
Europe par la Hollande et par la Belgique , surpasse de beaucoup celui
des Plantes exotiques qu'y naturali-
sèrent le reste des Européens ensemble. C'est à cette introduction que les
générations actuelles ont dû l'avantage de ne pas voir succéder aux
calamités d'une longue guerre des
famines telles que celles dont l'histoire nous a conservé le triste souvenir, et qu'on regarderait peut-être
encore comme l'effet complémen-
taire de la fureur d'un Dieu de clé-
mence, sans l'introduction de la Pom-
me-de-terre, du Maïs, du Blé Sarrazin et la pratique des bons assole-
mens. Dans ces temps où l'une des
plus violentes maladies de l'esprit humain transportait vers l'Orient ef-
frayé les fanatiques habitans des côtes occidentales de l'Europe ; lorsque, pensant venger Dieu, et s'emparer en son nom d'un sépulcre, à la
conquête duquel la Providence ne se
montra jamais favorable, de grossiers héros venaient arroser de sang
les rochers de la Palestine, quelques
croisés flamands parurent se proposer, dans ces pélerinages militaires ,

un autre but que le martyre ou la fortune. Des traditions à peu près certaines nous apprennent que, n'oubliant point leur patrie sur de lointains rivages, ils voulurent, en revenant au lieu de leur berceau, l'enrichir de biens d'autant plus précieux, qu'ils devaient se reproduire avec les âges, et que leur conquête, n'ayant coûté aucune larme, impose encore aujourd'hui aux générations qui en jouissent un juste tribut de reconnaissance. C'est au retour des croisés belges que nos jardins doivent la Passe-Rose (*Alcea rosea*), la Croix de Chevalier (*Lychnis Chalcedonica*), probablement la Couronne impériale (*Fritillaria imperialis*), plusieurs belles espèces de Safran et le Blé Sarrasin, un des plus précieux comestibles. C'est, du moins, dit un magistrat dont la mémoire est toujours en vénération chez les Flamands (Feypault, Tabl. du dép. de l'Escaut, p. 64); c'est dans l'église de Zuydorpe que sont déposées les cendres du croisé qui rapporta d'Asie le Blé Sarrazin, dont le nom indique clairement l'origine.»

Le *Polygonum Tataricum*, L. (Sarrazin de Sibérie), Plante du genre *Fagopyrum*, Tournef., est cultivé dans quelques départemens. Le professeur A.-L. de Jussieu, au sujet de l'origine de sa culture, rapporte l'anecdote suivante : « Un particulier du Pont-de-Beauvoisin (Isère) remarqua cette espèce en se promenant dans l'école du Jardin des Plantes de Paris. Il en cueillit une certaine quantité qu'il sema à son retour dans son pays. Quelques années plus tard, elle fut tellement multipliée dans ce canton, qu'on l'y cultive maintenant de préférence à l'autre comme d'un meilleur produit. » Nous devons toutefois signaler ses inconvéniens; c'est que sa farine est plus amère que celle de notre Sarrazin, que ses graines plaisent peu à la volaille, et qu'on en perd beaucoup en les récoltant, parce qu'elles ne mûrissent pas toutes à la même époque.   (G..N.)

FAGOTRITICUM. BOT. PHAN. Nom ancien du Blé Sarrazin. *V.* FAGOPYRUM. Plukenet l'appliquait aussi au genre qui a été nommé *Brunnichia* par Gaertner.   (G..N.)

FAGRÉE. *Fagræa.* BOT. PHAN. Thunberg (*Act. Holm.* 1782, p. 132, tab. 4) est l'auteur de ce genre qui appartient à la Pentandrie Monogynie, L. Dans son *Genera Plantarum*, A.-L. de Jussieu les plaça à la suite des Apocynées, parmi les genres non lactescens, en faisant observer toutefois que les stipules interpétiolaires que l'on voit dans la figure donnée par Thunberg pourraient bien faire reporter le genre *Fagræa* près du *Gardenia*, dans les Rubiacées, quoique l'ovaire soit décrit comme supère. Cette opinion, qui a été embrassée par Poiret, ne paraît pas cependant avoir été soutenue pas l'illustre auteur des Familles naturelles, car dans un travail récent que nous possédons de lui sur la famille des Rubiacées, le *Fagræa* ne se trouve pas au nombre de ses genres ; bien plus, en décrivant le *Hillia*, Jussieu dit positivement que le *Fereira* de Vandelli, réuni à ce genre par Willdenow, est plus voisin des Apocynées et du genre *Fagræa*, à cause de son ovaire supère. En attendant qu'un examen plus attentif des organes floraux du *Fagræa* fasse décider ses rapports naturels, nous allons donner les caractères génériques tels que Thunberg les a fait connaître : calice campanulé, à cinq divisions profondes, membraneuses au sommet; corolle infundibuliforme dont le tube très-long est sensiblement élargi, et le limbe contourné à cinq divisions ; cinq étamines insérées sur le tube; ovaire supère ; un seul style et un stigmate pelté; baie ovée, charnue, biloculaire, et contenant un grand nombre de graines globuleuses.

La FAGRÉE DE CEYLAN, *Fagræa Zeylanica*, Thunb., espèce unique du genre, est un petit Arbuste dont la tige offre quatre angles peu prononcés ; ses feuilles sont opposées, ses fleurs terminales au nombre de trois réunies en sertules et soutenues par des pédicelles accompagnés chacun de deux bractées fort petites.

(G..N.)

FAGUS. BOT. PHAN. *V*. HÊTRE.

FAHLERZ. MIN. (Werner.) *V*. CUIVRE GRIS

*FAHLUNITE. MIN. Ce nom a été donné à plusieurs substances différentes : au Spinelle zincifère, autrement dit Gahnite et Automalite ; à un autre Minéral décrit par Lobo, et auquel on a également appliqué ce nom de Gahnite ; et enfin au Triclasite, substance découverte par Walmans à Fahlun en Suède. Celle-ci est généralement regardée comme constituant une espèce nouvelle. *V*. TRICLASITE. (G. DEL.)

FAILLE. MIN. On nomme ainsi dans les terrains houillers des fentes qui interrompent la continuité des couches de Houille, et qui renferment le plus souvent des fragmens de Grès et des autres substances qui accompagnent ce combustible. Ces fentes, qui ont une épaisseur quelquefois très-considérable, traversent les couches plus ou moins obliquement, et occasionent un dérangement remarquable qui consiste en ce que les parties du terrain séparées par elles ne se correspondent plus, l'une de ces parties s'étant affaissée d'un ou plusieurs mètres. Souvent les couches de Houille, sans avoir été dérangées de leur position, sont comme brisées et contournées dans le voisinage de ces fentes. Celles-ci ne doivent être considérées que comme de vastes filons d'un caractère particulier dont la connaissance intéresse le mineur, et dont la théorie doit être comprise dans celles des filons en général. *V*. FILON. (G. DEL.)

FAINE. BOT. PHAN. Le Fruit du Hêtre. *V*. ce mot. (B.)

FAISAN. *Phasianus*. OIS. Genre de l'ordre des Gallinacés. Caractères : bec médiocre, assez épais, avec la base nue ; mandibule supérieure voûtée, courbée vers la pointe, dépassant l'inférieure ; narines placées sur les côtés de la base du bec et recouvertes par une membrane ; joues nues, verruqueuses ; tarses éperonnés chez les mâles : quatre doigts, dont trois devant, réunis jusqu'à la première articulation, celui de derrière ne porte à terre que sur le bout ; queue très-étagée, conique, voûtée, composée de dix-huit rectrices ; ailes courtes, les trois premières rémiges étagées, plus courtes que les quatrième et cinquième qui sont les plus longues.

L'Oiseau de la Colchide, le Faisan par excellence, qui fut une conquête moins vaine que celle que cherchaient le fier Jason et ses hardis compagnons, éternise autant et peut-être plus que ne l'ont fait de beaux poëmes, une expédition dénaturée sans doute par les prestiges de l'imagination et le souvenir des temps fabuleux. Du reste, que des avanturiers aient été poussés vers des régions alors peu connues, par l'espoir de recueillir des trésors, ou par le désir de reculer les limites de la civilisation, en nous rapportant ce précieux Oiseau, ils ont acquis des droits réels à notre reconnaissance. Transportés des bords du Phase sur ceux de l'Acheloüs, les Faisans ont été successivement répandus dans toutes les régions tempérées de l'Europe où, d'abord, on les éleva avec beaucoup de soins, où ils se multiplièrent, affranchis, du moins en apparence, du joug de la domesticité. On les retrouve encore et en abondance, diton, dans les plaines froides et humides de la Sibérie, ainsi que vers les lieux les moins découverts de l'aride Afrique ; mais ils n'ont pu, à cause de la brièveté de leurs ailes, s'abandonner aux longues migrations d'outre-mer, et aucune espèce de Faisan n'a encore été observée sur le nouveau continent. De même que le Coq, le Faisan est polygame ; mais moins que lui, il s'occupe du soin de sa progéniture, les femelles en restent exclusivement chargées ; vers le mois de mai, celles-ci préparent au pied des Arbres le nid de mousse et de duvet, dans lequel elles pondent une douzaine d'œufs d'un gris verdâtre, tachetés de brun ; elles les couvent pendant vingt-cinq jours, mais rarement elles élèvent plus de deux ou trois des petits qui naissent ; les autres périssent, à moins que l'on ait été à portée de les recueillir, et alors on les nourrit dans les basse-cours avec une pâtée composée de mie de pain, d'œufs cuits et de Laitue hâchée, à laquelle on ajoute des œufs de fourmis, qui paraissent leur être rigoureusement nécessaires ; dès qu'ils ont acquis un peu de forces, ils se mettent d'eux-mêmes à chercher quelques Insectes ; mais ce n'est qu'à l'âge de trois mois que, dans l'état complet de domesticité, on peut les traiter comme les autres Gallinacés. Vers l'automne, ils deviennent pour les amateurs de la bonne chère un mets des plus exquis. La délicatesse de la chair du Faisan a fait de cet Oiseau un grand objet de luxe ; les souverains, les grands et même les particuliers opulens ont des faisandries qui servent à peupler leurs forêts, leurs bois, leurs parcs, et à leur procurer tout à la fois les plaisirs de la table et ceux de la chasse.

Le Faisan domestique est d'un naturel assez doux, confiant et social ; sauvage, il devient craintif et farouche, il fuit jusqu'à la société de ses compagnes, il s'enfonce dans le plus épais du taillis, où il se tient le plus souvent tapi contre terre, cherchant avec défiance l'Insecte ou la graine qui concourt à sa subsistance. Aux approches de la nuit, les Faisans se perchent sur les Arbres élevés pour s'y livrer au sommeil ; le cri des mâles est rauque et désagréable ; celui des femelles est un peu plus doux et beaucoup moins fort.

Les mâles de presque toutes les espèces de ce genre offrent à l'œil ébloui les plus éclatantes parures ; il semble que la nature y ait prodigué l'or, y ait employé toutes les ressources de sa riche palette. Les couleurs s'altèrent par la domesticité et surtout par le croisement des diverses espèces dont les métis sont assez souvent féconds, ce qui a fait penser à quelques naturalistes, meilleurs historiens qu'observateurs, que les espèces les plus brillantes parmi les Faisans, pouvaient être anciennement issues de l'espèce commune, et modifiées par le beau climat de la Chine ; mais comment concevoir que ce pays ait pu exercer tant d'influence sur un Oiseau originaire de Colchide, lorsque nous voyons des espèces qui en sont presque congénères, telles que la Perdrix grise, habiter les régions les plus froides comme les plus chaudes de l'Europe, sans être assujetties à aucune différence ?

Faisan argenté. *V*. Faisan noir et blanc.

Faisan batard ou Coquart. Nom donné au métis provenu de l'accouplement du Faisan vulgaire avec la poule domestique.

Faisan bicolor. *V*. Faisan noir et blanc.

Faisan blanc. Variété du Faisan vulgaire, chez laquelle les couleurs sont remplacées par du blanc faiblement ondulé aux transitions des nuances.

Faisan a collier, *Phasianus torquatus*, Temm. Parties supérieures noirâtres, nuancées de jaune et veinées de blanc ; sommet de la tête fauve, nuancé de vert ; sourcils formés de deux traits blancs ; côtés de l'occiput, dessus du cou et gorge verts, à reflets violets ; un large collier blanc, dilaté sur les côtés ; tectrices caudales d'un vert clair ; parties inférieures d'un jaune blanchâtre, tacheté de violet ; poitrine d'un roux pourpré, nuancé de violet ; abdomen d'un noir irisé ; tectrices alaires grises, nuancées de vert ; rectrices olivâtres, ondées de larges bandes noires ; pieds gris ; bec et iris jaunes. Taille, vingt-neuf pouces. La femelle a les couleurs du plumage assez ternes, et une petite bande de plumes très-courtes et noirâtres au-dessus des yeux. De la Chine.

FAISAN COMMUN DE LA CHINE. *V.* FAISAN A COLLIER.

FAISAN COQUART. *V.* FAISAN BATARD.

FAISAN CORNU. *V.* FAISAN NAPAUL.

FAISAN DORÉ, *Phasianus pictus*, L., Buff., pl. enl. 217. Parties supérieures d'un jaune doré ; une huppe de cette couleur sur le sommet de la tête ; plumes de l'occiput allongées en camail, orangées et rayées transversalement de noir ; nuque d'un vert brillant nuancé de noir ; parties inférieures rouges ; gorge d'un roux fauve ; rémiges brunes, tachetées extérieurement de blanc ; grandes tectrices d'un bleu foncé à reflets violets, les petites mêlées de brun et de marron ; rectrices étagées, longues, noirâtres, tachetées de roussâtre ; bec et iris jaunes ; pieds jaunâtres. Taille, trente-trois pouces. De la Chine. La femelle est plus petite, elle a tout le dessus du corps d'un brun roussâtre, ondulé et noirâtre ; et le dessous, d'un beau clair faiblement rayé de brun.

FAISAN HUNÉRU, Frisch. *V.* FAISAN BATARD.

FAISAN NAPAL ou NAPAUL, *Phasianus Satyrus*, Vieill. ; *Meleagris Satyra*, L. ; *Penelope Satyra*, G. Parties supérieures d'un roux clair, avec des taches blanches bordées de noir ; une excroissance cornue de chaque côté de la tête, derrière l'œil ; cou et poitrine orangés avec des taches blanches entourées de noir ; rémiges et rectrices roussâtres ; bec brun ; pieds blanchâtres ; gorge garnie d'une caroncule charnue qui manque à la femelle de même que les cornes. Du Bengale et du Thibet.

FAISAN NOIR ET BLANC, *Phasianus Nyctemerus*, L., Buff., pl. enl. 123 et 124. Parties supérieures blanches, rayées de petites hachures noires, presque insensibles sur le cou, et très-marquées sur les ailes ; parties inférieures, ainsi qu'une belle huppe,

d'un noir à reflets pourprés ; joues membraneuses d'un beau rouge ; bec et iris jaunes ; pieds rouges. Taille, trois pieds environ. La femelle est plus petite ; elle a les plumes du sommet de la tête un peu allongées et d'un brun roussâtre ; tout le corps de cette couleur, mais plus clair sur la gorge, et mêlé de traits et de hachures blanches sur le ventre et la queue ; le tour des yeux et les pieds sont rouges.

FAISAN PANACHÉ. Variété accidentelle du Faisan vulgaire, chez laquelle on observe des plaques blanches plus ou moins étendues.

FAISAN ROUGE. *V.* FAISAN DORÉ.

FAISAN ROUSSARD. Nom donné au métis qui résulte de l'accouplement du Faisan doré avec le Faisan vulgaire.

FAISAN SUPERBE, *Phasianus superbus*, Lath. Espèce qui n'est connue que par les dessins très-incorrects qui viennent de la Chine, et par les deux rectrices intermédiaires que possède Temminck, seules dépouilles que l'on ait pu obtenir jusqu'ici. Ces rectrices sont longues de plus de quatre pieds ; ce qui doit en faire soupçonner au moins six à l'Oiseau ; elles sont très-bombées en toit, larges d'environ deux pouces et terminées en pointe ; leur tige est fortement cannelée en dessous ; leur couleur est le blanc grisâtre, nuancé de roux doré, avec des taches presque lunulées de cette dernière nuance sur les bords. De la partie septentrionale du centre de la Chine.

FAISAN TRICOLOR. *V.* FAISAN DORÉ.

FAISAN VARIÉ. *V.* FAISAN PANACHÉ.

FAISAN VULGAIRE, *Phasianus Colchicus*, L., Buff., pl. enl. 121 et 122. Parties supérieures d'un brun marron nuancé de roussâtre, de pourpre et de blanc ; sommet de la tête d'un vert obscur ; yeux entourés d'une membrane calleuse rouge ; une petite touffe de plumes s'élevant en corne de chaque côté de la tête ; gorge et dessus du cou d'un vert brillant irisé ;

poitrine et haut du ventre pourprés et relevés de noir irisé, le reste des parties inférieures roussâtre ; rémiges brunes ornées de taches triangulaires roussâtres ; rectrices d'un gris olivâtre, bordées de brun et rayées de noir ; bec brun, iris jaune. Taille, trente-quatre pouces. La femelle a tout le corps teint d'un brun mêlé de gris, de roux et de noirâtre, la face entièrement emplumée. D'Europe.

Espèces étrangères au genre Faisan, auxquelles on a donné ce nom.

FAISAN AFRICAIN. *V.* TOURACO MUSOPHAGE.

FAISAN DES ANTILLES. (Dutertre.) *V.* AGAMI.

FAISAN ARGUS. *V.* ARGUS LUEN.

FAISAN BRUYANT. *V.* TETRAS AUERHAN.

FAISAN DU CAP DE BONNE-ESPÉRANCE. *V.* PERDRIX FRANCOLIN DU CAP.

FAISAN DE CARASSOU. *V.* HOCCO.

FAISAN COLORÉ, Latham, *Phas. leucomelanos. V.* LOPHOPHORE.

FAISAN COULEUR DE FEU. *V.* COQ MACARTNEY.

FAISAN COUREUR. *V.* PÉNÉLOPE PARRAKUA.

FAISAN COURONNÉ DES INDES. *V.* PIGEON GOURA.

FAISAN DE LA GUIANE. *V.* PÉNÉLOPE PARRAKUA.

FAISAN HOATZIN. *V.* SASA.

FAISAN HUPPÉ. *V.* CRYPTONIX.

FAISAN HUPPÉ DE CAYENNE. *V.* SASA.

FAISAN D'IMPEY. *V.* LOPHOPHORE.

FAISAN DE JUNON. *V.* ARGUS.

FAISAN DU MARYLAND. *V.* TETRAS, GELINOTE A FRAISE DU CANADA.

FAISAN DE MER. *V.* CANARD PILET.

FAISAN MOMOUL. *V.* LOPHOPHORE.

FAISAN MONAUL. *V.* LOPHOPHORE.

FAISAN DES MONTAGNES. *V.* TÉTRAS BIRKHAN.

FAISAN MOMOT. *V.* MOMOT.

FAISAN NOIR. *V.* LOPHOPHORE.

FAISAN PAON. *V.* EPERONNIER.

FAISAN PARRAQUA. *V.* PÉNÉLOPE.

FAISAN VERDATRE. *V.* PÉNÉLOPE. (DR..Z.)

FAISAN. MOLL. On donne vulgairement ce nom à de très-belles Coquilles autrefois très-rares et très-chères, dont Lamarck a fait le genre Phasianelle. *V.* ce mot. (D..H.)

FAISANDE. OIS. Femelle du Faisan commun. (DR..Z.)

FAISANDEAU. OIS. Le petit du Faisan vulgaire. (DR..Z.)

FAISAN D'EAU. POIS. L'un des noms vulgaires du Turbot. *V.* PLEURONECTE. (B.)

FAITAN. POIS. Même chose que Flet ou Flétan. *V.* ce mot. (B.)

FAITIÈRE. MOLL. Nom vulgaire et marchand de la grande Tridacne, dont les deux valves d'un individu servent de bénitier dans l'église de Saint-Sulpice. (B.)

FALAISE. GÉOL. Les côtes coupées à pic et de constitution calcaire, dont la Manche est bordée, sont ainsi appelées. Leur blancheur, qui mérita le nom d'Albion à l'Angleterre, les fait apercevoir de loin ; elles abondent en Fossiles rares et paraissent appartenir aux mêmes formations que le terrain du nord de la France qui s'étend juqu'aux environs de Maëstricht. (B.)

FALANOUE. MAM. L'Animal de Madagascar, mentionné sous ce nom de pays par Flacourt, paraît être la Civette. *V.* ce mot. (B.)

* FALCAIRE. *Falcaria.* POLYP. Genre établi par Ocken (Syst. Génér. d'Hist. Nat., p. 99) pour quelques Cellariées qu'il caractérise ainsi : corallines articulées et réunissant des vésicules vraisemblablement ovifères avec les cellules. Il y rapporte le *Sertularia cornuta* et le *S. unguina* de Linné. Pallas, Bruguière, etc., avaient classé ces deux Polypiers parmi les Cellulaires ou Cellaires. En 1810, nous avions placé le premier dans les Eucratées, et le second composait à lui seul le genre Actée que Lamarck a

nommé par la suite *Anguinaria*. Les *Sert. cornuta* et *anguina* diffèrent par un trop grand nombre de caractères pour qu'on puisse les réunir dans un même genre ; aussi le genre *Falcaria* d'Ocken n'a-t-il été adopté par aucun naturaliste.　　　(LAM..X.)

FALCARIA. BOT. PHAN. Espèce du genre Berle, dont Adanson avait formé son genre *Prionitis*, caractérisé par un involucre commun composé de six à douze folioles et adopté par Delarbre dans sa Flore d'Auvergne. Ce genre est le même que le *Drepanophyllum* d'Hoffmann. *V*. ce mot. (B.)

FALCATA. OIS. Syn. d'Ibis Falcinelle, *Tantalus igneus*, Gmel. *V*. IBIS.　　　(DR..Z.)

FALCATA. BOT. PHAN. Une Légumineuse, décrite par Walter (*Flor. Carol.*, p. 188) sous le simple nom de *Falcata*, devint le type d'un nouveau genre auquel Gmelin (*Syst. Veget.* 1131) conserva le même nom et qu'il caractérisa ainsi : calice quadridenté ; style ascendant ; légume oblong, comprimé, en forme de faux, et pointu à ses deux extrémités. La Plante de Walter a été nommée *Falcata Caroliniana*. Aucun des auteurs postérieurs à Gmelin ne fait mention du genre *Falcata* qui sera peut-être encore un de ces doubles emplois si fréquens dans ce compilateur, auquel une seule description, qui n'était pas en harmonie avec ses connaissances, suffisait pour constituer un nouveau genre.　　　(G..N.)

FALCATULES. POIS. FOSS. (Bertr., Dic. oryct.) Espèces de Glossopètres qui ont plus ou moins la forme d'une faux.　　　(B.)

FALCHETTU. OIS. Nom que porte en Sicile le jeune Faucon que Rafinesque a érigé en espèce sous la désignation de *Falco torquatus*. (DR..Z.)

* **FALCIFORME.** POIS. Espèces d'Acanthopode. *V*. ce mot. (B.)
En botanique et en zoologie on dit d'un organe quelconque qu'il est Fal-

ciforme, quand il est plane, légèrement recourbé, de manière à ressembler à la lame d'une faux. (A. R.)

FALCINELLE. *Falcinellus*. OIS. Genre de l'ordre des Gralles, établi par Cuvier qui lui assigne pour caractères : bec plus long que la tête, arqué, flexible, comprimé, déprimé vers la pointe ; mandibule supérieure sillonnée sur les côtés jusqu'aux deux tiers de sa longueur ; narines latérales, linéaires, ouvertes près de la base du bec ; trois doigts devant, point derrière ; tarse plus long que l'intermédiaire ; la première rémige la plus longue. Ce genre ne se compose encore que d'une seule espèce dont on ne connaît même que la dépouille.

FALCINELLE VARIÉ, *Falcinellus variegatus*, Temm., *Erolia variegata*, Vieillot. Parties supérieures variées de gris et de blanc, les inférieures blanches avec des petites lignes brunes sur le devant du cou et sur la poitrine ; un trait blanc entre le bec et l'œil ; rémiges et rectrices noirâtres ; bec et pieds noirs. Sa taille est de sept à huit pouces. Cet Oiseau se trouve en Afrique.　　　(DR..Z.)

FALCINELLUS. OIS. (Gesner.) Syn. d'Ibis Falcinelle, *Tantalus igneus*, Gmel. *V*. IBIS. (DR..Z.)

FALCIROSTRES. OIS. Famille de l'ordre des Echassiers, dans la Méthode de Vieillot ; elle comprend les genres Ibis, Tantale et Courlis. *V*. ces mots.　　　(DR..Z.)

FALCK. OIS. Espèce du genre Faucon, *Falco vespertinoides*, Lath. Cette espèce, étant mieux connue, sera vraisemblablement réunie avec le Faucon aux pieds rouges, *Falco vespertinus*, Lath. Toutes deux sont de Sibérie. *V*. FAUCON. (DR..Z.)

FALCO. OIS. *V*. FAUCON.

FALCONELLE. *Falconcullus*. OIS. Genre formé par Vieillot aux dépens des Pies-Grièches, pour y placer le *Lanius frontatus*, L. *V*. PIE-GRIÈCHE.
　　　(DR..Z.)

FALCORDE. OIS. Syn. vulgaire

de Mouette aux pieds bleus , *Larus canus*, L. *V.* MAUVE.   (DR..z.)

FALCULA. ois. (Charleton.) Syn. d'Hirondelle de rivage, *Hirundo riparia*, L. *V.* HIRONDELLE. (DR..z.)

FALHUN. géol. Pour Falun. *V.* ce mot.

* FALICUS. ins. Nom spécifique d'un Papillon Chevalier grec, originaire des Indes et décrit par Fabricius (*Species Insect.* T. II, p. 12, n. 47).   (G.)

FALIER. moll. Adanson, dans son Voyage au Sénégal (p. 78 , pl. 5, fig. 2), décrit une petite Coquille qu'il place avec de jeunes Porcelaines dans son genre Mantelet, que Gmelin a nommé *Voluta pallida*, et Blainville la regarde comme appartenant au genre Marginelle ; mais il paraîtrait, d'après la description , que ce pourrait être une Volvaire dont il serait difficile de dire au juste l'espèce, et qui pourtant a bien des rapports avec la Volvaire hyaline de Lamarck. *V.* VOLVAIRE.   (D..H.)

FALKIE. *Falkia.* bot. phan. Une petite Plante rampante, originaire du cap de Bonne-Espérance, forme ce genre qui appartient à la famille des Convolvulacées et à la Pentandrie Monogynie, L. Le *Falkia repens*, L., *Suppl. Andr. Bot. Rep.* 257, offre une tige courte, rameuse, étalée et diffuse. Ses feuilles sont longuement pétiolées, cordiformes, obtuses, entières , très-petites, couvertes de poils blanchâtres et couchés. Ses fleurs sont solitaires , longuement pédonculées et placées à l'aisselle des feuilles. Leur calice est monosépale, vésiculeux, à cinq dents ; la corolle est monopétale , campanulée, régulière, plissée longitudinalement et à cinq lobes. Les étamines , au nombre de cinq, sont insérées sur la corolle. L'ovaire est profondément quadrilobé , placé sur un disque hypogyne ; les deux styles naissent du sinus qui partage l'ovaire. Le fruit se sépare en quatre coques.   (A. R.)

* FALKLAND. ois. Espèce du gen-

re Canard, *Anas leucoptera*, Lath. *V.* CANARD-OIE.   (DR..z.)

* FALLENIE. *Fallenia.* ins. Genre de l'ordre des Diptères, famille des Tanystomes, établi par Meigen (Descr. syst. des Dipt. d'Eur. T. II, p. 135) dans sa famille des Bombyliers , avec ces caractères : antennes avancées et éloignées l'une de l'autre, de trois articles globuleux avec le dernier terminé par un stylet allongé ; trompe saillante de la longueur du corps , courbée sous la poitrine. Ce petit genre ne comprend que deux espèces :

La FALLENIE FASCIÉE, *F. fasciata*, Meigen (*loc. cit.* , tab. 16, fig. 12), ou la *Cytherea fasciata* de Fabricius (*Syst. Antl.*, p. 116, 119), qui est la même que la *Volucella taurica* de Wiedemann (*Zool. Magaz.*, 1, 2, 5).

La FALLENIE CAUCASIQUE, *F. caucasica*, Meigen (*loc. cit.*, tab. 16, fig. 13), ou la *Volucella caucasica* de Wiedemann (*loc. cit.*, 1, 2 , 7). Elle a été figurée par Pallas (*Icon. Insect.* , tab. K, fig. 20), et nommée *Rhynchocephalus* par Fischer (*Act. Moskow.* T. I, p. 217, tab. 15).   (AUD.)

* FALLE ROUGE. ois. (Salerne.) Syn. vulgaire de Rossignol de muraille, *Motacilla Phœnicurus*, L. *V.* SYLVIE.   (DR..z.)

* FALLOPE. ois. (Belon.) Syn. vulgaire de Farlouse, *Alauda pratensis*, L. *V.* PIPIT.   (DR..z.)

FALLOPIA. bot. phan. Loureiro (*Flor. Cochin.*, Ed. Willd., p. 409) a décrit sous le nom de *Fallopia nervosa* une Plante formant un genre nouveau qui appartient à la Polyandrie Monogynie, L., mais dont la place, dans l'ordre naturel, n'est pas encore déterminée. Nous allons donner la description succincte de toutes ses parties, d'où l'on pourra facilement extraire le caractère générique différentiel, lorsque ses affinités seront connues. Les petites fleurs sont renfermées, par trois à la fois, dans un involucre ou calice commun à douze folioles lancéolées, linéaires , caduques. Chacune d'elles a un calice (corolle de Lourciro) à cinq sépales ovales, un peu ouverts, plus longs que les folioles de l'involucre. La corolle (nectaire, Lour.) offre cinq pétales ovales, oblongs, très-petits, égaux et dressés. Les étamines, au nombre de cinquante ou environ, ont des filets grêles, inégaux, insérés sur le réceptacle, et des anthères arrondies. Un ovaire supère, sphérique, supporte un style épais, subulé, plus court que les étamines, terminé par un stigmate simple. Le fruit est une baie arrondie, uniloculaire, contenant quatre graines. Le *Fallopia nervosa* est un petit Arbre d'un à deux mètres de hauteur, à rameaux étalés, revêtus d'une écorce filandreuse, et garnis de feuilles lancéolées, nerveuses, un peu dentées en scie, glabres et éparses. Ses fleurs sont blanches, en grappes petites et terminales. Cet Arbrisseau croît spontanément en Chine près de Canton.

Adanson s'est aussi servi du mot *Fallopia* pour désigner un genre de la famille des Polygonées, qui était le *Fagotriticum* de Plukenet (*Phytogr.*, tab. 77, f. 7) et que Gaertner a fait suffisamment connaître sous le nom de *Brunnichia* qui lui est resté. *V.* ce dernier mot. (G..N.)

FALLTRANK. BOT. Nom que l'on donne en Suisse à un composé de Plantes vulnéraires mondées et séchées, avec lesquelles on prépare une boisson propre à guérir tous les maux, si l'on en croit les distributeurs de ce médicament dont l'usage peut néanmoins occasioner des abus, lorsque les Plantes ont été recueillies sans connaissances en matière médicale. Ce nom dérive, à ce que l'on assure, des mots *fall*, chute, et *trank*, boisson.
 (DR..Z.)

FALONA. BOT. PHAN. Adanson nommait ainsi le *Cynosurus echinatus*, qui fait partie du genre *Chrysurus* des auteurs modernes. A l'article CYNOSURE, nous avons fait voir que ces deux genres ne pouvaient être séparés. (A. R.)

FALOURDE. OIS. Syn. vulgaire d'Hirondelle de mer. *V.* STERNE.
 (DR..Z.)

* **FALQUET.** OIS. (Salerne.) Vieux synonyme de Hobereau. *V.* FAUCON.
 (DR..Z.)

FALSÉ. BOT. PHAN. (Sonnerat.) Syn. de *Grewia Asiatica*. *V.* GREWIER. (B.)

FALUN. MIN. C'est le nom qu'on donne en Touraine à un terrain meuble composé de débris de Coquilles brisées, ayant peu d'adhérence entre eux. Ce terrain a plus de trois lieues de long sur une largeur beaucoup moindre, et son épaisseur est de plus de vingt pieds. On l'exploite comme marne ou engrais d'amendement. Brongniart pense qu'il appartient à la formation des assises inférieures du Calcaire grossier ou à Cérites. Il existe des falunières ou carrières de Falun dans plusieurs endroits. Celles des environs de Dax, que Borda fit connaître, commencent à devenir célèbres chez les naturalistes par le nombre de Fossiles rares qu'y découvrit Grateloup, et dont ce savant modeste a si généreusement communiqué les dessins et les descriptions à notre collaborateur Daudebard de Férussac. Les grands dépôts de ce genre qu'on observe à Grignon, dans le département de Seine-et-Oise, et à Courtagnon, dans le département de la Marne, sont connus de tous les naturalistes pour l'immense quantité de Coquilles entières et bien conservées qu'on y observe. (G. DEL.)

FALUNIÈRE. MIN. Carrière d'où l'on retire le Falun. *V.* FALUN. (B.)

FAMILLES NATURELLES. On nomme ainsi des réunions ou groupes d'êtres liés ensemble par leur organisation et qui ont entre eux plus de ressemblance qu'avec tous les autres êtres du même règne. C'est dans la botanique que l'on a commencé à former des Familles naturelles pour arriver à une classification qui se rapprochât autant que possible de la marche de la nature. Cette classification a reçu le nom de Méthode naturelle. C'est à ce mot que nous ferons connaître les principes qui doivent guider le naturaliste dans la formation des familles. *V.* Méthode naturelle. (A. R.)

* **FAMILLE PLEUREUSE.** bot. crypt. Paulet donne ce nom à l'*Agaricus hariolorum* de Bulliard. (B.)

FAMOCANTRATON. rept. saur. On nomme ainsi à Madagascar le Gecko frangé à tête plate de Lacépède, sur lequel Flacourt rapporte des traditions vulgaires qui métamorphosent en Animal très-dangereux cet Animal très-innocent. (B.)

***FANAAN.** ois. (Forrest.) Nom de pays du *Paradisea regia*, L. (B.)

* **FANDRASSE.** ois. (Flacourt.) Epervier de Madagascar. (B.)

FANEL. moll. C'est le nom qu'Adanson (Voyage au Sénégal, p. 177, pl. 13) a donné à une Coquille qui paraît être la *Natica canrena* de Linné. (D..H.)

* **FANFARO** ou **FANFARUS.** pois. *V.* Neucrates.

FANFRÉ. pois. L'un des noms vulgaires du Pilote, *Gasterosteus ductor. V.* Gastérostée. Risso dit que dans les mers de Nice, le nom de Fanfré est également donné à la Baliste vieille, au Coryphœne pourpré et à l'Oligopode noir. (B.)

* **FANGHITS.** bot. phan. La Plante dont Flacourt parle sous ce nom, et qu'il dit produite par une racine fort grosse, douceâtre et bonne à manger, pourrait bien être une sorte d'Igname. *V.* ce mot. (B.)

***FANHAMENTA.** bot. phan. (Flacourt.) Petite Gentiane de Madagascar. (B.)

FANON. zool. La face palatine des os maxillaires des Baleines porte de chaque côté de la bouche, au lieu de dents, des lames de corne disposées l'une à côté de l'autre, non tout-à-fait verticalement, mais un peu obliquement en arrière. Ces lames ont leur tranchant interne effilé en une grande quantité de soies ou de crins,

qui ne sont autre chose que l'extrémité des fibres cornées dont l'assemblage forme chaque lame. Et comme ce bord interne est coupé obliquement de haut en bas et de dedans en dehors, il s'ensuit que les fibres cornées sont d'autant plus courtes qu'elles sont plus internes. Les plus extérieures sont par conséquent les plus longues ; elles forment le bord externe de la lame qui n'est point frangé. La lame augmente un peu d'épaisseur vers la base qui ne s'insère pas immédiatement au maxillaire, mais sur une substance blanche et ferme, qui ne diffère peut-être pas beaucoup de celle qui produit les cornes des Rhinocéros. Or, on voit tout de suite quelle différence existe entre les Fanons et les dents. Une dent est formée dans la cavité d'une capsule, et ne s'accroît que par juxtaposition. Ici, au contraire, la production est une vraie végétation comparable à celle des ongles et des cornes.

Toutes ces lames parallèles les unes aux autres forment une grande batterie dont le bord inférieur est convexe, parce que les plus longues lames sont sur le milieu de la longueur d'où elles décroissent devant et derrière. Mais l'excès de leur longueur est beaucoup plus grand que ne le comporte la convexité du bord inférieur, car le bord supérieur est aussi convexe pour s'adapter à la concavité de l'arc que forme la mâchoire supérieure.

Cette inégalité de longueur des lames, et l'obliquité de la coupe de leur bord frangé, varient d'une espèce à l'autre. Par exemple, dans la Baleine franche, les lames ont jusqu'à huit et neuf pieds de long et jusqu'à quinze pouces de large à la base. Dans le Baleinoptère Poeskaop, ces Fanons n'ont pas plus de de seize à dix-huit pouces de longueur. Enfin, suivant les espèces, la coupe de ce bord interne est une ligne ou droite, ou courbe, ou brisée angulairement ; Le Baleinoptère museau pointu austral est dans ce dernier cas.

L'écartement des lames entre elles varie aussi suivant les espèces. Mais leur mécanisme est le même partout. Quand la bouche s'est fermée sur une trompe de Poisson ou de Mollusque, l'eau comprimée s'échappe d'abord à travers le chevelu des franges, puis par l'intervalle des lames. Ainsi l'ensemble de ces franges forme un immense crible qui, en tamisant l'eau, retient tout ce qu'elle contenait. *V.* BALEINE, CÉTACÉS et DENT. (A. D..NS.)

* FANON-MAUGHE. OIS. (Flacourt.) Espèce de Pigeon ramier de Madagascar. (D.)

* FANSHAA. BOT. CRYPT. (Flacourt.) Espèce de Fougère arborescente de Madagascar. (B.)

*FANTOME. INS. Nom vulgaire de diverses Mantes et Phasmes. *V.* ces mots. (B.)

* FANY. MAM. Flacourt rapporte, dans sa Relation de Madagascar, qu'on donne ce nom à « une grande Chauve-Souris qui est grosse comme un Chapon; qui le jour se pend, par le moyen de deux grands crochets qui sont au bout de ses ailes, à des Arbres secs, et qui alors, s'enveloppant le corps avec ces ailes, ressemble à une bourse. De toutes les volailles, ajoute le voyageur, il n'y en a pas de si grasse; elle ne mange que des fruits et ne vit d'aucun gibier ni charogne. » Cet Animal est une espèce de Roussette maintenant détruite à Mascareigne où elle existait aussi et où elle était fort recherchée pour l'excellence de sa chair. (B.)

FAON. MAM. Petit du Cerf et du Daim. (B.)

* FAR. POIS. Variété du Gambarur, espèce d'Esoce. *V.* ce mot. (B.)

FAR. BOT. PHAN. Vieux nom de diverses espèces de Blé. Suivant Belon, c'est l'Épautre aux environs d'Alexandrie en Egypte. *V.* FROMENT. (B.)

FARA ou FARAS. MAM. (Gumilla.) Espèce de Didelphe des bords de l'Orénoque. (B.)

FARAEH. BOT. PHAN. Bruce désigue le *Bauhinia acuminata* sous ce nom qui, selon Delile, est celui qu'on donne à son *Acacia heterocarpa* dans les environs de Cosseyr. (B.)

* FARAFER. BOT. PHAN. (Rochon.) Espèce de Loranthe de Madagascar. (B.)

FARAFES ou FARASSA. MAM. L'Animal ainsi nommé à Madagascar paraît être le Chacal. *V.* CHIEN. (B.)

FARAMIER. *Faramea.* BOT. PHAN. Genre de la famille des Rubiacées et de la Tétrandrie Monogynie, L., établi par Aublet, adopté par Jussieu, et que l'on peut caractériser de la manière suivante : calice globuleux, soudé avec l'ovaire infère, à quatre dents obscurément marquées; corolle tubuleuse, hypocratériforme; tube grêle; limbe à quatre divisions étalées et régulières; étamines au nombre de quatre incluses; baie globuleuse ombiliquée, contenant deux graines. Ce genre se compose de deux Arbrisseaux originaires de la Guiane, ayant les feuilles opposées, ovales, acuminées, entières; les fleurs réunies plusieurs ensemble au sommet d'un pédoncule commun.

Le *Faramea* a beaucoup d'affinité avec le *Tetramerium* de Gaertner fils, qui probablement devra lui être réuni. (A. R.)

FARASSA. MAM. *V.* FARAFES.

FARCINIÈRE. BOT. PHAN. L'un des noms vulgaires du *Potentilla verna. V.* POTENTILLE. (B.)

* FARDÉE. OIS. Espèce du genre Hirondelle, *Hirundo fucata*, Temm. *V.* HIRONDELLE. (DR..Z.)

FARÈNE. POIS Espèce du genre Cyprin. *V.* ce mot. (B.)

FARFARA. BOT. Cet ancien nom de l'espèce la plus commune du genre Tussilage, a été employé par le professeur De Candolle pour désigner un genre formé aux dépens du *Tussilago* de Linné. Selon Cassini, le *T. Farfara* doit toujours rester le type du genre Tussilago tel que l'ont constitué Tournefort et Gaertner. *V.* TUSSILAGE.   (G..N.)

FARFUGIUM. BOT. PHAN. Ce mot désignait indifféremment chez les Latins le Tussilage-Pas-d'Ane et le Peuplier.   (B.)

* FARIGOULE. BOT. PHAN. (Daléchamp.) L'un des vieux noms du Serpolet. *V.* THYM.   (B.)

FARINARIA. BOT. CRYPT. Dans son recueil des Champignons de l'Angleterre, Sowerby a donné les figures de dix-sept espèces qu'il a réunies sous le nom générique de *Farinaria*, en leur assignant pour caractère d'être pulvérulentes. On les trouve sur les feuilles, les fleurs, le pollen et les graines des Végétaux. Ce genre ne semble pas devoir être admis, puisque plusieurs espèces offrent des filamens contournés, plongés dans la masse pulvérulente. Ces espèces doivent rentrer dans les Urédinées, parmi les genres *Mucor*, *Erysiphe*, *Tubercularia*, *Stemonitis*, *Uredo* et *Sclerotium*. *V.* ces mots.   (G..N.)

FARINE. BOT. On donne ce nom aux matières féculentes des Végétaux réduites en poudre et destinées à entrer dans la préparation du pain, de la bouillie et de certains mets mucilagineux et généralement fort nourrissans. La fleur de Farine est cette même substance dépouillée en grande partie, par le tamisage, de la matière ligneuse corticale qui sort, en même temps que la fécule, de dessous la meule où l'on réduit les matières féculentes en Farine.   (DR..Z.)

FARINE EMPOISONNÉE. MIN. Nom vulgaire donné par les mineurs aux oxides pulvérulens d'Arsenic. (B.)

FARINE FOSSILE. MIN. *V.* AGARIC MINÉRAL.

FARINE VOLCANIQUE. MIN. (De la Métherie.) Même chose que Farine fossile.   (B.)

* FARINELLES. BOT. CRYPT. On a proposé ce nom français pour désigner le genre *Aleurisma* de Link. *V.* ce mot.   (B.)

* FARINIERS A COLLET. BOT. CRYPT. Paulet donne ce nom à deux Champignons.   (B.)

FARIO. POIS. Espèce du genre Saumon.   (B.)

* FARIPATE. BOT. PHAN. L'Arbre de Madagascar désigné sous ce nom par Flacourt, demeure indéterminé.   (B.)

FARLOUSE. OIS. Espèce du genre Pipit, *Alauda pratensis*, L., Buff., pl. enl. 660, f. 2. *V.* PIPIT.   (DR..Z.)

FARLOUSE DES PRÉS. OIS. Syn. vulgaire de la Rousseline. *V.* PIPIT.   (DR..Z.)

*FAROBES. BOT. PHAN. On appelle ainsi au Sénégal une espèce d'Acacia sans épines, encore indéterminée, dont les gousses planes renferment une pulpe bonne à manger. Cet Arbre ne serait-il pas plutôt une espèce de Févier? *V.* ce mot.   (A. R.)

FAROIS. MOLL. (Adanson.) Espèce du genre Volute. *V.* ce mot.   (B.)

FAROS. BOT. PHAN. Deux variétés de Pommes d'automne.   (B.)

FAROUCHE. BOT. PHAN. On nomme ainsi, dans le midi de la France, le Trèfle incarnat que l'on cultive en grand comme fourrage qui se consomme en vert.   (B.)

FARRAGO. BOT. PHAN. L'un des vieux noms de l'Orge ou du mélange de diverses Céréales. Ce nom est employé par Pline.   (B.)

FARRANUM. BOT. PHAN. (Pline.) Même chose que *Farfugium*. *V.* ce mot.   (B.)

* FARRE. POIS. L'un des syn. vulgaires de Lavaret. *V.* SAUMON.   (B.)

FARSÉTIE. *Farsetia*. BOT. PHAN. Genre de la famille des Crucifères et de la Tétradynamie siliculeuse, L., établi, dans une dissertation spéciale publiée en 1765 à Venise, par Turra, reproduit de nouveau vers la fin du siècle dernier par Medicus et Mœnch, sous le nom de *Fibigia*, enfin reconstitué en 1812 par Desvaux (Journ. de Botanique) et par R. Brown (*Hort. Kew.*, 2ᵉ édit. , vol. 4, p. 96). Le professeur De Candolle (*Syst. Veget. natur.* T. II , p. 286) l'a placé dans sa tribu des Alyssinées ou Pleurorhizées-Latiseptées , en lui assignant les caractères suivans : calice dressé , présentant deux renflemens à la base ; pétales onguiculés dont le limbe est entier ou légèrement échancré au sommet ; étamines sans appendices , les plus petites étant néanmoins denticulées ; silicule terminée par le style , elliptique , sessile , plane , comprimée , à valves planes , séparées par une cloison membraneuse ; semences placées horizontalement , comprimées , orbiculées , ceintes d'une membrane en forme d'aile ; cotylédons accombans.

Le *Farsetia* de De Candolle diffère des *Berteroa* et *Aubrietia* , autres genres du même auteur, par ses graines bordées , ses valves planes et un port particulier. Quoique très-voisin du *Lunaria* , il en est assez distinct par sa silicule sessile, et par ses funicules non adnés.

A ce genre appartiennent des Plantes généralement frutescentes , rameuses , dressées , plus ou moins cotonneuses , garnies de feuilles oblongues et entières , ayant des fleurs jaunes ou d'un blanc rougeâtre, disposées en grappes terminales , et portées chacune sur des pédicelles filiformes, le plus souvent dépourvues de bractées. Un petit nombre d'espèces, qui étaient placées autrefois dans les genres *Alyssum* et *Lunaria* de Linné , composent le genre *Farsetia*. Malgré ce petit nombre, le professeur De Candolle en a formé trois groupes ou sous-genres qu'il a nommés et caractérisés (*Prodr. Syst. Veget.* I , p. 187) ainsi qu'il suit :

1. *Farsetiana.* Limbe des pétales oblong-linéaire, entier, et d'un blanc purpurin ; toutes les étamines sans appendices ; silicule elliptique ; cloison perforée à la base. Cette section ne comprend qu'une seule espèce : *Farsetia Ægyptiaca* , Turr. et D. C.,

Cheiranthus Farsetia , L. et Desfont. (*Flor. Atlant.* II , p. 89 , tab. 160). Cette Plante a des tiges ligneuses et dressées, des feuilles linéaires couvertes de poils très-denses. Elle croît en Egypte.

2. *Cyclocarpæa.* Limbe des pétales oblong et légèrement échancré ; filets des deux plus petites étamines munis d'une dent ; silicule orbiculaire , glabre ; cloison entière. La *Farsetia suffruticosa*, D. C., ou *Lunaria suffruticosa* , Vent. (*Hort. Cels.* , tab. 19), dont les fleurs sont penchées, inodores, de couleur lilas , et qui a des tiges suffrutescentes , est aussi la seule espèce de sa section. Elle est originaire de Perse , et on la cultive dans quelques jardins d'Europe.

3. *Fibigia.* Limbe des pétales ovale, jaune , entier ; filets des deux petites étamines munis d'une dent ; silicule elliptique ; cloison entière. Cette section renferme cinq espèces que nous nous contenterons de mentionner. 1. *Farsetia lunarioides*, Brown (*Hort. Kew.*, éd. 2, v. 3, p. 96) ou *Lunaria græca*, Willd. Elle croît dans les îles de l'archipel grec ; 2. *F. Eriocarpa* , D. C. et Delessert (*Icones selectæ*, vol. 2 , t. 54) , indigène de l'île de Chypre, très voisine de la suivante ; 3. *F. clypeata*, Brown et D. C. , ou *Alyssum clypeatum*, L. Cette Plante , une des plus remarquables des Crucifères, est la seule espèce du genre qui croisse dans la France méridionale sur les collines pierreuses ; 4. *F. cheiranthifolia* , Dew. , ou *Alyssum cheiranthifolium*, Willd. , originaire d'Orient ; 5. et la *F. triquetra* , D. C. , espèce nouvelle trouvée sur les rochers du fort de Clissa en Dalmatie.

On voit par les localités que nous venons de citer que les Farséties forment un groupe dont l'habitation est limitée dans une région particulière du globe, c'est-à-dire dans l'Europe orientale et la partie de l'Asie qui lui est contiguë.   (G..N.)

FARTIS. BOT. PHAN. (Adanson.) Syn. de Zizania. *V.* ce mot.   (B)

FASCÉ. POIS. Ce nom a été imposé

comme spécifique à plusieurs Poissons qui, marqués de bandes, appartiennent à différens genres. Tels sont un Achire, un Spare, un Pleuronecte, etc.   (B.)

* FASCICULÉ, ÉE. *Fasciculatus, Fasciculata*. BOT. PHAN. C'est-à-dire réuni en faisceau. Ce terme s'emploie fréquemment en botanique. Ainsi on nomme racine Fasciculée celle qui se compose de plusieurs tubercules allongés, réunis ensemble et formant une sorte de botte, comme dans la Pivoine, l'Asphodèle, etc. On dit des feuilles ou des fleurs qu'elles sont Fasciculées, quand elles naissent plusieurs ensemble d'un même point. Les feuilles de l'Epinevinette, les fleurs du Cerisier ordinaire sont Fasciculées.   (A. R.)

FASCIOLAIRE. *Fasciolaria*. MOLL. Les espèces de ce genre que Linné avait confondues avec les Murex, en furent retirées par Bruguière, et placées dans le genre Fuseau; mais Bruguière, qui avait bien senti que ces Coquilles ne pouvaient rester avec les Rochers, commit une faute en les confondant avec les Fuseaux dont ils ont, il est vrai, tous les caractères extérieurs. Comme eux la base de la Coquille se termine par un canal qui se trouve également dans les Rochers, mais ils se distinguent de ceux-ci par les plis de leur columelle, et de ceux-là par le défaut de varices. Ils ont, par leur columelle, beaucoup de rapports avec les Turbinelles; cependant ils s'en distinguent par la forme, le nombre et la direction des plis. En résumé, ce genre repose sur des caractères de peu de valeur; mais comme on n'en connaît point l'Animal, il sera nécessaire, quelqu'artificiel qu'il paraisse, de le conserver jusqu'au moment où on le connaîtra mieux. Quoique ce genre ait été proposé en 1801 dans le Système des Animaux sans vertèbres, la plupart des Coquilles qui le composent n'en étaient pas moins connues des anciens conchyliologues, car Lister, Bonanni, Rumph, Gualtieri, etc., en ont

figuré plusieurs espèces dans les recueils qu'ils ont publiés. C'est dans les Buccins que ces divers auteurs les placèrent jusqu'au moment où Linné les rangea parmi les Rochers, Bruguière parmi les Fuseaux, et que Lamarck en constitua un genre séparé. Félix de Roissy l'adopta, ce que fit également Montfort; mais cet auteur forma avec la *Pyrula perverta* un genre voisin sous le nom de Carreau, *Fulgur*, qu'il sépara des Pyrules bien à tort, et cela seulement sur l'apparence d'un pli columellaire qui n'existe réellement pas. Cuvier (Règn. Anim. pag. 442) admit ce genre comme sous-genre des Fuseaux, ce qui a été également proposé par Férussac dans ses Tableaux systématiques.

Lorsque Lamarck fit connaître les diverses espèces de Fuseaux fossiles que l'on trouve aux environs de Paris, il observa que quelques-uns avaient des plis sur la columelle, et pourraient bien rentrer dans le genre Fasciolaire. Defrance effectua cette réforme à l'article Fasciolaire du Dictionnaire des sciences naturelles, mais nous présenterons à cet égard quelques observations. D'abord nous ne pensons pas, comme ce naturaliste, que la *Voluta bulbula* doive se ranger parmi les Fasciolaires dont elle n'a pas la forme générale, ni la base terminée en canal, mais bien par une échancrure assez profonde que l'on voit très-bien dans les individus entiers, et dont elle ne présente pas non plus la même forme de columelle, ni la même disposition des plis. Quant à la plupart des autres espèces que nous avons sous les yeux, nous n'y reconnaissons pas non plus les caractères des Fasciolaires : ce n'est plus la même forme, ni la même disposition des plis columellaires. Parmi ces espèces, il y en a un très-petit nombre dont on aperçoit les plis; c'est lorsque la coquille a la lèvre droite cassée, ou que l'on a mis la columelle à découvert dans toute son étendue, qu'on aperçoit ces plis qui d'ailleurs sont égaux, très-peu obliques, et au nombre d'un ou de deux seulement. Nous croyons donc, d'après cela, que si on ne les laisse pas parmi les Fuseaux, on pourra les placer plus convenablement parmi les Turbinelles, dont un assez grand nombre présente assez d'analogie avec les Coquilles qui nous occupent. Voici les caractères que Lamarck a imposés à ce genre : coquille subfusiforme, canaliculée à sa base, sans bourrelets persistans, ayant sur la columelle, à l'origine du canal, deux ou trois plis très-obliques. Nous allons rapporter quelques espèces de ce genre encore peu nombreux.

Fasciolaire Tulipe , *Fasciolaria Tulipa*, Lamk., Anim. s. vert. T. VII, p. 118, n. 1 : *Murex Tuliva* , L., p. 3550, n. 91 ; *Buccinum rostratum grande*, etc., Lister, Conch., tab. 911, fig. 2 ; Encyclopédie, pl. 431, fig. 2. Grande Coquille fusiforme, ventrue, lisse, d'une coloration variable, tantôt jaune rougeâtre, tantôt blanche avec des taches rouillées, irrégulières. On voit en outre sur toute sa surface des lignes brunes, étroites, transverses, inégalement distantes; elles se perdent vers la base cui devient striée obliquement: la lèvre droite est blanche à l'intérieur et finement striée. Une espèce très-voisine qui n'est peut-être qu'une variété de celle-ci est la Fasciolaire distante, *Fasciolaria distans* , Lamk. , Anim. sans vert. T. VII, p. 119, n. 2 ; Lister , Conch., tab. 910 , fig. 1. Elle a presque la même forme; seulement elle est plus courte , et le canal de la base est moins long , moins chargé de stries; son fond est blanc avec des flammules vineuses; elle présente aussi des lignes brunes, transverses, mais elles sont aussi plus régulières, bien moins nombreuses, plus distantes , et se voient aussi bien sur le canal que sur le reste de a coquille; les tours de spire sont moins convexes, et n'offrent que ceux de ces lignes , au lieu de huit ou dix qui se voient dans la précédente ; les sutures sont lisses, non marginées , et la columelle n'a que deux plis. Autant

l'espèce précédente est commune , autant celle-ci est rare. Elle vient de Campêche d'après Lister. On la nomme vulgairement le Tapis turc, la Tulipe rubanée ou la Tulipe d'Inde.

Fasciolaire orangée, *Fasciolaria aurantiaca*, Lamk., Anim. sans vert. *loc. cit.*, n. 4 ; Dargenville , Conch. 1742, pl. 13, f. N ; Favanne, Conch., pl. 54 , fig. N ; Encyclopédie, pl. 430, fig. 1 , A , B. Très-belle et très-rare Coquille , extrèmement remarquable par sa coloration , et surtout par les gros tubercules qui couronnent l'angle supérieur des tours de spire. Elle est subfusiforme , ventrue ; toute sa surface est couverte de bandes transverses séparées par des sillons peu profonds ; ces bandes sont chargées de tubercules plus ou moins gros ; elle est agréablement colorée de marbrures blanches et orangées ; chaque tour de spire est divisé par un angle saillant, chargé de gros tubercules ; le canal est court, fortement strié ; l'ouverture est blanche ; sa lèvre droite est fortement sillonnée dans toute son étendue ; il y a trois plis à la columelle. Cette Coquille , longue de trois à quatre pouces , porte le nom vulgaire de Veste persienne.

(D..H.)

FASCIOLE. *Fasciola*. intest. Ce nom a été donné par plusieurs auteurs à des Vers qui appartiennent maintenant au genre Distome. *V*. ce mot. (LAM..X.)

FASEOLE. bot. phan. Comme qui dirait *petite Fève*. Les agriculteurs du midi de la France désignent génériquement sous ce nom diverses Légumineuses, telles que Haricots ou Dolics , et Fèves , qu'on sème parfois en fourrage. Dodœns nommait *Fasellus* la Fève de marais. (B.)

* FASGANION. bot. phan. (Dioscoride.) Syn. de Xantium. (B.)

FASIN. moll. La Coquille ainsi nommée par Adanson (Voy. au Sénégal, p. 111, pl. 7), nous paraît douteuse. Linné eu a fait son *Buccinum Senegalicum* que Blainville rap-

porte au genre Tonne, et qui pourrait bien n'être qu'un jeune Casque;
et si nous en croyons la description
et la synonymie, il se rapporterait à
la fig. 62 de la planche 997 de Lister,
qui représente le *Buccinum tessella-
tum* de Gmelin, ce qui prouve un
double emploi pour cette espèce qui
n'est autre que le Casque fascié de
Bruguière et de Lamarck.   (D..H.)

FASSAITE. MIN. Variété de Pyroxène trouvée dans la vallée de Fas-
sa, en Tyrol, et dont Werner avait
fait une espèce à part, malgré l'analogie d'aspect qu'elle offre avec la
Sahlite. Haüy a publié un Mémoire
dans les Annales du Muséum, pour
prouver son identité de nature avec
le Pyroxène.   (G. DEL.)

FASTIGIAIRE. *Fastigiaria.* BOT.
CRYPT. (*Hydrophytes.*) Genre établi
par Stackhouse dans sa deuxième
édition de sa Néréide Britannique,
qu'il caractérise ainsi : frondes cylindriques, rameuses, dichotomes, naissant en touffes d'une base commune,
les divisions des rameaux plus courtes dans la partie supérieure; fructification tuberculeuse, située aux extrémités; séminules dans la mucosité
intérieure. Ce genre ne diffère point
de celui que nous avons nommé *Fur-
cellaria;* mais nous ne l'avions composé que des *Fuc. lumbricalis* et *fas-
tigiatus*, tandis que Stackhouse y
réunit le *Fucus rotundus* et quelques
autres que nous considérons comme
des Gigartines. Le genre Fastigiaire
n'a pas été adopté.   (LAM..X.)

FATAGUE ou **FATAQUE.** BOT.
PHAN. On donne ce nom, aux îles de
France et de Mascareigne, à plusieurs Graminées, particulièrement
aux Antbistires qui croissent dans les
lieux découverts, et que les nègres
vont ramasser pour en nourrir les
Chevaux. Ce nom vient de *Tatak* que
Poivre nous apprend désigner également à Madagascar les Graminées
employées en fourrage.   (B.)

FATAN. MOLL. Linné avait fait du
Fatan d'Adanson (Sénég., p. 251, pl.

17) une Vénus, sous le nom de *Venus nivea*, mais il ne la plaçait dans
ce genre qu'avec doute; il n'en aurait
point eu et il l'aurait mise, comme
Bruguière, parmi les Mactres, s'il
avait consulté plutôt la description
que la figure médiocre que nous
avons citée. Ce pourrait bien être la
Mactra plicataria de Gmelin et de
Lamarck.   (D..H.)

* **FATRÆA.** BOT. PHAN. Genre
nouveau proposé par le professeur
A.-L. de Jussieu (Dictionn. des
Scienc. Natur. T. XVI, pag. 206)
qui l'a placé dans la famille des
Myrobolanées, et l'a ainsi caractérisé : calice supère, dont le limbe,
évasé et velu à l'intérieur, se divise
en cinq parties; corolle nulle; dix
étamines insérées sur le calice; ovaire
adhérent surmonté d'un style et d'un
stigmate, se changeant en un fruit
drupacé, de la grosseur d'une Olive,
formé d'une enveloppe charnue, mince, et d'un noyau anguleux et monosperme; embryon sans périsperme, à lobes contournés autour de la
radicule qui est dirigée supérieurement. Un Arbrisseau de Madagascar,
dont les feuilles sont alternes, de forme
presque semblable à celles du Buis,
et qui porte dans les aisselles de ces
feuilles deux à quatre épis de fleurs,
constitue seul ce nouveau genre dont
le nom a été tiré de celui de *Fatre*
(Buis aromatique) sous lequel il est
connu dans le pays, selon Poivre et
Flacourt. Jussieu propose de le nommer *Fatræa buxifolia*, et il ajoute
que ce genre se rapproche beaucoup
du *Bucida*, mais qu'il s'en distingue
en ce que son fruit n'est pas couronné par le limbe persistant du calice.
                          (G..N.)

FAU. BOT. PHAN. L'un des noms
vulgaires du Hêtre dans le midi de la
France.   (B.)

FAUCHET. OIS. Syn. vulgaire du
Bec-en-Ciseaux, *Rhynchops nigra*,
L. *V.* RHYNCHOPS.   (DR..Z.)

FAUCHEUR. POIS. (Lacépède.)
Syn. de *Chætodon falcatus*, L. (B.)

FAUCHEUR. *Phalangium.*
ARACHN. Genre de l'ordre des Trachéennes, famille des Holètres, tribu
des Phalangiens (Règn. Anim. de
Cuv.), établi par Linné et caractérisé
de la manière suivante par Latreille :
tête, tronc et abdomen réunis en une
masse, sous un épiderme commun ;
des plis sur l'abdomen formant des
apparences d'anneaux ; mandibules
articulées, coudées, terminées en
pince, saillantes en avant du tronc ;
deux palpes (ou plutôt pieds-palpes)
filiformes, de cinq articles, dont le
dernier terminé par un petit crochet;
huit pates simplement ambulatoires ;
six mâchoires disposées par paires,
les deux premières formées par la dilatation de la base des palpes, et les
quatre autres par les hanches des
deux premières paires de pieds ; une
langue sternale, avec un trou de chaque côté, servant de pharynx ; deux
yeux portés sur un tubercule commun.

Les Faucheurs se distinguent des
Araignées par les caractères de l'ordre auquel ils appartiennent; et ils
en diffèrent encore par un assez grand
nombre de particularités remarquables, parmi lesquelles on doit no-
ter le nombre des yeux qui est de
deux seulement, et les mandibules
en pinces. Leur corps est ovoïde ou
arrondi, généralement déprimé, et
formé en partie par l'abdomen, en
partie par le thorax ; celui-ci offre
des contours anguleux, et se trouve
séparé de l'abdomen par une ligne
transversale enfoncée ; il supporte
quatre paires de pates très-longues,
très-grêles, cylindriques, auxquelles
on distingue une hanche, la cuisse,
une jambe de deux pièces et le tarse
fort long, composé d'un grand nombre d'articles, dont le premier est
très-étendu en longueur, et le dernier pourvu d'un petit crochet arqué.
Les pates, démesurées proportionnellement à la petitesse du corps qu'elles
soutiennent, donnent à ces Animaux
un aspect tout particulier ; leur démarche est très-remarquable, et le
nom qu'ils portent, vient de ce qu'on

les a comparés aux ouvriers qui, en
fauchant les champs, marchent à
grands pas et lentement. Une autre
particularité qu'offrent leurs pates,
c'est qu'après s'être détachées très-facilement du corps, elles conservent
la faculté de se mouvoir pendant plusieurs heures ; ce qu'on attribue à
l'action irritante de l'air sur les filets
nerveux et imperceptibles des muscles
déliés qui s'insèrent à chaque article.
De chaque côté des pates postérieures
et près leur base, on voit un stigmate
qui est caché par la hanche ; l'abdomen est constitué par une membrane
coriace qui forme des plis figurant
autant de divisions transversales ou
anneaux. L'appareil extérieur de la
génération a été décrit par Latreille dans les deux sexes. Suivant
lui, l'organe du mâle est une espèce
de dard allongé, composé de deux
parties ; la première ou celle de la
base est grosse, courte et molle ; elle
sert de fourreau à la seconde, qui
est un peu plus longue, plus étroite,
d'une consistance presque écailleuse
et terminée (*Phalangium opilio*, L.)
par une pièce triangulaire, membraneuse, crochue au côté interne, et
munie d'une petite pointe soyeuse arquée qui part du sommet. Cet organe générateur sort dans l'acte de la
copulation, et lorsqu'on comprime
le corps de l'Animal. Dans l'état ordinaire, il est caché dans une gaîne
située près de la bouche, immédiatement au-dessous d'elle. Cette position
singulière n'est pas propre au mâle.
Latreille l'a retrouvée dans la femelle,
dont les parties sexuelles se composent d'un oviductus, sorte de tuyau
membraneux et très-flexible.

L'anatomie des Faucheurs était encore ignorée il y a peu de temps; mais
Treviranus a publié en 1816 (Mélange
d'anatomie, T. 1er, 5e Mémoire) des
détails curieux sur l'organisation de
ces singulières Arachnides. Le *Phalangium opilio*, qu'il a spécialement
étudié, lui a présenté les particularités suivantes : il a vu, outre les
deux yeux portés sur un pédicule
commun, deux autres yeux placés

latéralement et au-devant des autres. Il décrit avec soin les parties de la bouche : ce sont les mandibules ; des palpes portés sur une base ; une langue ; une paire de mâchoires antérieures dont le sommet est charnu et la partie inférieure cornée ; une autre paire de mâchoires postérieures ; enfin l'ouverture buccale, située tout-à-fait en arrière. Toutes ces parties paraissent avoir pour fonctions , suivant Treviranus , d'opérer la mastication des alimens que les mandibules broyeraient dans leur frottement sur les mâchoires. Le canal intestinal est très-large et constitue une sorte de sac muni de poches ou cœcums dont les uns sont supérieurs et les autres inférieurs. Outre ces poches assez nombreuses , il en existe deux très-remarquables par leur volume , qui reçoivent les insertions de cœcums inférieurs , et qui aboutissent dans la partie moyenne du tube alimentaire. On voit aussi deux canaux biliaires ouverts près de la bouche.—Le cœur est fort simple : il consiste en un vaisseau terminé en pointe à ses deux extrémités , et présentant dans son trajet deux étranglemens circulaires qui le divisent transversalement en trois portions, celle du milieu étant la moins longue.—Les stigmates sont au nombre de deux; il en part de chaque côté un tronc trachéen qui, après avoir donné naissance à deux trachées qui se portent en arrière , se dirige vers la partie antérieure, s'y partage en branches et s'anastomose sur la ligne moyenne du corps avec celui du côté opposé, près des organes de la génération. Le système nerveux se compose d'un cerveau assez grand, duquel part antérieurement deux nerfs destinés à la paire d'yeux moyenne, et qui donne naissance postérieurement à des cordons nerveux, aboutissant à autant de ganglions, desquels partent des filets déliés qui se répandent aux organes générateurs et dans l'abdomen. Les organes générateurs sont mâles ou femelles ; les premiers se composent

d'une verge rétractile fixée à l'abdomen par deux ligamens , et à la base de laquelle vient aboutir un canal déférent, qui supporte un testicule unique , formé par un grand nombre de houppes ou de petits canaux flottans. Les seconds sont formés par un oviducte soutenu par deux ligamens, et recevant à sa base un canal étroit, lequel , après un circuit assez long , s'élargit en une vaste poche, dans laquelle les œufs séjournent jusqu'à leur entier développement. Cette poche reçoit elle-même un autre canal circulaire très-étroit, dans lequel les œufs sont contenus avant d'arriver dans la cavité. Ce canal est l'ovaire proprement dit; les œufs renfermés dans son intérieur sont très-petits.

Les Faucheurs ne sont pas rares ; on les rencontre sur les murailles ou sur des troncs d'arbres; leur démarche est agile, et ils arpentent avec leurs grandes pates beaucoup de terrain en fort peu de temps; par-là, ils échappent assez facilement aux dangers qui les menacent; mais ils savent aussi s'en préserver , dans l'état de repos, au moyen d'une ruse assez singulière : leur corps appuie alors sur le sol; mais les pates auxquelles il donne attache , sont étendues circulairement autour de lui , de manière à occuper un espace assez étendu. Si un Animal touche à l'extrémité de l'une d'elles, le Faucheur élève aussitôt son corps et forme avec ses pates autant d'arcades sous lesquelles l'Animal importun passe librement. Cependant il saute à terre et s'éloigne promptement, si le moyen bien simple, que son organisation lui permet d'employer, n'a pas réussi. —Suivant Latreille, les Faucheurs ne vivent pas plus d'une année. Treviranus ne partage pas cette opinion. L'accouplement a lieu dans l'automne ; les mâles se disputent souvent une femelle , et celle-ci fait quelque résistance. Cet acte présente quelques particularités curieuses. Le mâle se place en face de la femelle , saisit ses mandibules avec ses pinces, et avançant ensuite sa verge vers l'ouverture

de son vagin, il y pénètre assez profondément. Cet accouplement ne dure
que quelques secondes ; peu de temps
après, la femelle dépose ses œufs
dans la terre, et les entasse les uns
auprès des autres. Les petits éclosent
au printemps, et ils n'ont pris tout
leur accroissement qu'à la fin de
l'été. Toutes les Arachnides de ce genre
sont carnassières et se nourrissent de
petits Insectes. Elles ne filent point,
ainsi que plusieurs l'ont avancé. Certaines espèces exhalent une odeur
très-forte de feuilles de noyer. La
plupart des Faucheurs connus appartiennent à l'Europe. On en connaît
douze ou quinze ; parmi eux, nous
citerons :

Le FAUCHEUR DES MURAILLES,
Phal. opilio, Lin. Latreille considère
cette espèce comme la femelle du
Phal. cornutum, Linn. Treviranus
pense au contraire qu'elle constitue
une espèce distincte. On la trouve
communément dans les champs, sur
les murailles et sur les troncs d'Arbres. Elle constitue le type du genre.

Le FAUCHEUR DES MOUSSES, *Phal.
muscorum*, Latr. Son corps est ovale,
d'une couleur cendrée tirant sur le
jaune, avec des taches obscures en
dessus, et une bande noirâtre sur le
milieu du dos ; le dessous est pâle, le
tubercule oculifère et dentelé ; les
cuisses sont anguleuses. Il habite le
midi de la France.

Le FAUCHEUR A QUATRE DENTS,
Phal. quadridentatum, Cuv., Fabr.
On, le rencontre en France sous les
pierres.

Savigny (Mém. sur les Anim.
sans vertèbres, 1re partie, 1er fasc.)
a donné les détails anatomiques de
la bouche et du thorax dans le *Phalangium Copticum* et le *Phal. Ægyp-
tiacum. V.* pour les autres espèces,
Hermann (Mém. aptérol., p. 96), qui
en décrit et représente douze espèces,
et Latreille (*Gener. Crust. et Insect.*).
(AUD.)

FAUCHEUX. ARACHN. Syn. vulgaire de Faucheur. *V.* ce mot. (B.)

* FAUCHOT. OIS. Syn. vulgaire

de Buse, L. *V.* FAUCON, division des
Buses.   (DR..Z.)

FAUCILLE. POIS. Diverses espèces
de genres différens ont reçu ce nom ;
tels sont un Denté, un Spare, un
Saumon, un Able, etc.   (B.)

FAUCILLE. INS. Nom vulgaire
devenu scientifique d'une espèce de
Phalène.   (B.)

FAUCILLE. BOT. PHAN. On a proposé ce nom pour désigner le genre
Campulose. *V.* ce mot. On le donne
aussi au *Coronilla Securidaca.* (B.)

FAUCON. *Falco*, L. OIS. Genre
de l'ordre des Rapaces. Caractères :
bec crochu, le plus souvent courbé
depuis son origine qui est plus ou
moins poilue et recouverte d'une
membrane ou cire épaisse et colorée ;
mandibules plus ou moins échancrées, l'inférieure obliquement arrondie ; narines latérales arrondies
ou ovoïdes, ouvertes, percées dans
la cire ; pieds robustes ; tarse écailleux ou emplumé ; quatre doigts garnis d'ongles très-forts, crochus, aigus, mobiles et rétractiles ; trois devant et un derrière. Les Faucons,
que l'on désigne plus généralement
par l'épithète d'Oiseaux de proie
diurnes ou d'Accipitres, se distinguent facilement de tous les Oiseaux
par la beauté de leurs formes, la
noblesse de leur maintien, leur cou-
rage, leur hardiesse et la vivacité de
leurs mouvemens. Ils sont très-difficiles à priver ; et si l'on est parvenu à
en tirer un parti avantageux pour la
chasse au vol, ce n'est qu'après des
soins infinis et l'assujettissement de
leur appétit vorace à des jeûnes sé-
vères ; aussi les services qu'ils rendent ne sont-ils fondés que sur
l'espoir de la récompense. Ce sont
moins des amis dociles que des
serviteurs craintifs toujours prêts
à retourner à leurs habitudes naturelles. Ils ont le vol très-élevé,
rapide et soutenu ; le sens de la vue
plus étendu, plus vif, plus net et
plus distinct chez eux que chez aucun autre Animal, leur permet d'a-

percevoir à une hauteur telle que nous les perdons de vue, une Alouette, un Mulot et même jusqu'à un petit Lézard. Les uns, tels que le Faucon, le Milan, etc., se précipitent et tombent à-plomb sur leur proie ; d'autres, comme la Buse, l'Autour, etc., arrivent obliquement et ne l'attaquent que de côté ; ils se repaissent de préférence de chair vivante et ne se jettent sur les charognes que dans des cas de détresse absolue ; les Quadrupèdes, les grands Oiseaux font l'objet de la poursuite des grands Accipitres ; les Fringilles, les Fauvettes, les Grenouilles et même de gros Insectes sont le partage des petites espèces ; tous saisissent leur proie avec les serres, et souvent leurs deux pieds en sont munis à la fois. Ils sont, en général, silencieux ; cependant quelques-uns des plus petits se plaisent à fatiguer l'oreille de cris aigus et précipités. Ils habitent de préférence les lieux solitaires, les montagnes escarpées, les bâtimens abandonnés ; lorsqu'ils ne placent point leur nid dans des creux de rochers ou dans des trous de muraille, c'est presque toujours sur les Arbres les plus élevés. La ponte est ordinairement de deux à trois œufs ; les petites espèces portent quelquefois ce nombre à sept. Leur caractère est cruel ; ils ne respirent que les combats et paraissent avoir peu d'affection pour leurs petits, car à peine ceux-ci ont-ils la force de voler qu'ils sont chassés du nid et forcés de pourvoir eux-mêmes à leur subsistance : l'usage continuel du sang et de la chair étoufferait-il en eux, ainsi que dans tous les Quadrupèdes féroces, ces tendres affections dont la nature a embelli la création ? Tout porte à le faire croire, puisqu'on ne retrouve point la même cruauté chez les Oiseaux granivores, non plus que chez les dociles Ruminans. Tous les Oiseaux changent de plumage après leur enfance ; chez les Accipitres, ce caprice de la nature se renouvelle plusieurs fois, et ces mues successives différencient tellement les couleurs et leur distribution, que l'Oiseau de six mois ne ressemble nullement avec le même individu à l'âge de dix-huit mois ou de deux ans et demi, et plus d'un ornithologiste ont fait de cet Oiseau, dans ses trois âges, trois espèces distinctes ; quelques Oiseaux de proie n'acquièrent leur plumage parfait qu'à leur sixième année. En général, les jeunes sont bigarrés de taches et de raies longitudinales, tandis que les vieux ont plus d'homogénéité dans les couleurs, et sont plutôt rayés transversalement. Les femelles sont constamment d'un tiers plus grosses que les mâles qui pour cela sont désignés quelquefois sous le nom de Tiercelet. On trouve des Faucons dans toutes les parties connues du globe. Ce genre a éprouvé bien des modifications, des coupes et des subdivisions de la part des méthodistes ; mais ces divers travaux, quelque beaux qu'ils soient d'ailleurs, ne présentent point de caractères assez nets, ni assez bien tranchés pour que l'on puisse adopter tous les genres qui ont été proposés. Temminck qui, de tous, paraît avoir été le plus à même de bien étudier les Oiseaux de proie, a laissé le genre tel à peu près que l'avait institué Linné ; il l'a seulement divisé en huit sections dont nous allons tracer succinctement les caractères distinctifs.

† Mandibule supérieure armée d'une forte dent et quelquefois de deux qui s'engagent dans des échancrures de la mandibule inférieure : les Faucons proprement dits.

†† Tarse aussi court ou guère plus long que le doigt intermédiaire. Bec courbé à partir de sa base. Bec droit à sa base ne se courbant que vers la pointe : les Aigles.

††† Tarse élevé, beaucoup plus long que le doigt intermédiaire. Ailes courtes ; première rémige de beaucoup plus courte que la seconde ; la troisième presque égale avec la quatrième qui est la plus longue : les Autours.

†††† Ailes longues ; première rémige très-courte, moins longue que

la cinquième ; la seconde un peu plus courte que la quatrième ; la troisième ou la quatrième la plus longue. Tarses très-minces : les Busards.

†††† Ailes de moyenne longueur, atteignant au plus les trois quarts de la longueur de la queue : les Buses.

††††† Mandibule supérieure point ou très-faiblement dentée ; face nue : les Caracaras.

†††††† Bec robuste. Bec grêle ; mandibule supérieure fortement crochue et arquée : les Cymindis.

††††††† Face emplumée ; ailes longues dépassant ordinairement la queue : les Milans.

† Faucons proprement dits.

*Première et troisième rémiges égales ;
la deuxième la plus longue.*

Faucon Aldrovandin, *Falco Aldrovandii*, Reinward, Temm., pl. color. 128. Parties supérieures ainsi que les deux rectrices intermédiaires d'un bleu noirâtre ; rémiges noires, tachetées inférieurement de roux ; parties inférieures rousses ; bec bleuâtre ; cire et pieds jaunes. Taille, dix pouces et demi. De Java.

Faucon de la baie d'Hudson. *V.* Buse de la baie d'Hudson.

Faucon de Barbarie, variété du Faucon commun.

Faucon a bec jaune. *V.* Faucon commun.

Faucon Behrée, *Falco calidus*, Lath. Parties supérieures d'un brun noirâtre avec des raies plus claires sur la queue ; les inférieures blanches, tachetées de noir ; bec bleu ; pieds jaunes. Taille, quinze pouces. Les jeunes ont la queue rayée de blanc et la gorge tachetée de brun. Des Indes.

Faucon du Bengale. *V.* Faucon Fringillaire.

Faucon bidenté, *Falco bidentatus*, Lath., Temm., pl. color. 58 et 228. Parties supérieures d'un gris ardoisé plus clair sur la tête et les joues ; les inférieures rousses, rayées de blanc ; gorge et tectrices caudales inférieures blanches ; bec cendré, avec deux fortes dents ; iris rouge ; cire et pieds

jaunes. Taille, quatorze pouces. La femelle a de petites taches bleuâtres sur les parties inférieures. Les jeunes sont bruns en dessus, rayés de blanchâtre ; blancs, striés de brun et de roux en dessous. De l'Amérique méridionale.

Faucon Blac, *Falco melanopterus*, Lath.; *Falco Sonninensis*, Lath.; *Elanus cæsius*, Savig., Levaill., Ois. d'Afrique, pl. 56 et 57. Parties supérieures roussâtres, variées de noir et de cendré sur les ailes. Parties inférieures blanches ; bec noirâtre, pieds jaunes. Taille, quatorze pouces.

Faucon blanc. Variété du Busard Saint-Martin.

Faucon bleu. *V.* Busard Saint-Martin.

Faucon bleuatre a queue noire, *Falco nitidus*, Lath. Parties supérieures d'un bleu cendré, les inférieures blanches, rayées de cendré ; rectrices noirâtres, les extérieures ondées de blanc ; pieds jaunes. Taille, treize pouces. De Cayenne.

Faucon bossu. *V.* Faucon commun.

Faucon brun. *V.* Buse changeante.

Faucon brun-bleuatre, *Falco fusco-cærulescens*, Vieill. Parties supérieures bleuâtres, variées de brun ; tectrices caudales supérieures rayées de blanc ; rémiges et rectrices brunes ; parties inférieures roussâtres, tachetées de brun ; gorge et poitrine brunes, rayées de blanc ; bec vert et cendré ; pieds cendrés. Taille, onze pouces. De l'Amérique septentrionale.

Faucon de la Caroline, *Falco dubius*, Lath. *V.* Faucon des Pigeons.

Faucon de Ceylan, *Falco Ceylanensis*, Lath. Tout le plumage blanc ; une huppe formée de deux plumes ; bec noirâtre ; cire jaune. Espèce douteuse.

Faucon chanteur. *V.* Autour chanteur.

Faucon Chicquera, *Falco Chicquera*, Lath., Levaill., Ois. d'Afr., pl. 30. Parties supérieures bleuâtres ; sommet de la tête et nuque roussâtres ; parties inférieures blanches, rayées de cendré ; extrémité des rectrices rousse avec une bande noire ; bec, iris et pieds jaunes. Taille , dix pouces.

Faucon a collier. *V.* Busard Saint-Martin , femelle.

Faucon commun, *Falco peregrinus*, Lath., Buff., pl. enl. 421 , 450 , 469 et 470. Parties supérieures d'un bleu cendré avec des bandes plus foncées ; les inférieures blanchâtres finement rayées de brun ; gorge et poitrine blanches avec des petits traits longitudinaux noirâtres ; une large moustache noirâtre ; bec bleu, avec une seule dent ; iris, aréole et pieds jaunes. Taille, quinze à dix-sept pouces. Les jeunes ont les parties supérieures noirâtres avec les plumes bordées de roussâtre ; la gorge blanche ; les parties inférieures blanchâtres, tachetées de brun ; le bec bleuâtre ; l'iris brun ; les pieds jaunâtres. D'Europe.

Faucon a cou blanc, *Falco albicollis*, Lath. Parties supérieures variées de noirâtre et de blanc ; les inférieures blanches ainsi que la tête et le cou ; bec cendré ; pieds jaunes. Taille, vingt pouces. De la Guiane.

Faucon Counich. *V.* Faucon Blac.

Faucon a cou noir, *Falco nigricollis*, L. Tout le plumage varié de noir, de roux et de blanchâtre ; tête et cou noirs ainsi que l'extrémité des rectrices ; pieds jaunes. Taille, vingt-deux pouces. De la Guiane.

Faucon couronné de bleu, *Falco clarus*, Lath. Parties supérieures brunes ; sommet de la tête et tectrices alaires bleus ; parties inférieures , nuque et devant du cou blancs ; bec brun ; iris et pieds jaunes. Taille , douze pouces. De la Nouvelle-Hollande.

Faucon cresselicolore, *Falco punctatus*, Cuv., Temm. , pl. color. 45. Parties supérieures rousses , tachetées de noir, avec des petites raies de cette couleur sur la tête et la nuque, et sept bandes sur la queue ; parties inférieures blanches avec des taches triangulaires noires ; bec bleuâtre ; cire et pieds jaunâtres. Taille, dix pouces. De l'Ile-de-France.

Faucon Cresserelle, *Falco Tinnunculus* , L., Buff., pl. enl. 401 et 471. Parties supérieures d'un brun rougeâtre, tachetées angulairement de noir ; les inférieures blanches, lavées de roux , avec des taches oblongues noirâtres ; nuque et queue cendrées ; celle-ci terminée de blanc , avec une bande noire ; bec bleuâtre ; iris et pieds jaunes ; ongles noirs. Taille , quatorze pouces. La femelle est en dessus rayée transversalement de noirâtre ; en dessous rousse, tachetée de noir ; la queue est roussâtre , avec une dixaine de bandes noires. Les jeunes ont plus de noir dans le plumage. Se trouve en Europe dans les vieux clochers.

Faucon Cresserellette , *Falco Tinnunculoides*, Natter. Parties supérieures rousses ; sommet de la tête , côtés du cou et nuque cendrés ; tectrices alaires, croupion et rectrices d'un cendré bleuâtre ; extrémité de la queue blanche , précédée d'une large bande noire ; rémiges aussi longues que les rectrices ; parties inférieures d'un roux clair , tachetées et rayées de noir ; bec bleuâtre ; pieds jaunes ; ongles blancs. D'Europe.

Faucon a croupion blanc, *Falco hyemalis*, Lath. Variété du Busard Saint-Martin.

Faucon a culotte noire , *Falco tibialis* , Lath.; Levaill., Ois. d'Afrique, pl. 29. Parties supérieures d'un gris brun varié de noir ; les inférieures roussâtres avec la gorge blanche ; tête, rémiges, rectrices et cuisses noirâtres ; bec brun , jaune à sa base ; iris brun ; pieds jaunes. Taille, quatorze pouces.

Faucon a culotte rousse, *Falco femoralis*, Temm. , pl. color. 121. Parties supérieures d'un brun foncé ; rectrices latérales barrées de roux cendré ; rémiges noires , rayées inférieurement de blanc, et terminées de roux ; grandes tectrices alaires terminées de blanc ; une large moustache noire ; front, joues , cuisses ,

abdomen et tectrices caudales inférieures d'un roux vif ; ventre et flancs
d'un noir pourpré ; bec bleu ; cire
jaune ; pieds cendrés. Taille, douze
pouces. Du Brésil.

FAUCON DIODON , *Falco Diodon*,
Temm. , pl. color. 198. Parties supérieures d'un noir ardoisé ; nuque,
joues et côtés du cou d'un cendré
foncé ; parties inférieures d'un gris
cendré; gorge blanche ; cuisses rousses ; ailes et queue rayées de noir ;
bec cendré, avec deux fortes dents ;
iris et pieds jaunes. Taille, onze pouces. Du Brésil. La femelle a les teintes peu prononcées ; les jeunes ont
les parties supérieures brunes, rayées
de zônes plus foncées ; les inférieures
tachetées de noirâtre ; les cuisses
rougeâtres.

FAUCON A DOUBLE ÉCHANCRURE.
V. FAUCON BIDENTÉ.

FAUCON EMÉRILLON, *Falco Æesa-
ton*, L.; *Falco lithofalco*, Lath., Buff.
pl. enl. 447 et 468. Parties supérieures d'un cendré bleuâtre, tacheté de
noir ; cinq bandes de taches noires
sur les rectrices dont l'extrémité est
noire, bordée de blanchâtre; gorge
blanche ; parties inférieures roussâtres, avec des taches oblongues brunes ; bec bleuâtre ; iris brun ; pieds
jaunes. Taille, onze pouces. La femelle est plus grande ; le cendré
bleuâtre et les taches sont plus prononcés; les parties inférieures sont
d'un blanc jaunâtre. Les jeunes ont
les parties supérieures brunes, ondées
de roussâtre ; les bandes de la queue
brunes de même que l'extrémité ; les
parties inférieures d'un blanc jaunâtre , rayées longitudinalement de
brun. D'Europe.

FAUCON ÉTOILÉ, *Falco stellaris*,
Lath. *V*. FAUCON LANIER, jeune.

FAUCON ÉTRANGER. *V*. FAUCON
COMMUN, femelle.

FAUCON FALCK , *Falco vespertinoides* , Lath. Parties supérieures
d'un brun noirâtre ; les inférieures
brunes, tachetées de blanc; bec et
jambes noirâtres ; iris, cire et pieds
jaunes. Taille, dix pouces. De Sibé-

rie. Espèce douteuse qui paraît être la
même que le Faucon Kobez.

FAUCON FRINGILLAIRE, *Falco Frin-
gillarius*, N., *V*. pl. de ce Dictionn. ;
Falco cœrulescens , Lath., Temm.,
pl. color. 97. Parties supérieures
d'un noir bleuâtre ; front orangé ;
joues, côtés du cou et parties inférieures blanchâtres, avec quelques
zônes roussâtres ; tour des yeux et
tache auriculaire d'un bleu noirâtre,
ainsi que les flancs ; rectrices latérales rayées de blanc ; bec bleuâtre;
cire jaune; pieds noirs. La femelle a
le front et la gorge blancs ; les parties inférieures roussâtres. Taille, six
à sept pouces. Des Indes.

FAUCON GENTIL, *Falco gentilis*. *V*.
AUTOUR.

FAUCON GERFAUT, *Falco Islandi-
cus* , Lath. , *Falco rusticolis*, *Falco
Gyrfalco* , Gmel. ; *Falco sacer* ,
Lath. , le Sacré, Buff. , pl. enl.
210 , 446 et 462. Tout le plumage
blanc, rayé en dessus d'étroites bandes brunes et finement tacheté de
brun en dessous ; bec, cire et pieds
jaunes; iris brun. Taille, vingt-deux
pouces. Du nord de l'Europe. La femelle est plus grande ; les taches et
les raies sont plus prononcées et d'un
brun noirâtre. Les jeunes sont presque entièrement noirâtres en dessus,
variés de quelques petites taches
blanches ; les rectrices ont douze
bandes interrompues roussâtres ; la
tête, la nuque, le cou et toutes les
parties inférieures sont d'un blanc
sale, largement rayé ou taché de
brun.

FAUCON DE LA GUIANE. *V*. FAU-
CON BIDENTÉ.

FAUCON GRIS , variété du Faucon
Cresserelle.

FAUCON GRIS, *Falco griseus*, Lath
V. FAUCON GERFAUT, jeune.

FAUCON HAGARD, *Falco gibbosus*,
Lath., Buff. , pl. enl. 421. Même
chose que Faucon commun, très-
vieux.

FAUCON HOBEREAU , *Falco Sub-
buteo* , Lath. , Sous-Buse, Buff. ,
pl. enl. 432. Parties supérieures
d'un noir bleuâtre nuancé de cen-

dré ; les inférieures blanches ' avec
des taches longitudinales noires ;
gorge blanche ; une large moustache
noire ; cuisses et croupion roux ; rectrices latérales rayées de blanchâtre ;
bec bleuâtre ; cire et pieds jaunes ;
iris brun. Taille, quatorze pouces.
D'Europe. La femelle est plus grande
et moins vivement colorée. Les jeunes
ont presque toutes les plumes bordées de roussâtre, et deux grandes
taches jaunâtres sur la nuque.

FAUCON HUPPART , *Falco Lopho-
tes*, Cuv., Temm., pl. color. 10. Parties supérieures, cuisses et abdomen
d'un noir bleuâtre irisé ; partie des
rémiges et tectrices alaires ornées de
taches blanches encadrées de roux ;
une ceinture blanche sur la poitrine
qui est en grande partie d'un brun
marron ; flancs variés de roux et de
marron ; une grande huppe sur l'occiput ; bec bleuâtre avec les bords
des mandibules jaunes ; pieds cendrés. Taille, treize à quatorze pouces.
Des Indes.

FAUCON HUPPÉ. *V.* FAUCON TA-
NAS.

FAUCON HUPPÉ DES INDES, *Falco
cirratus*, Lath. Parties supérieures
noires ; une huppe longue, partant
de l'occiput et retombant de chaque
côté du cou qui est fauve ; rectrices
rayées de cendré ; parties inférieures
blanches rayées de noir ; bec bleuâtre ; cire, iris et pieds jaunes ; tarses
emplumés jusqu'aux doigts. Taille ,
dix-huit pouces.

FAUCON DE L'ÎLE DE JAVA, *Falco
testaceus*, Lath. Parties supérieures
d'un brun rougeâtre, avec la tige
des plumes noirâtre ; les inférieures
d'une teinte plus pâle ; rémiges noirâtres, avec des taches blanches en
dessous ; bec bleuâtre : pieds jaunes ;
ongles noirs. Taille, vingt-un pouces.

FAUCON DE L'ÎLE SAINT - JEAN ,
Falco Sancti-Joannis, Lath. Var. de
la Buse patue.

FAUCON DE L'ÎLE SAINTE-JEANNE ,
Falco Joannensis , Lath. Parties supérieures d'un cendré foncé , tacheté
de noir ; les inférieures d'une teinte

plus pâle ; gorge roussâtre ; tectrices
caudales blanches ; bec noirâtre ; cire
et pieds jaunes. Taille, quatorze pouces. Des îles de la mer des Indes.

FAUCON D'ITALIE , *Falco Italicus*,
Briss. *V.* FAUCON COMMUN , jeune.

FAUCON KOBEZ , *Falco rufipes*,
Bechst. ; *F. vespertinus*, Gmel., Buff.,
pl. enl. 451. Parties supérieures
d'un bleu cendré ; poitrine et ventre
d'une teinte plus pâle ; abdomen ,
cuisses et tectrices caudales inférieures d'un roux foncé ; bec noirâtre ;
iris et pieds rouges ; ongles jaunes , à
pointes noires. Taille , dix pouces et
demi. La femelle est un peu plus
grande ; elle a des raies longitudinales sur la nuque qui est variée de
roux ; les côtés de la tête et la gorge
d'un roux clair ; les parties inférieures et les cuisses rousses , variées de
noirâtre. Les jeunes tiennent le milieu entre le plumage du mâle et celui
de la femelle ; ils ont de plus la gorge
et les joues blanches , des taches brunes sur la poitrine et les cuisses , dix
ou douze bandes brunes sur la queue,
les pieds jaunes et les ongles banchâ-
tres. De l'Europe orientale.

FAUCON LANIER, *Falco Lanarius*,
L. Parties supérieures d'un brun
cendré avec la frange des plumes
roussâtre ; sommet de la tête d'un
roux clair, tacheté de brun ; un large
sourcil blanc et une petite moustache noire ; parties inférieures blanches , tachetées de brun ; gorge et
tectrices caudales inférieures blanches ; bec et pieds bleuâtres ; iris
jaune. Taille, vingt pouces. La femelle est plus grande ; elle a le plumage plus foncé ; le sommet de la tête
brun et la gorge striée finement. Les
jeunes ont le front, la nuque et les
joues d'un blanc jaunâtre ; les taches
des parties inférieures assez grandes ,
et des bandes rousses sur la queue.
D'Europe.

FAUCON LEVERIAN. *V.* AIGLE
BALBUZARD.

FAUCON LUISANT. *V.* FAUCON
BLEUATRE A QUEUE NOIRE.

FAUCON LUNULÉ. *V.* FAUCON
BEURÉE.

FAUCON MALFINI, paraît être une variété de l'Emérillon. De l'Amérique septentrionale.

FAUCON DES MARAIS. *V*. BUSARD DES MARAIS.

FAUCON MELANOPS, *Falco Melanops*, Lath. Parties supérieures noires, tachetées de blanc; tête et cou blancs rayés de noir; queue noire avec une bande blanche; parties inférieures blanches; une large moustache noire; bec cendré; cire et pieds jaunes. Taille, quatorze pouces. De l'Amérique méridionale.

FAUCON MÉRIDIONAL, *Falco meridionalis*, Lath. Parties supérieures brunes; tête rayée de roux et de noir; rectrices rayées de blanchâtre; parties inférieures blanchâtres, rayées de cendré; bec noir; cire et pieds jaunes. Taille, seize pouces. De l'Amérique méridionale.

FAUCON MOINEAU. *V*. FAUCON FRINGILLAIRE.

FAUCON MONTAGNARD, *Falco rupicolis*, Lath., Levaill., Ois. d'Afrique, pl. 35. Parties supérieures roussâtres, tachées de noir; tête d'un brun roussâtre; ailes noires; queue rousse; parties inférieures cendrées, rayées de noir; gorge blanche; bec noir; pieds jaunes. Taille, quinze pouces.

FAUCON DE MONTAGNE, *Falco montanus*, Lath., paraît être une variété du Faucon Emérillon.

FAUCON DE MONTAGNE CENDRÉ. *V*. BUSARD SAINT-MARTIN.

FAUCON NIAIS. *V*. FAUCON COMMUN, jeune.

FAUCON NOCTURNE. *V*. FAUCON KOBEZ.

FAUCON NOIR PASSAGER, *Falco ater*, Lath., Buff., pl. enl. 469. *V*. FAUCON COMMUN, jeune.

FAUCON NOIR RAYÉ. *V*. FAUCON MÉLANOPS.

FAUCON NOIR ET ROUX, *Falco aurantius*, Lath. Parties supérieures noires; queue finement rayée de blanc; devant du cou et poitrine d'un roux clair; abdomen noir, tacheté de blanc; cuisses d'un roux

foncé. Taille, quinze pouces. De l'Amérique méridionale.

FAUCON DE LA NOUVELLE-ZÉLANDE, *Falco Nov.-Zelandiæ*, Lath. Parties supérieures d'un brun cendré, les inférieures d'une teinte plus claire, rayées de roux; rectrices d'un gris jaunâtre, tachetées de cendré; bec bleuâtre; cire et pieds jaunes. Taille, seize pouces. La femelle est beaucoup plus forte; son plumage est mieux rayé.

FAUCON OBSCUR. *V*. FAUCON DES PIGEONS.

FAUCON OPHIOPHAGE, *Falco ophiophagus*, Vieill. Parties supérieures cendrées, noirâtres; les inférieures d'un gris blanc; sommet de la tête, gorge et paupières roussâtres; grandes tectrices alaires terminées de blanc; rémiges et rectrices noires; bec bleu noirâtre; mandibule supérieure dentée dans le milieu; l'inférieure faiblement échancrée au bout; pieds bleus. Taille, treize pouces. De l'Amérique septentrionale.

FAUCON ORANGÉ. *V*. FAUCON NOIR ET ROUX.

FAUCON PASSAGER. *V*. FAUCON COMMUN, jeune.

FAUCON PATU. *V*. AIGLE BOTTÉ.

FAUCON PÊCHEUR, Adanson. *V*. FAUCON TANAS.

FAUCON PÊCHEUR DE LA CAROLINE. *V*. AIGLE BALBUZARD.

FAUCON PÉLERIN, *Falco peregrinus*, L. *V*. FAUCON COMMUN.

FAUCON (PETIT). *V*. FAUCON EMÉRILLON.

FAUCON (PETIT) DU BENGALE. *V*. FAUCON FRINGILLAIRE.

FAUCON (PETIT) NOIR ET ORANGÉ DES INDES. *V*. FAUCON FRINGILLAIRE.

FAUCON AUX PIEDS ROUGES. *V*. FAUCON KOBEZ.

FAUCON DES PIERRES. *V*. FAUCON MONTAGNARD.

FAUCON DES PIGEONS, *Falco columbarius*, Lath. Parties supérieures d'un noir bleuâtre, tachetées de brun; les côtés de la tête et du cou blancs, tachetés de brun; moustache d'un blanc roussâtre; **quatre ou cinq raies** blanches sur la queue ; gorge blanche ; parties inférieures blanchâtres , tachées de brun ; bec et cire bleuâtres ; iris et pieds jaunes. Taille, onze pouces. La femelle est un peu plus grande. Le jeune a les joues et les moustaches blanches, toutes les parties inférieures blanches ; la gorge tachetée de brun, et les flancs noirâtres tachetés de blanc. De l'Amérique septentrionale.

FAUCON A POITRINE ORANGÉE. *V.* FAUCON NOIR ET ROUX.

FAUCON PUNICIEN. *V.* FAUCON COMMUN.

FAUCON A QUEUE EN CISEAUX. *V.* MILAN DU PARAGUAY.

FAUCON RHOMBOÏDAL. *V.* FAUCON A TACHES RHOMBOÏDALES.

FAUCON RIEUR. *V.* BUSE SOCIABLE.

FAUCON DE ROCHE OU ROCHIER. *V.* FAUCON ÉMÉRILLON.

FAUCON ROITELET, *Falco Regulus*, Pallas. Parties supérieures cendrées , variées de brun ; un collier brun-roux ; tectrices alaires bordées de blanc ; extrémité des rectrices blanche ; parties inférieures blanchâtres , tachetées de brun ; bec bleuâtre ; cire verte ; iris brun : pieds jaunes. Taille, dix pouces. De Sibérie.

FAUCON ROUGE. *V.* FAUCON MONTAGNARD.

FAUCON ROUGE DES INDES , *Falco ruber Indicus*, Vieill. Parties supérieures brunes ; les inférieures et le croupion d'un roux orangé , très-vif, rayé de brun sur la poitrine ; queue rayée de cendré ; bec gros et jaune à sa base ; pieds jaunes ; ongles noirs. La femelle a les couleurs plus ternes. Cette espèce pourrait bien être le Faucon Aldrovandin.

FAUCON SACRÉ, *Falco sacer*, Gmel. *V.* FAUCON GERFAUT.

FAUCON SÉVÈRE , *Falco severus*, Horsf. *V.* FAUCON ALDROVANDIN.

FAUCON SORS. *V.* FAUCON COMMUN.

FAUCON SOUFFLEUR , *Falco sufflator*, Lath. Parties supérieures brunes, les inférieures cendrées, variées de taches blanches , jaunes et brunes ; bec noirâtre avec un lobe charnu qui s'élève entre les deux narines ; cire ,

iris et pieds jaunes. Taille, seize pouces. De l'Amérique méridionale.

FAUCON A SOURCILS NUS , *Falco superciliosus*, Lath. Parties supérieures brunes, avec le croupion varié de blanc et de noir ; tectrices alaires cendrées, rayées de noir ; rectrices ornées de deux bandes cendrées à leur extrémité ; parties inférieures blanchâtres, ondées et rayées de brun ; sourcils saillans ; joues nues ; bec noir ; cire et pieds jaunes. Taille, quatorze à quinze pouces. De l'Amérique méridionale.

FAUCON A TACHES RHOMBOÏDALES, *Falco rhombeus*, Lath. Parties supérieures cendrées , variées de taches et de bandes noires ; onze bandes noires sur la queue ; parties inférieures grises avec des taches anguleuses blanches ; bec cendré ; pieds jaunes. Taille, dix-sept pouces. De l'Inde.

FAUCON TACHETÉ. *V.* FAUCON COMMUN, jeune.

FAUCON TANAS, *Falco piscator*, Lath., Levail., Ois. d'Afrique, pl. 28. Parties supérieures d'un gris cendré , ondulé de brun ; les inférieures jaunâtres , tachetées de brun ; nuque ornée d'une huppe formée de quelques plumes brunes, plus longues que les autres ; tête d'un brun ferrugineux ; bec jaunâtre , fortement denté ; iris et pieds jaunes. Taille, quatorze pouces. Les jeunes ont les parties inférieures fauves, nuancées de roux et de gris brun.

FAUCON DE TARTARIE. Variété du FAUCON COMMUN.

FAUCON DE TERRE-NEUVE. *V.* BUSE PATUE.

FAUCON TESTACÉ. *V.* FAUCON DE L'ILE DE JAVA.

FAUCON A TÊTE BLANCHE , *Falco leucocephalus*, Frisch. *V.* BUSE PATUE.

FAUCON A TÊTE ET COU BLANCS , *Falco pacificus*, Lath. Parties supérieures brunes, tachetées de noir ; les inférieures d'un brun jaunâtre, rayées de noir ; rémiges et rectrices rayées de noir ; tête et cou blancs ; bec , iris et pieds jaunes. Taille, dix-sept pouces. De l'Océanique.

FAUCON A TÊTE NOIRE, *Falco atricapillis*, Wils., Oen. Amer., pl. 52, f. 3. Parties supérieures brunes, variées de noir; occiput noir, bordé de chaque côté d'une petite raie blanche ponctuée de noir; parties inférieures et croupion d'un blanc mat, finement rayé de noir sur les premières; bec et cire bleus; iris rougeâtre; pieds jaunes. Taille, vingt-deux pouces. De l'Amérique septentrionale.

FAUCON A TÊTE ROUSSE. *V*. FAUCON MÉRIDIONAL.

FAUCON TIERCELET. *V*. FAUCON COMMUN, mâle.

FAUCON TUNISIEN. Variété du FAUCON COMMUN.

FAUCON VAUTOUR. *V*. FAUCON GERFAUT.

FAUCON VEILLEUR. *V*. FAUCON FALCK.

†† AIGLES.

V., pour les caractères et les espèces de ce sous-genre, le mot AIGLE, où tout ce qui le concerne a été dit.

††† AUTOURS.

Quatrième rémige la plus longue; tarse long; doigt intermédiaire de beaucoup plus long que les latéraux; ongles très-crochus et très-acérés.

AUTOUR des ALOUETTES. *V*. FAUCON CRESSERELLE.

AUTOUR ARDOISÉ, *Sparvius cœrulescens*, Vieill. Tout le plumage ardoisé, avec les ailes et la queue noires, celle-ci rayée de deux larges bandes blanches; bec noir; pieds jaunes. Taille, quatorze pouces. De l'Amérique méridonale.

AUTOUR BASANÉ, *Falco ambutus*, Gmel.; *Vultur ambutus*, Lath.; *Spizaetus ambutus*, Vieill. Tout le plumage brunâtre, mélangé de brun obscur sur les tectrices alaires; queue longue, arrondie, d'un blanc sale, rayé de brun; bec noirâtre; pieds cendrés. Taille, vingt-six pouces. De l'Amérique méridionale.

AUTOUR DE LA BAIE D'HUDSON. *V*. BUSARD SAINT-MARTIN.

AUTOUR A BEC SINUEUX, *Falco Pensylvanicus*, Wilson, Temm., pl.

color. 67. Parties supérieures d'un cendré bleuâtre, avec la baguette des plumes noire; rémiges brunes, rayées de noirâtre; gorge et joues blanchâtres, striées de brun; une large raie blanche au-dessus des yeux; rectrices noires, rayées de cendré; pieds et iris jaunes. Les femelles et les jeunes ont les plumes des parties supérieures brunes bordées de roussâtre; la nuque et les côtés de la tête blanchâtres, striés de brun; les parties inférieures tachetées de brun; les cuisses roussâtres. Taille, douze pouces. De l'Amérique septentrionale.

AUTOUR BLANC, *Falco Novœ-Hollandiœ*, Lath.; *Sparvius niveus*, Vieill. Tout le plumage blanc; bec et ongles noirs; cire et pieds jaunes. Taille, vingt-trois pouces. Le jeune est gris cendré en dessus, d'un blanc rayé de gris en dessous.

AUTOUR BLANCHARD, *Falco albescens*, Lath.; *Spizaetus albescens*, Vieill., Lev., Ois. d'Afr., pl. 13. Plumage blanchâtre, lavé de brun fauve; rémiges et rectrices rayées de blanc et de noir; une huppe composée de plumes courtes; bec bleuâtre; pieds jaunes. Taille, vingt-quatre pouces. La femelle n'a point de huppe; elle a le plumage beaucoup plus brun.

AUTOUR BRACHYPTÈRE, *Falco brachypterus*, Temm., pl. color. 116 et 141. Parties supérieures d'un noir bleuâtre avec le bord des plumes brun; parties inférieures blanches, avec la tige des plumes noire; sourcils blancs; une large moustache blanche tachetée de brun; collier blanc, avec les plumes bordées de noir; quatre raies et l'extrémité des rectrices blanches; bec et ongles noirs; cire et pieds jaunes. La femelle et les jeunes ont le plumage noirâtre, varié de brun; les parties inférieures blanchâtres, rayées de brun; le cou, le collier et la poitrine d'un roux fauve tacheté de brun. Taille, dix-huit pouces. Du Brésil.

AUTOUR BRUN, *Falco badius*, Lath.; *Sparvius badius*, Vieill. Parties supérieures brunes; les inférieures blanchâtres, rayées de jaunâtre ; tectrices alaires bordées de blanc ; bec bleuâtre ; iris et pieds jaunes. Taille, treize pouces. De Ceylan.

AUTOUR BRUN DU PARAGUAY, *Spizaetus fuscescens*, Vieill. Parties supérieures brunes ; tête brune, variée de blanc ; sourcils blancs ; yeux entourés d'un trait noir qui se prolonge vers la nuque ; tectrices alaires et caudales terminées par des points blancs ; parties inférieures noires, ponctuées de blanc ; gorge et cou blancs, tachetés de noir ; bec noirâtre ; pieds jaunes. Taille, vingt-cinq pouces.

AUTOUR BRUN ET ROUSSATRE, *Spizaetus fuscus*, Vieill. ; *Morphnus fuscus*, Cuv. Paraît être la même chose que l'Aigle criard jeune.

AUTOUR BRUNOIR, *Sparvius subniger*, Vieill. Parties supérieures d'un brun noirâtre ; les inférieures blanchâtres, rayées de brun ; joues blanchâtres ; rectrices intermédiaires marquées de deux raies foncées ; bec blanchâtre, noir à la pointe ; pieds jaunes. Taille, onze pouces. De l'Amérique méridionale.

AUTOUR A CALOTTE NOIRE, *Falco atricapillus*, Cuv., Temm , Ois. color. pl. 79. Parties supérieures noires ; les inférieures, ainsi que le front, le sommet de la tête et le cou blancs ; queue rayée de brun et de noirâtre ; bec noir avec la base et la cire jaunes ; tarses emplumés ; doigts jaunes. Taille, dix-huit pouces. De Cayenne.

AUTOUR CALQUIN. Espèce douteuse qui paraît être la même que l'Autour Utauruna.

AUTOUR CARACCA, *Falco cristatus*, Lath. *V.* AUTOUR DESTRUCTEUR.

AUTOUR CENDRÉ, *Sparvius cinereus*, Vieill. *V.* AUTOUR BLANC, jeune âge.

AUTOUR CENDRÉ DE CAYENNE. *V.* AUTOUR PARAKOUREKÉ.

AUTOUR CHANTEUR, *Falco musicus*, Lath., Levaill., Ois. d'Afriq., pl. 27. Parties supérieures d'un gris clair, plus foncé sur la tête et les scapulaires ; les inférieures blanchâtres, rayées de cendré bleuâtre ; rémiges noires ; rectrices noirâtres, terminées de

blanc et rayées de cendré ; tectrices caudales blanches, tiquetées et rayées de cendré ; bec noir, jaune à sa base ; pieds jaunes. Taille, seize pouces. Les jeunes et la femelle ont le plumage varié de brun.

AUTOUR CHAPERONNÉ, *Falco pileatus*, P. Max., Temm., pl. color. 205. Parties supérieures d'un bleu cendré, variées de teintes plus claires ; les inférieures blanchâtres, striées de brun ; cuisses rousses ; rémiges et rectrices rayées de noir et de brun ; iris, cire et pieds jaunes. Taille, quatorze pouces. La femelle est plus grande ; elle a les teintes plus sombres.

AUTOUR A COLLIER, *Falco melanoleucus*, Lath. Parties supérieures noires ; les inférieures, ainsi que le croupion, blanchâtres ; gorge noire ; rémiges et rectrices d'un gris clair ; tectrices alaires blanches ; bec noir ; iris et pieds jaunes. La femelle a quelques traits roux sur les parties inférieures. Taille, onze pouces. De Ceylan.

AUTOUR A COLLIER ROUX, *Falco torquatus*, Cuv., Temm., pl. color. 43 et 93. Parties supérieures d'un cendré foncé ; un collier roux, quelquefois nuancé de cendré ; rémiges et rectrices rayées de brun ; parties inférieures blanchâtres, rayées de brun rougeâtre. La femelle a la gorge roussâtre ; bec noir ; cire et pieds jaunes. Taille, quatorze à seize pouces. Des Moluques.

AUTOUR COMMUN, *Falco palumbarius*, L. ; *F. gallinarius*, Gmel. ; *F. gentilis*, Gmel., Buff., pl. enl. 418, 423 et 461. Parties supérieures d'un cendré bleuâtre ; les inférieures blanchâtres, rayées de brun foncé ; un large sourcil noir ; queue cendrée avec quatre ou cinq bandes brunes ; bec noirâtre ; cire verdâtre ; iris et pieds jaunes. Taille, vingt-quatre pouces. D'Europe. La femelle est plus grande d'un tiers ; son plumage est plus obscur. Les jeunes ont les parties supérieures tachetées de brun ; les inférieures d'un roux blanchâtre avec de longues taches brunes ; l'iris blanc ; les pieds jaunâtres.

Autour Coucoïde, *Falco Cuculoides*, Temm., pl. color. 110 et 129. Parties supérieures d'un gris bleuâtre, plus foncé sur le dos et les ailes ; rectrices, à l'exception des intermédiaires et des deux latérales, rayées de cinq bandes noires ; parties inférieures blanchâtres ; poitrine et ventre fauves ; cire et pieds jaunes. Taille, dix pouces et demi. Des Moluques.

Autour couronné, *Falco coronatus*, Lath. ; *Spizaetus coronatus*, Vieill. Parties supérieures brunes avec le bord des plumes fauve ; joues et gorge variées de blanc et de noir; une huppe formée de quelques plumes assez longues. Parties inférieures blanchâtres, tachetées de noir; poitrine d'un brun rougeâtre, tachetée de noir; bec brun; iris et pieds jaunes. Taille, vingt-six pouces. D'Afrique.

Autour couronné du Paraguay, *Harpyia coronata*, Vieill. Tout le plumage brun, mêlé de bleu plus clair sur les parties inférieures; rémiges et tectrices noirâtres avec une bande blanche sur la queue et une autre plus étroite au-dessus ; une aigrette formée de quatre longues plumes partant de l'occiput; bec noirâtre ; iris brun ; pieds jaunes. Taille, vingt-huit pouces.

Autour a cou roux , *Falco pectoralis*. Parties supérieures brunâtres , les inférieures blanchâtres , rayées de noir ; gorge et poitrine rousses ; bec brun ; pieds jaunes. Taille, quatorze pouces. De l'Amérique méridionale.

Autour a culotte blanche, *Falco cachinnans* , L. *V.* Buse Macagua.

Autour a demi-collier roux , *Sparvius semi-torquatus*. Parties supérieures noirâtres rayées de roussâtre ; sommet de la tête blanc, rayé de noirâtre ; un demi-collier roussâtre , varié de brun ; parties inférieures blanchâtres, tachées et rayées de noir ; bec brun; iris gris; cire verte ; pieds jaunes. Taille , vingt pouces. De l'Amérique méridionale.

. Autour destructeur , *Falco destructor*, Daud., Temm. , pl. color. 14. Parties supérieures noires rayées de cendré ; une huppe sur l'occiput ; tête et cou cendrés ; un large collier noir ; parties inférieures blanches, avec des raies noires sur les cuisses ; rémiges et rectrices noires; celles-ci rayées de cendré; bec noir; cire et pieds jaunes. Taille, quarante pouces. De l'Amérique méridionale.

Autour a doigt court, *Falco hemidactylus*, Temm. , pl. color. 3. Parties supérieures d'un gris bleuâtre , les inférieures plus pâles ; rémiges noires , traversées par une large bande blanche ; rectrices rayées de cendré , de noir et de roussâtre ; bec noirâtre; tarses jaunes ; doigt externe très-court. Taille , quinze pouces. Du Brésil.

Autour a dos noir, *Falco Melanops*, Lath. , Temm. , pl. color. 105. Parties supérieures noires , tachetées de blanc; tête et cou blancs , striés de noir ; une bande noire autour des yeux ; queue noire avec une large bande blanche ; parties inférieures blanches; bec noir ; cire et pieds jaunes. Taille, quatorze pouces. De l'Amérique méridionale.

Autour Epervier, *Falco Nisus*, L., Buff. , pl. enl. 412 et 467. Parties supérieures d'un cendré bleuâtre; une tache blanche à la nuque; cinq bandes noirâtres sur les rectrices ; parties inférieures blanchâtres , rayées de brun noirâtre; des stries semblables sur la gorge ; bec noirâtre; cire, iris et pieds jaunes. Taille , douze pouces. La femelle en a quatorze. Les jeunes ont les parties supérieures variées de roux et de cendré; les inférieures rayées de roux et de noirâtre sur un fond blanc. D'Europe.

Autour des États, *Falco australis*, Lath. Tout le plumage brun , avec la queue noire , terminée de blanc jaunâtre; bec noir; cire jaune. Taille, vingt-cinq pouces.

Autour Gabar, *Falco Gabar*, Daud., Levaill. , Ois. d'Afr., pl. 13 , Temm., Ois. color. , 122 à 140. Parties supérieures cendrées; rémiges noires; tectrices alaires bordées de blanc; quatre bandes noires sur la queue qui est terminée de blanc; parties inférieures cendrées rayées de blanchâtre; gorge, poitrine et cou d'un gris cendré; bec noirâtre; cire et pieds rouges; iris jaune. Taille douze pouces. Les jeunes ont beaucoup de fauve répandu dans les diverses parties du plumage; ils ont une bande noirâtre de plus à la queue.

AUTOUR A GORGE CENDRÉE, *Sparvius gilvicollis*, Vieill. Parties supérieures d'un gris bleuâtre; les inférieures cendrées, rayées de brun et de blanc; quatre lignes blanches sur la face inférieure des rectrices; bec brun; cire et pieds jaunes. Taille, douze pouces. Patrie inconnue.

AUTOUR GOO-ROO-WANG, *Falco lunulatus*, Lath. Parties supérieures brunes, les inférieures jaunâtres, avec de nombreuses taches brunes sur la poitrine; un trait semi-circulaire jaunâtre en dessous des yeux; bec bleu; pieds jaunes. Taille, onze pouces. De la Nouvelle-Hollande.

AUTOUR GRAND ÉPERVIER DE CAYENNE, *Accipiter Cayennensis major*, Daud. Parties supérieures brunes variées de roussâtre; les inférieures blanches rayées de brun; des traits bruns sur la gorge; rectrices rayées de noirâtre. Taille seize pouces.

GRAND AUTOUR DE LA GUIANE, paraît être la même chose que l'Autour destructeur.

AUTOUR GRANDE HARPIE, *Falco cristatus*, Lath.; *Vultur Harpyia*, L.; *Falco Jacquini*, Gmel.; *Harpyia maxima*, Vieill. Parties supérieures d'un noir à reflets grisâtres; une huppe assez longue, couchée en arrière; joues, occiput et gorge cendrés; collet de la poitrine et flancs noirs; abdomen blancs; cuisses rayées de noir; queue blanche rayée de noir; bec noir; pieds jaunes. Taille, quarante à quarante-cinq pouces. De l'Amérique méridionale. Espèce sujette à de grandes variations de plumage.

GRAND AUTOUR DE CAYENNE,

paraît être la même chose que l'Autour varié huppé.

AUTOUR GRÊLE, *Falco gracilis*, Temm., pl. color. 91. Parties supérieures d'un gris bleuâtre; front blanchâtre; tour des yeux noir; joues blanches, striées de noirâtre; rémiges noires; rectrices cendrées, marquées de deux larges bandes noires; parties inférieures blanchâtres, rayées de gris cendré; tectrices caudales inférieures rousses, avec quelques raies noirâtres; bec bleuâtre, avec les mandibules inférieures et les pieds jaunes. Taille, seize pouces. Du Brésil.

AUTOUR GRIS A VENTRE RAYÉ. *V*. AUTOUR DE MADAGASCAR.

AUTOUR A GROS BEC, *Falco magnirostris*, Lath., Temm., pl. color. 86. Parties supérieures d'un cendré bleuâtre, varié sur le dos d'un peu de brun; les inférieures blanchâtres rayées de cendré; joues nues, garnies de longs poils noirs; bec noir; cire et pieds orangés. Taille, douze pouces. Les jeunes ont supérieurement les plumes brunes bordées de roussâtre; le sommet de la tête et le dessus du cou roussâtre avec de longues taches brunes; la gorge blanchâtre, également tachetée; les parties inférieures blanchâtres, presque rayées de brun clair; les cuisses d'un roux vif, rayé. Les tectrices caudales inférieures jaunâtres, tachetées de brun. De Cayenne.

AUTOUR HARPIE. *V*. AUTOUR GRANDE HARPIE.

AUTOUR HUPPART, *Falco occipitalis*, Lath., Levaill., Ois. d'Afrique, pl. 2. Tout le plumage brun, un peu plus pâle en dessous et au cou; rémiges et rectrices noires, ondées de gris et de blanc; cuisses blanchâtres, rayées de noir; une belle et longue huppe sur la nuque. Taille, vingt-deux pouces. De la Cafrerie.

AUTOUR HUPPÉ, *Falco ornatus*, Daud., Levaill., Ois. d'Afrique, pl. 26. Parties supérieures brunes, variées de noirâtre; les inférieures blanchâtres, nuancées de roussâtre et de brun; cou roussâtre plus foncé en dessus; sommet de la tête noir, orné d'une huppe noire et blanche; bec noirâtre; pieds jaunes. Cette espèce offre de grandes variations de plumage qui ont souvent induit en erreur les ornithologistes. Taille, vingt-quatre à vingt-six pouces. D'Abyssinie.

Autour du Japon, *Falco orientalis*, Gmel. Parties supérieures brunes; les inférieures un peu plus pâles; bec noir avec la mandibule inférieure jaune; pieds bleuâtres. Taille, dix-sept pouces.

Autour jaunatre, *Falco radiatus*, Lath. Tout le plumage d'un brun jaunâtre, rayé de brun plus foncé; rémiges et rectrices noires, rayées de brun et de blanchâtre; bec noir; cire et pieds bleus. Taille, vingt pouces. De la Nouvelle-Hollande.

Autour de Java, *Falco Indicus*, L. Parties supérieures brunes avec le croupion blanc; les inférieures d'un brun rougeâtre, rayées de blanc; rémiges et rectrices brunes rayées de noir; bec noir; cire et pieds jaunes. Taille, vingt pouces.

Autour longibande, *Falco virgatus*, Temm., pl. color. 109. Parties supérieures d'un noir bleuâtre, variées de cendré obscur; les inférieures blanchâtres avec les flancs roussâtres, rayées de brun; gorge blanchâtre, marquée d'une bande longitudinale brune; queue rayée; bec noir; pieds jaunes. Taille, dix pouces. Des Moluques.

Autour a longue queue, *Falco macrourus*, Lath. Parties supérieures cendrées; les inférieures blanches; queue rayée; bec noirâtre; cire verdâtre; pieds jaunes. Taille, dix-huit pouces. De Sibérie.

Autour de Madagascar, *Falco Madagascariensis*, Lath. Parties supérieures cendrées, avec le croupion blanc; les inférieures blanches, rayées de noir; quelques taches noires et des lignes blanches sur les tectrices alaires; queue noire rayée de blanc; bec noir; pieds jaunes. Taille, seize pouces.

Autour Malfini; *Sparvius striatus*, Vieill., Ois. de l'Amérique sep-

tentrionale, pl. 14. Parties supérieures brunes avec quelques bandes plus claires sur les rémiges et les rectrices; gorge et ventre blanchâtres; le reste des parties inférieures roussâtre; le tout rayé de brun; bec noir; iris et pieds jaunes. Taille, neuf pouces.

Autour ou Épervier marin. *V.* Fou de Bassan.

Autour Mélanope. *V.* Autour a dos noir.

Autour mille raies. *V.* Autour rayé.

Autour minulle, *Falco minullus*, Lath., Levaill., Ois. d'Afrique, pl. 34. Parties supérieures brunes, les inférieures blanchâtres, rayées de brun; bec noir; cire et pieds jaunes. Taille, dix pouces. La femelle est beaucoup plus grande.

Autour Moine, *Sparvius Monachus*, Vieill. Parties supérieures d'un brun noirâtre, avec les plumes des ailes terminées de roussâtre; parties inférieures blanches; queue brune traversée par deux bandes noires et terminées de blanchâtre; bec noir; cire et pieds jaunes. Taille, dix-huit pouces. Du Brésil.

Autour moucheté, *Sparvius guttatus*, Vieill. Parties supérieures brunes, variées de roussâtre; tête variée de brun et de noirâtre; gorge et poitrine blanches mouchetées de brun noirâtre; abdomen blanc; queue brune rayée de roussâtre; bec bleu cendré; cire et pieds jaunes. Taille, seize pouces. De l'Amérique méridionale.

Autour multiraie, *Falco striolatus*, Temm., pl. 86. Parties supérieures d'un cendré bleu, rayées de noirâtre; sommet de la tête, joues, gorge et devant du cou blanchâtres, finement rayés et striés de cendré; parties inférieures et cuisses bleuâtres rayées de gris; tectrices caudales inférieures blanches; une large bande blanche sur la queue qui est terminée de blanc; bec noir; cire et pieds jaunes. Taille, quatorze pouces. Du Brésil.

Autour neigeux, *Falco niveus*, Temm., pl. 127. Parties supérieures brunes variées de blanc ; les inférieures blanches ; rémiges brunes , bordées extérieurement de blanc ; les intermédiaires totalement brunes , toutes rayées de brun plus foncé ; bec noirâtre ; tarses emplumés ; doigts jaunes. Taille, vingt-deux pouces. De Java. Cette espèce, ainsi que nos Buses, est sujette à de nombreuses variations de plumage, et tout porte à croire que l'Autour unicolore dont on a fait une espèce distincte , n'est que l'Autour neigeux, jeune âge , comme le prétendu Gros – Busard n'est qu'une jeune Buse.

Autour noir, *Spizaetus niger*, Vieill. Tout le plumage noir, à l'exception de la queue qui est d'un blanc jaunâtre rayé de noir ; cire bleuâtre ; pieds jaunes. Taille, vingt-quatre pouces. De l'Amérique méridionale.

Autour noir et blanc, *Falco melanoleucus*, Vieill. Parties supérieures d'un brun noirâtre ; les inférieures blanches ; un demi-collier grisâtre ; queue traversée par trente bandes blanches terminées par cette nuance ; bec noir ; cire bleuâtre ; pieds jaunes. Taille , vingt - un pouces. De l'Amérique méridionale.

Autour noir huppé, *Spizaetus ater*, Vieill. Plumage noir avec deux bandes blanches sur la queue et quelques traits blancs sur les cuisses; une huppe courte sur la nuque, tachée de blanc dans le milieu ; joues nues, garnies de quelques poils roides; bec gris; pieds jaunes. Taille , vingt-quatre pouces. De l'Amérique méridionale.

Autour noirâtre, *Falco nigricans*, Vieill. Parties supérieures d'un brun noir avec les ailes rayées de gris ; les inférieures blanches rayées de noir ; huit bandes grises et noires sur la queue; bec noir ; pieds jaunes. Taille, vingt-six pouces. De l'Amérique méridionale.

Autour de l'Orénoque. Paraît être la même chose que l'Autour grande Harpie.

Autour Ouira-Ouassou. Espèce peu connue , qui paraît être l'Autour grande Harpie femelle.

Autour Parakoureké, *Sparvius cinereus*, Vieill. Parties supérieures d'un gris cendré , mêlé de blanchâtre sur les inférieures ; queue noire avec deux bandes blanches; bec noir; pieds orangés. Taille, treize pouces. De l'Amérique méridionale.

Autour-Epervier patu. Espèce douteuse qui a beaucoup de rapports avec l'Autour huppé.

Autour Epervier-Pie. *V*. **Busard Tchoug.**

Autour plaintif, *Falco plancus*, Gmel. Parties supérieures brunes, variées de blanchâtre ; sommet de la tête et dessus du cou noirâtres; parties inférieures d'un brun cendré, rayées de noirâtre ; queue blanche rayée de noirâtre ; bec et ongles noirs ; cire et pieds jaunes. Taille , ving-quatre pouces. De l'Amérique méridionale.

Autour plombé, *Falco plumbeus*, Cuv. Parties supérieures d'un bleu cendré; les inférieures grisâtres, rayées de cendré et de blanc ; rémiges noires, cendrées dans leur milieu et terminées de blanc ; rectrices intermédiaires blanchâtres , avec trois bandes noires ; les latérales roussâtres, avec deux bandes noires , et l'exrtémité blanche ; bec noirâtre ; jambes rougeâtres. Taille , dix-neuf pouces. De l'Amérique méridionale.

Autour petit Epervier. *V*. **Faucon Cresserelle.**

Autour petit Epervier de Cayenne. *V*. **Autour Brunoir.**

Autour a poitrine rousse, *Falco xanthothorax*, Temm., pl. color. 92. Parties supérieures d'un brun rougeâtre ; tête, cou et poitrine d'un roux assez vif; parties inférieures blanchâtres , rayées de brun ; queue noirâtre, avec trois traits blancs ; bec noirâtre; mandibule inférieure et pieds jaunes. Taille, douze pouces. Du Brésil.

Autour pygmée, *Sparvius minutus*, Vieill. Parties supérieures brunes ; les inférieures blanchâtres, rayées de brun , excepté sur la gorge;

bec noir ; pieds jaunes. Taille , sept pouces.

Autour a queue blanche, *Spizaetus leucurus* , Vieill. Parties supérieures blanches, variées de noirâtre ; parties inférieures blanches ; gorge noire ; flancs variés de noirâtre ; queue blanche, avec quelques petits traits noirs, terminés par une bande de cette couleur ; bec bleu ; pieds jaunes. Taille , vingt pouces. De l'Amérique méridionale.

Autour a queue d'Hirondelle. *V*. Milan de la Caroline.

Autour a queue rousse. *V*. Buse a queue rousse.

Autour radié , *Falco radiatus* , Lath., Temm., pl. color. 125. Parties supérieures d'un brun ferrugineux, rayées et tachetées de noir ; rémiges et rectrices brunes, coupées de bandes noires ; queue rayée de noir; bec noirâtre ; cire et pieds bleus. Taille, dix-huit pouces. Les jeunes ont les parties supérieures d'un brun foncé ; les inférieures blanches, avec des taches ovales brunes sur la poitrine, et des raies et bandes sur l'abdomen. De la Nouvelle-Hollande.

Autour rayé, *Falco fuscus*, Lath.; *Sparvius lineatus*, Vieill. Parties supérieures brunes, rayées de blanchâtre sur la tête et de noir sur le reste du dos ; les inférieures d'un gris cendré, rayées de noir; quatre bandes noirâtres sur la queue; bec cendré, pieds jaunes. Taille, douze pouces. De l'Amérique méridionale.

Autour rieur. *V*. Buse Macungua.

Autour a Serpens. *V*. Milan de la Caroline.

Autour Sors. *V*. Autour commun , jeune âge.

Autour a sourcils blancs, *Sparvius superciliaris*, Vieill. Parties supérieures brunes ; front et sourcils blancs ; gorge , devant du cou et ventre blancs ; un demi-collier noir ; rémiges et rectrices variées de blanc, de brun et de roux ; bec cendré ; pieds jaunes. Taille, quinze pouces. De l'Amérique méridionale.

Autour tacheté. Variété de l'Autour-Epervier.

Autour Tachiro , *Falco Tachiro*, Lath., Levaill., Ois. d'Afriq., pl. 24. Parties supérieures brunes avec la tête et le cou variés de blanc, de roux et de taches noirâtres ; rémiges bordées de blanc; rectrices blanches , largement rayées de noirâtre ; parties inférieures d'un blanc roussâtre, tachetées de brun ; bec bleuâtre ; pieds jaunes. Taille, vingt-deux pouces.

Autour a tête grise, *Sparvius cirrocephalus* , Vieill. Parties supérieures d'un gris foncé ; sommet de la tête cendré ; gorge et cou roussâtres ; poitrine et ventre blancs , rayés de roux ; trois bandes blanches sur la queue; bec bleuâtre ; pieds jaunes. Taille , dix-sept pouces. De la Nouvelle-Hollande.

Autour Tharu , *Falco Tharus*, Lath. Parties supérieures noirâtres ; les inférieures blanchâtres , tachetées de noir ; ailes et queue noires ; bec gris ; pieds jaunes. Taille, vingt à vingt-deux pouces. De l'Amérique méridionale. Espèce douteuse.

Autour tricolor , *Sparvius tricolor*, Vieill. Parties supérieures brunes ; les inférieures blanches , rayées de roux ; rectrices traversées de quatorze raies brunes et blanches; bec noirâtre ; pieds jaunes. Taille , dix pouces. De l'Amérique méridionale.

Autour Tyran, *Falco Tyrannus*, P. Max., Temm., pl. color. 73. Tout le plumage d'un brun noirâtre, un peu plus clair en dessous ; une longue et large huppe ; rémiges rayées de teintes plus obscures ; rectrices ornées de neuf bandes brunes et cendrées ; cuisses brunes, tachetées de blanc ; bec noir; pieds jaunes. Taille , vingt-huit pouces. Les jeunes ont des taches blanchâtres sur l'abdomen. Du Brésil.

Autour unicolore , *Falco limnœtus*, Horsf. , Temm. , pl. color. 134. Tout le plumage d'un brun noirâtre pourpré ; bec noir ; cire jaune ; pieds bleuâtres , avec le tarse emplumé. Taille, vingt-quatre pouces. De Java.

Autour Urubitinga , *Falco Uru-*

bitinga, Lath., Temm., pl. color. 55. Tout le plumage noirâtre ; rémiges et tectrices alaires rayées de cendré ; une large bande blanche sur la queue, dont l'extrémité est également blanche ; bec noirâtre ; pieds jaunes. Les jeunes sont d'un jaune roussâtre, tacheté plus ou moins largement de brun. Taille, vingt-six à vingt-sept pouces. Du Brésil.

AUTOUR URATAURANA. Espèce peu connue qui paraît être la même que la grande Harpie.

AUTOUR VARIÉ HUPPÉ, *Falco Guianensis*, Lath. Parties supérieures noires ; tête et parties inférieures blanches ; huppe et sourcils noirs ; tectrices alaires bleuâtres ; huit bandes noires et blanches sur la queue ; bec noir ; pieds jaunes. Taille, vingt-deux à vingt-quatre pouces. Les jeunes, suivant leur âge, sont plus ou moins tachetés de blanc sur le dos et de brun sur les parties inférieures. De l'Amérique méridionale.

AUTOUR A VENTRE ROUX, *Falco rufus*, Lath. ; *Sparvius rufiventris*, Vieill. Parties supérieures d'un brun foncé, varié de cendré sur la tête et le cou ; les inférieures rousses ; une bande longitudinale blanche sur la gorge ; bec noirâtre ; pieds jaunes. Taille, treize pouces. De l'Amérique méridionale.

AUTOUR VIRUVISSOU. *V.* AUTOUR OUIRA-OUASSOU.

††† BUSARDS.

Première rémige très-courte ; la troisième ou la quatrième la plus longue ; tarses longs et minces ; corps svelte ; queue longue et arrondie.

BUSARD ACOLI, *Falco Acoli*, Lath. ; *Circus Acoli*, Vieill., Levaill., Ois. d'Afrique, pl. 31. Parties supérieures d'un gris bleuâtre ; les inférieures blanchâtres, finement rayées de gris ; queue étagée ; cire rouge ; pieds orangés. Taille, vingt-un pouces.

BUSARD A AISSELLES NOIRES, *Falco axillaris*, Lath. Parties supérieures d'un cendre bleuâtre ; les inférieures blanchâtres ; tectrices alaires infé-

rieures s'allongeant en bouquet de plumes noires ; sourcils et bande des ailes noirs ; pieds jaunes. Taille, vingt pouces. De la Nouvelle-Hollande.

BUSARD DU BRÉSIL. *V.* CARACARA.

BUSARD BUSERAI, *Falco Buserellus*, Lath., Levaill., fig. 20. Parties supérieures d'un brun roussâtre ; tête, cou et poitrine blanchâtres, tachetés de roux et de brun ; parties inférieures rousses ; rémiges noires ; rectrices rousses, rayées en zig-zags de noirâtre ; bec noir ; pieds jaunâtres. Taille, dix-huit pouces. De l'Amérique méridionale.

BUSARD BUSON, *Falco Buson*, Lath., Levaill., Ois. d'Afrique, pl. 21. Parties supérieures variées de roux, de brun et de noir ; les inférieures d'un roux blanchâtre, rayées de noirâtre ; rectrices noirâtres avec une raie et l'extrémité blanche ; bec noir ; pieds d'un jaune rougeâtre. Espèce très-sujette à varier. Taille, dix-neuf pouces. De l'Amérique méridionale.

BUSARD CENDRÉ, *Circus cinereus*, Vieill. Parties supérieures cendrées, variées de roux ; un collier blanc, mélangé de noirâtre sur la nuque ; tectrices alaires cendrées, rayées de blanc ; rémiges primaires noires, les autres cendrées, rayées de noir ; croupion blanc ; rectrices blanches à leur origine, puis cendrées ; les intermédiaires rayées de noirâtre ; parties inférieures blanchâtres, rayées de roussâtre ; bec bleuâtre ; pieds jaunes. Taille, quinze pouces. De l'Amérique méridionale.

BUSARD DES CHAMPS, *Circus campestris*, Vieill. Parties supérieures d'un brun noirâtre ; un collier de plumes noires, bordées de roux ; rémiges et rectrices terminées de blanc ; croupion blanc ; une ligne blanchâtre sur les côtés de la tête ; parties inférieures roussâtres, variées de brun ; bec bleuâtre, noir vers la pointe ; cire jaunâtre ; pieds orangés. Taille, seize pouces. De l'Amérique méridionale.

BUSARD A CROUPION BLANC. *V.* BUSARD SAINT-MARTIN, jeune mâle.

Busard Esclavon, *Falco Sclavonicus*, Lath. *V*. **Buse patue**.

Busard a gorge blanche, *Circus albicollis*, Vieill. Parties supérieures noirâtres, un trait blanc au-dessus des yeux; gorge blanche; devant du çou noirâtre, avec des taches longitudinales blanches; parties inférieures blanchâtres, variées de roux, de blanc et de noirâtre; queue brune, rayée et terminée de blanc; bec bleu; pieds jaunes. Taille, vingt pouces. De l'Amérique méridionale.

Busard grenouillard, *Falco ranivorus*, Lath., Levail., Ois. d'Afrique, pl. 23. Même chose que le Busard Soubuse, ou Saint-Martin femelle jeune.

Busard (gros), *Falco gallinarius*, Gmel. Paraît être la Buse commune jeune.

Busard Harpaye, *Falco rufus*, L., Buff., pl. enl. 460. Parties supérieures d'un brun roussâtre; rémiges blanches à leur origine, noires ensuite; rectrices d'un gris cendré; tête, çou et poitrine d'un blanc jaunâtre, tacheté de brun; parties inférieures roussâtres, tachetées de jaunâtre; bec noir; cire verdâtre; pieds jaunes. Taille, dix-neuf à vingt pouces. Les jeunes (Busard des marais, Buff., pl. enl. 424) ont le plumage d'un brun très-foncé; les rémiges, tectrices et rectrices terminées de jaunâtre; le haut de la tête, l'occiput et la gorge d'un brun jaunâtre, le tout parsemé de taches plus ou moins nombreuses, suivant l'âge. D'Europe.

Busard d'hiver, *Falco hyemalis*, Lath., Ois. de l'Amérique septentrionale, pl. 7. Parties supérieures brunes, variées de roux; rémiges noires; tectrices alaires picotées de blanc; parties inférieures et croupion brunâtres rayés de blanc; abdomen et tectrices caudales inférieures d'un blanc sale; cinq bandes sur la queue; bec et ongles noirâtres; cire et pieds orangés. Taille, dix-sept pouces.

Busard de Java, *Falco Javanicus*, Gmel. Parties supérieures d'un brun noirâtre; les inférieures, la tête et le cou d'un brun marron; bec noir; pieds jaunes. Taille, seize pouces.

Busard longipenne, *Circus macropterus*, Vieill. Parties supérieures d'un cendré noirâtre; tectrices alaires et croupion noirs; un trait blanc au-dessus de l'œil et sur le front; une bande noire un peu plus bas; collier varié de noir et de blanc; devant du cou tacheté de noir et de blanc; parties inférieures blanches tachetées de noir; rectrices cendrées, bleuâtres, les quatre extérieures de chaque côté, rayées de noir; bec bleu; pieds orangés. Taille, dix-neuf pouces. De l'Amérique méridionale.

Busard des marais. *V*. **Busard Harpaye**, jeune.

Busard Montagu, *Falco cineraceus*, Mont. Parties supérieures d'un cendré bleuâtre foncé; deux bandes noires sur les rémiges secondaires; rectrices cendrées rayées de roussâtre; gorge et poitrine d'un cendré bleuâtre clair; parties inférieures blanches striées de roux; bec noirâtre; pieds jaunes. Taille, dix-sept pouces. Les jeunes ont toutes les parties supérieures d'un brun foncé, varié de roux; une tache blanche entourée de roux tacheté de chaque côté de la tête; les rectrices rayées de brun et de roux; les parties inférieures d'un roux vif.

Busard de New-Yorck, Penn. *V*. **Busard Saint-Martin**, jeune.

Busard roux. *V*. **Busard Harpaye**.

Busard roux de l'Amérique septentrionale. *V*. **Busard Saint-Martin**, femelle.

Busard roux de Cayenne. *V*. **Busard Buserai**.

Busard Saint-Martin, *Falco Bohemicus*, *Falco albicans*, Gmel.; *Falco cyaneus*, Montag., Buff., pl. enl. 459. Parties supérieures d'un gris bleuâtre; rémiges noires; rectrices cendrées, terminées de blanchâtre; parties inférieures blanches; iris et pieds jaunes. Taille, dix-huit pouces. La femelle a les parties supérieures brunes, avec les plumes de la tête et du cou bordées de roux; les parties inférieures d'un jaune roussâtre, avec de grandes taches longitudinales brunes; rémiges rayées de brun et de noir; croupion blanc, avec des taches rousses; rectrices latérales rayées de roux et de noirâtre. Taille, vingt à vingt-un pouces. D'Europe.

Busard Soubuse, *Falco Pygargus*, Gmel. *V*. Busard Saint-Martin, femelle.

Busard Soubuse de Cayenne. Espèce douteuse qui paraît n'être qu'une variété du Busard Saint-Martin, femelle.

Busard a sourcils blancs, *Falco palustris*, P. Maxim., Temm., pl. color. 22. Parties supérieures noires; rémiges et rectrices rayées de bleuâtre et de noir; parties inférieures blanches ainsi que les sourcils, les joues et la gorge; cire et pieds jaunes. Taille, dix-huit pouces. Du Brésil. La femelle a les parties inférieures tachetées de noir; du roussâtre sur les cuisses et les tectrices caudales. Sa taille est de vingt pouces.

Busard Tchoug, *Falco Melanoleucos*, Lath. Parties supérieures blanches variées de noir; les inférieures blanches; rémiges noires; bec, iris et pieds jaunes. Taille, seize pouces. De l'Inde. La femelle est d'un blanc bleuâtre; les jeunes sont en général d'un brun grisâtre.

Busard a tête blanche, *Circus leucocephalus*, Vieill. Paraît être une variété du Busard Buserai.

Busard Topita, *Circus rufulus*. *V*. Buse roussatre.

Busard varié, *Circus variegatus*, Vieill. *V*. Busard Saint-Martin, jeune.

††††† Buses.

Tarses courts; cuisses fortement emplumées; les quatre premières rémiges échancrées, la 1re très-courte, les 2e et 3e moins longues que la 4e qui surpasse toutes les autres.

Buse aux ailes longues, *Falco Pterocles*, Temm., pl. color. 56 et 139. Parties supérieures d'un noir ardoisé, ainsi que les joues et la gorge; scapulaires rousses, variées de brun; rémiges plus longues que les rectri-

ces qui sont cendrées avec une large bande noire; poitrine blanchâtre. Parties inférieures blanchâtres rayées de brun fauve; bec noirâtre; cire et pieds jaunes. Taille, dix-huit pouces. Du Brésil. Les jeunes ont la tête noire, avec une grande tache jaunâtre tachetée de brun de chaque côté du cou; les rémiges noires; les tectrices alaires brunes; les parties inférieures blanchâtres tachetées de noir et de brun sur les cuisses.

Buse Bacha, *Falco Bacha*, Lath., Levaill., Ois. d'Afrique, pl. 15. Parties supérieures brunes, les inférieures d'une teinte plus claire et tachetées de blanc sur le ventre; occiput garni d'une touffe de plumes longues et nombreuses, blanches, terminées de noir; une large bande blanche traversant la queue; bec et pieds jaunâtres. Taille, vingt-deux pouces. D'Afrique et des Moluques.

Buse de la baie d'Hudson, *Falco obsoletus*, Lath. Parties supérieures brunes avec quelques taches blanches sur la nuque; les inférieures d'une teinte plus claire, et tachetées de blanc; rectrices brunes, tachetées de blanc à l'intérieur, les deux intermédiaires exceptées; bec et pieds jaunes. Taille, vingt-quatre pouces. Espèce douteuse, qui pourrait bien n'être qu'une variété de la Buse commune.

Buse bondrée, *Falco apivorus*, L., Buff., pl. enl. 420. Parties supérieures d'un brun cendré, avec le sommet de la tête bleuâtre; rémiges rayées de brun et de bleuâtre; trois bandes noirâtres sur la queue; gorge d'un blanc jaunâtre, tachetée de brun; cou et ventre blanchâtres, parsemés de taches triangulaires brunes; bec et cire cendrés; iris et pieds jaunes. Taille, vingt-quatre pouces. D'Europe. La femelle est plus brune, elle a les parties inférieures jaunâtres.

Buse bondrée huppée, *Buteo cristatus*, Vieill. Parties supérieures brunes avec le bord des plumes roux; les inférieures blanches, tachetées de brun vers le cou; tête blanche et brune avec une huppe sur l'occiput ; une bande noire de chaque côté des yeux ; rémiges noires ; rectrices brunes, blanchâtres en dessous ; bec et ongles noirs ; cire et pieds jaunes. Taille, vingt-deux pouces. De la Nouvelle-Hollande.

BUSE BLANCHET, *Falco albidus*, Cuv., Temm., pl. color. 19. Parties supérieures brunes avec chaque plume tachetée et bordée de blanchâtre ; sommet de la tête, nuque qui se relève en huppe, et dessus du cou d'un blanc jaunâtre avec une tache brune sur chaque plume ; moustaches et sourcils noirs avec un trait blanc au-dessus des yeux ; gorge blanche ; parties inférieures blanchâtres avec quelques stries brunes ; queue brunâtre, avec trois bandes bleues ; bec noir ; pieds cendrés. Taille, vingt-quatre pouces. De Pondichéry.

BUSE BORÉALE, *Falco borealis*, Lath., Ois. de l'Amérique septentrionale, pl. 14 *bis*. Parties supérieures brunes ; tectrices alaires rayées de brun et de gris ; rémiges noires ; rectrices rousses avec un trait noir à l'extrémité ; parties inférieures blanches avec des taches brunes sur les côtés du cou, de la poitrine et du ventre ; cuisses jaunâtres ; bec noir ; cire et pieds jaunes. Taille, vingt-deux pouces.

BUSE BRUNE, *Buteo fuscus*, Vieill., Ois. de l'Amérique septentrionale, pl. 5. Parties supérieures noirâtres ; tectrices alaires rayées de roussâtre ; sommet de la tête brun et fauve ; rectrices rousses, rayées de brun ; parties inférieures grises, tachetées de brun ; bec, pieds et ongles noirs ; cire bleuâtre. Taille, dix-sept pouces.

BUSE CENDRÉE, *Falco cinereus*, Gmel. Parties supérieures brunes variées de cendré ; sommet de la tête et cou blancs, tachetés de brun ; une raie brune au-dessous des yeux ; parties inférieures blanches tachetées et striées de brun ; bec, tête et jambes d'un cendré bleuâtre. Taille, vingt pouces. De Amérique septentrionale.

BUSE DES CHAMPS AUX AILES LONGUES. *V.* BUSARD LONGIPENNE.

BUSE DES CHAMPS BRUNE. *V.* BUSARD SAINT-MARTIN, femelle.

BUSE DES CHAMPS CENDRÉE. *V.* BUSARD CENDRÉ.

BUSE CHANGEANTE, *Buteo mutans*, Vieill. Paraît n'être qu'une variété de la Buse commune.

BUSE COMMUNE, *Falco Buteo*, L., Buff., pl. enl. 419. Parties supérieures et poitrine d'un brun foncé, les inférieures et gorge brunes, variées de noirâtre ; douze bandes noirâtres sur la queue ; bec bleuâtre ; cire, iris et pieds jaunes. Taille, vingt à vingt-deux pouces. D'Europe et d'Amérique. Les jeunes ont le plumage plus clair, varié de blanchâtre et de jaunâtre, la gorge blanche, striée de brun, les parties inférieures blanchâtres, avec de grandes taches et des stries brunes ; bientôt après cette robe se dépouille de presque toutes les taches blanches, pour les reprendre dans une seconde mue, où toutes les parties inférieures prennent une nuance d'un blanc jaunâtre uniforme ; la tête et le cou sont aussi presque entièrement blancs ; et cette extrême variation a fait donner au même Oiseau une foule de noms différens, et a laissé long-temps les méthodistes dans l'incertitude sur le véritable plumage de l'adulte. La Buse commune est l'un des Oiseaux de proie les plus répandus dans les régions tempérées des deux continens ; partout son caractère lâche et paresseux se décèle dans ses habitudes, dans son extérieur ; on la voit quelquefois perchée pendant des heures entières dans une inaction parfaite ; aussi est-elle devenue l'emblème de l'indolence et de la stupidité ; elle ne chasse point au vol, elle se met en embuscade et attend avec une déshonorante patience que le hasard lui amène quelque proie sur laquelle elle puisse fondre sans encourir ni danger ni difficulté ; si la fortune ne lui est pas favorable, elle a recours aux Reptiles, aux Insectes et aux cadavres. Assez souvent elle visite les nids des autres Oiseaux pour en dévorer les petits.

BUSE CRIARDE, *Falco vociferus*,

Lath. Parties supérieures cendrées, avec les petites tectrices alaires noires; parties inférieures blanchâtres ; une peau nue, garnie de cils roides autour des yeux ; iris et pieds jaunes. Taille, dix-sept pouces. De la Chine.

Buse des déserts, *Falco desertorum*, Lath., Levaill., Ois. d'Afr., pl. 17. Parties supérieures d'un roux ferrugineux, un peu plus pâle aux inférieures; gorge, poitrine et tectrices caudales inférieures grises; rémiges et rectrices noires en dessus, obscurément rayées ; bec, cire et pieds jaunes. Taille, dix-huit pouces.

Buse a dos noir, *Buteo melanatus*, Vieill. ; **Buse a dos tacheté**, *Falco pœcilonotus*, Cuv., Temm., pl. color. 9. Tête, cou, poitrine et parties inférieures blanches; ailes noires, avec l'extrémité des plumes blanches; queue noire, terminée par une large bande blanche; bec noir; pieds jaunes. Taille, vingt pouces. De la Guiane.

Buse fauve, *Falco Jamaicensis*, Lath. Parties supérieures d'un brun fauve, plus pâle aux inférieures; tectrices alaires rayées de brun; abdomen et flancs rayés de brun ; cuisses fauves rayées de brunâtre; queue obscurément rayée ; bec, cire et pieds jaunes. Taille, dix-neuf pouces. Des Antilles.

Buse a figure de Paon, Catesby. *V*. **Catharte Urubu.**

Buse Gallinivore, *Buteo Gallinivorus*, Vieill. Parties supérieures brunes, avec la tête, le cou et les tectrices alaires variés de blanchâtre ; les trois premières rémiges noires, les autres variées de brun et de blanc; parties inférieures d'un blanc jaunâtre, tachetées de brun. Taille, dix-huit pouces. De l'Amérique méridionale. Cette espèce paraît être la même que la Buse commune.

Buse gantée. *V*. **Buse patue.**

Buse Goruguny, *Falco connivens*, Lath. Parties supérieures brunes, variées de taches rousses sur le cou et les scapulaires; rémiges et rectrices rayées de roux; parties inférieures d'un blanc jaunâtre, rayé de noirâtre;

bec noirâtre ; tarses couverts de plumes ou de duvet gris ; doigts jaunes. Taille, dix-huit pouces. De la Nouvelle-Hollande.

Buse a gorge noire, *Buteo nigricollis*, Vieill. Parties supérieures d'un brun roussâtre, les inférieures brunes avec la gorge noire ; rémiges noires ; queue noire en dessus, avec quatorze raies brunes, blanchâtres en dessous; bec noir; cire bleue; pieds jaunes. Taille, vingt pouces.

Buse Jackal, *Falco Jackal*, Lath., Levaill., Ois. d'Afr., p. 16. Parties supérieures rousses, variées de brun, les inférieures roussâtres, tachetées de noir et de blanchâtre sur le ventre; rémiges noirâtres variées de noir et de blanc; queue rousse, terminée de noir; pieds jaunes. Taille, vingtquatre pouces. Du Cap.

Buse de la Jamaïque. *V*. **Buse fauve.**

Buse Macagua, *Herpetotheres cachinnans*, Vieill., *Falco cachinnans*, Lath. Parties supérieures brunes, avec quelques taches blanches sur les ailes; sommet de la tête et nuque couverts de plumes blanches assez longues, susceptibles de se relever en huppe volumineuse ; gorge, collier et toutes les parties inférieures blanches ; quatre bandes blanches sur la queue ; bec noir ; cire et pieds jaunes. Taille, dix-huit pouces. De l'Amérique méridionale.

Buse mantelée, *Falco palliatus*, P. Max., Temm., pl. color. 204. Parties supérieures d'un brun foncé, plus ou moins variées de roux; rémiges finement rayées de noir; quatre bandes noires sur les rectrices ; tête, joues, gorge, cou et parties inférieures d'un blanc pur; une tache noirâtre sur l'occiput; bec gros et jaune avec la mandibule supérieure médiocrement dentée; pieds jaunes. Taille, dix-neuf pouces. Les jeunes ont les parties inférieures couvertes de taches brunes d'autant moins grandes qu'elles sont plus rapprochées de l'état adulte. De l'Amérique méridionale.

Buses-Mixtes. Azzara décrit sous

ce nom cinq espèces de Buses, dont les ailes, un peu plus courtes que celles des Buses ordinaires, donnent aux Oiseaux de cette petite division de grands avantages pour attaquer et poursuivre leurs proies ; avantages qui les placeraient naturellement entre les Aigles et les Autours, si les caractères méthodiques qu'on leur assigne ne les retenaient près de nos Buses.

Buse-Mixte brune. Le plumage d'un brun cendré, avec quelques taches blanches sur les ailes et le ventre d'un blanc sale ; bec noir ; cire et pieds jaunes. Taille, dix-huit à dix-neuf pouces. De l'Amérique méridionale.

Buse-Mixte couleur de Plomb. Parties supérieures d'un cendré bleuâtre ; rémiges noirâtres ; rectrices roussâtres, avec deux bandes noires, terminées de blanc, les deux intermédiaires blanches, traversées de trois bandes noires, toutes étagées ; pieds longs et rouges ; ongles très-courts. Taille, dix-neuf pouces. De l'Amérique méridionale. Espèce dont la place est bien incertaine.

Buse-Mixte a longues taches. Parties supérieures grises, variées de roux et de blanchâtre sur les scapulaires ; rémiges brunes avec une bande noire et une tache blanche ; rectrices brunes rayées de blanchâtre et de noirâtre ; tête d'un blanc sale, striée de noirâtre vers l'occiput ; parties inférieures blanchâtres, avec quelques longues taches brunes sur la poitrine ; bec d'un bleu noirâtre ; cire bleuâtre ; tarse jaune. Taille, vingt-quatre pouces. De l'Amérique méridionale.

Buse-Mixte peinte. Regardée comme le mâle de la précédente dont elle ne diffère que par une moindre taille.

Buse-Mixte noiratre et rousse. Parties supérieures noirâtres, les inférieures parsemées de taches blanches et rousses ; rectrices noires, terminées de blanc ; bec noir ; cire et pieds jaunes. Taille, vingt pouces. De l'Amérique méridionale.

Buse noire, *Buteo ater*, Vieill. Tout le plumage noir à l'exception du front, des rémiges inférieures, et de cinq bandes sur la queue qui sont d'un blanc pur ; cire, bec et doigts orangés ; pieds emplumés. Taille, seize pouces.

Buse noire et blanche, *Buteo melanoleucus*, Vieill. Tout le plumage blanc à l'exception des scapulaires, des ailes, et de cinq bandes sur la queue qui sont d'un beau noir ; cire et doigts jaunes ; pieds emplumés. Taille, vingt pouces. De l'Amérique méridionale.

Buse fatue, *Falco Lagopus*, L. Parties supérieures d'un brun noirâtre, avec le bord de chaque plume roux ; rectrices blanches à la base, puis brunes, et terminées de blanchâtre ; parties inférieures blanches, avec de larges stries sur la tête, le cou, la poitrine, les flancs et les cuisses ; bec noir ; cire jaune ; doigts et iris bruns ; pieds emplumés. Taille, de vingt à vingt-cinq pouces. Les jeunes ont plus de brun sur toutes les parties. Du nord des deux Continens et de l'Afrique.

Buse a poitrine variée, *Buteo fasciatus*, Vieill. *V.* Buse commune, jeune.

Buse a poitrine rousse, *Circus pectoralis*, Vieill. Parties supérieures brunes, avec la tête et la nuque rousses, variées de noirâtre ; poitrine d'un roux pur ; abdomen noir, varié de blanchâtre ; queue noire, rayée de blanchâtre ; bec noir ; pieds jaunes. Taille, vingt pouces. De l'Inde.

Buse Ptilorhynque, *Falco Ptilorhynchus*, Temm., pl. color. 44. Le corps brun, avec les plumes bordées de brunâtre ; front, joues et gorge cendrés ; une petite huppe relevée, brune, bordée de cendré ; rémiges noirâtres, variées de brun et de cendré ; les secondaires ont une large bande cendrée, variée de blanchâtre ; rectrices noirâtres, terminées et coupées par une large bande blanche, marbrée de brun et de roux ; bec bleuâtre ; pieds jaunes. Taille, vingt-trois pouces. De l'Inde.

BUSE A QUEUE BLANCHE, *Buteo albicaudus*, Vieill. Parties supérieures brunes, ondulées de noirâtre ; les inférieures blanches, avec quelques ondulations noirâtres sur les flancs ; front blanchâtre ; menton noir ; rémiges noires ; rectrices blanches, légèrement rayées de noirâtre en dessus, et traversées en dessous par une bande noire et une autre grise ; bec bleuâtre ; cire et pieds jaunes. Taille, vingt pouces. De l'Amérique méridionale

BUSE A QUEUE COURTE, *Buteo brachyrus*, Vieill. Parties supérieures brunes, noirâtres ; les inférieures blanches ; rectrices rayées en dessous de gris et de blanc ; bec noir ; cire et pieds jaunes. Patrie inconnue.

BUSE A QUEUE FERRUGINEUSE, *Buteo Americanus*, Vieill. Ois. de l'Amérique septentrionale, pl. 6. Parties supérieures d'un brun noirâtre, avec le bord des plumes brunâtre ; rémiges cendrées, variées de noir ; parties inférieures blanches, tachetées de brun ; rectrices d'un brun roussâtre, terminées de blanc, et marquées de sept raies noires ; bec noir ; cire et pieds jaunes. Taille, dix-neuf pouces.

BUSE A QUEUE ROUSSE. *V.* BUSE BORÉALE.

BUSE RAYÉE, *Falco lineatus*, Lath. Parties supérieures brunes, rayées de blanchâtre sur les ailes et la queue ; parties inférieures rousses, rayées de brun ; tête et cou d'un blanc roussâtre, rayé de brun ; bec bleu ; pieds jaunes. Taille, vingt-deux pouces. de l'Amérique septentrionale.

BUSE ROUGRI. *V.* BUSE DES DÉSERTS.

BUSE ROUNOIR. *V.* BUSE JACKAL.

BUSE ROUSSATRE, *Falco rutilans*, Licht., Temm., pl. 25. Parties supérieures rousses, variées de noirâtre, les inférieures rousses, rayées de brun ; tête rousse, striée de noir ; un trait noir au-dessus des yeux ; rémiges et tectrices alaires, mi-partie rousses et noires ; rectrices noirâtres, avec la base et l'extrémité cendrées ;

bec brun ; cire et pieds jaunes ; tarses assez élevés. Taille, dix-huit pouces. De l'Amérique méridionale.

BUSE DES SAVANES NOYÉES ROUGEATRE. *V.* BUSARD BUSON.

BUSE DES SAVANES NOYÉES ROUSSE. *V.* BUSE ROUSSATRE.

BUSE DES SAVANES NOYÉES A TÊTE BLANCHE. *V.* BUSARD BUSERAI.

BUSE SOCIABLE, *Herpetotheres sociabilis*, Vieill. Parties supérieures brunes, avec les tectrices alaires bordées de roux ; rémiges rayées de noirâtre ; tête variée de brun et de blanchâtre ; parties inférieures blanchâtres ; rectrices blanches à leur base, puis brunes, terminées de cendré ; bec noir ; cire et pieds orangés. Taille, seize pouces. De l'Amérique méridionale.

BUSE TACHARDE, *Falco Tachardus*, Lath., Levaill., Ois. d'Afr., pl. 19. Parties supérieures brunes, variées de gris blanchâtre sur la tête ; parties inférieures roussâtres, tachetées de brun sur la poitrine ; de larges bandes noirâtres sur les rectrices ; bec noir ; cire jaune ; pieds rouges. Taille, dix-huit pouces.

BUSE VARIÉE, *Falco variegatus*, Gmel. *V.* BUSE COMMUNE.

†††††† CARACARAS.

Ailes longues ; première rémige courte ; troisième et quatrième les plus longues.

CARACARA CHERIWAY, *Falco Cheriway*, Gmel. Parties supérieures d'un brun ferrugineux ; les inférieures brunâtres ; tête et cou jaunes ; joues nues et rouges ; rémiges noires ; rectrices ferrugineuses, rayées de brun ; bec bleu ; pieds jaunes. Taille, vingt-six pouces. De l'Amérique méridionale. Espèce douteuse.

CARACARA CHIMACHIMA, *Polyborus Chimachima*, Vieill. Parties supérieures variées de blanc, de roux et de noirâtre ; rectrices intermédiaires rayées de blanc et de noirâtre, les autres de jaunâtre et de blanc, et toutes terminées de blanchâtre ; un trait noir derrière l'œil ; parties inférieures blanchâtres ; bec bleuâtre ; pieds jaunes. Taille, quatorze pouces. De l'Amérique méridionale.

Caracara Chimango, *Polyborus Chimango*, Vieill. Parties supérieurieures brunes ; plumes du sommet de la tête noires, bordées de brunâtre ; rémiges et partie des tectrices alaires noirâtres, variées et rayées de blanc roussâtre ; gorge et devant du cou mélangés de roux et de brunâtre ; poitrine et jambes brunes, rayées de noirâtre et de brun ; ventre roussâtre ; tectrices caudales inférieures blanches ; rectrices cendrées, rayées de blanc et de noirâtre, et terminées de blanchâtre ; bec verdâtre ; cire et pieds jaunâtres. Taille, treize à quatorze pouces. De l'Amérique méridionale.

Caracara funèbre, *Falco Novæ-Zelandiæ*, Lath., Temm., pl. color. 192 et 224. Plumage noir, strié de blanc sur le cou, le dos et la poitrine ; cuisses rousses ; rectrices terminées de blanc ; bec blanchâtre ; cire et pieds jaunes. Taille, vingt-deux pouces. Les jeunes ont le plumage d'un noir brun, avec les stries du cou et de la poitrine rousses ; la base des rémiges et les rectrices sont aussi de cette couleur.

Caracara noir, *Falco aterrimus*, Temm., pl. color. 57. Tout le plumage noir à l'exception de la base de la queue qui est blanche ; bec noir ; pieds d'un jaune rougeâtre. Taille, quatorze pouces et demi. De l'Amérique méridionale.

Caracara Rancanea, *Falco aquilinus*, L. ; *Falco formosus*, Lath. ; *Ibycter leucogaster*, Vieill., Buff., pl. enl. 427. Parties supérieures noires, faiblement irisées ; les inférieures blanches ; des espaces nus et rouges sur les joues, la gorge et le cou ; bec jaune ; pieds d'un rouge plus ou moins vif. Taille, dix-huit pouces. De l'Amérique méridionale.

Caracara vulgaire, *Falco Brasiliensis*, Lath. ; *Polyborus vulgaris*, Vieill. Parties supérieures brunes, variées de noirâtre ; rémiges externes blanches, rayées et tiquetées de brun ; gorge, côté de la tête et queue blanchâtres ; dessus du cou et parties inférieures rayées de brun et de blanc ; bec blanchâtre ; cire orangée ; pieds jaunes. Taille, vingt-un pouces. De l'Amérique méridionale.

††††††† **Cymindis**.

Ailes de moyenne longueur ; première rémige courte ; les quatrieme et cinquième les plus longues ; mandibule supérieure très-crochue.

Cymindis bec en croc, *Falco uncinatus*, Illig., Temm., pl. color. 105, 104 et 315. Tout le plumage d'un noir bleuâtre, avec le bord des plumes d'une teinte plus claire ; joues et cotés de la tête d'un bleu cendré ; une large bande blanche sur la queue qui est terminée de cendré ; bec noir ; pieds jaunes. Taille, quinze pouces. Du Brésil. La femelle a les parties inférieures d'un cendré bleuâtre, rayées de blanc jaunâtre ; les tectrices caudales inférieures rousses, et la queue rayée et terminée en dessous de cendré. Les jeunes ont les parties inférieures d'un blanc roussâtre, rayé de roux et de brun ; les côtés du cou blanchâtres et un collier d'un roux vif.

Cymindis bec en hameçon, *Falco hamatus*, Illig., Temm., pl. color. 61 et 231. Tout le plumage d'une teinte ardoisée, varié de bleu noirâtre ; tectrices caudales inférieures blanches ; bec noir ; cire et pieds d'un jaune orangé. Taille, quinze à seize pouces. Le jeune a les parties supérieures brunes avec les plumes bordées de roux ; gorge et sourcils d'un blanc jaunâtre ; plumes des parties inférieures d'un bleu noirâtre, bordées de blanc jaunâtre. Du Brésil.

Cymindis cendré, *Asturina cinerea*, Vieill. Plumage d'un gris cendré, avec des raies blanches sur les parties inférieures ; rémiges rayées de noirâtre ; rectrices traversées par des bandes noires ; bec et cire bleuâtres ; pieds jaunes. Taille, quinze pouces. La femelle en a vingt ; elle a les rémiges et les rectrices rayées de noirâtre. De Cayenne.

CYMINDIS A PIEDS BLEUS, *Falco Cayanensis*, Lath., Buff, pl. enl. 473. Parties supérieures d'un cendré obscur, bleuâtre sur la tête et le cou; parties inférieures blanches; bec et pieds bleus. Taille, seize pouces. De Cayenne. Paraît être la même espèce que la précédente.

†† ††††† MILANS.

Narines obliques; leur bord extérieur marqué d'un pli; première rémige beaucoup plus courte que la sixième; la deuxième un peu plus courte que la cinquième; la troisième presque égale à la quatrième qui est la plus longue.

MILAN D'AUTRICHE, *Falco Austriacus*, Lath. *V.* MILAN ROYAL, jeune.

MILAN BLANC. *V.* AIGLE JEAN-LE-BLANC.

MILAN DE LA CAROLINE, *Falco furcatus*, Lath., Ois. de l'Amér. sept., pl. 10. Parties supérieures noires, irisées; les inférieures, ainsi que la tête et le cou, d'un blanc assez pur; rectrices latérales beaucoup plus longues que les autres. Taille, vingt-quatre pouces.

MILAN CRESSERELLE, *Falco plumbeus*, Lath.; *Ictinia plumbeus*, Vieill., Ois. de l'Amér. sept., pl. 10 *bis*. Plumage d'un gris bleuâtre, plus foncé sur le dos et presque noir sur les ailes; trois marques blanches sur les rectrices latérales; bec et cire noirs; iris rouge; pieds jaunes. Taille, seize pouces. Les jeunes (Temm., pl. color. f. 180) ont le plumage plus foncé, et sont rayés de noirâtre sur le sommet de la tête, et sur la poitrine et le ventre; les rectrices sont terminées de roux.

MILAN ÉTOLIEN, *Falco ater*, Lath.; *Milvus ætolius*, Sav., Buff., pl. enl. 472. *V.* MILAN NOIR.

MILAN NOIR, *Falco ater*, L.; *Falco parasiticus*, Lath.; *Falco Ægyptius*, Gmel.; *Falco Forskahlii*, Gmel. Parties supérieures d'un gris brun très-foncé; les inférieures d'un brun roussâtre, avec des taches longitudinales; cuisses d'un roux foncé; tête et gorge striées de blanchâtre et de brun; queue très-peu fourchue, rayée; bec noir; cire et pieds d'un jaune orangé. Taille, vingt-deux pouces. D'Europe. Les jeunes ont l'extrémité des plumes de la tête d'un blanc jaunâtre; les scapulaires bordées de roux, et la queue insensiblement rayée.

MILAN NOIR ET BLANC. *V.* MILAN DE LA CAROLINE.

MILAN PARASITE. *V.* MILAN NOIR.

MILAN A QUEUE BLANCHE, *Milvus leucurus*, Vieill. Parties supérieures d'un cendré foncé; les inférieures blanches, ainsi que la queue, dont l'extrémité seule et les rectrices intermédiaires sont d'un cendré bleuâtre; bec noir; cire et pieds jaunes; queue fourchue. Taille, treize pouces. De l'Amérique méridionale.

MILAN A QUEUE ÉTAGÉE, *Milvus sphenurus*, Vieill. Parties supérieures variées de roux, de brun et de blanc; les plumes de la tête et du cou allongées, variées de roux et de blanc; parties inférieures variées de roux, de blanc et de fauve; rémiges noires; rectrices roussâtres, marbrées de blanc et de noir; bec rougeâtre; pieds jaunes. De l'Australasie.

MILAN RIOCOUR, *Falco Riocourii*, Vieill., Temm., pl. color. 85. Parties supérieures d'un cendré bleu, avec l'extrémité des tectrices et des rémiges blanche; front et parties inférieures blanchâtres; une tache brune entre l'œil et le bec qui est bleu; cire et pieds jaunes; queue très-fourchue. Taille, treize pouces. D'Afrique.

MILAN ROYAL, *Falco Milvus*, L.; *Falco Austriacus*, Lath., Buff., pl. enl. 422. Parties supérieures brunes, avec le bord des plumes roux; les inférieures rousses, variées de brun; plumes de la tête et du cou effilées, blanchâtres, striées de brun; queue très-fourchue, roussâtre; bec brun, avec un petit feston; cire et pieds jaunes. Taille, vingt-six pouces. D'Europe. Les jeunes ont les plumes de la tête rondes, rousses, terminées de blanchâtre.

MILAN ROUX. *V*. MILAN ROYAL, très-jeune.

MILAN DE SIBÉRIE. Variété du Milan royal.

MILAN DE SONNINI, *Falco Sonninienis*, Lath. *V*. FAUCON BLANC.

MILAN YETAPA, *Milvus Yetapa*, Vieill. A beaucoup de ressemblance avec le Milan de la Caroline, dont il formerait tout au plus une variété. De l'Amérique méridionale. (DR..Z.)

FAUCONNEAU. OIS. Nom du jeune Faucon. *V*. ce mot (DR..Z.)

FAUFEL. BOT. PHAN. Ce nom, dans les langues de racine arabique, désigne le fruit de l'*Areca Cathechu*, qu'on nomme Cupari en indou et Pinan chez les Malais. (B.)

*FAUJASIE. *Faujasia*. BOT. PHAN. Genre de la famille des Synanthérées, Corymbifères, L., et de la Syngénésie égale, L., établi par H. Cassini (Bull. de la Soc. Philom., mai 1819) qui l'a caractérisé de la manière suivante : calathide sans rayons, composée de fleurs nombreuses, égales, régulières et hermaphrodites; tubes des corolles dilatés à la base ; étamines des fleurons extérieurs avortées ; involucre formé de dix à douze écailles disposées sur un seul rang, égales, appliquées, linéaires, oblongues, aiguës, coriaces et soudées par leur base; réceptacle planiuscule et sans paillettes; ovaires grêles, cylindriques, striés, glabres et surmontés d'une aigrette qui se compose de quatre poils longs, égaux, soyeux et flexueux. L'auteur de ce genre le place dans la tribu des Sénécionées, auprès de l'*Eriotrix* et de l'*Hubertia*, desquels on le distingue par l'aigrette. Il n'en décrit qu'une seule espèce, *Faujasia pinifolia*, Arbuste indigène des îles Maurice et Mascareigne. Sa tige est cylindrique, couverte d'écailles sèches qui sont les débris d'anciennes feuilles, divisée en rameaux fasciculés et garnis entièrement de feuilles

linéaires, aiguës, un peu spinescentes au sommet, entières, épaisses et coriaces. Les capitules, formés de fleurs jaunes, sont disposés en corymbes réguliers, dont les dernières ramifications sont munies de bractées subulées. (G..N.)

FAULX. POIS. Syn. de *Cœpola Tœnia*. *V*. RUBAN. (B.)

FAUNE. *Faunus*. ZOOL.. Espèce de Singe dans Linné, et de Papillon aujourd'hui du genre Satyre dans Fabricius. Denys Montfort avait donné ce nom au genre de Coquille que Férussac appelle Mélanopside. *V*. ce mot. (B.)

FAUQUET, FAUQUETTE. OIS. (Salerne.) Syn. ancien de Hobereau. *V*. FAUCON. (DR..Z.)

FAUSSE. ZOOL. BOT. Lorsque l'on commença à s'occuper sérieusement des sciences naturelles, on sentit de suite l'importance des noms à l'aide desquels on peut fixer les idées qu'on doit se faire de chacune des choses auxquelles ces noms sont imposés. On voit que cette importance attachée aux noms propres, est consacrée par les traditions religieuses, puisque le premier soin du Créateur, après avoir complété son œuvre par la formation du premier Homme, fut, selon les livres saints (Genèse, chap. 2, vers. 19), d'amener tous les Animaux terrestres et les Oiseaux du ciel devant cet Homme, *afin qu'il vît comment il les appellerait, et ce nom, qu'Adam donna à chacun des Animaux, est son nom véritable*. On trouve plus bas (vers. 20) : « Adam appela tous les Animaux *d'un nom qui leur était propre*, tant les Oiseaux du ciel que les bêtes de la terre. » Il n'est pas dit un mot des êtres aquatiques ni des Végétaux, comme s'ils fussent demeurés anonymes. On a vu cependant au mot BRAYERA, quelle importance les Arabes, entre autres, attachent aux noms des Plantes. Sans examiner si cette nomenclature *Adamique* s'est perdue pendant le déluge, ou si Noé s'en étant servi pour faire l'appel des couples qu'il conserva dans son Arche, elle ne disparut qu'au temps de la Tour de Babel, nous nous bornerons à faire remarquer quelle importance on attacha d'abord à la valeur des noms, puisque on en supposa la source toute divine. De-là, sans doute, ce soin minutieux que tant de commentateurs mirent à savoir quel était le nom véritable de tel ou tel objet dans cette antiquité qui n'était pas moins respectable à leurs yeux que les sources sacrées. Quand ces commentateurs croyaient avoir deviné ce que leurs devanciers durent désigner par des noms, certainement arbitraires dans l'origine, pour ne point déplacer ceux qu'on affirmait être véritables, les mots *pseudo*, Faux, Fausse, servirent à indiquer les êtres qu'on pouvait à la rigueur rapprocher de ceux dont on avait trouvé le prétendu nom, mais qu'il fallait bien se garder de confondre. Cependant il n'y a ni vraies ni fausses désignations dans une acception rigoureuse pour les objets naturels. Variant avec les langages dont ils forment la base, les noms propres de tous les corps ne peuvent devenir véritables que selon la valeur déterminée par une définition méthodique, qui restreint invariablement cette valeur à tel ou tel objet, sans qu'on en puisse appeler un autre *Faux* selon qu'il lui ressemble plus ou moins. *V.* NOMENCLATURE et SYSTÈME. Ces noms de Faux et Fausse doivent donc être proscrits de la science, et c'est seulement pour montrer l'abus qu'on en fit ou pour l'intelligence de quelques ouvrages répandus où l'on employa de tels noms, que nous mentionnerons ici les principaux exemples d'un tel abus. On a donc mal à propos appelé :

FAUSSE AIGUE MARINE (Min.). Une variété de Chaux fluatée transparente, d'un bleu verdâtre, cristallisée ou Amorphe.

FAUSSE AILE DE PAPILLON (Moll.). Le *Conus genuatus*.

* FAUSSE AMBROISIE (Bot. Phan.). Le *Cochlearia Coronopus*, L.

FAUSSE AMÉTHYSTE (Min.). La Chaux fluatée violette.

FAUSSE ARCHE DE NOÉ (Moll.). L'*Arca imbricata*, L.

FAUSSE CANNELLE (Bot.). Le *Laurus Cassia*, L.

FAUSSE CHÉLIDOINE (Min.). De petites Calcédoines lenticulaires, qu'on trouve roulées dans certains ruisseaux du Dauphiné, et qui sont la même chose que ce qu'on appelle aussi vulgairement et mal à propos Pierre d'Hirondelle.

FAUSSE CHENILLE (Moll.). Une Cérithe voisine du *Cerithium granulatum*.

FAUSSE CHRYSOLITHE (Min.). Le Quartz hyalin de couleur jaune verdâtre.

FAUSSE COLOQUINTE (Bot.). Une variété de Courges.

FAUSSE DIGITALE (Bot.). Le *Dracocephalum Virginianum*, L.

* FAUSSE FRIGANE (Ins.). Le genre que Geoffroy a nommé Perle.

FAUSSE GALÈNE (Min.). *V.* ZINC SULFURÉ.

FAUSSE GALLE (Ins.). *V.* GALLE.

FAUSSE GUIMAUVE (Bot. Phan.). Le *Sida Abutilon*, L.

FAUSSE GERMANDRÉE (Bot. Phan.). Le *Veronica Chamædrys*, L.

FAUSSE GIROLLE (Bot. Crypt.). *V.* GIROLLE.

FAUSSE HYACINTHE (Bot. Phan.). Le Quartz transparent, de couleur roussâtre.

FAUSSE IRIS (Bot. Phan.). Le *Morea Chinensis*.

FAUSSE IVETTE (Bot. Phan.). Le *Teucrium Pseudo-Chamæpytis*, L.

FAUSSE LINOTTE (Ois.). Le *Motacilla palmarum*.

FAUSSE LYSIMACHE (Bot. Phan.). L'*Epilobium angustifolium*, L.

FAUSSE MALACHITE (Min.). Le Jaspe vert.

FAUSSE MUSIQUE (Moll.). Une variété du *Voluta musica*.

*FAUSSE OREILLE DE MIDAS (Moll.). Une variété du *Bulimus hematostomus*.

FAUSSE ORONGE (Bot. Crypt.). Une espèce d'Agaric qui passe pour vénéneuse, *Agaricus Pseudoaurantiacus*, ainsi nommée par opposition à l'*Agaricus aurantiacus* , manger délicieux , fort sain, et qui présente beaucoup de ressemblance avec elle.

FAUSSE POIRE (Bot. Phan.). Une variété de Courges.

FAUSSE RÉGLISSE (Bot. Phan.). L'*Astragalus Glyciphyllos*, L.

FAUSSE RHUBARBE (Bot. Phan.). Le *Thalictrum flavum* , L.

FAUSSE ROSE (Bot. Phan.). Une excroissance feuillée, que la piqûre de certains Insectes occasione quelquefois à l'extrémité des rameaux des Saules.

FAUSSE SAUGE DES BOIS (Bot. Phan.). Le *Teucrium Scorodonia*. L.

FAUSSE SCALATA (Moll.). Le *Scalaria Clathrus*.

FAUSSE FEUILLE (Bot. Phan.). Le *Polygonum aviculare*, L.

FAUSSE TEIGNE (Ins.). Dans Réaumur, les Teignes dont les larves quittent leur fourreau pour marcher.

FAUSSE THIARE (Moll.). Le *Strombus palustris*.

FAUSSE TINNE DE BEURRE (Moll.). Le *Conus glaucus*.

FAUSSE TOPAZE (Min.). La même chose que la Fausse Chrysolithe.

FAUSSES CHENILLES (Ins.). Les larves de quelques Hyménoptères de la famille des Uropristes.

FAUSSES NAGEOIRES (Pois.). La même chose que les nageoires adipeuses.

FAUSSES PLANTES MARINES (Polyp.). Les divers Polypiers phytoïdes, que les anciens botanistes avaient regardés comme des Végétaux.

FAUSSES VIPÈRES (Rept. Oph.). *V.* ERPÉTOLOGIE.   (B.)

FAUSSES RADIÉES. BOT. PHAN. Le professeur De Candolle , dans son travail sur les Synanthérées, appelle Fausses Radiées les genres de Composées Labiatiflores qui ont la lèvre externe des corolles extérieures beaucoup plus grande, de manière à représenter au premier aspect une fleur radiée.   (A. R.)

FAUSSES TRACHÉES. BOT. PHAN. Sorte de tubes ou de vaisseaux séveux qui offrent de distance en distance des fentes transversales, et ressemblent ainsi un peu aux véritables trachées ou vaisseaux spiraux. *V.* ANATOMIE VÉGÉTALE et VAISSEAUX.
    (A. R.)

* FAUSTULE. *Faustula.* BOT. PHAN. Genre de la famille des Synanthérées , Corymbifères de Jussieu et de la Syngénésie égale, L., établi par H. Cassini (Bullet. de la Soc. Philom. , septembre 1818) qui l'a ainsi caractérisé : calathide sans rayons, composée de fleurons nombreux , égaux , réguliers et hermaphrodites ; anthères munies d'appendices basilaires subulés ; involucre formé d'écailles imbriquées, appliquées, oblongues , coriaces, laineuses , terminées par un appendice glabre et scarieux ; réceptacle nu et plane ; ovaires courts , cylindracés , hérissés de poils roides et fourchus au sommet ; aigrette composée de poils plumeux , soudés à leur base. Ce genre a été placé dans la tribu des Inulées , section des Gnaphaliées. Labillardière l'avait confondu avec le *Chrysocoma*, et avait nommé *C. reticulata* la seule espèce décrite par Cassini ou sa *Faustula reticulata*. C'est un Arbuste indigène du cap Van-Diémen à la Nouvelle-Hollande , haut d'un mètre environ , dont les branches cotonneuses portent des feuilles alternes très-rapprochées , sessiles, linéaires, obtuses, coriaces et tomenteuses en dessous. Les fleurs sont jaunes , nombreuses , rapprochées et disposées en corymbes terminaux.   (G..N.)

FAUVE. OIS. (Louvilliers.) Syn. vulgaire aux Antilles du Fou blanc ,

Pelecanus Piscator, L. *V*. Fou. (DR..Z.)

FAUVES (BÊTES). MAM. On donne vulgairement et génériquement ce nom aux espèces du genre Cerf, que l'on nourrit dans les forêts pour le plaisir de leur donner la chasse. (B.)

FAUVETTE. OIS. Dénomination vulgaire donnée par plusieurs auteurs au genre Sylvie. *V*. ce mot.

Buffon avait particulièrement donné ce nom à la Sylvie Orphée, *Sylvia Nisoria*. Depuis, Temminck a démontré que les méthodistes ne s'étaient point entendus sur l'application de ce nom spécifique, et qu'elle devait être faite exclusivement à la petite Fauvette, *Sylvia hortensis*, Bechstein. *V*. SYLVIE.

Plusieurs Oiseaux qui ne font pas partie du genre Sylvie ont reçu le nom de Fauvette. Ainsi on nomme :

FAUVETTE DES ALPES, l'Accenteur Pégot.

FAUVETTE DES BOIS, FAUVETTE D'HIVER, le Mouchet.

FAUVETTE MONTAGNARDE, L'Accenteur montagnard. (DR..Z.)

FAUVI ou FAUVIX. BOT. PHAN. Le *Rhus coriaria* dans plusieurs des cantons méridionaux de la France où on cultive cet Arbuste afin de le livrer au commerce. (B.)

FAUX. POIS. L'un des noms vulgaires du *Squalus Vulpes*. *V*. SQUALE. (B.)

FAUX. ZOOL. BOT. Ce que nous avons dit au sujet du mot FAUSSE, comme servant de base à plusieurs noms propres, s'applique également à cet article : ainsi c'est tout aussi improprement qu'on a appelé :

FAUX ACACIA (Bot. Phan.). La première espèce de Robinier qui ait été connue en Europe.

* FAUX ACMELLA (Bot. Phan.). Une espèce du genre Acmelle.

FAUX ACORUS (Bot. Phan.). Une espèce d'Iris.

FAUX ALBATRE (Min.). Même chose qu'Alabastrite. *V*. ce mot.

FAUX ALUN DE PLUME (Min.). L'Asbeste, le Gypse fibreux.

* FAUX AMOME (Bot. Phan.). Le *Ribes nigrum*, L.

* FAUX APAIN (Bot. Phan.). Le *Bignonia crucigera*, L.

FAUX ARBOUSIER (Bot. Phan.). Le *Cunonia Capensis*, L.

FAUX ARGENT (Min.). Même chose qu'Argent de Chat, variété de Mica blanc argentin.

FAUX ASBESTE (Min.). L'Amphibole fibreux blanchâtre.

FAUX ASPHODÈLE (Bot. Phan.). Les *Anthericum calyculatum* et *ossifragum* de Linné.

FAUX BAUME DU PÉROU (Bot. Phan.). Le *Melilotus cœruleus*, L.

FAUX BENJOIN (Bot. Phan.). Le *Terminalia angustifolia* de Jacquin, qui a l'antériorité de nom sur le *Terminalia Benzoin* de Linné fils.

FAUX BOIS (Bot. Phan.). Même chose qu'Aubier. *V*. ce mot. On se sert du même terme pour désigner les branches d'Arbres qui ne doivent pas donner de fruit.

FAUX BOIS DE CAMPHRE (Bot. Phan.). Au cap de Bonne-Espérance, le *Selago crymbosa*. (B.)

FAUX BOMBYX, *Noctuo Bombycites*. (Ins.). Tribu d'Insectes de l'ordre des Lépidoptères, famille des Nocturnes, ayant toujours les ailes inclinées en forme de toit, et la languette très-distincte et plus longue que la tête. Les Papillons qui composent cette tribu sont très-semblables aux *Bombyx*, aux *Hépiales* et aux *Cossus*, etc., mais les caractères que nous avons présentés les en séparent. Les genres ARCTIE et CALLIMORPHE composent cette tribu. On pourrait y ajouter les LITHOSIES et quelques TINÉITES. *V*. tous ces mots.

FAUX BOURDON (Ins.). Réaumur a donné ce nom à plusieurs Hyménoptères du genre *Bombus* (*V*. ce mot). On nomme vulgairement Faux Bourdons les mâles des Abeilles. *V*. ABEILLES. (G.)

Faux Brésillet (Bot. Phan.). Même chose que *Comocladia*.

Faux Buis (Bot. Phan.). C'est aux îles de Maurice et de Mascareigne le *Fernelia* de Commerson et le *Murraya* ou Buis de Chine ; et en France , le Fragon commun.

Faux Cabestan (Moll.). Le *Murex cutaceus*.

Faux Café (Bot. Phan.). C'est, pour les Nègres de Saint-Domingue , les graines du Ricin , et dans les îles de France et surtout de Mascareigne, diverses espèces de Cafeyers sauvages.

Faux Calament (Bot. Phan.). Même chose que Faux Acorus.

Faux Chamaras (Bot. Phan.). Le *Teucrium Scorodonia*.

Faux Chervi (Bot. Phan.). La Carotte sauvage.

Faux Chouan (Bot. Phan.). La semence du *Myagrum orientale*.

Faux Ciste (Bot. Phan.). Le *Turnera cistoides*.

Faux Corail (Polyp.) Divers Madrépores et autres Polypiers.

* **Faux Cresson** (Bot. Phan.). Le *Veronica Becabunga*.

Faux Cumin (Bot. Phan.). Les graines de Nielle.

Faux Cytise (Bot. Phan.). Une espèce d'Anthyllide et un Cytise.

Faux Diamant ou Jargon (Min.). *V*. Diamant.

Faux Dictame (Bot. Phan.). Un Marrube.

Faux Ebénier (Bot. Phan.). Le Cytise des Alpes.

Faux Froment (Bot. Phan.). L'*Avena elatior* , L.

Faux Grenat (Min.). Selon Bomare , un Cristal d'une couleur obscure tirant sur le noir.

Faux Hellébore (Bot. Phan.). Divers Végétaux qu'on avait pris pour l'Hellébore des anciens, qui était, à ce qu'il paraît, l'*Helleborus orientalis* de Tournefort.

Faux Hermodactyle ou Hermodacte (Bot. Phan.). L'*Iris tuberosa*.

Faux Indigo (Bot. Phan.). Divers Galegas, particulièrement l'officinal et l'*Amorpha fruticosa*.

Faux Ipécacuanha (Bot. Phan.).

Divers Végétaux exotiques dont la racine a été employée en place d'Ipécacuanha véritable ; tels que le *Cephœlis emetica* , le *Cynanchum vomitorium* , l'*Ionidium emeticum* et le *Psychotria emetica*.

Faux Jalap (Bot. Phan.). Le *Mirabilis Jalapa*, L.

* **Faux Jasmin** (Bot. Phan.). Le *Tecoma radicans* , anciennement un Bignonia.

Faux Lapis (Min.). Même chose que Pierre d'Arménie. *V*. ce mot.

Faux Lotier (Bot. Phan.). Le *Glinus lotoides*.

Faux Lotus (Bot. Phan.). Le *Diospyros Lotus* , L.

Faux Lupin (Bot. Phan.). Une espèce de Trèfle.

* **Faux Mélanthe** (Bot. Phan.). L'*Agrostemma cœlirosa*, L.

Faux Mélèze (Bot. Phan.). L'*Aspalathus Chenopoda*.

* **Faux Mélilot** (Bot. Phan.). Le *Lotus corniculatus* , L.

Faux Narcisse (Bot. Phan.). L'*Anthericum serotinum* , L., et une espèce même de Narcisse.

Faux Nard (Bot. Phan.). Diverses Plantes , mais plus particulièrement l'*Allium victorialis*, L.

Faux Néflier (Bot. Phan.). Le *Mespilus Chamæ-Mespilus*, L.

Faux Or (Min.). Même chose qu'Or de Chat, variété de Mica d'un beau jaune.

Faux Piment (Bot. Phan.). Une espèce de Morelle et le *Schinus Molle*.

Faux Pistachier (Bot. Phan.). Le *Staphylea pinnata*, et en Amérique le *Royena lucida*.

* **Faux Platane** (Bot. Phan.). Un Erable.

Faux Poivre (Bot. Phan.). Le Piment.

Faux Prase ou Pseudo-Prase (Min.). Un Quartz Agate verdâtre, selon Patrin.

* **Faux précipité** (Min.). Ancienne désignation, maintenant totalement abandonnée, de quelques Oxides insolubles que l'on préparait, soit en calcinant un Métal, soit en le dissolvant auparavant dans un Acide ,

et décomposant ensuite par la chaleur, sans employer la solution par un Alcali, des sels qui avaient été produits.

Faux Puceron (Ins.). Le genre *Psyta* de Geoffroy dans Degéer et dans Réaumur.

Faux Quinquina (Bot. Phan.). L'*Iva frutescens* et le *Senecio pseudochina*.

Faux Raifort (Bot. Phan.). Le *Cochlearia rustica*.

Faux Rubis (Min.). *V*. Quartz.

Faux Santal (Bot. Phan.). L'Arbre mentionné sous ce nom, dans Sloane, paraît être le *Cæsalpinia Brasiliensis*. A Caudie on donne ce nom à l'Alaterne.

Faux Saphir (Min.). Une variété de Dichroïte, et quelquefois de la Chaux fluatée de couleur bleue.

Faux Sapin (Bot. Phan.). L'*Hippuris vulgaris*.

Faux Scordium (Bot. Phan.). Le *Teucrium Scorodonia*.

Faux Scorpion (Arachn.). La Pince des livres, *Chelifer* de Geoffroy.

Faux Seigle (Bot. Phan.). L'*Avena elatior*, L.

Faux Séné (Bot. Phan.). Le Baguenaudier.

Faux Simarouba (Bot. Phan.). Le *Bignonia Coupaia*.

Faux Souchet (Bot. Phan.). Un Carex et le *Schœnus Mariscus*, L.

Faux Sycomore (Bot. Phan.). L'Azédarach.

Faux Tabac (Bot. Phan.). Le *Nicotiana rustica*, L.

Faux Télescope (Moll.). *V*. Cuiller-à-pot.

Faux Thé (Bot. Phan.). L'*Alstonia Thea*. *V*. Symplocos.

Faux Thuya (Bot. Phan.). Une espèce de Cyprès.

Faux Thlaspi (Bot. Phan.). Le *Lunaria annua*, L.

Faux Trèfle (Bot. Phan.). Le *Paullinia Asiatica*.

Faux Tremble (Bot. Phan.). Un Peuplier de l'Amérique septentrionale.

* **Faux Troëne** (Bot. Phan.). Le *Cerasus Padus*, D. C.

Faux Turbith (Bot. Phan.). Les racines du *Thapsia hirsuta* et du *Laserpitium latifolium*.

* **Faux Verticille** (Bot. Phan.). Les verticilles incomplets dans lesquels les fleurs ne partent pas de tout le pourtour de l'axe, et y laissent des intervalles. Tels sont ceux qu'on trouve le plus souvent dans les Labiées appelées cependant verticillées, tandis que le verticille est vrai dans l'Hippuris, par exemple.　　　(b.)

* **FAVAGINE D'ARISTOTE**. polyp. Imperati, dans son Histoire naturelle, p. 639 et 642, et Ginnani ont donné ce nom à des productions marines qui se rapprochent beaucoup des Alcyonaires, et qui peut-être appartiennent même au genre Alcyon.
　　　　　　　　　　(lam..x.)

FAVAGITE. polyp. Ce nom a été employé par quelques oryctographes pour désigner des Madrépores fossiles aux oscules desquels ils ont trouvé quelques ressemblances avec des rayons d'Abeille.　　　(b.)

FAVAL. moll. (Adanson.) Syn. de *Buccinum subulatum* de Linné ou *Terebra subulata* de Lamarck. *V*. Vis.
　　　　　　　　　　(d..h.)

FAVELOTTE. bot. phan. La Fève des marais dans plusieurs cantons de la France.　　　(b.)

FAVELOU. bot. phan. Le *Viburnum Tinus*, L., dans les cantons méridionaux de la France où cet Arbuste croît à peu près sans culture, particulièrement dans les parties les plus chaudes du Languedoc.　　(b.)

* **FAVIE**. *Favia*. polyp. Genre de Zoophytes établi par Ocken dans son Système général de Zoologie. Il renferme des Polypiers de l'ordre des Astrairées, et présente les caractères suivans : tubes couchés l'un près de l'autre, réunis par une espèce de ciment, ouverts par en haut, et sortant comme d'une tige commune.

L'auteur divise ce genre en trois sections :

† Masse se rétrécissant à la base. *Madrepora torulosa* et *Ananas*.

†† Masse composée de tubes longs et parallèles. *Madrepora annularis*, *radiata*, *pentagona* et *Cellula*.

††† Masse composée de tubes divergens, avec de fortes étoiles déchirées. *Madrepora favosa*, *Tragum*, *detrita*, *polygona* et *Uva*.

Parmi les espèces citées par Ocken, il en est plusieurs qu'il a placées dans différentes sections, et qui ne forment maintenant qu'une seule espèce; la *Madrepora Ananas* de la première, et *Madr. Uva* de la troisième en offrent un exemple. C'est l'*Astrea Ananas* de Lamarck. Le genre *Favia* n'a pas été adopté par les naturalistes; il n'a aucun rapport avec les Favosites de Lamarck, ainsi que l'a dit un auteur moderne, et ne renferme que des Astrairées presque toutes du genre Astrée.   (LAM..X.)

* **FAVIOLE, FAVEROLLE** et **FEVEROTTES**. BOT. PHAN. Du latin *Phaseolus*. Les Haricots dans differens cantons de la France méridionale.   (B.)

*FAVOLUS. BOT. CRYPT. (*Champignons.*) Dans sa Flore d'Oware et de Benin, Palisot-Beauvois a décrit un Champignon très-voisin du genre Bolet, mais qui par la disposition des plis de la partie inférieure de son chapeau doit constituer un nouveau genre. La ressemblance des cavités formées par ces plis avec les alvéoles d'un gâteau d'Abeilles ou de Guêpes a mérité au genre le nom de Guêpier, *Favolus*.

Le Champignon sur lequel ce genre a été établi croît sur le tronc des Arbres morts, dans le royaume d'Oware en Afrique. Il est semi-orbiculaire, marqué en dessus de zônes formées par les excroissances de la Plante, et garni de poils rameux, longs, roides comme du crin, d'où le nom de Guêpier hérissé, *Favolus hirtus* (Fl. d'Owar., pl. 1) que lui a donné Palisot-Beauvois. Les alvéoles de la partie inférieure du chapeau forment des hexagones presque réguliers. Quelques autres Champi-

gnons subéreux, coriaces, sessiles et s'attachant par le côté, ont été réunis à ce genre qui d'ailleurs est très-voisin du *Dædalea* de Persoon.
     (G..N.)

FAVONIE. *Favonia*. ACAL. Genre de l'ordre des Acalèphes libres, proposé par Péron et Lesueur dans leur beau Mémoire sur les Médusaires. Ils l'ont ainsi caractérisé : Méduses agastriques ou sans estomac, pédonculées et non tentaculées, avec des bras garnis de nombreux suçoirs, fixés à la base du pédoncule. Ils le composent de deux espèces, *Favonia octonema* et *Favonia hexanema*. Lamarck, n'ayant pas adopté le genre Favonie, les a réunies à ses Orythies. *V*. ce mot.   (LAM..X.)

FAVONITE. POLYP. Même chose que Favagite. *V*. ce mot.   (B.)

*FAVONIUM. BOT. PHAN. Genre de la famille des Synanthérées, Corymbifères de Jussieu, et de la Syngénésie frustranée, L., établi par Gaertner (*de Fruct.* 2, p. 431, tab. 174) qui l'a ainsi caractérisé : involucre double; l'extérieur composé de quatre ou cinq feuilles très-grandes; l'intérieur plus court et formé d'un grand nombre de feuilles. Dans l'un et l'autre, celles-ci ont une consistance herbacée; elles sont ovales ou elliptiques, marquées de vaisseaux saillans, glabres, et se terminant en une très-courte épine; réceptacle nu, profondément alvéolé, garni à sa circonférence de dents subulées, inégales, étalées horizontalement, et soudées entre elles, ainsi qu'avec le réceptacle (Gaertner donne à leur ensemble le nom de calice commun); fleurs du disque hermaphrodites, dont le limbe offre cinq divisions régulières; celles de la circonférence neutres, en languettes oblongues et tridentées; akènes couronnés par un rebord membraneux, découpé en un grand nombre de petites dents légèrement plumeuses. En adoptant ce genre, mais faisant remarquer son extrême ressemblance avec le *Didelta* de l'Héritier, Cassini a modifié ses caractères génériques, quoiqu'il n'ait eu connaissance du *Favonium*, que par la description de Gaertner. D'après l'analogie qu'il présente avec d'autres genres voisins soigneusement observés par Cassini, celui-ci décrit autrement l'involucre : selon cet auteur les divisions de cet organe sont toutes très-courtes, mais les extérieures sont surmontées chacune d'un très-grand appendice foliacé; les intérieures (*calix communis*, Gaertner) sont inégales, inappendiculées, étalées, subulées, mais ne sont pas décrites comme soudées entre elles et adhérentes au réceptacle.

Les différences que l'on observe dans les caractères du *Favonium* et du *Didelta*, et qui consistent dans la diversité du sexe des fleurons, dans les alvéoles du réceptacle, dans la forme de l'aigrette et dans la nature des akènes, ont paru insuffisantes à Aiton et à Persoon pour distinguer ces deux genres; de sorte que le *Favonium spinosum* de Gaertner, est décrit dans ces auteurs sous le nom de *Didelta spinosa*. Cette Plante avait été primitivement nommée *Polymnia spinosa* par Linné fils; tandis que Solander, qui avait reconnu sa différence d'avec les Polymnies, lui avait imposé la dénomination de *Choristea*. C'est un Arbuste à tige dressée, munie d'aiguillons placés au-dessus des aisselles des feuilles, lesquelles sont opposées, presque amplexicaules, larges, ovales, cordiformes; ses capitules de fleurs sont grands, terminaux et solitaires. Il croît au cap de Bonne-Espérance.

(G..N.)

FAVORITE. ois. Espèce du genre Gallinule. *V.* ce mot.   (DR..Z.)

FAVOSITE. *Favosites*. POLYP. Genre de l'ordre des Tubiporées, dans la division des Polypiers entièrement pierreux et non flexibles, formés de tubes distincts et parallèles, à parois internes et lisses, offrant pour caractères : un Polypier pierreux, simple, de forme variable, et composé de tubes parallèles, prismatiques,

disposés en faisceau, contigus, pentagones ou hexagones, plus ou moins réguliers, rarement articulés. Ce genre, établi par Lamarck, diffère entièrement des Tubipores ainsi que des Caténipores et des Eunomies, quoique appartenant au même groupe, celui des Tubiporées. Si jamais l'on découvrait les Animaux qui construisent ces Polypiers, nous regardons comme certain que les cinq genres que nous avons réunis dans cet ordre, à cause de leur forme extérieure, seraient séparés les uns des autres par de grands intervalles, tant serait différente l'organisation des Polypes ; mais ne pouvant observer que leur habitation, ne pouvant même l'étudier que dans l'état fossile, c'est-à-dire lorsqu'elle a perdu une partie de ses caractères, il est impossible de décrire avec exactitude et de classer naturellement des êtres aussi singuliers. Les Favosites se distinguent des Eunomies et des Caténipores par la forme prismatique des tubes ; des Microsolènes, par leur constante uniformité ; et des Tubipores, par leur contiguité. En effet, dans les Favosites les tubes sont contigus, parallèles, réguliers dans toute leur longueur, prismatiques, pentagones ou hexagones, formant une masse polymorphe, figurant, mais en petit, les roches basaltiques des terrains volcaniques. La ressemblance est d'autant plus frappante, que ces tubes anguleux et réguliers présentent de nombreuses divisions transversales, et que la cassure d'une Favosite est une image en miniature de la chaussée des géans dans le comté d'Antrim en Irlande. Quand on examine ces productions singulières du monde antique que l'on trouve dans les terrains secondaires et dans ceux de transition, l'on se demande : les Favosites sont-elles bien de la classe des Polypes à Polypiers ? Si elles n'appartiennent pas à cette classe, à quelle sorte d'Animaux doivent-elles leur existence ?

Les Tubiporites de Rafinesque ne nous paraissent pas différer des Favosites. *V.* TUBIPORITES. Ce genre n'est composé que de quatre espèces assez communes dans les collections.

(LAM..X.)

FAVOUETTE. BOT. PHAN. L'un des noms vulgaires de la Gesse tubéreuse. (B.)

FAYA. BOT. PHAN. Grande espèce de *Myrica* des forêts canariennes, retrouvée jusque dans les Algarves. Barrère prétend qu'à la Guiane, on donne ce nom, qui signifie aussi Hêtre en portugais, au *Bignonia Coupaia.* Necker appelle ainsi le genre *Crenea* d'Aublet. *V.* CRÉNÉE. (B.)

FAYARD. BOT. PHAN. Le Hêtre est généralement connu sous ce nom dans le bassin du Rhône et dans celui de la Garonne. Il est évidemment dérivé du latin *Fagus*, ainsi que le Faya des Portugais, etc. (B.)

FÉCONDATION. ZOOL. Acte au moyen duquel les ovules ou germes contenus dans l'ovaire des femelles sont rendus susceptibles de développement par l'influence du mâle. C'est le but de l'accouplement et le point de départ de l'évolution fœtale. *V.* GÉNÉRATION. (J. D.)

FÉCONDATION. BOT. Le moyen le plus puissant de reproduction dans les Végétaux est sans contredit la formation successive des jeunes embryons qui se développent dans la fleur et deviennent ensuite autant d'êtres semblables à ceux dont ils ont tiré leur origine. Mais dans les Plantes ainsi que dans les Animaux, cette formation de l'embryon ne peut avoir lieu sans Fécondation. Cependant il faut remarquer que les rudimens de ces embryons préexistent à la Fécondation, mais dans un état tellement inerte qu'ils ne pourraient se développer d'eux-mêmes; c'est la Fécondation qui leur donne le mouvement et le principe de la vie. On peut donc définir cette fonction dans les Végétaux, l'acte par lequel les ovules renfermés dans l'ovaire reçoivent le principe animateur de la vie, et qui développe en eux un embryon capable de reproduire un nouveau Végétal. Mais ici comme dans le règne animal, nous ne connaissons cette fonction que par ses résultats; son essence nous échappe entièrement. Nous reconnaissons qu'elle s'est opérée quand les ovules ou rudimens des graines, placés dans l'intérieur de l'ovaire, contiennent un embryon et deviennent aptes à reproduire plus tard de nouveaux individus. Or nous savons que ces phénomènes ont lieu toutes les fois que le pollen, renfermé dans les loges de l'anthère, a exercé une influence spéciale sur le stigmate, influence qui est ensuite transmise jusqu'aux ovules par des vaisseaux particuliers. Mais de quelle nature est cette influence? comment le pollen agit-il pour féconder les ovules? il ne nous est pas donné de résoudre ces questions. Contentons-nous donc d'étudier les phénomènes de cette fonction, sans rechercher ici son essence et son mécanisme, qui probablement seront encore long-temps des sujets de doute et d'hypothèses. Une condition indispensable pour que la Fécondation ait lieu, c'est la présence des deux organes sexuels et leur état d'intégrité et de perfection. Sous ce rapport, il existe entre les Plantes et les Animaux des analogies et des différences que nous allons rapidement indiquer. Ainsi chez ces derniers, à qui la nature a donné la faculté de se mouvoir et de se transporter à volonté d'un lieu dans un autre, les deux organes sexuels sont séparés sur deux individus distincts. A certaines époques, excité par un sentiment intérieur, le mâle recherche sa femelle et s'en rapproche. Les Végétaux, au contraire, privés de la faculté de se mouvoir, fixés irrévocablement au lieu qui les a vus naître, devant y croître, s'y multiplier et y mourir, ont en général les deux organes sexuels réunis, non-seulement sur le même individu, mais le plus souvent encore dans la même fleur. Sous ce rapport, on voit que les Plantes se trouvent placées dans les mêmes conditions que certains Animaux d'un ordre inférieur, qui, privés de locomotion, offrent également les deux sexes réunis sur le même individu.

Cependant tous les Végétaux n'ont pas les fleurs hermaphrodites. Ceux qui ont les fleurs unisexuées paraîtraient au premier aspect dans des circonstances moins favorables que les premiers, si la nature n'eût obvié à cet inconvénient. Les Animaux en effet ayant la substance fécondante liquide, l'organe mâle doit être en contact immédiat avec l'organe femelle, pour que la Fécondation puisse avoir lieu. Si dans les Végétaux, cette substance eût été de la même nature que dans les Animaux, il est certain que la Fécondation eût éprouvé des obstacles invincibles dans les Plantes monoïques, et à plus forte raison dans celles qui ont les étamines et les pistils sur deux individus distincts. Mais chez eux, au contraire, le pollen est sous la forme d'une poussière dont les molécules légères et presque imperceptibles, sont facilement transportées, par l'air atmosphérique et les vents, à des distances souvent prodigieuses. Remarquons encore que le plus fréquemment dans les Plantes monoïques, les fleurs mâles occupent l'extrémité supérieure des ramifications de la tige, tandis que les fleurs femelles sont placées au-dessous, et qu'ainsi les molécules polliniques qui s'échappent des anthères, tendent, par leur propre poids, à tomber sur les fleurs femelles. Lorsqu'ensuite on fait attention au nombre immense des étamines ou organes sexuels mâles, comparativement à celui des pistils, on conçoit difficilement que la fécondation ne puisse pas s'opérer.

Néanmoins les fleurs hermaphrodites sont celles dans lesquelles toutes les circonstances accessoires sont le plus favorables à la Fécondation. Les deux organes sexuels, en effet, se trouvent réunis et presque contigus dans la même fleur. Cette fonction commence dès l'instant où les loges de l'anthère s'ouvrent et que le pollen est mis en contact avec l'air atmosphérique. En général la déhiscence des anthères a lieu au moment où les différentes parties de la fleur s'épanouissent. Quelquefois cependant elle s'opère avant le parfait épanouissement de la fleur.

Linné a fait l'ingénieuse remarque, que l'inégalité de longueur relative des étamines et du pistil, n'était pas un obstacle à la Fécondation. Il a observé que toutes les fois que les étamines étaient plus longues que le pistil, les fleurs étaient généralement dressées, et qu'au contraire elles étaient renversées quand le pistil dépassait la longueur des étamines.

La déhiscence des anthères est, ainsi que nous l'avons remarqué précédemment, une condition indispensable de la Fécondation. Pour favoriser l'émission du pollen et le mettre en contact avec le stigmate, les organes sexuels d'un grand nombre de Plantes exécutent des mouvemens très-sensibles : nous allons en citer quelques exemples.

A l'époque de la Fécondation, les huit ou dix étamines des fleurs de la Rue (*Ruta graveolens*, L.), qui sont étalées, se redressent alternativement, s'appliquent contre le stigmate, y déposent une partie de leur pollen, et se déjettent ensuite en dehors. — Les étamines du *Sparmannia Africana*, de l'Epine-Vinette, etc., lorsqu'on les irrite légèrement avec la pointe d'une aiguille, se resserrent les unes contre les autres. — Dans plusieurs genres de la famille des Urticées, tels que la Pariétaire, les Mûriers, etc., etc., les étamines sont d'abord infléchies vers le centre de la fleur, de manière que leur anthère est placée au-dessous du stigmate ; elles restent dans cette position jusqu'à l'époque où doit s'opérer la Fécondation ; elles se redressent alors avec force et rapidité en se détendant comme autant de ressorts, et lancent leur pollen sur l'organe femelle. Dans le genre *Kalmia*, les dix étamines sont étalées horizontalement au fond de la fleur, de manière que leurs anthères sont renfermées dans autant de petites fossettes que l'on remarque à la base de la corolle. Dans cet état, les anthères ne peuvent déposer leur pollen sur le stigmate qui est placé beaucoup plus haut. Pour que la Fécondation puisse s'opérer, chacune des étamines se courbe légèrement sur elle-même, afin de diminuer la longueur et de dégager l'anthère de la petite fossette qui la contient. Elle se redresse alors au-dessus du pistil, et verse sur lui son pollen. Le *Vallisneria spiralis*, L., Plante aquatique, que nous avons eu occasion d'examiner en abondance dans les canaux et les ruisseaux des environs d'Arles et de Beaucaire, offre un phénomène des plus curieux, à l'époque de la Fécondation. Cette Plante est attachée au fond de l'eau et entièrement submergée ; l'extrémité seule de ses feuilles s'étend à sa surface. Elle est dioïque, et les individus mâles et femelles naissent pêlemêle. Les fleurs femelles, portées sur des pédoncules longs d'environ deux ou trois pieds, et roulés en spirale ou tire-bouchon, se présentent à la surface de l'eau pour s'épanouir. Les fleurs mâles, au contraire, sont renfermées plusieurs ensemble dans une spathe membraneuse portée sur un pédoncule d'un pouce ou plus de longueur. Lorsque le temps de la fécondation arrive, ces fleurs font effort contre la spathe, la déchirent, se détachent de leur support et viennent à la surface de l'eau s'épanouir et féconder les fleurs femelles. Bientôt celles-ci, par le retrait des spirales qui les supportent, redescendent au-dessous de l'eau où les fruits parviennent à une maturité parfaite.

Les organes femelles dans certaines Plantes paraissent également doués de mouvemens qui dépendent d'une irritabilité plus développée pendant la Fécondation. Ainsi le stigmate de la Tulipe se gonfle et paraît plus humide à cette époque. Les deux lames qui forment le stigmate du *Mimulus* se rapprochent l'une contre l'autre toutes les fois qu'une petite masse de pollen ou un corps étranger quelconque vient à les toucher.

D'après les observations curieuses de Lamarck et de Bory de Saint-Vincent, il paraît que plusieurs Plantes développent à cette époque une chaleur extrêmement manifeste. Ainsi, dans l'*Arum Italicum* et quelques autres Plantes de la même famille, le spadice ou axe qui supporte les fleurs devient, selon le premier de ces savans, assez chaud pour que l'élévation de sa température soit appréciable à la main qui le touche. Selon Bory, les spadices de l'espèce africaine qu'il nomme *Arum cordifolium*, ont fait monter le thermomètre de Réaumur jusqu'à quarante degrés.

Un grand nombre de Plantes aquatiques, tels que les *Nymphæa*, les *Villarsia*, les *Menyanthes*, etc., ont d'abord leurs boutons cachés sous l'eau ; peu à peu, on les voit se rapprocher de la surface du liquide, s'y montrer, s'épanouir, et quand la Fécondation a eu lieu, redescendre au-dessous de l'eau pour y mûrir leurs fruits.

Cependant la Fécondation peut s'opérer dans les fleurs entièrement submergées. Ainsi Léon Dufour et Ramond ont trouvé dans le fond d'un lac des Pyrénées, le *Ranunculus aquatilis*, L., recouvert de plusieurs pieds d'eau, et portant cependant des fleurs et des fruits parfaitement mûrs. La fécondation s'était donc opérée au milieu du liquide. Notre ami, le D\.\ Bâtard, auteur de la Flore de Maine-et-Loire, eut occasion de retrouver la même Plante dans une circonstance analogue ; mais il fit la curieuse remarque que chaque fleur submergée contenait entre ses enveloppes et avant son épanouissement une certaine quantité d'air, et que c'était par l'intermède de ce fluide que la Fécondation avait lieu. L'air qu'il trouva ainsi contenu dans les enveloppes florales encore closes, provenait évidemment de l'expiration végétale. Cette observation dont l'exactitude a été plusieurs fois constatée, nous explique parfaitement le mode de Fécondation des Plantes submergées quand elles sont pourvues de périanthe. Mais il est impossible d'en faire l'application à celles qui sont dépourvues de calice et de corolle ; tels sont les genres *Ruppia*, *Zostera*, *Zanichellia*, etc., dont cependant la Fécondation s'opère sous l'eau.

Etudions maintenant quel est le mode d'action du pollen sur le stigmate pour opérer la Fécondation. L'opinion la plus généralement répandue parmi les physiologistes, c'est que chaque grain de pollen représente une sorte de petite ampoule pleine d'une huile volatile que l'on considère comme la substance vraiment fécondante. Aussitôt que ces grains de pollen s'échappent des anthères, ils tombent sur le stigmate, se fixent sur sa surface qui est en général inégale et visqueuse. Ils s'y gonflent par l'effet de l'humidité, s'y rompent et y répandent la liqueur fécondante.

Cette explication paraît conforme à la nature dans le plus grand nombre des cas ; mais il est des circonstances dans lesquelles les phénomènes de la Fécondation ne s'opèrent pas de la même manière. Dans les Plantes qui vivent constamment submergées, il est évident que les grains polliniques ne viennent pas se fixer et se rompre sur le stigmate, surtout quand ces Plantes ont les fleurs unisexuées, et néanmoins la Fécondation a lieu. La surface du stigmate d'un grand nombre de Plantes est lisse et nullement visqueuse ; celle du Châtaignier, par exemple, est dure et coriace, et le pollen ne peut y adhérer.

Dans les Orchidées et toutes les Asclépiadées, le pollen renfermé dans chaque loge de l'anthère forme une masse solide. A l'époque de l'épanouissement de la fleur, l'anthère s'ouvre ; la masse pollinique se détache ou quelquefois ne change pas de place, reste parfaitement entière, et la Fécondation s'opère. Or, dans ce cas, le pollen n'a pas été se fixer sur la surface du stigmate pour y verser sa liqueur fécondante, il s'est trouvé simplement en contact avec l'air atmosphérique, et l'ovaire a été fécondé.

Nous pourrions encore ajouter ici un grand nombre de faits analogues où la Fécondation a eu lieu sans contact immédiat du pollen sur le stigmate, et d'où découle nécessairement cette conséquence que la Fécondation peut quelquefois s'opérer sans qu'il y ait contact immédiat et matériel des molécules polliniques sur le stigmate. Ne pourrait-on pas admettre dans cette circonstance que la Fécondation s'est faite par suite d'une émanation particulière, et en quelque sorte de volatilisation de la liqueur fécondante renfermée dans le pollen ?

Il résulte de ce que nous avons dit précédemment que la Fécondation dans les Plantes peut s'opérer de deux manières différentes : 1° par contact immédiat entre les grains de pollen et la surface du stigmate ; 2° par une sorte d'*Aura pollinaris* ou d'émanation particulière de la substance pollinique.

Dans les Plantes monoïques et dioïques, malgré la séparation et souvent l'éloignement des deux sexes, la Fécondation n'en a pas moins lieu. L'air pour ces Plantes est le véhicule qui se charge de transporter, souvent à de grandes distances, le pollen ou l'*Aura pollinaris* qui doit les féconder. Les Papillons, et en général les Insectes, en volant de fleurs en fleurs, servent aussi à la transmission du pollen et favorisent la Fécondation.

Dans les Plantes à sexes séparés, on peut opérer artificiellement la Fécondation. Ainsi dans les vastes plaines du pays des Dattes, au pied du mont Atlas, et en Egypte où la culture du Dattier est l'objet de soins assidus, on cultive presqu'exclusivement le Dattier femelle. Mais à l'époque où il commence à fleurir, on monte jusqu'à son sommet, et l'on secoue sur les régimes de fleurs femelles des grappes de fleurs mâles qui y versent leur pollen et opèrent ainsi la Fécondation. Si l'on négligeait cette pratique, les Dattiers resteraient stériles. On possède encore plusieurs autres exemples de ce genre. Ainsi il y avait au Jardin Botanique de Berlin un individu femelle du *Chamærops humilis* ou Palmier éventail, qui tous les ans fleurissait sans donner de fruits. Gleditsch, qui y était alors professeur de botanique, fit venir du jardin de Carlsruhe des panicules de fleurs mâles, les secoua sur les fleurs femelles qui se changèrent en fruits parfaits. Cette expérience fut répétée depuis plusieurs fois, et présenta toujours les mêmes résultats. Linné prétend même que l'on peut ainsi féconder artificiellement non-seulement une seule fleur femelle, mais qu'il est possible de ne féconder qu'une seule loge d'un ovaire multiloculaire en ne mettant les grains du pollen en contact qu'avec un seul lobe du stigmate. Cette expérience n'a pas toujours présenté les mêmes résultats que ceux indiqués par l'immortel Suédois.

On sait que la Fécondation dans les Plantes dioïques peut se faire, quoique les individus mâles soient fort éloignés des individus femelles. Des Dattiers, des Pistachiers, des pieds femelles du Chanvre, ont été fécondés à plusieurs lieues de distance l'un de l'autre. Les vents et même quelquefois les Insectes sont les moyens de transmission de la substance fécondante.

Quelques auteurs nient la Fécondation dans les Végétaux, et par conséquent l'existence des sexes. Ils considèrent les embryons comme des espèces de bourgeons particuliers qui pour se développer n'ont pas besoin de la Fécondation, s'appuyant sur quelques faits isolés, souvent mal observés. Ils assurent que la graine peut arriver à son état de perfection sans le concours des deux organes sexuels ; car ces parties ne sont, en dernière analyse, que des modifications à différens degrés d'un seul et même organe. Une semblable hypo-

thèse se rattachant à un système particulier de philosophie botanique, dont Goëthe, en Allemagne, a le premier tracé le plan, ce n'est point ici le lieu de le discuter en détail. L'un des faits sur lesquels on s'appuie le plus, c'est qu'on a vu des individus femelles de Dattiers ou d'autres Végétaux dioïques donner des fruits parfaits, des dattes excellentes à manger, quoiqu'ils n'eussent pas été soumis à l'influence fécondante du mâle. D'abord, en admettant que l'absence de tout individu mâle ait été bien constatée, ce qui paraît assez difficile, nous dirons que ce fait n'a rien de surprenant. En effet le résultat essentiel de la Fécondation n'est pas le développement du péricarpe, mais bien la formation de l'embryon ; le péricarpe peut se développer, acquérir toutes les conditions de la maturité, sans que les ovules qu'il renferme aient été fécondés. Ne savons-nous pas que dans les Animaux, le signe certain et le résultat de la Fécondation ne consistent pas dans le développement de l'utérus qui, dans certains cas de maladie, peut s'accroître, prendre la même forme, le même volume que lors de la véritable grossesse? Que l'on observe bien les fruits qui se sont formés sans Fécondation, et l'on verra qu'ils ne contiennent jamais d'embryon : donc l'embryon ne saurait se former sans Fécondation.

Mais de quelque manière que la Fécondation se soit opérée, elle s'annonce toujours par des phénomènes visibles et facilement appréciables. La fleur, fraîche jusqu'alors et ornée souvent des couleurs les plus vives, ne tarde pas à perdre son riant coloris et son éclat passager; le périanthe se fane, les pétales tombent ; les étamines, ayant rempli les fonctions pour lesquelles la nature les avait créées, éprouvent la même dégradation ; le pistil reste bientôt seul au fond de la fleur, le stigmate et le style étant devenus inutiles s'en détachent; l'ovaire seul persiste, puisque c'est dans son intérieur que la nature a déposé les rudimens des générations futures pour y croître et s'y perfectionner.

C'est l'ovaire qui, par son développement, doit devenir le fruit. Quoique ce dernier ne se compose essentiellement que de l'ovaire, cependant plusieurs des parties de la fleur peuvent entrer accidentellement dans sa composition. Ainsi il n'est pas rare de voir le calice persister avec cet organe, et l'accompagner jusqu'à son entière maturité. Cette circonstance qui a lieu fréquemment quand le calice est monosépale, s'observe nécessairement quand l'ovaire est infère, puisqu'alors le calice est adhérent avec lui. Dans l'Alkékenge, le calice survit à la Fécondation, se colore en rouge, et forme une coque vésiculeuse dans laquelle le fruit se trouve protégé.

Peu de temps après que la Fécondation a eu lieu, l'ovaire commence à s'accroître; les ovules qu'il contient et dont l'intérieur était rempli d'une substance aqueuse et inorganique, se gonflent; le liquide prend peu à peu plus de consistance; la partie qui doit constituer l'embryon s'organise successivement, ou plutôt tous les organes s'y prononcent, et bientôt l'ovaire est devenu un fruit parfait.

(A. R.)

FÉCONDITÉ. ZOOL. BOT. C'est, dans les Animaux et dans les Plantes, la faculté de se reproduire par l'action réciproque des sexes l'un sur l'autre. *V.* GÉNÉRATION. (B.)

FÉCULE. BOT. PHAN. Toute matière colorée, dit Parmentier, suspendue dans une grande quantité de véhicule aqueux, et qui par le repos se précipite insensiblement sous forme sèche et pulvérulente, portait autrefois le nom de Fécule; ainsi la partie verte qui revêt la surface des Plantes, l'Indigo, le Pastel, le Bleu de Prusse, les Carmins, étaient autrefois des Fécules. Mais aujourd'hui on ne donne plus cette dénomination qu'à la Fécule amilacée, substance spécialement blanche, reconnue pour être un des principes immédiats des Végétaux. *V.* AMIDON. (B.)

* **FÉCULE DE TERRE.** BOT. CRYPT. Paulet appelle ainsi une Truffe d'Afrique qu'il dit être blanche et nommée *Terfez* dans le pays. (B.)

FEDIE. *Fedia.* BOT. PHAN. Ce genre, de la famille des Valérianées, n'a pas toujours été caractérisé de la même manière par les différens botanistes qui en ont pris pour type des espèces fort distinctes. Les anciens avant Tournefort donnaient le nom de *Fedia* à la Plante que nous connaissons encore aujourd'hui sous le nom de *Fedia cornucopiæ*. Tournefort en fit son genre *Valerianella*. Adanson nomma ce genre *Polypremum*, et rétablit un genre *Fedia* pour la *Valeriana Sibirica*, qui a quatre étamines et une capsule triloculaire. A l'exemple de Linné, Jussieu, dans son *Genera*, ne fit qu'un seul genre pour toutes les Valérianées; mais Gaertner et Vahl ont appelé *Fedia* toutes les Valérianées dont le fruit est une capsule uniloculaire. Mœnch, remontant à la première origine du nom de *Fedia*, le restitue à la *Valeriana cornucopiæ*, qui se distingue des autres par deux étamines, une corolle bilabiée et un ovaire à trois loges; il rétablit le genre *Valerianella* pour la *Valeriana Sibirica*. Le professeur De Candolle, dans la troisième édition de la Flore Française, admit le genre *Fedia* de Mœnch pour la *Fedia cornucopiæ*. Son exemple a ensuite été suivi plus récemment par son élève le docteur Dufresne, dans sa Monographie des Valérianées (Montpellier, 1811). On peut caractériser de la manière suivante le genre *Fedia* : corolle irrégulière, presque bilabiée, dépourvue d'éperon; deux étamines; capsule à trois loges couronnée par les dents du calice. Ainsi caractérisé, ce genre renferme trois espèces, savoir : *Fedia cornucopiæ*, D. C., Fl. F., 4, p. 240, qui croît dans le midi de la France, l'Espagne, l'Italie et l'Orient. Elle est annuelle. Ses feuilles sont sessiles, ovales, oblongues et

presque entières; sa tige est ascendante et glabre et ses fleurs réunies
en tête. *Fedia scorpioides*, Dufr.,
loc. cit., p. 55, t. 1, originaire des
environs de Tanger en Afrique. Ses
feuilles inférieures sont entières; les
supérieures sont presque pinnatifides;
les fleurs sont en épis. Et enfin *Fedia
Græca*, Dufr., *loc. cit.*, ou *Valeriana
Græca*, L., *Amœn.*, 1, p. 144. (A. R.)

* **FEDOA. OIS.** Espèce du genre
Barge. *V.* ce mot. (DR..Z.)

* **FÉEA. BOT. CRYPT.** (*Fougères.*)
Genre de la famille des Hyménophyllées que nous avons institué dans
la vaste classe des Fougères, et dédié
à Fée, pharmacien de Paris, distingué
par ses connaissances en histoire naturelle, et qui, s'occupant avec succès
de cryptogamie, publie en ce moment
un magnifique travail sur ces nombreuses espèces parasites des écorces
officinales. Les caractères du genre
dont il est question, sont : capsules
subpédicellées, fixées sur une columelle fort longuement saillante hors
de l'involucre; les involucres sont
monophylles, nus, libres, pédicellés, cyathiformes, à bords entiers et
disposés en épis distiques sur des
hampes fort distinctes des frondes.
Ces frondes pinnatifides ont la consistance membraneuse et réticulaire
des autres Hyménophyllées, dont les
Féea diffèrent essentiellement par la
disposition bizarre de leur fructification, laquelle, vu sa nudité, présente une certaine analogie d'aspect avec celle des Osmondacées.
Ce sont de petites Fougères de la
plus grande élégance, dont nous
connaissons deux charmantes espèces.
Poiret (Encycl. Bot. T. VIII, p. 65) en
a décrit une troisième sous le nom
de *Trichomanes osmondoïdes*. Nous
avons fait graver le dessin fait par
nous des deux espèces que nous possédons en herbier.

FÉEA POLYPODINE, *Feea polyvodi-
na*, *frondibus pinnatifidis*, *pinnulis
ovato-linearibus*, *inferioribus biparti-
tis*, *spicibus densiusculis*, N. (*V.* pl.
de ce Dict.) Cette espèce nous a été

donnée comme venant de la Guadeloupe. Ses racines sont des faisceaux
de fibres rigides de la grosseur d'un
fort crin et longs d'un à deux pouces,
se ramifiant à leur extrémité en nombreuses divisions capilliformes entremêlées dans l'humus des forêts. Les
frondes ont de quatre à cinq pouces
de hauteur sur un pouce ou dix-huit
lignes de large; elles ont, à la taille,
à la couleur et à la consistance près,
la figure de celles du Polypode vulgaire, si ce n'est que la première pinnule en bas est bipartie avec sa division inférieure réfléchie parallèlement au stipe, qui n'a guère que quelques lignes de longueur. D'entre ces
frondes s'échappent des hampes nues,.
montantes, de trois à quatre pouces,
et terminées par un épi un peu plus
court, distique, formé par soixante à
quatre-vingts fructifications de chaque côté, assez serrées, et que leur
nudité ne rend pas moins remarquables que la longueur de la columelle,
qui souvent atteint plus de quatre
lignes. La hampe est un peu plus
courte que les frondes, mais l'épi qui
la termine surpasse ces frondes d'un
quart ou d'un tiers tout au plus.
L'espèce de Poiret diffère de la nôtre
en ce que les feuilles sont plus longues
que les épis, et que la pinnule inférieure ne paraît point être fissée.

Rudge (*Icon. rar. Guian.* tab. 35) a
figuré sous le nom de *Trichomanes
elegans* une Fougère qui nous paraît devoir appartenir en partie à
la Plante dont il est question, et
en partie à une autre qui pourrait
constituer un genre nouveau, que
nous proposerons sous le nom d'*Hy-
menostachys*. *V.* ce mot. Cet auteur
semble avoir confondu deux espèces
dans sa figure. Willdenow a inséré
dans son *Species* la Plante ainsi falsi-
fiée par le botaniste anglais.

FÉEA NAINE, *Feea* (*nana*) *frondibus
pinnatis*, *pinnulis ovatis*, *spicibus
gracilioribus*, N. (*V.* planches de
ce Dictionnaire.) C'est à Poiteau, qui
l'a rapportée de la Guiane, que nous
devons la connaissance de cette élé-

gante espèce , qui n'a guère dans toutes ses proportions que le tiers de la précédente. Ses frondes , qui n'ont guère que deux pouces , ont toutes leurs pinnules distinctes, ovoïdes, un peu crépées ; et , loin que les deux inférieures soient biparties , elles sont , au contraire , plus élargies et très-entières. La hampe et l'épi sont proportionnellement plus longs et plus grêles , et conséquemment s'élèvent de beaucoup plus que dans la *Feea polypodina* au-dessus des frondes. C'est du moins ce que nous pouvons juger d'après les quatre ou cinq échantillons que nous avons pu examiner.   (B.)

FÉFÉ. MAM. Certains voyageurs ont désigné sous ce nom un grand Singe assez semblable au Gibbon , mais qu'ils disent être anthropophage et habiter les parties méridionales de la Chine.   (B.)

FÉGARO. POIS. Le *Sciæna Aquila* sur les côtes de la Méditerranée. *V.* SCIÆNE.   (B.)

FÉGOULE. MAM. L'un des noms vulgaires de l'Econome , espèce du genre Campagnol. *V.* ce mot.   (B.)

* FEINAH. OIS. Syn. arabe du Gypaète barbu (Cuvier.) *V.* GYPAÈTE.   (DR..Z.)

FEINTE. POIS. Espèce du genre Clupe. *V.* ce mot.   (B.)

* FEITIZERA. OIS. Nom donné au *Guira Cantara* , Buffon. *V.* COUA.   (DR..Z.)

FELAN. MOLL. Adanson , Voyage au Sénégal, p. 227, pl. 16 , décrit et figure sous ce nom une Coquille bivalve qui paraît appartenir au genre Vénus. *V.* ce mot.   (A. R.)

FÉLAT ou FÉTAL. POIS. Le Congre sur les côtes de Nice. *V.* MuRÈNE.   (C.)

FELDSPATH ou FELSPATH. MIN. *Felspar* , Kirwan. Minéral très-répandu dans la nature , et caractérisé par un tissu lamelleux particulier , une dureté presque comparable à celle du Quartz , et la propriété de fondre au chalumeau en émail

blanc. Sous ce nom , on a réuni de tout temps un très-grand nombre de variétés , qui montraient dans leurs formes et dans leurs caractères purement extérieurs une analogie remarquable , tout en offrant quelques différences assez sensibles dans leur composition. Mais depuis qu'on a découvert les lois importantes qui régissent les combinaisons des élémens dans le règne inorganique, on a reconnu qu'une telle analogie d'aspect et de propriétés physiques était plutôt l'indice d'une analogie de composition chimique que d'une identité absolue de nature. Plusieurs des anciennes espèces , abondantes en modifications diverses , l'Amphibole , le Pyroxène , le Grenat , étudiées avec soin par des chimistes très-habiles , se sont vues transformées en véritables familles , et un travail récent de G. Rose vient de nous apprendre que le Feldspath lui-même , tel qu'il a été constitué jusqu'à présent, n'est plus qu'un genre composé de quatre espèces distinguées autant par leurs formes que par leur composition chimique. En attendant que les minéralogistes aient rectifié, d'après ce nouveau point de vue , leur distribution méthodique, nous continuerons de décrire sous un nom commun toutes ces substances, si rapprochées d'ailleurs par l'ensemble de leurs caractères , et nous ferons connaître ensuite les résultats obtenus par le célèbre chimiste de Berlin, ainsi que les conséquences qu'il a cru pouvoir en déduire relativement à la classification.

Le Feldspath, tel qu'il a été considéré par Haüy et la plupart des naturalistes contemporains, est composé essentiellement de Silice , dans la proportion d'environ soixante pour cent ; d'Alumine et d'une certaine quantité de Potasse. Nous verrons bientôt que les analyses ont varié sensiblement pour chacune des sous-espèces ou modifications principales. Ce Minéral est presque toujours à l'état cristallin ; il est alors caractérisé par un double clivage, donnant des faces très-nettes, également éclatantes , et perpendicu-

laires l'une à l'autre. Le troisième clivage, nécessaire pour compléter la
forme primitive, ne se voit pas d'une
manière distincte. Le système de cristallisation, tel qu'il résulte des déterminations faites par Haüy lui-même,
est visiblement celui du prisme rh..m-
boïdal à base oblique, quoique ce
célèbre cristallographe ait cru devoir
adopter un type plus irrégulier, d'a-
près une observation de clivage probablement incomplète. Selon lui, la
forme primitive du Feldspath est un
parallélipipède obliquangle, dont les
faces latérales font entre elles un angle de 120°, tandis que la base s'incline sur l'une d'elles de 90°. Ce n'est
que par des décroissemens *combinés*,
fondés sur l'existence de certaines
propriétés de ce parallélipipède, qu'il
est parvenu à en faire dériver des formes, dont l'aspect symétrique semble
démentir cette origine. Mais si dans
leur nombreuse série, on fait abstrac-
tion de cette prétendue forme primitive, toutes les autres peuvent alors se
déduire avec la plus grande facilité
de la plus simple d'entre elles, celle
qu'Haüy a nommée *binaire*. C'est, en
effet, celle qu'ont adoptée pour forme
fondamentale la plupart des minéralogistes allemands, Weiss, Rose,
Léonhard, etc. C'est un prisme rhomboïdal oblique, divisible par des
coupes très-nettes parallèlement à la
base et dans le sens de la diagonale
horizontale; dont les faces latérales
font entre elles un angle de 120°,
tandis que la face terminale s'incline
sur l'un des bords verticaux sous l'angle de 115° 39'. — Le Feldspath offre
une dureté moyenne entre celles de la
Chaux phosphatée et du Quartz; il
étincelle par le choc du briquet. Sa
pesanteur spécifique est de 2,7. Il offre
la réfraction double à un degré médiocre. Deux morceaux donnent, par
leur frottement mutuel dans l'obscurité, une phosphorescence sensible.
Le Feldspath, exposé sur le charbon
à l'action d'un feu vif, devient vitreux,
demi-transparent et blanc, et fond
difficilement vers le bord en un verre
bulleux. Avec le Borax, il se dissout

très-lentement et sans effervescence
en un verre incolore; avec la Soude,
la dissolution est lente et accompagnée d'effervescence. — Les variétés
de formes secondaires sont très-nombreuses : elles résultent pour la plupart de modifications placées sur l'angle supérieur du prisme rhomboïdal
(faces x, y, q..., Haüy, Tr. de Min.),
sur les arêtes longitudinales, aiguës
ou obtuses (faces z, z'), sur les angles
latéraux de la base, etc. — Les formes les plus communes sont : la *primitive* (Feldspath *binaire* d'Haüy); la
même modifiée sur l'angle supérieur,
et sur les arêtes longitudinales aiguës,
de manière que les faces latérales primitives ont disparu, ce qui donne à
la variété l'aspect d'un prisme rectangulaire à base oblique (*unitaire*, H.);
la forme primitive modifiée d'une manière analogue, mais en conservant
toutes ses faces (*bibinaire*, H.; qua-
dribexagonal, H., etc.); *V*. Traité
de Minéralogie, 2ᵉ édition, T. III,
p. 84. — Un grand nombre de
variétés de Feldspath présentent ces
accidens de cristallisation auxquels
on a donné les noms d'*hémitropie* et
de *groupement* par pénétration. Ils
sont fréquens principalement dans les
variétés opaques d'un blanc mat, et
d'un rouge incarnat, de Baveno. Souvent les cristaux se croisent deux à
deux, ou en plus grand nombre.

Nous diviserons l'ensemble des variétés de Feldspath, sous le rapport
des accidens de structure et d'aspect
extérieur, en plusieurs groupes principaux en rapport avec les nouvelles
espèces que Rose a établies dans son
travail.

I. Feldspath commun, *Gemeiner
Feldspath*, W.

α. Adulaire, laminaire; incolore,
au Saint-Gothard. Analysé par Vauquelin, il a donné : Silice, 64; Alumine, 20; Potasse, 14; Chaux, 2.
Suivant Berzelius, il est une combinaison d'un atôme de trisilicate de
Potasse et de trois atômes de trisilicate d'Alumine. Ce Feldspath est souvent nacré; il offre des reflets blanchâtres, et quelquefois des teintes lé-

gères de bleuâtre, qui partent d'un fond demi-transparent et légèrement laiteux. C'est alors la Pierre de Lune du commerce. On la trouve à Ceylan, engagée dans des masses de Pegmatite.

β. Petunzé : laminaire blanc et opaque. C'est le nom que lui donnent les Chinois, qui l'emploient dans la fabrication de la porcelaine.

γ. Vitreux : aspect particulier propre au Feldspath du Vésuve, du Mont-d'Or, et généralement des terrains volcaniques.

δ. Vert : de Sibérie, dit Pierre des Amazones.

ε. Opaque : d'un blanc mat ou d'un rouge incarnat. A Baveno.

ι. Compacte ? Pétrosilex Céroïde ou Agatoïde : aspect analogue à celui de l'Agate ou du Jaspe ; cassure écailleuse ou cireuse ; couleurs : le blanchâtre, le gris, le rouge de chair. Les minéralogistes ne sont point d'accord sur la véritable nature de cette substance qui forme la base de plusieurs Roches. *V.* PÉTROSILEX et ROCHES PÉTROSILICEUSES.

II. ALBITE. α. En Cristaux appelés Schorls blancs par les anciens minéralogistes. On trouve ces Cristaux en Dauphiné, sur un Diorite altéré contenant aussi de l'Amiante, de l'Epidote et de l'Axinite ; à Kérabinsk en Sibérie, à Arendal en Norwège, etc.

β. En aiguilles rayonnées ou en grains saccaroïdes. A Finbo et à Broddbo près de Fahlun en Suède, à Penig en Saxe et à Kimito, engagé dans le Granite. — Une variété de cette substance a été décrite par Hausmann et Stromeyer, sous le nom de Kieselspath, parce qu'ils la considéraient comme un Feldspath mêlé de Silice. Mais, d'après l'analyse de Berzelius, elle serait formée d'un atôme de trisilicate de Soude et de trois atômes de trisilicate d'Alumine ; ou, en poids, de Silice, 70 ; Alumine, 19,5 ; Soude, 9,5. — Rose la considère comme une espèce à part caractérisée par sa composition chimique et par sa forme primitive, qui, suivant ce cristallographe, est un parallélipipède irrégu-

lier dont les faces font entre elles des angles de 117° 53', 93° 36', 115° 5'.

III. FELDSPATH OPALIN, dit Pierre de Labrador : à reflets ordinairement de deux couleurs, bleue et verte, et quelquefois jaune d'or ; le fond de la Pierre est ordinairement gris. Se trouve dans l'île de Saint-Paul, sur les côtes du Labrador. D'après l'analyse de Klaproth, cette substance est formée d'un atôme de trisilicate de Soude, de trois atômes de trisilicate de Chaux et de douze atômes de silicate simple d'Alumine. Rose en fait une nouvelle espèce à laquelle il assigne pour forme primitive un solide très-voisin de celui que présente le Feldspath commun ; mais les deux clivages sensibles ne sont pas d'une égale netteté, et font entre eux un angle plus ouvert que l'angle droit.

IV. ANORTHITE. Substance très-rare, qui n'a été trouvée qu'en cristaux groupés dans des blocs de carbonate de Chaux, près du Vésuve. C'est encore une nouvelle espèce, suivant le chimiste de Berlin : elle est composée d'un atôme de silicate de Magnésie, de deux atômes de silicate de Chaux, et de huit atômes de silicate d'Alumine. Sa forme primitive est un parallélipipède irrégulier dont les angles se rapprochent beaucoup de ceux de l'Albite.

Appendice.

1. FELDSPATH TENACE, JADE DE SAUSSURE : laminaire ou compacte ; très-difficile à briser. Cette substance constitue, avec la Diallage, la Roche nommée Euphotide par Haüy, qui appartient au système des terrains serpentineux. *V.* EUPHOTIDE.

2. FELDSPATH ARGILIFORME ou KAOLIN : très-friable, doux au toucher, d'une couleur blanche dans l'état de pureté, infusible. Il provient de la décomposition d'une roche formée de Feldspath et de Quartz, à laquelle on a donné le nom de Pegmatite ; par cette altération, le Feldspath perd sa Potasse et devient réfractaire. Le Kaolin fait le fond de la porcelaine avec le Petunzé qui lui sert de fondant. Celui-ci n'entre dans le mélange que

pour quinze à vingt centièmes, et il forme seul la couverte de cette précieuse matière. On trouve abondamment l'une et l'autre substance à St.-Yrieix aux environs de Limoges.

Le Feldspath entre dans la composition d'un très-grand nombre de Roches qui appartiennent à presque toutes les époques de formation. Dans le sol primordial, il se montre à l'état de Feldspath phanérogène ou en grains, dans la Pegmatite, le Leptinite ou Feldspath subgranulaire, le Gneiss, le Granite, la Siénite, le Diorite ; à l'état de Feldspath adénogène, il constitue une grande série de Roches divisée par Cordier en Roches pétrosiliceuses et Roches leucostiniques (*V*. ROCHES FELDSPATHIQUES) ; c'est à cette série qu'appartient cette belle substance improprement nommée Porphyre globuleux de Corse, et à laquelle Monteiro a donné le nom de Pyroméride (*V*. ce mot). Dans quelques-unes de ces Roches, le Feldspath est disséminé en Cristaux au milieu d'une pâte pétrosiliceuse. *V*. PORPHYRE. Enfin le Feldspath ou plutôt le Pétrosilex entre dans la composition d'un grand nombre de Roches appartenant aux terrains pyrogènes, telles que les Rétinites, Phonolites, Obsidiennes, Trachytes, Pumites, etc. *V*., pour l'histoire complète du Feldspath sous le point de vue géologique, les mots ROCHE et TERRAIN.

FELDSPATH BLEU, *Felsite*, Kirwan. Substance d'un bleu clair, trouvée près de Krieglach en Stirie, et qui paraît devoir être rapportée au Feldspath ; mais son analyse a présenté des différences beaucoup trop sensibles pour que ce rapprochement puisse avoir lieu dans l'état actuel de nos connaissances ; les caractères de cette substance ont besoin d'être étudiés de nouveau.

FELDSPATH APYRE. *V*. ANDALOUSITE.

FELDSPATH CALCARIFÈRE. *V*. WOLLASTONITE.

FELDSPATH COMPACTE. *V*. PÉTROSILEX.

FELDSPATH CUBIQUE, *Petrilite*, Kirwan. Substance qui se divise en fragmens à peu près cubiques, et qu'on a prise pour un véritable Feldspath. Elle se trouve à Ehrenfriedersdorf en Saxe.

FELDSPATH DÉCOMPOSÉ. Vulgairement Terre à porcelaine. *V*. plus haut FELDSPATH ARGILIFORME ou KAOLIN.

FELDSPATH GLOBULEUX. *V*. DIORITE GLOBAIRE.

FELDSPATH INDIANITE. *V*. INDIANITE. (G. DEL.)

FELFEL-AHMAR. BOT. PHAN. (Delile.) Que Forskalh écrit *Fœlf-el-Achmar*. Le *Capsicum frutescens* chez les Arabes. *V*. PIMENT. L'Arbre que Prosper Alpin cite sous le nom de FELFEL-TAVIL et que Linné avait cru être un Euphorbe, est le *Cynanchum viminale*. (B.)

* FELICEPS. OIS. Nom donné par Barrère à un genre qui comprend les Hiboux. *V*. CHOUETTE. (DR..Z.)

* FÉLICIE. *Felicia*. BOT. PHAN. Genre de la famille des Synanthérées, Corymbifères de Jussieu, et de la Syngénésie superflue, L., établi par Henri Cassini (Bullet. de la Soc. Philomat., novembre 1818) qui lui assigne les caractères suivans : calathide radiée, dont le disque est composé de fleurons nombreux, réguliers, hermaphrodites, et les rayons de fleurons en languettes et femelles ; involucre orbiculaire formé d'écailles nombreuses, linéaires, subulées, et à peu près disposées sur deux rangs ; réceptacle nu et convexe ; ovaires obovales, très-comprimés, hérissés, surmontés d'une aigrette très-courte composée de poils blancs et longuement plumeux. Henri Cassini place le *Felicia* entre l'*Henricia* et l'*Eurybia*, autres genres établis par le même auteur aux dépens des Asters de Linné. Il parle de la grande affinité que ces genres ont entre eux, mais sans exprimer leurs différences. Serait-ce par les poils blancs très-longs du *Felicia*, ou bien par son réceptacle

(Clinanthe) convexe , qu'il différerait
de l'*Henricia* et de l'*Eurybia?* C'est
ce qui n'a pas été vérifié. Au surplus,
nous ne devons pas attacher plus
d'importance que l'auteur lui-même
à la valeur d'un groupe qui n'a été
établi que pour former une coupe
parmi les nombreuses espèces d'Asters.

La FÉLICIE FRAGILE , *Felicia fragilis* , Cass.; *Aster tenellus* , L., doit
être considérée comme l'espèce type
du groupe. Cette jolie petite Plante a
une tige rameuse, garnie de feuilles
linéaires , opposées inférieurement ,
et alternes dans la partie supérieure;
ses fleurs forment des capitules solitaires au sommet des pédoncules;
leur disque est jaune , et leur couronne d'un blanc bleu. Le cap de
bonne-Espérance est la patrie de cette
Synanthérée, et on la cultive au Jardin Botanique de Paris.

L'auteur du genre *Felicia* y rapporte encore une autre Plante du
même pays, mais que ses caractères
génériques semblent plutôt rapprocher de l'*Eurybia.* Dans l'incertitude
de ses rapports , Cassini lui a donné
le nom de *Felicia dubia.*   (G..N.)

FELINS. MAM. Desmarest a établi
sous ce nom, dans son Tableau Méthodique des Mammifères inséré dans
la première édition de Déterville,
une famille de Carnassiers qui comprend les genres Chat et Civette. *V.*
ces mots.   (B.)

FELIS. MAM. *V.* CHAT.

FELONGÈNE. BOT. PHAN. L'un
des noms vulgaires du *Chelidonium
majus. V.* CHÉLIDOINE. Chomel écrit
Felougène.   (B.)

FELSITE. MIN. (Klaproth.) Syn.
de Feldspath bleu. *V.* ce mot.
          (A. R.)
FELSPATH. MIN. *V.* FELDSPATH.

FEMELLE. ZOOL. BOT. *V.* GÉNÉ-
RATION et SEXE.

FEMME MARINE. *V.* HOMME
MARIN.

* FEMUR. MAM. OIS. REPT. L'os
de la cuisse. *V.* SQUELETTE.   (B.)

* FEMUR. INS. Quelques entomologistes ont désigné sous ce nom une
partie de la pate des Insectes qu'on
nomme généralement Cuisse. *V.* ce
mot et PATE.   (AUD.)

* FENA. OIS. (Aristote.) Syn. ancien d'un Accipitre , qui , selon Savigny , est le Gypaète, L. *V.* GYPAÈ-
TE.   (DR..Z.)

* FENANBREGNE. BOT. PHAN.
Le *Celtis australis* dans quelques
cantons de la France méditerranéenne.   (B.)

FENASSE. BOT. PHAN. L'*Hedysarum Onobrychis*, L., dans quelques
cantons de la France.   (B.)

FEN-CHOU. MAM. La singularité
des traditions chinoises sur cet Animal , qui n'a probablement pas toujours été fabuleux, mérite que nous
transcrivions ce que l'on trouve sur
son compte dans les Mémoires des
Missionnaires de la Chine (T. IV, p.
481) d'après les observations de physique de l'empereur Kanghi, qui y
sont traduites. « Le froid est extrême
et presque continuel sur la côte de la
mer du Nord , au-delà du Tai-Tang-
Kiang. C'est sur cette côte qu'on
trouve l'Animal Fen-Chou , dont la
figure ressemble à celle du Rat , mais
qui est gros comme un Éléphant. Il
habite dans les cavernes obscures , et
fuit sans cesse la lumière. On en tire
un ivoire qui est aussi blanc que celui de l'Éléphant, mais plus aisé à
travailler , et qui ne se fend pas. Sa
chair est très-froide et excellente
pour rafraîchir le sang. L'ancien livre Chin-y-King parle de cet Animal
en ces termes : il y a dans le fond du
Nord, parmi les neiges et les glaces
qui couvrent ce pays, un Rat qui
pèse jusqu'à mille livres . sa chair est
très-bonne pour ceux qui sont échauf-
fés. Les Tsée-Chous le nomment aussi Fen-Chou, et parlent d'une espèce
qui n'est pas aussi grande ; elle n'est
grande que comme un Buffle, s'en-
terre comme les Taupes , fuit la lu-

mière et reste presque toujours dans
les souterrains. On dit qu'ils mourraient s'ils voyaient la lumière du
soleil et même celle de la lune. » Il est
probable que de telles traditions ont
leur source dans les grands ossemens
fossiles du pays, ou peut-être les Fen-
Chous sont-ils quelques individus,
persistant et vivant encore dans des
retraites à peu près inaccessibles, de
ces colosses septentrionaux dont on
suppose la race éteinte.   (B.)

FENDULE. BOT. CRYPT. Beauvois
propose ce mot pour désigner en
français le genre *Fissidens*. *V*. ce
mot.   (B.)

FENÉROTET. OIS. Syn. vulgaire
du Pouillot, L. *V*. SYLVIE. (DR..Z.)

FENNEC. MAM. Genre de Mammifères de la famille des Digitigrades,
actuellement composé de deux espèces, l'une déjà découverte par Bruce
dans le Sennaar, pays où toutes deux
ont été récemment observées par
Hemprisch et Ehrenberg, voyageurs
prussiens qui en ont envoyé des individus entiers et des squelettes au
Muséum de Berlin. Les mêmes voyageurs l'ont aussi rencontré dans le
Dongola et le Darfour.

Ce genre avait déjà été établi par
Illiger sous le nom de Megalotis dans
son *Prodrom. Mamm.* C'est sous ce
même nom que nous ferons l'histoire de ce genre, d'après les descriptions et les dessins que notre ami
Retzius, médecin du roi de Suède, a
faits à Berlin, des peaux, des squelettes et des dents de ces Animaux.

Ce genre avait été exclu dernièrement de la zoologie par Geoffroy
Saint-Hilaire qui, dans les Mammifères lithographiés publiés par lui et F.
Cuvier, établit que l'Animal décrit et
figuré par Bruce, et auparavant par
le consul suédois Brander, dans les
Transactious de Suède, 1777, 5ᵉ
partie, sous le nom de Zerda, ne
pouvait exister, au moins comme espèce, hors du genre Galago. « Chez
le Fennec, la queue un peu plus
courte, les oreilles plus longues, les

membres moins disproportionnés que
dans le Galago du Sénégal, les quatre doigts (et Geoffroy suspecte encore plus cette dernière observation),
lui font considérer le Fennec comme
une autre espèce de Galago, et le lui
font séparer des Animaux carnassiers. Quant à l'excès que, chez le
Fennec, le même zoologiste suppose aux membres postérieurs sur
les antérieurs, il admet que, par
ce caractère, le Fennec pourrait se
rattacher aux Gerboises. Mais en
même temps il soutient que la grandeur et la direction de ses yeux le ra-
mènent au Galago, conséquence qui,
selon lui, n'aurait rien de bien extraordinaire aujourd'hui qu'on connaît trois autres Animaux faits sur
ce modèle. Enfin, pour dernière et
définitive conclusion, il propose le
rejet des genres *Fennecus* et *Megalotis*, engageant à considérer provisoirement l'Animal anonyme (c'est le
nom donné au Fennec par Buffon)
comme un Quadrumane de la petite
tribu des Galagos, et à attendre,
pour en régler le sort comme espèce,
que cet Animal beaucoup trop célèbre ait été revu et plus amplement
décrit. »

Nous n'avons rapporté les conclu-
sions du système conjectural imaginé
sur le Fennec par un aussi célèbre
naturaliste, que pour prouver tout
l'inconvénient des conjectures sur
des questions qui ne sont solubles
que par des faits. Nous ajouterons
que le Fennec loin d'avoir usurpé
une injuste célébrité, comme on le
pense, n'a pas même eu toute celle
qu'il mérite, car il est figuré sur
les monumens égyptiens et devient
ainsi une indication fort importante
pour résoudre le problème de l'origine de ce peuple, problème dont
nous établirons les données zoologiques dans un mémoire particulier
qui fera suite à celui que nous avons
déjà publié sur la patrie du Chameau
à une bosse (Mémoire du Musée,
T. X).

Déjà Desmarest (Mammalog. Encycl. p. 236) avait récusé, par les mo-

tifs suivans que confirme aujourd'hui la découverte des deux espèces annoncées ici, l'exclusion prononcée par Geoffroy contre le Fennec : 1° la différence notable de longueur entre les pieds de derrière et ceux de devant chez les Galagos, différence qui, quoi qu'en ait dit Geoffroy, n'existe pas chez le Fennec; 2° le nombre des quatre doigts de celui-ci, tandis que les Galagos en ont cinq, dont un pouce très-distinct et opposable; 5° le manque de pli au bord externe de l'oreille des Galagos, pli caractéristique du Fennec et des genres Chat et Chien; 4° l'extrême excès de grandeur des oreilles du Fennec sur celles du Galago; 5° les moustaches très-fortes du Fennec, tandis que les Galagos ont à peine quelques soies à la lèvre supérieure (ces moustaches ont été supprimées sur la figure du Fennec donnée par Geoffroy à côté de celle du Galago); 6° la différence de longueur de la queue, plus courte que le corps dans le Fennec, plus longue au contraire dans les Galagos. *V.* MEGALOTIS.

(A. D..NS.)

FENOUIL. *Fœniculum.* BOT. PHAN. Famille des Ombellifères, Pentandrie Digynie, L. La Plante connue des anciens botanistes sous le nom de *Fœniculum*, fut rapportée par Linné à son genre *Anethum*, réunion que la plupart des auteurs ont admise. Cependant, Allioni (*Flor Pedemont.* vol. IV, p. 1559) sépara le premier les deux genres; son exemple fut imité par Gaertner (*de Fruct.* 1, p. 105), par Hoffmann (*Umbellif. genera,* etc. édit. 2ᵉ, vol. 1, p. 120; Moscou, 1816), et par Eugenio Vela, auteur d'un travail sur les Ombellifères, publié en 1821 dans les *Amœnidad. natur. de las Espagnas* de Lagasca. Ces auteurs ont ainsi caractérisé le *Fœniculum* : ombelle composée; involucre et involucelles nuls; calice nul, à moins qu'on ne regarde comme tel, un rebord épais; pétales jaunes infléchis; étamines courbées en dedans; stigmates sessiles; akènes petits, ovés-oblongs, à cinq stries, élevées, ob-

tusiuscules; les marginales plus grandes et à commissure plane.

Ce genre n'a pas été adopté par Sprengel, qui a publié, dans le *Systema Vegetabilium*, vol. VI, de Schultes, une Dissertation sur les Ombellifères. Cet auteur l'a réuni avec le genre *Meum* de Tournefort. *V.* ce mot.

Le FENOUIL OFFICINAL, *Fœniculum officinale,* All.; *Anethum Fœniculum,* L., est une Plante herbacée dont la tige est rameuse supérieurement; les feuilles deux fois ternées et composées de folioles linéaires, filiformes, glauques, et les fleurs d'un beau jaune et à grandes ombelles sans involucelles. Elle croît principalement dans les lieux pierreux des contrées méridionales de l'Europe, en Grèce et en Orient, jusque dans les pays situés près du Caucase. Linné en a distingué trois variétés déjà signalées par Gaspard Bauhin, sous les noms de *Fœniculum vulgare, Germanicum; F. vulg. Italicum;* et *F. sylvestre.* Hoffmann (*Syllab. Umbell. officin.,* p. 4) a aussi distingué de son côté les variétés suivantes : *F. dulce, F. vulgare,* et *F. romanum.* Enfin, le professeur De Candolle, dans le Catalogue du jardin de Montpellier, a décrit comme simple variété du Fenouil, une Plante élevée au rang d'espèce, sous le nom d'*Anethum piperitum,* par Bertoloni (*Amœn. ital.,* p. 21). D'un autre côté, l'*Anethum dulce,* D. C. (*Catal. hort. Monspel.,* p. 78), est synonyme du *Fœniculum dulce* de C. Bauhin, Pin. 147. Elle forme sans aucun doute une espèce distincte, puisque la culture n'a pas dénaturé ses propriétés. Cependant Lamarck assure qu'elle dégénère peu à peu, à mesure qu'on la resème; de sorte que dans l'espace de deux ou trois ans, elle devient Fenouil commun. En Italie, on la cultive pour l'usage culinaire, sous les noms de *Finocchio dolce* (*Targ. Cors. agr.* 2, p. 52) et *Finocchio di Bologna.* L'odeur du Fenouil est aromatique. Les Italiens le mangent, comme le Céleri, en guise de salade, et ses akènes servent aux confiseurs , pour en confectionner une sorte d'anis ou de dragées.

(G..N.)

On a aussi nommé ·

FENOUIL ANNUEL , l'*Ammi Visnaga*, L.

FENOUIL D'EAU , le *Phellandrium aquaticum*, L.

FENOUIL DE MER, le *Crithmum maritimum*, L.

FENOUIL SAUVAGE , la Ciguë.

FENOUIL TORTU , le *Seseli tortuosum*, L.   (B.)

FENOUIL MARIN. POLYP. et BOT. CRYPT. Quelques naturalistes ont donné ce nom à un Polypier du genre Antipathes , *Antipathes fœniculacea*, ainsi qu'à une Fucacée, *Fucus fœniculaceus*.   (LAM..X.)

FENOUILLET ou FENOUIL-LETTE. BOT. PHAN. Trois variétés de Pomme ont reçu ce nom , la grise , la jaune et la rouge.   (B.)

FENTE DURE. BOT. PHAN. Même chose que Contacitrani. *V.* ce mot.

(B.)

FENTES. GÉOL. On appelle ainsi des solutions de continuité qui se produisent dans les Roches postérieurement à leur formation. Elles sont toujours le résultat de causes accidentelles , telles qu'un tremblement de terre, un volcan, etc. Tantôt elles restent vides, tantôt elles se remplissent de substances minérales , et deviennent ainsi la base des filons. (*V.* ce mot.) Les Fentes proprement dites se distinguent des fissures en ce que, dans ces dernières, les parois sont encore en contact , tandis qu'elles sont plus ou moins écartées dans les premières.

Les Fentes peuvent affecter une direction régulière relativement aux lignes de stratification des couches minérales ; elles peuvent être tout-à-fait irrégulières. Dans le premier cas, tantôt elles tombent obliquement sur ces couches, tantôt plus ou moins perpendiculairement. Assez souvent elles s'arrêtent à la ligne de démarcation d'une couche à une autre ; d'autres fois elles se prolongent dans plu-

sieurs couches distinctes. *V.*, pour de plus grands détails , les mots GÉOLOGIE et TERRAINS.   (A.R.)

FENUGREC. BOT. PHAN. Espèce du genre Trigonelle. *V.* ce mot.

(A.R.)

FER. MIN. Anciennement *Mars* ; *Eisen* des Allemands ; *Iron* des Anglais. L'un des Métaux dont l'industrie humaine retire le plus d'avantages. Répandu dans la nature , avec une abondance proportionnée à son utilité, il appartient aux différentes classes de terrains , et correspond par conséquent à toutes les époques de formations. Considéré minéralogiquement, il est la base d'un genre composé de dix-huit espèces qui le présentent ou libre ou combiné avec l'Oxigène , le Soufre, l'Arsenic , le Carbone, et la plupart des Acides minéraux. La découverte de ce Métal remonte au-delà des temps historiques , et cependant le Fer, tel que l'offre la nature en immense quantité, a un aspect bien différent de celui dont l'usage nous est familier. Les matières étrangères auxquelles il est uni, lui communiquent le plus ordinairement une apparence de rouille, qui en masque toutes les propriétés ; et pour être assorti à nos besoins, il exige l'emploi de procédés très-compliqués , qui supposent une industrie déjà perfectionnée. Aussi, les peuples ont-ils fait d'autant plus d'usage de ce Métal, qu'ils étaient plus avancés dans la civilisation. Le Fer , lorsqu'il est ainsi ramené à l'état de pureté par les procédés métallurgiques, a les propriétés suivantes : sa couleur est d'un gris-obscur métallique ; sa texture est ordinairement grenue et un peu lamellaire ; il est ductile, et se laisse réduire en fils d'un très-petit diamètre ; il est magnétique, et sous la forme de barreau, il s'aimante soit naturellement, lorsqu'il est soumis dans une certaine position à l'action du globe terrestre , soit par des moyens artificiels, tels que la percussion ou le frottement contre un corps déjà aimanté. Son système de cristallisation paraît être le régulier. Sa pesanteur spécifique est de 7, 788 ; son éclat est vif ; sa dureté considérable ; et lorsqu'il est à l'état d'Acier, cette dureté surpasse celle des autres Métaux. Il est extrêmement tenace : un fil de Fer d'un dixième de pouce soutient, sans se rompre, un poids de quatre cent cinquante livres. — Le Fer n'entre en fusion qu'à une haute température : il faut une bonne forge pour le fondre ; mais à l'aide de la chaleur, on peut le ramollir et lui faire prendre toutes les formes imaginables. Pour le convertir à nos usages, on le fait passer par trois états différens, qui ont reçu les noms de *Fonte*, de *Fer forgé* et d'*Acier*. Les minerais qui servent à son extraction, sont principalement les divers Oxides et le Carbonate de Fer. On les soumet à quelques opérations préparatoires, telles que le lavage, le bocardage ou le grillage, puis on procède à leur fusion dans les hauts-fourneaux, en les mettant en contact avec le charbon. Par l'effet de la calcination, ce combustible s'empare d'une partie plus ou moins considérable de leur oxigène, et les transforme en Fer fondu, ou en Fonte, qui se rassemble dans un creuset. On la coule ensuite dans un sillon de sable, où elle se moule en long prisme triangulaire, qu'on appelle *Gueuse*. La Fonte paraît être composée essentiellement de Fer uni à quelques centièmes de charbon ; on en distingue deux espèces, d'après la cassure : la Fonte blanche qui est lamelleuse, dure et cassante, la Fonte grise qui est grenue et plus flexible. On attribue cette différence à la proportion de charbon, qui est plus grande dans la Fonte grise que dans la blanche. — La Fonte est ensuite soumise dans un second fourneau, à un feu d'affinerie, dont l'effet est de brûler le Carbone de la Fonte, et d'amener celle-ci à l'état de Fer pur. On expose ensuite ce Fer à l'action d'un gros marteau, pour le forger, c'est-à-dire pour en rapprocher les parties, et leur donner plus de liant et de ductilité. Il existe en Catalogne, dans les Pyrénées, et en

beaucoup d'autres endroits, des minerais assez fusibles, pour donner immédiatement du Fer sans avoir passé par le fourneau de fonte. La méthode de traiter ces Mines est alors plus prompte et plus économique ; elle porte le nom de Méthode à la Catalane. — Le Fer forgé, mis en contact avec du charbon, et ramolli par l'action du feu, se pénètre de cette matière, et se convertit en Acier. Il devient alors susceptible d'acquérir un très-grand degré de dureté par l'opération de la trempe. *V*. ACIER. Les usages du Fer, dans chacun des trois états où nous venons de l'envisager, sont trop multipliés et trop connus, pour avoir besoin d'être décrits dans cet ouvrage. Les mines qui fournissent le Fer forgé le plus estimé, sont celles de la Suède et de la Norwège ; l'Angleterre en possède aussi, qu'elle exploite avec beaucoup d'avantage, à cause de ses nombreuses mines de Houille. Il y a de très-bon Fer en France, mais en moins grande quantité ; les exploitations et les usines y sont répandues dans un grand nombre de départemens, tels que la Haute-Marne, la Haute-Saône, la Côte-d'Or, la Dordogne, la Nièvre, etc. : on compte environ cinq cents fourneaux de fonte, et quatorze cents feux d'affinerie, produisant annuellement une quantité de Fer d'environ quatre millions de quintaux. — Passons maintenant à l'histoire des diverses espèces minérales qui composent le genre dont le Fer est la base. Ces espèces, au nombre de dix-huit, sont le Fer natif, le Fer oxidé magnétique, le Fer oxidé rouge, le Fer oligiste, le Fer arsenical, le Fer sulfuré jaune, le Fer sulfuré magnétique, le Fer sulfuré blanc, le Fer carburé, le Fer hydraté, le Fer calcaréo-siliceux, le Fer carbonaté, le Fer phosphaté, le Fer chromaté, le Fer arséniaté, le Fer oxalaté, le Fer sulfaté, et le Fer sous-sulfaté.

1. FER NATIF. Le Fer natif, en masses à peu près cubiques, a été cité anciennement par Wallerius, et paraît avoir été retrouvé récemment

par un voyageur français, à Galam, en
Afrique, vers le haut du fleuve Sénégal. On a trouvé aussi des masses
du même Métal à Kamsdorff en Saxe;
elles y étaient engagées dans une
gangue composée de Fer hydraté, de
Calcaire brunissant et de Baryte sulfatée. Schreiber, inspecteur des Mines de France, a observé du Fer natif en stalactites dans un filon des
environs de Grenoble. On en a cité
encore dans quelques autres endroits;
mais il paraît n'avoir qu'une existence accidentelle dans la nature. Le
plus souvent il la doit à l'action des
feux volcaniques, des incendies de
houillères, et des météores ignés.
Mossier a découvert du Fer natif volcanique dans un ravin creusé par les
pluies à travers les laves de la montagne de Graveneire, département
du Puy-de-Dôme. Il a trouvé aussi
de l'Acier natif près d'une mine de
Houille, à la Bouiche, dans le département de l'Allier; et ayant remarqué des matières vitrifiées dans le
voisinage, il conjectura que la
Houille avait subi un incendie, et
que l'action de la cha'eur avait pu
convertir l'oxide de Fer en Acier.
C'est pour rappeler cette origine, que
Haüy a donné à cet Acier le nom de
Pseudo-Volcanique. Enfin il existe
un Fer natif météorique, disséminé
en grains dans ces masses pierreuses
nommées Aérolithes, qui tombent
de temps en temps de l'atmosphère
(*V.* la Description et l'histoire de ces
pierres remarquables au mot MÉTÉO-
RITES). On rapporte à la même origine des masses considérables de Fer,
qui ont été observées à la surface du
sol, sur de hautes montagnes, où il
est probable que la main des hommes
n'a pu les transporter. Ce Fer est ordinairement criblé de cavités, et présente dans sa composition tous les
caractères du Fer météorique, dont
le plus constant est la présence du
Nickel et du Chrome en proportion
notable. L'une de ces masses a été
trouvée en Sibérie par Pallas : elle pesait seize cent quatre-vingts livres russes, et contenait dans ses cavités une

substance vitreuse d'un jaune-verdâ-
tre, analogue au Péridot. Une autre a
été trouvée dans l'Amérique du sud,
près de San-Yago, par don Michel
Rubin de Célis. Enfin, tout récemment, plusieurs masses semblables
ont été observées sur la Cordilière
orientale des Andes, par Rivero et
Boussingault. La plus considérable
pesait sept cent cinquante kilogrammes.

2. FER OXIDÉ MAGNÉTIQUE, *Ma-
gnet-Eisenstein*, W., Fer oxidulé,
Haüy. Combinaison d'un atôme
d'Oxidule de Fer et de deux atômes
d'Oxide rouge, selon Berzelius. En
poids il contient, selon le même chimiste: 71,79 de Fer et 28,21 d'Oxigène; ou 31 d'Oxidule de Fer et 69
d'Oxide. C'est, de toutes les mines de
Fer, celle dont le magnétisme est le
plus sensible. Son système de cristallisation est le régulier. Il se divise assez
nettement, parallèlement aux faces
de l'octaèdre qui est sa forme primitive. Il n'est point ductile, et cède assez
facilement à la percussion. La couleur de sa surface est le gris sombre
joint à l'éclat métallique; celle de la
poussière est le noir. Il pèse spécifiquement 4,94. Il est insoluble dans
l'Acide nitrique. Traité par le chalumeau avec le Borax, il donne au feu
de réduction un verre dont la couleur est le vert-bouteille. Les formes
les plus ordinaires de ses Cristaux
sont : l'octaèdre primitif, souvent
cunéiforme, quelquefois transposé;
le même solide émarginé, c'est-à-dire
modifié légèrement par une seule facette sur chaque bord; le dodécaèdre
rhomboïdal, provenant de la même
modification qui a atteint sa limite.
Ses variétés de structure et de mélange sont les suivantes :

Le Fer magnétique lamellaire,
Spæthiges magneteisen.

Le granulaire.

Le terreux, d'un brun noirâtre,
possédant souvent un magnétisme
polaire très-énergique.

Le fuligineux, très-friable, d'un
noir bleuâtre, tachant les doigts comme de la suie. Cette variété a été

trouvée dans les mines de Nassau-Siegen.

Le Fer magnétique titanifère, *Titan-Eisenstein*. Plus dur que le Fer magnétique ordinaire ; cassure plus vitreuse. Il renferme jusqu'à douze et vingt pour cent d'Oxide de Titane. Il est en cristaux ou en grains arénacés, provenant des détritus de produits volcaniques, et forme en beaucoup d'endroits ce qu'on nomme le sable ferrugineux.

Le Fer magnétique zincifère, *Franklinite*, mêlé de dix-sept parties sur cent d'Oxide de Zinc. On l'a trouvé entremêlé d'Oxide rouge lamellaire de Zinc dans l'Etat de New-Jersey, Amérique du nord.

L'Aimant naturel appartient aux variétés granulaire et terreuse de cette mine de Fer. Ce sont les morceaux relatifs à ces variétés que l'on taille pour les armer, et que l'on débite dans le commerce sous le nom de pierres d'Aimant. On les trouve principalement en Sibérie, en Norwège, en Suède et dans le Devonshire en Angleterre. *V.* Magnétisme.

Le Fer oxidé magnétique forme des couches subordonnées dans les terrains primitifs, et principalement dans ceux de Gneiss et de Micaschiste. Il compose quelquefois des montagnes considérables : telle est celle du Taberg en Suède, dans la province de Smolande. Il existe aussi disséminé en cristaux primitifs dans les roches talqueuses, en Suède dans le Talc schistoïde, en Corse dans le Talc stéatite, au Saint-Gothard dans la Serpentine. Les octaèdres que l'on trouve en Suède engagés dans le Talc schistoïde ont leur surface ordinairement recouverte d'une enveloppe de ce même Talc. Le Fer magnétique se trouve aussi quelquefois dans des filons (comme en Norwège), et dans les terrains volcaniques. Les roches rejetées par le Vésuve en contiennent de petits cristaux qui exercent une forte action sur l'aiguille aimantée.

3. Fer oxidé rouge, Haüy (Traité, première édition), *Roth-Eisen-* stein, W. Oxide rouge de Fer, contenant trois atômes d'Oxigène selon Berzelius. Couleur de la poussière, le rouge foncé. Beudant a cru remarquer qu'il se présentait quelquefois sous la forme de l'octaèdre régulier, comme l'espèce précédente ; mais il en diffère en ce qu'il n'est point magnétique, et que sa poussière est rouge au lieu d'être noire. Il est composé de 69,34 de Fer, et 30,66 d'Oxigène. C'est à cette substance qu'il faut rapporter toutes les variétés terreuses ou hématitiformes qu'Haüy avait décrites dans la première édition de son Traité, sous le nom de Fer oxidé, et qu'il a cru devoir faire rentrer depuis dans l'espèce du Fer oligiste.

α. Fer oxidé rouge lamelliforme.

β. Fer oxidé rouge concrétionné-fibreux. Vulgairement Hématite rouge, *Faseriger Roth-Eisenstein*. Concrétions mamelonnées ou cylindroïdes, à tissu fibreux, que l'on trouve en abondance à l'île d'Elbe. C'est à cette variété qu'appartient ce qu'on appelle Sanguine ou Pierre à brunir, et dont on se sert pour polir certains corps, et en particulier les Métaux. Cette substance, lorsqu'elle a reçu elle-même le poli, présente à sa surface le gris métallique.

γ. Fer oxidé rouge luisant, *Roth-Eisenhram*, W. En masses d'un rouge sombre, ayant un aspect luisant, et laissant sur le doigt un enduit gras de leur couleur. Elles sont ou granulaires ou compactes ; quelquefois les grains sont semblables à de petites fèves. C'est alors la variété Cyamoïde d'Haüy, le *Linsenfœrmiger Thoneisenstein* des Allemands.

δ. Fer oxidé rouge terreux ou grossier, *Dichter Roth-Eisenstein* et *Thon-Eisenstein*.

ε. Fer oxidé rouge argilifère, *Thon-Eisenstein*, W. Ce que l'on appelle communément crayon rouge des dessinateurs, n'est autre chose qu'un Fer oxidé terreux mêlé d'Argile. C'est le *Rœthel* de Werner. On rapporte à cette variété des masses à structure bacillaire, d'un brun rougeâtre , formées de pièces séparées probablement par un retrait que la matière aura subi en se refroidissant ou en se desséchant. On trouve de pareilles masses à Saarbruck, département de la Meurthe.

Le Fer oxidé rouge appartient aux terrains primitifs et intermédiaires où il forme des filons. Les substances minérales qui lui sont le plus ordinairement associées sont le Quartz, la Baryte sulfatée , le Calcaire, la Lithomarge. Les concrétions fibreuses nommées Hématites se trouvent dans un grand nombre d'endroits, et en particulier à l'île d'Elbe, où elles constituent des masses très-considérables , et à Framont dans les Vosges.

4. FER OLIGISTE, *Eisenglanz*, W. Cette espèce qui par sa composition se rapproche de la précédente, a pour caractère distinctif d'avoir un magnétisme sensible, une couleur noirâtre avec une teinte de rouge lorsqu'on la réduit en poussière , et un système de cristallisation rhomboédrique et bien déterminé. Sa forme primitive est celle d'un rhomboïde un peu aigu, dont les faces situées vers un même sommet font entre elles un angle de 87° 9' (suivant Mohs , 85° 58'). Les joints naturels parallèles aux faces de ce rhomboïde sont sensibles à la lumière d'une bougie, et il y a des masses de Fer oligiste qui se divisent avec beaucoup de facilité et de netteté. La couleur des cristaux est en général le gris d'acier tirant au bleu. Le Fer oligiste est fragile et il raie le verre. Sa pesanteur spécifique est de 5,2. Traité au chalumeau avec le Borax , il le colore en vert sombre. Les cristaux de ce Minéral, si remarquables par leur vif éclat et leurs brillantes couleurs , ont présenté un grand nombre de variétés de formes dont nous citerons ici les plus remarquables :

La primitive.

La même modifiée sur les angles du sommet par une seule face. (*Basée*, H.).

La même , modifiée sur les angles du sommet par trois facettes tournées vers les faces primitives. (*Birhomboïdale*, H.). La marche des décroissemens est souvent indiquée par des stries parallèles aux grandes diagonales des rhombes.

Le Rhomboïde très-obtus provenant de cette dernière modification parvenue à sa limite (*Binaire*, H.).

La première modification combinée avec celle qui produit sur les angles latéraux la double pyramide hexaèdre (*Trapézienne*, H., etc.).

La forme la plus ordinaire des cristaux de l'île d'Elbe est celle qu'Haüy a nommée Binoternaire , et qui résulte de la combinaison de cette double pyramide avec les rhomboïdes primitif et binaire.

Les autres variétés de formes indéterminables et de structure sont les suivantes :

Le Fer oligiste lenticulaire, provenant de la variété binaire dont les faces ont subi des arrondissemens.

Le Fer oligiste laminaire, formant en Norwège et en Suède des couches puissantes et même des montagnes , entre autres le Taberg.

Le Fer oligiste lamelliforme, en petits cristaux éclatans disséminés dans les laves du Stromboli , du Puy-de-Dôme, du Mont-d'Or et de Volvic. Ces cristaux ont été produits par la sublimation à l'aide de la chaleur. Ils prennent quelquefois une étendue assez considérable , et comme par leur poli vif ils ressemblent à de petits miroirs métalliques, on leur a donné le nom de Fer spéculaire. Ils se présentent ordinairement comme des lames minces de forme hexagonale, dont les facettes latérales s'inclinent sur les bases alternativement dans un sens et dans l'autre; ils constituent alors une sous-variété du Fer oligiste basé qu'Haüy désigne par l'épithète de segminiforme.

Le Fer oligiste granulaire forme des couches puissantes en divers endroits dans les terrains primitifs. Au Brésil, où il est mélangé de Quartz , il porte le nom d'Itabyrite.

Le Fer oligiste écailleux, *Eisen-*

glimmer, W., Fer micacé, se divisant en petites écailles qui s'attachent au doigt par le frottement. Il renferme quelquefois de l'or disséminé comme au Brésil.

Le Fer oligiste compacte, à l'île d'Elbe.

Le Fer oligiste pseudomorphique, aux environs de Dusseldorf en Westphalie. Il se montre sous la forme de la Chaux carbonatée métastatique.

Il est peu de substances aussi remarquables que le Fer oligiste par ce genre d'agrément que désigne l'épithète d'irisé. Aussi tous les cabinets d'amateurs sont-il ornés des belles cristallisations que fournissent les mines de Framont et de l'île d'Elbe. Dans cette dernière localité, le Minerai de Fer est si abondant, qu'on l'exploite depuis un temps immémorial. Ce ne sont pas les cristaux eux-mêmes qui font l'objet de cette exploitation, mais bien la masse sur laquelle ils reposent, et qui est une roche composée de parties métalliques et de parties terreuses mélangées. Le Fer oligiste appartient aux terrains primitifs, intermédiaires et secondaires. Il y forme des couches minces, des assises puissantes ou de simples rognons. Les substances minérales qui l'accompagnent sont le Quartz, le Mica, le Talc, le Pyroxène (Coccolithe et Sahlite), l'Amphibole et le Feldspath. Il a aussi des relations de rencontre avec deux autres substances métalliques, l'Or natif au Brésil, et le Titane oxidé rouge au Saint-Gothard. Enfin il existe, comme nous l'avons déjà dit, dans les terrains pyrogènes où il est un produit du feu des volcans.

5. Fer arsénical, Haüy, *Gemeiner Arsenikkies*, W. Vulgairement Pyrite arsenicale et Misspickel, Sulfo-Arséniure de Fer, d'après les analyses de Chevreul et de Stromeyer. Ce Minéral est composé d'un atôme de quadri-Sulfure de Fer et d'un atôme de Biarséniure de Fer, ou en poids, de 52,5 de Fer, 46,5 d'Arsenic, et vingt de Soufre sur cent. La forme primitive de ses cristaux est un prisme droit rhomboïdal, dont la hauteur est à peu près égale au côté de la base, et dont les faces latérales font entre elles un angle de 111°18'. La cassure du Fer arsenical est granulaire et peu brillante ; sa couleur est le blanc tirant sur celui de l'Etain ; il donne des étincelles par le choc du briquet en exhalant une odeur d'ail très-sensible ; chauffé à la flamme d'une bougie, il répand une fumée épaisse accompagnée de la même odeur. Sa pesanteur spécifique est de 6,5. Les formes de ses cristaux sont extrêmement simples et peu variées. Elles n'offrent guère que des modifications par une seule face, sur les angles aigus des deux bases. Ces formes sont la *primitive* ; l'*unitaire*, ou la précédente dont les angles aigus sont remplacés chacun par une facette ; la *ditétraèdre* qui provient d'une modification analogue, mais dans laquelle les facettes additionnelles sont plus surbaissées, etc. Les variétés de structure se réduisent aux trois suivantes : la bacillaire, l'aciculaire et la compacte massive. On ne connaît qu'une seule variété de mélange qui est le Fer arsenical argentifère, le Weisserz de W., dans lequel la quantité d'argent varie d'un à dix pour cent. Il est moins blanc que le Fer arsenical ordinaire, et jaunit plus facilement par l'exposition à l'air. On le trouve à Braunsdorf en Saxe sous la forme de grains engagés dans le Quartz, et accompagnés quelquefois d'Antimoine sulfuré capillaire. Le Fer arsenical appartient exclusivement aux terrains primitifs où il se présente en masses assez considérables subordonnées au Micaschiste, et plus généralement en petites portions disséminées dans diverses roches ou dans les filons métallifères. Les substances auxquelles on le trouve associé sont l'Etain oxidé, le Plomb sulfuré, le Fer sulfuré, le Cuivre pyriteux, la Chaux carbonatée, le Schéelin ferruginé et l'Emeraude.

6. Fer sulfuré jaune, *Eisenkies*, W. Vulgairement Pyrite martiale et ferrugineuse ; Quadrisulfure de Fer,

Berzelius. Suivant ce chimiste, et conformément aux analyses d'Hatchett, il est composé de 54,26 de Soufre, et 45,74 de Fer. Son système de cristallisation est un de ceux qu'on nomme hémiédriques. Il dérive du système régulier par la réduction à moitié du nombre des faces de certaines formes, et a pour type caractéristique le dodécaèdre pentagonal (*V.* l'art. CRISTALLOGRAPHIE). On pourrait adopter ce dodécaèdre pour forme fondamentale comme l'a fait Léonhard, mais nous suivrons ici l'exemple d'Haüy et de tous les autres minéralogistes qui ont choisi le cube pour forme primitive , en faisant intervenir dans la dérivation des formes secondaires la modification à la loi de symétrie dont nous avons parlé. Les joints naturels de ce Minéral sont rarement bien sensibles : on en a observé qui étaient parallèles aux faces du cube , d'autres aux faces d'un octaèdre régulier, et Léonhard en a vu qui étaient dirigés dans le sens des faces du dodécaèdre pentagonal. La cassure du Fer sulfuré est en général peu éclatante et raboteuse : sa couleur est le jaune de bronze ; il donne des étincelles par le choc du briquet , en exhalant une odeur sulfureuse. Sa pesanteur spécifique est de 4,5. Exposé à la flamme d'une bougie, il répand une odeur de soufre, et devient attirable à l'Aimant. Les formes de ses cristaux sont très-multipliées ; les plus remarquables sont le cube, l'octaèdre régulier, le trapézoèdre ; le dodécaèdre pentagonal dont les faces résultent d'un décroissement par deux rangées sur les bords du cube ; le triacontaèdre terminé par vingt-quatre trapézoïdes et six rhombes correspondant aux faces primitives , et l'icosaèdre provenant de la combinaison de l'octaèdre avec le dodécaèdre pentagonal. Le parallélique décrit par Haüy est de toutes les formes cristallines connues celle qui a offert le plus grand nombre de faces. Ce nombre est cent trente-quatre. On trouve quelquefois la Pyrite de Fer en cubes dont les faces sont striées dans trois sens perpendiculaires l'un à l'autre. Cette variété, qui porte le nom de Triglyphe, avait excité l'attention d'anciens observateurs , tels que Sténon, Mairan, Romé de L'Isle ; mais Haüy est le premier qui en ait donné une explication simple et satisfaisante. Il remarque que ces stries sont dirigées comme les arêtes des espèces de coins que forment au-dessus des faces du cube primitif celles de la variété pentagonale ; or ces arêtes sont elles-mêmes parallèles à la série des bords décroissans dont se composent ces dernières faces. Le cube strié n'est donc autre chose que le résultat d'une cristallisation précipitée qui tendait à produire le dodécaèdre à plans pentagones.

Les variétés de structure de la Pyrite commune ne sont pas nombreuses. On la trouve en concrétions cylindroïdes , en aiguilles rayonnées (*Strahlkies*, W.), en cristaux capillaires qui se croisent dans toutes sortes de directions (*Haarkies*, W.), en dendrites interposées entre les feuillets d'un Schiste, et en grains ou en petits cristaux cubiques disséminés dans une Argile. Souvent elle remplit les cavités de différens corps organiques , tels que les Cornes d'Ammon , les Oursins, etc. — Le Fer pyriteux est susceptible d'une altération qui fait passer sa couleur au brun noirâtre, et finit par le transformer en Fer hydraté, sans qu'il perde pour cela sa forme cristalline. On a donné à cette variété altérée le nom de Fer hépatique (*Leberkies*, W.). Haüy l'a décrite sous celui de Fer oxidé épigène. — Le Fer sulfuré se mêle souvent avec différentes substances métalliques , telles que le Fer , le Cuivre, l'Arsenic et surtout l'Or. Les Pyrites aurifères sont très-communes au Brésil, et surtout en Sibérie , où elles accompagnent le Plomb rouge et où elles sont devenues l'objet d'une exploitation. — Le Fer sulfuré commun constitue quelquefois des couches assez considérables dans les terrains primitifs, où il est subordonné au Gneiss, au Micaschistes et à l'Amphibole schistoïde. Il y est à l'état grenu ou compacte, plus ou moins mélangé de parties quartzeuses, amphiboliques ou talqueuses. Dans les autres terrains, on ne le rencontre qu'en filons ou en cristaux disséminés. Le Fer sulfuré a été connu des anciens sous le nom de Pyrite qui rappelle la propriété qu'il a de faire feu par le choc du briquet ; ils le faisaient servir au même usage que notre Silex pyromaque. Avant que celui-ci ne fût employé comme Pierre à fusil, on armait anciennement les carabines avec le Fer sulfuré ; de-là lui est venu le nom de Pierre de carabine. Ce qu'on appelle Miroir des Incas est une plaque de Pyrite qui a reçu le poli, et qui peut faire la fonction de miroir. On a trouvé de ces plaques dans les tombeaux des princes péruviens. La Marcassite du commerce est un Fer sulfuré uni à une petite quantité de Cuivre, dont on fait des boutons et autres ouvrages de ce genre.

7. Fer sulfuré magnétique, *Magnetkies*, W., vulgairement Pyrite magnétique. Bisulfure de Fer, composé de 62,77 de Fer et 37,23 de Soufre. Cette composition s'accorde parfaitement avec l'analyse de la Pyrite de Cornouailles faite par Hatchett (Philos. Trans. 1804).

La forme primitive est, suivant quelques minéralogistes, un prisme hexaèdre régulier, et, suivant Haüy, un prisme droit rhomboïdal divisible dans le sens de la petite diagonale. Le tissu lamelleux est très-sensible, et la division parallèle aux bases est d'une grande netteté. La couleur de cette Pyrite est le jaune de bronze mêlé de brunâtre ou de rougeâtre. Elle a peu de dureté, se laisse aisément casser, exerce sur l'aiguille aimantée une action assez forte. Sa pesanteur spécifique est de 4,5. Elle est soluble dans l'Acide sulfurique étendu d'eau, avec dégagement d'Hydrogène sulfuré. On ne l'a trouvée jusqu'à présent qu'en lames très-éclatantes à Bodenmais en Bavière, et en masses plus ou moins compactes à Andreasberg au Harz ; à Schmolniz en Hongrie, dans la Bavière, le Tyrol, le Cornouailles, et près de Nantes en France. Elle appartient aux terrains primordiaux, où elle se rencontre en petits amas dans les couches et dans les filons.

8. Fer sulfuré blanc. Quadrisulfure de Fer ayant la même composition atomistique que le Sulfure jaune décrit plus haut, dont il ne diffère que par ses caractères physiques et cristallographiques. Sa forme primitive est un prisme rhomboïdal droit, dans lequel la plus grande incidence des faces latérales est de 106° 36'. La couleur de la masse, dans l'état de fraîcheur, est le blanc métallique tirant sur celui de l'Etain, et passant quelquefois au jaune de Bronze par l'action de l'air ; la couleur de la poussière est le noir verdâtre. Il étincelle par le choc du briquet. Sa pesanteur spécifique est de 4,75. Si l'on en expose un fragment à la flamme d'une bougie, il donne une fumée légère accompagnée d'une odeur sulfureuse, et devient attirable à l'Aimant. Les masses imparfaitement cristallisées, celles qui sont radiées principalement, se recouvrent d'une efflorescence de sulfate de Fer par leur exposition à l'air libre, et finissent par se désagréger entièrement. Berzelius attribue ce phénomène à l'interposition de quelques particules de Pyrite magnétique.

Le système de cristallisation de la Pyrite blanche de Fer a beaucoup d'analogie avec celui de la Pyrite arsenicale. Ce sont de part et d'autre les mêmes modifications simples provenant presque toutes du remplacement des angles aigus de la base par des facettes plus ou moins inclinées. Mais ce qui caractérise les variétés de la Pyrite ferrugineuse, c'est leur tendance à former des groupemens réguliers par la réunion de plusieurs fragmens d'une même variété autour d'un centre commun. Haüy a désigné cette disposition remarquable par l'épithète de péritome ajoutée au nom du cristal simple qui entre dans la composition du groupe. Il est singulier de voir le Fer sulfuré blanc qui, par son

identité de nature avec la Pyrite jaune, semble être, parmi les Métaux,
l'analogue de l'Arragonite, se rapprocher encore de cette dernière substance par le petit nombre de formes
simples que présentent ses cristaux
et la multitude des formes composées
qui résultent de leurs groupemens.
Ces cristaux offrent quelquefois une
espèce de dentelure produite par une
série d'angles aigus appartenant à autant de prismes rhomboïdaux qui
semblent se pénétrer ; ce sont les Pyrites dentelées d'Haüy (*Kamkies*, W.),
vulgairement appelées Pyrites en crête de Coq. — Les variétés de structure se réduisent aux suivantes : le
Fer sulfuré blanc aciculaire, ordinairement en masses globuleuses radiées
(*Strahlkies*, W.); le Fer sulfuré blanc,
concrétionné-mamelonné, et le Fer
sulfuré blanc, compacte ou à grain fin.
— La Pyrite blanche éprouve quelquefois, comme la Pyrite commune,
une épigénie qui la transforme en Fer
hydroxidé.

Le Fer sulfuré blanc forme, dans
quelques localités et particulièrement
aux environs d'Alais, dans un terrain
secondaire, des assises puissantes qui
sont exploitées. On le trouve aussi
disséminé en rognons dans la Craie
et dans les Lignites des terrains tertiaires. A Almérode en Hesse, il se présente en cristaux octaèdres engagés
dans l'Argile. Enfin, dans plusieurs
endroits de la Saxe et de la Bohême,
il s'associe à la formation des filons.
On exploite les Pyrites blanches pour
en obtenir du sulfate de Fer par leur
exposition à un air humide.

9. FER CARBURÉ ou GRAPHITE,
vulgairement Plombagine. Composé
de Fer et de Carbone dans les proportions de 4 à 6 parties de Métal sur
96 à 94 parties de combustible; cristallisant en prisme hexaèdre régulier
dont les dimensions sont inconnues.
Le Graphite est d'un gris noirâtre
joint au brillant métallique. Il est
tendre et onctueux au toucher. Il est
facile à gratter et à couper en lames
minces avec le couteau; il laisse sur
le papier des traces d'un gris de

Plomb ; il brûle et se volatilise au
chalumeau à l'aide d'un feu soutenu.
On l'a trouvé en cristaux hexaèdres
engagés dans un Fer hydroxidé, à
Philadelphie ; mais il se rencontre
plus ordinairement en masses lamelliformes ou granulaires disséminées
dans les roches des terrains primitifs ;
quelquefois il se confond impercepti-
blement avec la matière de ces Roches, auxquelles il communique des
teintes noirâtres. Les mines de Gra-
phites les plus estimées sont celles de
Borowdale dans le Cumberland, en
Angleterre. On emploie ce Minéral
pour faire des crayons et pour garantir les ouvrages de Fer de la rouille,
en le réduisant en poussière et l'appliquant à la surface de ces corps. On
se sert aussi de cette même poussière
mêlée avec de la graisse pour adoucir
les frottemens dans les machines à
engrenage.

10. FER CALCARÉO-SILICEUX ou
YÉNITE ; *Lievrite*, W., *Ilvaite*. Silicate
de Chaux et de Fer, composé d'un
atôme de Silicate de Chaux et de quatre atômes de Silicate de Fer; ou en
poids, d'après l'analyse de Vauquelin : de Silice, 29 ; Chaux, 12 ; Oxide
de Fer, 57 ; perte, 2. La forme primitive de ce Minéral est, suivant Cordier, un prisme droit rhomboïdal,
dans lequel la plus grande incidence
des faces latérales est de 112° 36'. Sa
couleur est d'un noir foncé, tirant
quelquefois sur le brun. Les sommets
de ses cristaux se font remarquer
souvent par un chatoyement particulier. Sa pesanteur spécifique est
d'environ 4. Il donne quelques étincelles par le choc du briquet. Il est
soluble dans les Acides, surtout le
muriatique. Il devient magnétique
lorsqu'on le chauffe à la simple flamme d'une bougie. — Les formes secondaires qu'il présente résultent de
modifications très-simples sur les
arêtes de la base et sur les angles aigus ou obtus. Elles portent presque
toutes l'empreinte du prisme rhomboïdal primitif. — Les variétés de
structure sont celles qu'Haüy nomme bacillaire, aciculaire, sublamel-

laire et compacte. L'Yénite existe en deux endroits différens de l'île d'Elbe, à Rio-la-Marina et au cap Calamita. Elle y est accompagnée d'une substance verte en aiguilles rayonnées, qui paraît avoir du rapport avec le Pyroxène.

11. FER HYDRATÉ OU HYDROXIDÉ, *Braun-Eisenstein*, W. Combinaison de trois atômes d'eau avec deux atomes d'Oxide rouge de Fer; ou en poids, de 85,130 de Fer et 14,70 d'Eau (Berzelius). La couleur de ce Minéral en masse est le jaune brunâtre et quelquefois le noir; celle de la poussière est jaunâtre. Lorsqu'on le lime, il prend souvent le brillant métallique; il acquiert le magnétisme polaire par la chaleur. Chauffé dans le matras, il donne de l'eau et pour résidu de l'Oxide rouge. Traité au chalumeau avec le Borax, il fond en un verre jaunâtre. — Haüy a cru remarquer des cristaux de ce Minéral qu'il regarde comme un produit immédiat de la nature, et dont les formes appartenaient au système régulier. Suivant lui, l'Hydrate de Fer se montre quelquefois sous la forme du cube qu'il considère comme primitive; sous celle de l'octaèdre régulier, au Brésil; sous celle du dodécaèdre, à l'île de Volkostroff en Russie, où ses cristaux sont implantés isolément dans un Fer oxidé argilifère. Dans cette même localité, le Fer hydroxidé présente la variété nommée Apiciforme, c'est-à-dire en forme de petites houpes chatoyantes, engagées dans des cristaux de Quartz-Hyalin qui tapissent l'intérieur d'une Géode ferrugineuse. — Les variétés de structure et de formes indéterminables sont les suivantes : 1° le Fer hydroxidé hématite (*Faseriger Braun-Eisenstein*), vulgairement Hépatite noire, en masses ordinairement mamelonnées et fibreuses à l'intérieur, comme les Hématites rouges, dont elles sont distinguées par la couleur de la poussière qui est d'un brun jaunâtre; leur surface est souvent d'un noir luisant et quelquefois irisé. 2°. Fer hydroxidé compacte (*Stilnopsiderit*); 3° Fer hy-

droxidé géodique (*Eisennerz*, W.), d'un brun jaunâtre, composé de couches concentriques qui renferment dans leur cavité centrale un noyau mobile ou une matière pulvérulente de la même nature. Ces Géodes étaient connues des anciens sous le nom d'Ætite ou Pierre d'Aigle. *V.* ÆTITE. 4°. Fer hydroxidé globuliforme (*Bohnerz*, W.), en globules tantôt libres, tantôt réunis par un ciment quelquefois non endurci et qui est une Argile sablonneuse. Cette variété constitue une grande partie des Minerais qu'on exploite pour en retirer du Fer. Sa formation est tout-à-fait analogue à celle des Oolithes. 5°. Fer hydroxidé terreux. — Le Fer hydroxidé est quelquefois accompagné d'une substance noire, vitreuse, susceptible de devenir magnétique lorsqu'elle est chauffée; Haüy la désigne sous le nom de Fer hydroxidé noir vitreux. — Le même Minéral se mêle souvent avec des matières argileuses ou sablonneuses qui lui donnent tantôt un aspect semblable à celui du Jaspe, et tantôt une apparence tout-à-fait terreuse et rubigineuse; dans ce dernier cas, c'est le Fer dit limoneux. La terre d'Ombre, ainsi nommée parce qu'on la trouve dans la partie de l'Italie qu'on appelle Ombrie, et dont on se sert dans la peinture, n'est qu'une sous-variété du Fer hydroxidé argileux. — Le Fer hydroxidé appartient aux terrains secondaires les plus anciens, ceux qu'on nomme intermédiaires, et se retrouve jusque dans les terrains les plus modernes. Les variétés compactes et fibreuses sont les plus anciennes; dans les terrains secondaires proprement dits, la variété globuliforme constitue des assises considérables; mais la plus grande abondance de ce Minerai a lieu dans les terrains tertiaires. C'est à cette division qu'appartiennent le Minerai de Fer d'alluvion et ces variétés auxquelles on a donné les noms de Fer hydroxidé des lacs, des marais et des prairies.

12. FER CARBONATÉ, *Spath-Eisenstein*, W., vulgairement Fer spathique.

Bicarbonate d'oxidule de Fer, ayant la même composition atomistique, que le Carbonate ordinaire de Chaux, dont il se rapproche par sa forme et par ses caractères extérieurs. En poids, il contient sur cent parties 61,47 d'Oxidule de Fer, et 38,55 d'Acide carbonique. Les analyses de cette substance, faites par Bucholz, Klaproth et Drapiez, s'accordent d'une manière satisfaisante à confirmer ces proportions. Le Fer carbonaté a pour forme primitive un rhomboïde obtus, dans lequel la plus grande incidence des faces est de 107 d., suivant Wollaston. Il se divise parallèlement aux faces de ce rhomboïde avec la même facilité que le Carbonate calcaire. Sa pesanteur spécifique est de 3,7 ; il raye le Spath calcaire et quelquefois le Spath fluor ; chauffé à la flamme d'une bougie, il acquiert un magnétisme très-sensible ; sa couleur, lorsqu'il est pur, est le jaune-brunâtre pâle ; mais par l'action continuée de l'air, elle brunit et devient noirâtre ; le Carbonate perd peu à peu de sa dureté et se décompose totalement ; il abandonne son acide, et le Fer s'oxide davantage ; il est soluble lentement dans l'Acide nitrique, en donnant lieu à une faible effervescence ; chauffé dans le matras, il ne dégage point d'eau ; exposé à une douce chaleur, il noircit, et se réduit en Oxide de Fer attirable à l'Aimant.

Le système de cristallisation du Fer spathique est absolument le même que celui du Carbonate calcaire : seulement les formes secondaires sont moins variées ; les plus communes sont celles qu'Haüy a nommées basée, équiaxe, contrastante, prismatique, et qui ont été décrites à l'article de la Chaux carbonatée. Le Fer spathique se rencontre fréquemment sous la forme du rhomboïde primitif ; ses faces ont souvent beaucoup d'éclat. Dans quelques échantillons mélangés de Carbonate de Manganèse, elles presentent des courbures et des inflexions ; mais dans l'état de pureté du Minéral, elles sont parfaitement planes, et n'ont jamais l'éclat perlé du Carbonate de Fer et Manganèse (Chaux carbonatée, ferro-manganésifère).

Les variétés de structure sont : le Fer spathique laminaire ou lamellaire (*Eisenspath*) ; le lenticulaire ; le concrétionné-mamelonné (*Sphærosiderit*), en masses sphéroïdales dans un basalte à Steinheim près de Hanau ; le compacte souvent mêlé de matière argileuse.

Le Fer carbonaté, à l'état lamellaire ou grenu, existe dans les terrains primitifs et intermédiaires ; il forme dans le granite des amas peu étendus, et s'associe aux matières qui composent les filons de ce terrain. Dans les terrains secondaires, il est à l'état compacte, et devient susceptible d'exploitation. On le trouve disséminé au milieu de l'Argile schistoïde des houillères en rognons aplatis, disposés sur des plans parallèles à la stratification, et renfermant quelquefois vers leur centre un noyau de matière pyriteuse. Ce Minerai fournit au métallurgiste un Fer d'assez bonne qualité, qui souvent se convertit de lui-même en Acier, lorsqu'on le traite par la méthode catalane, ce qui lui a fait donner le nom de Mine d'Acier. Les pays où le Fer carbonaté se trouve le plus abondamment, sont la Stirie, le Harz, la Hongrie, et la France, surtout à Baigorry et à Allevard.

15. FER PHOSPHATÉ (*Eisenblau* ; *Vivianit*). Combinaison de Phosphate d'Oxidule de Fer et d'eau, contenant, d'après une analyse de Berthier, quarante-trois parties d'Oxidule de Fer, vingt-trois d'Acide phosphorique, trente-deux d'eau, et deux parties de matières étrangères. La forme primitive de ses cristaux est un prisme rectangulaire à base oblique, inclinée sur une des faces latérales de 100°. Les joints parallèles aux faces de ce prisme sont très-sensibles ; mais ils n'ont pas tous le même éclat ; les cristaux sont transparens et d'une couleur verdâtre ; les variétés opaques sont d'un bleu très-foncé ; la poussière des cristaux est d'un bleu

pâle, et tache le papier. Présenté à la flamme d'une bougie, ce Minéral devient magnétique; chauffé dans le petit matras, il donne beaucoup d'eau; mis dans l'Acide nitrique, il s'y dissout sans effervescence.

Le Fer phosphaté, lorsqu'il est cristallisé, se montre communément sous la forme de prismes octogones, quelquefois à sommets dièdres, comme certaines variétés de Pyroxène. Mais il est plus ordinaire de le trouver à l'état laminaire (Bodemnais en Bavière, Sainte-Agnès en Cornouailles); à l'état aciculaire (Bodemnais); à l'état compacte (New-Yorck, aux États-Unis); à l'état terreux, *Blaue Eisenerde*; Blanc de Prusse natif (même localité).

Le Fer phosphaté ne se rencontre qu'en petite quantité dans la nature et dans des terrains de formations bien différentes; dans le sol primordial, il revêt de ses cristaux les masses de pyrite magnétique, on le trouve dans le Basalte et dans d'autres Roches pyrogènes en France (départemens du Puy-de-Dôme et de l'Allier); enfin, il est disséminé sous la forme de nids dans des couches d'Argile, dans les cavités du Fer limoneux, et jusque dans des tourbières. On emploie le Fer phosphaté terreux pour la peinture, soit en détrempe, soit à l'huile.

14. FER CHROMATÉ. Fer chromé de quelques minéralogistes; *Eisenchrom* de Karsten. On ne s'accorde point encore sur la composition de ce Minéral. Vauquelin qui le premier l'a analysé, pensait que le Chrome y était à l'état d'acide; mais Laugier et Berzelius ont émis une autre opinion, d'après laquelle il devrait être considéré comme un Chromite de Fer, peut-être un Chromite double de Fer et d'Alumine; car toutes les analyses ont donné une quantité notable de cette terre. Voici celle du Fer chromaté de Sibérie, par Laugier : Oxidule de Fer, 34; Oxide de Chrome, 53; Alumine, 11; Silice et Manganèse ox., 2; total, 100. — Le Fer chromaté cristallise en octaèdre régulier : sa

couleur est d'un brun noirâtre demi-métallique; sa poussière d'un gris cendré. Il pèse spécifiquement 4,03. Il raye le verre, et se casse sous le marteau; il est faiblement magnétique; au chalumeau, il est infusible sans addition; mais il fond avec le Borax, en lui communiquant une belle couleur verte. Le Fer chromaté est quelquefois cristallisé en octaèdres réguliers; mais il se présente plus communément à l'état laminaire ou grenu, ou en masses amorphes. Il appartient presque exclusivement aux terrains serpentineux, et les substances qui l'accompagnent le plus ordinairement, sont le Talc et la Diallage. Celui de la Bastide, dans le département du Var, en France, est disséminé dans une Serpentine noirâtre; et celui de Baltimore, dans le Maryland, est associé au Talc lamellaire. Ce Talc et le Fer lui-même sont colorés en rouge-violet par le Chrome. On a trouvé aussi le Fer chromaté en Sibérie dans les monts Ourals.

15. FER ARSÉNIATÉ, *Würfelerz*, *Skorodite*. La composition de cette substance n'a point encore été déterminée avec une exactitude suffisante : les différens Minéraux que l'on a réunis sous ce nom ont présenté dans leurs analyses des proportions variables d'Oxide de Fer, d'Acide arsenique et d'eau. Peut-être ces variations proviennent-elles des altérations auxquelles ce Minéral est sujet. Sa forme primitive est le cube. Sa couleur, dans l'état de perfection, est le vert plus ou moins sombre; les cristaux, en se décomposant, passent au brun rougeâtre; sa cassure est inégale; sa dureté médiocre; il pèse spécifiquement 3. La variété du Cornouailles, nommée Würfelerz, étant chauffée dans un matras, dégage de l'eau et devient rouge. La variété nommée Skorodite, de Graul près Schwarzenberg, donne de l'eau dans le même cas, et devient ensuite d'un gris blanchâtre ou jaunâtre; plongé dans la flamme d'une bougie, un petit fragment de ce Minéral s'y fond à l'instant en un globule qui présente

à sa surface le brillant métallique ; exposé à une chaleur intense, il répand des vapeurs d'Arsenic. Le Fer arséniaté a été trouvé en petits cristaux cubiques ou en stalactites d'un jaune verdâtre recouvertes de pareils cristaux, dans des filons traversant le sol primordial , en Angleterre , dans le comté de Cornouailles, et en France, à Saint-Léonhard, département de la Haute-Vienne.

16. FER OXALATÉ, substance encore peu connue , découverte à Bilin en Bohême, dans un Lignite, et qui a été décrite il y a deux ans par Rivero. Elle est en cristaux prismatiques de couleur jaune , qui ont peu d'éclat , et possèdent un magnétisme assez faible. Elle est fragile et raye la Chaux sulfatée. Exposée à la flamme d'une bougie, elle noircit et devient susceptible d'agir très-sensiblement sur l'aiguille. Elle est soluble en entier, et sans effervescence, dans l'Acide nitrique.

17. FER SULFATÉ , Vitriol de Fer, *Eisenvitriol* , K. Substance saline , d'un vert clair , soluble dans une quantité d'eau froide double de son poids, et cristallisant en prismes obliques rhomboïdaux peu différens d'un rhomboïde aigu, dans lesquels les inclinaisons des faces situées vers l'angle supérieur sont de 80° 57' et 82° 20', d'après les mesures prises avec le goniomètre à réflection. Cette substance est composée de 25,43 d'Oxide de Fer , 29,01 d'Acide sulfurique, et 45,56 d'eau (Berzelius). Elle a une saveur très-astringente, dégage de l'eau lorsqu'on la chauffe dans le matras , et de l'Acide sulfureux lorsqu'on la fait rougir. Elle est susceptible de s'effleurir au contact de l'air ; elle en absorbe l'Oxigène , mais seulement à sa surface, et se couvre peu à peu de taches ocreuses. Les astringens végétaux , et en particulier la noix de galle , mêlés à sa dissolution, en précipitent le Fer sous une couleur noire. On ne la trouve dans la nature que sous forme de concrétions et de filamens libres ou adhérens , d'un blanc jaunâtre, à la surface de certai-

nes roches schisteuses contenant des Pyrites blanches de Fer à la décomposition desquelles il doit probablement naissance. Le Sulfate de Fer entre dans la composition des teintures en noir et en gris ; on l'emploie pour faire le bleu de Prusse et l'encre. On obtient celle-ci en mêlant ensemble une dissolution de Sulfate de Fer avec une dissolution de noix de galle et de gomme arabique. On ajoute quelquefois du sucre en poudre très-fine pour rendre l'encre luisante.

Berzelius a cité un Sulfate de Fer rouge provenant d'un puits de la mine de Fahlun, nommé Insjo, et qui contient, d'après son analyse, 32 centièmes d'Acide sulfurique , et 32 centièmes d'eau , mais le Fer y est sous deux états d'oxidation.

18. FER SOUS-SULFATÉ , Fer oxidé résinite , Haüy, *Eisenpecherz* , W. Substance d'une couleur brune ou jaune brunâtre, avec un luisant semblable à celui de la Résine ; très-fragile, s'écrasant facilement par la pression de l'ongle. Pesanteur spécifique, 2,3. Chauffée dans le matras, elle donne une grande quantité d'eau ; à une chaleur assez intense elle dégage de l'Acide sulfureux ; mise dans l'eau , elle se résout en grains sans se dissoudre. Elle provient des mines des environs de Freyberg où elle accompagne d'autres Minerais de Fer , et principalement des Sulfures. Klaproth a trouvé qu'elle était formée de 67 parties d'Oxide de Fer , 25 parties d'eau et 8 parties d'Acide sulfurique.

On connaît aussi un Fer sous-sulfaté terreux ou Ocre de Vitriol qui a été analysé par Berzelius (*V.* son Syst. de Min., p. 206).

FER AZURÉ. *V.* FER PHOSPHATÉ.

FER-BLANC. Alliage de Fer et d'Etain que l'on prépare en plongeant à plusieurs reprises des plaques de Fer bien décapées et chauffées dans un bain d'Etain.

FER MURIATÉ. *V.* PYROSMALITHE.

FER SILICÉO-CALCAIRE. *V.* FER CALCARÉO-SILICEUX.

FER SKORODITE. *V.* FER ARSÉNIATÉ.

FER SPATHIQUE. *V.* FER CARBO-
NATÉ.

FER TUNGSTATÉ. *V.* SCHÉELIN
FERRUGINÉ.   (G. DEL.)

FER-A-CHEVAL. ZOOL. BOT. On
a donné ce nom à une Chauve-Souris,
à une Couleuvre, à une espèce d'E-
tourneau, à une Alouette ainsi qu'aux
Plantes qui composent le genre Hip-
pocrépide.   (B.)

*FERACCIA. POIS. Nom donné
indifféremment par les pêcheurs du
golfe de Gênes aux Raies dont les
queues portent un osselet denticulé
en forme de dard, *Raja Aquila*, L.,
et *Raja Pastinaca*, L. *V.* RAIE. (B.)

*FÉRAMINE. MIN. Nom vulgaire
appliqué dans quelques cantons à de
petites masses de Fer sulfuré qu'on
rencontre dans les glaisières.   (B.)

FER-A-REPASSER. MOLL. Nom
vulgaire et marchand du *Cassis coronatus. V.* CASQUE.   (B.)

FER-DE-LANCE. MAM. Une espèce de Chauve-Souris du genre
Phyllostome.   (B.)

FERDINANDE. *Ferdinanda.* BOT.
PHAN. Genre de la famille des Synanthérées, Corymbifères de Jussieu, et
de la Syngénésie superflue, L., établi
par Lagasca (*Gener. et Spec. Plant.*
Madrid, 1816) et adopté par H. Cassini qui en a tracé les caractères de
la manière suivante : calathide radiée
dont le disque est composé de fleurons nombreux, réguliers, hermaphrodites, et la circonférence de
fleurons en languette et femelles. Celles-ci sont au nombre de huit ; leur
limbe est court, large, tridenté, tandis que, dans les fleurs du centre, le
limbe est à cinq lobes ; anthères à
peine cohérentes ; involucre hémisphérique formé d'écailles égales, appliquées, lancéolées, coriaces, foliacées et disposées sur deux rangs ; réceptacle conique, couvert de paillettes oblongues, coriaces, membraneuses ; ovaires du disque oblongs, comprimés, glabres et sans aigrettes ;
ovaires de la circonférence en cône
renversé, anguleux, un peu hérissés,

surmontés d'une aigrette membraneuse, coroniforme, inégalement dentée, d'après Cassini, ou bien formée de
deux à cinq paillettes, selon Lagasca.
Le genre *Ferdinanda* a été placé par
Cassini dans la tribu des Hélianthées. Lagasca en a mentionné deux
espèces sous les noms trop pompeux,
ce nous semble, de *Ferdinanda augusta* et de *Ferdinanda eminens*, puisqu'elles font allusion à un person-
nage auquel les sciences ne sont rede-
vables d'aucune protection, et qui par
cela même n'est ni auguste ni éminent,
du moins aux yeux des naturalistes.
Ces Plantes, indigènes de la république de Colombie, ont une tige ligneuse, des feuilles alternes ou opposées, simples et terminées par des
calathides disposées en corymbes.

On cultive dans l'orangerie du Jardin des Plantes de Paris une espèce de
ce genre, à laquelle Cassini a donné
le nom de *Ferdinanda velutina.* C'est
un Arbrisseau qui atteint jusqu'à un
mètre de hauteur et qui exhale dans
toutes ses parties, lorsqu'on les frois-
se, une forte odeur aromatique. Son
tronc se divise en branches flexueuses, portant des feuilles alternes,
éparses, étalées, épaisses, irrégulières, cordiformes ou ovales-lancéolées, obtuses, inégalement dentées,
douces au toucher sur leurs deux faces dont l'inférieure est très-coton-
neuse et argentée. Les pétioles sont
ailés par la décurrence du limbe. Les
capitules ont une couleur jaune, et
sont accompagnées de bractées disposées en corymbes. Peut-être y a-t-il
identité entre cette Plante et le *Ferd.
augusta* de Lagasca ; mais Cassini observe que cette Plante possède des caractères qui lui sont communs avec
le *Ferdinanda eminens* et qui d'ailleurs offrent d'autres différences spécifiques.   (G..N.)

FEREIRA. BOT. PHAN. Genre établi par Vandelli (*Brasil.* p. 21, tab.
1, f. 8) qui l'a ainsi caractérisé : calice tubulé ; corolle monopétale dont
le tube est cylindrique, ventru à son
orifice ; limbe à cinq ou six découpu-

res lancéolées, aiguës, réfléchies ;
filets très-courts supportant des anthères non saillantes hors de la corolle; stigmate bilobé; semences ai-
grettées. Ces caractères, imparfaitement tracés par Vandelli, ont induit
en erreur Willdenow sur les affinités
du genre Fereira : il l'a réuni au genre
Hillia de la famille des Rubiacées ;
mais selon l'observation du professeur de Jussieu (Mém. du Muséum
d'Histoire naturelle , T. vi, 1820), le
Fereira est certainement plus voisin
des Apocynées et du *Fagræa*, puisqu'il possède un ovaire supère.

(G..N.)

FERÈS. mam. Le Dauphin mentionné sous ce nom par Bonnaterre et
Lacépède n'est pas encore suffisamment connu pour être classé parmi
les espèces irrécusables. *V.* DAU-
PHIN, p. 358, seconde colonne. (B.)

* FERMENT. chim. Qualification
donnée aux substances qui déterminent et accélèrent la fermentation.

(DR..Z.)

FERMENTATION. Mouve-
ment intestin et spontané qui s'ex-
cite dans les corps, en change
complétement la nature, et donne
lieu à beaucoup de produits que l'on
n'y reconnaissait pas auparavant. Les
substances organiques paraissent être
seules passibles de Fermentation, et
pour qu'elle puisse s'établir, quelques conditions, telles que la présence de l'air, celle de l'eau, et une certaine élévation de température, sont
indispensables. On distingue plusieurs Fermentations qui très-vrai-
semblablement ne sont que des modifications d'un seul et même phénomène. Les principales sont : la Fermentation saccharine, la Fermentation vineuse, spiritueuse ou alcoholique, la Fermentation acide ou acétique, la Fermentation putride. Quelques mots placés ici à propos de chacune de ces Fermentations seront
une garantie contre le reproche d'a-
voir passé sous silence un phénomène des plus importans et des plus habituels, plutôt qu'une description de

ce même phénomène dont les causes,
la marche et les résultats sont extrêmement variés et quelquefois fort
obscurs.

La FERMENTATION SACCHARINE est
celle qui peut se manifester dans la
fécule ou l'amidon ; elle convertit
une quantité très-majeure de ce prin-
cide en sucre. Pour le produire, on
réduit l'amidon à l'état d'empois à
l'aide de l'eau et de la chaleur, puis
on abandonne cet empois à sa décomposition spontanée sous une température de 20 à 25°. On obtient au bout
d'un temps plus ou moins long une
quantité de sucre cristallisé qui peut
surpasser de beaucoup la moitié de
l'amidon employé; il reste non décomposés, de la gomme, du ligneux
amilacé et de l'amidon. Tout porte à
croire que c'est une Fermentation de
cette nature qui opère la maturation
des fruits, et change presque en un
instant leur saveur acide en saveur
sucrée.

La FERMENTATION ALCOHOLIQUE
est véritablement une suite de la Fermentation saccharine, car elle ne
peut s'opérer sans le concours du sucre. Une dissolution de sucre dans
l'eau dans les proportions d'une à
quatre parties, contenant en outre
une légère portion de ferment frais
exposé à une température de 20 à 30°,
ne tarde point à éprouver la Fermentation vineuse; bientôt la décomposition du sucre est complète, et l'on
obtient pour produits nouveaux de
l'Alcohol et de l'Acide carbonique.
Les dissolutions de sucre sont donc la
base de toutes les Fermentations alcoholiques; le suc de raisins que
cette Fermentation transforme en vin
n'est autre chose que du sucre en dissolution dans l'eau séveuse contenant en outre divers principes accessoires qui sont expulsés pendant la
Fermentation ou qui en aromatisent
les produits. Il en est de même du
jus de pomme ou de poire qui fournit
le cidre ou le poiret, de la liqueur
contenue dans le fruit du Cocotier qui
fournit aux Indiens un vin de Palmier très-agréable. La bierre est pro-

duite par la matière sucrée qui se développe pendant la Fermentation saccharine de la fécule des grains qu'à dessein l'on a disposés à une germination forcée. Il résulte de cette opération première un grain germé, lequel réduit en farine porte le nom de drèche. On fait macérer pendant quelques heures cette farine dans l'eau bouillante qui lui enlève tout son sucre, plus de petites quantités de mucilage, d'albumine, d'amidon et de gluten, matériaux favorables à la Fermentation dont cette macération doit être immédiatement suivie. La liqueur fermentée, traitée avec tous les soins convenables, contient plus ou moins d'Alcohol; selon la quantité de sucre qui s'est développé dans le grain, elle est susceptible de se conserver pendant long-temps, si à l'aide d'un principe amer que l'on tire ordinairement du fruit du Houblon, on éloigne la Fermentation acétique.

La Fermentation acétique est, comme on le voit, encore une filiation des deux précédentes. Toute liqueur vineuse, suffisamment concentrée, abandonnée à une température de 15 à 50°, éprouve visiblement un mouvement intestin, se trouble et s'échauffe un peu. Tout l'Alcohol disparaît insensiblement, et se trouve remplacé par un Acide que l'on connaît sous le nom de vinaigre dont la préparation varie autant, et que les liqueurs spiritueuses que l'on y emploie. Les nombreuses recherches qui ont pour but l'explication de ce phénomène ou de cette partie du phénomène sont demeurées sans résultat satisfaisant.

La Fermentation putride est le dernier degré d'altération des matières végétales et animales. Elle s'établit très-promptement, surtout lorsqu'on y fait concourir l'action simultanée de l'air, de l'eau et de la chaleur, conditions également nécessaires pour que la putréfaction ait lieu; de même en préserve-t-on, jusqu'à certain point, les substances que l'on veut conserver intactes en les soustrayant

à l'influence immédiate de ces agens de corruption, par le contact des corps qui ont avec eux une affinité plus grande que celle des matières à conserver. Il y a dans cette Fermentation désorganisation et décomposition complète; l'Oxigène de l'air s'empare du Carbone et de l'Hydrogène des corps en putréfaction, et se combine avec eux de diverses manières; à son tour l'Hydrogène réagit sur l'Azote, le Soufre et le Phosphore lorsqu'il s'en trouve. Enfin il résulte de ces jeux d'attraction variés à l'infini une foule de combinaisons qui, d'ordinaire, se détruisent un instant après leur formation, pour immédiatement donner lieu à de nouveaux produits que souvent on ne peut saisir, et que l'on ne saurait qu'imparfaitement énumérer.   (DR..Z.)

FERNAMBOUC. bot. phan. Même chose que Brésillet. *V.* Cæsalpinie.
          (b.)

FERNANDEZIE. *Fernandezia.* bot. phan. Le genre établi sous ce nom par Ruiz et Pavon (*Gen. Pl. Peruv. et Chil.*, p. 123, t. 27), fait partie de la famille des Orchidées, et nous paraît avoir les plus grands rapports avec les genres *Epidendrum* et *Cymbidium.* Les cinq divisions de son calice sont presque égales et étalées; le labelle embrasse le gynostème, et se divise en deux parties, l'une supérieure, plus courte et recourbée, l'autre inférieure, obovale et plus grande. Le gynostème se termine par une anthère operculée, à deux loges, contenant chacune une masse pollinique, qui toutes deux sont portées sur une caudicule unique et commune. Ce dernier caractère est réellement le seul qui distingue ce genre des véritables Epidendres.

Dans leur *Systema*, Ruiz et Pavon indiquent sept espèces de ce genre, qui toutes croissent en Amérique, et qui généralement sont parasites. Ces espèces n'étant connues que par des phrases, nous ne croyons pas devoir les mentionner ici.   (A. R.)

FERNELIE. *Fernelia.* bot. phan.

Famille des Rubiacées, Tétrandrie Monogynie,L. Genre établi par Commerson pour un Arbrisseau originaire des îles de France et de Bourbon, où il est connu sous le nom vulgaire de Faux-Buis, à cause de son feuillage qui rappelle beaucoup celui de cet Arbrisseau. Ses caractères sont : calice à quatre divisions subulées; corolle à tube court et à quatre lobes ; quatre étamines incluses ; baie cérasiforme peu charnue, couronnée par les dents du calice, à deux loges renfermant plusieurs graines attachées à un trophosperme central et sphérique, qui naît du milieu de la cloison. Ce genre a beaucoup de rapports avec le *Randia*, dont il diffère surtout par le nombre de ses étamines. Willdenow l'a réuni à tort au genre *Coccocypsilum*.

On connaît deux espèces de Fernelie. L'une, *Fernelia buxifolia*, Lamk., Enc., est un Arbrisseau originaire des îles de France et de Bourbon. Ses feuilles, courtement pétiolées, sont opposées, petites, ovales, entières, glabres et luisantes à leur face supérieure, légèrement pubescentes en dessous ; les fleurs, petites et blanchâtres, sont solitaires et presque sessiles à l'aisselle des feuilles; les fruits sont de la grosseur d'un pois.

L'autre, *Fernelia ovata*, Lamk., Ill., t. 67, f. 1, est connue à l'île de France sous le nom de Bois de Ronde. Ses feuilles sont opposées, coriaces, obovales et presque cunéiformes, beaucoup plus grandes que dans l'espèce précédente ; ses fleurs, légèrement pédonculées, sont solitaires à l'aisselle des feuilles. (A. R.)

FERO. pois. (Risso.) Le Coryphœne Hippure à Nice. (B.)

FEROCOSSE. bot. phan. Le Palmier que les habitans de Madagascar désignent sous ce nom, et dont le chou sert d'aliment, paraît appartenir au genre *Areca. V.* Arec. (B.)

FEROLIE. *Ferolia.* bot. phan. Aublet a décrit et figuré sous le nom de *Ferolia Guianensis* (Suppl. 7, t. 372), un grand Arbre dont on ne connaît encore que le fruit, et qui paraît avoir des rapports avec le *Parinari* de la famille des Rosacées. Cet Arbre est connu à la Guiane, sous les noms de Bois de Férole, Bois marbré, ou Bois satiné. Il est très-recherché pour les ouvrages d'ébénisterie et de marqueterie. Ses feuilles sont alternes, ovales, acuminées, entières, blanchâtres à leur face inférieure, courtement pétiolées; les fruits forment des espèces de grappes à l'extrémité des rameaux. Ils sont charnus, comprimés, à surface inégale, relevée de deux crêtes longitudinales : ils renferment un noyau rugueux à deux loges. (A. R.)

FERONIE. *Feronia.* ins. Genre ou plutôt division de l'ordre des Coléoptères, famille des Carnassiers, établi par Latreille (Règn. Anim. de Cuv.), et comprenant un grand nombre de genres fondés par Bonelli. Ses caractères essentiels sont d'avoir les deux premiers tarses seulement dilatés dans les mâles. Les Féronies se distinguent par-là des Harpales, dont les quatre tarses antérieurs sont dilatés, et elles en diffèrent encore, ainsi que de plusieurs genres voisins, par quelques particularités assez remarquables. Les antennes sont filiformes, et formées d'articles presque cylindriques ou presque coniques ; les mandibules sont pointues; le dernier article des palpes est aussi gros ou plus grand que le pénultième; la languette a la forme d'un carré long; elle est trifide, et la division mitoyenne est coupée carrément à son extrémité supérieure; les élytres sont entières, c'est-à-dire qu'elles ne sont pas tronquées à leur sommet; les jambes sont sans dent au côté extérieur; mais les deux jambes antérieures présentent une échancrure au côté interne.

Cette grande division a été partagée de la manière suivante en plusieurs sections qui correspondent généralement aux différentes coupes génériques, instituées par Bonelli :

I. Second et troisième articles des

tarses antérieurs des mâles dilatés en forme de cœur, et garnis en dessous de deux rangs de petites écailles.

† Prothorax mesuré dans son plus grand diamètre transversal, aussi large ou presque aussi large que les étuis réunis.

1. Corps ovale, convexe ou arqué en dessus ; dernier article des palpes extérieurs ordinairement ovalaire ; antennes filiformes ; la plupart des articles cylindriques.

Presque tous sont ailés, habitent les champs, et ne fuient point la lumière.

x. Dernier article des palpes extérieurs plus court que le précédent.

Genres : ZABRE, PELOR.

Les espèces comprises dans le premier genre, ont des ailes et deux épines à l'extrémité intérieure des jambes de la première paire de pates. Le *Carabus gibbus*, Fabr., peut en être considéré comme le type. Les espèces du second genre sont aptères, et n'ont qu'une épine à l'extrémité interne des jambes ; tel est le *Blaps spinipes*, qui en est le type.

β. Dernier article des palpes extérieurs aussi long ou plus long que le précédent.

Genres : AMARE, CALATHE, POECILE.

Dans les Amares, le labre est échancré et le prothorax est transversal : tels sont les Carabes *apricarius*, *concolor*, *aulicus*, *Alpinus*, *torridus*, *Eurynotus*, *vulgaris*, *communis*, etc., de Panzer.

Dans les Calathes, au contraire, le labre n'a point d'échancrure remarquable ; le prothorax est aussi long ou plus long que large, presque carré ou en trapèze, sans rétrécissement à sa base. On peut citer les Carabes *melanocephalus*, *fuscus* et *frigidus*, Fabr.

Les Pœciles ne diffèrent des Calathes que par leur prothorax rétréci postérieurement. Le troisième article des antennes est généralement comprimé avec une arête aiguë et longitudinale en dessus. Ici viennent se ranger les Carabes *lepidus*, *cupreus*,

dimidiatus, *punctatus*, Fabr., *vernalis*, *strenuus*, etc. Panz.

2. Corps ordinairement oblong, point convexe ni arqué en dessus ; dernier article des palpes extérieurs cylindrique ; antennes vues de profil paraissant sétacées ; la plupart de leurs articles en forme de cône renversé.

Les Féronies de cette division sont presque toujours aptères, et recherchent l'obscurité.

Genres : CÉPHALOTE, STOMIS, PERCUS, MOLOPS, PLATYSME, ABAX, PTÉROSTICHE.

Les Céphalotes et les Stomis ont les mandibules très-fortes des ailes, le prothorax presque en forme de cœur ; l'abdomen pédiculé à sa base, et leur port les rapproche des Scarites. Le genre Céphalote de Bonelli ou Brosque de Panzer, comprend le *Carabus Cephalotes* de Fabricius. Le genre Stomis présente un labre bilobé, et le premier article des antennes plus long que les deux suivans pris ensemble. Il embrasse le *Carabus pumicatus* d'Illiger et de Panzer.

Les autres genres de cette division ne présentent plus ces caractères.

Dans les *Percus*, le rebord extérieur des élytres se termine à l'angle extérieur de leur base et ne se replie point, ainsi que dans les genres qui vont suivre, sur cette base, en s'étendant jusqu'à la suture. Tel est le *Carabus Paykulii* de Rossi.

Dans les Molops de Bonelli, les antennes sont courtes et presque en forme de chapelet. On y rapporte les Scarites *Gagates* et *piceus* de Panzer.

Les Platysmes de Bonelli ont le corps étroit allongé, parallélipipède ou cylindrique ; leur prothorax est presque carré. Ce sont les Carabes *niger*, *nigrita*, *leucophthalmus* de Fabricius, le Carabe *cylindricus* d'Herbst, et *Anthracinus* d'Illiger, etc.

Les Abax ont un corps ovale ou ovale-oblong ; leur prothorax est grand, carré et appliqué exactement le long de son bord postérieur contre la base des élytres. A ce genre appartiennent les Carabes *Striola*, *strio-*

latus et *metallicus*, etc., de Fabricius.

Les Ptérostiches de Bonelli ont le corps allongé avec le prothorax en cœur et tronqué à sa base. Latreille y réunit les Mélanies du même auteur, et y place les Carabes *aterrimus*, *globosus*, *oblongo-punctatus*, *fasciato-punctatus* de Fabricius, les Carabes représentés par Panzer sous les noms d'*Æthiops*, *Jurine*, *Illigeri*, et ceux que Rossi a nommés *interpunctatus*, *picimanus*, *striatus*, etc.

†† Prothorax mesuré dans son plus grand diamètre transversal, plus étroit que la base des élytres réunies.

Genres : Sphodre, Lœmosthène, Dolique, Platyne, Anchomène, Taphrie.

Dans les uns, les palpes labiaux sont filiformes ; tels sont les Sphodres de Clairville, qui ont le troisième article des antennes aussi long ou plus long que les deux précédens pris ensemble.

Les *Carabus planus* de Fabricius et *terricola* d'Olivier, sont dans ce cas.

Les autres genres Lœmosthène, Dolique et Platyne, sont réunis par Latreille à celui des Anchomènes ; tous ont le troisième article des antennes moins long que les deux précédens. Tels sont les Carabes *flavicornis* et *augusticollis* de Fabricius.

Dans les autres, les palpes labiaux sont terminés par un article plus grand, et le prothorax est presque orbiculaire. Ce caractère convient aux Taphries, dont on ne connaît qu'une espèce, le Carabe *vivalis* d'Illiger et de Panzer.

II. Le second article, et même souvent le troisième des tarses antérieurs des mâles, en forme de palette carrée ou ronde, garnie en dessous de papilles très-nombreuses imitant des grains, ou d'une brosse composée de poils nombreux et serrés.

La plupart ont des ailes et fréquentent les lieux humides.

Genres : Epomis, Dinode, Chloenie, Oode, Calliste, Agone, Dicèle, Licine, Badiste.

Les Epomis de Bonelli, ainsi que les Dinodes qui leur sont associés par Latreille, ont le dernier article des palpes extérieurs, celui des labiaux surtout, dilaté et comprimé en forme de triangle ou de cône allongé. Tel est le *Carabus cinctus* de Rossi, et les Carabes *Crœsus*, *posticus*, *micans*, *stigma*, *Ammon*, etc., de Fabricius.

Les Chlœnies présentent des palpes filiformes ; le dernier article des maxillaires est cylindrique, et le même article des palpes labiaux a la figure d'un cône renversé. Ici se rangent les Carabes *festivus*, *spoliatus*, *vestitus*, *cinctus*, *holosericeus* de Fabricius. Latreille y rapporte aussi, mais avec quelque doute, le Carabe savonier d'Olivier.

Les Oodes ont aussi les palpes extérieurs filiformes ; mais le dernier article est ovalaire. Ils ressemblent aux Calathes par la forme ovale de leur corps et leur prothorax en trapèze. Le *Carabus helopioides* de Fabricius et de Panzer offre ce caractère. Les Callistes ressemblent aux Oodes par leurs palpes, mais leur corps est plus oblong, et leur prothorax a la figure d'un cœur tronqué. Latreille cite les Carabes *lunatus*, *prasinus*, *pallipes* de Fabricius et le Carabe *tæniatus* de Panzer. Les trois derniers sont des Anchomènes pour Bonelli.

Les Agones ont les palpes terminés comme ceux des Oodes et des Callistes ; mais leur prothorax devient orbiculaire.

Les Dicèles, les Licines et les Badistes ont les tarses antérieurs semblables à ceux des Féronies ; mais ils offrent des différences tranchées dans les parties de la bouche.

Nous avons présenté ici le tableau de la section des Féronies, démembrée du genre Harpale, tel qu'il a été donné dans le Règne Animal par Latreille, et plus tard, dans la 2ᵉ édit. du Dictionnaire d'histoire naturelle (de Déterville). Depuis, les genres de cette section ont été autrement groupés. Nous renvoyons à chacun d'eux et au mot Carabique de ce Dictionnaire. (Aud.)

FÉRONIE. *Feronia.* bot. phan.

Genre de la famille des Aurantiacées
et de la Décandrie Monogynie, L.,
établi par Correa de Serra (*Transact.
of Linn. Societ.* T. v, p. 224) et
adopté par De Candolle (*Prodrom.
Regni vegetab.* T. 1, p. 538) qui en
a ainsi exposé les caractères essentiels :
fleurs dont toutes les parties sont en
proportion quinaire; calice plane à
cinq divisions profondes; cinq pétales
oblongs; dix étamines ayant leurs filets libres dilatés et velus à la base,
et leurs anthères oblongues; disque
du torus élevé; fruit bacciforme à
plusieurs loges polyspermes, enveloppées d'une chair spongieuse.

La Féronie des Éléphans, *Feronia Elephantum*, Correa, *loc. cit.*, et
Roxburgh(*Coromand.*2, t.141), est un
grand Arbre qui croît dans les forêts
montueuses du Coromandel. Ses feuilles sont imparipinnées, composées de
cinq à sept folioles opaques, obovales, glabres et portées sur un pétiole
commun, glabre, étroit et muni d'un
rebord. Les branches sont garnies d'é-
pines simples. Les fleurs sont disposées en petites panicules axillaires ou
terminales. Le fruit est globuleux et
de la grosseur d'une pomme.

A l'espèce précédente une seconde
espèce a été ajoutée par Roth (*Nov.
Spec.*, p. 384) sous le nom de *Feronia
pellucida;* elle se distingue par ses
feuilles marquées de points glanduleux, transparens, et par son pétiole
commun, cylindrique et pubescent.

(G..N.)

FERRARIE. *Ferraria.* BOT. PHAN.
Genre de la famille des Iridées et de
la Triandrie Monogynie, établi par
Linné, et ainsi caractérisé : périgone
corolloïde dont le tube est court, le
limbe à six divisions étalées et ondulées; filets des étamines réunis à la
base; trois stigmates bifides, frangés
en capuchons; racine tubéreuse, tu-
niquée; fleurs terminales, solitaires
dans chaque spathe monophylle. Jussieu a séparé de ce genre le *Ferraria
Pavonia*, Linné, *Suppl.*, 407, dont
il a fait le genre *Tigridia* (*V.* ce mot);
de sorte qu'il n'est resté d'espèce appartenant bien certainement au *Fer-*

raria que la *F. undulata*, L. Les autres espèces, décrites dans Willdenow,
avaient été rapportées par Jacquin,
Forster et Thunberg, aux genres *Mo-
ræa* et *Sisyrinchium.* Les Plantes de
ce genre demandent à être de nouveau
examinées, vu leurs affinités avec les
divers autres genres de la famille des
Iridées et notamment avec le *Sisyrinchium.* Nous ne parlerons ici que
du type du genre ou de la *Ferraria
undulata*, L. Cette Plante a une tige
un peu rameuse, garnie de feuilles
vaginales d'un vert foncé; les radicales plus pâles et plus allongées,
ponctuées de rouge et de brun. Ses
fleurs ont leurs six divisions d'un
pourpre violet et velouté, ondulées
et tachetées de points jaunâtres à
leurs bords. Leur beauté est des plus
éphémères, puisqu'elles se ferment
deux ou trois heures après leur épanouissement pour ne plus se rouvrir.
On a plusieurs bonnes figures du *Ferraria undulata*, mais la plus belle est
sans contredit celle que Redouté a publiée dans ses Liliacées, t. 28. (G..N.)

* FERRAZA. POIS. (Lachesnaye-
des-Bois.) La Pastenaque commune à
Nice. (B.)

FERREOLA. BOT. PHAN. Rox-
burgh (*Flor. Coromand.*, 1, p. 35,
tab. 45) constitua sous ce nom un
genre avec le *Pisonia buxifolia* de
Rottboel ou *Ehretia ferrea* de Willd-
now. D'après les observations de
Jussieu (Ann. du Mus. T. v, p. 418),
ce genre doit être réuni au *Maba. V.*
ce mot. (G..N.)

FERRET. OIS. (Legat.) Nom donné à un Oiseau peu connu, aperçu
sur les côtes de l'île Maurice, et que
l'on présume être du genre *Sterna.
V.* HIRONDELLE DE MER. (DR..Z.)

* FERRICALCITE. MIN. (Kirwan.) Chaux carbonatée qui renferme une certaine portion de Fer dont
il se colore. C'est la variété appelée
Calcaire jaunissant. (B.)

FERRILITE. MIN. (Kirwan.) Syn.
de Basalte. *V.* ce mot. (B.)

FERSIK. BOT. PHAN. (Forskalh.)

Syn. arabe de Pêcher. *V*. ce mot. (B.)

FÉRULE. *Ferula*. BOT. PHAN. Famille des Ombellifères, Pentandrie Digynie, L. Ce genre offre une corolle de cinq pétales étalés, égaux et cordiformes ; un fruit ovoïde, comprimé, presque plane, relevé de trois côtes peu saillantes sur chacune de ses moitiés. Ses fleurs sont jaunes, polygames ; son involucre est nul ou formé de quelques folioles linéaires. Ce genre se compose d'environ une vingtaine d'espèces, qui sont de très-grandes Plantes à feuilles plus ou moins découpées et décomposées. Nous citerons ici les deux suivantes :

FÉRULE COMMUNE, *Ferula communis*, L. Grande et belle espèce qui croît dans les lieux maritimes, sur les bords de la Méditerranée, en Europe, en Afrique et en Orient. Sa tige s'élève à une hauteur de six à huit pieds ; elle est cylindrique, glabre, simple, remplie de moelle ; les feuilles sont très-grandes, pétiolées et dilatées à leur base, découpées en un nombre infini de lobes ou de folioles linéaires, étroites et aiguës. Les fleurs sont jaunes, et forment généralement trois ombelles au sommet de la tige ; ces ombelles sont dépourvues d'involucre.

La Férule des anciens, dont nous ont parlé Théophraste, Dioscoride et Pline, paraît être une espèce très-voisine de celle-ci, et probablement la *Ferula glauca*, L. On se servait de ses tiges pour faire des cannes légères. Les prêtres de Bacchus en portaient toujours de semblables. La moelle qu'elles contiennent, s'enflamme et brûle très-lentement, de sorte qu'on l'employait en place d'amadou ou pour conserver du feu. C'est un usage encore en vigueur parmi les bergers de certaines contrées d'Italie. Après avoir séparé la moelle de l'intérieur des tiges de Férule on les employait pour conserver les manuscrits. Au rapport de Plutarque, Alexandre-le-Grand conservait de cette manière un manuscrit des œuvres d'Homère.

FÉRULE ASSA FOETIDA, *Ferula Assa fœtida*, L. Cette espèce est originaire de Perse. Sa tige est cylindrique, nue ; ses feuilles sont toutes radicales, décomposées en folioles oblongues, pinnatifides, à divisions oblongues et obtuses. C'est par des incisions pratiquées au collet de la racine de cette Plante, que l'on recueille le suc gommo-résineux connu sous le nom d'*Assa fœtida*. *V*. ce mot. Sprengel (*in Rœm. et Schult. Syst.* 6) réunit au genre Férule, le *Pastinaca Opopanax*, L., qui fournit la gomme résine Opopanax. *V*. PANAIS.

(A. R.)

FERUMBROS. BOT. PHAN. Ce nom, selon Adanson, est celui que Zoroastre donnait à la Laitue. (B.)

FERZAIE. OIS. Même chose qu'Effraie et que Freraie. *V*. ces mots. (B.)

FESTIVIENS. *Festivi.* INS. Nom sous lequel Linné a désigné une division ou tribu dans son grand genre *Papilio*. (AUD.)

FESTUCA. BOT. PHAN. *V*. FÉTUQUE.

* **FESTUCACÉES.** *Festucaceæ*. BOT. PHAN. Kunth (*Syn. Plantarum Æquin.* 1, p. 208) appelle ainsi la quatrième section de la famille des Graminées, qu'il avait antérieurement nommée *Bromées* dans son Mémoire sur cette famille. *V*. GRAMINÉES. (A. R.)

FESTUCAGO. BOT. PHAN. (Gaza.) Syn. de Brome stérile. (B.)

FESTUCAIRE. *Festucaria.* INTEST. Ce nom a été donné par Schranck à quelques Vers intestinaux du genre Amphistome, que Goëse et Zeder avaient réunis sous la dénomination de Monostome. *V*. AMPHISTOME et MONOSTOME. (LAM..X.)

FÉTICHE. REPT. OPH. et POIS. On sait que les nègres d'Afrique rendent des hommages à un Serpent, que pour cela les voyageurs nomment Fétiche. Barbot prétend qu'à la côte de Guinée, les habitans honorent aussi un Poisson qui paraît, d'après ce qu'en dit ce voyageur, appartenir à la famille des Sélaciens. (B.)

FÉTIDIER. *Fœtidia.* BOT. PHAN.

Genre établi par Commerson, et adopté par Jussieu, dans la famille des Myrtacées et l'Icosandrie Monogynie, L., pour un Arbre qui croît aux îles de France et de Bourbon où on le connaît vulgairement sous le nom de *Bois puant*. Par son port, le *Fœtidia Mauritiana*, Lamk., Dict., 2, p. 457, Ill., tab. 446, ressemble assez à notre Noyer. Son bois est veiné et rougeâtre. Ses feuilles sont ovales, presque obtuses, entières, coriaces, glabres, rétrécies insensiblement à leur base; elles sont très-rapprochées les unes des autres vers le sommet des ramifications de la tige; les fleurs sont grandes, solitaires et pédonculées à l'aisselle des feuilles supérieures; leur calice est monosépale, campanulé; son limbe est turbiné et à quatre angles adhérens avec l'ovaire infère; son limbe, à quatre divisions ovales, aiguës, très-grandes, persistantes, d'abord dressées, puis rabattues en dessous. La corolle manque. Les étamines sont excessivement nombreuses, insérées sur plusieurs rangs à la base des divisions calicinales; leurs filets sont grêles, capillaires et libres. L'ovaire est infère, à quatre loges contenant chacune un petit nombre d'ovules. Le style est simple, terminé par un stigmate à quatre divisions. Le fruit est une capsule presque ligneuse, à quatre angles, tronquée supérieurement où elle est couronnée par les quatre divisions du calice qui sont rabattues en dessous, à quatre loges, contenant chacune une ou deux graines. On se sert du bois de cet Arbre pour faire des meubles. Il répand une odeur désagréable.   (A. R.)

FÉTUQUE. *Festuca.* BOT. PHAN. L'un des genres les plus naturels et les plus nombreux en espèces de toute la famille des Graminées et qui est caractérisé par des fleurs généralement disposées en panicules, et dont les pédicelles sont renflés au sommet et comme cunéiformes. Les épillets contiennent de deux à quinze fleurs; la lépicène est à deux valves inégales dont l'inférieure est quelquefois deux ou trois fois plus courte. La paillette inférieure de la glume est entière et non bifide à son sommet qui se termine par une soie plus ou moins allongée; la supérieure est bifide à son sommet: les deux paléoles sont ovales, entières et velues; le style est biparti; les deux stigmates sont velus, et le fruit, marqué d'un sillon longitudinal, est enveloppé dans les écailles de la glume.

Ce genre, ainsi que nous l'avons dit précédemment, est fort nombreux en espèces qui sont en quelque sorte réparties dans presque toutes les contrées du globe, mais plus spécialement dans les régions tempérées. Ce sont en général des Plantes vivaces qui croissent dans les lieux arides et stériles. Plusieurs espèces en ont été successivement retirées et sont devenues les types de genres distincts. Ainsi R. Brown (*Prodrom. Nov.-Holl.*) fait un genre *Glyceria* avec la *Festuca fluitans* de Linné, qui est si commune dans nos marres et nos fossés, et qu'il a retrouvée à la Nouvelle-Hollande. Ce genre se distingue surtout des véritables Fétuques, par l'absence de soie, et par sa paillette inférieure qui est naviculaire et roulée sur la supérieure. Dans son Agrostographie, Beauvois a retiré du genre Fétuque toutes les espèces qui ont la paillette inférieure légèrement bifide au sommet, et dont la soie naît de cette incision, pour en faire son genre *Schenodorus*. Ce genre se confond presqu'avec les Bromes.

Le genre *Festuca* ainsi limité est facile à distinguer: 1° des *Poa*, par la présence d'une soie; 2° des Bromes par sa soie terminale, etc.

Aucune espèce n'offrant d'intérêt ni pour les arts, ni pour l'agriculture, nous croyons inutile d'en faire ici mention.   (A. R.)

FEU. Ce que les anciens croyaient une matière particulière, dont les molécules pouvaient se fixer dans les corps ou s'en dégager, ce qu'ils

avaient décoré du nom pompeux d'E-
lément, dans la persuasion qu'il con-
courait avec ses trois associés à la
formation de tous les êtres tant inertes qu'organiques : le Feu enfin, ce
prétendu élément, n'est plus considéré par les physiciens modernes, que
comme un phénomène qui se reproduit dans tous les corps soumis à une
température extrêmement élevée. Le
Feu est le résultat de l'ignition, c'est-
à-dire du dégagement simultané de
la lumière et du calorique. De toutes
les circonstances qui donnent naissance à ce phénomène, la combustion
est la plus générale et la plus remarquable. La théorie aussi ingénieuse
que savante de Lavoisier sur la combustion, avait fait oublier le *Phlo-
giston* de Stahl, et l'on était assez
d'accord pour admettre qu'elle consistait dans l'absorption de l'Oxigène par les corps combustibles, accompagnée du phénomène de l'ignition. Selon cette théorie, les différences de densités observées dans les
corps brûlés, paraissaient des causes
suffisantes d'élévation de température; mais on ne pouvait se rendre
compte du dégagement de la lumière,
puisqu'on la considérait comme essentiellement distincte du calorique.
En portant son attention sur la chaleur intense, produite par la combustion du Charbon dans le Gaz
Oxigène et par la combinaison de celui-ci avec le Gaz Hydrogène, on fut
dans la suite convaincu que ni les
différences de densités entre les corps
qui se combinent, ni celles qui résultent de leurs chaleurs spécifiques ou
celles de leurs chaleurs latentes, ne
correspondent à la grande quantité de
calorique émise pendant la combustion. La faculté de produire du Feu
cessa d'être restreinte aux combinaisons de l'Oxigène, lorsqu'on fut assuré que le Soufre, le Chlore, le
Phosphore, etc., bien secs, déga-
geaient aussi de la lumière et du calorique en se combinant rapidement
avec les Métaux. L'expérience prouva
également que l'ignition pouvait être
produite par la seule combinaison de

deux Métaux entre eux, par l'avidité
de saturation d'un Alcali, par un Acide
concentré, par l'exposition à une chaleur moindre que celle nécessaire
pour l'incandescence de plusieurs
composés, tels que l'oxide de Chrô-
me, la Zircone, etc., par une simple
séparation d'élémens auparavant
combinés, comme on l'observe dans
la détonation du Chlorure ou de l'Io-
dure d'Azote; enfin, qu'il se dégageait
une quantité de calorique appréciable
par les instrumens, dans toutes les
combinaisons chimiques. En résu-
mant ces diverses observations, Berzelius (Essai sur l'infl. chimiq. de l'é-
lectricité, p. 65), après avoir conclu
que la lumière et le calorique qui
naissent dans la combustion, ne proviennent pas absolument d'un changement dans la densité des corps, ni
d'une moindre chaleur spécifique
dans le nouveau produit, a émis son
opinion sur la nature du phénomène
de l'ignition. Ce n'est, dit-il, qu'un
degré de température plus élevé que
celui du calorique sans lumière; en
sorte qu'il ne convient nullement de
faire une distinction de celle-ci d'avec
le calorique. Tous les corps élevés à
une température qui varie, il est vrai,
suivant chaque espèce, sont susceptibles de devenir lumineux; et l'on sait
que pour les corps solides ou liquides
cette température n'est jamais moindre de 557 degrés centigr. Mais ces
probabilités en faveur de l'hypothèse,
que la lumière ne serait qu'une modification du calorique, sont contreba-
lancées par certains phénomènes, où
il y a production de lumière sans calorique sensible, tels que la lumière
lunaire, les phosphorescences des
corps organiques, etc.
Le Feu résulte aussi de la percussion ou du frottement des corps solides, de la compression des Gaz, comme le prouve l'expérience du briquet
pneumatique, imaginé par Gay-
Lussac. Il accompagne la plupart
des décharges électriques, même dans
le vide; ce qui semblerait prouver que
le Feu du ciel ou l'éclair ne résulte
pas de la compression de l'air par le

passage rapide du fluide électrique, comme plusieurs physiciens l'ont avancé. *V.*, pour plus de renseignemens, les mots Electricité, Flamme, Lumière et Température.

(G..N.)

Le terme de Feu a été employé sous diverses acceptions par les anciens naturalistes et physiciens. Nous nous contenterons de mentionner ici les suivantes, comme celles qui se représentent le plus souvent dans leurs ouvrages.

Feu central. Dans la supposition admise par quelques physiciens que la terre ait eu une origine ignée, son noyau aurait encore une chaleur très-considérable qui se communiquerait jusqu'à l'extrémité du rayon divergent, et serait la cause de cette température uniforme et constante que l'on observe dans les cavités souterraines situées à la même profondeur et hors de l'influence des causes calorifiques étrangères au globe lui-même. Le savant Arago a communiqué à l'Académie des sciences, dans la séance du 22 août 1824, des faits qui tendent à prouver que la terre a une chaleur propre qui augmente à mesure qu'on se rapproche de son centre.

Feu du ciel. *V.* Electricité.

Feu fixé. Les anciens physiciens, ignorant encore qu'une production subite de chaleur pouvait être le résultat du passage d'un corps gazeux à l'état solide, ont cru, au contraire, que le feu, rendu sensible, se dégageait, par une cause accidentelle, des corps solides dans lesquels ils le croyaient engagé ou fixé. Cette opinion a été la cause de la qualification qu'ils ont donnée à ce qu'ils présumaient être un état particulier du Feu.

Feu follet. Nom que l'on donne vulgairement à de petites flammes errantes que l'on voit apparaître à la surface de la terre, et que l'on présume être produites par le dégagement d'un fluide phosphoré, qui peut s'opérer spontanément, surtout dans le voisinage des lieux qui recèlent des matières animales en putréfaction.

Feu Grisou. Inflammation accidentelle du Gaz hydrogène carboné qui se dégage dans les galeries de certaines mines, et particulièrement dans les houillères.

Feu libre. Par la même raison que l'on admettait un Feu fixé dans les corps, on devait, alors que pendant la combustion il se dégageait du calorique, reconnaître un Feu libre. Il y a réellement du calorique ou du Feu qui se met en liberté, mais ce calorique est-il produit par le corps combustible, ainsi qu'on l'a cru pendant long-temps, ou par le corps comburant, comme tout porte à le croire d'après les expériences modernes ? C'est une question qui vraisemblablement sera bientôt résolue d'une manière positive et invariable.

Feu Saint-Elme. Aigrettes lumineuses que, dans les temps orageux, l'on aperçoit à l'extrémité des mâts et autres pointes qui ont la propriété de soutirer le fluide électrique des nuages qui en sont abondamment chargés.

Feu souterrain. *V.* Volcan.

Feu terroux. *V.* Feu Grisou.

(DR..Z.)

FEU ARDENT. bot. phan. L'un des noms vulgaires de la Bryone. *V.* ce mot. (b.)

* FEU SAUVAGE. bot. crypt. (Cœsalpin.) Le Clathre cancellé. (b.)

FEUCHIÈRE et FEUGIÈRE. bot. crypt. Anciens noms français de la Fougère. (b.)

FEUILLE. zool Ce nom a été appliqué à des Animaux auxquels on a trouvé quelque ressemblance avec les feuilles des Arbres. L'on a nommé ainsi une Chauve-Souris du genre Mégoderme et un Poisson qui forme le genre Polyodon. On a encore appelé :

Feuille ambulante, Feuille sèche ou Mache-Feuille, la Phyllie. Parmi les Orthoptères :

Feuille de Chène, Feuille morte et Feuille de Peuplier, divers Bombyces.

Parmi les Coquilles :

Feuille de Laurier, l'*Ostrea Folium*.

FEUILLE de CHOUX, le *Chama Hippopus*, L.

FEUILLE HUITRE, une espèce du genre *Mytilus*.

FEUILLE DE TULIPE, le *Mytilus Modiolus*, etc.   (B.)

FEUILLÉE. *Feuillea* ou *Fevillea*. BOT. PHAN. Linné dédia ce genre à la mémoire du père Feuillée auquel l'histoire naturelle est redevable de documens précieux sur le Pérou et le Chili, et le constitua en prenant pour types des Plantes désignées par Marcgraaff (*Bras.*, 46) et Plumier (*Genera*, 20, ic. 209 et 210) sous le nom de *Nhandiroba*. Ce dernier mot a été employé de nouveau par Lamarck (*Encycl. Méthod.*) pour le genre en question qui d'ailleurs appartient à la Diœcie Pentandrie, L., et que le professeur A.-L. de Jussieu avait placé avec doute dans la famille des Cucurbitacées. A la suite d'un travail d'Auguste Saint-Hilaire sur cette famille, inséré dans les Mémoires du Muséum, ce botaniste a créé la nouvelle famille des Nhandirobées dont le genre Feuillée forme le type, et qui est intermédiaire entre les Passiflorées et les Myrthées. Voici les caractères assignés par Jussieu au genre *Fevillea :* fleurs dioïques ; calice campanulé dont le limbe est étalé et à cinq segmens ; corolle monopétale rotacée, à cinq lobes convexes et réfléchis. Dans les fleurs mâles, une sorte de petite étoile double, formée peut-être par les trois styles persistans d'un ovaire avorté, ferme l'entrée de la corolle ; dix étamines à filets distincts, dont cinq portant des anthères didymes et fertiles, et cinq alternes avec ceux-ci, stériles. Dans les fleurs femelles, une petite étoile composée de cinq lamelles en cœur (étamines avortées?) est située à l'intérieur de la corolle ; ovaire semi-infère, terminé par cinq styles (trois selon Browne) et par autant de stigmates. Le fruit est une baie sphérique, très-grande, cucurbitacée (Péponide, Rich.), couverte d'une écorce dure, marquée circulairement par les traces du limbe calicinal, triloculaire, contenant un grand nombre de graines orbiculaires comprimées, ayant un test crustacé, et renfermant un embryon dépourvu de périsperme. Cette absence de périsperme a été de nouveau constatée par Auguste Saint-Hilaire et Turpin. Le *Fevillea* se compose de Plantes herbacées sarmenteuses, à feuilles alternes, cordées et trilobées, munies de vrilles dans leurs aisselles ; leurs fleurs sont petites et portées sur des pédoncules axillaires.

Ce genre se rapproche beaucoup des Cucurbitacées et des Passiflorées par son port, ses tiges grimpantes, par la présence des vrilles, et par ses fleurs mâles et femelles. Il a de grandes affinités par sa fleur et ses vrilles avec le *Zanonia*, L., que Jussieu et Auguste Saint-Hilaire ont placé dans le même groupe.

Toutes les espèces de Feuillées sont indigènes des climats équatoriaux de l'Amérique. Linné en a décrit deux, l'une sous le nom de *Fevillea cordifolia*, dont une variété a été élevée au rang d'espèce par Poiret (Encycl. Méthod.) qui l'a nommée *Fevillea hederacea*. Le *F. punctata* de Linné (*Syst. Veget.*) avait été rapporté par cet auteur lui-même (*Spec.*, 1432) au genre *Trichosanthes*, et Lamarck, dans l'Encyclopédie, lui avait restitué le nom de *Nhandiroba*. Cette Plante croît à Saint-Domingue. Enfin Kunth (*Nov. Genera et Spec. Plant. æquinoct.* T. II, p. 124) en a décrit une nouvelle espèce qui croît dans les forêts près de Turbaco, dans la république de Colombie, et que les habitans nomment *Javilla*. Ce mot est le nom spécifique employé par Kunth, qui ajoute que sa Plante pourrait bien être une espèce de *Zanonia*.
                                        (G..N.)

FEUILLES. *Folia*. BOT. PHAN. On appelle ainsi des expansions ordinairement membraneuses, planes, vertes, naissant sur la tige et les rameaux ou immédiatement sur le collet de la racine. Ce sont les organes principaux de la nutrition dans les Plantes.

En effet, par les pores nombreux qu'elles présentent à leurs surfaces, elles servent à l'absorption ou à l'exhalaison des fluides nécessaires ou devenus inutiles à la nutrition de la Plante. Avant de se développer, les Feuilles sont toujours renfermées dans des bourgeons, où elles sont diversement arrangées les unes à l'égard des autres, mais toujours de la même manière dans tous les individus d'une même espèce, souvent d'un même genre, quelquefois même dans tous les genres d'une même famille. La préfoliation, c'est ainsi qu'on appelle cette disposition des Feuilles dans le bourgeon, est donc importante à étudier, et peut, dans quelques cas, fournir de bons caractères de genres ou même de familles. *V.* le mot PRÉFOLIATION, où nous citerons quelques exemples de ses principales modifications. Les Feuilles se continuent avec la tige, et semblent formées par l'épanouissement d'un faisceau de fibres qui en provient. Ces fibres, qui ne sont autre chose que des vaisseaux de différente nature, se ramifient, s'anastomosent entre elles et constituent un réseau dont les mailles offrent des formes très-variables et qui représentent en quelque sorte le squelette de la Feuille. Ces mailles sont ensuite remplies par du tissu cellulaire vert d'une nature particulière et qui provient de l'enveloppe herbacée de la tige.

La Feuille est généralement formée de deux parties, savoir : le disque ou le *limbe*, c'est-à-dire la partie foliacée ou plane, et le *pétiole* ou queue de la Feuille. Quelquefois la Feuille est immédiatement attachée à la tige par la base de son limbe; dans ce cas, elle est dite *sessile*, comme dans le Pavot, par exemple; lorsqu'elle est portée sur un pétiole, on dit qu'elle est *pétiolée*.

On distingue dans la Feuille sa face supérieure, généralement plus lisse, d'une couleur plus foncée et dont l'épiderme est plus adhérent et offre moins de pores corticaux, et sa face inférieure d'une teinte moins foncée, souvent couverte de poils ou de duvet, dont l'épiderme est plus lâchement uni à la couche herbacée, présentant un grand nombre de petites ouvertures, qui sont les orifices des vaisseaux intérieurs du Végétal. Aussi est-ce surtout par leur face inférieure que les Feuilles, dans les Végétaux ligneux, absorbent les fluides qui s'élèvent de la terre ou sont répandus dans l'atmosphère. On distingue encore dans la feuille sa base ou le point par lequel elle est attachée à la tige ou au collet de la racine; son sommet, qui est le point opposé à sa base, et enfin sa circonférence ou son contour, qui est la ligne déterminant extérieurement sa surface. La face inférieure de la Feuille présente un grand nombre de prolongemens sous la forme de lignes plus ou moins saillantes qui, partant du pétiole dont ils sont la continuation, se ramifient en différens sens; on les appelle les *nervures*. Malgré la ressemblance de leur nom, les nervures n'ont aucune analogie de structure ou d'usage avec les nerfs des Animaux. Ce sont des faisceaux de vaisseaux poreux, de trachées et de fausses trachées enveloppées d'une petite couche de tissu cellulaire. Parmi ces nervures, il en est une qui, offrant une disposition presque constante, a reçu un nom particulier; on la nomme côte ou nervure médiane. Elle fait suite au pétiole, présente en général une direction longitudinale, et divise la Feuille en deux parties latérales plus ou moins égales entre elles. C'est de sa base et de ses parties latérales que partent en différens sens et en s'anastomosant fréquemment entre elles les autres nervures de la Feuille. Suivant leur épaisseur et la saillie qu'elles forment à la face inférieure de la Feuille, les nervures prennent différens noms. Ainsi elles conservent celui de nervures proprement dites, quand elles sont saillantes et très-prononcées : on les appelle *veines* lorsqu'elles le sont moins; enfin les dernières ramifications des veines, qui constituent à proprement parler le réseau de la Feuille, sont appelées les *veinules*. Quelquefois les nervures se prolongent au-delà de la circonférence du disque de la Feuille et forment alors, quand elles ont une certaine rigidité, des pointes épineuses plus ou moins acérées, comme on le voit par exemple dans le Houx et quelques autres Végétaux. La disposition générale des nervures sur les Feuilles mérite la plus grande attention et peut servir à caractériser certaines divisions du règne végétal. Ainsi, par exemple, dans les Plantes monocotylélonées, les nervures sont simples, peu ramifiées et parallèles entre elles. Quelques genres de la famille des Aroïdées forment exception à cette règle presque générale. Dans les Dicotylédonées, elles sont généralement ramifiées irrégulièrement et anastomosées entre elles en tous sens. On peut rapporter aux suivantes les variétés les plus remarquables de la disposition des nervures.

1°. Elles peuvent partir toutes de la base de la Feuille et se diriger vers son sommet, sans éprouver de division sensible, comme dans un grand nombre de Monocotylédones, certaines Dicotylédones, telles que les Rhexies et les Mélastomes, certaines Urticées, etc. Les Feuilles sont dites alors *basinerves* ou *digitinerves*.

2°. Quand, au contraire, les nervures partent des côtés de la côte ou nervure médiane, et se dirigent, soit horizontalement, soit obliquement vers la circonférence de la Feuille, celle-ci prend le nom de *latérinerve* ou *penninerve*. Cette disposition est extrêmement fréquente dans les Plantes dicotylédones.

3°. Enfin si des nervures les unes naissent à la fois de la base de la côte et les autres de ses parties latérales, les feuilles sont appelées *mixtinerves* ainsi qu'on l'observe dans plusieurs espèces de Nerprun. Toutes les autres dispositions que peuvent offrir les nervures des Feuilles rentrent dans un des trois types principaux que nous venons d'énoncer.

Une feuille peut être attachée de différentes manières à la tige ou aux ramifications qui la supportent; quelquefois elle y est simplement articulée, c'est-à-dire qu'elle y est fixée par une sorte de rétrécissement ou d'articulation, comme dans le Platane, le Marronnier d'Inde, etc. Ces Feuilles sont alors caduques, et tombent de très-bonne heure; d'autres fois la Feuille est tellement unie à la tige qu'elle ne peut s'en séparer sans déchirure. Dans ce cas elle persiste aussi long-temps que les rameaux qui les supportent, comme dans le Lierre, le Laurier-Cerise, etc.

La manière dont les Feuilles sessiles sont attachées à la tige mérite d'être étudiée, et présente des modifications qui sont représentées par autant d'expressions spéciales. Ainsi quelquefois la nervure médiane s'élargit et embrasse la tige dans la moitié de sa circonférence. La Feuille est alors dite *semi-amplexicaule*. On la nomme *amplexicaule* quand elle embrasse la tige dans toute sa circonférence, par exemple dans le Pavot des jardins, le Cercifi, etc.

Assez souvent la base de la Feuille se prolonge en formant une gaîne qui embrasse entièrement la tige et l'enveloppe dans une certaine longueur. Ces Feuilles sont alors nommées *engaînantes*, comme dans les Graminées et les Cypéracées. La gaîne peut être considérée comme un pétiole élargi, membraneux, roulé autour de la tige. Le point de réunion du limbe de la Feuille et de la gaîne a reçu le nom de *collet*. Tantôt le collet, principalement dans la famille des Graminées, est nu; tantôt il est garni d'un petit bouquet de poils, comme dans le *Poa pilosa*, ou d'un petit appendice membraneux nommé *ligule* ou *collure*. La forme de la ligule est très-variée dans les différentes espèces, et fort souvent elle fournit d'excellens caractères pour les distinguer.

La gaîne est ordinairement entière, d'autres fois elle est fendue dans toute sa longueur; ce caractère, en apparence peu important, distingue, à très-peu d'exceptions près, la famille des Graminées de celle des Cypéracées ; les premières ayant la gaîne fendue , tandis qu'elle est entière dans les secondes.

Quelquefois le limbe de la Feuille , au lieu de se terminer à son point d'origine sur la tige, se prolonge plus ou moins bas sur cet organe où il forme des espèces d'ailes membraneuses. Dans ces cas, les Feuilles sont dites *décurrentes* , et la tige est appelée *ailée*. Le Bouillon-Blanc , la grande Consoude en présentent des exemples.

On nomme Feuille *perfoliée* celle dont le disque est en quelque sorte traversée par la tige, comme dans le *Buplevrum rotundifolium*. On entend par Feuilles *connées* ou conjointes des Feuilles opposées et sessiles qui se réunissent et se soudent par leur base, de manière que la tige passe au milieu de leurs limbes soudés. Telles sont les Feuilles du Chardon à foulon , de la Saponaire , et celles qui garnissent la partie supérieure de la tige du Chèvre-Feuille des jardins.

Une distinction fort importante à faire entre les Feuilles est celle qui les divise en *simples* et en *composées*. La Feuille simple est celle dont le pétiole commun n'offre aucune division sensible et dont le limbe est formé d'une seule et même pièce ; la Feuille composée, au contraire , résulte de l'assemblage d'un nombre plus ou moins considérable de petites Feuilles distinctes les unes des autres, qu'on appelle *folioles*, et qui sont toutes fixées sur les parties latérales ou au sommet d'un pétiole commun. Chaque foliole peut être sessile sur le pétiole commun , ou bien elle peut y être attachée par un petit pétiole particulier qu'on nomme *pétiolule*. On distingue les Feuilles composées en articulées et en non articulées : les premières sont celles qui sont fixées au pétiole commun au moyen d'une véritable articulation susceptible de mobilité , telles sont celles de l'Acacia , de la Sensitive, et en général de toutes les Légumineuses. Ce sont les

seules dans lesquelles on observe le phénomène d'irritabilité que Linné a désigné sous le nom de *sommeil des Feuilles,* et sur lequel nous reviendrons prochainement en traitant des fonctions de ces organes.

Entre la Feuille simple et la Feuille composée , on observe une série de modifications qui servent en quelque sorte à établir le passage insensible de l'une à l'autre ; ainsi il y a d'abord des Feuilles dentées , d'autres qui sont divisées jusqu'à la moitié de leur profondeur en lobes distincts , d'autres enfin dont les incisions parviennent presque jusqu'à la nervure médiane , et simulent ainsi une Feuille composée. Mais il sera toujours facile de distinguer ces Feuilles profondément lobées des Feuilles vraiment composées, en remarquant que dans celles-ci on pourra détacher chacune des pièces dont elle est formée , sans endommager aucunement les autres, tandis que dans une Feuille simple, quelque profondément divisée qu'elle soit , la partie foliacée ou le limbe de chaque division se continue à sa base avec les divisions voisines ; en sorte qu'on ne peut séparer une de ces divisions , sans déchirer plus ou moins celles entre lesquelles elle se trouve placée.

Dans quelques Végétaux , toutes les Feuilles ne présentent pas une figure parfaitement semblable. Il y a même à cet égard une différence des plus tranchées dans certaines Plantes ; ainsi dans le Mûrier à papier, le Lierre , il y a des Feuilles parfaitement entières , et d'autres à deux , trois ou cinq lobes plus ou moins profonds. En général , les Plantes qui ont des Feuilles partant immédiatement du collet de la racine, et que, pour cette raison, on nomme Feuilles radicales, et d'autres naissant des différens points de la tige, les ont rarement semblables.

Les Feuilles varient encore suivant le milieu dans lequel elles végètent. Les Plantes aquatiques ont ordinairement deux espèces de Feuilles : les unes nageant à la surface de l'eau ou un peu élevées au-dessus de son niveau ; les autres constamment plongées dans ce liquide. Ainsi , par exemple , la Renoncule aquatique a des Feuilles lobées qui surnagent et sont étalées à la surface de l'eau , et des Feuilles divisées en lanières capillaires plongées dans le liquide. *V.* l'art. DÉGÉNÉRESCENCES DES ORGANES.

Les Feuilles sont de tous les organes de la Plante ceux qui offrent le plus grand nombre de modifications, et fournissent le plus de signes caractéristiques pour distinguer les espèces. Il nous paraît important d'indiquer ici les différens points de vue sous lesquels ou peut les envisager.

1. Relativement au lieu d'où elles naissent, les Feuilles sont : *séminales* , ce sont les cotylédons développés ; *primordiales* , ce sont les deux premières Feuilles de la gemmule ; *radicales* , celles qui naissent du collet de la racine ; *caulinaires* , quand elles partent de la tige , etc.

2. Suivant leur disposition sur la tige ou les rameaux, elles sont opposées , alternes , éparses , verticillées , fasciculées, etc.

3. Quant à leur direction relativement à la tige, on les dit dressées , étalées , infléchies , réfléchies , etc.

4. Leur circonscription ou leur figure présente toutes les modifications possibles. Ainsi il y a des Feuilles ovales, elliptiques, orbiculaires, lancéolées , linéaires , spatulées , cunéiformes , etc.

5. Elles peuvent être diversement échancrées à leur base , ce qui modifie leur figure : ainsi elles sont cordées , hastées , amincies en pointe , terminées brusquement , etc.

6. Leur sommet peut également se terminer de différentes manières ; c'est ainsi qu'elles peuvent être aiguës , obtuses , acuminées , échancrées , piquantes , etc.

7. Les Feuilles peuvent offrir dans leur contour des angles plus ou moins nombreux et plus ou moins marqués, ce qui leur donne des figures différentes ; ainsi elles sont rhomboïdes , triangulées, quadrangulées, etc.

8. Les Feuilles simples , comme nous l'avons dit précédemment, peuvent offrir des incisions plus ou moins profondes , sans pour cela devoir être considérées comme composées ; ainsi elles peuvent être trifides, quadrifides , multifides , trilobées , multilobées , tripartites , quadripartites, multipartites, etc.

9. Quant à leur contour ou aux modifications que présente leur bord même , les Feuilles sont : entières , quand elles n'offrent ni dents ni lobes ; crénelées , dentées , ciliées , etc.

10. Quant à leur expansion , elles peuvent être planes , convexes , concaves , ondulées , etc.

11. Leur superficie peut être luisante , unie , rude , scabre , glanduleuse , pubescente , glabre, etc.

12. Leur consistance ou leur tissu varie également beaucoup : ainsi elles sont membraneuses dans le plus grand nombre des Végétaux, coriaces , roides , charnues , scarieuses, etc.

13. Dans le plus grand nombre des Plantes, les Feuilles sont planes et sous la forme de membranes ; mais quelquefois elles sont épaisses, charnues , et présentent des formes variées ; ainsi elles peuvent être ovoïdes , cylindriques , coniques , etc.

Des Feuilles composées.

La Feuille composée est celle qui , sur un pétiole commun, porte plusieurs folioles qu'on peut isoler les unes des autres. Ces folioles sont ou articulées sur le pétiole commun ou continues avec lui.

Il y a différens degrés de composition dans les Feuilles ; ainsi le pétiole commun peut être simple ou ramifié. Dans le premier cas, la Feuille est simplement composée, tandis qu'elle est décomposée dans le second cas.

Les Feuilles simplement composées offrent deux modifications principales suivant la position qu'affectent les folioles sur le pétiole commun. Ainsi , tantôt toutes ces folioles partent en divergeant du sommet du pétiole commun comme dans le Marronnier d'Inde , le Trèfle , etc. ; tantôt , au contraire, elles naissent sur les parties latérales de ce même pétiole, comme dans l'Acacia , le Frêne , etc. Dans le premier cas , ce sont des Feuilles *digitées* , et dans le second des Feuilles *pennées* ou *pinnées*.

Le nombre des folioles qui constituent les Feuilles digitées est très-variable, comme on peut le voir en comparant ensemble les Feuilles du Trèfle qui en offrent trois, avec celles de quelques Pavias qui en présentent cinq; celles du Marronnier d'Inde , sept ; celles des Lupins , un grand nombre. Aussi est-ce d'après ce nombre qu'on les a distinguées par les noms de trifoliolées , quinquéfoliolées , septemfoliolées , multifoliolées.

Les Feuilles pennées, comme nous l'avons dit , sont celles qui , sur les côtés d'un pétiole commun , portent un nombre plus ou moins considérable de folioles. Ces folioles peuvent être opposées et disposées par paire : dans ce cas on dit qu'elles sont *oppositi-pennées* ou *conjuguées* ; elles peuvent être alternes , on les nomme alors *alternati-pennées*. Les Feuilles conjuguées peuvent être formées d'un nombre variable de paires de folioles; elles sont alors unijuguées , bijuguées , trijuguées , quadrijuguées , multijuguées, etc.

Les Feuilles oppositi-pennées sont dites paripennées ou pennées sans impaire , quand leur sommet se termine par une paire de folioles, comme dans le Caroubier, par exemple. Elles sont au contraire impari-pennées quand elles se terminent par une foliole unique.

Les Feuilles *décomposées* sont le deuxième degré de composition des Feuilles ; le pétiole commun est divisé en pétioles secondaires qui portent les folioles. On les nomme digitées-pennées quand les pétioles secondaires représentent des Feuilles pennées partant toutes du sommet du pétiole commun ; bigéminées , quand chacun des pétioles secondaires porte une seule paire de folioles; bipen-

nées , lorsque les pétioles secondaires sont autant de Feuilles pennées partant des côtés du pétiole commun.

Enfin on nomme Feuilles *surdécomposées* le troisième et dernier degré de composition des Feuilles. Dans ce cas , les pétioles secondaires se subdivisent, et ce sont ces subdivisions qui portent les folioles. Ainsi on appelle Feuille triternée , celle dont le pétiole commun se divise en trois pétioles secondaires , divisés chacun en trois pétioles tertiaires portant les folioles. L'*Actœa spicata*, l'*Epimedium alpinum* nous en offrent des exemples.

Structure, usages et fonctions des Feuilles.

Considérées anatomiquement, les Feuilles sont composées de trois parties élémentaires ; savoir : un faisceau de vaisseaux provenant de la tige ; le parenchyme vert, prolongement de l'enveloppe herbacée de l'écorce , et enfin une portion d'épiderme qui les recouvre dans toute leur étendue.

Le faisceau vasculaire constitue le pétiole quand celui-ci existe. Ces vaisseaux , ainsi que nous l'avons dit précédemment , sont des trachées , des fausses trachées et des vaisseaux poreux ; dans le pétiole , ils sont enveloppés à l'extérieur par une couche de la substance herbacée qui se prolonge sur eux, au moment où ils sortent de la tige. C'est par leurs ramifications et leurs anastomoses successives , qu'ils constituent le réseau ou squelette de la Feuille. Les mailles qu'ils laissent entre eux sont remplies par le tissu parenchymateux , venant de l'écorce. Ce parenchyme manque quelquefois, et la Feuille est alors réduite à son réseau qui forme une sorte de dentelle comme on l'observera dans l'*Hydrogeton*.

L'épiderme qui recouvre les Feuilles est en général mince et poreux , surtout à la face inférieure qui présente plus fréquemment des poils que la supérieure.

Les Feuilles sont, avec les racines,

les organes principaux de l'absorption et de la nutrition dans les Végétaux. En effet, elles pompent dans l'atmosphère les substances nutritives qui peuvent servir à l'accroissement. Aussi quelques auteurs les ont-ils désignées sous le nom *e Racines aériennes*. Elles remplissent encore d'autres usages d'une haute importance dans l'économie végétale ; elles servent à la transpiration et à l'exhalation des fluides devenus inutiles à la végétation, et c'est en elles que la sève se dépouille des sucs aqueux qu'elle contient en trop grande abondance, et qu'elle acquiert toutes ses qualités nutritives.

C'est principalement par les pores situés à la face inférieure de la Feuille, dans les Végétaux ligneux, que les fluides vaporeux et les Gaz répandus dans l'atmosphère sont absorbés. Cette face inférieure, en effet, est plus molle, moins lisse, et présente fréquemment un duvet léger qui favorise l'absorption ; leur face supérieure, au contraire, plus lisse, plus souvent glabre, sert à l'excrétion des fluides inutiles à la nutrition de la Plante ; c'est ce qui constitue la transpiration dans les Végétaux.

Les Feuilles des Plantes herbacées, plus rapprochées de la surface du sol, plongées en quelque sorte dans une atmosphère continuellement humide, absorbent également par leur face supérieure et leur face inférieure. C'est au célèbre physicien Bonnet que l'on doit cette connaissance. Il posa des Feuilles d'Arbre sur l'eau par leur face inférieure, elles se conservèrent fraîches et vertes pendant plusieurs mois. Il en posa d'autres par leur face supérieure, qui, en peu de jours, ne tardèrent pas à se faner. Des Feuilles de Plantes herbacées se conservèrent saines et fraîches pendant fort long-temps dans les deux positions, ce qui prouve qu'elles absorbent également par leurs deux faces.

C'est dans le parenchyme des Feuilles, de même que dans toutes les autres parties vertes et herbacées du Végétal, que s'opère la décomposition de l'Acide carbonique absorbé dans l'air. Lorsqu'elles sont exposées à l'action du soleil et de la lumière, elles décomposent ce Gaz, retiennent le Carbone, et dégagent l'Oxigène. Le contraire a lieu quand elles sont soustraites à l'action de la lumière, car alors elles prennent dans l'air une portion de son Oxigène, qu'elles remplacent en dégageant du Gaz acide carbonique. On sait que les Végétaux privés de l'influence de la lumière, s'étiolent, c'est-à-dire qu'ils perdent leur couleur verte, deviennent mous, aqueux, et contiennent une plus grande proportion de principes sucrés. *V.* ETIOLEMENT.

Les Feuilles, dans quelques Végétaux, sont susceptibles de certains mouvemens qui paraissent dépendre de l'irritabilité dont elles sont douées. Des faits nombreux et bien constatés mettent hors de doute l'existence de cette propriété dans les Végétaux. Si l'on place une branche tenant encore à sa tige, de manière que la face inférieure des Feuilles regarde vers le ciel, on verra, au bout de quelque temps, les Feuilles se retourner peu à peu, et reprendre leur position naturelle. Ce fait peut facilement s'observer, lorsqu'on taille en palissade les Arbres tenus en espalier.

Ce sont surtout les Feuilles composées et articulées, c'est-à-dire celles dont les folioles sont attachées par articulation au pétiole commun, qui présentent les mouvemens les plus remarquables. Ainsi pendant la nuit, les folioles d'un grand nombre de Légumineuses, dont les Feuilles sont toutes articulées, ont une position différente de celle qu'elles offrent pendant le jour. C'est à ce phénomène singulier que Linné a donné le nom de *sommeil des Plantes*. Ainsi, par exemple, les folioles de l'Acacia sont étendues presque horizontalement au lever du soleil. A mesure que cet astre s'élève au-dessus de l'horizon, les folioles de l'Acacia se redressent de plus en plus et finissent par devenir presque verticales ; elles recommencent ensuite à baisser à mesure que le jour décline.

Un grand nombre d'autres Plantes présentent des phénomènes analogues qui tous paraissent dépendre de l'influence de la lumière. C'est en effet ce que l'on peut conclure des expériences ingénieuses du professeur De Candolle. Cet habile botaniste ayant placé dans un caveau, à l'abri de la lumière, des Plantes à feuilles composées, articulées, est parvenu, en les privant pendant le jour de la lumière, et en les éclairant au contraire fortement pendant la nuit, à changer dans quelques-unes les heures de leur veille et de leur sommeil.

Mais les Feuilles de certains Végétaux exécutent des mouvemens d'irritabilité qu'on ne peut attribuer à l'influence de la lumière ; la Sensitive est dans ce cas. La secousse la plus légère, l'air faiblement agité par le vent, l'ombre d'un nuage ou d'un corps quelconque, l'action du fluide électrique, la chaleur, le froid, les vapeurs irritantes, telles que celles du Chlore, du Gaz nitreux, etc., suffisent pour faire éprouver à ses folioles les mouvemens les plus singuliers. Si l'on en touche une seule, elle se redresse contre celle qui lui est opposée, et bientôt toutes les autres de la même Feuille, obéissant à la même impulsion, exécutent le même mouvement, et se couchent les unes sur les autres en se recouvrant comme les tuiles d'un toit. Le pétiole commun lui-même ne tarde pas à se fléchir vers la terre, et la feuille semble flétrie et privée de la vie. Mais peu de temps après, si la cause a cessé d'exercer son action, toutes ces parties reprennent peu à peu leur aspect et leur position naturels.

L'*Hedysarum gyrans*, Plante singulière, originaire du Bengale, offre aussi des mouvemens très-remarquables. Ses Feuilles sont composées de trois folioles articulées, deux latérales plus petites, une moyenne plus grande. Les deux latérales sont animées d'un double mouvement de flexion et de torsion sur elles-mêmes,

qui paraît indépendant sur chacune d'elles. En effet, l'une se meut quelquefois rapidement, tandis que l'autre reste en repos. Ce mouvement s'exécute spontanément et sans l'intervention d'aucun stimulant extérieur. La nuit ne le suspend pas. Celui de la foliole médiane, au contraire, paraît dépendre de l'action de la lumière et cesse quand la Plante n'y est plus exposée.

Les folioles du *Porliera* se rapprochent et s'accollent dès que le ciel se couvre de nuages.

Le *Dionæa muscipula* de l'Amérique septentrionale, présente à l'extrémité supérieure de ses Feuilles, qui sont toutes radicales, deux lobes réunis par une charnière médiane. Quand un Insecte ou un corps quelconque touche et irrite leur face supérieure, ces deux lobes se rapprochent vivement et emprisonnent l'Insecte qui les irritait. Le *Drosera rotundifolia* qui croît aux environs de Paris, présente un phénomène à peu près semblable. Ses feuilles, qui sont arrondies et spatulées, sont bordées de longs cils, et leur face supérieure est visqueuse. Quand un Insecte s'y repose, les bords se relèvent, se froncent comme l'ouverture d'une bourse à jetons, et l'Insecte se trouve enfermé. Aussi ces diverses Plantes portent-elles le nom d'*Attrape-Mouche.*

Mais quelle est la cause de ces mouvemens divers ? Les anciens qui croyaient les Végétaux organisés comme les Animaux, les attribuaient à leur système nerveux. D'autres les ont crus produits par le passage des fluides d'une partie dans une autre. Mais l'opinion la plus généralement répandue les fait dépendre de l'irritabilité inhérente à la fibre végétale.

Tout récemment, un ingénieux observateur, renouvelant l'opinion des anciens, a cru en trouver la cause dans l'existence du système nerveux jusqu'alors méconnu dans les Végétaux. Nous allons exposer en peu de mots l'opinion de Du Trochet sur le système nerveux dans les Végétaux. Lorsqu'on soumet une lame mince de tissu végétal à une forte lentille, on voit sur les parois des cellules et des tubes ou vaisseaux des espèces de petits corpuscules verdâtres isolés les uns des autres et qu'on a généralement considérés comme de nature glandulaire. Remarquant que dans certains Animaux d'un ordre inférieur, dans les Mollusques Gastéropodes par exemple, le système nerveux cérébral est composé de cellules globuleuses agglomérées, sur les parois desquelles il existe une grande quantité de corpuscules globuleux ou ovoïdes ; que la substance nerveuse renfermée dans ces corpuscules est concrescible par les Acides et soluble dans les Alcalis ; que les corpuscules verdâtres du tissu végétal se comportent de la même manière avec les mêmes agens chimiques, Du Trochet en conclut qu'ils sont de la même nature, et sont par conséquent le véritable système nerveux dans les Végétaux. Partant de cette hypothèse, il fait dépendre tous les mouvemens dans les Plantes, de l'existence du système nerveux. Ce n'est point ici le lieu de discuter à fond cette opinion qui nous paraît une pure hypothèse. Jamais en physiologie l'identité des propriétés chimiques ne devra faire conclure l'identité de fonctions, et parce que les corpuscules verts et glanduleux qui sont dispersés dans le tissu végétal, sont solubles dans les Alcalis et concrescibles par les Acides, comme la substance nerveuse des Animaux, personne ne sera tenté de les considérer comme le système nerveux.

Défoliation ou chute des Feuilles.

Il arrive chaque année une époque où la plupart des Végétaux se dépouillent de leur feuillage. C'est ordinairement à la fin de l'été ou au commencement de l'automne que les Arbres perdent leurs Feuilles. Cependant ce phénomène n'a pas lieu à la même époque pour toutes les Plantes. On remarque en général que les Arbres dont les Feuilles se dévelop-

pent de bonne heure, sont aussi ceux qui les perdent les premiers, comme on l'observe pour le Tilleul, le Marronnier d'Inde, etc. Le Sureau fait exception à cette règle ; ses Feuilles paraissent de bonne heure et tombent fort tard. Le Frêne ordinaire présente une autre particularité ; ses Feuilles se montrent très-tard, et tombent dès la fin de l'été.

Les Feuilles pétiolées, surtout celles qui sont articulées avec la tige, s'en détachent plus tôt que celles qui sont sessiles et à plus forte raison que celles qui sont amplexicaules. En général dans les Plantes herbacées, annuelles ou vivaces, les Feuilles meurent avec la tige sans s'en détacher.

Mais il est des Arbres et des Arbrisseaux qui restent en tous temps ornés de leur feuillage, et que, pour cette raison, on désigne sous le nom général d'*Arbres verts*. Ce sont, ou des espèces résineuses, telles que les Pins, les Sapins, ou des Végétaux dont les Feuilles sont roides, épaisses et coriaces, comme les Myrtes, les Alaternes, les Lauriers-Roses, etc.

Quoique la chute des Feuilles ait généralement lieu aux approches de l'hiver, on ne doit cependant pas regarder le froid comme la principale cause de ce phénomène. Il doit plus naturellement être attribué à la cessation de la végétation, au manque de nourriture que les Feuilles éprouvent à cette époque où le cours de la sève est interrompu. Les vaisseaux de la feuille se resserrent, se dessèchent, et bientôt cet organe se détache du rameau sur lequel il s'était développé. (A. R.)

Les Hydrophytes ont-elles des Feuilles ? Si nous consultons quelques auteurs des plus célèbres en physique végétale, la question est résolue : ces Plantes, disent-ils, appartenant à la classe des Acotylédonées de Jussieu, ne peuvent avoir de Feuilles ; ce sont des expansions foliiformes, des frondes qui les remplacent. Cependant on peut appliquer à ces frondes les définitions que ces mêmes auteurs nous donnent de la Feuille, lorsqu'on ne considère que la Feuille elle même et non sa couleur ou ses fonctions. — Examinons celle de De Candolle, il dit : « Feuille, expansion ordinairement plane, verte, horizontale, qui naît sur la tige des Plantes, sert à l'évaporation et à l'imbibition des vapeurs et des Gaz nutritifs, et est formée de l'expansion d'une ou de plusieurs fibres. » Cette phrase réunit le caractère de la Feuille à ses fonctions, elle ne s'applique qu'imparfaitement aux Feuilles des Hydrophytes, que nous caractérisons ainsi : expansions planes, formées de tissu cellulaire et parcourues par une ou plusieurs fibres simples, pinnées ou rameuses, qui partent de la tige ou des rameaux. Nous ne parlons point de la couleur, nous ne parlons point des fonctions qui doivent différer en raison du milieu que les Plantes habitent. En effet, la couleur présente quatre nuances principales : elle est vert d'herbe ou violette dans les Ulvacées; vert plus foncé, un peu olive et variable dans les Dictyotées; vert olivâtre dans les Fucacées; rouge purpurin dans les Floridées : ces nuances tiennent à l'organisation ainsi qu'à la substance de la Feuille. Considérées sous le rapport des fonctions, les Feuilles des Hydrophytes diffèrent de celles des Plantes terrestres. Gouan a dit : Les Feuilles sont l'estomac et les poumons des Plantes. Cette définition, très-courte, est cependant de la plus grande exactitude; elle exprime en peu de mots les fonctions de ces organes dans l'économie de la nature; elle ne peut s'appliquer qu'en partie aux Hydrophytes à cause de leur habitation. Semblables aux Animaux asymétriques, ces Végétaux n'ont pas besoin du concours de l'air pour exister; l'eau leur suffit, et si quelques-uns semblent avoir des organes pour l'absorption du fluide gazeux, ces organes manquent souvent dans les espèces du même genre, dans les individus d'une même espèce. Ainsi les expansions foliacées des Plantes marines ne sont pas, comme les Feuilles, des organes respiratoires ou destinés à absorber des Gaz, mais seulement des organes de nutrition. Leur contexture ou leur composition doit donc différer de celle des Plantes qui vivent dans l'air; le système vasculaire y est en général peu apparent, peu développé; il leur est beaucoup moins nécessaire que dans les Aérophytes, à cause de la densité du milieu qui met constamment en contact avec les différens points de leur surface les élémens qui servent à les nourrir. Cependant il existe; il est aisé de l'observer lorsqu'on déchire une Plante marine transversalement ou longitudinalement : cette observation est encore plus facile dans les Feuilles pourvues de nervures, comme dans les Végétaux terrestres. Ces nervures sont simples ou rameuses, quelquefois même très-divisées; et les Feuilles qui en sont pourvues se déchirent dans le sens des nervures. La forme des Feuilles des Hydrophytes varie beaucoup moins que celle des Plantes terrestres : il n'en est pas de même de leur grandeur, car il en existe qui ont plus de quarante pieds de longueur; nous ne connaissons aucune Plante terrestre dont la Feuille présente une semblable dimension. Leur nombre, sur le même individu, est en général bien moins considérable que dans les Aérophytes; souvent la Feuille est unique et constitue à elle seule toute la Plante; d'autres fois plusieurs Feuilles partent de la racine ou de la tige; rarement elles sont éparses et en touffes épaisses; ce n'est que dans le genre *Sargassum* (*Fucus natans* et congénères) qu'on les observe quelquefois avec ce caractère. Plusieurs Plantes terrestres manquent de Feuilles; il en est de même des Hydrophytes : en vain on les chercherait dans les Articulées. Les Ulvacées ont une organisation analogue à celle des Feuilles séminales ou cotylédons : les Dictyotées, les Floridées et les Fucacées renferment plusieurs genres dans lesquels toutes les espèces ou une grande partie sont pourvues de Feuilles comme les Plantes terrestres. En général la forme, la grandeur et les nervures des Feuilles des Hydrophytes peuvent fournir de bons caractères pour distinguer les genres et les espèces.   (LAM..X.)

Le mot Feuille a été quelquefois transformé en nom propre pour des Plantes comme il l'a été pour des Animaux ; ainsi l'on a nommé :

FEUILLE DE CROCODILE, l'*Hedysarum umbellatum*.

FEUILLE ou FLEUR DU CIEL, le Nostoc vulgaire.

FEUILLE GROSSE, le *Sedum Telephium*.

FEUILLE DE BUFFLE, une Ortie dont on se sert à Java pour frotter le mufle de ces Animaux et les exciter au combat.

FEUILLE D'INDE, le *Laurus Malabathrum* et le Laurier-Cerise.

FEUILLE MORTE, deux Agarics de Paulet.

FEUILLE PERLÉE, le *Dracontium pertusum*.

FEUILLE D'ITALIE, une variété du Mûrier blanc, etc.   (B.)

FEUILLET. MAM. Troisième estomac des Ruminans. *V.* INTESTIN.
(B.)

FEUILLET. BOT. CRYPT. On a donné ce nom et celui de DEMI-FEUILLET aux lames qui, tapissant la face intérieure du chapeau d'un grand nombre de Champignons, caractérisent le genre Agaric. *V.* ce mot. Paulet en a fait le nom propre de l'une de ses familles de Champignons, en y ajoutant l'épithète de fauciliers. Ses FEUILLETS FAUCILIERS ont pour caractère : une taille moyenne, une consistance peu charnue, etc. Il y en a cinq espèces, l'Etoile grise, le Chenier dur, le Doresoutte, le Citron et le Champignon du Sureau. De tels noms sont trop barbares pour pouvoir être admis dans la science. (B.)

FEUX-FOLLETS. Dégagement de Gaz hydrogène phosphoré, qui s'opère à la surface des terrains où sont enfouies des substances animales en décomposition. Ce Gaz s'enflammant spontanément par le contact de l'air atmosphérique, et parcourant au gré des vents une étendue plus ou moins considérable, porte souvent la terreur chez les ignorans habitans des campagnes, et donne lieu aux récits les plus extravagans que puisse adopter la crédulité.   (DR..Z.)

FÈVE. *Puppa.* INS. Syn. de Chrysalide, ainsi que Fèves dorées. *V.* AURÉLIE et LARVES.   (B.)

FÈVE. *Faba.* BOT. PHAN. Genre de la famille des Légumineuses et de la Diadelphie Décandrie, L., établi par Tournefort, réuni aux *Vicia* par Linné, puis rétabli par Jussieu, Mœuch et De Candolle. Il présente les caractères suivans : calice à cinq segmens ; corolle papilionacée, dont l'étendard est plus long que les ailes et la carène ; dix étamines, dont neuf soudées par leurs filets ; ovaire allongé, comprimé, terminé par un style court ; légume oblong, à valves très-épaisses, et contenant deux à quatre graines très-grosses, oblongues, dont une des extrémités, où est situé l'ombilic, est très-renflée. En ne considérant que les organes de la fructification, ce genre est très-voisin du *Vicia* ; car la seule différence que l'on trouve dans les formes et la nature de leurs fruits peut paraître si peu importante, qu'elle justifierait Linné de les avoir réunis. Cependant, il se joint à ce caractère, une diversité de port, dépendante d'une organisation diverse dans les parties de la végétation. Cette différence consiste, selon Jussieu (*Genera Plant.*), et De Candolle (Flore Française), dans les vrilles de la Fève qui sont simples, presque nulles, et dans ses folioles en petit nombre et fort grandes. Sous ce dernier rapport, une espèce de *Vicia*, (*Vicia Narbonensis*, L.) est tout-à-fait semblable à la Fève.

La FÈVE COMMUNE, *Faba vulgaris*, D. C., Fl. Française ; *Vicia Faba*, L., unique espèce du genre, est, dit-on, indigène des environs de la mer Caspienne. Sa tige droite s'élève à huit ou dix décimètres et porte des feuilles ailées, à quatre ou six folioles grandes, ovales-oblongues, entières, un peu épaisses, glabres et glauques; leur pétiole commun ne dégénère pas en vrille, et les stipules que l'on voit à leur base sont un peu dentées et semi-sagittées; aux aisselles des feuilles, sont situées les fleurs réunies par deux ou trois sur un court pédoncule; leur corolle est odorante, agréable et blanche, avec une tache noire et soyeuse sur le milieu de chaque aile. Les principales variétés de Fèves sont: 1° Fève Julienne, la plus commune et une des plus hâtives; 2° Fève verte, semblable à la précédente, mais plus tardive, et ayant des fruits qui restent toujours verts; 3° Fève naine, originaire de la côte d'Afrique, petite, très-branchue et fort productive; 4ª Fève a longues cosses, plus tardive et plus grande dans toutes ses dimensions, que les précédentes; 5ª Fève de Windsor; à graines larges et presque rondes, craignant le froid, peu productive, mais très-forte en tige, et conséquemment estimée comme fourrage; 6° Fève des champs ou de Cheval, nommée aussi Féverolle et Gourcane, inférieure en qualité à toutes les autres variétés, reconnaissable à ses légumes cylindriques et coriaces.

Tout le monde connaît les usages culinaires de la graine de cette Plante, que l'on nomme à Paris Fève de marais. Ce légume est cultivé depuis la plus haute antiquité. Diodore de Sicile et Pline assurent que de leur temps les Fèves étaient principalement destinées à la nourriture des Egyptiens et des Romains, quoiqu'il existât, chez les premiers surtout, des idées superstitieuses contre leur usage. Les anciens en nourrissaient également leurs bestiaux, emploi le plus considérable que nous faisons aujourd'hui des Fèves qui, en raison de leurs cotylédons très-gros et farineux, sont fort nourrissans. On les sert sur les tables des gourmets, lorsqu'elles sont encore dans leur primeur, et qu'elles n'ont acquis que le quart ou tout au plus le tiers de leur longueur. Mais le paysan et le pauvre en font leur nourriture après qu'elles sont parfaitement mûres; alors, sous forme de purées, c'est un mets en usage dans toutes les classes de la société. Un goût nauséabond, qui est propre aux Légumineuses, fait que cette graine n'est pas agréable à certaines personnes; d'ailleurs la farine de Fèves, mêlée au pain, le rend lourd et de difficile digestion : aussi n'a-t-on recours à son usage que dans les années de disette. Elle n'est bonne, tout au plus, qu'à faire des cataplasmes résolutifs.

Les tiges et les feuilles de Fèves coupées en vert avec les fleurs ou les jeunes gousses, sont un excellent fourrage. Leur culture a acquis un autre degré d'importance en Angleterre et en France, depuis qu'il a été reconnu qu'elles formaient un fort bon engrais, lorsqu'après la floraison, on les enterrait avec la charrue. Cette méthode était connue des anciens; car Pline dit textuellement que la Fève était cultivée en Thessalie et en Macédoine, pour engraisser les champs qu'on labourait, afin d'enfouir cette Plante aussitôt qu'elle commençait à fleurir.

La culture des Fèves, qui ne demande pas beaucoup de précautions, s'opère soit en plein champ, soit dans les jardins. On les sème dans les terrains humides et argileux destinés à ensemencer des Plantes céréales, et que la culture de ces Légumineuses prépare et bonifie.

Deux labours, aussi profonds que possible, disposent convenablement la terre dans laquelle les Fèves sont semées à la volée, ou, ce qui vaut mieux, en rayons, ayant soin d'espacer les graines au moins de trois à quatre décimètres. C'est à peu près de même qu'on cultive les Fèves dans les jardins; mais comme alors on les destine à être mangées de bonne heure, on hâte leur germination, en les faisant tremper dans l'eau, et on augmente l'activité de leur végétation, en les cultivant dans une terre légère et exposée au midi. (G..N.)

On a étendu le nom de Fève à beaucoup de Plantes qui n'ont que peu ou point de rapport avec les Fèves; ainsi l'on a appelé :

Fève du Bengale, le Myrobolan citrin.

Fève de Loup, l'*Helleborus fœtidus*.

Fève de mer, le Haricot commun.

Fève de terre, l'*Anagyris fœtida*.

Fève du diable, le *Capparis cynophallophora*.

Fève épaisse, le *Sedum Telephium*.

Fève lovine, le *Lupinus albus*.

Fève de Saint-Ignace. Le fruit rapporté des Philippines par les jésuites et désigné sous ce nom était certainement la Noix vomique, poison de plus qu'on dut à ces bons Pères. On prétend le trouver aujourd'hui sur un autre Arbre qu'on appelle conséquemment Ignatia. *V*. ce mot.

Fève marine, le *Cotyledon Umbilicus* en Europe et le *Mimosa scandens* dans l'Inde, selon Rumph.

Fève tête de nègre, les semences du Tamarin et un Dolic.

Fève de Tunga, de Tunka ou de Tunkin. *V*. Baryosma.

Fève a Cochon, la Jusquiame commune.

Fève d'Egypte, les fruits du Nélumbo.

Fève douce, la *Cassia alata*.

Fève d'Inde, un Dolic.

Fève de Malaca, l'*Anacardium orientale*.

Fève de Pichurine, les fruits d'un Laurier peu connu.

Fève de Pythagore, les fruits du *Ceratonia siliqua*. (B.)

FÈVE MARINE. moll. Ce que l'on trouve sous ce nom dans les vieux catalogues de pharmacie, n'est point une espèce de Sabot, mais l'opercule probablement d'une Coquille de ce genre, à laquelle on attribuait de grandes vertus médicinales. (B.)

FÈVE NAINE. moll. Nom vulgaire et marchand du *Buccinum neriteum*, L. (B.)

FEVEROLES. moll. Bosc mentionne sous ce nom de petites Coquilles bivalves, voisines des Cames, et qu'on trouve au détroit de Magellan. (B.)

FEVEROLLES. bot. phan. Variété de Fève plus petite. (B.)

FÉVIER. *Gleditschia*. bot. phan. Genre de la famille des Légumineuses et de la Polygamie Diœcie, L., que l'on peut caractériser de la manière suivante : fleurs polygames; calice turbiné à la base, ayant son limbe partagé en six, huit ou dix lobes, dont la moitié sont plus intérieurs, plus minces, et ont été décrits comme des pétales qui manquent réellement dans ce genre. Le nombre des étamines varie de trois à dix; elles sont insérées circulairement à la partie supérieure du calice; leurs filets sont libres et subulés; leurs anthères ovoïdes, cordiformes et à deux loges. Dans les fleurs femelles et les fleurs hermaphrodites, on trouve de plus un pistil pédicellé, allongé, terminé par un style latéral qui porte un stigmate velu. Le fruit est une gousse très-allongée, plane, contenant en général plusieurs graines séparées les unes des autres par autant de cloisons et environnées d'une substance pulpeuse.

Les espèces de ce genre, au nombre d'une dixaine environ, sont des Arbres généralement armés d'épines extrêmement fortes et rameuses; leurs feuilles sont imparipennées, et leurs fleurs, petites et verdâtres, sont disposées en épis ou en grappes axillaires. Ces espèces, dont plusieurs sont cultivées dans les parcs et jardins d'agrément, sont originaires de l'Amérique septentrionale ou de la Chine. Parmi les espèces cultivées, on distingue :

Le Févier triacanthos, *Gleditschia triacanthos*, L., Lamk, Ill. t. 857, f. 1. C'est un Arbre d'un port très-élégant et d'un aspect agréable à cause de son feuillage fin et délicat, qui croît dans les diverses contrées de l'Amérique septentrionale, et qui aujourd'hui est parfaitement naturalisé dans toutes les contrées de la France. Il peut s'élever à une hauteur de trente à quarante pieds, et présente une cime très-rameuse; ses épines sont rougeâtres et à trois pointes, dont une médiane est beaucoup plus longue que les deux autres qui sont opposées et divergentes. Les feuilles sont imparipennées; les folioles sont presque sessiles, glabres, ovales, allongées, crénelées, d'un vert clair. Les fleurs sont jaunâtres, petites, formant des épis longs d'environ deux pouces et pendans. Les gousses sont très - comprimées, presque planes, longues de six à huit pouces, souvent contournées sur elles-mêmes.

Le FÉVIER DE LA CHINE, *Gleditschia Sinensis*, Lamk.; *Gl. horrida*, Willd. On distinguera facilement cette espèce, qui est généralement plus petite que la précédente, aux épines nombreuses, très-fortes et très-rameuses dont son tronc est hérissé, à ses feuilles bipinnées sans impaire; ses folioles, plus grandes que dans l'espèce précédente, sont luisantes et obtuses. Ses gousses sont brunâtres et très-planes. Elle est originaire de la Chine et cultivée dans les jardins.

Les *Gleditschia* ont en général un bois dur, mais qui se fend facilement. Ils ne sont pas difficiles sur la nature des terrains et résistent facilement à nos hivers les plus rigoureux. Il serait avantageux d'en propager la culture en grand dans nos forêts.   (A. R.)

FEVILLEA. BOT. PHAN. *V.* FEUILLÉE.

FIAMA. BOT. PHAN. Poison végétal de l'Amérique méridionale. *V.* CURARE.   (B.)

* **FIANCÉE.** INS. Nom vulgaire d'une Noctuelle, *Noctua sponsa*, aussi appelée Lichenée rouge.   (D.)

* **FIANTENDROUC.** MAM. (Flacourt.) Le Narwhal à Madagascar. (B.)

FIATOLE. *Fiatola.* POIS. Genre établi par Cuvier (Règn. Anim. T. II, p.

342) aux dépens des Stromates, dans la seconde tribu des Squammipennes, et de l'ordre des Acanthoptérygiens. Il est caractérisé par la disposition de la dorsale et de l'anale, dont la partie antérieure, moins saillante, donne au Poisson une figure totale voisine de l'ovalaire; les écailles du corps et des nageoires sont si petites, qu'on ne les distingue guère que sur la peau desséchée; cependant l'épaisseur des nageoires dénote la famille dont les Fiatoles font partie; elles n'ont d'ailleurs qu'une rangée de très-petites dents pointues; leurs épines dorsales et anales sont aussi cachées dans le bord antérieur des nageoires.

On ne connaît qu'une espèce de ce genre, et elle habite la Méditerranée. C'est le *Stromateus Fiatola*, L., Gmel., *Syst. Nat.* XIII, T. I, part. 3, p. 1148. Selon Cuvier, les figures que Rondelet donne de son *Fiatola*, p. 257, et de son *Stromateus*, p. 157, conviennent au même et unique Poisson, dont l'un a été dessiné sur le vivant et l'autre sur le sec. C'est la seconde de ces figures qui a servi à Lacépède (Pois. T. IV, p. 698) pour l'établissement de son genre Chrysostrome, qu'on ne saurait conséquemment adopter. La Fiatole ressemble un peu au Turbot par sa forme qui est à peu près carrée, aplatie, et terminée sur ses bords par une espèce de tranchant, dit Bonnaterre; cependant lorsque ce Poisson nage, il se tient dans une position verticale; la queue est fourchue; la couleur du dos est d'un azur clair; celle du bas des côtés et du ventre est argentée; le dessus du corps est marqué de taches et de veines d'un jaune obscur, qui font un effet agréable. Le dessous a aussi des taches d'un jaune tirant sur l'or. On retrouve la Fiatole jusque dans la mer Rouge. B. 2, D. 46, C. 25, V. O. A. 34, C...   (H.)

FIBER. MAM. *V.* CASTOR.

* **FIBER.** OIS. L'un des synonymes latins du grand Harle. *V.* ce mot.   (DR..Z.)

* **FIBI.** BOT. CRYPT. La Fougère

qui porte ce nom au Japon, paraît être l'*Asplenium Trichomanes*, qui croîtrait alors d'une extrémité à l'autre de l'ancien Monde septentrional. (D.)

FIBICHIA. BOT. PHAN. (Kœler.) Syn. de *Panicum dactylon*, L. *V.* CYNODON. (D.)

FIBIGIA. BOT. PHAN. Ce mot fut employé par Médicus (*Gener.* I, p. 90, t. 2, f. 23) pour désigner un genre plus anciennement établi sous le nom de *Farsetia*. Le professeur De Candolle s'en est servi pour nommer la troisième section de ce genre. *V.* FARSÉTIE. (G..N.)

FIBRAUREA. BOT. PHAN. Loureiro (*Flor. Cochin.* ed. Willd. T. II, p. 769) avait établi sous ce nom un genre qu'il regardait comme très-rapproché de l'*Abuta* d'Aublet, et il assignait pour synonyme à sa Plante celle que Rumph a figurée (*Amboin.* V, p. 38, tab. 24) et nommée *Tuba flava*. Ce genre a été fondu dans le *Cocculus* par le professeur De Candolle (*Systema Veget. natur.* T. I, p. 515), qui a même distingué spécifiquement la Plante de Rumph en la nommant *Cocculus flavescens*, et il a donné le nom de *Cocculus Fibraurea* au *Fibraurea tinctoria* de Loureiro. Quant à l'*Abuta* d'Aublet, il l'a conservé provisoirement et l'a placé à la suite des genres des Ménispermacées, en attendant qu'il fût mieux connu. (G..N.)

FIBRES. *Fibræ.* ZOOL. BOT. On donne généralement ce nom à des corps longs et grêles, plus ou moins analogues à des fils, qui composent en grande partie le tissu de nos organes et celui des Végétaux. On a long-temps disserté pour savoir s'il n'existait qu'une seule espèce de Fibre, servant en quelque sorte de base à tous les organes du corps des Animaux. Mais l'analyse anatomique a fait reconnaître que plusieurs sortes de Fibres entrent dans leur composition. Haller admettait trois Fibres ou élémens organiques, savoir la

Fibre cellulaire, la Fibre musculaire et la Fibre nerveuse. Le professeur Chaussier distingue quatre sortes de Fibres élémentaires, savoir : la Fibre lamineuse, la Fibre albuginée, qui forme la base des ligamens, des tendons et des aponévroses, la Fibre nervale et la Fibre musculaire.

En anatomie végétale la Fibre est bien plus simple. En effet, tout ce qui, dans les Plantes, n'est pas tissu cellulaire, est tissu fibreux. Or, le tissu fibreux est constamment formé par les vaisseaux ou tubes dans lesquels la sève circule. Ces vaisseaux se réunissent plusieurs ensemble au moyen du tissu cellulaire et constituent les Fibres. (A. R.)

FIBREUX. *Fibrosus.* BOT. On donne ce nom à tout organe essentiellement composé de fibres. Ainsi, on nomme racine Fibreuse celle qui est formée de fibres simples et cylindriques. Cette espèce de racine est particulière aux Plantes monocotylédones. *V.* RACINE. (A. R.)

FIBRILLARIA. BOT. CRYPT. (*Champignons.*) Sous ce nom, Sowerby (Histoire des Champignons d'Angleterre) désigne des Plantes cryptogames composées de filamens rameux, entrelacés, disposés en forme d'étoile, couvrant de très-grandes surfaces, croissant dans les caves, sur les murs humides et sur les tonneaux. Ces petites Plantes ne sont peut-être que des Champignons naissans, ou semblent rentrer dans les genres *Byssus*, *Racodium* ou *Himantia* de Persoon.

Sowerby a décrit et figuré plusieurs espèces de *Fibrillaria* avec les noms spécifiques de *stellata*, *ramosissima*, *vinaria*, *pulverulenta* et *corticina*. (G..N.)

FIBRILLES. *Fibrillæ.* BOT. Ramifications des racines capillaires, dont l'ensemble constitue le chevelu. *V.* RACINE.

Dans quelques Plantes cryptogames, et particulièrement dans les Lichens, on nomme Fibrilles les filets déliés qui naissent du *thallus*, par lesquels ces petits Végétaux adhèrent aux écorces des Arbres et aux Pierres. Les filets le plus souvent entrelacés, et sur lesquels les sporules des petits Champignons sont dispersées, ont aussi été désignées dans les auteurs sous le nom de Fibrilles.   (G..N.)

* **FIBRINA.** BOT. CRYPT. (*Champignons.*) Nom donné par Fries (*Systema*, II, p. 78) à une section du genre Pezize. *V.* ce mot.   (G..N.)

FIBRINE. ZOOL. L'un des principes immédiats des Animaux, existant particulièrement dans les parties musculaires, dans le sang et dans le chyle. Elle est, dans son état naturel, blanchâtre, tenace, élastique, insipide et inodore; exposée à l'air, elle se dessèche, jaunit et devient un peu translucide. Elle est indissoluble dans l'eau froide. L'eau bouillante en dissout ou en divise une très-petite partie; elle est fortement altérée par l'Alcohol et l'Éther; elle est plus ou moins décomposée ou dénaturée par les Acides et les substances alcalines. On sépare la Fibrine du sang où elle se trouve à l'état liquide, en agitant cette matière animale fraîchement tirée, avec une vergette sur les parois de laquelle les molécules de Fibrine viennent se déposer sous la forme de filamens. La Fibrine pure n'est d'aucun usage; unie à l'Albumine, la gélatine et quelques autres principes, elle constitue la chair musculaire qui est d'une si grande ressource pour la nourriture de la plupart des grands Animaux.   (DR..Z.)

FIBROLITE. MIN. Nom donné par Bournon à un Minéral à texture fibreuse, d'un blanc passant quelquefois au grisâtre, et qui accompagne le Corindon du Carnate. Suivant ce minéralogiste, ce serait une espèce nouvelle qui aurait pour forme primitive un prisme rhomboïdal d'environ cent degrés. Elle contient, d'après une analyse de Chenevix, 38 parties de Silice, 58,25 d'Alumine, et 0,75 d'Oxide de Fer; total 97. La Fibrolite raye le Quartz, et pèse spécifique-

ment 3,21. Elle est infusible au chalumeau.   (G. DEL.)

FIBULA. ÉCHIN. Nom donné à une section des Catocystes, classe de la famille des Oursins ou Echinodermes, proposé par Klein dans son ouvrage sur ces Animaux. Les anciens naturalistes français les appelaient Oursins-Boutons.   (LAM..X.)

FIBULAIRE. *Fibularia.* ÉCHIN. Genre de l'ordre des Echinodermes pédicellés dans les divisions des Echinides; à bouche inférieure toujours centrale avec des ambulacres bornés, ayant pour caractères un corps subglobuleux, ovoïde ou orbiculaire, à bord nul ou arrondi, et couvert d'épines très-petites; ses ambulacres, au nombre de cinq, sont courts et étroits; la bouche est inférieure et centrale; l'anus est situé tout auprès ou entre la bouche et le bord. Le genre Fibulaire, établi par Lamarck aux dépens des Oursins de Linné, a été adopté par Cuvier et par les naturalistes modernes. Leske l'avait proposé depuis long-temps sous le nom d'*Echinocyamus :* il est néanmoins douteux que toutes les espèces dont il le composait appartinssent aux véritables Fibulaires de Lamarck.

Ces dernières sont les plus petites de toutes les Echinides; leur forme presque globuleuse ou ovoïde leur avait fait donner le nom d'Oursins-Boutons par les anciens zoologues français. Elles se rapprochent des Echinonées par leur forme, et des Clypéastres par leurs ambulacres pétaliformes et bornés. La situation de la bouche les distingue des uns et des autres. Le nombre des espèces connues est encore peu considérable, peut-être parce qu'elles n'ont pas attiré l'attention des voyageurs à cause de leur petitesse. Lamarck n'en cite que trois dans son grand ouvrage sur les Animaux sans vertèbres, et Blainville donne la description de neuf espèces dans le Dictionnaire des Sciences naturelles, toutes vivantes et originaires des différentes mers du globe. Nous ne doutons point qu'il n'en existe dans la nature une plus grande quantité que nous connaîtrons par la suite.

Quelques oryctographes ont donné ce nom à des Oursins fossiles qui avaient la forme d'un bouton. Il est à remarquer qu'aucune de ces espèces n'appartenait au genre dont il vient d'être question , et qui ne contient que des espèces vivantes. (LAM..X.)

FICAIRE. *Ficaria*. BOT. PHAN. Genre très-voisin des Renoncules aux-quelles Linné le réunissait. Il a pour caractères : un calice de trois sépales caducs ; neuf pétales creusés intérieu-rement à leur base d'une petite fosse ; des étamines en nombre indéterminé, disposées autour d'ovaires nombreux qui deviennent autant de petits fruits lisses , comprimés et obtus. L'espèce qui a servi de type à ce genre , et le compose seule jusqu'ici, puisque ce n'est qu'avec doute qu'on lui en a réuni une seconde originaire des montagnes de Daourie , est le *Ficaria ranunculoides*, petite Plante herbacée très-commune dans les lieux humi-des. Sa racine présente des tubercu-les fusiformes ; sa tige rameuse et fai-ble s'étale sur la terre; ses feuilles cor-diformes et légèrement anguleuses sont portées sur de longs pétioles ; et ses pédoncules sont uniflores, axillai-res ou terminaux. Le nombre des par-ties de la fleur n'est pas constant; celui des sépales peut être porté à cinq , et on voit par-là quelles légères diffé-rences distinguent ce genre de la Re-noncule.   (A. D. J.)

FICEDULA. OIS. Syn. latin appli-qué par Brisson aux espèces du genre Sylvie. *V.* ce mot. Gmelin a donné le même nom aux Bec-Figues. *V.* GOBE-MOUCHE.   (DR..Z.)

FICOÏDE OU **FICOÏTE.** POLYP. Nom donné par les anciens orycto-graphes à des Fossiles en forme de Figue, qui paraissent s'être moulés dans des creux laissés par l'*Alcyo-nium Ficus*.   (B.)

FICOÏDE. *Mesembryanthemum*. BOT. PHAN. Genre établi par Tour-

nefort sous le nom de *Ficoïdes*, qui, vu l'inconvenance de sa terminaison, a été changé par Linné en celui de *Me-sembryanthemum*. Il appartient à l'Ico-sandrie Pentagynie, L. , et Jussieu en a fait le type de la famille des Ficoïdées. Ses principaux caractères sont : calice supère à quatre ou cinq divisions inégales, persistantes; corolle com-posée de pétales nombreux , disposés sur plusieurs rangs , linéaires , iné-gaux et légèrement réunis par leur base; étamines nombreuses , à inser-tion périgynique ; cinq styles, rare-ment quatre ou dix ; capsule char-nue, à quatre loges ou plus, selon le nombre des styles, renfermant une grande quantité de graines très-peti-tes. Les Ficoïdes sont des Plantes herbacées ou des Arbustes munis de feuilles toujours charnues , opposées et croisées à angles droits (excepté dans les espèces linguiformes) ; les fleurs solitaires , axillaires ou le plus souvent terminales , s'ouvrent à des heures déterminées , les unes à midi , d'autres l'après-midi , d'autres enfin le soir et pendant la nuit. Plusieurs espèces répandent une odeur douce et suave.

La plupart des *Mesembryanthemum* habitent le cap de Bonne-Espérance. Ces Plantes concourent avec les gen-res *Erica, Pelargonium* , *Protea*, etc., à former la principale végétation de ces contrées si riches d'ailleurs aux yeux du botaniste. La facilité avec laquelle elles se cultivent et se mul-tiplient en Europe, facilité qui ré-sulte de leur nature grasse et ro-buste , en a fait connaître un nom-bre prodigieux d'espèces qui ont exer-cé la sagacité des botanistes auxquels on doit d'importans travaux sur les Plantes grasses , et parmi lesquels nous citerons Dillen (*Hort. Eltham.*), De Candolle (Plantes grasses , Paris, 1802), le prince de Salm-Dyck (*Ten-tamen botanicum*) et surtout Ha-worth (*Synops. Plant. succ.* Londres, 1812, et *Revision. Plant. succ.*, 1821). Dans l'ouvrage le plus récent que ce dernier auteur a publié, le nombre des *Mesembryanthemum* se trouve porté à trois cent dix, sans compter sept espèces mentionnées par les auteurs, et regardées comme incertaines.

Une telle quantité de Plantes agglomérées dans le même cadre a nécessité des coupes qui avaient déjà été tentées avec plus ou moins de succès par les auteurs. Ainsi Persoon avait divisé ses quatre-vingt-six espèces en deux grandes sections, selon qu'elles possédaient une tige ou qu'elles en étaient dépourvues ; et les subdivisions de ses espèces caulescentes, de beaucoup plus nombreuses que les autres, avaient été tirées des formes de leurs feuilles planes ou dilatées, convexes en dessous, cylindriques et triquètres. Le prince de Salm-Dyck dont les jardins ont acquis une grande célébrité par la beauté et la variété des Plantes grasses qu'il cultive, a proposé de partager les Ficoïdes en deux grandes divisions fondées sur des caractères d'une valeur à peu près égale à celle des caractères employés par Persoon, mais qui ont l'inconvénient de se nuancer les uns dans les autres de manière à offrir souvent de l'ambiguïté pour la classification des espèces. Les Ficoïdes sont partagées par le Prince de Salm-Dyck en espèces vivaces et en espèces presque vivaces. Celles-ci ne forment que deux subdivisions, tandis que les vivaces sont coupées en trente-trois sections groupées partiellement, d'après l'existence ou l'absence de la tige, d'après leurs feuilles cylindracées ou triquètres.

Enfin, dans l'ouvrage d'Haworth, intitulé : *Revisiones Plant. succul.*, p. 76, le genre *Mesembryanthemum* est partagé en huit grandes divisions, ainsi qu'il suit :

1. M. Acaulia. Plantes souvent munies d'une courte tige à racines vivaces et à feuilles très-grandes. Cette division comprend vingt petits groupes qui ont tous reçu des noms adjectifs, et qui forment trois subdivisions des *Acaulia*, établies d'après les couleurs de leurs fleurs ; mais il faut observer que ce dernier caractère est très-inconstant.

2. M. Cephalophylla. Espèces caulescentes, à feuilles connées, longues, étroites et réunies par faisceaux. Elles ne forment que deux petits groupes.

3. M. Reptantia. Petits Arbustes dont les tiges sont souvent couchées et anguleuses, à fleurs polygynes rouges (une espèce exceptée). Il n'y a que quatre groupes dans cette division.

4. M. Perfoliata. Petits Arbustes à feuilles engaînantes, très-épaisses et charnues supérieurement ; à fleurs rouges ou blanches. Cette division est formée de huit groupes.

5. M. Deltoidea. Arbustes dressés ; feuilles triquètres courtes, en forme de sabre, plus ou moins deltoïdes ; fleurs rubicondes. Ils forment trois groupes.

6. M. Triquetra. Arbustes à feuilles triquètres ou en forme de faux. Les onze groupes qui composent cette division sont réunis en deux subdivisions, d'après les couleurs des fleurs plus ou moins rouges, jaunes ou orangées.

7. M. Teretiuscula. Arbustes à feuilles cylindroïdes. Cinq groupes partiels.

8. M. Papulosa. Espèces sousfrutescentes annuelles, bisannuelles ou vivaces, dont les feuilles sont presque toujours plus ou moins couvertes de glandes utriculaires (*Papuli*).

Tel est l'ordre adopté par Haworth pour classer les trois cent dix espèces de Ficoïdes qu'il a décrites, et qui fleurissent pour la plupart dans les jardins des amateurs. Un grand nombre d'entre elles ont des fleurs extrêmement belles, parmi lesquelles nous citerons celles des *Mesembryanthemum splendens*, *M. bicolorum*, *M. Deltoides*, etc. Dans l'embarras du choix, nous sommes forcés d'en supprimer les descriptions. D'après le plan adopté dans ce Dictionnaire, il convient, en effet, de parler seulement des espèces dont l'importance et l'intérêt se mesurent en raison de leurs usages , et parce qu'elles habitent au milieu de nous. C'est pour un motif à peu près semblable à celui-ci que nous dirons un mot des deux espèces suivantes.

La FICOÏDE CRISTALLINE, *Mesembryanthemum cristallinum*, L., a reçu le nom vulgaire de Glaciale, parce que toutes ses parties sont couvertes de vésicules brillantes, ressemblant à de petits glaçons d'autant plus nombreux que la température de l'atmosphère est plus élevée. Elle croît naturellement dans l'archipel grec et en Asie.

La FICOÏDE NODIFLORE, *Mesembryanthemum nodiflorum*, L., est la seule espèce française ; encore n'y a-t-il qu'un petit nombre d'années qu'on l'a découverte dans le département de la Corse. Elle est herbacée, à tiges rameuses, diffuses, garnies de feuilles alternes, obtuses et un peu cylindriques ; ses fleurs sont blanches, solitaires et axillaires. Elle croît assez abondamment en Egypte, en Sicile et en Grèce. Bory de Saint-Vincent l'a trouvée fort commune dans les environs de Cadix, particulièrement au Trocadéro. Appartenant à un genre confiné dans un coin éloigné du globe, cette Plante, ainsi que la précédente, ressemble à un soldat égaré et isolé de son bataillon.

On multiplie facilement les Ficoïdes, soit de graines semées sur couche au printemps, soit de boutures qu'on laisse flétrir à l'air pendant plusieurs jours avant de les planter, car la quantité d'eau que retiennent leurs parties succulentes est très-considérable, et serait capable de les faire pourrir avant que les fibres n'aient acquis le degré d'activité nécessaire à la végétation. On les élève dans des vases remplis de terre franche mêlée avec du terreau, et on a soin de les mettre à l'abri du froid, et surtout de l'humidité qu'elles redoutent extrêmement.   (G..N.)

FICOÏDÉES. *Ficoideæ.* BOT. PHAN. Famille de Plantes dicotylédones po-

lypétales à étamines périgynes, ayant pour type le genre *Mesembryanthemum*, qui en français porte le nom de Ficoïde. Voici les caractères qui distinguent cette famille : le calice est monosépale, ordinairement campanulé et persistant , adhérent dans quelques genres par sa partie inférieure avec la base du calice , ayant son limbe divisé en quatre ou cinq lobes qui sont parfois colorés et comme pétaloïdes par leur face interne. La corolle se compose de pétales dont le nombre est parfois défini, mais plus fréquemment indéfini, quelquefois soudés ensemble par leur base , de manière à former une corolle monopétale, ainsi qu'on le voit dans quelques espèces de Ficoïdes , et en particulier dans le *Mesembryanthemum cristallinum*. Ces pétales sont insérés ainsi que les étamines à la base des lobes du calice ; dans quelques genres ils manquent entièrement ; les étamines sont en général en assez grand nombre ; on en compte constamment plus de douze qui ont leurs filets libres et distincts ; leurs anthères introrses, à deux loges s'ouvrant par un sillon longitudinal ; l'ovaire est tantôt entièrement libre, tantôt adhérent par sa base avec la partie inférieure du calice ; cet ovaire présente trois ou cinq loges contenant chacune plusieurs ovules attachées à autant de trophospermes saillans à l'angle interne. On compte autant de styles et de stigmates qu'il y a de loges à l'ovaire ; le fruit est tantôt une capsule, tantôt une baie environnée par le calice , à trois ou cinq loges polyspermes ; les graines renferment un embryon roulé autour d'un endosperme farineux.

Les Ficoïdées sont des Plantes herbacées ou frutescentes, souvent grasses et charnues ; leurs feuilles sont alternes ou opposées ; leurs fleurs , qui souvent sont très-grandes et d'un aspect agréable , sont axillaires ou terminales.

On peut diviser les genres peu nombreux de cette famille en deux sections : la première que l'on ap-

pelle *Sésuviées* comprend les genres
dont l'ovaire est tout-à-fait libre et
non adhérent avec le calice ; la seconde ou *Mésembryanthémées*, ceux
qui sont adhérens avec le calice. Chacune d'elles se subdivise suivant qu'il
y a une corolle, ou que cet organe
manque.

Ire Section — SÉSUVIÉES , Rich.

α. Genres munis d'une corolle.

Reaumuria, L. ; *Nitraria*, Pall. ; *Glinus*, L.; *Orygala*, Forsk.

β. Point de corolle.

Sesuvium, L. ; *Aizoon* , L.

II° Section. — MÉSEMBRYANTHÉ-
MÉES, Rich.

α. Point de corolle.

Tetragonia, L.

β. Genre muni d'une corolle.

Mesembryanthemum, L.

La famille des Ficoïdées vient naturellement se placer entre les Portulacées et les Onagraires. Elle se
distingue surtout de l'une et de l'autre par la position de son embryon
roulé autour d'un endosperme farineux. Ventenat pense qu'il faut réunir les Ficoïdées aux Portulacées.

(A. R.)

FICOITE. POLYP. FOSS. *V*. FI-
COÏDE POLYP.

* **FICOPHAGE**. OIS. Syn. du Ma-
limbe, *V*. TISSERIN.   (DR..Z.)

FICUS. BOT. PHAN. *V*. FIGUIER.

* **FIDICULA**. BOT. CRYPT. (Dodœns.) Syn. d'*Asplenium Trichomanes*.   (B.)

FIDJEL. BOT. PHAN. *V*. FIGL. Le
Rumex spinosus est , selon Forskahl ,
nommé Fidjel-el-Djebbel par les Arabes.   (B.)

FIDJL-EL-DJEMAL. BOT. PHAN.
Syn. arabe d'*Isatis Ægyptiaca*, Forsk.
V. PASTEL.   (B.)

FIEL. ZOOL. *V*. BILE.

FIEL DE TERRE. BOT. PHAN.
Nom vulgaire, indistinctement donné

au *Fumaria officinalis* et au *Gentiana
Centaurium*, L. *V*. FUMETERRE et
ERYTHRÉE.   (B.)

FIELA. POIS. Le Myre sur les côtes de Provence et dans les marchés
de Marseille. *V*. MURÈNE.   (B.)

FIELRIPA. OIS. (Regnard, Voyage
en Laponie.) Syn. de Ptarmigan. *V*.
TETRAS.   (DR..Z.)

FIENTE DE MOUETTE. MOLL.
Denis Montfort dit que ce nom a quelquefois été donné aux Ammonites.
On ne voit pas trop pour quelle raison.   (B.)

FIERASFER. POIS. Sous-genre
d'Ophidie. *V*. ce mot.   (B.)

FIFI. OIS. Nom donné vulgairement , dans le midi de la France, à
plusieurs espèces du genre Sylvie. *V*.
ce mot.   (DR..Z.)

* **FIFOUCHE**. BOT. PHAN. La
Plante à feuilles de Mauve et à fleurs
verticillées, mentionnée par Rochon ,
sous ce nom comme indigène de Madagascar, ne peut être déterminée. (B.)

FIGITE. *Figites*. INS. Genre de
l'ordre des Hyménoptères , section
des Térébrans, famille des Pupivores,
tribu des Gallicoles , établi par Latreille. Ses caractères distinctifs sont :
antennes grenues , un peu plus grosses vers leur extrémité , et composées
de quatorze articles dans les mâles et
de treize dans les femelles ; une cellule radiale , anguleuse , très-éloignée
du bout de l'aile, et deux cellules cubitales, dont la première presque carrée , et la seconde , très-grande , atteignant le bout de l'aile ; abdomen
ovoïdo-conique sans troncature à son
sommet ; tarière paraissant formée de
trois pièces.

Les Figites ressemblent beaucoup
aux Cynips, avec lesquels on les a
long-temps confondues. Elles s'en
distinguent toutefois par leurs antennes, par la disposition des nervures des ailes, par la petitesse de celles-ci, relativement à celles des Cynips, et par la forme de leur abdomen qui , au lieu d'être tronqué obli-

quement à son extrémité, présente le dernier segment inférieur de niveau, ou même dépassant le segment supérieur et terminal de l'abdomen.

Il résulte de cette disposition que la tarière semble partir directement de l'ouverture anale. Au reste, le corps des Figites est comprimé, oblong, à peu près glabre, et généralement noir; la tête est inclinée à la partie inférieure; elle supporte de petits yeux ovales et entiers; des antennes moniliformes, composées différemment dans la femelle et dans le mâle (celui-ci aurait quinze articles, suivant Jurine), et une bouche dans laquelle on distingue de larges mandibules légèrement tridentées; leur thorax est élevé; l'écusson est ordinairement assez apparent, et l'on voit près de lui des cavités assez profondes, qui n'existent pas dans les Cynips; les pates sont longues; elles présentent des hanches fortes et des tarses assez menus, avec de petits crochets sans division sensible. Les Figites, de même que les Chalcidites, se rencontrent sur les vieux murs et sur les fleurs; on les trouve aussi, quoique rarement, sur les excrémens humains. Latreille désigne comme type du genre :

La FIGITE SCUTELLAIRE, *F. scutellaris*, Latr., ou le *Cynips scutellaris* de Rossi (*Fauna Etrusca, Mant.* 2, App. p. 106). Elle est commune en France. On peut y rapporter, suivant Jurine (Class. des Hyménopt., p. 288), le *Cynips Ediogaster* de Panzer, et l'*Ophion abbreviator* du même auteur. (AUD.)

FIGL. BOT. PHAN. (Delile.) Le Raifort en Égypte. Forskahl écrit Fidjel, et Daléchamp Fégiel et Fugel.

FIGL-EL-GEMEL, est le *Bunias Cakile*. (B.)

FIGOCAQUE. BOT. PHAN. Même chose que Chicoy chez les Portugais. *V.* CHICOY. (B.)

FIGUE. ZOOL. Nom vulgaire et marchand d'une Pyrule, *Pyrula Fi-*

cus, dont il y a trois variétés, la violette, la blanche réticulée et la blanche en treillis. C'est aussi une espèce d'Alcyon, dont on trouve souvent des traces fossiles. (B.)

FIGUE. BOT. PHAN. Le fruit du Figuier. *V.* ce mot. (B.)

FIGUE BACOVE. BOT. PHAN. Une variété de Banane. On nomme aussi les plus petits, les plus jaunes et les plus savoureux des fruits du Bananier, Figue Banane. (B.)

FIGUE GIRROLE. BOT. CRYPT. C'est un Agaric dans l'ouvrage de Paulet. (B.)

FIGUE MARINE ou DE MER. ZOOL. BOT. Ce nom est aussi improprement donné à l'*Alcyonium Ficus*, qu'à une espèce de Mésembryanthème, dont les Hottentots mangent le fruit, et que pour cette raison on nomme aussi Figuier des Hottentots. (B.)

FIGUE-POIRE. BOT. PHAN. Une grosse variété de la Figue commune. (B.)

. FIGUE DE SURINAM. BOT. PHAN. Le fruit du *Cecropia peltata*. (B.)

FIGUIER. OIS. Espèce du genre Soui-Manga. *V.* ce mot. Cette espèce est devenue le type d'une assez grande famille de ce genre, dont quelques ornithologistes ont même fait une division générique. (DR..Z.)

FIGUIER. *Ficus.* BOT. PHAN. Genre très-intéressant appartenant à la famille naturelle des Urticées, et à la Polygamie Diœcie, L., composé en général d'Arbres ou d'Arbrisseaux lactescens, ayant les feuilles alternes, simples, entières ou plus ou moins profondément lobées, accompagnées à leur base d'une longue stipule roulée autour de la feuille avant son développement; les fleurs sont réunies dans des espèces de réceptacles charnus, globuleux ou pyriformes, munis à leur base de quelques bractées écailleuses, percés dans leur partie supérieure d'une ouverture fermée en grande partie par plusieurs petites écailles en forme de dents. La face interne de ce réceptacle est couverte de fleurs mâles et de fleurs femelles. Les premières sont placées près de l'ouverture supérieure ; elles se composent d'un calice à trois divisions profondes et de trois étamines ; les fleurs femelles, beaucoup plus nombreuses que les mâles, occupent presque toute la paroi interne du réceptacle. Leur calice est à cinq divisions profondes. Leur ovaire légèrement stipité contient un seul ovule renversé et se termine à son sommet par un style que surmontent deux stigmates filiformes. Le fruit se compose du réceptacle dont les parois se sont épaissies et d'un très-grand nombre de petites drupes charnues, pédicellées, renfermant une petite graine crustacée. Celle-ci contient un embryon légèrement recourbé dans un endosperme charnu.

Les espèces de Figuier sont fort nombreuses ; on en compte environ cent cinquante qui se trouvent dans presque toutes les contrées chaudes du globe.

L'espèce de ce genre la plus intéressante, est, sans contredit, le Figuier commun, *Ficus Carica*, L., originaire du midi de l'Europe, de l'Afrique et de l'Asie septentrionale, et qui, depuis des siècles, est naturalisé, et forme un Arbre fruitier dans tous les jardins de l'Europe tempérée. Dans l'état sauvage, le Figuier que l'on désigne vulgairement sous le nom de *Caprifiguier* est un Arbrisseau tortueux de six à dix pieds d'élévation. Mais en Orient, en Barbarie, et même dans l'Europe méridionale, il forme un Arbre d'une hauteur de vingt-cinq à trente pieds. Son tronc acquiert quelquefois un diamètre d'un à deux pieds ; supérieurement il se divise en un grand nombre de branches étalées, qui forment une vaste tête et lui donnent assez de ressemblance avec nos Pommiers. Dans le nord de l'Europe, et même sous le climat de Paris, c'est un Arbrisseau rameux dès sa base, et ayant environ dix à douze pieds de hauteur. Les feuilles du Figuier sont alternes,

pétiolées, très-grandes, échancrées à leur base et découpées dans leur contour en cinq ou sept lobes plus ou moins profonds. Ces feuilles sont d'un vert foncé et couvertes d'un duvet très-court et très-rude. Elles sont enveloppées, avant leur déroulement, dans une longue stipule membraneuse et caduque qui leur sert de bourgeon. Les réceptacles sont généralement pyriformes, légèrement pédicellés et placés à l'aisselle des feuilles. A l'époque de leur maturité, leur forme, leur grosseur et leur couleur présentent tellement de différences, qu'elles constituent un nombre immense de variétés. Ainsi on trouve des Figues pyriformes, et d'autres globuleuses ; les unes sont grosses comme le pouce, et d'autres ont le volume du poing. Leur couleur est tantôt verte, tantôt blanche, tantôt d'un rouge vineux plus ou moins intense.

La culture du Figuier et de ses nombreuses variétés est un objet de la plus haute importance dans plusieurs contrées méridionales de l'Europe, et spécialement en Provence où on en voit d'immenses plantations. Nous citerons ici les variétés les plus remarquables. Les Figuiers donnent en général deux récoltes par année. L'une se fait en Provence depuis la fin de juin jusqu'à la fin de juillet. Les Figues que l'on récolte alors sont plus grosses et moins savoureuses. Elles naissent sur les rameaux de l'année précédente et portent le nom de *Figues-Fleurs* ou de *Figues d'été*. L'autre, au contraire, se fait pendant les mois de septembre et d'octobre. Elle est plus abondante que la précédente. Les fruits en sont généralement moins gros, mais plus sucrés et plus estimés. Ce sont les seuls que l'on fasse sécher pour les conserver.

On distingue deux races principales dans les diverses variétés de Figues. Dans l'une les fruits sont verts, jaunâtres ou blancs, dans la seconde d'une couleur violette plus ou moins intense.

§ Ier. *Fruits verts, jaunâtres ou blancs.*

FIGUE BLANCHE ou GROSSE BLANCHE RONDE. Elle est pyriforme, arrondie, ayant environ deux pouces de diamètre. Sa peau est lisse, d'un jaune pâle et comme blanchâtre; sa chair est douce et agréable. C'est presque la seule que l'on cultive en grand aux environs de Paris, et particulièrement au village d'Argenteuil sur les bords de la Seine. Il est rare que l'on puisse en faire la récolte d'automne. Les Figues-Fleurs sont les seules qui parviennent à une maturité parfaite.

FIGUE DE SALERNE. Elle est globuleuse, blanche, un peu moins grosse que la précédente, hâtive, très-sucrée et excellente pour faire sécher. Elle réussit surtout dans les terrains élevés et pierreux.

FIGUE MARSEILLAISE. C'est la plus exquise de toutes les variétés connues en France, soit qu'on la mange fraîche, soit qu'on la fasse sécher. Elle est globuleuse, de la grosseur d'une grosse Prune de Reine-Claude, blanche, ayant la peau mince et lisse. Sa pulpe, quand elle est parvenue à sa maturité parfaite, est un véritable sirop. On la cultive abondamment aux environs de Marseille. Elle craint le froid.

FIGUE DE LIPARI ou PETITE BLANCHE RONDE. C'est la plus petite de toutes les variétés connues en France; sa grosseur n'excède pas celle d'une Prune de Damas. Elle est presque globuleuse, blanche, et d'une saveur très-agréable.

FIGUE COUCOURELLE BLANCHE ou MELITTE. Elle est moyenne en grosseur, blanche, relevée de lignes longitudinales saillantes. Il faut qu'elle soit bien mûre; elle est alors fort agréable. En général il vient trois ou quatre fruits à l'aisselle d'une même feuille.

GROSSE JAUNE ou AUBIQUE BLANCHE. C'est la plus grosse que l'on connaisse. Elle égale le volume du poing. Elle est ovale, d'abord blanche, puis jaune lorsqu'elle est parfaitement mûre. Sa chaire est rougeâtre et très-agréable.

FIGUE ROYALE ou DE VERSAILLES. Elle est presque ronde, blanche, fournit beaucoup, mais elle n'est bonne que quand elle a été séchée.

FIGUE VERTE ou FIGUE DE CUERS. Elle est longuement pédonculée à sa base, verte extérieurement, rouge en dedans. C'est une des meilleures espèces qu'on cultive en Provence; elle demande un terrain gras et humide.

FIGUE LONGUE MARSEILLAISE ou GROSSE BLANCHE LONGUE. Elle est blanche, allongée, striée, et quelquefois ponctuée de blanc. Sa chair est rouge. Elle est d'une moyenne grosseur et assez agréable.

FIGUE BARNISOTTE BLANCHE. Elle est verdâtre extérieurement, rouge en dedans, un peu déprimée à son sommet, d'une grosseur moyenne. C'est une excellente espèce, mais peu répandue.

FIGUE GRASSANE. Elle est blanche, arrondie, déprimée au sommet. Sa pulpe est peu sucrée, mais cette espèce est très-hâtive.

FIGUE DE COTIGNAC. Elle est oblongue, blanche, déprimée et jaune vers le sommet; sa chair est rose. C'est une excellente espèce, soit qu'on la mange fraîche ou sèche. Elle réussit mieux dans les terrains un peu secs.

FIGUE PERONAS. Elle est oblongue, blanche, et velue en dehors, rouge intérieurement. Elle produit beaucoup, mais sa peau est épaisse; on ne la mange guère que sèche.

§ II. *Fruits violets, rouges ou noirâtres.*

FIGUE VIOLETTE. L'Arbre a les feuilles très-petites, presque rondes, profondément découpées. Ses fruits sont globuleux, assez gros, striés, d'un violet foncé, d'un rouge vineux intérieurement et fort agréable.

Grosse Violette longue ou **Figue Aubique noire**. Elle est allongée, très-grosse, d'un violet obscur extérieurement. Sa chair est rouge et médiocrement sucrée; elle se fend assez souvent à l'époque de sa maturité. On la cultive en Provence où elle est généralement peu estimée.

Figue Poire ou **de Bordeaux**. Cette espèce, qui porte aussi le nom de *Petite Aubique noire*, est pyriforme, allongée, moins grosse que la précédente; elle est violette foncée, excepté à sa base qui reste constamment verte. La chair est d'un fauve rougeâtre. On la cultive aux environs de Paris.

Figue verte brune. Elle a la grosseur d'une Prune de Monsieur, verte en dehors, excepté vers son sommet qui est d'un brun foncé; sa chair est d'un beau rouge, et excellente.

Figue Coucourelle brune. Elle est allongée, d'une grosseur moyenne, brunâtre en dehors. Elle est très-productive et cultivée abondamment en Provence.

Figue grosse Bourjassote ou **Barnissote**. Elle est arrondie, déprimée, d'une teinte rouge foncé, saupoudrée d'une poussière blanchâtre. Sa peau est épaisse et dure, mais sa chair est très-agréable. Elle est très-tardive et demande un terrain gras et un peu humide.

Petite Bourjassote. Plus petite que la précédente; d'un rouge noir en dehors et pourpre en dedans; plus déprimée. Sa peau est également dure. Elle demande beaucoup de chaleur pour mûrir.

Figue Mouissone. Elle est encore plus petite; sa peau est plus noire, mais excessivement mince; c'est la plus délicate des violettes hâtives; on en fait deux récoltes.

Figue Bellone. Est grosse, violette, marquée de côtes, déprimée vers son sommet. Elle est excellente, et fournit deux récoltes abondantes. Elle demande à être arrosée.

Figue Négrone. Petite, d'un rouge brun à l'extérieur, d'un rouge vif intérieurement. Elle est un peu délicate.

Figue Blavette. Oblongue, violette en dehors, rouge en dedans. Elle est excellente, mais sujette à couler.

Nous venons d'indiquer quelques-unes des variétés les plus remarquables du Figuier cultivé. Mais le nombre de ces variétés est presqu'infini, et en Provence, par exemple, on en compte plusieurs centaines, mais dont les différences sont si peu tranchées qu'elles sont en quelque sorte inappréciables.

Les Figues fraîches sont un aliment extrêmement agréable et sain. Elles ne sont pas très-nourrissantes, mais bien mûres, elles sont très-faciles à digérer. Dans la Provence et les autres contrées de l'Europe méridionale, où les Figuiers sont cultivés en grand, elles entrent pour beaucoup dans la nourriture des gens de la campagne. Ce sont surtout les Figues d'automne que l'on préfère, parce qu'elles sont plus sucrées et plus savoureuses. Ce sont aussi les seules que l'on fasse sécher pour les conserver pendant l'hiver. Pour cela on les laisse sur l'Arbre jusqu'à ce qu'elles soient complétement mûres et même qu'elles commencent à se rider; on les cueille alors, et on les étend sur des claies en bois que l'on expose au soleil jusqu'à ce qu'elles soient complétement sèches. On recherche surtout celles qui ont la peau mince. La petite Marseillaise est, ainsi que nous l'avons dit, la meilleure de toutes. Dans cet état, les Figues sont plus nourrissantes que lorsqu'elles sont fraîches. Autrefois les athlètes se nourrissaient presque exclusivement de Figues et pensaient ainsi augmenter leur vigueur et leur agilité, et aujourd'hui encore en Provence, en Grèce, et sur les côtes de l'Asie-Mineure, les Figues sèches forment la base de l'alimentation du peuple pendant une partie de l'année. Les Figues sèches sont aussi très-recherchées pour les desserts d'hiver dans la plus grande partie de l'Europe. Elles sont également employées en médecine. On en fait des tisanes adoucissantes d'un goût agréable, en coupant trois ou quatre Figues par quartier et les faisant bouillir dans une pinte d'eau. Ordinairement on les unit aux autres fruits béchiques, tels que les Jujubes, les Dattes et les Raisins secs. On prépare encore avec les Figues fraîches ou sèches des cataplasmes émolliens que l'on applique sur les tumeurs douloureuses et enflammées.

Le Figuier se multiplie facilement, et sa culture n'exige que peu de soins. Il s'accommode très-bien de toutes les espèces de terrain, mais il faut néanmoins choisir et approprier les variétés que l'on veut cultiver, à la nature des terrains. Ainsi, comme nous l'avons fait remarquer en indiquant les principales variétés, les unes se plaisent davantage dans les lieux gras et humides, les autres dans les lieux secs et élevés, mais toutes généralement exigent un terrain qui ait du fond. Aux environs de Paris, la culture du Figuier demande des soins particuliers. Ainsi il doit être abrité des vents et du froid. Pour remplir cet objet, on le placera près d'un mur ou d'un côteau bien exposé au midi, et on l'empaillera pendant l'hiver, afin de le préserver de la gelée. Le Figuier est un des Arbres qui se prêtent le moins à la taille. En général, on le laisse pousser en liberté, et l'on ne retranche que les branches mortes ou celles qui poussent trop de bois.

On multiplie le Figuier par rejetons, marcottes ou boutures; très-rarement par racines ou par semences. Le premier moyen, c'est-à-dire la multiplication par rejetons, est le plus facile et celui qu'on emploie le plus souvent. On lève ces rejetons quand ils ont deux ou trois ans, et on les plante en terre à environ un pied de profondeur, en ayant soin de les coucher un peu. On l'empêche de porter fruit pendant les deux ou trois premières années, afin que l'Arbre prenne plus de force. Quelquefois on greffe les Figuiers quand on veut changer de variété. On préfère, en général, la greffe en flûte; la greffe en écusson réussit quelquefois, mais il arrive trop souvent que l'œil est noyé par l'abondance des sucs propres qui s'écoulent de la plaie.

On emploie plusieurs moyens pour hâter la maturation des Figues; ainsi, dans les années tardives, on peut piquer avec une épingle trempée dans l'huile la tête de la figue pour hâter sa maturité. Quelques cultivateurs, quand les fruits sont au tiers de leur grosseur, cernent avec la pointe de la serpette ou du greffoir l'extrémité supérieure du fruit où sont placées les fleurs mâles, et l'enlèvent. Le suc propre recouvre bientôt la plaie, et le fruit mûrit dans un temps moitié plus court, sans rien perdre de ses dimensions. Ce procédé a été imité des Egyptiens qui le mettent en usage sur le Figuier Sycomore pour hâter la maturité de ses fruits.

Mais de tous ces moyens le plus célèbre est sans contredit celui que l'on désigne sous le nom de caprification et que l'on met surtout en pratique dans les diverses contrées de l'Orient. Il consiste à placer sur les Figuiers cultivés, des branches de Figuiers sauvages, que l'on désigne sous les noms de Caprifiguiers ou de Figuiers mâles. Les fruits de ces derniers sont, en général, remplis des œufs d'une espèce de Cynips, qui, lorsqu'ils éclosent, se répandent sur les autres fruits, les piquent, s'y introduisent et en hâtent la maturité. Mais néanmoins on commence à négliger cette pratique qui n'est pas sans quelques inconvéniens.

On cultive dans les serres chaudes un grand nombre d'espèces de Figuiers exotiques; tels sont le FIGUIER DES PAGODES, *Ficus religiosa*, L., espèce originaire de l'Inde, où elle forme un très-grand Arbre que les Indiens révèrent et plantent autour de leurs pagodes; le FIGUIER SYCOMO-

RE, *Ficus Sycomorus*, L., qui croît abondamment en Egypte. Ses fruits sont de la grosseur de nos Figues, mais presque fades; le FIGUIER A FEUILLES DE NÉNUPHAR, *Ficus nymphæifolius*, originaire de l'Amérique méridionale; le FIGUIER ÉLASTIQUE, *Ficus elastica*, l'une des espèces les plus belles par son feuillage et la rapidité avec laquelle il s'accroît. Il est originaire de Napaul et on le cultive aujourd'hui dans toutes les serres.   (A. R.)

On a, d'après quelques ressemblances plus ou moins éloignées, étendu le nom de Figuier à divers Arbres. Ainsi l'on a appelé :

FIGUIER D'ADAM, le Bananier.

FIGUIER D'AMÉRIQUE OU ADMIRABLE, le Cacte raquette.

FIGUIER DU CAP OU DES HOTTENTOTS, qui est la même chose que la Figue marine, le *Mesembryanthemum pugioniforme*.

FIGUIER D'EGYPTE (Théophraste), le Caroubier.

FIGUIER D'INDE, un Cacte dont les fruits sont fort bons et qu'on appelle *Tunas* en Espagne.

FIGUIER INFERNAL, le Ricin commun.

FIGUIER DES ILES, le Papayer ordinaire.

FIGUIER MAUDIT, le *Ficus Indica* à l'Ile-de-France.

FIGUIER MAUDIT MARRON, le *Clusia rosea* à Saint-Domingue.

FIGUIER DE PHARAON, le Sycomore.   (B.)

FIL. REPT. OPH. Espèce du genre Couleuvre.   (B.)

FIL D'ARAIGNÉE. BOT. PHAN. Espèce de Joubarbe, *Sempervivum arachnoideum*, L.   (B.)

FIL D'EAU OU DE SERPENT. ANNEL.? L'un des noms vulgaires du Dragonneau. *V.* FILAIRE.   (B.)

FIL DE MER. POLYP. Ellis (Coral., p. 37) donne ce nom au *Sertularia dichotoma*, L., *Laomedea dichotoma*, N.   (LAM..X.)

FIL DE MER. BOT. CRYPT. (*Hydrophytes.*) Boccone et Petiver ont donné ce nom au *Fucus Filum* de Linné, *Chondrus Filum*, N. Sur les côtes de la Manche, du Calvados, etc., les pêcheurs et les marins ont conservé à cette Plante le même nom. *V.* CHONDRE.   (LAM..X.)

FIL NOTRE-DAME OU FIL DE LA VIERGE. ARACHN. On appelle ainsi des filamens d'une extrême ténuité et d'une blancheur éclatante, que l'on voit souvent en été voltiger dans l'atmosphère sous la forme de flocons légers. On en attribue généralement la formation à de petits Cirons qu'Hermann fils nommait *Trombidium telarium*. Cuvier, au contraire, pense qu'ils proviennent du travail de jeunes Araignées.   (A. R.)

FILAGE. *Filago*. BOT. PHAN. Genre de la famille des Synanthérées, voisin des *Gnaphalium* avec lesquels il a été réuni par Scopoli et Lamarck, mais dont il diffère néanmoins par des caractères assez tranchés. Son involucre est formé d'écailles imbriquées, dressées, qui lui donnent une forme ovoïde et pointue. Le réceptacle est oblong presque cylindrique, garni d'un très-grand nombre d'écailles concaves, terminées en pointe aiguë à leur sommet, recouvrant à leur base interne une fleur femelle, excepté au sommet du réceptacle qui est occupé par un petit nombre de fleurs hermaphrodites dépourvues d'écailles. Les fleurs femelles ont un ovaire ovoïde allongé; une corolle tubuleuse, grêle, sans limbe; un style terminé par un stigmate à deux branches longues et grêles, glanduleuses sur les bords. Les fleurs hermaphrodites sont terminales; on en trouve parfois quelques-unes qui sont mâles. Leur corolle est tubuleuse, légèrement évasée dans son tiers supérieur pour former un limbe à quatre dents; les étamines sont au nombre de quatre. Les fruits, surtout ceux du centre, sont couronnés par une aigrette plumeuse et sessile.

Ce genre se compose d'une douzaine d'espèces : ce sont généralement de petites Plantes herbacées annuelles, croissant presque toutes en France, et dont la tige et les feuilles sont blanches et cotonneuses.

H. Cassini, dans un Mémoire inséré dans les Bulletins de la Société Philomathique, septembre 1819, a formé des sept espèces de ce genre mentionnées par Linné, cinq genres. Nous renvoyons à ce travail ceux qui auraient la curiosité de savoir jusqu'à quel point on peut pousser l'esprit de division.   (A. R.)

FILAIRE. *Filaria.* INT. Genre de l'ordre des Nématoïdes, ayant pour caractères : un corps cylindrique, élastique, fragile, égal, allongé, à bouche orbiculaire avec des sexes séparés sur des individus différens; l'organe génital mâle est extérieur et double. Ce genre, proposé par Müller, adopté par Rudolphi et par les naturalistes modernes, et dont les espèces ont été classées dans les Gordius par Linné, dans les Ascarides par Pallas, dans les Cunillaires, les Hamulaires, les Tentaculaires, les Linguatules et les Capsulaires par d'autres auteurs, présente des espèces très-disparates et dont on pourrait former plusieurs groupes. Eud. Deslonchamps forme deux genres des Filaires de Rudolphi; le premier renferme les Animaux auxquels s'applique la définition que nous avons donnée; il nomme la deuxième Filocapsulaire, et la compose des Capsulaires de Zéder dont il a étudié l'organisation d'une manière particulière. Les Filaires ont le corps filiforme, cylindrique, très-long, peu ou point atténué aux extrémités, mou, peu élastique, se cassant facilement; la peau est transparente, blanche ou incolore; les intestins, de couleur foncée, se distinguent facilement des organes génitaux d'une couleur lactée. Lorsque ces Vers sont morts, si on les met dans l'eau, ils absorbent

ce liquide avec la plus grande rapidité; ils se déroulent, se gonflent, se roidissent; la peau se déchire et laisse échapper l'intestin ainsi que les organes génitaux. Leur organisation paraît compliquée; la peau est mince, transparente, diaphane, poreuse, finement striée circulairement; elle recouvre deux plans de muscles : l'un transversal, et l'autre longitudinal; ce dernier formé seulement de deux bandelettes. La bouche est une petite ouverture ronde, simple ou papilleuse, située à l'extrémité du corps; l'œsophage, long de quelques lignes, varie en diamètre suivant les espèces, et se distingue des intestins par un fort étranglement. Ces derniers se prolongent sans aucune circonvolution jusqu'à l'extrémité postérieure du corps où se trouve l'anus. Il est ample, rempli de matière colorée et moins volumineux que les ovaires roulés autour de lui dans toute sa longueur. Dans ce genre, les femelles sont plus fréquentes, plus grosses et plus longues que les mâles. Leurs organes génitaux se composent d'une ouverture extérieure ou vulve, d'un utérus et de deux appendices creux et très-longs que l'on regarde comme les ovaires. Quelques espèces de Filaires sont ovipares avec des œufs ovales et tachetés de blanc dans leur centre; les autres sont vivipares. Quelle que soit leur manière de multiplier, leur fécondité est prodigieuse. Les organes génitaux des mâles se composent de deux verges et d'un conduit séminal. Si l'on compare l'organisation des Filaires avec celle des autres Nématoïdes et spécialement des Ascarides, on sera frappé de la grande ressemblance qui se trouve entre ces Animaux singuliers. Rudolphi a réuni, dans son *Synopsis*, au genre Filaire, celui que Treutter avait appelé *Hamularia*, et Zeder *Tentacularia*. Les Filaires ont été trouvés dans un certain nombre d'Animaux vertébrés et dans quelques Insectes; en général, ils sont rares et peu nombreux. On ignore leur mode d'accouplement, ainsi que la durée de leur vie ; enfin les espèces sont très-difficiles à distinguer, et la quantité des douteuses est bien plus considérable que celle des certaines que Rudolphi a divisées en deux groupes ; le premier renferme les espèces à bouche simple ou nue, le deuxième les espèces à bouche armée de nodules ou de papilles. Dans le premier se trouve le Filaire de Médine, connu dès la plus haute antiquité, et dont il nous manque une bonne description tant interne qu'externe, les Filaires grêle, atténué, à queue obtuse, etc. ; dans le deuxième, les Filaires papilleux, couronné, plissé, etc.

(LAM..X.)

* **FILAMENT.** POIS. Espèce de Clupe du sous-genre Mégalope. *V.* CLUPE. (B.)

* **FILAMENTEUX.** POIS. Espèce du genre Chromis. (B.)

* **FILANDRE.** INT. Les Italiens donnent ce nom au Filaire des Oiseaux de proie, *Filaria attenuata*, Rudolphi. *V.* FILAIRE. (LAM..X.)

* **FILANGIS.** BOT. PHAN. Nom proposé par Du Petit-Thouars (Hist. des Orchidées des îles australes d'Afrique) pour une Plante de la section des Epidendres et du groupe nommé *Angorchis* par ce savant. Cette espèce, remarquable par la longueur excessive de l'éperon, devrait porter, selon la nomenclature linnéenne, le nom d'*Angræcum filicornu*. Elle croît aux îles de Madagascar et de Mascareigne, et Du Petit-Thouars l'a figurée (*loc. cit.*, tab. 52). (G..N.)

FILAO. BOT. PHAN. *V.* CASUARINE.

FILARIA. *Phyllirea.* BOT. PHAN. Genre de la famille des Jasminées et de la Diandrie Monogynie, L., qui se compose d'une dixaine d'Arbrisseaux, dont les feuilles sont opposées, entières, coriaces, persistantes ; les fleurs très-petites, jaunâtres, réunies à l'aisselle des feuilles. Ces Arbrisseaux croissent, en général, dans le midi de l'Europe, l'Orient, etc. On les cultive dans les jardins. Leurs caractères distinctifs sont : un calice campanulé, court, dressé, à quatre dents ; une corolle monopétale, presque rotacée, régulière, à quatre lobes réfléchis ; deux étamines dressées, à filamens courts, à anthères cordiformes, biloculaires, extrorses. L'ovaire est libre et globuleux, à deux loges contenant chacune deux ovules suspendus ; le style est court, épais, terminé par un stigmate à deux lobes rapprochés. Le fruit est une baie uniloculaire et monosperme.

Cet avortement constant d'une des loges et de trois des ovules est un caractère qui se remarque dans presque tous les genres de la famille des Jasminées, et montre combien il est important d'étudier la structure de l'ovaire, quand on veut connaître le type d'organisation du fruit.

Deux espèces de ce genre croissent naturellement dans le midi de la France. Ce sont les deux suivantes : FILARIA A FEUILLES LARGES, *Phyllirea latifolia*, Lamk., Dict., 2, p. 5o2. Cette espèce, dans laquelle viennent se confondre comme de simples variétés les *Phyllirea media*, L., *Phyll. lœvis* et *obliqua* d'Aiton, et *Phyll. spinosa* et *ligustrifolia* de Müller, est un grand Arbrisseau, toujours vert, très-branchu, ayant des feuilles opposées, courtement pétiolées, obovales, obtuses, dentées, très-glabres. Ses fleurs, qui sont très-petites et d'une couleur jaunâtre, sont groupées en grand nombre à l'aisselle des feuilles. Il leur succède des baies pisiformes. On trouve ce petit Arbre dans les provinces méridionales de la France ; il remonte même jusqu'aux environs de Nantes.

FILARIA A FEUILLES ÉTROITES, *Phyllirea angustifolia*, L., Sp., Lamk., Ill.T. VIII, f. 3. Cette espèce, qui croît absolument dans les mêmes localités que la précédente, s'en distingue surtout par sa tige moins élevée, ses feuilles très-allongées, lancéolées, aiguës et très-entières.

(A.R.)

FILASSE DE MONTAGNE. MIN.

L'un des noms vulgaires de l'Asbeste. *V*. ce mot.   (B.)

FILASSIER. ois. L'un des synonymes de la Marouette. *V*. GALLINULE.   (DR..Z.)

FILET. *Filamentum*. BOT. PHAN. On appelle ainsi la partie inférieure de l'étamine, celle qui, portant l'anthère, est généralement sous la forme d'un appendice subulé et filamenteux. Cet organe n'est pas tellement essentiel, qu'il ne manque assez souvent sans que pour cette raison l'étamine en soit moins propre à opérer la fécondation. Dans ce cas, on dit de l'anthère qu'elle est sessile. Quoique le plus souvent le Filet soit grêle et allongé, cependant il est quelquefois plane, dilaté et même pétaloïde, ainsi qu'on peut le remarquer dans un grand nombre de Plantes de la famille des Amomées. On concevra facilement cette forme particulière du Filet, quand on saura qu'il offre absolument la même structure que les pétales; aussi les voit-on fréquemment dans les Plantes où ils sont naturellement grêles, devenir planes, se dilater et se changer en véritables pétales. C'est ce qu'on observe, par exemple, dans les Plantes cultivées dont les fleurs doublent. Le grand nombre de pétales qu'elles présentent est dû à la transformation des étamines.

Les Filets peuvent être libres et distincts les uns des autres, ou bien ils peuvent contracter entre eux une adhérence plus ou moins intime et se souder en un, en deux ou en plusieurs faisceaux qui prennent alors le nom d'audrophore; et les étamines sont alors appelées monadelphes, diadelphes, polyadelphes. *V*. ÉTAMINES, ANDROPHORE.   (A. R.)

FILET A RÉSEAUX. BOT. CRYPT. (*Confervées*.) On a quelquefois donné ce nom à l'*Hydrodyction reticulatum*. *V*. HYDRODYCTIE.   (B.)

FILEUSE ou **FILIÈRE.** MOLL. Nom marchand du *Voluta figulina*, qui était un Cône selon Linné.   (B.)

FILEUSES. ARACHN. Dénomina-tion assignée par Latreille (*Règn. Anim. de Cuv.*) à la première famille des Arachnides pulmonaires, et comprenant la grande division des Aranéides de Walckenaer ou le grand genre Araignée de Linné. *V*. ARANÉIDES.   (AUD.)

* **FILICASTRUM.** BOT. CRYPT. (Ammann.) Syn. de *Struthiopteris Germanica*, L. *V*. STRUTHIOPTÉRIDE. (B.)

FILICITES. BOT. FOSS. Quelques auteurs, particulièrement Schlotheim, désignaient sous ce nom les Fougères dont on trouve les empreintes dans certaines houillères. A. Brongniart, dans son excellent travail sur les Végétaux fossiles, a formé des Filicites le deuxième genre de sa troisième classe, auquel il donne pour caractères : frondes disposées sur un même plan, symétriques; nervures secondaires, simples, dichotomes ou rarement anastomosées. Il le divise en cinq sections ou sous-genres, fondés sur la disposition des nervures et la forme des pinnules : 1° GLOSSOPTERIS, pl. 11, f. 4, dans lequel nous ne trouvons aucun rapport avec quelque espèce vivante que ce soit; 2° SPHENOPTERIS, pl. 11, f. 2, dont l'espèce représentée nous paraît avoir eu de grandes affinités avec les Davallia, et particulièrement avec le *D. tenuifolia*, Willd.; 3° NEVROPTERIS, pl. 11, f. 6, dont l'espèce représentée ressemble aux frondes stériles et variables de certaines Onoclées; 4° PECOPTERIS, pl. 11, f. 3, dont l'espèce représentée fut évidemment un Dicksonia; 5° ODONTOPTERIS, pl. 11, f. 5, dont l'espèce représentée appartenait sans aucun doute à quelque espèce arborescente et non épineuse du genre Cyathea. Nous pensons que toutes les Filicites pourraient être, par l'inspection des nervures qui s'y trouvent ordinairement en bon état de conservation, rapportées aux genres actuellement existans, ou du moins intercalées parmi les genres dans une histoire complète des Fougères, comme on place aujourd'hui dans les collections bien entendues les Coquilles fossiles

au rang qu'elles doivent occuper entre les Mollusques et les Conchifères
vivans. Nous nous proposons du
moins de suivre cette marche dans
l'ouvrage iconographique que depuis
vingt ans nous préparons sur les
Fougères.   (B.)

FILICORNES. ins. Duméril désigne, sous ce nom et sous celui de Né-
matocères, des Lépidoptères dont les
antennes sont en fil ou de la même
grosseur dans toute leur longueur.
Cette coupe comprend les genres Hé-
piale, Bombyx et Cossus.   (G.)

FILICULE. *Filicula.* bot. crypt.
Les anciens botanistes appelaient
ainsi, avant la fixation de la nomenclature, les petites espèces de Fougères dont l'exiguité était pour eux
une sorte de caractère de famille. Les
*Polypodium calcareum, fontanum,
vulgare,* et *fragile* ; les *Asplenium marinum, septentrionale,* et *Ruta mura-
ria, Pteris crispa,* les Hyménophylles,
et jusqu'au *Ceterach marantœ,* étaient
des Filicules.   (B.)

FILIÈRE. ins. Pores par lesquels
les Araignées et les Chenilles font
sortir la matière soyeuse dont elles
composent leurs toiles et leurs cocons.
V. Arachnides, Araignée, Aranéides et Lépidoptères.   (G.)

FILIFORME. zool. bot. Un organe ou une partie est dite Filiforme
toutes les fois qu'elle est grêle, allongée et assez semblable à un fil. (A. R.)

FILIGRANE. bot. phan. Et non
Filagrane. L'un des noms vulgaires
de l'*Hyacinthus monstrosus,* L. *V.*
Hyacinthe.   (B.)

* **FILINE.** *Filinia.* inf. Nous proposons l'établissement de ce genre
dans la famille des Urcéolariées, pour
y placer un Animal microscopique
décrit par Müller sous le nom de *Bra-
chionus passus.* Ce savant lui attribuait un test capsulaire (*Inf.,* p. 553,
t. 49, f. 14-16) ; mais on ne peut appeler test un véritable fourreau. Les
caractères du genre Filine consistent
en une gaîne conique, postérieurement atténuée comme en queue non

contractile, pointue, antérieurement
tronquée et que remplit entièrement
un corps dont la tête, quand l'Animal l'étend, est obtuse centralement,
muni d'un faisceau central de poils
rotatoires, et de deux appendices cir-
rheux fort allongés. La seule espèce
de ce genre qui nous soit encore connue vit dans les bourbiers les plus
malpropres ; elle y est rare. Ce genre
offre quelques rapports avec les Va-
ginicoles et les Polliculines. *V.* ces
mots.   (B.)

FILIPENDULE. bot. phan. Espèce
du genre Spirée. *V.* ce mot. On a
appelé Filipendule aquatique une espèce d'Ænanthe.   (B.)

FILIPENDULÉE (racine). bot.
phan. On donne ce nom à une racine fibreuse qui présente de distance
en distance des espèces de renflemens
tuberculeux. Telle est celle du *Spirœa
Filipendula.*   (A. R.)

FILIPODE. bot. crypt. On a
quelquefois donné ce nom à la Fougère femelle, *Aspidium Filix femina.*
            (B.)

FILISTATE. *Filistata.* arachn.
Genre de l'ordre des Pulmonaires,
famille des Fileuses, tribu des Tubi-
tèles (Règn. Anim. de Cuv.), fondé par
Latreille qui lui donne pour caractères : huit yeux groupés sur une élévation, à l'extrémité antérieure et supérieure du corselet, et inégaux ; mâchoires arquées au côté extérieur, formant un ceintre autour de la lèvre ;
filières extérieures presque de la même longueur. Ce genre est très-voisin
de celui des Drasses de Walckenaer ; il
en diffère toutefois par les caractères
tirés de la position des yeux. Dans les
Filistates, ces yeux sont plus éloignés
du bord antérieur du corselet. Les
deux latéraux de la première ligne
sont plus avancés et beaucoup plus
gros que les deux compris entre eux
et les yeux situés sur la seconde ligne
où les postérieurs sont groupés par
paires. On ne connaît qu'une seule
espèce propre au genre : la Filistate
bicolore, *F. bicolor,* Latr. Elle est de
moyenne grandeur et d'une couleur

fauve pâle ; l'extrémité de ses palpes ,
ses pates et son abdomen sont noirâtres. Elle a été trouvée d'abord à
Marseille. Léon Dufour l'a observée
depuis en Espagne, et, suivant Latreille, elle est encore originaire du
Sénégal.   (AUD.)

FILIX. BOT. CRYPT. *V*. FOUGÈRE.

* **FILLE DE LA TERRE.** BOT.
CRYPT. (*Chaodinées.*) On a quelquefois donné ce nom au Nostoc vulgaire.
                                (B.)

* **FILOCAPSULAIRE.** *Filo-
capsularia.* INT. Genre de Vers intestinaux de l'ordre des Nématoïdes ,
ayant pour caractères : le corps cylindrique, allongé , élastique , atténué aux deux extrémités , roulé en
disque , et contenu dans une membrane ; bouche simple ; organes génitaux inconnus.

Ce genre établi par Deslongchamps
aux dépens des Filaires de Rudolphi , ne renferme qu'une seule espèce , le *Gordius maximus* de Linné ou
Filaria Piscium et *Capsularia* de Rudolphi. Cet Animal ressemble aux
Ascarides par sa forme , aux Filaires
par la forme de la tête , celle de la
bouche, et le lieu qu'il habite. Il diffère des autres Nématoïdes par une
organisation interne beaucoup plus
simple , et par la membrane dans laquelle il est entièrement enveloppé.
Il y est placé roulé sur lui - même en
spirale et sur un seul plan discoïde ,
ou plié irrégulièrement. Des Ascarides paraissent offrir quelquefois le
même phénomène , mais il est rare;
même dans ce cas, les Ascarides ne
sont jamais roulés en spirale , et sont
placés sous le péritoine au lieu d'ê-
tre enfermés dans une membrane particulière. Les Filocapsulaires enveloppés de leur boîte membraneuse
semblent immobiles ; mais si on les
dégage et qu'on les place dans l'eau,
ils exercent des mouvemens rapides
et semblables à ceux des Ascarides ;
on peut les conserver dans l'eau pendant plus de huit jours.

La longueur de ces Vers dépasse rarement trois centimètres, et le maxi-

mum de leur grosseur est d'un demi-
millimètre. Leur organisation ne diffère point des autres Nématoïdes ; la tête est un peu aiguë, et se distingue du
corps à une légère dépression ; l'anus
est placé à une petite distance de la
queue ; il est transversal, très-appa-
rent , et ne diffère point de celui des
Ascarides. L'intestin s'étend de la
bouche à l'anus sans aucune circonvolution ; il remplit entièrement la
cavité intérieure de l'Animal ; ses
parois sont blanches ; très-épaisses, et
son canal peu apparent. On en a disséqué plusieurs centaines sans apercevoir aucun vestige d'organes pour
la reproduction , et l'on s'est assuré.
par un grand nombre d'observations
que dans tous les états les Filocapsulaires différaient toujours des Ascarides.

Ces Vers ont été trouvés dans un
grand nombre de Poissons appartenant à des espèces très - différentes
sous tous les rapports , et n'ont jamais présenté que les mêmes caractères ; la longueur seule a un peu varié ; ainsi le genre Filocapsulaire
n'est encore composé que d'une seule
espèce , le Filocapsulaire commun.
                            (LAM..X.)

FILONS. MIN. Amas de matières
minérales, en forme de grandes plaques ou de coins très-aplatis , qui
coupent transversalement les strates
des terrains qui les renferment , et
dont les substances composantes diffèrent plus ou moins de celles qui
constituent la roche environnante.
On peut les considérer comme des
fentes qui se sont opérées dans les
terrains pendant ou après leur formation , et qui ont été remplies postérieurement , en tout ou en partie ,
de matières pierreuses ou métalliques. Parmi les solutions de continuité qui partagent les couches d'un
terrain et qui présentent plus particulièrement la forme de fente remplie ou non remplie, on distingue les
fentes proprement dites , les amas
transversaux appelés Failles , et les
amas transversaux nommés Filons.
Les fentes sont ordinairement rem-

plies de certains Gaz , ou servent à la circulation des eaux souterraines. Les failles ou barrages sont de grandes fissures occasionées par l'affaissement d'une partie du terrain , et qui sont remplies de débris provenant du terrain lui-même. Elles sont très-fréquentes dans les houillères où elles acquièrent quelquefois une puissance considérable. Les Filons (en allemand *Gœnge*) traversent en tous sens les terrains stratifiés, comme ceux qui ne le sont pas. Dans le premier cas ils sont presque toujours obliques à la direction des strates ; quelquefois cependant ils se montrent parallèles au plan des couches, mais ce parallélisme n'a jamais lieu d'une manière complète , et ne se soutient pas dans une grande étendue. On distingue dans un Filon les deux faces principales de la plaque nommées Salbandes ; les parois de la fente avec lesquelles elles sont en contact s'appellent les épontes. Lorsque le Filon est incliné, ce qui est le cas le plus ordinaire , l'inférieure en est le mur (liegendes) , et la supérieure le toit (hangendes) ; la partie du Filon qui se montre à la surface du sol en est l'affleurement.

Comme cette espèce particulière de gîtes de Minerais renferme la plupart des substances qui sont l'objet des recherches du mineur, on étudie avec beaucoup de soin l'allure d'un Filon , c'est-à-dire la manière dont il se dirige, s'incline et s'étend dans le terrain qu'il traverse. On détermine la position d'un Filon à l'aide de deux lignes droites tracées sur le plan d'une des salbandes. Une d'elles menée horizontalement fait un certain angle avec la méridienne. Cet angle donné par la boussole est la direction du Filon. Une seconde ligne, menée sur la salbande perpendiculairement à la première, fait avec l'horizon un angle qui détermine l'inclinaison du Filon. Quand la direction et l'inclinaison sont peu variables dans une grande étendue du Filon, on dit que son allure est régulière ou qu'il est bien réglé. L'épaisseur ou la puissance des Filons est très-variable , et elle n'a rien de constant dans le même Filon qui éprouve tantôt des renflemens et tantôt des étranglemens. L'étendue d'un Filon paraît en général proportionnée à sa puissance. Il y a des Filons de quelques lignes de puissance, dont l'étendue ne surpasse guère quelques mètres. Il en est d'autres , au contraire, dont la puissance et l'étendue sont fort considérables. Le plus célèbre de tous est le Filon argentifère, la *veta Madre*, de Guanaxuato au Mexique. Suivant Humboldt , il aurait quarante à quarante-cinq mètres de puissance sur une longueur de douze mille mètres. Les Filons descendent dans le sol à une très-grande profondeur , en sorte que souvent on ne rencontre pas le bord où ils se terminent. Lorsqu'on atteint les extrémités , on trouve ordinairement qu'elles s'amincissent en forme de coin dont le tranchant présente des sinuosités. Quelquefois le Filon se bifurque et forme différens rameaux qui rejoignent ensuite le tronc ou se perdent dans la roche environnante. Les Filons finissent presque toujours par un affleurement à la surface du sol; cependant on connaît à la montagne des Chalanches près d'Allemont, des Filons qui sont terminés par le haut, et dont la tête est recouverte par le terrain environnant.

La composition des Filons est en général très-variée : tantôt la masse minérale qui les constitue est analogue aux roches des terrains qu'ils traversent ; tantôt elle est formée de conglomérats, de sables , d'argile , et alors on trouve souvent dans le voisinage des assises de semblables matières ; tantôt enfin elle ne présente que des aggrégats irréguliers de substances dont quelques-unes sont d'un grand intérêt pour le mineur , car c'est là le gîte habituel de presque tous les Minerais que l'on exploite. Dans ce dernier cas, on distingue la matière stérile dominante , de nature pierreuse, et la matière utile ou métallifère ; la partie pierreuse du Filon est ce qu'on nomme en France la gangue du Minerai : les principaux Minéraux qui la composent sont le Quartz, la Baryte sulfatée, le Fer spathique, etc. C'est là surtout que s'observent les plus belles cristallisations. Les parties métallifères sont disposées dans cette gangue, tantôt en rognons épars ou en grains disséminés, tantôt en zônes parallèles alternant avec la matière pierreuse du Filon, et se répétant de la même manière à partir des épontes. Les Filons sont rarement remplis en totalité. Ils offrent des cavités dont les parois sont tapissées de cristaux réunis en druses; ce sont ces cavités qui portent le nom de fours ou poches à cristaux. On trouve souvent des fragmens de la roche environnante au milieu d'un Filon. Ces fragmens ont servi de noyaux à la substance métallique qui les a recouverts d'une enveloppe assez mince. Il y a des Filons qui sont entièrement stériles ou dépourvus de parties métalliques. Parmi les Métallifères on distingue ceux qui sont *riches* et ceux qui sont *pauvres* en Minerai; les Filons les mieux caractérisés se trouvent ordinairement dans les terrains primordiaux ou dans les premiers terrains secondaires.

Les Filons existent rarement seuls dans le même terrain on en trouve ordinairement plusieurs qui tantôt sont parallèles et tantôt se croisent de différentes manières. Lorsque deux Filons se croisent, on remarque qu'ils sont presque toujours de nature différente; l'un des deux traverse l'autre sans éprouver aucune interruption, et celui-ci est coupé en deux parties séparées qui souvent ne sont plus dans la même direction. Il est clair que le Filon coupant est plus nouveau que le Filon traversé, et qu'ainsi les observations relatives à l'intersection des Filons peuvent servir à déterminer l'âge relatif de chacun d'eux. C'est ce que Werner a fait pour les Filons de la Saxe qu'il est parvenu à rapporter à huit époques différentes de formations.

On a imaginé beaucoup de théories pour expliquer les Filons; plusieurs ont été démenties par les faits; d'autres, et celle de Werner est du nombre, paraissent être insuffisantes, parce qu'il est impossible de ramener à une cause unique la production de tous les Filons observés. On s'accorde généralement à reconnaître que les Filons sont des fentes qui se sont opérées par l'ébranlement du sol, et qui ont été remplies après coup de diverses substances; mais on varie sur la manière dont ce remplissage a eu lieu. Werner pensait que les Filons, ayant été ouverts par leur partie supérieure, avaient tous été remplis par en haut de dépôts provenans d'une dissolution qui recouvrait le sol. Mais il paraît incontestable que des causes de nature bien différente ont concouru à la formation de ces grandes masses minérales. Ainsi les Filons remplis d'aggrégats réguliers ou de matières pyrogènes, comme le Basalte, l'ont été probablement par des déjections volcaniques de bas en haut, ou en sens contraire par des courans de laves; les Filons formés d'aggrégats sablonneux ou argileux, et de débris roulés, n'ont pu l'être que par en haut; enfin les Filons remplis d'aggrégats irréguliers, de cristaux pierreux et de parties métalliques, doivent peut-être leur naissance à des causes très-variées, telles que des filtrations latérales ou des sublimations de l'intérieur de la terre. *V.*, sur l'histoire des Filons en général, la nouvelle Théorie de leur formation par Werner, traduite en français par Daubuisson, Paris, 1822. (G. DEL.)

FILOU. *Epibulus.* POIS. Espèce de Labre devenu type d'un sous-genre. *V.* LABRE. (B.)

FILTRATION. Action de séparer, au moyen des pores d'un tissu quelconque, les matières hétérogènes qui altèrent la transparence d'un liquide. (DR..Z.)

FIMBRIAIRE. *Fimbriaria.* INT.

Nouveau genre établi par Frœlich pour placer le *Tœnia malleus*; il n'a point été adopté par les naturalistes. *V.* TŒNIA. (LAM..X.)

FIMBRILLAIRE. *Fimbrillaria.* BOT. PHAN. Genre de la famille des Synanthérées, Corymbifères de Jussieu et de la Syngénésie nécessaire, L., établi par H. Cassini (Bulletin de la Société philom., février 1818) qui lui a donné les caractères suivans : calathide discoïde, dont les fleurs centrales sont nombreuses, régulières, mâles ou quelquefois hermaphrodites, et celles de la circonférence disposées sur plusieurs rangs, tubuleuses et femelles; involucre arrondi, formé d'écailles irrégulièrement imbriquées, appliquées, linéaires et foliacées; réceptacle plane, couvert de paillettes (*fimbrilles*, Cass.) charnues, irrégulières, soudées par leur base; ovaires comprimés, obovales, hérissés, munis d'un bourrelet apiculaire; aigrette composée de poils plumeux. L'auteur a formé ce genre aux dépens du *Baccharis*, L., dont il diffère par son réceptacle paléacé et par ses fleurs mâles et femelles réunies dans la même calathide. Il est encore plus voisin, par les caractères, du *Dimorphantes*, près duquel Cassini l'a placé dans la tribu des Astérées, puisqu'il ne s'en distingue que par les paillettes de son réceptacle; mais le genre *Dimorphantes* se compose d'espèces de l'ancien continent, autrefois placées parmi les *Erigeron*, et qui ne peuvent être confondues avec les *Fimbrillaria*.

Le type de ce nouveau genre est le *F. Baccharoides* ou *Baccharis ivœfolia*, L., Arbuste d'Amérique, que l'on cultive au Jardin des Plantes de Paris. H. Cassini en a fait connaître une seconde espèce, indigène des îles de France et de Bourbon, à laquelle il donne le nom de *F. tubifera*. Elle est remarquable par ses fleurs marginales, dont les corolles sont longuement tubuleuses, colorées et très-apparentes en dehors. (G..N.)

FIMBRILLES. *Fimbrillæ.* BOT. PHAN. H. Cassini appelle ainsi des appendices du réceptacle des Synanthérées, qui sont en forme de filets membraneux, laminés, linéaires ou subulés, souvent entregreffés inférieurement, et toujours en nombre plus grand que les fleurs. Ils existent dans toutes les Carduacées et dans quelques genres des Corymbifères. (A. R.)

FIMBRISTYLE. *Fimbristylis.* BOT. PHAN. Vahl a séparé du genre *Scirpus* toutes les espèces dépourvues de soies hypogynes et munies d'un style comprimé et renflé à sa base, qui est articulée avec le sommet de l'ovaire. A cette division n'appartiennent que des espèces exotiques, telles que *Scirpus nutans*, Retz, *Scirpus pilosus*, etc. Robert Brown en a rapporté environ une trentaine de la Nouvelle-Hollande. *V.* SCIRPE. (A. R.)

FIMPI. BOT. PHAN. L'Arbre de Madagascar mentionné sous ce nom par Flacourt paraît être la même chose que le *Winterania alba*, quoiqu'il le dise identique avec le *Costus Arabicus* dont sans doute il n'avait pas une idée juste. (B.)

FIN. BOT. PHAN. L'un des noms arabes du Figuier. (B.)

FIN-FISCH. MAM. Le Gibbar chez divers peuples du Nord. *V.* BALEINE. (B.)

FINGHAH. OIS. Espèce du genre Drongo. *V.* ce mot. (DR..Z.)

FINNE. *Finna.* INT. Quelques auteurs ont donné ce nom au Cysticerque du tissu cellulaire : il dérive du mot allemand qui désigne la ladrerie du Cochon, maladie qu'on attribue à la présence de ces Vers. *V.* CYSTICERQUE. (LAM..X.)

FIN-OR. BOT. PHAN. Variété trochiforme de Poires dont une sous-variété mûrit en été, et l'autre en septembre. (B.)

FIONOUTS. BOT. PHAN. La Plante de Madagascar mentionnée sous ce nom par Flacourt, a ses fleurs jaunes et ses feuilles grasses ; on la brûle pour employer ses cendres dans la teinture. Nous pensons que c'est peut-être un *Kalanchoe*. Selon quelques-uns , elle aurait l'odeur du Mélilot et serait dépilatoire.   (B.)

FIORITE. MIN. (Thomson.) Quartz concrétionné du mont Fiora en Toscane. *V*. QUARTZ.   (G. DEL.)

FIORNA. OIS. Nom que porte dans quelques contrées du Nord le Grèbe-Oreillard. *V*. GRÈBE.   (DR..Z.)

FIRENZIA. BOT. PHAN. (Necker.) Syn. de *Cordia flavescens. V*. SEBES-TIER.   (B.)

FIRMIANA. BOT. PHAN. (Marsigli.) Syn. de *Stercularia platanifolia. V*. STERCULIER.   (B.)

FIROLE. *Pterotrachea.* MOLL. Forskahl, qui fit le premier connaître les Animaux de ce genre, leur avait donné le nom de *Pterotrachea*, et l'on ne sait pourquoi Bruguière changea ce nom en celui de Firole, *Firola*, qui a été adopté par les zoologistes français. Ces Animaux, que Péron et Lesueur ont rangés parmi les Ptéropodes à l'époque où cette coupe a été proposée, doivent appartenir indubitablement à un autre ordre bien supérieur en organisation, avec lequel Lamarck termine toute la série des Mollusques, les Hétéropodes (*V*. ce mot). Plusieurs Mémoires de Péron et Lesueur, et de Lesueur ensuite , ainsi que de Blainville , sont les principaux et les seuls travaux que l'on puisse consulter en y ajoutant ceux de Forskahl , et c'est d'après eux qu'on peut leur donner les caractères génériques suivans : corps libre , allongé , gélatineux , transparent , terminé postérieurement par une queue, et muni d'une ou plusieurs nageoires ; branchies en forme de panaches , flottant librement en dehors et groupées avec le cœur sous le ventre , vers l'origine de la queue ; tête distincte ; deux yeux ; des mâchoires cornées ; point de tentacules. Les Firoles ont beaucoup de rapports avec les Carinaires dont elles ne diffèrent

essentiellement qu'en ce que les branchies et le cœur ne sont point protégés par une coquille. La tête est munie antérieurement d'une trompe à l'intérieur de laquelle se voient de petites mâchoires rétractiles latérales, à ce que disent Péron et Lesueur, pourvues à l'intérieur et de chaque côté d'une série de pointes cornées , courbées , pectiniformes , surmontées d'un autre rang de plus petites. Au fond de la cavité buccale ainsi armée, on voit deux espèces de palpes articulés. Quoique l'on n'ait point reconnu de véritables tentacules aux Firoles , Blainville pense pourtant que l'on pourrait considérer comme analogues les tubercules qui se voient en avant des yeux et sur la partie antérieure de la tête. Les yeux sont grands , situés à la réunion du corps et de la trompe ; d'après Lesueur, il paraîtrait qu'ils sont placés à l'extrémité de pédicules très-courts. De la cavité buccale part un intestin ou œsophage qui va aboutir à l'estomac qui est lui-même placé dans le nucleus, cette partie saillante entre le pied et la queue qui contient, outre les branchies et l'estomac, le foie et le cœur ; l'intestin , à ce qu'il paraît , se termine à l'extérieur au côté droit de la cavité branchiale. Le corps est allongé , renflé dans le milieu , revêtu d'une peau transparente et gélatineuse. Elle se continue sur le nucleus , mais il paraît qu'elle y prend une autre structure , car elle est irisée très-agréablement lorsque l'Animal est plongé dans l'eau. Les organes locomoteurs se composent d'une sorte de pied ou de masse charnue , mince , comprimée, fixée au corps par un pédicule assez large vers le milieu de la face abdominale ; ce pied forme une véritable nageoire ; c'est vers le milieu du bord inférieur de cette nageoire que Forskahl a observé une petite ventouse destinée à fixer l'Animal au fond de la mer. Il paraît que Péron et Lesueur n'ont point aperçu cette partie essentielle qu'il aurait été nécessaire de constater de nouveau. La partie postérieure ou la

queue, qui a son origine au nucleus,
est terminée par un aplatissement ou
nageoire bifurquée ; c'est sans doute
de cette nageoire que sort un filament plus ou moins long composé
d'une série de tubercules et dont l'u-
sage est inconnu. Une question qu'il
aurait été fort intéressant de décider,
est celle relative à la position des organes de la génération ; mais il paraît que l'extrême délicatesse de ces
organes a empêché jusqu'à présent
les habiles observateurs, qui se sont
occupés des Firoles, d'avoir autre
chose que des présomptions qui semblent néanmoins assez bien fondées. Lesueur a observé au côté droit
du corps un appendice vermiculaire
qui semble être l'organe excitateur
mâle. Il paraîtrait, d'après les observations du même naturaliste, que les
Firoles ne sont point hermaphrodites, ce que semblerait confirmer
l'existence des oviductes dans les individus qui n'ont point l'organe vermiculaire des mâles, mais cet oviducte aurait son ouverture au côté
gauche dans une position contraire à
celle de l'organe mâle. Voilà les traits
principaux de l'organisation des Firoles. Nous ajouterons que les branchies sont symétriques, composées
de deux faisceaux formés de douze à
seize filamens, et nous renvoyons
pour le reste au Mémoire de Blainville inséré dans le Bulletin de la Société Philomathique, ainsi qu'à celui
de Péron et Lesueur dans les Annales
du Muséum, T. xv, et à celui de Lesueur dans le Journal de l'Académie
des Sciences de Philadelphie, 1817.
On ne connaît encore qu'un petit
nombre d'espèces appartenant à ce
genre. Nous allons en citer quelques-unes :

Firole couronnée, *Pterotrachea
coronata*, Gmel., p. 3137, n. 1;
Forsk., *Faun. Arab.*, p. 117, et
Icon., tab. 34, fig. 4; Encycl., pl.
88, fig. 1. Cette espèce est la plus
grande connue. Elle se distingue facilement par sa longue trompe perpendiculaire, cylindrique, et surtout
par les dix éminences qui lui cou-

ronnent le front. Elle vit dans la Méditerranée. Sa queue est divisée en
quatre parties de chaque côté ou
plutôt de lignes saillantes chargées
de petits tubercules piquans. Elle est
longue de cinq à sept pouces.

Firole hyaline, *Pterotrachea
hyalina*, Forsk., *ib.*, p. 118; et
Icon., pl. 34, fig. 6; Gmel., p. 3137,
n. 2; Encycl. pl. 88, fig. 2. La taille
de celle-ci qui est bien plus petite,
la distingue déjà des autres espèces.
Sa tête est mutique, prolongée ; sa
nageoire est centrale, arrondie, et
ne paraît point avoir de ventouse.

(D..H.)

FIROLOIDE. *Firoloida.* MOLL.
Lesueur (Journal des Sciences nat.
de Philadelphie, 1817) a proposé ce
genre pour quelques Animaux très-
voisins des Firoles, comme leur nom
l'indique. Ils ne diffèrent en effet de
celles-ci que par la queue qui est
presque nulle ; tous les autres caractères restent les mêmes. Lesueur a
observé sur deux individus de ce genre un appendice filiforme partant de
l'extrémité postérieure : il a considéré
cette partie comme des oviductes, parce qu'elle était remplie de petits
globules. Blainville pense que cet appendice n'est autre chose qu'un chapelet d'œufs, et que conséquemment
il doit fournir un très-mauvais caractère spécifique. Il y a trois espèces
dans ce nouveau genre ; elles se con-
fondront probablement par la suite
avec les autres Firoles.   (D..H.)

FIROME. BOT. CRYPT. Kœmpfer a
donné ce nom à une Hydrophyte que
plusieurs auteurs regardent comme
le *Fucus Saccharinus* de Linné, ce
qui ne nous paraît pas démontré.

(LAM..X.)

* FIS. BOT. PHAN. Syn. japonais de
Trapa natans qui, comme on le voit,
croît d'une extrémité à l'autre de l'ancien continent septentrional.   (B.)

FISANELLE. OIS. Syn. vulgaire
du Grèbe huppé. *V.* GRÈBE. (DR..Z.)

FISCAL. OIS. Espèce du genre
Pie-Grièche. *V.* ce mot.   (DR..Z.)

FISCHERA. BOT. PHAN. Sprengel

(*Prodr. Umbell.*, p. 27, fig. 1) nomme ainsi un genre nouveau qu'il établit dans la famille des Ombellifères pour quelques espèces d'*Azorella* décrites par Labillardière, et dont Rugge (*Linn. Trans.* x, p. 300) avait fait son genre *Trachymene. V.* ce mot. Il ne faut pas confondre le genre *Fischera* de Sprengel avec le *Fischeria* de De Candolle. *V.* Fischérie.   (A. R.)

FISCHÉRIE. *Fischeria.* bot. phan. Genre de la famille des Apocynées, section des Asclépiadées de Brown, établi par De Candolle (*Catalog. Hort. Botan. Monspel.* p. 112) en l'honneur du docteur Fischer de Gorenki, actuellement directeur du Jardin Botanique de Saint-Pétersbourg, et ainsi caractérisé : calice à cinq divisions profondes ; corolle rotacée à cinq lobes ondulés et crispés ; couronne staminale (*Stylostegium*) monophylle, charnue, tronquée, nullement lobée, ceinte à sa base d'un anneau anthérifère ; sommet de l'anthère simple, en forme de bec, replié en dedans ; masses polliniques insérées sur la partie moyenne de l'anthère, et penchées vers le stigmate qui est pentagone ; deux follicules. Ce genre est placé par son auteur entre le *Microstemma* et l'*Hoya* de R. Brown. Il se rapproche du premier par sa couronne staminale monophylle, mais il s'en distingue, ainsi que des autres genres voisins par cette même couronne qui ne se divise pas en plusieurs lobes ou qui n'a point d'appendices connus. La corolle rotacée, profondément quinquépartite, est encore un caractère différentiel assez important. Nous ne savons pour quels motifs on a indiqué l'*Holostemma* de Brown comme identique avec le Fischeria ; ces genres n'ont pas des caractères absolument semblables, et d'ailleurs se composent de Plantes dont les parties sont fort différentes, puisque l'*Holostemma* est fondé sur une espèce des Indes-Orientales, figurée par Rhéede, *Malab.* ix, t. 7.

La seule espèce connue jusqu'à ce jour est le *Fischeria scandens*, D. C., originaire de l'Amérique méridionale. Cet Arbrisseau est grimpant, toujours vert et lactescent : ses branches sont cylindriques, longues, couvertes d'un duvet mou, et portent des feuilles opposées très-entières, cordiformes à la partie inférieure des tiges, ovales-oblongues dans la partie supérieure, aiguës et pétiolées. Les fleurs, d'un jaune vert, sont disposées en ombelles, et sont solitaires sur des pédicelles qui s'attachent à des pédoncules axillaires. Elle a quelques rapports avec le *Cynanchum crispiflorum* de Swartz, et c'est sous ce nom qu'on l'a cultivée en Angleterre ; mais elle s'en distingue suffisamment par sa corolle non tubuleuse et ses organes sexuels différens.   (G..N.)

FISCHERINE. min. Nom donné par John à une variété de Titanite brunâtre de Norwège, dont l'analyse lui a présenté le résultat suivant : Silice, 66 ; Fer oxidé, 65,5 ; Chaux, 25,25 ; Alumine, 10 ; Titane oxidé, 18 ; Manganèse oxidé, 6,50 ; Zircone, 2.   (G. DEL.)

FISCHERLIN. ois. Syn. vulgaire de la petite Hirondelle de mer. *V.* ce mot.   (DR..Z.)

FISCHIOSOME. *Fischiosoma.* int. Genre proposé par Brera dans son ouvrage sur les Vers de l'Homme et sur les maladies vermineuses, pour quelques Animaux du groupe des Hydatides, ou des Cysticerques, ou des Distomes. Ce genre n'a pas été adopté par Rudolphi.   (LAM..X.)

FISH-TALL. mam. *V.* Lerwée.

FISSIDENS. bot. crypt. (*Mousses.*) Quelques espèces du genre *Dicranum*, affectant un port particulier, ont été réunies par Hedwig en un genre qu'il a caractérisé par ses fleurs monoïques dont les mâles forment des bourgeons axillaires. Bridel (*Muscologia*, T. ii) a fait connaître plus de vingt espèces de Fissidens, et Bachelot Lapilaye dans une Monographie de ce genre qu'il a nommé *Skytophyllum* (Journal de Botanique, vol. 4, p. 3o et 145), en a donné les descriptions de vingt-une dont il a figuré plusieurs. A l'exemple de Smith, Swartz, Weber, Mohr et De Candolle, nous ne considérons le Fissidens que comme une subdivision du genre *Dicranum*. *V.* ce mot. (G..N.)

FISSILABRES. *Fissilabra.* INS. Section établie par Latreille (Règne Animal de Cuvier) dans la famille des Brachelytres ou Staphyliniens , et comprenant les genres Oxypore, Astrapée, Staphylin, Pinophile et Latrobie. *V.* ces mots et STAPHYLINIENS. (AUD.)

FISSILIA. BOT. PHAN. Genre de la famille des Olacinées, réuni même à l'Olax par R. Brown. Le calice est urcéolé, court, entier. La corolle, au premier aspect, paraît tubuleuse et régulière, mais examinée plus attentivement, elle présente cinq pétales dont un libre, les quatre autres soudés inférieurement deux à deux. A chaque paire de pétales soudés s'insère une étamine fertile, accompagnée de chaque côté d'un filet ou appendice stérile ; au pétale libre répondent une étamine fertile et un appendice, tous deux également libres ; les anthères ovoïdes et oscillantes sont portées à l'extrémité de filets aplatis ; l'ovaire libre est surmonté d'un style unique que termine un stigmate tronqué ou trigone ; il renferme trois loges et trois graines, et devient une drupe sèche, monosperme, embrassée par le calice cupuliforme qui persiste et prend de l'accroissement. Ce genre comprend une seule espèce ; c'est le *Fissilia Psittacorum*, Arbre de l'île de Bourbon où il est connu vulgairement sous le nom de Bois de Perroquets, à cause du goût que ces Oiseaux ont pour son fruit. Ses feuilles entières et toujours vertes rappellent celles des Lauriers ; ses pédoncules axillaires portent un très-petit nombre de fleurs. (A. D. J.)

FISSIPÈDES. MAM. OIS. On a donné génériquement ce nom, par opposition à solipède ou monodactyle, aux Quadrupèdes qui ont le pied divisé en plusieurs doigts. Chez les Oiseaux ce nom indique les genres qui n'ont pas les doigts réunis par une membrane. (B.)

FISSIPENNES. *Pterophorites.* INS. Tribu établie par Latreille (Règn. Anim. de Cuv.) dans la famille des Nocturnes, et comprenant des Lépidoptères qui s'éloignent de tous les autres en ce que les quatre ailes, ou deux au moins, sont refendues dans leur longueur en manière de branches ou de doigts, barbues sur leurs bords et ressemblant à des plumes. Cette tribu, comprise par Linné dans sa division des *Phalènes Alucites*, et nommée par Degéer *Phalènes Tipules*, correspond à la famille des Ptérophorites de Latreille (*Gener. Crust. et Insect.* T. IV, p. 233), et renferme les genres Ptérophore et Ornéode. *V.* ces mots. (AUD.)

FISSIROSTRES. OIS. Nom sous lequel Cuvier distingue une petite famille composée des genres Hirondelle, Martinet, Engoulevent et Podarge. *V.* ces mots. (DR..Z.)

FISSULE. *Fissula.* INT. Le genre formé sous ce nom par Lamarck (Anim. sans vert. T. III, p. 210), aux dépens des Acarides, avait été proposé par Bruguière, établi par Fischer sous le nom de *Cystidicola*, et enfin adopté par Rudolphi qui, en rétablissant les caractères sur lesquels il doit définitivement reposer, l'appela *Ophiostoma*. *V.* OPHIOSTOME. (B.)

FISSURELLE. *Fissurella.* MOLL. Genre des Scutibranches gastéropodes, établi par Bruguière et indiqué depuis très-long-temps par Lister, Bonanni, Gualtieri, etc., sous la dénomination de Patelles perforées. Ce caractère saillant est si facile à saisir et met dans un groupe si naturel les espèces qui le présentent, qu'il y a très-peu de conchyliologues qui ne l'aient indiqué : aussi on doit s'étonner que

Linné n'en ait point fait un genre distinct; il s'est contenté de diviser le genre Patelle en plusieurs sections; celle qui renfermait les Patelles perforées est la dernière, et les deux premières espèces sont des Emarginules. *V.* ce mot. Néanmoins, Bruguière présumant que ce trou de la coquille devait indiquer et entraîner avec lui une organisation différente dans les Animaux, forma le genre qui nous occupe. Lamarck l'a adopté dans le Système des Animaux sans vertèbres, et tous les zoologistes l'ont conservé. Voici de quelle manière ce genre peut être caractérisé : Animal ayant une tête tronquée antérieurement; deux tentacules coniques, portant les yeux à leur base extérieure; bouche terminale, simple, sans mâchoires; deux branchies en forme de peigne dans leur partie supérieure, s'élevant de la cavité branchiale et formant une saillie de chaque côté du cou; manteau très-ample, débordant toujours ou saillant hors de la coquille; pied large, fort épais; coquille en bouclier ou en cône surbaissé, concave en dessous, perforée à son sommet, sans spire quelconque, à trou ovale ou oblong. Ce fut d'abord Adanson qui publia quelques notions sur l'Animal de la Fissurelle; mais ces notions étaient fort incomplètes. Beudant l'ayant étudié, c'est à lui qu'on doit les bons caractères tirés de l'Animal dont on peut maintenant se servir. Cet Animal a beaucoup de rapports avec celui de l'Emarginule; il a les branchies disposées de la même manière, et ils ne diffèrent que par la fente, qui est supérieure dans les Fissurelles, et marginale dans les Emarginules. La disposition de l'anus est presque la même; quoique les excrémens sortent par la fente supérieure dans les uns, et par la fissure dans les autres, il faut dire que c'est à la partie supérieure de la fente. Outre une organisation analogue, ces deux genres se touchent par des intermédiaires fort curieux, qui sont, d'une part,

des Fissurelles dont le trou est au-dessous du sommet, et des Emarginules dont la fente est un peu séparée du bord. Les Fissurelles, comme les Emarginules, sont parfaitement symétriques : ce qui les raproche encore. Les espèces qui appartiennent à ce genre sont nombreuses, généralement couvertes de côtes rayonnantes et enrichies d'assez vives couleurs; il y en a quelques-unes de grandes.

FISSURELLE DE MAGELLAN, *Fissurella picta*, *Patella picta*, Lin., Gmel., pag. 5729, n° 198, pl. 5, fig. 4 a; Martini, Conchyl. T. 1, tab. 11, fig. 90. Grande et belle coquille, assez commune dans les collections. Elle est ovale, régulièrement conique, évasée, marquée à l'extérieur de rayons violets, sur un fond blanc-grisâtre; ces rayons, au nombre de douze ou quatorze, sont eux-mêmes composés de plusieurs lignes; elle est parfaitement blanche à l'intérieur; le trou supérieur est allongé et ressemble assez bien à un trou de serrure, d'où le nom vulgaire de Trou de serrure qu'on lui a donné; son nom spécifique indique la contrée où elle vit; elle a quelquefois trois pouces de long et deux pouces de large.

FISSURELLE CANCELLÉE, *Fissurella græca*, *Patella græca*, L., Gmel., p. 5728, n° 195; le Gival, Adans., Sénég., pl. 2, fig. 7; Lister, Conch., tab. 527, fig. 1, 2; Martini, Conch., t. 11, fig. 98, 99, 100. Mentionnée à l'état fossile par Brocchi, Conch. subapp. T. 11, p. 259, n° 8, en Italie et en Piémont, et par nous, à Grignon, dans notre ouvrage intitulé : Description des Coquilles fossiles des environs de Paris, T. 11, p. 19, pl. 2, f. 7, 8, 9. Coquille ovale, oblongue, marquée de sept à huit rayons d'un brun fauve sur un fond blanc grisâtre; des stries élevées se croisent sur toute sa surface; à chaque intersection, on voit un léger tubercule : le trou est petit, entouré en partie d'une ligne bleuâtre; le bord inférieur est crénelé; elle est longue de dix-huit lignes. On la trouve dans la Méditerranée et dans l'océan Atlantique.

FISSURELLE NOUEUSE, *Fissurella nodosa*, *Patella Jamaicensis*, Gmel., p. 3736, n° 200, *Patella nodosa*, Bornn. Mus., p. 429; Lister, Conch., tab. 528, fig. 6 ; Martini, Conch. T. I, tab. 11, fig. 94. Cette Coquille est ovale, convexe, pyramidale, blanche. Les côtes longitudinales sont nombreuses et saillantes, chargées de tubercules assez élevés. Elle est légèrement comprimée sur·les côtés ; son bord inférieur est crénelé, et l'ouverture supérieure est petite, ovale, rétrécie dans le milieu. Elle vit dans la mer des Antilles. Le grand diamètre est d'environ quinze lignes.

FISSURELLE PUSTULE, *Fissurella Pustula*, Lamk., Anim. sans vert. T. VI , 2ᵉ part. , p. 14, n° 15 ; *Patella Pustula*, L., Gmel., *loc. cit.*, n° 194; Lister, Conch., tab. 528, fig. 5. Petite espèce fort remarquable par sa forme lunulaire déprimée. Son bord est tronqué antérieurement ; toute sa surface extérieure est striée longitudinalement et transversalement , d'une couleur rosée avec quelques rayons roussâtres; sur quelques individus, le trou supérieur est élargi dans le milieu , rétréci aux extrémités et entouré constamment en dehors, et quelquefois en dedans, d'une ligne d'un beau rouge pourpré. Cette Coquille est assez commune ; elle vit dans l'océan Indien, les mers d'Amérique, etc. Elle a jusqu'à onze lignes de longueur.

Parmi les espèces fossiles des environs de Paris, que nous avons décrites, nous avons signalé deux analogues, l'un avec la *Fissurella græca*, et l'autre que nous avons nommé *Costaria*, qui a également beaucoup de rapports avec une espèce vivante assez commune dans les collections, mais qui, à ce que nous croyons, n'a point encore été indiquée dans les catalogues de Gmelin ou de Lamarck.

FISSURELLE A CÔTES, *Fissurella costaria*, N., Descript. des Coq. Foss. des environs de Paris , T. II, pag. 20, n. 2, pl. 2, fig. 10, 11 , 12. Elle est remarquable par ses côtes nombreu-

ses , assez grosses et rayonnantes, et par ses stries plus fines et presque lamelleuses qui les coupent en travers, de manière à couvrir la coquille d'un réseau assez fin. Elle a beaucoup de rapports avec la *Fissurella Italica* de Defrance (Dict. des Sc. Nat.); mais elle ne lui ressemble point parfaitement. Elle est longue de trente millimètres. C'est une autre espèce non moins remarquable que Defrance a indiquée (*loc. cit.*) par ces mots : « On trouve avec la Fissurelle labiée, une variété ou une autre espèce beaucoup plus écailleuse. » Defrance n'avait point vu cette Coquille dans tout son développement, ce qui l'a empêché, sans doute, de la caractériser. Nous en possédons un très-grand et très-bel individu de Grignon, qui a conservé quelques vestiges de ses anciennes couleurs. Nous l'avons nommée FISSURELLE ÉCAILLEUSE, *Fissurella squamosa*, Descript. des Coq. Foss. des environs de Paris, T. II, p. 21, n. 3, pl. 2, fig. 1 , 2 , 3. C'est la plus grande espèce fossile que nous connaissions. Elle est élégamment rayonnée de côtes peu élevées, écailleuses, entre lesquelles il y en a d'une à trois plus petites , où les écailles lamelleuses se continuent. Sur un fond de couleur lie-de-vin clair , on aperçoit quatre rayons assez larges de la même couleur, plus foncée. Elle est longue d'un pouce et demi.   (D..H.)

* **FISSURINE.** *Fissurina.* BOT. CRYPT. (*Lichens.*) Genre établi par Fée dans son groupe des Graphidées (Essai sur la cryptogamie des écorces exotiques officinales , pag. 35 , tab. 1 , fig. 7). Ses caractères sont: un thallus cartilagineux, adhérent, facile à s'exfolier , étalé, fendillé par des apothécies situées inférieurement, à marge formée par le thallus, disparaissant avec l'âge ; à thalamium ovoïde, charnu, difforme et aplati. Deux espèces, le *Fissurina Dumartiana* qui croît sur le Quinquina jaune royal, *Cinchona longifolia*, et sur l'Angus-

ture vraie, *Bonplandia trifoliata*; et le *Fissurina lactea*, qui envahit l'écorce de la Cascarille, *Croton Cascarilla*, constituent, dans l'état actuel de nos connaissances, ce genre très-remarquable.   (B.)

FIST DE PROVENCE. OIS. L'un des syn. vulgaires du Pipit des buissons. *V.* PIPIT.   (DR..Z.)

* **FISTULA.** POLYP. Genre établi par Ocken, et composé des Eponges en forme de tubes allongés, à tissu feutré et serré. Ce genre n'est pas adopté par les naturalistes modernes.   (LAM..X.)

FISTULAIRE. *Fistularia.* POIS. Genre de Poissons institué par Linné parmi ses Abdominaux, et dont le nom désigne la forme générale; on appelle vulgairement les espèces qui le composent, Flûte de mer, Pipe, Trompette, ou Fil en cul; ce qui prouve combien leur figure est singulière. Il est le type de la septième et dernière famille de l'ordre des Acanthoptérygiens, dans la méthode ichthyologique de Cuvier. Cette famille, appelée Bouche-en-flûtes, ne se compose que de deux genres, savoir, de celui qui nous occupe, et du genre Centrisque dont on a déjà donné l'histoire. Ses caractères consistent dans la longueur du tube formé au-devant du crâne par le prolongement de l'ethmoïde, du vomer, des préopercules, interopercules, ptérygoïdiens et tympaniques, et au bout duquel se trouve la bouche composée comme à l'ordinaire des intermaxillaires, maxillaires, palatins et mandibulaires. L'intestin n'a point de grandes inégalités, ni beaucoup de replis, et les côtes sont courtes ou nulles.

Les Fistulaires, dit Cuvier (Règn. Anim. T. II, p. 348), ont le corps cylindrique, tandis que les Centrisques (*V.* ce mot) l'ont ovale et comprimé. Ils prennent particulièrement leur nom du long tube commun à toute la famille. Les mâchoires sont au bout, peu fendues et dans une direction presque horizontale. Cette tête, ainsi allongée, fait le tiers ou le

quart de la longueur du corps qui est lui-même long et mince; on compte six ou sept rayons aux ouïes; des appendices osseux s'étendent encore en arrière de la tête, sur la partie antérieure du corps qu'ils renfoncent plus ou moins; la dorsale répond à l'anale; l'estomac en tube charnu se continue avec un canal droit sans replis, au commencement duquel adhèrent deux cœcums.

Lacépède avait formé trois genres des trois espèces dont Linné composa son genre Fistularia; conservant à l'un d'eux le nom linnéen, il appela les autres Aulostome et Solénostome. Ces genres n'ont point été adoptés par Cuvier, si ce n'est le premier comme sous-genre de Fistulaires, et le second comme sous-genre de Syngnathes. *V.* ce mot. Quatre espèces formant deux divisions, composent le genre Fistulaire de Cuvier.

† FISTULAIRES proprement dites.

N'ayant qu'une dorsale composée en grande partie, ainsi que l'anale, de rayons simples. Les intermaxillaires et la mâchoire inférieure sont armés de petites dents. D'entre les deux lobes de leur caudale, sort un filament quelquefois aussi long que le corps; le tube du museau est très-long et très-déprimé; la vessie natatoire excessivement petite; les écailles invisibles.

Le PETUMBE, Encycl. Pois., p. 171, pl. 71, fig. 289 (d'après Catesby et mauvaise), *Fistularia tabacaria*, L.; Gmel., *Syst. Nat.* XIII, T. I, *pars 2*, p. 1387; Bloch, pl. 387, f. 1. Ce Poisson est remarquable par la singularité de sa conformation; il a la tête plus grosse que le corps; son plus grand diamètre transversal est situé vis-à-vis les nageoires pectorales; ensuite, s'amincissant par degrés insensibles, il prend une forme hexagonale à l'endroit où le corps est plus mince. Ce qui le particularise surtout, c'est le prolongement caudal, articulé, et de la nature des fanons de Baleine, qui le termine. Il acquiert une taille assez considérable. On en a vu qui avaient plus de trois pieds de longueur. Sa chair est maigre et médiocre. On le trouve dans l'océan Equinoxial, particulièrement dans la mer des Antilles. On le dit aussi des côtes du Japon. C'est le *Petimbuaba* de Marcgraaff. D. 14, p. 14, V. 6, A. 4, Q. 12, 13.

Le *Fistularia serrata*, Bloch, pl. 587, fig. 2, des mers d'Amérique, et le *Fistularia immaculata* cité par Cuvier, complètent ce sous-genre.

†† AULOSTOMES. La dorsale est, dans ces Poissons, précédée de plusieurs épines libres, et les mâchoires manquent de dents. Le corps est écailleux, moins grêle que dans les Fistulaires, élargi et comprimé entre la dorsale et l'anale, que suit une queue courte et menue, terminée par une nageoire ordinaire; le tube du museau est aussi plus court, gros et comprimé; la vessie natatoire est très-grande. La seule espèce connue dans ce sous-genre est :

L'AIGUILLE, Encycl. Pois., p. 174, pl. 71, f. 290, *Aulostoma Chinensis*, L., Gmel., *Syst. Nat.* XIII, *pars* 3, p. 1387. Tout le corps de ce Poisson est couvert de petites écailles dures et placées en recouvrement; le dos est étroit, un peu comprimé et droit dans le sens de la longueur, depuis la tête jusqu'à la nageoire du dos; ensuite il se recourbe en arc dans tout l'espace qui correspond à cette nageoire. La même disposition s'observe inférieurement vers l'anale. La couleur générale de l'Animal est brune avec des taches noires. On le pêche dans les mers des Indes. B. 4, D. 26, p. 16, V. 6, 7, A. 24, C. 11.   (B.)

FISTULAIRE. *Fistularia*. ÉCHIN. Genre de l'ordre des Echinodermes pédicellés, dans la classe des Echinodermes, ayant pour caractères : le corps libre, cylindrique, mollasse, à peau coriace, très-souvent rude et papilleuse; la bouche terminale est entourée de tentacules dilatés en plateau au sommet, et ce plateau est divisé ou denté; anus à l'extrémité postérieure. Tels sont les caractères que Lamarck donne à ce genre d'Echino-

dermes, que Forskaël paraît avoir proposé le premier, et dont Cuvier ne parle point, quoiqu'il mérite cependant d'être adopté par les naturalistes; il a été établi aux dépens des Holothuries de Linné. Les Fistulaires ne diffèrent de ces dernières que par la forme particulière des tentacules qui entourent leur bouche; mais cette différence est très-remarquable : elles ont en général le corps plus allongé, plus tuberculeux ou papilleux que les Holothuries. D'après Blainville, c'est évidemment le genre auquel Ocken a conservé le nom d'*Holothuria*. Les Fistulaires connues sont encore peu nombreuses en espèces; nous ne doutons point qu'il n'en existe beaucoup d'autres qui ont échappé aux naturalistes, vu les différences de localité de celles dont parlent les auteurs. Nous citerons comme exemple la Fistulaire élégante, *Fistularia elegans*, Lamk.; *Holothuria elegans*, Müll., *Zool.Dan.* t. 1, fig. 1-3; Encycl. Vers., pl. 86, fig. 9-10, qui se trouve dans les mers de Norwège; et *Fistularia tubulosa*, Lamk.; *Holothuria tremula*, Gmel., Encycl. Vers., pl. 86, f. 2. De la mer Rouge.   (LAM..X.)

FISTULANE. *Fistulana*. MOLL. C'est réellement à Spengler (*Nova Acta Danica*, T. II, p. 177) que l'on doit la création de ce genre sous le nom de Gastrochène. Il réunit en effet, dans ce groupe, toutes les vraies Fistulanes, aussi bien celles qui avaient été observées avec le tube que celles qui avaient paru dépourvues de cette partie. Bruguière a établi de nouveau ce genre parmi nous, et il l'a caractérisé par un tube contenant une coquille bivalve; nous connaissons, par les planches de l'Encyclopédie, les espèces que ce célèbre zoologiste voulait y faire rentrer. Lamarck (Syst. des Anim. sans vert., 1801), en conservant le genre de Bruguière, le considéra sous un autre point de vue; il prit à tort le tube pour une grande valve; mais s'apercevant, quelques années après, de l'erreur, il commença à la rectifier dans son

Cours de l'an x, et donna enfin ses idées dernières dans les Annales du Muséum, T. vii, p. 427. On vit ce que l'on devait penser de ce genre peu nombreux alors en espèces, et dans lequel il laissa les élémens de plusieurs autres. Aussi, les caractères n'en sont-ils point très-nets. Plus tard (Extrait du Cours 1811), le même naturaliste sépara de son genre Fistulane la Clavagelle (*V*. ce mot), et il en rapprocha l'Arrosoir, comme il l'avait fait pressentir dans les Annales. Cuvier (Règne Animal) reproduisit le genre Gastrochène de Spengler, qu'il sépara des Fistulanes sur le caractère de la non existence du tube, et alors il n'est plus ici dans les conditions que Spengler lui avait imposées, car Spengler comprenait des Coquilles tubicolées dans son genre, et Cuvier les en exclut; mais toutes les Coquilles du genre Gastrochène de Cuvier ne sont point dépourvues de tube comme ce célèbre zoologiste l'avait cru. Turton, qui a observé le Gastrochène cunéiforme, l'a trouvé dans un tube, mais ce tube revêtissait une cavité intérieure creusée dans les corps sous-marins et surtout dans les rochers où il adhérait. Il n'est donc point étonnant, d'après cette adhérence, que l'on ait souvent recueilli des coquilles de Gastrochène, sans qu'on ait fait mention du tube. En 1818, Lamarck, dans son grand ouvrage, a démembré encore davantage le genre Fistulane, et, outre la Clavagelle, il en a encore séparé la Térédine. Il proposa alors cette famille si naturelle des Tubicolées (*V*. ce mot) dans laquelle le genre Fistulane, dépouillé des caractères qui le rendaient défectueux, se trouve compris; mais Lamarck en sépara une autre famille sous le nom de Pholadaire, dans laquelle il réunit les genres Gastrochène et Pholade, et cette séparation, comme dans Cuvier, fut motivée par l'absence du tube. Nous avons eu occasion d'observer, depuis la publication des travaux que nous venons de citer, un assez grand nombre de

Fistulanes fossiles (*V*. Mémoires de la Soc. d'Hist. nat. T. i, p. 245 et suiv.), et ces Fistulanes étaient incluses, pour la plupart, dans des corps jadis sous-marins. Nous vîmes que, suivant les circonstances particulières de plus ou moins de dureté de ces corps, ces Coquilles étaient acompagnées de tubes plus ou moins complets. C'est ainsi que, dans les corps très-durs, on ne trouve de trace du tube qu'au passage des siphons, et ce tube se complète à mesure que les corps deviennent moins susceptibles de poli, et finissent enfin par être constamment entiers dans le sable ou les corps très-faciles à désagréger, et ce qu'il y a de très-remarquable, c'est qu'on peut voir la même espèce dans toutes ces circonstances particulières. C'est ce que nous avons fait connaître au genre Fistulane de notre ouvrage sur les Fossiles des environs de Paris, auquel nous renvoyons.

La forme des valves de certaines Fistulanes, si semblable à celle des Gastrochènes, nous a fait penser, surtout d'après les observations précédentes, que le genre Gastrochène ne reposait que sur des caractères de peu de valeur, et cette opinion s'est pleinement confirmée, ayant dernièrement trouvé le Gastrochène cunéiforme dans une masse madréporique avec un tube adhérent, il est vrai, incomplet postérieurement, d'où nous avons conclu, conduits encore par d'autres analogies, qu'il fallait réunir en un seul genre les Fistulanes et les Gastrochènes; et pour cela, nous sommes partis d'un principe qui repose sur le caractère du tube, qui ne manque jamais complétement dans toutes les Coquilles dont les valves sont semblables à ce que l'on reconnaît dans le Gastrochène, tandis que nous avons trouvé des valves semblables ou d'une forme très-analogue aux soi-disant Gastrochènes dans des tubes de véritables Fistulanes.

Un autre changement que nous avons proposé dans le genre Fistulane, c'est d'en retirer la *Fistulana gregata* des auteurs; alors ce genre sera très-naturel, mais les caractères en seront modifiés, comme nous le verrons plus tard. Ce changement est motivé sur deux choses essentielles : la première, c'est qu'aucune Fistulane, excepté celle-ci, n'est munie de petites palettes terminales, mais seulement de petits entonnoirs superposés ; la seconde, c'est que cette Fistulane est la seule dont les valves en segmens aient des cuillerons intérieurs semblables à ceux des Pholades, et qui, comme dans ce genre et les Tarets, soient dépourvues de ligament, car on sait que les valves de ces genres ne sont réunies que par les muscles et des prolongemens charnus recouverts par les pièces accessoires lorsqu'elles existent ; elle est enfin également la seule dont le tube ait des renflemens irréguliers et des courbures très-variables. Tous ces caractères étant ceux des véritables Tarets, nous n'hésitons pas à placer cette espèce parmi celles de ce genre ; mais on pourra dire qu'un des caractères essentiels manque, puisque le tube de la *Fistulana gregata* est constamment fermé par la plus large extrémité, tandis que le Taret est ouvert aux deux bouts. Nous répondrons à cette objection, qu'il suffit d'ouvrir l'ouvrage d'Adanson (Voy. au Sénégal, p. 264) pour se convaincre que le Taret, parvenu à son âge adulte, ferme son tube de la même manière que les Fistulanes, ce qui détruit toutes les objections que l'on pourrait faire contre le changement que nous proposons. Alors les caractères du genre Fistulane seront les suivans : fourreau tubuleux, le plus souvent testacé, soit libre, et alors toujours complet, soit incrusté dans l'épaisseur des corps sous-marins, et dans ce cas très-souvent non terminé postérieurement, plus renflé postérieurement, atténué vers son extrémité antérieure, ouvert à son sommet, contenant une coquille libre et bivalve ; les valves de la coquille égales et très-bâillantes lorsqu'elles sont fermées ; ligament extérieur droit ; jamais de

cuillerons internes sous les crochets. Sous ces caractères on ne réunira que des Coquilles qui ont beaucoup d'analogie entre elles, et les Gastrochènes y seront nécessairement compris. On voit, par l'article Fistulane du Dictionnaire des Sciences naturelles et par les caractères que Blainville a donnés à ce genre, que nous ne nous rencontrons pas juste, et ceci s'explique assez bien, puisque ce célèbre professeur regarde la *Fistulana gregata* comme type du genre, lorsque nous transportons, au contraire, cette espèce dans les Tarets ; aussi les caractères que nous venons d'indiquer conviennent beaucoup mieux à ce dernier genre qu'aux Fistulanes. Il paraît, d'après ce que Lesueur a fait connaître de l'Animal, qu'il est pourvu de deux appendices calcaires qu'il fait sortir de son tube et qui sont terminés chacun par cinq à huit godets infundibuliformes empilés les uns au-dessus des autres. Lamarck conjecture que ces organes pourraient servir à porter au-dehors les branchies ; mais cela paraît peu probable. Au reste, l'organisation des Fistulanes est si peu connue, qu'il est difficile de baser à cet égard quelque raisonnement solide, et cela est d'autant plus difficile que l'on ignore quelle est l'espèce observée avec les appendices. Spengler a figuré trois espèces de Gastrochènes ou de Fistulanes. Adanson en a fait connaître une quatrième sous le nom de Ropan. Ces espèces n'ont point été relevées dans la synonymie de Lamarck. On peut y ajouter toutes les espèces fossiles que nous avons décrites dans notre ouvrage sur les environs de Paris et que Lamarck n'avait point indiquées.

Fistulane massue, *Fistulana clava*, Lamk., Anim. sans vert. T. v, p. 435, n. 1 ; Spengler, *Nova Acta Dan* T. ii, p. 174, pl. 2, fig. 1 à 6 ; Encycl., pl. 167, fig. 17 à 22. Le tube libre droit et papyracé qui renferme les deux valves étroites de cette espèce la caractérise suffisamment. Les valves sont très-bâillantes antérieurement, rétrécies dans leur milieu ; le ligament est droit, extérieur; il n'y a point de dents à la charnière.

Fistulane corniforme, *Fistulana corniformis*, Lamk., Anim. sans vert. T. v, page 435, n° 2. Il y a erreur de la part de Lamarck, dans la citation de la fig. 16 de la planche 167 de l'Encyclopédie. D'après la phrase descriptive de Lamarck lui-même, l'espèce dont il est question serait pourvue de deux tubes terminaux à l'extrémité antérieure, tandis que, dans la figure citée, ce sont deux petites palettes représentées grossies, même planche, fig. 14 et 15; mais une chose à laquelle Lamarck n'a point fait attention en citant la figure 16, c'est qu'il n'indiquait point un tube calcaire, mais bien l'Animal de la *Fistulana gregata*; ce qui est facile à prouver. Lamarck cite pour cette dernière espèce les figures 6 à 14, même planche, sans faire mention de la fig. 15 qui représente le même corps que celui de la figure 14; ainsi il faut admettre pour cette espèce les figures 6 à 15. Si nous retrouvons dans la figure 16 toutes les autres parties figurées depuis 7 jusqu'à 15, nous croyons que cette erreur sera prouvée jusqu'à l'évidence; en effet, nous voyons en B., fig. 16, les deux petites palettes, fig. 14 et 15, et nous voyons également en c. c., les deux valves de la Coquille représentées; grossies et vues sous différens aspects, fig. 11, 12, 13; réunies vues par devant, fig. 10; vues par derrière, fig. 9; enfin les mêmes, de grandeur naturelle, fig. 7; et une valve séparée, également de grandeur naturelle, fig. 8. Ces deux dernières sont seulement au trait. D'après cela, il est facile de penser que l'espèce rapportée par Lesueur, était encore indéterminée, puisque Lamarck la compare à celle-ci, et celle-ci en diffère essentiellement par les calamules; il est au reste évident pour quiconque voudra le voir avec attention, qu'il y a une très-grande différence entre cette Fistulane et les autres espèces du même genre, et un caractère qui est de plus grande valeur que

tout autre, est le manque de ligament, ce qui ne s'observe jamais que dans les Tarets et les Pholades, et qui serait, dans tous les cas, un motif d'éloigner les Gastrochènes des Pholades, si l'on conservait ce genre (*V.* Gastrochène et Pholade); mais c'en est un aussi de replacer parmi les Tarets la *Fistulana gregata*. Si l'on considère l'analogie des pièces de l'un et de l'autre, on verra que les deux palettes de la *Fistulana gregata* sont les analogues de celles du Taret: occupant la même place, et ayant sans doute les mêmes fonctions quant à la coquille, elle présente une ressemblance, une identité qu'on ne peut contester. Il ne faut voir, pour s'en assurer, que les figures 5, 9 et 10 de la planche citée de l'Encyclopédie.

Fistulane lagénule, *Fistulana Lagenula*, Lamk., Anim. sans vert. T. v, page 436, n° 4; Spengler, *Nov. Act. Danic.*, loc cit., fig. 12, 13, 14, 15, 16, 17; Encyclopédie, pl. 167, fig. 23. Cette Fistulane a une forme très-reconnaissable, quant au tube qu'elle habite; il paraît même que cette espèce a des habitudes qui lui sont particulières. On ne les a encore rencontrées que fixées sur des valves de Peigne ou d'Anomie. Ce tube paraît composé d'une suite de segmens globuleux, irréguliers; il contient une coquille très-analogue à celle du Gastrochène cunéiforme; elle est seulement plus petite, a son angle antérieur et supérieur plus allongé, plus en bec; une légère dépression se fait remarquer vers son milieu, et ses valves sont plus rétrécies par le bas.

Fistulane cunéiforme, *Fistulana cuneiformis*, N.; *Gastrochœna*, Spengler, *Nov. Act. Danic.*, loc. cit., fig. 8 à 11; Gastrochène, Cuvier, Règne Animal, p. 490; *Gastrochœna cuneiformis*, Lamk., Anim. sans vert. T. v, p. 447, n° 1; *Gastrochœna*, Turton, Conchyl. des Iles-Britanniques, p. 17; *Pholas hyans*, Chemnitz, Conchyl. T. x, page 364, tab 172, fig. 1678 et 1679, qu'il ne faut pas confondre avec le *Pholas hyans* de Brocchi, Conchyl. subapp. T. ɪɪ, pl. ɪ ɪ, fig. ɪ4, ᴀ. ʙ. Il est bien constant, par l'observation de Turton, que cette espèce est pourvue d'un tube adhérent, et qui ne doit laisser aucun doute sur la place qu'elle doit occuper. Nous la replaçons donc parmi les Fistulanes dont elle présente, quant à la coquille, tous les caractères. Elle est très-bâillante, cunéiforme, mince, a un ligament droit et très-fort ; les crochets sont presque à l'extrémité des valves ; celles-ci sont striées longitudinalement ; les stries sont fines, sublamelleuses, quelquefois irrégulières. Quelques individus ont quinze à seize lignes de largeur. On les trouve dans presque toutes les mers. On peut ajouter à ces trois espèces :

La Fɪsᴛᴜʟᴀɴᴇ ᴍʏᴛɪʟoïᴅᴇ, *Fistulana mytiloides*, N. ; *Gastrochœna mytiloides*, Lamk.

La Fɪsᴛᴜʟᴀɴᴇ ᴍoᴅɪoʟɪɴᴇ, *Fistulana modiolina*, N., qui est probablement une variété de la Fistulane cunéiforme, *Gastrochœna modiolina*, Lamk., Anim. sans vert. T. ᴠ, page 447, n° 3.

Parmi les fossiles, nous citerons la Fɪsᴛᴜʟᴀɴᴇ ᴀᴍᴘᴜʟʟᴀɪʀᴇ, *Fistulana ampullaria*, Lamk., Ann. du Mus. T. ᴠɪɪ, page 428, qui se trouve à Grignon.

La Fɪsᴛᴜʟᴀɴᴇ ᴀʟʟoɴɢéᴇ, *Fistulana elongata*, N., Descript. des Coq. Foss. des envir. de Paris, T. ɪ, pl. 4, fig. ɪ7, ɪ8, ɪ9.

La Fɪsᴛᴜʟᴀɴᴇ éᴛʀoɪᴛᴇ, *Fistulana angusta*, N., *loc. cit.*, pl. ɪ, fig. ɪɪ à ɪ5.

Fɪsᴛᴜʟᴀɴᴇ ᴄoɴᴛoᴜʀɴéᴇ, *Fistulana contorta*, N., *loc. cit.*, pl. ɪ, fig. ₂4, ₂5, ₂7.

La Fɪsᴛᴜʟᴀɴᴇ ᴅᴇ Pʀoᴠɪɢɴʏ, *Fistulana Provigny*, N., *loc. cit.*, pl. ɪ, fig. ɪ6, ɪ9, ₂₂.   (ᴅ..ʜ.)

FISTULARIA. ᴘoʟʏᴘ. Donati, dans son Histoire Naturelle de la mer Adriatique, p. 4o, donne ce nom à un genre de Polypiers à cellules cylindriques, situées ordinairement quatre à quatre, six à six, et même en plus grand nombre, comme un double chalumeau. Nous pensons que l'auteur a voulu parler d'une Cellariée, ou peut-être d'une Amathie, à cause de la figure des masses de cellules que Donati compare à un chalumeau, sans doute à celui de Pan, composé de plusieurs tubes de différentes longueurs, et réunis ensemble.   (ʟᴀᴍ..x.)

* FISTULARIA. ʙoᴛ. ᴘʜᴀɴ. (Dodœns.) Syn. de *Pedicularis sylvatica*. *V*. Péᴅɪᴄᴜʟᴀɪʀᴇ.   (ʙ.)

FISTULARIA. ʙoᴛ. ᴄʀʏᴘᴛ. (*Hydrophytes*.) Stackhouse a établi sous ce nom, dans son *Nereis Britannica*, un genre dont les caractères sont : substance de fronde cartilagineuse, épaisse et très-glabre, à rameaux distiques ; des vésicules plus gros que les tiges y sont innés ; fruits muqueux, ovales, situés à l'extrémité ou sur les côtes des rameaux. Ce genre répond à peu près à l'*Halydrys* de Lyngbye et d'Agardh, qui, parfaitement fondé, l'est néanmoins sur d'autres bases que celui auquel Stackhouse a donné le même nom. Les Fistulaires sont composées des *Fucus nodosus, fibrosus* et *Macklœi* de l'auteur anglais. (ʙ.)

FISTULEUX. *Fistulosus*. ʙoᴛ. ᴘʜᴀɴ. Cette expression s'emploie pour désigner les tiges ou les feuilles qui sont allongées et creuses intérieurement. Il est l'opposé de plein ou solide.   (ᴀ. ʀ.)

FISTULIDES. éᴄʜɪɴ. Les Fistulides forment la troisième section de l'ordre second renfermant les Radiaires Echinodermes dans la classification ou distribution des Animaux sans vertèbres de Lamarck. Il leur donne pour caractères : peau molle, mobile et irritable ; corps allongé, cylindracé, mollasse, très-contractile. Il le divise en deux groupes ; le premier se compose des Fistulides tentaculées, tels que les Actinies, les Holothuries et les Fistulaires, et le deuxième des Fistulides nues, tels que les Priapules et les Siponcles. Cuvier n'a pas adopté cette section ; il place les Holothuries et les Fistulaires dans l'ordre des Echinodermes pédicellés ; les Priapules et les Sipoucles dans l'ordre des Echinodermes sans pieds ; et les Actinies dans le premier ordre de sa troisième classe , parmi les Acalèphes fixes. Ayant adopté la distribution de Cuvier plutôt que celle des autres naturalistes, et le groupe des Fistulides ne pouvant exister, vu les différences que présente l'organisation de ces Animaux réunis par Lamarck , nous croyons inutile d'analyser les caractères que présente cette section. *V.* , pour les caractères des genres , les mots ACTINIE, HOLOTHURIE, FISTULAIRE, PRIAPULE, SIPONCLE.

(LAM..X.)

FISTULINE. BOT. CRYPT. (*Champignons.*) Genre établi par Bulliard (Champign., p. 314, tab. 74 , 464 et 497) qui l'a caractérisé par ses tubes libres et non soudés entre eux. La plupart des auteurs , et entre autres Persoon et De Candolle , l'ont réuni au genre *Boletus* dont ils en ont fait une section.

La FISTULINE BUGLOSSOÏDE , *Fistulina buglossoides*, Bull.; *Boletus hepaticus*, D. C., Fl. Franç., n° 297, est un Champignon d'une couleur rouge-foncé ou sanguine, charnu, mollasse , attaché par le côté , sessile ou brièvement pédiculé. Sa surface supérieure est dans sa jeunesse parsemée de petites protubérances qui , examinées à la loupe, paraissent être des rosettes pédicellées , lesquelles se détachent plus ou moins promptement, et alors sa surface devient lisse. Les tubes isolés de la surface inférieure sont inégaux , grêles , d'abord blancs, puis jaunâtres ou roussâtres. La chair de ce Champignon est zônée de rouge plus ou moins foncé. Paulet prétend qu'elle est agréable et qu'elle serait une ressource au besoin , puisque ce Champignon acquiert quelquefois une telle grosseur, qu'un seul peut fournir amplement de quoi faire un bon repas. Cependant on ne doit le manger que lorsqu'il est très-jeune , et qu'il a encore la forme d'une langue ou d'un foie. Il

croît le plus souvent à fleur de terre et à l'ombre des vieux Chênes , ce qui lui a valu le nom d'*Hypodrys* de la part de Solenander, médecin du seizième siècle , qui le regardait comme un topique calmant dans les accès de goutte. (G..N.)

FITERT. OIS. Espèce du genre Sylvie. *V.* ce mot. (DR..Z.)

FITIS, FITYS. OIS. Syn. du Pouillot. *V.* SYLVIE. (DR..Z.)

FITORNAS. OIS. (Gesner.) Syn. de la Huppe. *V.* ce mot. (DR..Z.)

* **FITOURAVEN.** BOT. PHAN. *V.* AMPALATANGHVARI.

FIWA. BOT. PHAN. Gmelin (*Syst. Veget.*, p. 745), admettant le genre *Tomex* de Thunberg, a changé son nom en celui de *Fiwa* que cet Arbre porte au Japon , parce qu'il existe déjà un genre *Tomex* établi par Forskahl. Le *Fiwa* ne doit plus subsister depuis qu'il a été reconnu que le *Tomex* de Thunberg était identique avec le *Litsea* de Jussieu. *V.* LITSÉE. (G..N.)

FLABELLA. ZOOPH. Rumph nommait ainsi les espèces de Gorgones dont les branches s'anastomosent pour former une sorte de feuille. *V.* GORGONE. (A. R.)

FLABELLAIRE. *Flabellaria.* POLYP. Genre de Zoophytes proposé par Lamarck dans la section des Polypiers empâtés, composé des Corallines de Linné, à articulations aplaties, portées sur une tige courte et cylindrique. En 1810, nous avons déjà établi deux genres pour ces Corallines , l'un sous le nom d'*Halimeda* et l'autre sous le nom d'*Udotea*. Le genre Flabellaire de Lamarck n'ayant pas été adopté par les naturalistes modernes, nous croyons inutile d'en faire une analyse critique. *V.* les mots CORALLINÉES , HALIMÈDE et UDOTÉE.

Defrance , dans le Dictionnaire des Sciences naturelles , fait mention de Flabellaires de Lamarck, fossiles , trouvées à Grignon , et qu'il nomme

Flabellaria antiqua : si ce Fossile appartient. aux Corallinées, ce dont nous doutons, on doit le placer avec les Halimèdes d'après sa description.

(LAM..X.)

FLABELLAIRE. *Flabellaria.* BOT. CRYPT. (*Hydrophytes.*) Genre de l'ordre des Dictyotées dans la division des Hydrophytes non articulées, ayant pour caractères : une organisation réticulée et foliacée ; les mailles du réseau très-petites, superposées et entremêlées ; la couleur verte ne devenant jamais ni rouge ni noire par l'exposition à l'air ou à la lumière. La couleur et l'organisation sont les seuls caractères qui distinguent les Flabellaires des autres Dictyotées, mais ces caractères sont tellement tranchés qu'il est impossible de confondre ces Hydrophytes avec aucune de celles que nous connaissons.

La *Flabellaria Desfontainii*, la seule espèce qui compose ce genre, varie beaucoup dans sa forme, jamais dans sa couleur. Ordinairement elle offre une tige cylindrique de laquelle s'élève une feuille flabelliforme ou simplement spatulée ; le bord supérieur est toujours frangé, et beaucoup plus mince que le reste de la Plante.

L'organisation est évidemmment réticulée ; les mailles sont très-petites, entrelacées et comme feutrées ; les fibres longitudinales, appliquées presque les unes contre les autres, paraissent articulées et transparentes ; les fibres transversales sont à peine visibles. On trouve souvent sur les feuilles des stries transversales et concentriques, dans lesquelles la substance est plus mince, ou des zônes d'une couleur plus foncée et presqu'opaque, mais se dégradant et se fondant dans la substance de la Plante inférieurement ou supérieurement. Ces stries et ces zônes sont-elles produites par les fructifications ? nous l'ignorons, n'ayant jamais observé ces Plantes vivantes, et tous les auteurs gardant le silence sur les corpuscules reproductifs qui pourraient leur appartenir ; l'analogie cependant me le ferait soupçonner.

Roth, dans ses *Cat. botanica*, a donné une mauvaise figure de cette Plante sous le nom d'*Ulva flabelliformis ;* il cite la *Cryptogamia aquatica* de Wulfen dans laquelle cette Plante est décrite comme nouvelle. Cependant Desfontaines, dans sa *Flora Atlantica*, l'avait publiée sous le nom de *Conferva flabelliformis*, et il en existe une figure assez bonne dans un ouvrage plus ancien, l'*Opere postume* de Ginnani que Poiret a cité le premier dans l'Encyclopédie méthodique. La Flabellaire de Desfontaines se trouve dans toute la Méditerranée, jusque sur les côtes de France près de Marseille. Nous la croyons bisannuelle. (LAM..X.)

FLABELLARIA. BOT. PHAN. Sous le nom de *Flabellaria pinnata*, Cavanilles (*Dissert.* 9, p. 436, t. 264) décrivit une Plante qu'il considéra comme formant un genre nouveau. Willdenow n'en fit néanmoins qu'une espèce d'*Hiræa*, genre de la Décandrie Trigynie, L., et de la famille des Malpighiacées. Dans ses Observations sur la botanique du Congo, p. 7, le savant R. Brown communiqua une note de Dryander sur cette Plante, de laquelle il résulte que la figure du *Flabellaria pinnata*, Cav., ou de l'*Hiræa pinnata*, Willd., a été faite d'après deux Plantes de genres très-différens, que la feuille pinnée qui l'accompagne appartient à un *Pterocarpus* inédit, et que la fructification est celle d'une espèce d'*Hiræa* à feuilles simples et opposées. Se conformant à cette rectification, le professeur De Candolle (*Prodr. Regn. Veget.* T. 1, p. 585) n'admet ni le genre de Cavanilles, ni l'espèce de Willdenow, et cite le fruit du *Flabellaria paniculata* comme appartenant à l'*Hiræa adorata*, Willd., espèce indigène de Guinée. *V.* HIRÉE.

(G..N.)

FLABELLÉ, ÉE. ZOOL. BOT. C'est-à-dire en forme d'éventail. Plusieurs Animaux des derniers ordres, et diverses Plantes ont reçu ce nom comme spécifique et indiquant leur forme générale, particulièrement parmi les Gorgoniens, les Lycopodes , etc. *V.* ces mots.   (B.)

FLABELLIPÈDES. ois. Nom donné aux Oiseaux dont les quatre doigts sont dirigés en avant et liés entre eux par une seule membrane.

(DR..Z.)

* **FLABELLOGRAPHIS.** bot. phan. Nom proposé par Du Petit-Thouars (Histoire des Orchidées des îles australes d'Afrique) pour une Plante de la section des Epidendres et du genre qu'il a nommé *Graphorchis.* Selon la nomenclature linnéenne, son nom serait *Limodorum flabellatum.* Cette Plante, indigène de Madagascar , a de grandes fleurs pourpres et jaunes dont le labelle est à peine proéminent à la base , et rétréci vers son milieu. Elle est figurée (*loc. cit.*, tab. 59).   (G..N.)

FLACON DE PÉLERIN. bot. phan. Variété du *Cucurbita Lagenaria. V.* Courge.   (B.)

* **FLACOURTIANÉES.** *Flacourtianeæ.* bot. phan. Famille de Plantes dicotylédones, polypétales , à étamines hypogynes. La formation en a d'abord été indiquée par le professeur Richard (Mém. du Mus. 1 , p. 366), et il a été adopté par De Candolle dans le premier volume de son Prodrome du Règne Végétal. Voici les caractères de cette famille tels que nous les a présentés l'examen attentif d'un grand nombre de genres qui la composent. Les fleurs sont généralement unisexuées et dioïques ; dans quelques genres, néanmoins , elles sont hermaphrodites. Le calice est à trois ou sept divisions extrêmement profondes , et quelquefois à un égal nombre de sépales distincts. La corolle manque entièrement dans quelques genres , ou bien se compose de cinq ou sept pétales alternant avec les lobes du calice. Les étamines sont tantôt en nombre défini, tantôt en nombre indéfini ; leurs filets sont li-

bres; leurs anthères à deux loges introrses, s'ouvrant par un sillon longitudinal, excepté dans le genre *Kiggellaria* où la déhiscence a lieu par un trou qui se pratique à la partie supérieure de chaque loge. Les étamines sont, ainsi que la corolle, insérées autour d'un disque hypogyne et annulaire, qui ne paraît point exister dans tous les genres de la famille , mais que nous avons vu d'une manière manifeste dans les genres *Flacourtia* et *Roumea* qui sont les véritables types de cette famille , ainsi que dans le genre *Erythrospermum.* L'ovaire est sessile ou stipité , et plus ou moins globuleux, à une seule loge dans tous les genres de la famille , excepté dans le *Flacourtia* où il en offre de six à neuf. (*V.* Flacourtie.) Dans le premier cas il renferme en général un assez grand nombre d'ovules attachés à autant de trophospermes linéaires qu'il y a de stigmates ou de lobes au stigmate. Dans le genre *Flacourtia*, dont l'ovaire est pluriloculaire , chaque loge contient deux ovules attachés ni aux parois ni à l'axe, mais sur le bord interne de chaque cloison et de manière que les deux ovules d'une même loge sont insérés aux deux cloisons qui en forment les parois latérales , en sorte que chaque cloison porte deux ovules appartenant à deux loges différentes. Le sommet de l'ovaire est surmonté par un ou plusieurs styles; dans le premier cas le stigmate est lobé, dans le second il y a autant de stigmates que de styles.

Le fruit est à une seule loge, excepté dans le *Flacourtia* où il est pluriloculaire. Le péricarpe est tantôt charnu , déhiscent ou indéhiscent. Les graines sont attachées aux parois du péricarpe ; elles sont tantôt pendantes, tantôt dressées, et offrent souvent ces deux positions dans un même fruit. Quand le péricarpe est déhiscent elles sont insérées sur le milieu de chacune des valves. En général le tégument propre de la graine est épais et charnu. L'embryon , qui a sa radicule cylindrique tournée vers le hile , est placé au centre d'un endosperme charnu, quelquefois assez mince. Il est dressé, et ses cotylédons sont planes.

Cette famille se compose d'Arbustes ou d'Arbrisseaux croissant sous les climats équatoriaux. Leurs feuilles sont alternes, simples, entières, souvent coriaces et persistantes, dépourvues de stipules. Les fleurs sont pédonculées et placées à l'aisselle des feuilles.

Les genres qui doivent entrer dans cette petite famille ne nous paraissent point encore bien définitivement déterminés. En effet, le caractère essentiel indiqué par le professeur Richard pour la caractériser, savoir : l'adnexion des graines sur des veines ou lignes saillantes sur la paroi interne du péricarpe, n'existe guère que dans les genres *Roumea*, *Flacourtia*, et peut-être dans le *Kiggellaria*; mais dans tous les autres, les graines s'attachent à des trophospermes longitudinaux, simples et pariétaux. Il est vrai que l'on peut facilement faire entrer ce mode d'adnexion des semences dans le même ordre que le précédent qui est beaucoup plus rare. Mais alors il faudra probablement réunir aux Flacourtianées , la nouvelle famille établie récemment par Kunth sous le nom de Bixinées, qui ne nous paraît pas en différer par aucun caractère de quelque valeur. C'est ce qu'a déjà senti le professeur De Candolle qui en a retiré le genre *Patrisia* pour le placer parmi les Flacourtianées. On voit, d'après ce qui précède, que ce petit groupe demande à être plus approfondi.

Voici les genres que le professeur De Candolle rapporte à cette famille, et les divisions qu'il y établit :

Ire tribu.— P**atrisiées**.

Fleurs hermaphrodites et apétales ; sépales au nombre de cinq, colorés intérieurement et persistans; étamines en nombre indéfini; fruit capsulaire ou charnu.

Ryanœa, Vahl, D. C. ; *Patrisia*, Kunth, D. C.

IIe tribu. — F**lacourtianées**.

Fleurs dioïques et apétales ; étamines en nombre indéfini; fruit charnu et indéhiscent.

Flacourtia , L'Hérit. , D. C. ; *Roumea*, Poit. , D. C. ; *Stigmarota*, Lour.

IIIe tribu. — K**iggellariées**.

Fleurs dioïques ; corolle de cinq pétales alternant avec les divisions calicinales ; étamines en nombre défini ; fruit charnu et déhiscent.

Kiggellaria , L. ; *Melicytus*, Forst.; *Hydnocarpus*, Gaertn.

IVe tribu. — E**rythrospermées**.

Fleurs hermaphrodites ; pétales et étamines au nombre de cinq à sept; fruit charnu et indéhiscent.

Erythrospermum , Lamk.

Le professeur De Candolle place cette famille entre les Capparidées d'une part, les Bixinées et les Cistinées d'une autre part. Mais elle diffère des premières par les graines pourvues d'endosperme et non insérées sur le bord des valves, et des Cistinées , par son endosperme charnu, non farineux, ainsi que par son embryon droit et non contourné.   (A. R.)

* FLACOURTIE. *Flacourtia*. **bot. than.** Ce genre a été établi par L'Héritier (*Sert. Angl.* p. 59 , tab. 3o) pour un Arbrisseau originaire de Madagascar , et dont Flacourt avait fait mention sous le nom d'*Alamoton*. Voici quels sont les caractères de ce genre , qui est devenu le type de la nouvelle famille des Flacourtianées. *V.* ce mot. Les fleurs sont dioïques ; leur calice est à cinq divisions très-profondes et persistantes; dans les fleurs mâles, les étamines sont en très-grand nombre, dressées, plus longues que le calice; les filets sont grêles et libres; les anthères presque globuleuses et à deux loges. Dans les fleurs femelles , l'ovaire est globuleux, sessile, appliqué sur un disque hypogyne dont le rebord saillant est sinueux. Cet ovaire présente un nombre de loges variable de six à neuf. Chaque loge con-

tient deux ovules attachés séparément l'un de l'autre vers la partie moyenne et interne de chacune des deux cloisons qui forment chaque loge ; en sorte que chaque cloison porte deux ovules appartenant à deux loges différentes. L'ovaire est surmonté par un stigmate sessile, étoilé, discoïde, semblable à celui d'un Pavot, divisé en six ou neuf branches, nombre qui est toujours en rapport avec celui des loges de l'ovaire. Le fruit devient une sorte de baie charnue, globuleuse, cérasiforme, ombiliquée à son sommet, à plusieurs loges, contenant chacune une ou deux graines osseuses, à surface inégale. Ces graines, dont le tégument extérieur est osseux, épais, et dont l'intérieur est mince, contiennent un embryon dressé, au centre d'un endosperme charnu.

Le genre Flacourtie n'a d'abord été composé que d'une seule espèce décrite et figurée par L'Héritier (*Sert. loc. cit.*) sous le nom de *Flacourtia Ramontchi*, et qui, ainsi que nous l'avons dit précédemment, est originaire de Madagascar. Willdenow (*Species. Plant.* 4, p. 830) en a fait connaître deux espèces nouvelles. L'une, *Flacourtia flavescens*, qui est originaire de la Guinée, et l'autre *Flac. Cataphracta* qui vient de l'Inde. Dans sa magnifique Flore de Coromandel, Roxburgh en a décrit trois espèces nouvelles ; savoir : *Flacourtia sapida*, Roxb., *loc. cit.*, tab. 69 ; *Flac. inermis*, Roxb., *loc. cit*, tab. 69 ; et *Flac. sepiaria*, *loc. cit.*, tab. 68. Enfin une dernière espèce a été mentionnée par Burchell (*Catal. Afr. Austr.*, n° 4012) sous le nom de *Flac. Rhamnoides*. Toutes ces espèces sont des Arbustes ou des Arbrisseaux à feuilles alternes, courtement pétiolées, dentées, sans stipules, munies d'épines plus ou moins longues. Les fleurs, qui sont très-petites et dioïques, terminent les ramifications de la tige où elles sont réunies quelques-unes ensemble.   (A. R.)

FLAGELLAIRE. *Flagellaria*. BOT.

PHAN. Ce genre, de l'Hexandrie Trigynie de Linné, fut établi par ce célèbre naturaliste et adopté par Jussieu, qui l'a placé dans la famille des Asparagées en indiquant toutefois son affinité avec les Joncées. C'est à la suite de cette dernière famille que R. Brown (*Prodr. Flor. Nov.-Holland.* p. 264) l'a rangé, avec les genres *Phylidrum* et *Burmannia*, lui trouvant plus d'affinité avec les Joncées qu'avec les Asparagées, mais convenant que ce rapprochement est encore douteux. Voici ses caractères : périgone infère à six divisions presque égales, colorées et persistantes ; six étamines hypogynes ; ovaire à trois loges monospermes ; trois stigmates sessiles, filiformes, étalés ; fruit drupacé, pisiforme, monosperme par son avortement ; embryon lenticulaire, à demi-enfoncé dans une fossette placée à la base d'un albumen farineux.

La FLAGELLAIRE DE L'INDE, *Flagellaria Indica*, L. et Lamk., Illustr. tab. 266, figurée aussi par Rhéede (*Hort. Malab.* 7, tab. 53) sous le nom de *Panambu-Valli*, a une tige herbacée, ferme dans sa partie inférieure, simple, pliante, sarmenteuse et élevée de plus de deux mètres. Ses feuilles alternes, vaginées à la base, sont surtout remarquables par les vrilles roulées en spirales qui les terminent, à peu près comme dans la Méthonique de Madagascar. Les fleurs sont disposées en panicules terminales, rameuses, plus courtes que les feuilles. Cette Plante croît dans les Indes-Orientales et dans presque toutes les îles de leur Archipel. Elle se retrouve aussi aux îles de Madagascar et de Mascareigne où, d'après les notes de l'Herbier de Commerson, elle est appelée *Ovivare*. C'est probablement la Plante que Flacourt a désignée sous ce nom dans son Histoire de Madagascar, p. 144.

Loureiro (*Flor. Cochinch.* 1, p. 265) a décrit une seconde espèce de *Flagellaria* sous le nom de *Flag. repens*, dont la tige est anguleuse, rameuse, inerme, et s'étend sur les

Arbres ; les feuilles de cette Plante sont articulées vers leur milieu. Il a cité comme synonyme la figure donnée par Rumph (*Amboin.*, *lib.* 9, t. 184, fig. 1), mais les caractères qui se trouvent dans les descriptions qu'en ont laissées ces auteurs ne méritent pas assez de confiance pour admettre avec certitude cette seconde espèce de Flagellaire. (G..N.)

FLAGELLARIA. BOT. CRYPT. (*Hydrophytes.*) Genre proposé par Stackhouse dans la deuxième édition de sa Néréide Britannique, ayant pour caractères : l'absence d'articulations ; une fronde cylindrique, roide, cartilagineuse, tordue, renflée dans sa partie moyenne, remplie d'un mucus celluleux ; fructification : tubercules très-petits, nus ou plongés dans les parties supérieures de la fronde. Stackhouse compose ce genre des *Fucus filum*, *Thryx*, *flagelliformis* et *longissimus*. Ces espèces appartiennent aux *Scytosiphon*, aux *Chordaria* d'Agardh, et aux *Chordaria*, *Chorda* et *Gigartina* de Lyngbye. Dans notre Essai sur les genres de Thalassiophytes non-articulées, les deux premières espèces constituent notre genre Chorde, et les deux autres sont du genre *Gigartina*. — Que l'on adopte la classification d'Agardh, de Lyngbye et la nôtre, le genre *Flagellaria* de Stackhouse ne peut être conservé.   (LAM..X.)

FLAMBANT. OIS. *V.* FLAMMANT.

FLAMBE. BOT. PHAN. L'un des noms vulgaires sous lesquels les Iris de nos marais sont le plus généralement connus.   (B.)

* **FLAMBÉ.** MOLL. Espèce du genre Casque. *V.* ce mot.   (B.)

FLAMBÉ. INS. Nom vulgaire du *Papilio Podolyrius*.   (B.)

FLAMBEAU. POIS. Espèce du genre *Cepola*. *V.* Ruban.   (B.)

FLAMBEAU DU PÉROU. BOT. PHAN. Même chose que Cierge du Pérou.   (B.)

FLAMBERGEANT. OIS. Nom que l'on donne, dans certains cantons, au grand Courlis et à l'Huîtrier-Pic. *V.* ces mots.   (DR..Z.)

FLAMBOYANT. OIS. Espèce du genre Gobe-Mouche. *V.* ce mot.   (DR..Z.)

FLAMBOYANT. MOLL. Nom vulgaire et marchand du *Conus generalis*, espèce fort belle du genre Cône. *V.* ce mot.   (B.)

FLAMENGO. OIS. Nom donné à une variété du Dur-Bec. *V.* BOUVREUIL. On donne aussi quelquefois ce nom au Flammant. *V.* PHÉNICOPTÈRE.   (DR..Z.)

FLAMMANT. OIS. Espèce du genre Phénicoptère. *V.* ce mot. (DR..Z.)

FLAMME. Lorsque des Gaz ou des corps susceptibles de se volatiliser éprouvent une température capable de les rendre lumineux, comme celle qui résulte de la combinaison de plusieurs d'entre eux, on donne le nom de Flamme au feu qu'ils dégagent. Cette sorte de feu est caractérisée par des propriétés fort saillantes. Ainsi la Flamme est transparente, douée d'un éclat plus ou moins brillant, d'une température plus ou moins élevée, et colorée de diverses manières.

La transparence des Flammes est en raison inversé de leur éclat. Placez une bougie dont la Flamme soit terne devant une autre qui sera très-brillante, et vous apercevrez facilement celle-ci au travers de la première, tandis qu'en regardant la Flamme terne au travers de la Flamme brillante, vous ne pourrez la distinguer. Cette expérience, faite en 1817 par Porrett, est confirmative de celle que Rumford annonça en 1794. Ce savant avait surtout fait observer que la Flamme d'une chandelle placée entre l'œil et le soleil à midi était invisible, mais qu'on en voyait fort bien la mèche et le suif, à cause de leur opacité.

Les Flammes que produisent certaines substances portées à l'incandescence dans le Gaz oxigène ou le Chlore, et vaporisées, pour ainsi dire,

par cette excessive température, brillent d'un éclat qui varie selon la nature de chacune de ces substances,
mais qui est d'autant plus vif, que les
particules solides de celles-ci sont
plus ténues et plus réfléchissantes.
L'éclat du Zinc, de l'Arsenic et du
Phosphore brûlant dans l'Oxigène,
celui du Potassium dans le Chlore, en
sont des exemples frappans. Dans la
combustion des Gaz hydrogènes car-
burés, soit qu'on enflamme immédiatement ces Gaz purifiés, soit qu'on
produise leur dégagement en brûlant
des huiles, de la cire et des graisses,
l'éclat de la Flamme dépend de la
quantité de Carbone que ces Gaz renferment, et dont les molécules en
ignition réfléchissent de toutes parts
la plus vive lumière. La Flamme du
Gaz hydrogène pur est fort pâle, mais
on peut la rendre très-brillante en y
plaçant un fil de Métal ou tout autre
corps solide réflecteur. C'est sur cette propriété des matières métalliques
finement pulvérisées de produire des
étincelles resplendissantes, que les ar-
tificiers fondent la plupart de leurs
moyens pyrotechniques.

Dans les bougies, les chandelles et
les lampes à huile, la Flamme présente quelques circonstances particulières. Elle forme un cône creux intérieurement et dont l'enveloppe lumineuse est regardée par plusieurs physiciens comme n'ayant point d'épaisseur. Cependant on y considère deux
couches, l'une extérieure bleuâtre,
plus abondante vers la base du cône,
et à peine visible ; l'autre intérieure,
d'un blanc plus ou moins roux. C'est
dans celle-ci que le Carbone est porté
à l'incandescence, et qu'il se combine avec l'Oxigène de l'air ambiant ;
mais, par l'effet de cette combinaison,
cette couche garantit, pour ainsi dire,
l'intérieur du cône de l'accès de l'Oxigène et empêche la combustion du
Carbone et des Gaz qui proviennent
de la décomposition des corps gras
par la chaleur, et qui se renouvellent
dans l'intérieur de la Flamme au fur
et à mesure que la couche lumineuse
se dissipe. On peut s'assurer qu'il n'y

a aucune combustion dans l'intérieur
du cône, en le tronquant au moyen
d'une toile métallique ; on voit alors
que le pourtour forme un anneau
étroit et lumineux, et que la cavité de
la coupe au milieu de laquelle se trouve la mèche, est tout-à-fait obscure.
D'ailleurs le charbon de la mèche et
celui qui s'attache aux objets que l'on
place dans l'intérieur du cône ne s'altèrent nullement et restent noirs, parce que la chaleur y est seulement suffisante pour décomposer les corps gras,
mais pas assez pour l'incandescence
des produits de cette décomposition.

La température des Flammes est
toujours supérieure à celle qui porte
au rouge blanc les corps solides, mais
elle varie suivant la nature de chacun
des Gaz inflammables. Un seul d'entre
ceux-ci est susceptible de s'enflammer
à la température ordinaire, c'est le
Gaz hydrogène perphosphoré ; et telle
est l'origine de ces Flammes errantes
qui se dégagent des cimetières ou de
tous autres lieux renfermant des corps
organiques en décomposition. Les
autres ont besoin, pour leur inflammation, d'une chaleur beaucoup plus
élevée, et qui dépend surtout de la
proportion dans laquelle ils sont mélangés entre eux. C'est ainsi que le
Gaz hydrogène proto-carburé, mélangé avec l'air dans les proportions
les plus favorables, ne s'enflamme ou
ne détonne que par l'approche d'un
autre corps enflammé, tandis que le
mélange de sept parties d'Hydrogène
percarburé et de cent parties d'air
prend feu par le fer ou le charbon
chauffé au rouge faible. Le célèbre
chimiste H. Davy a essayé de mesurer
les quantités de chaleur développées
pendant la combustion de quelques
Gaz inflammables, et il a trouvé que
l'Hydrogène percarburé était celui
qui faisait le plus monter le thermomètre placé dans un appareil convenable. En tenant compte des quantités d'Oxigène absorbées par ces Gaz
pendant leur combustion et des élévations de température qu'ils produisent, H. Davy estima que les rapports de la chaleur produite seraient,

pour l'Hydrogène , 14,44; pour le Gaz hydrogène percarburé , 5,37; pour l'Acide hydro-sulfurique, 3,7 ; et pour l'Oxide de Carbone, 3,55. Mais ces rapports ne peuvent être qu'approximatifs , parce que les capacités des Gaz pour le calorique croissent avec leur température, loi soupçonnée par H. Davy et démontrée ensuite par Dulong et Petit.

Mais la température de la Flamme peut être considérablement diminuée par la présence d'un corps solide dont l'effet est d'absorber la chaleur nécessaire à sa propagation et à sa durée. Ainsi, une toile métallique placée horizontalement au milieu de la Flamme d'une bougie, occasione un refroidissement assez grand pour empêcher que l'inflammation ne se propage au-dehors. C'est d'après ce principe que H. Davy a imaginé sa *lampe de sûreté*, instrument si utile aux malheureux mineurs exposés à la détonation de l'Hydrogène percarburé mêlé à l'air atmosphérique. On sait que cet ingénieux instrument consiste en une lampe ordinaire placée dans une cage cylindrique formée d'une toile métallique assez serrée pour que ses mailles refroidissent la Flamme intérieure de manière à empêcher sa communication avec le Gaz explosif. Les ingénieurs des mines de France lui ont donné, en ces derniers temps, toute la perfection nécessaire pour qu'on n'ait plus à redouter les accidens si fréquens autrefois dans les houillères.

H. Davy a fait connaître, dans son excellente Théorie de la Flamme , plusieurs autres causes tendantes à affaiblir la propagation de l'inflammation. Selon ce savant, une moindre pression n'augmente ni ne diminue la température nécessaire à l'inflammation d'un Gaz, de sorte que si la Flamme d'un combustible s'éteint dans un air raréfié, cela ne tient pas à la raréfaction des Gaz en ignition ou à un écartement de ses molécules, mais au *défaut de calorique nécessaire* pour entretenir la combustion. L'écartement des particules des Gaz ,

déterminé par la chaleur , en facilite, au contraire , la combustibilité, car tel mélange , dilaté par la chaleur , exige, pour s'enflammer, une température bien moins élevée que si on l'eût pris à la température ordinaire. Lorsqu'à un mélange de Gaz dans les proportions convenables pour leur inflammation , on ajoute un excès déterminé de l'un de ces Gaz , ou bien d'autres qui ne prennent point part à la combustion , on observe que l'inflammation ne peut avoir lieu, et cela probablement à cause de la faculté refroidissante de leurs particules qui enlèvent aux particules contiguës des mélanges inflammables la chaleur capable de les rendre lumineuses. Les effets de ces causes ont été appréciés à l'aide d'une multitude d'expériences par l'illustre chimiste anglais , à l'ouvrage duquel nous renvoyons pour de plus amples détails.

Si quelques Flammes ne sont pas seulement d'un blanc éblouissant , mais si elles offrent des teintes rouges ou vertes , elles les doivent à la présence d'Oxides métalliques , que Davy suppose être décomposés par le Carbone et l'Hydrogène des substances alimentaires des Flammes , réduites à l'état métallique et portées ensuite à l'ignition. C'est ainsi que les sels de Strontiane colorent en rose la Flamme des bougies, que l'Oxide de Cuivre et l'Acide borique leur impriment une couleur verte , etc. Nous ferons observer cependant que certaines Flammes possèdent des couleurs pour ainsi dire essentielles, et qui ne paraissent nullement tenir à l'addition d'un principe étranger, à moins qu'on ne les considère comme formées simultanément par l'incandescence d'un Gaz rougi au blanc , et par celle d'un corps solide vaporisé et affecté de la nuance qui caractérise la Flamme. Telle est la Flamme rose du Cyanogène, telles sont les Flammes bleuâtres fournies par plusieurs Gaz.

Quant à la durée des Flammes ou à l'espace de temps que les Gaz emploient pour leur combustion , on les a considérées sous deux états divers :

les Flammes *persistantes* et les Flammes *instantanées*. Mais ces deux états ne sont au fond que le même phénomène qui, dans le second cas, se produit avec une plus grande rapidité. Les Flammes instantanées ont lieu lorsqu'il y a combinaison ignée d'un mélange de Gaz combustible et de Gaz comburent; alors l'inflammation se propage de particule à particule avec une si grande vitesse que la combustion totale semble avoir lieu au même moment, et qu'il y a détonation à cause de l'expansion subite que prend le produit de la combustion et qui fait vibrer fortement l'atmosphère ambiante.

Dans les Flammes persistantes, les particules du Gaz ou de la vapeur inflammable ne peuvent être en combinaison avec l'atmosphère comburente que successivement; il y a donc un écoulement continuel de Gaz qui remplace celui dont le produit se dissipe dans l'air. Il arrive souvent qu'une partie des matériaux qui composent la Flamme et qui lui donnent un éclat plus vif, échappent à la combustion; c'est ce que l'on voit dans les lampes et les chandelles que l'on néglige de moucher. La perte de lumière est, dans ce cas, fort considérable, et il y a néanmoins une plus forte consommation de combustible. La lampe d'Argand ou à double courant d'air, n'est point sujette à cet inconvénient, puisque la cheminée de verre, qui revêt l'extérieur de la lampe, rassemble dans un même foyer les Gaz et le Carbone, et en complète la combustion. (G..N.)

FLAMME ou **FLAMO.** pois. Noms vulgaires du *Cepola Tœnia* qu'on appelle aussi Flamme de mer. Ce nom ne vient d'aucun rapport que ce Poisson présente avec les corps organiques, soit par sa couleur ou par sa vélocité, mais de sa forme qui rappelle aux marins ces petits pavillons étroits qu'on place à l'extrémité des mâts, et qu'on nomme Flammes. *V.* RUBAN. (B.)

* **FLAMME.** INF. (Gleichen.) Espèce du genre Cercaire. *V.* ce mot. (B.)

FLAMME. BOT. PHAN. Ce nom a été quelquefois donné par les jardiniers à des fleurs d'un rouge fort éclatant, particulièrement à des OEillets, à des Tulipes, à des Anémones et à la Coquelourde. Dans l'Inde on nomme Flamme des bois l'*Ixora coccinea*, ainsi que le *Pavetta Indica*. (B.)

FLAMMES ET **FLAMMETTES.** MOLL. (Bellonius.) *V.* CAML.

FLAMMET. BOT. PHAN. L'un des noms vulgaires du *Pinus Cembro.* *V.* l'IN. (B.)

FLAMMETTE ou **FLAMMULE.** BOT. PHAN. Espèce des genres Renoncule et Clématite. *V.* ces mots. (B.)

FLAMMICEPS. OIS. Syn. du Tangara Oriflamme et du Gobe-Mouche flamboyant. *V.* TANGARA et GOBE-MOUCHE. (DR..Z.)

FLANCS. ZOOL. GEN. *V.* ABDOMEN.

* **FLANCS.** *Pleurœ.* ZOOL. INS. Nous avons désigné sous ce nom, dans notre travail sur le Thorax (Annal. des sciences naturelles, T. I, p. 122), une partie de l'enveloppe solide des Animaux articulés, composée de trois pièces: l'épisternum, l'épimère et le paraptère. Les Flancs occupent ordinairement les parties latérales du corps; mais il ne serait pas exact de dire que ce sont les parties situées sur les côtés du tronc: en effet, il est à remarquer que ces côtés peuvent être formés tantôt par l'épisternum, l'épimère et le paraptère réunis, tantôt en grande partie par le sternum qui se prolonge latéralement et en haut, d'autres fois enfin par sa partie supérieure qui descend jusqu'auprès de la ligne moyenne et inférieure du corps; les Flancs comprendraient donc dans les divers cas des pièces fort différentes si on les définissait par la place qu'ils occupent. La dénomination de Flancs a pour nous un sens précis: chacun d'eux résulte toujours de la réunion de l'épisternum, de l'épimère et du paraptère.

Quelque place qu'ils affectent , nous ne nous méprenons pas sur leur nature ; seulement nous mentionnons les particularités que présentent leurs diverses positions. *V.* THORAX.

(AUD.)

* FLANQUETTE. BOT. CRYPT. Nom français proposé par Bridel pour désigner son genre Pleuridium. *V.* ce mot.   (B.)

FLATE. *Flata.* INS. Genre de l'ordre des Hémiptères , section des Homoptères , famille des Cicadaires, établi par Fabricius aux dépens du grand genre Fulgore de Linné. Ses caractères sont : trois articles distincts aux antennes dont le second est plus grand , plus cylindrique ou ovoïde, que globuleux ; elles sont insérées immédiatement sous les yeux ; tête le plus souvent transverse , et ne se prolongeant point ou ne formant tout au plus qu'une pointe obtuse ; deux petits yeux lisses ; ailes très-larges ainsi que les élytres qui s'appliquent l'une contre l'autre par leur bord postérieur.

Ces Insectes ne diffèrent pas essentiellement des Fulgores quant aux caractères essentiels ; cependant ces derniers ont les antennes composées d'articles plus courts et plus globuleux, et les différences les plus sensibles qu'elles présentent sont l'allongement considérable de la tête , et le port des ailes analogue à celui des Cigales , tandis que celui des Flates peut être comparé au port des Phalènes ou mieux des Pyrales. Les femelles recouvrent leurs œufs avec une matière cotonneuse , très-blanche , et qui forme quelquefois un paquet à l'extrémité postérieure de l'abdomen. Latreille avait formé avec la Cigale à nervures de Fabricius et quelques espèces européennes , dont le corps est plus allongé et les élytres comparativement plus petites et moins dilatées , les genres *Cixie* et *Pœkiloptère.* Les *Isses* de Fabricius et ses *Lystres* , ne diffèrent des Flates que par des caractères du même poids. Germar (Continuation du Magaz. Entom.,

3e Cahier) emploie d'autres considérations, de sorte que quelques-unes de nos Fulgores rentrent dans ses Flates , et qu'au contraire plusieurs de nos Flates sont pour lui des Fulgores.

Le genre Flate tel que nous le considérons avec Latreille , est composé des Fulgores de Fabricius qui n'ont point la tête prolongée , et dont les ailes et les élytres ressemblent à celles des Pyrales. Elles sont presque toutes propres aux pays chauds de l'Asie et de l'Amérique, et l'on pourrait les diviser en deux coupes ; la première comprendrait les Flates dont les élytres et les ailes sont ornées de couleurs variées , souvent fort agréables. Nous citerons, dans cette division, la FLATE PHALÉNOÏDE , *F. phalenoides,* Fabr., Degéer, Ins. T. III, pl. 33, fig. 6, ou la Cigale phalénoïde de Stoll. (Cic. p. 25, pl. 2 , fig. 9 et f. B.) Elle se trouve à Cayenne et à Surinam.

La seconde coupe serait composée des Flates dont les ailes et les élytres sont transparentes , telles que les *Flata Diaphana* , *fuscata* , *reticulata* , etc., de Fabricius. On ne connaît qu'une seule espèce en Europe qui puisse entrer dans ce genre , tel qu'il est considéré dans cet article. Elle a été trouvée en Dalmatie par le comte Dejean qui l'a communiquée à Latreille. Elle appartiendrait à notre seconde division.   (G.)

FLAVEOLE. OIS. Espèce du genre Sylvie. *V.* ce mot.   (DR..Z.)

FLAVERIA. BOT. PHAN. Genre établi par Jussieu dans la famille des Corymbifères , et que Cassini place dans sa tribu des Hélianthées auprès du *Milleria* et du *Navenburgia.* L'involucre composé de trois ou quatre folioles renferme d'un à cinq fleurons hermaphrodites, accompagnés quelquefois d'un demi-fleuron femelle, et portés sur un réceptacle nu ; les ovaires dépourvus d'aigrettes sont oblongs , glabres et striés longitudinalement. L'unique espèce de ce genre est le *Flaveria Contrayerba* ,

Plante annuelle qui habite le Pérou et le Chili. Ses feuilles opposées, amplexicaules, lancéolées, dentées en scie et glabres, sont marquées sur leur face inférieure de trois nervures saillantes ; ses fleurs très-petites sont ramassées en têtes, et souvent accompagnées à leur base de deux bractées. *V.* Cavanilles, Icon. 1, p. 4, t. 4. (A. D. J.)

FLAVERT. ois. Espèce du genre Bouvreuil. *V.* ce mot. (DR..Z.)

* **FLAVILEPTIS.** BOT. PHAN. Du Petit-Thouars (Histoire des Orchidées des îles australes d'Afrique) a proposé ce nom pour une Plante de son genre Leptorchis ou Malaxis de Swartz. Cette Orchidée croît aux îles de France et de Bourbon ; elle a des fleurs petites, jaunâtres, dont le labelle est entier sur ses bords. Son auteur l'a figurée (*loc. cit.* tab. 25) sous les deux noms de *Flavileptis* et de *Malaxis flavescens*. (G..N.)

FLÉAU. BOT. PHAN. L'un des noms vulgaires du *Phleum arvense*. *V.* PHLÉOLE. (E.)

FLÈCHE. ZOOL. BOT. La forme de certains Animaux ou de quelques parties de diverses Plantes leur ont mérité ce nom. Ainsi l'on a appelé :

FLÈCHE DE MER (Mam.), le Dauphin vulgaire.

FLÈCHE (Pois.), le *Callionimus Sagitta* de Pallas.

FLÈCHE (Moll.), une espèce de Calmar. *V.* ce mot.

FLÈCHE DE PIERRE (Moll. Foss.), les Bélemnites.

FLÈCHE D'EAU (Bot. Phan.), ou Fléchière et Feuclière, le *Sagittaria sagittæfolia*. *V.* FLÉCHIÈRE.

FLÈCHE D'INDE, le *Galanga arundinacea*.

FLÈCHE-EN-QUEUE. OIS. *V.* PAILLE-EN-QUEUE.

FLÉCHIÈRE. *Sagittaria.* BOT. PHAN. Genre de la famille des Alismacées et de la Diœcie Polyandrie, offrant les caractères suivans : fleurs monoïques ; calice à six divisions profondes, dont trois intérieures plus grandes, plus minces, colorées et pétaloïdes ; dans les fleurs mâles, les étamines sont en grand nombre réunies au centre de la fleur, ayant leurs filets courts, planes et élargis à la base ; leurs anthères allongées et à deux loges, s'ouvrant longitudinalement. Dans les fleurs femelles, les pistils sont fort nombreux et petits, réunis en tête au centre de la fleur, sur un gynophore globuleux ; chaque pistil est oblique, allongé, terminé par une longue pointe au sommet de laquelle sont quelques glandes saillantes formant le stigmate ; l'ovaire est à une seule loge, et contient un seul ovule partant immédiatement du fond de la loge ; il devient un akène comprimé, terminé à son sommet par une pointe recourbée, et contenant une graine dont l'embryon épispermique est recourbé sur lui-même en forme de fer à cheval.

Ce genre se compose d'une vingtaine d'espèces dont quelques-unes croissent en Europe ; les autres en plus grand nombre dans l'Amérique septentrionale et méridionale et les Indes. Toutes sont des Plantes herbacées et vivaces qui se plaisent au milieu des eaux ; les feuilles dans plusieurs espèces sont en forme de flèche. De-là le nom de *Sagittaria* imposé à ce genre.

La FLÉCHIÈRE COMMUNE, *Sagittaria sagittæfolia*, L. Gaertner, II, p. 21, t. 84. De sa racine qui est fibreuse s'élèvent plusieurs tiges simples d'environ deux pieds de hauteur, et une touffe de feuilles longuement pétiolées, ayant leur lame en forme de fer de flèche ; les fleurs qui sont monoïques, forment des espèces de verticilles à la partie supérieure de la tige. Ces fleurs sont grandes et blanches.

En Chine et dans l'Amérique septentrionale, on cultive une espèce dont la racine est tubéreuse, charnue et bonne à manger. (A. R.)

FLEMINGIE. *Flemingia.* BOT.

ᴘʜᴀɴ. Genre de la famille des Légumineuses et de la Diadelphie Décandrie, établi aux dépens du genre *Hedysarum*, L., par Roxburgh (*Plants of Coromand.* T. ɪɪɪ, p. 45) et adopté en 1812 par Aiton (*Hort. Kew.* 2ᶜéd. T. ɪᴠ, p. 549) avec les caractères suivans : calice à cinq divisions peu profondes ; étendard strié ; légume sessile, ovale, renflé, bivalve, et contenant deux graines sphériques.

Plusieurs espèces indigènes des Indes – Orientales furent indiquées comme appartenant à ce genre par Roxburgh qui en a figuré deux (*loc. cit.*, tab. 248 et 249), sous les noms de *Flemingia stricta* et *F. semialata*. Dans l'*Hortus Kewensis*, on leur a réuni l'*Hedysarum strobiliferum*, L. Cette belle espèce doit même être regardée comme le type du genre. Elle est remarquable par ses feuilles simples et par ses épis auxquels de grandes bractées en cornets et réticulées donnent la forme des strobiles ou fruits des Conifères. On la cultive comme Plante de curiosité dans quelques jardins de botanique. En 1813, Jaume Saint-Hilaire publia (Journal de Bot. T. ɪɪɪ, p. 57) une notice sur neuf genres formés aux dépens des *Hedysarum* de Linné, dans lesquels se trouva le *Moghania* qu'il avait déjà nommé *Lourea* (Bullet. de la Soc. Philom. Déc. 1812) et qui est formé, comme le *Flemingia*, de l'*Hedysarum strobiliferum*. Mais il est évident que la dénomination employée par Roxburgh et dans l'*Hort. Kew.*, a l'antériorité sur celles de Jaume Saint-Hilaire, et, à plus forte raison, sur l'*Ostryodium*, autre mot désignant le même genre proposé par Desvaux quelque temps après. *V.* Journ. de Bot. T. ɪɪɪ, p. 119. (ɢ..ɴ.)

FLÉOLE. ʙᴏᴛ. ᴘʜᴀɴ. *V.* Pʜʟᴇᴏʟᴇ.

FLESSERA. ʙᴏᴛ. ᴘʜᴀɴ. Le *Nepeta tuberosa*, L., a la lèvre supérieure de la corolle entière et les fleurs disposées en épis serrés, munis de bractées larges et colorées ; ces caractères avaient paru suffisans à Adanson pour en former le genre *Flessera*. (ɢ..ɴ.)

FLET, FLÉTAN, FLETZ ᴇᴛ **FLEZ.** ᴘᴏɪs. Espèce du genre Pleuronecte. *V.* ce mot. (ʙ.)

FLÉTÈLES ᴇᴛ **FLÉTON.** ᴘᴏɪs. Même chose que Flet. *V.* ce mot. (ʙ.)

ᐧ FLEUR (Aɴɪᴍᴀʟ). ᴘᴏʟʏᴘ. Ce nom a été quelquefois donné aux Actinies, ainsi que celui d'Anémone de mer, et rend assez bien la physionomie de ces Animaux dont les tentacules rappellent les couronnes de certaines Passionnaires ou de belles corolles très-doublées, brillantes des plus vives couleurs. (ʙ.)

FLEUR. *Flos.* ʙᴏᴛ. ᴘʜᴀɴ. On a donné le nom de Fleur, dans les Végétaux, à un assemblage de divers organes qui, par l'action mutuelle qu'ils exercent, donnent naissance aux fruits et aux graines, c'està-dire à des corps capables de reproduire de nouveaux individus. La Fleur est essentiellement constituée par la présence d'un des **deux** organes sexuels ou des deux réunis sur un support commun avec ou sans enveloppes extérieures destinées à les protéger. Réduite à son dernier degré de simplicité, la Fleur peut donc n'être formée que par un seul organe sexuel mâle ou femelle, c'est-à-dire par une étamine ou un pistil. Ainsi, dans les Saules dont les Fleurs sont unisexuées, les mâles consistent simplement en une, deux ou trois étamines attachées sur une petite écaille. De même les Fleurs femelles sont formées par un pistil, également accompagné par une simple écaille, sans aucun organe accessoire. Dans ces deux cas, la Fleur est aussi simple que possible, et prend alors les noms de Fleur mâle ou de Fleur femelle, suivant les organes qui la composent. La Fleur est, au contraire, hermaphrodite quand elle se compose des deux organes sexuels réunis sur un même support. Mais ces différentes sortes de Fleurs ne sont pas complètes. En effet, quoique l'essence de la Fleur consiste dans

les organes sexuels, pour être parfaite, il faut encore qu'elle présente
d'autres organes, qui bien qu'accessoires, ne lui appartiennent pas moins
et servent à protéger ses parties les
plus essentielles. Ces organes sont les
enveloppes florales, c'est-à-dire le
calice et la corolle. La Fleur complète
sera donc celle qui présentera les
deux organes sexuels entourés d'une
corolle et d'un calice. Pour bien distinguer les différentes parties qui forment la Fleur, il est important de
connaître leur position respective.
Ainsi, en allant du centre à la circonférence, nous verrons : 1° le
pistil ou organe sexuel femelle occuper constamment la partie centrale ;
il se compose de l'ovaire, du style
et du stigmate. 2°. En dehors
et autour du pistil sont les organes
mâles ou étamines, qui sont formées
d'une anthère et d'un filet. 3°. A l'extérieur des étamines, se trouve la
plus intérieure des deux enveloppes
florales, ou la corolle ; elle est, en
général, colorée et d'un tissu mince
et délicat. 4°. Enfin la plus extérieure des deux enveloppes florales, qui forme la partie externe de la Fleur, est le calice, qui,
par sa nature et sa coloration, se rapproche tout-à-fait des feuilles. On
devra donc, toutes les fois qu'on
voudra reconnaître les diverses parties constituantes d'une Fleur, partir
du centre comme d'un point fixe et
dénommer les organes suivant la place qu'ils occupent relativement à ce
point central. Prenons dans la nature
quelques exemples propres à éclairer
ce point important. La Giroflée jaune
(*Cheianthus Cheiri*, L.) va nous servir
d'exemple. Nous verrons le centre de
la Fleur occupé par un petit corps
allongé, un peu comprimé d'avant
en arrière, présentant, dans ses deux
tiers inférieurs, lorsqu'on le fend
suivant sa longueur, une cavité séparée en deux par une lame mince et
longitudinale, où sont renfermés les
ovules : ce corps est le pistil. En dehors du pistil, nous trouvons six organes de même forme, de même

structure, disposés circulairement
autour de l'organe femelle, composés
chacun d'une partie inférieure fila-
mentiforme, que surmonte une espèce de petite poche membraneuse à
deux loges remplies d'une poussière
jaune. A leur position et à leur structure, nous reconnaîtrons dans ces
corps les étamines. En examinant
ce qui reste en dehors des organes
sexuels, nous apercevons huit appendices membraneux, disposés quatre
par quatre en deux séries, l'une plus
intérieure que l'autre. Les quatre intérieurs plus grands, d'une couleur
jaune, parfaitement semblables entre
eux, constituent un seul et même organe : c'est la corolle, qui, dans ce cas, est
composée de quatre pièces distinctes
ou de quatre pétales. Il nous sera
très-facile maintenant de dénommer
les quatre pièces verdâtres, plus petites, situées en dehors de la corolle.
En effet, nous savons déjà que la plus
externe des deux enveloppes florales
est le calice. Dans ce cas, le calice est
formé de quatre pièces distinctes
qu'on nomme sépales. Telle est la
position respective des différens organes qui constituent une Fleur complète. Examinons maintenant une
autre Fleur hermaphrodite, dans laquelle l'une des deux enveloppes florales manque. Dans la Tulipe, par
exemple, nous trouvons au centre de
la Fleur le pistil, composé d'un ovaire prismatique à trois faces, dont le
sommet est couronné par un corps
glanduleux qui est le stigmate ; il n'y
a pas de style. En dehors, nous
voyons six étamines dont la structure
n'a rien de remarquable. Voilà donc
les deux organes sexuels, et par conséquent la Fleur est hermaphrodite.
Mais à leur extérieur, nous trouvons
six pièces ou segmens membraneux
parfaitement semblables entre eux, et
ne formant évidemment qu'une seule
enveloppe. Dans la Tulipe, il manque
donc une des deux enveloppes florales.
Mais quelle est celle qui manque ?
Cette question n'est pas résolue de la
même manière par tous les botanistes.
Les uns, avec Tournefort et Linné,

veulent qu'on la nomme corolle , quand elle est grande et colorée, et calice , quand elle est petite ou verte. Cette distinction , ainsi qu'il est facile de le voir , repose sur des caractères d'une bien faible valeur. Les autres, au contraire, avec le célèbre Jussieu , guidés par les lois de l'analogie, la regardent, avec plus de raison , comme le calice , quelles que soient d'ailleurs et sa couleur et sa consistance (*V*. Calice et Corolle). D'autres, au contraire , à la tête desquels est le professeur De Candolle, reculent la difficulté sans la résoudre , et appellent périgone l'enveloppe florale unique, qui entoure les organes sexuels. La Tulipe que nous venons d'examiner a donc un calice formé de six sépales ou un périgone composé de six pièces distinctes.

Une Fleur peut être attachée de différentes manières à la tige ou aux autres organes dont elle naît. Tantôt elle est immédiatement sessile, tantôt elle est portée sur un pédoncule plus ou moins long , simple ou ramifié; dans ce cas , la Fleur est pédonculée. Il arrive fréquemment qu'autour d'une ou de plusieurs Fleurs réunies, on trouve un certain nombre de petites feuilles tout-à-fait différentes des autres par leur couleur, leur forme , leur consistance , etc. On leur a donné le nom de bractées. Ne confondez pas les bractées avec les feuilles florales proprement dites. Ces dernières ne diffèrent pas notablement des autres feuilles de la même Plante, si ce n'est qu'elles sont plus petites et plus rapprochées des Fleurs. Quand les bractées ou les feuilles florales sont disposées symétriquement autour d'une ou de plusieurs Fleurs, elles forment alors un involucre. *V*. ce mot. Les Fleurs peuvent être disposées de différentes manières que nous ferons connaître au mot Inflorescence. Quant aux diverses parties de la Fleur , *V*. Calice, Corolle, Etamines et Pistil.   (A. n.)

Le mot de Fleur est encore devenu

la racine de divers noms propres dont plusieurs sont passés dans le langage même de la science. Ainsi l'on a appelé :

Fleur admirable , d'où *Mirabilis*, le Nyctage commun. Ce nom lui fut donné lors de son introduction en Europe.

Fleur d'Adonis , les Adonides des botanistes.

Fleur Africaine, le Tagétès Œillet d'Inde, qui fut, dit-on, rapporté en Europe par Charles-Quint au retour de son expédition d'Alger.

Fleur Aiglantine , l'*Aquilegia vulgaris* ou l'Ancolie.

Fleur ailée , les Orchides insectiformes.

Fleur de l'air, d'où Aéride, nom du genre formé par Swartz pour l'*Epidendrum Flos aeris* , L.

Fleur Ambrevale , *Flos Ambrevalis*. Dodœus donnait ce nom au *Polygala vulgaris* , L.

Fleur aux dames , l'Anémone Pulsatille et l'Héliotrope du Pérou.

Fleur d'Amour ; selon Garidel, c'est la Dauphinelle sauvage en Provence. Les Allemands donnent ce nom aux Célosies et aux Gomphrènes.

Fleur d'argent , divers *Gnaphalium* et la Renoncule à feuilles d'Aconit , aussi appelée Bouton d'Argent.

Fleur d'Araignée , le *Nigella Damascena*, L.

Fleur d'Arménie , l'Œillet des poëtes.

Fleur d'Azur , le Bluet et le *Scilla amœna*.

Fleur bleue , *Flos cœruleus*, le *Clitoria Ternatea*, par Rumph, qui dit que ses corolles servent à colorer les mets en bleu. Nous avons vu au mot Clitore qu'elles n'ont pas la même propriété à l'Ile-de-France où elles sont constamment blanches. On donne encore le nom de Fleurs bleues en grappes au Duranta à la Martinique.

Fleur cardinale , une Lobélie et l'*Ipomea Quamoclit*, L.

Fleur en casque , l'Aconit Napel.

Fleur de chair , le *Melampyrum*

arvense, le *Lychnis Flos cuculi*, et le *Trifolium incarnatum*.

FLEUR CHANGEANTE, à la Martinique, l'*Hibiscus mutabilis*.

FLEUR DU CIEL, le Nostoc vulgaire.

FLEUR EN CLOCHETTE, les Campanules, les Ancolies et les Lizerons.

FLEUR DE CONSTANTINOPLE, le *Lychnis Chalcedonica*, qui, dit-on, fut rapporté par les croisés.

FLEUR DE COUCOU, un Lychnis fort commun et le *Primula veris officinalis*, L.

FLEUR DE CRAPAUD, le *Stapelia variegata*.

FLEUR DU DIABLE, l'*Iris Susiana*.

FLEUR D'OR OU DORÉE, le Chrysanthème, qui n'en est que la traduction.

FLEUR D'EAU, ce que Linné avait nommé *Byssus Flos aquæ*, et que nous avons rapporté au genre Anabaine. *V.* ce mot.

FLEUR D'ÉCARLATE, le *Lychnis Chalcedonica* et l'*Anethum graveolens*, dans quelques cantons du midi de la France.

FLEUR D'ECREVISSE, *Flos Cancri;* selon Daléchamp, le Balisier, *Canna Indica*, L.

FLEUR ÉPERONNIÈRE, la Capucine et les Dauphinelles.

FLEUR EN FEUILLE, la *Salvia Horminum*, L.

FLEUR DES GRAINES, le Bluet.

FLEUR DU GRAND-SEIGNEUR, la *Centaurea moschata*.

FLEUR HÉPATIQUE, la *Parnassia palustris*, L.

FLEUR HORAIRE, l'*Hibiscus mutabilis*.

FLEUR D'HIVER, l'*Helleborus hyemalis*, L.

FLEUR HOUPETTE, la Jasione et la Jacée.

FLEUR D'HUMIDITÉ, les Moisissures.

FLEUR IMMORTELLE, les Gnaphales, les Amaranthes, les Gomphrènes, les Xéranthèmes et les Elichryses.

FLEUR IMPIE, chez les Indiens, le *Pentapetes Phœnicea*, parce que, dit

Rumph, la fleur affecte de ne jamais regarder le ciel.

* FLEUR DES INCAS, l'*Alstrœmeria hirta*.

FLEUR D'INDE, la même chose que Fleur Africaine. *V.* ce mot. Ferrari appliqua ce nom à la belle Plante qu'il cultiva le premier, et qui lui a été dédiée sous le nom de *Ferraria undulata*.

FLEUR DE JALOUSIE, l'Amaranthe tricolore.

FLEUR DE JÉRUSALEM, le *Lychnis Chalcedonica*, L.

FLEUR DE SAINT-JEAN, le Gaillet à fleurs jaunes, et l'*Artemisia vulgaris*, L., par allusion à l'époque de l'année où ces Plantes fleurissent.

FLEUR DE SAINT-JOSEPH, le *Nerium Oleander*.

FLEUR DE SAINTE-CATHERINE, diverses Nigelles.

FLEUR DE JUPITER, un Agrostème.

FLEUR DE LIS, les *Phalangium Liliago* et *Liliastrum*.

FLEUR D'UN JOUR, la Tradescante de Virginie et les Hémérocalles fugaces.

FLEUR JOYEUSE, le *Mimosa Lebbeck*.

FLEUR DE MOLLET, les Pivoines dans quelques cantons du midi de la France.

FLEUR DE MANORE, le *Mogirium Sambach*.

FLEUR DU MEXIQUE ou MEXICAINE. Ancien nom du Nyctage commun.

FLEUR DU MIDI, le *Mesembryanthemum pomeridianum* qui s'ouvre au moment où le soleil passe au méridien.

FLEUR A MIEL ou MIELLÉE, les Mélianthes, particulièrement le pyramidal.

FLEUR DES MORTS, le *Tagetes erecta*.

FLEUR DE LA MISTELA, le *Talinum umbellatum* au Chili, à cause de l'usage où l'on est dans ce pays de se servir de cette Plante pour colorer une boisson qu'on nomme Mistela.

FLEUR A MOUCHES, l'Asclépiade de Syrie, ainsi que les Orchides insectifères.

FLEUR MUSQUÉE, l'*Hibiscus Abel-*

moschus, à la Guiane, selon Sybile de Mérian. On donne le même nom ou celui de MUSCATELLE dans quelques cantons de l'Europe, à l'*Adoxa moscatellina*, L.

FLEUR DE MUSCADE, le Macis. *V.* ce mot.

FLEUR DE NEIGE, le *Chionanthus* de Virginie.

FLEUR DE NOEL, l'Hellébore noir.

FLEUR DE NUIT, plusieurs Plantes qui ne s'épanouissent qu'après le soleil couché, telles que les Nyctages, le *Silene noctiflora*, des Mésembryanthèmes, et l'*Ipomœa Bona-Nox.*

FLEUR D'ONZE HEURES, même chose que Dame d'onze heures. *V.* ce mot.

FLEUR D'OR, l'Hélianthe annuel.

FLEUR DU PAON ET DE PARADIS, le *Poinciana pulcherrima*, L.

FLEUR DE PAQUES, aux Antilles, le *Patræa volubilis*, la Paquerette.

FLEUR DE PARFAIT AMOUR, l'Eglantine commune.

FLEUR DU PARNASSE, le *Parnassia palustris*, L.

FLEUR DE LA PASSION, le *Passiflora cærulea*, lors de son introduction en Europe, parce qu'on crut découvrir dans sa corolle ou calice, comme on voudra l'appeler, tous les instrumens qui servirent, à ce qu'on assure, dans la passion de J.-C.

FLEUR DU PÉROU, le Cacte grandiflore.

FLEUR PLEURÉTIQUE, le Coquelicot.

FLEUR DE PLUME, le *Polemonium cæruleum*, L.

FLEUR DU PRINCE, le *Convolvulus tricolor*, L.

FLEUR DU PRINTEMPS OU LA PRINTANIÈRE, la *Primula officinalis* et la Paquerette annuelle.

FLEUR DE QUATRE HEURES, le Nyctage commun.

FLEUR DE ROME, le *Tagetes erecta*.

FLEUR COLORÉE, le Nostoc vulgaire.

FLEUR ROYALE, *Flos regius*, dans Dodœns, le *Delphinium Ajacis*.

FLEUR DE SABATE, l'*Hibiscus roseus*.

FLEUR DE SAFRAN, le Carthame des teinturiers.

FLEUR DU SAINT-ESPRIT, l'Anguloa de la Flore du Pérou.

FLEUR SAINT-JACQUES, le *Senecio Jacobæus*, L.

FLEUR DE SAINT-LOUIS, à Mascareigne, l'*Hibiscus liliflorus*.

FLEUR DE SAINT-THOMÉ, le *Guettarda speciosa* dans l'Inde.

FLEUR DE SANG, la Capucine vulgaire et la Tulipe du Cap, l'*Hæmanthus*.

FLEUR DE SCORPION, une Orchidée qu'on croit être l'*Epidendrum Flos aeris*.

FLEUR DE SIAM et DE TURQUIN, le *Cynanchum odoratissimum*.

FLEUR DU SOLEIL, le *Cistus Helianthemum*, L.

FLEUR DE TAN, les Mucors et Réticulaires, qui croissent dans les serres, sur la tannée.

FLEUR DE SUZANNE, un Orchis de l'Inde, selon Rumph.

FLEUR A TEINDRE, le *Genista tinctoria*.

FLEUR DE TERRE; c'est, dans quelques cantons de la France, le Nostoc commun, et au cap de Bonne-Espérance, l'Hyobanche couleur de sang.

FLEUR DU TIGRE OU TIGRÉE, le *Ferraria* de Linné fils, dont Lamarck a fait son genre *Tigridia*. *V.* ce mot.

FLEUR DE TOUS LES MOIS, le Souci commun.

FLEUR DE LA TRINITÉ, la Pensée.

FLEUR DE THÉMIS, même chose que Fleur Africaine. *V.* ce mot.

FLEUR DE TUNQUIN. *V.* FLEUR DE SIAM.

FLEUR DE TOUT L'AN, au Pérou, l'*Epidendrum corymbosum*.

FLEUR DE VEUVE, la Scabieuse des jardins, *Scabiosa atropurpurea*, L.

FLEUR DE ZACHARIE, le Bluet. (B.)

FLEUR. MIN. Le nom de Fleur a été appliqué mal à propos à des matières inorganiques, le plus souvent métalliques, nommées aussi efflorescences. Ainsi l'on a appelé :

FLEUR DE SEL MARIN, l'efflorescence saline qui recouvre les Plantes marines exposées à l'action des rayons solaires, entre deux marées.

FLEURS D'ANTIMOINE; c'est ainsi que l'on appelle la combinaison naturelle de l'Oxigène avec l'Antimoine que l'on trouve dans quelques mines de ce Métal. On peut aussi obtenir artificiellement cette substance dans le traitement des minerais d'Antimoine; ces Fleurs sont ordinairement en aiguilles, d'un blanc jaunâtre.

FLEURS ARGENTINES. *V.* FLEURS D'ANTIMOINE.

FLEURS D'ARSENIC; produit pulvérulent de la sublimation du deutoxide d'Arsenic. On trouve quelquefois des Fleurs d'Arsenic dans le cratère de quelques volcans.

FLEURS D'ASIE; nom sous lequel on désigne vulgairement les efflorescences de Carbonate de Soude qui paraissent à la surface du sol dans quelques contrées de l'Orient.

FLEURS DE BENJOIN; nom ancien de l'Acide benzoïque sublimé. *V.* ce mot.

FLEURS DE BISMUTH; Oxide de Bismuth sous forme de poussière jaune verdâtre, qui recouvre certains minerais de Bismuth.

FLEURS DE CINABRE. *V.* MERCURE SULFURÉ PULVÉRULENT.

FLEURS DE COBALT. *V.* COBALT ARSÉNIATÉ PULVÉRULENT.

FLEURS DE CUIVRE: nom donné à plusieurs minerais de Cuivre que l'on rencontre naturellement à l'état pulvérulent : les Fleurs bleues et vertes sont des Carbonates, les Fleurs rouges de l'Oxide.

FLEURS DE FER. *V.* ARRAGONITE CONCRÉTIONNÉE CORALLOÏDE.

FLEURS D'HÉMATITE; nom donné improprement à une couche très-légère de Manganèse oxidé argentin qui recouvre la surface de quelques minerais de Fer oxidé. On l'observe fréquemment dans la cassure récente de l'Argile colorée que l'on trouve aux environs de Cologne, et qui porte, dans le commerce, le nom de Terre d'Ombre.

FLEURS DE NICKEL. *V.* NICKEL OXIDÉ.

FLEURS DE SEL AMMONIAC; Hydrochlorate d'Ammoniaque que l'on trouve quelquefois renfermé sous forme de petites aiguilles dans les cavités de quelques laves poreuses.

FLEURS DE SOUFRE; résultat de la sublimation lente du Soufre. Ces Fleurs se rencontrent naturellement sur les parois des terrains volcanisés. Elles sont aussi quelquefois le produit d'une précipitation qui s'opère spontanément dans les eaux sulfureuses minérales. Ces Fleurs jouissent de toutes les propriétés du Soufre pur.

FLEURS DE ZINC; Oxide de ce métal que l'on trouve quelquefois dans le voisinage des fourneaux d'épuration de la Calamine. On les obtient artificiellement en projetant du Zinc dans un creuset rouge de feu; elles sont alors d'une légèreté remarquable. (DR..Z.)

FLEUR D'ÉPONGE. POLYP. Nom marchand des Eponges les plus fines, employées dans les usages domestiques, ainsi que d'une espèce rameuse qui les remplace quelquefois. (LAM..X.)

FLEURETTE. *Flosculus.* BOT. PHAN. On donne fréquemment ce nom à chacune des petites fleurs qui composent le capitule d'une Plante de la famille des Synanthérées ou les épillets des Graminées. (A. R.)

FLEURILARDE. ÉCHIN. Dicquemare a donné ce nom à une espèce d'Holoturie, *Holothuria pentacta*, Müll. *V.* HOLOTHURIE. (LAM..X.)

FLEURI NOEL. BOT. PHAN. Nom vulgaire à la Martinique de l'Eupatoire à grandes feuilles. (B.)

FLEURON. *Flosculus.* BOT. PHAN. Dans les Plantes de la famille des Synanthérées, la corolle présente deux modifications essentielles; tantôt elle est déjetée d'un côté sous forme d'une languette plane, tantôt elle est tubuleuse, plus ou moins évasée et généralement à cinq lobes. On donne le nom de demi-Fleurons aux petites fleurs qui offrent la première de ces deux modifications de la corolle, et celui de *Fleurons* aux fleurs qui ont la corolle tubuleuse.

La forme des fleurons peut beaucoup varier ; ainsi ils peuvent être réguliers, infundibuliformes et à cinq lobes ; d'autres fois ils sont simplement tubuleux, sans évasement, à trois ou à quatre dents ; quelquefois leur forme est tout-à-fait irrégulière ; enfin ils peuvent être hermaphrodites, unisexués ou neutres.

On appelle *Flosculeuses* les Plantes de la famille des Synanthérées, qui sont uniquement composées de Fleurons, et *Radiées*, celles qui se composent de Fleurons au centre de chaque capitule, et de demi-Fleurons à la circonférence. (A. R.)

FLEUVE. géol. Cours d'eau d'une certaine étendue, qui, après avoir arrosé quelques parties d'un continent, se jette dans la mer. Cette définition exacte met au rang des Fleuves des cours d'eaux, tels que la Somme, la Charente et l'Hérault en France, le Xuxar ou Jujar, et le Guadalete en Espagne, qu'on avait généralement, mais à tort, rangés parmi les rivières, lesquelles ne sont que les cours d'eaux par lesquels les Fleuves sont alimentés. Les ruisseaux et les torrens sont à leur tour des ramifications des rivières, dont ils ne diffèrent guère que par leur moins d'étendue et le plus petit volume du tribut qu'ils portent dans la circulation. On distingue aussi la rivière et le ruisseau du torrent, en ce qu'alimentés par quelque source, l'un et l'autre ne tarissent point habituellement, tandis que le torrent impétueux et irrésistible, tant qu'il est alimenté, ne laisse d'autres traces de son existence, dans les temps de sécheresse, que le lit fracassé qu'il se creuse à travers les rochers des montagnes.

Il n'existe point d'exemple de cours d'eaux qui prennent le nom de Fleuves dans les îles, quelle que soit leur étendue ; ainsi, la Tamise en Angleterre, le Benjarmassen à Bornéo, le Manan-

gourou à Madagascar, sont réputés rivières. Cet usage n'est point conséquent, mais paraît néanmoins tacitement établi. L'importance des Fleuves est ordinairement en raison des hauteurs qui leur donnent naissance, de l'abondance des rivières qu'ils absorbent, de l'étendue de pays qu'ils parcourent. Ceux d'Europe, à l'exception du Danube qui peut se comparer aux plus grands Fleuves du reste du globe, sont en général les moins considérables : le Guadalquivir, le Guadiana, le Duero et l'Èbre en Espagne ; le Tibre et le Pô en Italie ; le Rhône, la Garonne, la Loire, la Seine en France ; l'Elbe, l'Oder, la Vistule, le Rhin lui-même, qui se jettent dans les mers du Nord, sont bien peu de chose, comparés aux Fleuves de l'Asie septentrionale, à ceux de la Chine, de la presqu'île orientale de l'Inde, au Gange, à l'Indus, au Nil, à l'Orénoque, au Fleuve des Amazones, au Saint-Laurent et surtout au Mississipi, qui reçoit des affluens, tels que l'Ohio et le Missouri, beaucoup plus considérables que ne le sont tous nos Fleuves européens, quoique ceux-là soient réputés de simples rivières. — On ne conçoit pas sur quel fondement quelques écrivains ont avancé que la plupart des Fleuves, parallèles aux chaînes de montagnes qui les alimentent, coulaient de l'est à l'ouest. Rien n'est plus faux ; le Rhône, le Nil, l'Obi, le Jenisei, la Lena, prouvent positivement le contraire ; les Fleuves, suivant des pentes totalement dépendantes de la conformation générale des pays qu'ils sillonnent, se dirigent dans tous les sens, et nous avons même vu au mot BASSIN (géol.) qu'ils semblent se plaire à briser les chaînes de montagnes qu'on supposait autrefois destinées à circonscrire et contenir leur cours. Comme destinés à transporter le sol des montagnes, les Fleuves et leurs affluens dépouillent une partie des lieux qu'ils parcourent, tandis qu'ils en engraissent ou en agrandissent d'autres, au moyen des dépôts qu'ils y laissent, et qu'on nomme Alluvions et Atterrissemens. *V.* ces mots. Ce sont ces atterrissemens et ces alluvions qui forment à l'embouchure des Fleuves ces espaces proportionnés en étendue à l'importance des courans qui les déposèrent, et entre lesquels le Delta est célèbre par sa fertilité. La plus grande partie de la Belgique, et la Hollande presque en totalité, sont une sorte de Delta formé par le Rhin aux dépens des Alpes. L'embouchure du Rhône présente un phénomène semblable, d'autant plus remarquable que l'augmentation du sol y a lieu avec une singulière rapidité; ce qui fait dire aux gens du pays que la mer se retire des côtes méditerranéennes. La mer ne se retire nulle part dans l'acception rigoureuse du mot, ainsi que nous le verrons à l'article où il sera traité de cette partie du globe; mais les Fleuves qui l'alimentent n'en concourent pas moins puissamment à modifier sa forme.

Les Fleuves contribuent à propager les semences de certains Végétaux, et l'on trouve souvent sur leurs rivages jusqu'à des Plantes alpines qu'entraînèrent leurs eaux; mais ces transports accidentels ne fournissent pas un argument bien fort en faveur de l'opinion de ceux qui veulent que les courans pélagiques transportent d'un continent à un autre des semences prêtes à germer, et soient l'un des moyens dont se servit la nature pour établir la végétation dans des points modernes du globe, où elle n'a pu se développer que fort tard. Nous avons remarqué au bord de certains Fleuves du Nord, tels, entre autres, que la Vistule et l'Escaut, des Plantes qui appartiennent à des climats plus chauds que ceux où coulent ces Fleuves, mais qu'on ne retrouve point à la plus petite distance du rivage et dans les marécages voisins. Nous nous sommes rendu raison de cette anomalie par le débordement des eaux qui, en hiver, couvrant de plusieurs pieds les racines des Végétaux expatriés, les empêchent de se geler,

en les tenant comme en orangerie. Ce fait de géographie végétale est analogue à celui qu'on observe aux limites des glaciers, où croissent, à l'abri des hivers rigoureux, sous d'énormes couches de neige, des Végétaux qui gèlent infailliblement quand ils sont abandonnés à la surface du sol, dans des lieux moins élevés. (B.)

* **FLEXUOSATIS**. BOT. PHAN. Dans son Histoire des Orchidées des îles australes d'Afrique, Du Petit-Thouars nomme ainsi une Plante de son genre *Satorchis*. Ce nom dérive de *Satyrium flexuosum*, qui lui conviendrait suivant la nomenclature linnéenne. Le *Flexuosatis* est une Orchidée de l'île de France, qui a de petites fleurs purpurines, et dont Du Petit-Thouars a donné une figure très-petite (*loc. cit.*, tab. 7 et 12, f. 2). (G..N.)

FLEZ. POIS. *V.* **FLET**.

FLIN. MIN. Même chose que Marcassite. *V.* ce mot. (D.)

FLINDERSIE. *Flindersia*. BOT. PHAN. R. Brown a établi ce genre d'après un Arbre observé à la Nouvelle-Hollande. Il ne s'élève qu'à une hauteur médiocre, porte des feuilles alternes, composées d'une à trois paires de folioles terminées par une impaire, allongées, ovales, entières, parsemées de points transparens. Les fleurs, disposées en panicules terminales bien fournies et accompagnées de petites bractées subulées, sont petites et de couleur blanche. Leur calice est court, quinquéfide, persistant. Cinq pétales sessiles, couverts ainsi que le calice en dehors d'un court duvet, s'insèrent à la base d'un disque qui porte un peu au-dessous de son sommet dix étamines, dont cinq stériles opposées aux pétales; cinq fertiles alternant entre eux. L'ovaire, entouré mais non embrassé par le disque staminifère, est libre, sessile, tuberculeux à sa surface, surmonté d'un style simple que termine un stigmate pelté, divisé profondément en cinq lobes. Le fruit est une capsule allongée dont l'enveloppe ligneuse, hérissée de toutes parts de prolongemens coniques, se sépare à la maturité en cinq segmens, qui restent quelque temps attachés par leur base à un axe central, court, puis finissent par tomber et le laisser libre. Le placenta central se partage profondément en cinq lobes qui forment autant de cloisons ; ces cloisons, qui se détachent à l'époque de la déhiscence, portent de chaque côté deux graines dressées, surmontées d'une aile membraneuse et renfermant un embryon dicotylédoné dépourvu de périsperme. R. Brown plaça ce genre dans sa famille des Cédrelées, section des Méliacées de Jusssieu ; mais il avoue qu'elle en diffère par l'insertion de ses graines et la déhiscence de sa capsule, irrégularité qui peut au reste être expliquée sans beaucoup de difficulté. Il a joint une belle figure à la description complète de ce genre, qui se trouve à la suite de ses Remarques sur la botanique de la Nouvelle-Hollande (*General Remarks on the Botany of Terra Australis*, p. 61, tab. 1).

(A. D. J.)

FLIONS. MOLL. L'un des noms vulgaires des Tellines sur quelques côtes maritimes de France. (B.)

* FLIRUS. MAM. La Chèvre hermaphrodite, représentée sous ce nom dans les planches de Jonhston, paraît être un Animal fabuleux ou quelque monstruosité. (B.)

FLOCONS D'OR. BOT. PHAN. L'un des noms vulgaires du *Potentilla verna* et du *Chrysocoma Coma aurea.* (B.)

FLOERKÉE. *Flœrkea.* BOT. PHAN. Genre de l'Hexandrie Monogynie, L., établi par Willdenow (*Act. Soc. nat. Cur. Berol.* T. III, 1801), et adopté par Nuttall (*Gen. of North Amer. Plants.*, T. I, p. 228) qui l'a ainsi caractérisé : calice triphylle ; corolle à trois pétales plus courts que le calice ; style bifide. Le fruit se compose de deux ou rarement trois espèces d'utricules rondes, papilleuses, membraneuses, et chacune contenant une graine qui lui est adhérente. Ces graines, ainsi

recouvertes par un tégument péricarpique, semblent divisibles en deux lobes elliptiques, convexes, charnus, ayant un goût âcre ; mais la singulière disposition de l'embryon renfermé dans une petite cavité à la base de ces lobes, ainsi que ses cotylédons peltés, sont des circonstances qui laissent des doutes sur la divisibilité réelle des utricules. Telle est la substance d'une note que Nuttall ajoute sur ce genre très-peu connu, qu'il place avec doute dans la famille des Portulacées.

Une seule espèce le compose : c'est la *Flœrkea proserpinacoides*, dont Persoon et Nuttall ont changé le nom spécifique en celui de *lacustris.* Cette Plante, qui croît en Pensylvanie, aux environs de Philadelphie, dans les terrains où l'eau a séjourné, mais qui y est rare, est herbacée, grasse, annuelle, à feuilles alternes, trifides et pinnatifides. Pursh a donné pour synonyme à son *Nectris pinnata*, le *Flœrkea proserpinacoides*, Muhlenb., Mss. Mais cette Plante n'a, selon Nuttall (*Flor. Amer. Septentr.* T. I, p. 239), aucun rapport avec le genre Flœrkea et n'est peut-être qu'une variété du *Nectris peltata*, Pursh, ou *Cabomba aquatica* d'Aublet. *V.* CABOMBA.

Un autre *Flœrkea* a été formé par Sprengel aux dépens des Campanules ; mais ni le nom du genre, ni le genre lui-même n'ont encore reçu la sanction des botanistes. (G..N.)

* FLONDRE DE RIVIÈRE. POIS. (Noël.) Le Flet vers l'embouchure de la Seine. Ce mot paraît d'origine normande, puisque le même Poisson se nomme Flœnder en Norwège et en Prusse. *V.* PLEURONECTE. (B.)

FLOQUET. OIS. (Salerne.) Syn. vulgaire du Tarier. *V.* TRAQUET.

(DR..Z.)

FLORAISON. BOT. PHAN. Ensemble des phénomènes qui accompagnent l'épanouissement des fleurs. Nous en avons traité avec quelques détails à l'article ANTHÈSE. *V.* ce mot.

(A. R.)

FLORALE. BOT. PHAN. Cette épi-

thète s'applique à toutes les parties
des Végétaux qui appartiennent à la
fleur ou lui sont unies par quelque
point. Ainsi on nomme bulbilles Florales celles qui tiennent lieu des fleurs,
c'est-à-dire se développent à la place
des fleurs dans plusieurs espèces d'Ail;
glandes Florales, les corps glanduleux
qui naissent sur différentes parties de la
fleur; elles forment généralement ce
qu'on désigne sous le nom de disque;
feuilles Florales, celles qui sont très-
rapprochées des fleurs, etc.   (A. R.)

* FLORE. BOT. On appelle ainsi en
botanique un ouvrage destiné à faire
connaître les Plantes d'un pays. Linné, parmi les noms poétiques qu'il
introduisit en grand nombre dans la
science, a inventé celui-ci et l'a consacré par un excellent modèle, sa
Flore de Laponie. Avant lui, des
ouvrages du même genre avaient
reçu des noms différens; ainsi
les Végétaux recueillis dans l'île
d'Amboine par Rumph avaient été
décrits sous celui d'*Herbarium Am-
boinense;* ceux du Malabar par Rhéede, sous celui d'*Hortus Malabaricus*,
et Vaillant avait intitulé *Botanicon
Parisiense* sa belle histoire des Plantes de nos environs. Même depuis, les
auteurs ne se sont pas toujours as-
treints à ce titre. Il suffit pour exemple de citer les Plantes de la Guiane
par Aublet, les Plantes de l'Amérique équinoxiale recueillies dans le
voyage de Humboldt et Bonpland,
mises en ordre et décrites par Kunth,
etc. Si l'on devait attacher beaucoup
d'importance aux titres, on pourrait
dire que ces derniers conviennent
peut-être mieux aux ouvrages qui
font connaître les Plantes exotiques
rapportées par les voyageurs. Car la
Flore d'un pays suppose la connaissance presque complète de ses Végétaux, connaissance qui ne peut être
acquise que par un séjour très-pro-
longé. Si nous passons à l'examen de
l'ordre et du plan suivis par les auteurs des Flores, en comprenant sous
ce titre des ouvrages mêmes qui ne le
portent pas, mais auxquels peut s'ap-

pliquer la définition que nous en
avons donnée, c'est-à-dire qui font
connaître les Plantes d'un pays, nous
trouverons que, sous ce même nom,
se trouvent réunis les ouvrages les
plus différens par leur forme, leur
nature, leur mérite. C'est un résultat
nécessaire de la diversité des pays et
des auteurs, puisqu'une foule de contrées, sous presque toutes les latitudes, depuis les Etats les plus vastes
jusqu'aux cantons les plus resserrés,
ont eu leurs Flores, et qu'elles ont été
composées par des botanistes de tous
les degrés, depuis les plus illustres
jusqu'aux plus novices. Les uns
n'ont suivi aucun ordre; tels sont
plusieurs voyageurs qui décrivent les
Plantes à mesure qu'elles s'offrent
à eux, et les présentent au lecteur
dans une sorte de journal. On peut
encore citer pour exemple un bon ouvrage, la Flore de Danemarck, où
chaque fascicule de planche, accompagné d'un texte court, explicatif,
réunit des Plantes de toutes sortes,
phanérogames et cryptogames, et
où non-seulement les genres se trouvent ainsi éloignés des genres voisins,
mais les espèces de leurs congénères,
sans qu'on puisse les rapprocher, à
cause des numéros qui fixent les gra-
vures dans leur ordre de publication.
La grande majorité des floristes a
adopté le système linnéen, plus répandu, plus commode surtout par sa
simplicité et le nombre considérable
d'ouvrages antérieurs où tout le travail des auteurs commençans se bornait presqu'à copier, en excluant ce
qui n'entrait pas dans leur domaine.
Mais il est peu de systèmes et de modifications de systèmes qui n'aient eu
leur application dans quelque Flore;
car leurs inventeurs cherchaient à en
faire ainsi l'essai eux-mêmes, ou bien
ils trouvaient des partisans au moins
parmi leurs élèves et leurs compatriotes. Jusqu'à présent la méthode des familles naturelles n'a été suivie que
dans un petit nombre de Flores; mais
ce sont des ouvrages capitaux, la
Flore Française, le Prodrome de la
Flore de la Nouvelle-Hollande par

R. Brown , les *Nova Genera* de Humboldt et Kunth. Si l'on en juge d'après la direction habituelle de la botanique et la marche actuelle de l'esprit humain , il est à croire que les familles naturelles reçues peu à peu avec plus ou moins de modifications, dans les divers pays où l'on s'occupe d'études scientifiques , seront adoptées d'abord par les chefs de la science; que ceux-ci trouveront d'heureux imitateurs , et qu'alors la foule , se jetant dans la même route, fera ou refera les Flores locales suivant la méthode triomphante. En ce moment, Auguste de Saint-Hilaire, dans la publication des nombreuses richesses botaniques qu'il a recueillies au Brésil durant un séjour de plusieurs années , suit un ordre différent de tous ses prédécesseurs. C'est dans une série de mémoires sur les usages ou les propriétés des Plantes , sur des points intéressans soit de classification , soit de physiologie végétale, qu'il fait connaître les genres et les espèces qui doivent les éclaircir. Leurs descriptions, l'étude de leurs affinités amènent des discussions quelquefois étrangères aux titres, mais toujours instructives pour le lecteur. Quelques Flores sont de simples catalogues présentant une suite de noms. Dans un grand nombre , à chaque Plante est jointe la phrase linnéenne qui doit la distinguer , mais cette phrase, par les progrès de la botanique , est devenue insuffisante dans la plupart des cas , et d'ailleurs se trouve quelquefois mal appliquée. De-là , une confusion dans la synonymie , funeste à la science et rebutante pour ceux qui l'étudient. Il serait facile de multiplier les citations d'ouvrages qui nous présenteraient des exemples de ces défauts , mais il vaut bien mieux présenter des modèles en signalant ceux qui ont su les éviter. Telle est , entre autres , la Flore Atlantique de Desfontaines où la synonymie est rigoureusement établie , où les Plantes déjà connues sont accompagnées de phrases sagement choisies , et les nouvelles de descriptions élégantes

et plus détaillées. Une Flore vaste où non-seulement les espèces se trouvent soit décrites dans tous leurs détails, soit plus brièvement déterminées par des phrases vraies et comparatives, mais aussi où les caractères de familles et de genres sont tracés d'après des études étendues et approfondies, devient un ouvrage général aussi utile au botaniste qui s'occupe de l'ensemble des Végétaux qu'à celui qui étudie ou recherche spécialement ceux du pays objet de cette Flore. On aime à montrer comme de tels modèles les ouvrages déjà cités de R. Brown et de Kunth. Il resterait, en tenant compte des avantages et des inconvéniens, des qualités et des défauts que nous avons signalés dans les diverses Flores, à déduire les règles qui paraissent devoir diriger la rédaction de ces ouvrages. De Candolle les a sagement tracées dans sa Théorie élémentaire de la botanique. Il pense qu'une bonne Flore doit contenir d'abord un exposé général de la nature physique du pays dont on veut parler et l'histoire générale de sa végétation , dont on indique ensuite les rapports avec celle des pays voisins ou même avec l'ensemble de la végétation connue du globe. Dans le choix d'une méthode , il se prononce pour les familles naturelles. Il réduit avec raison la synonymie à celle du botaniste dont on adopte la nomenclature, de celui qui a donné de l'espèce la meilleure figure et des auteurs qui ont écrit sur le même pays que celui dont on s'occupe; mais à ces noms techniques il convient de joindre les noms vulgaires que porte la Plante dans le pays. A la suite, doit venir la description de l'espèce, rédigée autant que possible d'après son inspection : ne faudrait-il pas étendre encore cette sage règle, et demander que , quand il se peut, l'auteur ait, en décrivant , plusieurs échantillons sous les yeux, de peur qu'il ne fasse connaître un individu au lieu de l'espèce. On doit y joindre enfin une indication détaillée des variétés que la Plante présente, non pas en général , mais dans le pays ; l'énumération des stations et des lieux divers où elle a été trouvée ; les usages locaux auxquels elle est employée. De Candolle termine en insistant sur la nécessité de ne pas omettre les Végétaux introduits par l'agriculture et qui jouent en général un rôle si important dans la végétation d'un pays. Ami Boué, dans une thèse soutenue en 1817 à Édimbourg : *De Methodo Floram cujusdam regionis conducendi*, a reproduit quelques-unes des règles que nous venons d'indiquer, et en a ajouté quelques autres. Parmi ces vues utiles, il y en a qui nous paraissent devoir être négligées, comme exigeant des observations trop minutieuses, trop longues, étrangères à la botanique, ou comme peu intéressantes. Telle est l'indication des maladies des Plantes, de leur composition chimique, de la manière de les conserver en herbier.

Supposons toutes les Flores rédigées avec soin et conscience d'après les principes que nous avons indiqués. Celle d'un pays borné, à laquelle on donne quelquefois le nom de *Chloris*, fournirait au commençant un guide sûr dans l'étude des Plantes qui l'entourent, et au botaniste qui s'occuperait d'une Flore plus étendue, une source où il puiserait avec confiance et des matériaux qui lui épargneraient de longues recherches. Celle-ci apporterait à son tour au savant qui généralise des documens plus nombreux et plus certains. Cette division de travail rendrait le résultat général plus facile, plus prompt, plus parfait. Une branche nouvelle et importante de la science, la géographie botanique, en profiterait surtout, et pourrait alors seulement, s'appuyant sur des faits assez sûrs et assez nombreux, former un corps de doctrine et conduire à de grandes conséquences. La synonymie s'éclaircirait au lieu d'aller en s'obscurcissant ; les descriptions une fois complètes n'auraient plus besoin d'être modifiées sans cesse ; chaque point arrêterait un peu plus long-temps, mais serait désormais fixé, et l'on suivrait, en un mot, la marche qui conduit au vrai, on irait du connu à l'inconnu. (A. D. J.)

FLORÉE D'ACIDE. BOT. PHAN. Fécule de Pastel, *Isatis tinctoria.* (B.)

FLORENTINE. GÉOL. (De la Métherie.) Syn. de Marbre de Florence. *V.* MARBRE. (B.)

* **FLORESTINE.** *Florestina.* BOT. PHAN. Genre de la famille des Synanthérées, Corymbifères de Jussieu, et de la Syngénésie égale, L., établi par H. Cassini (Bulletin de la Société Philomat., octobre 1815, et Journal de Physique, 1816, n° 145) qui le caractérise ainsi : calathide globuleuse, composée de fleurons égaux, nombreux, tubuleux et hermaphrodites ; involucre formé d'écailles disposées sur un seul rang, presque égales, appliquées, oblongues et obtuses ; réceptacle très-petit, plane et nu ; ovaires oblongs, tétragones, couronnés par une aigrette composée de dix ou douze petites écailles falciformes orbiculaires et denticulées. Ce genre a été placé par son auteur dans la tribu des Hélianthées, section des Héléniées, entre les genres *Schkuhria* de Roth, et *Hymenopappus* de l'Héritier. Kunth (*Nov. Gener. et Spec. Plant. æquin.* T. IV, page 261) n'admet pas le genre *Florestina*, et, ainsi que l'avait déjà fait Lagasca, il le réunit à l'*Hymenopappus* de l'Héritier. H. Cassini a de nouveau réclamé contre cette décision, prétendant que son genre diffère assez de l'*Hymenopappus* par son involucre simple et non pas en deux rangées d'écailles ; que si on n'admet pas leur séparation, il ne faudrait pas séparer non plus le *Florestina* du *Schkuhria* qui n'en diffère que par une des fleurs de sa calathide en languette et femelle, et par les petites écailles de son aigrette qui sont lancéolées ; enfin que le *Florestina* peut être considéré simplement comme un sous-genre d'un groupe qui comprendrait tous les genres ci-dessus mentionnés.

LA FLORESTINE PÉDALÉE, *Florestina pedata*, Cav., avait été placée dans le genre *Stevia* par Cavanilles

(T. iv, p. 33, tab. 356). Elle croît dans l'île de Cuba, et au Mexique , près de Saint-Jean-del-Rio et de Ze-laya , d'où elle a été rapportée par les célèbres voyageurs Humboldt et Bonpland. C'est une Plante herbacée, à rameaux et à feuilles alternes, pin-natifides et incisées , à calathides ter-minales en corymbe , et blanchâtres avec des points noirs qui sont formés par les anthères.   (G..N.)

FLORICAN. ois. (R. Percival.) Nom que porte à Ceylan une grande espèce d'Échassier que l'on présume appartenir au genre Grue.   (DR.. z.)

FLORICEPS. *Floriceps.* INT. Gen-re de l'ordre des Vésiculaires dans la classe des Vers intestinaux, ayant pour caractères : une vésicule exté-rieure, dure, élastique, enveloppant une seconde et souvent une troisième à parois molles et minces, qui contient un Animal solitaire à corps allongé , adhérent par son extrémité posté-rieure à la vésicule qui le renferme ; sa tête , munie de deux ou quatre fossettes, est armée de quatre trompes rétractiles , garnies de crochets. Ce genre proposé d'abord par G. Cuvier, étudié ensuite par Rudolphi qui l'a nommé Antocéphale, ne renferme en-core qu'un petit nombre de Vers d'un aspect et d'une organisation fort ex-traordinaires. Quoique voisins des Tétrarhynques par la forme de leur tête, ils appartiennent cependant aux Vers vésiculaires par la vésicule dans laquelle l'Animal se trouve enveloppé et qui adhère à l'extrémité postérieure de son corps. Ce dernier caractère manque à une espèce. Les Floriceps sont enveloppés dans une première vessie ou kiste, d'une substance ferme, élastique, tenace, blanchâtre ou bru-nâtre , placée sous le péritoine, et adhérant aux organes d'une manière plus ou moins intime. Sa forme et sa grosseur varient suivant les espèces et l'âge des individus. Elle renferme une seconde vésicule, à parois molles et minces, en général allongée et dont la forme n'est pas toujours correspon-dante à celle de la vésicule extérieure, à laquelle elle n'adhère jamais. Quel-

quefois elle se contracte et se dilate. L'intérieur de la vésicule est rempli d'une liqueur transparente et vis-queuse dans toutes les espèces , ex-cepté dans le Floriceps granule, où l'on voit des corpuscules arrondis dans une liqueur blanchâtre , trouble et visqueuse. La tête de ces Vers con-siste en un petit renflement polymor-phe , offrant de chaque côté une ou deux fossettes très - mobiles. De son extrémité sortent quatre trompes ré-tractiles , garnies d'un grand nombre de crochets ; elles sont continues avec quatre filamens transparens que l'on voit au travers du cou. Celui-ci plus étroit que la tête est continu avec le corps presque toujours plus renflé , allongé et rétréci en arrière dans le point par lequel il adhère à la vé-sicule. Ces Animaux se rencontrent sous le péritoine et dans l'épaisseur des divers organes renfermés dans la cavité abdominale de quelques Pois-sons. Rudolphi ne fait mention que de cinq espèces , en général assez rares.   (LAM..X)

FLORIDÉES. *Florideæ.* BOT. CRYPT. (*Hydrophytes.*) Deuxième or-dre de la classe des Hydrophytes ou Plantes marines , que nous avons pro-posé dans notre Essai sur les genres de la famille des Thalassiophytes non articulées, ayant pour caractères une organisation corolloïde , et les cou-leurs pourpres ou rougeâtres deve-nant brillantes à l'air. Toutes les Plantes de cette famille , lorsqu'elles ont été exposées à l'action de l'air et de la lumière, présentent des cou-leurs brillantes ; mais fraîches et vivantes, elles n'ont rien d'éclatant ; elles sont d'un rouge purpurin plus ou moins foncé, mêlé souvent d'une légère teinte de vert; elles ne déve-loppent ces belles nuances qui or-nent les fleurs de nos jardins , qu'a-près avoir été en contact immé-diat avec les fluides atmosphériques qui excitent dans ces Plantes un commencement de fermentation à l'aide de l'humidité qui y est conte-nue ; il faut encore qu'elles soient privées de la vie pour que l'influence de l'air, de la lumière, etc., s'exerce sur elles, car l'énergie de la force vitale s'oppose à l'action de ces fluides. L'organisation des Floridées est la même dans toutes, mais les modifications que l'on y observe variant, ainsi que la forme de leurs fructifications, nous avons cru devoir employer ces différences à faire des genres pour aider à la détermination des espèces : des sections, comme dans les Fucus, n'auraient peut-être pas suffi. Elle est moins compliquée que celle des Fucacées : les premières n'ont point de canal médullaire; on observe dans la substance de ces Plantes un épiderme, un tissu cellulaire à cellules très-petites et égales, entourant la partie la plus considérable formée d'un tissu cellulaire très-grand, à cellules souvent si allongées qu'elles ressemblent à de grandes lacunes. Au centre, on trouve quelquefois une lacune qui se prolonge dans toute la longueur de la tige. Dans les feuilles, on n'observe que l'épiderme qui couvre un tissu cellulaire d'une seule forme et sans lacune centrale, excepté dans les nervures dont l'organisation approche de celle des tiges.

Un grand nombre de Floridées offrent deux modes de fructification sur lesquels on n'a encore rien de précis. Les deux botanistes les plus savans dans la connaissance des Plantes marines, Dawson-Turner et Mertens, sont d'un avis différent. Le premier mode de fructification se trouve dans la très-grande majorité des Floridées; c'est un tubercule tel que nous l'avons décrit dans l'introduction. A l'époque de la maturité des graines, la substance mucilagineuse disparaît presque entièrement, le tubercule se déchire, les capsules se dispersent, s'ouvrent presqu'aussitôt, et les graines deviennent le jouet des vagues, jusqu'à ce qu'elles rencontrent un corps qui leur convienne; alors elles s'y fixent, et produisent une nouvelle Plante semblable à la première. Nous n'entrerons ici dans aucune discus-

sion sur la nature de ces graines, très-difficiles à voir, même avec un bon microscope. Les uns les considèrent comme des gemmes ou des sporules, d'autres comme des bourgeons, etc Nous leur donnons provisoirement le nom de *Granules* jusqu'à ce que ces corpuscules reproductifs soient parfaitement connus. Le second mode de fructification est plus rare : ce sont des capsules d'une forme différente de celle des tubercules, divisées presque toujours en trois parties et visibles à l'œil nu, placées sous l'épiderme, situées souvent à la place du tubercule; elles occupent un espace plus étendu; d'abord plongées dans la substance même de la Plante, elles forment peu à peu une petite élévation qui se déchire pour les laisser passer. Mertens prétend que cette petite élévation se change en tubercule; Gaillon, notre ami, partage la même opinion. Nous n'avons jamais vu ce changement, et, d'après nos observations, nous le croyons impossible. Dawson-Turner décrit encore, dans les Floridées, des fructifications en grappe que Mertens regarde avec raison comme des productions parasites végétales ou animales. Le botaniste anglais pense que le second mode de fructification est le résultat du premier; d'après son opinion, les tubercules se détruisent, les capsules tombent sur la surface de la Plante et y restent adhérentes jusqu'à ce qu'elles en soient enlevées par une cause quelconque. Mertens observe que les capsules étant situées sous l'épiderme et non dessus, ne peuvent provenir de la destruction du tubercule; il les regarde au contraire comme les premiers rudimens de la fructification; il croit qu'il se forme dans le tissu lâche de ces Plantes des graines et des capsules isolées, impropres, dans cet état, à la reproduction de l'espèce. Il faut un mélange de ces capsules pour qu'elles acquièrent la propriété reproductive; nous ignorons, dit l'auteur, si elles sont d'un sexe différent. Bientôt la partie où se réunissent les capsules se gonfle , et forme un tubercule pédicellé ou sessile. Dans cet état les capsules semblent parfaites , d'une couleur foncée et d'une forme constante, tandis que lorsqu'elles étaient répandues dans le tissu cellulaire de la Plante , leur couleur était plus faible et leur forme variable. Si cette description était exacte , ce qui se passe dans les Floridées présenterait quelqu'analogie avec ce que Correa de Serra a observé dans la formation de la fructification du *Fucus vesiculosus*. Gaillon qui a suivi l'opinion de Mertens nomme fructification conceptaculaire , celle que nous désignons sous le nom de tuberculeuse, et anthospermique celle que nous appelons capsulaire. Nous définissons la première : granules plongées dans une substance mucilagineuse, ni celluleuse ni fibreuse, renfermées dans un conceptacle , et le deuxième : une ou plusieurs capsules renfermant deux ou trois granules dans chaque cellule du tissu cellulaire , rarement éparses sur toute la feuille, situées ordinairement dans le voisinage des nervures ou sur les divisions des rameaux dans les Hydrophytes cylindriques et aphilles. Si l'on adopte l'hypothèse de Mertens et Gaillon, il faut que les capsules granulaires de la fructification anthospermique brisent les parois des cellules qui les renferment , ou bien passent par les pores de ces parois membraneuses, s'ils existent , pour se réunir dans une seule cavité qui se gonfle et forme un conceptacle. Cette marche des capsules est tellement impossible , elle suppose un concours de phénomènes si extraordinaires, que nous croyons inutile de la discuter. Nous pensons plutôt que les deux modes de fructification des Floridées sont produits par le plus ou moins d'énergie vitale dans ces Plantes dont le tissu a tant de rapports avec celui des corolles des Phanérogames. Si cette énergie vitale manque par une cause quelconque, les germes disséminés dans le tissu cellulaire prennent un commencement de dévelop-

pement autour de la place où le conceptacle se serait formé , se réunissent deux ou trois dans une petite capsule et deviennent visibles ; ces capsules présentent une forme particulière différente de celle des conceptacles où les granules sont quelquefois nus et nagent dans la substance mucilagineuse dont ils sont remplis. Plus les Floridées ont des feuilles garnies de nervures , et plus les capsules sont situées régulièrement dans le voisinage des nervures ou à leurs extrémités. Dans les Floridées Ulvacées les capsules sont en général disséminées dans toute la Plante , comme les granules des Ulvacées. Nous ajouterons :

1°. Que l'on ne voit la double fructification que sur les Floridées.

2°. Que la double fructification ne s'observe presque jamais sur le même individu , et que, dans ce cas, le nombre des deux fructifications n'est jamais égal ; que l'une des deux est toujours en beaucoup plus grande quantité que l'autre.

3°. Que la fructification anthospermique est en général stérile.

4°. Que la même espèce offre des fructifications conceptaculaires, lorsqu'elle croît dans des eaux profondes, et qu'elle est rarement exposée à l'action de l'air et de la lumière ; et que ces fructifications sont anthospermiques dans les individus que les marées couvrent et découvrent chaque jour.

5°. La double fructification est d'une rareté extrême sur les Floridées des mers sans marées et des régions équatoriales , où les marées sont peu sensibles.

6°. Que la fructification anthospermique ou capsulaire doit être regardée comme une fructification avortée, et non comme le premier âge, le premier état, le commencement de la fructification.

Si la fructification anthospermique devenait conceptaculaire, elle se rapprocherait sous quelques rapports de celle des Fucacées ; mais on ne pourrait expliquer sa formation comme celle du Chêne, du Châtaiguier, etc., dans lesquels il y a plusieurs ovaires, plusieurs germes, et qui cependant ne portent jamais qu'un seul fruit. Dans les Fucacées, les granules sont contenus dans des capsules qui se réunissent dans des conceptacles en nombre plus ou moins considérable. Il n'y a jamais d'avortement dans cette grande famille; il n'en est pas de même des Floridées dont le tissu est beaucoup plus délicat. Les germes des granules semblent répandus dans la masse entière de ces jolies Plantes. La plupart restent inertes; d'autres, placés autour des nervures, éprouvent un commencement de croissance; plusieurs ressentent à la fois les mêmes influences; ils se gênent réciproquement; ils ne peuvent tous se développer, soit par une égalité trop générale de nourriture, soit par défaut d'aliment. Il y a donc avortement et non changement; la Plante croît toujours, parcourt toutes les périodes de sa courte existence, et meurt sans se reproduire. La marche est différente dans la formation du conceptacle. A peine la Plante est-elle parvenue à la moitié de sa croissance, que l'énergie vitale se porte tout entière sur un seul groupe de capsules; la turgescence, la tuméfaction, sont rapides; le tubercule se remplit de matière mucilagineuse, qui semble faire les fonctions d'organe mâle; les capsules nagent, grossissent et mûrissent au milieu de ce fluide; toutes les autres, répandues dans le tissu des feuilles, avortent, disparaissent; c'est le fruit unique, reste des germes nombreux que la même fleur renfermait. Les faiseurs d'hypothèses pourraient peut-être encore considérer les Floridées comme des Plantes dioïques; les Fucacées et les Dictyolées, comme des hermaphrodites; les Ulvacées, comme des Agames, etc. Observons la nature, réunissons le plus grand nombre de faits possibles, et la connaissance des causes qui les régissent en sera le résultat.

Les feuilles des Floridées sont différentes de celles des Phanérogames et de celles des Fucacées : ce sont des expansions planes, quelquefois très-grandes, divisées plutôt que rameuses, et toujours produites par une tige ordinairement cylindrique, simple ou ramifiée, plus ou moins longue, fixée aux corps marins par un empâtement plus bombé et moins étendu que celui des Fucacées. Ces feuilles ne sont quelquefois qu'un épanouissement, une continuation de la tige; souvent elles se confondent tellement ensemble, qu'il est difficile d'assigner leur point de séparation. Pour éviter les difficultés, nous appelons Feuille toutes les parties planes du Végétal, et Tige et Rameau, toutes les parties cylindriques ou légèrement comprimées. Il y a de ces feuilles qui sont ornées de nervures d'une couleur plus foncée, simples ou rameuses; l'âge détruit la membrane qui les réunit, mais leurs parties latérales, en produisant quelquefois une nouvelle, donnent naissance à une nouvelle feuille, plus petite, plus délicate, et d'une forme semblable à la première. Ces nervures, quelquefois très-rameuses et saillantes des deux côtés, sont ou simples, uniques, et longitudinales ou pinnées; d'autres sont ondulées, divisées, et partent plusieurs ensemble de la base de la feuille; beaucoup de ces nervures se prolongent jusqu'au bord, d'autres se fondent dans la substance même de ces expansions, avant de parvenir à la marge. Tous ces caractères constituent de véritables feuilles, et non des frondes, comme l'ont dit quelques auteurs. Les fructifications sont situées sur les nervures ou à leurs extrémités. Dans les feuilles sans nervures, ces changemens n'ont pas lieu, et les fructifications sont éparses sur leur surface.

Les Floridées ne sont jamais d'une grandeur considérable, et nous doutons qu'il y en ait de plus d'un mètre de hauteur; quelques-uns ont à peine un millimètre. En général, leur grandeur varie entre deux et quatre décimètres. Les rapports d'organisation qui existent entre les Floridées et les corolles des Phanérogames, se retrouvent encore dans leur durée. Les fleurs qui résistent une année entière ou davantage, à l'action du temps, sont prodigieusement rares ; il en est de même des Floridées : pareilles aux fleurs, elles cessent de vivre, se fanent et se décomposent lorsqu'elles ont accompli le mystère de la reproduction, et pourvu à la conservation de la race. Chaque saison a des espèces qui lui sont propres. Dans nos climats elles sont plus rares en hiver, un peu moins au printemps ; c'est à la fin de l'été, que la plupart se présentent chargées de fructifications ; et les vents de l'automne les jettent sur le rivage, les arrachent des rochers qui restent nus et découverts jusqu'au retour de la belle saison. Dans la Méditerranée ainsi que dans les pays chauds, c'est à la fin de l'hiver, au printemps ou au commencement de l'été, que ces Hydrophytes se trouvent en plus grande quantité.

Considérées sous le rapport de leur distribution géographique, les Floridées semblent particulières aux régions tempérées des deux mondes, quoique l'on en trouve dans toutes les mers. Dans l'hémisphère boréal, c'est vers le trente-cinquième degré de latitude que l'on commence à voir les espèces se multiplier. Le nombre augmente jusqu'au quarante-huitième ; ensuite il diminue jusqu'aux glaces polaires ; il en est de même dans l'hémisphère austral, où des latitudes analogues produisent des formes végétales analogues, dans la mer comme sur la terre.

Nous ne dirons rien des usages des Floridées ; ils varient suivant les espèces et les genres, et ne peuvent être l'objet d'un article particulier. Nous divisons les Floridées en deux sections : la première, à feuilles planes, renferme les genres Claudée, Delesserie, Odonthalie, Delisée, Vidalie, Dawsonie, Halyménie, Volubilarie, Eréninacée et Choudre ; la deuxième, à feuilles comprimées, ou nulles, se compose des genres Gélidie, Laurentie, Hypnée, Acanthophore, Dumontie, Gigartine, Plocamie et Champie. *V.* ces mots.

Nous n'avons rien dit des Floridées articulées, qui se réunissent aux premières sous une foule de rapports généraux. Leur division en genres a déjà été proposée par Agardh, Lyngbye, Gaillon et Bonnemaison ; mais n'étant pas encore ou connue ou généralement adoptée, nous croyons devoir la passer sous silence. (LAM..X.)

FLORIFÈRE. BOT. PHAN. Qui porte les fleurs. Ainsi les feuilles des *Xylophylla*, la racine de quelques Plantes parasites sont Florifères. On nomme bourgeons Florifères ceux qui renferment les fleurs, par opposition à ceux qui ne contiennent que des feuilles, et que pour cette raison on appelle foliifères. (A. R.)

FLORIFORME. POLYP. L'abbé Dicquemare a donné ce nom à la Tubulaire entière, *Tubularia indivisa*, très-commune sur les côtes de France, principalement dans la Manche. (LAM..X.)

FLORILÈGES. INS. *V.* ANTHOPHILES.

FLORILIE. *Florilus*. MOLL. Genre de Coquilles multiloculaires établi par Montfort, pour le *Nautilus asterizans*, petite Coquille microscopique décrite et figurée par Von Fichtel et Von Moll, T. III, f, e, h. *V.* NAUTILE. (A. R.)

FLORISUCA. OIS. (Séba.) Syn. de l'Oiseau-Mouche de Cayenne. *V.* COLIBRI. (DR..Z.)

FLOS. BOT. PHAN. *V.* FLEUR.

FLOSCOPE. *Floscopa*. BOT. PHAN. Loureiro (*Flor. Cochinch.*, éd. Willd. T. 1, p. 238) a établi sous ce nom un genre de l'Hexandrie Monogynie, L., qui appartient certainement à la classe des Monocotylédones, quoique possédant une double enveloppe florale, selon son auteur, mais dont les caractères, mal exprimés peut-être, ne sont pas en harmonie avec ceux d'aucune famille connue jusqu'à ce jour. Voici en quoi ils consistent : périanthe infundibuliforme , infère, velu , coloré, persistant, dont le limbe offre trois divisions ovales, courbes et étalées ; à l'intérieur de celles-ci, trois pétales ovales , dressés , égaux aux divisions du calice ; six étamines dont les filets sont subulés, plus longs que la corolle , et les anthères didymes et arrondies ; ovaire comprimé, ové , supère , surmonté d'un style subulé , infléchi, plus long que les étamines , et d'un stigmate un peu épais ; capsule presque ovée, à deux lobes , à deux loges monospermes ; semences comprimées, ovées , cornées et marquées de sillons rayonnés. Existe- t-il réellement dans ce genre une double enveloppe florale, ou bien la fleur du *Floscopa* est-elle analogue à celle du genre *Tradescantia* près duquel Loureiro l'a placé, c'est-à-dire formée d'un périgone dont les divisions intérieures sont tout-à-fait corolloïdes ? La capsule n'est-elle pas biloculaire seulement par suite de l'avortement d'une loge ? Et comment une capsule biloculaire serait-elle monosperme , à moins qu'une des loges ne fût vide par suite de l'oblitération de cette loge elle-même ? Telles sont les questions que fait naître la description précédente, et qui ne pourront être résolues que par l'inspection de la Plante même décrite par Loureiro. Une seule espèce compose le genre Floscope ; elle a pour patrie les montagnes de la Cochinchine , et elle a reçu le nom de *Fl. scandens.* C'est une Plante dont la tige est grimpante, inerme , très-longue ; les feuilles lancéolées, alternes , très-entières , engaînantes , à plusieurs nervures, et ciliées à la base. Ses fleurs sont petites, d'un violet clair, disposées en épis fasciculés , qui ont la forme générale d'un balai (*scopa*) ; d'où le nom générique.

(G..N.)

FLOSCULEUSES. BOT. PHAN. Tournefort nommait ainsi l'une des trois grandes sections de la famille des Synanthérées, qui comprend tous les genres dont les capitules sont formés de fleurons. Mais ce groupe artificiel a ensuite été divisé, par les modernes, en plusieurs autres tribus naturelles. *V.* SYNANTHÉRÉES.

On dit également capitule Flosculeux , pour désigner celui qui se compose uniquement de fleurons. (A. R.)

FLOS FERRI. MIN. C'est une variété de l'Arragonite. *V.* ce mot.

* **FLOT.** INS. (Geoffroy.) Espèce de Noctuelle. (B.)

FLOT ou **FLUX** GÉOL. *V.* MER.

FLOUVE. *Anthoxanthum.* BOT. PHAN. Genre de la famille des Graminées , et de la Diandrie Digynie, qui offre pour caractères : des fleurs disposées en une panicule resserrée et spiciforme ; des épillets incomplets, triflores , ayant la lépicène formée de deux valves membraneuses plus longues que les fleurs ; les deux fleurettes latérales consistent simplement chacune en une paillette aristée , l'une à son sommet, l'autre vers son milieu. La fleur centrale est hermaphrodite ; sa glume se compose de deux paillettes beaucoup plus courtes que celle des fleurs neutres , obtuses , membraneuses et mutiques. L'ovaire est surmonté d'un style simple à sa base , et de deux stigmates plumeux et très-longs. Les étamines sont généralement au nombre de deux. Le fruit est sillonné et nu.

Ce genre se compose d'un petit nombre d'espèces, dont la plus commune est la FLOUVE ODORANTE, *Anthoxanthum odoratum* , L. , petite Graminée vivace qui croît dans les prés un peu secs, et dont le chaume haut d'environ un pied se termine par un épi rameux. C'est un excellent fourrage , qui, lorsqu'il est sec , répand une odeur extrêmement agréable.

Plusieurs espèces, d'abord rapportées à ce genre , en ont été successivement retirées. Telles sont : l'*Anthoxanthum crinitum* de Linné , qui fait partie du genre *Apera* ; l'*Anthox. giganteum* de Walter, réuni au genre

Erianthus; l'*Anthox. Indicum* de Burmann, qui est le *Perotis latifolia*, etc.
(A. R.)

FLOYERIE. *Floyeria* et non *Floyera.* BOT. PHAN. Quelques *Exacum* de la Guiane, décrits par Aublet, ont reçu ce nom générique de Necker (*Elementa Botan.* T. Ier, p. 388) qui lui assignait pour caractères principaux : une corolle staminifère, infundibuliforme, dont le tube est évasé au sommet, et le limbe à quatre divisions peu profondes; des étamines didynames; un stigmate à deux lamelles; et une capsule biloculaire polysperme.
(G..N.)

FLUATES. MIN. Nom donné aux Sels résultant de la combinaison de l'Acide fluorique avec les bases salifiables. La nature ne nous offre qu'un très-petit nombre de ces Sels; ce sont : la *Chaux fluatée*, l'*Alumine fluatée* et la *Silice fluatée alumineuse* (Topaze et Pycnite). Si l'on adopte la dénomination d'Hydrophtorique donnée à l'Acide fluorique, les Sels qui résultent de ces combinaisons devront être appelés Hydrophtorates. (DR..Z.)

FLUDER. OIS. (Gesner.) Syn. de l'Imbrim, L. *V.* PLONGEON. (DR..Z)

FLUGGEA. BOT. PHAN. Deux genres ont été établis sous ce nom : l'un par Willdenow (*Species Plant.*) en 1815; l'autre par le professeur Richard (*in Schrad. Journ.*) en 1807. On voit, d'après cela, qu'en suivant la loi de l'antériorité, le genre de Willdenow est le seul qui doive conserver de nom de *Fluggea.* Le genre du professeur Richard avait été établi pour le *Convallaria Japonica*, L., qui diffère du genre *Convallaria* par un ovaire infère et un stigmate profondément trilobé. (A. R.)

FLUGGEA. BOT. PHAN. Genre de la famille des Euphorbiacées établi par Willdenow. Ses fleurs dioïques ont un calice quinquéparti. On observe, dans les mâles, cinq étamines à filets saillans et à anthères extrorses, insérées sous un rudiment central de pistil qui se divise en deux portions bifides, et alternant avec cinq petites glandes; dans les femelles, un ovaire surmonté de deux ou trois stigmates presque sessiles, bifides au bipartis, et entouré à sa base d'un disque membraneux. Il est à deux ou trois loges, dont chacune renferme deux ovules, et devient une capsule quelquefois légèrement charnue à l'extérieur, dans chaque loge de laquelle une seule graine vient ordinairement à maturité.

On en a décrit une espèce, le *Fluggea Leucopyrus*, originaire de Coromandel. Mais les herbiers en contiennent en outre deux ou trois autres inédites de la même contrée. Ce sont de petits Arbrisseaux rameux, dont les branches alternes se terminent en épine. Les feuilles sont alternes, glabres et petites, et les fleurs disposées à leur aisselle en faisceaux qu'accompagnent de nombreuses bractées. (A. D. J.)

FLUIDA. BOT. PHAN. (Gaza.) Syn. de Sumac. *V.* ce mot. (B.)

FLUIDES. Dénomination générale par laquelle on distingue les substances liquides et gazeuses; on ajoute ordinairement, pour ces dernières, l'épithète d'élastiques à celle de fluides, épithète qui n'est plus rigoureusement caractéristique depuis que l'on démontre la compressibilité de l'eau. (DR..Z.)

FLUOR. MIN. Nom du radical de l'Acide fluorique, que l'on a remplacé ou proposé de remplacer par celui de Phtore. On appelait autrefois Alkali fluor, la solution aqueuse de l'Ammoniaque. (DR..Z.)

FLUORIQUE. MIN. *V.* ACIDE.

FLUOR-SPATHIQUE. MIN. Syn. de la Chaux fluatée. *V.* ce mot.
(DR..Z.)

FLUSTRE. *Flustra.* POLYP. Genre de l'ordre des Flustrées, dans la division des Polypiers flexibles ou non entièrement pierreux, à cellules non irritables et membrano-crétacées, offrant pour caractères : un Polypier encroûtant ou foliacé, composé de cellules tubulées, courtes, accolées les unes aux autres dans toute leur longueur ou creusées dans l'expansion qui les supporte, et séparées les unes des autres, quelquefois paraissant imbriquées. Ce genre a d'abord été établi par Pallas sous le nom d'*Eschara*, mais renfermant des Polypiers qui n'avaient aucun rapport entre eux, Linné le réforma, et lui donna le nom de *Flustra* que tous les auteurs ont adopté, à l'exception de Bruguière qui crut devoir conserver le nom d'Eschara proposé par Pallas.

Dans notre ouvrage sur les Polypiers flexibles, nous avons divisé les Flustres de Linné en plusieurs genres ; et comme la quantité des espèces connues augmente rapidement par les travaux et les recherches des naturalistes, nous ne doutons point que bientôt on ne soit forcé de faire des genres particuliers de chacune des sections de ce genre nombreux. Les Flustres diffèrent des Phéruses par la forme des cellules et la substance du Polypier ; des Elzérines, par la ramification, leurs rameaux étant dichotomes et cylindriques ; des Electres, par la forme des cellules verticillées ; et des Bérénices, par la situation rayonnante et la forme de la demeure des Polypes. D'après ces caractères, que l'on n'observe jamais dans les Flustres, les Zoophytes, appartenant dans ce moment à ce genre, doivent avoir une expansion plane ou frondescente, formée par la réunion des cellules, en général quinconciales plutôt que rayonnantes. Nous ne parlons point de la forme des cellules ni des autres caractères qu'elles possèdent ; quoique variant dans chaque espèce, quoique présentant les moyens de faire des sections dans ce groupe nombreux, il est toujours facile de les distinguer des genres que nous avons établis. Blainville pense que nous avons pris des œufs de Mollusques pour des Flustres ; possédant la plupart des objets cités dans notre collection, les autres ayant été décrits par des naturalistes dont personne n'a blâmé les descriptions, il

est facile de vérifier de quel côté l'erreur doit exister. (LAM..X.)

FLUSTRÉES. *Flustreæ.* POLYP. Ordre de Polypiers flexibles ou non entièrement pierreux, et dont les Polypes habitent des cellules non irritables et comme cornées. Les caractères de cette grande division sont : Polypiers membrano-calcaires, quelquefois encroûtans, souvent phytoïdes ; à cellules sériales plus ou moins anguleuses, accolées dans presque toute leur étendue, mais sans communication apparente entre elles, et disposées sur un ou deux plans. Dans notre premier ouvrage sur les Zoophytes, nous avions réuni les Celléporés aux Flustrées à cause de leurs *facies* qui semblent les rapprocher ; mais aussitôt que ces Polypiers ont été bien observés, nous avons reconnu la nécessité de les séparer et d'en faire deux groupes distincts. En effet le caractère essentiel des Celléporées est d'avoir les cellules isolées dans plus de la moitié de leur longueur au moins, et d'avoir une position perpendiculaire sur le plan qui les supporte ; dans les Flustrées, au contraire, les cellules ne dépassent que bien rarement la lame qu'elles forment par leur réunion ; quelquefois leur extrémité est un peu saillante, ou bien le corps de la cellule forme une légère protubérance sur l'expansion lamelleuse qui constitue le Polypier. Il est donc impossible de confondre les Celléporées avec les Flustrées. Ces dernières nommées Eschares par Pallas et Bruguière varient beaucoup dans leur forme. Les unes offrent l'aspect de simples membranes étendues sur des Fucus ; les autres s'élèvent en touffes et se divisent en feuilles planes, entières ou lobées, quelquefois en rameaux verticillés. Les cellules toujours contiguës, hexagones et polygones, ont leurs cloisons perpendiculaires au plan sur lequel elles sont établies ; la partie supérieure, ordinairement convexe ou hémisphérique, est formée d'une substance membraneuse, ou calcaréo-membraneuse , plus mince et plus transparente que les parois latérales , et qui s'affaisse ou qui disparaît par la dessiccation; souvent elle se détruit peu d'instans après la mort de l'Animalcule, ce qui porte à croire qu'elle adhère au corps du Polype; peut-être en fait-elle partie? Quelques auteurs l'ont regardée à tort comme un ovaire renfermant les germes de nouveaux individus.

Jussieu , Lœffling , Ellis , etc., ont décrit les Polypes constructeurs des Flustres : ils les comparent en général à des Hydres d'eau douce. Cette comparaison , d'après les observations que Spallanzani paraît avoir faites avec le plus grand soin , n'est pas exacte. Dans son Voyage des Deux-Siciles, il a décrit et figuré une nouvelle espèce de Flustre , sa croissance et l'Animal qui l'habite. Cet auteur célèbre aurait dû peut-être s'occuper davantage de l'organisation des Polypes dont il parle ; mais le peu qu'il en dit prouve que ces Animaux offrent des organes bien plus nombreux que les Hydres d'eau douce; ses observations nous ont donné la certitude que ces êtres microscopiques et peu connus sous le rapport de l'anatomie, avaient entre eux une très-grande différence. Müller a figuré plusieurs de ces Polypiers : il y en a qui nous paraissent de simples variétés les uns des autres, à en juger par quelques individus que nous possédons et qui réunissent les caractères de plusieurs espèces publiées dans la *Zoologia Danica* de cet auteur.

Les Polypes des Flustres n'ont pas une vie commune comme ceux des Sertulariées, et chacun de ces petits Animaux vit isolé dans sa cellule , tandis que ceux des Sertulariées sont tous attachés à une matière gélatineuse et sensible placée dans une tige fistuleuse. Lorsque l'Animalcule des Flustres a acquis toute sa croissance , il jette par l'ouverture qu'il habite un petit corps globuleux qui s'attache près de cette ouverture , augmente de volume , et

prend bientôt la forme d'une nouvelle cellule ; elle est encore fermée , mais à travers la membrane transparente de la surface , on aperçoit les mouvemens du Polype qui ne tarde pas à percer les parois de sa petite habitation ; jouissant alors de la vie dans toute sa plénitude , il en exerce les fonctions , et imprimant à l'eau un mouvement de rotation au moyen des douze tentacules qui entourent sa bouche, il entraîne dans le centre de ce petit tourbillon les molécules animées dont il fait sa nourriture. Ces caractères réunis à ceux que nous présentent le *facies*, la forme des cellules et des ovaires , et , autant que nous avons pu l'apercevoir, l'organisation des Polypes, nous portent à croire que ces Animaux sont beaucoup plus compliqués dans leur composition qu'on ne le pense généralement. A la vérité le sac alimentaire n'a qu'une seule ouverture, mais la variété des parties qu'offrent ces petits êtres est telle, qu'on y découvrira en les étudiant des organes destinés à diverses fonctions vitales subordonnées à l'organisation générale. Ces différences doivent influer sur la manière dont les Polypiers de ce groupe croissent et se développent. La plupart des Flustrées présentent un ovaire sphéroïde, toujours placé dans la partie supérieure de la cellule, le recouvrant souvent en partie ; leur ouverture ainsi que leur surface diffère en général de celle des cellules. La couleur des Flustrées est en général un fauve plus ou moins blanchâtre. Il y en a de rougeâtres et de grisâtres ; elles ne présentent jamais les brillantes nuances des Corallinées ou des Sertulariées.

Livrées à elles-mêmes et sans support, aucune des espèces que nous connaissons ne s'élève à deux décimètres, mais attachées sur les feuilles ou autour des rameaux des grandes Hydrophytes , elles les cachent sous une enveloppe crétacée qui s'étend quelquefois sur la Plante entière sans aucune interruption. Les Flustres habitent toutes les mers ; on les voit à toutes les profondeurs , sur les Plantes marines pélagiennes ainsi que sur celles qui couvrent les rivages dans les environs des terres polaires, de même que sous le soleil brûlant des tropiques. L'antique Océan en renfermait dans son sein , ainsi que des Cellépores , et l'on en découvre les empreintes ou les débris dans les terrains calcaires marins et partout où il y a des Coquilles fossiles.

Olassen et Polvesen , dans leur Voyage en Islande , disent que les habitans de cette île se servent pour chiquer d'une espèce d'Eschare en guise de Tabac, et qu'ils lui trouvent une amertume aromatique dont le goût est analogue à celui du Gingembre. Non-seulement il reste à savoir de quelle espèce ces auteurs ont voulu parler , mais encore si c'est bien une véritable Flustrée. Ces voyageurs ne se servent pas de ce mot, mais de celui d'Eschare que l'on a donné également à des Rétépores; et comme d'après ces naturalistes cette production marine est prise pour une Plante par les Islandais , et que les Flustrées ont plus de rapports avec les Végétaux que les Polypiers solides et pierreux, nous avons cru pouvoir parler , dans les généralités sur les Flustrées, de l'usage singulier auquel les habitans de cette île hyperboréenne emploient une espèce qui nous est inconnue, et qui sans doute le sera encore long-temps.

L'ordre des Flustrées se compose maintenant des genres Bérénice , Phéruse, Elzérine, Flustre et Electre. *V.* ces mots.   (LAM..X.)

FLUSTROIDE. INS. Espèce du genre Crisie. *V.* ce mot.   (B.)

FLUTE. POIS. L'un des noms vulgaires de la Murène ordinaire. (B.)

FLUTEAU ou PLANTAIN D'EAU. BOT. PHAN. *V.* ALISMA. (B.)

FLUTE DU SOLEIL. OIS. Syn. vulgaire au Paraguay du Héron Curahirunicubi. *V.* HÉRON. (DR..Z.)

FLUTEUR. OIS. Espèce du genre Cassican. *V.* ce mot. On a aussi donné ce nom à un Gros-Bec, à un Mérian et à une Alouette. *V.* ces mots.   (DR..Z.)

FLUTEUSE. OIS. Syn. vulgaire de l'Alouette Lulu. *V.* ce mot.   (DR..Z.)

FLUTEUSE. REPT. BATR. Espèce du genre Raine. *V.* ce mot. (B.)

FLUVIALES. BOT. PHAN. Syn. de Nayades. *V.* ce mot.

FLUVIALIS. BOT. PHAN. Micheli avait établi sous ce nom le genre que plus tard Linné nomma *Nayas*, et auquel Adanson a vainement tenté de restituer le nom imposé par Micheli. *V.* NAYADE.   (B.)

FLUVIATILES (PLANTES). BOT. On nomme ainsi les Plantes qui vivent dans l'eau courante des fleuves.   (A. R.)

FLUX. MIN. On donne ce nom aux matières que l'on projette dans les creusets ou dans les fourneaux, pour accélérer la fusion des minerais. Dans les essais métallurgiques , on emploie ordinairement deux sortes de Flux, le blanc et le noir. L'un et l'autre sont du sous-carbonate de Potasse, obtenu de la déflagration d'un mélange de Nitre et de Tartre, et que salit quelquefois une portion de charbon, ce qui forme alors le Flux noir.   (DR..Z.)

FLUX. GÉOL. *V.* MER.

FLYNDRE. POIS. Espèce du genre Pleuronecte. *V.* ce mot.   (B.)

FOCA. BOT. PHAN. Selon l'Ecluse, la Plante ainsi nommée par les Arabes serait le Schœnanthe. Selon quelques voyageurs le Foca serait un fruit exquis de Formose; peut-être une espèce de Melon.   (B.)

FOENE. *Fœnus.* **INS.** Genre de l'ordre des Hyménoptères, section des Térébrans, famille des Pupivores , section ou famille des Evaniales (Règn. Anim. de Cuv.), établi par Latreille qui lui assigne les caractères suivans : antennes filiformes ou insensiblement plus grosses vers le bout, plus courtes que le corps, droites , de treize articles dans les mâles , et de quatorze dans les femelles ; labre longitudinal et linéaire ; mandibules, du moins dans les femelles, armées de trois dentelures dont l'inférieure forte et crochue ; palpes filiformes, les maxillaires de deux articles et les labiaux de quatre ; languette presque en forme de cœur allongé, entière ou à peine échancrée ; tête presqu'ovoïde, portée sur une espèce de cou ; corselet comprimé ; ailes supérieures offrant une cellule radiale très-grande, un peu ondulée, et deux cellules cubitales aussi très-grandes dont la seconde va jusqu'au bout de l'aile, chacune d'elles recevant une nervure récurrente ; jambes postérieures en massue ; abdomen composé de sept anneaux, pédiculé, allongé, comprimé, terminé insensiblement en massue avec une tarière de trois soies.

Les Fœnes sont des Insectes remarquables par l'allongement de leur abdomen terminé en forme de massue. Ce caractère les distingue des Evanies et des Aulaques entre lesquelles ils doivent être placés. Cet abdomen est très-mobile, et l'Insecte le relève ordinairement lorsqu'il se pose sur les fleurs dont il pompe les sucs pour se nourrir. Il est muni d'une tarière saillante dont les femelles se servent pour déposer leurs œufs dans l'intérieur des habitations ou dans le corps des larves de certaines Abeilles solitaires et des Sphex. Les Fœnes sont donc carnassières et parasites à leur premier état. L'Insecte parfait est remarquable par l'habitude qu'il a de se tenir accroché à l'aide de ses mandibules, et presque perpendiculairement aux tiges de plusieurs Plantes, lorsque le temps vient à être mauvais et quand la nuit arrive. Les mandibules sont organisées tout exprès ; elles présentent à leur côte interne une dent crochue, construite sur un modèle particulier, et qui paraît bien avoir pour but de favoriser cette curieuse manœuvre. Latreille (Précis des caract. génér. des Ins., p. 113) avait désigné ce genre sous le nom de *Gasteruption* ; il a de-puis adopté celui de *Fœnus* employé par Fabricius. On doit considérer comme type du genre le *Fœnus jaculator*, Fabr., très-bien figuré par Jurine (Class. des Hyménopt., pl. 7). Il est le même que l'Ichneumon tout noir, à pates postérieures très-longues et grosses, de Geoffroy (Hist. des Ins. T. ii, p. 528). On le trouve très-communément en France et aux environs de Paris.

(AUD.)

FOENICULUM. BOT. PHAN. *V.* FENOUIL et ANETH.

FOENUGREC. *Fœnum-græcum.* BOT. PHAN. *V.* FENUGREC et TRIGONELLE.

* **FOETELA.** POIS. *V.* HOLOCENTRE.

FOETUS. ZOOL. *V.* GÉNÉRATION.

FOIE. ZOOL. La plus volumineuse de toutes les glandes dans les Animaux vertébrés et chez la plupart des Mollusques dont aucun n'en est dépourvu. L'on sait que le Foie est l'organe sécréteur de la bile. L'existence constante du Foie dans ces deux grandes classes d'Animaux, montre assez de quelle importance est la bile pour la digestion. Indépendamment des différentes configurations dont le Foie est susceptible, suivant les genres et même les espèces, il offre pour son volume relatif une corrélation constante avec les mâchoires et les dents. Plus les alimens sont broyés, divisés et imbibés de salive dans la bouche, plus le Foie est petit ; moins au contraire les alimens subissent cette préparation initiale, plus le Foie augmente de volume. C'est dans les Serpens, les Poissons et les Oiseaux, qui avalent leur nourriture tout entière sans la diviser, que le Foie est le plus volumineux, et les glandes qui lui servent d'annexes partagent aussi ses proportions. L'on voit donc que dans l'acte de la digestion les forces chimiques sont employées réciproquement aux forces mécaniques. *V.* GLANDES et MACHOIRES, pour l'exposition de cette combi-

naison inverse des actions digestives.
(A. D..NS.)

FOIE. MIN. Les anciens donnaient
le nom de Foie à diverses substances
minérales qui n'ont cependant nul
rapport avec le Foie des Animaux,
ou n'offrent que de grossières ressemblances avec cet organe. Ainsi
l'on a nommé :

FOIE D'ANTIMOINE , un composé
artificiel de protoxide et de sulfure
d'Antimoine.

FOIE D'Arsenic (Macquer), solution
concentrée d'Arsenite de Potasse.

FOIE DE SOUFRE, les divers Sulfures alcalins. (G..N.)

FOIE ou **LANGUE-DE-BOEUF.**
BOT. CRYPT. Syn. vulgaire de *Boletus
hepaticus* , L., qui est le type du
genre Fistuline. *V.* ce mot. (B.)

FOIN. BOT. PHAN. Ce nom désigne
proprement les Herbes des prés, fau-
chées , séchées et récoltées pour la
nourriture des Animaux domestiques
herbivores. On appelle quelquefois
l'*Hedysarum Onobrychis* et la Lu-
zerne , *Foin de Bourgogne* , et spécifiquement Foin les Graminées du genre
Aira. *V.* ce mot. Les ZOSTÈRES sont
aussi nommées FOIN DE MER sur certaines côtes. (B.)

FOIN-MARIN. POLYP. L'on a
donné ce nom , dans le Dictionnaire
des sciences naturelles , au *Fœnum
marinum* de Rumph, que Pallas et les
zoologistes modernes appellent *Antipathes fœniculacea* , à cause de quelques rapports avec les feuilles de
Fenouil. *V.* ANTIPATHE. (LAM..X.)

FOIRANDE ou **FOIROLLE.** BOT.
PHAN. L'un des noms vulgaires de
la Mercuriale annuelle. (B.)

FOLE. MAM. D'anciens voyageurs
parlent sous ce nom d'un grand Singe
anthropophage, dont les bras sont
velus. A travers l'exagération des
récits qui concernent cet Animal, on
peut reconnaître un Gibbon. (B.)

FOLIACÉ. BOT. PHAN. Qui offre
l'organisation des feuilles. Ce mot
s'emploie spécialement pour désigner

les cotylédons , quand ils sont minces,
membraneux, ce qui arrive généralement lorsque l'embryon est accompagné d'un endosperme. *V.* EM-
BRYON et COTYLÉDONS. On dit dans
le même sens que des stipules , des
spathes , etc., sont Foliacées (A. R.)

FOLIATION ou **FEUILLAISON.**
BOT. PHAN. Époque où les feuilles
sortent des bourgeons qui les contenaient , en écartant les écailles qui les
recouvrent. *V.* FEUILLE. (A. R.)

FOLIIFÈRE (BOURGEON). BOT.
C'est celui qui ne contient que des
feuilles ; dans les Arbres à fruit, on
le reconnaît à sa forme allongée et
pointue. *V.* BOURGEONS. (A. R.)

FOLIO. POIS. (Rondelet.) *V.*
PLEURONECTE.

FOLIOLE. BOT. PHAN. Chacune des
petites feuilles qui forment une feuille
composée. On peut les envisager sous
les mêmes rapports que les feuilles
elles-mêmes , c'est-à-dire quant à leur
position alterne ou opposée , quant à
leur figure, etc. *V.* FEUILLE. (A. R.)

FOLIOLÉE. BOT. PHAN. Feuille
composée de plusieurs folioles. Ainsi
celle du Trèfle est trifoliolée , celle du
Pavia est quinquéfoliolée ; celle de
l'Hippocastane est septemfoliolée , et
enfin celle du Lupin est multifolio-
lée. *V.* FEUILLE. (A. R.)

FOLLE AVOINE. BOT. PHAN. Syn.
d'*Avena fatua.* (B.)

FOLLE FEMELLE. BOT. PHAN.
L'un des synonymes vulgaires d'Orchis. (B.)

FOLLETTE. BOT. PHAN. Syn.
d'*Atriplex hortensis. V.* ARROCHE. (B.)

FOLLICULE. *Folliculus.* BOT.
PHAN. Espèce de fruit propre à la famille des Apocynées et des Asclépiadées, et qui offre un péricarpe sec,
s'ouvrant en une seule valve par une
suture longitudinale, et contenant
plusieurs graines attachées sur un trophosperme sutural , qui devient libre
par la déhiscence du péricarpe. Assez
généralement le Follicule est double,
c'est-à-dire qu'il en succède deux à

une seule fleur , dont néanmoins un avorte quelquefois.   (A. R.)

FOLLICULES DE SÉNÉ. BOT. PHAN. On désigne improprement sous ce nom les fruits des Sénés, qui ne sont pas des Follicules, mais de véritables gousses. On en distingue trois sortes dans le commerce, savoir : 1° les Follicules de la Palte , qui sont larges , planes , d'un vert sombre , non contournés. Ils proviennent du *Cassia acutifolia* de Delile. 2°. Les Follicules de Tripoli , qui sont petits, recourbés , d'un vert fauve , et qui sont produits par le *Cassia obovata* de Colladon. 3°. Les Follicules de Moka , les moins estimés de tous, sont noirâtres , étroits , tous contournés , présentant une petite crête saillante, correspondant à chaque graine. Ils proviennent probablement du *Cassia lanceolata* de Forskaël. *V.* notre BOTANIQUE MÉDICALE , 2, p. 575, et l'article SÉNÉ.   (A. R.)

* **FOLLICULINE.** *Folliculina.* INF. Genre fort naturel de la famille des Urcéolariées, formé par Lamarck (Anim. sans vert. T. II, p. 29) qui sentit combien d'Animaux inhérens Müller avait réuni sous le nom de Vorticelles ; il lui attribue pour caractères : un corps renfermé dans un fourreau transparent qui ne se fixe point sur les corps étrangers , et dont la partie antérieure est munie d'organes rotatoires. Malgré la précision de ces caractères , l'illustre professeur plaça parmi ses Folliculines le *Vorticella vaginata* qui convient aux Vaspinicoles du même savant et que nous renverrons dans ce genre. La seule espèce bien constatée du genre dont il est question est le *Folliculina Ampulla*, Lamk. , *loc. cit.*, *Vorticella Ampulla*, Müll., *Inf.* T. XL , f. 4-7 ; Encycl. Inf., pl. 21 , f. 5-8. Cet Animal habite l'eau de mer parmi les Ulves et les Fucus; il est composé d'une capsule ovale, terminée extérieurement comme est le cou d'une bouteille, parfaitement transparente , et contenant un corps très-contractile qui, dans l'état de retrait, occupe comme une tache le fond de l'enveloppe. Quand il s'étend , il y paraît ovale , allongé , à peine retenu par la partie postérieure amincie , et sa tête sortant en dehors se dilate largement en deux lobes bordés de cils qui forment des organes rotatoires complets.   (B.)

FOL-OISEAU. OIS. (Salerne.) Syn. vulgaire du Hobereau. *V.* FAUCON.   (DR..Z.)

FONDANS. MIN. Nom donné aux substances qui , dans la métallurgie , facilitent la fusion des minerais. *V.* FLUX.   (DR..Z.)

FONDULE. POIS. *V.* FUNDULE.

FONET. MOLL. (Adanson , Sénég. p. 212 , pl. 15.) Syn. de *Mytilus ungulatus*, L.   (B.)

FONGES. BOT. CRYPT. Paulet a établi sous ce nom, qui n'est qu'une corruption du mot *Fungus* , une famille qui renferme la Fonge cave et la Fonge orangée.   (B.)

FONGIE. *Fungia.* POLYP. Genre de l'ordre des Caryophyllaires , dans la division des Polypiers entièrement pierreux et non flexibles, à étoiles lamelleuses, ou à sillons ondés, garnis de lames. Polypier pierreux, simple, orbiculaire ou oblong, convexe et lamelleux en dessus, avec un enfoncement oblong au centre, concave et raboteux en dessous; une seule étoile lamelleuse, très-rarement prolifère, occupe la surface supérieure ; ses lames sont dentées ou hérissées latéralement. Le genre Fongie a été établi par Lamarck, aux dépens des Madrépores de Linné; les Polypiers de ce groupe ne diffèrent des Cyclolites que par leur surface inférieure concave et raboteuse; on ne peut les confondre avec les Turbinolies, dont la forme est toujours conique. Ces trois genres sont regardés comme des Polypiers libres par Lamarck. Nous ne croyons pas devoir adopter cette opinion; nous possédons des Turbinolies fixées à des corps solides; les autres sont enveloppées par l'Animal qui adhère par la partie inférieure de son corps ; il doit en être de même des Cyclolites ainsi que des Fongies. Ces Polypiers ont été formés par un seul Animal, puisqu'il n'y a qu'une seule étoile ; et si quelquefois il y en a deux, c'est un fait isolé qui ne sert à établir ni une espèce ni une variété. Les parties molles du Polype des Fongies enveloppent en entier la masse du Polypier, et adhèrent au rocher par leur partie inférieure ; ces êtres sont à ceux de la même classe, ce que sont les Mollusques à coquilles internes, aux Mollusques à coquilles externes. Le Polype des Fongies, au lieu de recouvrir la base du Polypier, l'environne et se fixe lui-même à la roche ; ainsi, les Fongies, les Cyclolites et les Turbinolies, sont des Polypiers fixés ou adhérens comme tous les autres Zoophytes de cette classe. Les Fongies sont assez communes dans les collections ; leur grandeur n'est jamais très-considérable ; on les trouve dans les mers équatoriales et tempérées des deux mondes ; il en existe même de fossiles, mais en petite quantité.   (LAM..X.)

FONGIPORES. POLYP. Beaucoup de Madrépores portent ce nom dans les anciens auteurs ; ils distinguent les Fongipores vivans de ceux qui sont fossiles ; les espèces peuvent se rapporter aux Alcyonaires plutôt qu'aux Fongies et aux Cyclolites de Lamarck. *V.* ALCYONAIRES.

(LAM..X.)

FONGITE ou **FUNGITE.** POLYP. Guettard, dans ses Mémoires, a donné ce nom à des Polypiers madréporiques fossiles des genres *Fungia*, *Cyclolites* et *Caryophyllea* de Lamarck. *V.* ces mots.   (LAM..X.)

FONGIVORES. INS. Duméril a donné ce nom et celui de Mycétobies (*V.* ce mot) à une famille de Coléoptères-Hétéromères, dont les espèces font leur principale nourriture de Champignons, tels que les Diapères, Bolétophages, Tétratomes, etc. (G.)

FONGOIDES. BOT. CRYPT. Comme

qui dirait *Faux Champignons.* Ce mot vicieux, employé par quelques botanistes pour désigner la vaste classe des Champignons, a été choisi par Paulet pour désigner l'une des familles établies sur des caractères si vagues et tellement arbitraires, qu'on n'en saurait adopter une seule. Il a décrit des Fongoïdes disques, en lentilles, en pomme, en tête de mort, lesquelles sont indifféremment des Pezizes ou des Helvelles.   (B.)

FONGOLITES A QUILLES, ET **FONGOLITES DURES.** BOT.CRYPT. Noms baroques donnés par Paulet aux Trichies, Stemonites et Hypoxylons. *V.* ces mots.   (B.)

FONNA. BOT. PHAN. (Adanson.) Syn. de Phlox.   (B.)

FONOS. BOT. PHAN. (Théophraste.) Syn. de *Carthamus lanatus*, L. (B.)

FONTAINE. GÉOL. *V.* SOURCES.

FONTAINE DE MER. ZOOPH. La manière dont l'Actinie rouge et quelques autres, vulgairement nommées Anémones de mer, lancent l'eau qu'elles renferment dans leur cavité intérieure, lorsqu'on les presse, leur a fait donner le nom de Fontaine de mer par les marins et par quelques voyageurs.   (LAM..X.)

FONTAINE DES OISEAUX. BOT. PHAN. On a quelquefois donné ce nom au *Sylphium perfoliatum* et aux Cardères. *V.* ABREUVOIR.   (B.)

FONTANESIA. BOT. PHAN. Labillardière a dédié au professeur Desfontaines ce genre établi d'après un Arbrisseau originaire de Syrie, mais qui maintenant est communément cultivé en pleine terre dans nos jardins. Il appartient à la famille des Jasminées et présente les caractères suivans : calice quadriparti ; corolle à quatre divisions très-profondes, ou, suivant Labillardière, composée de deux pétales bipartis ; deux étamines opposées à ces pétales, et dont les filets saillans s'insèrent à leur base, et portent des anthères ovoïdes d'un volume très-gros, relativement à celui de la fleur; style simple; stigmate bifide; capsule orbiculaire , comprimée , amincie en membrane sur son contour , à deux loges monospermes. Le *Fontanesia phillyræoides* est un Arbrisseau à rameaux opposés, ainsi que les feuilles qui ne perdent pas leur verdure, à fleurs disposées en grappes courtes et axillaires. Il a été figuré par Turpin dans l'Atlas du Dict. des Sc. nat. et dans les Illustr. de Lamarck , t. 22. On n'en connaît pas jusqu'à présent d'autre espèce, à moins qu'on ne doive regarder avec Sprengel, comme congénère, le *Tetrapilus* de Loureiro.   (A. D. J.)

FONTE. MIN. C'est ainsi que l'on appelle le produit brut de la fusion des Minerais, avant qu'il ne soit soumis à l'affinage. On donne plus particulièrement ce nom au produit de la fusion du Fer, qui est une combinaison de ce Métal avec des quantités variables de Carbone. On fabrique avec la Fonte divers ustensiles ; on la coule en gueuses que l'on épure et réduit en Fer malléable au moyen de la forge. *V.* FER.   (DR..Z.)

FONTINALE. *Fontinalis.* BOT. CRYPT. (*Mousses.*) Genre établi par Dillen et Linné, dans lequel ces naturalistes placèrent des Plantes hétérogènes. Il a été réformé et ainsi caractérisé par Hedwig : capsule oblongue, latérale, presque sessile, recouverte presque totalement par le perichœtium : péristome double; l'extérieur à seize dents réfléchies; l'intérieur conique et en réseau. Les Fontinales sont monoïques ou dioïques, suivant Hedwig qui regarde les gemmules axillaires comme des fleurs mâles. Les espèces dont ce genre est composé sont peu nombreuses; elles habitent, ainsi que leur nom l'indique , les eaux de fontaines et les ruisseaux. Lorsqu'elles se trouvent dans des eaux courantes , leurs tiges prennent un allongement fort considérable ; mais alors on les trouve rarement en fruit, et leur multiplicité ne paraît dépendre que de la facilité avec laquelle

elles se reproduisent par boutons. Les rivières de toute l'Europe sont remplies en certains lieux de la FONTINALE INCOMBUSTIBLE , *Fontinalis antipyretica*, L. et Dillen , *Musc.*, t. 33, f. 1. Les longues tiges de cette Mousse portent des feuilles lâchement imbriquées, ovales, lancéolées, très-pointues et carénées ; les urnes sont latérales, presque sessiles et cylindriques, enveloppées à leur base de folioles peu allongées. Au moment de la fructification, la Fontinale élève ses tiges hors de l'eau et les enfonce à l'époque de la maturité. Les Lapons se servent de cette Plante pour préserver du feu leurs cheminées ; et, à cet effet, ils l'entassent entre les cheminées et une paroi. Le nom d'incombustible que lui a donné Linné , n'a pas d'autre origine, nom impropre, puisqu'il n'est pas fondé sur la nature des choses. Cette Plante brûle avec autant de facilité qu'aucune autre Mousse ; mais elle empêche la communication du feu par l'humidité qu'elle retient.

Outre cette espèce, quatre autres , indigènes du nord de l'Europe et de l'Amérique , ont été décrites par Linné, Hedwig, Smith et Palisot-Beauvois. Ce sont les *Fontinalis squammosa* , L., *F. falcata*, Hedw., *F. capillacea*, Sm., et *F. subulata*, Palisot-Beauvois. La Mousse que Bachelot-Lapilaye a figurée (Journal de botanique, 1814, p. 158, tab. 3) sous le nom de *Skitophyllum fontanum*, n'ayant pas encore été trouvée en fructification et offrant tout le port des Fontinales, doit rester parmi celles-ci, ainsi que Savi l'avait proposé (*Font. Juliana*). Le *Font. minor* de Dillen et Linné doit être rapporté au *Trichostomum fontinaloides*, Hedw.; mais la Plante que Villars, dans sa Flore du Dauphiné, a nommée *F. minor*, est un double emploi du *F. squammosa*, L.   (G..N.)

FONTON. OIS. Syn. vulgaire en Afrique du Coucou indicateur. *V.* COUCOU.   (DR..Z.)

FORBESINE. BOT. PHAN. Syn. de

Bidens tripartita, L. *V*. BIDENT. (B.)

FORBICINE. INS. *V*. LÉPISME.

FORESTIERA. BOT. PHAN. Poiret a nommé ainsi le genre auquel le professeur Richard (*in Michx. Fl. bor. Am.*) a donné le nom d'*Adelia*, et que plus tard Willdenow a appelé *Borya*. Cependant ce genre est le seul qui devrait porter le nom d'*Adelia*. En effet, ce nom a été employé pour la première fois par Patrik Browne dans son Histoire de la Jamaïque. Linné l'a ensuite donné à un autre genre tout-à-fait différent, et qui vient se placer dans la famille des Euphorbiacées (*V*. ADÉLIE), tandis que le premier appartient aux Jasminées. Le professeur Richard a donc cru devoir rétablir le genre *Adelia* de Brown ; voici ses caractères : les fleurs sont très-petites et dioïques, rassemblées plusieurs ensemble à l'aisselle des feuilles, où elles forment des capitules ou des espèces d'épis, accompagnés d'un grand nombre de bractées uniflores. Dans les fleurs mâles, le calice est très-petit, à quatre divisions très-profondes ; les étamines au nombre de deux à trois ; il n'y a pas de corolle ; les fleurs femelles sont pédicellées, opposées, et partent de l'aisselle d'une écaille qui leur tient lieu de calice ; à la base de l'ovaire, on remarque deux ou trois petites écailles subulées, linéaires, que l'on peut considérer comme les folioles du calice ou les rudimens des étamines ; l'ovaire est à deux loges renfermant chacune deux ovules suspendus ; le style est allongé, terminé par un stigmate renflé et globuleux ; le fruit est une petite drupe allongée, contenant généralement un seul noyau, par suite de l'avortement presque constant de trois des ovules. Ce noyau est allongé, profondément strié ; l'embryon est droit, renversé comme la graine, et placé au milieu d'un endosperme charnu.

Ce genre, qui appartient à la famille des Jasminées, se compose de quatre à cinq espèces, qui sont des Arbustes à feuilles opposées, quelquefois épineux, qui croissent tous dans l'Amérique septentrionale ou les Antilles. Michaux en a figuré une espèce sous le nom d'*Adelia acuminata* (*loc. cit.* 2, p. 225, t. 48).   (A. R.)

FORESTIERS. OIS. Nom imposé par Azzara à une petite famille voisine des Gros-Becs, et dont les membres ne sont connus que par les descriptions qu'en donne Azzara dans l'Ornithologie du Paraguay, que ce naturaliste-voyageur a jointe à la relation de ses voyages.   (DR..Z.)

FORET. MOLL. Nom vulgaire et marchand du *Murex strigillatum*. (B.)

FORÊT. *Sylva*. C'est ainsi qu'on désigne une étendue plus ou moins vaste de terrain entièrement couvert d'Arbres ou d'Arbrisseaux. La nature a pris seule le soin de planter le plus grand nombre des Forêts ; elle les a formées de Végétaux propres à chaque sol et à chaque climat ; elle y a fait naître une foule d'Animaux qui y vivent comme dans leur élément nécessaire ; c'est un puissant moyen dont elle se sert pour entretenir cet admirable équilibre en vertu duquel les élémens de la matière se distribuent dans les corps organisés ; enfin c'est par la naissance des Forêts que des régions stériles ont été transformées en contrées riantes et productives. Tant d'avantages n'ont pas toujours été bien appréciés par les Hommes ; d'immenses Forêts ont succombé sous la hache ou ont été détruites par le feu, et il ne reste de leurs masses jadis si imposantes que de faibles portions qui attestent imparfaitement la vérité des documens historiques ; c'est même un point litigieux que la détermination de l'espace qu'elles couvraient, et si nous voulions en citer ici un exemple, nous demanderions quelles étaient du temps des Romains les limites de la fameuse Forêt Hercynienne ? Cependant à mesure que les diverses branches de l'économie publique s'éclairaient par les progrès des connaissances physiques, l'attention des gouvernemens se porta sur l'utilité des Forêts ; et après avoir reconnu leur indispensable nécessité, on fit les plus grands efforts pour réparer les torts que l'égoïsme des individus, l'ignorance et même le fanatisme de certaines sectes religieuses avaient causés à la société. Si nous attribuons au fanatisme religieux une grande part dans la dévastation des Forêts, ce n'est pas de notre part une accusation vague et hasardée, car il est avéré, par exemple, que les Forêts étaient des objets de culte et de vénération pour les Gaulois nos ancêtres, et que leurs Druides, sachant avec habileté faire tourner au profit du bien commun les idées mystiques d'un peuple simple et crédule, avaient particulièrement consacré certains Arbres. Lors de l'introduction du christianisme dans les Gaules, les adeptes, transportés d'une sainte rage contre tout ce qu'avaient respecté leurs aïeux, et sans s'apercevoir du mal qui en résultait, soit pour eux, soit pour leurs générations, détruisirent par le fer et la flamme ces énormes Chênes dont l'antiquité égalait celle de la superficie du sol qui les avait vus naître.

Lorsque les anciennes Forêts ne suffirent plus aux besoins d'une société de plus en plus nombreuse, il fallut bien recréer ce qu'on avait détruit. On planta de nouveaux bois ; on y introduisit des Arbres étrangers à la contrée, mais mieux appropriés au sol, et c'est dans ces nouvelles plantations que l'art fut véritablement le rival heureux de la nature. Les gouvernemens, en se déclarant protecteurs des Forêts, créèrent des administrations chargées de leur conservation, et dès-lors leur exploitation fut assujettie à des lois fixes qui rassurèrent sur la crainte de les voir anéanties. On distingua les bois en *taillis*, en *bois de jeune futaie* et en *bois de haute futaie*. Les premiers sont ceux dont l'époque de la dernière coupe a moins de vingt-cinq ans de date; les seconds sont ceux dont les individus ont atteint la moitié ou les deux tiers de leur grandeur;

enfin, dans les bois de haute futaie, les Arbres ont acquis les plus grandes proportions.

Ce n'est pas ici le lieu d'examiner les Forêts sous le point de vue de leur conservation ; nous ne devons pas nous étendre davantage sur les causes actuellement agissantes de leur diminution et sur les moyens d'y remédier ; les ouvrages généraux d'agriculture et d'économie publique renferment une foule de données sur ces importantes questions, et c'est là qu'il faut aller les puiser. Nous nous bornerons donc à décrire d'une manière succincte les Forêts telles que la nature les a créées dans chaque grande région du globe : nous parlerons ensuite des effets physiques qu'elles exercent sur le sol, ainsi que sur les productions naturelles dont elles favorisent le développement.

Peu de Forêts en Europe ont conservé leur pureté originelle. On leur a fait subir de nombreuses coupes, ou y a introduit des Arbres exotiques qui en ont changé presque entièrement la physionomie ; ainsi, dans telle région sablonneuse, le Pin maritime, élancé et vigoureux, a remplacé le Hêtre et le Chêne dont l'existence y était très-chétive. Il n'y a guère que les pays dont l'accès est très-difficile, comme, par exemple, les flancs des hautes chaînes des Alpes, des Pyrénées, etc., où les bois se montrent dans leur état naturel.

Les Forêts de l'Amérique septentrionale, plus récemment atteintes par la civilisation, sont encore très-vastes et très-nombreuses. Néanmoins on se plaint déjà aux Etats-Unis de les voir s'éloigner trop rapidement des environs des grandes villes, où les habitans leur substituent une culture dont le produit se fait moins long-temps attendre. Les Pins, les Sapins et les Chênes, sans compter les Arbres de genres particuliers appartenant à cette contrée du globe (*Magnolia, Rhododendron, Azalea,* etc.), forment la partie essentielle de leur végétation. Michaux fils a publié un ouvrage sur un grand nombre des espèces utiles , indigènes de l'Amérique septentrionale , qu'on pourrait acclimater et multiplier en Europe. Il n'est certainement pas de culture dont on puisse d'avance garantir un succès plus certain. Le climat des États-Unis est tellement approprié à celui de l'Europe méridionale , que la plupart des Arbustes qui croissent naturellement dans cette partie du Nouveau-Monde , peuvent végéter en pleine terre dans nos provinces du Midi. Ainsi le *Magnolia grandiflora* est très-vigoureux sous le climat de nos départemens méridionaux , et n'a pour limites qu'une parallèle qui s'étendrait depuis Nantes jusqu'au nord de Genève; ainsi le *Laurus Sassafras* végète sans soin à une latitude beaucoup plus élevée, car dans la coupe d'une forêt près de Corbeil (Seine-et-Oise) on a trouvé dernièrement un tronc parfaitement sain de cet Arbre, dont le nombre des couches ligneuses attestait au moins quarante années d'existence , et qui avait vécu fraternellement au milieu de nos Chênes et de nos Hêtres. Mais on retirerait de plus grands avantages en plantant dans les forêts de l'Europe les espèces de Chênes et de Pins si variées du nord de l'Amérique, tant à cause de la facilité avec laquelle ces Arbres qui appartiennent à des genres européens se multiplieraient , qu'en raison des excellens bois de construction qu'ils fourniraient pour la marine.

Mais c'est dans les Forêts des grandes régions équinoxiales que la nature étale ses richesses avec majesté et profusion; c'est là que la main des Hommes n'a pas encore altéré ses belles productions en voulant les améliorer ou en faire son profit. Qu'elles sont intéressantes, combien elles charment notre imagination , ces peintures des Forêts vierges du Brésil et des autres parties de l'Amérique méridionale que d'illustres et savans voyageurs ont récemment parcourues ! Et si nous pouvons en juger par une seule gravure fidèlement exécutée, quelle différence entre nos bois taillés , alignés, entrecoupés de champs fertiles,

et ces épais fourrés où mille Végétaux appuient leur tiges sarmenteuses sur les troncs de ces Arbres énormes dont les cimes s'entrelacent et se confondent en masses indivisibles !

Rien n'est plus imparfaitement connu en botanique que l'histoire de ces grands Arbres, quoiqu'ils aient été vus et examinés attentivement par de très-habiles naturalistes. Les troncs de la majeure partie d'entre eux étant dénudés jusqu'à une certaine hauteur , leur fructification se trouve souvent hors de toute atteinte. En vain veut - on les abattre par la base , leurs sommités restent suspendues par l'entrelacement des sommités voisines ; et, nouveaux Tantales , les voyageurs voient fuir les fruits qu'ils dévorent des yeux.

Dans les mêmes climats où la nature se montre aussi exubérante, plusieurs causes concourent à son appauvrissement, et, de dégradation en dégradation , on finit par ne plus trouver que des Plantes herbacées entremêlées de sous-Arbrisseaux. Ces causes sont la hauteur du sol, sa nature, son exposition et le plus ou moins d'humidité qui règne à sa surface. Parmi les écrits des savans qui contiennent des renseignemens précis sur l'aspect de la végétation dans les climats situés entre les tropiques , nous signalerons l'Aperçu d'un voyage au Brésil par Aug. de Saint-Hilaire et le Voyage dans les quatre principales îles des mers d'Afrique par notre collaborateur Bory de Saint-Vinvent. Dans l'intérieur du Brésil , les Forêts vierges couvrent de vastes régions peu élevées au-dessus de l'Océan , et où par conséquent la végétation est singulièrement favorisée par un excès de chaleur et d'humidité; celles des environs de Rio-Janeiro s'étendent en largeur à plus de cinquante lieues. Lorsqu'on détruit ces Forêts par le feu, comme on l'a fait dans le pays qui s'étend de Villa-Ricca à Villa-do-Principe, il succède aux Végétaux gigantesques qui les composaient, un bois formé d'espèces entièrement différentes et beaucoup moins vigoureuses. En brûlant une seconde fois les nouveaux bois, du milieu de leurs cendres on voit s'élever une belle Fougère arborescente, puis les Arbres et les Arbrisseaux disparaissent pour faire place à une seule espèce de Graminée que les habitans nomment *Capim Gordura*. Les pays plus élevés que ceux des Forêts vierges sont couverts de bois nommés *Cattingas* par les indigènes, et formés d'épaisses broussailles au milieu desquelles s'élèvent, comme des baliveaux, des Arbres de moyenne grandeur. Ce qu'il y a de remarquable dans ces basses Forêts des pays chauds, c'est qu'elles perdent leurs feuilles à la fin de la saison des pluies, effet qui paraît uniquement dépendre de la sécheresse, puisque, près des rivières et des fontaines, les Arbres conservent leur verdure; de sorte que le voyageur a tout à la fois sous les yeux l'image riante du printemps et le triste aspect de l'hiver. En continuant de s'élever, on rencontre des espèces de Forêts naines composées d'Arbustes d'un à deux mètres et rapprochés les uns des autres, appartenant à des espèces très-variées et parmi lesquelles domine une *Mimosa* épineuse dont le feuillage délicat est de la plus grande élégance. Ces bois qui simulent nos taillis ont reçu le nom vulgaire de *Carascos*. Ceux que l'on rencontre sur les plateaux plus élevés, ne méritent pas d'être appelés Forêts, puisqu'ils ne sont composés que d'Arbrisseaux épars et rabougris.

Les descriptions des Forêts des îles de France et de Mascareigne offrent des points de ressemblance très-frappans avec ceux que nous venons de tracer d'après Auguste Saint-Hilaire. L'Itinéraire de Bory de Saint-Vincent à la plaine des Chicots est un morceau rempli de documens fort intéressans pour les personnes qui s'occupent de géographie botanique. De même qu'en Amérique, les Forêts des lieux bas se composent de grands Arbres réunis par leurs cimes, mais ils forment un ombrage qui ne favorise que le développement d'un petit nombre

de Plantes modestes, de Mousses en gazon et de beaucoup de fongosités. Sur les flancs des montagnes et dans des zônes limitées, ces Forêts offrent un aspect tout particulier, à cause du grand nombre de Palmistes (*Areca*) qui portent leurs têtes à près de cinquante mètres dans les airs. Ils dominent alors considérablement la masse des autres Arbres, se balancent au gré des vents, et cependant résistent aux fougueux ouragans qui brisent et déracinent des Végétaux dont le diamètre et la moindre élévation semblent promettre une plus grande solidité. En montant, pour ainsi dire, d'étage en étage, on voit les Arbres diminuer de hauteur; une couche mince de terre végétale ne permet pas à leurs racines de s'étendre; celles-ci semblent s'entremêler avec les branches qui naissent dès la base du tronc et s'étalent à la surface de la terre. L'Arbre le plus grand de ces localités élevées est une *Mimosa* dont les pétioles communs s'aplatissent et dégénèrent en feuilles par l'avortement des folioles.

Par le simple aperçu que nous venons de donner sur les diverses agglomérations d'Arbres dans la zône équinoxiale, il est facile de se faire une idée de ce qu'ils peuvent être dans des climats analogues, sur les vastes continens de l'Asie et de l'Afrique. Des détails plus étendus sur ce sujet offriraient sans doute de la variété, mais nous entraîneraient au-delà des bornes que nous nous sommes prescrites.

Il y a lieu de croire que les Forêts exercent une influence marquée sur la température moyenne des régions qu'elles abritent. Les pays déboisés réfléchissent d'autant plus la chaleur émanée du soleil, qu'ils sont plus nus et plus secs. On a cherché en ces derniers temps à évaluer l'augmentation de température produite, dans un grand nombre de départemens de la France, par la coupe et le défrichement des bois vendus pendant la révolution, mais les documens transmis ont été insuffisans pour que cette évaluation fût rigoureuse. L'humidité que les grands bois entretiennent à la surface du sol est très-considérable. Elle est fournie par l'excessive transpiration des feuilles, par les pluies de dégroupemens qui fondent de préférence sur les Forêts dans le cours de l'été et par une moindre évaporation. De même que les montagnes, les Forêts semblent attirer les nuages qui s'amoncèlent sur leurs têtes et se résolvent en pluies fréquentes. Aussi les champs limitrophes des bois sont-ils en général plus humides et plus arrosés que ceux dont l'horizon n'est masqué par aucun obstacle, mais cet avantage est souvent compensé par les grêles destructives auxquelles leurs récoltes sont plus exposées.

Plusieurs phénomènes physiologiques, tels que l'émission du Gaz oxigène, l'absorption du Carbone pendant le jour, et *vice versâ* l'absorption d'une certaine quantité d'Oxigène et l'émission de l'Acide carbonique pendant la nuit par les parties vertes des Végétaux, doivent faire jouer aux Forêts un rôle immense dans l'économie de la nature. Ces substances gazeuses élémentaires si nécessaires aux êtres organisés qui se les approprient d'une manière presque toujours inverse les uns à l'égard des autres, sont continuellement versées dans l'atmosphère par les Arbres des Forêts. Diffusibles à l'excès, bientôt elles se répandent uniformément sur toute la surface du globe, de sorte qu'en tous lieux les proportions de l'air ne varient aucunement.

Le terroir d'un pays est considérablement modifié par la naissance des Arbres. En effet, le *detritus* de ceux-ci, les excrémens et les dépouilles des myriades d'Animaux qui y traînent et finissent leur existence, doivent beaucoup augmenter la couche superficielle de terre végétale. Certains Arbres se plaisent dans le sol aride et sablonneux; leurs racines donnent de la consistance au terrain, y favorisent la naissance de Plantes herbacées, et, avec le temps, conver-

tissent cette terre ingrate en des lieux ombragés et d'un rapport considérable. Ainsi, dans les landes de Gascogne, en Bretagne, à Fontainebleau, etc., plusieurs espèces de Conifères végètent à merveille, et enrichissent de leurs produits un pays naguère excessivement aride.

Les Forêts sont la retraite d'une foule d'Animaux de toutes les classes, qui y trouvent réunies les deux principales conditions nécessaires de l'existence, c'est-à-dire la nourriture et l'abri. Sans l'accès difficile, sans l'obscurité et la profondeur des Forêts, que deviendraient les espèces de Mammifères, d'Oiseaux et de Reptiles auxquels l'Homme fait une guerre continuelle? La nature semble donc en avoir fait des immenses réservoirs pour empêcher que les espèces ne finissent par être totalement anéanties. Indépendamment des Arbres qui constituent les Forêts, une foule de Végétaux en font leur demeure exclusive; de-là les noms spécifiques et bien caractéristiques de *sylvestris*, *sylvaticus*, *nemorosus*, etc., imposés à un grand nombre d'entre eux. Ces Végétaux se distinguent de leurs congénères par les grandes dimensions de leurs tiges, tandis que dans les Plantes exposées à une lumière intense, comme celles des hautes montagnes, les tiges sont, en général, très-courtes; mais celles-ci, en revanche, sont ornées de fleurs également remarquables par leur grandeur et par l'éclat de leurs couleurs.

Souvent les Forêts offrent ceci d'intéressant au naturaliste, c'est qu'elles forment des collections d'Arbres ou de la même espèce, ou de plusieurs espèces du même genre, ou au moins de la même famille. Leurs limites circonscrivent ainsi l'habitation de ces grands Végétaux, en sorte qu'il est aisé de fixer les positions géographiques de ceux-ci d'après celle des grandes Forêts. Composées de Plantes sociales, pour nous servir de l'heureuse expression du baron de Humboldt, ces Forêts impriment à l'aspect de chaque contrée un cachet particulier : il suffit, par exemple, de parler des Forêts d'Arbres verts, de Conifères, pour faire souvenir des régions hyperboréennes ou des hautes chaînes de montagnes ; de même les Forêts de Châtaigniers, de Chênes, de Liéges, d'Orangers, d'Oliviers, d'*Araucaria*, de *Cinchona*, de *Casuarina*, de *Protea*, d'Ambavilles, etc. , nous rappellent les diverses contrées de l'Europe méridionale, de l'Amérique, de la Nouvelle-Hollande, des îles de France et de Bourbon, etc. Dans la plupart de ces bois, aucune autre végétation arborescente n'en trouble l'extraordinaire uniformité ; les Plantes herbacées qu'elles protègent présentent seules assez de variétés dans leurs formes, et reposent l'œil du voyageur fatigué par la monotonie des grands Arbres.   (G..N.)

FORFICULE. *Forficula.* INS. Genre de l'ordre des Orthoptères, famille des Coureurs, établi par Linné, et dont les caractères sont : trois articles aux tarses ; ailes plissées en éventail, et se repliant en travers sous des étuis crustacés, très-courts, à suture droite ; corps linéaire avec deux grandes pièces écailleuses mobiles, qui forment une pince à son extrémité ; tête découverte ; antennes filiformes, insérées au-devant des yeux, et composées de douze à treize articles suivant les espèces ; mandibules bidentées à leur extrémité ; galète grêle, allongée et presque cylindrique ; languette fourchue.

Ces Insectes ont le corps allongé, étroit, déprimé et de la même largeur dans toute sa longueur ; leur tête a une forme triangulaire, et la bouche est composée d'une lèvre supérieure, grande, coriace, saillante et presque semi-circulaire, de deux mandibules cornées, fendues à la pointe, de deux mâchoires terminées par une pièce cornée, arquée, pointue, entière ou simplement bifide, et surmontée d'une galète et d'un palpe de cinq articles, d'une languette divisée en deux lanières avec deux palpes de trois articles, et d'un menton coriace, presque carré, un peu rétré-

ci et tronqué à sa partie supérieure : leur corselet est en forme de plaque et presque carré. Les élytres sont très-courtes, presque carrées et placées horizontalement. Ils n'ont point d'écusson apparent. Le bout des ailes dépasse les élytres dans le repos, et la partie qui reste à découvert est légèrement coriace. Leur abdomen est fort long, il est terminé par deux crochets écailleux, recourbés en dedans, et formant une pince qui diffère un peu suivant les sexes. Les pates sont assez grêles, courtes et sans épines. Leurs tarses n'ont point de pelote entre les crochets.

Plusieurs auteurs ont rangé ces Insectes avec les Coléoptères ; mais l'organisation de leur bouche, et plus encore que cette différence, leurs métamorphoses les en séparent et permettent d'en former un groupe intermédiaire entre les Coléoptères et les Orthoptères.

Les Forficules mâles n'ont rien de différent des femelles, seulement les branches de la pince de ces dernières sont assez souvent moins grandes, moins larges à leur origine et moins arquées. On trouve les Forficules dans la terre et les lieux humides, sous les pierres, au bord de la mer, sous les amas de Fucus que les vagues déposent, et sous l'écorce des vieux Arbres à demi pourris où ils se rassemblent en grandes sociétés. Ils se nourrissent de différentes matières, soit animales, soit végétales, et font souvent beaucoup de dégâts dans les jardins en dévorant les fruits.

Frisch et Degéer ont fait des observations fort curieuses sur l'accouplement et les mœurs de ces Insectes. Degéer, ayant vu leur accouplement, rapporte que le mâle s'approche à reculons de la femelle, dont il tâte le ventre avec sa pince pour rencontrer l'endroit par où il doit s'unir à elle, et appliquant alors l'extrémité de son ventre contre le dessous du corps, l'accouplement s'opère, et les deux Insectes restent tranquillement dans cette position. Frisch a observé que la femelle veillait avec beaucoup de soin

à la garde de ses œufs. Degéer, ayant
trouvé au commencement d'avril une
femelle placée sur ses œufs, la prit et
la plaça dans un poudrier dans lequel
il y avait de la terre fraîche. Les œufs,
qui y avaient été dispersés, furent
bientôt rassemblés par la mère qui les
portait avec ses mandibules; elle se
plaça sur eux, comme une Poule qui
couve, et y resta constamment. Vers
le milieu de mai, les petits sortirent
de ces œufs, qui sont assez gros, lisses et blancs; ils paraissaient très-
grands relativement au volume de
l'œuf; leur corps était très-enflé, et
le mouvement du vaisseau dorsal se
voyait parfaitement à travers la peau.
Ces larves n'ont ni élytres ni ailes,
de même que tous les autres Orthoptères. Leur corps est formé de treize
anneaux; les trois premiers portent
chacun une paire de pates, et à l'extrémité du dernier on voit les deux
pièces de la pince qui sont coniques,
et même un peu divergentes. Les antennes sont composées de huit articles;
les pates et les palpes sont renflés.
Degéer garda les petits avec leur mère, et les nourrit pendant quelque
temps avec des morceaux de pommes.
Il remarqua que les larves avaient
mué plusieurs fois, et que ces mues
avaient produit des changemens dans
les antennes qui avaient augmenté
d'un article; les trois premiers anneaux du corps étaient mieux séparés
des autres. Leur pince était plus longue, et les pointes se rapprochaient
comme dans l'état adulte. Ces larves
périrent peu à peu; la mère mourut
aussi, et il la trouva dépecée et à
demi mangée, ce qui n'avait pu être
fait que par ses petits; les larves que
l'on ne retrouvait plus, avaient sans
doute éprouvé le même sort, mais il
est à croire que le besoin seul avait
forcé ces Insectes à s'entre-manger,
car on ne les a jamais vus s'attaquer
dans l'état de liberté. Il ne resta qu'un
seul petit; vers la fin de juillet, il avait
beaucoup grandi et il se montra alors
en nymphe; les fourreaux des élytres
et des ailes étaient plats et collés sur le
dos; les deux pièces de la pince

avaient leur courbure ordinaire. Degéer a observé la tendresse de la mère
pour ses petits dans un autre cas, il
a trouvé au commencement de juin
une femelle ayant sous elle sa progéniture; les jeunes larves se tenaient
auprès d'elle sans la quitter, et se pla-
çaient souvent sous son ventre comme
les poussins le font avec la Poule.

Ce genre est fort nombreux en espèces, on en rencontre dans toutes les
parties du monde. Nous citerons parmi celles de la France : le FORFICULE
AURICULAIRE, *F. auricularis*, Lin.,
Fab., Oliv., qui est si commun partout, et que l'on connaît vulgairement sous le nom de *Perce-oreille*,
parce qu'on a cru qu'il s'introduisait
dans les oreilles.

Le FORFICULE NAIN, *F. minor*,
Lin., Fabr., Oliv. Il est très-petit,
et on le rencontre volant auprès des
tas de fumier.   (G.)

FORGERON. POIS. Espèces des
genres Chœtodon et Zée. *V*. ces
mots.   (B.)

FORGERON. OIS. Syn. vulgaire
dans l'Inde du Pic Palalaca. *V*.
PIC.   (DR..Z.)

FORGÉSIE. *Forgesia.* BOT. PHAN.
Commerson dédia ce genre à Des-
forges, gouverneur de Mascareigne,
et son protecteur dans ses recherches
sur la botanique de cette île. Jussieu
en l'adoptant, dans son *Genera
Plantarum*, p. 164, lui conserva le
nom générique imposé par Commerson. Néanmoins, Lamarck (Illust.
p 69, t. 125) changea ce nom en
celui de *Defforgia*, qui n'a point
été admis. Voici les caractères de ce
genre, placé par Jussieu dans la famille des Campanulacées, et qui
appartient à la Pentandrie Digynie,
L. : calice quinquéfide, turbiné; corolle à cinq divisions très-profondes,
ou plutôt formée de cinq pétales
réunis par leur large base, aigus,
grenus intérieurement; cinq étamines
à anthères oblongues et adossées aux
filets : stigmate bilobé; capsule demi-
infère, biloculaire, polysperme, bi-

valve au sommet et terminée par un style à deux branches persistantes. Quoique le professeur A.-L. de Jussieu ait placé ce genre parmi les Campanulacées, il a indiqué ses affinités avec les Onagraires et avec l'*Heuchera*, genre de Saxifragées, à cause de sa corolle presque polypétale et de ses deux styles.

La FORGÉSIE DE L'ÎLE BOURBON, *Forgesia Borbonica*, Comm., unique espèce du genre, est un Arbre (non lactescent ?) à feuilles coriaces, lancéolées, ovales et dentées en scie, à fleurs disposées en grappes lâches, terminales et axillaires ; leurs pédoncules et pédicelles sont accompagnés de bractées ; les fruits sont quelquefois, mais très-rarement, triloculaires et surmontés de trois styles. En descendant de la plaine des Chicots, Bory de Saint-Vincent (Voyage aux îles austr. d'Afrique, T. 1. p. 349) rencontra le *Forgesia* au nombre des Végétaux qui se trouvent mêlés aux *Mimosa* et aux *Pandanus*, principaux Arbres des forêts de ce lieu. Les créoles-chasseurs qui l'accompagnaient lui donnaient le nom de *Bois malegache*, ce qui indiquait qu'on le trouve aussi à Madagascar, et ils lui attribuaient des propriétés fébrifuges.   (G..N.)

FORMATION. géol. *V.* GÉOLOGIE.

FORME. *V.* MATIÈRE.

FORMEON. bot. phan. (Adanson.) Et non *Forneum.* Syn. d'Andryale. *V.* ce mot.   (B.)

FORMIATES. Nom donné aux Sels résultant de la combinaison de l'Acide formique avec les bases.   (DR..Z.)

FORMICA. ins. *V.* FOURMI.

FORMICAIRES. *Formicaria.* INS. Famille de l'ordre des Hyménoptères, section des Porte-Aiguillons, fondée par Latreille (*Gener. Crust. et Insect.*) qui lui assigne pour caractères : Insectes vivant en sociétés nombreuses ; les neutres aptères, les mâles et les femelles ailés ; pédicule de l'abdomen formé brusquement d'une écaille ou d'un à deux nœuds ; antennes grossissant vers le bout ; longueur du premier article (du moins dans les neutres et les femelles) égalant la moitié ou le tiers de la longueur totale de l'antenne ; le second obconique, aussi long que le suivant; labre grand, corné perpendiculairement. Cette famille correspond au grand genre *Formica* de Linné, qui a été subdivisé en plusieurs petites coupes très-naturelles. Latreille, auquel la science est redevable d'un travail important sur ces Insectes (Hist. Natur. des Fourmis), les a classés dans neuf familles, et le même auteur a établi ensuite six genres distincts, sous les noms de Fourmi, Polyergue, Ponère, Myrmice, OEcodome (Atte) et Cryptocère. Ces divers genres et la famille des Formicaires appartiennent (Règne Animal de Cuvier) à la grande famille de Hétérogynes. *V.* ce mot.   (AUD.)

FORMICA-LEO. ins. *V.* MYRMILEON.

FORMICA-VULPES. ins. *V.* RHAGION.

FORMIQUE. *V.* ACIDE.

* FORNICIUM. bot. phan. Genre de la famille des Synanthérées, Cinarocéphales de Jussieu, et de la Syngénésie égale, L., établi par H. Cassini (Bulletin de la Société philom., juin 1819) qui l'a ainsi caractérisé : calathide sans rayons, composé de fleurons nombreux, égaux, hermaphrodites ; corolles très-arquées en dehors ; filets des étamines garnis de papilles très-petites ; style divisé en deux branches libres à leur partie supérieure ; involucre ovoïde, formé de nombreuses écailles régulièrement imbriquées, appliquées, oblongues, coriaces, surmontées d'un appendice étalé, scarieux, très-entier, cilié et se terminant en pointe ; réceptacle large, charnu, plane, garni de nombreuses petites paillettes filiformes, longues,

inégales et libres ; ovaires oblongs, légèrement comprimés, glabres, surmontés d'une longue aigrette composée de poils nombreux, inégaux, libres et soyeux.

Ce genre qui appartient à la tribu des Carduinées, est très-voisin du *Rhaponticum* et du *Leuzea*, dont il diffère par l'aigrette et l'involucre ; il a été formé sur une Plante cultivée au Jardin des Plantes de Paris, sous le faux nom de *Centaurea rhapontica*, et à laquelle Cassini donne celui de *Fornicium Rhaponticoides*. Quoique nous fréquentions assez habituellement le Jardin Botanique de Paris, il ne nous était pas arrivé de distinguer la Plante en question du *Centaurea rhapontica*, L., ou *Serratula rhapontica*, D. C. Cette belle Synanthérée était néanmoins tombée très-souvent entre nos mains, dans le cours de nos herborisations alpines, et notamment à Servoz en Savoie. Ne possédant pas l'espèce cultivée au Jardin des Plantes, nous ne pouvons rien affirmer de bien positif à cet égard ; mais après avoir suivi, sur les échantillons des Alpes conservés dans notre Herbier, les caractères exposés plus haut pour le *Fornicium*, nous les avons trouvés exactement conformes, principalement en ce qui concerne l'involucre, à ceux que nous observions. L'identité de ces deux Plantes acquerra plus de probabilité, si nous ajoutons que la description du *F. Rhaponticoides* correspond parfaitement à notre Plante, quant aux organes de la végétation. Doit-on conclure de-là que nos échantillons ne représentent pas la Plante linnéenne, ou bien que le genre *Fornicium* ne diffère point du *Rhaponticum* ? La faible différence que l'auteur de ces deux genres signale entre eux, est très-favorable à cette dernière opinion.

(G..N.)

* **FORNITES**. BOT. PHAN. *V.* CRATITIRES.

FORRESTIA. BOT. PHAN. Le genre établi sous ce nom paraît, selon Jus-

sieu, congénère du *Ceanothus*. *V.* CÉANOTHE. (A. R.)

* **FORSCARENIA**. BOT. PHAN. Un Arbre du Brésil dont la tige est tuberculeuse, épineuse, les feuilles larges, lancéolées, très-entières, velues en dessous, les fleurs disposées en tête, a reçu de Vandelli (*Flor. Brasil. in Rœmer de Plant. Hisp.*, p. 78) le nom de *Forscarenia spinosa*, avec les caractères génériques suivans : calice adhérent, à quatre découpures égales ; corolle longue, infundibuliforme ; quatre étamines à anthères presque sessiles, longues, insérées sur l'orifice de la corolle ; drupe renfermant un noyau monosperme. Ce genre est trop imparfaitement connu pour qu'on l'ait classé dans l'ordre naturel ; il a même été négligé par tous les auteurs, à l'exception de Jaume Saint-Hilaire, et de Rœmer et Schultes qui, dans leur *Syst. Veget.*, III, p. 4, lui ont assigné une place dans la Tétrandrie Monogynie.

(G..N.)

FORSKAHLÉE. *Forskahlea*. BOT. PHAN. Sous le nom générique de *Caidbeia*, Forskahl (*Flor. Ægypt. Arab.*, p. 88) décrivit une Plante de l'Afrique septentrionale que Linné dédia ensuite à ce savant voyageur-naturaliste. Le nom imposé par Linné ayant prévalu, voici les caractères assignés à ce genre par Jussieu qui l'a rapporté à la famille des Urticées : fleurs monoïques, enveloppées dans un involucre (calice selon Linné) à cinq à six feuilles, laineux, turbiné ; sept à dix fleurs mâles sur les côtés, et trois à cinq femelles au centre, réunies étroitement, et comme attachées par une laine dont les fils s'entrecroisent. Les mâles ont un calice tubuleux (pétale d'après Linné) en forme d'écaille dont la bourre laineuse qui naît sur elle et la recouvre rapproche les bords, et forme ainsi le tube qui se termine en un limbe entier ou denté ; une étamine insérée au fond du calice, ayant le filet et l'anthère élastiques comme dans la Pariétaire. Dans les fleurs femelles , une laine cardée supplée au défaut de calice ; on y trouve un ovaire surmonté d'un style et d'un stigmate laineux comprimé ; embryon droit. Linné et ses copistes ont autrement considéré l'organisation florale des *Forskahlea* ; ils lui attribuent des fleurs hermaphrodites , un calice à cinq divisions , des pétales et des étamines au nombre de dix ; cinq ovaires surmontés d'autant de styles et de stigmates , et cinq graines réunies par une laine épaisse. Quoiqu'il soit très-difficile de vérifier d'une manière très-satisfaisante le caractère tracé plus haut d'après Jussieu , à cause de la bourre laineuse qui rend presqu'inextricable l'agrégation des fleurs , l'analyse que nous en avons faite nous porte cependant à regarder , ainsi que notre illustre professeur, le genre *Forskahlea* comme monoïque. L'analogie aurait seule conduit à cette conclusion , car les Plantes qui le composent ont le port des Pariétaires et des Orties , genres assurément monoïques ou dioïques. Elles sont toutes originaires des contrées sablonneuses et chaudes de l'Afrique. Les *Forskahlea tenacissima* , L., ou *Caidbeia adhærens*, Forsk., et *F. angustifolia* , Murray , sont les deux espèces que l'on cultive uniquement comme Plantes de curiosité dans les jardins de botanique.

(G..N.)

FORSTER. ois. Espèce du genre Prion. *V.* ce mot.

FORSTERA. bot. phan. Plusieurs genres ont été dédiés aux deux Forster , botanistes , compagnons du capitaine Cook dans son second voyage autour du monde. Celui qui a conservé leur nom , établi par Linné fils dans son Supplément, prend sa place dans la nouvelle famille des Stylidiées. Ses caractères sont : un calice adhérent à l'ovaire , divisé à son sommet en six lanières ; une corolle monopétale , tubuleuse , dont le limbe se partage en six portions égales ; un ovaire que surmonte un style cylindrique terminé par deux stigmates

barbus. Au-dessous de ces stigmates s'insèrent deux anthères presque sessiles, munies chacune à leur base d'une écaille pétaliforme que Linné fils appelle nectaire ; la capsule est à une seule loge dans laquelle des graines nombreuses , très-fines , sont attachées à un placenta central en forme de colonne. Chaque fleur solitaire à l'extrémité d'un pédoncule terminal , est accompagnée de trois bractées latérales qu'on a nommées aussi calice extérieur.

L'espèce qui a servi de type à ce genre est le *Forstera ledifolia*, petite Plante herbacée de la Nouvelle-Zélande, garnie de feuilles nombreuses, courtes , entières , imbriquées. On y a réuni depuis le *Phyllachne uliginosa* de Forster, qui présentant dans les détails de sa fleur des différences assez notables nous paraît devoir en être séparé, à moins cependant qu'on n'altère totalement le caractère générique tel que nous l'avons tracé.

(A. D. J.)

FORSTERIA. Scopoli donna ce nom à un genre qui avait déjà reçu de Forster le nom de *Breynia*, et qui est le même que le *Phyllanthus* de Linné. *V.* ces mots.   (G..N.)

* FORSTERONIE. *Forsteronia.* bot. phan. Genre de la famille des Apocynées , établi par Meyer (*Flor. Essequebo.* 133) pour l'*Echites corymbosa* et l'*Echites spicata* de Willdenow , et auquel il donne les caractères suivans : corolle infundibuliforme , ayant son tube et sa gorge dépourvus d'écailles ; divisions du limbe équilatérales et réfléchies ; anthères réunies en cône saillant et soudées avec le stigmate ; ovaire double, environné de cinq écailles glanduleuses ; follicules doubles, allongés et divergens.

Ce genre a de grands rapports avec le genre *Parsonsia* de R. Brown dont il diffère par ses follicules doubles et divergens , et avec l'*Echites* de Jacquin , qui s'en distingue par sa corolle hypocratériforme dont les divisions sont inéquilatérales étalées, et par ses étamines incluses.

Ce genre se compose de deux espèces américaines qui sont des Arbustes sarmenteux et grimpans, à feuilles opposées, entières, et dont les fleurs sont petites, disposées en grappes ou en corymbes. (A. R.)

FORSYTHIA. BOT. PHAN. Genre de la famille des Jasminées, établi d'après un Arbrisseau du Japon que Thunberg réuuissait au Lilas, mais qu'en éloignent quelques caractères, et surtout son port extrêmement différent. Ses rameaux sont opposés, et il en est de même de ses feuilles réunies en faisceaux dans lesquels on en voit de simples et de ternées; les pédoncules axillaires portent d'une à trois fleurs; leur calice est découpé assez profondément en quatre parties; leur corolle trois fois plus longue, campanulée, partagée jusque vers son milieu en quatre lobes arrondis; les étamines, au nombre de deux, sont plus courtes que la corolle; le stigmate est bilobé; le fruit n'a pas été décrit. Cette Plante porte au Japon le nom de *Rengjo* sous lequel Kœmpfer en parle dans ses Aménités. (A. D. J.)

FORTALILIA. ÉCHIN. Les pointes d'Oursins fossiles, droites, cylindriques avec une petite cavité à leur base, ont été ainsi nommées par Klein dans son ouvrage sur les Echinodermes. (LAM..X.)

FORTERESSE. MOLL. Nom vulgaire et marchand du *Patella gravolina*. (B.)

FOSSANE. MAM. Espèce du genre Civette dont le nom vient de *Fossa* qui la désigne dans la langue de Madagascar. (B.)

FOSSAR. MOLL. (Adanson.) Syn. d'*Helix ambigua*, Gmel. (B.)

FOSSELINIA. BOT. PHAN. Scopoli, Allioni et Necker ont employé ce mot comme nom générique de la Clypéole Jonthlaspi. Après la réforme du genre *Clypeola* par De Candolle (*Syst. Veget. univ.* T. II, p. 326) ce dernier nom est demeuré au genre, et

dès-lors celui de *Fosselinia* reste sans usage. (G..N.)

FOSSET. MAM. (Flacourt.) Le Marsouin à Madagascar. (B.)

FOSSILE. GÉOL. Chez les anciens auteurs et selon la définition qu'en donne le Dictionnaire de l'Académie, ce mot désigne toute substance qui se tire du sein de la terre, quelle que soit son origine et sa composition; les naturalistes en restreignent la signification aux corps qui furent organisés et qu'on trouve enfouis dans les couches du globe, soit qu'ils aient ou non subi des changemens notables dans leur forme et dans leur substance. Employé adjectivement, on dit donc des Plantes et des Animaux fossiles. On pourrait, pour ces derniers, resserrer encore la signification du mot en la réservant aux êtres dont on retrouve les analogues vivans, tandis qu'on spécifierait sous le nom d'antédiluviens ou perdus, ceux qui n'ont plus d'analogues dans le monde actuel. « Habitués dès l'enfance, avons-nous dit ailleurs, à l'idée que tout ce qui nous entoure sortit complet du chaos pendant la durée d'une semaine, à nous peindre le père commun des Hommes imposant, vers les premiers jours de la création, son nom véritable à chaque individu de la cohorte vivante qui venait animer un univers naissant, nous ne concevons guère que des races nouvelles puissent se développer dans l'univers et que de vieilles races tout entières en aient pu disparaître. » Cependant nous avons démontré au mot CRÉATION que, chaque jour, quelque génération imprévue peut et doit même augmenter le nombre des êtres vivans; il doit suffire ici de prouver que le temps a détruit jusqu'au souvenir d'existence d'êtres qu'on n'eût pas soupçonnés sans les progrès qu'ont faits de nos jours les sciences naturelles, et sans les résultats obtenus par cet illustre Cuvier, l'un des savans à qui les sciences ont le plus d'obligation par la marche véritablement philosophique qu'il contribua tant à leur imprimer.—A peine creusèrent-ils un sol dont leur dépouille devait à son tour augmenter la masse, que nos premiers pères, en venant y rechercher des matériaux de construction, durent reconnaître que ce sol et la pierre elle-même étaient formés ou remplis de débris qui ne pouvaient avoir appartenu qu'à des créatures autrefois vivantes. Du moment où l'on appesantit la réflexion sur les monumens d'antiques destructions, on y chercha des preuves d'une grande révolution physique, d'un déluge universel dont la plupart des mythologies ont perpétué la tradition en représentant ce grand désastre comme un châtiment infligé par le ciel et mérité par l'impiété de nos aïeux. C'est dans cette pensée et pour l'étayer de preuves tirées de la nature même, qu'on vit long-temps des savans qui tenaient plus à la lettre qu'au sens de certaines traditions fouiller les vieux charniers de notre planète, y reconnaître des traces de ces géans dont les désordres avaient provoqué la fureur d'un Dieu de bonté, y supposer des ossemens d'Hommes qui eussent été témoins du déluge et qui pussent attester qu'un plan de création ayant été arrêté d'un seul jet dans le sein de l'Eternel, rien n'avait changé dans le résultat de ce plan après le déluge. Imbus de cette idée, quelques écrivains soutenaient encore naguère qu'on devait retrouver les analogues de tous les Fossiles, soit dans les parties des grands continens où l'on n'a pas encore pénétré, soit dans les abîmes pélagiens où la sonde n'a pas jusqu'ici descendu. Les plastrons et les carapaces de Tortues pétrifiées étaient pour eux les crânes de nos premiers parens confondus avec d'autres débris dans le limon abandonné par les eaux vengeresses, et une grande Salamandre devint pour Scheuchzer un contemporain du patriarche Noé. Ce savant avouait cependant (Phys. Sacr. T. I, p. 66) que les traces de l'Homme étaient rares dans ce qu'il considérait comme des témoignages du déluge. Il est étonnant, disait-il, que nous trouvions si peu de traces du corps humain parmi ces

restes. Nous avons bien plus de débris de Quadrupèdes, ajoutait-il ailleurs (p. 67). Spallanzani, de nos jours, croyait encore voir un os humain dans une brèche osseuse, et les célèbres Anthropolithes de la Guadeloupe vinrent récemment fournir un argument à ceux qui tiennent à retrouver, selon l'expression de Scheuchzer, des reliques de la race maudite qui fut ensevelie sous les eaux. Au temps où les oryctographes reproduisaient les figures d'Anthropolithes publiés dans la magnifique Bible du théologien-naturaliste, on pouvait s'y laisser tromper, car on était généralement fort ignorant en anatomie comparée, ainsi qu'en physique, et l'on n'avait pas une idée juste en géologie. Il n'est plus permis aujourd'hui de croire à la possibilité de Fossiles humains véritables. Avant de trouver des Anthropolithes, on eût découvert dans les couches où la présence des Fossiles peut tirer à conséquence, des choses encore plus durables que nos os, des ustensiles, par exemple, qui, sortis des mains de l'Homme, eussent attesté son antique existence et son industrie primitive, tout grossiers qu'en eussent pu être les premiers résultats. Qu'une révolution physique détruise aujourd'hui les êtres organisés à la surface de la terre, lorsque les choses seront rentrées dans l'état naturel, de nouvelles créatures viendront la repeupler; et si nos débris disparaissaient dans la dissolution générale, ou retrouverait au moins dans les sédimens formés aux dépens de l'immensité des races détruites, nos instrumens de fer et de cuivre, nos monnaies, et des pierres taillées pourraient témoigner que nous aurions vécu. Mais tandis que jusqu'à de fragiles Crustacés sont devenus les témoins irrécusables de la première existence et d'une antiquité antérieure à celle que nous n'osons supputer, nul ouvrage humain, pas même un fragment de poterie ou de brique, un clou, un instrument de pierre façonné par l'Homme, ne vient révéler son existence contemporaine au milieu des races pétrifiées..... Tous les naturalistes conviennent donc aujourd'hui que l'Homme n'a paru que très-tard et probablement l'un des derniers dans l'infini et magnifique ensemble de l'univers. Cette vérité se trouve conforme au texte des livres sacrés, ainsi que nous l'avons établi (T. v, p. 41) Que ceux qui veulent appuyer le sens de ces livres par le témoignage des sciences physiques, prouvant par le secours de celles-ci que l'Homme fut, ainsi que le conte la Genèse, le complément de la création, se consolent de ne pas en retrouver les restes parmi les monumens du déluge, en réfléchissant que les Requins et autres voraces habitans des mers, n'ayant point péri durant l'inondation générale, purent dévorer les cadavres des enfans d'Adam, ce qui fait qu'il n'en existe pas de traces ; mais ce serait perdre un temps précieux que de s'étendre sérieusement sur un tel genre de discussion. Un zèle indiscret eût voulu récemment le remettre en vogue à l'aide d'un bloc de Grès décoré du titre de Fossile humain. Les lumières du siècle ont fait justice de cette spéculation, et nul ne crut à l'Homme du Long-Rocher, si ce n'est des personnes qui avaient quelque intérêt à ce qu'on y crût.

Les Animaux fossiles qu'on suppose être les plus anciens, ou que du moins on trouve à peu près seuls, sans mélange de Mammifères ou de traces d'autres classes d'organisation compliquée, existent dans les terrains de transition qui reposent immédiatement sur les substances primitives ou dans lesquelles il n'existe pas la moindre trace de corps jadis vivans. Ces premiers habitans du globe qui de leur temps étaient entièrement couverts par les eaux, sont des Bélemnites, des Trilobites, des Calymènes, des Ogygies et des Encrinites. Après ces créatures primitives, vinrent cette multitude d'Ammonites qui varient tant pour la taille, les Térébratules et les Trigonies, enfin quelques espèces d'Oursins; et bientôt la création se compliquant,

des Coquilles on arrive aux débris de Poissons, de Reptiles, et plus tard à des Mammifères d'abord aquatiques, définitivement terrestres et appartenant à un système de création plus analogue à celui dont nous faisons partie. L'ordre d'ancienneté est en raison de celui de complication ; et, lorsque dans les couches d'une autre nature où des Végétaux primitifs ont été conservés comme dans l'herbier de l'enfance du monde, les empreintes de ceux-ci indiquent des espèces appartenant aux classes par lesquelles la végétation dut commencer. Ce sont généralement de ces Fougères si nombreuses dans le premier terrain et dans les îles de création moderne, ou de ces Palmiers qui semblent partout succéder immédiatement à la végétation cryptogamique.

On trouve des Fossiles depuis le sommet des plus hautes montagnes jusqu'à toutes les profondeurs où l'on a pu parvenir dans les mines. On a cru long-temps que leurs analogues vivans devaient exister quelque part ; aujourd'hui l'opinion absolument opposée a prévalu. En général leur stratification présente un ordre régulier, et n'offre nulle trace de grande révolution physique qui les ait pu briser ou confondre; tout dans leur gissement prouve que le temps présidait à leur dépôt, comme la chose doit se faire encore aujourd'hui, soit à la surface du globe ou dans ses cavernes, soit dans la profondeur des mers. Si l'on trouve parfois dans leurs amas des fragmens brisés, roulés, entassés confusément, l'effet des courans actuels doit produire des résultats pareils sur les Fossiles futurs, et rend raison du brisement des Fossiles antiques. Les os seuls persistent ainsi que la partie solide des Coquilles et des Polypiers; non-seulement les chairs ont disparu partout, et n'eussent pu en aucun cas se conserver, mais les cartilages et les parties cornées ne se sont aussi conservés nulle part; ainsi ni les sabots des Pachydermes ou des Ruminans, ni les ongles, ni l'enduit dentaire, selon Geoffroy, du bec des Oiseaux, ni l'écaille des Tortues dont les plas-

trons et les carapaces auraient dû résister, ne sont venus jusqu'à nous.

Selon que les Fossiles appartiennent à diverses classes de créatures
organisées , les oryctographes leur
imposèrent des noms divers ; ainsi
l'on appela :

CARPOLITHES, les fruits fossiles entre lesquels on remarque surtout ceux
de diverses Characées ou de divers
Palmiers , des Noix , des Conferves ,
et nous nous rappelons distinctement avoir reconnu autrefois un cône
très-bien conservé du *Pinus maritima*
dans une collection de nos landes
aquitaniques.

PHYTOLITHES, les autres parties des
Plantes sur lesquelles A. Brongniart
notre collaborateur a publié un travail très-précieux, dans lequel il a établi divers genres, ou adopté quelques-
uns de ceux proposés par Schlotheim
et Sternberg, tels que Exogénite, En-
dogénite , Culmite, Calamite , Syrin-
godendron , Sigillaria , Chlatraria ,
Sagenaria , Stigmaria , Lycopodite ,
Filicite , Sphœnophyllite , Astéro-
phyllite , Fucoïde, Phyllite, Poacite
et Palmacite. *V.* ces mots.

ANTHOLITHES, les fleurs conservées
parmi les autres parties des Végétaux.

ENTOMOLITHES, les Insectes pétrifiés, en observant que ceux qui sont
renfermés dans le succin , bien que
considérés comme fossiles , ne sont
point appelés Entomolithes.

CRUSTACITES , CANCROLITHES et
ASTACOLITHES, les Crustacés sur lesquels le savant et modeste Desmarest
a publié un travail de la plus haute
importance , accompagné d'excellentes figures.

ICHTHYOLITHES, les Poissons, dont
les couches schisteuses présentent en
certains lieux de grandes quantités ,
mais quelquefois de simples empreintes , car les Raies, les Sélacieus et autres Cartilagineux n'ayant point de
squelettes, ne purent guère laisser
que leur forme moulée dans le milieu
qui les engloba.

AMPHIBIOLITHES, les débris de ces
Reptiles qui paraissent avoir existé en
grand nombre à l'époque où la terre,

commençant à s'exonder, était encore toute humide et formée de limon dans lequel se plaisent encore leurs successeurs. C'est surtout
parmi eux qu'on trouve les genres
les plus étranges, tels que le Pté-
rodactyle , l'Ichthyosaure , et celui
que Faujas avait, en décrivant le
plateau de Maëstricht , pris pour un
Crocodile, mais qui est bien plus voisin des Monitors.

En général, dans les os fossiles qui
ont appartenu aux classes supérieures,
la gélatine a disparu en totalité; le
phosphate calcaire, resté seul, a subi
une certaine dilatation. L'oxide de
Cuivre, s'y introduisant parfois, les a
métamorphosés en Turquoise ; plus
communément ils sont colorés par un
oxide de Fer, d'autres fois ils se pè-
nètrent de Bitume, de Mercure sulfuré, de substances pyriteuses ou salines , etc. Les Coquilles perdent leur
drap marin et surtout leur couleur,
quoique certaines d'entre elles aient,
dans plusieurs localités, conservé du
brillant, des nuances et même leur
nacre. Il arrive souvent que leur
substance a disparu et qu'il ne reste
d'elles que des moules. On peut considérer les moules en intérieurs et extérieurs. Il arrive parfois que l'espace
vide entre le moule intérieur et l'empreinte extérieure de la Coquille a été
rempli par une cristallisation calcaire
qui semble être cette Coquille dont elle
n'est néanmoins qu'une représenta-
tion. D'autres fois une matière siliceuse s'y introduit, ce qui se voit
fréquemment aussi dans les Madrépores fossiles. Nous avons , dans notre
Voyage souterrain , décrit un mon-
ceau de Coquilles , dont une partie
était demeurée calcaire, tandis que
l'autre était devenue siliceuse d'une
manière si tranchée que les individus
d'une même espèce se trouvaient être
moitié l'un, moitié l'autre. Dans le
bois fossile, on ne trouve plus rien
qui rappelle son état ligneux. Toutes
les molécules y ont été métamorpho-
sées en Silex ou plutôt remplacées par
des molécules siliceuses. En général ,
les Fossiles étant le résultat de la

conservation des corps que la mort avait frappés, et dont souvent la décomposition disjoignit ou ramollit les débris, on en trouve les parties diversement désunies ou écrasées.

Il est constant que les Crustacés ont précédé les Coquilles, et celles-ci le reste de la création, que les Eléphans, les Rhinocéros et autres grands Animaux dont les os ont été trouvés épars dans l'hémisphère boréal et dont les races n'existent plus, n'ont point été contemporains des races perdues qu'on trouve dans les couches calcaires, et sont plus modernes. Les Coquilles produisent plus d'espèces fossiles que toutes les autres classes ensemble, et leur nombre est tellement considérable que plusieurs auteurs, et Buffon entre autres, avaient pensé que toute matière calcaire venait d'elles. Cette hypothèse peut se soutenir quoiqu'on ne trouve nulle trace de Coquilles dans certaines couches calcaires des plus puissantes du globe et qui sont dites primitives, parce qu'elles paraissent antérieures à toute existence animale et végétale ; mais ne se peut-il point que ces calcaires primitifs soient des résidus sédimenteux devenus compactes, d'une création encore de beaucoup antérieure à cette création que nous appelons antédiluvienne, et qui, ayant été détruits et comme délayés dans les eaux, sont devenus, par la retraite de celles-ci, des roches durcies à la surface desquelles de nouveaux déluges sont venus ramener des races nouvelles alors, maintenant si antiques pour nous. — En général, le nombre des corps marins fossiles augmente, dans les couches qui les renferment, en raison inverse de l'antiquité de ces couches. Cuvier ajoute à cette remarque due à Saussure que les corps organisés fossiles de toute espèce diffèrent d'autant plus de ceux qui sont aujourd'hui vivans, que les couches dont ils font partie sont d'une plus haute antiquité. « La plupart des Fossiles très-anciens n'ont plus d'analogues vivans, dit Patrin, et ceux qui se rapprochent des espèces

actuelles par leur forme les surpassent de beaucoup en grandeur. »

La mer n'a pas seule fourni à l'ancien globe des espèces maintenant devenues fossiles ; l'eau douce en produisit aussi, et c'est par l'étude minutieuse des Mollusques qu'on est parvenu à découvrir cette importante vérité, qu'en plusieurs endroits la longue présence de cette eau douce alterna avec celle de la mer ; les environs de Paris en offrent de singuliers exemples dont il sera parlé à l'article TERRAIN.

Si l'on ne trouve point d'Hommes fossiles, on a reconnu dans les couches calcaires des espèces appartenant à des genres fort connus, tels qu'aux Chiens, aux Chats, aux Didelphes, aux Campagnols, aux Castors, aux Cochons, aux Hippopotames, aux Tapirs, aux Chevaux, aux Dauphins, aux Lamantins, etc. Il en sera traité aux articles qui concernent chacun de ces genres. Les caractères génériques des Oiseaux étant moins tranchés, et le bec de ceux-ci, qui les distingue le mieux, étant de ces parties cornées que nous avons dit ne se point conserver, on n'a guère reconnu les genres auxquels se rapportaient les Ornitholithes. On a vu, au mot ANIMAUX PERDUS, l'indication d'autres Mammifères, tels que les Anoploterium, les Mastodontes, les Palæoterium, les Megaterium, etc., maintenant inconnus sur la terre. Tous ces Fossiles, se trouvant dans diverses couches, ne doivent pas être confondus avec ceux qui attestent l'existence de races d'Hyènes, de Chats, et d'Ours surtout, beaucoup plus grands que les espèces analogues aujourd'hui existantes ; ces Fossiles, à peine dénaturés, se rencontrent naturellement dispersés dans les grottes les plus vastes, et ces grottes paraissent avoir servi de gîte aux espèces perdues dont on y découvre les débris, et qui, toutes perdues qu'elles sont, semblent avoir été bien plus modernes que celles dont nous nous sommes d'abord occupés. Leur existence dut précéder de peu de milliers d'années l'apparition de l'Homme, mais qui oserait essayer d'en assigner l'époque dans le passé ? « Et quel était donc le temps, dit Cuvier, où des Eléphans et des Hyènes du Cap, de la taille de nos Ours, vivaient ensemble dans nos climats à l'ombrage des forêts de Palmiers, ou se réfugiaient dans les grottes avec des Ours grands comme nos Chevaux ? » Le Mégalonyx, qui présente des rapports avec les Fourmiliers, est encore un de ces êtres perdus dont les ossemens se rencontrent dans les mêmes circonstances que les Fossiles de l'époque moyenne ; il avait également des proportions gigantesques.

L'étude des Fossiles promet les plus importans résultats ; c'est elle qui peut seule fournir des données positives sur la chronologie de l'enfance du globe, les restes d'Animaux en sont comme les médailles, et les couches où se rencontrent de tels débris comme l'immense médailler. Cette étude n'a pris une direction philosophique que depuis le commencement de ce siècle, et c'est aux Cuvier et aux Lamarck qu'on le doit. Jusqu'à l'instant où nos deux illustres compatriotes en débrouillèrent le chaos, on se bornait à décrire, comme des pétrifications plus ou moins bien reconnaissables, ou même comme de simples jeux de la nature, des objets dont on ne soupçonnait pas la haute importance. On croyait alors qu'un Animal tout entier, en chair et en os, pouvait se pétrifier ; il est curieux de voir par quels raisonnemens un physicien cité par d'Argenville expliquait la conservation d'une tête humaine passée à l'état de pierre. Et tout le monde connaît l'anecdote de ce naturaliste allemand qui, dans ces mêmes idées, entreprit une histoire in-folio des Fossiles les plus remarquables ; il enrichit son livre d'une multitude de figures où étaient représentés tous les prétendus monumens du vieux monde, trouvés dans diverses carrières de son pays. On y voyait des Crapauds, des Grenouilles, des Serpens, jusqu'à des Etoiles, des Comètes, des petits pâtés et divers comestibles parfaite-

ment conservés. Le tout était accompagné de la plus vaste érudition, et les personnes qui prétendent aujourd'hui soutenir la possibilité d'un Homme et de son Cheval convertis en bloc de Grès pourraient y chercher des argumens dignes du sujet. Cependant, quand l'ouvrage fut fini, quelques amis de l'oryctographe lui envoyèrent un potier avec le compte de ses fournitures : c'était ce potier qui avait fait en terre cuite artistement arrangée, les prétendus Fossiles ; les amis du savant avaient soin d'enfouir ces monumens du déluge dans des couches où se trouvaient des Fossiles réels et parmi lesquels quelqu'un ne manquait jamais de les découvrir à chaque excursion géologique. L'histoire de l'Homme du Long-Rocher offre quelques traits de ressemblance avec cette coupable mystification.   (B.)

Les Zoophytes fossiles se trouvent dans tous les terrains que les eaux ont déposés depuis les plus anciens jusqu'aux plus modernes, et s'ils ne sont pas antérieurs aux Trilobites, aux Crinoïdes, aux Ammonites et à quelques Végétaux monocotylédonés que l'on regarde comme les premiers de tous les êtres qui ont peuplé la terre, du moins ils leur sont contemporains. Les Zoophytes composés de parties solides, de parties molles, ont toujours perdu ces dernières en passant à l'état fossile ; il ne reste que le squelette, *toutes les autres parties* ont disparu. L'on ne doit donc pas s'étonner si les nombreux Animaux rayonnés, d'une substance gélatineuse comme les Méduses, ou composés de membranes légères, et d'une faible consistance comme les Acalèphes et les Echinodermes sans pieds, ont été anéantis par les révolutions qui ont tant de fois bouleversé l'ancien monde. Mais ceux que la nature avait pourvus d'une enveloppe membraneuse trèscoriace, presque crétacée, quoique élastique, ont pu résister à une prompte décomposition, et se sont laissé pénétrer par les sucs pierreux qui les environnent ou par les matières qui les ont recouverts : l'on doit remarquer que ces Zoophytes sont en général bien conservés et d'une intégrité parfaite ; leur peau élastique s'est prêtée à la compression , aux mouvemens violens sans se briser ; l'Animal a pu se déformer sans perdre de ses parties. C'est ce que l'on observe dans les Actinaires ; ces Animaux si rares maintenant dans nos mers , se trouvent fossiles assez communément dans les terrains antérieurs à la Craie, et postérieurs à ceux de transition.

Les Crinoïdes ou Encrines n'ont presque jamais été trouvées avec leur base et leur tête à l'état fossile ; mais leurs articulations très - communes partout , sont connues depuis long-temps, sous les noms de Troques , d'Entroques , d'Etoiles de mer pétrifiées , de Pierres judaïques , etc. Leur diamètre varie d'une à trente lignes ; et leur nombre est quelquefois si grand que le Marbre de Flandre , désigné par le nom de Petit-Granit, en paraît entièrement formé , et que dans la principauté de Salm elles constituent, à elles seules, une mine de fer assez riche. — Leur base, semblable à une racine fibreuse ou rameuse, se trouve assez souvent dans le calcaire marneux des Vaches-Noires , ainsi qu'aux environs de Valognes. Les Encrines sont en général pétrifiées; leurs moules ou leurs empreintes sont assez rares , tandis que c'est presque toujours dans cet état que les Astéries se présentent. Ces Zoophytes, nombreux dans nos mers, et voisins des Crinoïdes par leur organisation , semblent avoir remplacé les Encrines si répandues dans l'Océan antédiluvien.

Les Oursins armés de leurs piquans , sont très-rares à l'état fossile ; M. Pattu , ingénieur en chef du département du Calvados, en a trouvé un individu d'une belle conservation avec des pointes ; cependant ces piquans ou pointes sont très-communs , et le têt est ordinairement bien conservé; l'Animal a disparu , son enveloppe solide a seule résisté. Quelques-uns ont été roulés ou brisés avant de se pétrifier ; d'autres ont été comprimés ; ils sont déformés, et ce phénomène qui s'observe également dans les Coquilles ne peut s'expliquer qu'au moyen d'une pression et d'une chaleur énormes. Il en est de même des Polypiers que l'on trouve assez souvent d'une belle conservation. Dans quelques localités, le moule seul existe , ou bien l'on n'a que leur figure gravée en creux ou en relief.

Les Zoophytes , à quelque classe qu'ils appartiennent, sont quelquefois métallisés ou pyriteux ; d'autres sont silicifiés , agathisés , ou changés en Chaux carbonatée. Presque tous ont perdu leurs couleurs ; ils offrent celles de la gangue qui les renferme et qui souvent a rempli leurs cavités. D'autres fois ces cavités contiennent des cristaux de Silice ou de chaux carbonatée , ou bien ces substances cristallisées en masse, et rarement des matières terreuses ou du sable.

Les Zoophytes , considérés sous ce rapport , ne diffèrent en rien des Mollusques testacés ; et s'il faut absolument étudier les Coquilles fossiles que les terrains renferment pour bien connaître les rapports qui existent dans l'ordre des couches , on peut parvenir au même but, au moyen des Polypiers; peut-être d'une manière moins sûre à cause de la faculté locomotive que les Animaux des Coquilles ont possédée et qui manquait à ceux des Polypiers. — Que l'on examine sur une grande étendue les Coquilles d'un seul système , d'une seule formation , d'une seule couche de terrain ; elles seront à peu près les mêmes partout. Il n'en est pas ainsi des Polypiers : ces Animaux fixés , attachés au sol, y végètent comme les Plantes ; ils présentent de même des espèces sociales que l'on trouve en abondance dans une localité , et que l'on chercherait vainement à quelques pas de distance, et d'autres espèces vagabondes ou éparses que l'on rencontre partout, et toujours isolées. Ce phénomène s'opposera encore long-temps à ce que les Polypiers puissent servir comme les Mollusques testacés à la classification des terrains ; mais du moment que l'on surmontera cette difficulté par la connaissance exacte d'un grand nombre d'espèces, les Zoophytes s'emploieront comme les Mollusques testacés à déterminer l'ordre de superposition des couches. L'on assurera qu'il existe des Polypiers particuliers aux différentes sortes de terrains, et d'autres que l'on trouve partout. D'après ces principes que nous regardons comme très-peu hypothétiques, l'on peut dire sans craindre d'erreurs :

1°. Qu'il existe des Zoophytes fossiles dans toutes les formations qui renferment les débris de l'ancien monde.

2°. Que la presque totalité des espèces diffère dans chaque couche et même dans chaque localité un peu étendue.

3°. Qu'il y a des espèces éparses ou isolées, et de sociales, de sporadiques et d'endémiques.

4°. Enfin, que les Polypiers offrent toutes les particularités, tous les phénomènes que présentent les Mollusques testacés, considérés sous le rapport de la nature du terrain.

Cuvier a divisé les Zoophytes en cinq classes, et chacune de ces classes en plusieurs ordres ; ce sont les Echinodermes, les Intestinaux, les Acalèphes, les Polypes et les Infusoires. Ces derniers, ainsi que les Intestinaux, n'ont jamais été et ne seront jamais trouvés à l'état fossile ; il en est sans doute de même des Echinodermes sans pieds et des Polypes nus. Nous croyons posséder une Acalèphe pétrifiée dans un Calcaire oolithique ; ainsi il n'y a de Fossiles que dans les Echinodermes pédicellés et dans les Polypes à Polypiers ; passons rapidement en revue les principaux groupes de ces deux ordres. Les Encrines ou Crinoïdes remontent aux premières époques de l'existence des êtres ; une espèce a été trouvée dans un Calcaire de transition ; d'autres dans des Schistes et des Grès. Ils sont communs dans les terrains secondaires, un peu moins dans les tertiaires. Quelques espèces sont particulières

aux Calcaires oolithiques, d'autres à la Craie. — Les Astéries sont très-rares à l'état fossile ; il n'en est pas de même de la nombreuse famille des Oursins. Postérieurs aux terrains de transition, très-rares dans les premiers terrains secondaires, ils ne deviennent communs que dans les derniers, et ne cessent pas de l'être dans les tertiaires ; ils semblent avoir remplacé les Trilobites, et partout ils sont moins nombreux que les Coquilles, si ce n'est dans trois ou quatre localités. — Des Flustrées assez variées se sont conservées sur les Fossiles des formations secondaires et des tertiaires. Nous avons trouvé quelques Cellariées, une seule Sertulariée et deux Tubulariées, dans nos terrains oolithiques. Nulle part nous n'avons vu de débris de Corallinées ; mais les Eponges fossiles se voient assez souvent, et le Calcaire à Polypiers des environs de Caen en renferme beaucoup d'espèces, en général petits et à tissu très-dense. Defrance dit qu'il possède dans sa riche collection des Gorgones et des Isis fossiles. Les Escharées sont moins rares. Les Milléporées, les Caryophyllaires et les Méandrines sont très-communes, et les Astrées recouvrent quelquefois de vastes étendues, ou forment des masses énormes, des collines tout entières. Près de la Havanne on les exploite pour les constructions ; c'est une pierre très-blanche et cristallisée comme du Marbre. — Les Tubiporées et les Actinaires sont assez répandus, mais beaucoup moins que les Alcyonées, que l'on trouve partout et dans tous les états. Telles sont les familles de Zoophytes qui nous ont présenté des Fossiles.

Le nombre des Zoophytes fossiles dont les espèces existent encore dans nos mers est très-borné. L'on ne connaît qu'une seule Crinoïde vivante, et l'analogue fossile remonte aux terrains secondaires. On sait que plusieurs Oursins fossiles ont leurs analogues dans les mers équatoriales ou de l'hémisphère austral, tandis que des genres entiers de cette famille ont

disparu. Les Astéries, les Flustrées,
les Cellariées, les Sertulariées, les
Gorgones, les Isis fossiles n'ont plus
d'analogues vivaus. Nous possédons
une Gunge vivante que nous devons
à l'amitié de Roux de Marseille; elle
se trouve fossile aux environs de Caen.
Les Escharées offrent quelques espèces dont les analogues vivent dans les
mers australes; les Milléporées et les
Polypiers lamellifères en offrent un
grand nombre; les Tubiporées, les
Actinaires et les Alcyonées n'en présentent point, à l'exception de la Lo-
bulaire digitée que nous croyons posséder à l'état fossile, adhérente à
l'Huître qui la supporte, et tellement
ressemblante même par la couleur,
que, placée à côté de ce Polypier vivant, après qu'il a été exposé quelques instans à l'action de l'air, il
n'offre pas la plus légère différence.
En général, plus les Zoophytes appartiennent à des terrains d'ancienne
formation, plus il est rare de trouver
leurs analogues vivans. D'après cet
aperçu bien rapide de l'histoire des
Zoophytes considérés comme Fossiles, il est aisé de se convaincre qu'ils
n'offrent rien de particulier que l'on
n'ait déjà observé dans les Mollusques testacés fossiles. Contemporains
des Coquilles, vivant dans les mêmes
lieux, parasites quelquefois les uns
des autres, ils ont été exposés aux
mêmes révolutions et doivent présenter les mêmes caractères géologiques.

(LAM..X.)

FOSSOYEUR. INS. Nom vulgaire
du *Necrophorus Vespillo*. *V.* NÉCRO-
PHORE.

(B.)

FOTHERGILLE. *Fothergilla.* BOT.
PHAN. Genre de la Polyandrie Digynie, L., mais dont la place dans la série naturelle n'est pas encore bien déterminée, et que l'on peut ainsi caractériser : calice petit, court, campanulé, ayant son bord à cinq ou six
dents peu marquées; point de corolle.
Étamines nombreuses attachées sur
une seule rangée à la base du calice;
filamens très-longs, dressés, un peu
renflés supérieurement; anthères

dressées et cordiformes. Ovaire sessile au fond du calice, conoïde,
partagé supérieurement en deux lobes qui se terminent chacun par
un stigmate. Capsule recouverte en
partie par le calice, qui lui forme
une sorte de cupule, se terminant
supérieurement par deux cornes,
offrant deux loges et s'ouvrant par
le sommet en deux valves qui se
partagent en deux parties. La membrane interne du péricarpe qui est
cartilagineuse se sépare spontanément de l'extérieure. Chaque loge
contient une seule graine attachée
au sommet de la cloison et pendante.
Dans chaque graine on trouve un
embryon droit, ayant la même direction que la graine, et placé dans
un endosperme charnu.

Ce genre a certainement de l'affinité avec la famille des Euphorbiacées. Il se compose d'une seule espèce, *Fothergilla Gardeni*, L., Arbuste à feuilles alternes, muni de
stipules, à fleurs disposées en épis,
munis de bractées uniflores. Il croît
dans l'Amérique septentrionale.

(A. R.)

FOU. *Sula*. OIS. (Brisson) Genre
de l'ordre des Palmipèdes. Caractères : bec robuste, allongé, conique,
très-gros à sa base, comprimé vers la
pointe qui est faiblement courbée,
fendu jusque derrière les yeux; bords
des deux mandibules dentelés; face
et gorge nues; narines placées près de
la base du bec, linéaires, oblitérées
et se prolongeant de chaque côté en
un sillon qui semble diviser la mandibule en trois parties; pieds courts,
forts, retirés dans l'abdomen; trois
doigts devant et un derrière s'articulant intérieurement; tous quatre réunis par une seule membrane; l'ongle
du doigt intermédiaire dentelé en
scie; ailes longues, la première rémige la plus longue ou d'égale longueur avec la deuxième; douze rectrices.

Il est peu d'Oiseaux sur lesquels
on ait jeté plus de ridicule, et le nom
qu'on leur a imposé paraît être une
conséquence de ce ridicule, plutôt

que des mœurs et des habitudes de l'espèce principale. Une narration du voyageur Dampier, dont la véracité est parfois un peu suspecte, paraît avoir été la source des particularités les plus remarquables qui ont été débitées relativement aux Fous. « Il trouva, dit-il, tant de stupidité dans ces Oiseaux qui étaient réunis en quantités innombrables sur des côtes visitées pour la première fois, qu'il ne savait quels moyens employer pour les faire fuir et abandonner certains passages qu'ils obstruaient; ils se laissaient assommer sous les coups de bâton, plutôt que de se déterminer à céder le terrain.» Si l'on réfléchit à la sécurité naturelle que témoignent assez généralement tous les Animaux au premier aspect de l'Homme, on ne pourra guère être étonné que les Fous soient restés tranquilles à l'approche de Dampier et de son équipage; que l'on ajoute à ces réflexions les difficultés que ces Oiseaux ont à prendre leur vol, à cause de la brièveté et de l'organisation de leurs jambes, de la dimension extrême de leurs ailes, on sera forcé d'avouer que c'est injustement, et sur une observation superficielle que l'on a qualifié de Fous des Oiseaux qui, dans l'immensité des airs comme à la surface des ondes, déploient la plus grande agilité, et font naître l'idée d'un instinct perfectionné lorsqu'on les voit chercher et surprendre le Poisson qu'ils ne peuvent, comme beaucoup d'autres Oiseaux, poursuivre et saisir en se submergeant, en plongeant. Sur tout ce qui a été dit de la prétendue pusillanimité de ces Oiseaux, Catesby, bon observateur d'ailleurs, mais à qui l'on doit souvent reprocher un peu trop de crédulité, est venu renchérir par une description de la tyrannie exercée par les Frégates sur les Fous qu'ils considéraient comme des instrumens de pêche, et qu'ils forçaient à devenir leurs pourvoyeurs. Tout porte à croire que les Frégates n'en agissent ainsi avec les Fous que comme avec tous les Oiseaux pêcheurs, et que ne pouvant elles-mêmes subvenir à leur excessive voracité, elles emploient la force pour enlever à des Oiseaux plus faibles et plus adroits qu'elles à la pêche, une proie qu'ils ne peuvent leur disputer, mais que cependant ils savent par la ruse soustraire à leur vue perçante.

Les Fous habitent toutes les rives escarpées des mers du Nord, qu'ils sont susceptibles de parcourir à des distances énormes; c'est sur les plateaux les moins arides des rochers qu'ils établissent leurs nids ordinairement très-rapprochés les uns des autres, au milieu des broussailles les plus épaisses; ces nids, composés assez négligemment, reçoivent chacun deux ou trois œufs que la femelle couve avec une grande assiduité. La rétraction des jambes dans une partie de l'abdomen rend les Fous peu propres à la marche, exercice auquel ils ne se livrent qu'avec beaucoup de difficulté; elle les oblige aussi à une attitude presque verticale, et ils seraient exposés à des culbutes continuelles, s'ils n'avaient, pour augmenter leur point d'appui, les secours d'une queue longue, forte et très-élastique. De la pointe d'un rocher très-élevé, comme du haut des airs, ils distinguent aisément le Poisson qui vient imprudemment nager trop près de la surface de l'eau; aussitôt ils s'élancent, paraissent se laisser tomber perpendiculairement et enlèvent la victime imprudente sans presque toucher à son habitation, qui, quelques pieds plus bas, eût été inviolable de la part des Fous; le Poisson, quoique d'un volume plus grand que le diamètre apparent du cou, est aussitôt introduit dans l'estomac par une prodigieuse dilatation de la peau qui n'est point adhérente aux muscles et qui n'y tient que par quelques fibres disposées très-inégalement.

Fou de Bassan, *Pelecanus Bassanus*, L., *Morus Bassanus*, Vieill., Buff., pl. enl. 278. Tout le plumage d'un blanc mat, à l'exception du sommet de la tête et de l'occiput qui sont d'un jaune sale ; grandes rémiges noires ; bec bleuâtre à sa base, blanchâtre vers la pointe ; membranes nues de la face et de la gorge bleues ; iris jaune ; tectrices disposées en cône allongé ; partie supérieure des doigts et devant du tarse, rayés longitudinalement de vert clair ; fond des membranes noirâtre ; ongles blancs. Taille, trente à trente-quatre pouces. Les jeunes, jusqu'à l'âge d'un an, ont les parties inférieures d'un brun noirâtre uniforme ; les inférieures d'un brun varié de cendré, et la queue arrondie. D'un à deux ans, la couleur des parties supérieures se charge d'une foule de taches blanches lancéolées ; ces taches sont plus rapprochées et plus petites sur la tête, le cou et la poitrine ; les parties inférieures sont blanchâtres, variées de brun et de cendré. Les rémiges et les rectrices sont brunes : ces dernières sont disposées en cône, et ont leurs tiges blanches ; bec brun, blanchâtre à la pointe ; parties nues de la face brunâtres ; raies du tarse et des doigts blanchâtres.

Fou BLANC, *Pelecanus piscator*, L., *Morus piscator*, Vieill. Tout le plumage blanc, à l'exception de quelques rémiges et d'une partie des tectrices alaires qui sont brunes ; membranes de la face, bec et pieds rougeâtres. Taille, trente-quatre à trente-cinq pouces. Des côtes de l'Amérique méridionale, etc.

Fou DU BRÉSIL. Parties supérieures brunes, irisées, les inférieures blanches ; bec très-allongé, bleuâtre ainsi que les pieds. Taille, dix-huit à vingt pouces. Espèce douteuse.

Fou BRUN DE CAYENNE. *V.* CORMORAN NIGAUD, jeune.

Fou DE CAYENNE, *Pelecanus parvus*, L., *Morus parvus*, Vieill. Parties supérieures noirâtres, les inférieures ainsi que la gorge blanches. Taille, dix-huit pouces. Espèce douteuse.

Fou COMMUN. *V.* FOU DE BASSAN, adulte.

GRAND FOU. *V.* FOU DE BASSAN, *Sula major*, Briss. De l'âge d'un à deux ans.

PETIT FOU BRUN, *Pelecanus fiber*, Lath., Buff., pl. enl. 974. *V.* CORMORAN NIGAUD, jeune.

PETIT FOU DE CAYENNE. *V.* FOU DE CAYENNE.

Fou TACHETÉ, *Pelecanus maculatus*, L., Buff., pl. enl. 986. *V.* FOU DE BASSAN, de l'âge d'un à deux ans. (DR..Z.)

FOU. ois. Espèce du genre Bruant. *V.* ce mot. (DR..Z.)

FOUAH. BOT. PHAN. (Delile.) La Garance chez les Arabes. Shaw écrit FOOAHA. (B.)

FOUCAULT. ois. Syn. vulgaire de la petite Bécassine. *V.* BÉCASSINE. (DR..Z.)

FOUCQUE. ois. L'un des synonymes vulgaires de la Macroule. *V.* FOULQUE. (DR..Z.)

FOUDI. ois. Espèce du genre GROS-BEC. *V.* ce mot. (DR..Z.)

FOUDRE. MOLL. Nom vulgaire et marchand des *Voluta Vespertilio* et *Scapha*, dont les variétés sont appelées Foudre allongée, Foudre fasciée, Foudre rongée, etc. (B.)

FOUDRE. *V.* ELECTRICITÉ ET FEU.

FOUENE. BOT. PHAN. Syn. de Fêne. *V.* ce mot. (B.)

FOUET DE L'AILE. ois. Nom que l'on donne vulgairement à l'articulation extérieure de l'aile des Oiseaux. (DR..Z.)

FOUET DE NEPTUNE. BOT. CRYPT. (*Hydrophytes*.) Plusieurs Laminaires, entre autres, la Digitée, *Fucus digitatus*, sont ainsi nommées par les marins et les voyageurs, à cause de leur ressemblance avec les fouets composés de plusieurs lanières. *V.* LAMINAIRE. (LAM..X.)

*** FOUET EPINEUX.** BOT. CRYPT. Paulet donne ce nom à un Hydne de la famille des *Chevrettes* ou *Chevrots nés !!!!*   (B.)

FOUETTE-QUEUE. *Caudi-Verbera.* REPT. SAUR. Sous-genre de Stellions. *V.* ce mot.   (B.)

FOUETTEUX, FOUETTE-MERLE. OIS. Syn. vulgaire de l'Emérillon. *V.* FAUCON.   (DR..Z.)

* **FOUGE.** BOT. PHAN. *V.* AFOUTH.

FOUGÈRES. *Filices.* BOT. CRYPT. Nous proposons d'élever au rang de classe placée entre les Acotylédones et les Monocotylédones, cette grande série de Végétaux, l'une des plus intéressantes par la singularité de l'organisation, le nombre, l'élégance et la variété de formes des espèces qui la composent. Tournefort en avait fait la première section de sa troisième classe, et Linné le premier ordre de sa Cryptogamie. Ce grand naturaliste, dans ses fragmens d'une Méthode naturelle, constitua les Fougères en famille, sous le n° 64, immédiatement après les Mousses où il renvoyait les Lycopodes, et toujours conséquent, les genres Prêle, Marsilée et Isoëte, qu'il comprenait parmi les Fougères dans le Système sexuel, il les en éloignait dans la Méthode, de même que le Cycas qu'il reportait aux Palmiers. Bernard de Jussieu en forma sa sixième famille qu'il éloignait déjà du reste de la cryptogamie pour la placer entre les Aristoloches et les Orchidées. Son illustre neveu en fait, dans le *Gen. Plant.*, un cinquième ordre qui répond exactement au premier ordre de la cryptogamie linnéenne, et renferme les genres *Ophioglossum, Onoclea, Osmunda, Acrostichum, Polypodium, Asplenium, Hemionitis, Blechnum, Lonchitis, Pteris, Myriotheca, Adianthum, Darea, Trichomanes, Zamia, Cycas, Pilularia, Lemna (Marsilea, L.), Salvinia, Isoetes* et *Equisetum.* Ces genres étaient ceux du législateur suédois, au *Myriotheca* près qui ne lui était pas connu. Celui-ci avait le premier circonscrit les Fougères dans

des groupes caractérisés par la disposition de leurs organes fructificateurs. Jusqu'alors ces groupes avaient été arbitrairement établis d'après les rapports éloignés que présentent la figure générale des Plantes qui nous occupent, et l'on ne pouvait conserver ceux qu'avaient établis Plumier et Tournefort. Le premier de ces botanistes avait publié un bel ouvrage sur les Fougères où se trouvent figurées les plus belles espèces qui croissent aux Antilles, et c'est de l'époque de sa publication que date l'intérêt qu'inspire cette belle famille. Plukenet, dans son Almageste, en avait aussi fait graver un grand nombre, mais ces figures incomplètes et faites sur des fragmens, ne peuvent pas toujours suffire pour faire reconnaître les objets représentés. Schkuhr, plus récemment, a également publié un grand nombre de figures de Fougères dans l'histoire qu'il a donnée de cette intéressante partie de la botanique, ouvrage estimable dans lequel l'auteur malheureusement confiné dans une petite ville d'Allemagne où trop de ressources lui manquaient, a été réduit à composer ses descriptions et ses dessins sur des échantillons mutilés, incomplets et mal choisis.

On n'avait, jusqu'à la fin du siècle dernier, considéré qu'assez superficiellement les Fougères; c'est à Smith qu'on doit d'avoir recherché, dans leur organisation même, les bases de la formation des genres et de leur classification. Cette organisation est particulière; elle consiste dans des fructifications portées, soit sur des frondes parfaitement développées, soit sur des frondes avortées et transformées en une panicule plus ou moins rameuse, mais qui conserve le même mode de division que les frondes véritables. Ces fructifications (*capsules* de la plupart des auteurs, *sporanges* d'Hedwig) ont de très-petits follicules ordinairement uniloculaires, et qui, se rompant d'ordinaire transversalement en deux valves, sont, dans beaucoup de genres, entouré s d'un anneau élastique (*Annulus* de Beauvois , *Gyrus* de Swartz). De nombreux séminules (*Spores*) remplissent les capsules. Celles-ci, quand elles ne sont pas réunies en panicules ou grappes terminant des frondes particulières, sont disposées en paquets ou lignes sur le revers des frondes ordinaires dans le sinus de leurs découpures ou sur leur marge. Ces paquets (*Sores*) sont nus ou munis d'une membrane qui les protège (*Induses* de la plupart des botanistes, *Involucres* de Swartz) et qui, pour mettre à découvert les capsules des sores, se rompt de différentes manières, toutes très-propres à bien caractériser les genres.

Les Fougères sont herbacées ou ligneuses ; il en est d'arborescentes ; leurs tiges et le stipe de leurs frondes , en général simples, tendent à se fourcher , et la disposition dichotome des Mertensies n'est qu'une conséquence de cette disposition. Il n'en est positivement pas de rameuses , mais beaucoup sont pinnées , et plusieurs des plus entières indiquent une tendance à le devenir. Les frondes , qui varient prodigieusement depuis la simplicité complète jusqu'à la décomposition , se déroulent en crosse dans leur croissance. Cette particularité ne se remarque cependant point dans les genres *Botrychium* et *Ophioglossum*.

La nature semble s'être plue à varier les formes des Fougères à l'infini , en disposant sur des formes pareilles des organes fructificateurs fort différens. Ainsi l'on voit des espèces qui présentent le même aspect, appartenir à des genres fort éloignés. Pour surmonter la difficulté qui peut résulter d'une grande ressemblance entre les espèces de Fougères, on trouvera des caractères excellens dans la coupe des stipes. Nous devons cette heureuse idée à Du Petit-Thouars qui l'avait utilement mise en pratique durant son séjour à l'Ile-de-France où ce savant s'était appliqué à l'étude des Fougères sur lesquelles il nous a montré un très-beau travail qu'on doit regretter

de voir enseveli dans son porte-feuille.

La couleur des Fougères est généralement le vert foncé , et leur consistance membraneuse assez solide ; cependant il en est dont le tissu est fort mou, d'autres qui ressemblent à de la gaze , et plusieurs sont couvertes d'une poussière qui leur donne les plus brillantes teintes de l'Or et de l'Argent. La plupart, surtout dans leur jeunesse , sont couvertes (les stipes surtout) d'écailles membraneuses. Elles donnent beaucoup de Potasse par l'incinération, peuvent servir à la nourriture des bestiaux et offrent même à l'Homme un aliment dans quelques cantons du globe ; en Norwège par exemple on en mange de jeunes pousses. Plusieurs espèces sont employées en médecine contre le Tœnia , comme purgatives, ou comme pectorales et béchiques. Le plus grand nombre se plaît dans les bois sombres , sur le vieil humus , ou sur les troncs pourris des Arbres souffrans ; d'autres croissent dans les fentes des rochers , quelques-unes préfèrent les lieux marécageux ou sont entièrement aquatiques. C'est entre les tropiques qu'on trouve davantage, et que, pour l'ornement des forêts, s'élèvent celles qui présentent les plus grandes dimensions et le port des Palmiers. Le nombre des Fougères diminue à mesure qu'on s'élève vers le Nord , au point que la Flore Suédoise , par exemple , n'en possède guère que vingt-cinq espèces, tandis que le quarante-cinquième degré de latitude nord en offre déjà plus de cent-cinquante , et celle de l'équateur probablement, cinq à six cents. Le nombre des espèces dont nous avons acquis la connaissance certaine par une étude approfondie, passe neuf cents , auxquelles on peut en ajouter cinq cents au moins que nous connaissons, mais qui existent incomplètes , soit dans notre collection, soit dans les herbiers qu'ont bien voulu nous communiquer avec une extrême obligeance des savans , auxquels nous avons communiqué le projet que nous mûrissons depuis vingt ans de publier une Histoire complète des Fougères. Nos grands voyages et la générosité des botanistes de la capitale, en nous procurant de nombreux matériaux, nous ont mis en état d'ajouter quelques genres nouveaux à ceux qui furent précédemment établis. On peut juger, en jetant les yeux sur le dernier volume du *Species* de Willdenow, de quel nombre d'espèces nous avons grossi le catalogue des Fougères; nous n'avions cependant pas communiqué à notre ami la moitié de ce que nous pouvions lui donner quand la mort l'enleva à nos affections.

Les Fougères paraissent avoir fait partie de la végétation primitive du globe, et l'on en trouve beaucoup d'espèces fossiles que nous n'hésiterons pas à comprendre dans notre classification générale, en adoptant les genres qu'établit parmi les Filicites notre collaborateur A. Brongniart, auteur d'un excellent Traité sur les Végétaux fossiles.

Linné n'avait guère décrit que deux cents espèces de Fougères, nombre porté à plus du double par le compilateur Gmelin. Smith, vers la fin du dernier siècle, commença à mieux étudier les Fougères, et, dans les Actes de Turin, basa les genres sur des caractères tirés de l'organisation intime de la fructification.

Enfin, Swartz, en 1806, publia sous le titre de *Synopsis Filicum*, un excellent ouvrage, où, sans compter les Fougères douteuses soigneusement recommandées aux recherches des naturalistes, plus de sept cents espèces sont décrites et vingt-trois figurées. Ces espèces sont comprises dans trente-trois genres répartis ainsi qu'il suit dans trois grandes sections.

†Fougères qui ont un anneau élastique parfaitement caractérisé.

α Dépourvues d'induses.

Genres: *Acrostichum, Meniscium, Hemionitis, Grammitis, Tænitis* et *Polypodium.*

β Munies d'induses.

Genres: *Aspidium, Asplenium, Cænopteris, Scolopendrium, Diplazium, Lonchitis, Pteris, Vittaria, Onoclea, Blechnum, Woodwardia, Lindsæa, Adianthum, Cheilanthes, Davallia, Dicksonia, Cyathea, Trichomanes* et *Hymenophyllum.*

†† Fougères dont l'anneau élastique est imparfait. Cette section contient les genres *Schizea, Lygodium, Mohria, Anemia, Osmunda, Todæa, Mertensia, Gleichenia* et *Angiopteris.*

††† Fougères totalement dépourvues d'anneau élastique. Les genres *Marattia, Danæa, Botrychium* et *Ophioglossum.*

On voit que Swartz, qui a compris dans son ouvrage les Lycopodes, sans les confondre cependant avec les Fougères, en a totalement éloigné les Prêles et les Rhizospermes, dont il n'a même pas parlé.

Willdenow, auquel nous avions communiqué la plupart des espèces nouvelles, fruit de nos propres voyages, et que Bonpland avait également enrichi de toutes ses découvertes, se trouva en état de perfectionner encore plus que Swartz l'histoire des Fougères. Le dernier volume de son *Species* en mentionne plus de mille espèces renfermées dans cinquante-trois genres. Il faut avouer que cet estimable auteur a fait quelques doubles emplois; mais d'un autre côté, ayant confondu plusieurs espèces en une seule, il y a compensation d'erreur relativement au nombre total. Pour lui, les Fougères ne font plus le premier ordre de la cryptogamie; mais cet ordre est divisé en six sections qu'il a nommées: *Gonoptérides, Stachyoptérides, Poroptérides, Schisnatoptérides, Fougères* et *Hydroptérides.*

Les Gonoptérides se composent du seul genre Prêle, et répondent à la famille de Equisétacées.

Les Stachyoptérides renferment les Lycopodes qui doivent former une famille distincte; plus notre *Dufourea* (*V.* ce mot), que les observations récentes d'Auguste Saint-Hilaire transportent irrévocablement parmi les Nayades, et les genres *Tmesipteris* et *Bernhardia*, qui sont encore des Lycopodiacées, *Ophioglossum* et *Botrychium*, qui avec l'addition du genre *Helminthostachis* de Koulf, forment une petite famille correspondant aux Ophioglosses de Brown.

Les Poroptérides sont composées des genres *Marattia* (*Myriotheca* de Jussieu) et *Danœa*.

Les Schisnatoptérides sont formées des genres *Angiopteris*, *Gleichenia*, *Mertensia*, *Todea*, *Mohria*, *Hydroglossum* (*Lygodium* de Swartz), *Schizea*, *Anemia* et *Osmunda*.

Les *Fougères*, toujours les plus nombreuses, renferment les genres suivans : *Polybotrya*, *Acrostichum*, *Hemionitis*, *Meniscium*, *Tœnitis*, *Ceterach*, *Grammitis*, *Polypodium*, *Pleopeltis*, *Aspidium*, *Onoclea*, *Struthiopteris*, *Lomaria*, *Darea* (*Cœnopteris* de Jussieu et de Swartz), *Asplenium*, *Scolopendrium*, *Diplazium* (notre *Callipteris*), *Pteris*, *Vittaria*, *Blechnum*, *Woodwardia*, *Lindsœa*, *Adianthum*, *Cheilanthes*, *Lonchitis*, *Davallia*, *Dicksonia*, *Cyathea*, *Trichomanes* et *Hymenophyllum*.

Les Hydroptérides sont composées des genres *Isoetes*, *Pilularia*, *Salvinia*, *Marsilea* (*Lemna* de Jussieu) et *Azolla*.

Robert Brown, dans son Prodrome d'une Flore de la Nouvelle-Hollande, a, sous d'autres noms et à peu près dans le même ordre, suivi la méthode établie par Willdenow, en ajoutant au travail de celui-ci les genres formés récemment par divers botanistes ou ceux qui ne font pas partie de la Flore des contrées explorées par le savant naturaliste anglais.

On peut disposer le tableau des Fougères actuellement connues, de la manière suivante :

† POLYPODIACÉES. Capsules libres se rompant irrégulièrement, entourées d'un anneau élastique, étroit et saillant, qui se termine en un pédicelle plus ou moins long. Fronde roulée en crosse.

Ce sont les genres *Polybotria*, Humb. — *Acrostichum*, L. — *Hemionitis*. — *Meniscium*, Sw. — *Tœnitis*, Sw. — *Notholœna*, R. Brw. — *Ceterach*, Willd. — *Grammitis*, Sw. — *Polypodium*, L. — *Pleopeltis*, Humb. — *Aspidium*, Sw. — *Nephrodium*, Rich. — *Cistopteris*, Desv. — *Athyrium*, Roth. — *Asplenium*, L. (*Darea*, Juss.) — *Scolopendrium*, Sw. — *Diplazium*, Sw. — *Doodia*, R. Br. — *Woodwardia*, Smith. — *Blechnum*, L. — *Lomaria*, Willd. — *Stegania*, R. Br. — *Cryptogramma*, R. Br. — *Struthiopteris*, Mohr. — *Onoclea*, L. — *Pteris*, L. — *Lonchitis*, L. — *Adianthum*, L. — *Cheilanthes*, Sw. — *Vittaria*, Sw. — *Lindsea*, Sw. — *Davallia*, Smith. — *Trichomanes*, L. — *Hymenophyllum*, Sw. — *Dydymoglossum*, Desv. — *Dicksonia*, Smith. — *Allantodia*, R. Br. — *Alsophila*, R. Brown. — *Hemitelia*, R. Br. — *Cyathea*, R. Br. — *Woodsia*, R. Br.

†† GLEICHENIÉES. Capsules libres, sessiles, disposées régulièrement par groupes peu nombreux, entourées dans leur milieu d'un anneau élastique large et plat, s'ouvrant par une fente transversale. Fronde roulée en crosse ayant son développement.

Genres : *Ceratopteris*, Ad. Brongn. (*Telcozoma*, R. Br. ; *in Francklin itin.*) — *Platizoma*, R. Br. — *Gleichenia*, Sw. — *Mertensia*.

††† OSMUNDACÉES. Capsules libres, sessiles, ou portées sur un court pédicelle, s'ouvrant par une fente longitudinale ou en deux valves; anneau élastique nul ou remplacé par une sorte de calotte striée. Fronde roulée en crosse dans sa jeunesse.

* Capsule présentant un anneau élastique en forme d'opercule terminale, et s'ouvrant par une fente longitudinale.

Genres : *Anemia* , Sw. — *Schizea*, Sw. (*Laphidium*, Rich.; *Ripidium*, Bernh.) — *Lygodium* , Sw. (*Ugena*, Cavan.; *Hydroglossum*, Willd.; *Cteisium*, Rich. *in Mich.*) — *Mohria* , Swartz.

** Capsules sans aucun anneau élastique.

Genres : *Todea* , Sw.— *Osmunda* , Sw. — *Angiopteris* , Hoffm.

†††† MARATTIÉES. Capsules sessiles , réunies et soudées , et représentant une capsule multiloculaire; point d'anneau élastique. Fronde roulée en crosse avant son développement.

Genres : *Danæa* , Smith. — *Marattia*, Smith.

††††† OPHIOGLOSSÉES. Capsules libres , en partie plongées dans la fronde, sans anneau élastique, s'ouvrant par une fente transversale.

Genres : *Botrychium*, Sw. — *Helminthostachys* , Koulf. — *Ophioglossum* , L.

Cette dernière tribu peut, sous quelques rapports , être regardée comme intermédiaire à la famille des Fougères et à celle des Lycopodiacées; comme dans ces dernières, les frondes ne sont point roulées en crosse , et ses capsules ont une structure assez semblable ; mais la forme et l'organisation des feuilles, ainsi que leur port, sont beaucoup plus analogues à ceux des Fougères.

Après les véritables Fougères dont il vient d'être question , Brown place les Lycopodinées, qui contiennent les genres *Psilotum* (*Bernhardia* de Willdenow) et *Lycopodium* , et les Marsiléacées qui sont composées des genres *Azolla* et *Marsilea*. On peut y ajouter le *Salvinia ;* mais on convient généralement aujourd'hui que l'*Isoetes* doit encore être isolé de ces genres ; cependant, pour ne pas multiplier à l'infini le nombre de familles qu'il y aurait abus de réduire à un seul genre d'une ou deux espèces , nous proposerons de conserver la division des Rhizospermes où toutes ces fausses Fougères viendront se réfugier.

Nous n'anticiperons pas sur le grand travail que nous projetons, en établissant des coupes nouvelles qui , pour être adoptées , doivent être discutées avec le plus grand soin ; mais nous devons faire remarquer qu'il est impossible de laisser subsister , telle qu'elle est , cette grande division des Polypodiacées de Brown , qui peut se partager si naturellement en trois familles parfaitement tranchées : 1° celle des Polypodiacées proprement dites , dont les sores sont dépourvues d'induses ; 2° celle des Aspidiacées qui en sont munies, et 3° celle des Hyménophyllées, si remarquable par la consistance des frondes, et par la columelle qu'on observe dans ses capsules.

Nous établirons ensuite quelques genres nouveaux que nos observations nous ont mis en état de constater ou qui nous ont été communiqués par le laborieux Gaudichaud. Ce jeune savant doit décrire les Fougères dans le bel ouvrage que notre ancien ami, le capitaine Freycinet, va publier sur son mémorable voyage.

Parmi les Polypodiacées renfermées dans les limites que nous lui assignerons désormais , le genre Polypode, tout réduit qu'il l'a été précédemment , est encore tellement considérable qu'il est presque impossible d'y reconnaître les espèces sur de simples descriptions , et que des coupes y deviennent conséquemment indispensables. 1° Gaudichaud forme à ses dépens sou *Adenophorus* dont les caractères sont : des soies solitaires presque rondes, presque terminales , ayant leurs capsules entremêlées de glandes stipitées ; il renferme deux élégantes espèces de la mer du Sud. Nous proposons encore aux dépens des Polypodes les trois genres suivans; 2° *Marginaria* , à sores exactement disposées sur la marge des frondes et comme à cheval , s'il est permis de s'exprimer ainsi. Ce genre est aux Polypodes ce que les Vittaires sont aux Ptérides. Nous en connaissons une espèce à frondes entières , et l'autre à frondes pinnatifides; 3° *Selliguea* , à sores solitaires disposées en une seule ligne, épaisse, oblongue et parallèle à deux nervures placées à une égale distance l'une de l'autre. C'est au sagace inventeur du meilleur des microscopes que nous dédions ce beau genre qui offre des caractères contraires aux Blechnes quant à la position des sores. Nous n'en connaissons qu'une espèce à feuilles simples ; elle nous a été communiquée par Fée qui pense l'avoir reçue de Java ; 4° *Lastrea*, sores placées sur le milieu d'une nervure qui l'outrepasse, c'est-à-dire que la sore n'est jamais terminale à aucune nervure. Ce genre comprendra la plus grande partie des Polypodes à feuilles bipinnatifides ou bipinnées, et, par sa comparaison avec les vrais Polypodes, on le reconnaîtra très-bon. En effet, la fructification de ceux-ci est toujours terminale à l'extrémité d'une nervure destinée à porter chaque paquet de capsules, et qui ne l'outrepasse jamais. Les *Polypodium Oreopteris*, *Thelipteris* et *unitum* peuvent être considérés comme type de ce genre que nous dédions à Delastre, botaniste zélé de Châtellerault, et auquel nous devons déjà de belles observations microscopiques sur les Hydrophytes d'eau douce ; 5° *Schizoloma*. Gaudichaud forme ce genre aux dépens des *Lindsea*, et le regarde comme un passage aux Vittaires. Le *Lindsea lanceolata* de Labillardière en est le type, et il y ajoute deux espèces inédites ; 6° *Pinonia*. Gaudichaud est l'auteur de ce beau genre qu'il regarde comme rapproché des *Dicksonia* ou des *Marattia*. Un bel Arbre le constitue ; des capsules submarginales fixées dans un tégument coriace à deux valves dont l'extérieure est en voûte fixe, et dont l'intérieure libre, s'ouvrant de dehors en dedans et de haut en bas, le caractérisent. C'est à l'épouse du capitaine Freycinet que le galant botaniste a dédié ce nouveau genre. Le nom spécifique de *splendens* lui était dû à cause de la soie molle et brillante qui forme un duvet remar-

quable au bas de ses tiges ; 7° *Hymenostachis*. Capsules sub-bilabiées, portées sur une hampe distincte des frondes stériles disposées en un épi distique, et réunies par un parenchyme foliacé. Nous en possédons une espèce rapportée de la Guiane par Poiteau, et que Rudge avait déjà imparfaitement décrite et figurée sous le nom de *Trichomanes elegans* qu'avait adopté Willdenow ; 8° *Feea* dont nous possédons deux espèces, l'une de la Guiane et l'autre de la Guadeloupe. Rudge a confondu ces espèces avec celle qui forme le genre précédent, et composé de leur mélange une Plante monstrueuse qui ne saurait exister telle qu'il l'a représentée.

Deux points de l'organisation des Fougères restent encore à décider : ces Végétaux sont-ils privés d'organes mâles, et, s'ils en sont doués, sous quelle forme ces organes se présentent-ils ? Leurs embryons sont-ils véritablement acotylédones ou monocotylédones ? Quant à la première question, il faut convenir qu'aucun des organes auxquels on a attribué les fonctions des étamines dans ces Plantes ne paraît susceptible de les remplir. Ainsi ce ne sont ni les tégumens qui recouvrent les capsules dans quelques genres, ni les poils glanduleux qu'on voit sur les jeunes frondes d'autres espèces qu'on peut regarder comme analogues aux étamines. Admettra-t-on, avec quelques auteurs, que les organes mâles et femelles sont réunis dans les capsules ? Aucune observation n'a démontré l'existence de deux sortes d'organes dans ces capsules, et leur structure paraît tout-à-fait contraire à cette supposition ; rien jusqu'à présent ne paraît donc annoncer l'excellence d'organes fécondans parmi ces Végétaux.

Si nous examinons la germination de ces mêmes Plantes, nous verrons que des observations nombreuses ont prouvé qu'il naissait d'abord des semences une sorte d'écaille unilatérale, irrégulière, que quelques botanistes ont regardée comme un cotylédon, mais qui diffère extrêmement de cet organe, et particulièrement du cotylédon des Végétaux monocotylédonés. Dans les véritables Monocotylédonés, le cotylédon existe déjà dans l'embryon avant la germination, et il forme une sorte de gaîne qui enveloppe complétement la plumule, et qui est percé par elle lors de la germination. Dans les Fougères, la ténuité des semences ne permet pas d'examiner la structure de l'embryon avant son développement, et par conséquent de s'assurer à cette époque de l'existence et de la forme du cotylédon ; mais lors de la germination, la petite feuille ou écaille qu'on a regardée comme un cotylédon ne présente aucune analogie avec le cotylédon des Plantes phanérogames monocotylédones. Elle paraît plutôt n'être qu'une feuille primordiale peu développée.

C'est donc bien plus d'après la structure des tiges, et l'ensemble de la végétation, que d'après l'organisation de la semence, que R. Brown ainsi que De Candolle ont placé cette famille parmi les Monocotylédones, opinion qui nous paraît encore loin d'être prouvée, car les Fougères nous semblent liées par beaucoup plus de caractères aux Mousses et à quelques autres familles acotylédones, qu'aux Monocotylédones phanérogames.

Le nom de Fougère (qui paraît dériver de celui de Feuchière employé dans le vieux français, plutôt que du mot latin *Filix*), accompagné de quelque épithète distinctive, a été vulgairement imposé, comme spécifique, à diverses Plantes de la classe dont il est question. Ainsi l'on a appelé :

FOUGÈRE AQUATIQUE OU FLEURIE, l'*Osmunda regalis*.

FOUGÈRE EN ARBRE, les Polypodes, les *Cyathea* et autres Fougères dont la tige ligneuse et le port rappellent les Palmiers.

FOUGÈRE COMMUNE, le *Pteris aquilina*, L.

FOUGÈRE FEMELLE, l'Aspidie la

plus commune de nos forêts et les espèces que leur ressemblance fait confondre avec elle.

FOUGÈRE IMPÉRIALE, le *Pteris aquilina* dont la coupe présente la figure de l'Aigle à deux têtes.

FOUGÈRE MALE, l'espèce communément employée contre le Vers solitaire, et l'une de celles qui, dans nos contrées, acquièrent les plus grandes dimensions, est encore remarquable par la grosseur et la belle couleur jaunâtre ou bleuâtre de ses paquets de fructification.

Un Cerfeuil, *Cerefolium moschatum*, remarquable par son odeur, a aussi reçu improprement le nom de Fougère musquée.   (D.)

FOUGERIE. *Fougeria*. BOT. PHAN. Genre de la famille des Synanthérées, Corymbifères de Jussieu, et de la Syngénésie nécessaire, L., établi par Mœnch, et adopté par Cassini qui l'a placé dans la tribu des Hélianthées, auprès du genre *Baltimora*. Mœnch a ainsi tracé ses caractères : calathide dont le disque est formé de cinq fleurons réguliers, mâles, et dont les fleurons extérieurs sont aussi au nombre de cinq, en languette ovale, large, à deux ou trois dents, et femelles ; involucre composé d'écailles ovales, lancéolées, foliacées, et disposées sur deux rangs dont l'intérieur en a cinq ; réceptacle plane, garni de paillettes aussi longues que les fleurs, linéaires, dentées et colorées ; ovaires triquètres, surmontés d'un rebord coroniforme qui tient lieu d'aigrette.

Ce genre, dédié à la mémoire de Fougeroux, botaniste français qui a établi le genre *Galardia*, ne renferme qu'une seule espèce, le *Fougeria tetragona*, dont Mœnch n'indique pas la patrie. C'est une Plante annuelle et herbacée, à tige tétragone, à feuilles opposées, ovales, larges, aiguës et dentées en scie, à fleurs jaunes, portées sur des pédoncules axillaires   (G..N.)

FOUGEROLE. BOT. PHAN. On donne vulgairement ce nom aux petites espèces de Fougères, telles que l'*Aspidium fragile*, le *Trichomanes*, l'*Adianthum nigrum*, etc.   (B.)

FOUINE. MAM. Espèce du genre Marte. *V*. ce mot. On a étendu ce nom à divers Animaux qui ne sont pas des Martes. Ainsi l'on a appelé le Grison Fouine de la Guiane, de même que le Coati, et Fouine de Madagascar, le *Viverra Cafra*.   (B.)

FOUILLET. OIS. Syn. vulgaire du Pouillot. *V*. SYLVIE.   (DR..Z.)

* FOUISSEURS. *Effodientia*. MAM. Neuvième ordre des Mammifères dans la Méthode d'Illiger. Il répond aux Edentés ordinaires de Cuvier, et renferme les Tatous, les Oryctéropes, les Fourmiliers et les Pangolins. *V*. tous ces mots.   (B.)

*FOUISSEURS ou GUÊPES ICHNEUMONS. *Fossores*. INS. Seconde famille de l'ordre des Hyménoptères, section des Porte-Aiguillons, établie par Latreille (Règn. Anim. de Cuv.), et correspondant au grand genre *Sphex* de Linné. Elle comprend les Hyménoptères à aiguillon, dont tous les individus sont ailés, de deux sortes, et vivant solitairement; leurs pieds servent exclusivement à marcher, et dans plusieurs sont propres à fouir; les ailes sont toujours étendues. Les Insectes de cette famille sont ordinairement très-agiles; ils vivent sur les fleurs et en pompent les sucs, à l'aide de leurs mâchoires et de leur lèvre allongées en forme de trompe dans plusieurs. La plupart des femelles déposent à côté de leurs œufs, dans les nids qu'elles ont préparés pour leurs petits et le plus souvent dans la terre ou dans le bois, divers Insectes encore larves ou à l'état parfait; quelquefois aussi, des Arachnides qu'elles ont préalablement percés de leur aiguillon. Tous ces Animaux sont la pâture de leurs petits qui, privés de pates, ne pourraient aller à leur recherche. Quand ils s'en sont convenablement nourris, ils se filent une coque, se métamorphosent en nymphe dans son intérieur, et en rompent les parois pour en sortir à

l'état parfait. Latreille distribue les genres de cette famille en six coupes de la manière suivante :

Ire SECTION. — Les SCOLIÉTES, *Scolietæ*. Prothorax tantôt en forme d'arc, et prolongé latéralement jusqu'aux ailes, tantôt en carré transversal ou en forme de nœud ou d'article; pieds courts, gros, très-épineux ou fort ciliés, avec les cuisses arquées près du genou; antennes des femelles sensiblement plus courtes que la tête et le corselet.

† Palpes maxillaires longs, composés d'articles sensiblement inégaux; premier article des antennes presque conique.

Genres : TIPHIE, TENGYRE.

†† Palpes maxillaires courts, composés d'articles presque semblables; premier article des antennes allongé, presque cylindrique.

I. Premier article des antennes recevant et cachant le suivant.

Genres : MYZINE, MÉRIE.

II. Premier article des antennes laissant le suivant à découvert.

Genre : SCOLIE.

IIe SECTION. — Les SAPYGITES, *Sapygitæ*. Prothorax comme dans la division précédente; pieds courts, grêles, non épineux ni fortement ciliés; antennes, dans les deux sexes, aussi longues au moins que la tête et le corselet (leur corps est ordinairement ras ou n'a qu'un faible duvet).

† Antennes filiformes ou sétacées.

Genres : THYNNE, POLOCHRE.

†† Antennes plus grosses à leur extrémité, en massue dans quelques mâles.

Genres : SAPYGE.

IIIe SECTION. — Les SPHÉGIMES, *Sphegimæ*. Prothorax comme dans les sections précédentes; pieds postérieurs une fois au moins aussi longs que la tête et le tronc; antennes le plus souvent grêles, formées d'articles allongés, peu serrés ou lâches, et très-arquées ou contournées , du moins dans les femelles.

† Prothorax carré, soit transversal, soit longitudinal ; abdomen attaché au thorax par un pédicule très-court ; jambes postérieures ayant ordinairement une brosse de poils à leur côté interne.

Genres : Pompile, Pepsis, Céropale, Apore, Misque (la 2ᵉ famille de Jurine), Salius.

†† Prothorax rétréci en devant, en forme d'article ou de nœud ; premier anneau de l'abdomen, et quelquefois aussi une partie du suivant, rétréci en un pédicule allongé.

I. Mandibules dentées ; palpes filiformes, presque égaux ; mâchoires et languette très-longues, en forme de trompe, fléchies en dessous.

Genre : Ammophile.

II. Mandibules dentées ; palpes filiformes, presque égaux ; mâchoires et languette courtes et fléchies tout au plus à leur extrémité.

Genres : Sphex, Pronée, Chlorion.

III. Mandibules dentées ; palpes maxillaires beaucoup plus longs que les labiaux et presque en forme de soie.

Genre : Dolichure.

IV. Mandibules sans dents.

Genres : Pélopée, Podie.

IVᵉ Section. — Les Bembécides, *Bembecides*. Prothorax ne formant plus qu'un simple rebord linéaire et transversal , dont les deux extrémités latérales éloignées de l'origine des ailes supérieures ; pieds courts ou de longueur moyenne ; tête, vue en dessus , paraissant transverse ; yeux étendus jusqu'au bord postérieur ; labre entièrement à nu ou très-saillant ; abdomen en demi-cône allongé, arrondi sur les côtés de sa base.

† Une fausse trompe fléchie en dessous ; labre en triangle allongé.

I. Palpes très-courts ; les maxillaires de quatre articles et les labiaux de deux.

Genre : Bembex.

II. Palpes maxillaires assez allongés , de six articles, et les labiaux de quatre.

Genre : Monédule.

†† Point de fausse trompe ; labre court et arrondi.

Genre : Stize.

Vᵉ Section. — Les Larrates , *Larratæ*. Même port à peu près que la division précédente ; labre caché en totalité ou en grande partie (les antennes souvent filiformes).

† Echancrure profonde au côté inférieur des mandibules.

Genres : Palare, Larre, Lyrops, Miscophe, Dinète.

†† Point d'échancrure au côté inférieur des mandibules.

I. Yeux entiers ou sans échancrure.

Genres : Astate, Oxybèle, Goryte, Nysson.

II. Yeux échancrés.

Genre : Trypoxylon.

VIᵉ Section. — Les Crabronites, *Crabronites*. Prothorax très-court, linéaire et transversal ; pieds courts ou de longueur moyenne ; tête très-grosse , paraissant, vue en dessus , presque carrée ; yeux, quoique très-grands , terminés en dessus à quelque distance du bord postérieur ; abdomen de forme ovale ou elliptique.

Genres : Melline, Pemphredon , Alyson , Stigme , Crabron , Philanthe , Cerceris.

V. chacun de ces noms de genres.
(aud.)

FOUL et FUL. bot. phan. (Delile.) Syn. arabe de Sève.   (b.)

FOULCRE. ois. Syn. vulgaire de la Macroule. *V*. Foulque. (dr..z.)

FOULE-CRAPAUD. ois. (Salerne.) Syn. vulgaire de l'Engoulevent. *V*. ce mot.   (dr..z.)

FOULIMÈNE. ois. (Flacourt.) Nom que l'on donne à Madagascar à un Oiseau couleur de feu que l'on présume appartenir au genre Gros-Bec.   (DR..Z.)

FOULON. ins. Nom vulgaire du *Melolontha Fullo*, grosse et belle espèce de Hanneton assez commun dans les dunes de nos côtes.   (B.)

FOULQUE. *Fulica*. ois. (Brisson.) Genre de l'ordre des Pinnatipèdes. Caractères : bec médiocre, conique, épais, droit, comprimé à sa base, beaucoup plus haut que large; mandibule supérieure légèrement renflée et inclinée vers le bout, se dilatant sur le front en une grande plaque nue, l'inférieure anguleuse, toutes deux d'égale longueur; narines latérales oblongues, placées vers le milieu du bec, percées de part en part, recouvertes à demi par une membrane assez épaisse; pieds assez allongés, grêles, dégarnis de plumes jusqu'au dessus du genou; quatre doigts; les trois de devant longs, réunis à leur base, et garnis de chaque côté d'une membrane découpée en festons; première rémige plus courte que les deuxième et troisième qui sont les plus longues.

Les Foulques que l'on a retrouvées dans tous les pays où se sont portés les observateurs de la nature, paraissent, par cette seule raison, être des Oiseaux voyageurs, quoiqu'on les voie très-rarement se livrer à l'exercice du vol. Peut-être aussi ne les trouvons-nous aussi sédentaires que parce que leur naturel craintif les retient cachées pendant toute la journée dans les Joncs et les Roseaux, et que, profitant de la faculté qui leur est commune avec beaucoup d'autres Oiseaux, de très-bien distinguer dans l'obscurité, elles ne parcourent les régions de l'air que pendant la nuit, ce qui dérobe leur vol à nos regards. Quoi qu'il en soit, la faculté de voir dans l'obscurité, qui dénote toujours une faiblesse de l'organe de la vue, est un bienfait pour tous les Oiseaux qui ne se nour-

rissent que de Poissons et de Vers, car ceux-ci, redoutant l'éclat de la lumière, ne se montrent d'ordinaire que pendant la nuit.

Les Foulques, peu nombreuses en espèces, ont avec les Gallinules des rapports de mœurs comme d'organisation; les unes et les autres, quoique monogames, vivent en société, et sont presque toujours réunies; elles préfèrent les étangs, les marais, les lacs et les golfes aux eaux courantes et trop agitées; elles fuient même la haute mer. C'est au milieu des eaux sur quelque touffe de Plantes aquatiques, qu'elles déposent dix-huit à vingt œufs dans un nid formé par un amas de joncs, par des débris de Roseaux, et garni intérieurement d'un peu de duvet. Les petits qui nagent en naissant, et que l'on prendrait pour des petits Quadrupèdes couverts de poils, deviennent souvent les victimes de la voracité des grands Oiseaux et des Poissons.

Les Foulques quittent rarement l'eau : elles nagent et plongent avec la plus grande vivacité; elles volent les pieds pendans; elles paraissent abandonner les pays du Nord à l'époque des gelées, mais y reparaissent dès que les plus violens frimats ont cessé; leur chair est un mets peu délicat et peu recherché.

FOULQUE A AIGRETTES. *V.* GRÈBE CORNU.

FOULQUE A BEC VARIÉ. *V.* GRÈBE A BEC CERCLÉ.

FOULQUE A CRÊTE, *Fulica cristata*, Lath. Tout le plumage d'un noir bleuâtre; la plaque du front rouge, relevée et divisée en forme de crête; bec blanc avec la base rouge; pieds noirâtres. Taille, seize pouces. De Madagascar.

GRANDE FOULQUE. *V.* FOULQUE MACROULE.

FOULQUE A JARRETIÈRES ROUGES DU PARAGUAY, *Fulica armillata*, Vieill. Tout le plumage d'un noir bleu, plus foncé vers le cou; quatorze rectrices arrondies; bec d'un jaune verdâtre, avec une tache rouge sur la mandibule supérieure; pieds noirâtres, avec le bas de la jambe d'un rouge orangé très-vif. Taille, quinze pouces et demi.

FOULQUE LEUCOPTÈRE, *Fulica Leucoptera*, Vieill. Tout le plumage d'un noir bleuâtre, à l'exception des tectrices alaires et caudales inférieures, de l'extrémité des rémiges internes qui sont d'un blanc argenté ; ouze rectrices pointues ; plaque ontale demi-circulaire ; bec verdâre ; pieds noirs ; jambes jaunâtres ; tarse très-comprimé ; iris rouge. Taille, treize pouces. De l'Amérique méridionale.

FOULQUE MACROULE OU MORELLE, *Fulica atra*, L., Buff., pl. enl. 197. Tout le plumage d'un noir plombé, plus foncé vers le cou ; un trait blanc au pli de l'aile ; bec blanchâtre, avec la plaque frontale blanche, mais qui rougit à l'époque des amours ; pieds noirâtres avec une ligne rouge au-dessus du genou. Taille, dix-huit pouces. D'Europe. Cette espèce varie accidentellement, et les variétés ont été admises comme espèces par plusieurs auteurs ; telles sont :

La Foulque aux ailes blanches, *Fulica Leucorix*, Gmel. ; la Foulque blanche, *Fulica alba*, Lath. ; la Foulque cendrée, *Fulica Americana*, Lath. ; la Foulque toute noire, *Fulica Æthiops*, Gmel. ; la Foulque à ventre blanc, *Fulica fusca*, Lath.

FOULQUE DU MEXIQUE, *Fulica Mexicana*, Lath., espèce douteuse que Vieillot a placée parmi les Porphyrions. Elle a les parties supérieures variées de bleu et de fauve ; les inférieures ainsi que la tête et la gorge pourpres.

FOULQUE NOIRE ET BLANCHE. *V.* GRÈBE CORNU.

FOULQUE OREILLÉE. *V.* GRÈBE OREILLARD.   (DR..Z.)

FOUNINGO. ois. Espèce du genre Pigeon. *V.* ce mot.   (DR..Z.)

FOUNINGO MAITSOU. ois. Es-

pèce du genre Pigeon. *V.* ce mot.

(DR..Z.)

FOUQUE. ois. *V.* FOULQUE.

FOUQUET. ois. Espèce du genre Hirondelle-de-mer. *V.* ce mot.

(DR..Z.)

*FOUQUIERA. BOT. PHAN. Kunth a établi ce genre d'après un Arbrisseau élégant du Mexique, juste hommage à un médecin célèbre qui avait rendu un service important à la botanique en sauvant la vie au professeur L.-C. Richard. Il le caractérise de la manière suivante : calice composé de cinq sépales arrondis et imbriqués ; corolle monopétale, hypogyne, présentant un tube cylindrique légèrement arqué, et un limbe découpé en cinq lobes étalés, presque réguliers ; douze étamines insérées sous l'ovaire, saillantes, à filets ciliés et soudés entre eux inférieurement ; à anthères cordiformes, biloculaires et s'ouvrant suivant leur longueur ; ovaire libre sessile ; une seule loge dans laquelle on compte dix-huit ovules ascendans, fixés sur deux rangs le long de trois placentas pariétaux ; style trifide au sommet. Le fruit n'est pas connu. Le *Fouquiera formosa* est un Arbrisseau sur lequel sont parsemées de courtes épines ; de leurs aisselles naissent des feuilles solitaires, entières et légèrement charnues ; les fleurs de couleur rouge sont disposées en épis serrés à l'extrémité des rameaux. Kunth discute les affinités du *Fouquiera*, et lui en reconnaît avec des genres de familles diverses et très-éloignées entre elles, mais trouvant que ses rapports les plus marqués sont avec le Talinum et le Cotyledon, il lui assigne à la suite des Portulacées une place provisoire, en attendant que la connaissance de la structure de ses graines donne de nouvelles lumières sur cette question et aide à la décider. *V.* Kunth (*Nov. Gen.*, VI, 81, tab. 527.)   (A. D. J.)

FIN DU TOME SIXIÈME.

ERRATA.

Pag. 116 , prem. colou. , *petr.* , *lisez : patr.*
Pag. 125 , prem. colon. , chap. 16 , *lisez :* chap. 6.
lib. 1 , *lisez :* lib. 3.
vers. 28 , *lisez :* vers. 18 et 29
psalm. 45 , *lisez :* psalm. 44.

www.ingramcontent.com/pod-product-compliance
Lightning Source LLC
LaVergne TN
LVHW050448060726
842526LV00001B/82